BAU UND BETRIEB
VON
DIESELMASCHINEN

EIN LEHRBUCH FÜR STUDIERENDE

VON

FRIEDRICH SASS

DR.-ING. DR.-ING. E. H., EM. O. PROFESSOR AN DER TECHNISCHEN UNIVERSITÄT
BERLIN-CHARLOTTENBURG

ZWEITE AUFLAGE VON
„KOMPRESSORLOSE DIESELMASCHINEN"

ZWEITER BAND
DIE MASCHINEN UND IHR BETRIEB

MIT 428 ABBILDUNGEN

SPRINGER-VERLAG BERLIN HEIDELBERG GMBH

1957

ISBN 978-3-662-01638-1   ISBN 978-3-662-01637-4 (eBook)
DOI 10.1007/978-3-662-01637-4

Vorwort

Den im Vorwort zum ersten Band meines Lehrbuches „Bau und Betrieb von Dieselmaschinen" angekündigten zweiten Band habe ich erst jetzt fertigstellen können, da ich inzwischen durch andere Arbeiten stark in Anspruch genommen war. Wie der erste, so wendet sich auch der zweite Teil an Studierende des Maschinenbaufaches, denen ich zeigen möchte, wie man Dieselmaschinen baut.

Es ist dies kein ganz einfaches Handwerk; es erfordert große Erfahrung, Umsicht und Gewissenhaftigkeit, wenn man in technischer und wirtschaftlicher Hinsicht des Erfolges sicher sein will. Der verantwortliche Konstrukteur hat sich unablässig davon zu überzeugen, daß alle, auch die scheinbar nebensächlichen Teile sachgemäß entworfen und ausgeführt sind, und daß nichts das Gelingen in Frage stellt. Dies an Beispielen zu zeigen war ich besonders in den Abschnitten IV und V bemüht, in welchen von ersten in- und ausländischen Firmen gebaute Dieselmotoren mit verschieden ausgewählten Einzelteilen dargestellt sind. Diese Abschnitte lesen sich nicht bequem, da ihre Lektüre dem Leser häufiges Umblättern zumutet, wenn er das Zusammenwirken der einzelnen Teile verstehen will; allein, wer Bequemlichkeit sucht, beschäftige sich nicht mit dem Bau von Dieselmotoren. Er wird dann aber eine sehr interessante Kraftmaschine nicht kennenlernen.

Zusammen mit den in den Abschnitten III bis VI des I. Bandes behandelten Maschinenelementen werden nahezu alle Einzelteile eines Dieselmotors wenigstens einmal im Bild dargestellt und beschrieben. Hinsichtlich der Herstellerfirmen ist Vollständigkeit natürlich ausgeschlossen; hier gebot der Umfang des Buches die Beschränkung auf einige wenige Namen.

Die wichtigen Untersuchungen „Massenausgleich" und „Drehschwingungen", die man bei Beginn eines Entwurfes anzustellen hat, gehen dem konstruktiven Teil des Buches voraus. Ihre Darstellung entspricht dem Gebrauch der Praxis.

Es ist vorgekommen, daß Drehschwingungsdämpfer im Betrieb völlig versagt haben. Das hat daran gelegen, daß der Dämpfer nicht richtig abgestimmt war, d. h. daß die Eigenschwingungszahl der Dämpfermasse nicht in der richtigen Höhe zur Eigenschwingungszahl der Motormassen lag. In diese noch wenig bekannten Zusammenhänge sucht der Teil C des III. Abschnitts (S. 102 bis 131) Klarheit zu bringen, soweit es sich um Dämpfer mit konstanter Eigenschwingungszahl der Dämpfermasse und um das Sarazin-Pendel mit seiner veränderlichen Eigenschwingungszahl handelt.

Der letzte Abschnitt des Buches will nicht eine Betriebsvorschrift ersetzen. Er wird es aber dem Studierenden erleichtern, sich im Maschinenraum eines Motorschiffes zurechtzufinden, wenn sich ihm die Gelegenheit bietet, seine Ausbildung durch eine Reise auf einem Motorschiff zu ergänzen. —

Bei der Abfassung des Buches bin ich durch die leitenden Herren der in den Abschnitten IV und V genannten Firmen weitgehend unterstützt worden, nicht nur durch die Überlassung wertvoller Werkzeichnungen und Betriebsvorschriften, sondern auch durch manche Ratschläge bezüglich der Darstellung. Ihnen hierfür auch an dieser Stelle zu danken ist mir ein aufrichtiges Bedürfnis. Die Herren Min.-Rat Dipl.-Ing. G. MENZ, Dipl.-Ing. H. ERLENWEIN und Dipl.-Ing. O. THARUN haben mich bei den

Untersuchungen des III. Abschnitts in dankenswerter Weise unterstützt, die Studierenden der Technischen Universität F. SIEFERT, B. FRANZ und F. SCHUBERT sind mir bei der Anfertigung mancher Abbildungen behilflich gewesen.

Dem Springer-Verlag und seinen Mitarbeitern bleibe ich für die Sorgfalt, die sie, wie allen meinen Arbeiten, so auch der Herstellung dieses Buches haben zuteil werden lassen, zu Dank verpflichtet.

Berlin, im Juli 1956

F. Sass

Inhaltsverzeichnis

III. Drehschwingungen

IV. Ausgeführte Dieselmaschinen

V. Leistungssteigerung durch Aufladen

VI. Der Betrieb

Verzeichnis der Zahlentafeln

Seite

I. Dem Entwurf vorausgehende Erwägungen

Das Entwerfen von Dieselmaschinen besteht heute nicht mehr, wie es im Anfang des Dieselmotorenbaues der Fall gewesen ist, im Ersinnen neuer Arbeitsverfahren und Bauformen, sondern in der geschickten Anpassung der zahlreichen konstruktiven Möglichkeiten, die sich im Lauf der Zeit herausgebildet haben und deren Zahl noch im Wachsen ist, an einen gegebenen Zweck. Diese Möglichkeiten sollte der Konstrukteur kennen, um seine Auswahl so treffen zu können, daß der technische und wirtschaftliche Endzweck erreicht wird. Die konstruktiven Mittel, die ihm zu Gebote stehen, sind sehr verschieden; im Endergebnis sind sie meist gleichwertig. Man kann zum Beispiel einen Motor mittlerer Leistung in verschiedenen Bauarten herstellen, die äußerlich kaum eine Ähnlichkeit haben und doch ihre Aufgabe gleich gut erfüllen.

Die zahlreichen Varianten, die man im neuzeitlichen Dieselmotorenbau antrifft, entstehen zur Hauptsache durch die Alternativen, die in den folgenden Abschnitten kurz gekennzeichnet sind, und durch deren Kombination. Sie beginnen mit der Frage Viertakt oder Zweitakt, zu der eine Reihe weiterer Fragen kommt, die einer Entscheidung bedürfen, bevor man mit dem Entwurf beginnt. Für das normale Bauprogramm einer Firma muß die Entscheidung schon gefällt sein, da Voraussetzung für den wirtschaftlichen Erfolg einer Motorenfabrik der Serienbau ist, der durch Eingriffe möglichst nicht gestört werden soll. Bei Neuentwicklungen, die nebenher gehen müssen, bleibt dem Konstrukteur auch heute noch genügender Spielraum für eigene Gedanken, durch deren Verwirklichung er eine höhere spezifische Leistung oder verbesserte Betriebseigenschaften seiner Maschine zu erreichen sucht.

Nur die wichtigsten Unterschiede der Bauformen sind nachstehend einander gegenübergestellt. Die Aufzählung ist nicht erschöpfend, baut man doch heute für Sonderzwecke auch Dieselmotoren mit senkrechter Welle oder Motoren in H-Form oder in Kombinationen der V-Form usw. Ein vollständiges Bild des Maschinenbaues zu entwerfen, der aus RUDOLF DIESELS Erfindung hervorgegangen ist, gelingt heute nicht mehr. Der Umfang dieser Industrie ist unübersehbar groß geworden.

A. Wahl der Bauart

1. Viertakt oder Zweitakt, einfach- und doppeltwirkend

Diese Frage, so alt wie der Dieselmotorenbau selbst, ist gegenwärtig dahin entschieden, daß bis zu Leistungen von etwa 3000 PSe beide Arbeitsverfahren mit gleichem Erfolg nebeneinander angewendet werden, wenn auch der Viertakt oberhalb der Leistungsgrenze von etwa 2000 PSe zurückbleibt. Viertaktmaschinen hat man mit Leistungen bis zu 4000 PSe und etwas mehr gebaut. Heute zieht man für solche Leistungen den einfachwirkenden Zweitakt vor; in einigen Jahren wird dies vielleicht für den hochaufgeladenen Viertakt gelten. Für noch größere Leistungen wird der aufgeladene Zweitakt vorherrschend bleiben, entweder einfach- oder doppeltwirkend, wobei die Doppelwirkung den größten Leistungen vorbehalten bleibt. Einfach- und Doppelwirkung kommen für Leistungen von etwa 6000 bis 12000 PSe gleichmäßig in Betracht, wenn auch besondere

Gründe für die eine oder andere Bauart entscheiden können. Zylinderleistungen von 2000 PSe, an denen man sich, der Entwicklung voreilend, schon vor Jahrzehnten versucht hat, können heute als doppeltwirkender aufgeladener Zweitakt betriebssicher ausgeführt werden.

Zu den einfachwirkenden Motoren gehören auch die Maschinen mit gegenläufigen Kolben. Sie werden nur als Zweitaktmotoren mit Schlitzsteuerung gebaut; der eine Kolben, meist der untere, steuert die Spülschlitze, der andere die Auspuffschlitze. Für die Schlitze steht je ein ganzer Zylinderumfang zur Verfügung; daher werden sie niedrig und nehmen einen kleineren Teil des Hubes in Anspruch, als wenn sie, wie bei der Querspülung, in gleicher Höhe liegen. Die Gegenläufigkeit der Kolben ermöglicht die Gleichstromspülung, ohne Zweifel das wirksamste Spülverfahren; sie ergibt als Summe zweier (mit Rücksicht auf den Massenausgleich meist etwas verschieden ausgeführter) Hübe einen großen Gesamthub, daher eine weitgehende Expansion der Verbrennungsgase mit niedrigem Brennstoffverbrauch und guter Regelbarkeit der Drehzahl. Ein Nachteil ist die verwickeltere Bauart. Obwohl diese durch *v. Oechelhäuser* für Gasmaschinen, durch *Junkers* für Dieselmaschinen zuerst ausgeführt worden ist, hat sie sich in Deutschland (abgesehen von den Freikolbenmaschinen) nicht einführen können, während sie im Ausland durch *Burmeister & Wain* und *Doxford* bis zu größten Leistungen entwickelt worden ist und weite Verbreitung gefunden hat.

Die Gegenkolbenbauart kann auch mit der Doppelwirkung verbunden werden, ergibt dann aber ein kompliziertes Triebwerk. Es besteht indessen kaum ein Bedürfnis, doppeltwirkende gegenläufige Maschinen zu bauen, da der große Gesamthub beider Kolben schon sehr große Zylinderleistungen ermöglicht.

Der doppeltwirkende Viertakt wird heute nicht mehr gebaut. Die von *Burmeister & Wain* und ihren Lizenznehmern sowie von der Firma *Werkspoor* nach diesem System hergestellten Großmotoren waren technische Leistungen ersten Ranges, konnten sich aber gegenüber dem wesentlich einfacheren doppeltwirkenden Zweitakt, der zu jener Zeit — Mitte der 20er Jahre — aufkam, nicht behaupten. Die Doppelwirkung kommt nur für den Zweitakt in Betracht.

Es hat eine Zeitlang den Anschein gehabt, als sollte es dem Zweitakt gelingen, den Viertakt auch in dem Bereich kleiner und mittlerer Leistungen zu verdrängen, weil der Zweitakt baulich einfacher wird, wenn er auch verbrennungstechnisch schwieriger zu beherrschen ist als der Viertakt. Aber dieser hat sich behauptet, besonders nachdem er durch die von A. Büchi angegebene Abgasturboaufladung einen neuen starken Impuls erhalten hatte. Dieses wirtschaftliche Verfahren hat sich neuerdings aber auch der Zweitakt zunutze gemacht, vorläufig nur im Großmotorenbau, voraussichtlich wird man es aber bald auch bei kleinen Zweitaktzylindern anwenden.

2. Tauchkolben oder Kreuzkopf

Die ältesten Verbrennungskraftmaschinen, die Gasmaschinen von Hugon und Lenoir, hatten Kreuzkopfführungen, während schon bald darauf Otto den Tauchkolben neben seinen Kreuzkopfkonstruktionen verwendete. Mit der allmählich wachsenden Zylinderleistung kamen Bedenken auf, ob es nicht richtiger sei, den Kolben vom Normaldruck zu entlasten und diesen nach dem Vorbild der Dampfmaschine durch eine außerhalb des Zylinders liegende Gleitbahn aufzunehmen. Namentlich Güldner trat für den Kreuzkopf ein; es sei ein „Mißgriff, den Kolben unter wesentlicher Beeinträchtigung seiner Hauptaufgabe noch zu einem stark belasteten Geradführungselement zu machen"[1]. Auch die ersten von der *MAN* und von *Krupp* gebauten Dieselmotoren hatten die Geradführung durch den Kreuzkopf, doch ist man bald darauf auch im Dieselmotorenbau zum Tauchkolben übergegangen. Die dreifache Aufgabe des Tauchkolbens,

---

[1] Güldner, H.: Das Entwerfen und Berechnen der Verbrennungsmotoren. Berlin: Springer 1905.

den Brennraum abzudichten, die Verbrennungsdrücke und -temperaturen aufzunehmen und den Normaldruck auf die Zylinderwand zu übertragen, schadet ihm nicht, wenn man den Kolben zweckmäßig baut und besonders wenn man Vorkehrungen trifft, daß seine Mantelfläche in der Betriebswärme genau zylindrisch wird[1].

Als obere Grenze, bis zu welcher man heute die Tauchkolbenbauart anwendet, kann ein Zyl.-Dmr. von 600 mm und eine Zylinderleistung von 400 PSe gelten. Darüber hinaus wird es schwierig, die Wärme aus dem hochbelasteten Kolbenbolzen abzuführen, auch wenn man die Bauart des mit der Pleuelstange verschraubten schwingenden Kolbenbolzens benutzt[2]. Dann ist der Kreuzkopf am Platz, der beim einfachwirkenden Zweitakt, bei dem der Druckwechsel in den Lagern der Kreuzkopfzapfen entfällt, meist eine besondere Hochdruckpumpe[3] zum Schmieren dieser Zapfen erfordert.

Vorteile der Tauchkolbenbauart sind der niedrigere Preis und die kleinere Bauhöhe. Auch der Raum für den Ausbau der Kolben wird niedriger, was auf Schiffen vorteilhaft ist. Nachteile können dem Tauchkolbenmotor nicht nachgesagt werden. Sein Schmierölverbrauch ist etwas höher als der des Kreuzkopfmotors, weil der Kolbenmantel in das Kurbelgehäuse taucht und dabei vom Spritzöl benetzt wird. Durch Ölabstreifringe[4] kann aber der Schmierölverbrauch immer in zulässigen Grenzen gehalten werden.

3. Langsamläufer oder Schnelläufer
Direkter Antrieb oder Untersetzungsgetriebe

Die Begriffe „Langsamlauf" und „Schnellauf" sind im Dieselmotorenbau nicht scharf definiert. Bei gleichbleibender mittlerer Kolbengeschwindigkeit c_m wird wegen $c_m = Hn/30$ die Drehzahl n um so größer, je kleiner der Hub H ist. Für c_m können bei Kreuzkopfmaschinen etwa 5,5 bis 6 m/sec als obere Grenze angesehen werden; bei größeren c_m werden die Massenkräfte zu groß. Tauchkolbenmaschinen mit einem $c_m > 6$ m/sec erfordern aus demselben Grund Leichtmetallkolben (gilt nicht unbedingt für raschlaufende Fahrzeugmotoren). Mäßige Kolbengeschwindigkeiten sind für die Lebensdauer des Motors vorteilhaft.

Die Drehzahl wählt man im allgemeinen so hoch, wie es der Verwendungszweck zuläßt, denn mit wachsender Drehzahl nimmt das Leistungsgewicht ab[5]. Vergrößert man jede der drei linearen Dimensionen eines gegebenen Motors vom Gesamtgewicht G_0 (kg), der Leistung N_0 (PSe) und dem Leistungsgewicht g_{e_0} (kg/PSe) α-mal, so wächst das Gewicht auf $\alpha^3 G_0$ an, die Leistung nur mit der zweiten Potenz, nämlich mit der Kolbenfläche, weil man die Kolbengeschwindigkeit nicht auf das α-fache erhöhen kann. Somit wird das Leistungsgewicht der vergrößerten Maschine

$$g_e = \alpha^3 G_0/\alpha^2 N_0 = \alpha\, g_{e_0}.$$

Das Leistungsgewicht muß also mit dem Vergrößerungsfaktor α wachsen, mit einer Verkleinerung abnehmen. Es ist nicht möglich, die größere Maschine mit demselben niedrigen Einheitsgewicht wie die kleinere gleicher Leistung zu bauen. Wo die Forderung nach kleinem Gewicht dringend ist, muß somit der Konstrukteur die verlangte Gesamtleistung auf eine größere Zahl kleiner Zylinder mit höherer Drehzahl verteilen. Bei Motoren für Triebwagen und Diesellokomotiven ist dies die Regel; das vorgeschriebene Bahnprofil und die gegebene Leistung erfordern raschlaufende Motoren, diese meist in der V-Bauart. Auf Schiffen ist die Forderung nach Unterbringung großer Leistungen in kleinem Raum gewöhnlich nicht so dringend, jedoch kann auch dort der Schnellauf vorteilhaft sein. Zwar braucht der schnellaufende Motor, da seine Drehzahl

---

[1] Bd. I, S. 283.   [2] Bd. I, S. 287.
[3] Bd. I, S. 280; Bd. II, Bild 276, S. 286.   [4] Bd. I, S. 282.
[5] Vgl. v. SANDEN, K.: Kennzahlen für Schnelläufigkeit und Leistungsgewicht von Brennkraftmaschinen. Ing.-Arch. Bd. 3 (1932) S. 311, sowie Ergänzungen in Bd. 4 (1933) S. 303. Ferner LUTZ, O.: Ähnlichkeitsbetrachtungen bei Brennkraftmaschinen. Ing.-Arch. Bd. 4 (1933) S. 373.

für den Propeller gewöhnlich zu hoch ist, ein Untersetzungsgetriebe, das die Anlage etwas verwickelter macht, aber die Vorteile können überwiegen. Hierüber hat u. a. OFTERDINGER[1] Untersuchungen angestellt; er fand, daß zwei sechszylindrige Tauchkolbenmotoren von 4000 PSe Gesamtleistung bei 225 U/min mit Zahnradgetriebe und Untersetzung 2,4 : 1 eine zwar etwas breitere, aber erheblich kürzere und niedrigere Anlage ergeben als ein einfach- oder doppeltwirkender Kreuzkopfmotor gleicher Leistung. Auch das Gewicht wird kleiner: die Tauchkolbenanlage wiegt einschließlich Getriebe 220 t, der einfachwirkende Zweitakt-Kreuzkopfmotor 315 t, der doppeltwirkende 250 t. Ein weiterer Vorteil ist, daß auch mit nur einem Motor eine ausreichende Schiffsgeschwindigkeit (12 kn) erzielt werden kann, so daß an dem jeweils stillstehenden Motor die regelmäßigen Überholungsarbeiten während der Reise vorgenommen werden können. Die Möglichkeit, einen Motor jederzeit abschalten zu können, erfordert den Einbau einer schnell lösbaren Kupplung zwischen dem Motor und seinem Ritzel, wofür sich Flüssigkeitskupplungen oder elektromagnetische Kupplungen eignen.

Hinsichtlich der Betriebssicherheit sind beide Anlagen, der direkt gekuppelte Langsamläufer und der Schnelläufer mit Untersetzungsgetriebe, heute einander gleichwertig. Dem Langsamläufer bleibt der große Vorzug der Einfachheit, so daß er bis jetzt zahlenmäßig den Getriebeanlagen überlegen geblieben ist.

Bei der elektrischen Übertragung der Motorenleistung auf die Propellerwelle, die u. a. von der Hamburg-Amerika Linie auf einer Anzahl ihrer Motorschiffe mit Erfolg erprobt worden ist, kann der Konstrukteur die Primärdrehzahl natürlich ebenso frei wählen wie bei der mechanischen Übertragung. Auf der Motorseite wird die Anlage einfacher, da die Motoren nicht umsteuerbar zu sein brauchen; der elektrische Teil übernimmt die Umsteuerung. Ob die dieselelektrische oder die dieselmechanische Untersetzung oder die direkte Kupplung im einzelnen Fall ausgeführt werden soll, wird durch wirtschaftliche Erwägungen entschieden, die oft dem Einfluß des Herstellers der Dieselanlage entzogen sind.

4. Aufladung

Die Leistung, die ein Zylinder abgeben kann, wird nicht durch die eingespritzte Brennstoffmenge begrenzt (die man beliebig steigern könnte, wenn jene nur vom Brennstoff abhinge), sondern von der im Brennraum eingeschlossenen Luftmenge (genauer: von der Sauerstoffmenge); von ihr hängt ab, wieviel Brennstoff je Arbeitshub verbrannt, d. h. welche Zylinderleistung erzielt werden kann. Daher ist die zusätzliche Füllung des Arbeitszylinders mit Luft ein Mittel, um die spezifische Leistung zu steigern. Ein solches Verfahren ist zuerst von *Gebr. Sulzer* 1909 bei ihren Zweitaktmaschinen benutzt worden; es wird noch heute vielfach angewendet. Durch oberhalb der Spülschlitze angeordnete Nachladeschlitze wird nach Abschluß der Auspuffschlitze Luft vom Spülluftdruck dem Zylinder zugeführt, so daß dieser mit Luft von höherem als Atmosphärendruck aufgeladen wird (Beispiele s. Bild 139, S. 152, und Bild 182, S. 194). Die von A. BÜCHI angegebene Abgasturboaufladung benutzt einen Teil der noch in den Abgasen enthaltenen Energie, um durch ein Turbogebläse Luft von höherer als atmosphärischer Spannung zu erzeugen, die in die Saugleitung des Motors eingeführt wird. Dadurch kann eine beträchtliche Steigerung der Leistung mit verhältnismäßig geringem konstruktiven Aufwand erreicht werden. Beispiele werden im V. Abschnitt gebracht (S. 409).

Ob die Aufladung angewendet werden soll, hat der Konstrukteur vor der Festlegung der Hauptabmessungen zu entscheiden, da diese vom Aufladedruck abhängen. Man wendet die Aufladung besonders dort an, wo verhältnismäßig große Leistungen auf begrenztem Raum erzeugt werden sollen und wo ein niedriges PSe-Gewicht gefordert wird, z. B. auf Diesellokomotiven und Triebwagen. Auch auf Schiffen findet die Auf-

---

[1] OFTERDINGER, E.: Der Zweitakt-Tauchkolben-Dieselmotor höherer Drehzahl mit Untersetzungsgetriebe im Schiffsbetrieb. Jahrb. Schiffbautechn. Ges. Bd. 38 (1937) S. 140.

ladung zunehmend Verwendung, wenn auch die Mehrzahl der gegenwärtig im Bau befindlichen Motorschiffe noch mit nicht aufgeladenen Maschinenanlagen ausgerüstet wird. Kleinere Anlagen, von denen in erster Linie einfacher Aufbau gefordert wird, weil sie von wenig geschultem Personal gewartet werden sollen, führt man meist ohne Aufladung aus.

Die Frage, wie hoch die Aufladung getrieben werden darf, ohne daß die Lebensdauer der Maschine merklich beeinträchtigt wird, ist noch unentschieden. Noch 1931 vertrat P. MEYER-DELFT, der in den Anfängen des Dieselmotorenbaues einer der Assistenten DIESELS war, die Meinung, daß mit einer Aufladung um 30% „die Grenze vorläufig erreicht" sei[1]. Sie ist inzwischen erheblich überschritten worden. Man betrachtet heute Aufladungen der *Viertakt*motoren von 40% als mäßig und hat noch weit höhere Aufladungen mit Erfolg ausgeführt (s. S. 440). Voraussetzung ist eine entsprechende Verstärkung der Triebwerkteile, insbesondere der Kurbelwelle, da mit zunehmender Aufladung die Verbrennungsdrücke wachsen und hohe Werte annehmen können. Während aber die mechanische Beanspruchung, besonders auch die der Brennraumwände mit der Aufladung zunimmt, gilt dies nicht in gleichem Maß von der thermischen Beanspruchung der Wände, da das Viertaktverfahren die Möglichkeit gibt, durch Überschneidung der Öffnungszeiten von Einlaß- und Auspuffventil die Brennraumwände durch einen Teil der Ladeluft zu kühlen; auch wächst mit zunehmender Dichte der Gase die Wärmeübergangszahl. Die Verwendung von wärmebeständigem Stahlguß für den Zylinderdeckel hat ebenfalls dazu beigetragen, daß man heute erheblich höhere Aufladungen als früher betriebssicher ausführen kann.

*Zweitakt*motoren sind durch ihr Arbeitsverfahren schon an sich thermisch höher als Viertaktmotoren beansprucht; daher ist man vorläufig beim Zweitakt bezüglich der Höhe der Aufladung noch zurückhaltend. Zwar liegen bereits mehrjährige günstige Erfahrungen mit mäßig hoch aufgeladenen Zweitakt-Schiffsmaschinen vor, jedoch steht noch nicht fest, wie hoch man aufladen kann, ohne die Lebensdauer der Maschine zu beeinträchtigen. Näheres über die Aufladung s. Abschn. V, S. 440.

5. Reihen- oder V-Form. Druckzerstäubung oder Vorkammer
Wasser- oder Luftkühlung

Auch diese Fragen bedürfen der Entscheidung, bevor mit dem Entwurf begonnen wird. Sie sind nicht nebensächlich, doch ist das Für und Wider leichter abzuwägen als bei den vorangegangenen Alternativen und die Entscheidung meist durch die äußeren Verhältnisse gegeben.

Die *Reihenform* überwiegt; die *V-Form* ist am Platz, wo es der Raum erfordert. Der V-Motor baut kürzer, wird aber etwas breiter als der Reihenmotor; im ganzen braucht er eine etwas kleinere Grundfläche als dieser. Der V-Motor ist auf Diesellokomotiven, in Schnellbooten und ähnlichen Anlagen am Platz. Die *MAN* hat selbst größte Kriegsschiffsmaschinen als schnellaufende doppeltwirkende Zweitaktmotoren in V-Form ausgeführt.

Die Zerstäubung des Brennstoffes durch Druckluft wird seit Ende der 20er Jahre im Dieselmaschinenbau nicht mehr angewendet. Sie ist durch die von J. MCKECHNIE erfundene Druckzerstäubung[2] vollständig verdrängt worden. Damit ist die lästige Beigabe des leistungverzehrenden, Raum und Gewicht beanspruchenden Einblaseluftkompressors verschwunden.

Das von P. L'ORANGE und H. LEISSNER unabhängig voneinander entwickelte *Vorkammerverfahren*[3] ist bei kleinen Zylindern am Platz. Es hat den Vorzug, mit niedrigen Einspritzdrücken zu arbeiten, was für die Brennstoffpumpe vorteilhaft ist. Der

---

[1] MEYER-DELFT, P.: Möglichkeiten weiterer Entwicklung der Brennkraftmaschinen. Jahrb. Schiffbautechn. Ges. Bd. 33 (1932) S. 159.
[2] Vgl. Vorwort zu Bd. I.   [3] Vgl. Bd. I, S. 95.

etwas höhere Brennstoffverbrauch ist bei den meist nur kleinen Zylinderleistungen kein Nachteil. Das Verhalten im Leerlauf ist günstig, da die Vorkammer als Wärmespeicher wirkt. Die *Motoren-Werke Mannheim* haben das Vorkammerverfahren auch auf größere Zylinderleistungen, soweit diese ohne Kolbenkühlung erreicht werden können, erfolgreich angewendet.

Der Vorkammer verwandt ist die von H. R. RICARDO angegebene *Wirbelkammer*, die auf demselben Prinzip wie die Vorkammer beruht. Sie ergibt durch Gestalt und Wirkungsweise eine besonders gute Mischung des Brennstoffes mit der Luft.

Die *Luftkühlung* ist natürlich nur bei kleinen und mittleren Motoren bis zu einigen hundert PS anwendbar[1]. Bei großen Leistungen wird der Leistungsbedarf für das Kühlgebläse zu groß und die Wärmeabführung zu schwierig, denn die abzuführende Wärmemenge wächst etwa mit der dritten Potenz des linearen Vergrößerungsfaktors, die kühlende Oberfläche nur mit der zweiten. Auf diesem Gebiet leistet die *Klöckner-Humboldt-Deutz AG* Pionierarbeit.

Der IV. Abschnitt enthält Beispiele ausgeführter Reihen- und V-Motoren, von Motoren mit Druckzerstäubung und Vorkammereinspritzung sowie von wasser- und luftgekühlten Maschinen.

Bei allen hier behandelten Alternativen sind neben dem Verwendungszweck der Maschine auch Firmentradition und persönliche Einstellung des Konstrukteurs zu den behandelten Problemen entscheidend.

B. Berechnung der Hauptabmessungen D und H aus p_e und c_m

1. Indizierte und effektive Leistung

Die Berechnung von Zylinderdurchmesser D und Hub H wird einfach, wenn man den Begriff „mittlerer effektiver Kolbendruck" p_e (kg/cm²) benutzt, der ein Maß für die Belastbarkeit eines Zylinders ist. Seine Zahlenwerte sind je nach Viertakt oder Zweitakt, nach Aufladung oder Ladung mit Luft von atmosphärischer Spannung verschieden und hängen auch von der Größe und der Bauart der Maschine ab. Man kann das p_e nicht berechnen, sondern muß es durch Messung der Bremsleistung des Motors bestimmen. Bei den im IV. und V. Abschnitt besprochenen Maschinen sind die p_e jeweils angegeben[2]. Ihre Mittelwerte sind jedem Dieselmotorenbauer geläufig.

Das p_e hängt durch den mechanischen Wirkungsgrad η_m mit dem mittleren indizierten Druck p_i zusammen, der wie das p_e nur eine gedachte Größe ist. Man denkt sich den

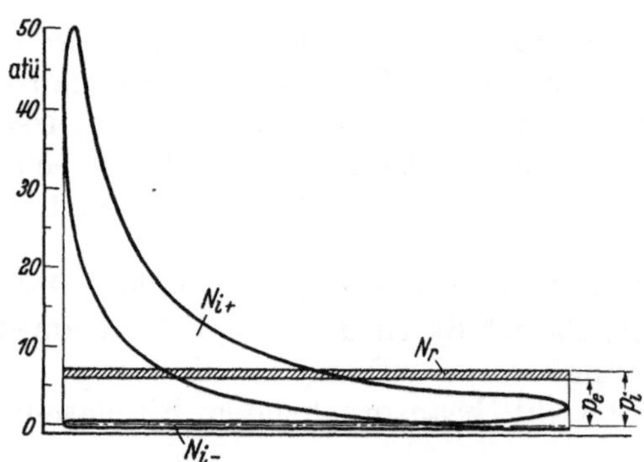

Bild 1. p_i und p_e im Indikatordiagramm
eines Viertaktmotors

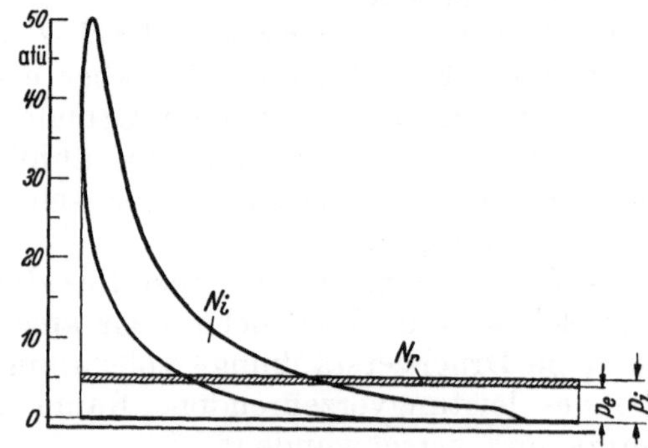

Bild 2. p_i und p_e im Indikatordiagramm
eines Zweitaktmotors

[1] Über die Grenzen der Luftkühlung s. die Fußnoten S. 212.

[2] In der Zusammenstellung „Deutsche Verbrennungsmotoren", herausgegeben von der Fachgemeinschaft Kraftmaschinen im Verein Deutscher Maschinenbau-Anstalten, sind die p_e aller aufgeführten Typen mitgeteilt.

während eines Arbeitshubes auf den Kolben wirkenden veränderlichen Gasdruck, den das Indikatordiagramm aufzeichnet, in einen über den Kolbenhub gleichmäßigen Druck p_i verwandelt. Das p_i bestimmt man durch Planimetrieren der Diagrammfläche und Division durch die Diagrammlänge unter Berücksichtigung des Federmaßstabes. Bei Zweitaktmaschinen planimetriert man die geschlossene Diagrammfläche, bei Viertaktmaschinen nur den positiven Teil N_{i_+}, da nur dieser ein Maß für die Wärmebelastung des Zylinders abgibt, der das p_i entspricht. Praktisch ergibt sich diese Regel für das Planimetrieren von selbst, da die negative Schleife N_{i_-} (die bei aufgeladenen Maschinen auch positiv werden kann) im normalen Diagramm nur als Strich erscheint.

Ist F die Kolbenfläche in cm² und H der Hub in m, so wird $F\,p_i$ die auf den Kolben wirkende Kraft in kg und $F\,p_i\,H$ die Arbeit auf dem Weg H in mkg. Da die Zahl der minutlichen Arbeitshübe beim Viertakt $n/2$, beim einfachwirkenden Zweitakt n und beim doppeltwirkenden Zweitakt $2n$ ist, so wird die indizierte Leistung eines Zylinders

$$N_{i_1} = \frac{F\,p_i\,H\,\dfrac{n}{2}\ (\text{bzw. } n,\ 2n)}{60\cdot 75}\ \text{PSi} \tag{1}$$

mit dem Vorbehalt einer Korrektur für den doppeltwirkenden Zweitakt, da die Kolbenstange die wirksame Kolbenfläche der Unterseite verkleinert.

Gl. (1) kann man auch schreiben

$$N_{i_1} = \frac{p_i\,n}{\dfrac{9000\ (\text{bzw. } 4500,\ 2250)}{F\,H}}\ \text{PSi}\,.$$

Setzt man hierin den nur durch D und H bestimmten Nenner gleich C (Zylinderkonstante), so wird die indizierte Leistung *eines* Zylinders

$$N_{i_1} = p_i\,n/C\ \text{PSi}\,,$$

wobei für einfachwirkenden Viertakt $C = 9000/FH$ und für einfachwirkenden Zweitakt $C = 4500/FH$ ist. Für den doppeltwirkenden Zweitakt muß die Zahl 2250 vergrößert werden, weil die Kolbenstange die wirksame untere Kolbenfläche verkleinert. Die Verkleinerung fällt etwas verschieden aus, je nachdem ob die Kolbenstange durch ein Schutzrohr verkleidet ist oder nicht. Im Mittel kann bei Doppelwirkung $C = 2400/FH$ gesetzt werden. F ist in cm², H in m einzusetzen.

Hat der Motor z Zylinder, so wird seine indizierte Leistung $N_i = z\,N_{i_1}$. Es ist dies die von den Verbrennungsgasen an die Arbeitskolben abgegebene (indizierte) Leistung. Von ihr gelangt nur ein Teil N_e an die Kupplung, die den Motor mit der Arbeitsmaschine (Generator, Propeller usw.) verbindet. Der Unterschied $N_i - N_e = N_r$ geht durch Reibung der Kolben, besonders der Kolbenringe, und der übrigen Triebwerkteile, durch den Antrieb der Brennstoff- und Schmierölpumpen, beim Viertakt durch den Antrieb der Steuerungsteile und die Leerhübe, beim Zweitakt durch den Leistungsbedarf des Spülgebläses verloren. Das Verhältnis der an der Kupplung gemessenen effektiven Leistung N_e zur indizierten N_i wird als mechanischer Wirkungsgrad η_m bezeichnet:

$$\eta_m = N_e/N_i\,.$$

Die effektive Leistung N_e kann man sich entstanden denken, als ob sie von einer reibungslosen Maschine, die keine Hilfsmaschinen braucht, erzeugt würde, einer Maschine, deren p_i in demselben Verhältnis auf einen Betrag p_e verkleinert ist, in welchem N_e und N_i zueinander stehen. Wie p_i so ist auch p_e nur eine gedachte Größe, deren Einführung zweckmäßig ist, weil man bei der Berechnung der Zylinderabmessungen von der Leistung an der Kupplung auszugehen hat. In den Indikatordiagrammen Bild 1 und 2 erscheint p_e als die Höhe eines kleineren Rechtecks, das die Hublänge zur Basis hat und somit eine Leistung darstellt, die gegenüber N_i im Verhältnis $p_e : p_i$ verkleinert ist. Es wird daher auch

$$\eta_m = N_e/N_i = p_e/p_i\,, \tag{2}$$

so daß entsprechend Gl. (2) auch geschrieben werden kann

$$N_{e_1} = p_e\, n/C \text{ PSe}$$

als effektive Leistung *eines* Zylinders. In der Form

$$p_e = C\, N_{e_1}/n$$

eignet sich die Gleichung zum Nachrechnen des p_e, wenn D, H, n, Zylinderzahl und effektive Leistung eines Motors gegeben sind.

Aus Gl. (1) und (2) folgt

$$N_{e_1} = \frac{F\, p_e\, H\, \dfrac{n}{2}\, (n,\, 2n)}{60 \cdot 75} \text{ PSe}.$$

Der Bruch enthält den Ausdruck $H\, n/30$, d. i. die mittlere Kolbengeschwindigkeit c_m. Die Zylinderleistung wird bei gegebenen Abmessungen um so größer, je höher das p_e ist, das man (gegebenenfalls durch Aufladung) erreicht, und ein je größeres c_m man wählt. Die Erfahrung setzt beiden Werten eine obere Grenze.

Der mechanische Wirkungsgrad ist keine ganz konstante Größe. Er ändert sich mit dem Wärmezustand des Motors, weil sich mit diesem die Viskosität des Schmieröles und damit die Reibungsverluste ändern. Er nimmt meßbar zu, wenn ein fabrikneuer Motor sich nach einigen Monaten eingelaufen hat. Bei der Berechnung der Hauptabmessungen braucht man das η_m nicht; bei Prüffeldmessungen ergibt es sich, wenn man den Motor abbremst und gleichzeitig die Zylinder indiziert. Man findet bei kleineren Viertaktmaschinen ein η_m von etwa 73%, das bei doppeltwirkenden Zweitaktmaschinen etwa 90% betragen kann.

2. Wahl der Bestimmungsgrößen

Zylinderzahl. Stets ist die Motorleistung vorgeschrieben; der Konstrukteur hat sie auf eine von ihm zu wählende Zahl von Zylindern aufzuteilen. Dabei hat er sich in erster Linie nach den von seinem Werk in Serien gebauten Zylindergrößen zu richten. Jede Firma sucht ihre Fabrikation auf eine begrenzte Zahl von Zylindereinheiten zu beschränken; nur dadurch ist es möglich, die zahlreichen Modelle, Vorrichtungen, Werkzeugmaschinen und Werkzeuge, die man für eine Maschinentype braucht, rationell auszunutzen und wirtschaftlich zu fabrizieren. Von der mittleren Drehzahl, die zu einer bestimmten Zylindergröße gehört, kann etwas nach oben und unten abgewichen werden; dadurch wird der Leistungsbereich des Zylinders verbreitert. So kann man immer durch Wahl der Zylinderzahl und Anpassen der Drehzahl an den vorliegenden Zweck mit verhältnismäßig wenig Zylindermodellen einen weiten Leistungsbereich überdecken. Beispiele werden im IV. Abschnitt gebracht.

Bei der Wahl der Zylinderzahl ist der Konstrukteur oft nicht frei; die jeweils vorliegenden Verhältnisse können bestimmte Zylinderzahlen oder Mindestzahlen vorschreiben. Dies gilt z. B. für den mit der Propellerwelle gekuppelten Schiffsantriebsmotor, der umsteuerbar sein muß. Direkt umsteuerbar ist der Viertaktmotor nur mit wenigstens sechs Zylindern, weil die Periode des Viertaktes 720 Kurbelgrade umfaßt und je ein Anlaßventil nicht länger als etwa 130° Kurbelgrade geöffnet sein kann. Zweitaktmotoren sind schon mit drei Zylindern direkt umsteuerbar; bei vier Zylindern wird die Sicherheit des Manövrierens verbessert, weil die Öffnungszeiten der Anlaßventile sich breiter überlappen. Viertakt- und Zweitaktmaschinen dieser Zylinderzahlen springen aus jeder Kurbelstellung an, wie es das Umsteuern erfordert. Bei kleineren Zylinderzahlen muß man ein Wendegetriebe oder eine Drehflügelschraube vorsehen; dann behält der Motor seinen Drehsinn auch beim Umsteuern bei.

Im allgemeinen wird man einen möglichst guten Massenausgleich anstreben, also für den Viertakt die Zylinderzahlen 6, 8, 10 oder 12 bevorzugen, bei denen die Massen theoretisch vollkommen ausgeglichen sind (s. Zahlentafel 3, S. 34). Praktisch heben sich die Massenkräfte und -momente nur dann gegenseitig auf, wenn die Maschine so stark gebaut ist, daß sie sich durch die Massenwirkungen nicht merklich deformiert. Muß eine ungerade Zylinderzahl ausgeführt werden, so wird der Massenausgleich um so besser, je größer sie gewählt wird, denn dann werden die unausgeglichen bleibenden Momente kleiner. Fällt die Entscheidung auf einen Vierzylinder-Viertaktmotor, dann kann es ratsam werden, die Kurbeln unter 90°, nicht unter 180° zu stellen; man vermeidet dadurch die störenden Massenkräfte II. Ordnung, wenn auch der Zündabstand ungleichmäßig wird. Näheres über den Massenausgleich s. Abschn. II.

Handelt es sich um einen Viertaktmotor, der Abgasturboaufladung erhalten soll, so ist eine durch drei teilbare Zylinderzahl vorteilhaft; dann können je drei Zylinder mit Zündabständen von 240 Kurbelgraden an je eine gemeinsame Auspuffleitung angeschlossen werden. Dies begünstigt die Ausbildung der für die Spülung der Zylinder nützlichen Druckschwankungen in den Auspuffleitungen (s. Abschn. V).

Drehzahl. Sie richtet sich nach der angetriebenen Arbeitsmaschine; oft ist sie vorgeschrieben oder nur in engen Grenzen frei wählbar. Bei Schiffsanlagen hängt sie bei direkter Übertragung vom Propeller ab; wenn ein Untersetzungsgetriebe verwendet werden soll, ist man in der Wahl der Drehzahl freier. Die Untersetzung beträgt meist etwa 2 bis 3 : 1; sie ermöglicht oft den Einbau von Tauchkolbenmaschinen, wo bei direkter Kupplung ein Kreuzkopfmotor erforderlich wäre. Soll ein Gleichstromgenerator angetrieben werden, so richtet sich die Drehzahl des Motors nach der des Generators. Dasselbe gilt für den Antrieb von Drehstromgeneratoren. Wenn ein durch einen Dieselmotor angetriebener Drehstromgenerator mit einem Drehstromnetz parallel arbeiten soll, ist die Drehzahl des Motors durch die in Europa gebräuchliche Periodenzahl 50 Hz und die Zahl der Polpaare des Generators bestimmt. Aus den Normzahlen für die Polpaare ergeben sich die Drehzahlen der Zahlentafel 1. Die eingeklammerten Werte sind möglichst zu vermeiden. Für den Antrieb von Drehstromgeneratoren durch Dieselmotoren werden die Drehzahlen 375, 300 und 250 besonders häufig benutzt.

Zahlentafel 1. *Normale Drehstrom-Drehzahlen für 50 Hz*

Zahl der Polpaare	1	2	3	4	5	6	8	10	12
Drehzahl/min . .	3000	1500	1000	750	600	500	375	300	250
Zahl der Polpaare	(14)	16	(18)	20	24	(28)	32	(36)	40
Drehzahl/min . .	(214,3)	187,5	(166,7)	150	125	(107)	93,75	(83,3)	75

Die niedrigen Drehzahlen gelten für große Leistungen. Ein von *Blohm & Voss* für das Elektrizitätswerk Hamburg-Neuhof gebauter Motor leistete 15000 PSe bei 93,75 U/min (32 Polpaare). Einen noch größeren Motor, den größten bisher jemals gebauten, stellten *Burmeister & Wain* im Elektrizitätswerk Kopenhagen auf; er leistet 21000 PSe bei 83,3 U/min (36 Polpaare). Diese beiden Motoren arbeiteten noch mit Brennstoffzerstäubung durch Druckluft. Motoren dieser Größe für den Antrieb von Drehstromgeneratoren pflegt man heute nicht mehr zu bauen.

Für den dieselelektrischen Antrieb von Schiffen mit Übertragung durch Drehstrom gilt das Vorstehende nicht. Die Dieselgeneratoren arbeiten dann zwar untereinander parallel auf den Propellermotor und das Bordnetz, sind dabei aber nicht an genaues Einhalten der Periodenzahl 50 gebunden. Bei der Bestimmung der Drehzahl, die ja von der Zylindergröße und damit bei gegebener Leistung von der Zylinderzahl abhängt, sind die Grenzen zu beachten, die der mittleren Kolbengeschwindigkeit c_m gezogen sind. Sie sind nicht ganz feststehend; als mittlere Grenzwerte können gelten:

$$
\begin{array}{lll}
\text{für Kreuzkopfmotoren} \dots & c_m \text{ bis } 5,5 & \text{m/sec} \\
\text{für Tauchkolbenmotoren (Kolben aus Gußeisen)} \dots & c_m \text{ bis } 6 & \text{m/sec} \\
\text{für Tauchkolbenmotoren (Kolben aus Leichtmetall)} \dots & c_m \text{ bis } 8 & \text{m/sec} \\
\text{für Kleinmotoren} \dots & c_m = 5 \text{ bis } 7 & \text{m/sec} \\
\text{für Triebwagen- und Lokomotivmotoren} \dots & c_m = 7 \text{ bis } 9 & \text{m/sec} \\
\text{für Straßenfahrzeuge und Schlepper} \dots & c_m = 8 \text{ bis } 10 & \text{m/sec}
\end{array}
$$

Die in Fußnote 2 (S. 6) erwähnte Veröffentlichung ,,DeutscheVerbrennungsmotoren'' nennt auch die c_m der aufgeführten Typen.

Hubverhältnis. Bei der Wahl der Drehzahl ist ferner das Hubverhältnis $H : D$ zu beachten. Man strebt ein großes Hubverhältnis an, damit die Gase möglichst weitgehend expandieren, was den Brennstoffverbrauch verkleinert. Dabei ist man aber nicht nur an das c_m gebunden, sondern man hat auch auf die aus $H : D$ und dem Verdichtungsverhältnis sich ergebende Form des Brennraumes Rücksicht zu nehmen. Dieser soll so gestaltet sein, daß die Brennstoffstrahlen Raum haben, sich zu entwickeln, und dabei den Verdichtungsraum möglichst gleichmäßig beaufschlagen. Hohe Brennräume von kleinem Durchmesser und zu flache Räume von großem Durchmesser können für die Mischung des Brennstoffes mit der Luft nachteilig sein. Durch zweckmäßige Gestaltung der unteren Fläche des Zylinderdeckels und des Kolbenbodens kann man indessen auch bei ungewöhnlichen Hubverhältnissen meist eine brauchbare Brennraumform herstellen.

Bei Viertaktmotoren ist ein $H : D$ von 1,5 ein häufig ausgeführter Wert. Bei Zweitaktmaschinen mit Spül- und Auspuffschlitzen, die am unteren Ende des Kolbenhubes angeordnet sind, würde bei zu großem $H : D$ die Spülung des unter dem Zylinderdeckel liegenden Raumes schwierig werden; daher pflegt man bei solchen Maschinen ein Hubverhältnis von 1,5 bis 1,8 nicht zu überschreiten. Die Gleichstromspülung, bei welcher der Spülstrom nicht umgelenkt zu werden braucht, ist von solcher Begrenzung frei; sie ermöglicht namentlich in der Gegenkolbenbauart von *Doxford* und *Burmeister & Wain*[1] große Hubverhältnisse, die dem Brennstoffverbrauch und der Regelbarkeit zugute kommen. Da die Hübe der gegenläufigen Kolben sich addieren, können Hubverhältnisse bis zu 3,0 ausgeführt werden. Auch die Gleichstromspülung mit Spülschlitzen am unteren Ende der Laufbuchse und Auspuffventilen im Zylinderdeckel läßt große Hubverhältnisse zu. Diese Bauart wird neuerdings bei Zweitaktmaschinen in zunehmendem Umfang ausgeführt.

Verdichtungsverhältnis. Über das Verdichtungsverhältnis

$$\varepsilon = (V_h + V_c) : V_c$$

mit V_h als Hubvolumen und V_c als Inhalt des Verdichtungsraumes sind in Bd. I, S. 86 u. f., Angaben gemacht. Wie dort erläutert, verläuft die Verdichtung nach einem veränderlichen Exponenten $\varkappa$ der Polytrope. Die eintretende Luft erwärmt sich an den Zylinderwänden; die Verdichtung ist am Anfang überadiabatisch. Mit zunehmender Verdichtung nimmt der Wärmeübergang von der Wand an die Luft ab. Um die Mitte des Kolbenhubes sind Luft und Wand gleich warm, so daß die Verdichtung auf einem kurzen Wegstück des Kolbens adiabatisch wird. Gegen Ende des Hubes nähert sie sich der Isotherme, weil nunmehr der Wärmeübergang von der Luft an die Wand überwiegt. Im Mittel über den ganzen Verdichtungsverlauf, wenn nur Anfangs- und Endzustand betrachtet werden, kann $\varkappa$ erfahrungsgemäß gleich 1,35 bis 1,38 gesetzt werden.

Mit p_c als Enddruck der Verdichtung wird

$$p_0 (V_h + V_c)^{\varkappa} = p_c V_c^{\varkappa} \quad \text{und} \quad p_c = p_0 \, \varepsilon^{\varkappa}.$$

Für Meeresspiegelhöhe kann der Anfangsdruck $p_0 = 1$ ata gesetzt werden. Bei Aufstellung in größerer Höhe ist der mittlere Barometerstand zu beachten[2].

Den Verdichtungsdruck hat man neuerdings mehr und mehr erhöht, weil man gefunden hat, daß der Unterschied zwischen Verdichtungsdruck und höchstem Verbrennungsdruck mit wachsender Verdichtung im allgemeinen abnimmt, was für die Laufruhe vorteilhaft ist. Auch treten die ersten Zündungen in der noch kalten Maschine bei hoher Verdichtung sicherer ein. Angaben über ausgeführte Verdichtungsverhältnisse s. Bd. I, S. 88.

---

[1] Vgl. Bd. I, S. 77 bis 79.

[2] Vgl. ZINNER, K.: Die Umrechnung der Leistung von Verbrennungsmotoren, insbesondere Dieselmotoren, in Abhängigkeit vom atmosphärischen Zustand. Motortechn. Zeitschr. Bd. 11 (1950) S. 109.

3. Zahlenbeispiel für die Berechnung von D und H

Es sind D und H eines nicht aufgeladenen Viertaktmotors zu berechnen. Geforderte Leistung 600 PSe; Antrieb eines Drehstromgenerators mit 12 Polpaaren.

Drehzahl nach Zahlentafel 1 250 U/min. Zylinderzahl gewählt zu 6 (Massenwirkungen ausgeglichen). Zylinderleistung $N_{e_1} = 100$ PSe. p_e gewählt zu 5,88 kg/cm². Somit

$$C = \frac{p_e \cdot n}{N_{e_1}} = \frac{5,88 \cdot 250}{100} = 14,67 = \frac{9000}{F \cdot H}$$

(F Kolbenfläche in cm², H Hub in m). Also $F \cdot H = 9000 : 14,67 = 613$. Man nimmt verschiedene D an (Zahlentafel 2), trägt die zugehörigen Kolbenflächen ein und berechnet $H = 613 : F$. H ergibt sich in m. Die zusammengehörigen Werte von D und H erfüllen sämtlich die Forderung, daß bei $p_e = 5,88$ kg/cm² und 250 U/min die Zylinderleistung 100 PSe wird; sie sind aber nicht für die Ausführung gleich gut geeignet. Mit $D = 340$ mm werden Hubverhältnis und c_m unnötig groß und der Durchmesser des Zylinders so klein, daß es schwierig wird, hinreichend große Ventile im Zylinderdeckel unterzubringen. Besonders das Einsaugventil darf nicht zu eng sein, damit keine Drossel-

Zahlentafel 2. *Berechnung von D und H bei gegebener Zylinderleistung und Drehzahl*

D mm	F cm²	H m	$H : D$	c_m m/sec
340	908	0,675	1,984	5,62
360	1018	0,602	1,67	5,02
380	1134	0,540	1,42	4,50
400	1257	0,487	1,217	4,06
420	1385	0,442	1,052	3,68

verluste entstehen. Mit $D = 400$ oder 420 mm werden $H : D$ und c_m zu klein; das $H : D$ würde für den Brennstoffverbrauch ungünstig sein, und mit dem kleinen c_m wäre die Maschine nicht ausgenutzt. Die Durchmesser 360 und 380 mm sind beide ausführbar. Der größere Durchmesser ist vorteilhafter, weil das Einsaugventil etwas größer ausgeführt werden kann.

C. Konstruktive Einzelheiten

Auch wenn über alle vorstehend besprochenen Alternativen entschieden worden ist, bleibt eine Reihe von Fragen zu klären, bevor mit dem Aufzeichnen des Längs- und Querschnittes begonnen werden kann. Sie sollen hier nur gestreift werden; eine vergleichende Betrachtung der im IV. Abschnitt beschriebenen ausgeführten Maschinen zeigt, wie die Konstruktion von der Beantwortung der Fragen abhängt.

Zunächst ist festzusetzen, ob die Maschine als *Rechts-* oder als *Linksmodell* gebaut werden soll. Handelt es sich um ein Zweischrauben-Motorschiff mit zwei einzelnen Hauptmaschinen, so ist deren Drehsinn durch die Propeller bestimmt, deren Flügelspitzen in der Voraus-Fahrt beim Durchgang durch den OT (oberen Totpunkt) nach außen schlagen. Dann wird der StB-Motor rechtsgängig (= Uhrzeigersinn, nach vorn blickend), der BB-Motor linksgängig. Die Gleitbahndrücke sind während der Arbeitshübe zur Schiffsmitte gerichtet. Die Bedienungsstände können dann entweder auf Längsmitte Maschine oder an den Stirnseiten liegen; in beiden Fällen wird ihr räumlicher Abstand klein, wie für die Bedienung erforderlich. Arbeiten zwei gleiche Motoren durch Zahnräder auf eine gemeinsame Welle, so werden bei rechtsgängigem Propeller beide Motoren linksgängig; dann *müssen* die Bedienungsstände an den Stirnseiten liegen; andernfalls würde die Entfernung der Stände voneinander zu groß und die Bedienung erschwert werden. Auch die Anordnung der Rohrleitungen hängt von der Frage Rechts- oder Linksmodell ab; man legt sie nach Möglichkeit auf die dem Bedienungsstand abgewandte Seite und stets so, daß sie den Zugang zum Triebwerkraum möglichst nicht beeinträchtigen. Besonders die heißen Auspuffleitungen sollten möglichst nicht auf der Bedienungsseite liegen. Damit ein Motor nach Wahl als Rechts- oder als Linksmaschine geliefert werden kann, braucht meist nur eine begrenzte Zahl von Teilen spiegelbildlich, also verschieden ausgeführt zu werden. Die großen Gußstücke werden so mit Arbeitsflächen versehen, daß sie für beide Ausführungen passen, indem man entweder die jeweils nicht gebrauchten Flächen am Modell losnehmbar befestigt oder sie am abgegossenen Stück unbearbeitet läßt.

Den *Abstand der Zylindermitten* macht man so klein wie möglich, damit die Baulänge kurz und der Motor steif wird; beides ist für den Massenausgleich günstig, und geringer Raumbedarf ist immer vorteilhaft. Der IV. Abschnitt bringt eine Anzahl von Längsschnitten durch Maschinen verschiedener Größe. Sie zeigen, daß der Zylinderabstand von zwei Bedingungen abhängt: die Zylinderrahmen mit ihren Kühlwassermänteln und (beim Zweitakt) mit den Spül- und Auspuffkanälen müssen nebeneinander Platz finden, und der Zylinderabstand muß gleich der axialen Länge einer Kurbelkröpfung vermehrt um zwei halbe Längen der Grundlagerzapfen sein. Besonders die zweite Bedingung bestimmt den Mittenabstand der Zylinder. Bei den in Abschn. IV dargestellten Längsschnitten liegt der Mittenabstand zwischen $1{,}50\,D$ und $1{,}95\,D$ ($D = $ Zyl.-Dmr.), wobei die niedrigen Werte für kleine und mittlere, die hohen für große Maschinen, insbesondere für doppeltwirkende Zweitaktmotoren gelten. Dieses Maß hängt somit in erster Linie von den Abmessungen der Kurbelwelle ab. Sie muß zuerst aufgezeichnet werden, auch deshalb, weil ihre Herstellung in der Regel die längste Zeit beansprucht.

Man pflegt die Hauptabmessungen der *Kurbelwellen* nach den Formeln zu berechnen, die von den Schiffsklassifikations-Gesellschaften aufgestellt worden sind. Sie ergeben den Durchmesser der Kurbel- und Wellenzapfen sowie die Abmessungen der Kurbelwangen in Abhängigkeit von Zahl und Durchmesser der Zylinder, vom Kolbenhub, von der Mittenentfernung der Grundlager (also dem Zylinderabstand), dem mittleren indizierten Druck und dem höchsten Verbrennungsdruck. Die Formeln der einzelnen Gesellschaften sind etwas verschieden; die aus ihnen sich ergebenden Abmessungen streuen nur wenig. Sie stellen eine Kombination aus Festigkeitsrechnung und Erfahrung dar und haben sich in jahrzehntelangem Gebrauch bewährt.

Der exakten Berechnung nach den Formeln der Festigkeitslehre [1] ist eine mehrfach gelagerte gekröpfte Kurbelwelle schon deshalb nicht zugänglich, weil die Voraussetzung — unnachgiebige Lagerung und genau gleiche Höhe der Unterstützungsflächen — nicht vollkommen erfüllt sein kann. Solche Berechnungen haben jedoch dann ihren Wert, wenn die Erfahrung gezeigt hat, daß die Sicherheitszuschläge, die man machen muß, in allen Fällen ausgereicht haben.

Die Formeln der Klassifikations-Gesellschaften liefern *nicht* die axialen Längen der Grundlagerzapfen und der Kurbelwellenzapfen. Deren Bemessung ist dem Konstrukteur überlassen; er bemißt sie nach dem spezifischen Flächendruck, bezogen auf die projizierte tragende Zapfenfläche, den er zulassen will. In der Höhe der Flächendrücke ist je nach der konstruktiven Ausführung der Schmierung der Zapfen ein Unterschied zu machen. Diese dürfen kürzer gemacht werden, es dürfen also höhere Flächendrücke zugelassen werden, wenn die unteren Pleuellager vom Kreuzkopf, nicht von den Grundlagern ihr Schmieröl erhalten, wie es z. B. in Bild 142, S. 155, und Bild 194, S. 203, dargestellt ist. Denn dann fällt die Ringnut in den Lagerschalen fort, die erforderlich ist, wenn das Schmieröl von den Grundlagern durch Bohrungen in der Welle dem Kurbelzapfen und von dort dem Kreuzkopf zugeführt wird. Die Ringnut zerschneidet das Lager in zwei Hälften, die wegen des vermehrten seitlichen Abströmens des Schmieröles nicht ebenso hoch belastet werden dürfen wie eine ungeteilte Lagerschale. Die Abbildungen zeigen, daß sowohl die Grundlager wie die Pleuellager kürzer gemacht werden können, wenn die Ringnut fehlt. Der Mittenabstand der Zylinder wird kleiner. Ein weiterer Vorteil ist, daß die Welle nicht gebohrt zu werden braucht. Man hat sich also schon bei Beginn des Entwurfes zu entscheiden, wie die Schmierung der Triebwerkteile ausgeführt werden soll.

---

[1] Vgl. Bd. I, S. 264; dort auch Literatur über die Festigkeitsrechnung von Kurbelwellen.

Die Kurbelwelle braucht für ihre Herstellung eine längere Zeit als die anderen Maschinenteile; über ihre Abmessungen und die Stellung der Kurbeln muß schon bei Beginn der Konstruktion entschieden werden. Die Untersuchung der Massenwirkungen und die Nachrechnung auf Drehschwingungen gehen der Ausarbeitung der Einzelkonstruktionen voraus; daher sind die Abschnitte „Massenausgleich" und „Drehschwingungen" dem konstruktiven Teil des Buches vorangestellt. Für die Untersuchungen ist nur die Kenntnis der Hauptabmessungen der Wellenleitung und der Gewichte der Triebwerkteile erforderlich. Starke kritische Drehzahlen dürfen nicht in der Nähe der Betriebsdrehzahl liegen; wenn hiermit gerechnet werden muß, sollte die Kurbelwelle am vorderen Ende mit einem angeschmiedeten Flansch versehen werden, damit, falls erforderlich, ein Schwingungsdämpfer angebracht werden kann.

Nicht alle Alternativen, die sich dem Konstrukteur für die Ausführung bieten, können hier aufgezählt werden. Ein Vergleich der Bauarten, die im IV. Abschnitt beschrieben sind, zeigt, daß man auf vielfach verschiedenen Wegen die gleiche Aufgabe lösen kann. So hat z. B. der Konstrukteur einer Zweitaktmaschine für die Ausführung der Spülpumpe die Wahl zwischen Kolben-, Kapsel- und Turbogebläse; bei einfachwirkenden Maschinen kann auch die Unterseite der Arbeitskolben zur Beschaffung der Spülluft herangezogen werden (Bild 316, S. 333). Das Kolbengebläse kann in Tandem-Anordnung mit übereinanderliegenden Zylindern und je nach Größe der Maschine mit einer oder zwei Kurbeln am vorderen Ende angeordnet werden (Bild 168, S. 180); es kann auch in einzelne Kolbenpumpen aufgelöst werden, die neben den Arbeitszylindern ihren Platz haben (Bild 175, S. 188, und Bild 271, S. 281). Bei Viertaktmaschinen kann die Nockenwelle in halber Höhe der Maschine angeordnet werden — dann braucht man Stoßstangen zum Antrieb der Ventile (Bild 282, S. 291) —, oder sie kann in Höhe der Zylinderdeckel liegen, dann entfallen die Stoßstangen, doch wird der Abstand zwischen Kurbel- und Nockenwelle größer. Dieser kann durch Zahnräder oder durch Kettenräder und Kette überbrückt werden (Bild 307, S. 321). Das Umsteuern kann man durch Verschieben der Nockenwelle bewirken, die dann Voraus- und Zurück-Nocken trägt, oder durch Verdrehen (Bild 199, S. 208) um den doppelten Voreinspritzwinkel; dann entfällt das Verschieben, und es wird eine Schleppkupplung erforderlich usw.

Nahezu alle Teile eines Dieselmotors bieten dem Konstrukteur die Möglichkeit, eigene Gedanken zu verwirklichen. Das verleiht seiner Arbeit den Reiz der schöpferischen Tätigkeit.

II. Massenausgleich

Bei der laufenden Kolbenmaschine treten Kräfte auf, die nicht durch das arbeitende Medium (Dampf, Verbrennungsgase, Druckluft), sondern durch den Trägheitswiderstand der oszillierenden und der rotierenden Massen verursacht werden. Diese *Massenkräfte* können störende Erschütterungen des Fundamentes und der Umgebung hervorrufen, wenn nicht dafür gesorgt wird, daß sie sich innerhalb der Maschine ganz oder wenigstens zum größeren Teil aufheben.

Zur Untersuchung des Massenausgleiches kann man das analytische[1] oder das graphische[2] Verfahren anwenden. Das graphische Verfahren verdient den Vorzug, weil es durchsichtiger ist und dem Ingenieur näher liegt als die analytische Methode. Das graphische Verfahren ermöglicht einen raschen Überblick über den Einfluß einer Änderung der Kurbelfolge, des wirksamsten Mittels zur Beeinflussung des Massenausgleiches. Es vermeidet umständliche Rechnungen.

---

[1] LORENZ, H.: Dynamik der Kurbelgetriebe. Leipzig: B. G. Teubner 1901.

[2] KÖLSCH, O.: Gleichgang und Massenkräfte bei Fahr- und Flugzeugmaschinen. Berlin: Springer 1911.

Die Untersuchungen dieses Abschnittes gelten nicht nur für Verbrennungsmaschinen, sondern sinngemäß für jede Kolbenmaschine. Die Massenkräfte sind von dem in der Maschine arbeitenden Medium unabhängig. Sie hängen nur von der Größe der Massen und deren Beschleunigungen und Verzögerungen ab. Der Unterschied zwischen der Berechnung des Massenausgleiches einer Verbrennungsmaschine und einer Dampfmaschine ist nur äußerlich. Der Umstand, daß bei der Verbrennungsmaschine das Triebwerk aller Arbeitszylinder gleich ist und die Kurbeln gewöhnlich gleichen Winkelabstand haben, vereinfacht die Berechnung wesentlich. Die größere Zylinderzahl ermöglicht einen vollständigeren Ausgleich als bei der Dampfmaschine, die selten mehr als vier Zylinder hat. Grundsätzlich besteht aber kein Unterschied zwischen dem Verbrennungsmotor und anderen Kolbenmaschinen.

1. Aufteilung der Massen

Die Massen, welche die Unruhe hervorrufen können, sind die Kurbelwangen, der Kurbelzapfen, die Pleuelstange und der Kolben, beim Kreuzkopfmotor auch der Kreuzkopf und die Kolbenstange. Die Wellenzapfen bleiben außer acht, weil sie keine Unruhe verursachen können. Die Kurbelwangen und der Kurbelzapfen vollführen eine rein umlaufende Bewegung, Kolben, Kolbenstange und Kreuzkopf eine rein oszillierende. Die Pleuelstange nimmt eine Mittelstellung ein, da ihr oberer Endpunkt rein hin- und hergehende, ihr unterer rein rotierende Bewegungen macht. Ihr Schwerpunkt vollführt eine Pendelbewegung mit abwechselnder Winkelbeschleunigung und -verzögerung. Dies darf man bei der Untersuchung des Massenausgleiches vernachlässigen und die Masse der Pleuelstange in zwei Massen aufteilen, von denen man die eine im Mittelpunkt des Kreuzkopfes, die andere im Mittelpunkt des Kurbelzapfens angreifend denkt. Die erste schlägt man zu den hin- und hergehenden, die zweite zu den umlaufenden Massen.

Zur Aufteilung der Masse der Pleuelstange bestimmt man durch Rechnung oder Versuch ihr Gewicht G und die Lage ihres Schwerpunktes S (Bild 3) und bildet die Ausdrücke

$$G_1 = G \cdot \frac{l_2}{l} \quad \text{und} \quad G_2 = G \cdot \frac{l_1}{l} \, .$$

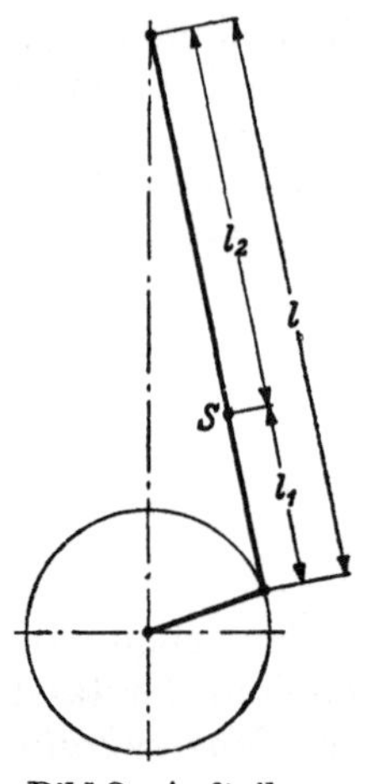

Bild 3. Aufteilung der Pleuelstange in hin- und hergehenden und umlaufenden Massenteil

Dann ist G_1 der umlaufende und G_2 der hin- und hergehende Gewichtsanteil. Genau ist dies nur richtig, wenn die Länge l der Pleuelstange, gemessen zwischen Mitte Kolbenbolzen (bzw. Kreuzkopfzapfen) und Mitte Kurbelzapfen, mit den beiden reduzierten Pendellängen der Pleuelstange übereinstimmt, wenn also ein Pendelversuch, bei welchem die Pleuelstange einmal um die Mitte des oberen, ein zweites Mal um die Mitte des unteren Pleuelkopfes schwingt, die gleiche Schwingungsdauer ergibt[1]. Das wird nur ausnahmsweise zutreffen, doch liegt der Fehler, den man bei der vereinfachten Aufteilung der Pleuelstangenmasse macht, in der Größenordnung von wenigen Prozent. Sein Einfluß auf die Genauigkeit der ganzen Rechnung ist noch wesentlich kleiner, da die Masse der Pleuelstange nur einen Bruchteil der übrigen Massen ausmacht. Der Fehler liegt innerhalb der Genauigkeit, mit welcher man das Gewicht der bewegten Massen berechnen kann.

Da der Schwerpunktsradius der Kurbelwangen immer kleiner ist als der Schwerpunktsradius des Kurbelzapfens (d. i. der Kurbelradius), müssen die Gewichte der Wangen auf den Kurbelradius bezogen werden. Ist r der Kurbelradius, r_w der Abstand des Schwerpunktes der Kurbelwangen von der Wellenachse und G_w das Gewicht einer Wange, so wird ihr auf den Kurbelradius reduziertes Gewicht

$$G_{w_{\text{red}}} = G_w \cdot \frac{r_w}{r} \, .$$

---

[1] Lorenz, H.: Massenwirkungen von Getriebegruppen. Z. VDI Bd. 62 (1918) S. 562.

Es wird somit:

das Gewicht aller hin- und hergehenden Teile

$$G_H = \text{Kolben (einschl. Kühlflüssigkeit)} + \text{Kolbenstange} + \text{Kreuzkopf} + G \cdot \frac{l_1}{l}$$

und das Gewicht aller rotierenden Teile

$$G_R = \text{Kurbelzapfen} + 2 \cdot G_w \cdot \frac{r_w}{r} + G \cdot \frac{l_2}{l}.$$

2. Massenkräfte der Einzylindermaschine

Im folgenden bezeichnet:

$\omega = \pi\, n/30$ die Winkelgeschwindigkeit der Kurbelwelle ($n = $ U/min),

r den Kurbelradius in m,

$g = 9{,}81$ m/sec² die Erdbeschleunigung,

α den Drehwinkel der Kurbel, gemessen von der oberen Totlage (OT) aus,

$\lambda = r : l$ das Längenverhältnis von Kurbelradius und Pleuelstange.

Der Index H deutet hin- und hergehende, der Index R rotierende Massen an.

a) Die Massenkräfte P_I und P_{II} der hin- und hergehenden Teile

Die Massenkraft ist das Produkt aus Masse und Beschleunigung. Diese ist, wie man leicht erkennt, im 1. Quadranten positiv, im 2. negativ (Verzögerung), im 3. wieder positiv und im 4. negativ. Die Trägheits*widerstände* gegen diese Beschleunigungen und Verzögerungen sind

    im 1. Quadranten nach *oben,*

    im 2. Quadranten nach *unten,*

    im 3. Quadranten nach *unten,*

    im 4. Quadranten nach *oben* gerichtet.

Der Einfluß der endlichen Pleuelstangenlänge ist dabei noch nicht berücksichtigt.

Um die *Größe der Beschleunigungen* zu finden, hat man den Kolbenweg x als Funktion des (vom oberen Totpunkt aus zu zählenden) Kurbelwinkels α darzustellen und zweimal nach der Zeit zu differentiieren. Mit den in Bild 4 eingetragenen Bezeichnungen wird:

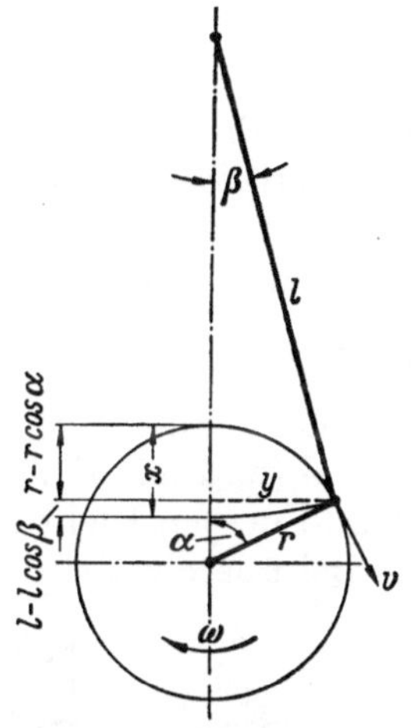

$$x = r(1 - \cos\alpha) + l(1 - \cos\beta)$$

$$y = r \cdot \sin\alpha = l \cdot \sin\beta$$

$$\sin\beta = \frac{r}{l} \cdot \sin\alpha = \lambda \cdot \sin\alpha$$

$$\cos\beta = \sqrt{1 - \sin^2\beta} = (1 - \sin^2\beta)^{1/2}.$$

Bild 4. Zur Berechnung der Beschleunigung der hin- und hergehenden Massen

Durch Reihenentwicklung erhält man:

$$\cos\beta = 1 - \frac{1}{2}\sin^2\beta = 1 - \frac{1}{2}\lambda^2 \cdot \sin^2\alpha,$$

da die Glieder höherer Ordnung vernachlässigt werden dürfen. Somit wird der Kolbenweg

$$x = r(1 - \cos\alpha) + \frac{l}{2}\lambda^2 \cdot \sin^2\alpha = f(\alpha).$$

Die Differentiation nach der Zeit t ergibt die Kolbengeschwindigkeit

$$c = \frac{dx}{dt} = \frac{dx}{d\alpha} \cdot \frac{d\alpha}{dt} = \frac{dx}{d\alpha} \cdot \omega = \frac{dx}{d\alpha} \cdot \frac{v}{r},$$

wenn v die als gleichmäßig angenommene Umfangsgeschwindigkeit des Kurbelzapfens ist. Man erhält:

$$c = \left(r \cdot \sin\alpha + \frac{1}{2}\frac{r^2}{l} \cdot 2\sin\alpha\cos\alpha\right)\frac{v}{r}$$

$$= \left(\sin\alpha + \frac{\lambda}{2} \cdot \sin 2\alpha\right)v.$$

Die Differentiation von c nach der Zeit t ergibt die Kolbenbeschleunigung

$$b = \frac{dc}{dt} = \frac{dc}{d\alpha} \cdot \frac{d\alpha}{dt} = \frac{dc}{d\alpha} \cdot \frac{v}{r} \; ;$$

$$b = \frac{v^2}{r}(\cos\alpha + \lambda \cdot \cos 2\alpha).$$

Diese Beschleunigung gilt für alle hin- und hergehenden Massen. Somit wird die *Massenkraft der hin- und hergehenden Teile*

$$P_H = \frac{G_H}{g}\, r\, \omega^2(\cos\alpha + \lambda \cdot \cos 2\alpha).$$

Man kann sie in der Form schreiben:

$$P_H = \frac{G_H}{g} \cdot r \cdot \omega^2 \cdot \cos\alpha + \lambda \cdot \frac{G_H}{g} \cdot r \cdot \omega^2 \cdot \cos 2\alpha \tag{1}$$

$$= P_I \cdot \cos\alpha + P_{II} \cdot \cos 2\alpha, \tag{2}$$

wenn zur Abkürzung

$$\frac{G_H}{g} \cdot r \cdot \omega^2 = P_I \quad \text{und} \quad \lambda \cdot \frac{G_H}{g} \cdot r \cdot \omega^2 = P_{II}$$

gesetzt wird. P_I heißt der „Vektor der Massenkraft I. Ordnung", P_{II} der „Vektor der Massenkraft II. Ordnung"[1]. Die Form der Gl. (2) ermöglicht eine einfache Darstellung der Massenkräfte I. und II. Ordnung. Die Massenkraft I. Ordnung ist gleich den Projektionen eines mit der Winkelgeschwindigkeit der Kurbelwelle umlaufenden, der Kurbel gleichgerichteten Vektors von der Länge $(G_H : g)\, r\, \omega^2$ auf die Vertikale, die Massenkraft II. Ordnung gleich den Projektionen eines mit der *doppelten* Winkelgeschwindigkeit umlaufenden Vektors von der Länge $\lambda \cdot P_I$, der nur im oberen Totpunkt mit der Kurbel (und mit P_I) gleichgerichtet, im unteren Totpunkt der Kurbel entgegengerichtet ist und dessen Richtung bei allen anderen Kurbelstellungen nicht mit der Richtung der Kurbel übereinstimmt. Durch Entwicklung der P_I und P_{II} in je eine Kosinuslinie erhält

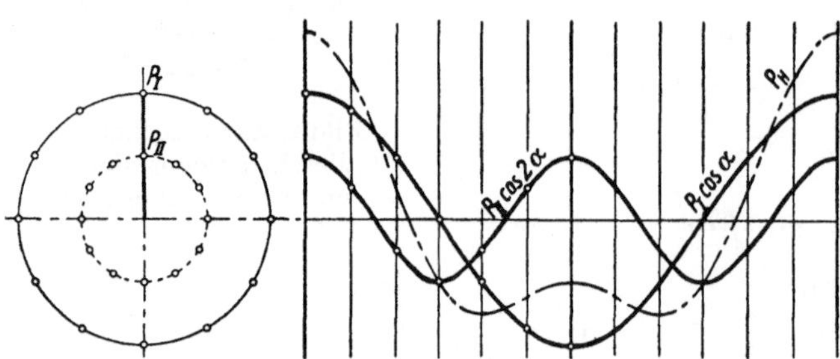

Bild 5. Addition der Massenkräfte I. und II. Ordnung

man Bild 5, durch Addition ihrer Ordinaten den Verlauf der resultierenden Massenkraft P_H (strichpunktierte Linie) während einer Umdrehung. Aus der Lage der Schnittpunkte der P_H-Linie mit der Null-Linie erkennt man, daß die Einteilung der Beschleunigungen und Verzögerungen nach gleich großen Quadranten nicht genau ist; der 1. und 4. werden verkürzt, der 2. und 3. verlängert. Der Wechsel von der Beschleunigung zur Verzögerung tritt etwas oberhalb der Horizontalen ein, eine Folge der endlichen Pleuelstangenlänge.

---

[1] Im folgenden werden P_I und P_{II} kurz als „Massenkraft I. bzw. II. Ordnung" bezeichnet. Es ist dann zu beachten, daß wegen $\cos\alpha$ und $\cos 2\alpha$ *nur die Projektionen der Vektoren auf die Vertikale* als Kräfte wirklich auftreten.

Die *Richtung* der Vektoren P_I und P_{II} weist stets vom Zentrum des Kreises zum Außenumfang (*„von innen nach außen"*). Ihre Projektionen auf die Vertikale haben dann dieselbe Richtung wie die Massenkräfte, die ihren Richtungssinn jeweils nach 180° bzw. 90° wechseln.

Die Addition der Ordinaten $P_I \cos\alpha$ und $P_{II} \cos 2\alpha$ zur P_H-Linie (Bild 5) ist meist nicht nötig. Die Größe der Vektoren P_I und P_{II} genügt zur Beurteilung der Massenkräfte I. und II. Ordnung. In Wirklichkeit vorhanden sind stets nur die Vertikalkomponenten der Vektoren. Für eine bestimmte Kurbelstellung ist der Vektor P_I unter dem gleichen Winkel, der Vektor P_{II} unter dem Winkel 2α zur Vertikalen zu zeichnen.

Nach Gl. (1) und (2) ist $P_{II} = \lambda \cdot P_I$. Die Massenkraft II. Ordnung verschwindet für $\lambda = 0$, d. h. $l = \infty$. Sie ist eine Folge der endlichen Pleuelstangenlänge. Um P_{II} klein zu halten, müßte man die Schubstange möglichst lang machen. Da dies eine große Bauhöhe der Maschine erfordert, begnügt man sich mit einem $\lambda = 1:4$ bis höchstens $1:4{,}5$. Die Normaldrücke auf die Gleitbahn werden dabei noch nicht zu groß.

Wirkung der Massenkräfte I. und II. Ordnung. Die Wirkungslinie dieser beiden Kräfte ist die *Zylinderachse.* Die Kräfte können diese Achse nicht verlassen, denn es war bei der Aufteilung der Massen die Voraussetzung gemacht worden, daß die geringen Querdrücke, die durch die wechselnde Winkelbeschleunigung der um ihren Schwerpunkt pendelnden Pleuelstange verursacht werden, vernachlässigt werden dürfen. Somit bleiben von den oszillierenden Massen nur Kräfte übrig, die in der Zylinderachse liegen. Sie wirken abwechselnd nach oben und unten, greifen an der Kurbelwelle an (weil die Pleuelstange die Verbindung mit der Kurbelwelle herstellt) und suchen die feststehenden Teile der Maschine senkrecht nach oben und unten zu drücken. Der Gesamtschwerpunkt der Maschine bleibt dabei in Ruhe, weil es sich um *innere* Kräfte handelt. Die Schwerpunkte der beweglichen und der festen Massen suchen sich gegeneinander zu bewegen; die Größe ihrer Bewegungen ergibt sich aus dem Verhältnis ihrer Massen, so daß die größere Masse, d. i. das Maschinengestell, die kleinere Bewegung macht. Bezeichnet man mit M die Masse des Gestelles, mit m die bewegten Massen und mit s_1 bzw. s_2 die von ihren Schwerpunkten zurückgelegten Wege, so muß $M \cdot s_1 = m \cdot s_2$ sein (Satz von der Erhaltung des Schwerpunktes). Da $M > m$, so wird $s_1 < s_2$. Die Bewegungen s_1 werden durch das mit dem Gestell fest verbundene Fundament verkleinert, aber nicht aufgehoben. Sie pflanzen sich in die Umgebung des Fundamentes fort und können die Ursache lästiger Störungen werden.

Ausgleich der Massenkräfte I. und II. Ordnung. Ein vollständiger Ausgleich der Massenkräfte I. und II. Ordnung der Einzylindermaschine ist möglich, aber umständlich. Man müßte neben dem Zylinder und symmetrisch zur Zylinderachse je zwei Wellen anordnen, die von der Kurbelwelle angetrieben werden und von denen das eine Paar mit der gleichen Drehzahl wie die Kurbelwelle, das andere mit der doppelten Drehzahl umläuft[1]. Auf den vier Hilfswellen ist je ein Gegengewicht so angeordnet, daß zwei Paare von Fliehkräften entstehen, von denen das eine Paar eine in die Zylinderachse fallende harmonische Wechselkraft I. Ordnung liefert, das zweite Paar eine Wechselkraft II. Ordnung. Wenn die Gegengewichte so angeordnet werden, daß beide Wechselkräfte in die Zylinderachse fallen und den Massenkräften der Einzylindermaschine jeweils entgegengesetzt gerichtet sind, ist ein vollständiger Ausgleich der hin- und hergehenden Massen der Einzylindermaschine hergestellt. Der konstruktive Aufwand verbietet dies in der Regel, und man findet diesen Ausgleich nur selten ausgeführt. GERB[2] berichtet über einen Fall.

Wie man einen Teilausgleich der Massenkräfte der hin- und hergehenden Massen mit einfachen Mitteln erzielen kann, freilich nur auf Kosten des Auftretens vergrößerter waagerecht gerichteter Kräfte, ist im folgenden Abschnitt angegeben.

---

[1] Vgl. KRAEMER, O.: Bau und Berechnung der Verbrennungskraftmaschinen. 3. Aufl., S. 76. Berlin: Springer 1948.

[2] GERB, W.: Die Fernübertragung von Bodenerschütterungen bei Maschinen mit hin- und hergehenden Massen. Z. VDI Bd. 64 (1920) S. 759.

b) Die Massenkraft P_R der umlaufenden Teile

Die Massenkraft P_R ist bei jeder Kurbelstellung in voller Größe vorhanden. Sie ist identisch mit der Fliehkraft, welche die umlaufenden Teile entwickeln. Ist deren Gewicht G_R, so wird die Massenkraft

$$P_R = \frac{G_R}{g} \cdot r \cdot \omega^2 \, .$$

P_R wirkt radial in Richtung der Kurbel und kann in eine senkrechte Komponente

$$P_R \cos\alpha = \frac{G_R}{g} \cdot r \cdot \omega^2 \cdot \cos\alpha$$

und eine waagerechte Komponente

$$P_R \sin\alpha = \frac{G_R}{g} \cdot r \cdot \omega^2 \cdot \sin\alpha$$

zerlegt werden (Bild 6). Die senkrechte Komponente wirkt in der Zylinderachse und sucht wie die Massenkraft P_I das Gestell zu heben und zu senken. Der Vektor P_R ist dem Vektor P_I beständig gleichgerichtet; beide Vektoren weisen im 1. und 4. Quadranten des Kurbelkreises nach oben, im 2. und 3. nach unten. Die senkrechte Komponente addiert sich daher zur Massenkraft P_I und verstärkt deren Wirkung. Die Massenkraft II. Ordnung wird durch P_R, das nur von der I. Ordnung sein kann, nicht beeinflußt.

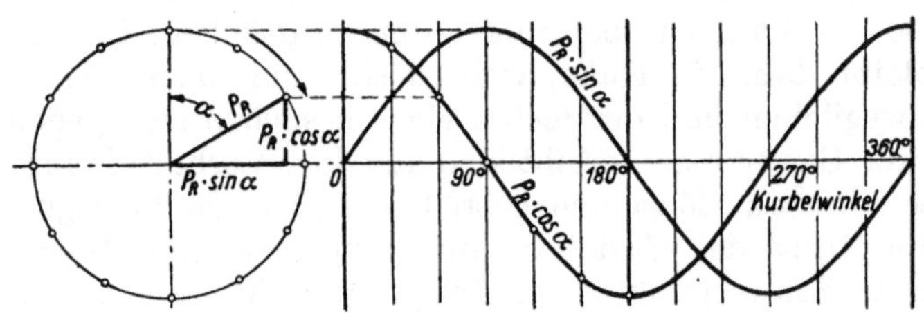
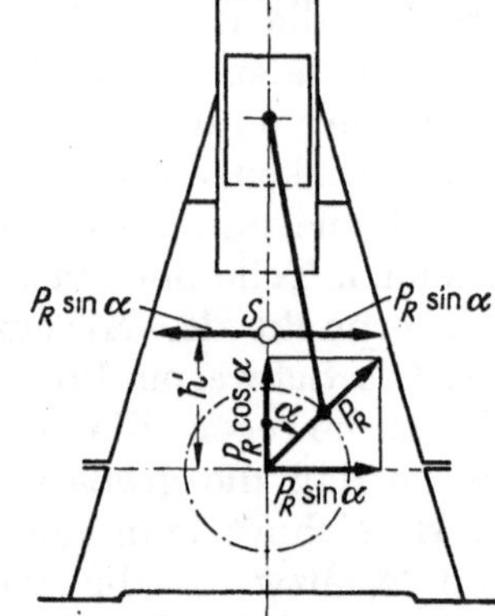

Bild 6
Zerlegung der umlaufenden Massenkraft in eine senkrechte und eine waagerechte Komponente

Bild 7. Durch die waagerechte Seitenkraft $P_R \sin\alpha$ entsteht ein Kippmoment $P_R \sin\alpha \cdot h'$

Die waagerechte Komponente $P_R \sin\alpha$ greift wie die senkrechte in der Achse der Kurbelwelle an. Sie geht aber nicht wie die senkrechte Komponente durch den Schwerpunkt S der Maschine, denn dieser hat den Abstand h' von der Wellenachse (Bild 7). Bringt man in S zwei gleich große und entgegengesetzt gerichtete Kräfte $P_R \sin\alpha$ an, wodurch an der Gesamtwirkung nichts geändert wird, so bilden zwei der drei Kräfte $P_R \sin\alpha$ ein Kräftepaar, das die Maschine um eine durch S gehende, zur Kurbelwelle parallele Achse zu kippen sucht. Das Moment wechselt seinen Drehsinn im oberen und im unteren Totpunkt der Kurbel. Bei den beiden waagerechten Kurbelstellungen hat es sein Maximum ($\sin\alpha = 90°$); bei senkrecht stehender Kurbel wird es null. Da h' meist nicht groß ist, wird auch das Moment nicht groß; zudem wird es von der Lagerung der Grundplatte leicht aufgenommen. Störende von diesem Moment ausgehende Wirkungen sind kaum beobachtet worden, weshalb seine Berechnung gewöhnlich unterbleibt. Man erspart dadurch auch die etwas unbequeme Ermittlung der Höhenlage von S. Die übrigbleibende, in S angreifende (in Bild 7 nach rechts wirkende) Kraft $P_R \sin\alpha$ sucht die Maschine im Takt der Drehzahl quer zur Wellenachse hin und her zu schieben, was durch das Fundament verhindert wird. Auch diese Seitenkraft stört gewöhnlich nicht.

Die Massenkraft P_R kann völlig ausgeglichen werden, indem man an den Kurbelwangen Gegengewichte von solcher Form und Größe anbringt, daß ihr gemeinsamer Schwerpunkt gegen das Kurbelzapfenmittel um 180° versetzt ist und die Gewichte zusammen ein statisches Moment, bezogen auf die Wellenachse, gleich $G_R \cdot r$ ausüben. Dann heben sich die Fliehkräfte der Gegengewichte und die Fliehkraft der umlaufenden Massen auf. Das P_R verschwindet und damit auch das Kippmoment $P_R \sin\alpha \cdot h'$ (Bild 7). Die Gegengewichte müssen sorgfältig an den Wangen befestigt werden, da ihre Verbindung mit den Wangen nicht nur durch die Fliehkraft, sondern auch durch Trägheitskräfte, die von Drehschwingungen herrühren, stark beansprucht wird.

Macht man die Masse der Gegengewichte an den Kurbelwangen größer als der Ausgleich der umlaufenden Massenkraft P_R erfordert, etwa um den Betrag m_g, so wird dadurch ein Überschuß $m_g\, r_g\, \omega^2$ an umlaufender Massenkraft erzeugt, der dem P_R in Bild 7 entgegengerichtet ist. Er kann in zwei Komponenten $m_g\, r_g\, \omega^2 \sin\alpha$ und $m_g\, r_g\, \omega^2 \cos\alpha$ zerlegt werden, von denen die erste wie die Komponente $P_R \sin\alpha$ wirkt (jedoch in entgegengesetzter Richtung) und ein Kippmoment $m_g\, r_g\, \omega^2 \sin\alpha \cdot h'$ hervorruft, während die zweite in der Vertikalen liegt und hier dem $P_I \cos\alpha$ ständig entgegengerichtet ist. Dadurch wird ein *Teilausgleich* der Massenkraft I. Ordnung herbeigeführt, aber auf Kosten des Auftretens einer neuen waagerechten Wechselkraft, so daß damit nur eine Umformung, nicht ein Ausgleich der Massenkraft I. Ordnung erzielt wird. BESTEHORN [1] empfiehlt, den überschüssigen Teil der Gegengewichte nur so groß zu machen, daß er die *Hälfte* der Massenkraft P_I ausgleicht, also $m_g\, r_g\, \omega^2 = \tfrac{1}{2}\, m_H\, r\, \omega^2$ auszuführen, wenn m_H die Masse der hin und her gehenden Teile ist, dabei aber auch Rücksicht auf die Bauhöhe der Maschine und die Beschaffenheit des Fundamentes zu nehmen.

3. Massenkräfte und -momente der Mehrzylindermaschine

Bei Mehrzylindermaschinen treten die Massenkräfte P_R, P_I und P_{II} im Triebwerk jedes einzelnen Zylinders auf. Da bei Verbrennungsmotoren die Triebwerkteile in der Regel gleich ausgeführt werden, sind auch die Massenkräfte gleich. Wenn größere Hilfsmaschinen, z. B. Kolbenspülpumpen von Zweitaktmotoren angehängt sind, werden die zugehörigen Vektoren P_R, P_I und P_{II} getrennt berechnet.

Bei jedem Zylinder wirken die P_I und P_{II} in der Achse des betreffenden Zylinders, die P_R in Ebenen, welche die Zylinderachse enthalten und auf der Achse der Kurbelwelle senkrecht stehen. Die P_R, P_I und P_{II} der einzelnen Zylinder sind also zunächst völlig voneinander getrennt. Sie dürfen (die Gruppen der P_R, P_I und P_{II} voneinander getrennt) trotzdem zusammengesetzt werden, da sie alle an ein und demselben Körper, der Kurbelwelle, angreifen. Für die P_R ist dies selbstverständlich; für die nur in der Zylinderachse wirkenden P_I und P_{II} ist die Annahme, daß auch sie an der Kurbelwelle angreifen, deshalb erlaubt, weil die Masse der Pleuelstange, die das Angreifen vermittelt, in einen oszillierenden und einen rotierenden Anteil zerlegt worden ist und die Querdrücke, die von der Pendelbewegung der Pleuelstange herrühren, vernachlässigt werden durften.

Da die Zylinderachsen einen durch die Konstruktion der Maschine gegebenen Abstand voneinander haben, rufen die Kräfte P_R, P_I und P_{II} Momente M_R, M_I und M_{II} hervor, welche das Maschinengestell zu kippen suchen, wodurch ebenfalls Unruhe entstehen kann. Es ist die Aufgabe des Massenausgleiches, die Kurbeln der Mehrzylindermaschinen so anzuordnen, daß auch die Massenmomente der einzelnen Zylinder sich nach Möglichkeit gegenseitig aufheben. Es wird sich zeigen, daß dies vollständig nur für einige Zylinderzahlen möglich ist. In der Mehrzahl der Fälle muß man ein unausgeglichenes („freies") Massenmoment in Kauf nehmen. Die Massen*kräfte* dagegen gleichen sich bei kreissymmetrischer Anordnung der Kurbeln bei allen Zylinderzahlen mit Ausnahme der Ein-, Zwei- und Vierzylindermaschinen vollständig aus.

Die Untersuchung des Massenausgleiches von Mehrzylindermaschinen beginnt mit der Berechnung der Kräftevektoren P_R, P_I und P_{II} nach den Regeln des vorhergehenden Abschnittes. Sodann ist zu untersuchen, an welchen Hebelarmen diese Kräfte angreifen.

---

[1] BESTEHORN, R.: Massenausgleich bei Kurbelgetrieben, insbesondere durch Gegengewichte. Z. VDI Bd. 64 (1920) S. 42.

Dabei ist der Satz von der Erhaltung des Schwerpunktes zu beachten. Alle Massenkräfte sind *innere* Kräfte, sie können den Gesamtschwerpunkt der Maschine nicht aus seiner Ruhelage verschieben. War der Schwerpunkt in Ruhe, so bleibt er in Ruhe; war er in Bewegung, so wird seine Geschwindigkeit durch das Auftreten innerer Kräfte nicht geändert. Treten innere Momente auf, so können auch diese den Schwerpunkt *der gesamten Maschine* nicht aus seiner Ruhelage verschieben. Es kann nur das Maschinen*gestell*, das aus den unbeweglichen Teilen besteht, kippende Bewegungen wechselnder Richtung *um den Schwerpunkt* ausführen, Bewegungen, denen Kippbewegungen der Triebwerkteile in entgegengesetzter Richtung gegenüberstehen müssen. Denn es gilt auch für die Impulse, die das Gestell durch die Momente erfährt, ein Erhaltungssatz, der Satz von der Erhaltung des Drehimpulses, der durch innere Impulse keine Änderung erfahren kann. Üben die Triebwerkteile durch Vermittlung der Grundlager und der Grundplatte ein rechtsdrehendes Moment auf das Maschinengestell aus („rechts"drehend, wenn man die Maschine von einer Breitseite aus betrachtet), so reagiert das Maschinengestell mit einer Linksdrehung und umgekehrt. Die Winkelgeschwindigkeiten der Ausschläge von Gestell und Triebwerkteilen verhalten sich umgekehrt wie die Massenträgheitsmomente, weil $\Theta_{\text{Gest.}} \cdot \omega_{\text{Gest.}} = \Theta_{\text{Triebw.}} \cdot \omega_{\text{Triebw.}}$ sein muß. Das schwerere Gestell erfährt die kleineren Winkelgeschwindigkeiten, weil sein Trägheitsmoment $\Theta_{\text{Gest.}}$ größer als das der Triebwerkteile ist. Da die Zeiten für eine Kippbewegung gleich sind, macht das schwerere Gestell die kleineren Kippbewegungen. Die Summe der Impulse muß null sein, weil die stillstehende Maschine keine Drehbewegungen um ihre Schwerachse macht, also muß

$$\Theta_{\text{Gest.}} \cdot \omega_{\text{Gest.}} + \Theta_{\text{Triebw.}} \cdot (- \omega_{\text{Triebw.}}) = 0$$

sein. Die Kippbewegungen von Gestell und Triebwerkteilen sind *gegeneinander* gerichtet.

In der vertikalen Längsebene, welche sämtliche Zylinderachsen enthält, wirken zunächst die Kräfte P_I und P_{II} kippend. Für diese Kippbewegungen ist eine Achse maßgebend, die durch den Schwerpunkt der Maschine geht und senkrecht auf der vertikalen Längsebene steht, also *horizontal* gerichtet ist. Die Kippmomente ergeben sich durch Multiplikation der Kräfte P_I bzw. P_{II} mit ihren Entfernungen h von dieser Achse. Die Lage dieser Achse muß also zunächst bestimmt werden. Dabei genügt es, die Lage der *Ebene S–S* zu bestimmen, die den Schwerpunkt der Maschine enthält und auf der vertikalen Längsebene der Maschine senkrecht steht. Die Entfernung der Zylinderachsen von *S–S* ist gleich der gesuchten Länge der Hebelarme.

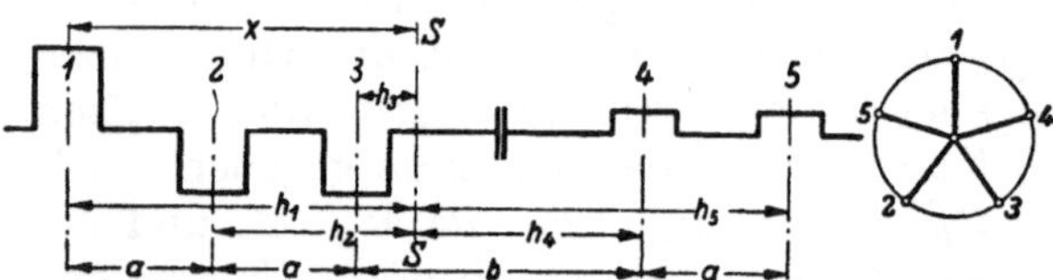

Bild 8. Bestimmung der Lage der Schwerebene *S–S*

Bei symmetrisch gebauten Mehrzylindermotoren ohne größere angebaute Hilfsmaschinen genügt es, die Schwerebene *S–S* auf Mitte Maschine anzunehmen. Wenn die Maschine unsymmetrisch gebaut ist, etwa infolge ungleicher Unterteilung der Kurbelwelle (Bild 8), kann man die Lage von *S–S* hinreichend genau durch Aufstellung einer Momentengleichung bestimmen, die man auf irgendeine Zylinderachse, z. B. die von Zylinder *1* bezieht. Die Gewichte der einzelnen Zylinder dürfen bei Verbrennungskraftmaschinen als gleich groß angenommen werden, so daß man sie gleich 1 setzen kann. Ist ein Spülpumpenzylinder vorhanden, so wird dessen Gewicht mit einem geschätzten Teilbetrag von 1 eingesetzt. Besonders schwere Schwungräder können ebenso behandelt werden. Für eine Fünfzylindermaschine nach Bild 8 mit den Zylinderabständen a und b und der Entfernung x der Schwerebene *S–S* von Zyl. *1* erhält man z. B. die Momentengleichung

$$1 \cdot 0 + 1 \cdot a + 1 \cdot 2a + 1 \cdot (2a + b) + 1 \cdot (3a + b) = 5x,$$

wobei 1 das Gewicht eines Zylinders ist, so daß die ganze Maschine 5 Einheiten wiegt, deren Größe man nicht zu kennen braucht. Es wird $x = (8a + 2b) : 5$, womit die Lage der Schwerebene S–S gefunden ist, denn die Strecken a und b sind bekannt. Damit ist auch die Länge der Hebelarme h_1 bis h_5 bestimmt, und es werden die in der vertikalen Längsebene wirkenden Kippmomente:

$$M_{I_1} = P_I \cdot h_1, \qquad M_{I_2} = P_I \cdot h_2 \quad \text{usw.}$$

und

$$M_{II_1} = P_{II} \cdot h_1 = \lambda \cdot P_I \cdot h_1 = \lambda \cdot M_{I_1},$$

$$M_{II_2} = P_{II} \cdot h_2 = \lambda \cdot P_I \cdot h_2 = \lambda \cdot M_{I_2} \quad \text{usw.}$$

Die Momente M_I wechseln ihren Drehsinn *ein*mal, die Momente M_{II} *zwei*mal während einer Umdrehung.

Aber auch die an den einzelnen Kurbeln angreifenden Fliehkräfte P_{R_1}, P_{R_2} (die für die Arbeitszylinder sämtlich gleich P_R sind) erzeugen Kippmomente in bezug auf S–S, da auch sie an den Hebelarmen h_1, h_2 usw. wirken. Die Größe dieser Kippmomente wird $M_{R_1} = P_R \cdot h_1$, $M_{R_2} = P_R \cdot h_2$ usw. Sie wirken jeweils in den Mittelebenen der Kurbelwangen, zu denen sie gehören; ihre Wirkungsebenen bilden dieselben Winkel miteinander wie die Kurbeln und drehen sich mit der Kurbelwelle. Diese Momente können natürlich nur von der I. Ordnung sein. Ihre Wirkung auf das Maschinengestell wird klarer, wenn man sich jedes P_R in eine Vertikalkomponente $P_R \cos\alpha$ und eine Horizontalkomponente $P_R \sin\alpha$ zerlegt denkt. Dann erzeugen alle $P_R \cos\alpha$, an den Hebeln h_1, h_2 ... angreifend, in der vertikalen Längsebene der Maschine liegende Kippmomente, welche ebenso wie die Momente M_I (nur im Maßstab $G_R : G_H$ verkleinert) das Gestell um eine durch den Gesamtschwerpunkt S gehende, auf der vertikalen Längsebene senkrecht stehende *horizontale* Achse zu kippen suchen. In Bild 7 ist diese die Richtungslinie der beiden durch S gehenden, entgegengesetzt gerichteten Kräfte $P_R \sin\alpha$ (man denke sich mehrere solcher Bilder im Abstand der Zylinder hintereinandergestellt). Die Horizontalkomponenten $P_R \sin\alpha$ erzeugen ebenfalls Kippmomente, weil auch sie an den Hebelarmen h_1, h_2 ... angreifen, aber diese Momente haben eine andere Achse: sie geht zwar auch durch den Gesamtschwerpunkt der Maschine, steht aber *senkrecht* und liegt *in* der vertikalen Längsebene. Schließlich wird durch die Horizontalkomponenten $P_R \sin\alpha$ noch eine dritte Gruppe von Kippmomenten hervorgerufen, wie aus Bild 7 hervorgeht: an jedem Zylinder tritt ein Moment $P_R \sin\alpha \cdot h'$ auf, und diese Momente suchen das Gestell um eine horizontale Achse zu kippen, die in der vertikalen Längsebene liegt und sich in Bild 7 als Punkt S projiziert. Die zuletzt genannten Momente sind die schwächsten, da der Hebelarm h' gewöhnlich nur klein gegenüber den großen Hebelarmen h ist. Man pflegt sie bei der Untersuchung des Massenausgleiches zu vernachlässigen, da sie meist nicht stören.

Die Zerlegung der Momente $M_R = P_R \cdot h$ in vertikale und horizontale Komponenten ist ebenfalls entbehrlich. Man kann bei der Zusammensetzung der Momente zu einem resultierenden Vektor die unzerlegten Einzelvektoren M_R benutzen. Nur wenn man das insgesamt von allen Massenkräften verursachte, in der Vertikalebene wirkende Moment ermitteln will, hat man von den Momenten M_R nur die Kosinuskomponente einzusetzen, da die Sinuskomponente in der Horizontalebene wirkt.

Zur Bestimmung der Lage der Schwerebene S–S nach Bild 8 ist noch folgendes zu bemerken: die Größe der resultierenden Momente M_R, M_I und M_{II} ist von der Lage von S–S dann *unabhängig*, wenn die das Moment hervorrufenden Kräfte sich *ausgleichen*. Den Beweis zeigt Bild 9 am Beispiel einer Vierzylindermaschine mit in einer Ebene liegenden

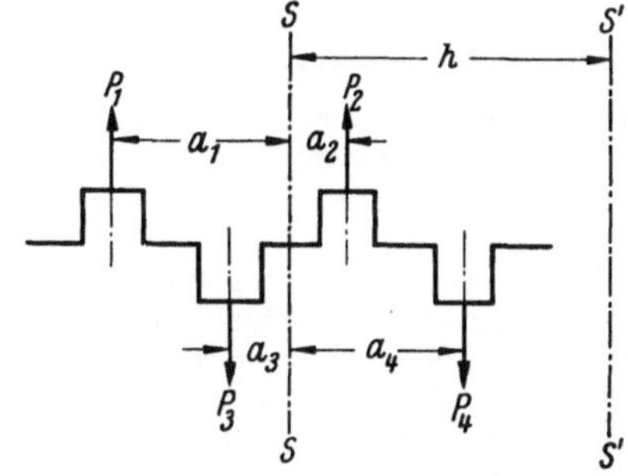

Bild 9. Die Summe der *Momente* ist unabhängig von der Lage der Bezugsebene, wenn die Summe der *Kräfte* null ist

Kurbeln und gleichen Triebwerkteilen. Die P_R und die P_I sind ausgeglichen, da sie paarweise einander entgegenwirken. Das resultierende Moment wird, bezogen auf $S\text{-}S$:

$$M_{\mathrm{res}} = P_1 \cdot a_1 - P_2 \cdot a_2 - P_3 \cdot a_3 + P_4 \cdot a_4;$$

es wird nicht gleich null, da $(a_1 + a_4) > (a_2 + a_3)$. Wird die Momentengleichung auf eine andere zu $S\text{-}S$ parallele Ebene $S'\text{-}S'$ bezogen, welche die beliebige Entfernung h von $S\text{-}S$ haben möge, so wird das neue resultierende Moment:

$$\begin{aligned}
M'_{\mathrm{res}} &= P_1(h + a_1) + P_2(h - a_2) - P_3(h + a_3) - P_4(h - a_4) \\
&= P_1 \cdot a_1 - P_2 \cdot a_2 - P_3 \cdot a_3 + P_4 \cdot a_4 + h(P_1 + P_2 - P_3 - P_4) \\
&= M_{\mathrm{res}} + h \cdot 0 = M_{\mathrm{res}},
\end{aligned}$$

denn nach Voraussetzung ist die Summe der P null. Also hat bei ausgeglichenen Massen*kräften* (aber nur unter dieser Voraussetzung) die Lage von $S\text{-}S$ keinen Einfluß auf die Größe des resultierenden Momentes.

Sind dagegen die P *nicht* ausgeglichen, bleibt eine unausgeglichene Massenkraft P_{res} übrig, so verschwindet in der vorletzten Gleichung der Klammerausdruck *nicht*, und M'_{res} wird um den Betrag $h \cdot P_{\mathrm{res}}$ *größer* als M_{res}. Dann ist also die Lage von $S\text{-}S$ nicht gleichgültig. Das sind aber Ausnahmen, denn bei den meisten Mehrzylindermotoren sind die Massenkräfte der Arbeitszylinder ausgeglichen (vgl. Zahlentafeln 3 und 4 S. 34 u. 35). Wo eine Kolbenspülpumpe den Ausgleich stört, ist der Fehler, den eine ungenaue Schätzung der Lage von $S\text{-}S$ verursacht, belanglos, da die Massen der Spülpumpe kleiner als die der Arbeitszylinder sind und nur das Produkt aus einer kleinen Masse und der Differenz zwischen geschätztem und wirklichem h die Genauigkeit der Rechnung beeinträchtigt.

Es werden somit durch die Massenkräfte P_R, P_I und P_{II}, die an jedem Zylinder auftreten, Massenmomente M_R, M_I und M_{II} hervorgerufen, von denen die M_I und M_{II} nur in der Vertikalebene wirken, während die Ebenen der M_R sich mit den Kurbeln drehen. Diese Einzelkräfte und -momente sind nunmehr zu Resultierenden zusammenzusetzen. Aufgabe des Massenausgleiches ist es, durch geeignete Maßnahmen dafür zu sorgen, daß die Resultierenden verschwinden oder möglichst klein werden.

4. Addition der Massenkräfte und -momente bei Mehrzylindermaschinen

Die Darstellung der Kräfte und Momente durch gerichtete Strecken (Vektoren) ermöglicht in einfacher Weise ihre Zusammensetzung zu Resultierenden. Ein in der Ebene E (Bild 10) wirkendes Moment kann durch einen Vektor M dargestellt werden, der auf der Ebene E senkrecht steht, dessen Länge (in passend gewähltem Maßstab) der Größe des Momentes entspricht und dessen Richtung dadurch bestimmt ist, daß (nach willkürlicher, aber innerhalb einer Rechnung beizubehaltender Festsetzung) sein Pfeil nach jener Richtung weist, von der aus gesehen das Moment eine Drehung *im Uhrzeigersinn* zu bewirken sucht[1].

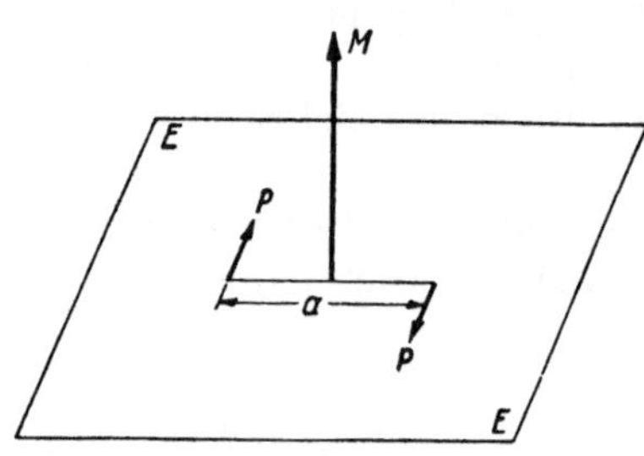

Bild 10. Darstellung eines Momentes durch den Momentenvektor nach POINSOT

Der Momentenvektor M darf senkrecht zur Ebene E parallel zu sich selbst beliebig verschoben werden, ohne daß sich an der Wirkung des Momentes etwas ändert.

---

[1] Dies ist die ursprüngliche, von L. POINSOT (1777—1859) gewählte Definition. Später hat man die „Schraubenregel" eingeführt, nach welcher der Momentenpfeil nach der entgegengesetzten Richtung zeigt. Für das Ergebnis der Rechnung ist es gleichgültig, welche Regel man benutzt, nur darf man sie natürlich nicht innerhalb einer Rechnung wechseln. Die Schraubenregel ist etwas unbequem auf solche Vektoren anzuwenden, die schräg von links hinten nach rechts vorn auf den Beschauer weisen; die Hand führt eine Schraubbewegung in dieser Richtung ungern aus. Bei der POINSOT-Regel prägt sich leicht ein, daß die flache Hand eine *Rechts*drehung (Schließbewegung eines Ventils) zu machen hat, während die Innenfläche der Hand den Druck der Pfeilspitze fühlt. Irrtümer sind dabei ausgeschlossen. Hier ist der POINSOT-Regel der Vorzug gegeben.

Seine Größe behält immer den Wert $P \cdot a$ (Bild 10), gleichgültig auf welchen Punkt der Ebene E es bezogen wird. Die Anschauung bestätigt dies; man betrachte Zahnrad-, Riemen- oder Kettenantriebe. In Bild 11 z. B. überträgt eine Kette das zum Antrieb der Nockenwelle eines Dieselmotors erforderliche Drehmoment von der Kurbel- auf die Nockenwelle. Es ist gleichgültig, an welcher Stelle der Momentenpfeil steht; er kann ebensogut auf Mitte Kurbelwelle wie auf der Achse des Kettenspannrades oder an anderer Stelle gezeichnet werden. Der mechanische Wirkungsgrad der Übertragung verkürzt in Wirklichkeit den verschobenen Vektor um einen kleinen Betrag. Davon sieht man bei graphischen Rechnungen ab.

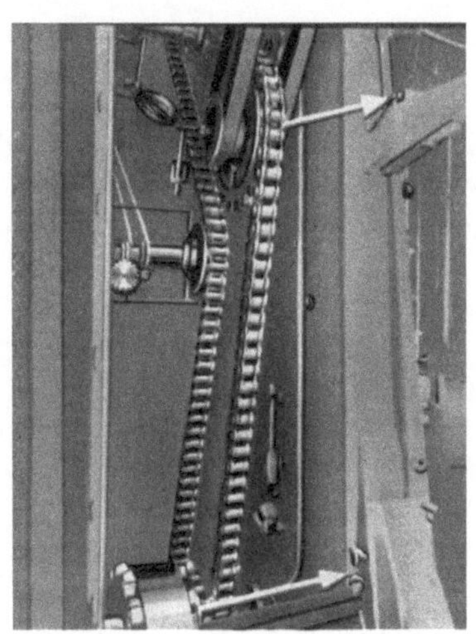

Bild 11. Ein Momentenvektor darf senkrecht zu seiner Ebene verschoben werden

a) Verschiebung der Vektoren in die Schwerebene

Der Umstand, daß ein Momentenvektor senkrecht zu seiner Ebene beliebig verschoben werden darf, ermöglicht die Verschiebung aller Kräfte und Momentenvektoren in *eine* Ebene, in der sie graphisch addiert werden können. Als Ebene, in der die Addition vorgenommen werden soll, wird die Schwerebene gewählt. Das Verfahren werde an Bild 12 erläutert. Es genügt die Betrachtung *einer* Kurbel, z. B. der am weitesten links liegenden. Eine zweite Kurbel ist nur angedeutet, die übrigen sind weggelassen. Man erblickt die Kurbelwelle von der Breitseite. Die betrachtete Kurbel gehe gerade durch ihren oberen Totpunkt und rufe die Massenkraft P_I hervor, die in diesem Augenblick ihr Maximum hat. $S–S$ sei die Schwerebene.

In dem Schnittpunkt der Wellenachse mit der Schwerebene werden, in $S–S$ liegend, zwei gleich große entgegengesetzt gerichtete Kräfte P_I' und P_I'' parallel zu P_I und von gleicher Größe wie P_I angebracht. Dadurch wird an der Wirkung von P_I auf die Kurbelwelle nichts geändert. P_I und P_I'' bilden zusammen ein Kräftepaar vom Moment $P_I \cdot h$. Dieses kann als Vektor aufgetragen werden, der senkrecht auf der Ebene $P_I - P_I''$, d. i. die vertikale Längsebene der Maschine (hier die Bildebene), steht. In Bild 12 ist der Vektor eingetragen, und zwar zunächst in der halben Entfernung $h/2$ von $S–S$. Er projiziert sich als Punkt, der die Pfeilspitze andeutet. Diese weist nach der POINSOT-Regel auf den Beschauer, denn das Moment $M_I = P_I \cdot h$ ist in dem betrachteten Augenblick rechtsdrehend. M_I darf aber mit dem gleichen Recht an der Stelle M_I' gezeichnet werden, denn der Momentenvektor darf parallel zu sich selbst beliebig verschoben werden. Damit ist die an der Kurbel wirkende Kraft P_I zurückgeführt auf eine gleich große, ihr gleichgerichtete in der Schwerebene liegende Kraft P_I' und auf ein Moment, dessen Vektor ebenfalls in der Schwerebene liegt und dessen Größe $P_I \cdot h$ ist.

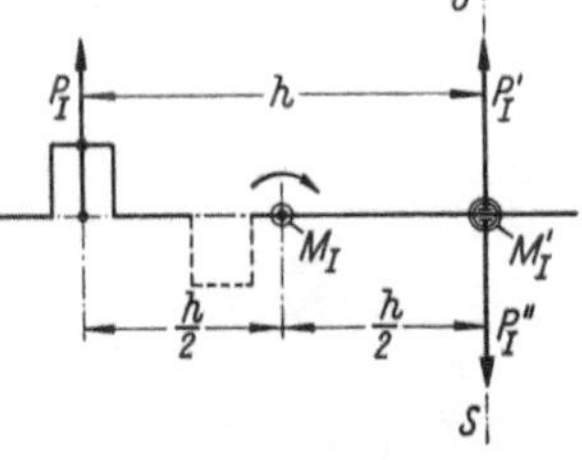

Bild 12. Verschiebung der Kräfte- und Momentenvektoren in die Schwerebene

In derselben Weise werden die an der gleichen Kurbel angreifenden Kräfte P_{II} und P_R behandelt. Auch ihre Wirkung auf die Kurbelwelle ist gleichwertig der Wirkung einer gleich großen, gleichgerichteten Kraft, die in der Schwerebene liegt, und eines Momentenvektors, der senkrecht zur Kraftrichtung steht und ebenfalls in der Schwerebene liegt. Dasselbe gilt für alle anderen Kurbeln: ihre Kraftvektoren P_I, P_{II} und P_R und ihre Momentenvektoren M_I, M_{II} und M_R dürfen von links und von rechts in die Schwerebene verschoben werden, ohne daß sich an der gemeinsamen Wirkung aller

Kräfte und Momente auf die Kurbelwelle irgend etwas ändert. Damit *wird die Schwerebene zur Zeichenebene* für die Zusammensetzung aller Kräfte- und Momentenpolygone. Deren Schlußlinie entscheidet, ob und wie weit die Kräfte und Momente sich innerhalb der Maschine gegenseitig aufheben.

b) Addition der Massenkräfte P_R, P_I und P_{II}

Addition der Massenkräfte P_R. Die Größe der Vektoren P_R wird $\dfrac{G_R}{g}\,r\,\omega^2$. Ihre Richtung weist stets vom Mittelpunkt des Kurbelkreises nach außen (,,von innen nach außen''), weil die Fliehkraft diese Richtung hat. Sie ist durch das ,,Kurbelschema I. Ordnung'' gegeben (Bild 13 links), das der wirklichen Stellung der Kurbeln, von der Stirnseite

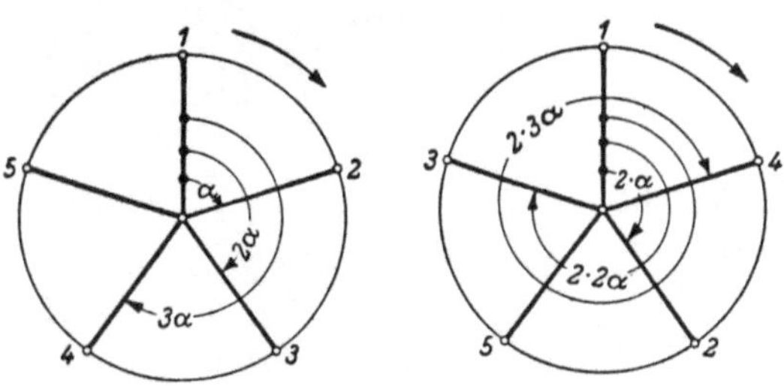

Bild 13. Kurbelschema I. und II. Ordnung

gesehen, entspricht. Die P_R-Vektoren werden, von einem beliebigen Punkt der Zeichenebene ausgehend, nach den Richtungen der Kurbeln aneinandergesetzt. Wenn das sich so ergebende Polygon sich schließt, dann gleichen sich die P_R gegenseitig aus. Sind alle Triebwerke gleich und die Kurbeln unter gleichen Winkeln oder kreissymmetrisch angeordnet, so ergeben sich für die P_R-Polygone regelmäßige geschlossene Vielecke. Bei Verbrennungsmotoren trifft dies für alle Zylinderzahlen von drei an aufwärts zu (senkrechte Spalten der P_R in Bild 22 bis 24). Bleibt eine Schlußlinie, so stellt diese das $P_{R_{res}}$ dar.

Tritt ein $P_{R_{res}}$ auf, so ist dies stets in voller Größe vorhanden, weil es von Fliehkräften herrührt. Das $P_{R_{res}}$ kann in zwei Komponenten $P_{R_{res}}\cos\alpha$ und $P_{R_{res}}\sin\alpha$ zerlegt werden, von denen die erste in Phase mit $P_{I_{res}}\cos\alpha$ (s. unt.) ist und diese Resultierende verstärkt, während die zweite die Maschine in horizontaler Richtung wechselnd hin und her zu schieben sucht. Diese Verschiebungen hat das Fundament aufzunehmen.

Das $P_{R_{res}}$ kann durch Gegengewichte an den Kurbelwangen immer zum Verschwinden gebracht werden. Auch dann, wenn die P_R sich gegenseitig aufheben, bringt man häufig Gegengewichte an, um die Kurbelwelle und die Grundplatte von den P_R, die sie zu verbiegen suchen, zu entlasten. An der Kurbelwelle eines Sechszylinder-Viertaktmotors (Bauart *Burmeister & Wain*) von 2400 PSe (Bild 14) sind die Gegengewichte nur an den Wangen der Kurbeln *1, 6, 3* und *4* angebracht; sie fehlen an den Wangen *2* und *5*. Die Schwerpunkte der Gegengewichte liegen *nicht* auf der Verlängerung der Kurbelradien, sondern ihre Mittellinien bilden den Win-

Bild 14. Kurbelwelle eines Sechszylinder-Viertaktmotors
mit Gegengewichten an den Kurbelwangen

kel $\gamma = 30°$ (Bild 15) mit den Kurbelradien *1, 6* und *3, 4*, so daß sie je eine Komponente k von der halben Größe der Fliehkraft F als Ersatz für die an den Wangen *2, 5* fehlenden Gegengewichte liefern. In Bild 14 ist die Winkelversetzung zwischen Wangen und Gegengewichten an der vordersten Arbeitskurbel zu erkennen. Dadurch werden zwei Paar Gegengewichte gespart; außerdem werden die ausgeführten Gegengewichte im Verhältnis $F_1 : F = \cos 30°$ kleiner. Die an den Kurbeln 2 und 5 angreifenden M_R gleichen sich zwar, weil gegeneinander gerichtet, aus, sind aber nicht (wie die der Kurbeln 1, 6, 3, 4) getilgt. An der äußeren kleineren Kurbel, die den Einblaseluftkompressor antreibt, sind die P_R durch kleine Gegengewichte ausgeglichen.

Addition der Massenkräfte P_I. Die Vektoren P_I sind ebenso wie die P_R zu behandeln. Auch ihre Richtung entspricht der Richtung der Kurbeln „von innen nach außen", weil die P_I in den beiden oberen Quadranten nach oben, in den unteren nach unten gerichtet sind. Die P_I-Vektoren sind ebenso wie die P_R-Vektoren zusammenzusetzen. Ihre Polygone werden den P_R-Polygonen ähnlich, da die P_I zu den P_R im Verhältnis $G_{II} : G_R$ stehen. Bei allen Motoren mit mehr als zwei Zylindern heben sich die P_I gegenseitig auf, sofern nicht eine Kolbenmaschine angehängt ist, die ein einzelnes übrigbleibendes P_I liefert.

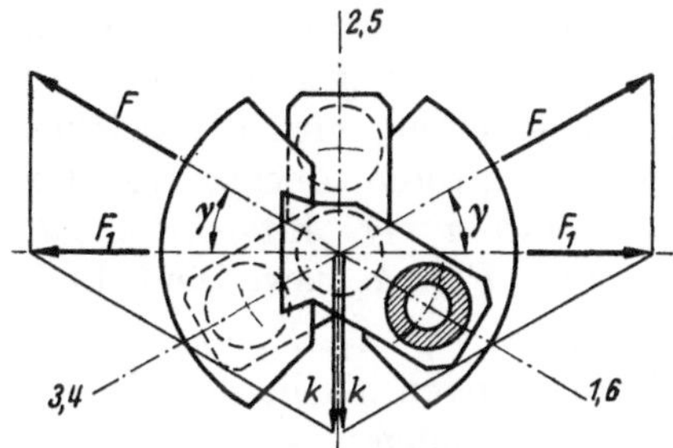

Bild 15. Anordnung der Gegenwichte an den Wangen der Kurbeln 1, 3, 4 und 6 der Kurbelwelle Bild 14

Addition der Massenkräfte P_{II}. Da die Massenkräfte II. Ordnung gleich $\lambda \cdot P_I \cdot \cos 2\alpha$ sind, erscheinen alle Vektoren P_{II} λmal kleiner als die P_I. Außerdem ist der Faktor $\cos 2\alpha$ zu beachten. Er bedeutet, daß der *Vektor P_{II}* irgendeiner Kurbel mit einer Ausgangsstellung (als welche zweckmäßig, aber nicht notwendig, Kurbel 1 im OT gewählt wird) stets den Winkel 2α bildet, wenn seine zugehörige *Kurbel* mit der Ausgangsstellung den Winkel α einschließt. Mit anderen Worten: der Vektor rotiert mit der *doppelten* Winkelgeschwindigkeit wie seine Kurbel. Dies wird dadurch berücksichtigt, daß man ein „Kurbelschema II.Ordnung" zeichnet (Bild 13 rechts), in welchem alle Kurbelwinkel, von irgendeiner Ausgangsstellung ausgehend, *verdoppelt* sind. In Bild 13 ist Kurbel 1 im OT als Ausgangsstellung gewählt, doch überzeugt man sich durch Probieren leicht, daß es hierauf nicht ankommt. Jede beliebige Kurbel kann als Ausgangsstellung gewählt werden, und man kann die Winkelverdopplung im Uhrzeigersinn oder entgegengesetzt vornehmen; es ergibt sich immer dasselbe Schema II.Ordnung. Wenn in Bild 13 im Schema I die Reihenfolge 1–2–3–4–5 ist, so wird sie im Schema II 1–4–2–5–3. Trägt man die Vektoren $P_{II} = \lambda \cdot P_I$ auf den so erhaltenen neuen Kurbelrichtungen auf und projiziert sie auf die Vertikale, so entspricht jede Projektion der Vorschrift

$$\lambda \frac{G_H}{g} r \omega^2 \cdot \cos 2\alpha .$$

Zusammenfassung. Für die graphische Addition der Vektoren P_R, P_I und P_{II} zu je einer Resultierenden $P_{R_{\mathrm{res}}}$, $P_{I_{\mathrm{res}}}$ und $P_{II_{\mathrm{res}}}$ gelten folgende *Regeln*:

1. Zur Bestimmung der resultierenden Massenkräfte $P_{R_{\mathrm{res}}}$ der umlaufenden und $P_{I_{\mathrm{res}}}$ der hin- und hergehenden Teile füge man die Vektoren P_R bzw. P_I als mit den Kurbeln gleichgerichtete Strecken aneinander. Die Schlußlinie der so erhaltenen Polygone ergibt die resultierende Massenkraft $P_{R_{\mathrm{res}}}$ bzw. $P_{I_{\mathrm{res}}}$. $P_{R_{\mathrm{res}}}$ ist bei jeder Kurbelstellung in voller Größe vorhanden, während von $P_{I_{\mathrm{res}}}$ nur die Vertikalprojektionen wirklich auftreten.

2. Zur Bestimmung der resultierenden Massenkraft $P_{II_{\mathrm{res}}}$ bilde man ein neues Kurbelschema, in welchem alle Kurbelwinkel, von der oberen Totlage der Kurbel 1 ausgehend, verdoppelt sind. Darauf füge man die Vektoren $P_{II} = \lambda \cdot P_I$ als mit den Kurbeln des neuen Schemas gleichgerichtete Strecken aneinander. Die Schlußlinie des so erhaltenen Polygons ergibt die resultierende Massenkraft $P_{II_{\mathrm{res}}}$, von der nur die Vertikalprojektionen wirklich auftreten.

Auch die Massenkräfte II. Ordnung ergeben in der Mehrzahl aller Fälle eine Resultierende null (vgl. Bild 22 bis 24). Bei Ein- und Zwei-Zylinder-Zweitakt- und Viertakt- und bei Vier-Zylinder-Viertaktmotoren verschwinden die P_{II_res} *nicht* und können unangenehme Störungen verursachen. Man beachte bei der Beurteilung der Polygone, daß, wenn auch die Resultierende zu null wird, die Massen*kräfte* selbst darum nicht auch verschwinden. Sie sind immer vorhanden und beeinflussen die Drehkraftlinie und die Verbände der Maschine. Diese müssen so kräftig sein, daß sie sich unter der Wirkung der Massenkräfte und besonders der Massenmomente nicht unzulässig deformieren.

c) Addition der Massenmomente M_R, M_I und M_{II}

Das an Hand von Bild 12 erläuterte Verfahren ermöglicht, die Momentenvektoren aller Zylinder in die Schwerebene S–S zu verlegen, ohne daß hierdurch an der Gesamtwirkung etwas geändert wird. Die Schwerebene, von der Stirnseite der Kurbelwelle aus betrachtet, wird die Zeichenebene für die graphische Zusammensetzung aller Momentenvektoren, ebenso wie dies für die Kräftevektoren der Fall war.

Addition der Massenmomente M_R. Die Momente der umlaufenden Massen sind $P_{R_1} \cdot h_1$, $P_{R_2} \cdot h_2$ usw. Sind die Triebwerkteile der Zylinder gleich, so vereinfachen sich die M_R in $P_R \cdot h_1$, $P_R \cdot h_2$ usw. Alle Vektoren M_R dürfen nach den zu Bild 12 gegebenen Erläuterungen als in der Schwerebene liegend angenommen werden. Die Bestimmung ihrer Richtungen bedarf besonderer Beachtung.

Es macht für die geometrische Addition der M_R-Vektoren nichts aus, welche Stellung der Triebwerkteile man für die Betrachtung herausgreift, weil alle Vektoren mit derselben Winkelgeschwindigkeit wie die Kurbelwelle rotieren; man hat nur zu beachten, daß, wenn das M_{R_res} bestimmt ist, dieses ebenfalls mit der Kurbelwelle umläuft. Man darf also die graphische Addition der M_R für jenen Augenblick vornehmen, in welchem die Kurbel *1* durch ihren oberen Totpunkt geht. Betrachtet man z. B. das Moment $P_{R_2} \cdot h_2 = M_{R_2}$ (Bild 16), so wirkt dieses in einer Ebene, die durch die radialen Mittellinien beider Wangen der Kurbel *2* geht und deren Spur in Bild 16 mit E_2–E_2 bezeichnet ist. Das Moment M_{R_2} kann daher durch den auf E_2–E_2 senkrecht stehenden Vektor M_{R_2} dargestellt werden, dessen Länge gleich $P_{R_2} \cdot h_2$ ist und dessen Richtung der POINSOT-Regel entspricht: die Pfeilspitze von M_{R_2} weist nach jener Richtung, von der aus gesehen $P_{R_2} \cdot h_2$ im Uhrzeigersinn drehend erscheint. Das gleiche ist für die Momente $P_{R_1} \cdot h_1$ und $P_{R_3} \cdot h_3$ der Kurbeln *1* und *3* der Fall, die *links* von S–S liegen; auch sie ergeben Vektoren M_{R_1} und M_{R_3}, die senkrecht auf den Mittelebenen ihrer Kurbelwangen stehen, diesen um 90° voreilen und deren Pfeilspitze im Kurbelschema (Bild 16, b) *von der Mitte nach dem Außenumfang* („von innen nach außen") weist.

Durch die Betrachtung der Kurbelwelle von ihrer Breitseite aus (Bild 16, a) könnte man veranlaßt werden, dem Momentenpfeil der Kurbel *3* den entgegengesetzten Richtungssinn wie den Vektoren M_{R_1} und M_{R_2} zu geben, da das Moment $M_3 = P_{R_2} \cdot h_3$ offensichtlich den entgegengesetzten Drehsinn hat wie die Momente M_{R_1} und M_{R_2}. In der Tat erzeugen in Bild 16, a die Fliehkräfte aller links von S–S liegenden Kurbeln nur so lange rechtsdrehende Momente, wie die Kurbeln durch die beiden *oberen* Quadranten gehen. In den unteren Quadranten kehrt sich der Drehsinn der Momente um; diese werden *links*drehend. Für die Kurbeln rechts von S–S gilt das Entgegengesetzte: in den oberen Kurbelstellungen sind die Momente linksdrehend, in den unteren rechtsdrehend. Dabei ist aber zu beachten, daß der Beobachter die Kurbelwangen in ihren oberen Stellungen von der vorauseilenden, in den unteren von der zurückbleibenden Wangenseite aus erblickt. Der Momentenpfeil muß aber immer so aufgetragen werden, daß der Beobachter die *gleichen* Wangenseiten sieht; dieser darf nicht bald vor, bald hinter die Wangen treten. Er hat sich also im Fall der Kurbel *3* auf die Seite der vorauseilenden Wangenfläche zu stellen und dementsprechend den Momentenpfeil M_{R_3} auf sich zu weisend einzutragen, denn von dieser Seite erscheint M_{R_3} *rechts*drehend. Tritt er dann auf die rechte Seite von Bild 16, b, so weist der Pfeil von M_{R_3} von ihm fort: nunmehr erscheint ihm das Moment *links*drehend, d. h. ebenso wie er es von der Breitseite (Bild 16, a) aus erblickt und wie es tatsächlich von dieser Seite gesehen dreht.

Dehnt man die Betrachtung auf die Kurbeln *4* und *5* aus, so erkennt man, daß die Pfeile der Momente M_{R_4} und M_{R_5} richtig eingetragen sind. Beide Momente erscheinen für einen Beobachter, der auf der Seite der vorauseilenden Wangen steht, linksdrehend; der Pfeil weist von diesem Beobachter weg. Der andere Beobachter, der auf der rechten Seite von Bild 16, b steht, erblickt den Momentenpfeil M_{R_4} auf sich zu weisend, M_{R_5} von sich weg weisend. Für ihn, der die Kurbelwelle von der Breitseite (Bild 16, a) aus erblickt, ist das Moment M_{R_4} rechtsdrehend, M_{R_5} linksdrehend, in Übereinstimmung mit den in Bild 16, a eingetragenen Pfeilen P_{R_4} und P_{R_5}.

Die Momentenvektoren stehen senkrecht auf den zugehörigen Kurbeln. Sie bilden daher ein Strahlenkreuz, das dem Kurbelkreuz (Schema I) kongruent ist und ihm um 90° voreilt. Man braucht daher das Momentenkreuz nicht zu zeichnen, sondern kann sogleich das Kurbelkreuz benutzen, um die *Richtung* der M_R-Vektoren zu finden. Ihr *Richtungssinn* folgt aus der einfachen Regel, daß die Momentenpfeile aller links von *S–S* liegenden Kurbeln im Kurbelschema von innen nach außen, aller rechts liegenden von außen nach innen zeigen müssen, wobei unter „innen" der Mittelpunkt, unter „außen" der Umfang des Kurbelschemas verstanden ist.

Die nunmehr in einer Ebene, nämlich in *S–S* liegenden Momentenvektoren kann man nach den Lehren der Mechanik wie andere gerichtete

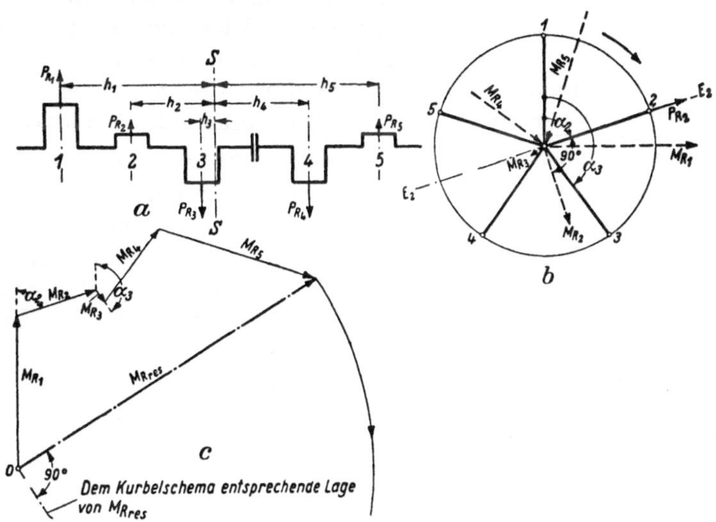

Bild 16. Addition der Momente M_R

Strecken addieren [1]. Die Schlußlinie des so erhaltenen Momentenpolygons stellt nach Größe, Wirkungsebene und Drehsinn das gesuchte resultierende Moment $M_{R_{res}}$ der umlaufenden Massen dar.

Die Schlußlinie $M_{R_{res}}$ läuft ebenso wie die einzelnen M_R-Vektoren mit der gleichen Winkelgeschwindigkeit wie die Kurbelwelle um. Ihre durch das Momentpolygon gefundene Lage entspricht nur einer augenblicklichen Stellung der Kurbelwelle. Welche Stellung dies ist, geht aus folgender Überlegung hervor. Bei der Aufzeichnung des Momentenpolygons war die Richtung von M_{R_1} parallel der Kurbel *1* angenommen, weil das Kurbelschema statt des Momentenkreuzes zur Bestimmung der Richtung der Vektoren gedient hatte. Das Kurbelschema eilt aber dem Momentenkreuz um 90° nach (Bild 16, b), also eilt auch $M_{R_{res}}$ im Momentenpolygon (Bild 16, c) seiner wirklichen Stellung um 90° nach. $M_{R_{res}}$ ist daher um 90° im Sinn des Uhrzeigers zu schwenken, wenn man seine wirkliche Lage erhalten will, die der oberen Totlage der Kurbel *1* ent-

---

[1] Rein deduktiv kann man diesen Satz ebensowenig beweisen wie den Satz vom Parallelogramm der Kräfte, experimentell durch Vorführung am Modell sehr wohl. Der Beweis, den J. Szabó (Einführung in die Technische Mechanik, Berlin/Göttingen/Heidelberg: Springer 1954; dort S. 44 u. 45) mitteilt, ist gleichsam ein Beweis am Modell. Der Umstand, daß zahllose graphische Rechnungen niemals zu einem Widerspruch mit der Erfahrung geführt haben, kann ebenfalls als vollgültiger Beweis gelten.

spricht (Bild 16, c). Das Momentenpolygon war in der Schwerebene S–S gezeichnet worden. Man hat daher das Momentenpolygon Bild 16, c so auf die Bildebene 16, a zu stellen, daß der Vektor M_{R_1} sich mit der Linie S–S deckt. Dann weist, während die Kurbel *1* durch ihren oberen Totpunkt geht, der um 90° geschwenkte Vektor $M_{R_{res}}$ schräg nach vorn unten auf den Beschauer zu. Die Massenkräfte M_R bewirken in diesem Augenblick eine Drehung der Kurbelwelle im Uhrzeigersinn, und zwar in einer Ebene, die senkrecht auf dem geschwenkten Vektor $M_{R_{res}}$ steht, deren Spur somit in Bild 16, c die strichpunktierte Linie $M_{R_{res}}$ ist. Diese Ebene dreht sich mit dem Vektor und der Kurbelwelle. Zeigt der resultierende Vektor nach unten, so wird der linke Endpunkt der Kurbelwelle auf den Beschauer zu bewegt, weist er nach hinten, so sucht der linke Endpunkt sich nach unten zu bewegen usf. Die Welle macht eine Taumelbewegung; das feststehende Gehäuse sucht die entgegengesetzten Bewegungen zu machen, da der Gesamtimpuls der beweglichen und festen Teile gleich null sein muß.

Während die *Kräfte* P_R sich bei allen Motoren mit gleichen Triebwerkteilen und mehr als zwei Zylindern gegenseitig aufheben, gilt dies nicht für die *Momente* M_R. Diese heben sich nur in Ausnahmefällen gegenseitig auf (Bild 22 bis 24 und Zahlentafeln 3 u. 4). Durch Gegengewichte an den Kurbelwangen kann man die M_R stets zum Verschwinden bringen, da dann die P_R getilgt sind.

$M_{R_{res}}$ kann in eine Horizontal- und eine Vertikalkomponente zerlegt werden, die um 90° phasenverschoben sind und zusammen dieselbe Wirkung ergeben wie $M_{R_{res}}$. Die Horizontalkomponente stellt ein Moment dar, das die Maschine in der vertikalen Mittellängsebene um eine horizontale Achse, die Vertikalkomponente ein Moment, das sie um eine vertikale Achse in der Horizontalebene hin und her zu kippen sucht. Die Horizontalkomponente verstärkt die Wirkung des von den Massenkräften P_I hervorgerufenen resultierenden Momentes $M_{I_{res}}$, dessen Entstehung hierunter besprochen ist.

Es sei noch darauf hingewiesen, daß die in Bild 16 gezeichnete Kurbelfolge für die Ausführung nicht zu empfehlen ist, da sie ein sehr großes $M_{R_{res}}$ ergibt. Die Kurbelfolge *1–4–3–2–5* ergibt ein wesentlich kleineres $M_{R_{res}}$ (vgl. Bild 27). Hier war nur zu zeigen, wie man $M_{R_{res}}$ bestimmt. Es gilt dafür folgende *Regel*:

„Man berechne durch Bildung der Produkte $P_R \cdot h$ die einzelnen Momente M_R der umlaufenden Teile und füge sie, von einem beliebigen Punkt ausgehend, wie die Kräfte eines Kräftepolygons aneinander. Hierbei sind die Momentenvektoren parallel zu den zugehörigen Kurbeln zu ziehen, und zwar die *links* von der Schwerebene S–S gelegenen Momente parallel zu ihren Kurbeln von der Mitte des Kurbelschemas nach dem Außenumfang („von innen nach außen"), die rechts von S–S gelegenen „von außen nach innen". Die Schlußlinie des Momentenplanes ergibt das resultierende Moment $M_{R_{res}}$ der umlaufenden Teile nach seiner *Größe*. Durch Drehung von $M_{R_{res}}$ um 90° im Sinn der Kurbeldrehung erhält man die der Stellung des Kurbelkreuzes entsprechende *Lage* von $M_{R_{res}}$."

In Bild 16, c ist die Addition der M_R ausgeführt. Da die Kräfte P_{R_1}, P_{R_2} usw. sämtlich gleich sind, verhalten sich die Längen der Vektoren M_{R_1}, M_{R_2} usw. wie die Hebelarme h_1, h_2 usw. M_{R_1}, M_{R_2} und M_{R_3} sind, weil links von S–S liegend, parallel zu den Kurbelrichtungen *1, 2, 3* von innen nach außen gezogen, M_{R_4} und M_{R_5} parallel zu den Kurbeln *4* und *5* von außen nach innen. Die der Stellung der Kurbelwelle entsprechende Lage von $M_{R_{res}}$ ergibt sich durch Drehung der Schlußlinie um 90° nach rechts.

Addition der Massenmomente M_I. Die Massenkräfte I. Ordnung, welche diese Momente hervorrufen, liegen in den Zylinderachsen, also können die Massenmomente nur in der vertikalen Längsebene der Maschine wirken. Die Vektoren aller Massenmomente stehen senkrecht auf dieser Ebene. Ihre Größen sind (Bild 17):

$$\left. \begin{aligned} M_{I_1} &= P_{I_1} \cos\alpha_1 \cdot h_1 = \frac{G_H}{g}\, r\, \omega^2 \cos\alpha_1 \cdot h_1, \\[2mm] M_{I_2} &= P_{I_2} \cos\alpha_2 \cdot h_2 = \frac{G_H}{g}\, r\, \omega^2 \cos\alpha_2 \cdot h_2 \quad \text{usw.} \end{aligned} \right\} \tag{3}$$

Man braucht die Multiplikation mit den cos der Kurbelwinkel α_1, α_2 usw. nicht auszuführen. Einfacher ist, die Produkte $P_{I_1} \cdot h_1$, $P_{I_2} \cdot h_2$ usw. als Vektoren M_{I_1}, M_{I_2} usw. aufzufassen, diese in Richtung der Kurbeln aufzutragen und zu beachten, daß sie mit den Kurbeln rotieren. Die Projektionen der M_I-Vektoren auf die Vertikale haben dann in jedem Augenblick die durch die Gleichungen (3) vorgeschriebene *Größe*. Um auch ihre *Lage* zu finden, hat man die Projektionen um 90° im Uhrzeigersinn zu drehen, weil das Momentenkreuz, nicht das um 90° nacheilende Kurbelkreuz, für die Richtungen der Vektoren maßgebend ist. Alle durch Projektion auf die Vertikale erhaltenen Vektoren stehen nach der Drehung um 90° senkrecht auf der vertikalen Längsebene, wie es erforderlich ist, da die Momente M_I nur in dieser Ebene wirken. Man braucht aber die Schwenkung der einzelnen Vektoren nicht auszuführen, sondern zeichnet nach derselben Regel, die für $M_{R_{\mathrm{res}}}$ gilt, das Momentenpolygon aus den Strecken $M_{I_1} = P_{I_1} \cdot h_1$,

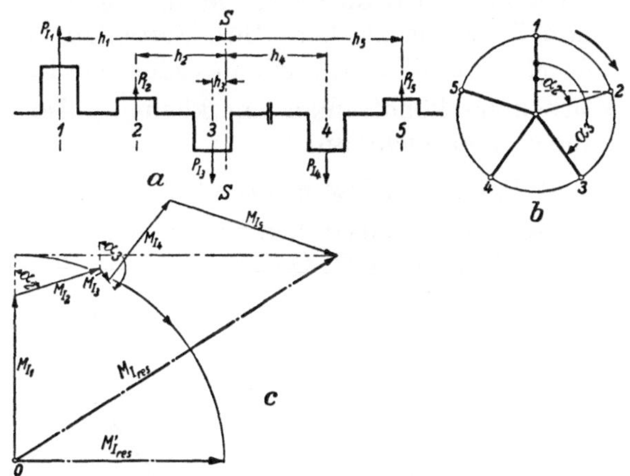

Bild 17. Addition der Momente M_I

$M_{I_2} = P_{I_2} \cdot h_2$ usw. (Bild 17) unter Benutzung der Richtungen der Kurbeln. Dabei sind wieder die Vektoren M_{I_1}, M_{I_2} und M_{I_3} der links von S–S liegenden Zylinder von innen nach außen, die rechts liegenden von außen nach innen zu ziehen (Bild 17, c). Die Schlußlinie $M_{I_{\mathrm{res}}}$ stellt nach ihrer Größe das resultierende Massenmoment I. Ordnung dar. Dieses erreicht seinen Größtwert in *zwei* Stellungen, von denen die eine dem größten rechtsdrehenden, die andere dem größten linksdrehenden Moment entspricht. Zwischen beiden Stellungen ändert sich $M_{I_{\mathrm{res}}}$ nach einer Kosinuslinie.

Den Momentanwert von $M_{I_{\mathrm{res}}}$, der einer bestimmten Stellung der Kurbelwelle, z. B. Kurbel *1* im OT, entspricht, findet man durch die in Bild 17, c angedeutete Konstruktion. Man projiziert $M_{I_{\mathrm{res}}}$ auf die Vertikale und dreht die Projektion um 90° in die Horizontale. Dann stellt $M'_{I_{\mathrm{res}}}$ nach Größe und Richtung das resultierende Massenmoment I. Ordnung für jenen Augenblick dar, in welchem Kurbel *1* durch ihren oberen Totpunkt geht. Das Moment ist dann *rechts*drehend. Zu beachten ist, daß in Bild 17, c die Strecke $M_{I_{\mathrm{res}}}$ in der strichpunktiert gezeichneten Lage und nicht etwa nach einer Drehung um 90° (ähnlich Bild 16, c) auf die Vertikale zu projizieren ist. Denn auch der parallel zur Kurbel *1* gezeichnete, im Polygon senkrecht stehende Vektor M_{I_1} hat in dieser Stellung sein Maximum, und die Momentanwerte der übrigen Vektoren ergeben sich ebenfalls durch Projizieren auf die Vertikale. Die Schwenkung um 90° darf erst *nach* dem Projizieren vorgenommen werden, denn der Phasenwinkel α bezieht sich auf das Kurbelkreuz und nicht auf das Momentenkreuz.

Will man die Stellung der Kurbelwelle bestimmen, in welcher das größte $M_{I_{\mathrm{res}}}$ auftritt, so hat man das Polygon Bild 17, c entgegen dem Uhrzeiger so zu drehen, daß $M_{I_{\mathrm{res}}}$ senkrecht steht. Die Kurbel *1* steht dann um den gleichen Winkel vor ihrem oberen

Totpunkt. Den Drehsinn von $M_{I_{res}}$ erhält man durch Schwenkung des Vektors um $90°$ im Uhrzeigersinn (ohne das Kurbelkreuz zu drehen), also in die Horizontale. Denn für die Bestimmung des Drehsinnes ist das Momentenkreuz und nicht das Kurbelkreuz maßgebend. Das Moment ist in diesem Augenblick rechtsdrehend.

Abgesehen von der Deutung von $M_{I_{res}}$ ist die Konstruktion des Momentenpolygons dieselbe wie für $M_{R_{res}}$ (Bild 16), nur tritt $M_{R_{res}}$ dauernd in voller Größe auf und seine Wirkungsebene dreht sich mit ihm, während von M_I nur die Vertikalprojektionen auftreten und seine Wirkungsebene ständig dieselbe ist, nämlich die Mittellängsebene. *Ein*mal während einer Umdrehung wechselt $M_{I_{res}}$ seine Richtung. Die Maschine wird ständig in der vertikalen Längsebene wechselnd gekippt.

Da die Konstruktion des M_I-Polygons dieselbe ist wie die des M_R-Polygons, werden beide Polygone ähnlich. Ihre Seitenlängen stehen im Verhältnis $G_R : G_H$ zueinander. Für $M_{I_{res}}$ in Bild 17, c gilt dasselbe wie für das $M_{R_{res}}$ in Bild 16, c: durch eine andere Kurbelfolge könnte man eine kleinere, also günstigere Resultierende erreichen. Darauf kam es hier nicht an.

Addition der Massenmomente M_{II}. Die M_{II}-Vektoren $M_{II_1} = P_{II_1} \cdot h_1$, $M_{II_2} = P_{II_2} \cdot h_2$ usw. werden grundsätzlich ebenso addiert wie die M_I-Vektoren, nur gilt wegen des cos 2α das Kurbelschema II. Ordnung für die Bestimmung der Vektorrichtungen. Alle Kurbelwinkel werden, von der im OT stehenden Kurbel *1* aus zählend, verdoppelt (Bild 18). Die Momentenpfeile sind wieder nach der Regel einzuzeichnen, daß links von S–S liegende Momentenvektoren einen von innen nach außen, rechts liegende einen von außen nach innen zeigenden Pfeil erhalten. Die Momentenvektoren M_{II} sind im Verhältnis λ kleiner als die M_I; das Vektorpolygon II. Ordnung wird aber dem Polygon der M_I *nicht* ähnlich, sondern erhält wegen der anderen Kurbelfolge im Schema II eine ganz andere Gestalt (Bild 18, c). In welcher Reihenfolge die Vektoren aneinandergesetzt werden, ist gleichgültig; man erhält immer dieselbe Schlußlinie $M_{II_{res}}$ (Bild 18, c und d).

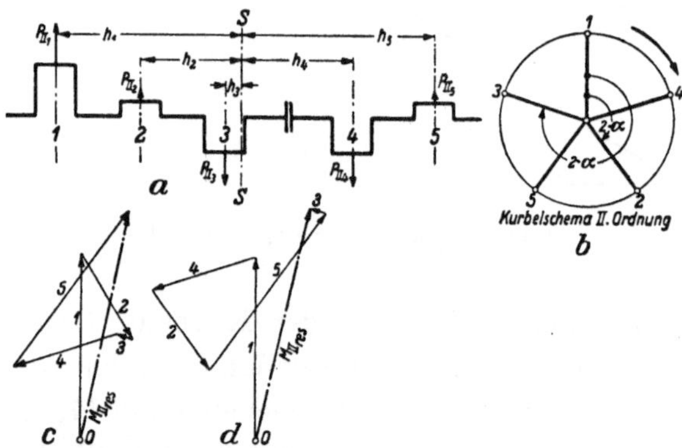

Bild 18. Addition der Momente M_{II}

Die Schlußlinie $M_{II_{res}}$ stellt wie $M_{I_{res}}$ den Höchstwert des resultierenden Momentes II. Ordnung dar. Die zu einer bestimmten Kurbelstellung, z. B. Kurbel *1* im OT, gehörende wirkliche Größe von $M_{II_{res}}$ ergibt sich durch Projektion von $M_{II_{res}}$ auf die Vertikale in Bild 18, c oder d. Das größte in Bild 18 auftretende $M_{II_{res}}$ tritt auf, wenn der resultierende Vektor senkrecht steht. Die Kurbel *1* steht in diesem Augenblick um den *halben* von den Vektoren *1* und $M_{II_{res}}$ eingeschlossenen Winkel vor dem oberen Totpunkt. Das Moment $M_{II_{res}}$ ist für diese Kurbelstellung *rechts*drehend. Während einer Umdrehung der Kurbelwelle wechselt es *zwei*mal seinen Drehsinn.

Will man alle in der vertikalen Längsebene wirkenden Kippmomente addieren, so hat man die Vektoren $M_{R_{res}}$, $M_{I_{res}}$ und $M_{II_{res}}$ in je eine Kosinuslinie zu entwickeln, wobei die M_{II}-Linie doppelt so viele Wellen erhält wie die M_R- und M_I-Linie. Sodann sind die Ordinaten unter Beachtung der Phasenverschiebungen, die sich aus der Lage der Schlußlinien der Momentenpolygone relativ zur Kurbel *1* ergeben, und des Vorzeichens zu addieren. Die Summe wird eine periodische Funktion von der Periodendauer einer Umdrehung. Sie stellt den Verlauf des gesamten Kippmomentes dar, das in der Mittellängsebene während einer Umdrehung auftritt und das Gestell um eine horizontale, auf dieser Ebene senkrecht stehende Achse mit wechselndem Drehsinn zu kippen sucht. Daneben ist die zweite Komponente von $M_{R_{res}}$ vorhanden, die das Gestell um eine vertikale, in der Mittellängsebene liegende Achse zu kippen sucht. Die Störungen, die durch diese Komponente verursacht werden, sind jedoch erfahrungsgemäß weit geringer als jene anderen.

Für die Beurteilung der Güte des Massenausgleiches genügt die Feststellung der Größe von $M_{R_{res}}$, $M_{I_{res}}$ und $M_{II_{res}}$. Die Addition ist entbehrlich.

5. Ausgleich der Massenwirkungen bei Ein- und Mehrzylindermaschinen

Wahl der günstigsten Kurbelfolge. Zu Bild 16 wurde schon erwähnt, daß die Größe der resultierenden Momente M_R, M_I und M_{II} in starkem Maß von der *Kurbelfolge* abhängt. Wählt man diese unzweckmäßig, so können die einzelnen M-Vektoren, statt zum Ausgangspunkt oder in seine Nähe zurückzukehren, auseinanderlaufen und ein großes Restmoment ergeben. Bild 16 war ein Beispiel; ein weiteres zeigt Bild 28. Man muß demnach, um den Massenausgleich möglichst vollkommen zu machen, die Kurbelfolge so wählen, daß die *Momentenpolygone sich möglichst schließen.*

Auf die Massen*kräfte* braucht man hierbei keine Rücksicht zu nehmen. Bei Ein- und Zweizylinder-Viertaktmotoren und bei Einzylinder-Zweitaktmotoren kann man die Massenkräfte I. und II. Ordnung mit einfachen Mitteln nicht ausgleichen; dasselbe gilt hinsichtlich der P_{II} für den Vierzylinder-Viertakt- und den Zweizylinder-Zweitaktmotor. Bei allen übrigen Zylinderzahlen sind alle Massenkräfte ausgeglichen (Bild 22 bis 24 und Zahlentafeln 3 u. 4), wie auch die Kurbelfolge sein mag. Für die *Momente* gilt dies aber nicht, und man braucht daher ein Verfahren, um aus der großen Zahl der möglichen Permutationen rasch die günstigste Kurbelfolge zu finden.

Bild 19 gibt einen Weg an [1]. Ist die Zylinderzahl *ungerade*, so zeichne man den Kurbelstern so, daß die mittlere Kurbel senkrecht nach unten steht (Bild 19 rechts); ist sie gerade, so soll die Winkelhalbierende der beiden mittleren Kurbeln senkrecht nach unten zeigen (Bild 19 links). Dann stehen in beiden Fällen zwei Kurbeln nahe dem oberen Totpunkt und symmetrisch zu ihm. Von diesen erhält die eine die niedrigste Ordnungsziffer 1, die andere die höchste Ziffer, in Bild 19 die Ziffern *9* bzw. *8*. Ihre Quersumme, waagerecht gelesen, wird $n + 1$, wenn n die Zylinderzahl ist. Die übrigen Kurbeln werden so beziffert, daß alle Quersummen gleich $n + 1$ werden; bei ungeraden Zylinderzahlen erhält die mittlere Kurbel die Ziffer $1/2(n + 1)$. Die in Bild 19 gestrichelt eingetragenen Schlangenlinien entsprechen der weiteren Bedingung, daß dem ersten Kurbelpaar ein zweites mit Ordnungsziffern folgen soll, die um 1 höher bzw. niedriger liegen, ein drittes mit um 2 höheren bzw. niedrigeren Ordnungszahlen usw. Die Ordnungsziffern, neben den Kurbelstern in der Reihenfolge der Schlangenlinie geschrieben, ergeben, von oben nach unten gelesen, für die eine Hälfte der Kurbeln steigende, für die andere fallende Ordnungsziffern. Die so gefundene Kurbelfolge liefert die kleinsten Resultierenden M_R und M_I und hinreichend kleine M_{II}; sie entspricht dem günstigsten Massenausgleich.

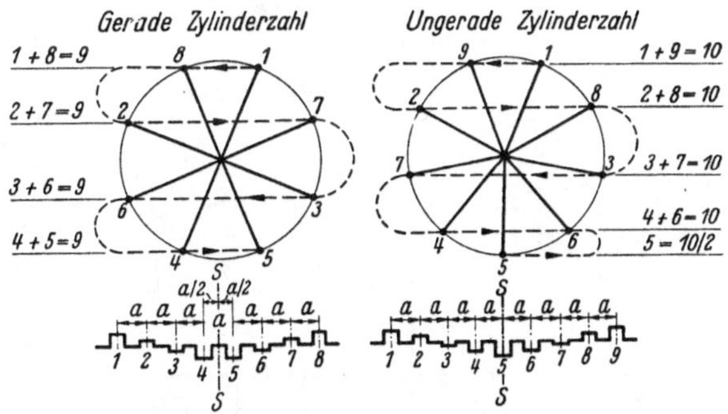

Bild 19. Bestimmung der günstigsten Kurbelfolge (Scherengitter-Regel)

---

[1] Die Scherengitter-Regel, wie sie hier genannt wird, beruht auf dem Diagramm, das O. KRAEMER in Z. VDI Bd. 81 (1937) S. 1476 mitgeteilt hat. Siehe auch sein in Fußnote 1, S. 17 angeführtes Buch (dort S. 78).

Die Erklärung folgt aus der Überlegung, daß bei der so bestimmten Kurbelfolge jedes Kurbelpaar Momente liefert, die gleich groß und möglichst entgegengesetzt gerichtet sind, so daß sie sich paarweise weitgehend aufheben. Bild 20 zeigt dies am Beispiel der Achtzylindermaschine mit Kurbeln unter gleichen Winkeln. Das Polygon der M_I, das auch für die M_R gilt, wird eine auf der Spitze stehende, einem *Scherengitter* vergleichbare Figur. Die Momentenvektoren stehen symmetrisch zur senkrechten Mittellinie, sich auf dieser immer von neuem schneidend, bis das letzte Paar der beiden größten Vektoren (*1* und *8* in Bild 20) sich nahe der Spitze trifft, wo sie eine kleine Resultierende R ergeben. Bei Sechs-, Zehn- und Zwölfzylinder-Zweitaktmotoren werden M_R und M_I gleich null (Zahlentafel 4 u. Bild 23 u. 24).

Bild 20 zeigt ferner, daß die Scherengitterform der Momentenpolygone M_I (und M_R) symmetrisch bleibt und gleiche Schluß-linien ($R = R'$) ergibt, wenn die Kurbelwelle *geteilt* ist (was bei größeren Zylinderzahlen aus Herstellungsrücksichten erforderlich werden kann), vorausgesetzt daß die Teilung auf *Mitte* Welle liegt. In Bild 20 ist angenommen, daß die beiden mittleren Kurbeln *4* und *5* einen doppelt so großen Abstand haben ($2a$) wie die übrigen Kurbeln (a). Die Vektoren werden wegen der längeren Hebelarme größer, laufen aber immer wieder zusammen, so daß sie schließlich die gleiche Resultierende liefern ($R = R'$). Wenn dagegen die Zylinderzahl *ungerade* ist, die Kurbelwellenteile also ungleich lang werden, dann sind die paarweise zusammengehörenden Vektoren nicht mehr gleich; die Resultierende M_I der geteilten Welle stellt sich schief (Bild 21) und wird etwas *größer*. Die Scherengitter-Regel ergibt auch für solche Fälle den günstigsten Ausgleich der M_R und M_I.

Wenn die Kurbelfolge nach Bild 19 bestimmt ist, so liegt damit auch das Kurbelschema II. Ordnung fest, das die Form des M_{II}-Polygons entscheidet. Die M_{II} müssen dann so hingenommen werden, wie sie sich ergeben (Zahlentafeln 3 u. 4). Für Ein-, Zwei-, Acht- und Zwölfzylinder-Zweitaktmotoren wird das M_{II} null, für alle anderen

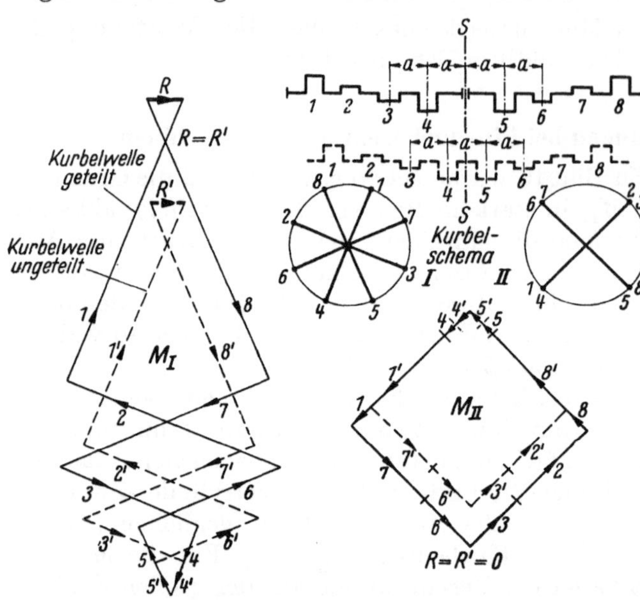

Bild 20. Erläuterung der Scherengitter-Regel am Beispiel des Achtzylinder-Zweitaktmotors

- - - - - Kurbelwelle ungeteilt; ——— Kurbelwelle *symmetrisch* geteilt

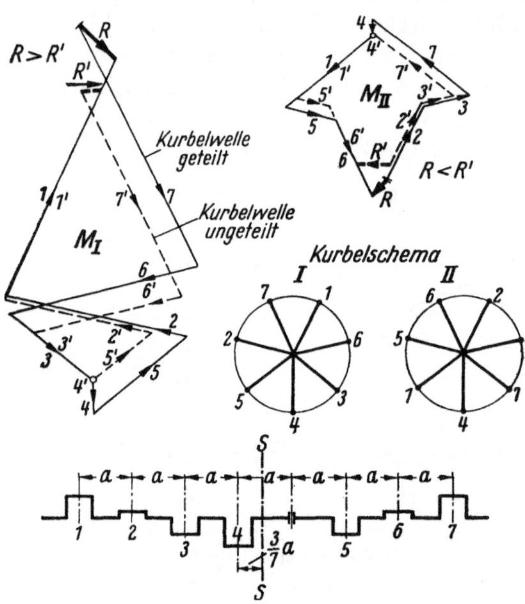

Bild 21. *Unsymmetrisch* geteilte Kurbelwelle eines Siebenzylindermotors

- - - - - Kurbelwelle ungeteilt
——— Kurbelwelle *unsymmetrisch* geteilt

Zylinderzahlen nicht, doch bleibt es wegen des λ bei allen Zylinderzahlen klein. Hinzu kommt, daß die rasch wechselnden Momente II. Ordnung erfahrungsgemäß weniger stören als die M_I. Man könnte versuchen, durch eine Änderung der Kurbelfolge auch das M_{II} zum Verschwinden zu bringen, doch zeigt eine Probe, daß alsdann das M_I unverhältnismäßig stark wächst, so daß Zahlentafel 4 (mit Bild 23 und 24) auch hinsichtlich der M_{II} das Optimum darstellt.

Eine Ausnahme von der Scherengitter-Regel macht eigentümlicherweise nur die Zwölfzylinder-Zweitaktmaschine. Die der Regel *nicht* ganz entsprechende Kurbelfolge 12b (Zahlentafel 4) ergibt einen vollkommenen Massenausgleich, die Anordnung 12a trotz Übereinstimmung mit der Regel je ein kleines M_R und M_I. Der Unterschied ist unerheblich, soll aber nicht unerwähnt bleiben. Ausführbar ist die Zwölfzylindermaschine nach beiden Kurbelfolgen; einen Unterschied in der Ruhe des Ganges würde man nicht bemerken.

Erläuterungen zu den Übersichtsplänen. In Bild 22 bis 24 sind die Kräftepolygone, die aus der Scherengitter-Regel folgenden Momentenpolygone M_R und M_I sowie die sich daraus ergebenden Polygone der M_{II} für Ein- bis Zwölfzylinder-Viertakt- und -Zweitaktmotoren zusammengestellt. Den Zahlentafeln 3 und 4 kann die Größe der resultierenden Kräfte bzw. Momente entnommen werden. Gleichmäßiger Zylinderabstand a (Bild 19) ist überall vorausgesetzt; damit und mit den bekannten Kurbelwinkeln ergeben sich die Zahlenfaktoren der Spalten M_R, M_I und M_{II} durch trigonometrische Rechnung.

Bild 22 und Zahlentafel 3 gelten für *Viertakt*-Reihenmotoren mit Zylinderzahlen 1 bis 12. Viertaktmaschinen mit *ungeraden* Zylinderzahlen erhalten dieselben Kurbelanordnungen wie die gleichzahligen Zweitaktmaschinen; ihre Polygone sind in Bild 22 fortgelassen. Bei Viertaktmotoren mit *gerader* Zylinderzahl wird die Kurbelfolge durch die Forderung gleichmäßiger Zündabstände bestimmt; dadurch ergeben sich *andere* Kurbelfolgen als bei den Zweitaktmaschinen gleicher Zylinderzahl. Man erhält gleichmäßigen Zündabstand und vollkommenen Massenausgleich, wenn man die Kurbeln *symmetrisch zur Längsmitte* stellt, wenn also die Kurbelwellenhälften spiegelbildlich ausgeführt sind. Dann wirkt in jedem Augenblick die eine Wellenhälfte gegen die andere, die M_R, M_I und M_{II} heben sich auf, und der Massenausgleich ist vollkommen (Zahlentafel 3, Zeilen 6, 8, 10 und 12). Es ist aber zu beachten, daß dadurch zwar die Massenwirkungen nach *außen* verschwinden, nicht aber nach *innen*: die gegeneinander wirkenden Momente suchen die Kurbelwelle und das Gestell zu verbiegen. In Bild 22 ist für die Sechszylindermaschine die Größe dieses Biegemomentes in den Polygonen der M_R, M_I und M_{II} angedeutet ($M_{R_{\text{res r.S.}}} = M_{R_{\text{res}}}$ der rechten Seite, l. S. = der linken Seite). Die beiden Momente heben sich zwar auf, aber nur, indem sie die Welle und Grundplatte beanspruchen. Bei der Acht- und Zehnzylindermaschine ist die Größe des inneren Biegemomentes gleich der (nicht gezeichneten) Verbindungslinie zwischen Anfangs- und Endpunkt des halben Polygonzuges. Bei der Zwölfzylindermaschine, die sich aus zwei Sechszylindermaschinen zusammensetzt, ist das Biegemoment in der Mitte null, tritt aber zwischen Kurbeln *3* und *4* sowie *9* und *10* auf.

Die Polygone der M_R und M_I sind *ähnlich*; die Seitenlängen stehen im Verhältnis $G_R : G_H$. Beide Polygon-Gruppen sind der Vollständigkeit halber gezeichnet. Bild 22 bis 24 sind nicht maßstäblich; insbesondere sind die Polygone der M_{II} größer gezeichnet, als sie (wegen des λ) im Verhältnis zu den M_I sind. Die unausgeglichen bleibenden Resultierenden sind durch einen starken Strich gekennzeichnet; wo dieser fehlt, sind die Kräfte bzw. Momente ausgeglichen. Die Zahlentafeln 3 und 4 lassen dies ebenfalls erkennen.

Der *Einzylinder*motor (Viertakt und Zweitakt) hat nur Massenkräfte, keine Massenmomente, weil der Hebelarm fehlt. Von den Massenkräften kann P_R durch Gegengewichte an den Kurbelwangen ausgeglichen werden, P_I und P_{II} nur durch komplizierte Zusatzgetriebe. Durch Überbemessung der Gegengewichte an den Kurbelwangen kann P_I teilweise ausgeglichen werden (s. S. 19), jedoch tritt dann eine entsprechend große waagerechte Querkraft auf.

Zahlentafel 3. *Größen der resultierenden Massenkräfte und Massenmomente der Viertakt-Reihenmotoren mit Zylinderzahlen 1 bis 12*

Zyl.-Zahl	Kurbelfolge	P_R kg	P_I kg	P_{II} kg	M_R kgm	M_I kgm	M_{II} kgm
1		$G_R \cdot \dfrac{r\,\omega^2}{g}$	$G_H \cdot \dfrac{r\,\omega^2}{g}$	$G_H \cdot \lambda \cdot \dfrac{r\,\omega^2}{g}$	0	0	0
2		$2 \cdot G_R \cdot \dfrac{r\,\omega^2}{g}$	$2 \cdot G_H \cdot \dfrac{r\,\omega^2}{g}$	$2 \cdot G_H \cdot \lambda \cdot \dfrac{r\,\omega^2}{g}$	0	0	0
3		0	0	0	$1{,}732 \cdot G_R \cdot a \cdot \dfrac{r\,\omega^2}{g}$	$1{,}732 \cdot G_H \cdot a \cdot \dfrac{r\,\omega^2}{g}$	$1{,}732 \cdot G_H \cdot \lambda \cdot a \cdot \dfrac{r\,\omega^2}{g}$
4		0	0	$4 \cdot G_H \cdot \lambda \cdot \dfrac{r\,\omega^2}{g}$	0	0	0
5		0	0	0	$0{,}449 \cdot G_R \cdot a \cdot \dfrac{r\,\omega^2}{g}$	$0{,}449 \cdot G_H \cdot a \cdot \dfrac{r\,\omega^2}{g}$	$4{,}980 \cdot G_H \cdot \lambda \cdot a \cdot \dfrac{r\,\omega^2}{g}$
6		0	0	0	0	0	0
7		0	0	0	$0{,}267 \cdot G_R \cdot a \cdot \dfrac{r\,\omega^2}{g}$	$0{,}267 \cdot G_H \cdot a \cdot \dfrac{r\,\omega^2}{g}$	$1{,}006 \cdot G_H \cdot \lambda \cdot a \cdot \dfrac{r\,\omega^2}{g}$
8		0	0	0	0	0	0
9		0	0	0	$0{,}194 \cdot G_R \cdot a \cdot \dfrac{r\,\omega^2}{g}$	$0{,}194 \cdot G_H \cdot a \cdot \dfrac{r\,\omega^2}{g}$	$0{,}548 \cdot G_H \cdot \lambda \cdot a \cdot \dfrac{r\,\omega^2}{g}$
10		0	0	0	0	0	0
11		0	0	0	$0{,}153 \cdot G_R \cdot a \cdot \dfrac{r\,\omega^2}{g}$	$0{,}153 \cdot G_H \cdot a \cdot \dfrac{r\,\omega^2}{g}$	$0{,}382 \cdot G_H \cdot \lambda \cdot a \cdot \dfrac{r\,\omega^2}{g}$
12		0	0	0	0	0	0

Zahlentafel 4. *Größen der resultierenden Massenkräfte und Massenmomente der Zweitakt-Reihenmotoren mit Zylinderzahlen 1 bis 12*

Zyl.-Zahl	Kurbelfolge	P_R kg	P_I kg	P_{II} kg	M_R kgm	M_I kgm	M_{II} kgm
1		$G_R \cdot \dfrac{r\omega^2}{g}$	$G_H \cdot \dfrac{r\omega^2}{g}$	$G_H \cdot \lambda \cdot \dfrac{r\omega^2}{g}$	0	0	0
2	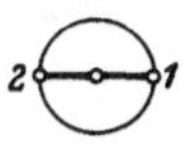	0	0	$2 \cdot G_H \cdot \lambda \cdot \dfrac{r\omega^2}{g}$	$G_R \cdot a \cdot \dfrac{r\omega^2}{g}$	$G_H \cdot a \cdot \dfrac{r\omega^2}{g}$	0
3	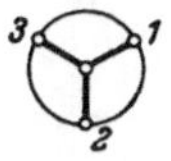	0	0	0	$1{,}732 \cdot G_R \cdot a \cdot \dfrac{r\omega^2}{g}$	$1{,}732 \cdot G_H \cdot a \cdot \dfrac{r\omega^2}{g}$	$1{,}732 \cdot G_H \cdot \lambda \cdot a \cdot \dfrac{r\omega^2}{g}$
4	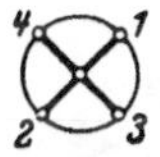	0	0	0	$1{,}414 \cdot G_R \cdot a \cdot \dfrac{r\omega^2}{g}$	$1{,}414 \cdot G_H \cdot a \cdot \dfrac{r\omega^2}{g}$	$4{,}000 \cdot G_H \cdot \lambda \cdot a \cdot \dfrac{r\omega^2}{g}$
5	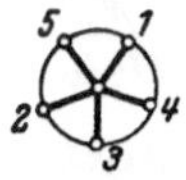	0	0	0	$0{,}449 \cdot G_R \cdot a \cdot \dfrac{r\omega^2}{g}$	$0{,}449 \cdot G_H \cdot a \cdot \dfrac{r\omega^2}{g}$	$4{,}980 \cdot G_H \cdot \lambda \cdot a \cdot \dfrac{r\omega^2}{g}$
6	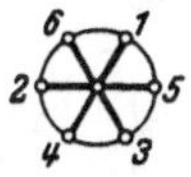	0	0	0	0	0	$3{,}464 \cdot G_H \cdot \lambda \cdot a \cdot \dfrac{r\omega^2}{g}$
7	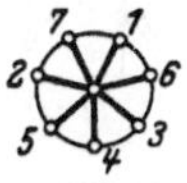	0	0	0	$0{,}267 \cdot G_R \cdot a \cdot \dfrac{r\omega^2}{g}$	$0{,}267 \cdot G_H \cdot a \cdot \dfrac{r\omega^2}{g}$	$1{,}006 \cdot G_H \cdot \lambda \cdot a \cdot \dfrac{r\omega^2}{g}$
8	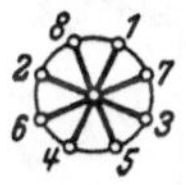	0	0	0	$0{,}448 \cdot G_R \cdot a \cdot \dfrac{r\omega^2}{g}$	$0{,}448 \cdot G_H \cdot a \cdot \dfrac{r\omega^2}{g}$	0
9	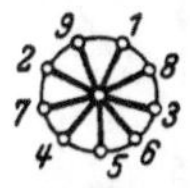	0	0	0	$0{,}194 \cdot G_R \cdot a \cdot \dfrac{r\omega^2}{g}$	$0{,}194 \cdot G_H \cdot a \cdot \dfrac{r\omega^2}{g}$	$0{,}548 \cdot G_H \cdot \lambda \cdot a \cdot \dfrac{r\omega^2}{g}$
10	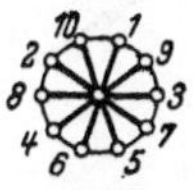	0	0	0	0	0	$0{,}898 \cdot G_H \cdot \lambda \cdot a \cdot \dfrac{r\omega^2}{g}$
11	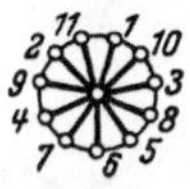	0	0	0	$0{,}153 \cdot G_R \cdot a \cdot \dfrac{r\omega^2}{g}$	$0{,}153 \cdot G_H \cdot a \cdot \dfrac{r\omega^2}{g}$	$0{,}382 \cdot G_H \cdot \lambda \cdot a \cdot \dfrac{r\omega^2}{g}$
12 *a*	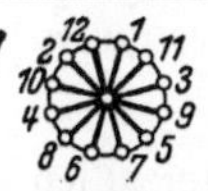	0	0	0	$0{,}277 \cdot G_R \cdot a \cdot \dfrac{r\omega^2}{g}$	$0{,}277 \cdot G_H \cdot a \cdot \dfrac{r\omega^2}{g}$	0
12 *b*	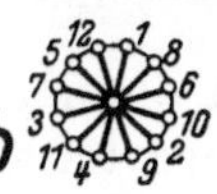	0	0	0	0	0	0

Zweizylinder-Viertakt: Die Kurbeln stehen unter 0°, der Zündabstand wird 360°. Es treten Kräfte P_R, P_I und P_{II} wie beim Einzylindermotor auf. Die Momente M_R, M_I und M_{II} heben sich auf.

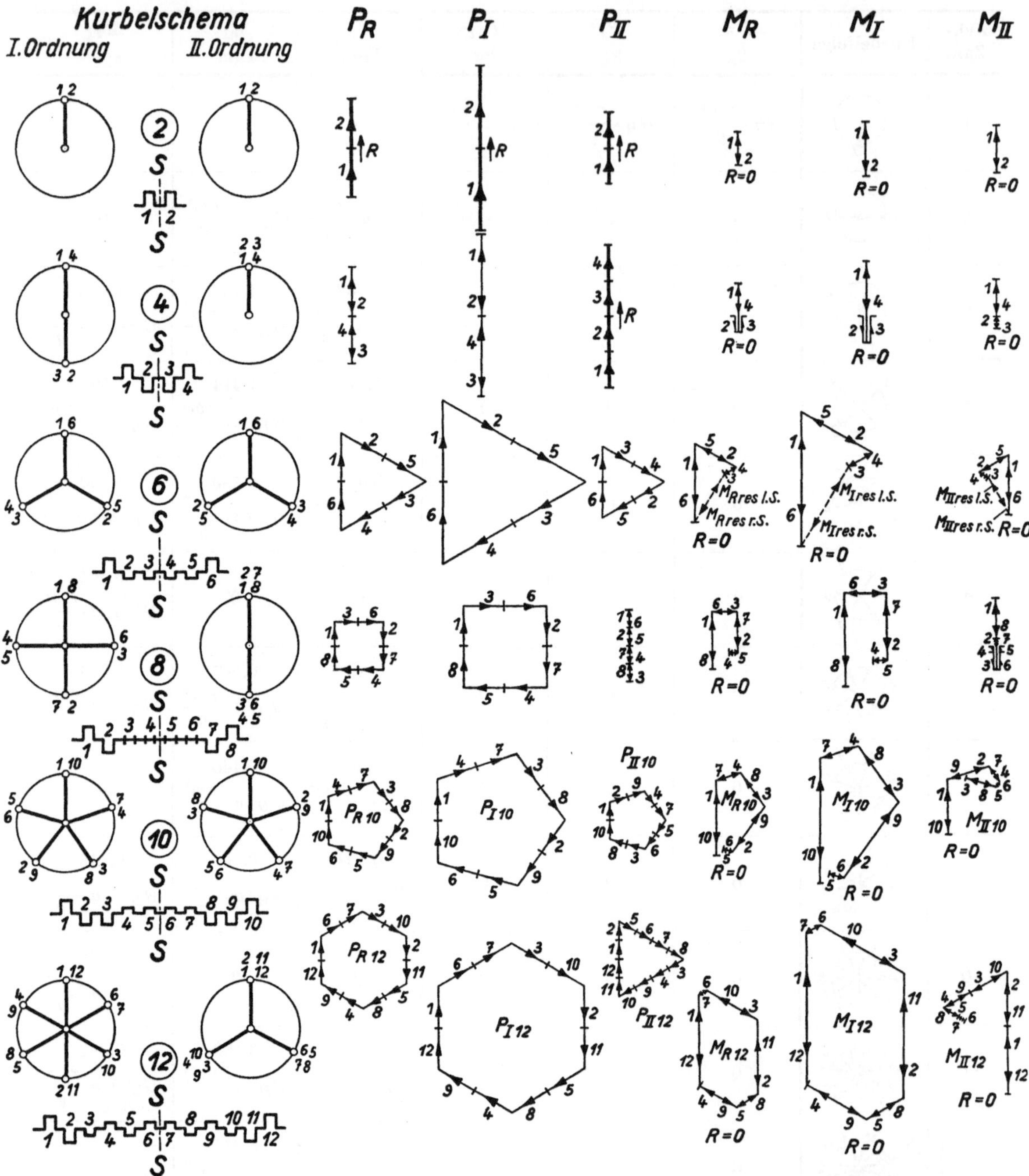

Bild 22. Kräfte- und Momentenpläne der *Viertakt*-Reihenmotoren mit *geraden* Zylinderzahlen *2 bis 12*

Zweizylinder-Zweitakt: Die Kurbeln stehen unter 180°, so daß sich die P_R und P_I aufheben. Im Kurbelschema II sind die Kurbeln gleichgerichtet; daher tritt ein P_{II} auf von der in Zahlentafel 4 angegebenen Größe. Die von den P_{II} herrührenden Momente M_{II} heben sich auf, nicht aber die Momente M_R und M_I.

Dreizylinder-Viertakt und -Zweitakt: Alle Massenkräfte sind ausgeglichen, alle Massen-momente vorhanden und beim Viertakt und Zweitakt wegen der gleichen Kurbelstel-lungen von gleicher Größe (Zahlentafeln 3 und 4). Die M_R können (wie bei allen Zylinder-

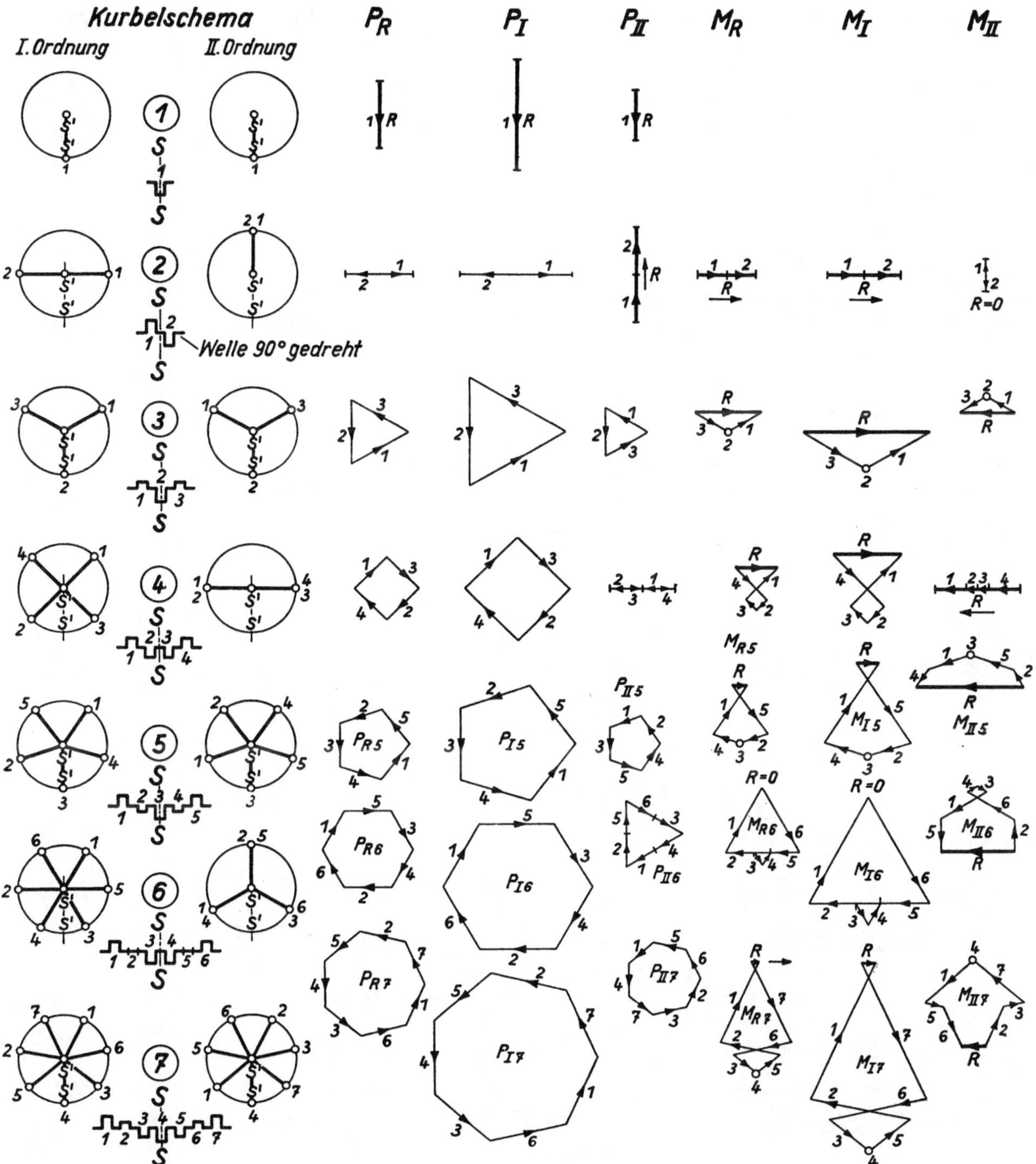

Bild 23. Kräfte- und Momentenpläne der *Zweitakt*-Reihenmotoren mit Zylinderzahlen *1* bis *7*
Gilt auch für Viertakt-Reihenmotoren mit *ungeraden* Zylinderzahlen

zahlen) ebenso wie die P_R durch Gegengewichte an den Wangen zum Verschwinden gebracht werden.

Vierzylinder-Viertakt: Nur die Massenkräfte II. Ordnung sind unausgeglichen. Ihre Vektoren sind gleichgerichtet; die Massenkräfte der einzelnen Zylinder addieren sich algebraisch. Beseitigen läßt sich diese Massenkraft nicht. Sie kann durch Einschalten

Bild 24. Kräfte- und Momentenpläne der *Zweitakt*-Reihenmotoren mit Zylinderzahlen *8* bis *12*
Gilt auch für Viertakt-Reihenmotoren mit *ungeraden* Zylinderzahlen

einer federnden Schicht von geringer Schwingungsleitfähigkeit zwischen Motor und Fundament unschädlich gemacht werden. Auf Schiffen haben sich die Massenkräfte

II. Ordnung bei Vierzylinder-Viertakt-Hilfsdieseln nicht selten so störend bemerkbar gemacht, daß man es vorgezogen hat, die Kurbeln unter 90° zu stellen, also die Kurbelfolge des Vierzylinder-Zweitaktmotors auszuführen. Dann wird zwar der Zündabstand ungleichmäßig, und die Maschine „hinkt" bei niedriger Drehzahl. Meist liegt aber die Betriebsdrehzahl so hoch, daß eine Ungleichmäßigkeit mit dem Gehör nicht mehr wahrgenommen wird. Der für den Antrieb von Generatoren erforderliche kleine Ungleichförmigkeitsgrad der Schwungmassen (Bd. I, S. 306) kann durch Vergrößerung des Schwungrades unschwer hergestellt werden. Die Massen*kräfte* sind alsdann ausgeglichen. Die dafür (wie beim Vierzylinder-Zweitaktmotor) auftretenden Massen*momente* stören in der Mehrzahl der Fälle weit weniger.

Mehrzylindermotoren Viertakt und Zweitakt: Alle Massenkräfte sind ausgeglichen, da sich alle Kräftepolygone schließen. Über die auftretenden Massenmomente geben die Zahlentafeln 3 und 4 Aufschluß. Mit zunehmender Zylinderzahl nimmt (mit einigen Ausnahmen) die Größe der resultierenden Momente ab. Viertaktmotoren mit 6, 8, 10 und 12 Zylindern sind vollständig ausgeglichen, von den Zweitaktmotoren nur der Motor mit 12 Zylindern und der Kurbelanordnung 12b (Zahlentafel 4).

Rücksichtnahme auf Drehschwingungen. Die Stärke der kritischen Drehzahlen hängt von der Größe der auf die Welle übertragenen schwingungerregenden Arbeiten und diese von den Kurbelstellungen ab (vgl. S. 92). Daher kann es vorkommen, daß die Rücksicht auf die Drehschwingungen erfordert, eine andere als die für den Massenausgleich günstigste Kurbelstellung zu wählen. Dann muß untersucht werden, ob die resultierenden Momente in zulässigen Grenzen bleiben. Ein Kompromiß ist dabei immer möglich.

Abweichungen von der Scherengitter-Regel können im Einzelfall vorteilhaft oder notwendig sein. Der 2 × Vierzylinder-Viertakt-V-Motor (Bild 204, S. 213) z. B. kann in den Massenwirkungen vollkommen ausgeglichen werden (Bild 215, S. 224), wenn man seine Kurbeln *nicht* nach der Scherengitter-Regel anordnet. Bei Zweitaktmotoren mit Spülung durch Abgasturbogebläse kann die Rücksichtnahme auf die Reihenfolge der Auspuffstöße ein Abweichen von der Scherengitter-Regel erforderlich machen (vgl. S. 434).

Austauschbarbeit von Kurbelwellenhälften. Zuweilen wird die Forderung gestellt, daß bei großen Kurbelwellen, die man aus Herstellungsrücksichten teilen muß, die beiden Hälften austauschbar (kongruent) sein sollen, damit eine Hälfte als Reserve für beide dienen kann. Das ist natürlich nur bei geradzahligen Wellen möglich und nur bei Zweitaktmotoren, da bei geradzahligen Viertaktmotoren der Massenausgleich spiegelbildliche, also nicht kongruente Wellenhälften erfordert. Dagegen werden bei Sechs- und Achtzylinder-Zweitaktmotoren die Hälften *austauschbar*, wenn die Kurbelwellenhälften die Scherengitter-Regel befolgen. Man erkennt dies, wenn man sich die eine Wellenhälfte um die Achse *S–S* (Bild 20) geschwenkt vorstellt: die Kurbeln der geschwenkten Hälfte nehmen dann die entsprechenden Stellungen der Kurbeln der nicht geschwenkten Hälfte ein. Die Momentenpolygone bleiben unverändert, da die Vektoren symmetrisch zur Achse des Polygons liegen.

Aufstellung unausgeglichener Motoren im Schiff. Wenn es sich um Schiffsmaschinen handelt, sollte auch der Aufstellungsort im Schiff im Zusammenhang mit dem Massenausgleich berücksichtigt werden. Ein Schiff schwingt bei seiner (hier in erster Linie zu beachtenden) niedrigsten Eigenschwingungszahl mit zwei Knotenpunk-

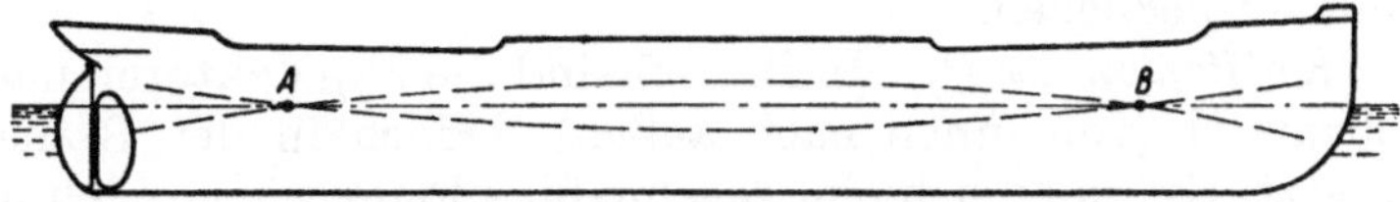

Bild 25. Schwingungsform eines Schiffskörpers

ten *A* und *B* und einem etwa auf Längsmitte liegenden Schwingungsbauch (Bild 25). Die elastische Linie pendelt in den beiden Knotenpunkten um diese, während ihr mittlerer Teil sich parallel zu sich selbst verschiebt. Diese Bewegung wird durch freie Massenkräfte unterstützt; daher sollen Maschinen mit freien Massen*kräften* nicht in der Nähe des Schwingungsbauches aufgestellt werden. Freie Massen*momente* sind an dieser Stelle weniger schädlich, weil die Kippbewegungen, die durch sie verursacht werden, nicht mit der Bewegung der elastischen Linie übereinstimmen. Im Schwingungsknotenpunkt hingegen und in seiner Nähe können freie Massenmomente Schiffsschwingungen hervorrufen. Auf diese Zusammenhänge hat O. SCHLICK, der bei der Erforschung des Massenausgleiches bahnbrechend gewirkt hat, zuerst hingewiesen[1].

6. Zahlenbeispiele

a) Fünfzylinder-Motor

Gegeben sind:

die Zylinderabstände voneinander und von der Schwerebene $S\!-\!S$ gemäß Bild 26,

der Hub = 1200 mm,

die Drehzahl = 122 U/min,

das Gewicht der hin- und hergehenden Teile G_H = 7500 kg,

das Gewicht G_R der umlaufenden Teile G_R = 4500 kg,

das Pleuelstangenverhältnis 1 : 4,55 = 0,22,

die Kurbelfolge gemäß Bild 27 (Kurbelschema I).

Man berechnet die Kräftevektoren P_R, P_I und P_{II} und die Momentenvektoren M_R, M_I und M_{II} (Zahlentafel 5) und kann dann die Kräfte- und Momentenpolygone zeichnen (Bild 27). Für die P_R, P_I, M_R und M_I ist das Kurbelschema I zu benutzen, für die P_{II} und M_{II} das Kurbelschema II, das durch Verdopplung der Kurbelwinkel entsteht.

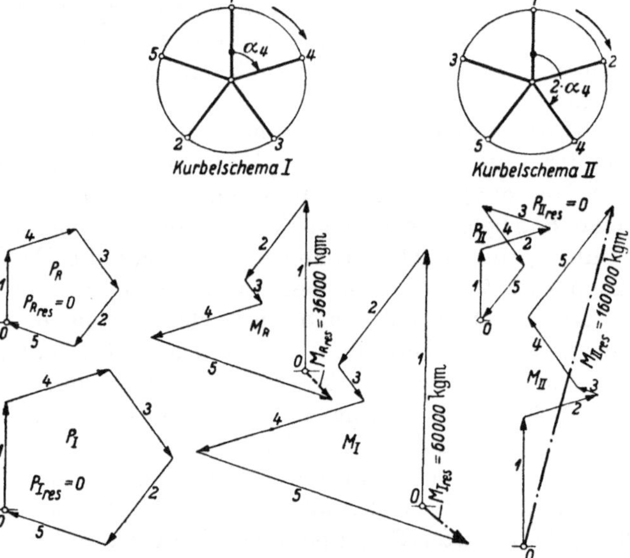

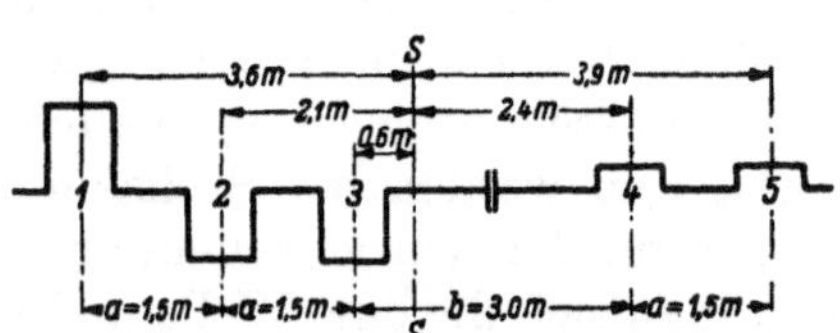

Bild 26. Kurbelanordnung
einer Fünfzylinder-Zweitaktmaschine

Bild 27. Kräfte- und Momentenpläne
der Fünfzylinder-Zweitaktmaschine Bild 26

Kräftepläne der P_R und P_I: Alle Vektoren sind in der Richtung „von innen nach außen" zu ziehen. Da die P_R und P_I gleich groß sind und die Kurbeln unter gleichen Winkeln stehen, werden die Kräftepolygone geschlossene Fünfecke. Die P_R und P_I sind ausgeglichen.

Kräfteplan der P_{II}: In Bild 27 sind die P_{II}-Vektoren nach den Richtungen des Kurbelschema II (von innen nach außen), jedoch in der Reihenfolge *1–2–3–4–5* zusammengesetzt. Es ergibt sich eine regelmäßige Figur wie gezeichnet. Man hätte die P_{II}-Vektoren auch in der Reihenfolge des Kurbelschema II aneinanderfügen können; dann hätte man ein regelmäßiges Fünfeck erhalten. Das Polygon ist geschlossen; die P_{II} sind ausgeglichen.

---

[1] SCHLICK, O.: Über den Einfluß des Aufstellungsortes der Dampfmaschine auf die Vibrationserscheinungen bei Dampfern. Z. VDI Bd. 38 (1894) S. 1091.

Zahlentafel 5. *Berechnung der Kräfte- und Momentenvektoren eines Fünfzylindermotors*

Zylinder	1	2	3	4	5
G_R . . . . kg	4500	4500	4500	4500	4500
G_H . . . . kg	7500	7500	7500	7500	7500
r . . . . m	0,6	0,6	0,6	0,6	0,6
$\dfrac{r \cdot \omega^2}{g}$	10	10	10	10	10
$P_R = G_R \cdot \dfrac{r \cdot \omega^2}{g}$ . . . . kg	45000	45000	45000	45000	45000
$P_I = G_H \cdot \dfrac{r \cdot \omega^2}{g}$ . . . . kg	75000	75000	75000	75000	75000
$\lambda = r : l$	0,22	0,22	0,22	0,22	0,22
$P_{II} = \lambda \cdot P_I$ . . . . kg	16500	16500	16500	16500	16500
h . . . . m	3,6	2,1	0,6	2,4	3,9
$M_R = P_R \cdot h$ . . . . kgm*	162000	94500	27000	108000	175500
$M_I = P_I \cdot h$ . . . . kgm*	270000	157500	45000	180000	292500
$M_{II} = P_{II} \cdot h = \lambda \cdot M_I$ . . . . kgm*	59400	34600	9900	39600	64300

Momentenpläne der M_R und M_I: Die links von S–S liegenden Vektoren sind von innen nach außen, die rechts liegenden von außen nach innen zu ziehen. Die Momentenpolygone werden ähnlich; ihre Seitenlängen stehen im Verhältnis $G_R : G_H = 3 : 5$. Das $M_{R_{\text{res}}}$ wird 36 tm, das $M_{I_{\text{res}}}$ 60 tm. Da es sich um eine große Maschine handelt (wie aus den Zylinderabständen hervorgeht), sind beide resultierenden Momente zulässig.

Momentenplan der M_{II}: Größe der M_{II}-Vektoren nach Zahlentafel 5, Richtung nach Kurbelschema II und der „Außeninnen"-Regel. $M_{II_{\text{res}}}$ wird mit 160 tm 2,7mal größer als $M_{I_{\text{res}}}$, was hauptsächlich auf die ungünstige Stellung der Vektoren M_{II_1} und M_{II_5} zueinander zurückzuführen ist.

Die Größe der unausgeglichenen Resultierenden hängt wesentlich von der Kurbelfolge ab, wie Bild 28 zeigt. Die Kurbelfolge ist jetzt *1–5–4–2–3*; die übrigen Größen sind unverändert geblieben. Die P_R, P_I und P_{II} sind wie früher ausgeglichen. Die Polygone der M_R und M_I, untereinander ähnlich, erhalten eine andere, viel ungünstigere Gestalt. $M_{I_{\text{res}}}$ wird 560 tm, $M_{R_{\text{res}}} = 0,6 \cdot M_{I_{\text{res}}} = 336$ tm. $M_{II_{\text{res}}}$ wird mit 102 tm kleiner als bei der Kurbelfolge nach Bild 27, aber dieser Vorteil wiegt den Nachteil der stark vergrößerten beiden anderen resultierenden Momente bei weitem nicht auf.

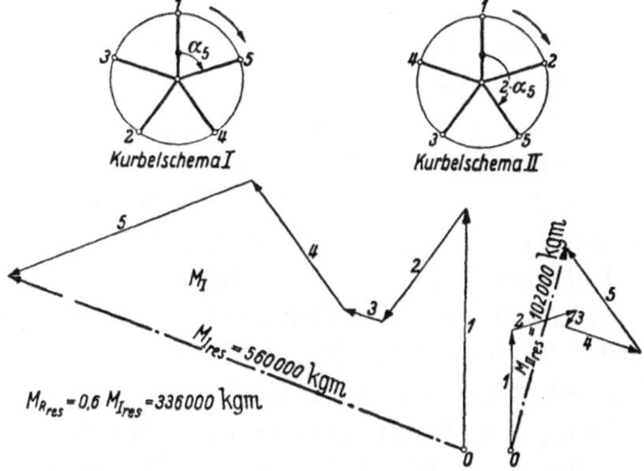

Bild 28. Momentenpläne der Zweitaktmaschine Bild 26 mit ungünstiger Kurbelfolge

---

* Man beachte: das Moment kgm ist ein *vektorielles*, die Arbeit mkg ein *skalares* Produkt. Beide Produkte haben physikalisch einen ganz verschiedenen Sinn. In Übereinstimmung mit der Bezeichnungsweise der Physik ist hier stets zwischen mkg und kgm unterschieden.

b) Vierzylinder-Zweitaktmotor mit Kolbenspülpumpe

Gegeben sind die Abstände der Arbeitszylinder voneinander sowie der Abstand von Mitte Spülpumpenzylinder bis Arbeitszylinder *1* nach Bild 29. Gesucht ist die für den Massenausgleich günstigste Stellung der Spülpumpenkurbel relativ zur Arbeitskurbel *1*. Drehzahl 500 U/min.

Umlaufende und hin- und hergehende Gewichte nach Zahlentafel 6. Die Gewichte des Kolbens und der Pleuelstange sind durch Wägen, die Schwerpunktlage der Pleuelstange ist durch Auswiegen auf einer Schneide bestimmt, die Gewichte des Kurbelzapfens und der Kurbelwangen werden berechnet, ebenso die Schwerpunktlage der Wangen. Die Lage der Schwerebene S–S kann genügend genau ermittelt werden, indem man annimmt, daß die Gewichte der Zylinder den Gewichten G_H proportional sind, und eine Momentengleichung, bezogen auf die Achse von **Zyl. 4**, aufstellt:

$$61{,}8\ \text{kg} \cdot 197\ \text{cm} + 75{,}4$$
$$(150 + 100 + 50 + 0)$$
$$= (61{,}8 + 4 \cdot 75{,}4) \cdot x;$$

hieraus $x = 95{,}7$ cm.

Die Massenwirkungen der G_R könnten durch je ein Paar Gegengewichte an den Kurbelwangen ausgeglichen werden. Diese müßten, bezogen auf die Wellenachse, ein statisches

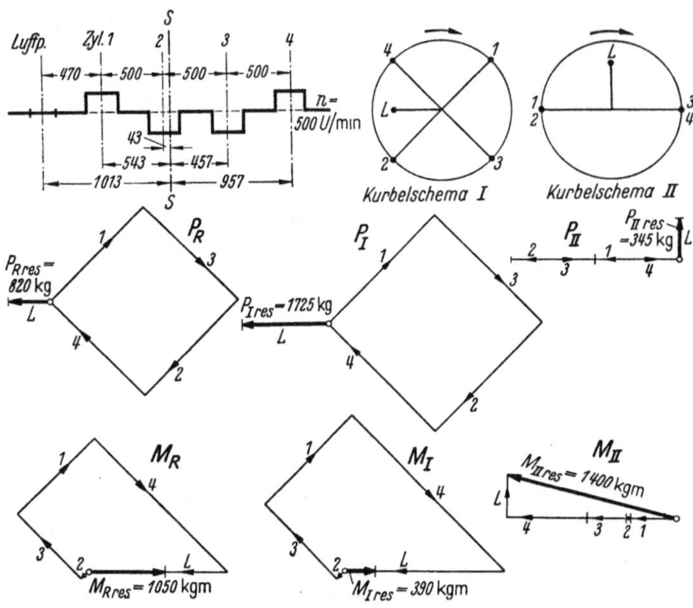

Bild 29. Kräfte- und Momentenpläne eines Vierzylinder-Zweitaktmotors mit Kolbenspülpumpe

Moment haben

    bei der Spülpumpenkurbel von $29{,}35 \cdot 10 = 293{,}5$ kgcm,

    bei jeder Arbeitskurbel von $64{,}4 \cdot 14{,}5 = 935$ kgcm.

Da die Maschine ohne Gegengewichte erschütterungsfrei lief, wurden keine Gegengewichte angebracht.

Kräfte- und Momentenvektoren nach Zahlentafel 7. Der stärkere Strich zwischen der dritten und vierten Spalte erinnert daran, daß an dieser Stelle der Richtungssinn der Vektoren wechselt. Die Kurbelfolge (Schema I) ist *1-3-2-4*; im Schema II sind die Kurbeln *1* und *2* nach links, *3* und *4* nach rechts gerichtet. Gemäß Schema I bilden die Vektoren P_R und P_I der Arbeitszylinder je ein Quadrat, die Vektoren nach Schema II einen in sich zurücklaufenden Linienzug. Die Spülpumpe stört den Ausgleich der Massen*kräfte*; die Vektoren P_R, P_I und P_{II} der Spülpumpe werden zugleich die resultierenden Massenkraft-Vektoren des Motors. Die Stellung dieser Vektoren richtet sich nach der Stellung der Spülpumpenkurbel relativ zu den Arbeitskurbeln, wie sie im Schema I gezeichnet ist. Die Polygone der P_R, P_I und P_{II} geben *keinen* Aufschluß über die zweckmäßigste Stellung der Spülpumpenkurbel. Wie man diese auch stellt, ihre Vektoren bleiben bei allen Stellungen als unausgeglichene Massenkräfte übrig.

Dagegen zeigen die Pläne M_R und M_I, daß die im Schema I gezeichnete Lage der Spülpumpenkurbel in der Tat die günstigste ist. Ohne das M_R der Spülpumpe von 830 kgm würde das $M_{R_{res}}$ vom Anfangspunkt bis zum Endpunkt des Vektors 4 reichen; durch den Vektor der Luftpumpe wird es um ein Drittel verkleinert. Das $M_{I_{res}}$ wird

Zahlentafel 6. *Umlaufende und hin- und hergehende Gewichte eines Vierzylinder-Zweitaktmotors mit Kolbenspülpumpe*

	Spülpumpe	Arbeitszylinder
Gewicht der Pleuelstange . . . . kg	29,8	41,3
Länge der Pleuelstange. . . . . mm	500	650
Schwerpunktlage der Pleuelstange l_1/l_2 . . . mm	207/293	270/380
Umlaufender Teil der Pleuelstange . . . . . kg	$29{,}8 \cdot \dfrac{293}{500} = 17{,}5$	$41{,}3 \cdot \dfrac{380}{650} = 24{,}2$
Gewicht des Kurbelzapfens . . . . kg	5,5	12,7
Gewicht *einer* Kurbelwange . . . . kg	6,11	28,5
Schwerpunktradius einer Kurbelwange . . . mm	52	70
Kurbelradius . . . . mm	100	145
Gewicht von *zwei* Kurbelwangen auf Mitte Kurbelzapfen bezogen . . . . kg	$2 \cdot 6{,}11 \cdot 52/100 = 6{,}35$	$2 \cdot 28{,}5 \cdot 70/145 = 27{,}5$
Umlaufendes Gewicht insgesamt . . . . . . kg	$17{,}5 + 5{,}5 + 6{,}35 = 29{,}35$	$24{,}2 + 12{,}7 + 27{,}5 = 64{,}4$
Gewicht des Kolbens . . . . kg	49,5	58,3
Hin- und hergehender Teil der Pleuelstange . kg	$29{,}8 \cdot \dfrac{207}{500} = 12{,}3$	$41{,}3 \cdot \dfrac{270}{650} = 17{,}1$
Hin- und hergehendes Gewicht insgesamt . . kg	61,8	75,4

Zahlentafel 7. *Berechnung der Kräfte- und Momentenvektoren eines Vierzylinder-Zweitaktmotors mit Kolbenspülpumpe*

	Spülpumpe	Zyl. *1*	Zyl. *2*	Zyl. *3*	Zyl. *4*
G_R . . . . kg	29,35	64,4	64,4	64,4	64,4
G_H . . . . kg	61,8	75,4	75,4	75,4	75,4
r . . . . m	0,10	0,145	0,145	0,145	0,145
$r \cdot \omega^2/g$	27,9	40,5	40,5	40,5	40,5
$P_R = G_R \cdot r\omega^2/g$ . . . . kg	820	2610	2610	2610	2610
$P_I = G_H \cdot r\omega^2/g$ . . . . kg	1725	3050	3050	3050	3050
$\lambda = r : l$	1/5	1/4,5	1/4,5	1/4,5	1/4,5
$P_{II} = \lambda \cdot P_I$ . . . . kg	345	678	678	678	678
h . . . . m	1,013	0,543	0,043	0,457	0,957
$M_R = P_R \cdot h$ . . . . kgm	830	1418	112	1192	2500
$M_I = P_I \cdot h$ . . . . kgm	1750	1658	131	1393	2920
$M_{II} = \lambda \cdot M_I$ . . . . kgm	350	368	29	310	649

sogar von 2140 auf 390 kgm verringert. Das M_{II_res} wächst etwas, da der Vektor L im Diagramm M_{II} senkrecht auf den übrigen Vektoren steht, aber die Zunahme ist unbedeutend (von 1356 auf 1400 kgm). Somit ist die Luftpumpenkurbel im Schema I richtig gezeichnet. Der Gang der Maschine war erschütterungsfrei.

c) Dreizylinder-Gegenkolbenmotor mit Kurbelversetzung und Spülpumpe

Umlaufende und hin- und hergehende Gewichte nach Zahlentafel 8. Die Kräfte- und Momentenpolygone werden übersichtlicher, wenn man die zu den unteren Kolben gehörenden Triebwerkteile (*1, 2, 3*) getrennt von den oberen (*4, 5, 6*) numeriert. Jeder obere Kolben ist zu seinem unteren um $180° + 20°$ versetzt. Die oberen Kolben steuern den Auspuff, die unteren die Spülluft. Die Kurbelversetzung ermöglicht eine (mäßige) Aufladung, da die Auspuffschlitze früher schließen als die Spülschlitze[1]. Bei 120° Kurbel-

---

[1] Vgl. Bild 385, S. 411.

abstand erhält das Kurbelschema I die in Bild 30 gezeichnete Gestalt. Daß die gezeichnete Stellung der Spülpumpenkurbel zweckmäßig ist, muß noch bewiesen werden. Schema II entsteht durch Verdopplung aller Winkel, von Kurbel *1* aus zählend.

Die Gegenläufigkeit der Kolben ermöglicht einen vollständigen Massenausgleich I. Ordnung, wenn die Gewichte G_H der zu den oberen und unteren Kolben gehörenden Triebwerkteile so abgestimmt werden, daß die Gleichung

$$P_I = G_{H_{ob}} \cdot \frac{r_{ob} \cdot \omega^2}{g} \cdot \cos\alpha_{ob} + G_{H_{unt}} \cdot \frac{r_{unt} \cdot \omega^2}{g} \cdot \cos\alpha_{unt} = 0$$

erfüllt ist. Wenn die obere Kurbel gegen die untere um 180° versetzt ist, wird

$$G_{H_{ob}} \cdot r_{ob} = G_{H_{unt}} \cdot r_{unt},$$

d. h., die Gewichte der hin- und hergehenden Triebwerkteile des oberen und des unteren Kolbens müssen sich umgekehrt wie die zugehörigen Hübe verhalten; dann sind die Massenkräfte I. Ordnung eines Zylinders ausgeglichen. Hiervon wird bei Gegenkolbenmotoren häufig Gebrauch gemacht. Sind die obere und die untere Kurbel um einen größeren Winkel als 180° versetzt, so können sich die Massenkräfte I. Ordnung innerhalb eines Zylinders nicht völlig aufheben, da die geometrische Addition eine kleine Resultierende ergibt. Aber die Resultierenden der verschiedenen Arbeitszylinder können sich gegenseitig ausgleichen, wie es im Beispiel der Fall ist (Bild 30, Kräfteplan P_I).

Die Massenkräfte II. Ordnung innerhalb eines Zylinders durch die Gegenläufigkeit auszugleichen ist nicht möglich, wie man aus der Verdopplung der Winkel im Kurbelschema II erkennt. Kurbeln unter 180° ergeben im Schema II gleichgerichtete Vektoren, die sich verstärken. Die Zusammensetzung der Vektoren mehrerer Zylinder kann natürlich geschlossene Polygone ergeben.

Die umlaufenden Massen sind bei diesem Motor durch Gegengewichte völlig ausgeglichen. Bei der Spülpumpenkurbel liegt der Schwerpunkt der Gegengewichte dem Kurbelzapfen diametral gegenüber. An den Arbeitskurbeln müssen die Gegengewichte so angebracht werden, daß ihr Schwerpunkt auf der rückwärtigen Verlängerung des Vektors $P_{R_{res}}$ liegt, dessen Lage und Größe sich aus dem von $P_{R_{unt}}$ und $P_{R_{ob}}$ gebildeten Kräfteparallelogramm ergibt. Man findet ein $P_{R_{res}}$ von 251 kg, dem zwei Gegengewichte von je 3,05 kg mit einem Schwerpunktsabstand von 148 mm von der Wellenmitte das Gleichgewicht halten. Die Mittellinie der Gegengewichte muß um $66\frac{1}{2}°$ zur Horizontalen geneigt sein, wenn die Kurbelzapfen einer dreiteiligen Kröpfung senkrecht übereinander stehen. An den Wangen der Spülpumpenkurbel sind kleinere Gegengewichte angebracht, die das P_R der Spülpumpe ausgleichen. Es treten daher weder Kräfte P_R noch Momente M_R auf.

In Zahlentafel 9 sind die Vektoren P_I, P_{II}, M_I und M_{II} für die Spülpumpe und die Triebwerke der drei Arbeitszylinder berechnet. Die Kurbeln *1* bis *3* gehören zu den unteren, die (Doppel-)Kurbeln *4* bis *6* zu den oberen Kolben. Eine Momentengleichung der Gewichte G_H, bezogen auf die Achse des Zylinders *3*, ergibt die Entfernung der

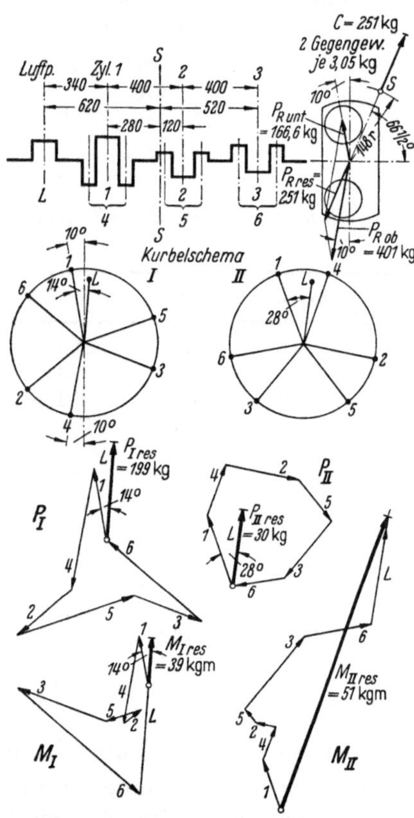

Bild 30. Kräfte- und Momentenpläne eines Dreizylinder-Zweitakt-Gegenkolbenmotors mit 20° Kurbelversetzung und Kolbenspülpumpe

Zahlentafel 8. *Umlaufende und hin- und hergehende Gewichte eines Dreizylinder-Gegenkolbenmotors mit Kolbenspülpumpe*

	Spülpumpe	Zylinder *1* bis *3*	
		Unterer Kolben	Oberer Kolben
Gewicht der Schubstange bzw. *einer* Zugstange . . . . kg	7,43	6,90	7,50
Länge der Schub- (Zug-) Stange . . mm	430	370	875
Schwerpunktlage l_1/l_2 der Stangen . . mm	105/325	87/283	163/712
G_R der Stangen . . . . kg	$7{,}43 \cdot \dfrac{325}{430} = 5{,}62$	$6{,}9 \cdot \dfrac{283}{370} = 5{,}28$	$7{,}5 \cdot \dfrac{712}{875} = 6{,}10$
Gewicht des Kurbelzapfens . . . . . . kg	1,72	2,69	$2 \cdot 1{,}574$
Gewicht *einer* Kurbelwange . . . . . kg	2,44	(runde Scheibe)	3,82
Schwerpunktradius einer Kurbelwange mm	32	0	37,5
Kurbelradius . . . . mm	65	75	75
Gewicht von zwei Kurbelwangen auf Mitte Kurbelzapfen bezogen . . . . kg	2,40	—	3,82
G_R insgesamt . . . . kg	$5{,}62 + 1{,}72$ $+2{,}40 = 9{,}74$	$5{,}28 + 2{,}69$ $= 7{,}97$	$2 \cdot 6{,}1 + 2 \cdot 1{,}574$ $+3{,}82 = 19{,}17$
Gewicht des Kolbens . . . . kg	9,18	5,25	9,0 (mit Querhaupt)
G_H der Stangen . . . . kg	1,81	1,62	1,40
G_H insgesamt . . . . kg	$9{,}18 + 1{,}81$ $= 10{,}99$	$5{,}25 + 1{,}62$ $= 6{,}87$	$9{,}0 + 2 \cdot 1{,}4$ $= 11{,}8$

Zahlentafel 9. *Berechnung der Kräfte- und Momentenvektoren eines Dreizylinder-Gegenkolbenmotors mit Kolbenspülpumpe*

	Spülpumpe L	Kurbeln der Arbeitszylinder					
		1 unten	*4* oben	*2* unten	*5* oben	*3* unten	*6* oben
G_H . . . . kg	10,99	6,87	11,8	6,87	11,8	6,87	11,8
r . . . . m	0,065	0,075	0,075	0,075	0,075	0,075	0,075
$r\omega^2/g$	18,11	20,9	20,9	20,9	20,9	20,9	20,9
$P_I = G_H \cdot r\omega^2/g$ . . . . kg	199	143,5	246,7	143,5	246,7	143,5	246,7
$\lambda = r/l$	1/6,62	1/4,93	1/11,67	1/4,93	1/11,67	1/4,93	1/11,67
$P_{II} = \lambda \cdot P_I$ . . . . kg	30	29,1	21,1	29,1	21,1	29,1	21,1
h . . . . m	0,62	0,28	0,28	0,12	0,12	0,52	0,52
$M_I = P_I \cdot h$ . . . . kgm	123,3	40,2	69,1	17,2	29,6	74,6	128,2
$M_{II} = \lambda \cdot M_I$ . . . . kgm	18,6	8,2	5,9	3,5	2,5	15,1	11,0

Schwerebene $S\text{–}S$ von Zylinder *3* zu 520 mm (Bild 30), womit die Hebel h die in Zahlentafel 9 eingetragenen Längen erhalten. Der starke senkrechte Strich unterscheidet zwischen rechts- und linksdrehenden Momenten.

Die Polygone P_I, P_{II}, M_I und M_{II} können jetzt gezeichnet werden. Im Schema I ist die Luftpumpenkurbel um 14° der Kurbel *1* voreilend gezeichnet; im Schema II eilt sie um 28° vor. Maßgebend für die Stellung der Luftpumpenkurbel ist in diesem Fall das Polygon der M_I: damit das $M_{I_{\mathrm{res}}}$ ein Minimum wird, muß der von der Pfeilspitze des Vektors M_{I_6} zu ziehende Vektor L durch den Anfangspunkt des Polygons gehen. Dieses ist dann zwar nicht ganz geschlossen, aber es bleibt nur ein unbedeutendes $M_{I_{\mathrm{res}}}$ von 39 kgm. Für das Polygon der M_{II} ist die Stellung des Vektors L, der einen

Winkel von 28° mit der Kurbel *1* einschließt, weniger günstig, da L den resultierenden Vektor vergrößert, aber die Vergrößerung ist gering, da $M_{II_{res}}$ nur 51 kgm wird.

Für die Diagramme der P_I und P_{II} ist die Stellung der Luftpumpenkurbel bedeutungslos. Wegen der kreissymmetrischen Stellung der sechs Arbeitskurbeln sind ihre P_I und P_{II} ausgeglichen, und das P_I bzw. P_{II} der Luftpumpe bleibt auf jeden Fall als $P_{I_{res}}^!$ bzw. $P_{II_{res}}^!$ übrig. Die beiden Resultierenden werden 199 und 30 kg, wie in Zahlentafel 9 angegeben.

7. Sonderfälle

a) Reihenmotoren mit ungleichen Kurbelwinkeln

Doppeltwirkende Zweitaktmotoren werden zuweilen mit *ungleichen* Kurbelwinkeln ausgeführt, eine Sechszylindermaschine mit den Kurbelwinkeln 30–90–30–90–30–90°. Man erreicht dadurch, daß die zwölf während einer Umdrehung auftretenden Zündungen einen *gleichmäßigen* Abstand von 30° erhalten, während, wenn die Kurbeln unter 60° stehen, je zwei Zündungen (auf der Ober- und Unterseite) gleichzeitig auftreten. Das

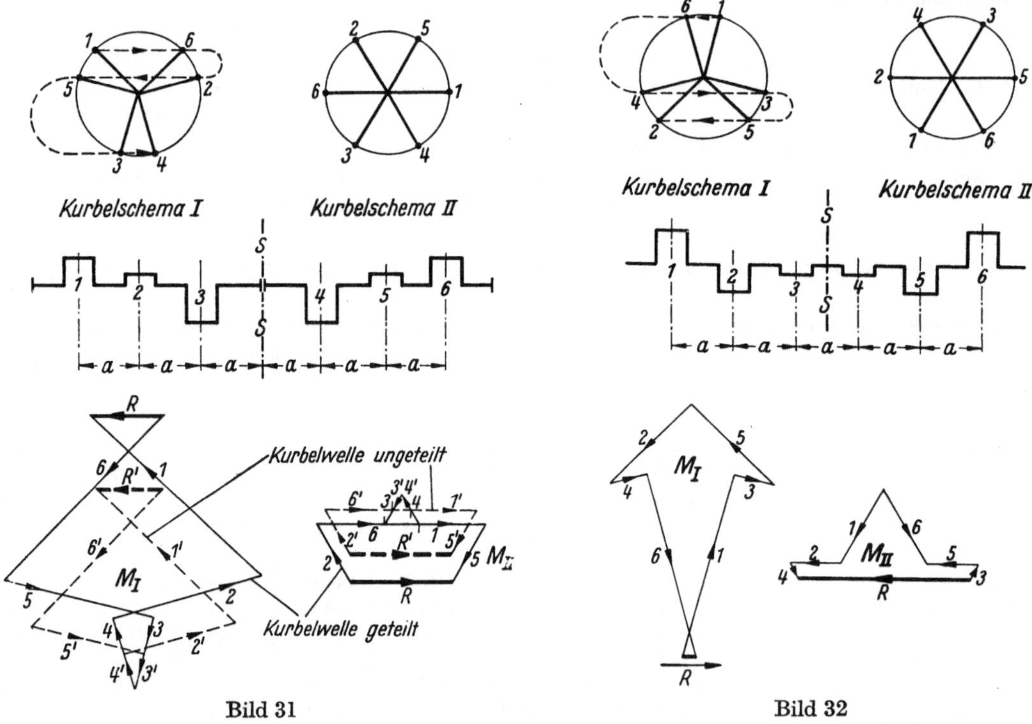

Bild 31
Massenausgleich eines doppeltwirkenden Sechszylinder-Zweitaktmotors mit Kurbeln unter 30° und 90°

Bild 32
Zweitaktmotor wie Bild 31,
mit anderer Kurbelfolge

Drehmoment wird bei der Versetzung um 30°—90° gleichmäßiger; der Umstand, daß beim Anfahren die Druckluftimpulse ungleichen Abstand erhalten (da man bei doppeltwirkenden Maschinen nur auf den Unterseiten Anlaßventile anzuordnen pflegt), stört erfahrungsgemäß nicht. Die Maschinen springen rasch und sicher an.

Die „Scherengitter"-Regel (S. 31) ergibt auch bei ungleichen Kurbelwinkeln günstige Verhältnisse bezüglich des Massenausgleiches, ist aber nicht ebenso allgemein gültig wie bei gleichen Kurbelwinkeln. Bild 31 zeigt die Kurbelanordnung einer doppeltwirkenden Sechszylindermaschine; das Kurbelschema I entspricht der Gitterregel. Im Schema II haben alle Kurbeln den gleichen Abstand 60°. Die (in Bild 31 nicht gezeichneten) Kräftepolygone der P_R und P_I werden zwar nicht regelmäßige, aber wegen der kreissymmetrischen Kurbelstellung geschlossene Sechsecke; das Polygon der P_{II} wird ein regelmäßiges Sechseck. Alle Massenkräfte sind somit ausgeglichen. Die Momentenpolygone der M_I (M_R) und M_{II} sind in Bild 31 gezeichnet (gestrichelte Linien). Man erhält als Resultierende:

$$M_{R_\text{res}} = 0{,}897\, G_R \cdot a \cdot \frac{r\,\omega^2}{g}\ \text{kgm}\,,$$

$$M_{I_\text{res}} = 0{,}897\, G_H \cdot a \cdot \frac{r\,\omega^2}{g}\ \text{kgm}\,,$$

$$M_{II_\text{res}} = 3{,}000\, \lambda \cdot G_H \cdot a \cdot \frac{r\,\omega^2}{g}\ \text{kgm}\,.$$

Sie ändern ihre Größe nicht, wenn die Kurbelwelle geteilt wird (ausgezogene Linien in Bild 31). Bei geteilter Kurbelwelle sind die Wellenhälften *austauschbar*. Man prüft dies, indem man die eine Hälfte um 180° um die Linie S–S als Achse schwenkt; dann deckt sich Kurbel *1* mit *6*, *2* mit *5*, *3* mit *4*.

Bild 32 zeigt eine andere Kurbelfolge, die *nicht* der Gitterregel entspricht; die im Schema I gestrichelt eingetragene Schlangenlinie ergibt nicht die durch die Regel vorgeschriebene Ziffernfolge. Trotzdem werden M_{R_res} und M_{I_res} erheblich kleiner als vorhin; man erhält:

$$M_{R_\text{res}} = 0{,}139\, G_R \cdot a \cdot \frac{r\,\omega^2}{g}\ \text{kgm}\,,$$

$$M_{I_\text{res}} = 0{,}139\, G_H \cdot a \cdot \frac{r\,\omega^2}{g}\ \text{kgm}\,,$$

$$M_{II_\text{res}} = 4{,}999\, \lambda \cdot G_H \cdot a \cdot \frac{r\,\omega^2}{g}\ \text{kgm}\,.$$

Das M_{II} ist zwar im Verhältnis $5:3$ größer geworden, aber der Massenausgleich ist wegen der kleineren M_R und M_I günstiger als nach Bild 31. Die Ursache liegt darin, daß in Bild 32 die Paare der großen Vektoren *1*, *6* und *2*, *5* unter spitzerem Winkel zueinander stehen als in Bild 31, eine Folge der 30°–90°-Anordnung der Kurbeln. Wird die Welle geteilt, so ändern sich die M_res nicht, und die Wellenhälften sind austauschbar.

b) Motoren in V-Anordnung

Bisher galt die Voraussetzung, daß die Zylinderachsen des Motors sämtlich in einer Ebene liegen („Reihenmotoren"). Sollen große Leistungen in kleinem Raum bei kurzer Baulänge untergebracht werden, so kommt die *V-Anordnung* in Frage. Der V-Motor besteht aus zwei Reihenmotoren, die an derselben Kurbelwelle angreifen und einen Winkel einschließen, der von der Zylinderzahl und dem Zündabstand, aber auch von konstruktiven Rücksichten abhängt. Grundsätzlich sind die V-Motoren ebenso zu behandeln wie die Reihenmotoren, jedoch mit einigen Abweichungen. Wenn die Reihen in sich ausgeglichen sind, dann gilt dies auch für den ganzen Motor, z. B. für den Viertakt-V-Motor mit 2×6 Zylindern. Wenn die eine Reihe eine unausgeglichene Massenkraft hat, dann tritt diese auch in der anderen Reihe auf, jedoch mit einer Phasenverschiebung gegenüber dem zu ihr gehörenden oberen Totpunkt, die dem Winkel des V („Gabelwinkel") — oder bei der II. Ordnung dem doppelten Gabelwinkel — entspricht. Dasselbe gilt für etwa vorhandene unausgeglichene Momente. Da die Kräfte und Momente der beiden Reihen an demselben Körper, der Kurbelwelle, angreifen, können sie unter Berücksichtigung ihrer Phasenverschiebung zusammengesetzt werden. Die Größe der Resultierenden ist für die Beurteilung des Massenausgleiches maßgebend.

Umlaufende Kräfte und Momente der V-Motoren. Die Kräfte und Momente der umlaufenden Massen beider Reihen des V-Motors greifen sämtlich an der Kurbelwelle an. Die Kurbelzapfen und -wangen gehören beiden Reihen gemeinsam an; außerdem liefert jede Reihe mit den umlaufenden Anteilen der Pleuelstangen einen Beitrag zu den umlaufenden Massen. Alle umlaufenden Massen setzen sich zusammen zu dem Gewicht G_R, das an jeder Kurbel die Fliehkraft P_R erzeugt. Die P_R und M_R werden sodann wie beim Einreihenmotor behandelt. Darin unterscheidet sich der V-Motor nicht vom Einreihenmotor.

Freie Massenkräfte der hin- und hergehenden Massen. Als Beispiel für die Zusammensetzung der freien Massen*kräfte* eines V-Motors soll der $2 \times$ Vierzylinder-Viertakt-V-Motor behandelt werden. Seine vier Kurbeln liegen in *einer* Ebene. Der Gabelwinkel ist 90° (Bild 33). In jeder Reihe sind die P_R, P_I, M_R, M_I und M_{II} ausgeglichen; jede

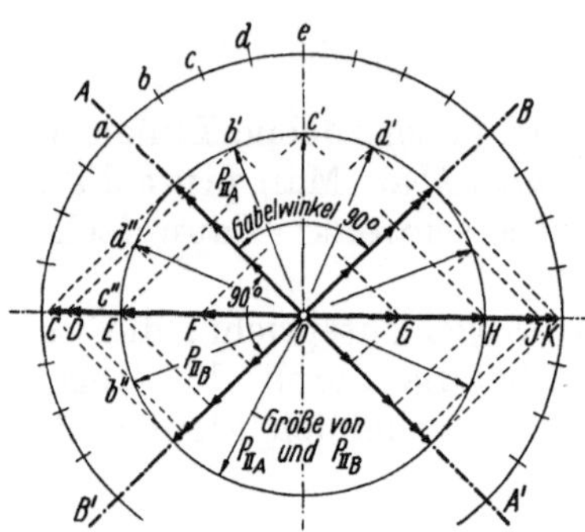

Bild 33. Zusammensetzung der freien Massen*kräfte* II. Ordnung eines Viertakt-V-Motors mit 2×4 Zylindern und 90° Gabelwinkel

Reihe hat ein unausgeglichenes P_{II} (Bild 22, zweite Zeile). Zunächst mögen die Kurbeln 1 und 4 in dem für Reihe A gültigen oberen Totpunkt a stehen. Für Reihe B bedeutet dies eine Stellung 90° *vor* OT. Der resultierende Vektor P_{II_A} ist in diesem Augenblick den Kurbeln *1, 4* gleichgerichtet und hat die Richtung Oa; der resultierende Vektor P_{II_B} steht um $2 \times 90°$ vor OT der Reihe B und hat die Richtung OB'. P_{II_A} und P_{II_B} setzen sich zu einer Resultierenden $P_{II} = OC = P_{II_A} \cdot \sqrt{2}$ zusammen. Sie liegt in der durch die Wellenachse gehenden Horizontalen. Dreht sich das Kurbelpaar *1, 4* nach $b, c, d \dots$, so drehen sich die Vektoren P_{II_A} und P_{II_B} mit der doppelten Winkelgeschwindigkeit nach $b', c', d' \dots$ bzw. b'', $c'', d'' \dots$ Von ihnen treten nur die Projektionen auf die Ebenen AA' bzw. BB' wirklich auf. Ihre Zusammensetzung

liefert die Resultierende $OD, OE, OF \dots$, die allmählich kleiner und bei der Kurbelstellung Oe null wird. Dreht sich die Welle weiter, so wächst die Resultierende nach rechts wieder an und bleibt in der Horizontalen. Wenn die Kurbeln *1, 4* die Stellung OB einnehmen, hat das resultierende P_{II} wieder seine volle Größe OK erreicht und weist nunmehr nach rechts. Es nimmt dann wieder ab und durchläuft die Strecke C–K rückwärts usw. Während einer vollen Umdrehung der Welle wird C–K zweimal nach rechts und zweimal nach links durchlaufen. Das Maximum von P_{II} wird $4 \sqrt{2} \cdot G_H \cdot \lambda \cdot \dfrac{r\omega^2}{g}$; es tritt während einer Umdrehung der Welle viermal auf, nämlich in den Kurbelstellungen A, B, A', B'.

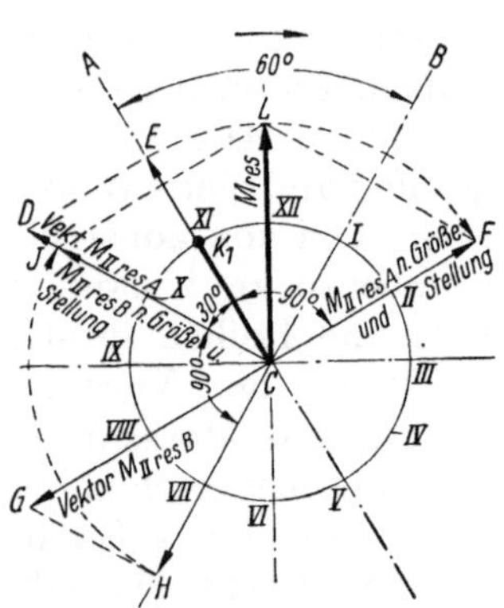

Bild 34. Zusammensetzung der freien Massen*momente* II. Ordnung eines Zweitakt-V-Motors mit 2×6 Zylindern und 60° Gabelwinkel

In den dazwischenliegenden Stellungen (Ebene der vier Kurbeln senkrecht und waagerecht) wird P_{II} null. Die Maschine wird durch P_{II} in der Horizontalen im doppelten Takt der Drehzahl hin- und hergeschoben; das Fundament hat die Bewegungen aufzunehmen.

Freie Massenmomente der hin- und hergehenden Massen. An einem weiteren Beispiel soll besprochen werden, wie man vorzugehen hat, wenn freie *Momente* in den beiden Reihen eines V-Motors auftreten. Gegeben sei ein V-Motor mit 2×6 Zylindern und 60° Gabelwinkel (Bild 34); die Kurbelfolge sei *1–6–2–4–3–5*. Der Motor arbeite im Zweitakt. Jede Reihe hat ein unausgeglichenes Moment II. Ordnung nach Zahlentafel 4, Zeile 6. Der Momentenvektor $M_{II_{res\,A}}$ eilt (nach Bild 23, Zeile 6) um 30° der Kurbel *1 nach* (man beachte die Kurbelfolge). In Bild 34 sieht man die Kurbelwelle von der Stirnseite; die Mittellängsebenen der Zylinderreihen A und B projizieren sich in ihren Spuren CA und CB.

An jeder Reihe tritt ein unausgeglichenes Moment II. Ordnung $M_{II_{res\,A}}$ bzw. $M_{II_{res\,B}}$ auf; die Vektoren haben gleiche Größe, stehen aber verschieden. Der Vektor $M_{II_{res\,A}}$ steht (nach Bild 23, Zeile 6) um 30° der Kurbel K_1 nacheilend, wenn K_1 *für Reihe A* im OT steht. Er habe die Länge CD. Von dieser tritt nur die Vertikalkomponente CE auf die Ebene CA wirklich auf. CE ist indessen nicht die richtige Stellung des Vektors; diese erhält man durch Drehen des Vektors um 90° in die Stellung CF, denn das Momentenpolygon (Bild 23, Zeile 6) war unter Benutzung des dem Momentenkreuz um 90° *nacheilenden* Kurbelschema II gezeichnet worden. Nunmehr bezeichnet CF nach Größe, Stellung und Drehsinn das in der Ebene AC wirkende M_{II} für den Augenblick, in welchem K_1 durch den oberen Totpunkt der Reihe A geht.

Gleichzeitig wirkt in der Ebene CB ein zweites M_{II} von der gleichen Maximalgröße, aber anderer Stellung. Stünde K_1 in der Stellung[1] I, so hätte der Momentenvektor dieselbe Stellung relativ zu seiner Kurbel wie vorhin, also 30° vor I, d. h. er stünde auf XII. Die Kurbel zeigt aber auf XI; sie erscheint gegenüber Stellung I um $2 \times 30°$ zurückgedreht. Der Vektor der Ebene B, der als M_{II} sich mit der doppelten Winkelgeschwindigkeit dreht, steht somit um $4 \times 30°$ vor Stellung XII, also auf VIII. Von seiner Größe CG tritt nur die Projektion CH wirklich auf. CH ist nicht die richtige Stellung, denn sie ist unter Benutzung des Kurbelschema II statt des Momentenkreuzes II gefunden worden. Das Momentenkreuz eilt dem Kurbelschema um 90° vor; also muß CH um 90° im Uhrzeigersinn geschwenkt werden: seine wirkliche Stellung und Größe ist CJ, wenn K_1 auf XI steht. In der Ebene CA wirkt somit das auf II weisende Moment $M_{II_{resA}}$, in der Ebene CB das auf X zeigende Moment $M_{II_{resB}}$. Beide zusammen ergeben die auf XII zeigende Hauptresultierende CL. Man erkennt, daß diese als Seite eines gleichseitigen Dreiecks ebenso lang wird wie CF oder CJ, nämlich gleich $CD \cdot \sin 60°$, wenn CD der resultierende Vektor II. Ordnung *einer* Zylinderreihe ist.

Das Ergebnis ist: In dem Augenblick, wo die Kurbel K_1 durch ihren in CA liegenden oberen Totpunkt XI geht, tritt ein von den in CA und CB wirkenden Momenten II. Grades herrührendes resultierendes Hauptmoment II. Grades auf, dessen Vektor auf XII liegt und somit ein Moment bezeichnet, das in der durch die Achse der Kurbelwelle gehenden Horizontalebene wirkt und die Maschine um eine vertikale Achse zu drehen sucht. Der Drehsinn ist in diesem Augenblick von oben gesehen der Uhrzeigersinn.

Um zu zeigen, wie das resultierende Hauptmoment sich mit der Drehung der Kurbelwelle ändert, sind in Bild 35, a bis d vier weitere Kurbelstellungen untersucht. Dazu dient das auf S. 50 folgende Schema.

Der resultierende Hauptvektor H dreht sich also, wie es sein muß, mit der doppelten Winkelgeschwindigkeit wie die Kurbelwelle. Wenn die Kurbel um 180° von ihrem in der Zylinderreihe A liegenden oberen Totpunkt XI entfernt steht, hat der Vektor eine volle Umdrehung gemacht. Seine Größe ist konstant gleich $M_{II_{resA}}$ (oder $M_{II_{resB}}$) $\times \sin 60°$. Die in CA und CB wirkenden Momente II. Ordnung verhalten sich zusammen wie ein einziges (etwas kleineres) Moment, das ebenso wie ein $M_{R_{res}}$, jedoch mit der doppelten Drehzahl die Kurbelwelle und damit den Motor in eine Taumelbewegung zu versetzen sucht. Das Fundament hat diese Bewegung zu verhindern.

Einfluß des Gabelwinkels. Man wählt den Gabelwinkel mit Rücksicht auf das Drehmoment möglichst so, daß die Zylinder der beiden Reihen in gleichen Abständen abwechselnd zünden. Dadurch ergibt sich für den Viertakt-V-Motor mit 2×4 Zylindern ein Gabelwinkel von 90°, mit 2×6 Zylindern von 60°, für den Zweitakt-V-Motor mit 2×4 Zylindern ein Gabelwinkel von 45°, mit 2×6 Zylindern von 30°. (Die Supplement-Gabelwinkel, z. B. $180 - 30° = 150°$, liefern ebenfalls ein gleichmäßiges Drehmoment, bieten aber baulich keinen Vorteil.) Konstruktive Rücksichten verlangen zuweilen ein Abweichen von der gleichmäßigen Zündfolge, z. B. wenn der Gabelwinkel etwas größer gemacht werden soll, damit Platz für Hilfsmaschinen geschaffen wird. Der Einfluß

---

[1] Zur Vereinfachung der Hinweise sind die Kurbel- und Vektorstellungen in Bild 34 und 35 wie das Ziffernblatt einer Uhr mit I bis XII bezeichnet.

einer *Änderung des Gabelwinkels* auf die Größe der resultierenden Momente soll am Beispiel des Zweitakt-V-Motors mit 2×4 Zylindern untersucht werden.

Die Massen*kräfte* P_R, P_I und P_{II} sind ausgeglichen, da dies auch für den einreihigen
Vierzylinder-Zweitaktmotor gilt (Zahlentafel 4, Zeile 4).

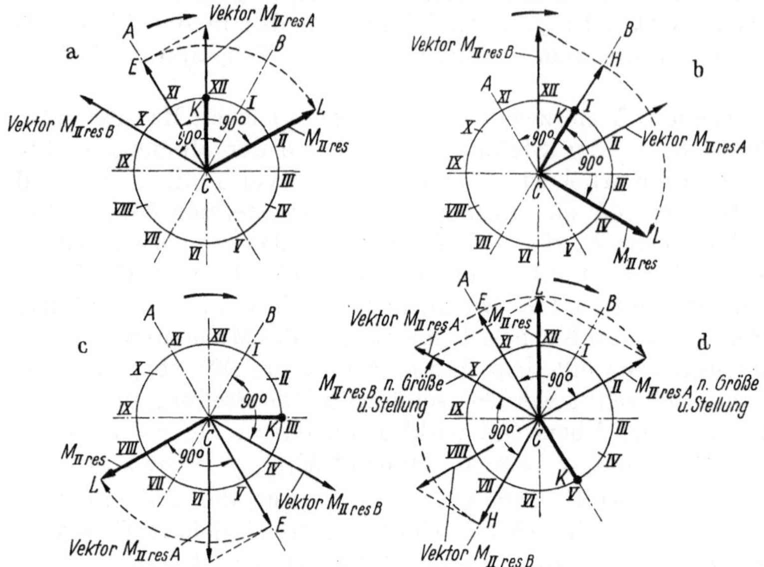

Bild 35. Umlauf des resultierenden M_{II}-Vektors Bild 34

a) Kurbel *1* im oberen Symmetrie-
   punkt,
b) Kurbel *1* im OT der Zylinderreihe *B*,
c) Kurbel *1* waagerecht,
d) Kurbel *1* 30° vor unterem Sym-
   metriepunkt

Bild	35, a	35, b	35, c	35, d
Kurbel K_1 in Stellung.	XII	I	III	V
K_1 gegenüber Anfangsstellung *XI* vorgedreht um	$1 \times 30°$	$2 \times 30°$	$4 \times 30°$	$6 \times 30°$
$M_{II_{res\,A}}$ gegenüber seiner Anfangsstellung *X* vorgedreht um . . .	$2 \times 30°$	$4 \times 30°$	$8 \times 30°$	$12 \times 30°$
$M_{II_{res\,A}}$ zeigt somit auf	XII	II	VI	X
Größe der Projektion auf *AC* . . .	*CE* $= M_{II_{res\,A}}$ $\cdot \sin 60°$	null	*CE* $= M_{II_{res\,A}}$ $\cdot \sin 60°$	*CE* $= M_{II_{res\,A}}$ $\cdot \sin 60°$
Wirkliche Stellung von $M_{II_{res\,A}}$ . .	II	—	VIII	II
K_1 gegenüber Anfangsstellung *I* vorgedreht um	$-1 \times 30°$	$0°$	$2 \times 30°$	$4 \times 30°$
$M_{II_{res\,B}}$ gegenüber seiner Anfangsstellung *XII* vorgedreht um	$-2 \times 30°$	$0°$	$4 \times 30°$	$8 \times 30°$
$M_{II_{res\,B}}$ steht somit auf	X	XII	IV	VIII
Größe der Projektion auf *BC* . . .	null	*CH*	null	*CH*
Wirkliche Stellung von $M_{II_{res\,B}}$ . .	—	IV	—	X
Stellung des resultierenden Hauptvektors $M_{II_{res}}$	II	IV	VIII	XII
Größe des resultierenden Hauptvektors $M_{II_{res}}$	$M_{II_{res\,A}}$ $\cdot \sin 60°$	$M_{II_{res\,A}}$ $\cdot \sin 60°$	$M_{II_{res\,A}}$ $\cdot \sin 60°$	$M_{II_{res\,A}}$ $\cdot \sin 60°$

Das Moment M_R der *rotierenden* Massen ist von der Größe des Gabelwinkels unabhängig. Es bleibt unverändert, wenn man den Gabelwinkel ändert, denn die umlaufenden Massen werden davon nicht beeinflußt.

Anders verhalten sich die Momente M_I und M_{II} der *oszillierenden* Massen. Der aus
$M_{I_{res\,A}}$ und $M_{I_{res\,B}}$ zusammengesetzte resultierende Hauptvektor ändert während einer

Umdrehung seine Größe nach einer Ellipse, die bei Gabelwinkeln $< 90°$ eine liegende, bei Winkeln $> 90°$ eine stehende große Achse hat und bei $90°$ zum Kreis wird. In Bild 36 bezeichnet der äußere mit den Ziffern *1* bis *16* versehene Kreis den Kurbelkreis, die stärker ausgezogene Ellipse, welche dieselben Ziffern trägt, die Bahn des Endpunktes des vom Mittelpunkt aus zu messenden Hauptvektors M_I beim Gabelwinkel $45°$. Gleiche Ziffern auf dem Kurbelkreis und der Ellipse bedeuten zusammengehörende Stellungen der Kurbel und des Vektors. Dieser hat sein Maximum in den Stellungen *7* und *15*, sein Minimum in den Stellungen *3* und *11* der Kurbel. Bei kleiner werdendem Gabelwinkel (den man nicht ausführen wird) streckt sich die Ellipse noch mehr und wird sehr schmal; dann setzt sich der resultierende Hauptvektor aus einer großen Komponente zusammen, die ein in der vertikalen Mittellängsebene des Motors wirkendes Moment darstellt, und einer kleinen, die einem in der Horizontalebene wirkenden schwachen Moment entspricht. Mit größer werdendem Gabelwinkel nimmt die horizontale Achse der Ellipse, d. h. die in der Vertikalebene wirkende Komponente des Momentes immer mehr ab, die andere Komponente nimmt zu, bis schließlich bei einem Gabelwinkel von $180°$, der dem Boxermotor entspricht, nur noch ein großes in der Horizontalebene wirkendes Kippmoment auftritt, während die andere Komponente zu null geworden ist.

Ähnliche Veränderungen erfährt der resultierende Hauptvektor II. Ordnung, wenn der Gabelwinkel verändert wird. Bild 37 gilt wieder für den Zweitakt-V-Motor mit 2×4 Zylindern, jedoch für die Momente II. Ordnung. Bei einem Gabelwinkel $22,5°$ (der für die Ausführung zu klein ist) beschreibt der Endpunkt des resultierenden Hauptvektors eine flachgestreckte Ellipse, deren große Achse horizontal liegt. Beim Gabelwinkel $45°$, der für diesen Motor gleichmäßige Zünd-

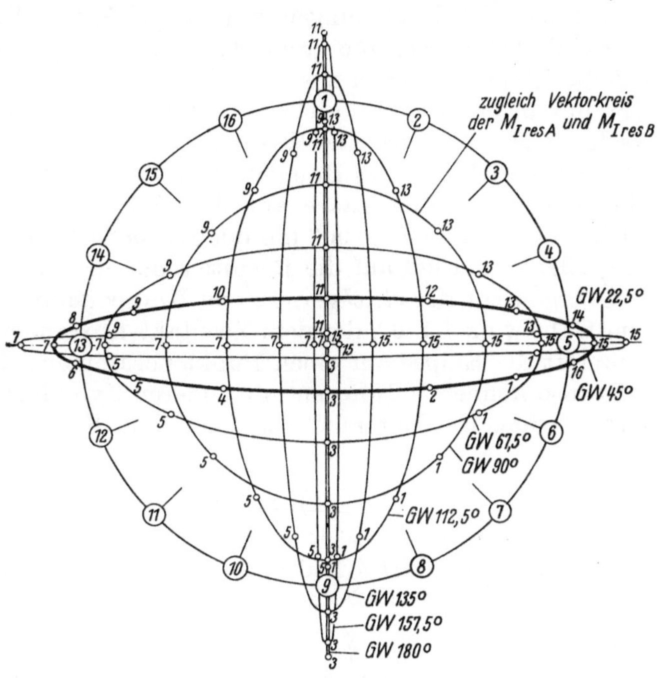

Bild 36. Bahnen der Vektor-Endpunkte des resultierenden M_I eines Zweitakt-V-Motors mit 2×4 Zylindern bei verschiedenen Gabelwinkeln

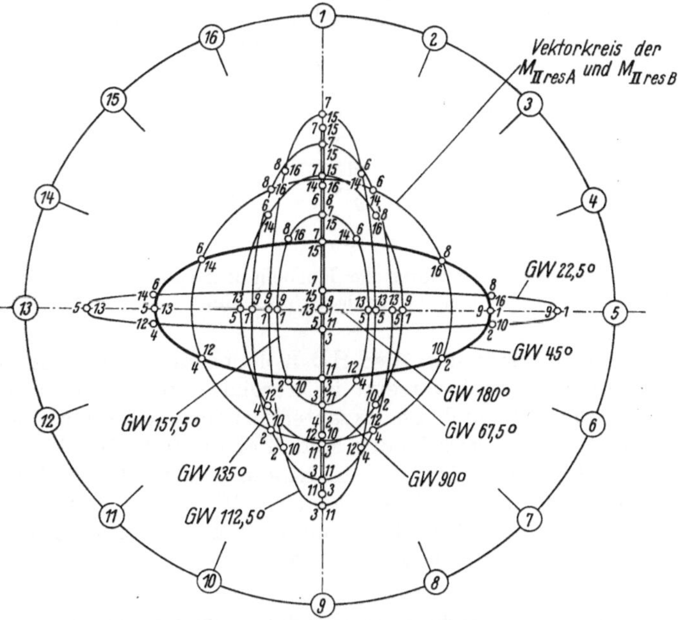

Bild 37. Bahnen der Vektor-Endpunkte des resultierenden M_{II} eines Zweitakt-V-Motors mit 2×4 Zylindern bei verschiedenen Gabelwinkeln

abstände ergibt, ist die Ellipse (in Bild 37 stärker ausgezogen) voller geworden. Da der resultierende Hauptvektor zwei Umdrehung macht, wenn die Kurbel 360° zurücklegt, so wird die Ellipse *zweimal* durchlaufen: jeder Punkt der Ellipse entspricht zwei verschiedenen Kurbelstellungen, z. B. *1* und *9*, *2* und *10*, *3* und *11* usw. Mit wachsendem Gabelwinkel stellt sich die große Achse der Ellipse senkrecht; bei 90° Gabelwinkel besteht die Ellipse nur noch aus einer Senkrechten, d. h. das resultierende Hauptmoment wirkt nur in der Horizontalebene; die in der Vertikalebene wirkende Komponente ist verschwunden. Wird der Gabelwinkel $> 90°$, so ändern die Ziffernfolge auf der Ellipse und die Drehrichtung des Hauptvektors ihren Umlaufsinn; man verfolge in Bild 37 die Reihenfolge der Ziffernpaare auf den Ellipsen. Der Vektor ändert seinen Drehsinn, weil bei Gabelwinkeln $> 90°$ die der Kurbelrichtung *entgegen*gerichteten Komponenten den größeren Einfluß auf die Resultierende erhalten, während bei Gabelwinkeln $< 90°$ das Übergewicht der *gleich*gerichteten Komponenten den positiven Drehsinn bestimmt. Beim Gabelwinkel 180°, der dem Zweitakt-Boxermotor mit 2×4 Zylindern entspricht, schrumpft die Ellipse auf einen Punkt zusammen; die M_{II} sind ausgeglichen.

Ebenso können V-Motoren mit anderen Zylinderzahlen und Kurbelstellungen untersucht werden. Die Untersuchung folgt dem S. 50 in Tabellenform gegebenen Schema.

c) Kolbendampfmaschinen*

Es sei der Massenausgleich einer Dreifach-Expansionsmaschine[1] mit vier Arbeitskurbeln zu untersuchen (der ND-Zylinder ist geteilt). Die Reihenfolge der Zylinder ist Niederdruck II-Mitteldruck-Hochdruck-Niederdruck I (Bild 38). Jeder Zylinder hat ein Vorwärts-Exzenter V und ein Rückwärts-Exzenter R, welche die Schiebersteuerung betätigen. Die Entfernung der Zylindermitten voneinander und die der Exzentermittel von ihren Zylindern ist in Bild 38 eingetragen. Die Schwerebene S–S darf in der Mitte liegend angenommen werden. Damit ergeben sich die in Bild 38 eingetragenen Hebelarme, bezogen auf S–S.

Bild 39 zeigt die Stellung der Hauptkurbeln zueinander und die der Exzentermittel zu ihren Kurbeln (die Exzenter werden hier ebenfalls als Kurbeln aufgefaßt). Der MD- und die beiden ND-Zylinder haben Schiebersteuerung mit

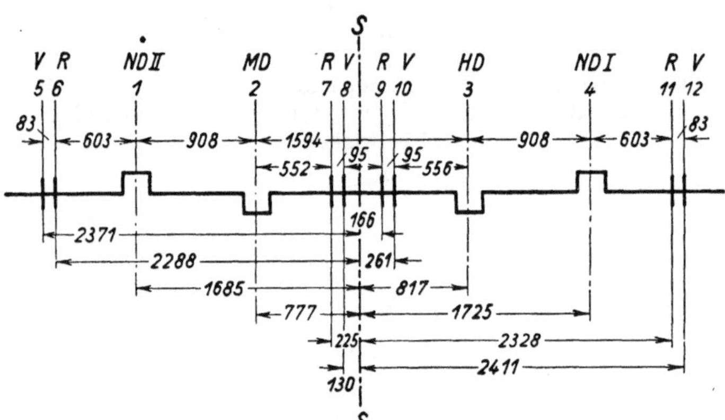

Bild 38. Anordnung der Kurbeln und Exzenter
einer Kolbendampfmaschine

äußerer Einströmung, der HD-Kolbenschieber hat innere Einströmung; daher stehen seine Exzenter um 180° versetzt im Vergleich zu den anderen Exzentern. Es ist zweckmäßig, die Arbeitskurbeln und die Exzenterkurbeln getrennt zu beziffern, weil die $r\,\omega^2/g$ und die λ für beide Gruppen verschieden sind (Zahlentafel 12). Daher haben die Hauptkurbeln die Nummern *1* bis *4*, die Exzenter die Nummern *5* bis *12* erhalten. Der Durchmesser des Kurbelkreises ist 762 mm, der des Exzenterkreises 165 mm. Die Drehzahl sei 175 U/min. Damit wird $r\,\omega^2/g$ für die Hauptkurbeln 13,1, für die Exzenter 2,83. Das Verhältnis $r : l$ ist für das Haupttriebwerk 0,25, für die Exzenter 0,0625.

---

* Wenn auch Kolbendampfmaschinen nicht in ein Buch gehören, das von Dieselmaschinen handelt, so mag trotzdem dieser Abschnitt hier Platz finden, da er die Lehre vom Massenausgleich der Kolbenmaschinen ergänzt. Er zeigt insbesondere, daß bei ungleichen Triebwerkteilen jede Regelmäßigkeit in den Kräfte- und Momentenpolygonen aufhört. Dabei behalten die Regeln für die Untersuchung des Massenausgleiches unverändert ihre Gültigkeit.

[1] Das Beispiel ist, soweit die Zahlenwerte in Betracht kommen, dem Buch von G. BAUER: Der Schiffsmaschinenbau, Bd. I, S. 167f. entnommen.

In Zahlentafel 10 sind die umlaufenden und die hin- und hergehenden Gewichte für das Haupttriebwerk, in Zahlentafel 11 für die Steuerungsteile zusammengestellt. Mit den in Bild 38 eingetragenen Hebelarmen können alle zum Zeichnen der Kräfte- und Momentenpläne gebrauchten Vektoren berechnet werden (Zahlentafel 12).

Man beginnt mit der Zeichnung von Kurbelschema I und II (Bild 40). Kurbel *4* stehe im oberen Totpunkt (man hätte auch jede andere Kurbel im OT annehmen können). Beim Eintragen der Exzenterstellungen ist genau zu beachten, wie die Vorwärts- und Rückwärts-

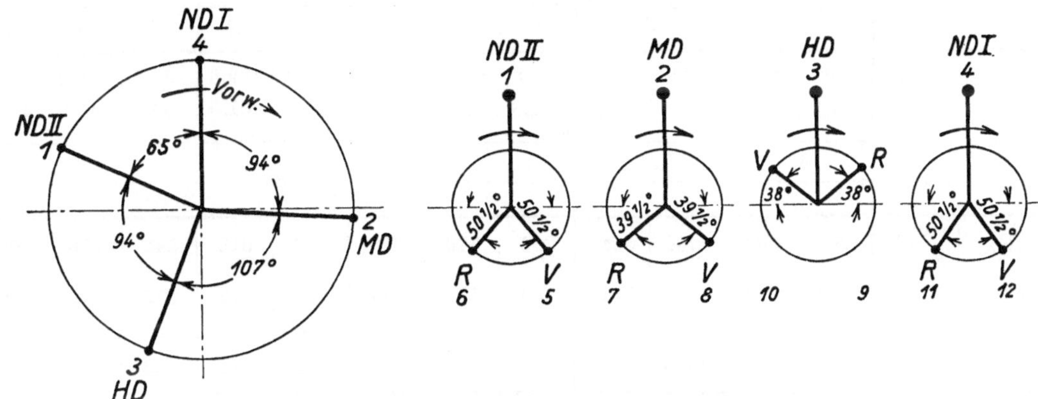

Bild 39. Kurbel- und Exzenterstellungen

Zahlentafel 10. *Umlaufende und hin- und hergehende Gewichte des Haupttriebwerks in kg*

Masse Nr.	1 NDII	2 MD	3 HD	4 NDI
Pleuelstange Unterteil	145	190	190	145
Kurbelzapfen und Wange	354	479	479	354
Summe G_R der umlaufenden Gewichte	499	669	669	499
Kolben	267	275	142	267
Kolbenstange und Kreuzkopf	194	275	275	194
Pleuelstange Oberteil	83,7	134	134	83,7
Pumpen	— 22,8			
Summe G_H der hin- und hergehenden Gewichte	521,9	684	551	544,7

Zahlentafel 11. *Umlaufende und hin- und hergehende Gewichte der Steuerungsteile in kg*

Masse Nr.	5 NDII V	6 R	7 MD R	8 V	9 HD R	10 V	11 NDI R	12 V
Exzenterbügel	67	63,7	87	90,2	87	90,2	63,7	67
Exzenterstange Unterteil	11,4	11,4	17,3	17,3	17,3	17,3	11,4	11,4
Exzenterscheibe	62,4	57,8	78,3	83,8	78,3	83,8	57,8	62,4
Summe G_R der umlaufenden Gewichte	140,8	132,9	182,6	191,3	182,6	191,3	132,9	140,8
Schieber, Schieberstange, Kulissenstein . . .	226	—	—	244	—	126	—	226
1/2 Kulisse	15,9	15,9	24,6	24,6	24,6	24,6	15,9	15,9
2 × 1/2 Hängestange	10,9	—	—	15,5	—	15,5	—	10,9
Exzenterstange Oberteil	25	25	36,9	36,9	36,9	36,9	25	25
Summe G_H der hin- und hergehenden Gewichte	277,8	40,9	61,5	321	61,5	203	40,9	277,8

Zahlentafel 12. *Berechnung der Vektoren P_R, P_I, P_{II}, M_R, M_I, M_{II} für das Haupttriebwerk und die Steuerungsteile einer Dampfmaschine*

		Haupttriebwerk			Steuerung							
	1	*2*	*3*	*4*	*5*	*6*	*7*	*8*	*9*	*10*	*11*	*12*
					ND II		*MD*		*HD*		*ND I*	
	ND II	*MD*	*HD*	*ND I*	*V*	*R*	*R*	*V*	*R*	*V*	*R*	*V*
G_R . . . . . . kg	499	669	669	499	140,8	132,9	182,6	191,3	182,6	191,3	132,9	140,8
G_H . . . . . . kg	521,9	684	551	544,7	277,8	40,9	61,5	321	61,5	203	40,9	277,8
r . . . . m	←	0,381	→		←			0,0825			→	
$\dfrac{r \cdot \omega^2}{g}$	←	13,1	→		←			2,83			→	
$P_R = G_R \cdot \dfrac{r \cdot \omega^2}{g}$ kg	6540	8760	8760	6540	398	376	516	542	516	542	376	398
$P_I = G_H \cdot \dfrac{r \cdot \omega^2}{g}$ kg	6840	8970	7230	7140	786	116	174	909	174	575	116	786
$\lambda = r/l$	←	0,25	→		←			0,0625			→	
$P_{II} = \lambda \cdot P_I$ . . kg	1710	2240	1810	1780	49	7	11	57	11	36	7	49
h . . . . m	1,685	0,777	0,817	1,725	2,371	2,288	0,225	0,130	0,166	0,261	2,328	2,411
$M_R = P_R \cdot h$ kgm	11030	6810	7160	11280	944	860	116	70	86	141	876	960
$M_I = P_I \cdot h$ kgm	11520	6970	5910	12300	1862	265	39	118	29	150	270	1893
$M_{II} = P_{II} \cdot h$ $= \lambda \cdot M_I$ kgm	2880	1740	1480	3080	116	17	2	7	2	9	17	118

Exzenter zu ihren Kurbeln stehen (Bild 39). Es genügt, die Kurbel- und Exzenterstellungen im Schema durch einen Strich zu bezeichnen. Schema II entsteht aus I durch Verdopplung aller Winkel, von *4* aus zählend.

Nach den bekannten Regeln werden nunmehr die Kräfte und Momente zusammengesetzt (Bild 41 bis 46). Bild 41 zeigt die Zusammensetzung der P_R. Die P_R der Steuerungsteile sind getrennt in fünffach größerem Maßstab zusammengesetzt; ihre Resultierende $P_{R_{5-12}}$ wird 1490 kg. Sie ist (im richtigen Maßstab) an die Pfeilspitze des Vektors P_{R_4} zu setzen, womit

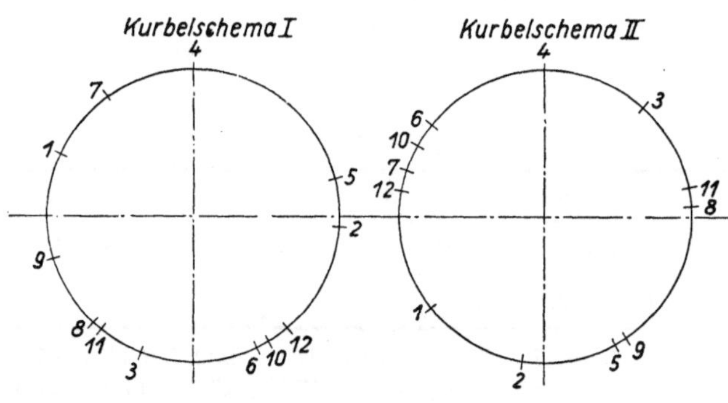

Bild 40
Kurbelschema I und II

sich eine Gesamtresultierende der umlaufenden Kräfte von 1140 kg ergibt. Ebenso verfährt man bei der Zusammensetzung der P_I. In Bild 42 sind die P_I der Steuerungsteile in 2,5 mal größerem Maßstab gezeichnet; ihre Resultierende $P_{I_{5-12}}$ wird 1800 kg. Indem man diese an das P_I-Polygon des Haupttriebwerks setzt, erhält man das $P_{I_{res}}$ zu 1250 kg. Für die Addition der P_{II}-Vektoren ist das Kurbelschema II zu benutzen. In Bild 43 mußte der Maßstab der P_{II}-Vektoren der Steuerungsteile der Deutlichkeit halber zehnmal größer gewählt werden

als der Maßstab der Haupttriebwerkteile. Man erhält ein $P_{II_{res}}$ von 570 kg. Damit werden die Resultierenden der Massen*kräfte*:

		P_R	P_I	P_{II}
Teil-Resultierende	{ Haupttriebwerk	590	2690	490 kg
	{ Steuerungsteile	1490	1800	145 kg
Gesamt-Resultierende		1140	1250	570 kg

Die Steuerungsteile liefern somit bei den P_R und P_I einen erheblichen Beitrag zu den Gesamt-Resultierenden. Das P_R der Steuerungsteile ist sogar zweieinhalbmal größer als das P_R des Haupttriebwerks. Die Steuerungsteile dürfen daher trotz ihrer kleinen Massen nicht vernachlässigt werden.

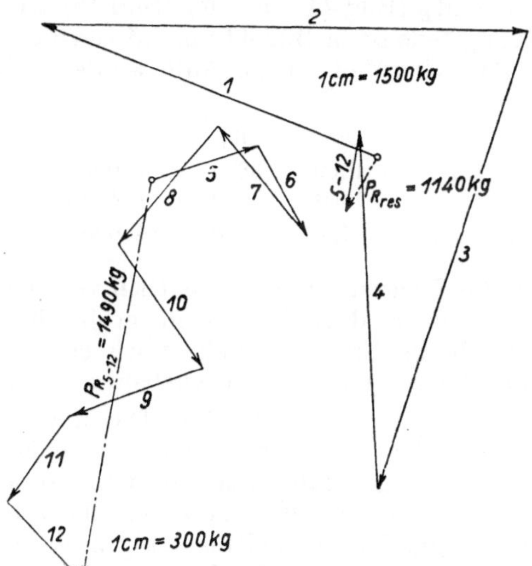

Bild 41. Umlaufende Massenkräfte des Haupttriebwerks und der Steuerungsteile

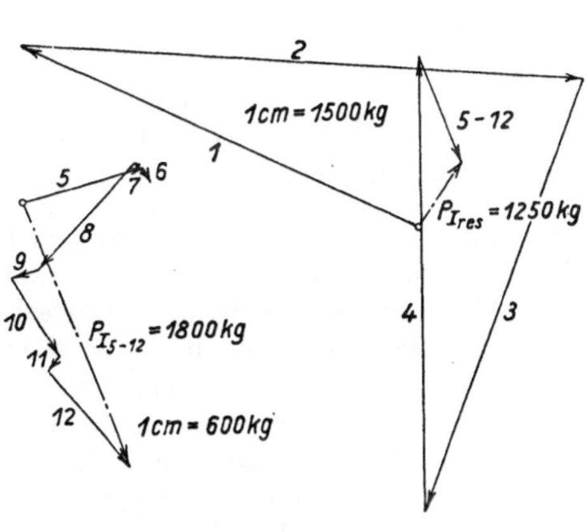

Bild 42. Massenkräfte I. Ordnung

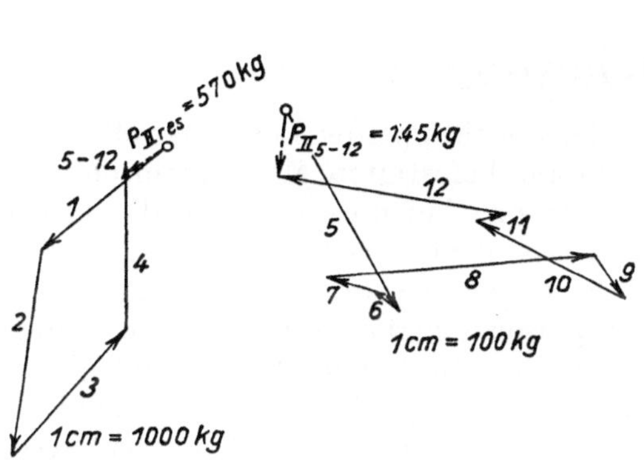

Bild 43. Massenkräfte II. Ordnung

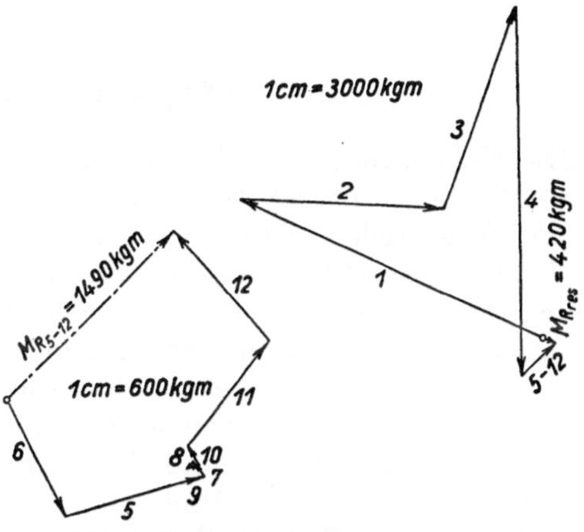

Bild 44. Umlaufende Massenmomente

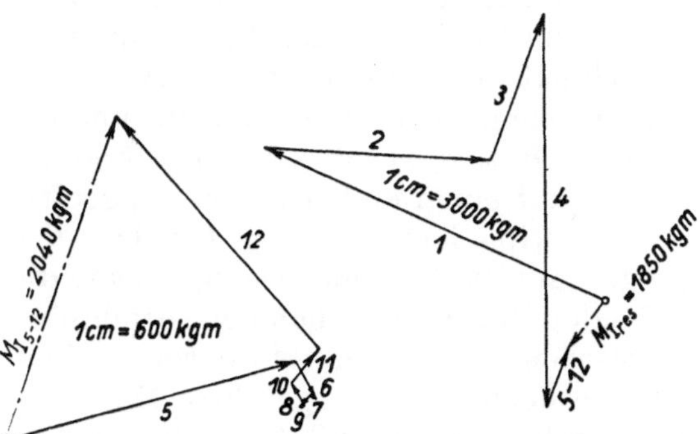

Bild 45. Massenmomente I. Ordnung

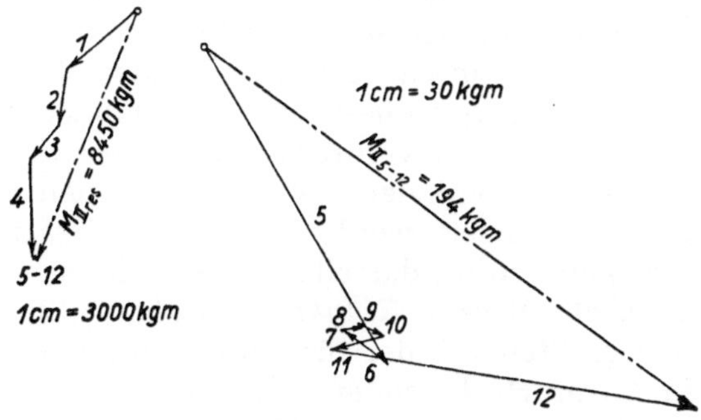

Bild 46. Massenmomente II. Ordnung

Beim Aufzeichnen der *Momenten*polygone (Bild 44 bis 46) ist zu beachten, daß die links von $S\text{–}S$ (Bild 38) liegenden Massen 1, 2, 5, 6, 7 und 8 Momente hervorrufen, die den Momenten der rechts von $S\text{–}S$ liegenden übrigen Massen entgegengesetzt gerichtet sind. Die zuerst genannten Vektoren sind daher von innen nach außen, die anderen von außen nach innen zu ziehen. Die Richtungen ergeben sich für die M_R und M_I aus Kurbelschema I, für die M_{II} aus Kurbelschema II. So erhält man die Polygone der M_R (Bild 44), der M_I (Bild 45) und der M_{II} (Bild 46). Der Maßstab der Vektoren der Steuerungsteile ist in Bild 44 und 45 verfünffacht, während für die M_{II}-Vektoren (Bild 46) gar der 100fache Maßstab gewählt werden mußte. Das Ergebnis ist:

		M_R	M_I	M_{II}
Teil-Resultierende	Haupttriebwerk	1400	3800	8370 kgm
	Steuerungsteile	1490	2040	194 kgm
Gesamt-Resultierende		420	1850	8450 kgm

Die M_R und M_I des Haupttriebwerks werden durch die Steuerungsteile wesentlich verkleinert, so daß die Gesamt-Resultierenden in zulässigen Grenzen bleiben. Unbequem groß wird das Moment II. Ordnung des Haupttriebwerks, das durch die Steuerungsteile noch etwas vergrößert wird. Die Größe des $M_{II\,\mathrm{res}}$ ist eine Folge der Anordnung der vier Kurbeln des Haupttriebwerks unter Winkeln, die von 90° nicht sehr verschieden sind (Bild 39). Die Momentenvektoren II. Ordnung der vier Hauptkurbeln haben daher nur wenig Phasenverschiebung gegeneinander (Bild 46), so daß sich ihre absoluten Beträge nahezu algebraisch addieren. Wären die Kurbeln unter 90° angeordnet, so hätte man algebraisch zu addieren und erhielte ein resultierendes M_{II} des Haupttriebwerks von 9180 kgm. Das verhältnismäßig große resultierende Moment II. Ordnung verlangt Berücksichtigung, sofern die Maschine in einem Schiff aufgestellt wird (vgl. Bild 25).

III. Drehschwingungen

Die Kurbelwelle jeder Kolbenmaschine mit der angekuppelten Leitungswelle (Generator-, Propellerantrieb usw.) bildet mit den auf ihr befestigten Massen einschließlich der Triebwerkteile ein drehschwingungsfähiges System. Auf dieses wirken die von den Gas- oder Dampfdrücken herrührenden periodisch veränderlichen Kräfte, wodurch Drehschwingungen verschiedener Stärke und Frequenz hervorgerufen werden. Wenn Resonanz zwischen Eigenschwingungen und Impulsen eintritt, können Schwingungen von solcher Stärke entstehen, daß die Welle bricht. Zahlreiche Kurbelwellenbrüche sind vorgekommen, bis man gelernt hatte, die Lage der „kritischen" Drehzahlen so sicher vorauszubestimmen und sie in einen solchen Bereich zu legen, daß sie den Betrieb nicht gefährden können. Auch hat man Schwingungsdämpfer verschiedener Bauarten entwickelt, die selbst große Schwingungsausschläge wirksam dämpfen, so daß die Gefahr von Wellenbrüchen durch Drehschwingungen heute als beseitigt gelten kann.

Um die mehrfach gekröpfte Kurbelwelle und die mit ihr gekuppelte Welle mit ihren vielfach wechselnden Querschnitten der Rechnung zugänglich zu machen, muß man sie zunächst in eine gedachte Ersatzwelle von gleichmäßigem Durchmesser verwandeln, deren Länge so zu bestimmen ist, daß sie sich unter dem gleichen Drehmoment um den gleichen Winkel verdreht wie die wirkliche Welle („*Reduktion der Längen*"). Sodann müssen alle mit der Welle verbundenen Massen so auf einen einheitlichen Trägheitsradius reduziert werden, daß jede Ersatzmasse, multipliziert mit dem Quadrat des Trägheitsradius, dasselbe Trägheitsmoment bezogen auf die Wellenachse liefert wie die wirkliche Masse („*Reduktion der Massen*"). Diese beiden Rechnungen nehmen gewöhnlich den größten Teil der für die Bestimmung der kritischen Drehzahlen erforderlichen Zeit in Anspruch, besonders dann, wenn es sich um eine noch nicht ausgeführte Maschine handelt, für die man die Massen aus den Zeichnungen berechnen muß. Liegt das Ersatzsystem vor, so ist die *Berechnung der Eigenschwingungszahlen* einfach.

Eine weitere Aufgabe ist die Ermittlung der *Größe und Frequenz der schwingung-erregenden Impulse*, die mittels der harmonischen Analyse der Drehkraftlinie gelöst wird. Man erhält eine große Zahl von Impulsfrequenzen, von denen jede eine kritische Drehzahl hervorruft; jedoch werden nur wenige dieser Drehzahlen der Welle gefährlich. Das stellt man durch die Ermittlung der *relativen Stärke der kritischen Drehzahlen* verschiedener Ordnungen fest. Wenn man den stärksten kritischen Drehzahlen nicht ausweichen kann, muß man durch *schwingungdämpfende Vorrichtungen* dafür sorgen, daß die Ausschläge innerhalb der zulässigen Grenzen bleiben.

A. Berechnung der Eigenschwingungszahlen

Zur Berechnung der Eigenschwingungszahlen hat man viele verschiedene Verfahren [1] erdacht, obwohl ein Bedürfnis nach solcher Mannigfaltigkeit nicht besteht. In der Praxis wird vielfach nach dem von GÜMBEL [2] angegebenen gearbeitet, wohl dem ältesten graphischen Verfahren, das einfach, übersichtlich und hinreichend genau ist. Bei zahlreichen, vom Verfasser hiernach durchgerechneten ausgeführten Anlagen stimmten Rechnung und Messung befriedigend überein. Gut brauchbar ist auch das Verfahren nach BARANOW [3], das auf der Aufteilung der n Massen eines schwingenden Systems in $(n-1)$ Zweimassensysteme mittels einer Kraft- und Seileck-Konstruktion beruht.

1. Reduktion der Längen

Eine gegebene Welle von unregelmäßiger Gestalt (Kurbelkröpfungen, zylindrische Wellenteile verschiedener Durchmesser, konische Zapfen, genutete Wellenstücke, Abrundungsradien an Flanschen) soll in eine Ersatzwelle von beliebig zu wählendem konstanten Durchmesser und solcher Länge verwandelt werden, daß die Ersatzwelle sich unter dem gleichen Drehmoment M_d um den gleichen Winkel φ verdreht wie die wirkliche Welle. Man löst die Aufgabe, indem man die einzelnen Teile nach folgenden Regeln umrechnet.

α) *Glattes Wellenstück.* Wird eine Welle, deren Werkstoff den Gleitmodul G und deren Querschnitt das polare Flächen-Trägheitsmoment J_p hat, durch ein Moment M_d verdreht, so verschieben sich zwei im Abstand l voneinanderliegende Querschnitte um den im Bogenmaß gemessenen Winkel

$$\varphi = \frac{M_d \cdot l}{G \cdot J_p}$$

gegeneinander (Bild 47). Die Bedingung für die reduzierte Länge l_red eines Wellenstückes vom Trägheitsmoment J_{p_red} und dem Gleitmodul G_red ist

$$\varphi = \frac{M_d \cdot l_\mathrm{red}}{G_\mathrm{red} \cdot J_{p_\mathrm{red}}},$$

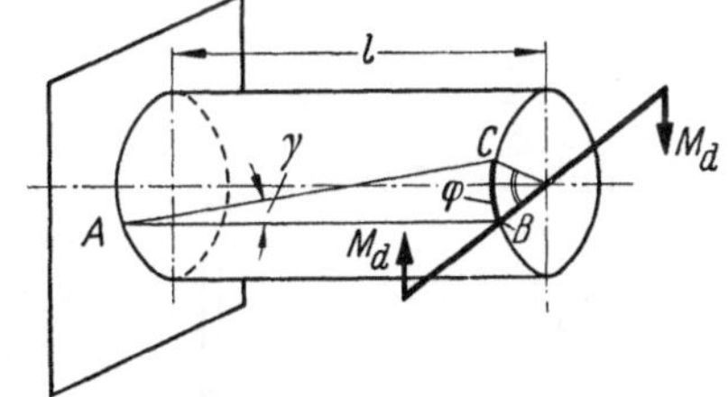

Bild 47. Verdrehung einer Welle durch ein Moment M_d

denn es soll sich beim gleichen M_d das gleiche φ ergeben. Folglich muß sein

$$\frac{l}{G \cdot J_p} = \frac{l_\mathrm{red}}{G_\mathrm{red} \cdot J_{p_\mathrm{red}}}.$$

---

[1] Vgl. KLOTTER, K.: Berechnung der Torsionseigenschwingungen von Maschinenwellen. Ing.-Archiv Bd. 17 (1949) S. 1f.

[2] Verdrehungsschwingungen eines Stabes mit fester Drehachse und beliebiger zur Drehachse symmetrischer Massenverteilung unter dem Einfluß beliebiger harmonischer Kräfte. Z. VDI Bd. 56 (1912) S. 1025.

[3] Vgl. HAUG, K.: Die Drehschwingungen in Kolbenmaschinen. Berlin/Göttingen/Heidelberg: Springer 1952.

Der Gleitmodul der reduzierten Welle wird stets gleich dem der ursprünglichen Welle sein; $G = G_{\text{red}}$ für Stahl. Damit wird

$$l_{\text{red}} = l \cdot \frac{J_{p_{\text{red}}}}{J_p} . \tag{1}$$

Als Reduktionsdurchmesser pflegt man den Durchmesser der Kurbel- und Wellenzapfen zu wählen, die gewöhnlich (aber nicht immer) gleich ausgeführt werden. Dadurch wird etwas Rechenarbeit gespart. Man kann auch jeden beliebigen anderen Durchmesser wählen.

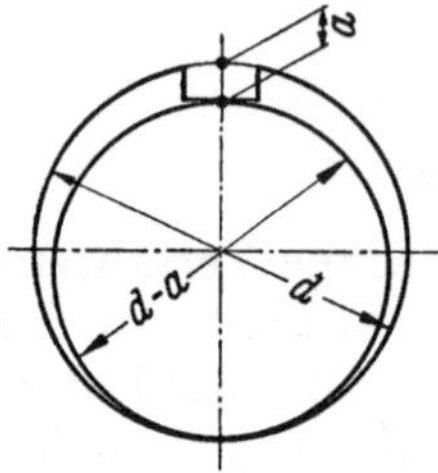

β) *Genutetes Wellenstück.* Man erhält brauchbare Ergebnisse, wenn man in den Querschnitt der genuteten Welle (Tiefe der Nut $= a$) einen Kreis so zeichnet, daß er den Grund der Nut berührt (Bild 48). Sein Durchmesser wird $d-a$, sein Trägheitsmoment $J_p = \pi(d-a)^4/32$. Dieser Wert ist in Gl. (1) einzusetzen.

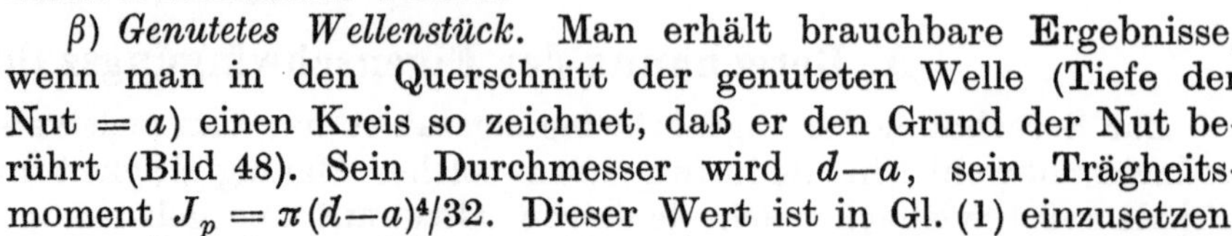

Bild 48. Reduktion einer genuteten Welle

γ) *Abrundungen.* Kleinere Abrundungen von einigen mm Radius bleiben außer acht. Größere Radien, z. B. an Kupplungsflanschen, werden reduziert, indem man sie in Scheiben von geringer axialer Dicke zerlegt (Bild 49), deren mittleren Durchmesser man schätzt, worauf die Scheiben einzeln nach Gl. (1) reduziert werden. Die Genauigkeit wird um so größer, je enger die Teilung genommen wird. Fünf mm Scheibendicke genügen.

δ) *Kupplungsflanschen.* Da das Drehmoment durch die Reibung der Stirnflächen, nicht durch die Scherfestigkeit der Kupplungsbolzen übertragen wird, ist der Außendurchmesser D (Bild 49), nicht der Lochkreisdurchmesser D_1, der Berechnung des J_p zugrunde zu legen. Sodann wird Gl. (1) angewendet.

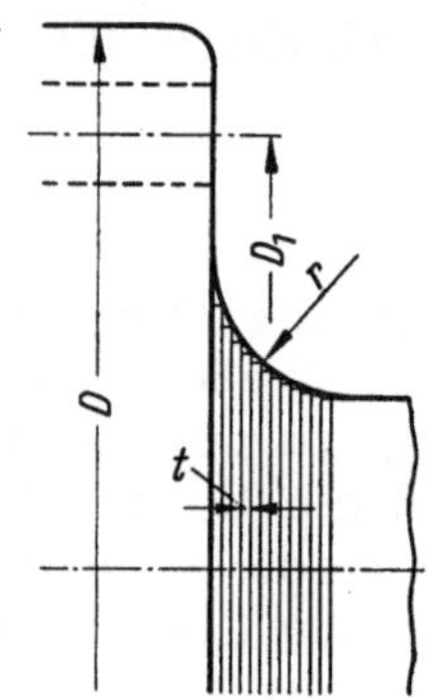

ε) *Konische Wellenzapfen* können ebenso wie Abrundungen durch Zerlegen in Scheiben reduziert werden (Bild 50). Es genügt, die *halbe* Länge des Konus zu reduzieren, da angenommen werden kann, daß die Mittelebene der auf dem Konus befestigten Masse mit der Längenmitte des Konus zusammenfällt. Meist wird der Konus genutet sein; dann verfährt man außerdem nach β).

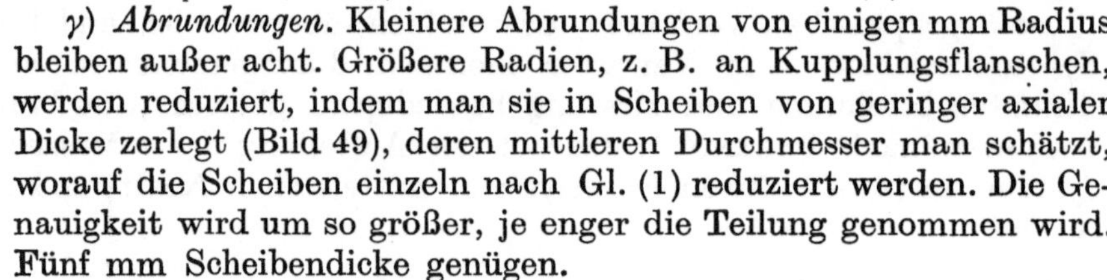

Bild 49. Reduktion der Abrundungen und Flanschen

ζ) *Kurbelkröpfungen.* Die reduzierte Länge einer Kröpfung theoretisch exakt zu berechnen ist nicht möglich; man benutzt daher empirische Formeln, die aus Verdrehungsversuchen abgeleitet worden sind. Hierbei wurden entgegengesetzt gleiche Drehmomente auf die Endquerschnitte der Welle aufgebracht und die Verdrehung gemessen. GRAMMEL[1] hat darauf hingewiesen, daß die so ermittelte Torsionssteifigkeit, die er Torsionssteifigkeit „erster Art" nennt, weder für die Arbeitsübertragung der Welle noch für die Berechnung der Drehschwingungen benutzt werden dürfe. Bei den Kurbelwellen trete vielmehr stets auch eine Torsion „zweiter Art" auf, verursacht durch

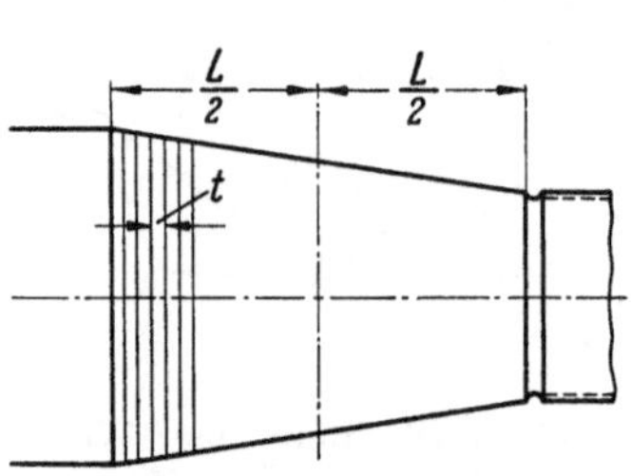

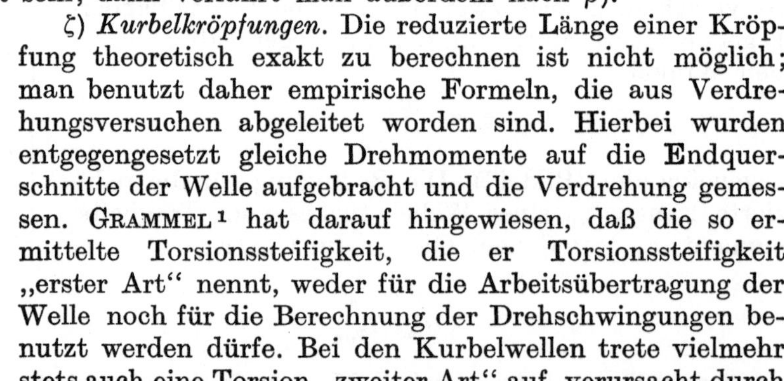

Bild 50. Reduktion eines konischen Wellenzapfens

die an den Kurbelzapfen angreifenden Kräfte, die eine andere Verformung der Welle hervorrufen als das an den Wellenenden angreifende Drehmoment. Bei einer von ihm untersuchten Welle fand GRAMMEL, daß die Torsionssteifigkeit zweiter Art etwa doppelt so hoch war wie die erster Art. Die Praxis ist dieser Anregung noch nicht gefolgt, offenbar weil es an einfachen Formeln zur Berechnung dieser Torsionssteifigkeit fehlt und Verdrehungsversuche noch umständlicher sind als die ohnehin ziemlich kostspieligen Versuche mit hindurchgeleiteten Drehmomenten. Man bedient sich zur Berechnung der

<hr>

[1] GRAMMEL, R.: Über die Torsion von Kurbelwellen. Ing.-Archiv Bd. 4 (1933) S. 287.

reduzierten Länge einer Kurbelkröpfung der von GEIGER[1], CARTER[2] und anderen aufgestellten Formeln, die brauchbare Näherungswerte ergeben.

Mit den in Bild 51 eingetragenen Bezeichnungen lautet die Formel von GEIGER:

$$l_{\text{red}} = (c + 0,4\,h) + (a + 0,4\,h)\,\frac{J_{p_{\text{red}}}}{J_k} + 0,773\,(r - z \cdot d)\,\frac{J_{p_{\text{red}}}}{J_w}. \tag{2}$$

$J_{p_{\text{red}}}$ ist das polare Flächen-Trägheitsmoment der Welle, auf welche die Kröpfung reduziert werden soll. Für Gl. (2) ist angenommen, daß der Durchmesser der reduzierten Welle gleich dem des Wellenzapfens ist; andernfalls muß der erste Klammerausdruck auf der rechten Seite mit $J_{p_{\text{red}}}/J_z$ multipliziert werden (J_z = Trägheitsmoment des Wellenzapfens). $J_w = h \cdot b^3/12$ ist das *äquatoriale* Trägheitsmoment einer Kurbelwange, das bei einer Biegung senkrecht zur Zeichenebene (Bild 51) einzusetzen ist. Wangen von nicht rechteckigem Querschnitt werden nach Schätzung in Rechtecksquerschnitt verwandelt. Der Korrekturfaktor z ist von GEIGER durch Verdrehungsversuche zu 0 für $b : d = 1,60$ bis 1,63 und zu 0,4 für $b : d = 1,49$

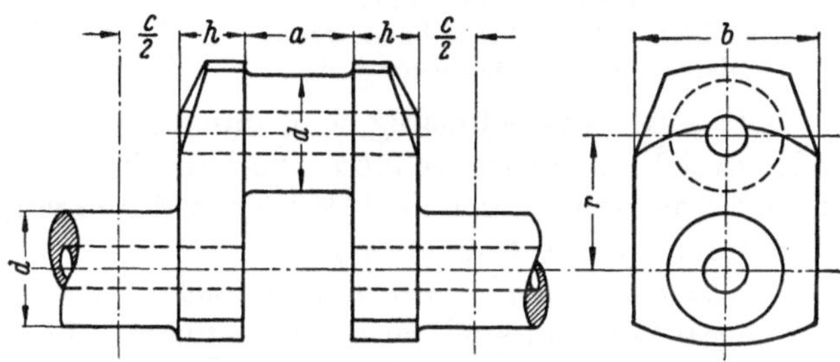

Bild 51. Reduktion einer Kurbelkröpfung

bestimmt worden; er wird für Zwischenwerte von $b : d$ interpoliert. Offenbar hat z bei diesen Versuchen gestreut, was erklärlich ist. Durch ein nicht richtig geschätztes z wird die Rechnung nur unerheblich beeinflußt. J_k = Trägheitsmoment des Kurbelzapfens.

CARTER hat die Formel

$$l_{\text{red}} = (c + 0,8\,h) + \frac{3}{4}\,a\,\frac{J_{p_{\text{red}}}}{J_k} + \frac{4}{\pi}\,r\,\frac{J_{p_{\text{red}}}}{J_w} \tag{3}$$

aufgestellt, die den Korrekturfaktor z nicht enthält. Der erste Klammerausdruck auf der rechten Seite der Gl. (3) muß wie oben mit $J_{p_{\text{red}}}/J_z$ multipliziert werden, wenn der Durchmesser der reduzierten Welle und der des Wellenzapfens nicht übereinstimmen.

Die Formeln von GEIGER und CARTER ergeben nicht übereinstimmende Werte. Eine von TUPLIN[3] aufgestellte Formel soll genauere Ergebnisse liefern, ist jedoch ziemlich verwickelt, und ihre Genauigkeit vermindert sich (wie auch die der Formeln von GEIGER und CARTER), wenn das Profil der Wangen nicht rechteckig, sondern elliptisch oder anders geformt ist. Neuerdings hat die BICERA[4] eine Formel angegeben, der eine besonders gute Übereinstimmung zwischen berechneten und gemessenen Eigenschwingungszahlen nachgesagt wird. Sie lautet mit den

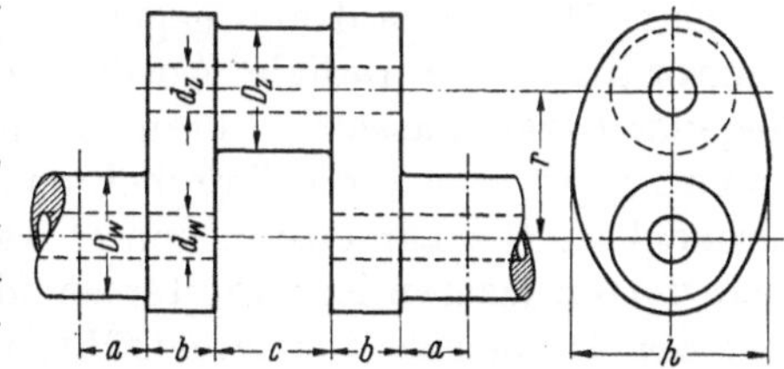

Bild 52. Zur Reduktion einer Kurbelkröpfung nach der BICERA-Formel

Bezeichnungen Bild 52 in der von ROTHMANN[5] ins metrische Maßsystem übertragenen Form, wenn der Durchmesser D_w des Wellenzapfens als Durchmesser der reduzierten

---

[1] GEIGER, J.: Mechanische Schwingungen und ihre Messung. Berlin: Springer 1927.

[2] CARTER, B.: An empirical formula for crankshaft stiffness in torsion. Engineering Bd. 126 (1928) S. 36.

[3] TUPLIN, A.: Torsional rigidity of crankshafts. Engineering Bd. 144 (1937) S. 275.

[4] BICERA = British Internal Combustion Engines Research Association.

[5] ROTHMANN, G.: Vorausberechnung der Eigenschwingungszahlen von Kurbelwellen. Motortechn. Zeitschr. Bd. 12 (1951) S. 11.

Welle angenommen wird:

$$l_{\mathrm{red}} = 2a + c\,\frac{D_w^4 - d_w^4}{D_z^4 - d_z^4} + 0{,}07\,\frac{c^3}{r^2}\frac{D_w^4 - d_w^4}{D_z^4 - d_z^4} + 2K\,\frac{r}{b\,h^3}\,(D_w^4 - d_w^4)$$

mit $2K = 11{,}61\,\dfrac{b\,h^3}{r\,D_w^4} + 0{,}429$. Alle Längen sind in cm einzusetzen.

Die Nachrechnung der Eigenschwingungszahlen eines achtzylindrigen mit Drehstromgenerator gekuppelten Viertaktmotors (375 U/min) unter Benutzung der Formeln von GEIGER, CARTER, TUPLIN und der BICERA ergab für die kritische Drehzahl I. Grades 8. Ordnung nur unbedeutende Unterschiede. Die kritische Drehzahl II. Grades 8. Ordnung dagegen wurde

	U/min	Abweichung vom Mittelwert rd.
nach GEIGER	272	+2%
nach CARTER	251	−6%
nach TUPLIN	255	−4%
nach der BICERA	285	+7%

Oft wird es zweckmäßig sein, mit einem Mittelwert der reduzierten Länge aus zwei oder drei Formeln zu rechnen. Die Unsicherheit, die in der Berechnung der reduzierten Länge von Kröpfungen liegt, kann nur durch vergleichende Rechnungen und Messungen allmählich eingeschränkt werden.

η) *Elastische und Ausrückkupplungen.* Wenn solche Kupplungen in der Wellenleitung angeordnet sind, wird ihre reduzierte Länge am besten durch einen Verdrehungsversuch bestimmt, da die Rechnung keine zuverlässigen Ergebnisse liefert. Die Kupplung wird auf einem unnachgiebigen Fundament aufgebaut, die eine Kupplungshälfte starr mit dem Fundament verbunden und an der anderen ein Drehmoment M_d von bekannter Größe angebracht. Dann ist

$$l_{\mathrm{red}} = G_{\mathrm{red}} \cdot J_{p_{\mathrm{red}}} \cdot \frac{\varphi}{M_d}.$$

G_{red} und $J_{p_{\mathrm{red}}}$ sind bekannt. Man hat somit nur den Winkel φ zu messen, um den sich die Kupplungshälften unter dem bekannten M_d gegeneinander verdrehen. Wiederholung des Versuches mit verschiedenen M_d und Auftragen der Werte $\varphi = f(M_d)$ erhöht die Meßgenauigkeit.

2. Reduktion der Massen

Eine Masse m auf den gegebenen Abstand r_0 von einer Achse reduzieren heißt eine ringförmig, ohne radiale Ausdehnung gedachte, im Abstand r_0 von der Drehachse liegende Ersatzmasse m_{red} so zu bestimmen, daß ihr Massen-Trägheitsmoment $\Theta = m_{\mathrm{red}} \cdot r_0^2$ ebenso groß ist wie das Trägheitsmoment des wirklichen Körpers, bezogen auf dieselbe Drehachse. Die Dimension von Θ ist kg sec² cm oder kg sec² m. Bei der Ermittlung der reduzierten Massen ist zu unterscheiden zwischen den Massen, deren Schwerpunktsachse mit der Drehachse zusammenfällt, und solchen, für welche dies nicht zutrifft.

a) **Massen, deren Schwerpunktsachse mit der Drehachse zusammenfällt**

α) *Wellenleitung.* Ihr Außendurchmesser sei D, dann ist der Trägheitsradius einer vollen Welle

$$i = \sqrt{D^2/8}.$$

Für eine Hohlwelle (Durchmesser d der Bohrung) wird

$$i = \sqrt{\frac{D^2 + d^2}{8}}.$$

Die Masse m_W der Welle ist G_W/g. Damit wird

$$m_{\mathrm{red}_W} = m_W \cdot \frac{i^2}{r_0^2}.$$

Als Reduktionsradius wählt man bei Kolbenmaschinen gewöhnlich den Kurbelradius, weil dies die Reduktion der am Kurbelzapfen angreifenden Triebwerkteile vereinfacht.

Die reduzierte Masse der Welle ist gegenüber den anderen Massen gewöhnlich so klein, daß sie vernachlässigt werden kann. Auch bei langen Wellenleitungen (Schiffswellen) wird das Ergebnis der Rechnung durch Vernachlässigung der Wellenmasse nicht merklich beeinflußt. Bei langen Wellenleitungen pflegt man das vordere Drittel zum Motor, das hintere zum Propeller zuzuschlagen, während das mittlere Drittel vernachlässigt wird.

β) *Schwungrad.* Meist ist das GD^2 des Schwungrades in kgm² gegeben, dann ist sein Trägheitsmoment, bezogen auf die Wellenachse: $\Theta_{\text{Schw}} = GD^2/4g$ mit $g = 9,81$ m/sec². Beim Übergang auf die Dimension kg sec² cm erscheint der Zahlenwert von Θ_{Schw} 100mal größer. Die reduzierte Masse des Schwungrades wird:

$$m_{\text{red}_{\text{Schw}}} = \frac{\Theta_{\text{Schw}}}{r_0^2}.$$

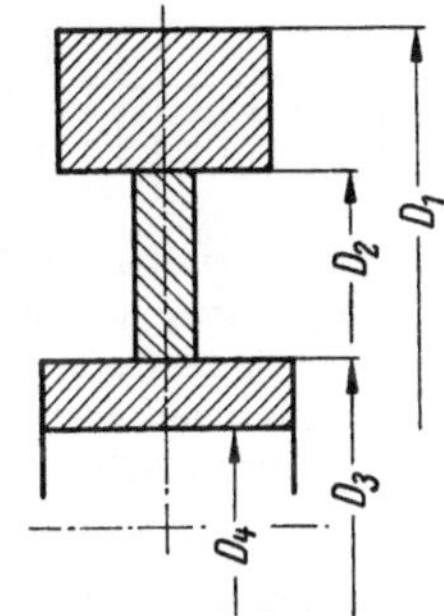

Wenn das GD^2 nicht gegeben ist, kann das Trägheitsmoment berechnet werden, sofern das Schwungrad, was meist der Fall ist, als Scheibenschwungrad ausgeführt ist. Man zerlegt das Profil in eine passende Zahl von Ringen (Bild 53); dann wird mit den in Bild 53 eingetragenen Bezeichnungen

$$\text{der Trägheitsradius des äußeren Ringes } i_1 = \sqrt{\frac{1}{8}(D_1^2 + D_2^2)},$$

$$\text{der des mittleren Ringes } i_2 = \sqrt{\frac{1}{8}(D_2^2 + D_3^2)},$$

$$\text{und der des inneren Ringes } i_3 = \sqrt{\frac{1}{8}(D_3^2 + D_4^2)}.$$

Bild 53. Berechnung der reduzierten Masse eines Schwungrades

Man berechnet das Gewicht der Ringe und hat damit ihre Massen m_1, m_2, m_3. Das Trägheitsmoment des Schwungrades wird

$$\Theta_{\text{Schw}} = m_1 i_1^2 + m_2 i_2^2 + m_3 i_3^2,$$

seine reduzierte Masse

$$m_{\text{red}_{\text{Schw}}} = \frac{\Theta_{\text{Schw}}}{r_0^2}.$$

Handelt es sich um ein *Speichen*schwungrad, so liefert ein Pendelversuch ein genaueres Ergebnis als die Rechnung. Man hängt das Schwungrad entweder in der Bohrung oder am Kranz auf eine Schneide (Bild 54), so daß es um den Aufhängepunkt pendeln kann, bestimmt das Gewicht G sowie die Entfernung e des Schwerpunktes vom Aufhängepunkt und mißt die Dauer T einer vollen (Doppel-) Schwingung. Es ist

$$T = 2\pi \sqrt{\frac{\Theta'}{Ge}} \text{ sec,}$$

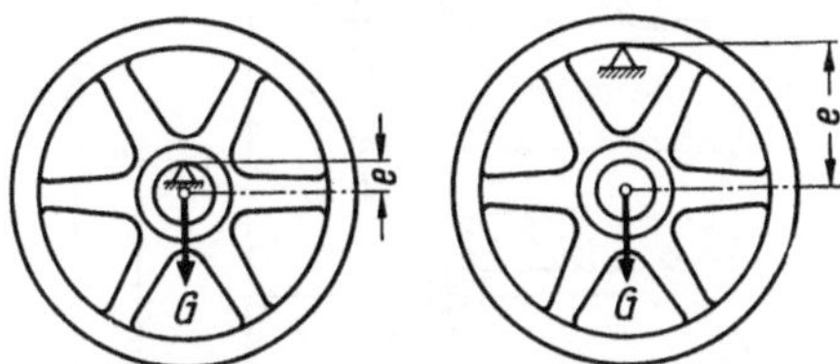

Bild 54. Ermittlung des Trägheitsmomentes eines Speichenrades durch Auspendeln

woraus sich das Trägheitsmoment bezogen auf die *Aufhänge*achse zu $\Theta' = T^2 G e/4\pi^2$ ergibt. Das auf die *Schwer*achse bezogene Trägheitsmoment wird

$$\Theta = \Theta' - \frac{G}{g} e^2,$$

die reduzierte Masse des Schwungrades

$$m_{\text{red}_{\text{Schw}}} = \frac{\Theta}{r_0^2}.$$

γ) *Generatoranker*. Die Berechnung des Trägheitsmomentes nach der Zeichnung ist meist umständlich und nicht genau; der Pendelversuch ist vorzuziehen. Man kann den Anker (in Kugellagern leicht drehbar) mit horizontaler Achse lagern, muß ihn aber durch Anbringen eines Zusatzgewichtes G_1, dessen Schwerpunkt den Abstand a von der Dreh-

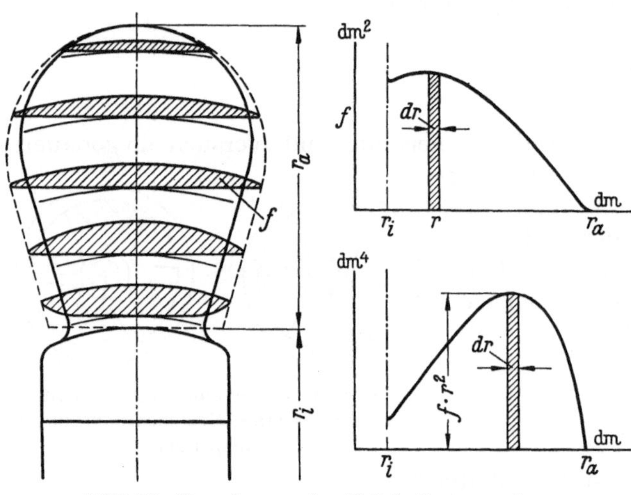

achse habe, in ein Pendel verwandeln. Dann ist das Trägheitsmoment des Systems Anker $+$ Zusatzgewicht $\Theta' = T^2 G_1 a/4\pi^2$, wenn G_1 das Gewicht von Anker und Zusatzgewicht ist. Das Trägheitsmoment des Ankers *ohne* Zusatzgewicht ist (bei kleinen Abmessungen von G_1)

$$\Theta_{\mathrm{Ank}} = \Theta' - \frac{G_1}{g}\, a^2,$$

und die auf r_0 bezogene reduzierte Masse

$$m_{\mathrm{red}_{\mathrm{Ank}}} = \frac{\Theta}{r_0^2}.$$

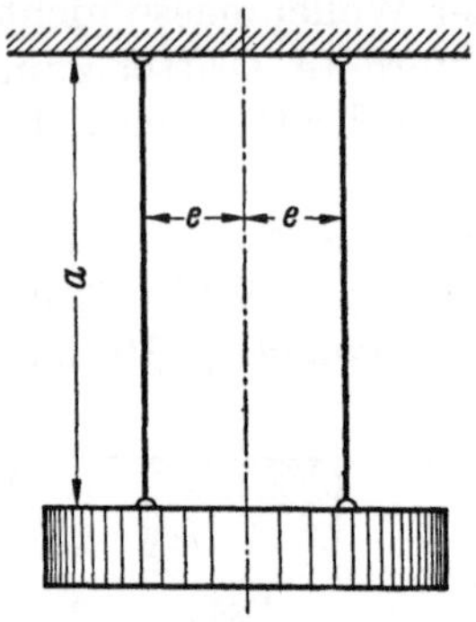

Bild 55. Ermittlung des Trägheitsmomentes eines Generatorankers durch bifilares Auspendeln

Das Verfahren ist nicht genau, weil es auch bei Kugellagerung schwierig ist, mit einem nicht zu großen Zusatzgewicht eine genügende Zahl von Schwingungen bei kleinen Schwingungsausschlägen zu erreichen. Die *bifilare* Aufhängung ist vorzuziehen.

Man hängt den Anker mit senkrechter Achse an zwei dünnen, genau parallelen Stahldrähten auf, wozu man zweckmäßig die Bohrungen im Flansch des Ankers benutzt (Bild 55). Die obere Fläche des Flansches wird mit der Wasserwaage genau horizontal eingestellt, wozu nötigenfalls kleine Zusatzgewichte auf den Flansch gesetzt werden, deren auf die Drehachse bezogenes Trägheitsmoment nachher abzuziehen ist. Das Maß a darf nicht zu klein sein ($\geqq 3$ m), da die Messung sonst ungenau wird. Der Abstand der Mitten der Fäden sei $2e$. Der Anker wird in Drehschwingungen von kleiner Amplitude versetzt; die Dauer einer vollen Schwingung sei T. Dann ist das Trägheitsmoment des Ankers, bezogen auf seine Drehachse, $\Theta_{\mathrm{Ank}} = T^2 G\, e^2/4\pi^2 a$, wenn G das Gewicht des Ankers ist. Schließlich wird

$$m_{\mathrm{red}_{\mathrm{Ank}}} = \frac{\Theta_{\mathrm{Ank}}}{r_0^2}.$$

δ) *Ausrückbare Kupplungen.* Wegen ihrer meist verwickelten Bauart wird das Trägheitsmoment am besten durch einen Pendelversuch bestimmt. Das Pendeln auf einer Schneide mit horizontaler Achse macht Schwierigkeiten, wenn die Kupplung so gebaut ist, daß sie auf der Schneide umkippt; dann benutzt man die bifilare Aufhängung.

ε) *Propeller.* Das Trägheitsmoment von Propellern kann durch Auspendeln bestimmt werden, wenn der Propeller fertig bearbeitet und für einen Pendelversuch

Bild 56. Berechnung des Trägheitsmomentes eines Propellerflügels

nicht zu schwer ist. Die Rechnung führt meist schneller zum Ziel.

Die Zeichnung eines Propellerflügels sei gegeben (Bild 56). Der Innenradius sei r_i, der Außenradius r_a. Die Dicke des Flügels ist durch eine Anzahl von Querschnitten f bestimmt. Die Querschnitte werden planimetriert und unter Berücksichtigung des Maßstabes in einem Koordinatensystem als Funktion von r aufgetragen, zweckmäßig in dm² (Bild 56 rechts ob.). Man erhält eine Kurve, deren zu r_i gehörige Ordinate dem Flächeninhalt des Wurzelquerschnittes entspricht; die Ordinate bei r_a wird null. Die von der Kurve und der Abszissenachse begrenzte Fläche stellt das Volumen eines Flügels in dm³ dar. Man teilt die Fläche durch eine beliebige Anzahl von Ordinaten, die nicht gleichen Abstand zu haben brauchen, in senkrechte Streifen und berechnet für jede Ordinate das Produkt $f\,r^2$ in dm⁴. Auch diese Produkte werden über dem zugehörigen r aufgetragen (Bild 56 rechts unt.), wodurch man eine zweite Kurve erhält. Der Inhalt der unter ihr liegenden Fläche wird

$$J_F = \int_{r_i}^{r_a} (f\,r^2)\,dr = \int_{r_i}^{r_a} (f\,dr)\,r^2 .$$

An der Form des zweiten Integrals erkennt man, daß J_F das auf die Propellerachse bezogene Volumen-Trägheitsmoment eines Propellerflügels darstellt. Durch Multiplikation mit γ/g ergibt sich das Massen-Trägheitsmoment. Wenn man die Dimension dm gewählt hat, muß γ in kg/dm³ und $g = 98,1$ dm/sec² eingesetzt werden. Man erhält das Massen-Trägheitsmoment eines Flügels in kg sec² dm. In kg sec² cm erscheint die Maßzahl zehnmal größer.

Das Massen-Trägheitsmoment des ganzen Propellers ergibt sich durch Multiplikation mit der Flügelzahl unter Hinzufügung des Trägheitsmomentes der Nabe, das wie das Trägheitsmoment eines Schwungrades durch Zerlegen in Ringe berechnet wird. Die auf r_0 reduzierte Masse des Propellers wird

$$m_{\text{red}_{\text{Prop}}} = \frac{\Theta_{\text{Prop}}}{r_0^2} .$$

Hierzu werden 15 bis 25% für mitgerissenes Wasser geschlagen (15% für kleine, 25% für große Propeller). Dadurch wird die Berechnung der kritischen Drehzahlen von Schiffsmaschinenanlagen etwas unsicher, was man bis jetzt nicht hat beseitigen können, da systematische Versuche fehlen. Sie erfordern vergleichende Messungen auf fahrenden Schiffen verschiedener Größe, die noch nicht unternommen worden sind.

Die in der Literatur mitgeteilte Formel

$$GD^2_{\text{Prop}} = k \cdot D^5 \ \text{kgm}^2$$

mit D als Außendurchmesser des Propellers und $k = 14$ bis 18 je nach Flügelzahl und -form liefert nur Näherungswerte.

b) Massen, deren Schwerpunktsachse
nicht mit der Drehachse zusammenfällt

Hierzu gehören der Kurbelzapfen, die Kurbelwangen und die am Kurbelzapfen angreifenden Massen des Triebwerkes.

α) *Kurbelzapfen und Kurbelwangen*. In Bild 57 sind die Quadrate der Trägheitsradien der Querschnitte eines vollen und eines hohlen Wellenzapfens, eines vollen und eines hohlen Kurbelzapfens sowie eines rechteckigen Wangenquerschnittes

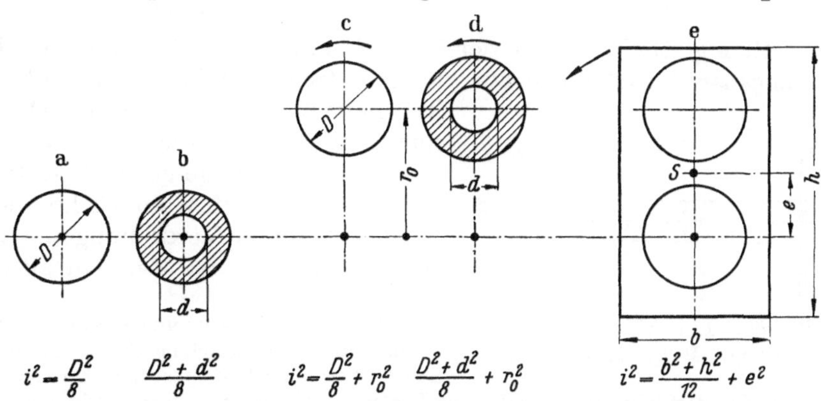

$$i^2 = \frac{D^2}{8} \qquad \frac{D^2 + d^2}{8} \qquad i^2 = \frac{D^2}{8} + r_0^2 \qquad \frac{D^2 + d^2}{8} + r_0^2 \qquad i^2 = \frac{b^2 + h^2}{12} + e^2$$

Bild 57. Zur Berechnung der reduzierten Masse einer Kurbelkröpfung

eingetragen; r_0 sei der Kurbel- und zugleich der Reduktionsradius. Man berechnet Gewicht und Masse der einzelnen Teile (zwei Wangen, ein Kurbelzapfen) und multipliziert die Massen mit dem dazugehörigen i^2. Zu einer Kröpfung gehören zwei halbe Wellenzapfen, die nach a, α) reduziert werden. Die reduzierte Masse einer Kröpfung wird

$$m_{\text{red}_{\text{Kröpfung}}} = \frac{\sum (m i^2)}{r_0^2}.$$

β) *Pleuelstange, Kolbenstange und Kolben.* Es genügt eine Näherungsrechnung [1], bei welcher die Masse der Pleuelstange (wie bei der Untersuchung des Massenausgleiches; s. S. 14) in einen rotierenden und einen hin- und hergehenden Teil zerlegt wird. Alle hin- und hergehenden Teile des Triebwerks (Kolben, Kolbenstange, Kreuzkopf und oszillierender Teil der Pleuelstange) werden mit der *halben* Masse zu der auf den Kurbelradius reduzierten Masse der Kröpfung hinzugezählt. Dadurch wird berücksichtigt, daß die hin- und hergehenden Massen nur dann die Drehschwingungen des Kurbelzapfens voll mitmachen, wenn die Wangen horizontal stehen, im oberen und unteren Totpunkt dagegen gar nicht. Somit wird die gesamte reduzierte Masse der Triebwerkteile eines Zylinders:

$$m_{\text{red}_{\text{Zyl}}} = m_{\text{red}_{\text{Kröpfung}}} + 1/1\, m_{\text{Pleuelst.rot.}} + 1/2\, (m_{\text{Kolb.}} + m_{\text{Kolbenst.}} + m_{\text{Kreuzk.}} + m_{\text{Pleuelst.osz.}}).$$

Wenn Kolbenkühlung verwendet wird, ist die Masse des Kühlmittels hinzuzufügen und ein Zuschlag für die Masse der das Kühlmittel zu- und abführenden Teile (Teleskop- oder Gelenkrohre) zu machen.

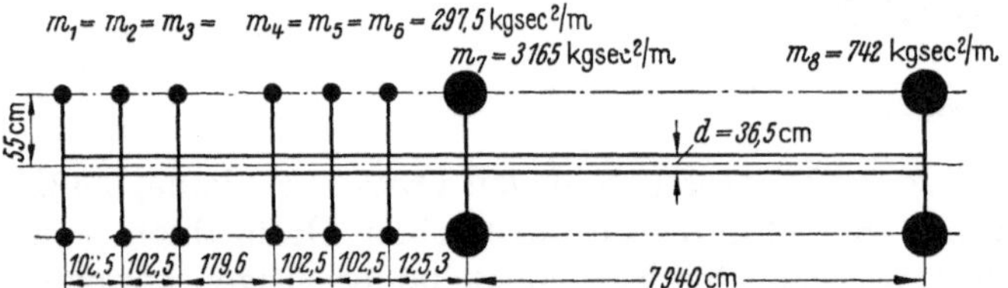

Bild 58. Reduzierte Längen und Massen eines Sechszylinder-Viertaktmotors mit Propeller

Wenn man die Rechnung so weit durchgeführt hat, ist es zweckmäßig, die Ergebnisse in ein Schema einzutragen (Bild 58), in welchem die reduzierten Längen und Massen zusammengestellt sind. Bild 58 gilt für einen sechszylindrigen Viertaktmotor, dessen normale Drehzahl $n = 110$ U/min ist. Die Längen sind auf 36,5 cm Dmr., die Massen auf den Kurbelradius (55 cm) reduziert. m_1 bis m_6 sind die (untereinander gleichen) Triebwerkmassen, m_7 ist das Schwungrad, m_8 der Propeller. Die reduzierte Länge zwischen m_3 und m_4 ist wegen einer Kupplung größer als die Abstände der übrigen Triebwerkmassen.

3. Berechnung der Eigenschwingungszahlen

a) Freie ungedämpfte[2] Schwingungen einer einseitig eingespannten Welle mit *einer* Masse

Eine glatte Welle von der Länge l cm und dem Durchmesser d cm sei an einem Ende eingespannt und trage am anderen, freien Ende eine Scheibe vom polaren Massen-Trägheitsmoment Θ kg sec² cm (Bild 59). Wird die Scheibe durch ein äußeres Moment M_d um den Winkel φ aus ihrer ursprünglichen Lage gedreht, so tritt infolge der Elastizität des Werkstoffes ein rückdrehendes Moment auf. Bei nicht zu großen Verdrehungen (Einhaltung des HOOKE-schen Gesetzes) ist das Rückdrehmoment dem Dreh-

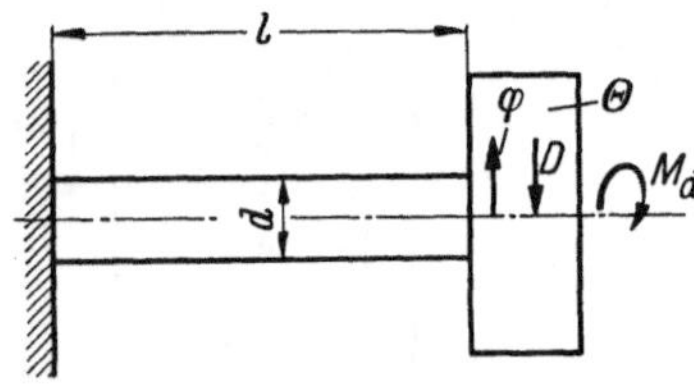

Bild 59. Einseitig eingespannte Welle mit Masse am freien Ende

[1] Eine genaue Rechnung s. z. B. H. SCHRÖN,: Die Dynamik der Verbrennungskraftmaschine (Wien: Springer 1942) in der Sammlung: Die Verbrennungskraftmaschine, herausgegeben von H. LIST.

[2] Man darf, ohne einen merklichen Fehler zu begehen, die Eigenschwingungszahlen einer Kolbenmaschine *ohne Berücksichtigung der Dämpfung* berechnen, wie später (S. 107) gezeigt werden wird.

winkel proportional: $M_d = -D \cdot \varphi$, wobei D eine Konstante ist. Wird die Scheibe losgelassen, so erfährt sie eine Winkelbeschleunigung ε gemäß

$$M_d = \Theta \varepsilon = \Theta \cdot \frac{d^2\varphi}{dt^2} = \Theta \ddot{\varphi}. \tag{4}$$

Somit wird:

$$\Theta \ddot{\varphi} = -D \cdot \varphi. \tag{5}$$

Das Minuszeichen ist erforderlich, weil die Beschleunigung negativ, d. h. auf die Ruhelage zurück gerichtet ist, wenn φ von der Ruhelage aus gezählt wird. D ist die „Drehfederzahl" („Richtmoment"); es ist jenes Moment M_{d_1}, das nötig ist, um eine Drehung der Scheibe um den Bogen $\varphi_1 = 1 \, \mathrm{Bg} = 57{,}3°$ hervorzurufen. Da $D/1 \, \mathrm{Bg} = M_d/\varphi$ (HOOKEsches Gesetz) und $\varphi = M_d \, l/G \, J_p$ ist, so ist $D = G \, J_p/l$.

Eine spezielle Lösung [1] der Differentialgleichung (5) lautet:

$$\varphi = \varphi_0 \cdot \sin(\omega_e \, t + \alpha), \tag{6}$$

wenn $\omega_e = \sqrt{D/\Theta}$ ist. φ_0 und α sind Integrationskonstanten, die von den besonderen Bedingungen des Vorganges abhängen. Der Beweis folgt aus der zweimaligen Differentiation der Gl. (6) nach t:

$$d\varphi/dt = \dot{\varphi} = \varphi_0 \cdot \omega_e \cdot \cos(\omega_e \, t + \alpha), \quad \ddot{\varphi} = -\varphi_0 \cdot \omega_e^2 \cdot \sin(\omega_e \, t + \alpha)$$

oder wegen Gl. (6):

$$\ddot{\varphi} = -\omega_e^2 \cdot \varphi.$$

Diese Gleichung stimmt mit der zu integrierenden Gl. (5) dann überein, wenn $\omega_e^2 = D/\Theta$ gesetzt wird. Somit muß $\omega_e = \sqrt{D/\Theta}$ sein.

Die Differentialgleichung (5) beschreibt gemäß Gl. (6) eine harmonische Drehschwingung der Welle um ihre Gleichgewichtslage mit der Amplitude φ_0 und der Eigenkreisfrequenz $\omega_e = \sqrt{D/\Theta}$. Graphisch wird Gl. (6) durch eine Sinuslinie mit der Abszisse t, der (willkürlichen) Amplitude φ_0 und der Anfangslage α dargestellt (Bild 60). Jede Ordinate der Sinuslinie erfüllt die Bedingung (6). Da es

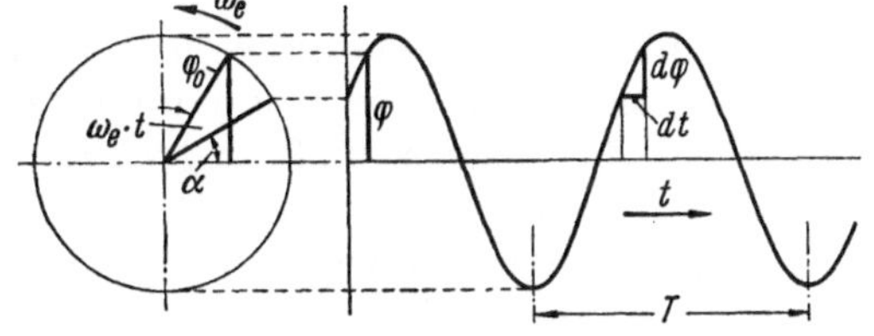

Bild 60
Die harmonische Schwingung als Sinuslinie

hier nur auf die Schwingungs*zahl* ankommt, nicht aber darauf, in welchem Punkt die Sinuslinie beginnt, darf $\alpha = 0$ gesetzt werden, so daß

$$\varphi = \varphi_0 \cdot \sin \omega_e \, t \tag{7}$$

wird.

---

[1] Die vollständige Lösung lautet:

$$\varphi = C_1 \sin\left(t \sqrt{\frac{D}{\Theta}}\right) + C_2 \cos\left(t \sqrt{\frac{D}{\Theta}}\right), \tag{6a}$$

wie aus der zweimaligen Differentiation folgt:

$$\dot{\varphi} = C_1 \sqrt{\frac{D}{\Theta}} \cdot \cos\left(t \sqrt{\frac{D}{\Theta}}\right) - C_2 \sqrt{\frac{D}{\Theta}} \cdot \sin\left(t \sqrt{\frac{D}{\Theta}}\right),$$

$$\ddot{\varphi} = -C_1 \cdot \frac{D}{\Theta} \cdot \sin\left(t \sqrt{\frac{D}{\Theta}}\right) - C_2 \cdot \frac{D}{\Theta} \cdot \cos\left(t \sqrt{\frac{D}{\Theta}}\right)$$

$$= -\frac{D}{\Theta} \left[C_1 \sin\left(t \sqrt{\frac{D}{\Theta}}\right) + C_2 \cos\left(t \sqrt{\frac{D}{\Theta}}\right) \right]$$

$$= -\frac{D}{\Theta} \varphi, \text{ wie Gl. (5).}$$

C_1 und C_2 sind willkürliche Konstanten, die von den Anfangsbedingungen abhängen. Gl. (6a) beschreibt ebenfalls eine harmonische Schwingung, die sich aus einer sin-Welle mit der Amplitude C_1 und einer cos-Welle mit der Amplitude C_2 zusammensetzt. Die Summe der beiden Bewegungen ergibt wieder eine *Sinuswelle* nach Gl. (6) mit der (willkürlichen) Amplitude $\varphi_0 = \sqrt{C_1^2 + C^2}$ und $\mathrm{tg}\,\alpha = C_2/C_1$. Daher genügt hier die Betrachtung der speziellen Lösung Gl. (6).

Wenn die Masse nicht Drehschwingungen, sondern *lineare* Schwingungen vollführt, so gilt sinngemäß dieselbe Ableitung. Die Masse m (Bild 61) sei an einer Zugfeder mit der Federzahl c (kg/cm) aufgehängt; x sei die augenblickliche Auslenkung aus der Gleichgewichtslage. Wenn keine äußere Kraft an m angreift und keine Dämpfung vorhanden ist, muß in jedem Augenblick Gleichgewicht zwischen Trägheitskraft und Federkraft bestehen:

$$m\,\ddot{x} = -\,c\,x. \tag{5a}$$

Wie oben schreibt man

$$x = x_0 \cdot \sin \nu t, \tag{7a}$$

wenn x_0 die ursprüngliche Auslenkung (Amplitude) und $\nu = \sqrt{c/m}$ die Kreisfrequenz der linearen Schwingung ist. Die Gl. (5) und (7) der Drehschwingung entsprechen den Gl. (5a) und (7a) der linearen Schwingung; man hat nur statt des Trägheitsmomentes (kg sec² cm) die Masse m (kg sec²/cm), statt der Drehfederzahl D (kg cm) die Federzahl c (kg/cm) und statt des Bogens φ (dimensionslos) die lineare Auslenkung x (cm) zu setzen. Die Dimension von ν wird ¹/sec, wie für ω_e. Man kann also, da es sich um gleichwertige physikalische Vorgänge handelt, jederzeit von Drehschwingungen zu linearen Schwingungen übergehen und umgekehrt. Bei der Untersuchung der Schwingungsdämpfer (s. S. 102 u. f.) macht man hiervon Gebrauch.

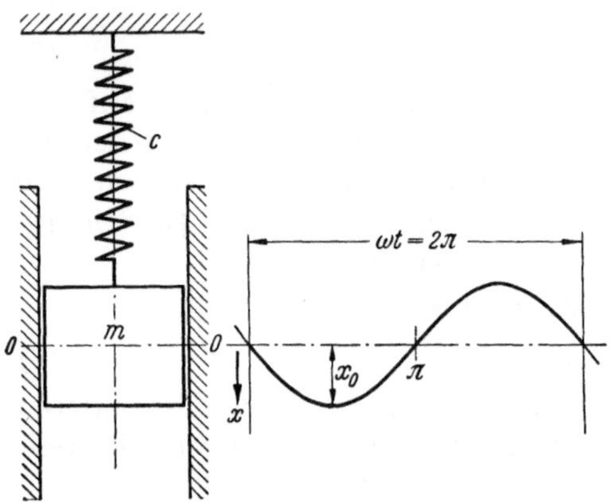

Bild 61. Ungedämpfte freie Schwingung mit *einem* Freiheitsgrad

Nach Gl. (7) können die Amplituden als Projektionen eines Vektors φ_0 auf die Vertikale aufgefaßt werden, wenn der Vektor (in Bild 60 entgegen dem Uhrzeiger) mit der Winkelgeschwindigkeit $\omega_e = \sqrt{D/\Theta}$ umläuft und der Winkel $\omega_e\,t$ von der Horizontalen aus gezählt wird. Da D und Θ nur von dem Werkstoff und der Gestalt des schwingenden Systems abhängen, die beide unveränderlich sind, so ist die Eigenkreisfrequenz ω_e konstant: der Vektor läuft *mit konstanter Winkelgeschwindigkeit* um.

Wenn f die Zahl der vollen (Hin- und Zurück-) Schwingungen/sec = Zahl der Umläufe des Vektors/sec ist, so ist seine Winkelgeschwindigkeit $\omega_e = 2\pi f$, somit die sekundliche Eigenschwingungszahl

$$f = \frac{\omega_e}{2\pi} = \frac{1}{2\pi}\sqrt{\frac{D}{\Theta}}\,. \tag{8}$$

In dieser Gleichung erscheint die Amplitude φ_0 nicht. Die Eigenschwingungszahl ist von dem Schwingungsausschlag *unabhängig*. Hiervon wird beim Aufzeichnen der Schwingungsformen später Gebrauch gemacht werden: sie können in stark vergrößertem Maßstab gezeichnet werden, ohne daß das Ergebnis der Rechnung sich ändert. Die Aufzeichnung der Schwingungsformen wird dadurch erst möglich.

Die Schwingungsausschläge sollen von jetzt an auf einem konzentrisch um die Welle gelegten Zylinder vom Radius r_0 aufgezeichnet werden; ihre Größtwerte seien mit a bezeichnet. Zu einem beliebigen Verdrehungswinkel φ ergibt sich der zugehörige Schwingungsausschlag durch Projektion eines mit der Winkelgeschwindigkeit ω_e umlaufenden Vektors von der Länge a auf die Vertikale 1–2 (Bild 62). Zwischenwerte von φ interessieren hier nicht; nur der Größtwert a des Schwingungsausschlages, gemessen auf dem Radius r_0 (auf den die Massen reduziert sind), ist wichtig.

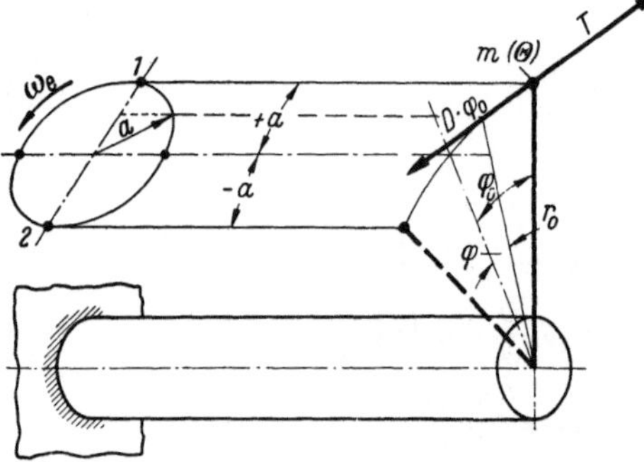

Bild 62. Die Trägheitskraft im Augenblick der Schwingungsumkehr ist $T = m a \omega_e^2$

Im Augenblick der Schwingungsumkehr steht die Masse m still; das elastische Rückdrehmoment hat den Größtwert $D \cdot \varphi_0$, es sucht die Masse m in die Mittellage zurückzudrehen. Die zur Mittellage gerichtete Beschleunigungskraft hat daher in diesem Augenblick ebenfalls ihren Größtwert. Ihr leistet die

Trägheitskraft T der Masse m Widerstand. Das Moment $T \cdot r_0$ der Trägheitskraft muß daher im Augenblick der Schwingungsumkehr das entgegengesetzt drehende Moment $D \cdot \varphi_0$ der Rückstellkraft gerade aufheben, d. h. es muß sein:

$$D \varphi_0 - T r_0 = 0 \quad \text{und} \quad D = T r_0 / \varphi_0 .$$

Damit wird

$$\omega_e^2 = \frac{D}{\Theta} = \frac{T r_0}{\varphi_0 \Theta} .$$

Nun ist

$$\varphi_0 = \frac{a}{r_0} \quad \text{und} \quad \Theta = m r_0^2 ,$$

somit

$$\omega_e^2 = \frac{T r_0^2}{a m r_0^2} ,$$

folglich

$$T = m a \omega_e^2 . \tag{9}$$

Diese wichtige Gleichung sagt aus, daß die auf den Radius r_0 reduzierte Masse m (vom Trägheitsmoment Θ) im Augenblick der Schwingungsumkehr einen nach außen (von der Nullage weg) gerichteten Trägheitswiderstand T entwickelt, der ebenso groß ist, wie wenn m am Ende eines mit der Winkelgeschwindigkeit ω_e umlaufenden Vektors von der Länge a gleich dem Schwingungsausschlag befestigt wäre. Hiervon wird später vielfach Gebrauch gemacht werden. Man erkennt aus der perspektivischen Darstellung (Bild 62), daß dieser Satz auch für beliebige Ausschlagwinkel $\varphi < \varphi_0$ gilt. Für beliebige φ ergibt sich der von der Mittellinie aus gemessene Ausschlag a_φ durch Projektion des Vektors a auf die Vertikale 1–2, und die Trägheitskraft T_φ wird $m a_\varphi \omega_e^2$. T_φ ist somit proportional a, da m und ω_e konstant sind. Wenn m die Mittellage passiert, wird $T = 0$; die Schwingungsgeschwindigkeit hat in diesem Augenblick ihr Maximum. Bei der Ermittlung der Schwingungsform und der Berechnung der Eigenschwingungszahlen braucht man Zwischenlagen der Masse m nicht zu kennen; nur die Endstellungen, in welchen $T = m a \omega_e^2$ ist, treten in der Rechnung auf. Es genügt, *eine* der beiden Endstellungen zu betrachten, da der Vorgang auf der entgegengesetzten Seite symmetrisch verläuft. Man ist übereingekommen, die Schwingungsformen nur für die *obere* Endstellung zu zeichnen (Bild 70, 73).

b) Freischwingende Welle mit *zwei* Massen

Im Fall der einseitig eingespannten Welle erfährt die Wand in jedem Augenblick ein gleich großes, entgegengesetzt gerichtetes Drehmoment wie das freie Ende der Welle. Das Moment kann statt von der Wand auch von einer Masse m_2 auf die Welle ausgeübt werden, wenn m_2 mit der gleichen Kreisfrequenz ω_e schwingt wie m_1. Der Schwingungsausschlag von m_2 sei a_2 (Bild 63). Die Welle sei drehbar gelagert; die beiden Endquerschnitte mögen durch je ein Moment gegeneinander verdreht werden. Gibt man die Welle frei, so schwingt sie, da keine äußeren Kräfte auf sie einwirken, in ihrer (sekundlichen) Eigenschwingungszahl $f = \omega_e / 2\pi$. m_1 entwickelt im Augenblick der Schwingungsumkehr die Trägheitskraft $T_1 = m_1 a_1 \omega_e^2$,

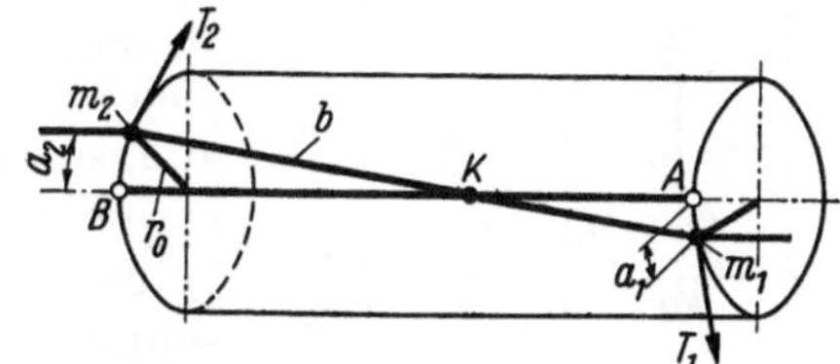

Bild 63. Drehbar gelagerte Welle mit *zwei* Massen

m_2 eine Trägheitskraft $T_2 = m_2 a_2 \omega_e^2$. T_1 und T_2 sind stets von der Nullage weg gerichtet. Sie müssen gleich groß sein; andernfalls würde man finden, daß die Welle, wenn die Schwingungen aufgehört haben, sich gegenüber ihrer Anfangslage gedreht hätte, was nicht möglich ist, da die Trägheitskräfte *innere* Kräfte sind. Folglich muß

$$m_1 a_1 \omega_e^2 = m_2 a_2 \omega_e^2 \quad \text{oder} \quad m_1 a_1 = m_2 a_2$$

sein, d. h. die Schwingungsausschläge verhalten sich umgekehrt wie die schwingenden Massen. Schwere Massen machen kleinere Schwingungsausschläge als leichte. Daher legt man bei Viertaktmotoren den Zahnradantrieb der Steuernockenwelle möglichst an eine Stelle kleiner Schwingungsausschläge, d. h. in die Nähe des Schwungrades, wodurch die Zähne geschont werden. Schwingungsdämpfer dagegen müssen an einer Stelle großer Schwingungsausschläge angebracht werden, damit sie wirksam sind; sie werden an das vordere (freie) Ende der Welle gesetzt, wo nur verhältnismäßig leichte Massen befestigt sind.

Zeichnet man auf dem Mantel des Zylinders (Bild 63) eine Linie A–B, die in der Ruhelage parallel zur Zylinderachse ist, so nimmt sie im Augenblick der einen Schwingungsumkehr die Schräglage m_1-m_2 ein. Die Linie bleibt gerade, da Einhaltung des HOOKEschen Gesetzes Voraussetzung ist. Der Schnittpunkt K (Knotenpunkt) und der Wellenquerschnitt, auf dem er liegt, machen die Schwingungen nicht mit; sie bleiben in Ruhe. Zwischen *zwei* Massen kann nur *ein* Knotenpunkt auftreten, da die schräge Gerade die Linie A–B nur einmal schneidet. Man nennt die Eigenschwingung, bei der nur *ein* Knotenpunkt auftritt, „Schwingung I. Grades". Wellen mit zwei Massen können nur einen Knotenpunkt und nur eine Eigenschwingungszahl haben, die vom niedrigsten Grad sein muß. Der Knotenpunkt liegt um so näher bei der schwereren Masse, je mehr diese die andere überwiegt.

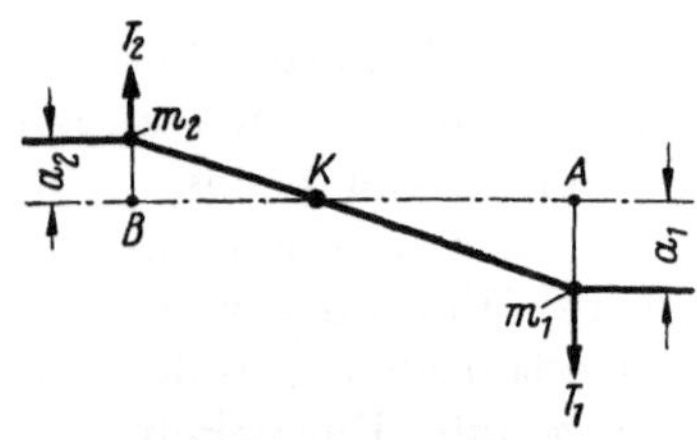

Bild 64. In die Ebene abgewickelte Schwingungsform einer Welle mit zwei Massen

Denkt man sich die Schwingungsform Bild 63 in die Ebene abgewickelt, so erhält man Bild 64. Die Verlängerungen der Geraden A–B über A und B hinaus können sich während der Schwingung nur parallel zu sich selbst verschieben, weil rechts von A und links von B keine verdrehenden Momente wirken. Daher müssen die Endtangenten der Schwingungsform in der Eigenschwingungszahl *parallel zur Nullinie* verlaufen.

c) Welle mit *beliebig vielen* Massen

Gegeben sei eine Welle mit beliebig vielen Massen (Bild 65). Wenn die Welle an dem einen Ende vor-, am anderen zurückgedreht wird, so entsteht bei der Verdrehung *ein* Knotenpunkt K. Wird die Welle nunmehr plötzlich freigegeben, so bleibt der Knotenpunkt erhalten, und die Welle schwingt in der Eigenschwingungszahl I. Grades, der niedrigstmöglichen. Die Lage von K richtet sich nach dem Verhältnis der Größen der Massen; überwiegt die Masse 5, wie in Bild 65 angenommen, bei weitem die übrigen Massen, so wird er nahe bei m_5 liegen. Dann schwingen die Massen m_1 bis m_4 gegen m_5. Alle Massen kehren ihre Schwingungsrichtungen gleichzeitig um. Jede entwickelt im Augenblick der Schwingungsumkehr eine Trägheitskraft T, die von der Nullinie weg gerichtet ist. In Bild 65 ist somit T_5 den T_1 bis T_4 entgegengesetzt gerichtet. Jede Trägheitskraft verdreht den Wellenquerschnitt, an dem sie angreift, gegen den Querschnitt der benachbarten Masse durch ein Moment $T\,r_0$ (Bild 62); daher erhält die Schwingungsform an jeder Angriffsstelle einer Trägheitskraft einen Knick (Bild 65). Die Schwingungsform, die in der Ruhelage mit der Nullinie zusammenfällt, verwandelt sich im Schwingungszustand in eine gebrochene Linie, die, wie GÜMBEL [1]

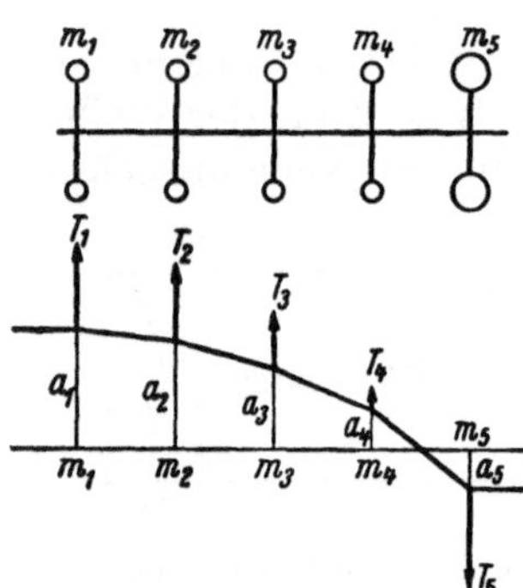

Bild 65. Schwingungsform einer Welle mit beliebig vielen Massen

gezeigt hat, wie ein Seilpolygon gezeichnet werden kann Die Schwingungsform ist auf einem Zylinder vom Radius r_0 gezeichnet zu denken, dessen Mantel aufgeschnitten und

---

[1] Vgl. Fußnote 2, S. 57.

in eine Ebene gestreckt ist (s. a. Bild 67). Die reduzierten Massen m, welche die Trägheitskräfte T hervorrufen, und ihre reduzierten Abstände sind gegeben, die Schwingungsausschläge a zunächst noch unbekannt. Das erste und das letzte Stück der Schwingungsform müssen nach dem vorigen Abschnitt der Nullinie parallel sein.

In Bild 66 ist ein Teil der Schwingungsform (Bild 65, linkes Ende) wiederholt; die Schwingungsausschläge sind der Deutlichkeit halber stärker verzerrt. Es werde zunächst das Stück m_1-m_2 der Schwingungsform betrachtet. Wäre m_2, von rechts nach links gezählt, die letzte (äußerste) Masse, so müßte der zwischen m_2 und m_1 verlaufende Teil der Schwingungsform parallel zur Nullinie verlaufen. Die von m_1 herrührende Trägheitskraft $T_1 = m_1\, a_1\, \omega_e^2$ verdreht aber den zu m_1 gehörenden Wellenquerschnitt um einen

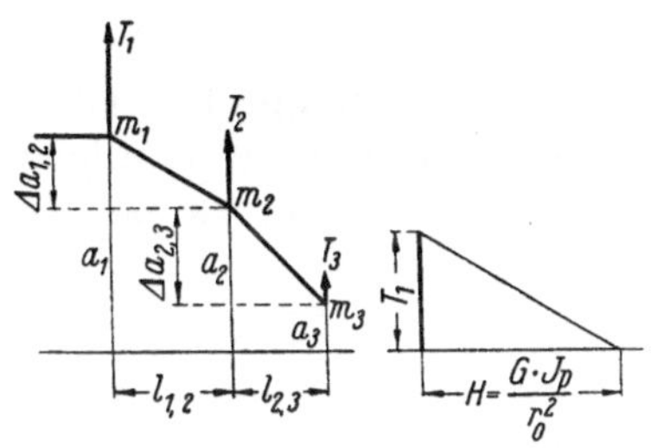

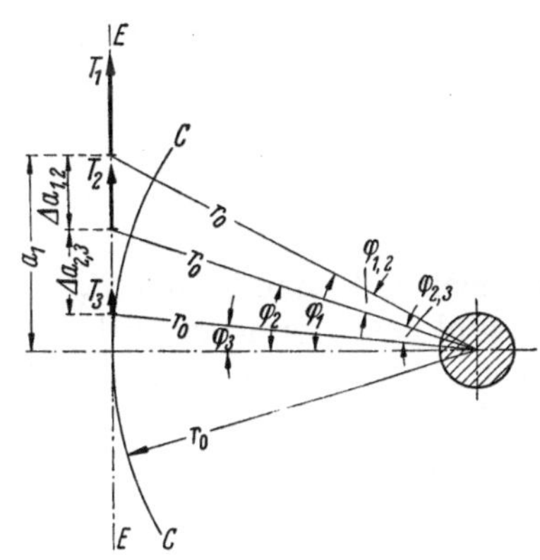

Bild 66
Teil der Schwingungsform Bild 65

Bild 67. Die Schwingungsform von der Stirnseite
der Welle gesehen

Winkel, der durch die Strecke $\varDelta a_{1,2}$ dargestellt wird. Um dies zu erkennen, stelle man sich die räumliche Lage von Bild 66 zur Wellenachse vor; sie wird durch Bild 67 veranschaulicht. Der schraffierte Querschnitt ist der Wellenquerschnitt; um die Wellenachse ist der Zylinder C-C vom Radius r_0 gelegt. Auf diesem wird die Schwingungsform gezeichnet. Da die Ausschläge a stets nur sehr klein gegenüber r_0 sind, leidet die Genauigkeit der Zeichnung und Rechnung nicht, wenn die Mantelfläche C-C durch die Ebene E-E d. i. die Zeichenebene für Bild 66, ersetzt wird. Der senkrechte Abstand zwischen E-E und der Wellenachse ist gleich r_0, aber wegen der Kleinheit der Ausschläge darf man auch die Längen aller Verbindungslinien zwischen Punkten der Schwingungsform und der Wellenmitte gleich r_0 setzen. Daraus folgt, daß ohne merklichen Fehler der durch das Moment $T_1 \cdot r_0 = m_1\, a_1\, \omega_e^2 \cdot r_0$ hervorgerufene Verdrehungswinkel

$$\varphi_{1,2} = \frac{\varDelta a_{1,2}}{r_0}$$

gesetzt werden darf. Ebenso wird

$$\varphi_{2,3} = \frac{\varDelta a_{2,3}}{r_0} \quad \text{usw.}$$

Der Winkel, um den sich der Wellenquerschnitt m_1 (Bild 66) gegen den Querschnitt m_2 verdreht, wird somit

$$\varphi_{1,2} = \frac{\varDelta a_{1,2}}{r_0} = \frac{M_d}{GJ_{p_{red}}} \cdot l_{1,2},$$

$$\varDelta a_{1,2} = \frac{T_1 r_0}{GJ_{p_{red}}} \cdot l_{1,2} \cdot r_0 = \frac{T_1}{\dfrac{GJ_{p_{red}}}{r_0^2}} = \frac{T_1}{H} \cdot l_{1,2},$$

wenn $\dfrac{GJ_{p_{red}}}{r_0^2} = H$ gesetzt wird. Somit wird

$$\frac{\varDelta a_{1,2}}{l_{1,2}} = \frac{T_1}{H}.$$

Man erkennt, daß das Stück der Schwingungsform zwischen m_1 und m_2 parallel einem Polstrahl ist, dessen Richtung durch $H = G\,J_{p_{\mathrm{red}}}/r_0^2$ als Polhöhe und durch die senkrecht auf H stehende Trägheitskraft T_1 gegeben ist (Bild 66).

Ebenso erhält man die Neigung der Schwingungsform gegen die Nullinie zwischen den Massen m_2 und m_3. Das links von m_3 (Bild 66) liegende Wellenstück wird gegenüber dem zu m_3 gehörenden Wellenquerschnitt durch das Moment $M_d = (T_1 + T_2)\,r_0$ verdreht. Somit wird der in die Ebene $E\text{–}E$ gestreckte Verdrehungsbogen (Bild 66 und 67)

$$\Delta a_{2,\,3} = \frac{(T_1 + T_2)\,r_0}{G\,J_{p_{\mathrm{red}}}} \cdot l_{2,\,3} \cdot r_0$$

$$= \frac{T_1 + T_2}{\dfrac{G\,J_{p_{\mathrm{red}}}}{r_0^2}} \cdot l_{2,\,3} = \frac{T_1 + T_2}{H} \cdot l_{2,\,3}\,.$$

Im Poldreieck hat man somit $T_1 + T_2$ senkrecht zu H zu zeichnen. Die Hypotenuse des rechtwinkligen Dreiecks mit $T_1 + T_2$ und H als Katheten wird parallel zu dem zwischen m_2 und m_3 liegenden Stück der Schwingungsform, denn es ist $\Delta a_{2,3} : l_{2,3} = (T_1 + T_2) : H$.

So fährt man fort und bildet

$$\frac{\Delta a_{3,\,4}}{l_{3,\,4}} = \frac{T_1 + T_2 + T_3}{H} \quad \text{usw.,}$$

wodurch man die Richtung der Schwingungsform zwischen m_3 und m_4 usw. erhält. Wenn die Trägheitskraft ihr Vorzeichen wechselt, was für die rechts vom Knotenpunkt liegende Masse m_5 (Bild 65) gilt, ist sie mit entgegengesetzter Richtung in das Poldreieck einzutragen.

d) Berechnung der Eigenschwingungszahlen mittels der $R\text{–}n$-Kurve

Im vorhergehenden Abschnitt war angenommen, daß die Kreisfrequenz ω_e der Eigenschwingung bekannt ist. Der Schwingungsausschlag a_1 der ersten Masse durfte beliebig und in beliebiger Vergrößerung angenommen werden, denn die Eigenschwingungszahl ist nach S. 66 vom Schwingungsausschlag unabhängig. Nunmehr soll die Eigenschwingungszahl eines Systems mit beliebig vielen Massen berechnet werden. ω_e und die Schwingungsausschläge a sind zunächst unbekannt.

Am Beispiel der Welle mit *zwei* Massen wurde gezeigt, daß für die Eigenschwingungszahl die Drehmomente, welche die Trägheitskräfte auf die Welle ausüben, gleich sein müssen, d. h. es muß $m_1\,a_1\,\omega_e^2 \cdot r_0 = m_2\,a_2\,\omega_e^2 \cdot r_0$ oder $T_1\,r_0 = T_2\,r_0$ und $T_1 = T_2$ sein. Da T_2 die entgegengesetzte Richtung wie T_1 hat, muß für die Eigenschwingungszahl *die Summe der Trägheitskräfte null* sein. Die von den Trägheitskräften auf die Welle ausgeübten Drehmomente müssen sich in jedem Augenblick das Gleichgewicht halten. Träfe dies nicht zu, dann müßte das schwingende System, wenn es wieder zur Ruhe gekommen ist, sich um irgendeinen Winkel gedreht haben, was nicht möglich ist, da die Trägheitskräfte *innere* Kräfte sind. Dasselbe gilt für ein System mit beliebig vielen Massen. Auch hierfür muß in der Eigenschwingung die Summe der Momente der Trägheitskräfte oder, da die Trägheitskräfte sämtlich an dem gleichen Hebelarm r_0 angreifen, die *Summe aller Trägheitskräfte null* sein, d. h. es muß sein

$$\sum T = 0. \tag{10}$$

Im Poldreieck Bild 68 muß daher *die graphische Addition der T auf null*, d. h. auf den Horizontalzug H, *zurückführen*. Hierauf beruht das Verfahren zur Berechnung der Eigenschwingungszahlen.

Um die Schwingungsform zu zeichnen, berechnet man einen Horizontalzug $H = G\,J_{p_{\mathrm{red}}}/r_0^2$, trägt senkrecht dazu die T-Kräfte unter Berücksichtigung ihres Vorzeichens auf, zieht die Polstrahlen und erhält dadurch die Richtungen der einzelnen Teilstrecken der Schwingungsform. Die $\sum T$ muß null sein. Dies ist nur ein anderer Ausdruck für den Satz, daß die Endtangenten der Schwingungsform (an *beiden* Enden) parallel der Nullinie sein müssen. Dieser Satz folgt auch aus der Überlegung, daß die freien Wellenenden, an denen keine Kräfte wirken, nur so schwingen können, daß eine auf ihnen parallel zur Achse gezogene Linie sich parallel zu sich selbst und parallel zur Achse verschiebt.

Bei der *Berechnung der Eigenschwingungszahlen* nimmt man zunächst den Schwingungsausschlag a_1 der ersten Masse, am linken oder rechten Ende des schwingenden Systems beginnend, beliebig an. Dies ist zulässig, denn nach S. 66 ist die Schwingungszahl unabhängig vom Schwingungsausschlag. Die Polhöhe $H = G\,J_{p_{\mathrm{red}}}/r_0^2$ wird berechnet. Man nimmt irgendeine Kreisfrequenz ω beliebig an; sie wird im allgemeinen nicht mit ω_e übereinstimmen. Damit erhält man die zu dem angenommenen a_1 und zu ω gehörende Trägheitskraft $T_1 = m_1 a_1 \omega^2$. Nunmehr kann das erste Poldreieck aus T_1 und H gezeichnet werden. Die Richtung seiner Hypotenuse ist parallel zur Richtung des zwischen m_1 und m_2 liegenden Stückes der Schwingungsform. Die Richtungslinie schneidet auf der Senkrechten, die den Ort der Masse m_2 angibt, die Strecke a_2 ab, wodurch $T_2 = m_2 a_2 \omega^2$

bestimmt ist. Man fügt im Poldreieck T_2 an T_1 und zieht den Polstrahl als Hypotenuse des Dreiecks mit den Katheten $T_1 + T_2$ und H. Die Richtung des neuen Polstrahls liefert die Richtung der Schwingungsform zwischen m_2 und m_3 und damit auch a_3 und T_3 usw. Da ω zunächst willkürlich angenommen war, ist nicht zu erwarten, daß

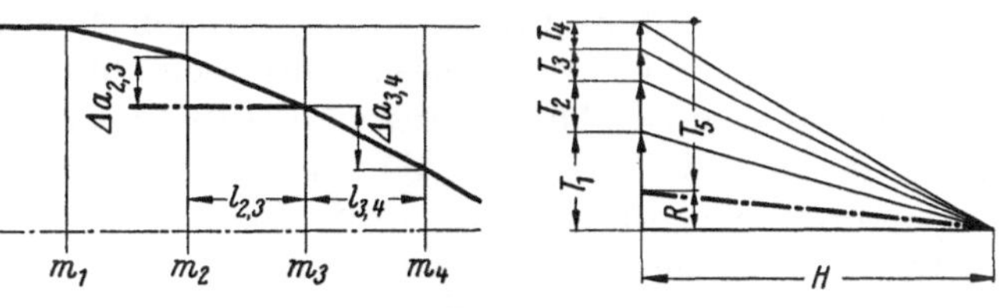

Bild 68

Aufzeichnen der Schwingungsform mit Hilfe der Poldreiecke

$\sum T = 0$ wird, wie es die Eigenschwingungszahl verlangt. Nur wenn man bei der Annahme von ω zufällig das ω_e getroffen hätte, würde $\sum T$ sich zu null ergeben und die Richtung auch der zweiten Endtangente der Nullinie parallel sein (die der ersten Endtangente durfte ohnehin parallel zur Nullinie angenommen werden). Wenn die $\sum T$ nicht gleich null wird, ergibt sich eine „*Restkraft*" R, welche die $\sum T$ zu null ergänzt und negativ oder positiv sein kann, je nachdem die $\sum T$ kleiner oder größer als null ausfällt. Im Beispiel Bild 68 ist R negativ, denn es muß mit nach unten gerichtetem Pfeil an T_5 gesetzt werden, damit die $\sum T$ null wird.

Die Restkraft R bedeutet eine wie die übrigen T harmonisch veränderliche Kraft, die man an dem Wellenende, an dem man mit der Rechnung aufhört, hinzufügen müßte, damit auch die zweite Endtangente der Schwingungsform bei dem angenommenen ω parallel zur Nullinie wird. Die Restkraft — wenn sie vorhanden wäre — würde die Schwingung mit der angenommenen Kreisfrequenz ω zu einer Eigenschwingung machen. Die Größe von R ist in demselben Maßstab wie die T zu messen; da diese sich auf willkürlich vergrößerte Schwingungsausschläge beziehen, erscheint auch R in demselben Verhältnis vergrößert. Dies hat auf die Rechnung keinen Einfluß, da es bei der Berechnung der Eigenschwingungszahlen nicht auf die absolute Größe der R ankommt, die man bei verschiedenen Kreisfrequenzen ω erhält, sondern nur auf jenes ω, für welches $R = 0$, also $\omega = \omega_e$ wird.

Demnach läuft die Berechnung der Eigenschwingungszahlen darauf hinaus, daß man nacheinander verschiedene ω annimmt und die zu jedem ω gehörende Restkraft ermittelt, wobei man stets von dem gleichen a_1 auszugehen hat. Die Restkräfte werden als Abhängige von ω oder sogleich von den minutlichen Schwingungszahlen $n = 30\omega/\pi$

aufgetragen. Man erhält eine Kurve, für die Bild 69 ein Beispiel zeigt. In unmittelbarer Nähe des Koordinatenanfangs berührt die Abszissenachse die R–n-Kurve; diese steigt sodann bis zu einem Maximum und senkt sich wieder zur Abszissenachse, bis sie diese zum erstenmal schneidet. Für den Schnittpunkt wird $R = 0$; er bezeichnet die niedrigste *Eigenschwingungszahl* n_{e_I}.

Der Ordinatenmaßstab der R–n-Kurve hängt nur von der willkürlich gewählten Vergrößerung der Ausschläge a ab und hat keine Bedeutung. Ebenso ist gleichgültig, ob man die vor dem ersten Schnittpunkt liegenden Restkräfte als positiv oder negativ bezeichnet, denn auch die Ordinaten der R–n-Kurve wechseln mit den Trägheitskräften nach jeder halben Schwingung ihr Vorzeichen. Man braucht auch nicht die R–n-Kurve in ihrem ganzen Verlauf aufzuzeichnen [1], da man ja nur die Schnittpunkte mit der Abszissenachse sucht. Wenn man die ungefähre Lage von ω_e kennt, braucht man nur die Rechnung für einige ω oberhalb und unterhalb ω_e auszuführen. Die durch die Punkte gelegte Kurve liefert den Schnittpunkt mit der Nullinie und damit n_{e_I} (Bild 71).

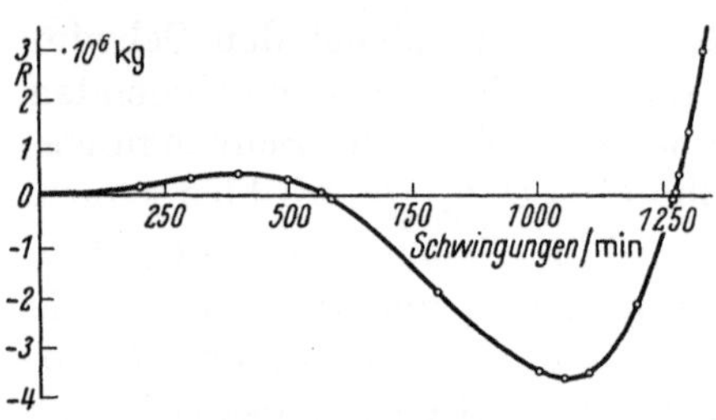

Bild 69. R–n-Kurve

Die Auswahl der ω, für welche man die R-Kräfte sucht, wird erleichtert, wenn man die ungefähre Größe von ω_e bereits kennt. Hierzu kann man das System, für das man die Eigenschwingungszahlen zu bestimmen wünscht, als ein System von *zwei* Massen auffassen, indem man z. B. die Arbeitszylinder und das Schwungrad (Bild 58) zu *einer* Masse m' zusammenfaßt und die Masse des Propellers als *zweite* Masse m'' einsetzt. Als reduzierte Länge l' kann die Entfernung m_7–m_8 (Bild 58) angenommen werden. Dann wird die minutliche Eigenschwingungszahl des Ersatzsystems nach einer bekannten Formel

$$n_{e_I} = \frac{30}{\pi} \sqrt{\frac{H}{l'} \cdot \frac{m' + m''}{m' \cdot m''}} \quad \text{mit} \quad H = \frac{G J_{p_{\text{red}}}}{r_0^2}.$$

Für Bild 58 wird z. B.

$$m' = 6 \text{ Zylinder} + \text{Schwungrad} = 6 \cdot 297{,}5 + 3165 = 4950 \; \frac{\text{kg sec}^2}{\text{m}},$$

$$m'' = 742 \; \frac{\text{kg sec}^2}{\text{m}} \; \text{(einschl. 25\% Zuschlag für mitgerissenes Wasser)},$$

$$l' = 79{,}4 \text{ m},$$

$$H = \frac{820\,000 \cdot 174\,400}{55^2} = 47{,}3 \cdot 10^6 \text{ kg},$$

somit

$$n_{e_I} = \frac{30}{\pi} \sqrt{\frac{47{,}3 \cdot 10^6 \cdot (4950 + 742)}{79{,}4 \cdot 4950 \cdot 742}} = 290 \text{ Schwing./min}.$$

Die Aufzeichnung der R–n-Kurve ergibt $n_{e_I} = 289{,}6$, also nahezu genaue Übereinstimmung. Dies liegt in diesem Fall daran, daß die Massen m' und m'' die übrigen bei weitem überwiegen und einen großen Abstand voneinander haben (lange Schiffswelle). Die Übereinstimmung kann auch schlechter sein, erleichtert aber in jedem Fall das Aufsuchen von ω_{e_I}.

Zwischen dem Nullpunkt und dem ersten Schnittpunkt mit der Nullinie hat die R–n-Kurve an einer Stelle ein Maximum. Es bedeutet, daß für die zugehörige Schwingungszahl eine besonders große Restkraft erforderlich wäre, um diese Schwingungszahl zu einer Eigenschwingungszahl zu machen. Die Maschine läuft an dieser Stelle besonders

---

[1] Dem Anfänger ist jedoch zu empfehlen, die R–n-Kurve einmal in ihrem ganzen Verlauf zu berechnen.

ruhig. Davon kann man jedoch nur selten Gebrauch machen, da man an den reduzierten Längen und Massen, die durch die Konstruktion gegeben sind, meist nicht viel ändern kann. Oft muß man zulassen, daß die Betriebsdrehzahl in größerer Nähe einer kritischen Drehzahl liegt.

e) Die Eigenschwingungszahlen höheren Grades

Setzt man die Berechnung der R–n-Kurve über ihren ersten Schnittpunkt n_{e_I} hinaus fort, indem man zunehmend höhere Kreisfrequenzen ω annimmt, so bemerkt man, daß die R–n-Kurve zunächst rascher als oberhalb der Nullinie sinkt, an einer Stelle einen Wendepunkt hat (der ohne Bedeutung ist), sodann ein Minimum erreicht und schließlich steiler als bisher wieder ansteigt, um die Nullinie ein zweites Mal zu schneiden (Bild 69). Für den zweiten Schnittpunkt gilt dasselbe wie für den ersten: da für das zugehörige $\omega_{e_{II}}$ keine Restkraft erforderlich ist, liegt eine zweite Eigenschwingungszahl $n_{e_{II}}$ vor. Zugleich mit der Rechnung erhält man das zu $n_{e_{II}}$ gehörende Schwingungsbild; es zeigt, daß nunmehr *zwei* Knotenpunkte auftreten. Ein Teil der Massen schwingt voraus, ein zweiter zurück und der dritte wieder voraus (Bild 70). Eine weitere Steigerung der ω liefert die Fortsetzung der R–n-Kurve. Sie erreicht ein neues positives Maximum, das wesentlich größer ist als die vorhergehenden, und sinkt dann steil zu einem dritten Schnittpunkt mit der Nullinie ab, womit eine dritte Eigenschwingungszahl $n_{e_{III}}$ gefunden ist. Man könnte die Rechnung noch weiter fortsetzen, bis sämtliche $n-1$ Eigenschwingungszahlen gefunden sind, die bei einem System mit n Massen möglich sind, jedoch genügt in der Mehrzahl der Fälle die Durchführung bis $n_{e_{II}}$. Die Eigenschwingungszahl III. Grades stört selten; auch liegt sie gewöhnlich so hoch, daß keine ihrer stärkeren Ordnungen in den Betriebsbereich fällt.

Bild 70* zeigt die Schwingungsformen n_{e_I} bis $n_{e_{III}}$ eines Vierzylinder-Zweitakt-Schiffsmotors mit Einblaseluftkompressor (erste Masse von rechts), Kolbenspülpumpe (zweite Masse), vier Arbeitszylindern, Schwungrad und Propeller. Der Schwingungsausschlag des rechten Wellenendes wird so gewählt, daß die Schwingungsformen innerhalb der Zeichenfläche bleiben. Für jedes angenommene ω erhält man eine Schwingungsform, von denen in Bild 70 nur die zu n_{e_I}, $n_{e_{II}}$ und $n_{e_{III}}$ gehörenden gezeichnet sind. Nur diese Schwingungsformen erfüllen die Bedingung, daß die $\sum T = 0$ wird und keine Restkraft auftritt. Nur für diese Schwingungsformen werden die Endtangenten

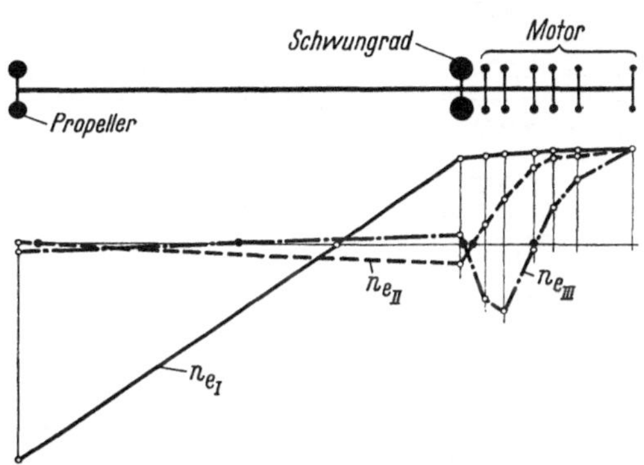

Bild 70. Eigenschwingungsformen I. bis III. Grades einer Schiffsmaschinenanlage, nach R. SULZER

der Nullinie parallel. Die Schwingungsform n_{e_I} hat *einen* Knotenpunkt; er liegt zwischen Schwungrad und Propeller auf etwa $1/3$ der Entfernung der beiden Massen. Die Schwingungsform $n_{e_{II}}$ weist entsprechend den größeren T stärkere Knicke auf; der Knotenpunkt rückt infolgedessen nach rechts, er liegt dicht neben dem Schwungrad. Unmittelbar neben dem Propeller liegt der zweite Knotenpunkt. Bei der Schwingungsform III. Grades liegt der erste Knotenpunkt auf Mitte Arbeitszylinder *3* (die Zyl. von hinten nach vorn zählend), der zweite zwischen Schwungrad und Arbeitszylinder *1*, der dritte nahe am Propeller. Für die Anlage Bild 70 brauchen nur die beiden niedrigsten Eigenschwingungszahlen berücksichtigt zu werden. Die Eigenschwingungen III. Grades stören nur in Ausnahmefällen (lange Wellen mit vielen Massen).

---

* Nach einem von R. SULZER vor der Institution of Naval Architects in London 1930 gehaltenen Vortrag.

4. Zahlenbeispiel: Berechnung der Eigenschwingungszahlen für eine gegebene Anlage

Es sollen n_{e_I} und $n_{e_{II}}$ der Motoranlage berechnet werden, deren reduzierte Längen und Massen durch Bild 58 gegeben sind.

Kennwerte: Reduzierter Wellen-Dmr. 365 mm, somit $J_{p_{red}} = 174\,400$ cm⁴; Reduktionsradius für die Massen = Kurbelradius $r_0 = 55$ cm; Polhöhe $H = G\,J_{p_{red}}/r_0^2 = 47{,}3 \cdot 10^6$ kg.

Auf S. 72 war n_{e_I} nach der für ein Zweimassensystem gültigen Formel zu 290 Schwing./min berechnet worden. Demnach wird es voraussichtlich genügen, wenn für die Bestimmung des ersten Schnittes der $R\text{–}n$-Kurve mit der Abszissenachse die Restkräfte R für $n = 280$, 290 und 300 berechnet werden.

Die Berechnung in Tabellenform ist übersichtlich. Jeder zu berechnende Punkt der $R\text{–}n$-Kurve erfordert eine Tabelle (Zahlentafeln 13 bis 15). In die ersten beiden Spalten

Zahlentafel 13. *Berechnung von R für 280 Schwing./min.* $\omega = 29{,}3$ 1/sec; $\omega^2 = 861$ 1/sec²

Reduzierte		Schwingungsausschlag a	$T = m a \omega^2$	$\Sigma\,T$	$\Delta a = \dfrac{\Sigma\,T \cdot l_{red}}{H}$
Massen $\dfrac{\text{kg sec}^2}{\text{cm}}$	Längen cm	cm	kg	kg	cm
1	2	3	4	5	6
$m_1 = 2{,}975\,.\,.$		$+\,5{,}000$	12800	12800	
	$l_1 = 102{,}5$				0,0277
$m_2 = 2{,}975\,.\,.$		$+\,4{,}972$	12740	25540	
	$l_2 = 102{,}5$				0,0554
$m_3 = 2{,}975\,.\,.$		$+\,4{,}917$	12600	38140	
	$l_3 = 179{,}6$				0,1448
$m_4 = 2{,}975\,.\,.$		$+\,4{,}772$	12220	50360	
	$l_4 = 102{,}5$				0,1092
$m_5 = 2{,}975\,.\,.$		$+\,4{,}663$	11940	62300	
	$l_5 = 102{,}5$				0,1350
$m_6 = 2{,}975\,.\,.$		$+\,4{,}528$	11610	73910	
	$l_6 = 125{,}3$				0,1958
$m_7 = 31{,}70\,.\,.\,.$		$+\,4{,}332$	118200	192110	
	$l_7 = 7940$				32,24
$m_8 = 7{,}42\,.\,.\,.$		$-27{,}91$	-178200	$R = 13910$	

Zahlentafel 14. *Berechnung von R für 290 Schwing./min.* $\omega = 30{,}35$ 1/sec; $\omega^2 = 923$ 1/sec²

Reduzierte		Schwingungsausschlag a	$T = m a \omega^2$	$\Sigma\,T$	$\Delta a = \dfrac{\Sigma\,T \cdot l_{red}}{H}$
Massen $\dfrac{\text{kg sec}^2}{\text{cm}}$	Längen cm	cm	kg	kg	cm
1	2	3	4	5	6
$m_1 = 2{,}975\,.\,.$		$+\,5{,}000$	13750	13750	
	$l_1 = 102{,}5$				0,0298
$m_2 = 2{,}975\,.\,.$		$+\,4{,}970$	13670	27420	
	$l_2 = 102{,}5$				0,0594
$m_3 = 2{,}975\,.\,.$		$+\,4{,}911$	13480	40900	
	$l_3 = 179{,}6$				0,1553
$m_4 = 2{,}975\,.\,.$		$+\,4{,}756$	13070	53970	
	$l_4 = 102{,}5$				0,1169
$m_5 = 2{,}975\,.\,.$		$+\,4{,}639$	12770	66740	
	$l_5 = 102{,}5$				0,1447
$m_6 = 2{,}975\,.\,.$		$+\,4{,}494$	12350	79090	
	$l_6 = 125{,}3$				0,2090
$m_7 = 31{,}70\,.\,.\,.$		$+\,4{,}285$	125500	204590	
	$l_7 = 7940$				34,34
$m_8 = 7{,}42\,.\,.\,.$		$-30{,}05$	-205500	$R = -910$	

Zahlentafel 15. *Berechnung von R für 300 Schwing./min.* $\omega = 31{,}42\ 1/\text{sec}$; $\omega^2 = 987\ 1/\text{sec}^2$

Reduzierte		Schwingungs-ausschlag a	$T = m a \omega^2$	$\Sigma\,T$	$\Delta a = \dfrac{\Sigma\,T \cdot l_{\text{red}}}{H}$
Massen $\dfrac{\text{kg sec}^2}{\text{cm}}$	Längen cm	cm	kg	kg	cm
1	2	3	4	5	6
$m_1 = 2{,}975\ .\ .$		$+\ 5{,}000$	14690	14690	
	$l_1 = 102{,}5$				0,0318
$m_2 = 2{,}975\ .\ .$		$+\ 4{,}968$	14610	29300	
	$l_2 = 102{,}5$				0,0634
$m_3 = 2{,}975\ .\ .$		$+\ 4{,}905$	14410	43710	
	$l_3 = 179{,}6$				0,1659
$m_4 = 2{,}975\ .\ .$		$+\ 4{,}739$	13930	57640	
	$l_4 = 102{,}5$				0,1248
$m_5 = 2{,}975\ .\ .$		$+\ 4{,}614$	13570	71210	
	$l_5 = 102{,}5$				0,1543
$m_6 = 2{,}975\ .\ .$		$+\ 4{,}460$	13110	84320	
	$l_6 = 125{,}3$				0,223
$m_7 = 31{,}70\ .\ .\ .$		$+\ 4{,}237$	132700	217020	
	$l_7 = 7940$				36,42
$m_8 = 7{,}42\ .\ .\ .$		$-32{,}18$	-235500	$R = -18480$	

werden die reduzierten Massen und Längen eingetragen, diese um eine halbe Zeile gegen die Massen versetzt, so daß man die betreffende Länge sogleich als Abstand zweier Massen erkennt. Der Schwingungsausschlag der Masse m_1 wird beliebig angenommen, hier zu $a_1 = 5$ cm. Man erhält, in der Zeile weiterrechnend, $T_1 = 2{,}975 \cdot 5 \cdot 861 = 12800$ kg (Sp. 4). Für die erste Masse ist dieser Wert zugleich die $\Sigma\,T$ (Sp. 5). Schließlich wird nach Bild 66 die Differenz zwischen dem ersten Schwingungsausschlag $a_1 = 5$ cm und dem a_2, das noch unbekannt ist: $\Delta a_{1,2} = T_1 \cdot l_{1\,2}/H = 12800 \cdot 102{,}5/47{,}3 \cdot 10^6 = 0{,}0277$ cm (Sp. 6). Daraus ergibt sich $a_2 = 5{,}0 - 0{,}0277 = 4{,}972$ cm (Sp. 3, Zeile 2). Man erhält $T_2 = 2{,}975 \cdot 4{,}972 \cdot 861 = 12740$ kg und die $\Sigma\,T = 12800 + 12740 = 25540$ kg (Sp. 5). Nunmehr ist auch $\Delta a_{2,3} = 25540 \cdot 102{,}5/47{,}3 \cdot 10^6 = 0{,}0554$ cm bekannt (Sp. 6). Die Δa werden gegen die T um eine halbe Zeile versetzt eingetragen; sie stehen in derselben Zeile wie die l.

Die Berechnung wird fortgesetzt, bis alle Trägheitskräfte T berechnet sind. Der Ausschlag a_7 der vorletzten Masse m_7 wird 4,332 cm. Da von ihm ein $\Delta a_{7.8} = 32{,}24$ abzuziehen ist, wird $a_8 = -27{,}91$ cm. Die Masse m_8 schwingt nach der entgegengesetzten Seite wie die übrigen; ihre Trägheitskraft wird negativ. Sie ist kleiner als die Summe aller übrigen T, und R wird daher mit $+13910$ kg *positiv*.

Für die Schwingungszahlen $n = 290$ und $n = 300$ ist a_1 ebenfalls zu 5,0 cm angenommen (Zahlentafeln 14 und 15). Die Spalten 1 und 2 sind die gleichen wie in Zahlentafel 13; die Spalten 3 bis 6 ändern sich entsprechend den ω^2. Für $n = 290$ wird $R = -910$ kg, für $n = 300$ erhält man $R = -18480$. Der erste Schnittpunkt der R–n-Kurve mit der Abszissenachse muß also zwischen $n = 280$ und $n = 290$ liegen; die graphische Interpolation ergibt $n_{e_I} = 289{,}6/\text{min}$ (Bild 71). Man

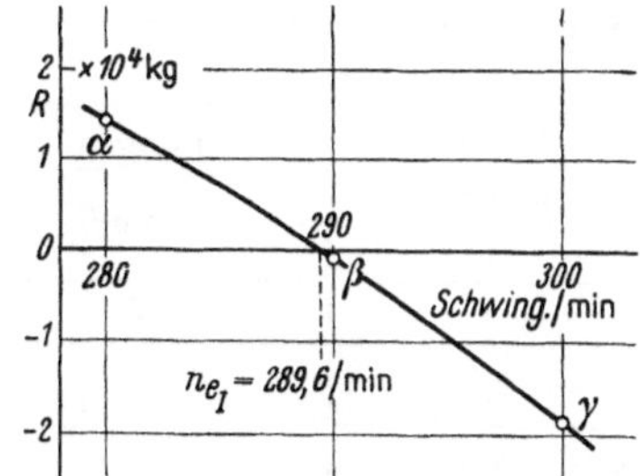

Bild 71. Interpolation des ersten Schnittpunktes der R–n-Kurve

braucht die Genauigkeit nicht zu weit zu treiben, da der Zuschlag für mitgerissenes Wasser ohnehin geschätzt werden muß.

Ebenso wird der zweite Schnittpunkt der R–n-Kurve mit der Abszissenachse berechnet (Zahlentafeln 16 bis 18). Drei Punkte der R–n-Kurve genügen zur Interpolation, sofern man die ungefähre Lage von $n_{e_{II}}$ kennt. Um diese zu schätzen hat man eine Anzahl von Näherungsverfahren angegeben, die darauf beruhen, daß man das gegebene

System auf ein System mit zwei oder drei Massen zurückführt, doch wird hierdurch kaum an Zeit gespart. Das Rechnen mit Hilfe von Zahlentafeln ist so einfach, zumal da jeweils nur die Spalten 3 bis 6 neu zu berechnen sind, daß man ebenso schnell zum Ziel kommt, wenn man einige ω probeweise annimmt und die zugehörigen R berechnet, aus deren Änderung man den Verlauf der R–n-Kurve bald erkennt. Für das vorliegende Beispiel wird

$$\text{für } n = 995 \ldots\ldots R = -33,87 \cdot 10^4 \text{ kg,}$$
$$\text{für } n = 1005 \ldots\ldots R = -10,69 \cdot 10^4 \text{ kg,}$$
$$\text{für } n = 1015 \ldots\ldots R = +12,97 \cdot 10^4 \text{ kg.}$$

Der zweite Schnitt muß somit zwischen $n = 1005$ und $n = 1015$ liegen. Die Interpolation ergibt $n_{e_{II}} = 1010$ Schwing./min.

In den Zahlentafeln 16 bis 18 ist $a_1 = 2$ cm angenommen worden; für Zahlentafeln 13 bis 15 war $a_1 = 5$ cm. Das hat auf die Lage der Schnittpunkte keinen Einfluß; nur die

Zahlentafel 16. *Berechnung von R für 995 Schwing./min.* $\omega = 104,2$ 1/sec; $\omega^2 = 10840$ 1/sec²

Reduzierte Massen $\dfrac{\text{kg sec}^2}{\text{cm}}$	Reduzierte Längen cm	Schwingungsausschlag a cm	$T = ma\omega^2$ kg	$\sum T$ kg	$\Delta a = \dfrac{\sum T \cdot l_{\text{red}}}{H}$ cm
1	2	3	4	5	6
$m_1 = 2,975$ . .		$+2,000$	64600	64600	
	$l_1 = 102,5$				$0,1399$
$m_2 = 2,975$ . .		$+1,860$	60100	124700	
	$l_2 = 102,5$				$0,270$
$m_3 = 2,975$ . .		$+1,590$	51300	176000	
	$l_3 = 179,6$				$0,668$
$m_4 = 2,975$ . .		$+0,922$	29730	205730	
	$l_4 = 102,5$				$0,446$
$m_5 = 2,975$		$+0,476$	15350	221080	
	$l_5 = 102,5$				$0,479$
$m_6 = 2,975$ . .		$-0,003$	-100	220980	
	$l_6 = 125,3$				$0,586$
$m_7 = 31,70$ . . .		$-0,589$	-202700	23280	
	$l_7 = 7940$				$3,910$
$m_8 = 7,42$ . . .		$-4,500$	-362000	$R = -33,87 \cdot 10^4$	

Zahlentafel 17. *Berechnung von R für 1005 Schwing./min.* $\omega = 105,2$ 1/sec; $\omega^2 = 11050$ 1/sec²

Reduzierte Massen $\dfrac{\text{kg sec}^2}{\text{cm}}$	Reduzierte Längen cm	Schwingungsausschlag a cm	$T = ma\omega^2$ kg	$\sum T$ kg	$\Delta a = \dfrac{\sum T \cdot l_{\text{red}}}{H}$ cm
1	2	3	4	5	6
$m_1 = 2,975$ . .		$+2,000$	65800	65800	
	$l_1 = 102,5$				$0,1426$
$m_2 = 2,975$ . .		$+1,857$	61100	126900	
	$l_2 = 102,5$				$0,275$
$m_3 = 2,975$ . .		$+1,582$	52000	178900	
	$l_3 = 179,6$				$0,679$
$m_4 = 2,975$ . .		$+0,903$	29700	208600	
	$l_4 = 102,5$				$0,451$
$m_5 = 2,975$ . .		$+0,452$	14870	223470	
	$l_5 = 102,5$				$0,485$
$m_6 = 2,975$ . .		$-0,033$	-1090	222380	
	$l_6 = 125,3$				$0,589$
$m_7 = 31,70$ . . .		$-0,622$	-218000	4380	
	$l_7 = 7940$				$0,735$
$m_8 = 7,42$ . . .		$-1,357$	-111300	$R = -10,69 \cdot 10^4$	

Zahlentafel 18. *Berechnung von R für 1015 Schwing./min.* $\omega = 106{,}2$ 1/sec; $\omega^2 = 11\,300$ 1/sec²

Reduzierte Massen $\dfrac{\text{kg sec}^2}{\text{cm}}$	Reduzierte Längen cm	Schwingungsausschlag a cm	$T = m\,a\,\omega^2$ kg	$\Sigma\,T$ kg	$\Delta a = \dfrac{\Sigma\,T \cdot l_{\text{red}}}{H}$ cm
1	2	3	4	5	6
$m_1 = 2{,}975\ \ldots$	$l_1 = 102{,}5$	$+2{,}000$	$67\,200$	$67\,200$	$0{,}1455$
$m_2 = 2{,}975\ \ldots$	$l_2 = 102{,}5$	$+1{,}854$	$62\,400$	$129\,600$	$0{,}281$
$m_3 = 2{,}975\ \ldots$	$l_3 = 179{,}6$	$+1{,}573$	$52\,900$	$182\,500$	$0{,}693$
$m_4 = 2{,}975\ \ldots$	$l_4 = 102{,}5$	$+0{,}880$	$29\,600$	$212\,100$	$0{,}460$
$m_2 = 2{,}975\ \ldots$	$l_3 = 102{,}5$	$+0{,}420$	$14\,120$	$226\,220$	$0{,}491$
$m_2 = 2{,}975\ \ldots$	$l_2 = 125{,}3$	$-0{,}071$	$-\ 2\,390$	$223\,830$	$0{,}593$
$m_2 = 31{,}70\ \ldots$	$l_2 = 7940$	$-0{,}664$	$-238\,000$	$-14\,170$	$-2{,}380$
$m_2 = 7{,}42\ \ldots$		$+1{,}716$	$+143\,900$	$R = 12{,}97 \cdot 10^4$	

Längen der Ordinaten der R–n-Kurve ändern sich linear mit a_1, worauf es indessen nicht ankommt. Auch in Bild 73 sind die Ausschläge a_1 am rechten Wellenende verschieden angenommen worden, damit sich die drei Eigenschwingungsformen deutlicher voneinander abheben. Nur wenn man die R–n-Kurve in ihrem ganzen Verlauf berechnen und zeichnen will, muß der einmal gewählte Maßstab des a_1 beibehalten werden.

5. Berechnung der Eigenschwingungszahlen von Wellen mit Zahnradvorgelege

Wenn Zahnradvorgelege in einer Wellenanlage vorkommen (Bild 72), haben der treibende Teil A (der hier als der schneller laufende angenommen ist) und der getriebene B in der Regel verschiedene Wellendurchmesser d_A und d_B. Dann müssen zunächst alle Längen auf einen einheitlichen Durchmesser (hier ist d_B gewählt), alle Massen auf einen einheitlichen Abstand von der Wellenachse reduziert werden. Die Länge l_A wachse dadurch auf l'_A an. Diese Reduktionen genügen aber nicht; es müssen ferner

a) die schneller umlaufenden reduzierten *Massen* eine im quadratischen Übersetzungsverhältnis *größere* Masse,

b) die schneller umlaufenden reduzierten *Längen* eine im quadratischen Übersetzungsverhältnis *kleinere* Länge

erhalten.

Beweis zu a): Die Verzahnung erzwingt die gleiche Schwingungszahl des treibenden und des getriebenen Teiles, somit $\omega_{\text{treib.}} = \omega_{\text{getr.}}$ mit $\omega = $ Kreisfrequenz der Schwingung. Die auf den Teilkreisen der Verzahnung gemessenen Schwingungsausschläge a und b (Bild 72) des treibenden und des getriebenen

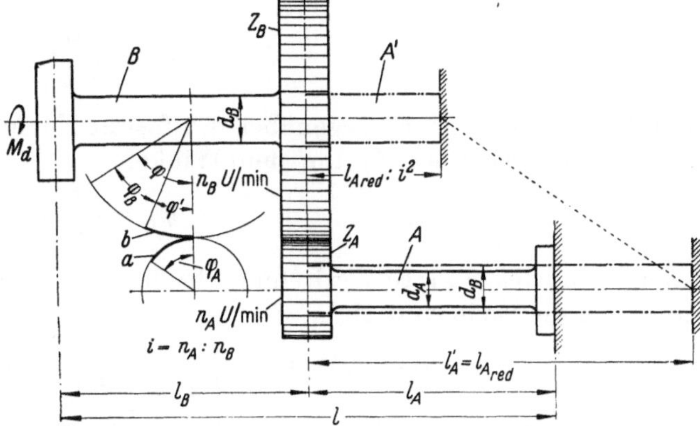

Bild 72. Drehschwingungssystem mit Zahnradvorgelege

Teiles sind infolge der Verzahnung gleich. Wenn sie, wie dies bei der Schwingungsrechnung erforderlich ist, auf einem Zylinder vom Radius r_0 gemessen werden, erscheinen

sie verschieden groß, weil ihre Zentriwinkel verschieden sind: der Zentriwinkel φ_A des
schneller laufenden treibenden Teiles wird i-mal größer als der Zentriwinkel φ' des getriebenen Teiles, wenn $i = n_A : n_B$ ist (Bild 72). Somit wird $a_{\text{treib.}} = i \cdot a_{\text{getr.}}$. Folglich
wird für jede auf der treibenden Welle sitzende Masse die Trägheitskraft

$$T = m \cdot (i \cdot a) \cdot \omega^2 = (m \cdot i) \cdot a \cdot \omega^2,$$

d. h. die schneller umlaufenden Massen sind wegen der auf r_0 bezogenen vergrößerten
Schwingungsausschläge zunächst im *einfachen* Übersetzungsverhältnis zu vergrößern.

Ferner sollen für alle Eigenschwingungen die Trägheitswirkungen aller Massen im
Gleichgewicht sein. Für Wellen, die nicht durch ein Zahnradvorgelege unterbrochen sind,
vereinfacht sich die Forderung zu $\sum T = 0$, weil die Hebelarme r_0 für alle Massen
gleich sind. Wenn aber ein Zahnradgetriebe in die Wellenleitung eingeschaltet ist,
hält ein Drehmoment auf der treibenden Seite einem i-fach größeren Moment auf der
getriebenen Seite das Gleichgewicht, weil der Zahndruck des kleinen Rades an einem
i-fach größeren Hebelarm angreift. Daher erscheinen alle Momente der Trägheitskräfte
der treibenden Seite ver-i-facht. Somit müssen die Trägheitskräfte der treibenden
Seite infolge der Momentvergrößerung durch die Verzahnung ein zweites Mal mit i
multipliziert werden, und es wird $T_{\text{treib.}} = (i^2 \cdot m)\, a\, \omega^2$, während $T_{\text{getr.}}$ unverändert
$= m\, a\, \omega^2$ bleibt.

Der Reduktionsradius r_0 der treibenden Welle muß derselbe sein wie für die getriebene Welle, darf aber sonst beliebig gewählt werden.

Der *Beweis zu* b) folgt aus der Berechnung der Drehfederzahl[1] D des aus Welle A,
Zahnrädern Z_A und Z_B und Welle B bestehenden Systems (Bild 72). Die Welle A sei
am rechten Ende von A fest eingespannt. Infolge der Reduktion von d_A auf das größere d_B
rückt die Einspannung in die Entfernung l_A'. Am linken Ende von B wirke das Drehmoment M_d. Die Drehfederzahl der Welle B von der Länge l_B ist

$$D_B = \frac{M_d}{\varphi_B} = \frac{G \cdot J_p}{l_B}.$$

$\varphi_B = \dfrac{M_d}{D_B}$ ist der Drillwinkel der Welle B gegenüber dem Zahnrad Z_B. Die Welle A
erfährt wegen der Getriebeübersetzung das Drehmoment M_d/i; also wird der Drillwinkel des Zahnrades Z_A gegenüber der festen Einspannung

$$\varphi_A = \frac{M_d/i}{D_A} = \frac{M_d}{i\, D_A}.$$

Wegen der Verzahnung verdreht sich Z_B mit Z_A, jedoch um den kleineren Winkel
$\varphi' = \varphi_A/i$. Folglich wird

$$\varphi' = \frac{M_d}{i^2\, D_A}$$

der Drehwinkel von Z_B gegenüber der festen Einspannung. Das linke Ende von B verdreht sich gegenüber Z_B um den Winkel

$$\varphi_B = \frac{M_d}{D_B},$$

somit wird die gesamte Verdrehung des linken Endes von B gegenüber der Einspannung
am rechten Ende von A

$$\varphi = \varphi_B + \varphi' = \frac{M_d}{D_B} + \frac{M_d}{i^2\, D_A} = M_d \left(\frac{1}{D_B} + \frac{1}{i^2\, D_A} \right).$$

Die Drehfederzahl D der ganzen Anlage folgt aus $\varphi = \dfrac{M_d}{D}$ oder $\dfrac{1}{D} = \dfrac{\varphi}{M_d}$ zu

$$\frac{1}{D} = \frac{1}{D_B} + \frac{1}{i^2\, D_A}.$$

---

[1] Vgl. S. 65.

Man darf also die Welle A, auf die Länge A' verkürzt, an die Welle B setzen, wenn man die Drehfederzahl D_A mit i^2 multipliziert, während D_B unverändert bleibt. Da $D_A = G \cdot J_p/l'_A$ ist, wird

$$i^2 \cdot D_A = \frac{G \cdot J_p}{\dfrac{l'_A}{i^2}},$$

d. h. die reduzierte Länge l'_A ist im Verhältnis $1 : i^2$ zu *verkleinern*. Dann ist die Bedingung erfüllt, daß der durch M_d hervorgerufene Verdrehungswinkel φ des ganzen Vorgeleges gleich der Summe der Verdrehungswinkel der beiden durch Zahnräder gekuppelten Wellen ist. Man darf dann das Zahnradvorgelege in drehelastischer Hinsicht wie eine durchgehende Welle behandeln.

Ein *Beispiel* für die Schwingungsformen einer Anlage mit Zahnradgetriebe zeigt Bild 73*. Sie besteht aus einem sechszylindrigen Viertaktmotor mit Schwungrad, Zahnradgetriebe und Propeller. Um im Bild nicht unbequem große Schwingungsausschläge zu erhalten, hat man den Schwingungsausschlag a_1 der Triebwerkmassen des Zylinders *6* (rechtes Motorende) für n_{e_I} halb so groß und für $n_{e_{III}}$ $^1/_4$ so groß wie für $n_{e_{II}}$ gewählt. Da a_1 beliebig gewählt werden darf, hat dies keinen Einfluß auf das Ergebnis der Rechnung. Auch die Lage der Knotenpunkte wird dadurch nicht beeinflußt. Der Knotenpunkt der Eigenschwingung I. Grades liegt etwas links vom Zahnradgetriebe.

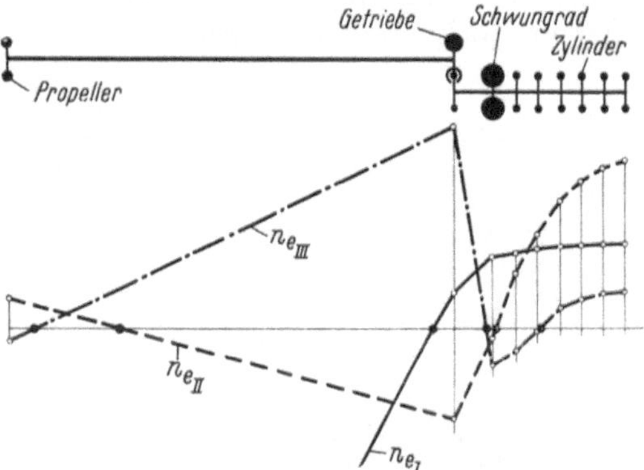

Bild 73. Eigenschwingungsformen I. bis III. Grades einer Schiffsmaschinenanlage mit Zahnradvorgelege

Dessen Schwingungsausschlag wird etwa halb so groß wie der Ausschlag des vordersten Motorzylinders. Die Verhältnisse würden noch etwas günstiger, wenn man das Schwungrad mit einem größeren GD^2 ausgeführt hätte; dann würde der Teil der Schwingungsform zwischen Schwungrad und Getriebe steiler verlaufen und der Knotenpunkt näher an das Getriebe heranrücken, so daß dieses kleinere Ausschläge macht, was zur Schonung der Zähne beiträgt. Allerdings würde dies eine höhere Verdrehbeanspruchung des Wellenteiles zwischen Schwungrad und Getriebe ergeben. Auch für die Schwingungsform $n_{e_{II}}$ wäre ein schwereres Schwungrad günstig: der Schwingungsausschlag des Getriebes würde kleiner und in diesem Fall die Neigung des Teiles der Schwingungsform zwischen Schwungrad und Getriebe flacher und die Beanspruchung der Welle kleiner (vgl. S. 101). Von den beiden Knotenpunkten der Form $n_{e_{II}}$ liegt der eine dicht neben dem Schwungrad, der andere in einiger Entfernung vom Propeller. Die Schwingungsform $n_{e_{III}}$ ist durch einen großen Ausschlag des Getriebes gekennzeichnet, der ungünstig ist, in der Eigenschwingung III. Grades jedoch dadurch weniger gefährlich wird,

Bild 74. Beschädigtes Zahnradgetriebe

* Nach R. DREVES: Schiffsölmotorenanlagen mit mechanisch gekuppelten Rädergetrieben. Schiffbau Bd. 26 (1925) S. 408.

daß $n_{e_{III}}$ sehr hoch liegt und daher nicht stört. Auch wird der Absolutbetrag der Ausschläge bei Eigenschwingungen III. Grades wegen der erforderlichen großen erzwingenden Kräfte kleiner als bei n_{e_I} und $n_{e_{II}}$. Die Knotenpunkte der $n_{e_{III}}$-Form liegen bei Zylinder 2, links vom Schwungrad und nahe am Propeller. Die Anlagen, von denen eine größere Zahl ausgeführt worden ist, haben *starre* Kupplung zwischen Motor und Getriebe. Sie haben sämtlich sehr befriedigend gearbeitet.

Wenn *zwei* Motoren durch je ein Ritzel auf *ein* Zahnrad arbeiten, kann es vorkommen, daß ein Motor plötzlich gewaltsam gestoppt wird, z. B. durch Fressen eines Kolbens in seiner Laufbuchse, während der zweite Motor in Fahrt zu bleiben sucht. Dann sind starke Beschädigungen der Verzahnung unvermeidlich (Bild 74). Die Einschaltung einer Strömungskupplung zwischen Motor und Zahnradgetriebe schützt die Verzahnung bei solchen Vorkommnissen. Sie wirkt wie eine sehr weiche Kupplung, die nur minimale Schwankungen des Drehmomentes und sehr kleine Amplituden der Drehschwingungen hindurchtreten läßt. Bild 75* zeigt die an einer Wellenanlage mit Motor *a*, Strömungskupplung *b* und Wasserbremse *c* aufgenommenen Torsiogramme vor und hinter der Kupplung. Während am Motor eine starke kritische Drehzahl auftritt, ist das Drehmoment auf der Abtriebseite praktisch völlig gleichmäßig geworden.

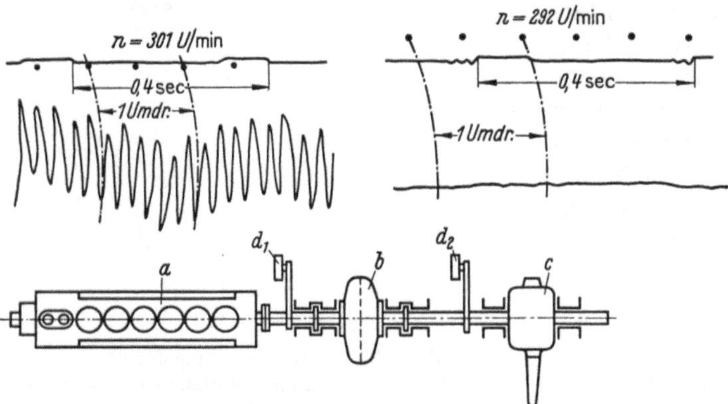

Bild 75. Drehschwingungen eines Systems mit Strömungskupplung

Die hydraulische Kupplung zerlegt die Wellenanlage in zwei Teilsysteme, deren Eigenschwingungszahlen *höher* liegen als bei starrer Kupplung, so daß die kritischen Drehzahlen niedrigerer Ordnungen aus dem Betriebsbereich herausfallen (vgl. S. 87). Ferner wirkt jede der beiden Hälften der Strömungskupplung dämpfend auf ihr Teilsystem. Nur darf die Eigenschwingungszahl des getriebenen Teiles nicht mit einer von der treibenden Welle (Motorseite) herrührenden Frequenzzahl übereinstimmen. Denn da in der Eigenschwingungszahl schon kleine schwingungerregende Impulse große Schwingungsausschläge hervorrufen können, kann bei einer Übereinstimmung zwischen Eigenschwingungszahl des getriebenen Teiles und Frequenzzahl des treibenden Teiles trotz der Strömungskupplung der getriebene Teil zu unzulässig großen Schwingungen angeregt werden.

B. Die schwingungerregenden Kräfte. Kritische Drehzahlen

1. Die Form der Drehkraftlinie als Ursache der Impulse

Wenn auch die Kurbelwelle und die mit ihr verbundenen Wellen und Massen ein schwingungsfähiges System bilden, so verursacht dies allein noch keine Drehschwingungen. Die Welle einer Dampfturbine mit den Radscheiben und dem angetriebenen Generatoranker ist z. B. ebenfalls ein schwingungsfähiges System; gleichwohl treten im allgemeinen keine Drehschwingungen auf, weil das Drehmoment nahezu völlig gleichmäßig ist.

Drehschwingungen können nur dann entstehen, wenn das Drehmoment *ungleichmäßig* ist, besonders wenn es *in bestimmtem Rhythmus* ungleichmäßig ist. Das ist bei

---

* Nach H. Föttinger: Über ein schwingungsdämpfendes Getriebe für Motorschiffe. Werft-Reederei-Hafen Bd. 5 (1924) S. 37.

Kolbenmaschinen (Dampfmaschinen, Verbrennungskraftmaschinen, Kolbenverdichter) immer der Fall. Die Ursache ist die periodisch wechselnde Größe der am Kurbelzapfen angreifenden Tangentialkraft. Ihre zu jeder Kurbelstellung gehörende Größe T ergibt sich aus dem Indikatordiagramm, dem man die veränderliche Kolbenkraft P entnimmt (Bild 76). Diese wird in die in Richtung der Pleuelstange wirkende Kraft S und die von der Gleitbahn aufgenommene Normalkraft N zerlegt. Die Stangenkraft S liefert die Komponenten R und T, von denen R vom Grundlager aufgenommen wird, während T das Drehmoment, $T \cdot r$ erzeugt. Dieses mit dem Gasdruck und mit der Stellung der Kurbel periodisch schwankende Moment regt die Welle zu Drehschwingungen an.

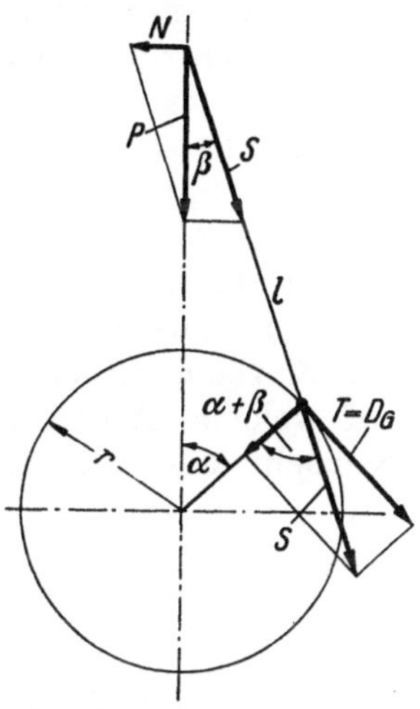

Bild 76. Bestimmung der Tangentialkraft T

Die Drehkraftlinien der Mehrzylindermotoren entstehen, indem man die Drehkraftlinien der einzelnen Zylinder unter Beachtung ihrer aus den Kurbelstellungen folgenden Phasenverschiebungen übereinanderlegt und die Ordinaten addiert. So erhält man als Drehkraftlinie eines Sechszylinder-Viertaktmotors eine periodische Funktion, die, über dem abgewickelten Umfang 2π des Kurbelkreises aufgetragen, drei starke Wellen aufweist, denen kleinere Wellen überlagert sind (Bild 77). Bei Sechszylinder-Zweitaktmotoren treten in der Hauptsache sechs Wellen von kleinerer Amplitude auf (Bild 78). Die Amplituden T oder D_G (= Gasdrehkraft), wie sie hier genannt werden sollen, werden von der strichpunktierten Mittellinie T_m aus gemessen, deren Lage sich aus $T_m \cdot r = 716{,}2\, N_i/n$ kgm ergibt [1].

In den Beispielen Bild 77 und 78 treten drei bzw. sechs Hauptimpulse je Umdrehung auf. Ist n die minutliche Drehzahl des Motors, so wird die Zahl der Impulse je Minute $3n$ bzw. $6n$. Wenn diese Impulszahl zufällig gleich einer Eigenschwingungszahl n_{e_I}, $n_{e_{II}}$ usw. ist, liegt Resonanz zwischen Impulszahl und Eigenschwingungszahl vor, und die Drehschwingungen können sich zu solcher Höhe aufschaukeln, daß die Welle bricht.

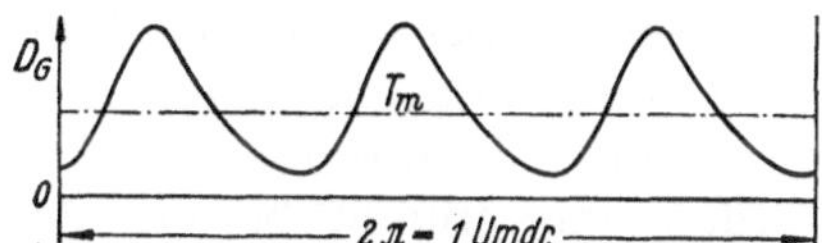

Bild 77. Drehkraftlinie eines Sechszylinder-Viertaktmotors

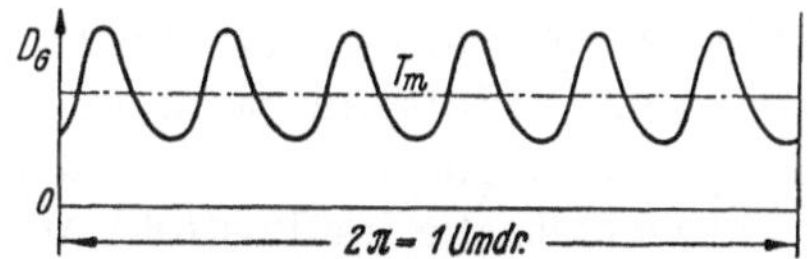

Bild 78. Drehkraftlinie eines Sechszylinder-Zweitaktmotors

Wenn Eigenschwingungszahlen und Impulszahlen zusammenfallen, spricht man von *kritischen Drehzahlen*. Die Zahl der die Schwingungen erregenden Impulse je Umdrehung bezeichnet man als *Ordnung*. Wenn z. B. ein Sechszylinder-Zweitaktmotor mit 6 Hauptimpulsen je Umdr. eine Eigenschwingungszahl n_{e_I} hat, dann ist $n_{e_I}/6 = n_{e_{I,6}}$ eine „kritische Drehzahl I. Grades 6. Ordnung".

Bei Zweitaktmotoren können nur ganzzahlige Ordnungen auftreten, denn die Drehkraftlinie eines Zweitaktmotors hat die Periode 2π, und die harmonische Analyse der Drehkraftlinie liefert nur *ganze* Zahlen von Sinuswellen über eine Umdrehung. Bei Viertaktmotoren dagegen treten auch *halbe* Ordnungen auf, weil die Periode sich über *zwei* Umdrehungen erstreckt und die Drehkraftlinie sich aus ganzzahligen Wellen auch *ungerader* Ordnungszahl, z. B. 5, 7, 9, zusammensetzt, so daß auf eine Umdrehung auch $2\frac{1}{2}$, $3\frac{1}{2}$, $4\frac{1}{2}$ ... Impulse entfallen können. Daher sind bei Viertaktmotoren doppelt so viele kritische Drehzahlen möglich wie bei Zweitaktmotoren.

---

[1] Da die Tangentialkraft T (Bild 76) aus dem Indikatordiagramm ohne Berücksichtigung der Verluste durch Reibung der Kolben, Kolbenringe, Gleitbahnen und Pleuellager ermittelt wird, muß hier die *indizierte* Leistung N_i eingesetzt werden.

2. Bestimmung der Ordnungszahlen durch harmonische Analyse der Drehkraftlinie

FOURIER (1768—1830) hat gezeigt, daß jede beliebige periodische Funktion, die durch einen sich periodisch wiederholenden Linienzug darstellbar ist (mit der Einschränkung, die bei periodisch arbeitenden Kolbenmaschinen immer erfüllt ist, daß die Funktion stetig ist und eine endliche Zahl Maxima und Minima hat), in eine Reihe von Sinuswellen zerlegt werden kann. Die Sinuswellen können beliebig verschiedene Amplituden, Frequenzen und Phasen haben. Die Zerlegung nennt man harmonische Analyse[1].

Die Betrachtung von Bild 77 und 78 könnte zu der Annahme verleiten, man habe das *resultierende* Tangentialdruckdiagramm, das sich aus dem Übereinanderlegen der Drehkraftlinien der einzelnen Zylinder ergibt, zu analysieren, um die verschiedenen Ordnungszahlen (Zahl der Impulse je Umdrehung) zu erhalten. Das wäre indessen nicht richtig, da die harmonische Analyse feststellen soll, welche schwingungerregende Arbeit an jeder einzelnen Kurbel auf die Welle übertragen wird. Dabei sind nicht nur die an den Kurbeln wirkenden Tangential*kräfte*, sondern auch die *Wege* in Betracht zu ziehen, auf welchen Arbeit übertragen wird. Die Wege sind die Schwingungsausschläge der Kurbeln, und diese sind für jede Kurbel verschieden (Bild 70 und 73). Es muß daher

Bild 79. Indikatordiagramm eines Viertaktzylinders

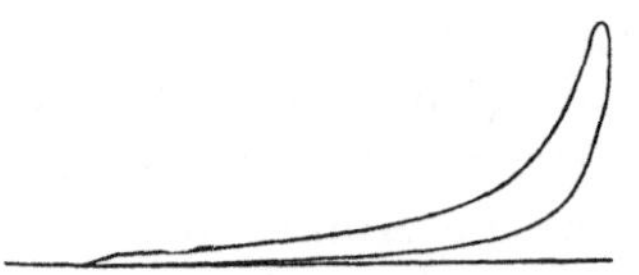

Bild 80. Indikatordiagramm eines einfachwirkenden Zweitaktzylinders

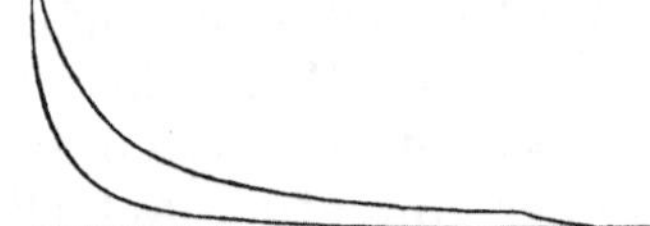

Bild 81. Indikatordiagramm der Unterseite eines doppeltwirkenden Zweitaktzylinders

jedes Tangentialdruckdiagramm *einzeln* harmonisch analysiert werden. Bei Verbrennungsmotoren, deren Zylinder gleich sind, genügt natürlich die Analyse *eines* Diagramms, während bei Kolbendampfmaschinen mit verschiedenen Zylindern das Diagramm jeder Kurbel analysiert werden muß.

In Bild 82, 83 und 84 sind die Drehkraftlinien je eines einfachwirkenden Viertaktzylinders, eines einfachwirkenden Zweitaktzylinders und eines doppeltwirkenden Zweitaktzylinders gezeichnet. Sie wurden aus den Indikatordiagrammen Bild 79, 80 und 81 entwickelt, die im Prüffeld aufgenommen worden sind. Bild 82 bezieht sich auf einen einfachwirkenden Viertakt-Tauchkolbenmotor von 265 mm Zyl.-Dmr., 450 mm Hub, 330 U/min und 55 PSe Zylinderleistung; das Pleuelstangenverhältnis $r:l$ ist $1:4{,}5$. Bild 83 gilt für einen einfachwirkenden, Bild 84 für einen doppeltwirkenden Zweitaktzylinder, beide in Kreuzkopfbauart, 700 mm Zyl.-Dmr., 1200 mm Hub, $n = 120$ U/min, $r:l = 1:4$, Zylinderleistungen 540 bzw. 1000 PSe. Die Drehkraftlinien wurden harmonisch analysiert (Bild 82 bis 84). Für den Viertaktmotor wurde die Untersuchung bis zur 6., für die Zweitaktmotoren bis zur 12. Harmonischen geführt. Zahlentafel 19 enthält eine Zusammenstellung der Amplituden bis zur 12. Ordnung, für den doppeltwirkenden Zweitaktzylinder bis zur 24. Ordnung.

Die harmonische Analyse zeigt, daß im allgemeinen die Amplituden der Sinuswellen mit zunehmender Ordnungszahl stetig abnehmen. In Bild 82 sind nur die Wellen bis zur 6. Ordnung gezeichnet, weil die Wellen höherer Ordnung für die zeichnerische Wiedergabe zu klein werden. Hieraus darf jedoch nicht geschlossen werden, daß die Wellen

---

[1] Deren Ausführung ist in den Lehrbüchern der Mathematik und in den Taschenbüchern für den Maschinenbau beschrieben. Mechanische Instrumente (harmonische Analysatoren) und Rechentafeln können das etwas umständliche Verfahren abkürzen. Um die relative Größe und Gefährlichkeit der einzelnen Ordnungen der kritischen Drehzahlen von Dieselmotoren festzustellen (d. i. die weitere Aufgabe des nächsten Abschnitts), braucht die harmonische Analyse nicht ausgeführt zu werden. Die Zahlentafel 19 macht sie entbehrlich.

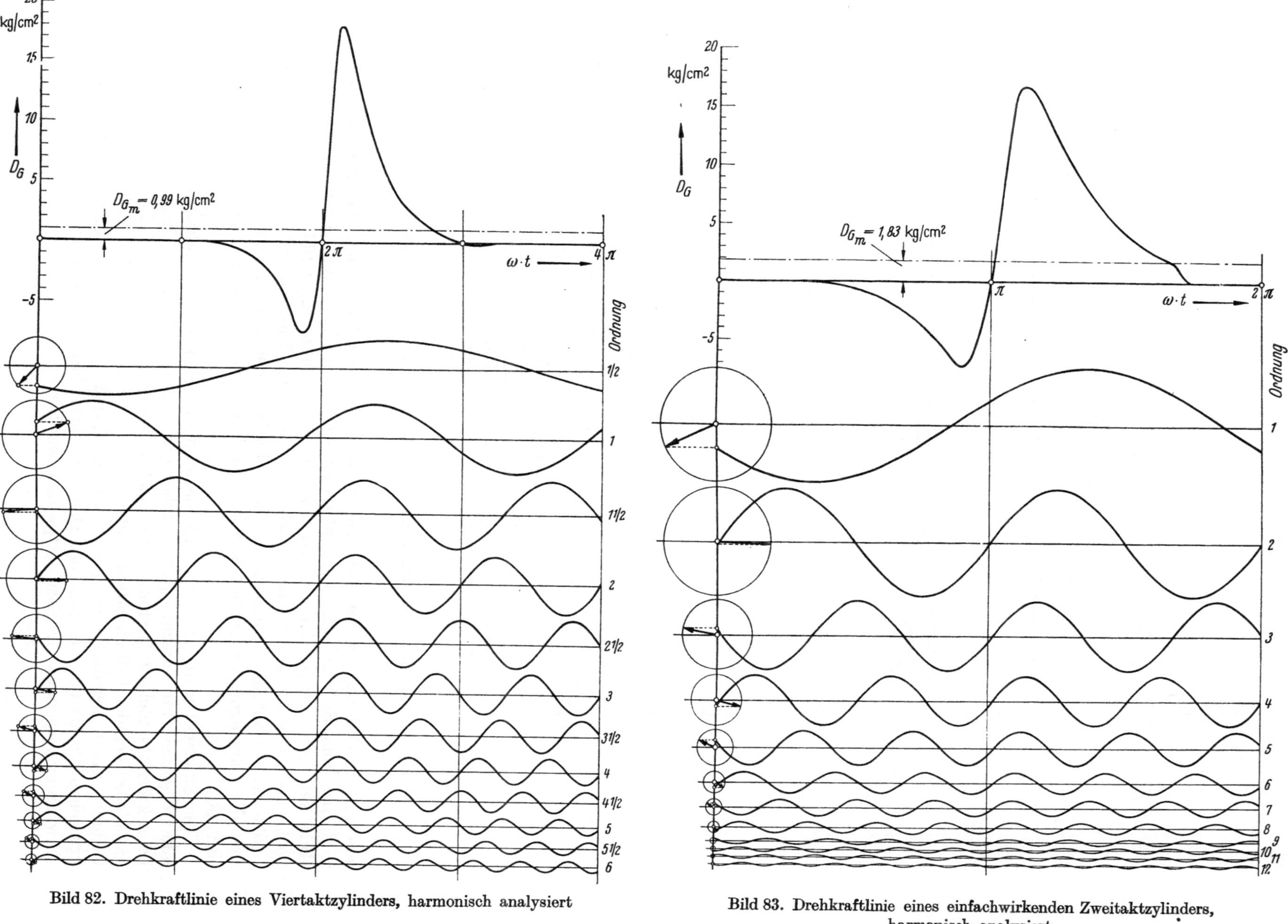

Bild 82. Drehkraftlinie eines Viertaktzylinders, harmonisch analysiert

Bild 83. Drehkraftlinie eines einfachwirkenden Zweitaktzylinders, harmonisch analysiert

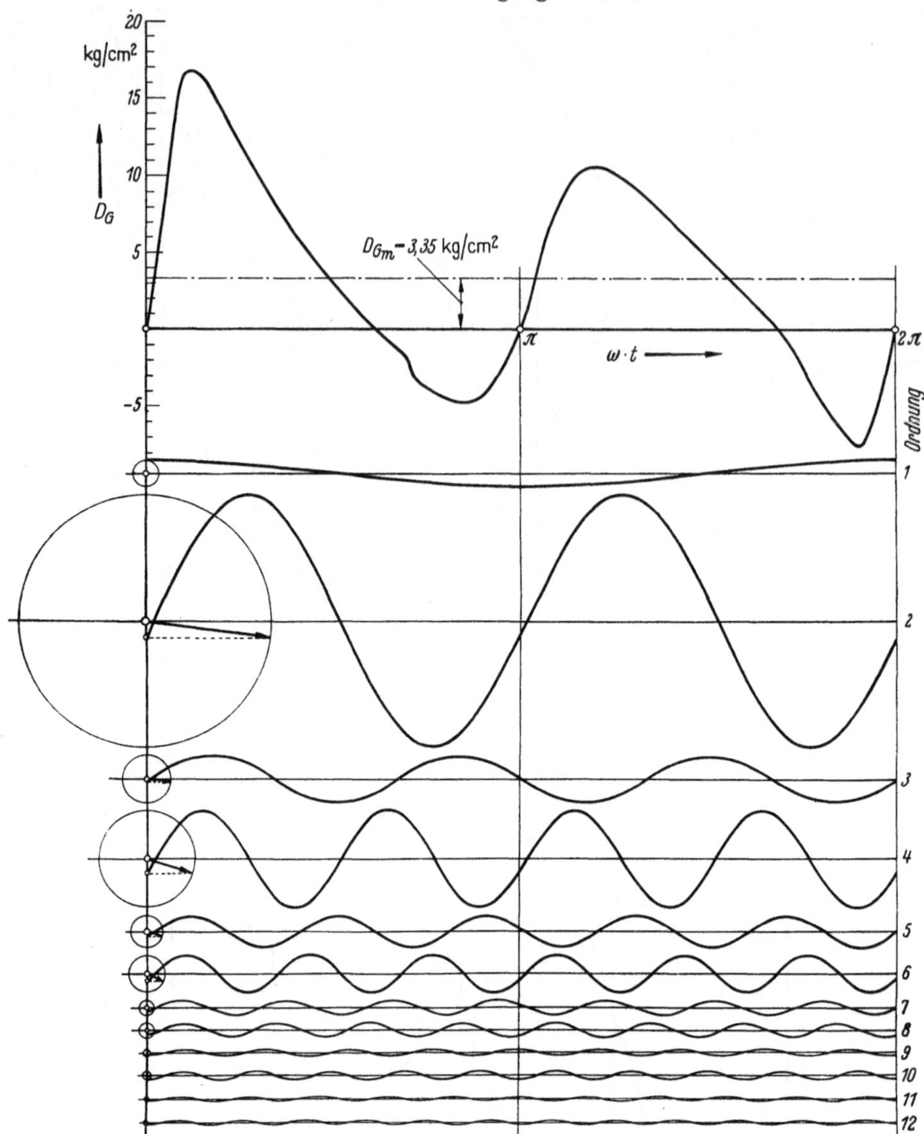

Bild 84. Drehkraftlinie eines doppeltwirkenden Zweitaktzylinders, harmonisch analysiert

von höherer Ordnung als der sechsten vernachlässigt werden dürfen; vielmehr können z. B. bei dem Sechszylinder-Viertaktmotor auch die $7^1/_2$-te und 9. Ordnung stören (Bild 89), beim Achtzylinder-Viertaktmotor die 8. und 12. (Bild 91). Der Grund liegt darin, daß die Stärke der schwingungerregenden Impulse nicht so sehr von der Größe der Amplituden, sondern in erster Linie davon abhängt, zu welcher Größe sich die schwingungerregenden Arbeiten der einzelnen Kurbeln vektoriell addieren (Bild 90).

Die Sinuswellen der Drehkraftlinie des einfachwirkenden Zweitaktzylinders werden mit steigender Ordnungszahl stetig flacher (Zahlentafel 19). Halbe Ordnungen können beim Zweitakt nicht auftreten. Der doppeltwirkende Zweitakt zeigt eine Abweichung: die Wellen gerader Ordnungszahl sind höher als die vorhergehenden Wellen ungerader Ordnung. Auch hier darf nicht gefolgert werden, daß die höchsten Wellen die stärksten kritischen Drehzahlen verursachen. Das kann erst durch die vektorielle Addition der schwingungerregenden Arbeiten festgestellt werden.

Zahlentafel 19. *Amplituden der schwingungerregenden harmonischen Drehkräfte*

Ordnung der harmonischen Kräfte, bezogen auf eine Wellenumdrehung	Einfachwirkender Viertakt kg/cm²	Einfachwirkender Zweitakt kg/cm²	Doppeltwirkender Zweitakt kg/cm²	Ordnung der harmonischen Kräfte, bezogen auf eine Wellenumdrehung	Einfachwirkender Viertakt kg/cm²	Einfachwirkender Zweitakt kg/cm²	Doppeltwirkender Zweitakt kg/cm²
$^1/_2$	2,35	—	—	$7^1/_2$	0,21	—	—
1	2,81	4,88	0,87	8	0,17	0,47	0,47
$1^1/_2$	2,82	—	—	$8^1/_2$	0,14	—	—
2	2,46	4,66	8,17	9	0,11	0,23	0,17
$2^1/_2$	2,09	—	—	$9^1/_2$	0,095	—	—
3	1,71	3,09	1,54	10	0,082	0,19	0,29
$3^1/_2$	1,41	—	—	$10^1/_2$	0,072	—	—
4	1,12	2,17	3,16	11	0,066	0,16	0,098
$4^1/_2$	0,87	—	—	$11^1/_2$	0,060	—	—
5	0,69	1,52	1,03	12	0,055	0,09	0,084
$5^1/_2$	0,55	—	—	16	—	—	0,074
6	0,43	0,94	1,20	20	—	—	0,026
$6^1/_2$	0,34	—	—	24	—	—	0,016
7	0,27	0,70	0,46				

Einfluß der Massenkräfte. Diese rufen ebenfalls harmonische Drehkräfte hervor, die bei hohen Drehzahlen stärker als die Gasdrehkräfte sein können. Nur die oszillierenden Massen können Drehkräfte verursachen; die umlaufenden erzeugen kein Drehmoment, da die Richtungslinie der Fliehkraft die Wellenachse schneidet. Auf S. 16 war (unter Vernachlässigung höherer Ordnungen) die Gleichung

$$P_H = \frac{G_H}{g} r\,\omega^2\,(\cos\alpha + \lambda \cos 2\alpha)$$

für die Massenkraft der hin- und hergehenden Teile entwickelt worden. Sie erzeugt eine Tangentialkraft

$$T_{P_H} = \frac{G_H}{g} r\,\omega^2 \left(\frac{\lambda}{4}\sin\alpha - \frac{1}{2}\sin 2\alpha - \frac{3}{4}\lambda\sin 3\alpha - \frac{\lambda^2}{4}\sin 4\alpha\right). \tag{11}$$

Beweis: Es werde zunächst angenommen, daß die Massenkraft P_H dieselbe Richtung wie die Kolbenkraft P (Bild 76) habe (obwohl sie ihr entgegengerichtet ist. Das wird am Schluß durch Umkehrung der Vorzeichen auf der rechten Seite der abzuleitenden Gleichung berücksichtigt). Dann ist in Bild 76 P_H mit P und T_{P_H} mit T identisch. Es wird $S = P/\cos\beta$ und $T/S = \sin(\alpha + \beta)$, somit

$$T = P\,\frac{\sin(\alpha + \beta)}{\cos\beta}$$

$$= \frac{G_H}{g} r\,\omega^2\,(\cos\alpha + \lambda\cos 2\alpha)\,\frac{\sin(\alpha + \beta)}{\cos\beta}.$$

Nun ist

$$\frac{\sin(\alpha + \beta)}{\cos\beta} = \frac{\sin\alpha\cos\beta + \cos\alpha\sin\beta}{\cos\beta}$$

$$= \sin\alpha + \cos\alpha\,\mathrm{tg}\,\beta$$

$$= \sin\alpha + \cos\alpha\sin\beta,$$

da des kleinen β wegen $\mathrm{tg}\,\beta = \sin\beta$ gesetzt werden darf. Somit

$$\frac{\sin(\alpha + \beta)}{\cos\beta} = \sin\alpha + \cos\alpha \cdot \lambda\sin\alpha, \qquad \text{weil} \quad r/l = \lambda = \sin\beta/\sin\alpha,$$

$$= \sin\alpha + \frac{\lambda}{2}\sin 2\alpha.$$

Damit wird

$$T = \frac{G_H}{g}\, r\, \omega^2 (\cos\alpha + \lambda \cos 2\alpha) \left(\sin\alpha + \frac{\lambda}{2} \sin 2\alpha\right)$$

$$= \frac{G_H}{g}\, r\, \omega^2 \left(\sin\alpha \cos\alpha + \frac{\lambda}{2} \sin 2\alpha \cos\alpha + \lambda \sin\alpha \cos 2\alpha + \frac{\lambda^2}{2} \sin 2\alpha \cos 2\alpha\right).$$

Der Klammerausdruck kann so umgeformt werden, daß nur die sin von α und Vielfachen von α erscheinen. Zunächst ist $\sin\alpha \cos\alpha = \frac{1}{2} \sin 2\alpha$. Ferner ist

$$2\sin 2\alpha \cos\alpha = \sin(2\alpha + \alpha) + \sin(2\alpha - \alpha) = \sin 3\alpha + \sin\alpha,$$

$$2\sin\alpha \cos 2\alpha = \sin(\alpha + 2\alpha) + \sin(\alpha - 2\alpha) = \sin 3\alpha - \sin\alpha$$

und

$$\sin 4\alpha = 2\sin 2\alpha \cos 2\alpha.$$

Damit wird

$$T = \frac{G_H}{g}\, r\, \omega^2 \left[\frac{1}{2} \sin 2\alpha + \frac{\lambda}{4} (\sin 3\alpha + \sin\alpha) + \frac{\lambda}{2} (\sin 3\alpha - \sin\alpha) + \frac{\lambda^2}{4} \sin 4\alpha\right]$$

$$= \frac{G_H}{g}\, r\, \omega^2 \left(\frac{1}{2} \sin 2\alpha + \frac{3}{4}\lambda \sin 3\alpha - \frac{\lambda}{4} \sin\alpha + \frac{\lambda^2}{4} \sin 4\alpha\right)$$

und nach steigenden Vielfachen von α geordnet:

$$T_{P_H} = \frac{G_H}{g}\, r\, \omega^2 \left(- \frac{\lambda}{4} \sin\alpha + \frac{1}{2} \sin 2\alpha + \frac{3}{4}\lambda \sin 3\alpha + \frac{\lambda^2}{4} \sin 4\alpha\right).$$

Durch Umkehrung der Vorzeichen in der Klammer (s. o.) ergibt sich Gl. (11).

Das Drehmoment der Trägheitskraft setzt sich somit (unter Vernachlässigung höherer Ordnungen) aus einem sehr kleinen Glied 4. Ordnung, zwei kleinen Gliedern 1. und 3. Ordnung und einem größeren Glied 2. Ordnung zusammen. Ihr Größenverhältnis veranschaulicht Bild 85, das den Verlauf der vier Funktionen in der Klammer der rechten Seite der Gl. (11) und ihrer Summe während einer Umdrehung darstellt. Alle sin-Linien beginnen im Nullpunkt; die Vektoren der 2., 3. und 4. Ordnung weisen nach links, der Vektor der 1. Ordnung nach rechts. Halbe Ordnungen können (im Gegensatz zur Gasdrehkraft beim Viertakt) nicht vorkommen, weil die Periode sich über *eine* Umdrehung erstreckt. Daher haben die Massendrücke auf die Größe der von den Gasdrehkräften herrührenden Amplituden aller $^1/_2$-ten Ordnungen keinen Einfluß. Die 1. und 4. Ordnung dürfen wegen ihrer kleinen Amplituden vernachlässigt werden, wenn es sich nicht um besonders hohe Drehzahlen handelt. Von größerem Einfluß sind nur die 2. und 3. Ordnung, die aber meistens oberhalb des Betriebsbereiches liegen. Wenn eine Ordnung der Massendrehkraft berücksichtigt werden muß, dann ist ihr Vektor nach Größe und Richtung (Bild 85) mit dem Vektor gleicher Ordnung der Gasdrehkraft (aus Bild 82 bis 84) zu-

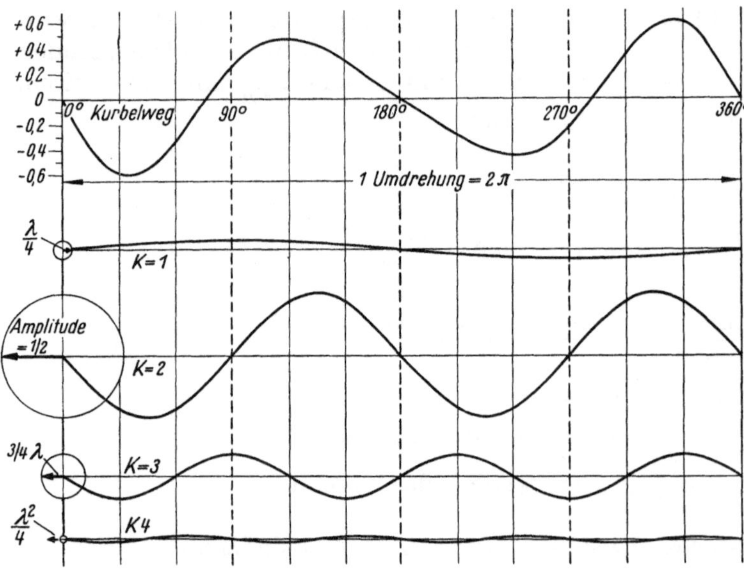

Bild 85. Drehkraftlinie der Massenkräfte eines Zylinders, harmonisch analysiert

sammenzusetzen, wobei sich eine Vergrößerung oder Verkleinerung des Vektors der Gasdrehkraft ergeben kann. Der aus beiden resultierende Vektor ist der Untersuchung der relativen Stärke der kritischen Drehzahlen verschiedener Ordnungen zugrunde zu legen.

3. Relative Stärke der kritischen Drehzahlen verschiedener Ordnungen

Die Untersuchungen haben bis jetzt ergeben, daß die Gas- und Massenkräfte schwingungerregende Impulse hervorrufen, deren Zahl je Umdrehung $^1/_2$ bis 12 beim Viertakt, 1 bis 12 beim Zweitakt und 1 bis 4, soweit die Massen die Ursache sind, beträgt. Höhere Impulszahlen sind zwar vorhanden, jedoch sind die Impulse im allgemeinen zu schwach, um zu stören. Nun gilt allgemein für die (auf 1 Minute bezogenen) kritischen Drehzahlen:

$$n_k = \frac{\text{Eigenschwingungszahl/min}}{\text{Impulszahl/Umdr.}} \; ; \tag{12}$$

wenn diese Gleichung erfüllt ist, stimmt die Impulszahl mit der Eigenschwingungszahl überein. Bei Mehrzylindermotoren der üblichen Bauart tritt immer wenigstens eine Eigenschwingungszahl auf, häufig zwei und bei Anlagen mit längeren Wellen und einer größeren Zahl Massen auch drei Eigenschwingungszahlen. In Zahlentafel 19 sind für den einfachwirkenden Viertakt 24 mögliche Ordnungen angegeben. Somit würde Gl. (12) 3×24 kritische Drehzahlen ergeben, wenn man alle Ordnungen von $^1/_2$ bis 12 berücksichtigen müßte und z. B. drei Eigenschwingungszahlen aufträten. Für Zweitaktmotoren wäre die Zahl der möglichen kritischen Drehzahlen zwar nur halb so groß, aber die kritischen Drehzahlen lägen auch hier so dicht beieinander, daß für den normalen Drehzahlbereich kein störungsfreier Raum bliebe. Von den nach Gl. (12) möglichen kritischen Drehzahlen fällt jedoch von vornherein eine größere Zahl weg, nämlich alle niedrigen Ordnungen (meist einschließlich der vier Ordnungen der Massendrehkraft), weil sie oberhalb der Betriebsdrehzahl liegen, und alle höheren Ordnungen, soweit sie kritische Drehzahlen ergeben, die *unterhalb* der Betriebsdrehzahlen liegen und nur beim Anlassen des Motors durchfahren werden müssen. Motoren für Generatorantrieb, die gewöhnlich konstante Drehzahl haben, liegen in dieser Hinsicht günstiger als Schiffsantriebsmotoren, die in einem größeren Drehzahlbereich arbeiten müssen. Immerhin verbleiben in der Regel mehrere kritische Drehzahlen, die dem Motor bei längerem Verweilen gefährlich werden können und vermieden werden müssen. Es ist somit ein Maßstab zu suchen, nach welchem die relative Gefährlichkeit der verbleibenden kritischen Drehzahlen beurteilt werden kann.

Voraussetzung für das Auftreten von Schwingungen ist, daß der Welle *Arbeit zugeführt* wird, denn die schwingende Welle enthält gegenüber der nicht schwingenden einen Vorrat an Arbeit, der ihr irgendwie zugeführt worden sein muß. Die Zufuhr schwingungerregender Arbeit ist nur möglich, wenn die Kräfte *auf dem Weg eines Schwingungsausschlages Arbeit leisten* können. Wenn der Angriffspunkt der harmonischen Drehkraft (d. i. der Kurbelzapfen) keine Schwingungen ausführt, etwa weil er in einem Knotenpunkt liegt, dann kann die betreffende Harmonische die Welle nicht zu Schwingungen anregen. Es kommt somit darauf an zu bestimmen, welche schwingungerregenden Arbeiten von den einzelnen harmonischen Drehkräften auf die Kurbelwelle übertragen werden, und diese Arbeiten unter Beachtung ihrer Phasenverschiebung zu summieren. Die Untersuchung braucht sich nur auf *eine* volle Schwingung zu erstrecken, weil der Vorgang sich periodisch wiederholt.

Arbeit ist gleich Kraft $\times$ Weg in der Kraftrichtung. Die Kräfte sind die einzelnen Harmonischen der Gasdrehkräfte D_G; sie greifen sämtlich an den Kurbelzapfen an und sind tangential gerichtet. Die Wege sind identisch mit den Schwingungsausschlägen $\pm a$ und haben ebenfalls tangentiale Richtung. Die Gasdrehkräfte sind aus der harmonischen Analyse der Drehkraftlinie bekannt; ihre Amplituden sind für die verschiedenen Ordnungen *verschieden*, aber innerhalb derselben Ordnung an allen Kurbeln *gleich*. Die

Schwingungsausschläge $\pm a$ sind, wenn auch nicht nach ihrer wirklichen, so doch nach ihrer relativen Größe aus der Schwingungsform bekannt; ihre Amplituden sind an allen Kurbeln *verschieden*, für die einzelnen Ordnungen jedoch an ein und derselben Kurbel *gleich*. Die Aufgabe ist, die Summe der auf die Kurbelwelle übertragenen schwingungerregenden Arbeiten aller Kurbeln getrennt nach den Graden der Eigenschwingungen und den Ordnungszahlen zu bestimmen.

Bei der Untersuchung werden nur die auf die *Kurbeln* übertragenen schwingungerregenden Arbeiten berücksichtigt. Am Schwungrad, Generatoranker, Propeller usw. greifen entweder keine oder keine stärkeren harmonischen Drehkräfte an. Die Massen dieser Körper bleiben daher bei der Bestimmung der schwingungerregenden Arbeiten außer acht.

Ein (relatives) Maß für die an einer Kurbel übertragene schwingungerregende Arbeit ist das Produkt $D_G \cdot a =$ Gasdrehkraft $\times$ Schwingungsausschlag. Man darf aber nicht etwa für die verschiedenen Kurbeln die Produkte $D_G \cdot a$ bilden und zusammenzählen, denn die Maximalwerte der D_G der einzelnen Kurbeln sind zwar untereinander gleich, aber phasenverschoben. Die Momentangröße der Gasdrehkraft $D_G^{\cdot}$ einer bestimmten Ordnung hängt von der Stellung der betreffenden Kurbel relativ zum oberen Totpunkt ab. Das Beispiel Bild 86 zeigt, wie man bei der Untersuchung zu verfahren hat.

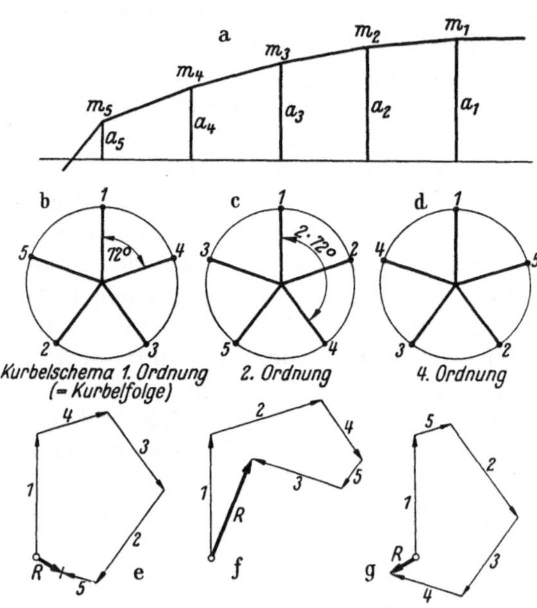

Bild 86. Ermittlung der Resultierenden R aus den Polygonen der Schwingungsausschläge

Gegeben sei die Schwingungsform n_{e_I} der Kurbelwelle eines Fünfzylindermotors (Bild 86, a) mit der Kurbelfolge nach Bild 86, b. Gesucht werden die Summen der Produkte $D_G \cdot a$ aller Kurbeln für die 1., 2. und 4. Ordnung als Maßstäbe für die bei diesen Ordnungen auf die Kurbelwelle übertragenen schwingungerregenden Arbeiten.

Die Eigenschwingungszahl der Welle mit ihren Massen ist konstant. Die Schwingungen sind harmonisch, daher können die Schwingungsausschläge a als Projektionen von Vektoren a_1, a_2 usw. dargestellt werden (vgl. Bild 62, S. 66). Die a-Vektoren laufen mit gleichmäßiger Winkelgeschwindigkeit um, unabhängig von der augenblicklichen Drehzahl der Welle. Sie haben sämtlich in jedem Augenblick die gleiche Winkelstellung, denn alle Massen schwingen gleichzeitig durch ihre Mittellagen und erreichen gleichzeitig ihre Endstellungen. Die Harmonischen der Gasdrehkräfte können ebenfalls durch umlaufende Vektoren dargestellt werden; sie erscheinen in Bild 82 bis 84 neben jeder Sinuslinie. Diese Vektoren sind im Gegensatz zu den a-Vektoren *drehzahlabhängig*; ihre Winkelgeschwindigkeit steht im festen Verhältnis zur jeweiligen Drehzahl der Welle. Der D_G-Vektor 1. Ordnung hat dieselbe Drehzahl wie die Welle, der D_G-Vektor 2. Ordnung eine zweimal so große, der D_G-Vektor 4. Ordnung eine viermal so große Drehzahl usw.

Wenn der Motor angefahren wird, beginnen alle D_G-Vektoren sich mit der Welle zu drehen, jeder Vektor mit der ihm nach seiner Ordnungszahl zukommenden Winkelgeschwindigkeit als Vielfachem der Winkelgeschwindigkeit der Kurbelwelle. Dabei muß ein D_G-Vektor nach dem anderen vorübergehend genau dieselbe Winkelgeschwindigkeit annehmen wie die mit konstanter Winkelgeschwindigkeit umlaufenden a-Vektoren; diese haben sämtlich die gleiche Phase. Hat irgendein D_G-Vektor die Winkelgeschwindigkeit der a-Vektoren erreicht, so besteht zwar Gleichheit von Eigenschwingungszahl und Impulszahl der betreffenden Ordnung, jedoch genügt dies nicht, um die Erscheinung der Resonanz hervorzurufen. Vielmehr müssen der D_G- und der a-Vektor eine bestimmte Stellung zueinander einnehmen: der D_G-Vektor muß dem a-Vektor um 90° *voreilen*. Bild 87 entspricht diesem Zustand; es ist irgendeine Kurbel, z. B. Kurbel *4*, in der beliebigen Stellung *M–4* gezeichnet; die Schwingungsrichtung *A–C* des Kurbelzapfenmittels steht senkrecht auf dem Kurbelradius. D_G ist ebenfalls tangential gerichtet. Der Schwingungsausschlag ergibt sich als Projektion des umlaufenden Vektors a_4 auf *A–C*. Die Projektion des um 90° voreilenden Vektors D_G auf *A–C* liefert den zu jedem a_4 gehörenden Wert von D_G nach Größe und Richtung. Im Augenblick der Schwingungsumkehr hat a_4 sein Maximum erreicht, die Schwingungsgeschwindigkeit ist null, D_G ebenfalls null. Wenn die Kurbel durch die

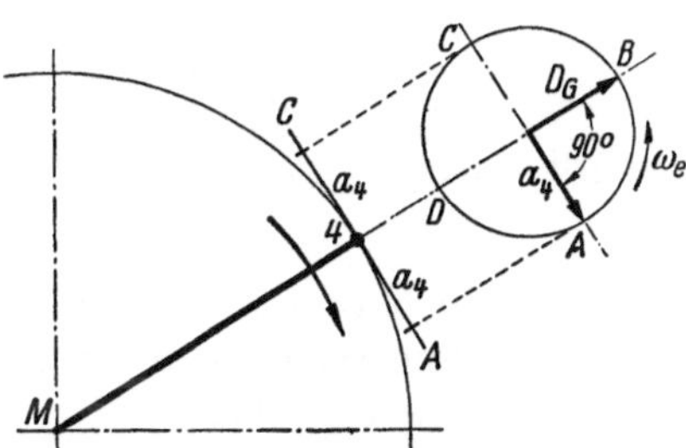

Bild 87. Bei Resonanz eilt der schwingungerregende Vektor D_G dem Schwingungswegvektor a um 90° vor

Mittellage schwingt, ist a_4 null, während die Schwingungsgeschwindigkeit und D_G ihr Maximum aufweisen. Im zweiten Umkehrpunkt C sind die Schwingungsgeschwindigkeit und D_G wieder zu null geworden, während a_4 sein (negatives) Maximum hat. Verfolgt man den Schwingungsvorgang weiter, so erkennt man, daß, solange D_G dem Vektor a um 90° voreilt, d. h. solange D_G *in Phase* mit der Schwingungs*geschwindigkeit* ist, fortwährend Kraftrichtung und Schwingungsrichtung übereinstimmen, d. h. dauernd neue schwingungerregende Arbeit auf den Kurbelzapfen übertragen wird. Das entspricht dem Maximum an übertragbarer Arbeit.

Dies kann auch allgemein bewiesen werden. Der Massenpunkt, an welchem die harmonische Wechselkraft P_0 angreift (Bild 88), soll in der Bahnlinie $X–X$ harmonische Schwingungen ausführen; sein Bewegungsgesetz sei $x = x_0 \sin \omega t$. Der Kraftvektor P_0 möge dem Wegvektor x_0 um den Winkel φ voreilen (Bild 88, a). Beide Vektoren sollen mit der gleichen Kreisfrequenz ω rotieren. Nach der Zeit t hat sich das Vektordreieck gegen Bild 88, a um den Winkel ωt gedreht (Bild 88, b); der Momentanwert der Kraft ist $P = P_0 \cdot \sin(\varphi + \omega t)$, der Schwingungsausschlag $x = x_0 \cdot \sin \omega t$. Die von der Kraft auf dem Weg dx geleistete Arbeit ist $P \cdot dx$ oder $P \cdot \dfrac{dx}{dt} \cdot dt$.

Während einer vollen Schwingung nimmt der Winkel ωt nacheinander alle Werte zwischen 0 und 2π an; t ändert sich somit von 0 bis $\dfrac{2\pi}{\omega}$. Die von der Kraft P während einer vollen Schwingung auf ihren Angriffspunkt übertragene Arbeit $\mathfrak{A}$ wird somit:

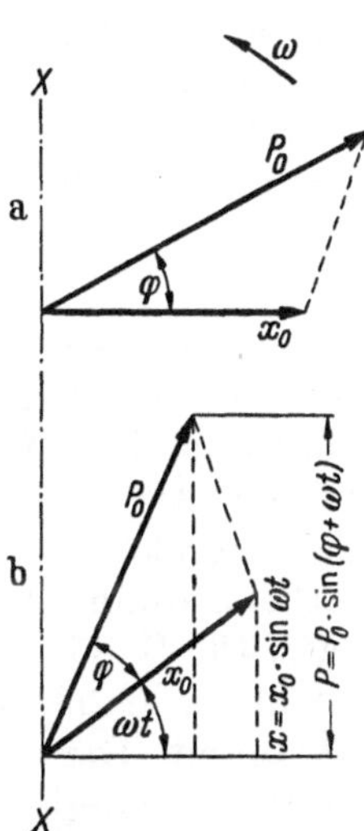

Bild 88. Berechnung der schwingungerregenden Arbeit für den Phasenwinkel φ zwischen Kraft- und Wegvektor gleicher Frequenz

$$\mathfrak{A} = \int_0^{\frac{2\pi}{\omega}} P \cdot \frac{dx}{dt} \cdot dt = \frac{1}{\omega} \int_0^{2\pi} P \cdot \frac{dx}{dt} \cdot d(\omega t)$$

$$= \frac{1}{\omega} \int_0^{2\pi} P_0 \sin(\varphi + \omega t) \cdot x_0 \, \omega \cdot \cos \omega t \, d(\omega t) = P_0 \, x_0 \int_0^{2\pi} \sin(\varphi + \omega t) \cdot \cos \omega t \, d(\omega t)$$

$$= P_0 \, x_0 \int_0^{2\pi} (\sin \varphi \cdot \cos \omega t + \cos \varphi \cdot \sin \omega t) \cdot \cos \omega t \, d(\omega t)$$

$$= P_0 \, x_0 \sin \varphi \int_0^{2\pi} \cos^2 \omega t \, d(\omega t) + P_0 \, x_0 \cos \varphi \int_0^{2\pi} \sin \omega t \cdot \cos \omega t \, d(\omega t).$$

Wie in der Integralrechnung gezeigt wird, ist das zweite Integral gleich null, während
das erste durch partielle Integration sich ergibt zu

$$\int_0^{2\pi} \cos^2 \omega\, t\, d(\omega\, t) = \left[\frac{1}{2} \sin \omega\, t \cdot \cos \omega\, t + \frac{\omega t}{2}\right]_0^{2\pi} = \pi.$$

Somit wird

$$\mathfrak{A} = \pi\, P_0\, x_0 \cdot \sin \varphi. \tag{13}$$

$\mathfrak{A}$ wird ein Maximum, wenn $\sin \varphi = 1$, also $\varphi = 90°$ wird. Wenn der Kraftvektor D_G
(Bild 87) dem Wegvektor a um $90°$ voreilt, wird die größtmögliche schwingungerregende
Arbeit auf den Kurbelzapfen übertragen, wie vorhin schon auf Grund allgemeiner Über-
legungen ausgesprochen wurde.

Sind die Vektoren D_G und a gleichphasig, ist also $\varphi = 0$, so wird *keine* Arbeit auf
die Kurbelwelle übertragen: die Welle reagiert auf die Impulse *nicht*. Liegt φ zwischen
180 und $360°$, so wird $\mathfrak{A}$ *negativ*; der Kurbelwelle wird Arbeit entzogen und die Schwingung gedämpft. Bei einer mehrkurbligen Welle können diese Fälle an den verschiedenen
Kurbeln nebeneinander eintreten, so daß sich die schwingungerregenden Arbeiten zum
Teil aufheben. Andererseits kann es vorkommen, daß die schwingungerregenden Arbeiten
an den verschiedenen Kurbeln sich sämtlich addieren; dann treten besonders starke
Schwingungen auf.

Um diese Zusammenhänge zu erkennen, hat man die Summe aller innerhalb der
gleichen Ordnung auf die Kurbelzapfen übertragenen schwingungerregenden Arbeiten
zu bilden; sie ermöglicht einen Vergleich der Stärke der kritischen Drehzahlen der
einzelnen Ordnungen. Da nur ein Vergleichsmaßstab gesucht wird, darf in Gl. (13) der
Faktor π außer acht bleiben und geschrieben werden:

$$\mathfrak{A} = D_G \cdot a \cdot \sin \varphi. \tag{14}$$

Für eine (aber nur für eine) Kurbel darf $\sin \varphi = 1$ gesetzt werden, weil beim Durchfahren einer kritischen Drehzahl einmal jener Augenblick eintreten muß, wo der dreh-
zahlgebundene Vektor D_G *einer* Kurbel dem drehzahlunabhängigen Vektor a um $90°$
voreilt. Als diese eine Kurbel werde die Kurbel *1* gewählt. Dann ist nach Gl. (14) $D_G \cdot a_1$
das (Vergleichs-) Maß der bei der betrachteten Ordnung auf die Kurbel *1* übertragenen
Arbeit, wenn D_G die Amplitude der Gasdrehkraft der betreffenden Ordnung (Zahlentafel 19, S. 85) und a_1 der Schwingungsausschlag in der Eigenschwingung ist. Die
wirkliche Größe von a_1 braucht nicht bekannt zu sein, da es nur auf einen Vergleich
ankommt. Die an den Kurbeln 2, 3, 4 ... angreifenden D_G haben innerhalb derselben
Ordnung die gleiche Amplitude wie das an Kurbel *1* angreifende D_G, aber eine andere
Phase. Man findet die zu jeder Kurbel gehörende Phase aus der Überlegung, daß der
D_G-Vektor mit der k-fachen Drehzahl wie die Kurbelwelle umläuft, wenn k die jeweils
betrachtete Ordnungszahl ist. Für die 1. Ordnung sind die Phasenwinkel mit den Kurbelwinkeln identisch. Für die höheren Ordnungen diene Bild 86 als Beispiel. Für die 2. Ordnung ergibt sich für Kurbel *4* ein Phasenwinkel $2 \times 72°$, für die 4. Ordnung $4 \times 72°$ usw.
Allgemein gilt: wenn eine Kurbel, vom oberen Totpunkt aus gezählt, den Winkel α
zurückgelegt hat, dann hat der D_G-Vektor, von derselben Anfangslage aus gezählt,
einen Winkel $k \cdot \alpha$ zurückgelegt, wenn k die Ordnungszahl ist. Ob α im Uhrzeigersinn
oder entgegengesetzt gezählt wird, ist gleichgültig. Man braucht demnach nur verschiedene Kurbelschemata k-ter Ordnung zu zeichnen, in welchen alle Kurbelwinkel, von
der Stellung „Kurbel *1* im oberen Totpunkt" ausgehend, ver-k-facht sind (Bild 86).
Beim Zeichnen der Kurbelschemata braucht man nicht von der Kurbel *1* auszugehen;
stets ergibt sich das gleiche Kurbelschema, welche Kurbel man auch als im OT stehend
annimmt.

Trägt man die D_G unmittelbar auf den Kurbelradien auf und wählt den Maßstab so,
daß die Länge des Kurbelradius der Größe D_G der betrachteten Ordnung entspricht,

so ergeben die Projektionen der Endpunkte der Kurbelradien auf die *Vertikale* die jeweilige Momentangröße, welche die Gasdrehkraft an der betreffenden Kurbel in demselben Augenblick hat, in welchem D_G an Kurbel *1* sein Maximum hat. Die Projektionen auf die Vertikale brauchen nicht ausgeführt zu werden; es genügt der Ansatz (z. B. für Bild 86, d) (Vergleichsmaß) für die gesamte während einer vollen Schwingung in der Resonanz auf die Kurbelwelle übertragene Arbeit

$$\mathfrak{A} = D_G \cdot a_1 + D_G \cos(1,5) \cdot a_5 + D_G \cos(1,2) \cdot a_2 + D_G \cos(1,3) \cdot a_3 + D_G \cos(1,4) \cdot a_4. \tag{15}$$

Daß hier der cos erscheint, in den Gl. (13) und (14) der sin, ist darauf zurückzuführen, daß die D_G auf den *Kurbelradien* aufgetragen werden sollen, während sie tatsächlich in Richtungen wirken, die *senkrecht* zu den Kurbelradien stehen (Bild 87). Das Kurbelkreuz und das von den Schwingungswegen a gebildete Kreuz sind kongruent und nur um 90° gegeneinander gedreht. Eine cos-Projektion auf den Kurbelradius gemäß Gl. (15) entspricht einer sin-Projektion auf den Schwingungsweg nach Gl. (13) oder (14). Gl. (15) bezieht sich als Beispiel auf eine fünfkurblige Maschine und auf die kritische Drehzahl 4. Ordnung (Bild 86, d). Die Gasdrehkräfte D_G sind der Zahlentafel 19, die a_1 bis a_5 der Schwingungsform zu entnehmen (Bild 86, a), deren Zeichnung vorliegen muß, die Winkel (1,5), (1,2) usw. dem Kurbelschema der zugehörigen Ordnung (Bild 86, b bis d). Der Faktor π darf fortgelassen werden, da es sich nur um einen Vergleich zwischen den Ordnungen handelt. Die Untersuchung wird vereinfacht, wenn man den Kunstgriff anwendet, in Gl. (15) nicht die D_G, sondern *die a mit den einzelnen cos zu multiplizieren*. Das Ergebnis ist das gleiche. Dann darf D_G vor die Klammer gesetzt werden, weil es innerhalb einer Ordnung für alle Kurbeln gleich ist[1]. Damit erhält man:

$$\mathfrak{A} = D_G[a_1 + a_2 \cos(1,2) + a_3 \cos(1,3) + a_4 \cos(1,4) + a_5 \cos(1,5)]. \tag{16}$$

Die Multiplikation der a mit den cos braucht nicht ausgeführt zu werden. Man benutzt die einfachere geometrische Addition und schreibt

$$\mathfrak{A} = D_G \cdot \sum_{\text{geom}} a = D_G \cdot R. \tag{17}$$

R ist die Resultierende aus den Polygonen der Schwingungsausschläge a, die mit ihren der Schwingungsform zu entnehmenden Längen unter den Winkeln, die sich aus dem Kurbelschema der betreffenden Ordnung ergeben, in beliebiger Reihenfolge aneinander gefügt werden. R erhält für jede Ordnung eine andere Größe und eine andere Phase (Bild 86, e bis g). Auf die Phase kommt es in diesem Zusammenhang nicht an. Das Produkt $D_G \cdot R$ ist das gesuchte Vergleichsmaß für die auf die Kurbelwelle in der betreffenden Ordnung übertragene schwingungerregende Arbeit. Da D_G in Zahlentafel 19 die Dimension kg/cm² und R die Dimension einer Länge hat, erhält $\mathfrak{A}$ in Gl. (17) zunächst die Dimension kg/cm. Das liegt daran, daß D_G auf 1 cm² Kolbenfläche bezogen worden war, wodurch die Zahlentafel 19 für Maschinen verschiedener Größe verwendbar wird. Durch Multiplikation mit der Kolbenfläche erhält $\mathfrak{A}$ die Dimension cmkg, wie sie für eine Arbeit gilt. Die Multiplikation mit der Kolbenfläche ist für den Vergleich der Ordnungen entbehrlich[1].

Bei Eigenschwingungszahlen höheren Grades ($n_{e_{II}}$, $n_{e_{III}}$) kann es vorkommen, daß ein Knotenpunkt in den Bereich der Kurbelwelle fällt; dann wird ein Teil der Schwingungsausschläge *negativ*. Wenn man die (willkürliche) Festsetzung trifft, daß positiven Schwingungsausschlägen die vom Zentrum des Kurbelschema nach dem Umfang („von innen nach außen") weisende Richtung zugeordnet sein soll, dann muß beim Zeichnen der Vektorpolygone, wenn negative Schwingungsausschläge vorkommen, die Richtung „von außen nach innen" benutzt werden. Die Beziehungen sind ähnlich

---

[1] Dies gilt nur für Verbrennungsmotoren mit gleichen Zylindern. Für Dampfmaschinen mit Zylindern verschiedener Durchmesser fällt diese Vereinfachung fort.

wie beim Massenausgleich (vgl. S. 26), sowohl hinsichtlich der Kurbelschemata wie bezüglich der Richtungen der Polygonseiten, nur daß es sich nicht um die Zusammensetzung von phasenverschobenen Kräften, sondern von phasenverschobenen Arbeiten handelt.

Bei *Viertakt*motoren ist zu beachten, daß für gleichgerichtete Kurbeln der Winkelabstand der zugehörigen D_G-Vektoren 1. Ordnung nicht 0°, sondern 360° ist. Da bei Viertaktmotoren auch $1/_2$-te Ordnungen auftreten, erscheinen in den Kurbelschemata die Vektoren gleichgerichteter Kurbeln bei allen $1/_2$-ten Ordnungen um 180° gegeneinander versetzt.

Die bisherigen Untersuchungen können in folgende *Regel* zusammengefaßt werden:

Um die relative Stärke (Gefährlichkeit) der kritischen Drehzahlen verschiedenen Grades und verschiedener Ordnungen zu bestimmen, bilde man für jede zu untersuchende Ordnung ein Vektorpolygon. Die Längen der Vektoren sind den Schwingungsformen (I., II. Grades usw.), die Richtungen dem Kurbelschema der betreffenden Ordnung zu entnehmen, das durch Multiplikation der Kurbelwinkel mit der betreffenden Ordnungszahl entsteht. Der Maßstab der Schwingungsform ist gleichgültig, muß aber während der Untersuchung beibehalten werden. Die D_G werden durch harmonische Analyse der Drehkraftlinie *eines* Zylinders gefunden; sie sind für die verschiedenen Ordnungen verschieden (Zahlentafel 19); für gleiche Ordnungen der verschiedenen Grade der Eigenschwingungszahlen sind sie gleich. Die Phasenwinkel zwischen den Resultierenden der Polygone und Kurbel *1* sind ohne Bedeutung.

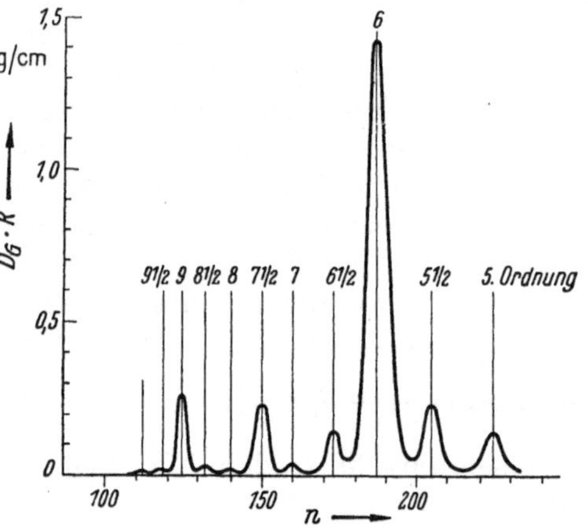

Bild 89. Resonanzkurve I. Grades eines Sechszylinder-Viertaktmotors, nach G. Bauer

Wenn die Produkte $D_G \cdot R$ für die verschiedenen Ordnungen gefunden sind, kann man sie in ein Diagramm eintragen, das die Motordrehzahlen als Abszisse, die $D_G \cdot R$ als Ordinaten enthält (Bild 89). Die verbindende Wellenlinie, die man *Resonanzkurve* (auch „Spektrum") genannt hat, wird freihändig gezeichnet; sie soll nur den Vergleich erleichtern, ihre Form ist ohne Bedeutung. Die Abszissen der Maxima der Resonanzkurve folgen gemäß Gl. (12), S. 87, aus n_e/Ordnung. Die Höhe der Maxima ist das gesuchte Maß für die auf die Kurbelwelle während einer vollen Schwingung übertragene schwingungerregende Arbeit, d. h. für die Gefährlichkeit der betreffenden Ordnung.

Beispiel: Die relative Gefährlichkeit der kritischen Drehzahlen verschiedener Ordnungen I. und II. Grades für einen Achtzylinder-Viertaktmotor zu untersuchen.

Gegeben sind alle reduzierten Längen und Massen des schwingenden Systems (Bild 90). Die Eigenschwingungsformen I. und II. Grades werden berechnet und gezeichnet; nur der innerhalb der Kurbelwelle liegende Teil wird für die Untersuchung gebraucht. Für n_{e_I} und $n_{e_{II}}$ fällt kein Knotenpunkt in den Bereich der Kurbelwelle; folglich sind alle a-Vektoren gleichsinnig („von innen nach außen") zu ziehen.

Die Kurbelfolge (Uhrzeigersinn) ist *1–2–4–6–8–7–5–3*. Paarweise sind gleich weit von der Schwerebene entfernt stehende Kurbeln parallel, aber durch 360° Zündabstand getrennt (bei der Aufstellung der Kurbelschemata $1/_2$-ter Ordnungen zu beachten). Die ausgeführte Kurbelanordnung ist zugleich das Kurbelschema 1. Ordnung; sie liefert auch das Kurbelschema 5., 9., 13. Ordnung usw., nämlich aller Ordnungen, die sich um die Zahl 4 unterscheiden, weil sich nach je 4 Ordnungen alle Kurbelwinkel wiederholen. Dem Kurbelschema 1. Ordnung geht ein Schema $1/_2$-ter Ordnung vorher, das auch für die $4 1/_2$-te, $8 1/_2$-te ... Ordnung gilt; es entsteht aus dem Schema 1. Ordnung durch Halbierung aller Winkel, auch des Winkels 360° zwischen den paarweise gleichgerichteten Kurbeln, daher sind im Schema $^1/_2$-ter Ordnung (und in allen anderen mit halber Ordnungszahl) die Kurbeln *1* und *8*, *2* und *7* usw. um 180° gegeneinander versetzt. Für die $^1/_2$-te bis vierte Ordnung ergeben sich in Stufen von je $^1/_2$ im ganzen acht verschiedene Schemata. Alle Schemata höherer Ordnung als der vierten können durch Addition der Ordnungszahl 4 abgeleitet werden und brauchen nicht gezeichnet zu werden.

In allen Schemata, in denen die Ordnungszahl $^1/_2$ vorkommt, stehen die Kurbeln unter 45°, jedoch in veränderter Reihenfolge. Bei der 1., 3., 5., 7. ... Ordnung ist der Winkelabstand 90°, bei der 2., 6., 10. ... 180°; bei diesen sind je vier Kurbeln gleichgerichtet. Im Kurbelschema 4., 8., 12. Ordnung sind alle acht Kurbeln gleichgerichtet. Das entscheidet die Stärke der kritischen Drehzahlen dieser Ordnungen.

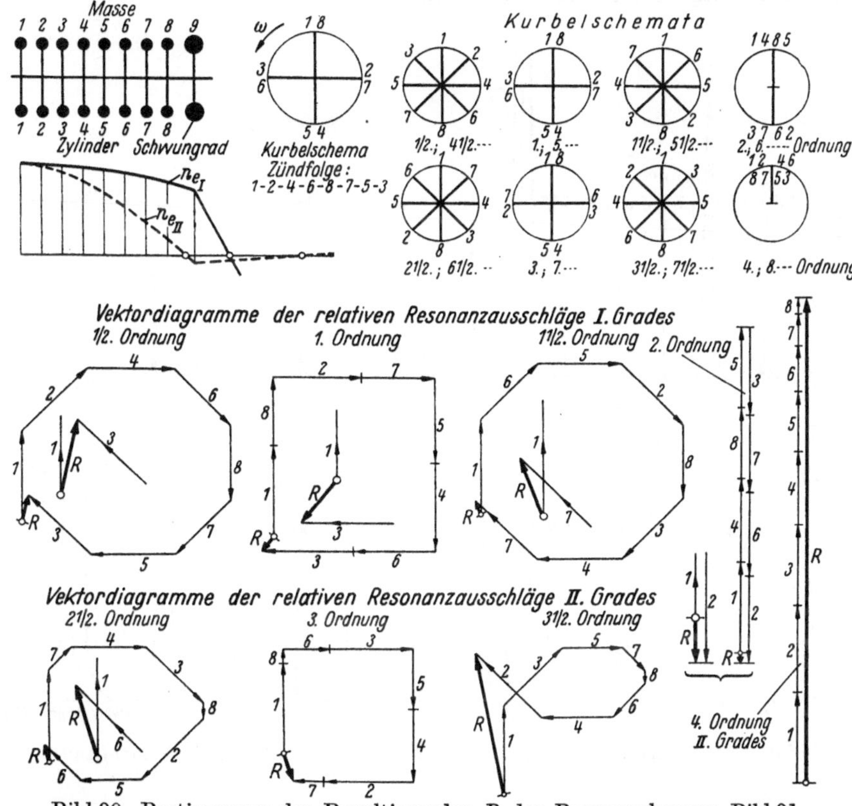

Bild 90. Bestimmung der Resultierenden R der Resonanzkurven Bild 91

Nunmehr sind alle Größen bekannt, die zum Aufzeichnen der Vektorpolygone gebraucht werden. Die Seitenlängen der Polygone werden gleich den Schwingungsausschlägen gemacht; sie sind für n_{e_I} und $n_{e_{II}}$ verschieden. Daher werden die Polygone gleicher Ordnung verschiedenen Grades nicht ähnlich, obwohl die Polygonseiten parallel sind. In Bild 90 sind nur die Polygone $^1/_2$-ter, 1., 1$^1/_2$-ter und 2. Ordnung I. Grades und die Polygone 2$^1/_2$-ter, 3., 3$^1/_2$-ter und 4. Ordnung II. Grades gezeichnet. Sie gelten auch für die um je 4 Einheiten höheren Ordnungen. Besonders fällt die 4., 8., 12. ... Ordnung auf; bei diesen Ordnungen (I. und II. Grades) sind alle Vektoren gleichgerichtet. Der Winkel φ in Gl. (14) wird für alle Kurbeln 90°; an allen Kurbeln wird das Maximum an schwingungerregender Arbeit auf die Welle übertragen. Daher sind die kritischen Drehzahlen 4. und 8. Ordnung des Achtzylindermotors besonders stark.

Die Schlußlinien R der Polygone sind allein noch kein Maßstab für die Stärke einer kritischen Ordnung; sie sind noch nach Gl. (17) mit dem zugehörigen D_G zu multiplizieren, das der Zahlentafel 19 (S. 85) entnommen wird. Wenn beide Faktoren, D_G und R,

große Werte annehmen, wird die Ordnung besonders stark; dies ist z. B. beim Sechs-
zylinder-Viertaktmotor für die 3. Ordnung I. und II. Grades der Fall, beim Achtzylinder-
Viertaktmotor für die 4. Ordnung beider Grade. Aber auch bei kleinem D_G kann die
Phasengleichheit der a-Vektoren große $\mathfrak{A}$-Werte ergeben, so bei den sechsten Ordnungen
des Sechszylinder-Viertakt- und den achten Ordnungen des Achtzylinder-Viertaktmotors.
Auch bei einigen anderen Ordnungen können die $\mathfrak{A}$-Werte störend hohe Beträge annehmen.

Man braucht die Untersuchung nach oben nur bis zu einer Drehzahl zu führen, die
um 10 bis 20% über der höchsten Betriebsdrehzahl liegt, da der Sicherheitsregler zu
verhindern hat, daß die höchste Betriebsdrehzahl um mehr als 10% überschritten wird.
Nach unten kann man die Untersuchung auf Drehzahlen gleich etwa einem Viertel der
Betriebsdrehzahl beschränken, weil ein Motor im allgemeinen mit noch niedrigeren
Drehzahlen nicht längere Zeit fahren kann.

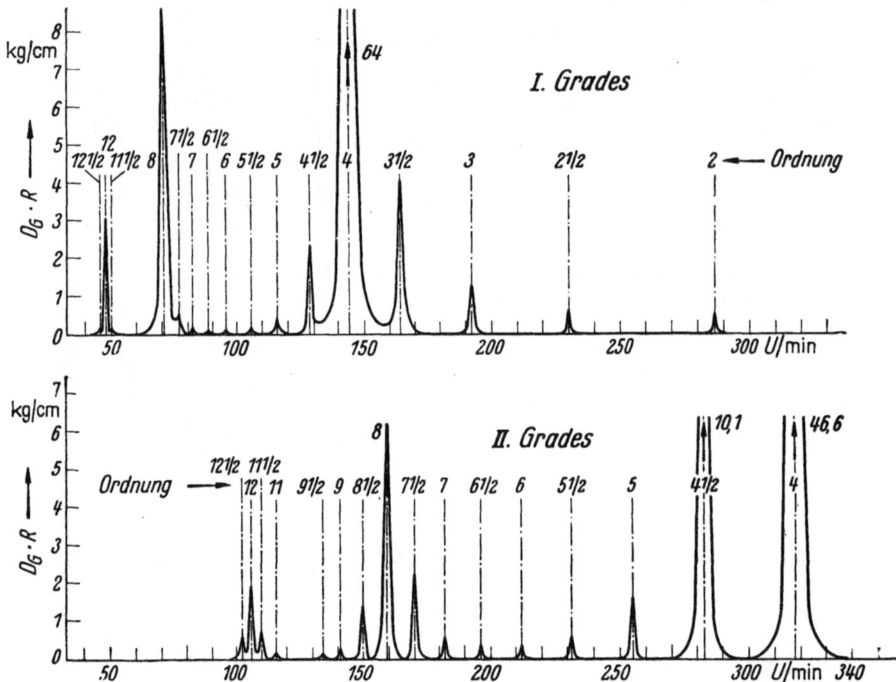

Bild 91. Resonanzkurven I. und II. Grades eines Achtzylinder-Viertaktmotors

Will man die Massendrehkraft berücksichtigen, so hat dies auf die Bestimmung der
Resultierenden R keinen Einfluß; nur das D_G ändert sich durch Hinzufügen des Massen-
kraftvektors (vgl. S. 86), wobei die Massenkraft wie die Gasdrehkraft D_G auf 1 cm²
Kolbenfläche zu beziehen ist.

Bild 91 zeigt die Resonanzkurven I. und II. Grades für den Achtzylinder-Viertaktmotor. Die vierten Ordnungen sind die stärksten; für $n_{e_{I,4}}$ wird $D_G \cdot R = 64$, für
$n_{e_{II,4}} = 46{,}6$. An diesen Stellen fallen die Spitzen der Resonanzkurve weit über den
Bildrand hinaus. Von beachtlicher Größe sind ferner beide 8. Ordnungen sowie die
$3^1/_2$-te Ordnung I. Grades und die $4^1/_2$-te II. Grades; auch die Stärke der zwölften Ordnung II. Grades wird man zu prüfen haben. Die 12. Ordnung I. Grades liegt zu niedrig,
als daß sie stören könnte.

Bei Motoren mit *ungeraden* Zylinderzahlen, die beim Zweitakt häufig, aber auch beim
Viertakt vorkommen, entfällt die Vereinfachung, die durch die periodische Wiederholung
der Form der Kurbelschemata zustande kommt. Jedes Kurbelschema erhält seine
besondere Gestalt. Im übrigen ist das Verfahren das gleiche.

4. Verschiebung der kritischen Drehzahlen $^1/_2$-ter Ordnungen durch Änderung der Zündfolge

Bei Neuausführungen kann es vorkommen, daß eine stärkere kritische Drehzahl in der Nähe der Betriebsdrehzahl liegt, was nicht zulässig ist. Eine Verschiebung der kritischen Drehzahlen *ganzer* Ordnungen ist nur möglich durch Änderung der Längen oder der Massen oder durch beide Mittel, deren Anwendung aber nur möglich ist, solange die Maschine noch auf dem Reißbrett steht. Das Anbringen zusätzlicher Massen kann Abhilfe bringen; dann werden diese am besten an den Kurbelwangen als Gegengewichte befestigt. Bei *Viertakt*motoren gibt es noch eine andere Möglichkeit, eine kritische Dreh-

zahl zu verlegen, jedoch *nur für $^1/_2$-te Ordnungen* und nur für *gerade* Zylinderzahlen. Fällt eine starke kritische Drehzahl $^1/_2$-ter Ordnung in die Nähe der Betriebsdrehzahl, so kann man zuweilen durch *Vertauschen der Zündfolgen* zweier Zylinder mit *gleichgerichteten* Kurbeln jene Drehzahl so weit schwächen, daß sie ungefährlich wird, muß dabei jedoch in Kauf nehmen, daß eine kritische Drehzahl $^1/_2$-ter Ordnung an einer oder zwei anderen Stellen verstärkt wird, was aber vielleicht weniger stört. Die Vertauschung der Zündfolge erfordert eine um 180° versetzte Aufkeilung der Brennstoffnocken auf der Nockenwelle; auch die übrigen Nocken der betreffenden Zylinder müssen um den gleichen Winkel gedreht werden. Das

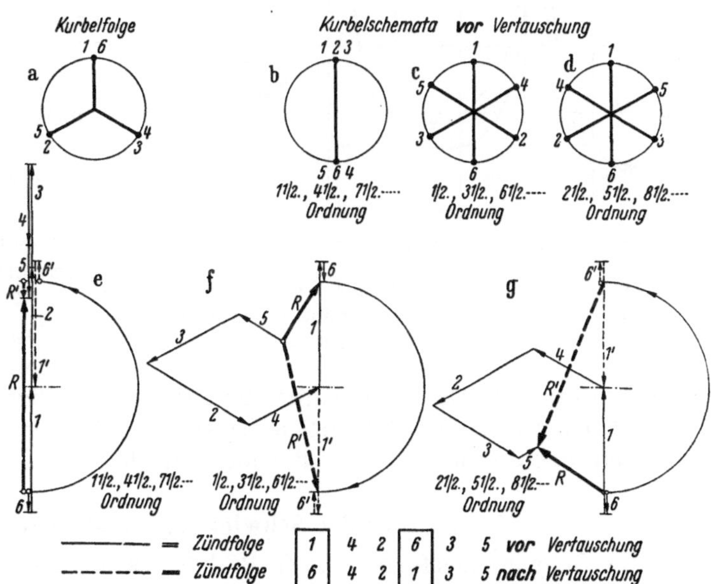

Bild 92. Durch Vertauschen der Zündfolgen gleichgerichteter Kurbeln von Viertaktmotoren ändern sich die kritischen Drehzahlen $^1/_2$-ter Ordnungen

ist mit einfachen Mitteln nur dann auszuführen, wenn die konstruktive Möglichkeit vorgesehen wird. Sind Nockenwelle und Nocken aus einem Stück hergestellt, so muß eine neue Nockenwelle angefertigt werden.

Daß ein Vertauschen der Zündfolge gleichgerichteter Kurbeln die Lage der kritischen Drehzahlen $^1/_2$-ter Ordnungen beeinflußt, ist darauf zurückzuführen, daß beim Viertakt gleichgerichtete Kurbeln einen Zündabstand von 360° haben. Da die Kurbelschemata der verschiedenen Ordnungen durch Multiplikation der ausgeführten Kurbelwinkel mit der Ordnungszahl entstehen, liegen in jedem Kurbelschema $^1/_2$-ter Ordnung die Vektoren aller gleichgerichteten Kurbelpaare um 180° versetzt. Die entgegengesetzt gerichteten Vektorpaare haben je einen resultierenden Vektor, der um 180° geschwenkt wird, wenn die ihn zusammensetzenden Vektoren ihre Zündfolge vertauschen, d. h. um 180° gedreht werden. Die Schwenkung des resultierenden Vektors kann die Schluß-linie *R eines* Polygones verkleinern, aber die Schlußlinien der Polygone anderer Ordnungen vergrößern. Entsprechend wird die Stärke der einen kritischen Drehzahl verkleinert, die der anderen vergrößert.

Bild 92 zeigt ein Beispiel. Die Kurbelfolge eines Sechszylinder-Viertaktmotors sei durch Bild 92, a gegeben, die Zündfolge sei *1–4–2–6–3–5*. Bild 92, b bis d zeigt die möglichen Kurbelschemata aller $^1/_2$-ten Ordnungen des Sechszylindermotors. Die Länge der Vektoren wird dem Schwingungsbild entnommen. Für die $1^1/_2$-, $4^1/_2$-, $7^1/_2$-te ... Ordnung

ergibt das Vektorpolygon (Bild 92, e) eine große Resultierende R; also ist eine starke
kritische Drehzahl $4^1/_2$-ter Ordnung zu erwarten. Man kann diese beseitigen, indem man
die Zündfolgen *1* und *6* vertauscht. Dadurch wird der aus *1* und *6* resultierende Vektor
um 180° nach oben geschwenkt, und die neue Resultierende R' wird klein. Die Vertauschung der Zündfolgen *1* und *6* bewirkt aber in den Polygonen der $3^1/_2$- und $5^1/_2$-ten Ord-

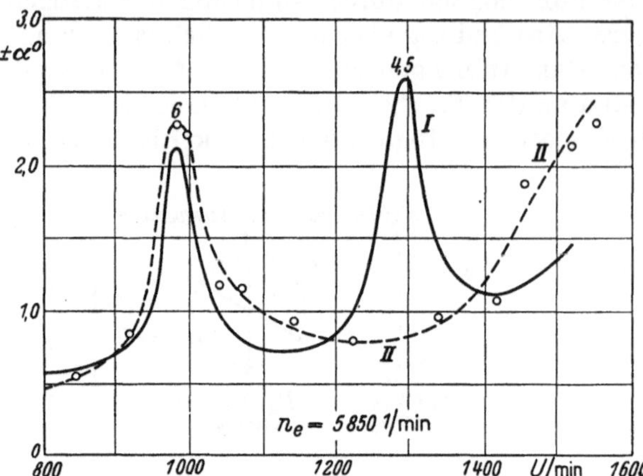

Bild 93. Beseitigung der kritischen Drehzahl I. Grades
$4^1/_2$-ter Ordnung eines Sechszylinder-Viertaktmotors
durch Vertauschen der Zündfolgen, nach STIEGLITZ

nung (Bild 92, f und g) eine Vergrößerung der Resultierenden R auf etwa die
doppelte Länge R'; also werden diese
kritischen Drehzahlen verstärkt. Von
der Lage der Betriebsdrehzahl und der
Größe der D_G hängt es ab, ob die Vertauschung vorteilhaft ist.

Bild 93 stellt einen Fall aus der Praxis [1]
dar. Ein sechszylindriger Viertaktmotor
hatte eine Eigenschwingungszahl I. Grades von 5850/min, seine Betriebsdrehzahl war 1300. Da 5850 : 1300 = 4,5, so
fiel die Betriebsdrehzahl genau mit der
kritischen Drehzahl I. Grades $4^1/_2$-ter
Ordnung zusammen. Man vertauschte
die Zündfolgen von *1-5-3-6-2-4* in
1-2-4-6-5-3; es wurden also die Zündfolgen an zwei Kurbelpaaren, *2-5* und

3-4, vertauscht. Dadurch wurde die kritische Drehzahl $4^1/_2$-ter Ordnung praktisch beseitigt. Die an anderer Stelle neu auftretenden stärkeren kritischen Drehzahlen $^1/_2$-ter Ordnungen lagen außerhalb des Betriebsbereiches.

5. Größe der Schwingungsausschläge in der Resonanz

Die Schwingungsformen (z. B. Bild 70, 73) waren bisher mit willkürlich vergrößertem
Maßstab der Ordinaten gezeichnet. Die Vergrößerung war notwendig, da die wirklichen
Schwingungsausschläge, auf dem Kurbelradius gemessen, nur wenige mm betragen.
Die Vergrößerung durfte willkürlich sein, denn es kam zunächst nur darauf an, die
Lage der Eigenschwingungszahlen zu berechnen, deren Größe vom Schwingungsausschlag
unabhängig ist. Die *relative* Größe der Ausschläge der einzelnen Massen wird auch in
dem verzerrten Maßstab richtig wiedergegeben. Will man jedoch die durch Drehschwin-
gungen verursachten *Beanspruchungen* der Welle ermitteln, dann muß der Maßstab der
Schwingungsausschläge bekannt sein.

Eine exakte Vorausberechnung der Größe der Schwingungsausschläge ist nicht
möglich. Sie setzt die Kenntnis der Dämpfung voraus, welche verhindert, daß die Ausschläge in der Resonanz unendlich groß werden. Die zahlenmäßige Größe der Dämpfung
für eine gegebene Anlage kann man nur messen, nicht berechnen. Solche Messungen
sind wiederholt ausgeführt worden; sie haben ergeben, daß die Dämpfungsfaktoren
je nach der Bauart der Maschine sehr stark streuen. Die Streuung liegt in der Größenordnung von 1 : 40 und mehr, was eine sichere Berechnung der Schwingungsausschläge
unmöglich macht. Selbst bei Motoren derselben Type können sich experimentell verschiedene Dämpfungsfaktoren ergeben, weil die Dämpfung von der Reibung der bewegten Teile und von der Viskosität des Schmieröles, also von veränderlichen Faktoren,
abhängt. Die folgende Untersuchung soll daher mehr zeigen, wie man den Dämpfungsfaktor durch den Versuch bestimmen kann, als daß sie eine Anweisung zur Berechnung
der Schwingungsausschläge in der Resonanz enthält.

---

[1] STIEGLITZ, A.: Neuere Ergebnisse auf dem Gebiet der Kurbelwellenschwingung. 159. Ber. der Deutschen
Versuchsanstalt für Luftfahrt, 1931.

Wird die Drehzahl eines Motors allmählich gesteigert, bis er in ein kritisches Gebiet gerät, und der Motor eine kurze Zeit in der kritischen Drehzahl betrieben, so nehmen die Schwingungsausschläge nicht sogleich ihren Höchstwert an; sie brauchen hierzu eine gewisse Zeit: die Welle schaukelt sich allmählich zu immer größer werdenden Ausschlägen auf. Es wird der Kurbelwelle dauernd schwingungerregende Arbeit zugeführt. Zugleich wächst auch der dämpfende Widerstand. Dieser ist hauptsächlich die Reibung, welche die bewegten Maschinenteile erfahren, nämlich die Reibung der Wellenzapfen in den Lagern, der Kreuzkopfführungen auf den Gleitbahnen, der Kolben und besonders der Kolbenringe in den Zylindern, des Schwungrades in der Luft, des Propellers im Wasser, die magnetelektrische Dämpfung bei Generatoren usw. Auch die Werkstoffdämpfung, deren Einfluß nicht genau bekannt ist, spielt eine Rolle. Sie äußert sich in einer Erwärmung der Welle, besonders an den Stellen der stärksten Verdrehungen. An einer Versuchsanlage konnte der Verfasser durch Bestreichen der Welle mit einer temperaturempfindlichen Farbe eine Erwärmung an den Knotenpunkten auf über $80\,^{\circ}$ C feststellen.

Die dämpfenden Kräfte einzeln zu unterscheiden ist nicht möglich. Man faßt sie zu einem *Dämpfungsfaktor* k' zusammen, welcher angibt, daß die dämpfende Kraft K proportional der Schwingungsgeschwindigkeit v ist:

$$K_i = k' \cdot v_i, \tag{18}$$

und nimmt an, daß k' eine Konstante ist, obwohl dies nicht genau zutrifft. K ist die an *einer* Kurbel angreifende dämpfende Kraft, bezogen auf den Kurbelradius und 1 cm² Kolbenfläche; K hat somit die Dimension kg/cm². Wird die Schwingungsgeschwindigkeit v in cm/sec eingesetzt, so erhält k' die Dimension kg sec/cm³. Der Index i gibt an, daß Gl. (18) sich auf alle i Kurbeln beziehen soll. Da die Dämpfungskraft proportional der Schwingungs*geschwindigkeit* ist, so ist sie um $90\,^{\circ}$ gegen den Schwingungsausschlag phasenverschoben. Sie erreicht ihr Maximum, wenn die Massen durch die Nullage schwingen, und ist in den Umkehrpunkten der Schwingung null. Sie ist ebenfalls eine *harmonische* Kraft, die beständig der Schwingungsgeschwindigkeit entgegengesetzt gerichtet ist.

Bezeichnet man jetzt die wirklichen Schwingungsausschläge mit dem Buchstaben A (zum Unterschied von den beliebig vergrößert gedachten a), so wird der Schwingungsausschlag der i-ten Kurbel zur Zeit t während der Resonanz:

$$A_{i_t} = A_i \cdot \sin(\omega_e\, t),$$

somit

$$v_i = \frac{d A_{i_t}}{d t} = A_i \cdot \omega_e \cdot \cos(\omega_e\, t). \tag{19}$$

Mit dieser Geschwindigkeit ist die harmonische Gasdrehkraft P (je cm² Kolbenfläche) in der Resonanz in jedem Augenblick in Phase, folglich muß P sich ebenfalls nach $\cos \omega_e\, t$ ändern (sonst bestände keine Phasengleichheit), d. h. in der Resonanz muß sein:

$$P = D_G \cdot \cos \omega_e\, t. \tag{20}$$

Die Summe der schwingungerregenden Arbeiten an allen i Kurbeln während einer Periode ist

$$\sum_{\text{geom}} \int P \cdot d A_{i_t}, \tag{21}$$

wobei die Integration sich über einen vollen Schwingungsausschlag, die Summierung sich über alle i Zylinder zu erstrecken hat. Die Summe ist nach S. 91 *geometrisch* zu bilden. Setzt man in Gl. (21) P aus Gl. (20) und $d A_{i_t}$ aus Gl. (19) ein, so wird

$$\sum_{\text{geom}} \int_0^{2\pi} P \cdot d A_{i_t} = \sum_{\text{geom}} \int_0^{2\pi} D_G \cdot \cos^2(\omega_e\, t) \cdot A_i \cdot \omega_e \cdot dt.$$

Das Integral $\int\limits_0^{2\pi} \cos^2(\omega_e t) \cdot \omega_e \cdot dt$ schreibt man in der Form

$\int\limits_0^{2\pi} \cos^2(\omega_e t)\, d(\omega_e t)$; es erhält den Wert

$$\left[\frac{1}{2}\sin\omega_e t \cdot \cos\omega_e t + \frac{\omega_e t}{2}\right]_{\omega_e t = 0}^{\omega_e t = 2\pi} = \pi.$$

Folglich wird:

$$\sum_{\text{geom}} \int\limits_0^{2\pi} P \cdot dA_{i_t} = \pi \cdot D_G \cdot \sum_{\text{geom}} A_i. \tag{22}$$

Diese Arbeit wird in der Resonanz bei jeder Umdrehung auf die i Kurbeln übertragen; mit jeder Umdrehung wachsen die Schwingungsausschläge A linear an, daher wachsen sie auch linear mit der Zeit. Zugleich wächst auch die Dämpfungsarbeit, denn mit den größer werdenden Ausschlägen wächst die Schwingungsgeschwindigkeit. Der Beharrungszustand ist erreicht, wenn die schwingungerregende Arbeit gleich der Dämpfungsarbeit geworden ist. Von diesem Augenblick an bleiben die Ausschläge konstant. Aus der Bedingung „Schwingungerregende Arbeit = Dämpfungsarbeit" können die in der Resonanz auftretenden Schwingungsausschläge berechnet werden, wenn k' bekannt ist.

Da nach Gl. (18) $K_i = k'\, v_i$ und nach (19) $v_i = A_i\,\omega_e \cos(\omega_e t)$ ist, so wird

$$K_i = k'\, A_i\, \omega_e \cos(\omega_e t)$$

die an der i-ten Kurbel wirkende Dämpfungskraft. Die an der i-ten Kurbel wirkende Dämpfungsarbeit während einer Periode wird

$$\int\limits_0^{2\pi} K_i \cdot dA_{i_t} = \int\limits_0^{2\pi} k'\, A_i\, \omega_e \cos(\omega_e t)\, dA_{i_t}$$

$$= \int\limits_0^{2\pi} k'\, A_i^2\, \omega_e^2 \cos^2(\omega_e t)\, dt,$$

wenn dA_{i_t} aus Gl. (19) eingesetzt wird. Das Integral

$$\int\limits_0^{2\pi} \omega_e^2 \cos^2(\omega_e t)\, dt = \omega_e \int\limits_0^{2\pi} \cos^2(\omega_e t) \cdot d(\omega_e t)$$

wird wie zu Gl. (22) gelöst; es erhält den Wert $\omega_e \cdot \pi$. Somit wird die auf die i-te Kurbel während einer Periode wirkende Dämpfungsarbeit

$$k'\, \pi\, \omega_e\, A_i^2,$$

und die Summe der auf alle Kurbeln wirkenden Dämpfungsarbeiten

$$k'\, \pi\, \omega_e \sum A_i^2, \tag{23}$$

da die vor dem Summenzeichen stehenden Faktoren für alle Kurbeln gleich sind. $\sum A_i^2$ ist eine *algebraische* Summe, denn die Dämpfungsarbeiten der einzelnen Kurbeln haben keine Phasenverschiebung; sie sind in jedem Augenblick der Schwingungsrichtung entgegengerichtet. Auch wenn die Ausschläge einzelner Kurbeln negativ sind, ist die Dämpfungsarbeit *positiv* einzusetzen, da A_i^2 immer positiv ist, die Dämpfung auch bei negativen Ausschlägen auftritt.

Die Gleichsetzung der Arbeiten der schwingungerregenden und der dämpfenden Kräfte ergibt nach Gl. (22) und (23):

$$\pi\, D_G \sum_{\text{geom}} A_i = k'\, \pi\, \omega_e \sum_{\text{alg}} A_i^2$$

oder

$$D_G \sum_{\text{geom}} A_i = k'\, \omega_e \sum_{\text{alg}} A_i^2. \tag{24}$$

A_i ist der wirkliche Ausschlag der i-ten Kurbel in der Resonanz, A_1 sei der Ausschlag der ersten Kurbel am freien Motorende, an dem die Berechnung der Schwingungsform begonnen hat. Es darf angenommen werden, daß zwischen den wirklichen Ausschlägen A und den der Rechnung zugrunde gelegten verzerrten Ausschlägen a ein festes Verhältnis besteht, so daß

$$\frac{A_i}{A_1} = \frac{a_i}{a_1}$$

ist. Der Ausschlag a_1 war bei der Rechnung willkürlich angenommen worden; er darf gleich der Längeneinheit, also 1, gesetzt werden; z. B. $a_1 = 1$ cm. Dann wird

$$A_i = A_1 \cdot a_i \tag{25}$$

und

$$\sum_{\text{geom}} A_i = A_1 \sum_{\text{geom}} a_i \quad \text{sowie} \quad \sum_{\text{alg}} A_i^2 = A_1^2 \sum_{\text{alg}} a_i^2 .$$

Mit Gl. (24) ergibt sich:

$$D_G A_1 \sum_{\text{geom}} a_i = k' \omega_e A_1^2 \sum_{\text{alg}} a_i^2$$

und der in der Entfernung r_0 von der Wellenachse gemessene wirkliche Ausschlag in der Resonanz

$$A_1 = \frac{D_G \sum_{\text{geom}} a_i}{k' \omega_e \sum_{\text{alg}} a_i^2} . \tag{26}$$

D_G (in kg/cm²) ist aus der harmonischen Analyse oder Zahlentafel 19 (S. 85) bekannt; die a entnimmt man der Schwingungsform in der Resonanz. ω_e ist die Kreisfrequenz des jeweils betrachteten Grades (I, II ...) der Eigenschwingung. In dem S. 74 behandelten Beispiel (Zahlentafeln 13 bis 18) waren die ω_{e_I}, $\omega_{e_{II}}$ noch nicht richtig getroffen; somit muß für ω_{e_I} und $\omega_{e_{II}}$ je eine neue Zahlentafel berechnet werden, welche die den n_{e_I}, $n_{e_{II}}$ entsprechenden a-Werte liefert. Bei der Bildung der geometrischen $\sum a_i$ sind die Kurbelschemata der betreffenden Ordnung zu benutzen; daher gilt Gl. (26) jeweils nur *für einen bestimmten Grad der Eigenschwingungszahl* und *für eine bestimmte Ordnung der kritischen Drehzahl.*

Bei der Benutzung der Gl. (26) ist Gl. (25) zu beachten. Sie hatte zur Voraussetzung, daß $a_1 = 1$ gesetzt wurde, z. B. $= 1$ cm. Dann wird a_i *dimensionslos*; andernfalls würde Gl. (25) zu dem Widerspruch cm $=$ cm² führen. a_i ist, wenn $a_1 = 1$ gesetzt wird, eine *Verhältnis*zahl, welche die *relative* Größe der Ausschläge A_i zum Ausschlag A_1 angibt. Damit werden in Gl. (26) auch die Ausdrücke $\sum a_i$ und $\sum a_i^2$ dimensionslos und Gl. (26) wird dimensionsrichtig; sie liefert:

$$\mathrm{cm} = \frac{\dfrac{\mathrm{kg}}{\mathrm{cm}^2}}{\dfrac{\mathrm{kg\,sec}}{\mathrm{cm}^3} \cdot \dfrac{1}{\mathrm{sec}}} = \mathrm{cm}.$$

Man erhält A_1 in cm, gemessen auf dem Radius r_0. Ferner ist zu beachten, daß bei der Berechnung der a_i für die Eigenschwingungszahlen die a_1 jeweils $= 1$ cm gesetzt werden müssen. Für die Zahlentafeln 13 bis 18 (S. 74 bis 77) trifft dies nicht zu; a_1 ist zu 5 cm (Zahlentafel 13 bis 15) bzw. zu 2 cm (Zahlentafel 16 bis 18) angenommen worden. Daher müssen vor Anwendung der Gl. (26) die a noch durch 5 bzw. 2 dividiert werden; erst dann darf die $\sum a_i$ bzw. $\sum a_i^2$ gebildet werden. Wenn nur die Eigenschwingungszahlen berechnet werden sollen, ist dies nicht erforderlich.

Aus Gl. (26) könnte man den wirklichen Schwingungsausschlag A_1 am vorderen Kurbelwellenende berechnen, wenn der Dämpfungsfaktor k' bekannt wäre. Leider trifft dies nicht zu; die starke Streuung der gemessenen Dämpfungsfaktoren verhindert es. In der Literatur [1] findet man für verschiedene Motortypen Angaben für k', die stark

---

[1] BAUER, G.: Der Schiffsmaschinenbau, 4. Bd., S. 1000. — H. SCHRÖN: Die Dynamik der Verbrennungskraftmaschine, S. 163.

streuen. Eine einigermaßen sichere Berechnung der Ausschläge in der Resonanz ist daher nicht möglich. Der Wert der Gl. (26) liegt mehr darin, daß sie zeigt, wie k' am ausgeführten Motor gemessen werden kann. Gl. (26) sagt in der Form

$$k' = \frac{D_G \cdot \sum\limits_{\text{geom}} a_i}{A_1 \cdot \omega_e \cdot \sum\limits_{\text{alg}} a_i^2} \tag{26a}$$

aus, daß man nur den Schwingungsausschlag A_1 am vorderen Ende (durch Torsiographen oder Oszillographen) zu messen braucht, während der Motor (kurze Zeit) in der betreffenden kritischen Drehzahl läuft. Alle übrigen Werte in Gl. (26a) können genügend genau berechnet werden. Damit ist auch k' bestimmt.

Nach Messungen des Verfassers an größeren langsamlaufenden Schiffsmaschinen darf die Angabe von BAUER, wonach $k' = 0,004$ bis $0,007$ kg sec/cm³ gesetzt werden kann, als ziemlich zuverlässig gelten.

Beispiel: Für einen sechszylindrigen Viertaktmotor soll der Schwingungsausschlag A_1 des vorderen Kurbelwellenendes in der kritischen Drehzahl I. Grades 6. Ordnung berechnet werden.

Die Eigenschwingungszahl I. Grades habe sich zu $n_{e_I} = 1806/\text{min}$ ergeben; somit $\omega_{e_I} = \frac{2\pi \cdot 1806}{60} = 189$ 1/sec. Die Schwingungsform für n_{e_I} liege gezeichnet vor. Die geometrische Summe der a_i wird für die 3., 6., 9. ... Ordnung des Viertaktmotors gleich der algebraischen Summe, da alle Vektoren die gleiche Richtung erhalten. Für $a_1 = 1$ wird $\sum\limits_{\text{geom}} a_i = 3,76$, wie sich aus einer Tabellenrechnung (wie Zahlentafel 13 bis 15, S. 74) ergibt. Die Rechnung liefert ferner für ω_{e_I} eine $\sum\limits_{\text{alg}} a_i^2 = 2,94$; beide Summen sind dimensionslose Zahlen. Das für die 6. Ordnung eines Viertaktmotors gültige D_G wird nach Zahlentafel 19 (S. 85) $0,43$ kg/cm². Der Dämpfungsfaktor werde zu $k' = 0,005$ kg sec/cm³ angenommen. Damit ergibt sich

$$A_1 = \frac{0,43 \cdot 3,76}{0,005 \cdot 189 \cdot 2,94} = 0,58 \text{ cm}.$$

Die Kurbel macht somit in der kritischen Drehzahl I. Grades 6. Ordnung einen auf dem Kurbelradius (hier 300 mm) gemessenen Ausschlag von $\pm 5,8$ mm, welcher ziemlich hohen Wechselbeanspruchungen entspricht, die sich zu den von den Verbrennungsdrücken herrührenden addieren. Die Maschine darf daher keinesfalls längere Zeit in dieser kritischen Drehzahl fahren.

6. Beanspruchung der Welle durch Drehschwingungen

Wenn die Schwingungsform und der Ausschlag A_1 der ersten Masse bekannt sind, können die durch die Schwingungen entstehenden Beanspruchungen der Welle berechnet werden. Sie sind für jede Ordnung jeden Grades verschieden und natürlich in den stärksten kritischen Drehzahlen am größten.

Wird eine Welle vom polaren Flächenträgheitsmoment J_p und dem Durchmesser $2r$ durch ein Moment M_d verdreht, so ruft dies die Drehbeanspruchung

$$\tau = \frac{M_d \cdot r}{J_p} \tag{27}$$

hervor. Unter der Wirkung eines Momentes M_d verdrehen sich zwei im Abstand l_{red} liegende Querschnitte um einen Winkel φ gegeneinander, der aus $M_d = G\,J_{p_{\text{red}}}\,\varphi/l_{\text{red}}$ folgt. Der Verdrehungswinkel φ zwischen zwei beliebigen Wellenquerschnitten i und k kann aus der Schwingungsform abgelesen werden, da $\Delta A_{i,k} = r_0 \cdot \varphi$ ist (Bild 67, S. 69), wenn r_0 der Reduktionsradius ist, auf welchem ΔA gemessen wird. Somit wird

$$M_d = \frac{G\,J_{p_{\text{red}}}\,\Delta A_{i,k}}{l_{i,k}\,r_0}. \tag{28}$$

Setzt man Gl. (28) in (27) ein, so wird

$$\tau = \frac{G J_{p_{red}} \, \Delta A_{i,k} \, r}{J_p \, l_{i,k} \, r_0} \, .$$

Wie früher kann gesetzt werden

$$\frac{A_i}{A_1} = \frac{a_i}{a_1} = \frac{a_i}{1} \quad \text{und} \quad A_i = A_1 \cdot a_i \, ,$$

wobei a_i dimensionslos ist. Dann wird

$$\Delta A_{i,k} = A_1 \cdot \Delta a_{i,k} \, ,$$

und man erhält

$$\tau = \frac{A_1 \, G J_{p_{red}} \, \Delta a_{i,k} \, r}{J_p \, l_{i,k} \, r_0} \, . \tag{29}$$

Hierin ist:

A_1 der wirkliche Schwingungsausschlag des vorderen Wellenendes, gemessen auf einem Bogen vom Radius r_0,

G der Gleitmodul des Werkstoffes der Welle, $= 828\,000 \text{ kg/cm}^2$,

$J_{p_{red}}$ das polare Flächenträgheitsmoment des Wellenquerschnittes, auf den die Längen reduziert worden sind,

J_p das polare Flächenträgheitsmoment des wirklichen Wellenquerschnittes,

r der Halbmesser der wirklichen Welle,

r_0 der Radius, auf den die Massen reduziert worden sind und auf dem die Schwingungsausschläge gemessen werden.

$\Delta a_{i,k}$ und $l_{i,k}$ sind der Schwingungsform zu entnehmen. In dem Bruch auf der rechten Seite der Gl. (29) sind die Verhältnisse

$$\frac{\Delta a_{i,k}}{l_{i,k}} \quad \text{und} \quad \frac{\Delta a_{i,k}}{r_0}$$

enthalten. Das zweite Verhältnis ist ein Maß für den Verdrehungswinkel $\varphi_{i,k}$ zwischen den Querschnitten i, k und daher ein Maß für τ. Ein zweites Maß ist das Verhältnis $\Delta a_{i,k} : l_{i,k}$, das die *Neigung der Schwingungsform* gegen die Horizontale bezeichnet. Es ist die Tangente des Winkels γ in Bild 47 (S. 57). Daher ist die Neigung der Schwingungsform gegen die Horizontale ein Maß für die Schwingungsbeanspruchung der Welle in dem betreffenden Wellenabschnitt. Je steiler die Schwingungsform, um so größer ist die Verdrehbeanspruchung τ. Nach Gl. (29) ist

$$\tau = \frac{A_1 \, G \, J_{p_{red}} \, r}{J_p \, r_0} \cdot \text{tg} \, \gamma_{i,k} \, . \tag{30}$$

Wenn die Schwingungsform der Resonanz gezeichnet vorliegt und die Beanspruchung in *einem* Wellenteil für eine bestimmte Ordnung bekannt ist, kann die Beanspruchung in jedem anderen Teil angegeben werden, indem man in Gl. (30) den zugehörigen Wert für tg γ einführt. Gl. (30) gilt jedoch jeweils nur für eine bestimmte Ordnung und einen bestimmten Grad.

Hat man die Beanspruchung für die kritische Drehzahl *einer* Ordnung bestimmt, so kann man daraus mit Hilfe der Resonanzkurve (Bild 89, 91) auf die Beanspruchungen in kritischen Drehzahlen anderer Ordnungen schließen, jedoch nur innerhalb *desselben* Grades. Denn die Maxima der Resonanzkurve sind proportional den auf die Welle übertragenen schwingungerregenden Arbeiten, und diese dürfen als proportional den Ausschlägen und Beanspruchungen angenommen werden. Hat sich z. B. für einen Sechszylinder-Viertaktmotor für die kritische Drehzahl I, 6 ein $\tau = 600 \text{ kg/cm}^2$ ergeben, so kann man hieraus auf die Beanspruchung anderer Ordnungen schließen, indem man den Betrag 600 nach den Produkten $D_G \cdot R$ umrechnet. Wenn z. B.

für die	6.	$7\tfrac{1}{2}$-te	9. Ordnung

$$D_G \cdot R \qquad 1{,}62 \qquad 0{,}29 \qquad 0{,}35 \text{ kg/cm war,}$$

$$\text{so wird} \quad \tau = 600 \qquad 600 \cdot \frac{0{,}29}{1{,}62} \qquad 600 \cdot \frac{0{,}35}{1{,}62}$$

$$= 108 \qquad = 130 \text{ kg/cm}^2.$$

Man beachte dabei, daß die Berechnung der Beanspruchungen nur dann einigermaßen sicher ist, wenn A_1 nicht auf Grund der unsicheren Annahme des k' berechnet, sondern wenn es im Beharrungszustand einer Resonanz gemessen wurde. Ist k' nicht mit einiger Sicherheit bekannt, so muß man sich bei der Untersuchung der Festigkeit einer Kurbelwelle darauf beschränken, die von den Drehschwingungen herrührenden Wechsel-Verdrehbeanspruchungen zu schätzen. Man bemißt die Wellenquerschnitte so, daß die gesamte Beanspruchung der Welle mit Sicherheit unterhalb der Wechselfestigkeit des Werkstoffes bleibt.

7. Breite der kritischen Drehzahlgebiete

Die kritischen Drehzahlen sind nicht scharf begrenzt; sie erstrecken sich stets über einen gewissen Bereich mit einem Maximum der Ausschläge und oberhalb und unterhalb von n_k abnehmenden Ausschlägen. Dies rührt daher, daß die reduzierte Masse der Triebwerkteile (Kolben, Kolbenstange, Kreuzkopf, Pleuelstange) sich während einer Umdrehung periodisch ändert, daß also die bei der Berechnung der reduzierten Massen gemachte Annahme, daß diese Massen mit ihrem halben Wert eingesetzt werden dürfen, in Wirklichkeit nicht genau zutrifft. Auch tragen die harmonischen Drehkräfte anderer Ordnungen zur Verbreiterung des kritischen Gebietes bei. Messungen zeigen, daß die Breite der Unruhegebiete bei den kritischen Drehzahlen I. Grades größer ist als im II. Grad und daß die Unruhe früher beginnt, wenn man sich einer kritischen Drehzahl mit steigender als mit abnehmender Drehzahl nähert. Die Gestalt der R–n-Kurve (Bild 69, S. 72) erklärt dies: die Kurve verläuft oberhalb ihrer Schnitte mit der Abszisse steiler als unterhalb, d. h. oberhalb der Schnittpunkte wachsen mit zunehmender Drehzahl die Restkräfte schneller an, als sie bei Annäherung an den Schnittpunkt von unten her abnehmen. Das Maximum der Unruhe erscheint daher bei allen Graden innerhalb des Unruhebereiches etwas nach der Seite der höheren Drehzahlen verschoben.

Wenn nicht vermieden werden kann, daß eine stärkere kritische Drehzahl unterhalb der Betriebsdrehzahl liegt, dann muß die kritische Drehzahl rasch durchfahren werden, damit die Schwingungen sich nicht zu größeren Ausschlägen aufschaukeln können. Bei Schiffsmaschinen müssen die stärkeren kritischen Gebiete, soweit sie in den Betriebsbereich fallen, gesperrt werden (rote Marken auf dem Tachometer). Die Breite der Sperrgebiete kann an der fertigen Anlage durch torsiographische Messungen leicht festgestellt werden. Die Sperrung kann sich

bei kritischen Drehzahlen I. Grades auf etwa 5% unterhalb und 4% oberhalb,
bei kritischen Drehzahlen II. Grades auf etwa 4% unterhalb und 3% oberhalb

der Resonanz erstrecken, wobei die Prozente auf die normale Drehzahl bezogen sind. Man wird die Sperrung so schmal wie möglich halten, um den Manövrierbereich der Maschine nicht unnötig einzuengen. Durch Anwendung wirksamer Schwingungsdämpfer können Sperrungen ganz vermieden werden.

C. Dämpfung der Drehschwingungen

Koppelt man eine federnd aufgehängte Masse m_1, die unter dem Einfluß einer harmonischen Wechselkraft Schwingungen ausführt, elastisch mit einer zweiten Masse m_2 so, daß m_2 gegen m_1 schwingen kann (Bild 102, S. 111), so kann man durch passende Wahl der Einflußgrößen erreichen, daß die Schwingungsausschläge von m_1 wesentlich verkleinert, u. U. sogar null werden, während m_2 in stärkere Schwingungen gerät. Sind die Schwingungen von m_1 unerwünscht, die von m_2 dagegen unschädlich, so ist die Kopplung zweckmäßig. Darauf beruht das Prinzip des Schwingungsdämpfers, hier insbesondere des Drehschwingungsdämpfers.

Die dämpfende Wirkung der Anordnung kommt dadurch zustande, daß die Masse m_2, die außer durch die federnde Verbindung zwischen m_2 und m_1 von keiner Wechselkraft angeregt wird, jene Energie, die sie im Schwingungszustand besitzt, nur von m_1 empfangen haben kann, sie also der Masse m_1 entzogen haben muß, deren Schwingungen dadurch verkleinert werden. Bringt man außerdem zwischen m_1 und m_2 eine Vorrichtung an, welche Reibung und dadurch Wärme erzeugt, so muß auch diese Energie der Masse m_1 entzogen worden sein, was ebenfalls dämpfend auf m_1 wirkt.

Die Gleichungen, welche die Bewegungen der schwingenden Massen beschreiben, sind dieselben für lineare und für Drehschwingungen; nur verwandeln sich beim Übergang zu Drehschwingungen die geradlinigen Schwingungsausschläge in Bogen, und die Konstanten erhalten andere Bedeutungen. Man darf daher die Drehschwingungen ebenso behandeln wie lineare Schwingungen und zieht das zweite Verfahren wegen seiner besseren Übersichtlichkeit vor. Doch kann man jederzeit von linearen zu Drehschwingungen übergehen (vgl. S. 66).

In diesem Abschnitt wird eine Reihe von Bezeichnungen gebraucht, deren Bedeutung, soweit erforderlich, näher erklärt werden wird. Es sind dies:

m_1 Motormasse $\left.\right\}$ für lineare Schwingungen in kg sec²/cm,
m_2 Dämpfermasse

c_1 Federzahl der Masse m_1 $\left.\right\}$ in kg/cm,
c_2 Federzahl der Masse m_2

k_1 Dämpfungszahl für m_1 $\left.\right\}$ in kg je cm/sec Schwingungsgeschwindigkeit, also in kg sec/cm,
k_2 Dämpfungszahl für m_2

k_{k_1} kritische Dämpfungszahl der Masse $m_1 = 2\sqrt{m_1 c_1}$ $\left.\right\}$ in kg sec/cm,

$k_{k_2} = $ kritische Dämpfungszahl der Masse $m_2 = 2\sqrt{m_2 c_2}$

$\beta_1 = k_1/k_{k_1}$ $\left.\right\}$ unbenannt,
$\beta_2 = k_2/k_{k_2}$

P_0 Amplitude der erregenden Wechselkraft in kg,

ω Kreisfrequenz der erregenden Wechselkraft = Anzahl der (vollen) Kraftwechsel in 2π sec,

ν_1 Eigenkreisfrequenz der Masse $m_1 = \sqrt{c_1/m_1}$ ($60\,\nu_1/2\pi = $ minutl. Eigenschw.zahl n_e des Motors),

ν_2 Eigenkreisfrequenz der Masse $m_2 = \sqrt{c_2/m_2}$,

$\zeta_1 = \omega/\nu_1$ $\left.\right\}$ unbenannt,
$\zeta_2 = \omega/\nu_2$

x_{1_0}, x_{2_0} Größtwerte (Amplituden) der (sinusförmig veränderlichen) Schwingungsausschläge x_1, x_2 der Massen m_1, m_2,

$\xi = x_{2_0}/x_{1_0}$, unbenannt,

$x_{st} = P_0/c_1 = $ Ausschlag von m_1 für ruhendes P_0,

$\mu = m_2/m_1$
$\varkappa = m_2\nu_2^2/m_1\nu_1^2$ $\left.\right\}$ unbenannt.
$\alpha_1 = x_{1_0}/x_{st}$

Der folgende Abschnitt diene zur Einführung; Abschnitt 2 (S. 111) behandelt die Theorie der dynamischen Schwingungsdämpfer mit konstanter Eigenfrequenz.

1. Einmassensystem mit gedämpfter erzwungener Schwingung[1]

Eine federnd aufgehängte Masse m sei so geführt, daß sie sich nur senkrecht auf- und abwärts bewegen kann (Bild 94). Ein solches System hat *einen* „Freiheitsgrad". Auf die Masse wirke in senkrechter Richtung eine harmonische Wechselkraft $P_0 \sin \omega t$. Sie

---

[1] Vgl. J. P. DEN HARTOG: Mechanische Schwingungen, deutsch von G. MESMER. 2. Aufl., Berlin/Göttingen/Heidelberg: Springer 1952, und K. KLOTTER: Einführung in die Technische Schwingungslehre Bd. I, Einfache Schwinger. 2. Aufl., Berlin/Göttingen/Heidelberg: Springer 1951.

versetzt m in Schwingungen, deren Ausschläge x von einer Gleichgewichtslage 0–0 aus gezählt werden sollen. Als Gleichgewichtslage werde jene Stellung gewählt, welche die Masse einnimmt, wenn m ruhend an c hängt.

Man könnte auch die Stellung von m bei ungespannter Feder als Gleichgewichtslage annehmen; dann würde auf beiden Seiten der abzuleitenden Gleichung der Faktor mg hinzuzufügen sein, der sich forthebt. Bei der Untersuchung der Drehschwingungsdämpfer entfällt die entsprechende Überlegung.

Von der Gleichgewichtslage aus nach unten gerichtete Ausschläge x mögen als positiv gelten. Bei positivem x ist die Kraft $c\,x$ der Feder nach *oben* gerichtet (c = Federzahl in kg/cm), also negativ. Ebenfalls nach oben gerichtet, weil stets der jeweiligen Bewegungsrichtung entgegengesetzt, ist die von einer Dämpfungsvorrichtung (Bild 94) auf m ausgeübte Kraft. Diese sei durch zähe Flüssigkeitsreibung verursacht; dann darf die dämpfende Kraft genügend genau proportional der Geschwindigkeit gesetzt werden, also gleich $k \cdot dx/dt$. Die erregende Kraft $P_0 \sin \omega\, t$ sei in dem betrachteten Augenblick abwärts gerichtet. Dann ist die Summe der auf m wirkenden Kräfte

$$K = P_0 \sin \omega\, t - c\,x - k \cdot dx/dt.$$

Sie muß nach dem Impulssatz $m \cdot dv = K \cdot dt$, mit dem Zeitelement dt multipliziert, gleich dem Produkt aus Masse und Geschwindigkeitszuwachs im Zeitelement sein, somit

$$m \cdot d\left(\frac{dx}{dt}\right) = \left(P_0 \sin \omega\, t - c\,x - k \cdot \frac{dx}{dt}\right) dt$$

oder

$$m\,\ddot{x} + k\,\dot{x} + c\,x = P_0 \sin \omega\, t. \tag{31}$$

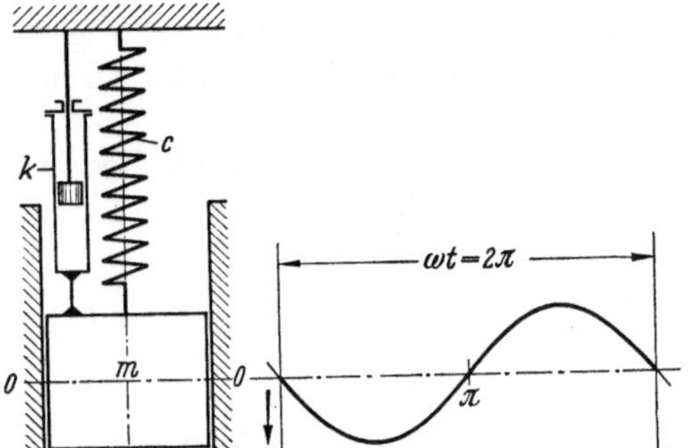

Bild 94. Einmassensystem mit gedämpfter erzwungener Schwingung

Gl. (31) ist die Differentialgleichung der gedämpften Schwingungsbewegung mit *einem* Freiheitsgrad. Sie sagt aus, daß zwischen den vier Kräften Trägheitskraft, Dämpfungskraft, Rückstellkraft und erregender Kraft in jedem Augenblick Gleichgewicht herrschen muß.

Die vollständige Lösung der Gl. (31) besteht aus der Summe der vollständigen Lösung einer Gl. (31), deren rechte Seite gleich null gesetzt wird, also der Gleichung

$$m\,\ddot{x} + k\,\dot{x} + c\,x = 0 \tag{32}$$

und einer Teillösung der vollständigen Gleichung (31).

Erste Teillösung der Gl. (31): In Gl. (32) fehlt die erzwingende Kraft; diese Gl. stellt eine „gedämpfte freie Schwingung" dar. Ihre Form sagt aus, daß x eine Funktion der Zeit sein muß, die sich bei der Differentiation nach der Zeit nur um einen konstanten Faktor verändert[1]. Die einzige Funktion dieser Art, die es gibt, ist $x = e^{z\,t}$, wobei z eine noch zu bestimmende Konstante ist. Mit $x = e^{z\,t}$ folgt aus Gl. (32)

$$(m\,z^2 + k\,z + c)\,e^{z\,t} = 0. \tag{33}$$

Da $e^{z\,t}$ niemals zu null werden kann, muß $m\,z^2 + k\,z + c = 0$ sein, woraus

$$z_1 = -\frac{k}{2m} + \sqrt{\left(\frac{k}{2m}\right)^2 - \frac{c}{m}},$$

$$z_2 = -\frac{k}{2m} - \sqrt{\left(\frac{k}{2m}\right)^2 - \frac{c}{m}} \tag{34}$$

---

[1] Wenn dies *nicht* der Fall wäre, wenn also die erste und die zweite Ableitung der gesuchten Funktion x *nicht* konstante Koeffizienten enthielten, so könnte sich durch Einsetzen der Ableitungen in Gl. (32) nicht deren oben vorgeschriebene Form ergeben.

folgt. $x_1 = e^{z_1 t}$ und $x_2 = e^{z_2 t}$ sind zwei partikuläre Integrale der homogenen linearen Diff.-Gl. (32); also ist [1]

$$x = C_1\, e^{z_1 t} + C_2\, e^{z_2 t} \tag{35}$$

das allgemeine Integral der Gl. (32), welche Werte auch C_1 und C_2 haben mögen.

Die Werte z_1 und z_2 sind reell, solange $(k/2m)^2 > (c/m)$ ist; beide sind negativ, weil die Wurzel kleiner als $k/2m$ ist. Solange dies der Fall ist, beschreibt Gl. (35) die Bewegung eines Körpers, der, aus seiner Gleichgewichtslage gebracht, unter der Wirkung der Rückstellkraft und der Dämpfungskraft aperiodisch in die Gleichgewichtslage zurück- „kriecht". Bild 95 veranschaulicht dies für das Zahlenbeispiel: Gewicht des Körpers 20 kg, Masse $m = 20 : 981 = 0{,}0204$ kg sec²/cm, Federzahl $c = 1{,}0$ kg/cm, Dämpfungszahl $k = 0{,}3$ kg sec/cm. Es wird: $(k/2m)^2 = 7{,}35^2 = 54{,}02$ 1/sec², $c/m = 49{,}02$ 1/sec², $z_1 = -7{,}35 + 2{,}24 = -5{,}11$ 1/sec, $z_2 = -7{,}35 - 2{,}24 = -9{,}59$ 1/sec. Für $t = 0$ wird $x = C_1 + C_2$; die Konstanten bestimmen somit den Ausschlag der Masse, mit welchem die Bewegung beginnt. Im Beispiel sei $C_1 = 2$ cm, $C_2 = 1$ cm; dann ist für $t = 0$ der anfängliche Ausschlag $x = x_0 = 3$ cm. Schon nach 0,1 sec hat sich der Ausschlag auf rd. die Hälfte vermindert, und nach 1 sec hat sich die Masse praktisch in ihre Anfangslage zurückbewegt, die sie theoretisch erst in unendlich langer Zeit erreicht.

Wenn $(k/2m)^2 = c/m$ wird, verschwinden die Wurzeln in Gl. (34), und es wird $z_1 = z_2$. Den Wert von k, für den dies zutrifft, bezeichnet man als „kritische Dämpfung" k_k. Aus $k_k/2m = \sqrt{c/m}$ folgt

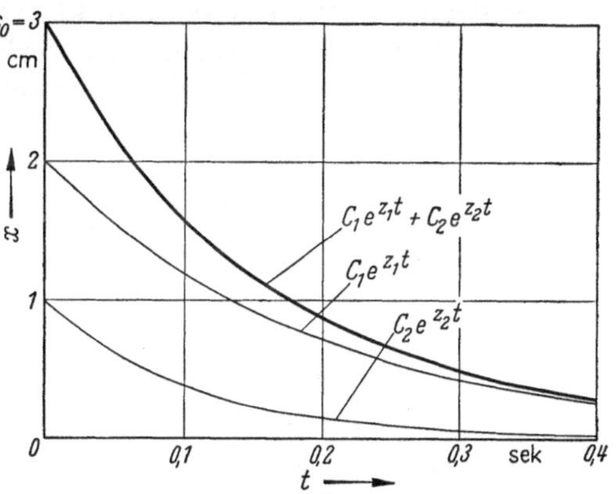

Bild 95. Bewegung des Einmassensystems bei starker Dämpfung

$$k_k = 2\sqrt{m\,c} = 2m\sqrt{\frac{c}{m}} = 2m\,\nu, \tag{36}$$

wenn ν die Kreisfrequenz der Schwingung ist. Für das oben behandelte Zahlenbeispiel wird $k_k = 2\sqrt{0{,}0204 \cdot 1} = 0{,}286$ kg sec/cm. Bei allen Dämpfungszahlen $\geq 0{,}286$ kriecht die Masse in ihre Gleichgewichtslage zurück, ohne Schwingungen auszuführen.

Wenn $(k/2m)^2 < c/m$ wird, werden z_1 und z_2 in Gl. (35) komplex. Man erhält

$$\left.\begin{aligned}
z_1 &= -\frac{k}{2m} + i\sqrt{\frac{c}{m} - \left(\frac{k}{2m}\right)^2}, \\[2mm]
z_2 &= -\frac{k}{2m} - i\sqrt{\frac{c}{m} - \left(\frac{k}{2m}\right)^2}.
\end{aligned}\right\} \tag{34 a}$$

Zur Abkürzung werde gesetzt

$$\bar{\nu} = \sqrt{\frac{c}{m} - \left(\frac{k}{2m}\right)^2}; \tag{37}$$

(die Bedeutung von $\bar{\nu}$ wird später erklärt). Gl. (35) nimmt dann die Form an:

$$x = C_1 \cdot e^{-\frac{k}{2m}t + i\bar{\nu}t} + C_2 \cdot e^{-\frac{k}{2m}t - i\bar{\nu}t} = e^{-\frac{k}{2m}t}\left[C_1 \cdot e^{i\bar{\nu}t} + C_2 \cdot e^{-i\bar{\nu}t}\right]. \tag{38}$$

Durch Anwendung der EULERschen Formeln

$$e^{ix} = 1 + \frac{ix}{1!} - \frac{x^2}{2!} - \frac{ix^3}{3!} + \frac{x^4}{4!} + \frac{ix^5}{5!} - - + + \cdots$$

$$= 1 - \frac{x^2}{2!} + \frac{x^4}{4!} - + \cdots + i\left(\frac{x}{1!} - \frac{x^3}{3!} + \frac{x^5}{5!} - + \cdots\right) = \cos x + i \cdot \sin x$$

und $e^{-ix} = 1 - \dfrac{ix}{1!} - \dfrac{x^2}{2!} + \dfrac{ix^3}{3!} + \dfrac{x^4}{4!} - - + + \cdots = \cos x - i \cdot \sin x$

---

[1] Vgl. z. B. „Hütte" Bd. I (1948) S. 121.

erhält man

$$e^{i\bar{\nu}t} = \cos\bar{\nu}\,t + i\sin\bar{\nu}\,t \quad \text{und} \quad e^{-i\bar{\nu}t} = \cos\bar{\nu}\,t - i\sin\bar{\nu}\,t.$$

Durch Einsetzen in Gl. (38) ergibt sich

$$x = e^{-\frac{k}{2m}t}\left[C_1(\cos\bar{\nu}\,t + i\sin\bar{\nu}\,t) + C_2(\cos\bar{\nu}\,t - i\sin\bar{\nu}\,t)\right]$$

$$= e^{-\frac{k}{2m}t}\left[(C_1 + C_2)\cos\bar{\nu}\,t + i(C_1 - C_2)\sin\bar{\nu}\,t\right]. \tag{39}$$

Die Konstanten C_1 und C_2 dürfen beliebige Werte haben; es kann somit

$$C_1 + C_2 = C' \quad \text{und} \quad C_1 - C_2 = C''$$

gesetzt werden. Damit wird Gl. (39)

$$x = e^{-\frac{k}{2m}t}\,(C'\cos\bar{\nu}\,t + i\,C''\sin\bar{\nu}\,t). \tag{40}$$

Der Ausschlag x ist also das Produkt aus einer Exponentialfunktion und einem Klammerausdruck. Die Exponentialfunktion verläuft wie die Kurven in Bild 95; daß der Klammerausdruck eine reelle Sinuslinie darstellt, veranschaulicht Bild 96. Die Konstanten C'

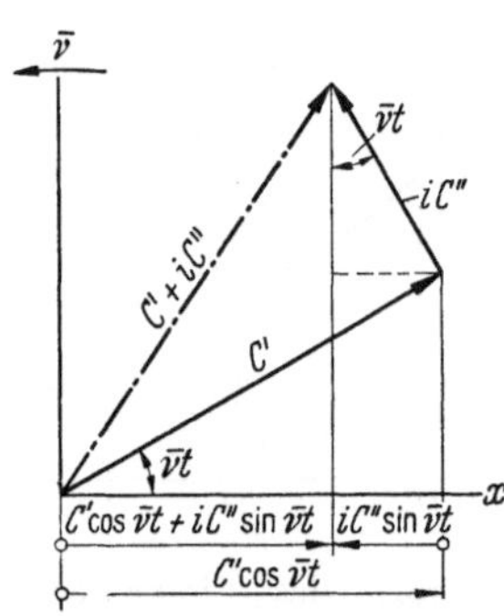

Bild 96
Darstellung der Funktion $C'\cos\bar{\nu}t + iC''\sin\bar{\nu}t$

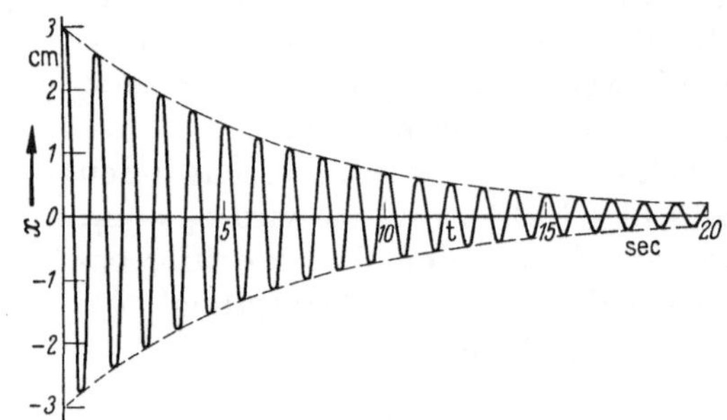

Bild 97. Gedämpfte freie Schwingung des Systems
$m = 0{,}0102\ \text{kgsec}^2/\text{cm},\ c = 0{,}4\ \text{kg/cm}$
$k = 0{,}003\ \text{kgsec/cm}$

und $i\,C''$ werden als die Komponenten eines Vektors $(C' + i\,C'')$ aufgefaßt, der mit der Winkelgeschwindigkeit $\bar{\nu}$ umläuft. Die Komponente $i\,C''$ steht als imaginäre Größe senkrecht auf C'. Zur Zeit t mögen C' und $i\,C''$ die in Bild 96 gezeichnete Lage haben. Man erkennt aus Bild 96 unter Beachtung der Vektorrichtungen, daß in jedem Augenblick die Projektion[1] des Vektors $(C' + i\,C'')$ auf die reelle x-Achse den Wert $C'\cos\bar{\nu}\,t + i\,C''\sin\bar{\nu}\,t$ hat, daß also der Klammerausdruck in Gl. (40) in der Tat eine reelle Größe, nämlich eine in der x-Achse liegende harmonische Bewegung darstellt.

Multipliziert man ihn mit der unbenannten Zahl $e^{-\frac{k}{2m}t}$, so bedeutet dies, daß der Vektor des Klammerausdrucks sich mit zunehmendem t beständig verkürzt; man erhält eine Wellenlinie, deren Amplituden stetig abnehmen, und zwar um so rascher, je größer k ist, bis die Schwingung ganz verschwunden ist. Bild 97 zeigt die „gedämpfte Sinus-

---

[1] Die Bedeutung komplexer Zahlen wird für den Ingenieur leichter verständlich, wenn man festsetzt, daß von der komplexen Größe nur ihre Projektion auf die reelle Achse als wirklich vorkommend angesehen werden soll. So betrachtet, nehmen die mit i behafteten Größen den Charakter von Projektionslinien an, die auf der reellen Achse (d. i. in Bild 96 die x-Achse) senkrecht stehen. Sie sind „imaginär", also nicht wirklich vorhanden und doch als Projektionslinien unentbehrlich. Ein Vektor, von dem nur seine Projektionen auf eine gegebene Achse reellen Wert haben sollen, kann durch die Hypotenuse eines rechtwinkligen Dreiecks mit den Katheten a und ib dargestellt werden. Rotiert der Vektor, so läuft auch das aus a und ib gebildete rechtwinklige Dreieck um, aber nur seine Projektion auf die reelle Achse, die (unter Beachtung des Vorzeichens) gleich der Summe der Projektionen des reellen und des imaginären Teils ist, tritt wirklich auf. Sie stellt in Bild 96 eine harmonische Bewegung in der x-Achse mit der Kreisfrequenz $\bar{\nu}$ dar. Vgl. auch DEN HARTOG-MESMER (Fußnote 1, S. 103), dort S. 10.

welle" für das System $m = 0,0102$ kg sec²/cm, $c = 0,4$ kg/cm und $k = 0,003$ kg sec/cm. Die kritische Dämpfungszahl wird in diesem Fall $k_k = 0,128$ kg sec/cm, somit $> 0,003$ kg sec/cm; daher treten gedämpfte freie Schwingungen (keine Kriechbewegung) auf.

Nach Gl. (40) und Bild 96 ist $\bar{v}$ die Winkelgeschwindigkeit des Vektors bei Berücksichtigung der Dämpfung. Ohne Dämpfung ist sie $v = \sqrt{c/m}$; mit Dämpfung nimmt sie auf

$$\bar{v} = \sqrt{\frac{c}{m} - \left(\frac{k}{2\,m}\right)^2}, \tag{37}$$

also im Verhältnis

$$\frac{\bar{v}}{v} = \frac{\sqrt{\dfrac{c}{m} - \left(\dfrac{k}{2\,m}\right)^2}}{\sqrt{\dfrac{c}{m}}} = \sqrt{1 - (k/k_k)^2} \tag{41}$$

ab. Da bei Motoren der Wert k/k_k erfahrungsgemäß kaum größer als 0,1 bis 0,15 ist, wird das Verhältnis der gedämpften zur ungedämpften Eigenfrequenz nicht wesentlich kleiner als 0,99. Daher dürfen die Eigenschwingungszahlen der Motorwellen *ohne Berücksichtigung der Dämpfung* berechnet werden (vgl. S. 64).

Zweite Teillösung der Gl. (31): Zwecks vollständiger Lösung der Gl. (31) muß noch eine Teillösung angegeben werden, wobei man zunächst darauf angewiesen ist, die gesuchte Funktion x anzunehmen, dann aber zu beweisen hat, daß und unter welchen Bedingungen die angenommene Funktion x die Gl. (31) erfüllt. Da die erregende Kraft $P_0 \sin \omega t$ eine periodische Funktion der Zeit ist, liegt die Annahme nahe, daß der Schwingungsausschlag ebenfalls eine Funktion der Zeit mit gleicher Frequenz wie die Erregung ist. Dabei darf aber nicht als selbstverständlich angenommen werden, daß die erregende Kraft und die erzwungene Bewegung phasengleich sind; es wird sich vielmehr zeigen, daß erregende Kraft und Bewegung phasenverschoben sind, was auf die Dämpfung zurückzuführen ist. Es wird demnach angenommen, daß die durch die erregende Kraft $P_0 \sin \omega t$ erzwungene Bewegung durch die Gleichung $x = x_0 \sin(\omega t - \varphi)$ dargestellt wird, wobei x_0 und φ noch zu bestimmen sind.

Mit
$$x = x_0 \sin(\omega t - \varphi) \tag{42}$$

wird
$$\dot{x} = \omega\, x_0 \cos(\omega t - \varphi) = \omega\, x_0 \sin\left(\frac{\pi}{2} + \omega t - \varphi\right) \tag{43}$$

und
$$\ddot{x} = - \omega^2\, x_0 \sin(\omega t - \varphi). \tag{44}$$

Mit Gl. (42) bis (44) erscheinen alle vier Glieder der Gl. (31) als periodisch wechselnde Kräfte von der Erregerfrequenz ω. Damit nimmt Gl. (31) die Form an:

$$-m\, \omega^2\, x_0 \sin(\omega t - \varphi) + k\, \omega\, x_0 \sin\left(\frac{\pi}{2} + \omega t - \varphi\right) + c\, x_0 \sin(\omega t - \varphi) = P_0 \sin \omega t. \tag{45}$$

Jede Kraft kann durch einen mit der Erregerfrequenz ω umlaufenden Vektor dargestellt werden. Von den Richtungen dieser Vektoren weiß man, daß

der Vektor $m\, \omega^2\, x_0$ als Trägheitskraft stets vom Schwingungsmittelpunkt weg gerichtet ist,

der Vektor $k\, \omega\, x_0$ wegen Gl. (43) um $\frac{\pi}{2}$ dem Vektor $c\, x_0$ voreilen muß,

der Vektor $c\, x_0$ als rückführende Kraft stets zum Schwingungsmittelpunkt gerichtet ist und

der Vektor P_0 eine Phasenverschiebung φ gegenüber der Bewegungsrichtung haben muß, denn er muß eine Komponente liefern, welche dem auf $c\, x_0$ und $m\, \omega^2\, x_0$ senkrecht stehenden Vektor $k\, \omega\, x_0$ das durch Gl. (31) und (45) vorgeschriebene Gleichgewicht hält (Bild 98).

Die vier Vektoren müssen ein geschlossenes Polygon (Bild 98) bilden, wie Gl. (45) vorschreibt. Wenn diese Bedingung für jedes ω erfüllt ist, dann sind die Gl. (45) und (31) befriedigt, dann war die Annahme $x = x_0 \sin(\omega t - \varphi)$ richtig. Wenn man annimmt, daß das Polygon mit der Erregerfrequenz ω umläuft, dann ist jene Bedingung in jedem Augenblick erfüllt. Die horizontalen und die vertikalen Komponenten ergänzen sich stets zu null; es muß somit sein:

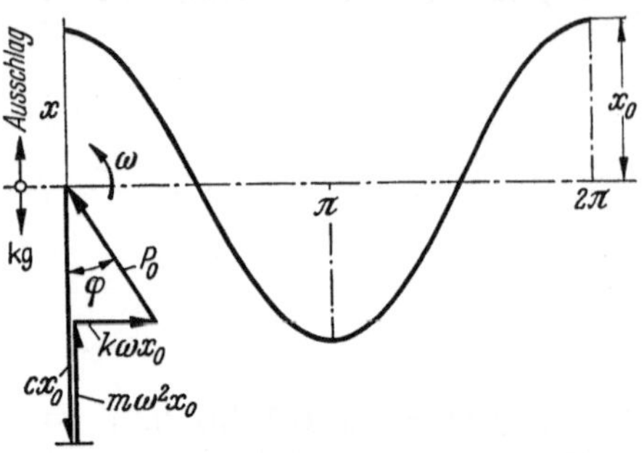

$$c\,x_0 - m\,\omega^2\,x_0 - P_0 \cos\varphi = 0$$

und

$$k\,\omega\,x_0 - P_0 \sin\varphi = 0.$$

Werden die P_0 enthaltenden Glieder auf die rechte Seite gebracht und die Gln. quadriert und addiert, so folgt

$$x_0 = \frac{P_0}{\sqrt{k^2\,\omega^2 + (c - m\,\omega^2)^2}}\; ; \qquad (46)$$

durch Division erhält man

$$\operatorname{tg}\varphi = \frac{k\,\omega\,x_0}{c\,x_0 - m\,\omega^2\,x_0} = \frac{k\,\omega}{c - m\,\omega^2}. \qquad (47)$$

Bild 98. Bei der gedämpften erzwungenen Schwingung eines Einmassensystems halten sich vier Kräfte das Gleichgewicht

Man liest aus Bild 98 ab, daß φ der Phasenwinkel zwischen der erregenden Kraft und der Richtung des Schwingungsweges ist.

Dividiert man in Gl. (46) Zähler und Nenner durch die Federzahl c und führt die Kreisfrequenz der ungedämpften Schwingung $\nu = \sqrt{c/m}$ sowie die kritische Dämpfungszahl nach Gl. (36) ein, so erhält man

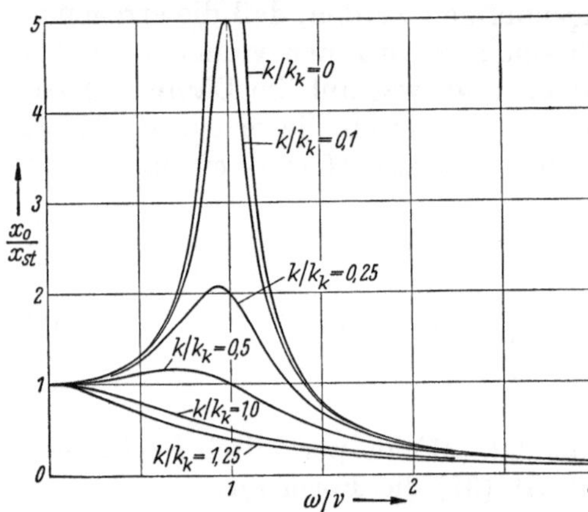

$$x_0 = \frac{\dfrac{P_0}{c}}{\sqrt{\left(1 - \dfrac{\omega^2}{\nu^2}\right)^2 + \left(2\,\dfrac{k}{k_k} \cdot \dfrac{\omega}{\nu}\right)^2}}. \qquad (48)$$

P_0/c ist nach der Definition von c die statische Durchbiegung x_{st} der Feder unter der ruhenden Last P_0, somit $x_{st} = P_0/c$. Damit folgt aus Gl. (48):

$$\frac{x_0}{x_{st}} = \frac{1}{\sqrt{\left(1 - \dfrac{\omega^2}{\nu^2}\right)^2 + \left(2\,\dfrac{k}{k_k} \cdot \dfrac{\omega}{\nu}\right)^2}}. \qquad (49)$$

Bild 99. Amplituden der gedämpften erzwungenen Schwingung eines Einmassensystems in Abhängigkeit vom Verhältnis Erregerfrequenz zur Eigenfrequenz bei verschiedenen Dämpfungsverhältnissen

Für ein gegebenes System c, m hat k_k nach Gl. (36) einen bestimmten Wert; er ist der Grenzwert, oberhalb dessen die Bewegung kriechend verläuft. Bei gegebenem k/k_k hängt das Verhältnis des jeweiligen Schwingungsausschlages zur statischen Federung, x_0/x_{st}, nach Gl. (49) nur von dem Verhältnis ω/ν der Erregerfrequenz zur Eigenfrequenz ab. In Bild 99 ist das Verhältnis x_0/x_{st} für verschiedene Dämpfungsverhältnisse k/k_k in Abhängigkeit von ω/ν aufgetragen. Für $k/k_k = 0$ und $\omega/\nu = 1{,}0$ liegt Resonanz des ungedämpften Systems vor; die Ausschläge werden unendlich groß. Mit zunehmender Dämpfung werden die Ausschläge endlich und kleiner, bis sie bei $k/k_k = 1$ in eine stetig fallende Kurve übergehen: Schwingungsausschläge treten nicht mehr auf, die Masse kriecht in ihre Gleichgewichtslage zurück.

Bild 99 zeigt ferner, daß das Maximum der Schwingungsausschläge bei vorhandener Dämpfung etwas *vor* dem Maximum bei fehlender Dämpfung liegt und zwar um so mehr, je stärker die Dämpfung ist. Man erkennt dies, wenn man in Gl. (49) $x_0/x_{st} = y$ und

$\omega/v = x$ setzt und den Differentialquotienten dy/dx bildet, der für die Maxima von x_0/x_{st} gleich null sein muß. Man erhält

$$y = \frac{1}{\sqrt{(1 - x^2)^2 + (K \cdot x)^2}}, \quad \text{wobei zur Abkürzung} \quad 2\frac{k}{k_k} = K \quad \text{gesetzt ist. Somit}$$

$$y = [(1 - x^2)^2 + K^2 x^2]^{-1/2} = f(x),$$

$$f'(x) = -\frac{1}{2}(-4x + 4x^3 + 2K^2 x)^{-3/2};$$

$$-4x + 4x^3 + 2K^2 x = 0,$$

hieraus $\qquad \dfrac{\omega}{v} = \pm \sqrt{1 - 2\left(\dfrac{k}{k_k}\right)^2} \quad$ für alle Maxima von x_0/x_{st}. $\qquad$ (50)

Für $k/k_k = 0{,}5$ wird z. B. $x = \sqrt{1 - 2 \cdot 0{,}25} = 0{,}71$ (Bild 99), für $k/k_k = 0{,}25$ schon $0{,}935$, und für $k/k_k = 0{,}1$ tritt der größte Schwingungsausschlag bei $\omega/v = 0{,}99$ ein. Für alle praktisch vorkommenden Dämpfungsgrade liegt das Maximum der Schwingungsausschläge unmittelbar unterhalb der Resonanz bei dämpfungsfreier Schwingung. Der Abstand ist so klein, daß er vernachlässigt werden darf.

Die aus Gl. (45) abgeleiteten Betrachtungen und die Bilder 98 und 99 beziehen sich nur auf die Teillösung Gl. (42) der Diff.-Gl. (31), also auf die gedämpfte erzwungene Schwingung. Die vollständige Lösung von Gl. (31) besteht aber aus der Summe der Teillösungen Gl. (40) und (42), d. h. die vollständige Lösung beschreibt eine gedämpfte erzwungene Schwingung, welcher gedämpfte freie Schwingungen überlagert sind (Bild 100). In Bild 100 ist eine gedämpfte erzwungene Schwingung für $P_0 = 1{,}2$ kg und $\omega = 0{,}628$ 1/sec dargestellt, welcher die gedämpfte freie Schwingung nach Bild 97 überlagert ist. Für den Kolbenmaschinen-

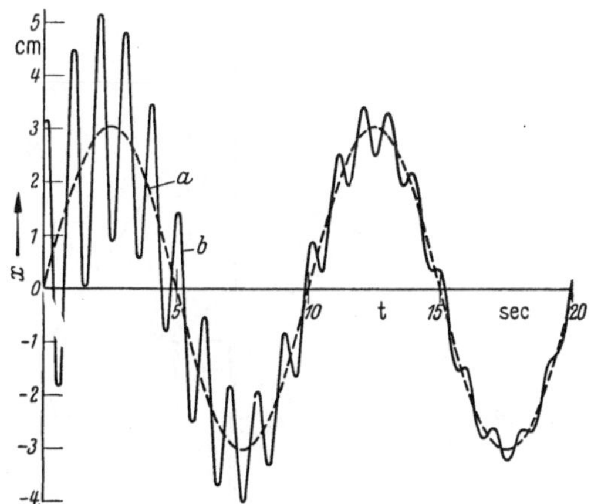

Bild 100. Gedämpfte erzwungene Schwingung mit überlagerter gedämpfter freier Schwingung

a erzwungene Schwingung; *b* Resultierende aus erzwungener und gedämpfter freier Schwingung

bau wichtig sind nur die erzwungenen Schwingungen, deren Amplituden man möglichst klein zu halten sucht, indem man dafür sorgt, daß die vorkommenden Erregerfrequenzen möglichst weit entfernt von der Eigenfrequenz der schwingenden Massen bleiben. An dem Dämpfungsverhältnis der Motormasse kann man nichts ändern; es ist durch die Reibungsverhältnisse der Maschine gegeben. Oberhalb der Resonanz ($\omega/v = 1$) werden die Ausschläge rasch kleiner (Bild 99); daher läuft die Maschine in dem Gebiet $\omega/v > 1$ ruhiger. Die überlagerten freien Schwingungen klingen stets schnell ab, wenn die Welle dazu angeregt wird (Bild 100). Sie können vernachlässigt werden; dagegen sollen die erzwungenen Schwingungen genauer betrachtet werden [1].

Im Kräftepolygon Bild 98 haben die vier sich das Gleichgewicht haltenden Kräfte die Dimension kg. Wenn P_0, k, c und m gegeben sind, kann nach Gl. (46) x_0 für verschiedene ω berechnet werden. Mit P_0, c und m sind auch $x_{st} = P_0/c$, $k_k = 2\sqrt{mc}$ und $v = \sqrt{c/m}$ bekannt. Wie das Polygon seine Gestalt ändert, wenn ω (wie in Bild 99) andere Werte annimmt, ist aus Bild 98 nicht unmittelbar zu erkennen. Deshalb sollen jetzt dieselben Verhältniszahlen x_0/x_{st}, ω/v und k/k_k eingeführt werden wie in Gl. (49).

---

[1] Vgl. A. KLEINER: Die dynamische Schwingungsdämpfung. Techn. Rdsch. Sulzer 1945, Nr. 1, S. 115.

Gl. (45) wird durch den (eine Kraft darstellenden) Ausdruck $m\,\nu^2\,x_0$ dividiert, wodurch sie dimensionslos wird:

$$-\frac{\omega^2}{\nu^2}\sin(\omega t - \varphi) + \frac{k\,\omega}{m\,\nu^2}\sin\left(\frac{\pi}{2} + \omega t - \varphi\right) + \frac{c}{m\,\nu^2}\sin(\omega t - \varphi) = \frac{P_0}{m\,\nu^2\,x_0}\sin\omega t.$$

Mit $\qquad k_k = 2m\,\nu,\ \dfrac{c}{m\,\nu^2} = 1\ $ und $\ \dfrac{P_0}{m\,\nu^2\,x_0} = \dfrac{P_0/c}{x_0} = \dfrac{x_{st}}{x_0}\qquad$ wird

$$-\frac{\omega^2}{\nu^2}\sin(\omega t - \varphi) + 2\frac{k}{k_k}\cdot\frac{\omega}{\nu}\sin\left(\frac{\pi}{2} + \omega t - \varphi\right) + 1\cdot\sin(\omega t - \varphi) = \frac{x_{st}}{x_0}\sin\omega t. \tag{51}$$

Man erkennt aus einem Vergleich zwischen den Gl. (51) und (45), daß die in Gl. (51) vor den sin stehenden dimensionslosen Ausdrücke dasselbe Polygon bilden müssen wie die Kräfte; der Vektor, der dem $c\,x_0$ in Gl. (45) entspricht, nimmt den Wert 1 an. Für ein gegebenes k/k_k erhält man das jetzt aus den drei Beziehungen ω^2/ν^2, $2\dfrac{k}{k_k}\cdot\dfrac{\omega}{\nu}$ und

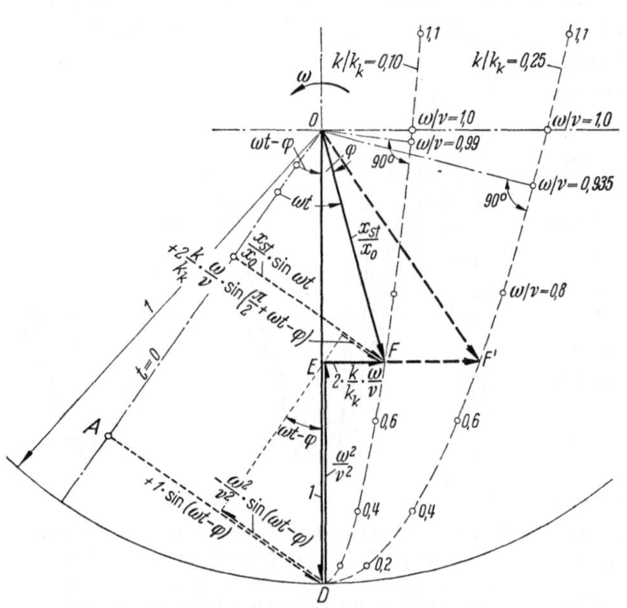

Bild 101. Graphische Darstellung der Gl. (51): Polardiagramm der Ausschläge eines Einmassensystems bei gedämpfter erzwungener Schwingung

x_{st}/x_0 sowie dem Vektor 1 bestehende Polygon Bild 101. Der Pfeil des Vektors x_{st}/x_0 erscheint jetzt mit entgegengesetztem Richtungssinn wie die Kraft P_0 in Bild 98, weil er nunmehr gemäß Gl. (51) die geometrische Summe aus drei dimensionslosen Strecken darstellen soll. Schreibt man Gl. (49) in der Form

$$\left(1 - \frac{\omega^2}{\nu^2}\right)^2 + \left(2\frac{k}{k_k}\cdot\frac{\omega}{\nu}\right)^2 = \left(\frac{x_{st}}{x_0}\right)^2,$$

so sieht man unmittelbar die Übereinstimmung zwischen Gl. (49) und Bild 101: das Quadrat der Hypotenuse ist gleich der Summe der Quadrate der Katheten. Ist $\omega = 0$, so verschwindet der Vektor $2\dfrac{k}{k_k}\cdot\dfrac{\omega}{\nu}$, und x_{st} wird $= x_0$, wie in Bild 99 für $\omega/\nu = 0$. Mit wachsendem ω wächst $(\omega/\nu)^2$ schneller als der senkrecht darauf stehende Vektor $2k/k_k\cdot\omega/\nu$, dessen Endpunkt auf einer Parabel mit dem Parameter k/k_k liegt. Bei Resonanz steht der Vektor x_{st}/x_0 senkrecht auf ω^2/ν^2, denn der Vektor ω^2/ν^2 ist gleich 1, Punkt E in Bild 101 ist nach O gerückt, und der Phasenwinkel φ ist $90°$ geworden. Dabei hat der Vektor x_{st}/x_0 seinen Kleinstwert schon etwas überschritten, denn dieser ist identisch mit dem Lot von O auf die Parabel; das bedeutet, daß der Größtwert von x_0 schon etwas früher erreicht wird, in Übereinstimmung mit Gl. (50) und Bild 99. Bei weiter zunehmendem ω/ν wird $\varphi > 90°$, für unendlich hohe Frequenzen $180°$.

Für größere Dämpfungsfaktoren k rückt die Parabel in größere Entfernung von der Schwingungsachse (Bild 101). Der Vektor x_{st}/x_0 wächst entsprechend, also x_0/x_{st} nimmt ab, die Schwingungsausschläge werden kleiner, wie in Bild 99. Jedem Dämpfungsverhältnis entspricht in Bild 101 eine andere Parabel, wie in Bild 99 eine andere Kurve. Bild 99 läßt das An- und Abschwellen der Schwingungsausschläge x_0 mit zunehmendem ω/ν besser erkennen, die in Bild 101 als reziproke Werte x_{st}/x_0 erscheinen; Bild 101 gibt deutlicher den Zusammenhang zwischen den vier maßgebenden Größen für verschiedene ω/ν und zeigt auch die Veränderlichkeit des Phasenwinkels φ mit ω/ν. Aus Bild 101 liest man Gl. (51) ab: die vier Vektoren 1, $\dfrac{\omega^2}{\nu^2}$, $2\,\dfrac{k}{k_k}\cdot\dfrac{\omega}{\nu}$ und $\dfrac{x_{st}}{x_0}$ sind auf zwei Geraden projiziert, die auf der willkürlich gewählten Anfangsstellung $t = 0$ des Vektors OF senkrecht stehen. Die Projektionen sind die vier Glieder der Gl. (51). Die Summierung der ersten drei Projektionen, bei A beginnend, bei F endigend (schwächer gestrichelte Linien), ergibt die vierte Projektion $\dfrac{x_{st}}{x_0}\sin\omega\,t$, wie Gl. (51) verlangt. Die Gleichung ist für jede Zeit t und für jedes ω erfüllt, und damit gilt dasselbe für die Gleichungen (45) und (31), aus denen Gl. (51) entstanden war. Somit war die Annahme $x = x_0\sin(\omega\,t - \varphi)$ lt. Gl. (42) richtig. Für gegebene Werte m, k, c und P_0 (Gl. 31) berechnet man $k_k = 2\,\sqrt{mc}$, $\nu = \sqrt{c/m}$ und $x_{st} = P_0/c$ und liest aus Bild 101 unmittelbar den Phasenwinkel φ zwischen erregender Kraft und Bewegungsrichtung sowie mittelbar aus x_{st}/x_0 die Größe der Schwingungsamplitude x_0 für beliebige ω/ν ab. Die erzwungene Schwingung ist sinusförmig mit der Kreisfrequenz ω.

2. Zweimassensystem mit gedämpfter erzwungener Schwingung der Dämpfermasse (Gedämpfte dynamische Schwingungsdämpfer mit konstanter Eigenfrequenz)

a) Ableitung und graphische Darstellung der Gleichungen der Resonanzkurve*

Das System sei durch Bild 102 dargestellt. Eine Masse m_1 schwinge unter der Wirkung einer äußeren harmonischen Wechselkraft $P_0\sin\omega\,t$ und einer rückführenden Kraft (Federzahl c_1) sowie einer dämpfenden Kraft (Dämpfungszahl k_1). Mit m_1 werde eine zweite Masse m_2 elastisch (Federzahl c_2) gekoppelt. m_2 stehe ebenfalls unter der Wirkung einer dämpfenden Vorrichtung (Dämpfungszahl k_2). Die Dämpfung werde (wie S. 104) durch zähe Flüssigkeitsreibung bewirkt, so daß die dämpfenden Kräfte proportional den Schwingungsgeschwindigkeiten der beiden Massen gesetzt werden dürfen.

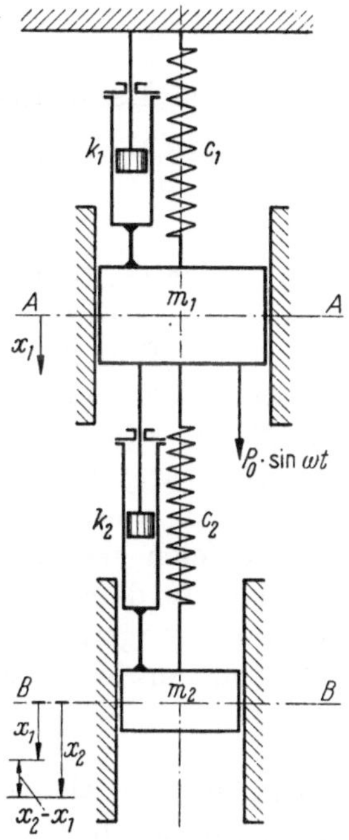

Beide Massen mögen sich in dem betrachteten Zeitpunkt in nach unten gerichteter beschleunigter Bewegung befinden. m_1 sei aus seiner Gleichgewichtslage A–A um den Weg x_1, m_2 aus B–B um x_2 ausgelenkt. Dann greift an m_1, nach oben gerichtet, die Kraft $c_1\,x_1$ der Hauptfeder an, an m_2 ebenfalls nach oben gerichtet, die Kraft $c_2\cdot(x_2-x_1)$ der Dämpferfeder, die aber zugleich auch mit Richtung nach unten an m_1 angreift. Die nur an m_1 angreifende, der Bewegung entgegengerichtete Dämpfungskraft wird $k_1\,\dot{x}_1$, während die an m_1 und m_2 angreifende sich aus der Differenz der Schwingungsgeschwindigkeiten beider Körper zu $k_2(\dot{x}_2 - \dot{x}_1)$ ergibt. An beiden Körpern greifen ferner ihre Trägheitswiderstände $m_1\,\ddot{x}_1$ bzw. $m_2\,\ddot{x}_2$ an; da die Bewegung nach unten beschleunigt sein soll, sind sie nach oben gerichtet. Die erregende Kraft $P_0\sin\omega\,t$ greift nur an m_1 an. Nach dem Impulssatz müssen die an m_1 angreifenden Kräfte in jedem Augenblick im Gleichgewicht sein; es muß also sein:

$$m_1\,\ddot{x}_1 + k_1\,\dot{x}_1 + c_1\,x_1 - k_2(\dot{x}_2 - \dot{x}_1) - c_2(x_2 - x_1) \atop = P_0\sin\omega\,t \tag{52}$$

und ebenso für m_2:

$$m_2\,\ddot{x}_2 + k_2(\dot{x}_2 - \dot{x}_1) + c_2(x_2 - x_1) = 0. \tag{53}$$

Bild 102. Schema des gedämpften dynamischen Schwingungsdämpfers

* An den folgenden Untersuchungen hat Herr Dipl.-Ing. G. Menz, der auch die Differentialgleichungen aufgestellt hat, einen wesentlichen Anteil. Siehe auch seine Dissertation „Über die Dämpfung von Drehschwingungen in Schiffs-Dieselmotorenanlagen", Technische Universität Berlin 1956.

Multipliziert man Gl. (52) mit $1/m_1$, Gl. (53) mit $1/m_2$ und ordnet, so folgt:

$$\ddot{x}_1 + \frac{k_1 + k_2}{m_1}\,\dot{x}_1 + \frac{c_1 + c_2}{m_1}\,x_1 - \frac{k_2}{m_1}\,\dot{x}_2 - \frac{c_2}{m_1}\,x_2 = \frac{P_0}{m_1}\sin\omega\,t \qquad (54)$$

und

$$\ddot{x}_2 + \frac{k_2}{m_2}\,\dot{x}_2 + \frac{c_2}{m_2}\,x_2 - \frac{k_2}{m_2}\,\dot{x}_1 - \frac{c_2}{m_2}\,x_1 = 0. \qquad (55)$$

Nach Gl. (36), S. 105, werden die kritischen Dämpfungszahlen für die Systeme m_1, c_1 und m_2, c_2:

$$k_{k_1} = 2\sqrt{m_1 c_1} = 2m_1\sqrt{\frac{c_1}{m_1}} = 2m_1\,v_1, \qquad (56)$$

$$k_{k_2} = 2\sqrt{m_2 c_2} = 2m_2\sqrt{\frac{c_2}{m_2}} = 2m_2\,v_2, \qquad (57)$$

wenn v_1 und v_2 die Eigenkreisfrequenzen der beiden Systeme sind. Führt man für die Verhältniswerte k_1/k_{k_1} und k_2/k_{k_2} die unbenannten Zahlen β_1 und β_2 ein, so wird mit Gl. (56) und (57):

$$\frac{k_1}{m_1} = \frac{k_1}{k_{k_1}}\,2v_1 = 2\beta_1\,v_1$$

und

$$\frac{k_2}{m_2} = \frac{k_2}{k_{k_2}}\,2v_2 = 2\beta_2\,v_2.$$

Ferner ist nach Gl. (36) $\dfrac{c_1}{m_1} = v_1^2$ und $\dfrac{c_2}{m_2} = v_2^2$. Bezeichnet man noch das Massenverhältnis m_2/m_1 mit μ, so wird

$$\frac{k_2}{m_1} = \frac{k_2}{m_2}\cdot\frac{m_2}{m_1} = 2\beta_2\,v_2\,\mu$$

und

$$\frac{c_2}{m_1} = \frac{c_2}{m_2}\cdot\frac{m_2}{m_1} = v_2^2\,\mu.$$

Mit diesen Beziehungen gehen die Gln. (54) und (55) über in

$$\ddot{x}_1 + \dot{x}_1(2\beta_1 v_1 + 2\beta_2 v_2\,\mu) + x_1(v_1^2 + v_2^2\,\mu) - \dot{x}_2\cdot 2\beta_2 v_2\,\mu - x_2 v_2^2\,\mu = \frac{P_0}{m_1}\sin\omega\,t, \qquad (58)$$

$$\ddot{x}_2 + \dot{x}_2\,2\beta_2 v_2 + x_2 v_2^2 - \dot{x}_1\cdot 2\beta_2 v_2 - x_1 v_2^2 = 0. \qquad (59)$$

Wie früher (S. 109) brauchen nur die Teillösungen für die erzwungenen Schwingungen gesucht zu werden, da die gedämpften Sinuswellen der freien Schwingungen stets rasch abklingen (Bild 100). Da die erregende Kraft P_0 sinusförmig wechselt, darf dasselbe für die Schwingungsausschläge x_1 und x_2 der Massen m_1 und m_2 angenommen werden (doch ist später zu beweisen, daß diese Annahme berechtigt ist, d. h. daß mit ihr die Gln. (58) und (59) für jedes ω und zu jeder beliebigen Zeit t erfüllt sind). Es darf aber *nicht* angenommen werden, daß die erregende Kraft und die Bewegungen der beiden Massen phasengleich verlaufen, denn da bei beiden Bewegungen dämpfende Kräfte mitwirken, müssen (aus demselben Grund wie S. 107) Phasenwinkel φ_1 und φ_2 zwischen dem Verlauf der Bewegungen x_1 und x_2 und dem Verlauf der erregenden Kraft P_0 auftreten. Die Annahme muß daher lauten:

$$x_1 = x_{1_0}\sin(\omega\,t - \varphi_1) \quad\text{und}\quad x_2 = x_{2_0}\sin(\omega\,t - \varphi_2) \qquad (60)$$

mit x_{1_0} und x_{2_0} als Amplituden der Sinusbewegungen von m_1 und m_2 und den vorläufig unbekannten Phasenwinkeln φ_1 und φ_2.

Aus den Gln. (60) folgt

$$\dot{x}_1 = x_{1_0}\,\omega\cos(\omega\,t - \varphi_1) = x_{1_0}\,\omega\sin\left(\frac{\pi}{2} + \omega\,t - \varphi_1\right),$$

$$\ddot{x}_1 = -\,x_{1_0}\,\omega^2\sin(\omega\,t - \varphi_1),$$

$$\dot{x}_2 = x_{2_0}\,\omega\sin\left(\frac{\pi}{2} + \omega\,t - \varphi_2\right),$$

$$\ddot{x}_2 = -\,x_{2_0}\,\omega^2\sin(\omega\,t - \varphi_2).$$

Zunächst werden die Werte für x_1, $\dot{x}_1$, $\ddot{x}_1$, x_2 und $\dot{x}_2$ in Gl. (58) eingesetzt. Man erhält:

$$-x_{1_0}\,\omega^2\,\sin(\omega\,t - \varphi_1) + x_{1_0}\,\omega\,(2\beta_1\,\nu_1 + 2\beta_2\,\nu_2\,\mu)\,\sin\left(\frac{\pi}{2} + \omega\,t - \varphi_1\right)$$

$$+ x_{1_0}(\nu_1^2 + \nu_2^2\,\mu)\,\sin(\omega\,t - \varphi_1) - x_{2_0}\,\omega\cdot 2\beta_2\,\nu_2\,\mu\,\sin\left(\frac{\pi}{2} + \omega\,t - \varphi_2\right)$$

$$- x_{2_0}\,\nu_2^2\,\mu\,(\sin\omega\,t - \varphi_2) = \frac{P_0}{m_1}\sin\omega\,t.$$

Um alle Glieder dieser Gleichung in dimensionslose Größen umzuformen, teilt man durch $x_{1_0}\,\nu_1^2$ und erhält:

$$-\frac{\omega^2}{\nu_1^2}\,\sin(\omega\,t - \varphi_1) + \frac{\omega}{\nu_1^2}\,(2\beta_1\,\nu_1 + 2\beta_2\,\nu_2\,\mu)\,\sin\left(\frac{\pi}{2} + \omega\,t - \varphi_1\right)$$

$$+ \frac{1}{\nu_1^2}\,(\nu_1^2 + \nu_2^2\,\mu)\,\sin(\omega\,t - \varphi_1) - \frac{x_{2_0}}{x_{1_0}}\cdot\frac{\omega}{\nu_1^2}\cdot 2\beta_2\,\nu_2\,\mu\,\sin\left(\frac{\pi}{2} + \omega\,t - \varphi_2\right)$$

$$- \frac{x_{2_0}}{x_{1_0}}\cdot\frac{\nu_2^2}{\nu_1^2}\cdot\mu\,\sin(\omega\,t - \varphi_2) = \frac{P_0}{m_1\,x_{1_0}\,\nu_1^2}\sin\omega\,t. \qquad (61)$$

Zur Abkürzung werden folgende Bezeichnungen eingeführt:

$$\omega/\nu_1 = \zeta_1,$$
$$\omega/\nu_2 = \zeta_2,$$
$$\nu_1/\nu_2 = \zeta_2/\zeta_1,$$
$$x_{2_0}/x_{1_0} = \xi,$$
$$\alpha_1 = \frac{x_{1_0}}{x_{s\,t}} = \frac{x_{1_0}}{P_0/c} = \frac{x_{1_0}}{P_0/m_1\,\nu_1^2} = \frac{m_1\,x_{1_0}\,\nu_1^2}{P_0}.$$

Durch Einsetzen in Gl. (61) ergibt sich:

$$-\zeta_1^2\,\sin(\omega\,t - \varphi_1) + \left(2\beta_1\,\zeta_1 + 2\beta_2\,\frac{\zeta_1^2}{\zeta_2}\,\mu\right)\sin\left(\frac{\pi}{2} + \omega\,t - \varphi_1\right)$$

$$+ \left(1 + \frac{\zeta_1^2}{\zeta_2^2}\,\mu\right)\sin(\omega\,t - \varphi_1) - \xi\cdot 2\beta_2\,\frac{\zeta_1^2}{\zeta_2}\,\mu\,\sin\left(\frac{\pi}{2} + \omega\,t - \varphi_2\right)$$

$$- \xi\,\frac{\zeta_1^2}{\zeta_2^2}\,\mu\,\sin(\omega\,t - \varphi_2) = \frac{1}{\alpha_1}\sin\omega\,t.$$

Setzt man schließlich $\mu\,\dfrac{\zeta_1^2}{\zeta_2^2} = \dfrac{m_2}{m_1}\cdot\dfrac{\nu_2^2}{\nu_1^2} = \varkappa$ und ordnet nach Gliedern, welche die Phasenwinkel φ_1 bzw. φ_2 enthalten, so erhält man:

$$+1\cdot\sin(\omega\,t - \varphi_1) - \zeta_1^2\,\sin(\omega\,t - \varphi_1) + (2\beta_1\,\zeta_1 + 2\beta_2\,\zeta_2\,\varkappa)\,\sin\left(\frac{\pi}{2} + \omega\,t - \varphi_1\right)$$

$$+ \varkappa\,\sin(\omega\,t - \varphi_1) - \varkappa\,\xi\left[2\beta_2\,\zeta_2\,\sin\left(\frac{\pi}{2} + \omega\,t - \varphi_2\right) + 1\cdot\sin(\omega\,t - \varphi_2)\right]$$

$$= \frac{1}{\alpha_1}\sin\omega\,t. \qquad (62)$$

Ebenso werden die oben berechneten Werte für x_1, $\dot{x}_1$, x_2, $\dot{x}_2$ und $\ddot{x}_2$ in Gl. (59) eingesetzt. Jetzt erhält man:

$$-x_{2_0}\,\omega^2\,\sin(\omega\,t - \varphi_2) + x_{2_0}\,\omega\cdot 2\beta_2\,\nu_2\,\sin\left(\frac{\pi}{2} + \omega\,t - \varphi_2\right) + x_{2_0}\,\nu_2^2\,\sin(\omega\,t - \varphi_2)$$

$$-x_{1_0}\,\omega\cdot 2\beta_2\,\nu_2\,\sin\left(\frac{\pi}{2} + \omega\,t - \varphi_1\right) - x_{1_0}\,\nu_2^2\,\sin(\omega\,t - \varphi_1) = 0.$$

Nunmehr teilt man durch $x_{2_0} v_2^2$:

$$-\frac{\omega^2}{v_2^2}\sin(\omega t - \varphi_2) + \frac{\omega}{v_2}\cdot 2\beta_2 \sin\left(\frac{\pi}{2} + \omega t - \varphi_2\right) + 1\cdot\sin(\omega t - \varphi_2)$$

$$-\frac{x_{1_0}}{x_{2_0}}\cdot\frac{\omega}{v_2}\cdot 2\beta_2 \sin\left(\frac{\pi}{2} + \omega t - \varphi_1\right) - \frac{x_{1_0}}{x_{2_0}}\sin(\omega t - \varphi_1) = 0.$$

Mit den Abkürzungen wie oben und anderer Anordnung wird:

$$1\cdot\sin(\omega t - \varphi_2) - \zeta_2^2 \sin(\omega t - \varphi_2) + 2\beta_2\zeta_2\sin\left(\frac{\pi}{2} + \omega t - \varphi_2\right)$$

$$-\frac{1}{\xi}\cdot 2\beta_2\zeta_2\sin\left(\frac{\pi}{2} + \omega t - \varphi_1\right) - \frac{1}{\xi}\sin(\omega t - \varphi_1) = 0. \tag{63}$$

Die Gln. (62) und (63), die aus den Gln. (52) und (53) entstanden sind, müssen für jede beliebige Kreisfrequenz ω der erregenden Kraft zu jeder Zeit t, also für jedes be-

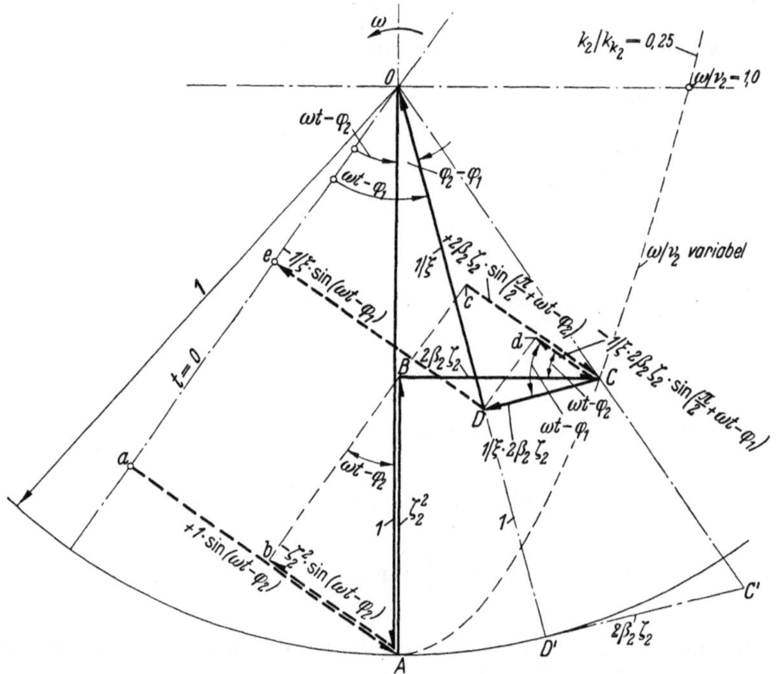

Bild 103. Vektorpolygon der Dämpfermasse

liebige ωt gleichzeitig erfüllt sein. Wenn dies nachgewiesen werden kann, war die Annahme Gln. (60) berechtigt.

Gl. (63) kann durch ein mit der Kreisfrequenz ω der erregenden Kraft umlaufendes Vektorpolygon $OABCDO$ dargestellt werden (Bild 103). Die Vektoren haben die Größe $OA = 1$, $AB = \zeta_2^2$, $BC = 2\beta_2\zeta_2$, $CD = \dfrac{1}{\xi}\cdot 2\beta_2\zeta_2$ und $OD = 1/\xi$; ihre Richtungen werden durch die Vorzeichen der Glieder der Gl. (63) und durch die sin-Funktionen bestimmt. Alle fünf Vektoren sind dimensionslos, da β_2, ζ_2 und ξ Verhältniswerte sind; sie entsprechen, wie leicht zu verfolgen ist, den fünf Kräften der Gl. (53) und müssen die in Bild 103 gezeichneten Richtungen haben. Daß die Zentriwinkel $\omega t - \varphi_1$ und $\omega t - \varphi_2$ (und somit auch der Phasenwinkel $\varphi_2 - \varphi_1$ der Vektoren OA und OD) richtig eingetragen sind, erkennt man, wenn man die durch Gl. (63) vorgeschriebene Multiplikation der

Absolutgrößen der Vektoren mit den zugehörigen sin-Funktionen graphisch ausführt. Man erhält die in Bild 103 stark gestrichelt gezeichneten Strecken

$$a\text{–}A = +1 \cdot \sin(\omega t - \varphi_2), \quad A\text{–}b = -\zeta_2^2 \sin(\omega t - \varphi_2),$$

$$c\text{–}C = +2\beta \; \zeta_2 \sin\left(\frac{\pi}{2} + \omega t - \varphi_2\right), \quad C\text{–}d = -\frac{1}{\xi} \cdot 2\beta_2 \zeta_2 \sin\left(\frac{\pi}{2} + \omega t - \varphi_1\right),$$

$$D\text{–}e = -\frac{1}{\xi} \sin(\omega t - \varphi_1);$$

diese stehen alle senkrecht auf der willkürlich gewählten Zeitlinie $t = 0$, und ihre Summe wird null, wie Gl. (63) vorschreibt. Daher ist auch Gl. (53) erfüllt, und die Annahme lt. Gln. (60) war richtig.

Das Vektorpolygon Bild 103 bezieht sich nur auf die Dämpfermasse m_2; sein Zweck ist die Ermittlung der Größe $1/\xi$, also des Verhältnisses x_{1_0}/x_{2_0} der Amplituden der Hauptmasse m_1 und der Dämpfermasse m_2. Die Größen β_2 und ζ_2 seien gegeben. Dann kann zunächst nur der Linienzug $O\text{–}A\text{–}B\text{–}C$ gezeichnet werden, denn $C\text{–}D$ enthält das noch unbekannte $1/\xi$. Eine Hilfskonstruktion führt zum Ziel: man zeichnet aus den Strekken $OD' = 1$ und $D'C' = 2\beta_2\zeta_2$ das rechtwinklige Dreieck $OC'D'$, dessen Hypotenuse OC' in die Richtung OC gelegt wird. Fällt man sodann von C das Lot CD auf OD', so wird $OD : OD' = 1/\xi \cdot 2\beta_2\zeta_2 : 2\beta_2\zeta_2 = OD : 1$, somit $OD = 1/\xi$, womit das Vektorpolygon vollständig ist. Es erfüllt, wie bewiesen, die Vorschrift der Gl. (63).

Bild 103 gilt nur für bestimmte Werte von ω, β_2 und ζ_2. Wenn ω wächst (d. h. die Drehzahl der Maschine zunimmt), wächst auch $\zeta_2 = \omega/\nu_2$, denn ν_2 ist eine von der Konstruktion des Dämpfers abhängige Konstante. β_2, d. i. das Dämpfungsverhältnis des Dämpfers, sei ebenfalls konstant. Mit zunehmendem ω wächst der Vektor $AB = \zeta_2^2$ schneller als der Vektor $BC = 2\beta_2\zeta_2$: Punkt C bewegt sich auf einer Parabel mit dem Parameter $\beta_2 = k_2/k_{k_2}$. Ist ω gleich ν_2 geworden, so ist $\zeta_2^2 = \omega^2/\nu_2^2 = 1 = $ dem Vektor OA; Punkt B ist nach O gelangt, OC steht senkrecht auf OA. Dann liegt Resonanz vor. Der Vektor $OD = 1/\xi$, auf dessen Länge es hier ankommt, hat sein Minimum, also das Amplitudenverhältnis $\xi = x_{2_0}/x_{1_0}$ sein Maximum schon etwas früher erreicht. Die Dämpfermasse macht besonders heftige Ausschläge $\pm x_{2_0}$, während die Ausschläge $\pm x_{1_0}$ der Masse m_1 (des Motors) besonders klein sind. Der Dämpfer hat jetzt seine stärkste Wirkung.

Auch Gl. (62) kann graphisch dargestellt werden. Das Vektorpolygon $OABCDO$ (Dämpferpolygon) ist in Bild 104 wiederholt [1]; daneben wurde ein zweites Vektorpolygon $OEFGHJKO$ (Hauptpolygon) so gelegt, daß die Richtungen der Vektoren OD und OE sich decken; dieses Polygon gilt für die Masse m_1 (Motormasse). Daß die Richtungen OD und OE zusammenfallen müssen, geht daraus hervor, daß beide Vektoren, in Gl. (63) der Vektor $OD = 1/\xi$ und in Gl. (62) der Vektor $OE = 1$ mit $\sin(\omega t - \varphi_1)$ erscheinen. Die das Hauptpolygon zusammensetzenden Vektoren haben die Größen $OE = 1$, $EF = \zeta_1^2$, $FG = 2\beta_1\zeta_1 + 2\beta_2\zeta_2\varkappa$, $GH = \varkappa$, $HJ = \varkappa\xi$ und $JK = 2\beta_2\zeta_2\varkappa\xi$; sie ergeben den gesuchten Schlußvektor $OK = 1/\alpha_1$. Bei konstanter Erregerkreisfrequenz (konstanter Drehzahl des Motors) laufen die beiden nebeneinanderliegenden Polygone mit der gleichen Winkelgeschwindigkeit ω um (ohne ihre Gestalt zu ändern); also schwenkt der resultierende Vektor $1/\alpha_1$ während jeder Periode einmal im Kreis um O. Als seine Anfangsstellung ist hier die Linie $t = 0$ angenommen, deren Lage beliebig gewählt werden kann, da sie nur den Augenblick des Beginnes der Betrachtung bedeutet. Auf die Stellung $t = 0$ sind in Bild 103 und 104 alle Winkel bezogen; sie stimmen mit den sin-Funktionen in Gl. (62) und (63) überein. Durch sie und durch die Vorzeichen sind die Richtungen aller Vektoren festgelegt. Beide Gleichungen müssen gleichzeitig bestehen, denn auch die Gln. (52) und (53) müssen gleichzeitig erfüllt sein. Daraus folgt

---

[1] Nur wurden Zahlenwerte gewählt, welche die Schleife in Bild 104 deutlich hervortreten lassen.

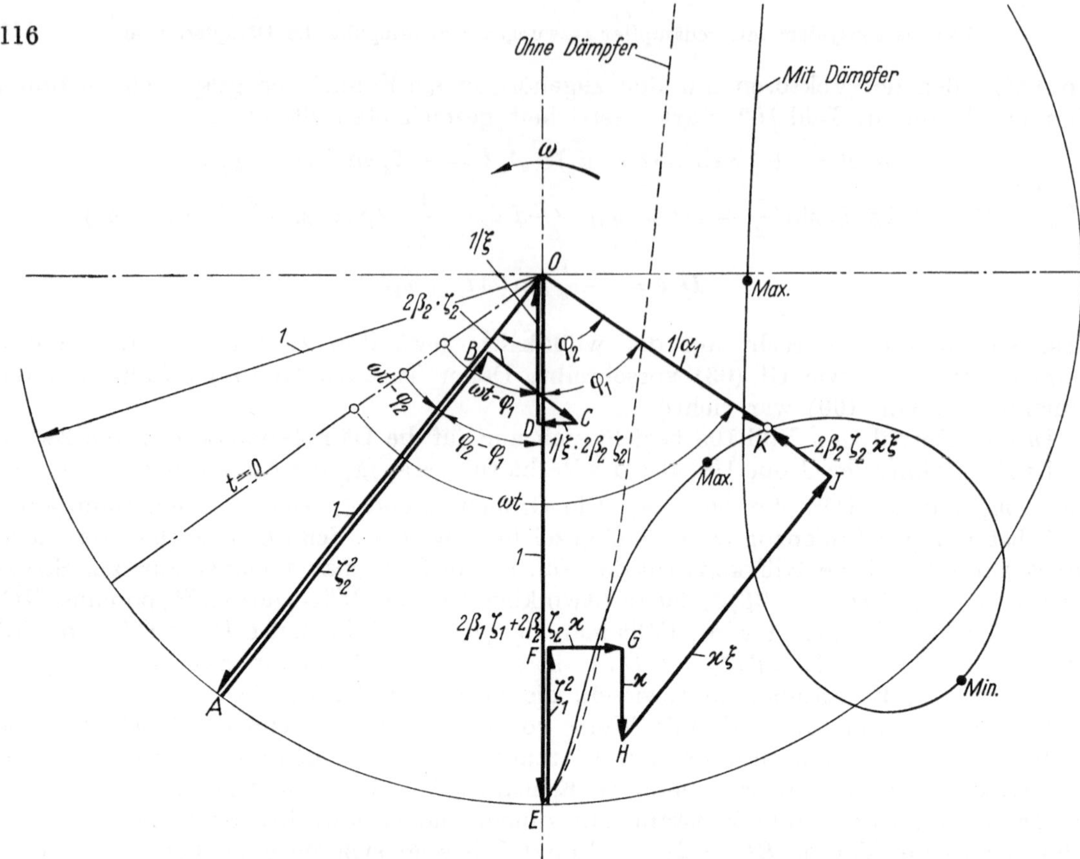

Bild 104. Vektorpolygone der Hauptmasse und der Dämpfermasse

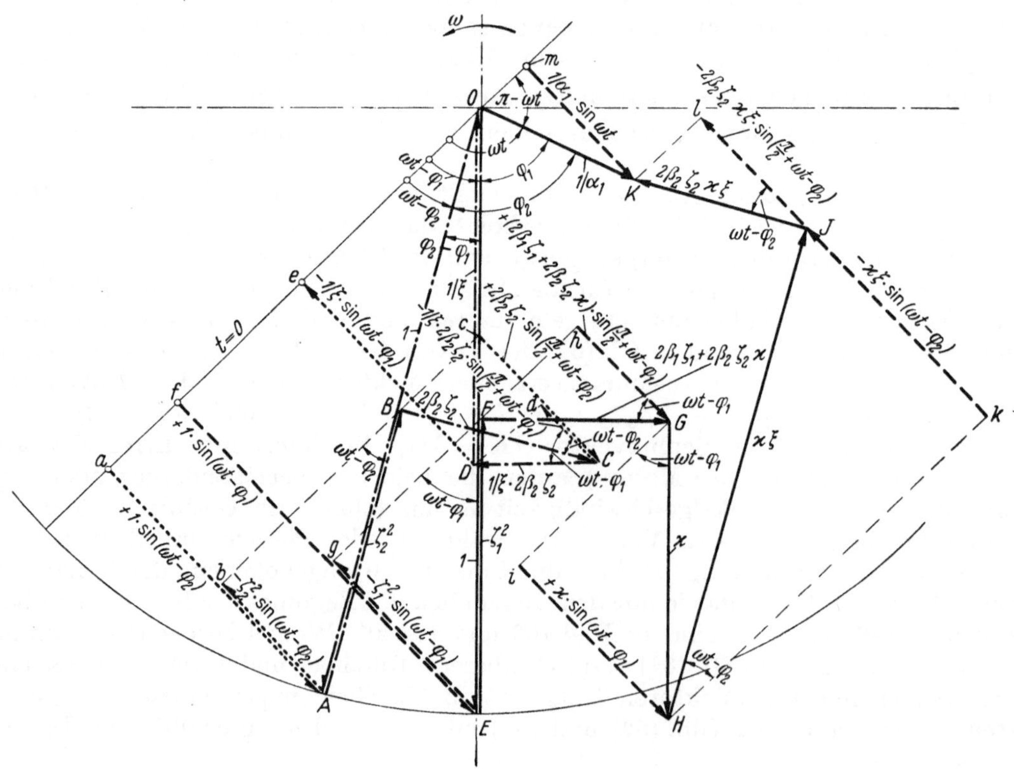

Bild 105. Graphische Darstellung der Gln. (62) und (63)

z. B. für den Vektor $HJ = \varkappa\,\xi$, der in Gl. (62) mit dem $\sin(\omega t - \varphi_2)$ auftritt und negatives Vorzeichen hat, daß er dem Vektor $OA = 1$ parallel sein muß, der in Gl. (63) ebenfalls mit dem $\sin(\omega t - \varphi_2)$ verbunden ist; jedoch muß $\varkappa\,\xi$ die entgegengesetzte Richtung haben, da sein Vorzeichen negativ, das des Vektors OA positiv ist. Entsprechendes gilt für die anderen Vektoren.

In Bild 105 sind alle sin-Funktionen der Gln. (62) und (63) gezeichnet; alle stehen senkrecht auf der Zeitlinie $t = 0$. Der kurz gestrichelte Linienzug $a\,A\,b\,c\,C\,d\,D\,e$ ist derselbe wie in Bild 103; er erfüllt die Gl. (63). Ebenso verfolge man den länger gestrichelt gezeichneten Linienzug $f\,E\,g\,h\,G\,i\,H\,k\,J\,l$; er ergibt als Summe die Strecke $K\,m = 1/\alpha_1 \cdot \sin \omega t$, wie Gl. (62) vorschreibt. Die Annahme lt. Gln. (60) erfüllt also auch Gl. (62) und somit Gl. (52).

Solange ω sich nicht ändert, läuft das Doppel-Polygon Bild 104 mit gleichbleibender Winkelgeschwindigkeit um. Alle Vektor-Projektionen ändern ihre Größe während einer Periode nach dem Sinusgesetz mit den durch die Winkel in Bild 104 bestimmten Phasenverschiebungen. Zu jeder beliebigen Zeit sind die Gln. (62) und (63) und damit auch (52) und (53) erfüllt. Der Vektor $OK = 1/\alpha_1$ enthält das Ergebnis, dem die Untersuchung gilt: da lt. Definition $\alpha_1 = x_{1_0}/x_{st} =$ Schwingungsamplitude der Masse m_1/statische Auslenkung der Masse m_1 mit der Federzahl c_1 durch die ruhende Kraft P_0 ist und da x_{st} durch die Abmessungen des Motors gegeben, also konstant ist, so ist α_1 ein *Maß für die Wirksamkeit des Dämpfers* [1]. *Der Dämpfer soll so gebaut sein, daß α_1 bei der Betriebsdrehzahl möglichst klein wird;* dann werden die Schwingungen der Masse m_1 (d. i. des Motors) möglichst klein, und der Dämpfer hat seine größte Wirkung.

Wächst die Erregerkreisfrequenz ω, so ändern sich in dem Doppel-Polygon Bild 104 die Vektoren OA und OE nicht, weil beide gleich 1 sind, und $\varkappa$ ändert sich nicht, weil es nur von m_1, m_2, c_1 und c_2 abhängt, die durch die Konstruktion gegeben sind. Alle anderen Vektoren ändern sich, weil sie ζ_1 und ζ_2 enthalten, die von ω abhängen; auch ξ nimmt andere Werte an und damit auch der Vektor $\varkappa\,\xi$. Auch die Phasenwinkel φ_1 und φ_2 verändern sich. Die Polygone verzerren sich mehr und mehr. Der Endpunkt K des Vektors $1/\alpha_1$ beschreibt mit von null aus zunehmendem ζ_1 (d. h. ω) eine bei E beginnende Kurve von eigentümlicher Gestalt, die im allgemeinen eine Schleife bildet, doch kann diese auch in eine Ausbeulung entarten. In der Regel hat *ein* Punkt der Kurve (in Bild 104 mit Min. bezeichnet) die *größte* Entfernung von O; für diesen Punkt und das zugehörige ζ_1 hat $\alpha_1 = x_{1_0}/x_{st}$ ein *Minimum*, d. h. die Schwingungen werden besonders stark gedämpft. *Zwei* andere Punkte (in Bild 104 mit Max. bezeichnet) haben die *kleinste* Entfernung von O; für die zugehörigen ω werden die Amplituden x_{1_0} der Masse m_1 groß. Dies wird deutlicher, wenn man die reziproken Werte von $1/\alpha_1$, also α_1

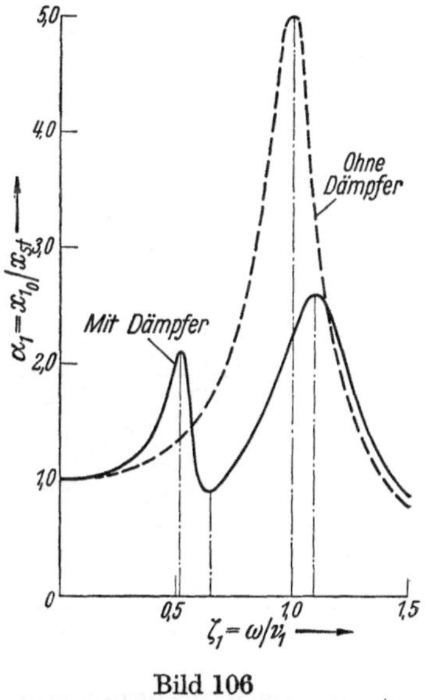

Bild 106

Der dynamische Schwingungsdämpfer mit konstanter Eigenfrequenz spaltet die Resonanz des ungedämpften Systems in zwei schwächere Resonanzen auf

---

[1] Dies ist zuerst von L. Geislinger vorgeschlagen worden [Theorie des Resonanzschwingungsdämpfers. Ing.-Arch. Bd. 5 (1934) S. 146. Berlin: Springer]. Geislinger untersucht das Verhalten des Resonanzschwingungsdämpfers auf analytischem Weg und gelangt dadurch zu etwas undurchsichtigen Gleichungen. Kleiner [Techn. Rdsch. Sulzer 1945, Nr. 1, S. 115] verwendet das graphische Verfahren, setzt aber die an m_2 angreifende Dämpfungskraft proportional der *absoluten* Schwingungsgeschwindigkeit von m_2, während hier die *Relativ*geschwindigkeit zwischen m_1 und m_2 eingesetzt worden ist, was genauer ist, aber die Vektordiagramme kompliziert. Den Hartog legt seinen analytischen Untersuchungen die *Relativ*geschwindigkeit zugrunde, vernachlässigt aber die Dämpfung k_1 der Masse m_1 (des Motors). Diese Vereinfachungen können merkliche Abweichungen von dem genauen Verfahren ergeben, das hier benutzt worden ist.

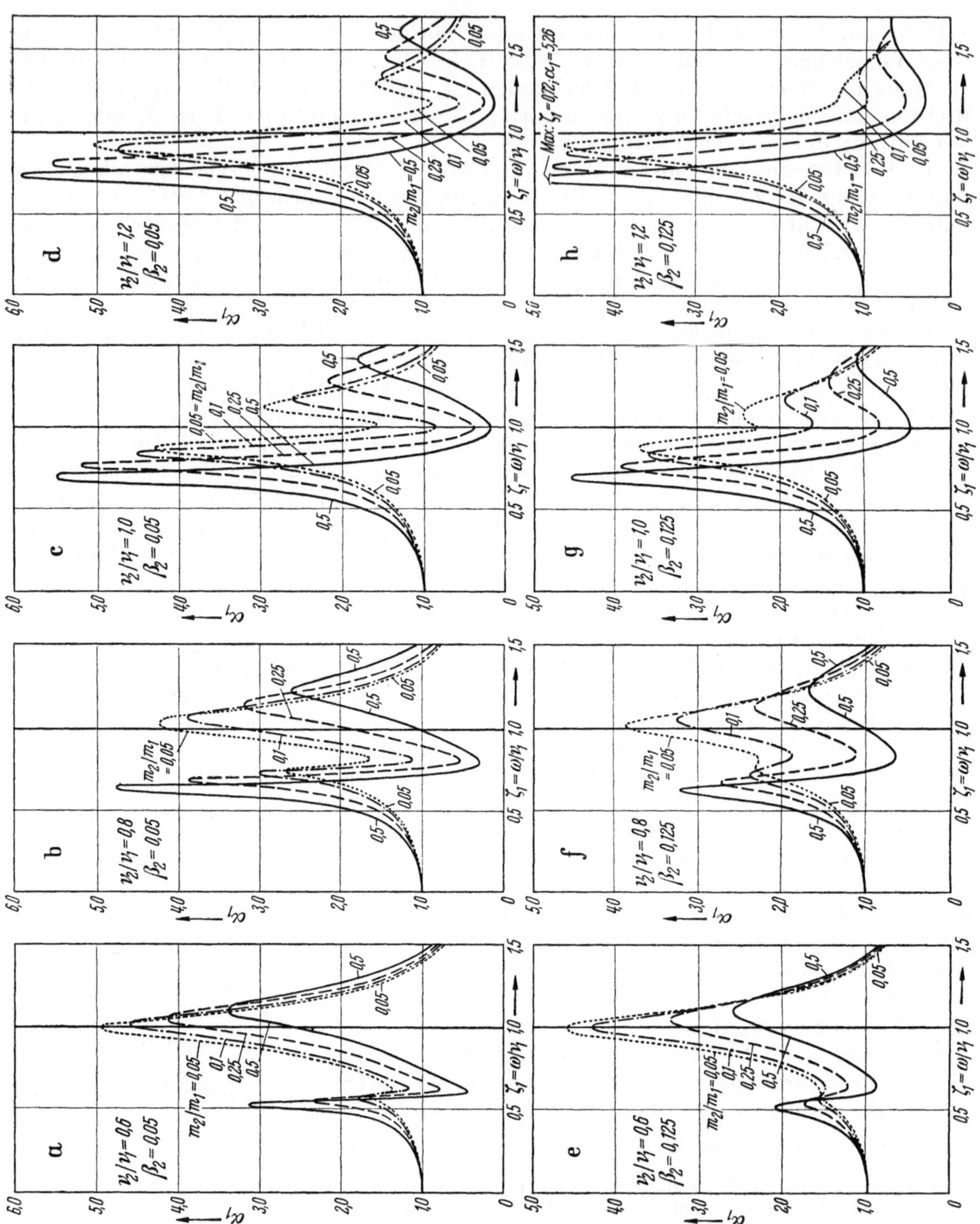

selbst, als Abhängige von $\zeta_1 = \omega/\nu_1$ aufträgt (Bild 106). Man erhält eine Kurve, welche
zeigt, daß, auf den Motor übertragen, die ursprüngliche kritische Drehzahl (gestrichelt
gezeichnete Amplitudenkurve) verschwunden ist, dafür aber zwei „Nebenkritische"
auftreten, die indessen wesentlich kleinere Amplituden haben. Der dynamische Schwingungsdämpfer mit konstanter Eigenfrequenz *spaltet* (im allgemeinen) *die Resonanz
des ungedämpften Systems in zwei schwächere Resonanzgebiete auf.* Deren Stärke und Lage
kann man durch die Wahl der Dämpferabmessungen weitgehend beeinflussen, wie im
nächsten Abschnitt gezeigt wird.

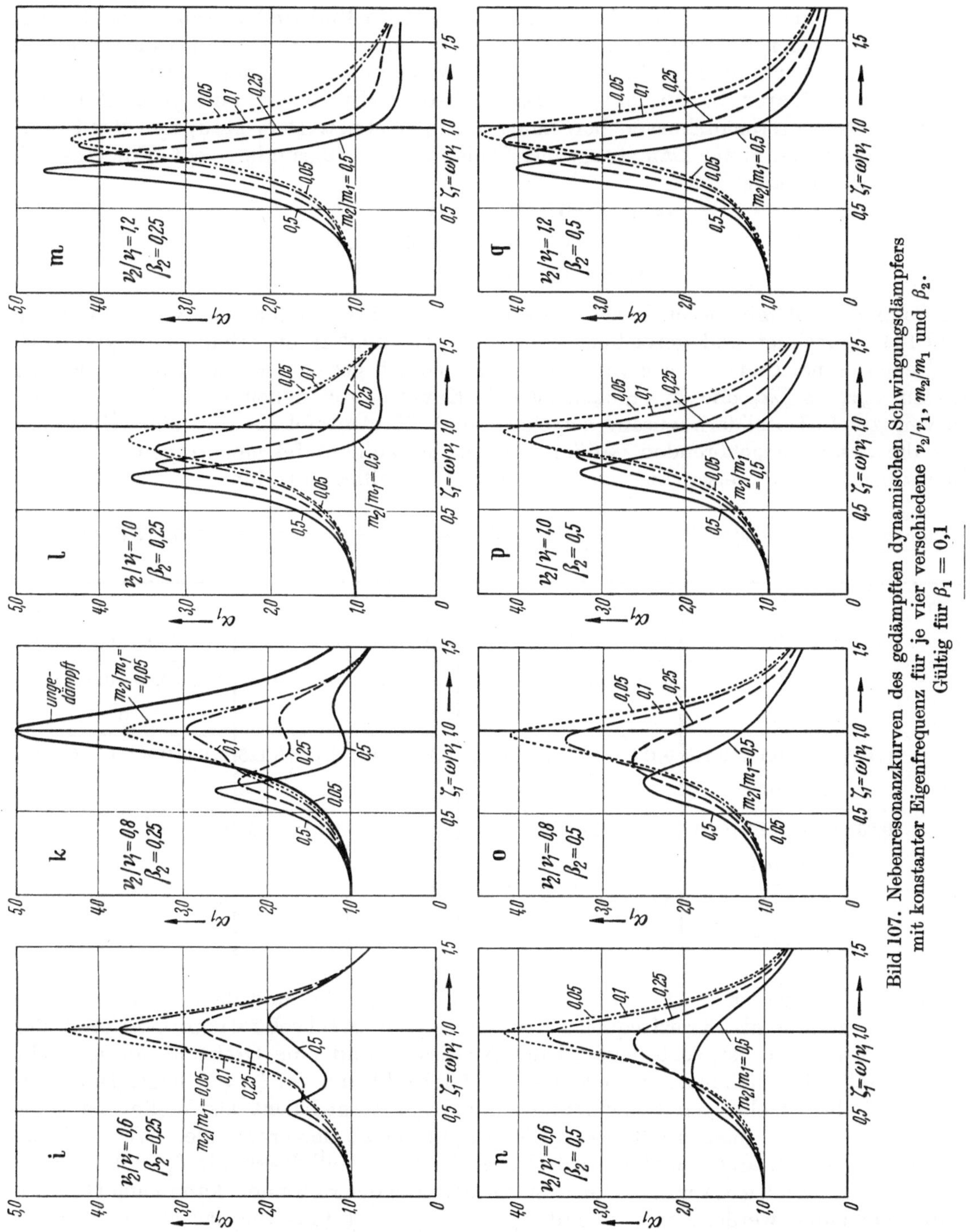

Bild 107. Nebenresonanzkurven des gedämpften dynamischen Schwingungsdämpfers mit konstanter Eigenfrequenz für je vier verschiedene v_2/v_1, m_2/m_1 und β_2.
Gültig für $\beta_1 = 0{,}1$

b) Einfluß der Bestimmungsgrößen v_2/v_1, m_2/m_1 und β_2 auf Größe und Lage der Nebenresonanzen

Die Gestalt der Nebenresonanzkurve (Bild 106) wird durch v_2/v_1, m_2/m_1, β_2 und β_1 bestimmt, jedoch kann der Konstrukteur nur die Verhältniszahlen v_2/v_1, m_2/m_1 und β_2 wählen, während das Dämpfungsverhältnis β_1 der Masse m_1 (d. i. des Motors) als gegeben zu betrachten ist. v_1 und m_1 sind zwar ebenfalls gegeben, aber v_2 und m_2 können in ziemlich weiten Grenzen variiert werden, β_2 in engeren Grenzen und nur, wenn die Dämpfermasse m_2 mit einstellbarer Dämpfungsvorrichtung (k_2 in Bild 102) versehen ist. Es fragt sich, wie die Nebenresonanzkurve mit v_2/v_1, m_2/m_1 und β_2 ihre Gestalt ändert und wie man diese Größen wählen muß, damit der Dämpfer möglichst günstig arbeitet.

Um dies zu klären, haben der Verfasser und seine Mitarbeiter[1] eine große Zahl verschiedener Nebenresonanzkurven berechnet und gezeichnet. Dem Hauptteil der Untersuchung wurde ein Motor-Dämpfungsverhältnis $\beta_1 = 0,1$ zugrunde gelegt. Für dieses β_1 wurden nacheinander

$$v_2/v_1 = 0,6 \qquad 0,8 \qquad 1,0 \qquad 1,2$$
$$m_2/m_1 = 0,05 \qquad 0,1 \qquad 0,25 \qquad 0,5$$

und

$$\beta_2 = 0,05 \qquad 0,125 \qquad 0,25 \qquad 0,5$$

angenommen und mit diesen Zahlenwerten nach Gl. (62) und (63) die Schleifenkurven (Bild 104) berechnet und gezeichnet. Aus den Schleifenkurven erhält man graphisch die Nebenresonanzkurven, wie im vorigen Abschnitt gezeigt wurde. Für die je vier Größen v_2/v_1, m_2/m_1 und β_2 ergeben sich 64 Kurven, von denen in Bild 107 je vier Kurven zu 16 Teilbildern zusammengefaßt sind. Zahlentafel 20 gibt eine Übersicht über die zusammengehörenden Größen; die in der Zahlentafel eingetragenen Bezugsbuchstaben a bis q weisen auf das entsprechende Teilbild 107 hin.

Zahlentafel 20. *Übersicht über die zusammengehörenden Zahlenwerte v_2/v_1, m_2/m_1 und β_2 der Nebenresonanzkurven Bild 107. Gültig für $\beta_1 = 0,1$*

v_2/v_1	0,6				0,8				1,0				1,2			
m_2/m_1	0,05	0,1	0,25	0,5	0,05	0,1	0,25	0,5	0,05	0,1	0,25	0,5	0,05	0,1	0,25	0,5
β_2	0,05	0,05	0,05	0,05	0,05	0,05	0,05	0,05	0,05	0,05	0,05	0,05	0,05	0,05	0,05	0,05
	Bild 107a				b				c				d			
	0,125	0,125	0,125	0,125	0,125	0,125	0,125	0,125	0,125	0,125	0,125	0,125	0,125	0,125	0,125	0,125
	Bild 107e				f				g				h			
	0,25	0,25	0,25	0,25	0,25	0,25	0,25	0,25	0,25	0,25	0,25	0,25	0,25	0,25	0,25	0,25
	Bild 107i				k				l				m			
	0,5	0,5	0,5	0,5	0,5	0,5	0,5	0,5	0,5	0,5	0,5	0,5	0,5	0,5	0,5	0,5
	Bild 107n				o				p				q			

In allen Bildern ist das Verhältnis $\zeta_1 = \omega/v_1$ die Abszisse, und da $v_1 = \pi n_e/30$ eine Konstante und ω als Kreisfrequenz der erregenden Wechselkraft proportional der Drehzahl des Motors ist, so bedeutet jeder Abszissenpunkt eine Drehzahl, ausgedrückt als Bruchteil oder Vielfaches einer kritischen Drehzahl, die bei $\zeta_1 = 1$ liegt. Die Ordinaten sind die zugehörigen Schwingungsausschläge, ausgedrückt als Vielfaches jenes Ausschlages α_1, den man erhält, wenn die Amplitude P_0 der erregenden Wechselkraft als ruhend ($\omega = 0$) angenommen wird. Er ist in allen Teilbildern für $\zeta_1 = 0$ gleich 1 gesetzt. Der Ausschlag α_1 für $\zeta_1 = 1,0$, d. h. für den Fall der Resonanz, kann nach Gl. (49), S. 108, berechnet werden; er wird mit $\beta_1 = k_1/k_{k_1} = 0,1$ (das für das ganze Bild 107 gilt) $\alpha_{1_{max}} = 5,0$ für $\omega/v_1 = 1,0$. Die Amplituden-Kurve, die für den Fall gilt, daß kein Dämpfer vorhanden ist, wurde nur in das Teilbild k eingezeichnet. Da α_1 für $\beta_1 = 0,1$ bei fehlendem Dämpfer in keinem Fall > 5 werden kann, ergeben die Nebenresonanzkurven in allen Teilbildern ein Maß der Wirksamkeit des Dämpfers für die jeweils angenommenen Werte v_2/v_1, m_2/m_1 und β_2.

---

[1] Herrn Dipl.-Ing. H. ERLENWEIN ist der Verfasser für die sorgfältige Ausführung der sehr umfangreichen Rechnungen zu Dank verpflichtet.

In Bild 107 sind die Teilbilder so angeordnet, daß ihre waagerechten Zeilen, von links nach rechts gelesen, einem zunehmenden v_2/v_1, ihre senkrechten Zeilen, von oben nach unten gelesen, einem zunehmenden β_2 entsprechen. Jedes Teilbild enthält (durch verschiedene Strichelung hervorgehoben) die Kurven für vier verschiedene m_2/m_1. Die Nebenresonanzkurven ändern mit den drei Variablen rasch ihre Gestalt. Für das kleine $\beta_2 = 0{,}05$, also für einen schwach gedämpften Dämpfer, bilden sich beide Maxima für alle v_2/v_1 und m_2/m_1 aus (Teilbilder a bis d). Dasselbe gilt für die meisten Kurven der zweiten Bildzeile e bis h, jedoch artet in Bild e das zu $m_2/m_1 = 0{,}05$ gehörende erste Maximum, in Bild h das zweite Maximum in eine Beule aus. Diese Erscheinung prägt sich in der dritten Bildzeile (stark gedämpfter Dämpfer) noch stärker aus: in Bild i ist an zwei Kurven die Beule an der vorderen Seite kaum noch erkennbar, in l und m ist das zweite Maximum vollständig zu schwachen Beulen entartet. In der untersten waagerechten Bildzeile (sehr stark gedämpfter Dämpfer, Teilbilder n bis q) tritt nur noch ein einziges Maximum auf; man kann kaum unterscheiden, ob es aus dem ersten oder zweiten Maximum entstanden ist.

Die Teilbilder a bis q zeigen, daß die Abstimmung des Dämpfers für seine Brauchbarkeit entscheidend ist. Offenbar wäre es falsch, einen Dämpfer mit zu hoher Eigenschwingungszahl der Dämpfermasse zu bauen ($v_2/v_1 = 1{,}2$; Teilbilder d, h, m und q), denn die erste Nebenresonanz wird so stark, in einzelnen Fällen sogar stärker als der Resonanz-Ausschlag (5,0) des Motors ohne Dämpfer (vgl. Bild k), daß der Dämpfer schädlich wirkt. Auch von den übrigen Teilbildern (erste drei senkrechte Bildspalten) scheiden die meisten Kurven für die Ausführung aus, da sie eine zu starke erste oder zweite Nebenresonanz zeigen. Es soll untersucht werden, wie aus der Vielzahl der möglichen Ausführungen jene Werte von v_2/v_1, m_2/m_1 und β_2 gefunden werden können, die den „günstigsten" Dämpfer ergeben.

c) Abstimmung des Dämpfers auf günstigste Wirkung

Seine günstigste Wirkung hat der Dämpfer offenbar dann, wenn er die ursprüngliche Resonanz in zwei *gleich starke* Nebenresonanzen aufspaltet, denn damit ist das Auftreten einer einzelnen besonders starken Nebenresonanz verhindert[1]. Das ist jedenfalls erreichbar, da in den Teilbildern 107 bald die erste, bald die zweite Nebenresonanz stärker auftritt, wie man besonders aus den Teilbildern a bis f erkennt. Jene Wertepaare, für welche die Maxima der Nebenresonanzen gleich groß werden, kann man finden, wenn man, getrennt nach den vier verschiedenen β_2, über m_2/m_1 als Abszisse die Maxima der Amplituden für die vier betrachteten v_2/v_1 aufträgt. Bild 108 zeigt dies; die Maxima der ersten Nebenresonanz sind ausgezogen, die der zweiten gestrichelt gezeichnet (dünne Linien). Wo die Kurven des ersten und des zweiten Maximum sich schneiden, liegt *ein* optimaler Punkt. Verbindet man die Schnittpunkte miteinander, so erhält man die in den vier Teilbildern 108 mit „Optimum" bezeichneten stark ausgezogenen Kurven. Sie beginnen sämtlich im Ordinatenpunkt 5,0 für $m_2/m_1 = 0$, d. h. $m_2 = 0$; dies ist der Ausschlag, den (für $\beta_1 = 0{,}1$) die Masse m_1 macht, wenn der Dämpfer fehlt (vgl. Bild 107, k). Je größer β_2, d. h. je stärker der Dämpfer gedämpft ist, um so tiefer verlaufen die Optimum-Kurven, jedoch gilt dies nur bis zu einem $\beta_2 = 0{,}25$; darüber hinaus wird die Optimum-Kurve für $m_2/m_1 < 0{,}4$ wieder ungünstiger. Der Dämpfer darf also nicht zu stark gedämpft sein. Man erkennt ferner aus Bild 108, daß der Dämpfer die Schwingungsausschläge der Masse m_1 nicht mehr wesentlich verkleinert, wenn man $m_2/m_1 > 0{,}1$ ausführt; die Ausschläge von m_1 nehmen mit weiter wachsendem m_2/m_1 kaum noch ab.

---

[1] So definiert auch DEN HARTOG (s. Fußnote 1, S. 103; dort S. 115) die „günstigste" Abstimmung. Es kann aber in einzelnen Fällen vorteilhafter sein, den Dämpfer so abzustimmen, daß die Nebenresonanzen *nicht* gleich stark werden, dann nämlich, wenn die zweite Nebenresonanz so hoch gelegt werden kann, daß die Betriebsdrehzahl ständig darunter bleibt. Dann darf die zweite Nebenresonanz groß sein, und die erste Nebenresonanz wird dementsprechend klein. Auch für so gelagerte Fälle zeigt Bild 107, wie die Bestimmungsgrößen zu wählen sind.

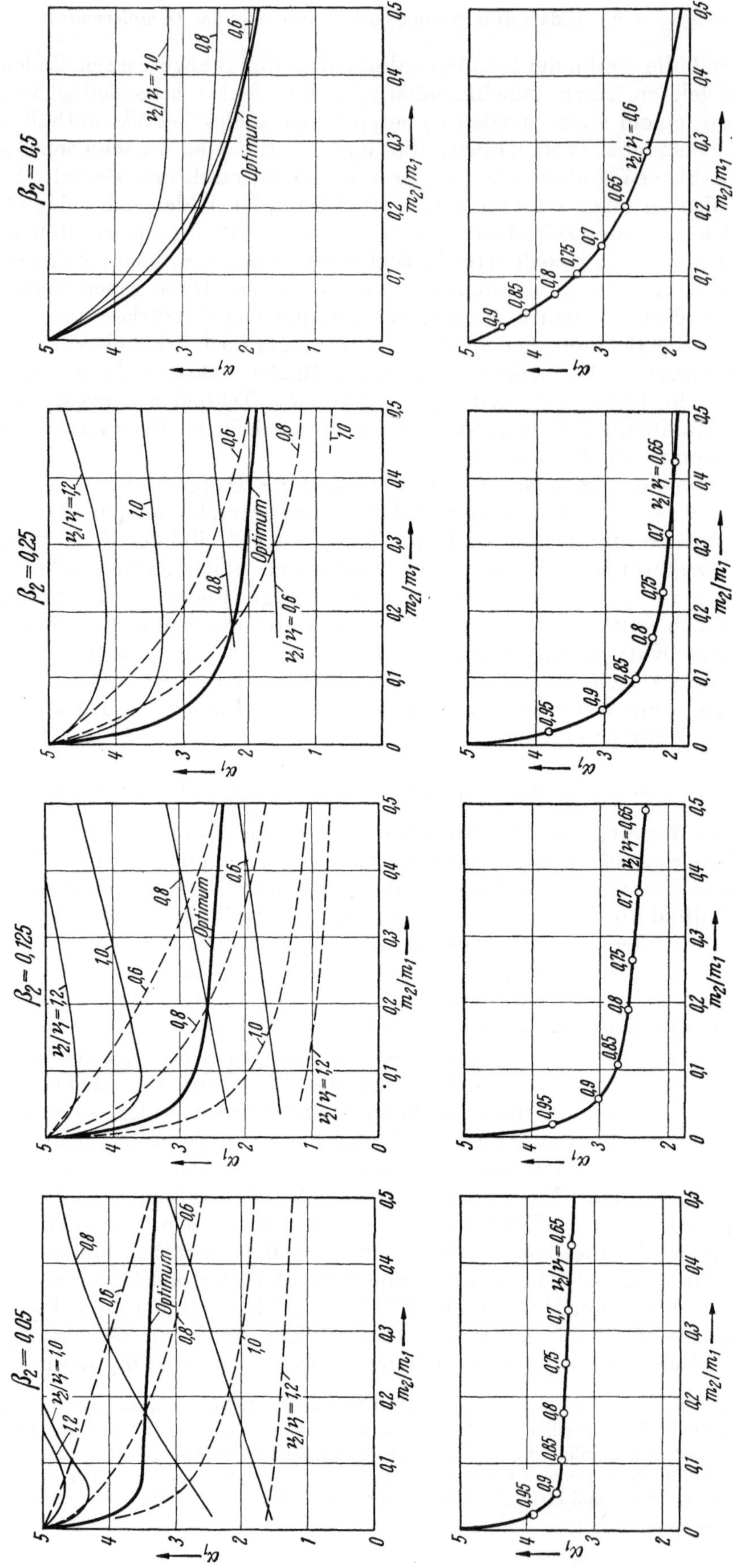

Bild 108. Trägt man getrennt nach β_2 die Maxima der Nebenresonanzen über m_2/m_1 auf, so liefern die Schnittpunkte der verbindenden Kurven die günstigste Abstimmung v_2/v_1 zu jedem m_2/m_1 für das betreffende β_2. Gültig für $\beta_1 = 0{,}1$

Die Dämpfermasse braucht nicht mehr als etwa $^1/_{10}$ der Motormasse zu betragen. Eine Vergrößerung von m_2 würde zudem konstruktiv unbequem sein.

In der unteren Bildzeile 108 sind für die vier verschiedenen β_2 die Optimum-Kurven wiederholt; auf ihnen sind die v_2/v_1-Werte eingetragen, die z. T. durch graphische Interpolation bestimmt wurden.

Bild 108 enthält (für das dem Bild 107 und 108 zugrunde gelegte $\beta_1 = 0,1$) die Antwort auf die Frage, wie die Werte v_2/v_1, m_2/m_1 und β_2 aufeinander abzustimmen sind, damit der Dämpfer die Hauptresonanz in zwei gleich starke schwächere Nebenresonanzen aufspaltet. Entscheidet man sich z. B. für ein $m_2/m_1 = 0,1$, so muß die Eigenschwingungszahl der Dämpfermasse 85 bis 86% der Eigenschwingungszahl der Motormasse betragen, damit der Dämpfer seine günstigste Wirkung erhält. Man erkennt ferner aus Bild 108, daß es bei der Abstimmung von v_2/v_1 auf m_2/m_1 kaum auf das Dämpfungsverhältnis β_2 ankommt (solange $\beta_2 \leqq 0,25$, was in der Praxis immer zutreffen dürfte): zu einem bestimmten m_2/m_1 liest man aus den Teilbildern $\beta_2 = 0,05$ bis $0,25$ fast genau das gleiche v_2/v_1 ab. Dieses liegt immer unter $1,0$; die Eigenschwingungszahl der Dämpfermasse muß also *kleiner* sein als die der Motormasse. Die günstigsten Nebenresonanzkurven liegen in Bild 107 zwischen der zweiten und dritten senkrechten Bildzeile, und zwar nahe der zweiten Zeile, wie aus Bild 108 folgt.

DEN HARTOG[1] leitet unter Vernachlässigung der Motordämpfung β_1 für die günstigste Abstimmung die Formel

$$v_2/v_1 = \frac{1}{1 + m_2/m_1} \tag{64}$$

ab, in welcher β_2 nicht auftritt. Da es ungedämpfte Kolbenmaschinen nicht gibt, kann Gl. (64) nur Näherungswerte liefern. Für $m_2/m_1 = 0,1$ wird nach Gl. (64) $v_2/v_1 = 0,91$, während je nach dem β_2 die genaue Untersuchung $0,85$ bis $0,86$ ergibt. Der Unterschied beträgt in diesem Fall nur 6 bis 7 %, kann aber für andere m_2/m_1 und β_1 auch auf 15% und mehr ansteigen.

Neben der Größe der Nebenresonanzen kann es erwünscht sein, ihre *Lage* relativ zur ursprünglichen Resonanz im voraus abzuschätzen, da der Konstrukteur bemüht sein muß zu vermeiden, daß im Betrieb häufig gefahrene Drehzahlen mit einer stärkeren Nebenresonanz zusammenfallen. In Bild 109 ist die (Bild 107 entnommene) Lage der Maxima der Nebenresonanzen über ζ_1 aufgetragen; die ausgezogenen Kurven gelten für die kleineren, die gestrichelten für die größeren ζ_1-Werte. Die Maxima rücken um so weiter auseinander, je größer m_2/m_1 ist, und sie verschieben sich um so mehr nach rechts, d. h. in das Gebiet höherer Drehzahlen, je größer v_2/v_1 wird. Im Teilbild 109, $\beta_2 = 0,5$, fehlen die gestrichelten Linien, weil bei dem sehr stark gedämpften Dämpfer die obere Resonanz nicht mehr auftritt.

Einfluß der Dämpfung des Motors. Den Untersuchungen dieses Abschnittes liegt bis hierher ein $\beta_1 = 0,1$ zugrunde. Nunmehr soll geprüft werden, wie die Verhältnisse sich ändern, wenn die Masse m_1 (d. i. der Motor) stärker oder weniger stark gedämpft ist. Hierzu wurden weitere 72 Schleifenkurven und ebenso viele Nebenresonanzkurven berechnet und gezeichnet, je zur Hälfte für $\beta_1 = 0,2$ (also eine doppelt so starke Dämpfung) und für $\beta_1 = 0,05$ (halb so starke Dämpfung wie bei den vorhergehenden Untersuchungen). Die Ergebnisse sind in Bild 110 für $\beta_1 = 0,05$ und in Bild 112 für $\beta_1 = 0,2$ dargestellt. Die Bilder 111 und 113 zeigen die Lage der Maxima für diese β_1, jeweils für die vier untersuchten β_2.

Der Charakter der Optimum-Kurven bleibt derselbe wie früher, nur beginnt [nach Gl. (49), S. 108] die Kurve für $\beta_1 = 0,05$ bei $\alpha_1 = 10$, für $\beta_1 = 0,2$ bei $\alpha_1 = 2,5$ (vgl. a. Bild 99, in welchem der Parameter k/k_k dem β_1 entspricht). Wieder zeigt sich, daß eine zu starke Dämpfung des Dämpfers schädlich ist: für $\beta_2 = 0,5$ verlaufen die Optimum-Kurven ungünstig. Eine mäßige Dämpfung des Dämpfers ($\beta_2 = 0,125$) ist vorteilhaft, eine zu geringe ($\beta_2 = 0,05$) vermindert die Wirkung des Dämpfers. Ein $m_2/m_1 > 0,1$

---

[1] Siehe Fußnote 1, S. 103.

verbessert sie nur bei großem β_2. Das zu $m_2/m_1 = 0,1$ und $\beta_1 = 0,05$ gehörende günstigste ν_2/ν_1 wird 0,9 (Bild 110), während es für $m_2/m_1 = 0,1$ und $\beta_1 = 0,2$ auf 0,8 abnimmt (Bild 112). Die günstigste Eigenschwingungszahl der Dämpfermasse hängt also nicht nur von m_2/m_1, sondern auch vom Dämpfungsverhältnis β_1 des Motors ab; da man dieses nicht genau kennt, sollte man die Eigenschwingungszahl der Dämpfermasse einstellbar ausführen, am einfachsten durch auswechselbare Federn (c_2 in Bild 102).

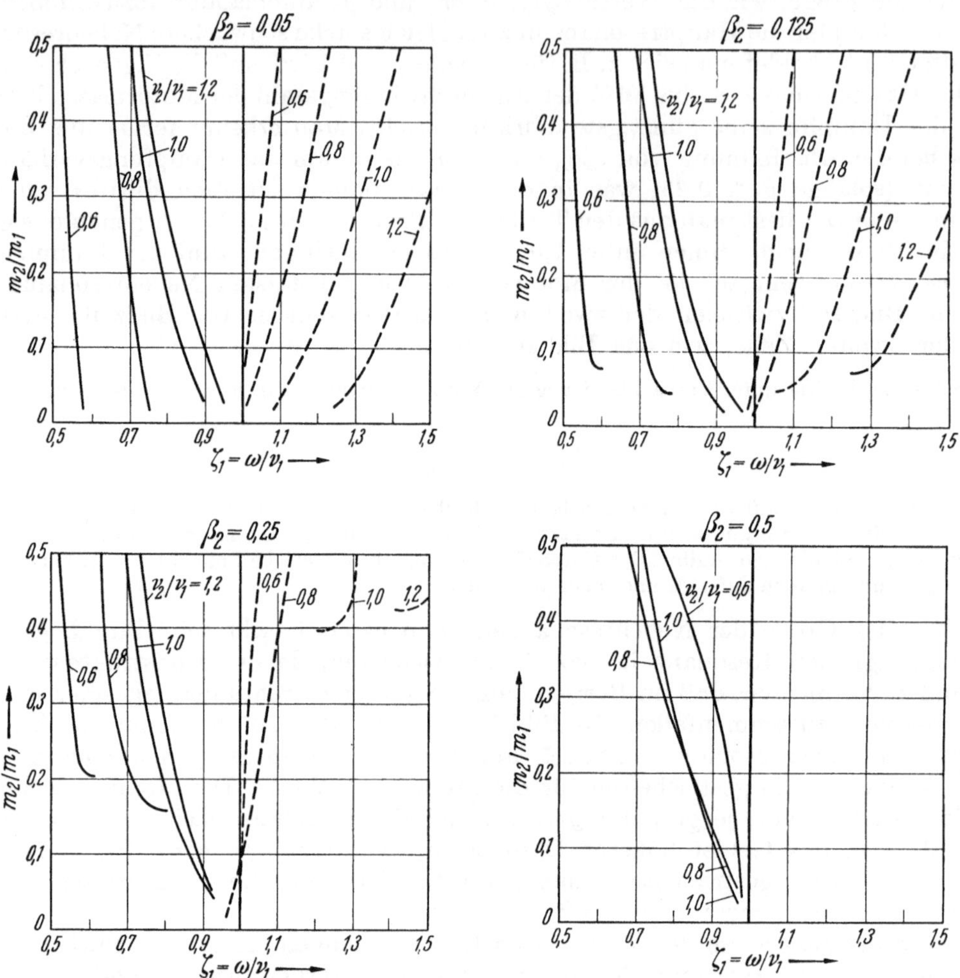

Bild 109. Mit zunehmendem m_2/m_1 rücken die Maxima der Nebenresonanzen auseinander; mit zunehmendem ν_2/ν_1 rücken sie in das Gebiet höherer Resonanzen. Gültig für $\underline{\beta_1 = 0,1}$

In Bild 114 sind die Optimum-Kurven aus Bild 108, 110, 112 (unter Weglassung der Punkte ν_2/ν_1) übertragen, getrennt nach den β_1. Auf der Ordinatenachse liest man die Schwingungsamplitude α_1 ab (als Vielfaches der statischen Auslenkung unter der ruhenden Last P_0), die sich einstellt, wenn der Dämpfer fehlt ($m_2/m_1 = 0$). Jeder Kurvenpunkt (Bild 114) zeigt die durch den Dämpfer bewirkte Verminderung der Schwingungsausschläge für je drei zusammenhängende Werte m_2/m_1, β_2 und β_1. Bei kleiner Dämpfung der Masse $m_1 (\beta_1 = 0,05)$ kann der Dämpfer, wenn er mit sehr schwerer Masse ausgeführt ($m_2/m_1 = 0,5$) und stark gedämpft wird ($\beta_2 = 0,25$), die Schwingungsausschläge auf rd. $^1/_5$ vermindern, bei leichter Dämpfermasse ($m_2/m_1 = 0,1$) und weniger starker Dämpfung immer noch auf etwa $^1/_3$. Bei sehr stark gedämpfter Masse $m_1 (\beta_1 = 0,2)$ lohnt sich der Dämpfer nicht mehr; die vom Ordinatenpunkt $\alpha_1 = 2,5$ ausgehenden Optimum-Kurven senken sich kaum noch. Das Dämpfungsverhältnis $\beta_1 = 0,1$ dürfte den wirk-

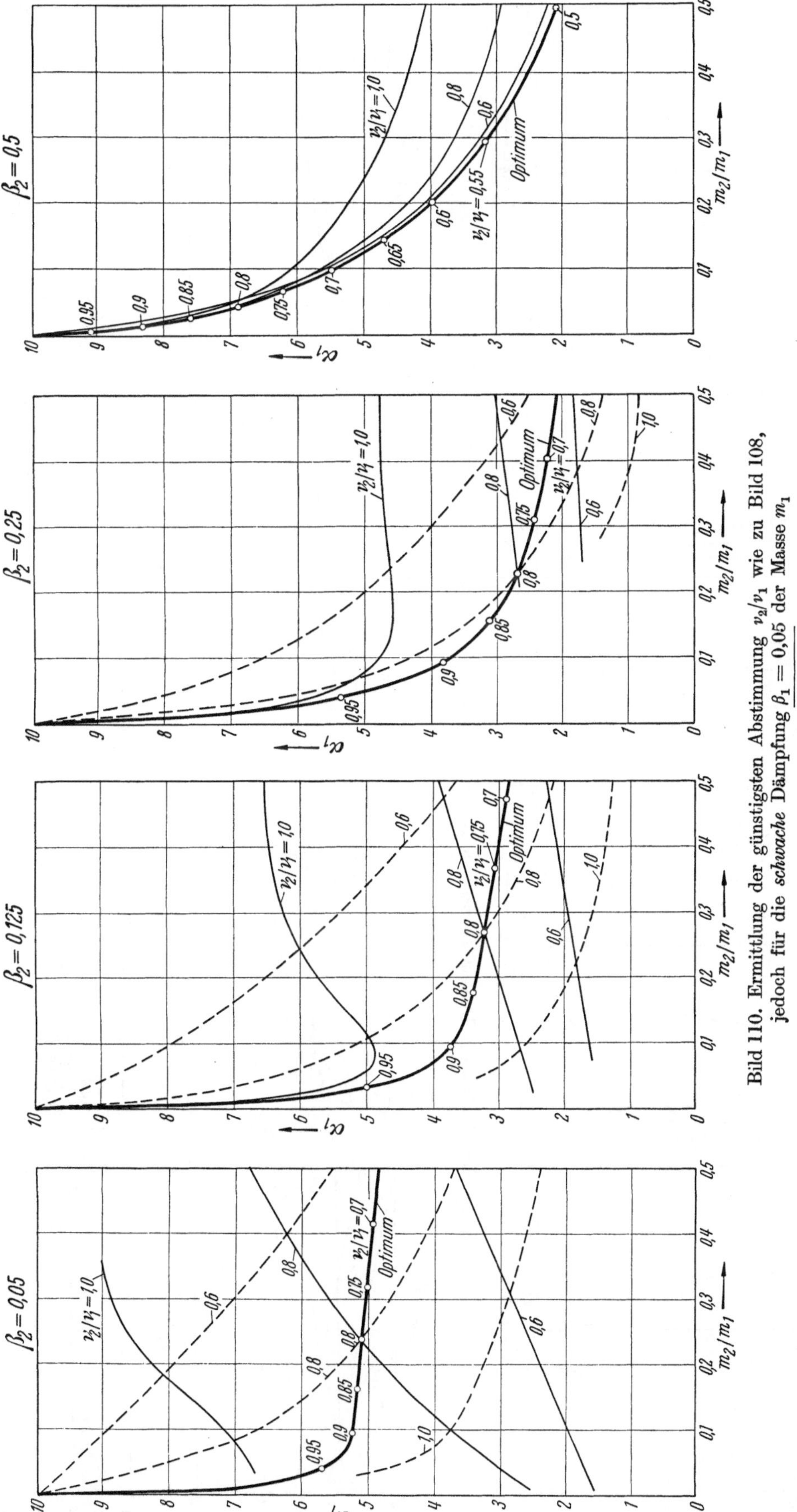

Bild 110. Ermittlung der günstigsten Abstimmung v_2/v_1 wie zu Bild 108, jedoch für die *schwache* Dämpfung $\beta_1 = 0{,}05$ der Masse m_1

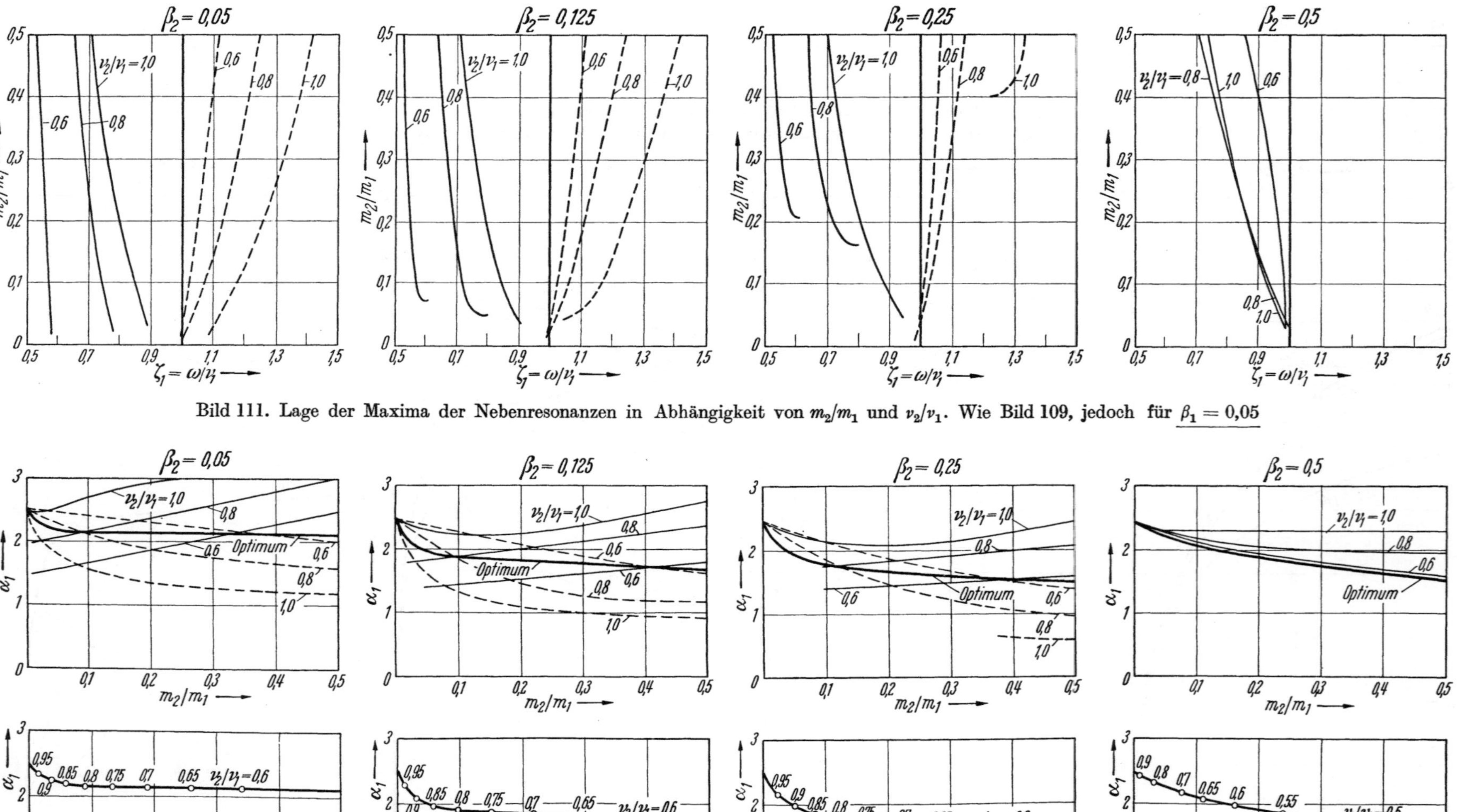

Bild 111. Lage der Maxima der Nebenresonanzen in Abhängigkeit von m_2/m_1 und v_2/v_1. Wie Bild 109, jedoch für $\underline{\beta_1 = 0,05}$

Bild 112. Ermittlung der günstigsten Abstimmung v_2/v_1 wie zu Bild 108 und 110, jedoch für die *starke* Dämpfung $\underline{\beta_1 = 0,2}$ der Masse m_1

lichen Verhältnissen, wie man sie bei ausgeführten Motoren findet, am nächsten kommen, wie aus torsiographischen Messungen geschlossen werden kann. Für ein $\beta_1 = 0,1$ vermindert ein mäßig gedämpfter Dämpfer ($\beta_2 = 0,125$ bis 0,25) schon bei leichter Dämpfermasse ($m_2/m_1 = 0,1$) die Schwingungsausschläge der Masse m_1 auf rd. die Hälfte. Das zugehörige v_2/v_1 folgt aus Bild 108. Voraussetzung für die Wirksamkeit des gedämpften dynamischen Schwingungsdämpfers mit konstanter Eigenfrequenz ist, daß man die

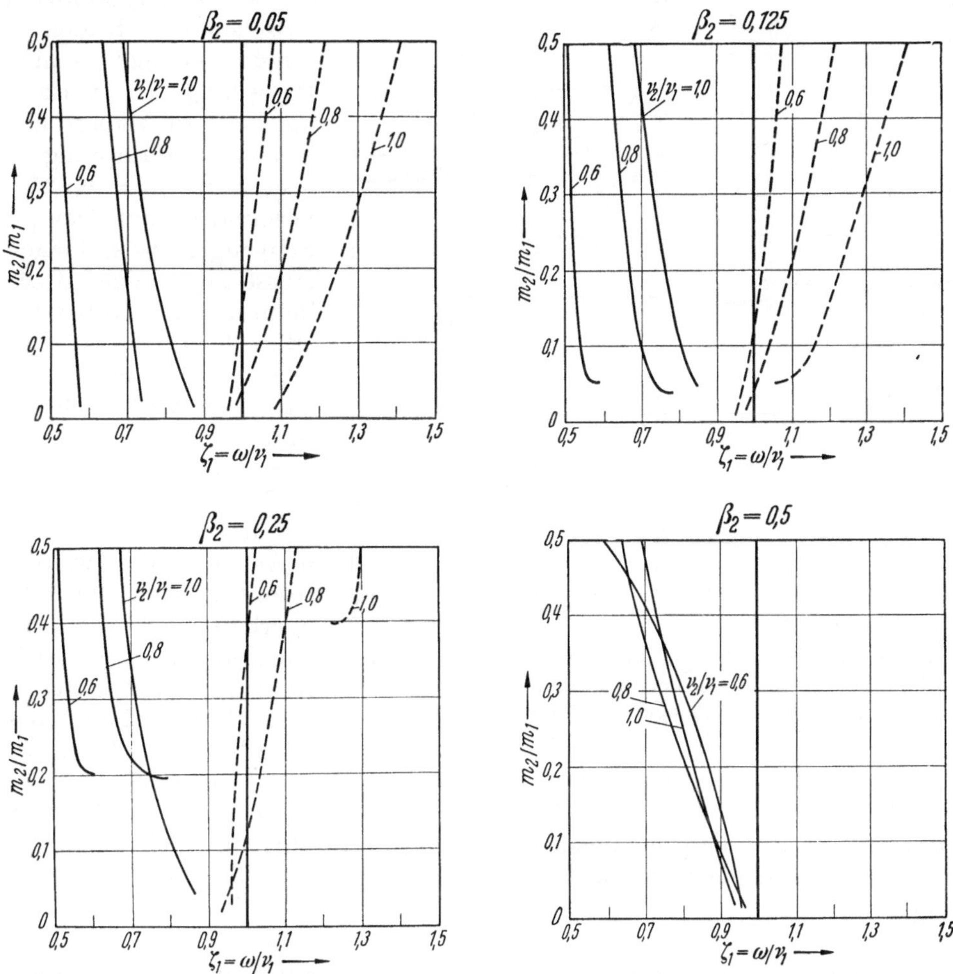

Bild 113. Lage der Maxima der Nebenresonanzen in Abhängigkeit von m_2/m_1 und v_2/v_1.
Wie Bild 109 und 111, jedoch für $\underline{\beta_1 = 0,2}$

Einstellbarkeit von v_2 und β_2 konstruktiv vorgesehen hat, weil β_1 nicht genau bekannt ist und β_2 sich nicht exakt vorausberechnen läßt. Andernfalls kann der Dämpfer völlig wirkungslos bleiben, wie es in der Praxis vorgekommen ist.

Beispiel: Für einen Sechszylinder-Viertaktmotor sei $m_1 = 40$ kg sec²/cm; seine Eigenschwingungszahl I. Grades betrage $n_{e_I} = 290$/min, also die Kreisfrequenz $v_1 = \pi\, n_{e_I}/30 = 30,4$ 1/sec. Somit $c_1 = m_1 \cdot v_1^2 = 40 \cdot 30,4^2 = 37\,000$ kg/cm. Das Dämpfungsverhältnis β_1 des Motors sei zu 0,1 angenommen. Gewählt wird $m_2/m_1 = 0,1$; somit $m_2 = 4$ kg sec²/cm. Der Dämpfer sei mit $\beta_2 = 0,25$ stark gedämpft; dann verringert er nach Bild 108 und 114 (Teilbilder für $\beta_1 = 0,1$ und $\beta_2 = 0,25$) die Schwingungsausschläge α_1 der Masse m_1 von 5,0 auf 2,5, also auf die Hälfte. Nach Bild 108 (unteres Teilbild für $\beta_2 = 0,25$) ist $v_2/v_1 = 0,85$ auszuführen; die Dämpfermasse muß also eine Eigen-Kreisfrequenz v_2 von $0,85 \cdot 30,4 = 25,8$ 1/sec, d. h. eine Eigenschwingungszahl $n_{e_D} = 30 \cdot 25,8/\pi = 246$/min erhalten. Die Federzahl des Dämpfers wird $c_2 = m_2 \cdot v_2^2 = 4 \cdot 25,8^2 = 2660$ kg/cm. Mit der kritischen Dämpfungszahl $k_{k_2} = 2\sqrt{m_2 c_2}$ $= 2\sqrt{4 \cdot 2660} = 206$ kg sec/cm und $\beta_2 = k_2/k_{k_2}$ wird $k_2 = 0,25 \cdot 206 = 51,5$ kg sec/cm. Die Dämpfungsvorrichtung ist somit nach Möglichkeit so auszuführen, daß sie einen

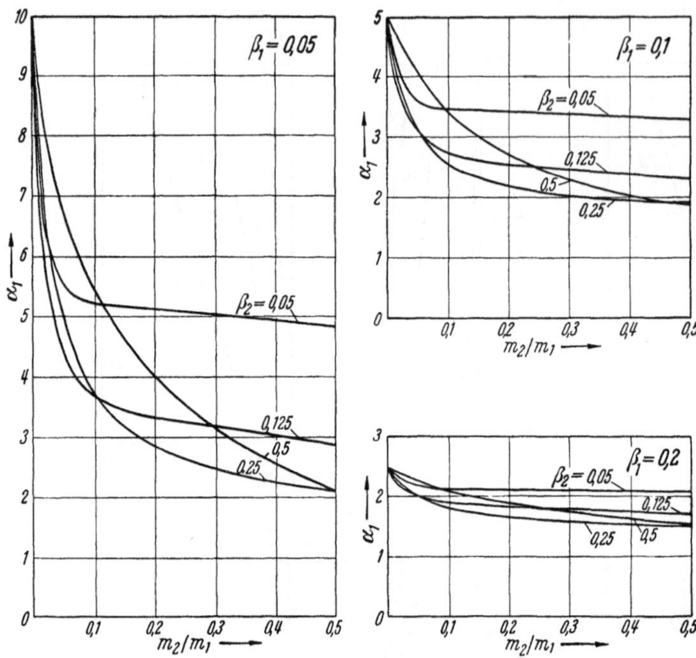

Widerstand von rd. 50 kg je cm/sec Relativgeschwindigkeit zwischen den beiden Massen erzeugt. Gelingt es nicht, die Dämpfung so wirksam zu machen, so genügt auch ein kleineres Dämpfungsverhältnis, z. B. $\beta_2 = 0,125$; dann vermindert der Dämpfer die Schwingungsausschläge der Masse m_1 weniger stark, aber immerhin noch von 5,0 auf 2,75 (Bild 114, Teilbild $\beta_1 = 0,1$). Das v_2/v_1 ändert sich dabei kaum, es wird nach Bild 108 (unteres Teilbild $\beta_2 = 0,125$) 0,86.

Wird $\beta_2 = 0,25$ ausgeführt, so liegt für $\beta_1 = 0,1$ und $m_2/m_1 = 0,1$ die zweite Nebenresonanz nach Bild 109 etwas oberhalb der ursprünglichen Resonanz $\omega/v_1 = 1$; die erste Nebenresonanz prägt sich nicht aus. Dieser Fall entspricht etwa Bild 107, k für $m_2/m = 0,1$.

Bild 114. Zusammenstellung der günstigsten Maxima-Kurven, getrennt nach $\beta_1 = 0,05$, $\beta_1 = 0,1$ und $\beta_1 = 0,2$, für je vier verschiedene β_2, in Abhängigkeit von m_2/m_1

Macht man $\beta_2 = 0,125$, so treten beide Nebenresonanzen auf, die erste bei $\zeta_1 = 0,75$, die zweite bei $\zeta_1 = 1,08$. Die „Nebenkritischen" liegen in diesem Fall 25% unterhalb und 8% oberhalb der ursprünglichen kritischen Drehzahl, die nicht mehr auftritt. Ihre Amplituden sind gleich stark, betragen aber nur noch 55% des ursprünglichen Ausschlages.

d) Bestimmung von m_1, c_1 und β_1 im Drehschwingungssystem

Die Betrachtungen über die Eigenschaften des dynamischen Schwingungsdämpfers waren aus Bild 102 (S. 111) abgeleitet worden, das ein *ebenes* Schwingungssystem darstellt. Dort entsprachen m_1 der Motormasse, m_2 der Dämpfermasse, c_1 und c_2 den rückführenden Kräften je cm Verschiebung, k_1 und k_2 den dämpfenden Kräften je cm/sec Verschiebegeschwindigkeit, und x_1 und x_2 waren *lineare* Schwingungsausschläge. Man darf nun, wie S. 66 gezeigt wurde, ohne weiteres die Ergebnisse der Untersuchungen auf *Dreh*schwingungen übertragen, und zwar auch ohne für die Massen m_1 und m_2 deren Trägheitsmomente und für die linearen Verschiebewege x_1 und x_2 die Drehwinkel einzusetzen, denn auch die früher entwickelten Schwingungsformen (z. B. Bild 70, S. 73, und Bild 73, S. 79) waren gezeichnet gedacht auf einem in die *Ebene* gestreckten Zylinder vom Radius r_0. Bild 102 stelle man sich ebenfalls auf diesem Zylinder gezeichnet vor, und zwar so, daß die Mittellinie m_1–m_2 senkrecht auf der Kurbelwellenachse steht und diese im Abstand des Reduktionsradius r_0 unterhalb der Ebene von Bild 102 liegt. Die Bewegungen der Massen m_1 und m_2 kann man dann wegen der Kleinheit der Wege x_1

und x_2 und der viel größeren Entfernung r_0 von der Drehachse mit der gleichen Berechtigung als Drehschwingungen wie als lineare Schwingungen ansehen (vgl. Bild 67, S. 69). Die Massen m_1 und m_2 sind in der früher (S. 60 f.) beschriebenen Weise auf r_0 zu reduzieren; alle Kräfte sind auf den Abstand r_0 von der Drehachse zu beziehen. Die erregende Kraft P_0 greift ohnehin am Radius r_0, d. i. der Kurbelradius, an. Damit ist das Drehschwingungsbild auch für den Dämpfer (Bild 102) in die Ebene gestreckt und ein lineares Schwingungsbild geworden.

Wie die *Ersatzmasse* m_1 zu ermitteln ist, bedarf noch der Untersuchung. In Bild 102 ist das eine Ende der Feder c_1 fest eingespannt; dieses Ende entspricht dem Knotenpunkt, der keine Drehschwingungen ausführt. Den Dämpfer wird man stets nur am freien Wellenende des Motors anbringen, das am stärksten schwingt, da der Dämpfer ja auf die Schwingungen ansprechen soll; im Knotenpunkt wäre er unwirksam. Die Masse m_1 hat somit alle Massen zu ersetzen, die zwischen dem Wellenende, an welchem der Dämpfer befestigt ist, und dem Knotenpunkt liegen. Damit die aus Bild 102 abgeleiteten Gleichungen 62 und 63 auch auf das Ersatzsystem anwendbar werden, muß dieses die Forderung erfüllen, daß das System (m_1, c_1) die gleiche Eigenkreisfrequenz hat wie das wirkliche System. Ferner muß die Ersatzmasse m_1 die gleichen Schwingungsausschläge machen wie das wirkliche System dort, wo der Dämpfer angebracht ist, und schließlich darf die durch den Knotenpunkt gehende Tangente der Schwingungsform nicht ihre Richtung ändern, wenn man das Vielmassensystem des Motors durch die eine Masse m_1 ersetzt, da die Schwingungsform der Massen jenseits des Knotenpunktes unverändert bleiben muß. Diese Forderung bedeutet, daß die Summe der Trägheitskräfte der zu ersetzenden Massen gleich der Trägheitskraft der Ersatzmasse m_1 sein muß.

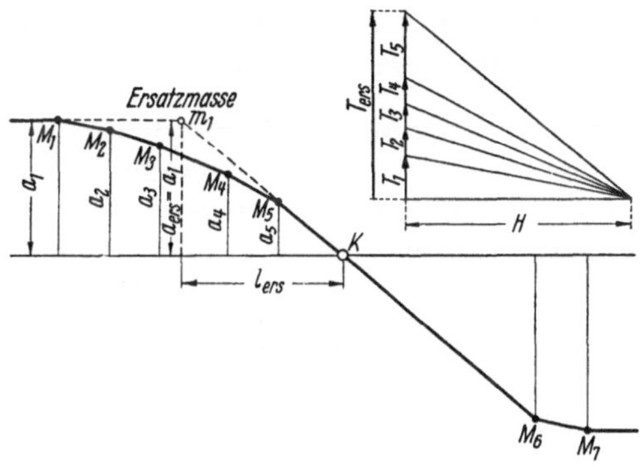

Bild 115
Zur Bestimmung des Ersatzsystems (m_1, c_1)

Bild 115 erläutert, wie m_1 bestimmt werden kann. Von den z. B. sieben Massen des Systems mögen die Massen M_1 bis M_5 links vom Knotenpunkt K liegen. Die Schwingungsform in der Eigenschwingung liege gezeichnet vor. Man verlängert den durch K gehenden Teil der Schwingungsform bis zum Schnitt mit der im Abstand a_1 zur Nullinie gezogenen Horizontalen. Der Schnittpunkt liefert den Ort der Ersatzmasse m_1, d. h. ihre Entfernung l_{ers} von K und damit die Federzahl c_1 (s. Gl. 66). Die Größe von m_1 folgt aus der Bedingung

$$m_1 \, a_1 \, \omega^2 = (M_1 \, a_1 + M_2 \, a_2 + M_3 \, a_3 + M_4 \, a_4 + M_5 \, a_5) \, \omega^2$$

zu

$$m_1 = \frac{1}{a_1} (M_1 \, a_1 + \cdots + M_5 \, a_5). \tag{65}$$

Das Verfahren liefert auch die *Federzahl* c_1 (Bild 102), die für die Ersatzmasse m_1 gilt. Wenn die Masse m_1 ihren größten Ausschlag a_1 macht (Bild 115), ist die rückführende Kraft $c_1 a_1$, das rückführende Moment $M_d = c_1 a_1 r_0$, da die Wirkungslinie von $c_1 a_1$ den Abstand r_0 von der Wellenachse hat. Andererseits ist $M_d = \varphi \, G \, J_p / l_{\text{ers}}$ mit $\varphi = a_1 / r_0$; hieraus folgt

$$c_1 = G \, J_p / l_{\text{ers}} \, r_0^2. \tag{66}$$

G ist der Gleitmodul, J_p das polare Trägheitsmoment des Wellenquerschnittes, auf das die Längen reduziert worden sind (S. 57). Die Dimension von c_1 wird kg/cm, wie erforderlich. Das c_1 ersetzt die Federzahlen der Wellenabschnitte zwischen den Massen M_1 und M_2, M_2 und M_3 usw. sowie zwischen M_5 und K.

Schließlich erfordert noch das *Dämpfungsverhältnis* β_1 eine Deutung. Nach der Definition ist die dimensionslose Zahl $\beta_1 = k_1/k_{k_1}$ das Verhältnis zwischen der dämpfenden Kraft k_1 je cm/sec Schwingungsgeschwindigkeit (diese gemessen auf dem um die Wellenachse gelegten Zylinder vom Radius r_0) und der kritischen Dämpfungszahl k_{k_1}, bei welcher die Masse m_1 ohne Schwingungen in ihre Gleichgewichtslage zurückkriecht (S. 105). Da m_1 und c_1 schon berechnet wurden, ist $k_{k_1} = 2\sqrt{m_1 c_1}$ bekannt, nicht aber die Dämpfungs*zahl* k_1. Diese hängt mit dem Dämpfungs*faktor* k' zusammen, der bei der Berechnung der Größe der Schwingungsausschläge in der Resonanz benutzt wurde und durch Gl. (18), S. 97, definiert war. k' und k_1 sind nicht identisch; nicht nur sind ihre Dimensionen verschieden (kg sec/cm³ für k', kg sec/cm für k_1), sondern sie haben auch eine verschiedene Bedeutung: k' gilt für die an *einer* Kurbel angreifende dämpfende Kraft K_i, k_1 dagegen bezieht sich auf die Ersatzmasse m_1 und muß daher alle links vom Knotenpunkt K (Bild 115) liegenden dämpfenden Kräfte umfassen. Der Zusammenhang zwischen k' und k_1 folgt aus der Überlegung, daß die Arbeiten der dämpfenden Kräfte für das wirkliche System und für das Ersatzsystem m_1, c_1 gleich sein müssen, andernfalls wäre das Ersatzsystem dem wirklichen nicht gleichwertig. Die Arbeit der dämpfenden Kräfte des wirklichen Systems während einer Periode wurde in den Untersuchungen S. 98 u. f. zu $k'\,\pi\,F\,\omega\,A_1^2\sum\limits_{\text{alg}} a_i^2$ bestimmt; darin tritt die Fläche F *eines* Kolbens auf, weil jene Untersuchungen sich auf 1 cm² Kolbenfläche bezogen. Die algebraische Summierung hat sich hier auf alle links vom Knotenpunkt liegenden Schwingungsausschläge zu erstrecken. Für das Ersatzsystem wird die Arbeit der dämpfenden Kräfte während einer Periode (wie S. 98) $k_1\,\pi\,\omega\,x_{1_0}^2$ mit k_1 als Dämpfungs*zahl* für m_1 (d. i. die an m_1 angreifende dämpfende Kraft je cm/sec) und x_{1_0} als Amplitude des Schwingungsausschlages der Masse m_1. Die Gleichsetzung beider Arbeiten liefert

$$k'\,\pi\,F\,\omega\,A_1^2\sum\limits_{\text{alg}} a_i^2 = k_1\,\pi\,\omega\,x_{1_0}^2.$$

Da der Ausschlag A_1 der vordersten Masse des wirklichen Systems gleich der Amplitude x_{1_0} der Masse m_1 ist, $A_1 = x_{1_0}$, wird

$$k_1 = k'\,F\sum\limits_{\text{alg}} a_i^2. \tag{67}$$

Die algebraische Summierung hat sich, wie erwähnt, nur auf die links vom Knotenpunkt liegenden Schwingungsausschläge zu erstrecken; dabei ist nach S. 99 zu beachten, daß $a_1 = 1$ gesetzt werden muß, bevor die a_i aus der Schwingungsform abgemessen werden. Die algebraische Summe der a_i^2 wird eine *unbenannte* Zahl, da (nach S. 99) die a_i dimensionslose Verhältniszahlen sind.

Aus Gl. (67) geht auch der Zusammenhang zwischen dem Dämpfungsfaktor k', der schon auf S. 97 eingeführt wurde, und dem Dämpfungsverhältnis β_1 des Ersatzsystems (m_1, c_1) hervor: es ist $\beta_1 = k_1/k_{k_1}$ und $k_{k_1} = 2\sqrt{m_1 c_1}$. Für eine gegebene Maschine mit bekannter Schwingungsform können m_1 und c_1 nach Gl. (65) und (66) berechnet werden. Damit ist k_{k_1} bekannt. k_1 folgt aus Gl. (67), wenn man k' nach S. 100 angenommen hat, womit β_1 gefunden ist.

Die Unsicherheit, die nach S. 100 bezüglich des k' gilt, trifft nach Gl. (67) auch für k_1 und damit für β_1 zu. Sie wurde hier dadurch umgangen, daß der dynamische Schwingungsdämpfer mit konstanter Eigenfrequenz für drei verschiedene Dämpfungsverhältnisse β_1 (0,05, 0,1 und 0,2) untersucht wurde. Sie könnte durch Messungen des Dämpfungsfaktors k' nach Gl. (26a), S. 100, weiter eingeschränkt werden, da für eine gegebene Maschine β_1 durch k' bestimmt ist.

Bezüglich der für den *Dämpfer* geltenden Größen m_2, c_2 und k_2 ist eine gleich ausführliche Untersuchung nicht nötig, da der Dämpfer des Ersatzsystems mit dem Dämpfer des wirklichen Systems identisch ist. Nachdem die Ersatzmasse m_1 nach Gl. (65)

bestimmt ist, liegt m_2 fest, wenn man m_2/m_1 gewählt hat. m_2 muß wie m_1 auf den Kurbelradius r_0 reduziert werden, d. h. es muß das Trägheitsmoment der Dämpfermasse zu $\Theta_D = m_2 \cdot r_0^2$ ausgeführt werden. Auch c_2 muß auf r_0 bezogen werden, was nach Gl. (66) auch für c_1 gilt. Nur dann dürfen c_1 und c_2 nach dem Schema Bild 102 als in einer Geraden liegend angenommen werden. Die Federzahl c_2 kann am ruhenden Dämpfer gemessen werden, indem man die Dämpfermasse entgegen der rückführenden Kraft um einen bestimmten Betrag tangential verschiebt; die dabei aufzuwendende Kraft ist auf den Hebelarm r_0 umzurechnen. Die Dämpfungszahl k_2 experimentell zu bestimmen ist nur in einer Vorrichtung möglich, in welcher man die Dämpferelemente mit einer Geschwindigkeit 1 cm/sec gegeneinander verschiebt und die hierzu erforderliche Kraft mißt. Auch diese Kraft muß auf r_0 reduziert werden. Wenn die Messung nicht ausgeführt werden kann, sollte durch weitgehende Einstellbarkeit der Dämpfungsvorrichtung dafür gesorgt werden, daß der Dämpfer auf seine günstigste Wirkung abgestimmt werden kann.

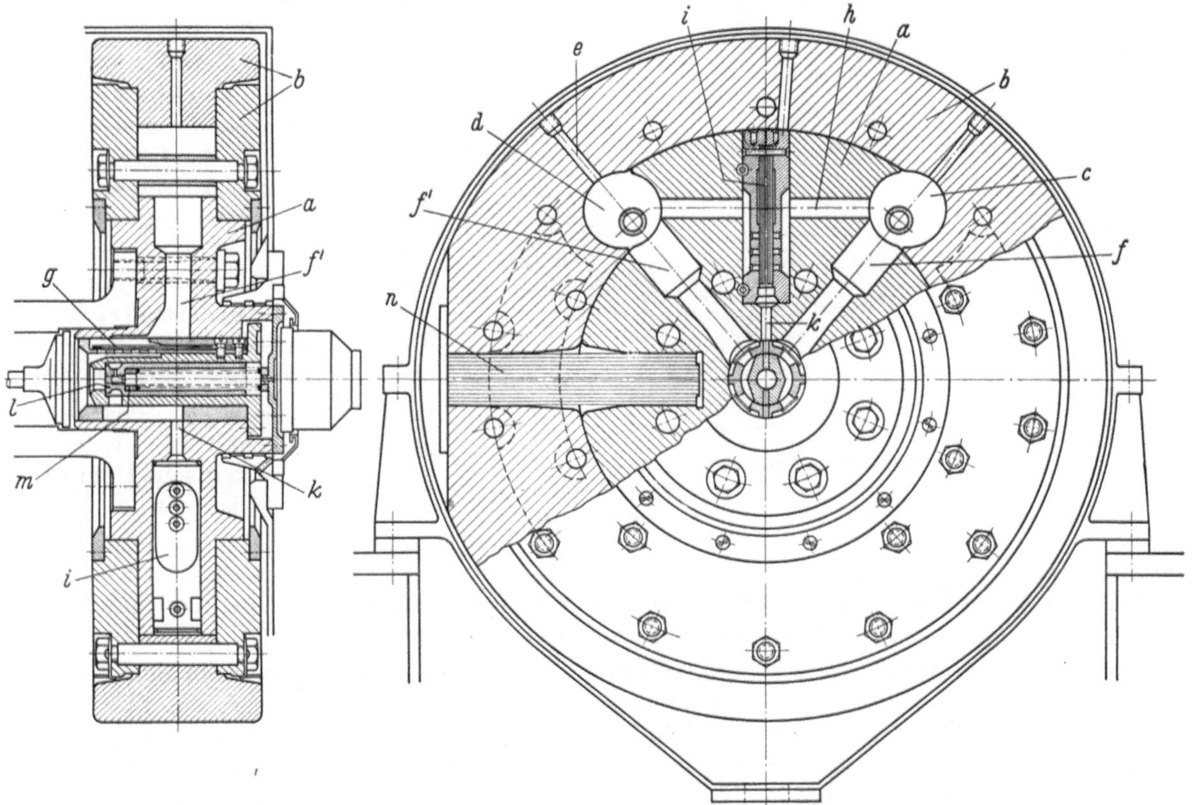

Bild 116. Sandner-Dämpfer

a Teil der Masse m_1; b Dämpfermasse m_2; c, d Ölkammern; e Bohrungen zum Füllen von c, d mit Schmieröl; f, f' Radialbohrungen; g Rückschlagventil; h Bohrungen; i Rückschlagventil; k Bohrung; l Rückschlagventil; m Ring zum Einstellen der Federspannung; n Blattfedern

e) Beispiele ausgeführter Schwingungsdämpfer

Dämpfer mit konstanter Eigenfrequenz der Dämpfermasse. Der Sandner-*Dämpfer* (Bild 116) besteht aus der an das vordere Kurbelwellenende geflanschten Grundscheibe a und der sie konzentrisch umgebenden Dämpfermasse b, die in der Umfangsrichtung gegen a beweglich ist. Die Teile a und b sind so geformt, daß sie zwei Kammerpaare c und d miteinander bilden, die durch Bohrungen und durch ein System von Rückschlagventilen verbunden sind. Die Kammern und ihre Verbindungskanäle werden durch

Bohrungen e mit Schmieröl gefüllt. Treten Schwingungen auf, so haben sie Relativbewegungen zwischen a und b zur Folge, wodurch bei einem Kammerpaar der Inhalt der einen Kammer um ebensoviel verkleinert wie der Inhalt der anderen vergrößert wird. Eine Verkleinerung z. B. der Kammer c sucht das Öl aus ihr zu verdrängen; das Öl sucht abzufließen, kann aber nicht den Weg durch die Radialbohrung f nehmen, weil deren inneres Ende durch das Rückschlagventil g verschlossen ist, das in dieser Strömungsrichtung nicht öffnet. Das aus c abfließende Öl strömt daher durch die Bohrung h, passiert das Rückschlagventil i und tritt durch die Bohrung k über ein zweites Rückschlagventil l, das sich unter Überwindung der Kraft einer Feder öffnet. Durch einen Ring m kann die Federspannung eingestellt werden. Nunmehr kann das Öl durch das sich öffnende Rückschlagventil g und die Radialbohrung f' die Kammer d auffüllen. Im zweiten Kammerpaar spielt sich derselbe Vorgang ab. Zwei Pakete Blattfedern n führen die Dämpfermasse in die Mittellage zurück; sie begrenzen zugleich die Schwingungsausschläge.

Im Sinn der Betrachtungen der vorhergehenden Abschnitte gehört der Körper a zur Motormasse m_1; b ist die Dämpfermasse m_2; das Verhältnis m_2/m_1 kann nach den gegebenen Richtlinien gewählt werden. Die beiden Blattfedernpakete bestimmen die Federzahl c_2 der Dämpfermasse. c_2 wird so gewählt, daß die Eigenkreisfrequenz $\nu_2 = \sqrt{c_2/m_2}$ das gewünschte Verhältnis ν_2/ν_1 ergibt. Auch die kritische Dämpfungszahl k_{k_2} ist damit bestimmt. Die Dämpfungszahl k_2

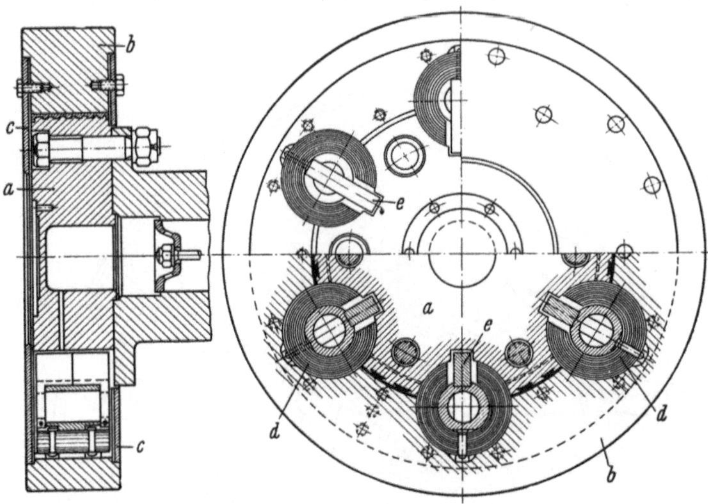

Bild 117. Hülsenfeder-Dämpfer der *MAN*

a Teil der Masse m_1; b Dämpfermasse m_2; c Führungsscheiben; d Hülsenfedern; e Leisten zur Begrenzung der Schwingungsausschläge

kann durch die Bemessung der Querschnitte, die das verdrängte Öl durchströmen muß, und durch die Spannung der Feder des Ventils l so beeinflußt werden, daß sich ein $\beta_2 = k_2/k_{k_2}$ ergibt, wie es die günstigste Dämpferwirkung erfordert.

Der *Hülsenfeder-Dämpfer* der *MAN* (Bild 117) besteht ebenfalls aus zwei Schwungmassen, der fest auf der Kurbelwelle sitzenden Scheibe a und der sie umgebenden Dämpfermasse b. Damit b leicht auf der Scheibe a gleiten kann, ist diese an ihrem Umfang mit Weißmetall ausgegossen. Führungsscheiben c verhindern, daß b in axialer Richtung abgleitet. Bei diesem Dämpfer wird die Federung zwischen den Massen m_1 und m_2 durch eine Anzahl von Hülsenfederpaketen d bewirkt, die je zur Hälfte in a und in b sitzen. Jedes Federpaket besteht aus einer größeren Zahl ineinandergesteckter zylindrischer Federn, deren Stärke von außen nach innen abnimmt, wodurch erreicht wird, daß die Federn gleichmäßig beansprucht werden. Durch jedes Federpaket ist ein Bolzen mit einer Leiste e geführt, gegen welche sich die Kanten der Federn bei zunehmenden Schwingungsausschlägen legen, wodurch der Ausschlag der Dämpfermasse begrenzt wird.

Das Verhältnis m_2/m_1 ist auch bei diesem Dämpfer frei wählbar, ebenso ν_2/ν_1, da ν_2 außer von m_2 nur von c_2 abhängt und c_2 durch die Zahl und die Stärke der Hülsenfedern bestimmt ist. Das Dämpfungsverhältnis β_2 hängt von der Reibung der Hülsenfedern ab, die diese erfahren, wenn die Dämpfermasse schwingt. Bei der großen Zahl der ineinandergesteckten Federn dürfte β_2 ziemlich nahe seinem günstigsten Wert (0,125, vgl. Bild 114) liegen.

Die Firma *Wm. Doxford & Sons* verwendet die bekannte Bibby-Kupplung in der Bauart *Doxford-Bibby* als Drehschwingungsdämpfer. Der Dämpfer (Bild 118) ist gegen das vordere Ende der Kurbelwelle geflanscht. Die Massen m_1 und m_2 sind durch schlangenförmig gewundene Flachfedern f gekuppelt, die sich gegen die gekrümmten Flanken je eines auf m_1 bzw. m_2 aufgeschrumpften Zahnkranzes legen. Wenn keine Schwingungen auftreten, steht ein Zahn von m_2 gegenüber einer Zahnlücke von m_1. In dieser Lage haben die Blattfedern f ihre größte freie Länge, und die Kupplung ist weich (Stellung I). Bei mäßigen Schwingungsausschlägen legen sich die Federn zum Teil gegen die Zahnflanken; ihre freie Länge wird kleiner und die Kupplung härter (Stellung II). Bei starken Ausschlägen liegen die Federn in ganzer Länge an den Zahnflanken, und die Federung hat fast völlig aufgehört (Stellung III).

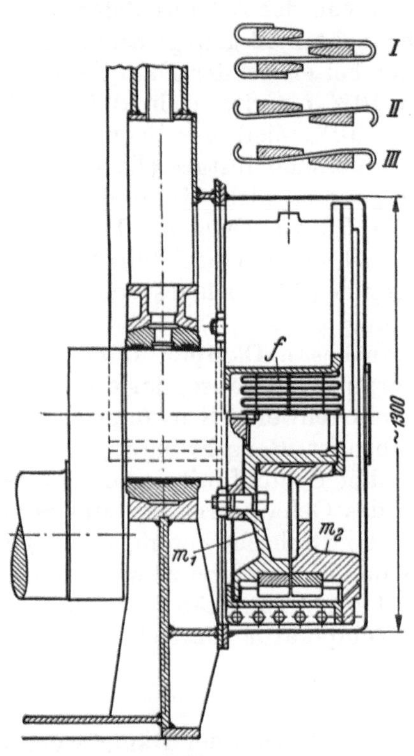

Bild 118
Dämpfer Bauart DOXFORD-BIBBY

m_1 zur Motormasse gehörig; m_2 Dämpfermasse; f nichtlineare Federung; *I* Mittelstellung; *II* kleine Ausschläge; *III* große Ausschläge

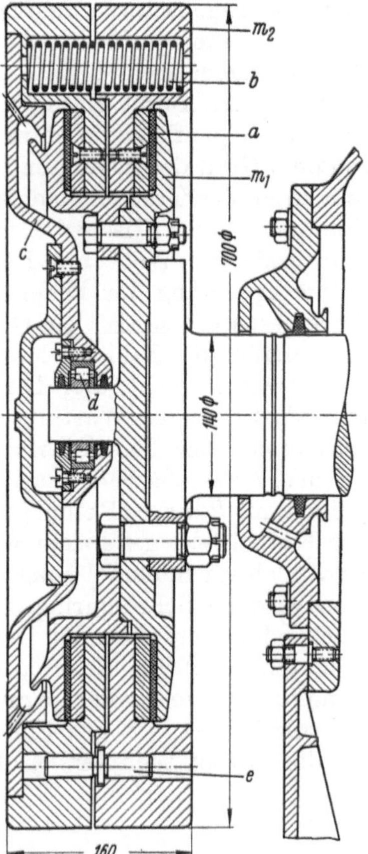

Bild 119. Reibungsdämpfer nach LANCHESTER (Bauart JENDRASSIK)

m_1 zur Motormasse gehörig; m_2 Dämpfermasse; a Reibbelag; b Federn; c Stützscheibe für m_2; d Rollenlager; e Mitnehmer

Die Federzahl c_2 ist bei diesem Dämpfer keine Konstante; die Federung ist *nichtlinear*, sie hängt vom Drehwinkel zwischen m_1 und m_2 ab. Die Dämpfungszahl k_2 dürfte wesentlich kleiner als bei den vorher besprochenen Dämpfern sein, da keine besonderen Dämpfungsvorrichtungen zwischen m_1 und m_2 vorgesehen sind und die Reibung nur gering sein kann. β_2 dürfte daher noch unter 0,05 liegen. Eine exakte mathematische Behandlung dieses Dämpfers ist, soweit dem Verfasser bekannt, nicht möglich, aber auch nicht nötig, da β_2 auch experimentell ermittelt werden und der Dämpfer durch Auswechseln der gut zugänglichen Federn und nötigenfalls durch Anbringen von Zusatzmassen an m_2 auf günstigste Wirkung abgestimmt werden kann.

Reibungsdämpfer. Der im Prinzip von LANCHESTER angegebene Reibungsdämpfer (Bild 119) arbeitet mit *trockener* Reibung. Die Dämpfermasse m_2 ist zweiteilig ausgeführt und in einer Ringnut des ebenfalls zweiteiligen Körpers m_1 geführt, gegen deren Flanken die mit Reibbelag a versehenen Hälften von m_2 durch zylindrische Federn b gedrückt werden. Die Dämpfermasse ist durch die Scheibe c und das Rollenlager d auf einem Verlängerungszapfen der Kurbelwelle zentriert. Mitnehmerbolzen e verhindern, daß die beiden Hälften von m_2 sich in der Umfangsrichtung gegeneinander verschieben. Die Federn b sind so gespannt, daß beim Auftreten stärkerer Schwingungen die Dämpfermasse mit ihrem Reibbelag auf m_1 gleitet; dadurch wird Reibung erzeugt und Schwingungsenergie vernichtet. Eine die Dämpfermasse in ihre Mittellage zurückführende Kraft (c_2) fehlt bei dem Lanchester-Dämpfer; dieser gehört daher nicht zu den Dämpfern mit konstanter Eigenschwingungszahl der Dämpfermasse und wird hier nur aufgeführt, weil er wegen seines einfachen Aufbaues bei kleineren Maschinen häufig angewendet wird. Der mathematischen Behandlung[1] ist der Lanchester-Dämpfer noch weniger zugänglich als der Bibby-Dämpfer, da der Reibungskoeffizient zwischen dem Reibbelag und der Gegenfläche in starkem Maß nicht nur von der Art des Belages, sondern auch von dem Grad der Abnutzung abhängt. Erfahrungsgemäß genügt es, der Dämpfermasse ein so großes Trägheitsmoment zu geben, daß bei gleitender Dämpfermasse eine „Verstimmung" der kritischen Drehzahl um etwa 10% eintritt, d. h. daß die Eigenschwingungszahl der Welle mit Dämpfermasse etwa 10% niedriger liegt als ohne sie. Die richtige Spannung der Federn muß durch den Versuch festgestellt werden. Sind sie zu stark gespannt, so tritt ein Gleiten zwischen m_2 und m_1 nicht ein, und der Dämpfer vermehrt lediglich die Zahl der Massen auf der Welle. Bei zu schwacher Federspannung wirkt der Dämpfer nicht. Der Lanchester-Dämpfer ist einfach und billig in der Herstellung, bedarf aber der Wartung, da die Abnutzung des Reibbelages von Zeit zu Zeit ein Nachspannen der Federn erfordert.

Auch der *Holset-Dämpfer*[2] arbeitet wie der Lanchester-Dämpfer ohne Rückstellkraft, jedoch mit *flüssiger* Reibung. In seinem ringförmigen Gehäuse, das an das vordere Ende der Kurbelwelle geflanscht wird, ist drehbar ein schwerer Schwungring gelagert, der ganz von einem Silikonöl hoher Viskosität umgeben ist. Bei schwingungsfreiem Lauf des Motors wird der Schwungring von dem zähen Öl ohne Schlupf mitgenommen. Bewegt sich jedoch infolge auftretender Drehschwingungen das Gehäuse relativ zum Schwungring, so treten im Ölfilm Schubkräfte auf, welche die Drehschwingungen zu hemmen suchen und dies um so stärker, je größer die Geschwindigkeitsdifferenz zwischen Gehäuse und Schwungring ist. Da das Silikonöl eine sehr flache Viskositätskurve hat, ist die Wirkung des Holset-Dämpfers praktisch von der Temperatur unabhängig.

3. Schwingungsdämpfer mit veränderlicher Eigenfrequenz der Dämpfermasse (SARAZIN-Pendel)

a) Eigenschaften des Fliehkraftpendels

Der dynamische Schwingungsdämpfer mit konstanter Eigenfrequenz der Dämpfermasse hat, wie gezeigt wurde, die Eigenschaft, eine starke Resonanz in zwei schwächere Nebenresonanzen aufzuspalten, deren Größe und Lage der Konstrukteur durch die Wahl der Bestimmungsgrößen beeinflussen kann. Von den beiden Nebenresonanzen kann man auch die erste oder die zweite zum Verschwinden bringen, jedoch nur auf Kosten der anderen (Bild 107). Das Auftreten von zwei neuen schwächeren Resonanzen kann in manchen Fällen für die Welle unschädlich sein, kann aber auch unbequem werden. Von dieser störenden Eigenschaft ist der von R. SARAZIN angegebene Pendel-

---

[1] Vgl. DEN HARTOG, Fußnote 1, S. 103; dort S. 246f.
[2] Vgl. The Motor Ship Bd. 34 (1953) S. 213 — Motortechn. Z. Bd. 16 (1955) S. 360. — D. FORKEL: Der Holset-Drehschwingungsdämpfer. Z. Konstruktion Bd. 8 (1956) Heft 11.

Dämpfer[1] frei. Er dämpft sehr wirksam die von einer erregenden Wechselkraft h-ter Ordnung[2] herrührenden Schwingungen über den ganzen Drehzahlbereich, verkleinert aber auch die durch andere Ordnungen hervorgerufenen Resonanzen. Neue Nebenresonanzen treten nicht auf. Seine Konstruktion ist denkbar einfach.

Die Grundform des SARAZIN-Dämpfers ist ein Pendel von der Masse m_2 und der Länge l, das im Punkt B an einer Scheibe m_1 aufgehängt ist (Bild 120). Die Scheibe drehe sich mit der Winkelgeschwindigkeit ω_0 um die Wellenachse A. Die Länge AB sei L. Wenn die Scheibe mit völlig gleichmäßiger Winkelgeschwindigkeit umläuft, muß das Pendel in der radialen Verlängerung des Armes AB, also in seiner Gleichgewichtslage BC stehen. Durch Schwingungen, die sich ω_0 überlagern, wird das Pendel aus seiner Gleichgewichtslage gelenkt; es bildet dann einen Winkel ψ mit der Geraden AC. Nunmehr wirkt auf m_2 die Fliehkraft $F = m_2\, s\, \omega_0^2$ in der Richtung $A\,m_2$. F kann in die Seitenkräfte S und R zerlegt werden, von denen S lediglich den Pendelarm l auf Zug beansprucht, während R die Masse m_2 in ihre Gleichgewichtslage C zurückzuführen sucht. Es wird

$$R = F \sin\beta = m_2\, s\, \omega_0^2 \sin\beta .$$

Mit $s \cdot \sin\beta = L \cdot \sin\psi$ wird die rückführende Kraft

$$R = m_2\, L\, \omega_0^2 \sin\psi .$$

Da bei dem ausgeführten Pendel-Dämpfer stets nur kleine Winkel ψ auftreten, darf $\sin\psi = \psi$ gesetzt werden, so daß

$$R = m_2\, L\, \omega_0^2\, \psi \tag{68}$$

wird. Die Kraft R sucht die Masse m_2 zur Gleichgewichtslage C hin zu beschleunigen; dem entgegen wirkt der Trägheitswiderstand T der Masse m_2. Die Beschleunigung auf der Pendelbahn $m_2\,C$ ist $l\,\ddot\psi$, somit $T = m_2\,l\,\ddot\psi$. T und R müssen in jedem Augenblick im Gleichgewicht sein, also muß sein

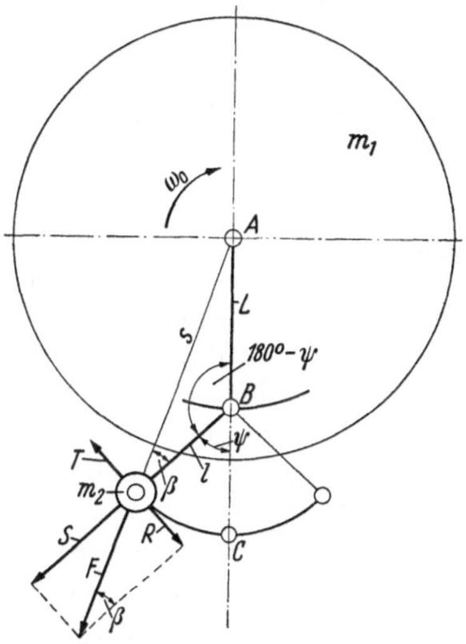

$$m_2\, l\, \ddot\psi + m_2\, L\, \omega_0^2\, \psi = 0$$

oder

$$\ddot\psi + \frac{L}{l}\, \omega_0^2\, \psi = 0 . \tag{69}$$

Bild 120
Kräfte am Fliehkraftpendel

Gl. (69) hat dieselbe Form wie Gl. (5), S. 65; es ist die Gleichung der freien ungedämpften Schwingung, deren Lösung S. 65 angegeben wurde. Wie dort die Kreisfrequenz der freien ungedämpften Drehschwingung $\omega_e = \sqrt{D/\Theta}$ wurde, so wird hier die Kreisfrequenz der Pendelschwingung

$$\nu_2 = \sqrt{\frac{L}{l}\, \omega_0^2} = \omega_0 \sqrt{L/l}\ \ 1/\text{sec}. \tag{70}$$

Die Kreisfrequenz eines Pendels, das im Fliehkraftfeld schwingt, ist somit *nicht* konstant, sondern proportional der Drehzahl der Scheibe m_1, der das Pendel angelenkt ist, d. h. des Motors.

---

[1] Von O. KRAEMER „Schwingungstilger" genannt. Unter „Tilgen" versteht der Sprachgebrauch das vollständige Auslöschen eines Vorganges, einer Erscheinung usw. bis zur Nicht-Existenz. So weit dämpft indessen das SARAZIN-Pendel die Schwingungen nicht, wie die von *Gebr. Sulzer* in ihrer „Technischen Rundschau" veröffentlichten Torsiogramme zeigen. Kleine Schwingungen müssen auftreten, damit der Dämpfer wirkt. Aber sie sind gegenüber den ursprünglichen Resonanzen bis zu völliger Unschädlichkeit verkleinert.

[2] Die Ordnung ist hier und im folgenden mit „h" bezeichnet, was Verwechslungen mit dem Dämpfungsfaktor k ausschließen soll.

Bei dieser Ableitung wurde die *Schwerkraft* vernachlässigt. Das ist statthaft, weil die Schwerkraft schon bei mäßig schnell laufenden Maschinen um ein Vielfaches von der Fliehkraft übertroffen wird. Der Unterschied kann das 30- und Mehrfache betragen.

Wenn die Masse m_2 im Fliehkraftfeld schwingt, verändert sie periodisch ihren Abstand vom Drehpunkt A. In Bild 120 ist z. B. in der gezeichneten Stellung des Pendels $s < AC$. Daher treten an m_2 angreifende CORIOLIS-Kräfte auf, die tangential zur Bahn um A gerichtet sind. Pendelt m_2 zur Gleichgewichtslage C hin, so wächst s; die Umfangsgeschwindigkeit von m_2 nimmt zu; es tritt eine der Drehrichtung ω_0 *entgegen*gerichtete CORIOLIS-Kraft auf. Bewegt sich m_2 von C weg, so wird s kleiner; die Masse m_2 verliert etwas von ihrer Umfangsgeschwindigkeit, und ihre Trägheit erzeugt eine mit der Drehrichtung *gleich*gerichtete CORIOLIS-Kraft. Diese Kräfte (die z. B. bei schnellaufenden Reglern eine erhebliche Rolle spielen können) sind beim SARAZIN-Pendel wegen der kleinen Schwingungsausschläge so unbedeutend, daß sie vernachlässigt werden dürfen.

Der Pendel-Dämpfer wirkt dadurch dämpfend, daß er seine Schwingungsenergie dem Hauptsystem m_1 (d. i. dem Motor) entzieht. Soll er z. B. die h-te Ordnung dämpfen (bei welcher h Impulse je Umdr. auftreten; vgl. S. 81), so muß die Kreisfrequenz der Pendelschwingung gleich der Kreisfrequenz der Impulse bei der h-ten Ordnung, also nach Gl. (70)

$$\omega_0 \sqrt{L/l} = h \cdot \omega_0$$

oder
$$h = \sqrt{L/l} \tag{71}$$

sein. Will man z. B. eine kritische Drehzahl 6. Ordnung dämpfen, so muß $L/l = 6^2 = 36$ ausgeführt werden.

Der Pendel-Dämpfer unterdrückt also theoretisch nur die kritische Drehzahl einer einzigen Ordnung, aber in dem ganzen im Kolbenmaschinenbau vorkommenden Drehzahlbereich, wo sie auch bei den verschiedenen Maschinen liegen mag, da nach Gl. (71) die Ordnung nur von dem Verhältnis L/l abhängt. Die Praxis hat indessen gezeigt, daß das Pendel auch die Schwingungsausschläge anderer Ordnungen stark verkleinert (vgl. Bild 131), da das Pendel auch bei diesen schwingt, wenn auch weniger stark, und somit dem Hauptsystem Energie entzieht.

Für höhere Ordnungen h wird nach Gl. (71) l nur ein kleiner Bruchteil der Länge L; Bild 120 mußte der Deutlichkeit halber in bezug auf l und L stark verzerrt gezeichnet werden. Konstruktiv kann L nicht beliebig groß gewählt werden, da der am vorderen Kurbelwellenende angebrachte Dämpfer Platz im Kurbelgehäuse finden muß. Kann z. B. L noch mit 36 cm ausgeführt werden, so wird für die 6. Ordnung $l = 1$ cm. Die Masse m_2 des Pendels darf andererseits nicht zu klein sein; aus Bild 129 geht hervor, daß auch bei dem Pendel-Dämpfer das Massenverhältnis m_2/m_1 in der Größenordnung 0,05 bis 0,1 zu wählen ist. Bei der großen Masse und der kleinen Pendellänge darf man aber das Pendel nicht mehr als mathematisches Pendel ansehen, dessen Gesetze streng nur für einen Massenpunkt an einem masselosen Faden gelten. Das Pendel muß vielmehr als *physikalisches* Pendel betrachtet werden.

Eine einfache Überlegung zeigt, daß das SARAZIN-Pendel als physikalisches Einfaden-Pendel nicht ausführbar ist. Die Schwingungsdauer des mathematischen Pendels ist (bei kleinen Pendelausschlägen)

$$\tau = 2\pi \sqrt{l/g} \text{ sec,}$$

die des physikalischen Pendels[1]

$$\tau = 2\pi \sqrt{\frac{\Theta/ml}{g}} = 2\pi \sqrt{\frac{\lambda}{g}} \text{ sec.}$$

l ist in beiden Fällen die Entfernung zwischen Schwerpunkt S der Masse und Aufhängepunkt. An die Stelle von l beim mathematischen tritt Θ/ml beim physikalischen Pendel, wenn Θ das polare Massenträgheitsmoment von m bezogen auf den *Aufhänge*punkt ist. Nach dem STEINERschen Satz ist

$$\Theta = \Theta_S + ml^2$$

mit Θ_S als Massenträgheitsmoment bezogen auf die durch S gehende Achse. Somit wird die reduzierte Pendellänge des physikalischen Pendels

$$\lambda = \frac{\Theta}{ml} = \frac{\Theta_S + ml^2}{ml} = \frac{\Theta_S}{ml} + l \text{ cm.}$$

---

[1] Vgl. z. B. W. H. WESTPHAL: Physik, 18. u. 19. Aufl., S. 109. Berlin/Göttingen/Heidelberg: Springer 1956.

$\lambda = f(l)$ hat einen Kleinstwert, der sich ergibt, wenn man die Ableitung $f'(l)$ bildet und sie gleich null setzt. Es wird

$$f'(l) = d\left(\frac{\Theta_S}{m}\cdot\frac{1}{l} + l\right)/dl = \frac{\Theta_S}{m}\cdot -\frac{1}{l^2} + 1;$$

somit für $\lambda_{\min}$:

$$1 - \frac{\Theta_S}{m\,l^2} = 0,$$

woraus

$$l = \sqrt{\Theta_S/m}$$

und

$$\lambda_{\min} = \frac{\Theta_S}{m\,\sqrt{\Theta_S/m}} + \sqrt{\Theta_S/m} = 2\sqrt{\Theta_S/m}.$$

Kleiner kann die reduzierte Pendellänge λ nicht werden, und dieses Minimum genügt bei der großen Masse und der kleinen Länge, die das SARAZIN-Pendel erhalten muß, bei weitem nicht.

Einen Ausweg bietet das Zweifaden-Pendel, das schematisch in Bild 121 dargestellt ist. Die Masse m_2 von beliebiger Ausdehnung ist an zwei kurzen Pendelarmen l aufgehängt. Bei der Schwingung beschreiben alle Masseteilchen kongruente und parallele Kreisbogenbahnen. Dies gilt auch für den Schwerpunkt S, so daß man sich die Masse m_2 im Punkt P mit der Pendellänge l aufgehängt denken kann. Konstruktiv ist es freilich kaum möglich, die Gelenke so dicht zusammenzurücken, daß l die geringe Länge erhält, die durch Gl. (71) für die Dämpfung besonders der Schwingungen höherer Ordnung vorgeschrieben ist.

Diese Schwierigkeit hat man sehr geschickt dadurch überwunden [1], daß man das Pendelgewicht m_2 an Bolzen aufgehängt hat, die durch Bohrungen B_1 in der Scheibe m_1 und Bohrungen B_2 im Pendelgewicht m_2 gesteckt sind (Bild 122). Die sechs Bohrungen B_1, B_2 haben den gleichen Durchmesser D, die Bolzen den Durchmesser d. Dann kann das Gewicht um die Achse M_1 der Bohrungen B_1 pendeln, und die Pendellänge wird $l = D\text{-}d$, wie Bild 123 zeigt, in welchem Bohrungen und Rollen in größerem Maßstab gezeichnet sind. Beim Pendeln rollen die Bolzen auf den zylindrischen Bahnen der Bohrungen ab, und in jeder Stellung des Pendelgewichtes wird $l = D\text{-}d$. Mit dieser

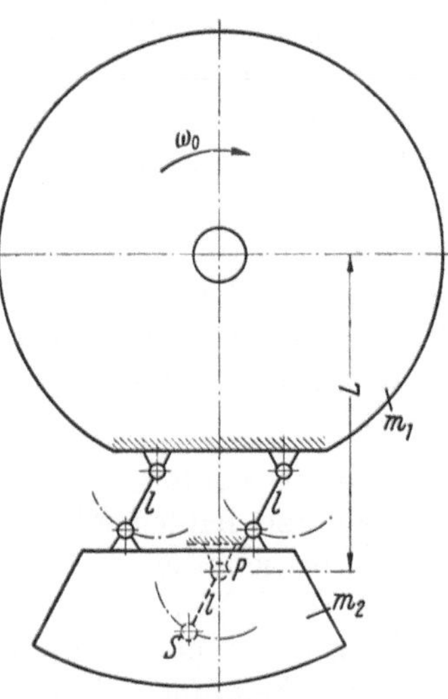

Bild 121
Schema des Zweifaden-Pendels

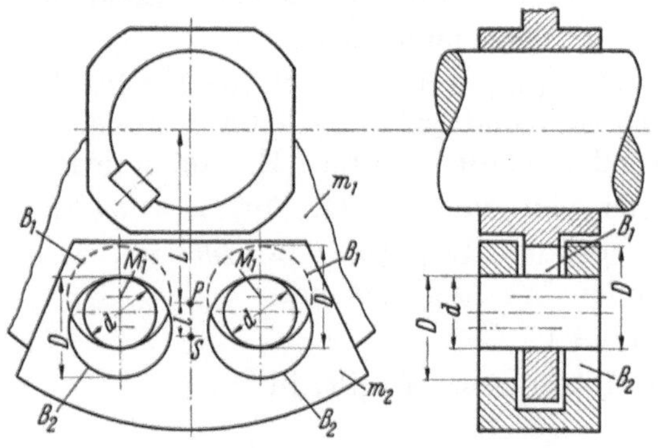

Bild 122. Fliehkraftpendel-Dämpfer
Bauart SARAZIN

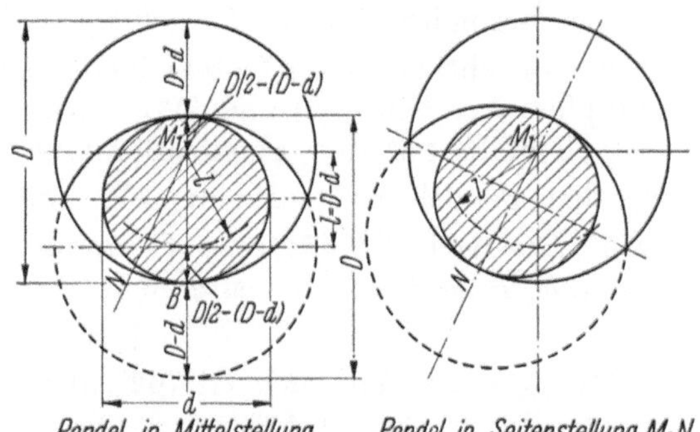

Bild 123. Die Pendellänge des SARAZIN-Pendels
ist in jeder Stellung $l = D - d$

---

[1] Nach SCHRÖN (s. Fußnote 1, S. 64) ist diese Konstruktion von CHILTON angegeben worden.

Länge pendelt der Schwerpunkt S (Bild 122) des Pendelgewichtes m_2 um den im Abstand l über ihm liegenden Punkt P. Da man die Durchmesserdifferenz $D-d$ beliebig klein ausführen kann, können sehr kleine Pendellängen l und damit nach Gl. (70) auch hohe Kreisfrequenzen der Pendelschwingung verwirklicht werden.

b) Die Gleichungen des Pendel-Dämpfers

Die Diff.-Gln. (52) und (53), S. 111, die das Kräftegleichgewicht am dynamischen Schwingungsdämpfer mit konstanter Eigenfrequenz beschreiben, dürfen auf den Pendel-Dämpfer angewendet werden, wenn man einige Abweichungen berücksichtigt.

Die Gln. (52) und (53) waren aus der Betrachtung des *ebenen* Schwingungssystems Bild 102 (S. 111) abgeleitet worden; die Achse c_1–c_2 dieses Systems war senkrecht zur Kurbelwellenachse und in einer Entfernung r_0 (= Kurbelwellenradius) von dieser liegend zu denken. Die Massen m_1 und m_2 waren auf r_0 reduziert; in derselben Entfernung von der Wellenachse wirken die von c_1, c_2, k_1 und k_2 herrührenden Kräfte. Das gleiche gilt für die Auslenkungen x_1, x_2 aus der Gleichgewichtslage und für deren Differenz $x_2 - x_1$. Für den Pendel-Dämpfer ist es bequemer, statt r_0 die Strecke $(L + l)$ zu wählen (Bild 122) und die Differenz $(x_2 - x_1)$ der Schwingungsausschläge auf diese Entfernung von der Drehachse zu beziehen. Dann wird nach Bild 120 der Bogen $m_2 C = x_2 - x_1 = l \cdot \psi$; er darf wegen der kleinen Ausschläge, die das Pendel macht, als *Gerade* betrachtet werden. Diese entspricht nunmehr der Achse c_1–c_2 in Bild 102. Der Schwerpunkt der Masse m_2 bewegt sich in dieser Geraden; in ihr wirkt auch die rückführende Kraft $R = m_2 L \omega_0^2 \psi$ [Gl. (68)]. Die Federzahl c_2 ist die rückführende Kraft je cm Wegdifferenz; somit

$$c_2 = \frac{m_2 L \omega_0^2 \psi}{x_2 - x_1} = \frac{m_2 L \omega_0^2 \psi}{l\psi} = m_2 \frac{L}{l} \omega_0^2 \ \text{kg/cm}\,. \tag{72}$$

An den Größen c_1 und k_1 in Gl. (52) ändert sich nichts; sie sind nach Gl. (66) und (67), S. 129 und 130, zu bestimmen. m_1 ist auf die Entfernung $(L + l)$ von der Drehachse zu beziehen; war die Masse m_1 nach Bild 115 auf r_0 reduziert, so muß sie jetzt mit

$$m_1' = m_1 r_0^2/(L + l)^2 \tag{73}$$

eingesetzt werden, da ihr Mittelpunkt in der Richtungslinie $x_2 - x_1$ liegen soll. [Der Einfachheit halber soll jedoch die Bezeichnung m_1 auch für die nach Gl. (73) reduzierte Masse beibehalten werden, da bei Beachtung von Gl. (73) Verwechslungen nicht möglich sind.] Schließlich ist noch der Faktor k_2, der in Gl. (52) und (53) vorkommt, zu betrachten. Er stellt die dämpfende Kraft in kg je cm/sec Schwingungsgeschwindigkeit dar und ist nicht bekannt. Die Dämpfung kann beim Sarazin-Pendel jedoch nur sehr klein sein, da das Pendel sich auf Rollen abwälzt und nur durch die seitliche Führung des Pendelgewichtes (Bild 122) zusätzlich etwas Reibung entstehen kann. Sie soll dadurch berücksichtigt werden, daß die Untersuchung der dämpfenden Wirkung des Pendels (Bild 128) auf ein besonders kleines $\beta_2 = k_2/k_{k_2} = k_2/2 \sqrt{m_2 c_2}$ ausgedehnt wird.

Bei Beachtung dieser Unterschiede gelten die Gln. (52) und (53) auch für den Pendel-Dämpfer. Aus Gln. (52) und (53) waren die Gln. (62) und (63) abgeleitet worden, die also ebenfalls auf den Pendel-Dämpfer angewendet werden dürfen. Es treten jedoch für den Pendel-Dämpfer einige Vereinfachungen ein, da nach Gl. (70) $v_2 = \omega_0 \sqrt{L/l}$ wird. Da nach Gl. (71) die Ordnung der erregenden Impulse $h = \sqrt{L/l}$ ist, wird $v_2 = h \omega_0 = \omega =$ der Kreisfrequenz der erregenden Wechselkraft und

$$\zeta_2 = \omega/v_2 = \omega/\omega = 1\,. \tag{74}$$

Mit $\zeta_2 = 1$ ändert sich Gl. (62), die für die Motormasse m_1 gilt, in

$$+ 1 \cdot \sin(\omega t - \varphi_1) - \zeta_1^2 \sin(\omega t - \varphi_1)$$

$$+ (2\beta_1 \zeta_1 + 2\beta_2 \varkappa) \sin\left(\frac{\pi}{2} + \omega t - \varphi_1\right) + \varkappa \sin(\omega t - \varphi_1)$$

$$- \varkappa \xi \left[2\beta_2 \sin\left(\frac{\pi}{2} + \omega t - \varphi_2\right) + 1 \cdot \sin(\omega t - \varphi_2) \right] = \frac{1}{\alpha_1} \sin \omega t \tag{75}$$

und Gl. (63) für die Dämpfermasse in

$$+1 \cdot \sin(\omega t - \varphi_2) - 1 \cdot \sin(\omega t - \varphi_2) + 2\beta_2 \sin\left(\frac{\pi}{2} + \omega t - \varphi_2\right)$$

$$-\frac{1}{\xi} 2\beta_2 \sin\left(\frac{\pi}{2} + \omega t - \varphi_1\right) - \frac{1}{\xi} \sin(\omega t - \varphi_1) = 0. \tag{76}$$

Die ersten beiden Glieder der Gl. (76) heben sich zwar auf, doch sind sie mit aufgeführt, weil sie für die Darstellung der Phasenwinkel (Bild 124) von Bedeutung sind.

Wie früher die Gln. (62) und (63), so müssen die Gln. (75) und (76) für jede beliebige Kreisfrequenz ω der erregenden Kraft zu jeder Zeit t, also für jedes beliebige ωt gleichzeitig erfüllt sein. Der Beweis ist im folgenden sinngemäß geführt wie für Gl. (62) und (63), S. 114 f.

Zunächst kann Gl. (76), die sich auf die Dämpfermasse m_2 bezieht, durch ein mit der Kreisfrequenz ω umlaufendes geschlossenes Vektorpolygon $OAOCBO$ dargestellt werden (Bild 124). Die Vektoren haben die Größe $OA = +1$, $AO = -1$, $OC = 2\beta_2$, $CB = (1/\xi) \cdot 2\beta_2$ und $BO = 1/\xi$; ihre Richtungen werden durch die Vorzeichen der Glieder der Gl. (76) und durch die sin-Funktionen bestimmt. Alle Vektoren sind dimensionslos, da β_2 und ξ Verhältniswerte sind. Die Lage der Linie $t = 0$ ist beliebig, da sie nur den Augenblick des Beginnes der Betrachtung bedeutet. Die fünf Vektoren OA, AO, OC, CB und BO müssen einen in sich geschlossenen Linienzug bilden, da sie sich nach Gl. (76) zu null ergänzen; dies ist der Fall, da der Linienzug in O beginnt und endigt. Die Winkel, unter welchen die Vektoren zur Linie $t = 0$ stehen müssen, sind durch die sin-Funktionen der Gl. (76) vorgeschrieben. Daß sie in Bild 124 richtig eingetragen sind, erkennt man, wenn

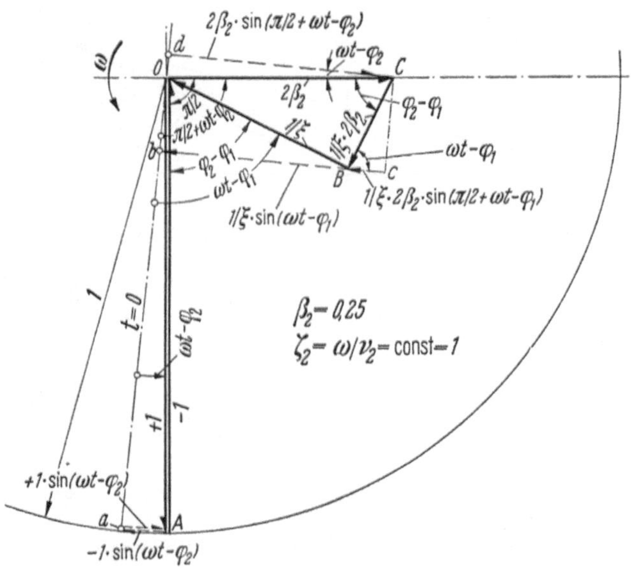

Bild 124
Vektorpolygon der Dämpfermasse des Pendel-Dämpfers

man die Endpunkte A, B und C der Vektoren auf die Linie $t = 0$ projiziert; die Projektionslinien (in Bild 124 gestrichelt) entsprechen den einzelnen Gliedern der Gl. (76) und bilden die Summe null: es wird $dC - cB - Bb = 0$. Der Vektor $OC = 2\beta_2$ steht wegen $\sin(\pi/2 + \omega t - \varphi_2)$ senkrecht auf dem Vektor $OA = 1$, der in Gl. (76) mit $(\omega t - \varphi_2)$ erscheint. Der Vektor $CB = 1/\xi \cdot 2\beta_2$ steht aus demselben Grund senkrecht auf $BO = 1/\xi$. Dreieck OBC ist somit rechtwinklig, und es ist

$$\frac{1}{\xi^2} + \frac{1}{\xi^2} \cdot 4\beta_2^2 = 4\beta_2^2,$$

woraus

$$\xi = \frac{1}{2\beta_2} \sqrt{1 + 4\beta_2^2} \tag{77}$$

folgt. Das Verhältnis $\xi = x_{2_0}/x_{1_0}$ der Amplituden der Pendelmasse m_2 und der Hauptmasse m_1 hängt also beim SARAZIN-Dämpfer nur vom Dämpfungsverhältnis $\beta_2 = k_2/k_{k_2}$ ab.

Da β_2 wegen der Aufhängung des Pendels an Rollen nur klein sein kann, wird ξ groß. Für $\beta_2 = 0,02$ z. B. wird $\xi = \frac{1}{2 \cdot 0,02} \sqrt{1,0016} = 25$. Schon kleine Schwingungsausschläge x_{1_0} der Hauptmasse (des Motors) erzeugen somit starke Schwingungsausschläge x_{2_0} des Pendels.

Auch die Phasendifferenz $\varphi_2 - \varphi_1$, deren Bedeutung aus Bild 125 hervorgeht, ist beim SARAZIN-Pendel konstant, da nach Bild 124

$$\operatorname{tg}(\varphi_2 - \varphi_1) = \frac{1/\xi}{1/\xi \cdot 2\beta_2} = \frac{1}{2\beta_2}$$

und damit nur von β_2 abhängig ist.

Das Vektorpolygon Bild 124 bezieht sich auf die Pendelmasse m_2; sein Zweck ist die Ermittlung der Größe $\xi = x_{2_0}/x_{1_0}$, die in Gl. (75) auftritt. Mit ξ sind alle in Gl. (75) vorkommenden Größen bekannt; die Unsicherheit, die bezüglich β_1 und β_2 besteht, soll dadurch ausgeschaltet werden, daß die beiden Dämpfungsverhältnisse in den Grenzen angenommen werden, die vorkommen können. $\zeta_1 = \omega/\nu_1$ wird zwischen null und 1,5 variiert. Damit sind alle Längen der Vektoren, die das Polygon Bild 125 der Hauptmasse

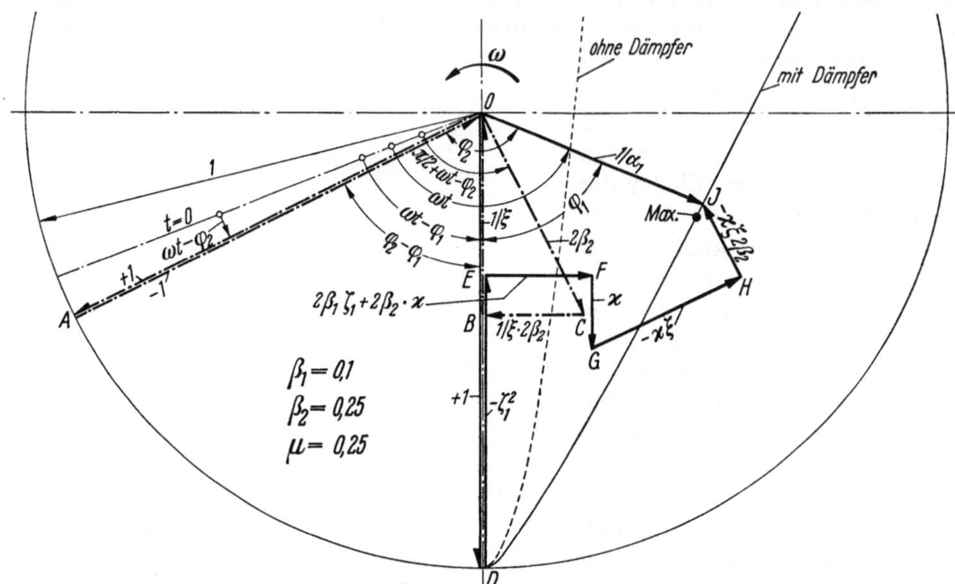

Bild 125. Vektorpolygone der Hauptmasse und der Dämpfermasse des Pendel-Dämpfers

m_1 bilden, bekannt; ihre Winkel sind durch Gl. (75) bestimmt. Der Buchstabe $\varkappa$ bezeichnet das Verhältnis $m_2 \nu_2^2/m_1 \nu_1^2$ (S. 113); dieses wird für das SARAZIN-Pendel wegen $\zeta_2 = 1$

$$\varkappa = \frac{m_2}{m_1} \cdot \frac{\omega^2/\zeta_2^2}{\omega^2/\zeta_1^2} = \frac{m_2}{m_1} \cdot \zeta_1^2 = \mu\,\zeta_1^2.$$

Mit diesem Wert ist $\varkappa$ in Bild 125 eingetragen.

In Bild 125 sind (wie früher in Bild 104) die Polygone der Haupt- und der Dämpfermasse so nebeneinander gezeichnet, daß der Vektor $OB = 1/\xi$ in Bild 124 auf den Vektor $OD = 1$ in Bild 125 fällt, denn beide Vektoren haben sich zur Zeit t um den Winkel $\omega t - \varphi_1$ aus der Anfangslage ($t = 0$) gedreht. In Bild 125 ist das Dämpferpolygon Bild 124 in strichpunktierten Linien wiederholt, das Hauptpolygon $ODEFGHJO$ durch ausgezogene Linien gekennzeichnet. Die Vektoren des Hauptpolygons haben gemäß Gl. (75) die Längen $OD = 1$, $DE = -\zeta_1^2$, $EF = 2\beta_1\zeta_1 + 2\beta_2\varkappa = 2\beta_1\zeta_1 + 2\beta_2\mu\zeta_1^2$, $FG = \varkappa = \mu\zeta_1^2$, $GH = -\varkappa\xi = -\mu\zeta_1^2\xi$, $JH = -\varkappa\xi \cdot 2\beta_2 = -\mu\zeta_1^2\xi \cdot 2\beta_2$. Aneinandergesetzt unter den durch Gl. (75) vorgeschriebenen Winkeln ergeben sie mit dem Schlußpunkt J Größe und Lage des gesuchten Schlußvektors $1/\alpha_1$, dessen reziproker Wert α_1 wie früher ein *Maß für die Vergrößerung der Schwingungsausschläge* gegenüber der ruhenden Kraft P_0 ist.

Bei konstanter Erregerkreisfrequenz (konstanter Drehzahl des Motors) laufen die beiden nebeneinanderliegenden Polygone (Bild 125) mit der gleichen Winkelgeschwindigkeit ω um, ohne ihre Gestalt zu ändern. Der resultierende Vektor $1/\alpha_1$ schwenkt während jeder vollen Schwingungsperiode einmal im Kreis um O. Seine Anfangsstellung $t = 0$ ist willkürlich gewählt. Mit ihr bildet der Vektor $1/\alpha_1$ nach Gl. (75) den Winkel ωt; hieraus und aus den sin-Funktionen der Gln. (75) und (76) folgen alle anderen in Bild 124 und 125 eingetragenen Winkel. Das Vorzeichen der Glieder der linken Seiten beider Gleichungen ist beim Zeichnen der Polygone zu beachten.

In Bild 126 sind (wie früher in Bild 105) alle Vektoren des Dämpferpolygons und des Hauptpolygons auf die Zeitlinie $t = 0$ projiziert. Die Projektionslinien des Dämpfer-

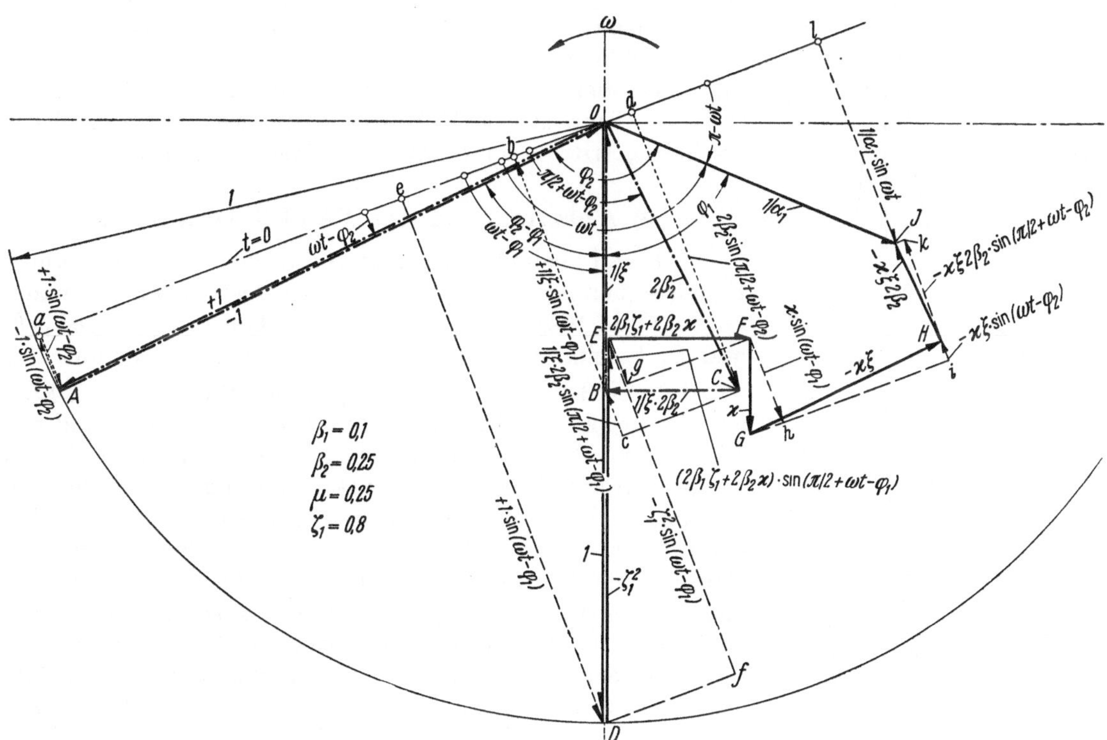

Bild 126. Graphische Darstellung der Gln. (75) und (76)

polygons (kurz gestrichelt) und die des Hauptpolygons (lang gestrichelt) stellen nach Größe und Richtung die einzelnen Glieder der Gln. (75) und (76) dar. Der kurz gestrichelte Linienzug $b\,B\,c\,C\,d$ erfüllt Gl. (76); seine Summe ist null. Der lang gestrichelte Linienzug $e\,D\,f\,E\,g\,F\,h\,i\,H\,k$ entspricht der linken Seite der Gl. (75); die algebraische Summe der Strecken ist gleich $J\,l = 1/\alpha_1 \sin \omega\, t$, wie Gl. (75) verlangt. Die Gln. (75) und (76) sind zu jeder Zeit t erfüllt.

Bild 124, 125 und 126 sind für ein Dämpfungsverhältnis $\beta_2 = 0{,}25$ gezeichnet, während β_2 für das SARAZIN-Pendel in Wirklichkeit in der Nähe von 0,05 liegen dürfte. Damit würde aber das Dämpferpolygon OBC (Bild 124) so klein werden, daß man es nicht mehr darstellen könnte. Hier kam es indessen nur auf den Zusammenhang, nicht auf ein Zahlenbeispiel an.

Wächst die Erregerkreisfrequenz ω, so ändern sich in dem Doppel-Polygon Bild 125 die Vektoren OA, AO und OD nicht, weil sie gleich 1 sind. Auch der Vektor $1/\xi$ bleibt unverändert, weil er nach Gl. (77) nur von β_2 abhängt, und Dreieck OBC ändert seine Gestalt nicht. Die Phasendifferenz $(\varphi_2 - \varphi_1)$ bleibt dieselbe. Die Vektoren DE, EF, GH und HJ dagegen ändern sich, weil sie $\zeta_1 = \omega/\nu_1$ enthalten. Das Polygon verzerrt sich mit wachsendem ω mehr und mehr, und der Endpunkt J beschreibt mit von null aus zunehmendem ζ_1 eine bei D beginnende parabelähnliche Kurve DJ, die nunmehr aber (im Gegensatz zu Bild 104) keine Schleife mehr bildet. Durchweg hat *ein* Punkt der Kurve, in Bild 125 mit Max. bezeichnet, die *kleinste* Entfernung von O. Für diesen Punkt und das zugehörige ζ_1 hat $\alpha_1 = x_{1_0}/x_{st_0}$ ein *Maximum*, d. h. für die betreffende Erregerkreisfrequenz ω ist die Dämpfung relativ am wenigsten wirksam. Wie sich α_1 mit ζ_1 ändert, übersieht man, wenn man α_1 über ζ_1 aufträgt, wie Bild 127 für das Beispiel $\beta_1 = 0,1$, $\beta_2 = 0,25$ und $\mu = 0,25$ zeigt. (Das Dämpfungsverhältnis $\beta_2 = 0,25$ wurde nur der Deutlichkeit halber so groß gewählt.) Für $\beta_1 = k_1/k_{k_1} = 0,1$ liegt bei

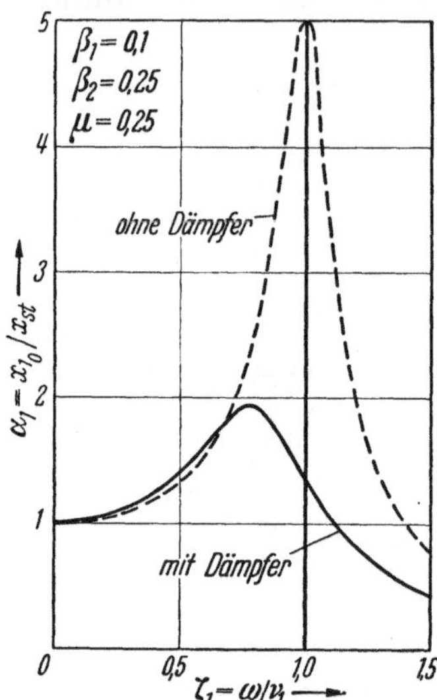

Bild 127. Der SARAZIN-Dämpfer drückt die Resonanz des nicht mit Dämpfer versehenen Systems zu einer schwächeren Resonanz herab, die unter bestimmten Bedingungen auch ganz verschwinden kann (vgl. Bild 128)

fehlendem Dämpfer das Maximum von α_1 in unmittelbarer Nähe von $\zeta_1 = 1,0$ und beträgt 5,0 (vgl. auch Bild 99). In dem Beispiel Bild 127 verkleinert das Pendel die verhältnismäßigen Schwingungsausschläge α_1 von 5,0 auf 1,94, und das noch verbleibende schwache Maximum liegt bei $\zeta_1 = 0,8$. Eine zweite Nebenresonanz, wie sie in Bild 106 erscheint, tritt beim SARAZIN-Pendel nicht auf.

c) Abstimmung des Pendel-Dämpfers

Während beim Schwingungsdämpfer mit konstanter Eigenfrequenz der Dämpfermasse die Gestalt der Resonanzkurve (Bild 106) durch die vier Größen ν_2/ν_1, m_2/m_1, β_1 und β_2 bestimmt wird, sind es beim SARAZIN-Pendel nur die drei Zahlen m_2/m_1, β_1 und β_2. Der Wert $\nu_2 = \omega_0 \sqrt{L/l}$ ist mit den konstruktiven Maßen L und l gegeben und nur mit der Winkelgeschwindigkeit ω_0 veränderlich, während die Kreisfrequenz ν_1 der Eigenschwingung durch die Abmessungen der Wellenleitung und durch deren Massen bestimmt ist. Das Verhältnis ν_2/ν_1 kann also bei diesem Dämpfer nicht frei gewählt werden. Die Dämpfungsverhältnisse β_1 des Motors und β_2 des Pendels müssen als konstant angesehen werden; durch konstruktive Mittel kann man sie nicht beeinflussen. Somit bleibt nur das Massenverhältnis m_2/m_1 frei wählbar. Wie es die Gestalt der Resonanzkurve beeinflußt, zeigt Bild 128 für drei verschiedene β_1 und vier verschiedene β_2.

Für das Dämpfungsverhältnis β_1 wurde 0,05, 0,1 und 0,2 angenommen (senkrechte Bildreihen 128); mit jedem dieser β_1-Werte wurde ein $\beta_2 = 0,02$, 0,05, 0,125 und 0,25 kombiniert (waagerechte Bildreihen). Der wahrscheinlichste Wert von β_1 dürfte zwischen 0,1 und 0,15 liegen, während β_2 kaum größer als 0,05 sein kann. Jedes der 12 Wertepaare β_1, β_2 wurde für ein $\mu = m_2/m_1 = 0,05$, 0,1 und 0,25 untersucht, zum Teil auch für ein $\mu = 0,02$. Die waagerechten Bildzeilen in Bild 128 zeigen, daß das Pendel um so wirksamer dämpft, je kleiner sein Dämpfungsverhältnis β_2 ist; mit wachsendem β_2 nehmen die verhältnismäßigen Ausschläge α_1 der Masse m_1 rasch zu. Aus den senkrechten Bildzeilen geht hervor, daß mit wachsendem Dämpfungsverhältnis β_1 des Motors das Pendel relativ weniger wirksam wird, da die stärkere Dämpfung des Motors die Schwingungsausschläge schon stark verkleinert. Aus Bild 129 kann die Verkleinerung der Schwingungsausschläge der Hauptmasse m_1 durch Vergrößerung der Pendelmasse m_2 unmittelbar abgelesen werden. Für drei verschiedene Dämpfungsverhältnisse β_1 (0,05, 0,1 und 0,2) ist $\alpha_1 = f(m_2/m_1)$ für vier verschiedene β_2 aufgetragen. Man sieht, daß selbst bei einem wenig gedämpften Motor ($\beta_1 = 0,05$) schon eine Pendelmasse $m_2 = 0,1\,m_1$ genügt, um die Schwingungsausschläge α_1 fast auf den zehnten Teil zu verringern, sofern das Pendel selbst nur möglichst wenig gedämpft ist ($\beta_2 = 0,02$; Teilbild a). Daß das Pendel nur sehr wenig gedämpft sein darf, geht aus allen drei Teilbildern 129 hervor. Ist das Hauptsystem schon an sich stark gedämpft, so lohnt sich das Pendel kaum noch (Teilbild c). Bei mäßig gedämpftem Motor (Teilbild b) genügt schon ein

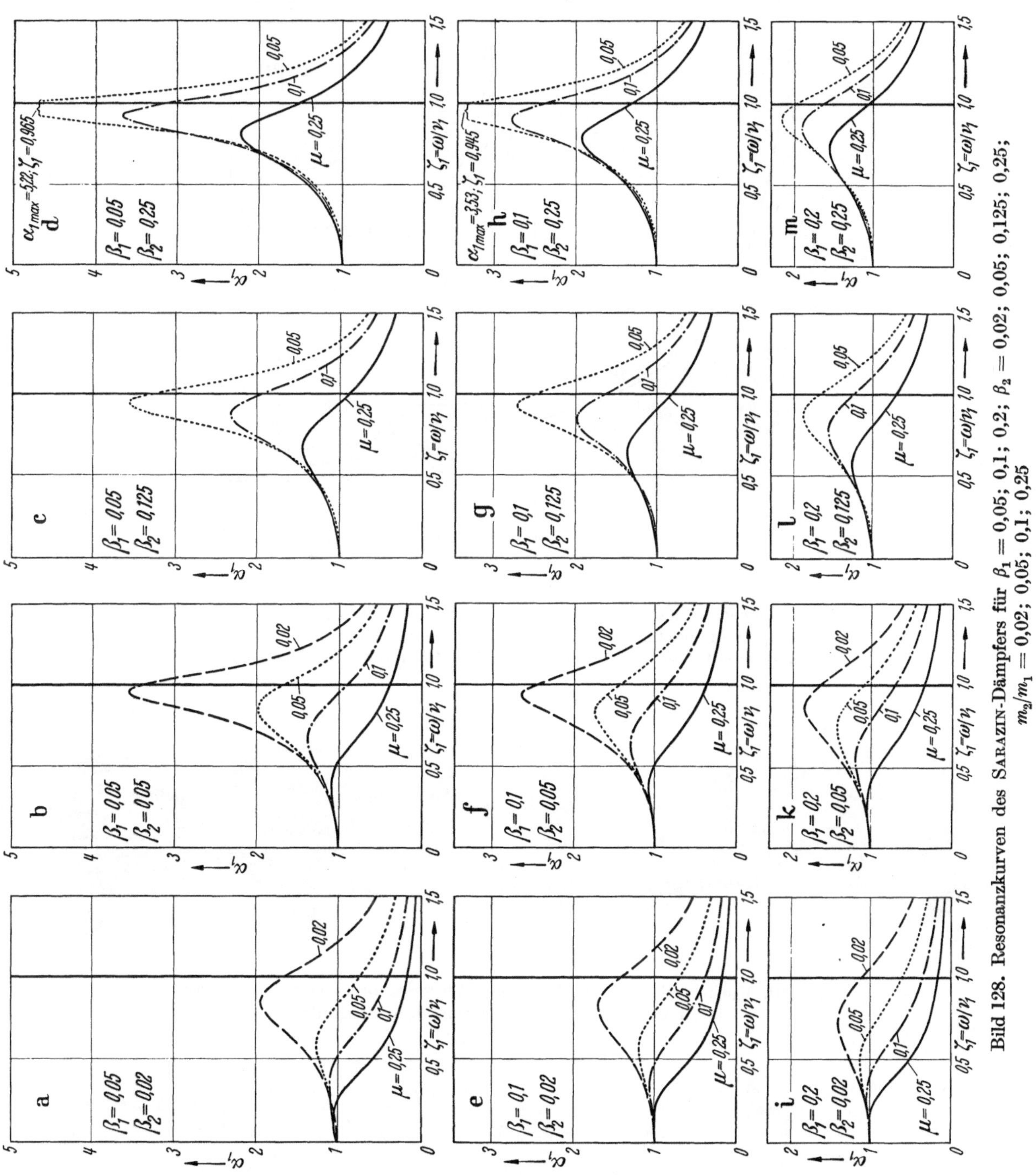

Bild 128. Resonanzkurven des SARAZIN-Dämpfers für $\beta_1 = 0,05$; 0,1; 0,2; $\beta_2 = 0,02$; 0,05; 0,125; 0,25; $m_2/m_1 = 0,02$; 0,05; 0,1; 0,25

$m_2/m_1 = 0,05$, um die Schwingungen auf etwa ein Fünftel ihrer Stärke zu vermindern, wenn $\beta_2 = 0,02$ ist.

Ein Vergleich zwischen Bild 128 und 107 zeigt die Überlegenheit des SARAZIN-Dämpfers gegenüber dem Dämpfer mit konstanter Eigenschwingungszahl der Dämpfermasse. Nicht nur vermeidet der SARAZIN-Dämpfer die zweite Nebenresonanz, sondern er dämpft auch die Schwingungen des Hauptsystems viel wirksamer als jener. Dabei ist er in seinem Aufbau erheblich einfacher. Der Dämpfer mit konstanter Eigenschwingungszahl braucht ein bestimmtes günstigstes Dämpfungsverhältnis β_2 (Bild 114), was seinen Aufbau kompliziert; der SARAZIN-Dämpfer ist um so wirksamer, je weniger er gedämpft ist.

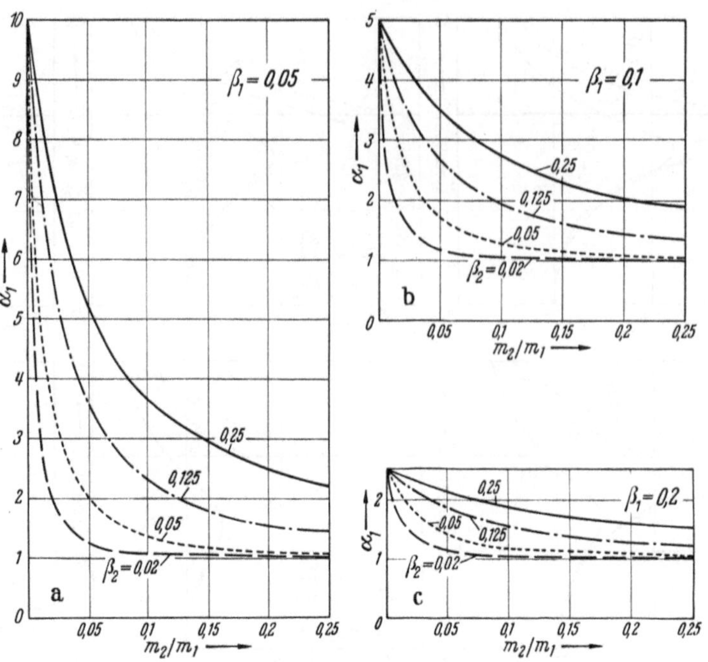

Bild 129
Verkleinerung der Schwingungsausschläge α_1 durch den SARAZIN-Dämpfer in Abhängigkeit von m_2/m_1, für drei verschiedene Dämpfungsverhältnisse β_1 und vier verschiedene Dämpfungsverhältnisse β_2

Bild 130. Kurbelwelle eines Sechszylinder-Viertaktmotors von *Gebr. Sulzer* mit SARAZIN-Dämpfer am vorderen Wellenende

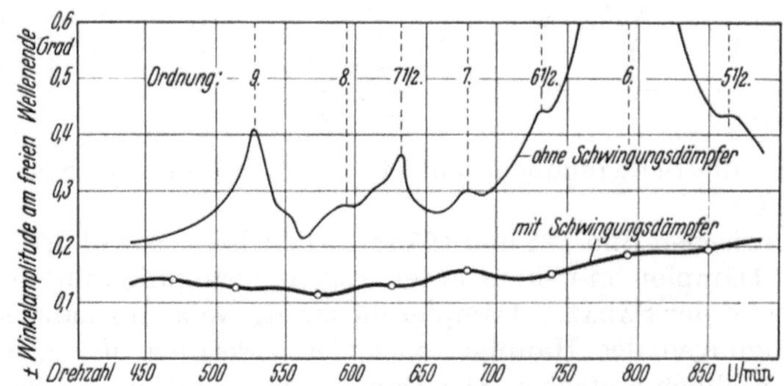

Bild 131. Schwingungsausschläge am freien Ende der Kurbelwelle Bild 130 ohne und mit Schwingungsdämpfer

Bild 130 zeigt die Kurbelwelle eines Sechszylinder-Viertaktmotors von *Gebr. Sulzer*, der für eine Diesellokomotive bestimmt ist. Am vorderen Wellenende ist der SARAZIN-Dämpfer angebaut; er ist hier als Doppel-Pendel ausgebildet. Je zwei gegenüberliegende Pendel dämpfen eine Hauptordnung. Wie wirksam die Dämpfung ist, zeigt das Torsiogramm Bild 131. Bei einem Sechszylinder-Viertaktmotor rufen die 6., 7 $1/2$. und 9. Ordnung starke Schwingungen hervor (vgl. auch Bild 89, S. 92); am stärksten ist die 6. Ordnung. Alle diese Ordnungen sind durch den Dämpfer bis auf unbedeutende Amplituden verringert, und man kann den Motor selbst in der 6. Ordnung unbedenklich fahren, so daß der Betrieb von der Rücksichtnahme auf kritische Drehzahlen völlig befreit ist.

D. Messung der Drehschwingungen *

Für die Messung der Schwingungsausschläge eignet sich am besten das vordere Kurbelwellenende, das die stärksten Ausschläge macht; meist ist es auch die einzige zugängliche Stelle, an welche das Meßgerät angeschlossen werden kann. Mit der Messung der Schwingungsausschläge bezweckt man zweierlei: einmal die wirkliche Lage der kritischen Drehzahlen mit der berechneten zu vergleichen und sodann die Beanspruchung der Welle zu berechnen, die durch die Schwingungen entsteht. Hat man die Schwingungsamplitude A_1 des vorderen Wellenendes gemessen, so kann die durch die Drehschwingungen verursachte Beanspruchung τ nach Gl. (29) und (30), S. 101, an jeder Stelle der Wellenleitung mit genügender Genauigkeit angegeben werden. Dabei ergibt sich auch nach Gl. (26a), S. 100, der Dämpfungsfaktor k', der indessen nur für die betreffende Anlage gilt.

Bild 132. Torsiograph nach J. GEIGER
a Riemenscheibe; *b* Kupplungsstück; *c* dreieckige Flanschen; *d* Blechscheiben; *e* Papiertrommel

Ein viel gebrauchtes Instrument zur Messung der Drehschwingungen ist der von J. GEIGER angegebene *Torsiograph* (Bild 132). Wenn es sich nicht um die Untersuchung von Motoren besonders hoher Drehzahlen handelt, wird die aus Leichtmetall hergestellte Trommel *a* durch ein geflochtenes Band von einer kleinen, auf einer Verlängerung der Kurbelwelle sitzenden Riemenscheibe aus angetrieben. Bei sehr hohen Drehzahlen überträgt der Bandantrieb die hohen Frequenzen der aufzunehmenden Schwingungen nicht mehr einwandfrei; in solchem Fall wird die Trommel *a* direkt mit der Kurbelwelle gekuppelt. Diesem Zweck dient die in Bild 132 links sichtbare Kupplung; sie besteht aus einem zylindrischen Stück *b*, das mit zwei dreieckigen Flanschen *c* versehen ist. Mit jedem Flansch ist eine kreisförmige dünne Blechscheibe *d* verschraubt, von denen die eine mit dem Ende der Kurbelwelle, die andere mit der Trommel *a* fest verbunden wird. Die dünnen Bleche, die einen hinreichend großen Durchmesser haben, machen die Kupplung biegungselastisch und torsionssteif. Sie ermöglicht die Aufnahme einwandfreier Torsiogramme bis zu den höchsten Drehzahlen.

Im Innern der Trommel *a* läuft eine schwere Masse konzentrisch mit der Trommel und mit derselben Drehzahl um, aber da beide durch eine sehr weiche Spiralfeder miteinander verbunden sind, läuft die schwere Masse praktisch völlig gleichmäßig um,

---

* Ausführliches s. J. GEIGER: Mechanische Schwingungen und ihre Messung. Berlin: Springer 1927.

während die Trommel die Drehschwingungen des Kurbelwellenendes mitmacht. (Hier ist die Erregerfrequenz um ein Vielfaches größer als die Eigenfrequenz des Gerätes; sie liegt in Bild 99, S. 108, weit außerhalb des rechten Bildrandes, so daß die schwere Masse praktisch schwingungsfrei umläuft.) Die Relativbewegungen der Trommel a gegen die schwere Masse werden durch ein Hebelwerk und eine in der Achse des Gerätes liegende Nadel nach außen übertragen und durch ein Schreibzeug auf einem Papierstreifen aufgezeichnet, der von einer Trommel e abgewickelt wird. Die Vorschubgeschwindigkeit des Papierstreifens kann verändert werden, wodurch man die auf dem Streifen aufgezeichneten Torsiogramme in der Länge beliebig auseinanderziehen kann.

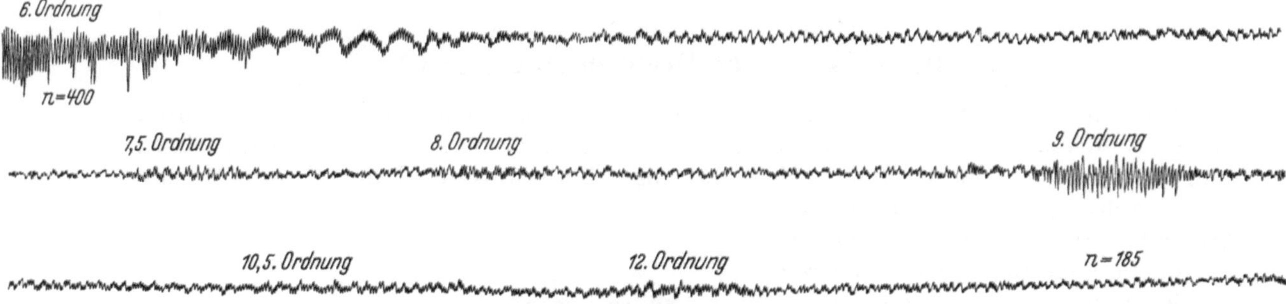

Bild 133. Torsiogramm eines Dieselgenerators,
aufgenommen bei langsamem Papiervorschub über einen größeren Drehzahlbereich (nach J. GEIGER)

Für langsam und mittelschnell laufende Motoren genügt der Bandantrieb, nur muß dafür gesorgt werden, daß die auf dem Wellenende sitzende antreibende Riemenscheibe genau zentrisch läuft. Das wird am einfachsten erreicht, wenn man sie mit etwas Zugabe im Durchmesser aus Holz anfertigt und sie am laufenden Motor auf das gewünschte Maß abdreht. Zweckmäßig ist ein ziemlich kleiner Durchmesser (40 bis 90 mm, je nach der Drehzahl). Das antreibende Band darf nicht zu schmal gewählt werden und muß sehr straff gespannt sein, damit auch die Oberschwingungen übertragen werden; seine Länge soll möglichst klein sein; der Apparat muß also nahe der antreibenden

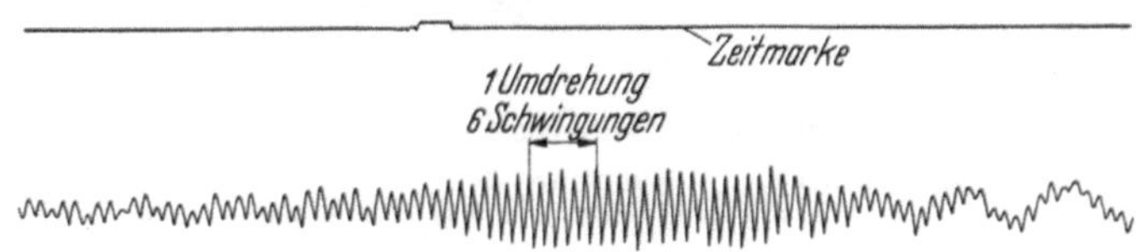

Bild 134. Torsiogramm eines kritischen Drehzahlgebietes, aufgenommen bei raschem Papiervorschub (nach J. GEIGER)

Riemenscheibe fest mit seinem Fundament verschraubt sein.

Wünscht man nur die Lage der kritischen Drehzahlen zu bestimmen, so ist es zweckmäßig, den Motor auf seine höchste Drehzahl zu bringen und diese bei angeschlossenem Torsiographen langsam zu vermindern; dadurch kann der ganze Drehzahlbereich feiner abgetastet werden, als wenn man mit steigender Drehzahl arbeitet. Der Papiervorschub wird auf niedrige Geschwindigkeit eingestellt. Man erhält einen fortlaufenden Streifen von verschiedener Breite (Bild 133), in welchem die einzelnen Ordnungen der kritischen Drehzahlen gut zu erkennen sind. Kennt man die Lage der kritischen Gebiete, so kann man die Größe der Schwingungsausschläge bei schnellerem Papiervorschub bestimmen, wodurch sich die einzelnen Schwingungen deutlicher voneinander abzeichnen (Bild 134). Zeit- und Totpunkt-Marken ermöglichen, den Zusammenhang mit der Drehzahl und den Kurbelstellungen zu erkennen.

Ein einfacher *optischer Drehschwingungsmesser* ist in Bild 135 schematisch dargestellt. Die leichte Hohltrommel a ist mit dem vorderen Wellenende fest verbunden und macht die Drehschwingungen der Welle mit, während die schwere Scheibe b durch die weiche Spiralfeder c mit der Welle gekuppelt ist, so daß sie gleichmäßig umläuft.

Auf dem Umfang der Trommel a sind schräge Schlitze d angeordnet, auf dem Umfang der Masse b axial gerichtete Schlitze e. Eine Lichtquelle f wirft einen Strahl gegen den umlaufenden konischen Spiegel g, der ihn gegen die Schlitze reflektiert. Wenn der Motor mit dem angeschlossenen Gerät stillsteht, sieht man bei eingeschaltetem Licht am Umfang von a im Schnitt zweier Schlitze d, e einen Lichtpunkt. Läuft der Motor in einem schwingungsfreien Drehzahlbereich, so geht der Lichtpunkt an den Kreuzungsstellen in eine schmale Linie über. Wenn aber Drehschwingungen auftreten, verschieben sich die Schlitze d gegenüber den Schlitzen e, und die Linie verbreitert sich zu einem Lichtband. Aus der Breite des Lichtbandes und der Neigung der Schlitze d kann die Größe der Schwingungsausschläge leicht berechnet werden. Legt man um die Trommel a eine durchsichtige Skala mit entsprechender Teilung nach der Achsrichtung, so können die Winkelamplituden unmittelbar abgelesen werden.

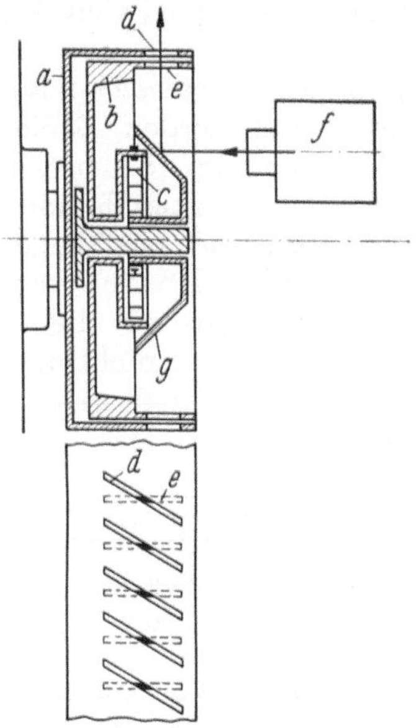

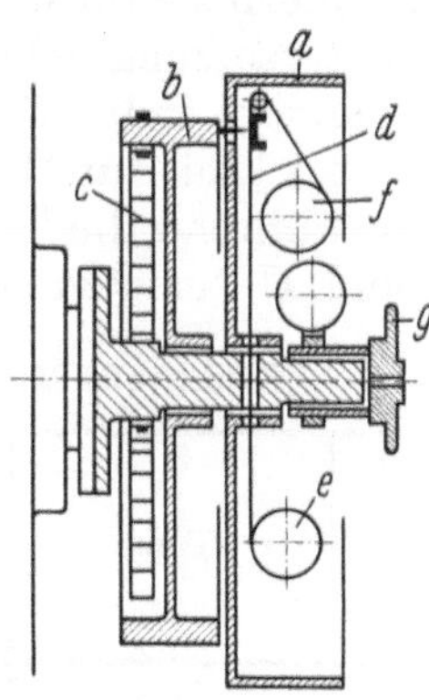

Bild 135. Optischer Drehschwingungsmesser

a leichte Hohltrommel auf Wellenende; b schwere Scheibe; c Spiralfeder; d Schrägschlitze in a; e axiale Schlitze in b; f Lichtquelle; g Spiegel

Bild 136. Film-Ritz-Torsiograph

a leichte Hohltrommel auf Wellenende; b schwere Scheibe; c Spiralfeder; d Film; e und f Filmtrommeln; g Handrad zum Verschieben des Films

Der *Film-Ritz-Torsiograph* der DVL (Bild 136) ermöglicht die unmittelbare Aufzeichnung der Schwingungsausschläge ohne Übertragungsgestänge. Die leichte Trommel a ist mit der Kurbelwelle fest verbunden, die schwere Masse b nur durch die weiche Spiralfeder c. Die Relativbewegungen zwischen a und b, d. h. die doppelten Schwingungsamplituden, werden von einer scharfen Nadel in einen Film d geritzt, der sich von einer Trommel e abwickelt und auf f aufgewickelt wird. Die Trommeln können während des Ganges des Motors durch ein Handrad g mit Schneckenrad und Schnecke gedreht werden, wodurch sich der Film mit der gewünschten Geschwindigkeit verschiebt. Die Schwingungen werden zwar nur in sehr kleinem Maßstab aufgezeichnet, so daß sie für die Auswertung vergrößert werden müssen, aber sie werden verzerrungsfrei wiedergegeben, da keine Fehler durch ein Übertragungsgestänge entstehen können.

IV. Ausgeführte Dieselmaschinen

Die Angaben dieses und des V. Abschnitts über Bauart, Abmessungen, Leistungen und Drehzahlen der Maschinen können natürlich für die betreffenden Firmen nicht verbindlich sein, denn der Dieselmotorenbau befindet sich in ständiger Entwicklung. Auf etwa bestehenden Rechtsschutz auf einzelne Konstruktionen wird nicht hingewiesen. Die Firmen sind in alphabetischer Reihenfolge der Anfangsbuchstaben ihrer Namen aufgeführt.

1. FIAT Stabilimento Grandi Motori

Die Firma *FIAT*, die 1899 in Turin für den Bau von Kraftwagen gegründet wurde (*Fabbrica Italiana Automobili di Torino*), nahm 1906 in ihrer Abteilung Stabilimento Grandi Motori den Bau von Dieselmaschinen auf. Sie erkannte frühzeitig die Bedeutung des Dieselmotors für die Schiffahrt, und sie gehört zu den wenigen Pionierfirmen, die sich dem Zweitakt schon zu einer Zeit zugewandt haben, als die Mehrzahl der Fachleute der Meinung war, daß dem Viertakt die Zukunft vorbehalten sei. Heute umfaßt das Bauprogramm der Firma alle Leistungen von 100 PS an bis zu den größten Anlagen, zu denen die beiden Antriebsmotoren des M. S. „Vulcania" gehören, die je 18 000 PS leisten. Sie wurden 1935 gebaut und waren die ersten doppeltwirkenden Zweitaktmotoren, die aus den Werkstätten der Firma hervorgegangen sind.

Kleinere und mittlere Leistungen werden als *Viertakt-Tauchkolbenmotoren* ausgeführt, die sowohl als Langsamläufer wie auch als Schnelläufer gebaut werden. Zahlentafel 21 zeigt das zur Zeit gültige Bauprogramm. Die Typenbezeichnung „S" bedeutet Aufladung durch Abgasturbogebläse. Die kleineren Typen der Langsamläufer, 180 bis 250 S, werden, sofern sie für den Antrieb von Booten bestimmt sind, mit Wendegetriebe und Drehzahluntersetzung geliefert. Sie eignen sich auch für den Antrieb von Generatoren und für andere industrielle Zwecke. Von den Schnelläufern sind die Typen 220 und 220 S in erster Linie für Diesel-Triebwagen bestimmt, weshalb sie nicht umsteuerbar gebaut werden, während die Typen 300 und 300 S sowohl direkt umsteuerbar wie auch mit Wende- und Untersetzungsgetriebe geliefert werden.

Zahlentafel 21. *Viertakt-Tauchkolbenmotoren der Firma FIAT*

	Type	Zylinder-abmessg. Dmr./Hub mm/mm	Drehzahl U/min	Zylinder-leistung PSe	Zylinder-zahl	Gesamt-leistung PSe
Langsamläufer	250	250/400	480— 520	50— 60	3, 4, 5, 6	150— 360
	250 S	250/400	480— 520	70— 80	5, 6	350— 480
	A 300	300/450	450— 500	75— 85	6, 7, 8	450— 680
	A 300 S	300/450	450— 500	100—110	6, 7, 8	600— 880
Schnelläufer	220	220/270	750—1000	45— 65	6, 8	270— 520
	220 S	220/270	750—1000	75—125	6, 8, 12, 16	450—2000
	280 S	280/360	600— 800	120—150	6, 8	720—1200
	300 S	300/360	600— 800	200—250	12, 16	2400—4000

Mit Rücksicht auf die höhere Kolbengeschwindigkeit erhalten die Schnelläufer Leichtmetallkolben und je zwei Einsaug- und Auspuffventile.

An *einfachwirkenden Zweitakt-Tauchkolbenmotoren* hat *FIAT* fünf verschiedene Zylindergrößen entwickelt (Zahlentafel 22), von denen die drei kleineren nur als Tauchkolbenmaschinen geliefert werden, während die beiden großen Zylinder wahlweise in Tauchkolben- und in Kreuzkopfbauart ausgeführt werden. Bis zu zehn Zylinder können

Zahlentafel 22. *Zweitakt-Tauchkolbenmotoren der Firma FIAT*

Type	Zylinder-abmessungen Dmr. mm	Hub mm	Drehzahl U/min	Zylinder-leistung PSe
260	260	450	320	80
300	300	500	280	100
360	360	650	240	175
450	450	740	200	250
520	520	850	180	360

zu Reihenmotoren zusammengestellt werden, so daß der Leistungsbereich sich von etwa 400 bis 3600 PSe erstreckt. Die drei kleineren Typen werden mit angehängten Hilfsmaschinen und Zubehörteilen geliefert; bei den größeren werden die Kühlwasser-, Schmieröl- und Brennstofförderpumpen getrennt angetrieben. Sofern die Maschinen für Schiffsantrieb verwendet werden, sind sie direkt umsteuerbar und mit einem Blockdrucklager versehen, das unmittelbar in die Grundplatte eingebaut wird.

Die *einfachwirkenden Zweitakt-Kreuzkopfmotoren* werden ebenfalls in fünf verschiedenen Zylindergrößen gebaut (Zahlentafel 23). Es sind langsamlaufende, langhübige

Zahlentafel 23. *Einfachwirkende Zweitakt-Kreuzkopfmotoren der Firma FIAT*

Zylinder-abmessungen		Drehzahl	Zylinder-leistung
Dmr. mm	Hub mm	U/min etwa	PSe
450	840	180	250
520	960	160	360
600	1100	135	450
680	1200	125	600
750	1320	120	800

Maschinen mit mittleren Kolbengeschwindigkeiten von etwa 5 m/sec und mittleren effektiven Drücken von weniger als 5 kg/cm². Das Hubverhältnis (Hub : Zyl.-Dmr.) liegt im allgemeinen zwischen 1,7 und 1,8, das Einheitsgewicht der kleineren Maschinen bei 50 kg/PSe, während es bei dem größten Zylinderdurchmesser auf etwa 65 kg/PSe zunimmt.

Den *doppeltwirkenden Zweitakt* hat *FIAT* seit 1935 in großem Maßstab entwickelt; die Gesamtleistung der von der Firma und ihren Lizenznehmern seither gebauten doppeltwirkenden Zweitaktmaschinen übertrifft die der einfachwirkenden Motoren. Zur Zeit werden doppeltwirkende Zylinder von 650 mm Dmr. und 960 mm Hub (Zyl.-Leistung 900 PSe bei 160 U/min), von 680 mm Dmr. und 1200 mm Hub (1000 PSe bei 125 U/min) und von 750 mm Dmr. und 1320 mm Hub (1300 PSe bei 120 U/min) in Serien gebaut.

Neben diesem umfangreichen Bauprogramm werden Maschinen für Verwendungszwecke, bei denen es auf niedriges Gewicht und kleinen Raumbedarf ankommt, in Sonderausführung geliefert.

Die folgende Beschreibung bezieht sich auf den **einfachwirkenden Zweitakt-Kreuzkopfmotor**, der alle typischen Merkmale der *FIAT*-Bauart aufweist. Die Maschine (Bild 137; Einzelteile Bild 138 bis 166) leistet mit 6 Zylindern (680 mm Dmr., 1200 mm Hub) 3600 PSe bei 125 U/min ($p_e = 4,97$ kg/cm²; $c_m = 5,0$ m/sec). Bild 137 ist im Prüffeld der *Borsig A.-G.*, Berlin-Tegel, aufgenommen, die seit 1951 die *FIAT*-Maschinen in Lizenz baut.

Bild 138 zeigt den Längsschnitt durch die Spülpumpe, durch einen Arbeitszylinder und durch das Drucklager. Alle Zweitaktmotoren der Bauart *FIAT* sind mit Kolbenspülpumpen ausgerüstet. Bei kleineren Zylinderzahlen genügt *ein* Spülpumpenzylinder mit zwei übereinander angeordneten doppeltwirkenden Pumpen; bei größerer Zylinderzahl liefern zwei nebeneinanderliegende Zylinder in Tandembauart die erforderliche große Spülluftmenge. Die Spülpumpen, deren Wellen schwächer als die Arbeitskurbelwellen sind, liegen stets am vorderen Ende der Maschine. Davor sind die Brennstoffpumpen angeordnet, die unter der Verschalung *a* liegen. Sie werden von einer Verlängerung der Kurbelwelle angetrieben (s. auch Bild 155), so daß ihr Antrieb durch Zahnräder oder Ketten entfällt. Nur bei Maschinen großer Baulänge werden die Brennstoffpumpen auf Mitte Längsseite der Maschine angeordnet (Bild 167), damit die Brennstoffleitungen zu den am weitesten entfernt liegenden Zylindern nicht zu lang werden.

Bild 137. Einfachwirkender Zweitakt-Kreuzkopfmotor, 3600 PSe Leistung,
gebaut von der *Borsig A.-G.*, Berlin-Tegel

a Verschalung der Brennstoffpumpe; *b* Bedienungsstand; *c* Brennstoffdruckleitungen; *d* Saugraum der Spülpumpe;
e Druckraum der Spülpumpe; *f* Spülluftaufnehmer; *g* Antrieb der Anfahrluftsteuerventile; *h* Auspuffleitung; ferner
wie Bild 155: *E* Steuerluftflasche (10 kg/cm²); *J* Sicherheitsregler; *T* Gehäuse der Anfahrluftsteuerventile; *k* Anfahr-
und Umsteuerhebel; f_2 Handrad für Brennstoffregelung; m_2 Zeiger für Brennstoffeinstellung

Der Flansch des letzten Wellenzapfens der Kurbelwelle ist mit dem Druckring *d*
(Bild 138) des Michell-Spurlagers verschraubt, dessen Gehäuse mit dem hinteren
Stück der geteilten Grundplatte zusammengegossen ist, so daß der Propellerschub
unmittelbar auf die Grundplatte übertragen wird. Die Kupplungsschrauben des Druckringes verbinden auch den das Schwungrad tragenden Wellenstummel mit der Kurbelwelle; an ihn schließt sich im Schiff die Laufwelle an.

Die hohe und steife Grundplatte ist unterhalb der Ständerfüße hochgezogen (Bild 139),
wodurch ihr Widerstandsmoment vermehrt wird. Die aus Stahlblech geschweißte
Ölwanne wird von unten gegen die Lagerbrücken geschraubt. Das von den Triebwerkteilen abtropfende Schmieröl und das durch Rohre *o* (Bild 139) abfließende Kolbenkühlöl fließt durch das Ventil *p* (Bild 138) in den im Doppelboden liegenden Sammeltank, aus welchem es durch eine getrennt angetriebene Pumpe angesaugt und durch

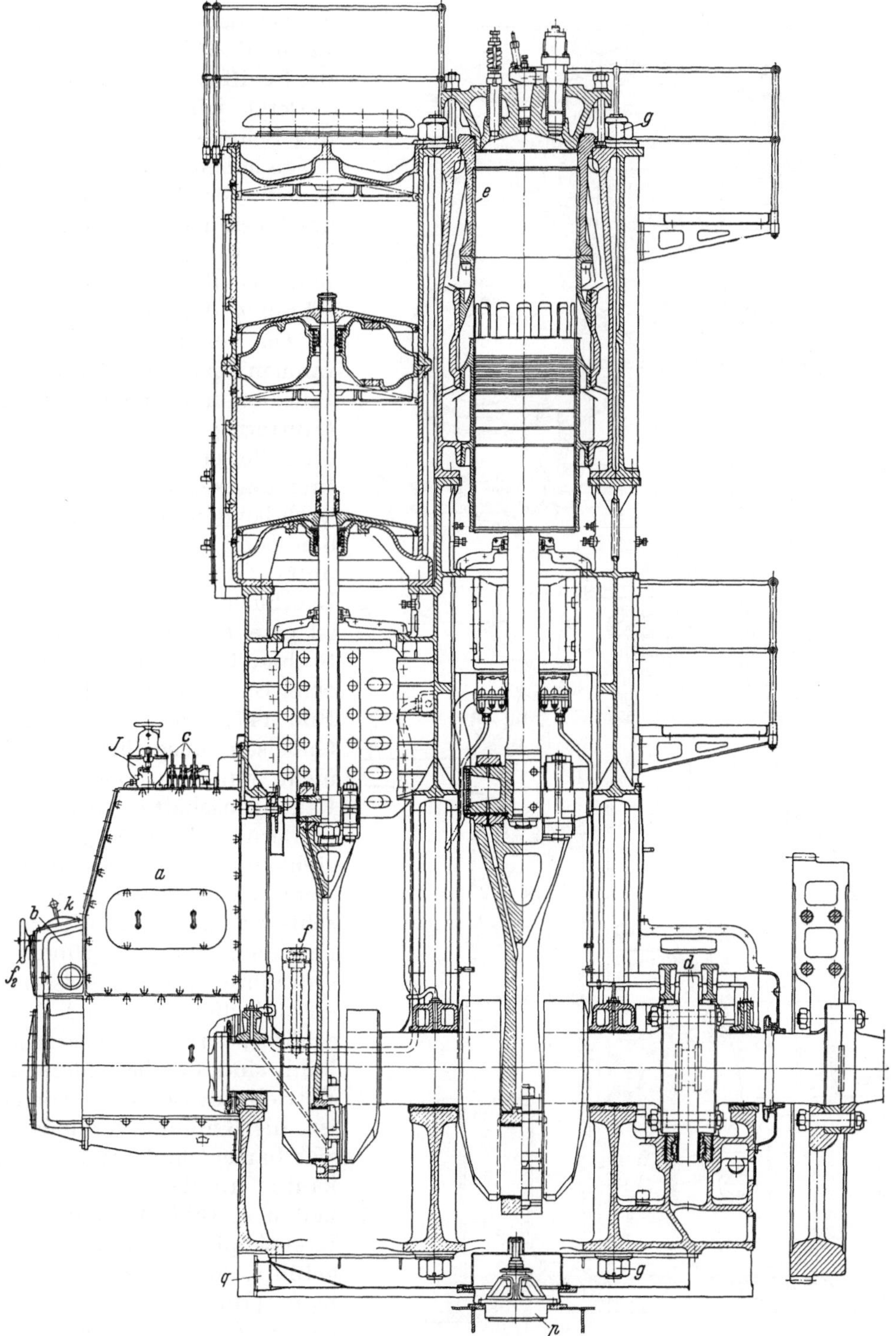

Bild 138. Längsschnitt durch Spülpumpe, Arbeitszylinder und Drucklager des Motors Bild 137

J Sicherheitsregler; *a* Verschalung der Brennstoffpumpen; *b* Bedienungsstand; *c* Brennstoffdruckleitungen (abgebrochen gezeichnet); *d* Druckring des Spurlagers; *e* eingezogene Gußeisenbuchse; *f* Gegengewicht zum Ausgleich der umlaufenden Massen der Spülpumpe; *g* Muttern der Zuganker; *k* Anfahr- und Umsteuerhebel; *p* Ventil in der Ölwanne des Kurbelgehäuses; *q* Anschluß für Ölabfluß; f_2 Handrad für Brennstoffregelung

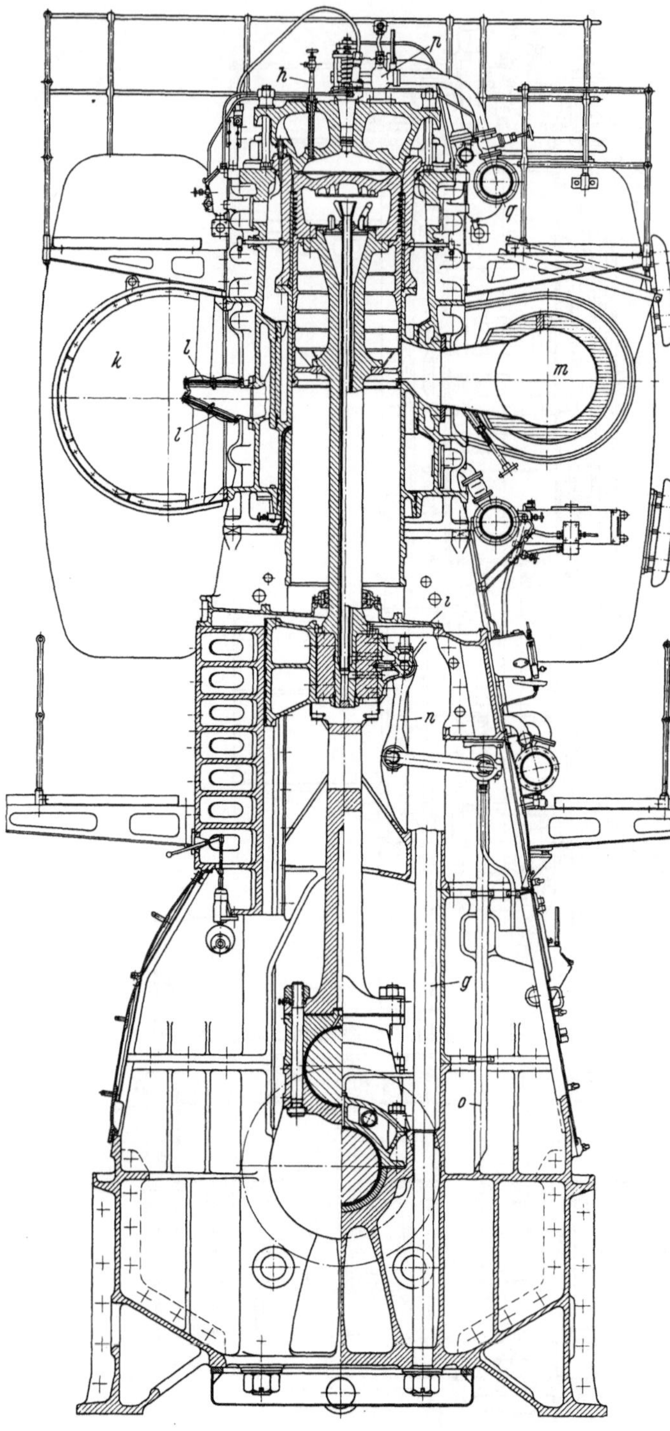

Bild 139
Querschnitt durch den Arbeitszylinder des Motors Bild 137

g Zuganker;   *h* Indizierstutzen;   *i* oberer Abschlußdeckel des Kurbelgehäuses;   *k* Spülluftaufnehmer;   *l* Nachladeventile;   *m* Auspuffsammelrohr;   *n* Gelenke für Kolbenkühlung;   *o* Abflußrohr für Kolbenkühlöl;
p Kühlwasseraustritt;   *q* Kühlwasserabflußrohr

Filter und Kühler gedrückt wird, um von neuem in den Kreislauf zu gelangen. Da es vorkommen kann, daß bei Grundberührung des Schiffes der Doppelbodentank verletzt wird, was den Verlust des Schmier- und Kühlöles zur Folge haben würde, kann p durch Kegelräder, Welle und Handrad geschlossen werden; dann ist der Doppelbodentank ausgeschaltet, und das Öl fließt durch den Anschluß q dem Filter zu.

Die von Oberkante Zylinderrahmen bis Unterkante Lagerbrücke durchgehenden Zuganker (Muttern g in Bild 138) entlasten die gußeisernen Bauteile vom Verbrennungsdruck; diese stehen auch bei dem höchsten auftretenden Zünddruck (etwa 60 kg/cm²) unter Druckvorspannung. Die Laufbuchse der Arbeitszylinder ist geteilt; der obere Teil ist aus Stahlguß angefertigt und mit einer Buchse (e in Bild 138; s. auch Bild 147) aus verschleißfestem Gußeisen ausgefüttert, so daß nicht nur Festigkeit und gute Laufeigenschaften gesichert sind, sondern auch die Möglichkeit besteht, die Buchse auszuwechseln, wenn der nicht vermeidbare Verschleiß zu groß geworden ist. Der mit dem Stahlgußzylinder verschraubte untere gußeiserne Teil enthält die Spül- und Auspuffschlitze, deren Stege sämtlich gekühlt sind, was besonders für den Betrieb mit Schweröl vorteilhaft ist; die Kühlung verhindert, daß sich harter Ölkoks an den Schlitzkanten ansetzt. Weitere Einzelheiten s. Bild 147 und 148. Der Kreuzkopf ist eingleisig ausgeführt, die ungekühlte Gleitbahn (Bild 139) mit Führungsleisten für die Rückwärtsfahrt versehen. Unerläßlich für Schwerölbetrieb ist die öldichte Trennung der Arbeitszylinder vom Kurbelgehäuse. Die mit Abstreifringen versehene Trennwand i

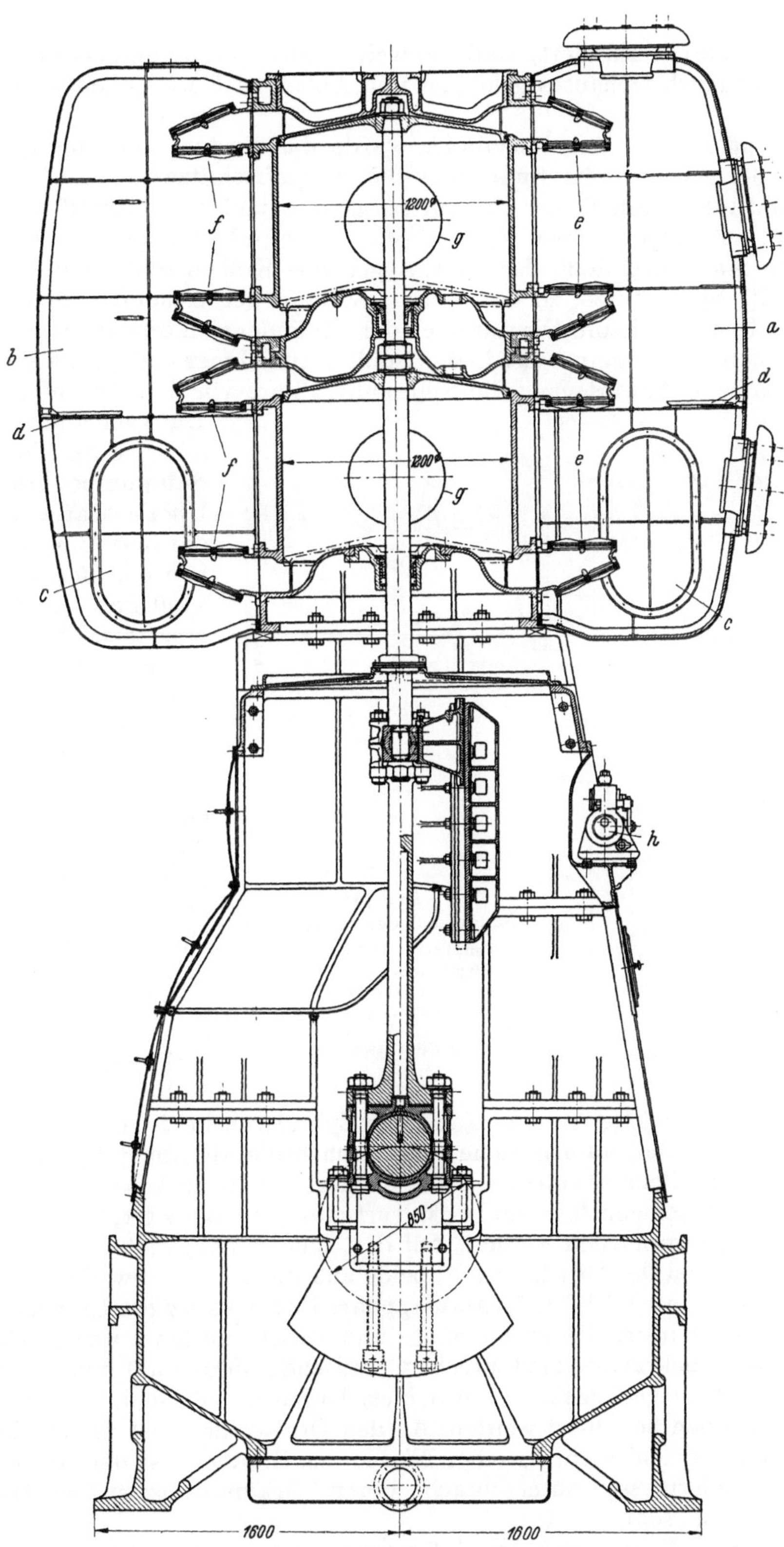

Bild 140. Querschnitt durch die Spülpumpe

a Saugraum; *b* Druckraum; *c* Einsteigtüren; *d* Fußplatten; *e* Saugventile; *f* Druckventile; *g* Verschlußdeckel; *h* Kolbenmotor für die Zylinderschmierpressen

(s. auch Bild 170) verhindert, daß schwefelhaltige Verbrennungsrückstände in das
Schmieröl des Kurbelgehäuses gelangen und Anlaß zu Korrosionen an den Triebwerkteilen geben.

Für die *Spülung* der Arbeitszylinder wurde das System der Querspülung gewählt
(Bild 139), bei welchem die Spül- und die Auspuffschlitze einander gegenüberliegen
(s. auch Bild 148), weshalb der Spülluftaufnehmer und das Auspuffsammelrohr (k, m
in Bild 139) auf verschiedenen Zylinderseiten angeordnet sind. Die Spülschlitze sind
höher als die Auspuffschlitze; der aufwärtsgehende Kolben schließt die Auspuffschlitze
früher als die Spülschlitze, so daß nach Abschluß der Auspuffschlitze noch Spülluft
in den Zylinder treten kann. Die nur nach dem Zylinder sich öffnenden Nachladeventile l
verhindern, daß Verbrennungsgase in den Spülluftaufnehmer schlagen, wenn die steuernde
Kolbenkante beim Abwärtsgang die Spülschlitze kurz vor den Auspuffschlitzen öffnet.

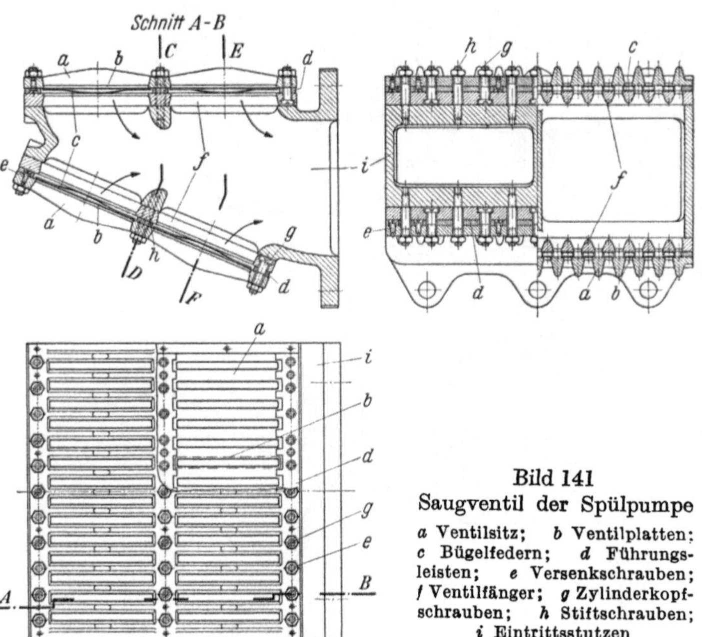

Bild 141
Saugventil der Spülpumpe
a Ventilsitz;   *b* Ventilplatten;
c Bügelfedern;   *d* Führungsleisten;   *e* Versenkschrauben;
f Ventilfänger;   *g* Zylinderkopfschrauben;   *h* Stiftschrauben;
i Eintrittsstutzen

Die Nachladung in Verbindung
mit der reichlich bemessenen
Spülpumpe erklärt die hohe
Überlastbarkeit der Maschine:
die Belastung konnte im Prüffeld der *Borsig A.-G.* auf etwa
4400 PSe bei Schwerölbetrieb
und 4800 PSe bei Betrieb mit
Dieselöl gesteigert werden,
ohne daß sich der Auspuff
unzulässig färbte.

Die *Spülluftpumpe*, deren
Querschnitt Bild 140 zeigt,
hat zwei übereinanderliegende
doppeltwirkende Zylinder von
1200 mm Dmr.; der gemein-
same Hub beträgt 850 mm.
Die aus Stahl angefertigten
Kolben sind durch Konus und
gesicherte Muttern auf der
sich nach oben verjüngenden
Kolbenstange befestigt; ein
Kolbenring dichtet den Kolben

am Umfang ab. Im mittleren und im unteren Zylinderdeckel ist die Kolbenstange durch
je eine mit Weißmetall ausgegossene Stopfbuchsbrille abgedichtet; die Brillen werden
durch zylindrische Schraubenfedern nach oben gegen einen Anschlagring gedrückt und
sind leicht querverschieblich in die Deckelvertiefungen eingesetzt, wodurch Zwängungen
der Kolbenstange vermieden werden. Auf den ebenen Längsseiten des Zylinders liegen
der Saugraum a und der Druckraum b, beide aus Blechen geschweißt und mit Einsteigtüren c versehen (s. auch Bild 137); aufklappbare Fußplatten d ermöglichen dem Personal
das Arbeiten an den obenliegenden Saug- und Druckventilen e und f. Die Wände des
Saug- und des Druckraumes sind zwecks Geräuschdämpfung auf den Innenseiten durch
Glasgespinst mit Blechabdeckung verkleidet. Durch die Verschlußdeckel g können die
Zylinder auch innen besichtigt werden. An den Druckraum b ist der Spülluftaufnehmer
(f in Bild 137) angeschlossen. In einer Nische des Ständers ist der Kolbenmotor h für
die Zylinderschmierpressen untergebracht, deren Wirkungsweise später erläutert werden
wird (Bild 149 bis 152).

Die *Saug- und Druckventile* der Spülpumpe sind ebenso gebaut wie die Nachladeventile der Arbeitszylinder (l in Bild 139). Auf der ebenen, mit zahlreichen Schlitzen
versehenen Fläche des Ventilsitzes a (Bild 141) liegen als Ventilplatten einfache ebene
Blechstreifen b aus verkupfertem Federstahl; sie werden durch bügelförmig gebogene

Streifen c aus demselben Material leicht gegen den Ventilsitz gedrückt. Federn und Bügel sind an beiden Enden in rechtwinklig ausgeklinkten Leisten d geführt, die durch versenkte Schlitzschrauben e mit dem Ventilsitz verschraubt sind. Die Stärke der Führungsleisten d ist so bemessen, daß die Federn c sich mit leichtem Druck gegen die Ventilplatten b und den Ventilfänger f legen, dessen Schlitze die Luft durchtreten lassen. Nach Einlegen der Ventilplatten und der Bügelfedern werden die Teile a, d und f mittels der Zylinderkopfschrauben g miteinander verbunden und durch Stiftschrauben h am Eintrittsstutzen i befestigt. In der in Bild 141 gezeichneten Lage wirkt das Ventil als Saugventil, in der umgekehrten als Druckventil. Bei dem reichlichen Durchtrittsquerschnitt und der geringen Belastung durch die Bügelfedern verursacht das Ventil nur einen kleinen Druckabfall. Die Teile a, d und f sind aus Leichtmetall hergestellt, so daß das zusammengebaute Ventil leicht wird und bequem zu handhaben ist.

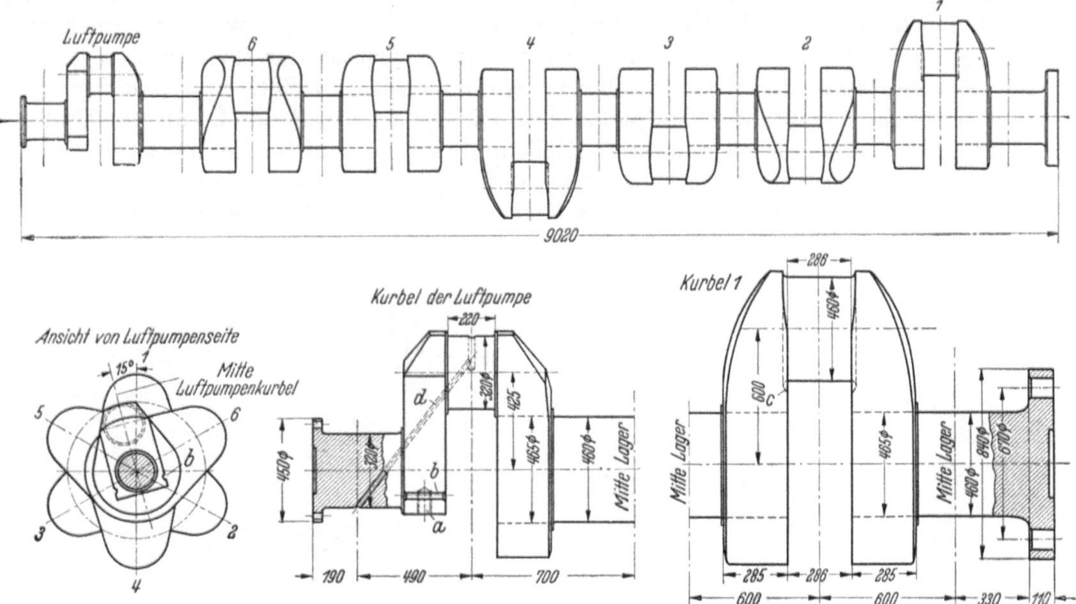

Bild 142. Kurbelwelle

a Gewinde; b Dübel für Befestigung des Gegengewichtes; c Ausrundungen am Übergang zwischen Zapfen und Wangen; d Schrägbohrung für Schmierung des Triebwerkes der Spülpumpe

Die *Kurbelwelle* des *FIAT*-Motors (Bild 142) ist aus Stahlgußkröpfungen und geschmiedeten Wellenzapfen zusammengesetzt[1]; nur die Kurbel der Luftpumpe ist mit ihrem vorderen Wellenzapfen aus Stahl geschmiedet. Die Stellung der unter 60° angeordneten Arbeitskurbeln entspricht den Forderungen des Massenausgleiches: es treten nur unausgeglichene Massenmomente II. Ordnung auf (Zahlentafel 4, S. 35, Zeile 6). Da deren Resultierende der Arbeitskurbel *1* im Kurbelschema II. Ordnung um 30° nacheilt (wenn in Bild 142, Ansicht von Luftpumpenseite, Uhrzeigerdrehsinn angenommen wird), muß die Luftpumpenkurbel der Arbeitskurbel *1* um 15° nacheilen; dann verkleinern die oszillierenden Massenkräfte II. Ordnung die Resultierende der Arbeitszylinder. Die umlaufenden Massenkräfte der Spülpumpe sind durch ein Gegengewicht ausgeglichen, das an der vorderen Wange der Luftpumpenkurbel durch zwei kräftige, gut gesicherte Kopfschrauben und zwei je zur Hälfte in die Wange und das Gegengewicht eingepaßte Dübel (a, b in Bild 142) befestigt ist (s. a. Bild 138 u. 140). Die von den Triebwerkteilen

---

[1] Über den Werkstoff der Stahlgußkröpfungen und das Gießverfahren s. Z. Konstruktion Bd. 5 (1953) S. 1, über das Vorgehen beim Schrumpfen Z. Konstruktion Bd. 5, S. 178. Die bei verschiedenen Schrumpfmaßen auftretenden Spannungen hat R. Bobоо (Z. Konstruktion Bd. 5, S. 368) berechnet.

der Spülpumpe hervorgerufenen Massenkräfte I. Ordnung könnten nur mit umständlichen konstruktiven Mitteln ausgeglichen werden; sie stören erfahrungsgemäß die Ruhe des Ganges nicht. Der Flansch an der Kurbel Zyl. *1* überträgt durch 12 Paßschrauben (90 mm Dmr.) das Drehmoment auf die Druckwelle und die anschließende Laufwelle (Bild 138). Der vordere Flansch an der Kurbel der Luftpumpe ist mit der Welle der Brennstoffpumpe durch 20 Schraubenbolzen verbunden, von denen einer als Paßschraube ausgebildet ist. Die enge Schraubenteilung (18°) erleichtert das Einstellen der Brennstoffnocken in der Umfangsrichtung. An den Arbeitskurbeln gehen die Kurbelzapfen mit großem Radius (23 mm) in die Wangen über (Stellen *c*), wodurch die an diesen Stellen auftretenden Spannungsspitzen weitgehend abgebaut werden.

In demselben Sinn wirkt das Fehlen aller Schmierbohrungen in der Arbeitskurbelwelle. Nur der Kurbelzapfen der Luftpumpenwelle erhält sein Schmieröl vom vordersten Wellenlager durch die Schrägbohrung *d* (Bild 142) und eine anschließende Radialbohrung im Kurbelzapfen. Die Kurbelzapfen der Arbeitswelle dagegen werden vom Kreuzkopf aus geschmiert. Bild 143 veranschaulicht den Kreislauf der *Triebwerkschmierung* und der *Kolbenkühlung* (nur das Triebwerk *eines* Arbeitszylinders und das der Spülpumpe ist gezeichnet). Aus der Hauptschmierölleitung *a* gelangt das Öl an die Zapfen *b* der Grundlager, aus denen es in axialer Richtung austritt und in die Kurbelwanne abfließt. Nur das vordere Spülpumpenlager ist mit einer Ringnut *c* versehen, mit der die Schrägbohrung *d* dauernd kommuniziert (s. a. *d* in Bild 142). Das überschüssige Öl

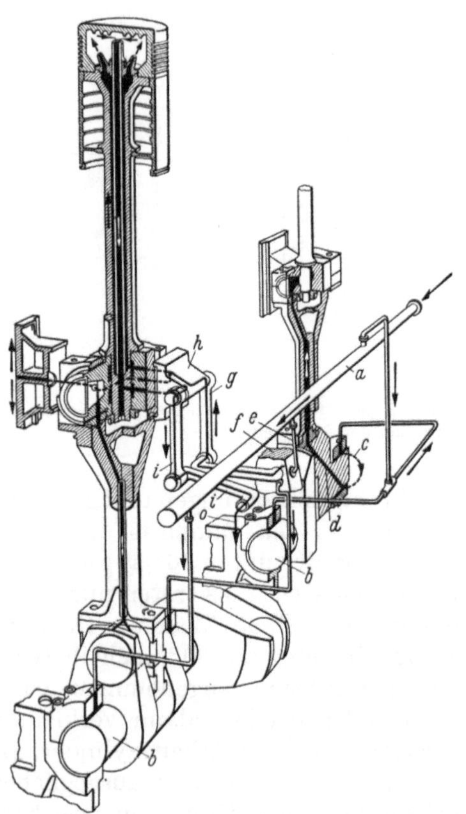

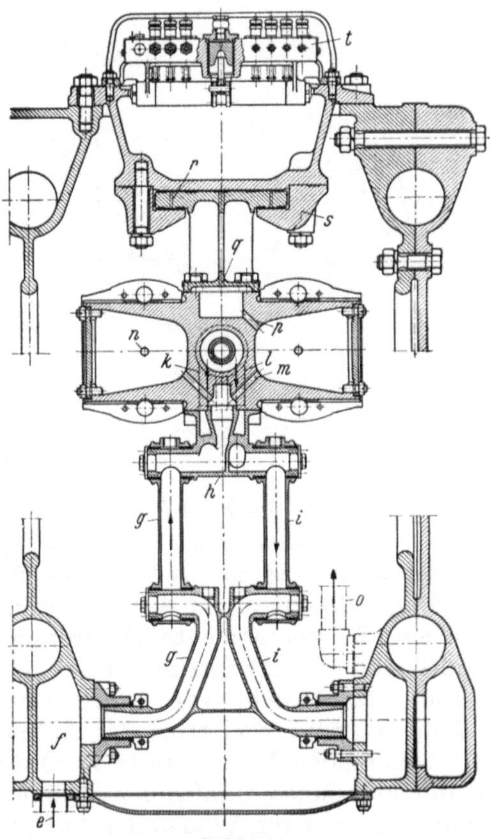

Bild 143. Schematische Darstellung
der Triebwerkschmierung und Kolbenkühlung

a Hauptschmierölleitung; *b* Grundlagerzapfen; *c* Ringnut im vorderen Lager der Spülpumpenkurbel; *d* Schrägbohrung in der Spülpumpenkurbel; *e* Ölzufluß zum Kreuzkopf; *f* Ständer (abgebrochen gezeichnet); *g* Zuflußgelenk; *h* Vorlage am Kreuzkopf; *i* Abflußgelenk; *o* Abflußrohr für Kolbenkühlöl

Bild 144
Schnitt durch Kolbenkühlgelenke und Kreuzkopf

e bis *i* und *o* wie Bild 143; *k* Bohrung für Kühlölzufluß zur Kolbenstange; *l* Kühlölabfluß; *m, n, p, q, r* Schmierbohrungen; *s* Rückwärtsleisten; *t* Zylinderschmierpressen steigt in der Pleuelstange der Spülpumpe *aufwärts*, schmiert die Kreuzkopfzapfen und die Gleitbahn und fließt, seitlich austretend, in das Kurbelgehäuse zurück. Anders verläuft der Ölstrom für das Haupttriebwerk: durch die an *a* angeschlossenen Rohre *e*, durch in die Ständer *f* eingegossene Kammern und durch Gelenkrohre *g* wird er in die am Kreuzkopf befestigte Vorlage *h* geleitet. Dort gabelt sich der Ölstrom; der größere Teil tritt in den Ringraum, der von der Bohrung der Kolbenstange und ein in diese eingesetztes Rohr gebildet wird, strömt in der Kolbenstange aufwärts und kühlt den Kolben, um durch das Innenrohr abwärts zu fließen und durch die Gelenke *i*, eine zweite

Kammer im benachbarten Ständer (s. a. Bild 144) und ein an diesen angeschlossenes Rohr *o* (s. a. *o* in Bild 139) in das Kurbelgehäuse auszutreten. Der kleinere Teil des Ölstromes wird durch Bohrungen im Kreuzkopf an die oberen Pleuellager und an die Gleitbahn geleitet (s. a. Bild 144); das überschüssige Öl strömt durch die Pleuelstange *abwärts* und schmiert das Kurbelzapfenlager, um aus diesem in axialer Richtung auszutreten. So sind die Ringnuten in den Grundlagern und den Kurbelzapfenlagern, welche die Lager in schmiertechnisch ungünstiger Weise in zwei kurze Lagerhälften zerlegen, vermieden.

Bild 144 ergänzt Bild 143 in konstruktiver Hinsicht; die Gelenke *g*, *i* sind in die Ebene des Horizontalschnitts durch den Kreuzkopf hochgeklappt. Aus dem Zuflußteil der Vorlage *h* tritt der größere Teil der Ölmenge durch die Bohrung *k* in den Ringraum der Kolbenstange, der von der Stangenbohrung und dem Einsteckrohr gebildet wird; das

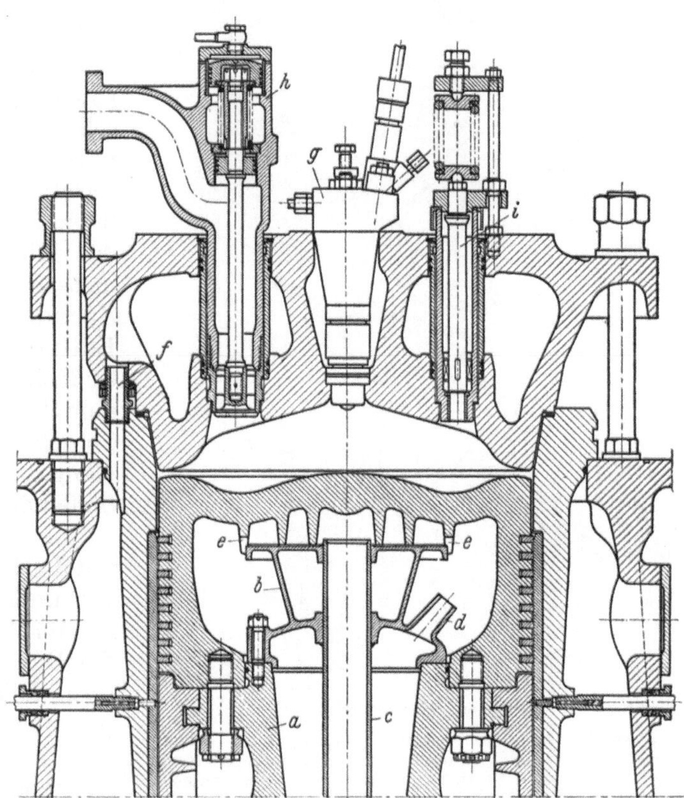

Bild 145. Schnitt durch den oberen Teil eines Arbeitszylinders
a Kolbenstange; *b* Einsatz für Kühlölführung; *c* Ölabflußrohr; *d* Öldüsen; *e* Öffnungen für Öldurchtritt; *f* Kühlwasserübertritt; *g* Brennstoffventil; *h* Anfahrluftventil; *i* Sicherheitsventil

aus dem Kolben zurückfließende erwärmte Öl wird durch die Bohrung *l* dem Abflußteil der Vorlage *h* zugeführt und strömt durch die Gelenke *i* und Rohr *o* in das Kurbelgehäuse ab. Durch die Bohrungen *m* werden die Hohlräume der Kreuzkopfzapfen mit Schmieröl gefüllt, das durch die Bohrungen *n* an die oberen Pleuellager und durch die Pleuelstange an das Kurbelzapfenlager gelangt. Durch die Bohrungen *p* und *q* (*q* liegt in der Kreuzkopfrippe) wird die Vorwärtsgleitbahn geschmiert; die Bohrungen *r* versorgen auch die Rückwärtsleisten *s* mit Schmieröl. Antrieb und Bau der Zylinderschmierpressen *t* werden durch Bild 149 bis 154 erläutert werden.

Die Führung des Kühlöles im Kolben ist deutlicher aus Bild 145 zu erkennen, das einen *Schnitt durch den Zylinderdeckel* und die oberen Teile des Kolbens, der Laufbuchse und des Zylinderrahmens darstellt. Die obere Stirnfläche der Kolbenstange *a* ist durch ein Stahlgußstück *b* verschlossen, in welches das Einsteckrohr *c* mit Gewinde eingesetzt und verschweißt ist; *c* kann sich nach unten frei ausdehnen. Durch zwei um 180° versetzte Düsen *d* wird das Kolbenkühlöl zunächst gegen den Mantel der Kolbenkappe geführt, in welchem die Kolbenringe liegen. Darauf tritt es durch Aussparungen *e* in den Labyrinthraum, der von den Rippen des Kolbenbodens gebildet wird; aus dem innersten Raum fließt es durch das Rohr c ab. Boden und Mantel der aus Stahlguß angefertigten Kolbenkappe werden dadurch wirksam gekühlt. Ebenso sorgfältig ist die Kühlung der Laufbuchse (mit der eingezogenen Gußeisenbuchse) durchgebildet. Der Zylinderdeckel (Stahlguß) ist tief in die sich nach oben konisch erweiternde Lauf-

buchse hineingezogen, so daß der starke Flansch der Laufbuchse und die Teilfuge vor den Verbrennungsgasen geschützt liegen. Wo die Innenseite des Flansches vom Deckel freigegeben wird, ist seine Außenseite vom Kühlwasser bespült, das durch sechs Bohrungen f und kurze, in den Flansch geschraubte Rohrstutzen in den Deckel übertritt (s. a. Bild 147), in welchem die Stutzen durch Gummiringe abgedichtet sind. Am höchsten Punkt des Deckelhohlraumes tritt das Kühlwasser aus; an die mit Thermometern versehenen Austrittsstutzen aller Zylinder (p in Bild 139) ist eine gemeinsame Entlüftungsleitung angeschlossen. Die Abflußrohre aller Zylinderdeckel münden in eine Sammelleitung (q in Bild 139). Durch Schieber in den Abflußrohren wird die Menge und damit die Temperatur des abfließenden Kühlwassers geregelt.

Der Deckel ist durch 24 Stiftschrauben mit der Laufbuchse und dem Zylinderrahmen verbunden; die Muttern sind „Schultermuttern" (Bd. I, S. 300). Die große Zahl der Deckelschrauben und ihre enge Teilung (s. a. Bild 137) sichern gleichmäßigen Anpressungsdruck. Zwischen dem Deckel und der Laufbuchse liegt ein Weichkupferring, während die Laufbuchse gegen den Zylinderrahmen metallisch und durch einen Silikonring abgedichtet ist.

Zentral im Deckel ist das Brennstoffventil g angeordnet, seitlich davon das druckluftgesteuerte Anfahrventil h (S in Bild 155; dort schematisch gezeichnet) und

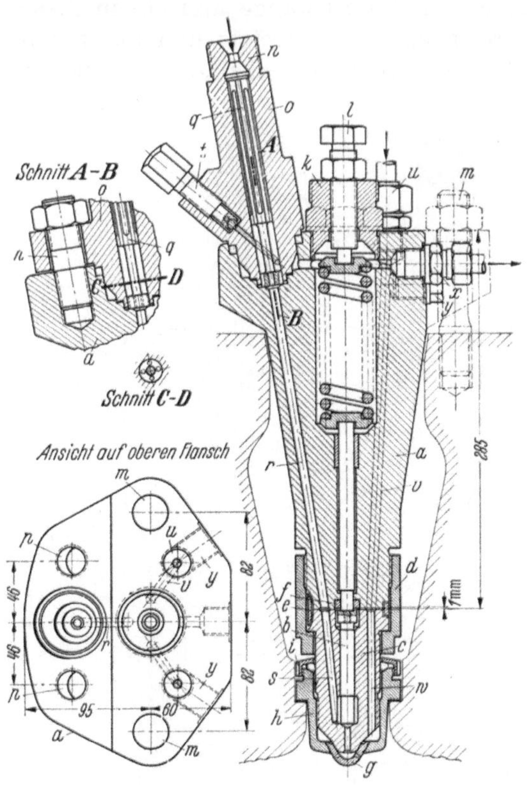

Bild 146. Brennstoffventil

a Ventilkörper; b Ventilnadel; c Nadelführung; d Überwurfmutter; e Sicherungsring; f Nadelhubbegrenzung; g Düse; h, i Überwurfmuttern; k Verschraubung; l Schraube zum Einstellen des Einspritzdruckes; m Stiftschrauben zur Befestigung von a; n Anschluß der Brennstoffleitung; o Filterkörper; p Stiftschrauben zur Befestigung von o; q Stabfilter; r, s Bohrungen für Brennstoff; t Entlüftungsventil; u Verschraubung für Kühlwassereintritt; v, w Bohrungen für Kühlwasserzufluß zur Düse; x Abfluß für Leckbrennstoff; y Entlüftungsschrauben

das Sicherheitsventil i, das bei 70 kg/cm² abbläst. Der Indizierstutzen (h in Bild 139) liegt in einer anderen Ebene.

Das *Brennstoffventil* (Bild 146) ist besonders kräftig gebaut, weil die Maschine für den Betrieb mit dem schweren Bunker C-Öl (s. S. 445) bestimmt ist. Der Einspritzdruck beträgt bei Betrieb mit Dieselöl etwa 400, bei Schwerölbetrieb etwa 600 kg/cm², kann aber auch erheblich höher werden, wenn das Öl nicht genügend vorgewärmt ist. Der aus Stahl geschmiedete Ventilkörper ist unterteilt; der obere Teil, a, enthält die starke Ventilfeder, den Stößel der Ventilnadel b und die Anschlüsse für Brennstoff, Düsenkühlwasser und Lecköl; der untere, c, führt die Ventilnadel. Die Überwurfmutter d verbindet die Teile a und c, deren Teilfuge sorgfältig geläppt und poliert ist, da sie rein metallisch gegen den höchsten auftretenden Einspritzdruck dichten muß. Am Umfang der Teilfuge ist ein Ring e eingelegt, der an einer Stelle auf einem kurzen Teil seines Umfanges axial verbreitert ist; mit seinem verbreiterten Teil liegt er in Einfräsungen der Körper a und c. Diese müssen daher beim Zusammenbauen stets in die gleiche Umfangslage zueinander kommen, wie es die Bohrungen für Brennstoff und Kühlwasser erfordern. Der Nadelhub wird durch einen in die untere Stirnfläche des Körpers a eingelegten gehärteten Ring f auf 1 mm begrenzt. Über das untere Ende von c ist die Düse g gestülpt (10 Bohrungen je 0,55 bis 0,6 mm); sie wird durch die Überwurfmutter h gegen die Nadelführung c gepreßt. Eine zweite, niedrige Überwurfmutter i dichtet durch einen Silikonring den Kühlwasserraum der Düse gegen den Hohlraum im Zylinderdeckel.

Der obere Flansch des Ventilkörpers a enthält die Verschraubung k, die das Widerlager für die Ventilfeder bildet; deren Spannung kann durch die mittels Gegenmutter gesicherte Kopfschraube l auf den gewünschten Öffnungsdruck eingestellt werden. Zwei Stiftschrauben m halten den Ventilkörper im Zylinderdeckel. Die starkwandige Brennstoffleitung (8×21 mm Dmr.) ist bei n durch Konus und Überwurfmutter angeschlossen. Der Brennstoff durchströmt den Filterkörper o, der durch zwei Stiftschrauben p an a befestigt ist; ein Stabfilter q (vgl. Bd. I, S. 200) hält letzte Schmutzteile vom Nadelsitz fern. Die Bohrungen r im Körper a sowie s in der Nadelführung leiten den Brennstoff unmittelbar an den Nadelsitz. Das Kugelventil t (mit angeschlossener Abflußleitung) wird geöffnet, wenn die Brennstoffleitungen nach längerem Stillstand durch Aufpumpen von Hand entlüftet werden sollen oder wenn mit Heizöl gefahren und der Motor plötzlich gestoppt wird; dann empfiehlt es sich, die Brennstoffleitungen mit Dieselöl durchzuspülen. Das Wasser für die Düsenkühlung tritt durch die Verschraubung u ein; die Bohrungen v, w führen es unmittelbar an die Düse g. Symmetrisch dazu liegt der Kühlwasserabfluß (s. Ansicht auf oberen Flansch). Durch die Verschraubung x kann der Leckbrennstoff abfließen, der durch die Nadelführung in den Raum der Ventilfeder einsickert. Durch Öffnen der Verschlußstopfen y werden die Kühlwasserbohrungen entlüftet.

Die *Zylinderlaufbuchse* besteht aus zwei Teilen (Bild 147 u. 148); die Teilfugen werden plangeschliffen und aufeinander tuschiert. Die aus verschleißfestem Sondergußeisen hergestellte, in den Oberteil eingeschrumpfte Buchse greift mit einem Zentrieransatz in eine Ausdrehung im Unterteil. Der aus Stahlguß bestehende starkwandige Oberteil stützt sich mit seinem oberen Flansch auf den Zylinderrahmen und kann sich mit dem an ihm hängenden Unterteil nach unten frei ausdehnen. Zwanzig Stiftschrauben verbinden die beiden Teile. Durch sechs in den oberen Flansch gebohrte Löcher a tritt das Kühlwasser in den Zylinderdeckel über (s. a. f in Bild 145). Die Eindrehung b dient zum Anbringen einer Vorrichtung, mittels deren die Zylinderbuchse aus dem Rahmen herausgezogen werden kann. In der Eindrehung c liegt ein wärmebeständiger Silikonring. In die Bohrungen d (je drei auf jeder Längsseite der Maschine) werden die Schmierstutzen geschraubt, die den Kühlwasserraum durchdringen und gegen diesen so nachgiebig abgedichtet sind, daß sie das Schieben der Zylinderbuchse nach unten nicht hindern. Der Stahlgußmantel wird einer Wasserdruckprobe von 90 kg/cm² unterworfen.

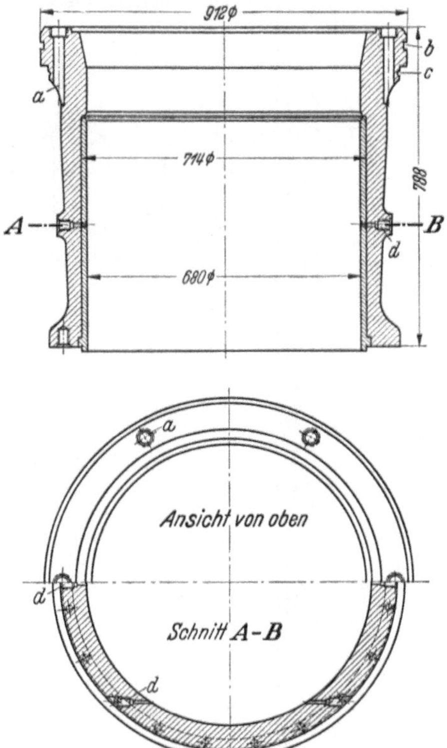

Bild 147. Zylinderbuchse, Oberteil

a Bohrungen für Kühlwasserübertritt; b Eindrehung für Ausbau der Zylinderbuchse; c Eindrehung für Silikonring; d Schmieranstiche

Die Teilung der Zylinderbuchse hat nicht nur die schon erwähnten Vorteile — kräftige Ausführung des den hohen Verbrennungsdrücken ausgesetzten Teiles, auswechselbares Futter nach Verschleiß —, sondern auch den, daß der weniger hoch beanspruchte, aber kompliziertere gußeiserne Teil der Buchse, der die Spül- und Auspuffschlitze enthält, kleiner wird, nahezu gleichmäßige Wandstärken erhalten kann und leichter herstellbar wird. Die senkrechten Mittelebenen der Spülschlitze a (Bild 148) konvergieren gegen eine Achse, die aus der Zylinderachse nach der Spülseite hin verschoben ist (Schnitt $A-B$); dadurch wird erreicht, daß der Spülstrom in der Zylinderbuchse auf der die Spülschlitze

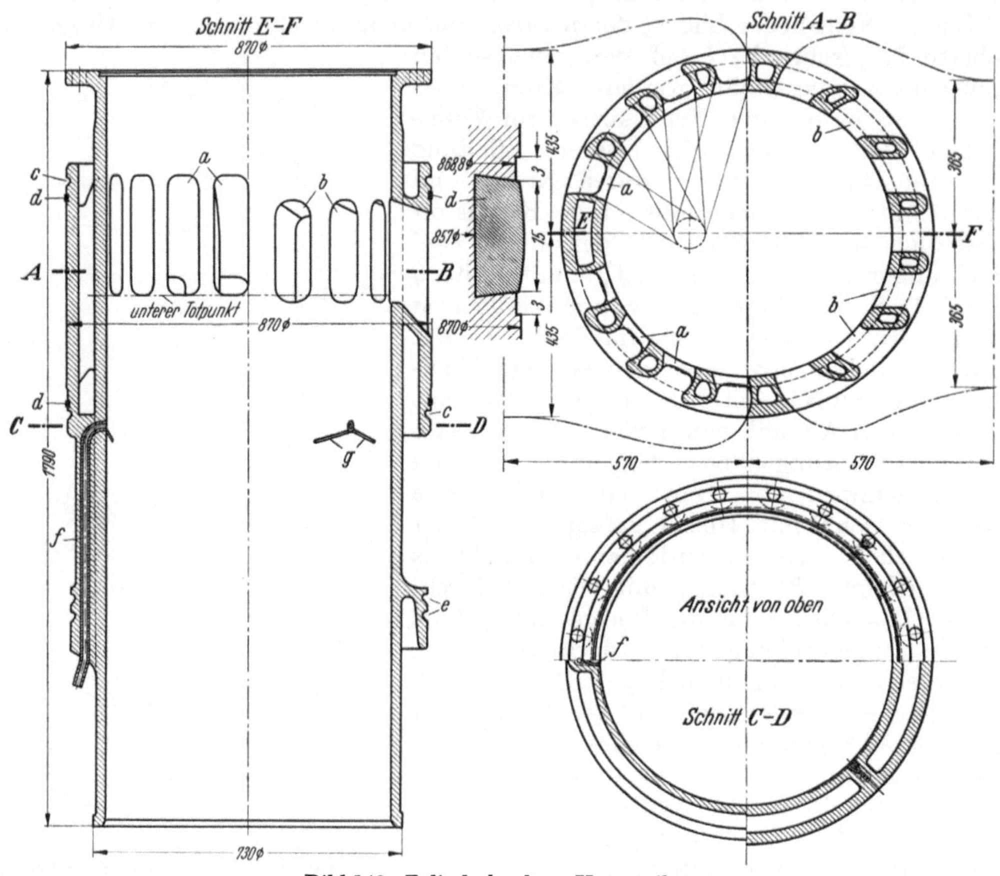

Bild 148. Zylinderbuchse, Unterteil

a Spülschlitze;　b Auspuffschlitze;　c Gummiringe;　d Kupferringe;　e Gummiringe;　f eingegossene Schmierrohre; g Schmiernuten

enthaltenden Seite hochsteigt, um unter dem Zylinderdeckel umzukehren und auf der Gegenseite zu den Auspuffschlitzen b zu strömen. Alle zwischen den Schlitzen liegenden Stege sind hohl und werden von dem aufsteigenden Kühlwasser durchflossen. Der Unterteil kann sich im Zylinderrahmen frei nach unten ausdehnen, er wird in diesem oberhalb und unterhalb der Schlitze durch je einen Gummiring c auf der Wasserseite und einen Kupferring d auf der Gasseite gedichtet. Die Kupferringe liegen in hinterdrehten Nuten des äußeren Wandteiles; der größte Außendurchmesser ihrer Wölbung ist um einen kleinen, genau bestimmten Betrag größer als der Innendurchmesser der Bohrung des Zylinderrahmens, so daß das Kupfer beim Einsetzen der Zylinderbuchse sich etwas verquetscht, wozu die Eindrehungen neben dem Ring Platz bieten (s. Nebenbild). Nahe dem unteren Ende der Zylinderbuchse dichten zwei Gummiringe e den Wasserraum gegen den Außenraum ab. In den an drei Stellen verdickten Mantel der Zylinderbuchse ist je ein Stahlrohr f (22×8 mm) eingegossen, deren untere herausragende Enden an die Zylinderschmierpressen angeschlossen werden. Zwei dieser Rohre liegen auf der Auspuffseite, eines auf der Spülseite. Sie münden an der Innenwand in Schmiernuten g, die gegen die Horizontale etwas geneigt sind, damit die Kolbenringe leichter über sie hinweggleiten. Für den unteren Teil der Laufbuchse genügt eine Wasserdruckprobe mit 4 kg/cm² Überdruck.

Im ganzen sind somit an jeden Arbeitszylinder neun Schmierstellen angeschlossen, von denen sechs oberhalb, drei unterhalb der Schlitze liegen. Wie die *Zylinderschmierung* arbeitet, wird durch Bild 149 bis 154 erläutert. Bild 149 zeigt das Schema. Von den auf der Auspuffseite des Motors angeordneten Schmierpressen a führt eine entsprechende Anzahl Leitungen zu den Schmieranstichen b, c (wegen der unteren Schmieranstiche s. f in Bild 148). Abweichend von anderen Bauarten werden die Schmierpressen nicht mechanisch, sondern hydraulisch durch einen Kolbenmotor d betrieben, der durch die Leitung e an die Druckleitung der Triebwerkschmierung angeschlossen ist. Die Leitung f mit Ventil g zur Regelung der Hubzahl des Kolbenmotors führt mit ihrer Fortsetzung e_3

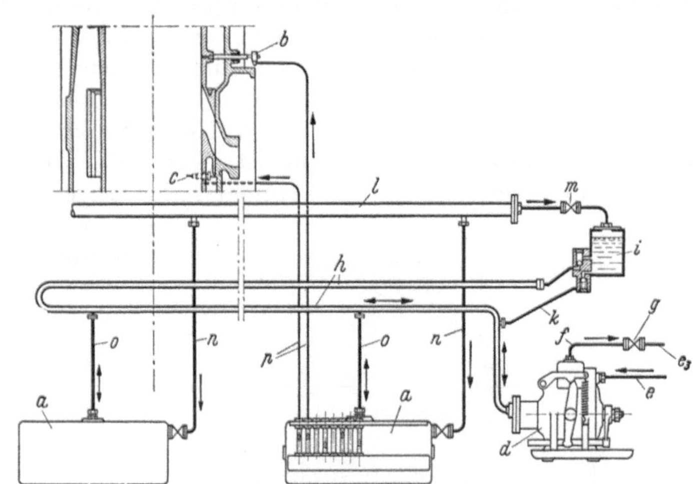

Bild 149. Schema der Zylinderschmierung

a Schmierpressen; b, c Schmieranstiche; d Kolbenmotor zum Antrieb der Schmierpressen; e Druckleitung der Triebwerkschmierung; f Abflußleitung; g Ventil; h–i–k Ringleitung mit Zylinderschmieröl gefüllt; i Ausgleichgefäß; l Fülleitung; m Absperrventil; n Leitungen zum Auffüllen der Schmierpressen; o Leitungen zu den Servomotoren der Schmierpressen; p Druckleitungen; e_3 Leitung zum Schaltkasten Q (Bild 155)

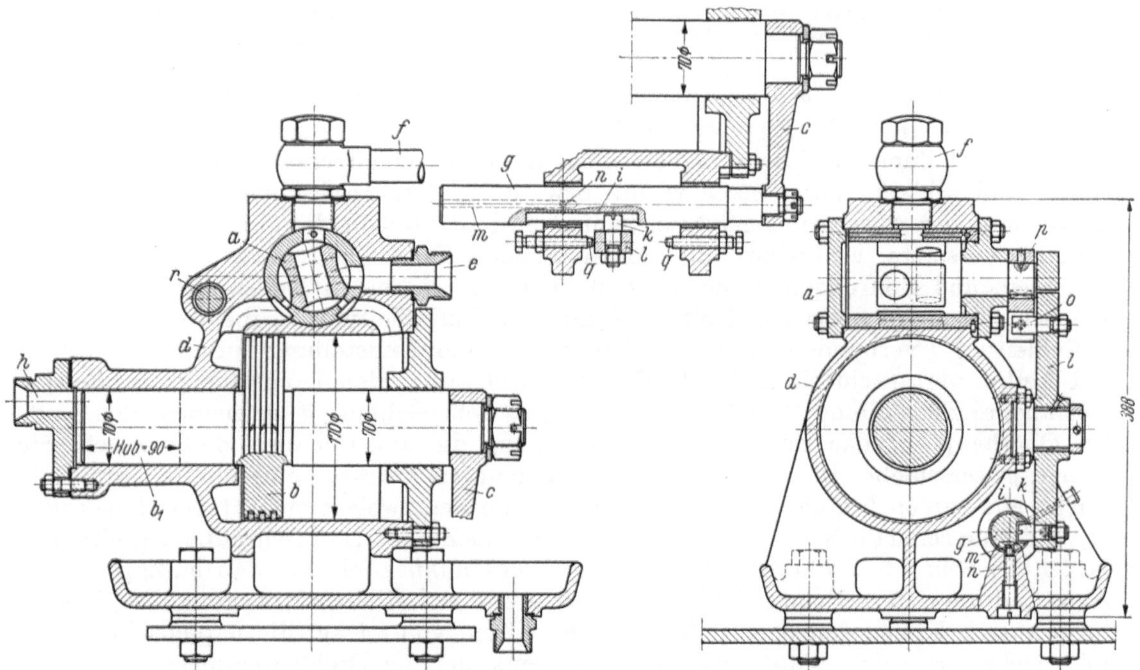

Bild 150. Kolbenmotor zum Antrieb der Schmierpressen

d, e, f, h wie Bild 149; a Drehschieber; b Antriebskolben; b_1 Tauchkolben; c Querhaupt; g Steuerstange; i, m Nuten in g; k, n, o Zapfenschrauben; l Steuerhebel; p Hebel auf a; q Schrauben für Hubbegrenzung; r Drehachse für Überwurfhebel (s in Bild 151) zum Schaltkasten Q (Bild 155). Der doppeltwirkende Kolben des Motors d ist mit einem Tauchkolben (b_1 in Bild 150 bis 152) verbunden, der das in der Ringleitung h, i, k befindliche Zylinderschmieröl abwechselnd unter Druck setzt — Bewegung des Tauchkolbens nach links — und die Ringleitung wieder entspannt — Bewegung nach rechts („links" bzw. „rechts" nach Bild 149 u. 150). Die Ringleitung h, k ist über zwei selbsttätige Ventile an einen Ausgleichbehälter i angeschlossen. Das obere der beiden Ventile gibt dem Öl nur den Weg in den Ausgleichbehälter frei, das untere nur den Weg aus dem Behälter, so daß der Kreislauf immer gleichmäßig gefüllt ist. Durch die Leitung l wird der Kreislauf h–i–k mit Zylinderschmieröl gefüllt, durch das Ventil m die Ringleitung gefüllt gehalten, und durch die Leitungen n das verbrauchte Schmieröl ersetzt.

Arbeitet der Kolbenmotor d, so entstehen in der Leitung h Druckschwankungen, welche durch die Abzweigungen o auf den Kolben je eines Servomotors wirken, der in die Schmierpressen eingebaut ist (Bild 153). Jede Schmierpresse enthält so viele einzelne Pumpenstempel, wie Schmierstellen angeschlossen sind. Von jedem Pumpenstempel führt eine Druckleitung p zu den Schmieranstichen b, c.

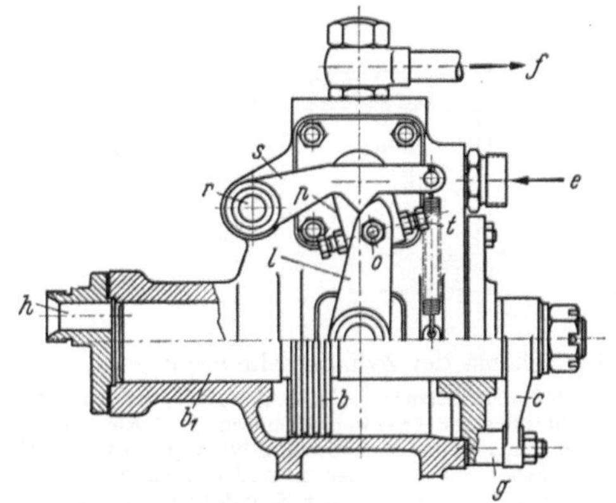

Bild 151. Kolbenmotor, Teilansicht von der Seite

r Drehachse für Überwurfhebel s; t Stellschrauben im Hebel p. Übrige Buchstaben wie Bild 150

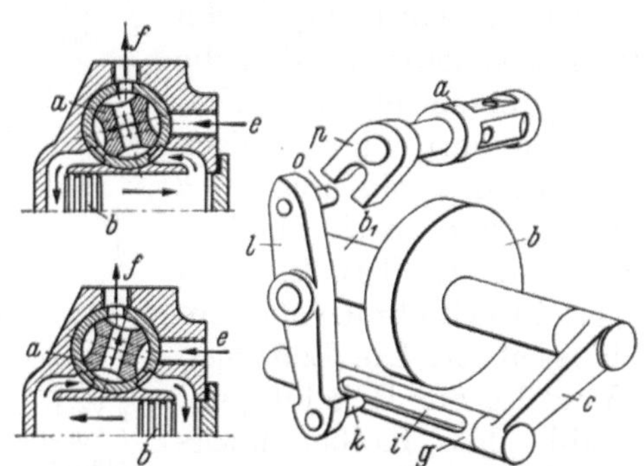

Bild 152. Triebwerk des Kolbenmotors und Endstellungen des Drehschiebers

Buchstaben wie Bild 150

Bauart und Steuerung des Kolbenmotors sind in Bild 150, 151 und 152 dargestellt. Das bei e (wie in Bild 149) von der Triebwerkschmierung kommende Drucköl wird je nach der Stellung des Drehschiebers a auf die linke oder rechte Seite des Kolbens b geleitet und schiebt diesen nach rechts bzw. links. Der Drehschieber ist an seinem Mantel mit vier Aussparungen versehen und enthält zwei in der Achsrichtung gegeneinander versetzte, senkrecht aufeinanderstehende Bohrungen (s. a. Bild 152); Aussparungen und Bohrungen liegen so, daß in der gezeichneten Endstellung des Drehschiebers die linke Seite des Kolbens b mit der Zuflußleitung e, die rechte mit der Abflußleitung f verbunden ist, während in der anderen Endstellung Zufluß zum Kolben und Abfluß vertauscht sind. Der Kolben legt selbsttätig den Drehschieber in die eine oder andere Endstellung; er trägt an seinem aus dem Gehäuse d herausragenden Ende das Querhaupt c, das mit der Kolbenbewegung die am Gehäuse gleitend geführte Stange g verschiebt. In diese sind zwei Längsnuten gefräst: eine breite Nut i, in welche ein Zapfen k greift, der am unteren Ende des zweiarmigen Hebels l befestigt ist, und eine schmale Nut m, in die der Zapfen der Zylinderkopfschraube n greift. Der Zapfen der Schraube n hält die Stange g so in ihrer Umfangsrichtung, daß der Zapfen k die obere und die untere Nutwand nicht berührt, wenn er bei einer Bewegung des Hebels l einen kurzen Kreisbogen beschreibt. Der obere Arm von l trägt die Zapfenschraube o, mit welcher er in den Schlitz des Hebels p greift, der die Drehbewegungen des Schiebers a bewirkt, wenn bei den Längsbewegungen der Stange g die halbzylindrischen Endflächen der Nut i gegen den Zapfen k stoßen. Dann wird der Hebel l jedesmal in seine eine oder andere Endstellung herumgeworfen, und zwar noch bevor der Kolben b

die eine oder andere Totlage erreicht hat. Der Drehschieber a vertauscht dann den
Zu- und Abfluß des treibenden Schmieröles zum bzw. vom Zylinder (Bild 152); der
Kolben b wird gebremst und beginnt seinen Rückhub, an dessen Ende sich das Spiel
im umgekehrten Sinn wiederholt. Die Endstellungen des Hebels l werden durch die
beiden Zapfenschrauben q (Bild 150) bestimmt; diese werden so eingestellt, daß in
den Endstellungen des Drehschiebers die Aussparungen und Bohrungen im Drehschieber den Zu- und Abfluß des Treiböles zum und vom Kolben b richtig steuern.
Jedesmal wenn der Hebel l in die eine oder andere Endlage umgestoßen wird, drückt
er mit der einen oder anderen seiner passend geformten oberen Flanken entgegen der
Spannung einer Zugfeder den in r drehbar gelagerten Überwurfhebel s zur Seite (Bild 151);
dieser fällt über die obere Kuppe von l und hält den Drehschieber in der neuen Stellung

fest, bis der Zapfen o ihn wieder um-
legt. Zwei in die Gabelzinken des
Hebels p eingesetzte, durch Gegenmuttern gesicherte Kopfschrauben t
ermöglichen eine Feineinstellung des
Drehschiebers unabhängig von der
Stellung des Hebels l.

Der Kolben b vollführt seine Hub-
bewegungen, solange der Zufluß von
Drucköl durch e anhält; er macht
bei Vollast etwa vier bis fünf Doppel-
hübe in der Minute. Seine Hubzahl
kann durch das in der Abflußleitung f
angebrachte Ventil g (Bild 149) geändert werden. Wird die Maschine
gestoppt, so bleibt auch der Kolbenmotor stehen, weil mit dem Umlegen
des Manövrierhebels in die Stop-
Stellung ein Steuerschieber (w in
Bild 155 u. 156) den Ölabfluß aus
dem Kolbenmotor sperrt. Der Kolben-

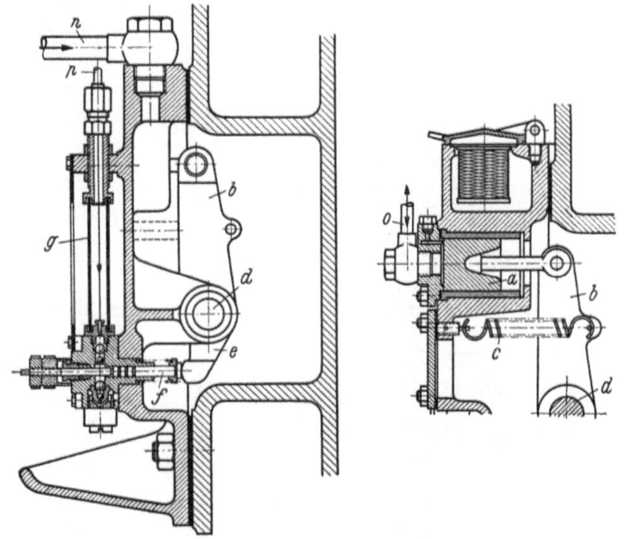

Bild 153. Zylinderschmierpresse

n, o, p wie Bild 149; a Servomotorkolben; b Hebel; c Zugfeder;
d Welle; e Antriebshebel der Pumpenstempel f; g Glasrohr

motor kann aber auch in der Stop-Stellung der Maschine weiter betrieben werden,
wenn sein Ölabfluß durch Öffnen eines Abflußventiles von Hand wiederhergestellt wird.

Da der Kolbenmotor rein hydraulisch betrieben wird, kann er an einer beliebigen Stelle
der Hauptmaschine angeordnet werden. Bei der hier beschriebenen Maschine ist er in einer
Nische des Spülluftständers nahe dem Bedienungsstand untergebracht (h in Bild 140).

Die vom Tauchkolben b_1 (Bild 150 bis 152) in den Zylinderschmierleitungen h, o
(Bild 149) hervorgerufenen Druckwellen bewegen den in den Schmierkasten eingebauten
Servomotorkolben a (Bild 153) nach rechts und drehen den Hebel b um einen kleinen
Winkel im Uhrzeigersinn. Hört der Überdruck in den Leitungen o auf, so zieht die
Feder c den Kolben wieder in seine linke Totlage. Die Welle d, um welche b seine Schwenkbewegung macht, trägt an ihrem unteren Ende ebenso viele einzelne Hebel e, wie Schmier-
elemente in einem Kasten zusammengebaut sind. Gegen die Hebel e legen sich unter
Federdruck die Pumpenstempel f, die das Zylinderschmieröl aus dem Kasten ansaugen
und durch Glasrohre g in die Leitungen p drücken, die zu den Schmieranstichen (b, c
in Bild 149) in den Zylinderbuchsen führen. Durch die Leitungen n werden die Schmierkästen nachgefüllt. In Bild 153 ist der Schmierkasten als Nische im Ständer der Arbeitszylinder ausgebildet (s. a. Bild 144); er wird auch getrennt als Kasten ausgeführt.
Da die Pumpenstempel hydraulisch, nicht mechanisch angetrieben werden, können die
Schmierkästen am Motor angebracht werden, wie es die bequeme Führung der Schmierleitungen erfordert. Bei der hier beschriebenen Maschine sind sie auf der Auspuffseite
unterhalb der Auspuffleitung angeordnet.

Ein *Schmierelement* ist in Bild 154 in größerem Maßstab gezeichnet. Der Pumpenstempel f ist im Durchmesser abgesetzt; die dadurch entstehende Ringfläche ist die wirksame Kolbenfläche. Wird der Stempel durch den Hebel e nach links gedrückt, so wird das Schmieröl, das bei der (durch die Schraubenfeder h bewirkten) Rechtsbewegung

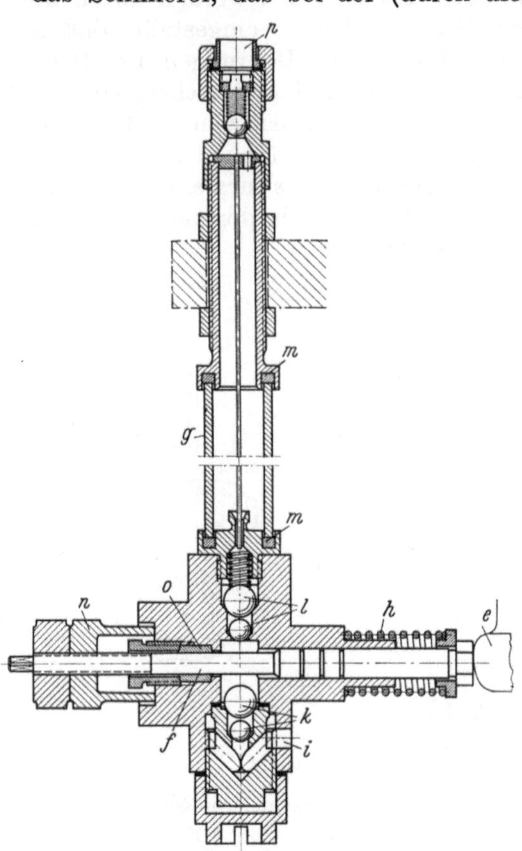

von f durch die Bohrung i und die Saugventile k angesaugt worden war, durch die Kugelventile l in das starkwandige Glasrohr g gedrückt, das mit Salzwasser gefüllt ist. In diesem steigt das Öl an einem Draht in Tropfenform aufwärts, um durch ein zweites Rückschlagventil in die zur Zylinderbuchse führende Leitung p gedrückt zu werden. Das Glasrohr, durch Weichpackungen m aus Aluminium in seinen Verschraubungen abgedichtet, ermöglicht jederzeit eine Kontrolle der Schmierung auch in bezug auf die Menge, für welche die Zahl der minutlich aufsteigenden Tropfen ein Maß ist. Um diese zu verändern, schraubt man den an seinem Ende mit Gewinde und Vierkant versehenen Pumpenstempel tiefer oder weniger tief in die (durch Gegenmutter gesicherte) Stellmutter n, die sich mit dem Pumpenstempel bewegt und deren Kragenrand sich auf das Pumpengehäuse stützt, wenn der Hebel e den vollen Saughub freigegeben hat. Der Hub kann verstellt werden, ohne daß man die Schmierpresse stillzusetzen braucht. Diese fördert ihre größte Menge, wenn Hebel e und Stempel f dauernd in Berührung bleiben. Schraubt man f weiter aus n heraus, so trennen sich e und f gegen Ende des Saughubes voneinander, weil die Stellmutter n sich mit ihrem Kragen gegen das Pumpengehäuse legt, wodurch f gehindert wird, e zu folgen. Der Stempel f kann während des Betriebes auch von Hand bewegt werden, wobei man nur die Kraft

Bild 154. Schmierelement

e, f, g, p wie Bild 153; h Schraubenfeder; i Öleintritt aus dem Schmierkasten; k Saugventile; l Druckventile; m Dichtungsringe; n Stellmutter; o Stopfbuchse

der Feder h und die Reibung in der Stopfbuchse o, deren Packung aus getalgter Baumwollschnur besteht, zu überwinden hat.

Die *Anfahr- und Umsteuervorrichtung* der *FIAT*-Motoren ist in Bild 155 schematisch dargestellt; die Abbildungen 156 bis 166 zeigen die konstruktive Durchbildung der

Legende zu Bild 155. A Anfahrluftbehälter (30 kg/cm²); B Hauptanfahrventil; C Sperrventil an der Drehvorrichtung; D Sperrventil des Anfahrluftverteilers D_1; E Steuerluftflasche (10 kg/cm²); F Sperrventil der Steuerluft; G Ölsperrventil der Wechselkupplung K; H Luftverteiler am Regler J; L Servomotoren der Brennstoffpumpen M; N Brennstoffsperrventil; O Brennstoffverteiler; P Sperrventil am Schaltkasten Q; R Servomotor der Anfahrluftsteuernocken; S Anfahrventil; T Anfahrluftsteuerventil; a Druckspindel des Hauptanfahrventils B; b, c Steuerluftleitungen zum Hauptanfahrventil; d Leitung vom Anfahrluftbehälter zum Hauptanfahrventil; e Leitung zum Sperrventil D des Anfahrluftverteilers und zur Steuerluftflasche E; f Luftfilter; g Reduzierventil; h Drosselventil; i Absperrventil an E; k Anfahr- und Umsteuerhebel; l Steuerluftleitung von E nach F; m Steuerluftleitung nach G und H; n Steuerkolben im Luftverteiler H; o Steuerluftleitungen zu den Servomotoren L; p Brennstoffzuleitung zum Sperrventil N; q Brennstoffleitung von N zum Verteiler O; r Windkessel; s Druckleitung von der Flasche E zum Windkessel r; t Nockensegment; u Hebel mit Rolle; v Steuerluftleitung zum Ventil P; w Steuerschieber in Q; x Steuerluftleitung von Q zum Servomotor R; y Anfahrluftsteuernocken; z Entlüftungsleitung des Servomotors R beim Umsteuern von Voraus auf Zurück (Steuerluftleitung bei umgekehrter Drehrichtung); a_1 Steuerluftleitung zum Sperrventil D; b_1 Anfahrluftleitung zu den Anfahrventilen S; c_1 Steuerluftleitung zum Steuerventil T; d_1 Steuerluftleitung zum Anfahrventil S; e_1 Brennstoffnocken; f_1 Winkelhebel; g_1 Stange; h_1 Nockenscheibe; i_1 Steuerluftleitung zum Ölsperrventil G; u_1 Gabelhebel; w_1 Schlepphebel; z_1 Antriebsstangen der Überströmventile der Brennstoffpumpen M; a_2 Welle zum Öffnen bzw. Schließen der Überströmventile; c_2 Kurvenscheibe an K; f_2 Handrad für Brennstoffregelung; g_2 Schnecke; h_2 Schneckenradsegment; i_2 Brennstoffregelwelle; k_2 Gestänge zum Verstellen der Exzenterwellen l_2; m_2 Zeiger; n_2-o_2-p_2 Gestänge zur Vergrößerung der Zeigerausschläge m_2; r_2 Reglerhebel; s_2 Steuerschieber; u_2 Steuerluftleitung am Luftverteiler H; v_2 Steuerluftleitung; z_2 Hohlwelle; c_3 Hebel; e_3 Leitung vom Kolbenmotor der Schmierpressen zum Schaltkasten Q

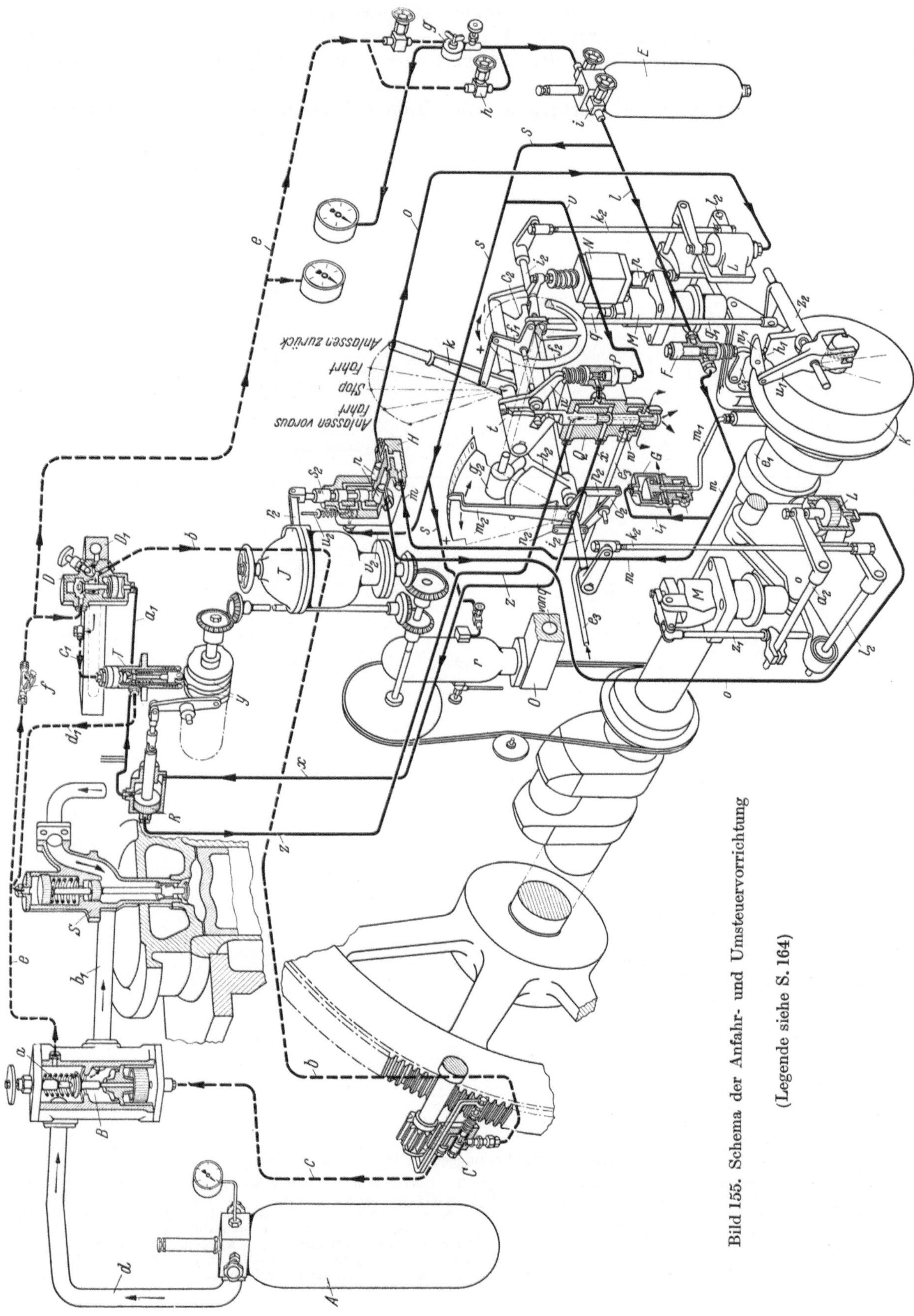

Bild 155. Schema der Anfahr- und Umsteuervorrichtung

(Legende siehe S. 164)

wichtigsten Einzelteile. Sie wirkt weitgehend selbsttätig; der Maschinist kann keine falschen Handgriffe ausführen. Er kann die Maschine nicht anfahren, wenn er vergessen haben sollte, das Ritzel der Drehvorrichtung aus der Verzahnung des Schwungrades auszurücken. Die Nockenwelle der Brennstoffpumpe liegt bei dieser Maschine in der Verlängerung der Kurbelwelle; die Brennstoffpumpen sind, in zwei Gruppen

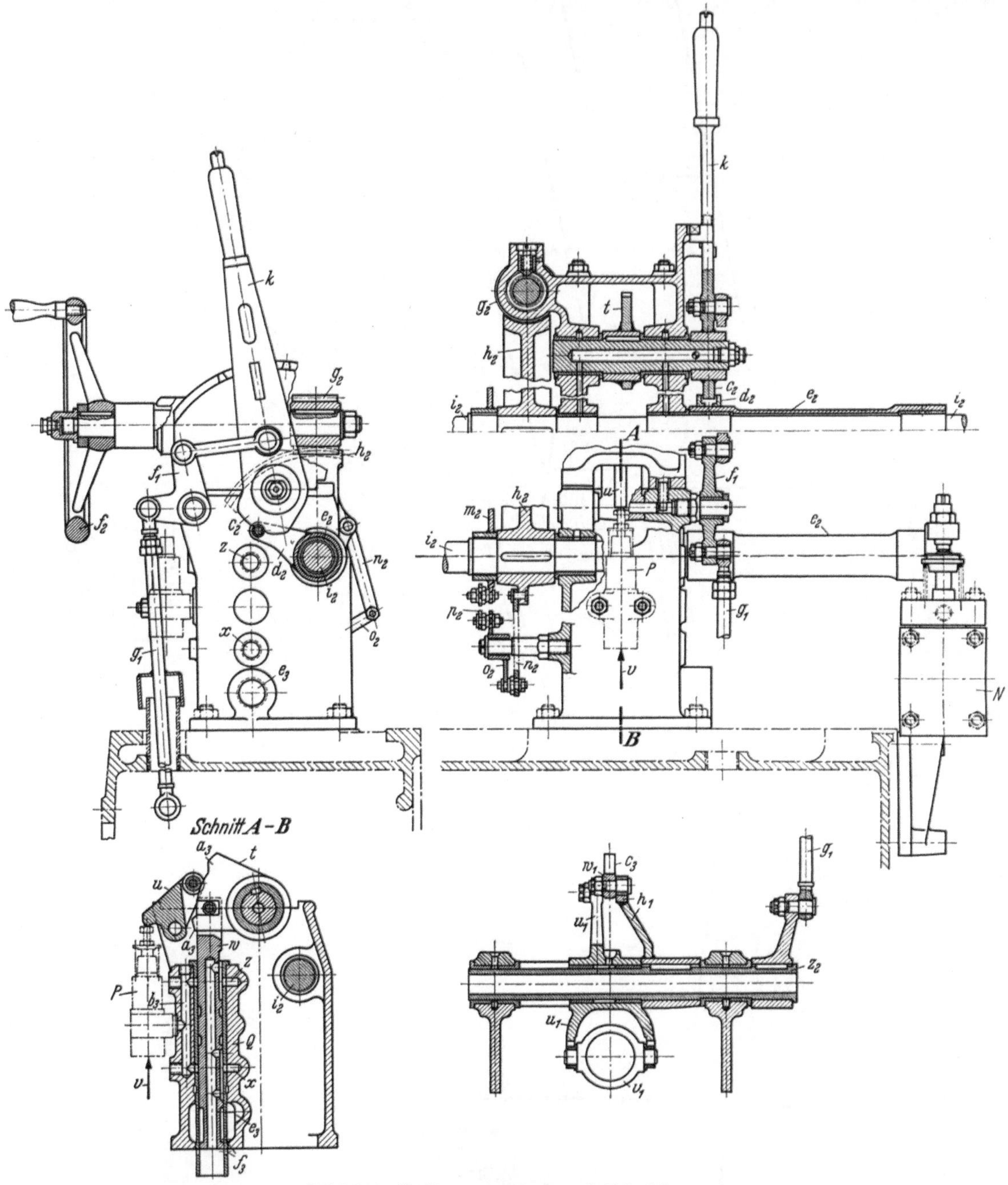

Bild 156. Bedienungsstand und Schaltkasten

N Brennstoffsperrventil; P Sperrventil am Schaltkasten Q; k Anfahr- und Umsteuerhebel; t Nockensegment; u Winkelhebel mit Rolle; v Steuerluftleitung zum Sperrventil P; w Steuerschieber; x, z Anschlüsse zum Servomotor R (Bild 155) der Anfahrluftsteuernocken; f_1 Winkelhebel; g_1 Stange; h_1 Nockenscheibe; u_1 Winkelhebel; v_1 Gleitring; w_1 Schlepphebel; c_2 Kurvenscheibe; d_2 Hebel mit Rolle; e_2 Hohlwelle; f_2 Handrad für Brennstoffregelung; g_2 Schnecke; h_2 Schneckenradsegment; i_2 Brennstoffregelwelle; m_2 Zeiger für Brennstoffeinstellung; n_2-o_2-p_2 Gestänge zur Vergrößerung der Zeigerausschläge; z_2 Hohlwelle; a_3 Nocken auf t; b_3 Bohrung in Q; c_3 Hebel; e_3 Anschluß der Abflußleitung vom Kolbenmotor der Schmierpressen; f_3 Bohrungen für Ölabfluß

unterteilt, zu beiden Seiten der Nockenwelle angeordnet. Getrennte Brennstoffnocken
für Vor- und Rückwärtsnocken sind nicht vorgesehen; die An- und Ablaufflanken
der Nocken sind symmetrisch zur Nockenmitte ausgebildet. Die Nockenwelle muß
daher, wenn umgesteuert werden soll, um den doppelten Voreinspritzwinkel verdreht
werden. Dies wird durch eine Wechselkupplung erreicht, die sich selbsttätig in die neue
Fahrtrichtung legt und in dieser während der Fahrt durch Öldruck festgehalten wird.
Ihre Kupplungshälften können sich nur dann gegeneinander drehen, wenn der Manövrierhebel in eine andere Fahrtrichtung gelegt wird. Sie liegt stets in einer ihrer Endstellungen. Die Anfahrventile in den Zylinderdeckeln werden durch Druckluft geöffnet
und durch Steuerventile betätigt, die durch Nocken bewegt werden. Hier sind getrennte
Steuernocken für Voraus und Zurück vorgesehen. Die Steuernockenwelle wird durch
Kettenräder, Kette, zwei Kegelradpaare und eine senkrechte Welle mit der gleichen
Drehzahl wie die Kurbelwelle angetrieben. Die Anfahrsteuernocken aller Zylinder sind
zu einem Bündel zusammengefaßt, das auf der Nockenwelle durch einen Servomotor
axial verschoben wird, wenn umgesteuert werden soll. Die Nockenwelle kann, solange
beim Anfahren Druckluft gegeben wird, stets nur in einer ihrer beiden Endstellungen
stehen. Während der Fahrt sind die Rollenführungen der Anfahrsteuerventile von
ihren Nocken abgehoben. Solange die Maschine läuft, steht sie unter der Herrschaft
des Sicherheitsreglers, der bei Überschreitung der normalen Drehzahl zunächst die
eine Brennstoffpumpengruppe, und wenn dies die Drehzahl noch nicht weit genug erniedrigt, auch die zweite Gruppe abschaltet, bis sich die Drehzahl hinreichend weit gesenkt hat. In der Stop-Stellung sind die Brennstoffpumpen von der Brennstoffzuflußleitung abgeschnitten.

Wie diese Steuerbewegungen zustande kommen und zusammenwirken, erläutert der
Plan Bild 155. Die Hauptteile sind mit großen, Einzelteile und Leitungen mit kleinen
Buchstaben bezeichnet. Die Bezeichnungen wiederholen sich mit gleicher Bedeutung in
den Teilbildern 156 bis 166. Zwei Druckluftkreisläufe sind vorhanden: die stark gestrichelten Leitungen führen Luft von dem Druck, der im Anfahrluftbehälter A herrscht
(max. 30 kg/cm²); die stark ausgezogenen Linien bedeuten Steuerluftleitungen, in
denen der Druck konstant auf 10 kg/cm² gehalten wird. Bei großen Anlagen, wie der
hier besprochenen, wird der Anlaßluftvorrat nicht in Flaschen, sondern in genieteten
oder geschweißten Kesseln aufbewahrt, deren Inhalt bei Schiffsmaschinen von den
Klassifikationsgesellschaften vorgeschrieben ist.

Das Klarmachen der Maschine zum Anfahren beginnt mit der Entsicherung des
Hauptanfahrventils B. Die Druckspindel a wird hochgeschraubt; das druckluftgesteuerte
Ventil bleibt aber zunächst geschlossen. Darauf wird das Sperrventil C (s. a. Bild 163)
an der Drehvorrichtung durch Herausschieben des Ritzels aus der Verzahnung des
Schwungkranzes geöffnet, falls die Drehvorrichtung vorher benutzt worden war. Nur
nach Ausrücken des Ritzels besteht Verbindung zwischen den Steuerluftleitungen b
und c; nur dann kann B öffnen und die Maschine angefahren werden. Wird jetzt das
Hauptabsperrventil am Behälter A geöffnet, so strömt Druckluft durch die Leitung d
zum Hauptanfahrventil und durch dessen oberen Raum (der untere bleibt zunächst
abgesperrt), durch Leitung e und ein Gazefilter f zum Sperrventil D des Anfahrluftverteilers (s. a. Bild 164) und durch eine Zweigleitung zur Steuerluftflasche E, in welcher ein Reduzierventil g den Luftdruck konstant auf 10 kg/cm² hält. Durch eine Um-
gehungsleitung mit Absperrventil kann g kurzgeschlossen und der Luftdruck durch das
Ventil h von Hand auf 10 atü gedrosselt werden.

Vor dem Anfahren wird Ventil i an der Flasche E geöffnet; dann springt die Maschine noch nicht an, solange der Anfahrhebel k in der Stop-Stellung steht. Aber die
Steuerluft (10 atü) kann nunmehr durch die Leitung l zum Sperrventil F der Sicher-
heitsvorrichtung strömen, das in der Stop- und Anfahrstellung geöffnet ist (s. a. Bild 158
u. 160), und von diesem in die Leitung m, die zum Ölsperrventil G der Wechselkupplung und zum Luftverteiler H am Regler J führt. Im Gehäuse G verstellt die Druckluft

den Ventilkörper so, daß das in der Wechselkupplung K befindliche Öl frei abfließen kann und die Drehung des beweglichen Kupplungsteiles nicht hindert (s. a. Bild 158 u. 159); im Luftverteiler H verschiebt die Steuerluft zwei bewegliche Kolben n so, daß die Steuerluft Zutritt zu den beiden Leitungen o erhält (s. a. Bild 166). Diese führen zu den Servomotoren L an den Brennstoffpumpen M; sie heben die Überströmventile der Brennstoffpumpen an (s. a. Bild 162), und es wird kein Brennstoff gefördert, solange Druckluft in den Leitungen o steht.

Die beschriebenen Vorgänge werden nur durch Öffnen der Absperrventile am Anfahrluftbehälter A und an der Steuerluftflasche E eingeleitet; die Maschine läuft noch nicht. Soll angefahren werden, z. B. in der Rückwärtsrichtung, so wird der Manövrierhebel k aus der Stop- in die Anlaßstellung „Zurück" gelegt. Mit dieser Bewegung öffnet der Maschinist durch mechanische Übertragung das Brennstoffsperrventil N (Bild 156 u. 157), dem der Brennstoff durch das Rohr p zugeleitet wird. Jetzt kann Brennstoff durch das Rohr q (Bild 155; s. a. Bild 157) zum Brennstoffverteiler O fließen, von dem die Leitungen zu den einzelnen Pumpen abzweigen (s. a. Bild 162). Die elektrisch betriebene Brennstoffzubringerpumpe hält den Druck in der Brennstoffzuflußleitung auf etwa 5 kg/cm² Üb., bei schwerem Öl auf 8 bis 10 kg/cm². An den Verteilerleisten O (eine für jede Brennstoffpumpengruppe) ist je ein Windkessel r angebracht, der die Druckschwankungen in der Brennstoffzuleitung ausgleicht. Er wird durch die von E kommende Leitung s ständig unter dem Druck von 5 bzw. 10 kg/cm² Üb. gehalten. In jeder der beiden Anlaßstellungen des Manövrierhebels k ist das Brennstoffsperrventil N geöffnet (s. a. Bild 156), und der Brennstoff kann über die Verteiler O zu den beiden Pumpengruppen M gelangen, aber es wird, auch wenn die Maschine die ersten Umdrehungen mit Druckluft macht, kein Brennstoff gefördert, solange der Umsteuervorgang noch nicht beendet ist.

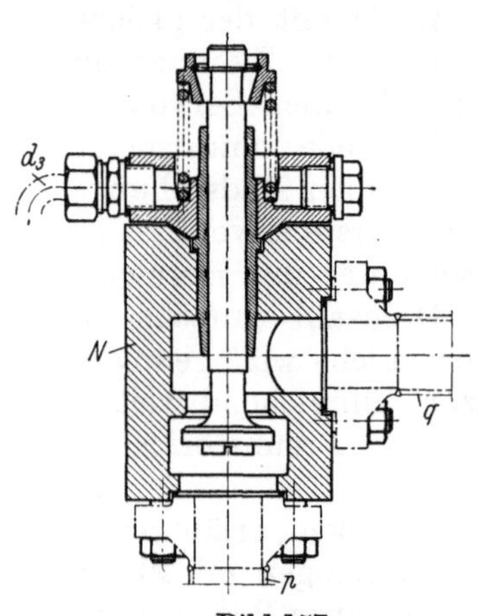

Bild 157
Brennstoffsperrventil N

p Brennstoffzuleitung; q Brennstoffleitung zum Verteiler O (Bild 155); d_3 Abfluß für Leckbrennstoff

Durch das Umlegen des Manövrierhebels k in die Anlaßstellung wird durch ein Nockensegment t und den Hebel u (mit Rolle) das Sperrventil am Schaltkasten Q geöffnet; die konstruktive Durchbildung ist in Bild 156 gezeigt. Die Steuerluft (10 kg/cm²) kann nunmehr aus der Flasche E durch die Zweigleitung v über Ventil P in den Schaltkasten Q eintreten. Der in diesem geführte Steuerschieber w ist durch die Winkelbewegung des Segmentes t so nach unten verschoben worden, daß der Steuerluft der Weg durch die Leitung x zum Servomotor R der Steuernocken y (Bild 155) freigegeben wird. Im Zylinder des Servomotors verschiebt die Steuerluft den Kolben aus der rechten Endstellung, die er bei Vorwärtsfahrt einnimmt, in die linke; während der Verschiebung ist die linke Kolbenseite durch die Leitung z und durch Bohrungen im Steuerschieber w mit der Atmosphäre verbunden. Durch die Bewegung des Kolbens werden über einen Hebel mit Kupplungsklaue alle Anfahrluftsteuernocken y auf ihrer Welle in die Zurück-Stellung verschoben. Sobald der Kolben in R seine Endstellung (in diesem Fall die linke) erreicht hat, gibt er der durch x zugeführten Steuerluft den Weg in die Leitung a_1 frei, die zum Sperrventil D des Anfahrluftverteilers D_1 führt (s. a. Bild 164). Der in D befindliche Kolben wird angehoben und der Ventilsitz geöffnet, so daß der über dem Ventil stehenden Anfahrluft (30 kg/cm²), die durch e zugeführt wurde, nunmehr zwei Wege freigegeben werden: der eine führt durch die Leitung b über das Sperrventil C der Drehvorrichtung und durch Leitung c zum Hauptanfahrventil B, dessen Steuerkolben angehoben wird, so daß nunmehr die vor B stehende Anfahrluft durch die Leitung b_1 zu den Anfahrventilen S in den Zylinderdeckeln gelangen kann. Der zweite Weg gibt der 30 atü-Luft den Zutritt zum Anfahrluftverteiler D_1 frei, an den alle Anfahrluftsteuerventile T durch Leitungen c_1 angeschlossen sind. Sobald die Rolle eines Steuerventils über ihren Nocken läuft, hebt die Rollenführung den Kegel des Steuerventils an, und die Leitungen c_1 und d_1 sind miteinander verbunden, so daß die Luft in den Steuerzylinder des betreffenden Anfahrventils S gelangt und dieses öffnet. Da von den Steuernocken y immer wenigstens einer so steht, daß er das zugehörige Ventil T öffnet, so wird immer wenigstens ein Anfahrventil S geöffnet, so daß die Maschine in jeder Kurbelstellung anspringt.

Während sie sich in Bewegung setzt und bevor noch der Manövrierhebel k aus der Anlaß- in die Fahrtstellung gelegt wird (also bevor die Brennstoffpumpen eingeschaltet werden), dreht die Wechselkupplung K die Hohlwelle (s. a. e_1 in Bild 158), welche die Brennstoffnocken e_1 trägt, gegenüber der in ihr geführten Mitnehmerwelle (n_1 in Bild 158), die mit der Kurbelwelle starr verbunden ist, so, daß die Brennstoffnocken die für die Rückwärtsfahrt richtige Stellung erhalten. Infolge der Änderung des Drehsinns der Kurbelwelle drehen sich die Kupplungsstücke (n_1 in Bild 159) an die Kupplungsstücke (e_1 in Bild 159) der Nockenwelle heran. Durch diese Bewegung wird das in den Ölkammern (g_3 in Bild 159) befindliche Öl herausgedrückt und der Anschlag der beiden Kupplungshälften gedämpft. Solange der Manövrierhebel k in der Stop-Stellung steht, hält er durch den Winkelhebel f_1, die Stange g_1 und den Nocken h_1 (Bild 155; s. a. Bild 156 u. 158) das Sperrventil F offen, und die Steuerluft (10 kg/cm²) kann aus der Flasche E nicht nur durch m zum Luftverteiler H strömen, sondern auch durch die Zweigleitung i_1 zum Ölsperrventil G. Der in diesem befindliche Steuerkolben (k_1 in Bild 158) wird niedergedrückt, und das Ventil G sperrt den Zutritt von Drucköl aus der Leitung l_1 ab und ermöglicht zugleich dem aus den Ölkammern der Wechselkupplung während des Umsteuervorganges austretenden Öl durch die Leitung m_1 (Bild 158; s. a. Bild 155) und durch ein System von Radial- und Axialbohrungen (Pfeile in Bild 158) den Abfluß in das nach außen öldicht abgeschlossene Gehäuse. Die Relativbewegung der beiden Kupplungshälften der Wechselkupplung K wird somit durch das Öl nicht behindert.

Diese Relativbewegung, die sogleich eintritt, sobald die Kurbelwelle sich (unter Druckluft) in der neuen Drehrichtung in Bewegung setzt, wird dazu benutzt, das Sperrventil F (Bild 155), das der Manövrierhebel k geöffnet hatte, alsbald wieder zu schließen, wie an Hand von Bild 158 verfolgt werden kann. Die in der hohlen Nockenwelle e_1 (s. a. Bild 155) geführte Mitnehmerwelle n_1 ist mit der Kurbelwelle starr verbunden; sie dreht sich beim Anfahren gegenüber der noch stillstehenden Nockenwelle um den Winkel, den die Flanken der Kupplungshälften freigeben (s. a. Bild 159). An n_1 ist der Wellenstummel o_1 angeflanscht; mit dem Flansch der Nockenwelle e_1 ist das Kupplungsgehäuse p_1 verschraubt. Bei der Drehung von n_1 nimmt die in o_1 eingelassene Paßfeder q_1 die Gleithülse r_1 mit, die sich in axialer Richtung auf o_1 verschieben kann. Die Gleithülse ist mit zwei Schraubennuten s_1 versehen, in welche je ein Zapfen t_1 greift (s. a. Bild 160). Die Zapfen sind in ein Ringstück eingesetzt, das mit p_1 verschraubt ist. Bei der Relativbewegung der Kupplungshälften verschieben die Zapfen die Gleithülse r_1 in axialer Richtung (in Bild 158 von links nach rechts). Dadurch erhält der Winkelhebel u_1, der mit seiner unteren Gabel am Gleitring v_1 angreift (s. a. Bild 155), eine Drehung entgegen dem Uhrzeigersinn; er verschiebt den Schlepphebel w_1 so, daß das Sperrventil F schließt. Dadurch wird der Zutritt der Steuerluft zum Ölsperrventil G (Bild 155 u. 158) abgeschnitten; der Steuerkolben k_1 in G hebt sich unter Federdruck, und das durch l_1 (Bild 158) zutretende Drucköl kann nunmehr durch die Leitung m_1 und durch die mit m_1 in Verbindung stehenden Axial- und Radialbohrungen in der Mitnehmerwelle n_1 in die Ölkammern der Wechselkupplung K treten, wo es die Kupplungshälften in der neuen Drehrichtung kraftschlüssig zusammenhält. Dieser Zustand bleibt erhalten, solange die Maschine ihre Drehrichtung beibehält. Durch das Schließen des Sperrventils F wird auch der Zutritt der Steuerluft durch Leitung m (Bild 155) zum Luftverteiler H unterbunden; die beiden von H zu den Servomotoren L der Brennstoffpumpen führenden Steuerluftleitungen o sind druckentlastet, da der im Gehäuse des Sperrventils F geführte

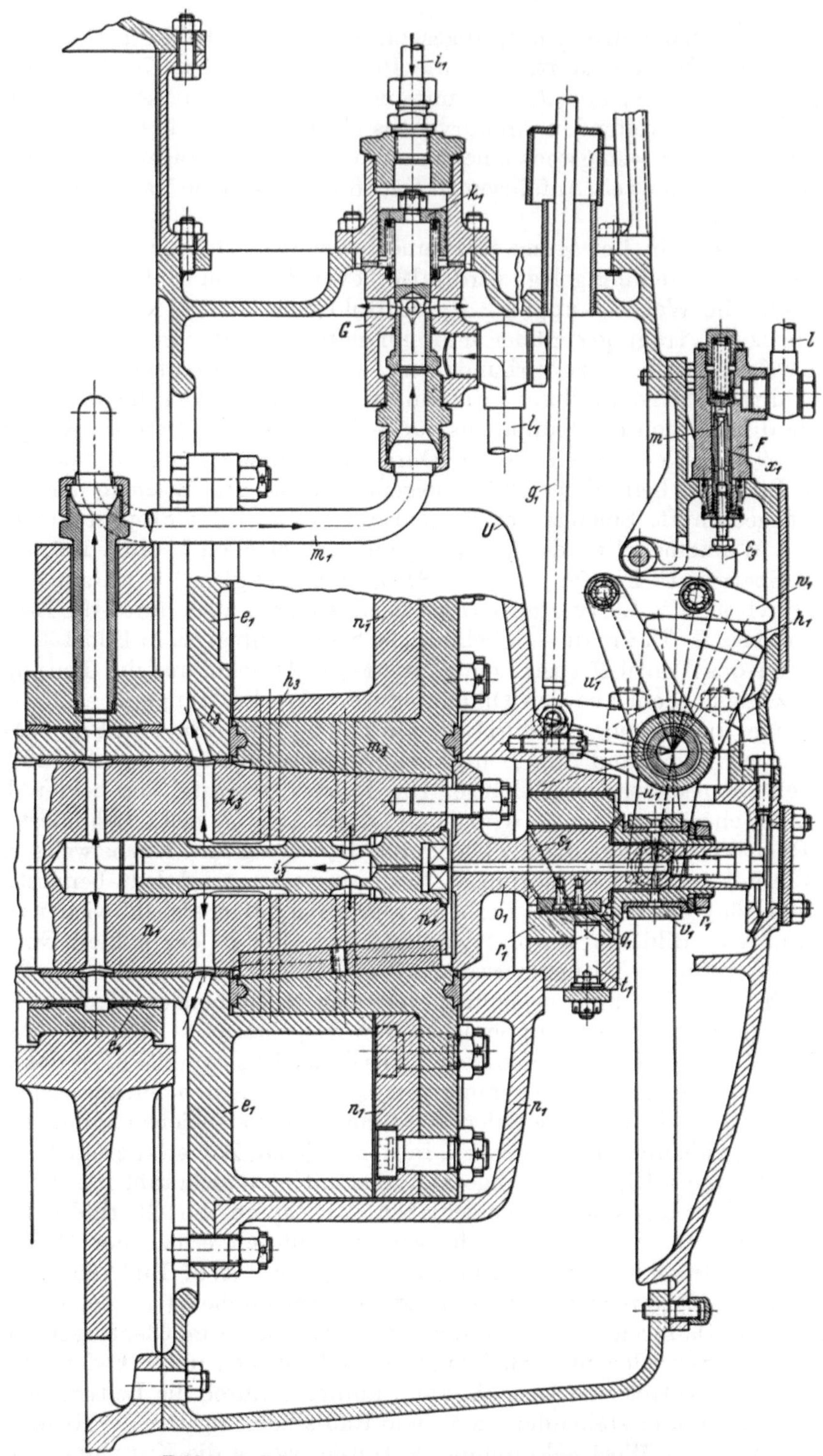

Bild 158. Schnitt durch die Umsteuervorrichtung

F Sperrventil der Steuerluft; G Ölsperrventil; U Wechselkupplung; l Steuerluftleitung von der Flasche E (Bild 155); m Stenerluftleitung nach G und H (Bild 155); e_1 Brennstoffnockenwelle mit zugehörigem Kupplungsteil; g_1 Stange; h_1 Nockenscheibe; i_1 Steuerluftleitung nach G; k_1 Steuerkolben in G; l_1 Druckölleitung nach G; m_1 Druckölleitung von und zu den Ölkammern der Wechselkupplung; n_1 Mitnehmerwelle und Mitnehmer (mit der Kurbelwelle verbunden); o_1 Wellenstummel; p_1 Kupplungsgehäuse (mit e_1 verbunden); q_1 Paßfeder; r_1 Gleithülse; s_1 Schraubennuten; t_1 Zapfen; u_1 Gabelhebel; v_1 Gleitring; w_1 Schlepphebel; x_1 Stößel im Sperrventil F; c_2 Hebel; h_2 Bohrung für Ölabfluß aus dem Mitnehmer n_1; i_2 Einsatzstück; k_2, l_2 Bohrungen für Ölabfluß

hohlgebohrte Stößel x_1 (Bild 158) sich so weit gesenkt hat, daß er sich von dem darüberliegenden Ventilkegel abhebt und die Verbindung der Leitung m mit der Atmosphäre herstellt. Die Druckfedern y_1 (Bild 162) an den Stoßstangen z_1 (Bild 162 u. 155) drehen die Welle a_2 so, daß die Kolben der Servomotoren L sich senken und die Überströmventile der Brennstoffpumpen schließen können. Die Brennstofförderung wird somit erst dann freigegeben, wenn die Wechselkupplung in der Stellung steht, die der befohlenen Fahrtrichtung entspricht.

Wird jetzt der Manövrierhebel k auf „Fahrt" gestellt, so schließt sich mechanisch über das Nockensegment t und den Winkelhebel u (s. a. Bild 156) das Sperrventil P am Schaltkasten Q (Bild 155). Damit ist der gesamte Steuerluftkreis (10 kg/cm²) von Q über den Servomotor R bis zum Sperrventil D des Anfahrluftverteilers unterbrochen. Die Bohrungen im Steuerschieber w des Schaltkastens Q entlüften die Leitungen x, z und a_1 (s. a. Bild 156). Das Sperrventil D schließt sich unter Federdruck (Bild 164); die an D angeschlossene, zum Sperrventil C der Drehvorrichtung führende Leitung b und die weiter zum Hauptanfahrventil B führende Leitung c (Bild 155) entlüften sich selbsttätig durch mehrere Radialbohrungen im Ventilkegel (b_2 in Bild 164), und das Hauptanfahrventil B (Bild 155) schließt unter Federdruck, so daß die Verbindung zwischen dem Anfahrluftbehälter A und den Anfahrventilen S unterbrochen ist. Da auch der Anfahrluftverteiler D_1 (Bild 155 u. 164) unterhalb des Ventilkegels (b_2 in Bild 164) angeschlossen ist, entlüften sich auch alle an D_1 angeschlossenen Leitungen c_1 (Bild 155), die zu den Anfahrluftsteuerventilen T führen, so daß nicht nur die Anfahrluft, sondern auch die Anfahrsteuerluft völlig abgeschaltet ist.

Mit der Bewegung aus der Stop-Stellung hat der Manövrierhebel k (Bild 155 u. 156) durch die mit seiner Nabe verbundene Kurvenscheibe c_2 den Hebel d_2 (Bild 156) und die Hohlwelle e_2 das Brennstoffsperrventil N aufgedrückt, so daß nunmehr die Arbeitszylinder Brennstoff erhalten, sobald die Wechselkupplung in einer Endstellung steht. Von jetzt an regelt der Maschinist die eingespritzte Brennstoffmenge und damit die Leistung nur durch Drehen am Handrad f_2 (Bild 155 u. 156), auf dessen Welle die Schnecke g_2 aufgekeilt ist, die mit dem Schneckenradsegment h_2 kämmt. Dessen Welle i_2, die sich über die ganze Breite des Steuerstandes erstreckt, verstellt durch an ihren Enden aufgekeilte Hebel und durch Stangen k_2 (Bild 155) die Exzenterwellen l_2 der Brennstoffpumpen, so daß deren Überströmventile früher oder später geöffnet werden. Ein Zeiger m_2 mit Skala ermöglicht dem Maschinisten, die eingestellte Brennstoffmenge, d. h. die Leistung abzulesen. Da die Welle i_2 nur kleine Winkelbewegungen macht, ist der Zeiger m_2 mit ihr nicht fest, sondern über das Gestänge n_2–o_2–p_2 verbunden, das die Ausschläge des Zeigers vergrößert (s. a. Bild 156).

Solange die Maschine läuft, steht sie unter der Kontrolle des Reglers J (Bild 155), der aber erst eingreift, wenn die normale Drehzahl, etwa durch Höhertauchen des Propellers im Seegang, überschritten wird. Der Regler wird durch Kette, Kettenräder und Kegelräder von der Kurbelwelle angetrieben (Bild 155); eine elastische Kupplung (q_2 in Bild 165) verhindert die Übertragung von Drehschwingungen auf die Reglerspindel. Steigt die Drehzahl über das normale Maß, so heben die vier Schwunggewichte (Kugeln $1^1/_2''$ Dmr.) den federbelasteten Teller, und der Reglerhebel r_2 (Bild 155 u. 165) drückt den Steuerschieber s_2 durch eine Stange mit Kugelgelenk nach unten. Dabei nimmt der Steuerschieber den Hebel t_2 (Bild 165 u. 166) mit und drückt nach einem Hub von 9 mm das Ventil u_2 (Bild 155 u. 166) auf. Jetzt kann die Steuerluft aus der Flasche E (Bild 155) durch Leitung s und Zweigleitung v_2 an den Steuerschieber s_2 treten, der in einer mit Bohrungen versehenen Bronzebuchse gleitet (Bild 166). Zunächst verdecken die Bunde des Steuerschiebers noch die Bohrungen in der Buchse; wenn aber die Drehzahl weiter steigt und der Hub des Steuerschiebers auf 11,5 mm angewachsen ist, verbindet die obere Schiebermuschel die Leitung v_2 mit der oberen Bohrung w_2 im Steuerschiebergehäuse, und die Steuerluft verschiebt den einen der beiden (losen) Steuerkolben n (s. a. Bild 155) in Bild 166 nach links. Dadurch wird die Verbindung zwischen der Steuerluftleitung v_2 und der einen Leitung o hergestellt, die zu dem Servomotor L der einen Gruppe von Brennstoffpumpen führt (Bild 155). Der Steuerkolben in L wird angehoben und die Brennstoffpumpengruppe abgestellt. Genügt dies nicht, um die Drehzahl auf den normalen Betrag zu senken, so vergrößert der Regler den Abwärtshub des Steuerschiebers s_2, bis auch die untere Schiebermuschel die Leitung v_2 durch die beiden untersten Bohrungsreihen in der Bronzebuchse mit der unteren Bohrung x_2 verbindet (Bild 166). Jetzt wird auch der zweite Steuerkolben n so verschoben, daß die Steuerluft in die zweite Leitung o treten kann, und auch die zweite Brennstoffpumpengruppe wird abgestellt. Hat sich die Drehzahl genügend weit gesenkt, so zieht der Regler den Steuerschieber s_2 wieder nach oben; das Ventil u_2 schließt sich, die beiden Leitungen o werden nacheinander durch die Bohrungen y_2 (Bild 166) entlüftet, und zuerst wird die eine und darauf die andere Brennstoffpumpengruppe wieder eingeschaltet.

Bild 156 zeigt die konstruktive Durchbildung des *Bedienungsstandes*. k ist der Anfahr und Umsteuerhebel, f_2 das die Fördermenge der Brennstoffpumpe regelnde Handrad. Auf der Welle des Manövrierhebels k ist das Nockensegment t aufgekeilt, das bei einer Bewegung von k den Steuerschieber w im Schaltkasten Q verschiebt. Vor Q liegt das Sperrventil P, das an die Steuerluftleitung v angeschlossen ist. Beim Umlegen von k in die Anlaßstellung „Voraus" oder „Zurück" drücken die Nocken a_3 durch den Winkelhebel u (mit Rolle) das Sperrventil P auf, und die Steuerluft kann durch die Bohrung b_3 an den Steuerschieber w treten. Beim Anlassen in der Zurück-Richtung nimmt w seine tiefste Lage ein (wie in Bild 155 gezeichnet); die untere Schiebermuschel in w verbindet dann v mit dem Anschluß x, der zum Servomotor R der Anfahrluftsteuernocken (Bild 155) führt. Zugleich wird die Anschlußleitung z durch die axiale Bohrung in w entlüftet. Beim Anlassen in der Voraus-Richtung zieht das Segment t den Schieber w in seine höchste Lage, so daß v durch die obere Schiebermuschel mit dem Anschluß z verbunden ist, während die Leitung x sich selbsttätig entlüftet: der Servomotor R verschiebt die Anfahrluftsteuernocken in die Voraus-Richtung. — Beim Umlegen in eine der Anlaßstellungen hat der Manövrierhebel k durch den Winkelhebel f_1 und die Stange g_1 die Hohlwelle z_2 gedreht (Bild 156), auf welcher die Nockenscheibe h_1 aufgekeilt ist. Wie S. 169 beschrieben, drückt der Nocken h_1 (Bild 155 u. 156) durch den Schlepphebel w_1 (mit Rolle) und durch den einarmigen Hebel c_3 in der Stop-Stellung und während des Umsteuerns das Sperrventil F auf. Der Schlepphebel ist dem Winkelhebel u_1 angelenkt (Bild 155); Bild 156 (rechtes unteres Teilbild) zeigt, daß die mit Bronzebuchsen versehene Nabe von u_1 sich unabhängig von h_1 um die Hohlwelle z_2 drehen kann. u_1 wird durch den Gleitring v_1 gedreht, wenn sich beim Umsteuern die Kupplungsstücke in der Wechselkupplung K (Bild 155) gegeneinander drehen und die Gleithülse r_1 axial verschieben. Die Anordnung der Teile, die zum Einstellen der Brennstofförderung dienen, am Maschinistenstand ist ebenfalls aus Bild 156 zu erkennen; es sind das Handrad f_2, die Schnecke g_2, das Schneckenradsegment h_2 und die Welle i_2; wie diese auf die Brennstofförderung wirken, wurde zu Bild 155 beschrieben. Das Gestänge n_2-o_2-p_2, das den Ausschlag des Brennstoffzeigers m_2 vergrößert, ist in Bild 156 im Schnitt gezeichnet. Der zweiarmige Hebel o_2 dreht sich um einen in das Gehäuse eingesetzten Zapfen.

Bild 156 zeigt auch die Anordnung des Brennstoffsperrventils N am Bedienungsstand; in Bild 157 ist dieses Ventil im Schnitt gezeichnet. Da der durch das Rohr p zugeführte Brennstoff unter Überdruck (5 bis 10 kg/cm²) steht, ist das Gehäuse N als geschmiedeter Stahlkörper ausgebildet. Das Ventil schließt durch Federdruck; geöffnet wird es durch einen auf das Ende der Hohlwelle e_2 (Bild 156) gesetzten Hebel mit Druckschraube, sobald der Manövrierhebel k die Stop-Stellung verläßt. Dann drücken die Nocken der Kurvenscheibe c_2 (Bild 156) den Hebel d_2 nieder, und die Hohlwelle e_2 öffnet das Ventil N. Der Brennstoff kann nunmehr durch das Rohr q zum Verteiler O (Bild 155) fließen, von dem aus er den Brennstoffpumpen zugeleitet wird. Der durch die

Führung der Ventilspindel sickernde Brennstoff wird durch die Leitung d_3 in einen Sammelbehälter abgeführt.

In Bild 149 war die Anordnung des Kolbenmotors d zum Antrieb der Schmierpressen gezeigt worden. Die an die Abflußleitung f des Kolbenmotors angeschlossene Leitung e_3 erscheint in Bild 155 wieder und ist dort an den Schaltkasten Q angeschlossen; der Anschluß liegt nahe dem unteren Ende des Steuerschiebers w. In Bild 156 ist dieser in seiner Mittelstellung gezeichnet, die er bei Stillstand der Maschine einnimmt. Bei dieser Schieberstellung kann, wie aus Bild 156 ersichtlich, das durch e_3 vom Kolbenmotor kommende Schmieröl nicht abfließen; es wird gestaut, und der Kolbenmotor bleibt stehen, so daß die Zylinderschmierpressen nicht mehr arbeiten. In jeder anderen Stellung des Manövrierhebels k steht der Steuerschieber w so, daß das Schmieröl aus dem Raum e_3 (Bild 156) in das öldicht verschalte Gehäuse des Bedienungsstandes abfließen kann, sei es direkt (wenn der Schieber w aus seiner Mittellage nach oben verschoben ist), sei es durch die Bohrungen f_3, wenn er unterhalb seiner Mittellage steht. Wünscht man, daß die Zylinderschmierpressen auch während des Stillstandes der Maschine arbeiten, so kann dies dadurch erreicht werden, daß ein (nicht gezeichnetes) Dreiwegventil in der Leitung e_3 geöffnet wird. Dann arbeitet der Kolbenmotor der Schmierpressen, obwohl die Maschine steht.

Das Zusammenarbeiten der in Bild 158 dargestellten Teile der Anfahr- und Umsteuervorrichtung ist nach den zu Bild 155 gegebenen Erläuterungen verständlich. Das Bild ist der vertikale Längsmittelschnitt durch die Vorrichtung, der die verlängerte Kurbelwellenachse enthält; der Anlaß- und Umsteuerhebel, der die Stange g_1 auf und ab bewegt, steht auf „Anlassen Voraus" und hat die Nockenscheibe h_1, deren Stellung nur von g_1 abhängt, in ihre rechte Endlage geschwenkt. Die Nockenscheibe kann verschiedene Zwischenstellungen einnehmen (Anlassen Voraus, Fahrt Voraus, Stop, Fahrt Zurück, Anlassen Zurück), je nach der Rast, in welche der Maschinist den Manövrierhebel gelegt hat. Der Gabelhebel u_1 dagegen, an den der Schlepphebel w_1 angelenkt ist, liegt immer nur in seiner linken oder rechten Endstellung, da er durch die Gleithülse r_1 bewegt wird, die nur dann axial verschoben wird, wenn die Kupplungsstücke der Wechselkupplung U sich gegeneinander bewegen, d. h. wenn umgesteuert wird. In Bild 158 stehen die Nockenscheibe h_1 und der Schlepphebel w_1 so, daß sie den Stößel x_1 des Sperrventils F anheben, so daß sie der durch Rohr l von der Steuerluftflasche (E in Bild 155) kommenden Druckluft den Weg durch die Leitungen m und i_1 (Bild 158 u. 155) zum Ölsperrventil G freigibt. Die Steuerluft drückt den Kolben k_1 in G abwärts und schließt das Ölsperrventil. Dieses bleibt, durch das Sperrventil F gesteuert, während des Umsteuervorganges und in der Stop-Stellung geschlossen; das Drucköl, das von einer getrennt angetriebenen Pumpe in die Leitung l_1 gefördert wird, ist abgesperrt, und das (beim Umsteuern) aus den Ölkammern der Wechselkupplung verdrängte Öl kann frei in das Gehäuse abfließen. Die beiden Kupplungsstücke der Wechselkupplung können die relative Lage zueinander einnehmen, die der durch k eingestellte Drehsinn ihnen vorschreibt. Sobald der Manövrierhebel k in Richtung auf Fahrt Voraus umgelegt wird (Bild 158), senkt sich die Stange g_1, die Wechselkupplung hat den Schlepphebel w_1 nach links gezogen, seine Rolle gleitet vom Nocken der Scheibe h_1 ab, und der Stößel x_1 des Sperrventils F senkt sich, so daß sich der Ventilkegel in F auf seinen Sitz setzt und die Steuerluftleitung l absperrt. Der Hebel c_3 hält Querkräfte, die durch die seitliche Bewegung von w_1 verursacht werden, vom Stößel x_1 ab. Dieser senkt sich so weit, daß er sich vom Ventilkegel trennt und durch seine Hohlbohrung, die mit der Atmosphäre verbunden ist, die Leitungen m und i_1 entlüftet (s. a. Bild 155). Jetzt hebt sich der Ventilkegel in G unter Federdruck, und das durch l_1 zugeführte Drucköl kann entgegen den eingezeichneten Pfeilrichtungen durch die Leitung m_1 und durch die Bohrungen in der Mitnehmerwelle n_1 und in den Naben der Kupplungsstücke zu den Ölkammern der Wechselkupplung strömen und die Kupplungsstücke gegeneinander drücken. Während der Fahrt bleibt F geschlossen und G geschlossen (Bild 161), so daß die Wechselkupplung, von der die Umfangsstellung der Brennstoffnockenwelle abhängt, wie eine starre Kupplung wirkt.

Bild 159 zeigt die Endstellungen, welche die beiden Kupplungsteile der Wechselkupplung bei der Fahrt Voraus bzw. Zurück einnehmen. Alle mit n_1 bezeichneten Teile sind mit der verlängerten Kurbelwelle starr verbunden; es sind die „Mitnehmer". Die beiden mit e_1 bezeichneten Segmente, die mit der Brennstoffnockenwelle verbunden sind, können sich um 50° gegen die Teile n_1 drehen. Bei der Voraus-Fahrt (linkes Bild) treiben die Mitnehmer die Segmente e_1 in der Pfeilrichtung; die Kammern g_3 sind dann mit Drucköl gefüllt, das ihnen, vom Ölsperrventil kommend, durch die Bohrungen in der Nabe und der Welle zugeführt wird, so daß sich e_1 und n_1 während der Fahrt nicht trennen

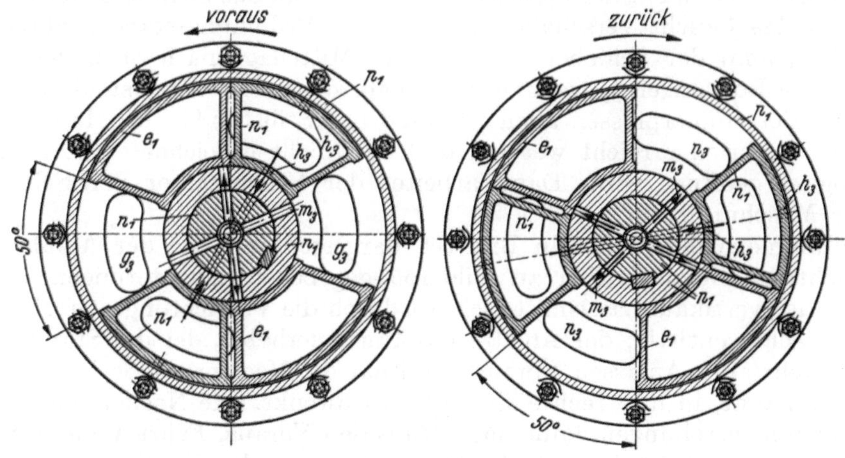

Bild 159. Stellungen der Wechselkupplung Voraus und Zurück

e_1 Kupplungsteil der Brennstoffnockenwelle; n_1 Mitnehmerwelle mit Kupplungsteil; p_1 Kupplungsgehäuse (mit e_1 verbunden); g_3 Ölkammern (bei Voraus-Fahrt gefüllt); h_3 Bohrungen für Ölabfluß; m_3 Bohrungen für Ölzu- bzw. -abfluß; n_3 Ölkammern (bei Zurück-Fahrt gefüllt)

können. Das durch den schmalen Spalt zwischen den Mitnehmersegmenten n_1 und dem mit den Segmenten e_1 verbundenen Kupplungsgehäuse durchsickernde Öl kann durch die Bohrungen h_3, durch Radialbohrungen in Nabe und Welle und weiter (Bild 158) durch die Eindrehung im Einsatzstück i_3 und Bohrungen k_3, l_3 in das Gehäuse abfließen. Beim Umsteuern auf Zurück dreht die Kurbelwelle, wenn sie beginnt, sich im entgegengesetzten Drehsinn zu bewegen, die mit ihr verbundenen Kupplungssegmente n_1 an die freien radialen Flanken der noch stillstehenden Segmente e_1 heran und nimmt die Brennstoffnockenwelle in der neuen Drehrichtung mit (rechtes Bild 159). Während der Verdrehung kann das Öl aus den Kammern g_3 durch die Radialbohrungen h_3 und m_3 abfließen. Das abfließende Öl nimmt seinen Weg teils durch die Bohrungen h_3, k_3, l_3 unmittelbar in das Gehäuse, teils durch die Axialbohrung des Einsatzstückes i_3, durch die Leitung m_1 und die hohle Ventilspindel des noch geschlossenen Ölsperrventils G. Jetzt werden die Räume n_3 zu Ölkammern (rechtes Bild 159); sie füllen sich sogleich mit Drucköl, weil infolge der Verdrehung der Kupplungsstücke gegeneinander die Gleithülse r_1 durch den Gabelhebel u_1 das Sperrventil F geschlossen hat, so daß das Ölsperrventil sich öffnet. Die Maschine läuft jetzt in der Zurück-Richtung.

Bild 160 zeigt das *Sperrventil* in der Fahrtstellung Voraus. Die Wechselkupplung hat durch die Zapfen t_1 die Gleithülse r_1 in ihre rechte Endstellung verschoben. Der Gabelhebel u_1 hat den Drehpunkt des Schlepphebels w_1 in seine linke Endlage gebracht, so daß dessen rechtes schmales Ende unter dem Hebel c_3 liegt. Die Rolle des Schlepphebels ruht auf dem niedrigen Teil der Nockenscheibe h_1. Dadurch hat sich der Stößel x_1 so weit nach unten verschoben, daß der Ventilkegel in F sich auf seinen Sitz gesetzt hat und die Steuerluftleitung l absperrt. Die unterhalb des Ventilkegels angeschlossene

Leitung m (Bild 155) und die mit m in Verbindung stehenden Leitungen i_1 und o werden durch die Bohrungen in x_1 (Bild 160) entlüftet. Das Ölsperrventil G hat sich geöffnet und dem Drucköl den Weg zu den Ölkammern der Wechselkupplung freigegeben. Der Ventilkegel des Ölsperrventils nimmt die in Bild 161 gezeichnete Lage ein. Die Kolben der Servomotoren L (Bild 155) haben sich gesenkt, und die Brennstoffpumpen nehmen die Förderung auf.

Die *Brennstoffpumpen* sind, wie erwähnt, in je einer Gruppe zu beiden Seiten der Nockenwelle angeordnet. Bild 162 zeigt den Schnitt durch eine Pumpe mit ihrem Antrieb. Die hohle Nockenwelle e_1, auf der die Brennstoffnocken o_3 aufgekeilt sind, steht mit der in ihr geführten Mitnehmerwelle n_1 (die an die Kurbelwelle geflanscht ist) nur durch die Wechselkupplung in Verbindung; diese verdreht e_1 gegen n_1 so, daß die Brenn-

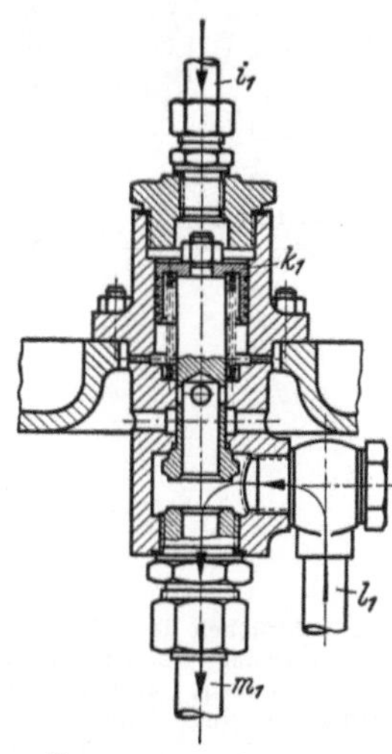

Bild 161. Ölsperrventil in Fahrtstellung

i_1 Steuerluftleitung vom Sperrventil F (Bild 155); k_1 Steuerkolben; l_1 Drucköl leitung; m_1 Leitung zu den Ölkammern der Wechselkupplung

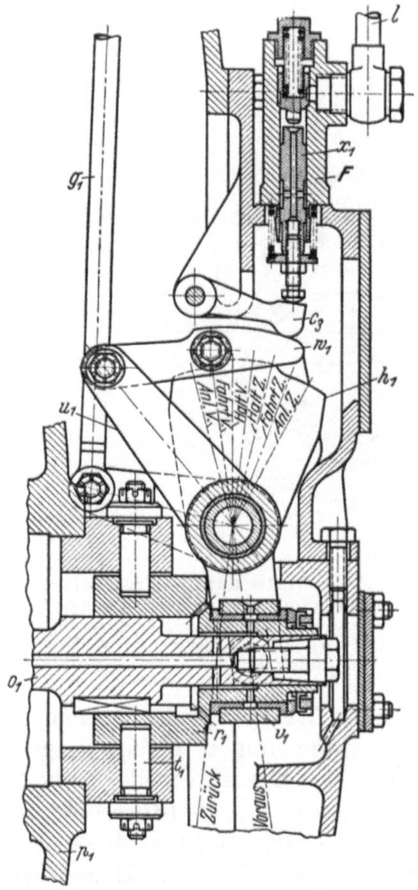

Bild 160. Sperrventil der Steuerluft in der Fahrtstellung Voraus

F Sperrventil; l Leitung von der Steuerluftflasche (E in Bild 155); g_1 Verbindungsstange zum Manövrierhebel; h_1 Nockenscheibe; o_1 Wellenstummel an Mitnehmerwelle; p_1 Kupplungsgehäuse (mit Brennstoffnockenwelle verbunden); r_1 Gleithülse; t_1 Zapfen; u_1 Gabelhebel; v_1 Gleitring; w_1 Schlepphebel; x_1 Stößel im Sperrventil; c_3 Hebel

stoffnocken die für die eingestellte Fahrtrichtung erforderliche Umfangsstellung erhalten. Die Nocken bewegen die in den Zapfen p_3 drehbar gelagerten Rollenhebel q_3, die den Pumpenstempeln den Druckhub erteilen; den Saughub bewirken zwei kräftige Rückholfedern. Der Brennstoff wird, wie zu Bild 155 beschrieben, unter Druck ($5\,\text{kg/cm}^2$ und mehr) dem Verteiler O zugeführt, von dem die Saugleitungen r_3 abzweigen. Der

Windkessel r (s. a. Bild 155) gleicht Druckschwankungen im Verteiler aus. Jede Saugleitung kann durch Schließen eines Ventils s_3 von der Brennstoffzufuhr abgeschnitten werden für den Fall, daß an einer Pumpe gearbeitet werden soll; dann wird auch der Rollenhebel q_3 durch die Stange t_3 angehoben, so daß die betreffende Pumpe steht, während die Maschine in Betrieb bleibt. Der Druckhub des Pumpenstempels fördert den Brennstoff durch die Leitung u_3 zum Einspritzventil im Zylinderdeckel. Ein Druckventil in der Pumpe fehlt; das Einspritzventil wirkt als solches. Der Zeitpunkt des Öffnens des Überströmventils v_3 wird in bekannter Weise durch den um das Exzenter w_3 schwin-

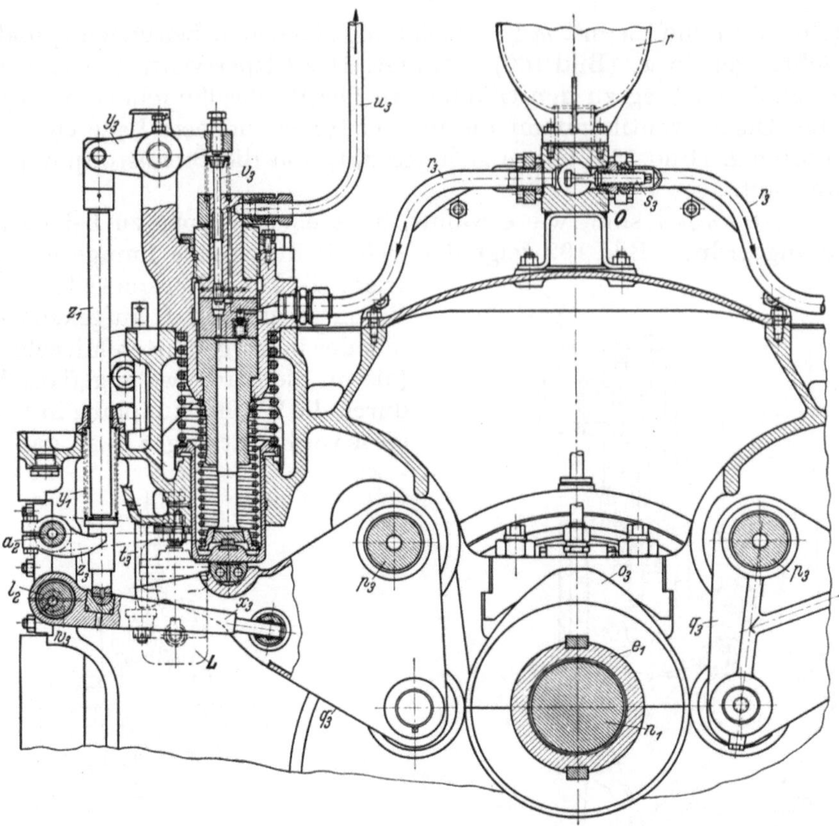

Bild 162. Brennstoffpumpe

L Servomotor zum Aufdrücken der Überströmventile; O Brennstoffverteiler; r Windkessel; e_1 Nockenwelle; n_1 Mitnehmerwelle; y_1 Druckfeder; z_1 Antriebstange des Überströmventils v_3; a_2 Welle zum Anheben der Stangen z_1; l_2 Exzenterwelle; o_3 Brennstoffnocken; p_3 Drehzapfen der Rollenhebel q_3; r_3 Brennstoffsaugleitungen; s_3 Absperrventil; t_3 Vorrichtung zum Stillsetzen einer Pumpe; u_3 Druckleitung zum Einspritzventil; w_3 Exzenter; x_3 Exzenterhebel; y_3 Schwinghebel; z_3 Hebel zum Anheben der Stange z_1

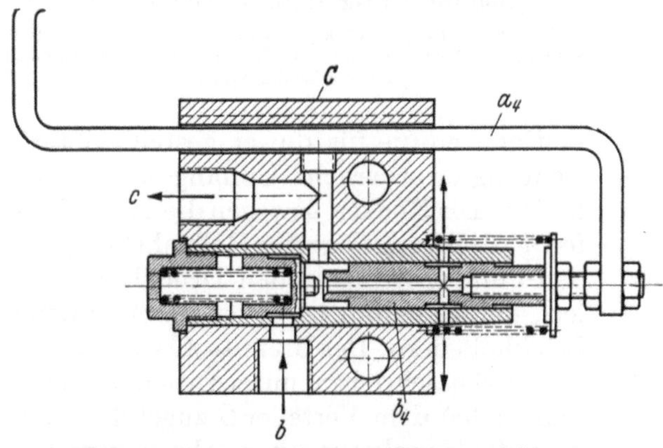

Bild 163. Sperrventil an der Drehvorrichtung

C Gehäuse des Sperrventils; b 30 at-Leitung vom Sperrventil D des Anfahrluftverteilers, vgl. Bild 155; c 30 at-Leitung zum Hauptanfahrventil B, vgl. Bild 155; a_4 Bügel zwischen dem Ritzel der Drehvorrichtung und dem Stößel b_4 des Sperrventils C

genden Hebel x_3, die Stange z_1 und den zweiarmigen Hebel y_3 geregelt. Wie die Exzenterwelle l_2 vom Bedienungsstand aus (durch Handrad f_2 in Bild 155) gedreht wird, wurde schon beschrieben. Wird das Exzentermittel durch Drehen am Handrad gesenkt, so öffnet das Überströmventil später, und die Leistung steigt. Die Druckschraube im Hebel y_3 dient zum Einstellen der einzelnen Zylinderleistungen; Höherschrauben vergrößert, Tieferschrauben verkleinert die Leistung eines Zylinders. Die Druckfeder y_1 verbindet die Stange z_1 kraftschlüssig mit dem Exzenterhebel x_3, so daß der Servomotor L (vor der Bildebene liegend; s. a. Bild 155) in der Stop-Stellung, während des Umsteuerns und beim Eingreifen des Sicherheitsreglers (J in Bild 155) durch Drehen der Welle a_2 entgegen dem Uhrzeigersinn mittels der Hebel z_3 alle Stangen z_1 anheben und die Brennstoffförderung unterbrechen kann.

Wie das *Sperrventil an der Drehvorrichtung* (C in Bild 155) gebaut ist, zeigt Bild 163. Seine Aufgabe ist, zu verhindern, daß der Maschinist den Motor in Gang setzen kann, bevor er das Ritzel der Drehvorrichtung aus der Verzahnung am Schwungradkranz herausgezogen hat. Das Ventilgehäuse, das den vollen Anfahrluftdruck erhält, ist aus geschmiedetem Stahl hergestellt. Bei b ist die vom Sperrventil D des Anfahrluftverteilers D_1 (Bild 155) kommende Druckluftleitung angeschlossen, bei c die zum Hauptanfahrventil B führende Leitung. Die Druckluft (30 at) strömt sogleich zum Sperrventil C, sobald der Maschinist den Manövrierhebel in eine Anfahrstellung gelegt und damit der Steuerluft (10 at) über den Schaltkasten Q (Bild 155), eine der Leitungen x, z, den Servomotor R und Leitung a_1 den Weg unter den Steuerkolben des Sperrventils D freigegeben hat. Die Steuerluft kann aber nur dann in die Leitung c (Bild 155 u. 163) eintreten, wenn das Ritzel aus der Verzahnung am Schwungradkranz herausgezogen ist. Solange dies nicht der Fall ist, wird der Stößel b_4 durch Federkraft in seiner rechten Endstellung gehalten, und der Ventilkegel des Sperrventils schließt unter Federbelastung. Nur wenn das Ritzel außer Eingriff gebracht ist, hat der Bügel a_4 den Stößel b_4 so weit nach links geschoben, daß das Sperrventil für den Durchtritt der Luft von b nach c offen steht. Während das Ritzel eingerückt ist, verbindet die Hohlbohrung in b_4 die Leitung c mit der Atmosphäre, so daß das Hauptanfahrventil B nicht öffnen kann.

Zweck und Wirkungsweise des *Sperrventils des Anfahrluftverteilers* wurde schon S. 168 erläutert; Bild 164 zeigt die Konstruktion (zum Folgenden s. a. Bild 155). Die über das Hauptanfahrventil vom Anfahrluftbehälter A durch Leitung e kommende 30 at-Luft wirkt ständig auf Schließen des Ventilkegels b_2. Solange dieser auf seinem Sitz liegt, sind die unterhalb des Ventilsitzes angeschlossene Leitung b zum Sperrventil der Drehvorrichtung und der Anfahrluftverteiler D_1 mit den angeschlossenen Leitungen c_1 und den Steuerzylindern der Anfahrluftsteuerventile T durch die Bohrungen im Führungsschaft des Ventilkegels entlüftet. Tritt beim Anfahren Steuerluft durch a_1 unter den Kolben c_4, so hebt dieser den Ventilkegel b_2 an, die Entlüftungsbohrungen werden sogleich abgedeckt, und die 30 at-Luft hat Zutritt zur Leitung b und zum Anfahrluftverteiler D_1. Die sich anschließenden Steuervorgänge sind schon beschrieben worden. Das Sperrventil d_4 bleibt im Betrieb offen. Bei Stillstand der Maschine kann es geschlossen werden; dann kann das Luftleitungssystem mit Druckluft aus der Flasche E überprüft werden.

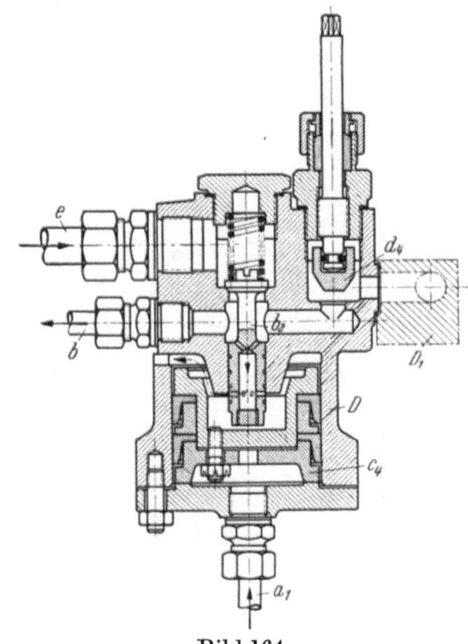

Bild 164
Sperrventil des Anfahrluftverteilers

D Gehäuse des Sperrventils; D_1 Anfahrluftverteiler; b 30 at-Leitung zum Sperrventil C der Drehvorrichtung, vgl. Bild 155; e 30 at-Leitung vom Hauptanfahrventil B, vgl. Bild 155; a_1 10 at-Leitung vom Schaltkasten Q, vgl. Bild 155; b_2 Ventilkegel mit Entlüftungsbohrungen; c_4 Steuerkolben; d_4 Sperrventil zum Prüfen des Luftleitungssystems

Das Zusammenarbeiten des Reglers J (Bild 165) mit dem Luftverteiler H (Bild 166) ist S. 171 beschrieben worden. Der Regler kann nur dann in die Brennstofförderung eingreifen (indem er veranlaßt, daß die Steuerkolben der Servomotoren L, Bild 155, durch die Steuerluft angehoben werden), wenn die Leitung v_2 (Bild 155 u. 166) unter Druck steht; das Ventil i an der Steuerluftflasche E (Bild 155) muß also im Betrieb geöffnet sein. Während des Anfahrens wirkt der Regler nicht. Die durch die Zuleitung m (Bild 155) zugeführte Steuerluft (für die in Bild 166 *zwei* Anschlüsse gezeichnet sind) hat die beiden losen Steuerkolben n bei dem vorausgegangenen Stoppen in ihre rechte (in Bild 155 in die linke) Endstellung geschoben. Während des Betriebes ist die Leitung m durch die Bohrungen im Stößel x_1 (Bild 160) des Sperrventils F entlüftet. Sobald aber

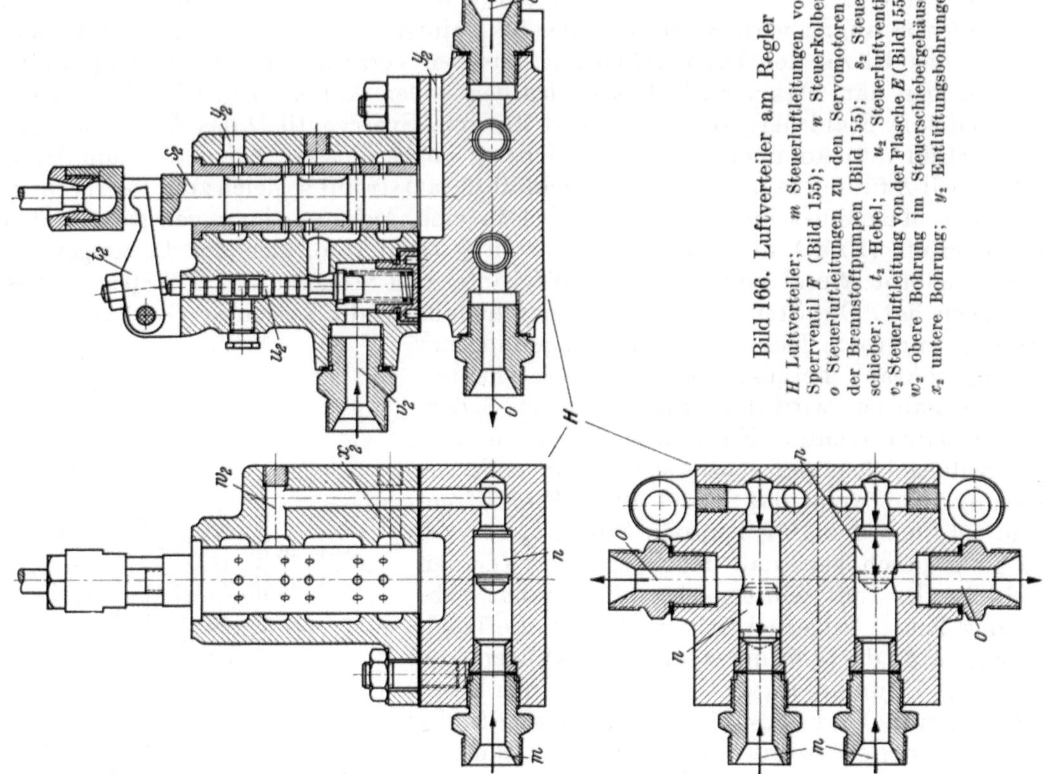

Bild 166. Luftverteiler am Regler

H Luftverteiler; m Steuerluftleitungen vom Sperrventil F (Bild 155); n Steuerkolben; o Steuerluftleitungen zu den Servomotoren L der Brennstoffpumpen (Bild 155); s_2 Steuerschieber; t_2 Hebel; u_2 Steuerluftventil; v_2 Steuerluftleitung von der Flasche E (Bild 155); w_2 obere Bohrung im Steuerschiebergehäuse; x_2 untere Bohrung; y_2 Entlüftungsbohrungen

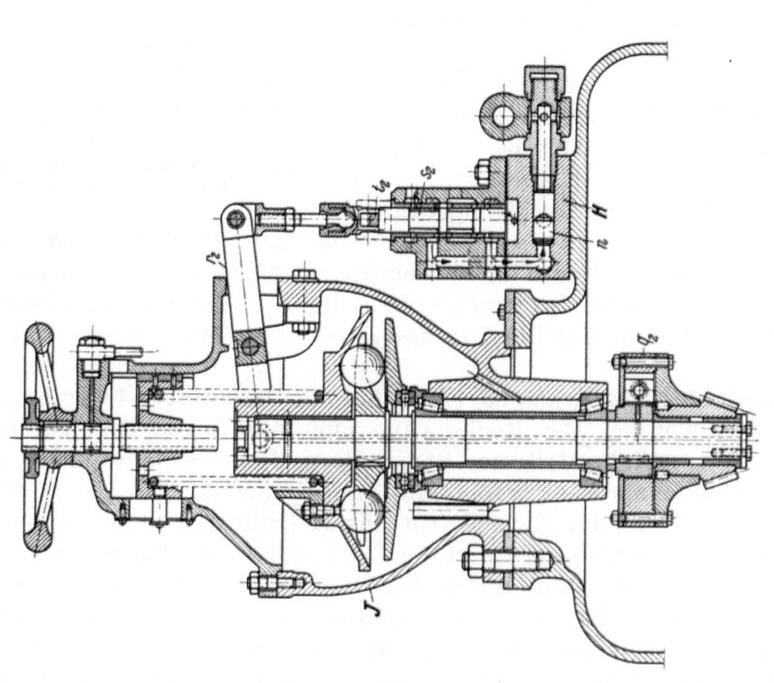

Bild 165. Regler mit Steuerschieber und Luftverteiler

H Luftverteiler; J Regler; n Steuerkolben; q_2 elastische Kupplung; r_2 Reglerhebel; s_2 Steuerschieber; t_2 Hebel

der Regler Druckluft in den Luftverteiler H treten läßt, schiebt die Luft beide Steuerkolben n in ihre linke Endlage (Bild 166); die Anschlüsse m werden verschlossen, und
die durch v_2 zugeführte Steuerluft kann in die Leitungen o treten, so daß die Brennstoffpumpen abgeschaltet werden. Die Steuerkolben n befinden sich stets nur in der einen
oder anderen Endlage: in der einen (in Bild 155 gezeichneten) verbinden sie die Leitungen m und o, so daß die Brennstoffpumpen während des Stoppens und Umsteuerns
durch den Manövrierhebel abgeschaltet werden; in der anderen stehen die Leitungen v_2

Bild 167
Doppeltwirkender Zweitaktmotor der Firma *FIAT*. Leistung mit zehn Zylindern 9000 PSe bei 160 U/min

und o in Verbindung, und die Brennstoffpumpen werden ebenfalls abgeschaltet, aber
durch den Regler und nur beim Überschreiten der zulässigen Drehzahl.

Die **doppeltwirkenden Zweitaktmaschinen** der Firma *FIAT* sind im wesentlichen
nach denselben konstruktiven Grundsätzen gebaut wie die einfachwirkenden Motoren.
Bild 167 zeigt als Beispiel einen doppeltwirkenden Zehnzylindermotor, der mit 650 mm
Zyl.-Dmr. und 960 mm Hub 9000 PSe bei 160 U/min leistet. Bei Probefahrten auf See
wurden 13 000 PSe bei 180 U/min ($p_e = 5{,}5$) erreicht. Bei der Normalleistung wird der
mittlere effektive Druck (unter Berücksichtigung der Verkleinerung der unteren Kolbenfläche durch das die Kolbenstange umgebende Schutzrohr von 250 mm Dmr.) 4,3 kg/cm²;
die mittlere Kolbengeschwindigkeit beträgt 5,12 m/sec. Bei diesen großen Maschinen
sind die Brennstoffpumpen, nach den oberen und unteren Zylinderseiten getrennt, auf
Mitte Längsseite angeordnet (Bild 167), damit die zu den Einspritzventilen führenden
Brennstoffleitungen nicht zu lang werden. Die Nockenwellen der Brennstoffpumpen
werden durch Zahnräder angetrieben; das treibende Zahnrad (b in Bild 168), aus zwei

Stahlgußhälften zusammengeschraubt, überdeckt die mittleren Kupplungsflanschen der (geteilten) Kurbelwelle. Bild 168 zeigt den Längsschnitt durch die Spülpumpe und durch zwei Arbeitszylinder. Der Bedienungsstand a liegt an der vorderen Stirnseite

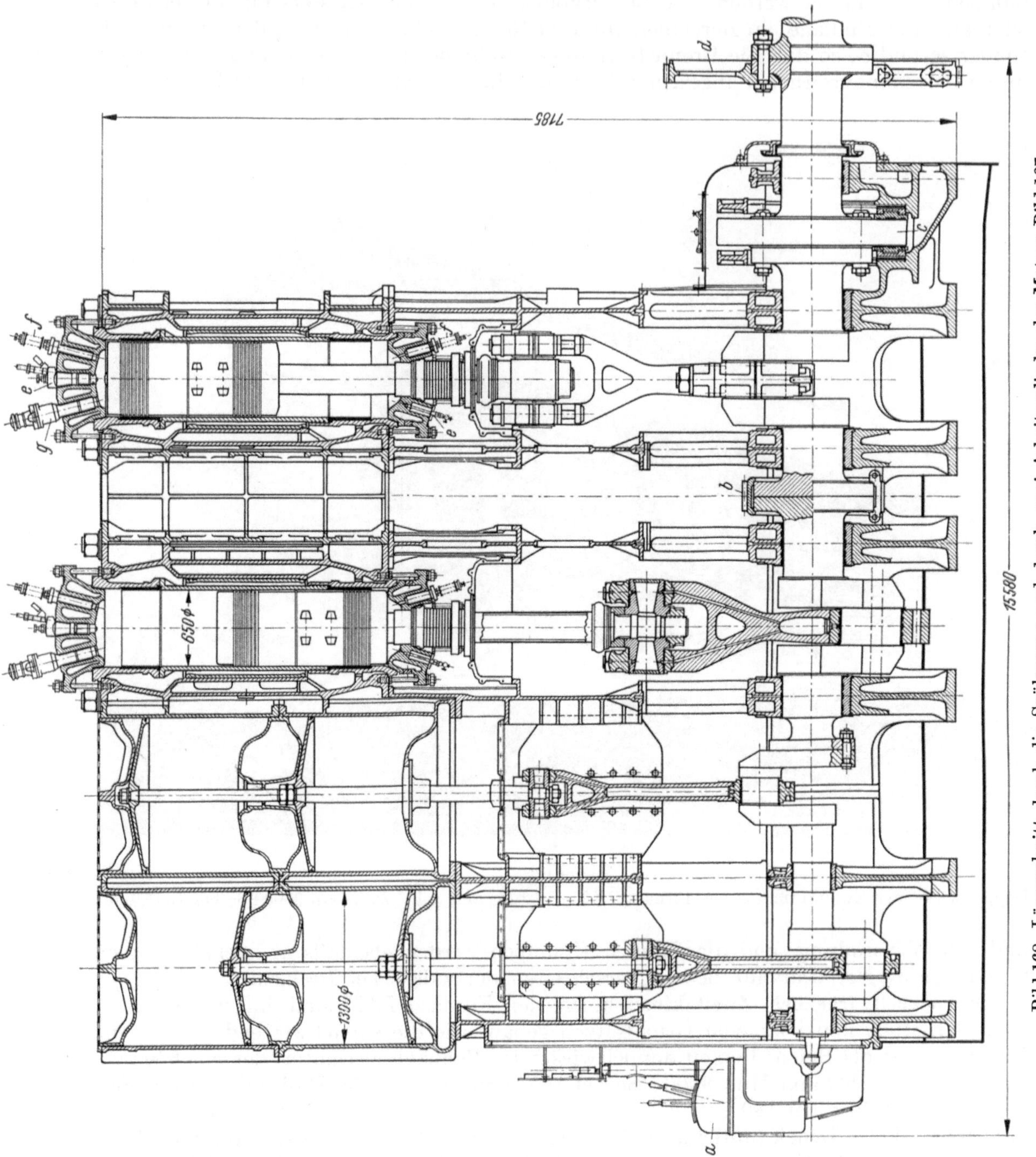

Bild 168. Längsschnitt durch die Spülpumpe und durch zwei Arbeitszylinder des Motors Bild 167

a Bedienungsstand; b Antriebzahnrad der Brennstoffpumpenwelle; c Drucklager; d Drehvorrichtung; e Einspritzventil; f Sicherheitsventil; g Anfahrventil

der Maschine. Das Gehäuse des Drucklagers ist mit dem hinteren Grundplattenteil zusammengegossen, die Druckscheibe c an die Kurbelwelle angeflanscht. Ein Schwungrad ist bei diesem vielzylindrigen Motor nicht erforderlich, da die Triebwerkmassen ein hinreichend großes GD^2 besitzen; das Zahnrad d dient nur zum Drehen der Welle, wenn an dem Triebwerk gearbeitet werden soll. Auf der unteren Zylinderseite sind zwei

Einspritzventile e und ein Sicherheitsventil f vorgesehen, auf der oberen ein Einspritzventil e, ein Sicherheitsventil f und das druckluftgesteuerte Anfahrventil g.

Der Querschnitt durch einen etwas größeren Arbeitszylinder (Bild 169, mit ebener Grundplatte) zeigt weitere konstruktive Einzelheiten; in Bild 170 ist die untere Zylinderseite in größerem Maßstab dargestellt. Die Grundplatte ist über den Lagerbrücken hochgezogen; auf ihr ruhen die Ständer, welche die einteilig gegossenen, durch Paßschrauben verbundenen Zylinderrahmen tragen. Grundplatte, Ständer und Zylinderrahmen sind durch Zuganker h verbunden, welche die Gußteile von Zugspannungen entlasten. Die Deckelschrauben der Grundlager sind als lange Dehnschrauben ausgebildet; ihre Muttern (wie auch die der Zylinderdeckelschrauben, der unteren Pleuelstangenbolzen und die untere Kolbenstangenmutter) zeigen das Merkmal der „Schultermutter". i ist die Seitenansicht der Brennstoffpumpe. Der eingleisige Kreuzkopf wird mit seinen Zapfen und der Gleitbahn ebenso geschmiert, wie zu Bild 143 und 144 beschrieben wurde. Das Schmieröl wird dem Kolbenkühlöl entnommen, das aus der Leitung k durch Gelenke l der am Kreuzkopf befestigten Vorlage zugeführt wird. Die Kolbenstange ist von einem Rohr umgeben (s. a. Bild 170), das die Stange vor den hohen Temperaturen des unteren Brennraumes schützt. Durch den Ringraum wird das Kühlöl zunächst in die untere Kolbenkappe geleitet, aus der es durch Bohrungen in den Hohlraum tritt, zu dem der obere Teil der Kolbenstange ausgebildet ist, wie aus Bild 169 ersichtlich. Von dort tritt es in die obere Kolbenkappe über, in welcher es durch Labyrinthführung gezwungen wird, rasch an der Unterseite des Kolbenbodens entlangzuströmen. Durch ein Rohr, das bis in die Bohrung der Kolbenstange reicht, und durch diese Bohrung fließt das erwärmte Öl in die Vorlage am Kreuzkopf zurück und durch ein zweites Gelenk l und das Rohr m in das Kurbelgehäuse ab, aus dem es durch eine Pumpe abgesaugt wird, um nach Filterung und Kühlung den Kreislauf von neuem zu beginnen. Eine Zweigleitung n führt einen Teil des abfließenden Kühlöles in den mit Thermometer versehenen Schautrichter o, durch den der Maschinist die Kolbenkühlung überwacht.

Das Kühlwasser wird aus zwei Verteilleitungen p durch die mit Schiebern versehenen Rohre q (s. a. Bild 170) dem unteren Zylinderdeckel zugeführt, tritt aus diesem durch (nicht gezeichnete) Krümmer von unten in den Kühlraum des Zylinderrahmens über, durchströmt diesen von unten nach oben, wobei es auch die hohlen Stege der Spül- und Auspuffschlitze kühlt, und gelangt durch Bohrungen im Flansch der oberen Laufbuchse (wie in Bild 147) in den oberen Zylinderdeckel, aus dem es durch Rohr r in die Sammelleitung s abfließt. Durch einen Schieber in r wird die Abflußtemperatur geregelt. Die in Bild 169 vor dem Rohr r liegende Leitung t ist die Druckluftleitung zu den Anfahrventilen g.

Die Laufbuchsen der Zylinder sind ebenso gebaut wie die der einfachwirkenden Maschine; Ober- bzw. Unterteil sind aus Stahlguß angefertigt und mit gußeisernen Buchsen ausgefüttert; der mittlere, die Schlitze enthaltende Teil besteht aus Gußeisen. Dieser ist nur mit dem oberen Teil verschraubt; gegen den unteren ist er durch Silikonringe abgedichtet, so daß die untere Laufbuchse sich in der Wärme nach oben ausdehnen und gegen das Mittelstück verschieben kann. In Bild 169 ist u der Spülluftaufnehmer, der an die Druckseite der Spülpumpe angeschlossen ist und aus dem die Spülluft durch die nach dem Zylinder öffnenden Nachladeventile v den Spülschlitzen zuströmt; w ist das mit Fernthermometern x versehene Auspuffsammelrohr. Die Nachladeventile sind wie die Saug- und Druckventile der Spülpumpe gebaut (Bild 141).

Bild 170 zeigt einen Schnitt durch den *unteren Zylinderdeckel* und die angrenzenden Teile in größerem Maßstab. Das die Kolbenstange umgebende stählerne Schutzrohr ist durch einen mit Gewinde aufgesetzten und verschweißten Flansch an der unteren Kolbenkappe befestigt; die Befestigungsschrauben halten zugleich das Führungsstück z in seiner Lage, welches das durch den Ringraum zwischen Stange und Rohr zugeführte Kolbenkühlöl dicht am Kolbenboden entlangführt. Das aus hitzebeständigem Stahl angefertigte Einsatzstück a_1 verhindert, daß die brennenden Strahlen das Schutzrohr

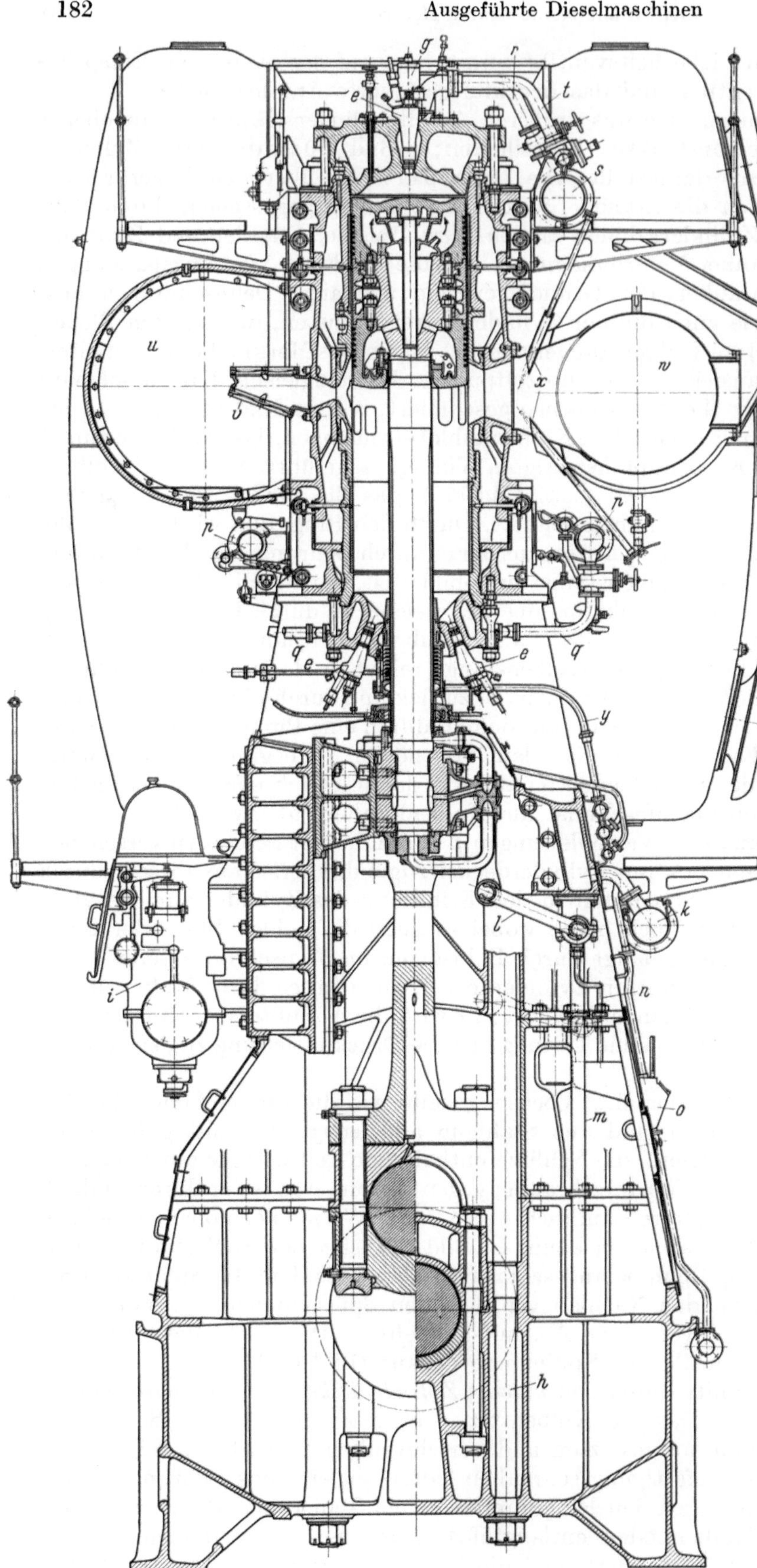

Bild 169. Querschnitt durch den Arbeitszylinder eines doppeltwirkenden Motors von 680 mm Dmr. und 1200 mm Hub

e Einspritzventile; *g* Anfahrventil; *h* Zuganker; *i* Brennstoffpumpe; *k* Kolbenkühlölzuleitung; *l* Gelenke; *m* Kolbenkühlölabfluß; *n* Zweigleitung für Kolbenkühlölabfluß; *o* Schautrichter; *p* Kühlwasserzuflußleitungen; *q* Kühlwasserrohre; *r* Kühlwasserabfluß; *s* Sammelleitung für abfließendes Kühlwasser; *t* Anfahrluftleitung; *u* Spülluftaufnehmer; *v* Nachladeventile; *w* Auspuffsammelrohr; *x* Thermometer; *y* Absaugleitung der Kolbenstangenstopfbuchse

verletzen. Der Grundring b_1 der Kolbenstangenstopfbuchse ist wassergekühlt (s. Nebenbild). Die Stopfbuchse zeigt die übliche Bauart mit drei Feuerringen und sechs Paar
Dichtungsringen, die durch nach innen federnde Spannringe gegen das Schutzrohr
gedrückt werden (s. a. Bd. I, S. 305). Alle Ringe liegen in Kammerringen, die durch
die Stiftschrauben c_1 und den Flansch d_1 gegen den Zylinderdeckel gedrückt werden.
Aus dem Hohlraum im Flansch d_1 werden etwa durchsickernde Verbrennungsgase durch

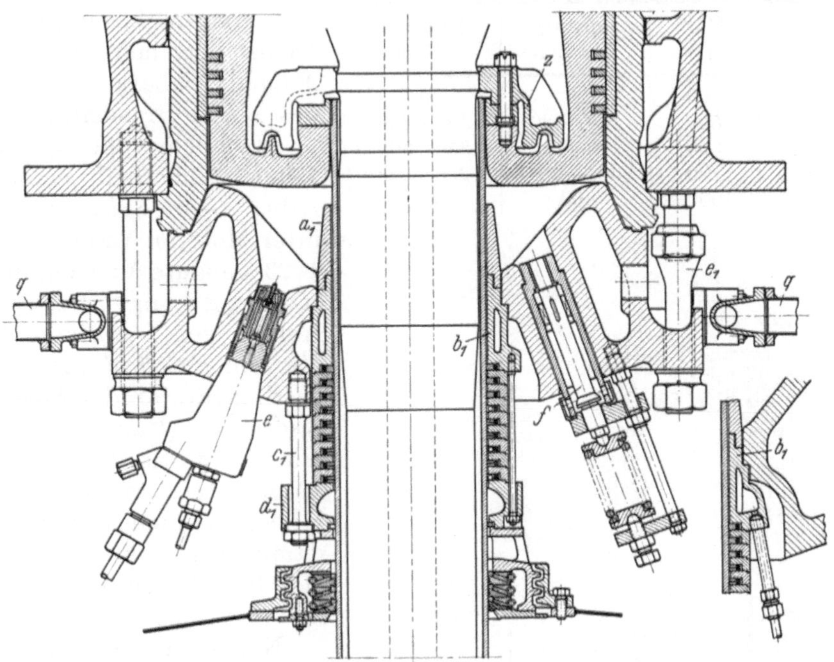

Bild 170. Schnitt durch den unteren Zylinderdeckel

e Einspritzventil; f Sicherheitsventil; q Kühlwasserzuleitungen; z Führung für Kolbenkühlöl; a_1 Einsatzstück;
b_1 Grundring; c_1 Stiftschrauben; d_1 Stopfbuchsenflansch; e_1 Zylinderdeckelschrauben

ein Rohr abgesaugt. Unterhalb der Stopfbuchse liegen in einem Gehäuse, das sich auf
den oberen Abschlußdeckel des Kurbelgehäuses stützt, drei geteilte, durch Schlauchfedern gegen das Schutzrohr gedrückte Abstreifringe.

Der untere Zylinderdeckel ist tief in den Flansch der Laufbuchse hineingezogen
(wie auf der oberen Zylinderseite), so daß die Teilfuge der Flamme entzogen ist. Die
24 Deckelschrauben e_1 sind geteilt; man braucht daher den unteren Zylinderdeckel nur
wenig zu senken, um ihn seitlich ausbauen zu können.

2. Gebr. Sulzer A.-G.

Die Firma *Gebr. Sulzer*, Winterthur, gehört mit der *MAN* zu den ältesten Diesel-
motoren-Fabriken. Schon wenige Wochen, nachdem das „Konsortium *Augsburg-Krupp*"
gegründet worden war (April 1893), sicherte sie sich durch einen Vertrag mit DIESEL
die Rechte an seinen Erfindungen. 1897 lief der erste *Sulzer*-Viertaktmotor, der mit
260 mm Zyl.-Dmr. und 410 mm Hub bei 160 U/min 20 PSe ($p_e = 5{,}15 \text{ kg/cm}^2$) leistete.
Sehr frühzeitig entwickelten *Gebr. Sulzer* den Zweitakt: 1905 bauten sie die erste direkt
umsteuerbare Zweitakt-Schiffsmaschine (4 Zyl., 175 mm Dmr., 250 mm Hub, 90 PSe
bei 375 U/min, $p_e = 4{,}5 \text{ kg/cm}^2$). Die Maschine hatte Spülventile in den Zylinderdeckeln
und Auspuffschlitze im unteren Teil der Laufbuchsen. Fünf Jahre später baute die
Firma, der Zeit weit vorauseilend, einen Versuchszylinder für eine Leistung von 2000 PSe
bei 150 U/min; der Zylinder hatte 1000 mm Dmr. und 1100 mm Hub und war schon
mit den von *Sulzer* eingeführten Nachladeschlitzen (c in Bild 181) versehen. In Fach-

kreisen berühmt wurde das 1912 in Dienst gestellte Motorschiff „Monte Penedo" der Hamburg-Südamerikanischen Dampfschiffahrts-Gesellschaft, das mit zwei einfachwirkenden Zweitaktmotoren ausgerüstet war. Jeder Motor leistete mit vier Zylindern (470 mm Dmr., 680 mm Hub) bei 160 U/min 850 PSe ($p_e = 5{,}06$ kg/cm²). Die Anlage war lange Zeit der einzige erfolgreiche Vertreter des Zweitaktes, und das Schiff hat über 30 Jahre mit den ursprünglichen Motoren seinen Dienst versehen, zuletzt unter dem Namen „Sabará" unter der Flagge des Lloyd Brasileiro.

Zahlentafel 24. *Hauptabmessungen der Zweitaktmotoren der Typen T 24 bis T 56 der Firma Gebr. Sulzer*

Type	Durchm. mm	Hub mm	Leistung PSe/Zyl.	Drehzahl U/min
T 24	240	400	75	400
T 29	290	500	100—120	300—360
T 36	360	600	150—190	250—300
T 48	480	700	300—350	225—250
T 56	560	1000	400	155

Nachdem der Zweitakt seine Betriebssicherheit erwiesen hatte, haben *Gebr. Sulzer* die Leistungen ihrer Motoren rasch gesteigert. Das 1923 gebaute Vierschrauben-Motorschiff „Aorangi" hatte schon eine Anlage von insgesamt 13 000 PSe, die von *Fairfield* gebaut war. Das M. S. „Oranje" der *Stoomvaart Mij. Nederland* (Baujahr 1939) ist mit einer Gesamtleistung von 46 500 PSe ausgerüstet, wovon 9000 auf die Hilfsmaschinen entfallen, und hat damit bis jetzt die stärkste auf Handelsschiffen eingebaute Dieselmotorenanlage.

Neben dem Zweitakt wurde der Viertakt nicht vernachlässigt; dieser bietet Vorteile bei kleineren Leistungen (bis etwa 1000 PS), besonders in der Verbindung mit der Abgasturboaufladung (S. 423) und bei Motoren, die nicht umgesteuert zu werden brauchen. *Gebr. Sulzer* bauen Viertaktmotoren für den Antrieb von Generatoren, Pumpen, Kompressoren und anderen Arbeitsmaschinen sowie als Hilfsmaschinen für die Stromerzeugung an Bord wie auch für den Propellerantrieb und in besonderer Ausführung für Triebwagen.

Die Zweitakt-Tauchkolbenmotoren der Firma *Gebr. Sulzer* werden in fünf Typenreihen T 24 bis T 56 mit den in Zahlentafel 24 angegebenen Hauptabmessungen, Zylinderleistungen und Drehzahlen gebaut. Die Zylinderzahl wird je nach der verlangten Gesamtleistung und der gewünschten Drehzahl passend gewählt. Die kleinste Type, T 24, wird

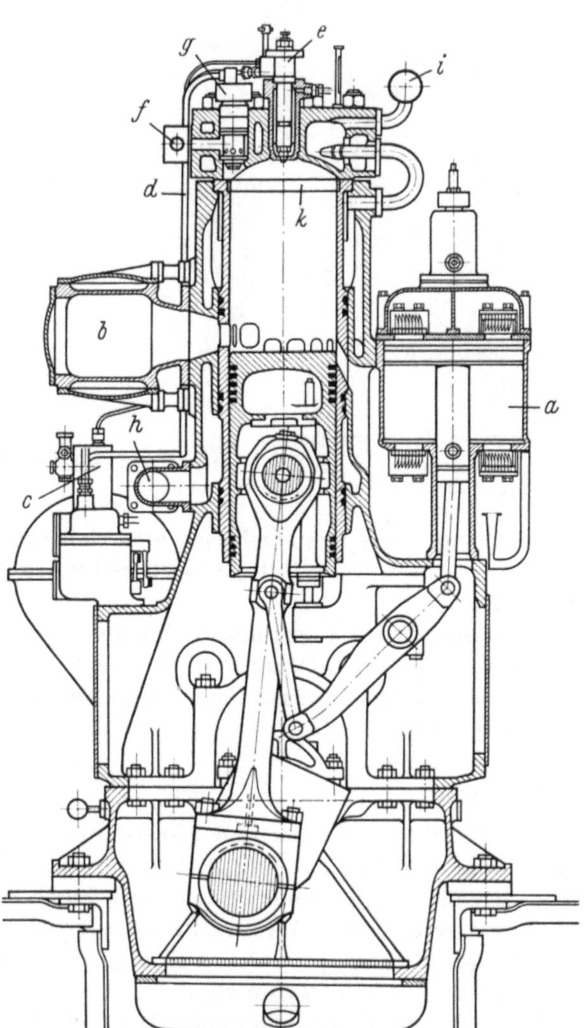

Bild 171. Zweitakt-Tauchkolbenmotor Typen T 29 und T 36 der Firma *Gebr. Sulzer*

a Spülpumpe; *b* Auspuffsammelrohr; *c* Brennstoffpumpe; *d* Steuerluftleitung für Anlaßventil; *e* Brennstoffventil; *f* Anlaßluftleitung; *g* Anlaßventil; *h* Kühlwasserzuflußleitung; *i* Kühlwasserabflußleitung; *k* Feuerring

mit vier oder sechs Zylindern nur als Schiffsmaschine mit angebautem Wendegetriebe oder für direkten Antrieb gebaut, die größte, T 56, nur als Schiffsmaschine für direkten Antrieb. Die beiden größten Typenreihen, T 48 und T 56, haben am vorderen Ende angebaute, von der Kurbelwelle direkt angetriebene gemeinsame Kolbenspülpumpen, während bei den kleineren Typen jeder Zylinder seine eigene, durch Schwinghebel vom Arbeitstriebwerk aus betätigte Spülpumpe hat. Die in Zahlentafel 24 angegebenen niedrigeren Drehzahlen der Typen T 29 bis T 48 gelten für den Betrieb als Schiffsmaschinen, die höheren für stationäre Anlagen. Daneben bauen *Gebr. Sulzer* leichtere schnelllaufende Motoren, die sich für Getriebeanlagen eignen.

Bild 171 zeigt einen Schnitt durch den *Arbeitszylinder der Typen T 29 und T 36*. Jeder Zylinder hat seine eigene, durch Schwinghebel angetriebene doppeltwirkende Kolbenspülpumpe a. Die Druck- und Saugräume aller Spülpumpen sind je miteinander verbunden, wodurch große Ausgleichbehälter entstehen, welche die Druckschwankungen klein halten und eine gleichmäßige Beaufschlagung der Arbeitszylinder mit Spülluft gewährleisten. Zylinderblock und Oberteil des Kurbelgehäuses sind aus einem Stück gegossen und mit der Grundplatte verschraubt, wodurch eine sehr steife Konstruktion entsteht. Schmierölpumpe, Schmierölfilter und Ölkühler sowie Kühlwasser- und Lenzpumpe (diese bei Schiffsantrieb)

Bild 172. Zweitakt-Schiffsmotoren Typen T 29 und T 36

Ansicht von der vorderen Stirnseite

a Spülpumpenblock; b, c Kühlwasser- bzw. Lenzpumpe; d Schmierölpumpe; e Schmierölfilter; f Ölkühler; i Kühlwasser-Übertritt zu den Zylinderdeckeln; l Ölleitungen für Kolbenschmierung; c_1 Bedienungspodest (umgeklappt)

sind bei den kleineren Typen angebaut (Bild 172), während bei den größeren Typen T 48 und T 56 nur die Schmierölpumpen angebaut und die übrigen Aggregate abgetrennt sind. Der Bedienungsstand befindet sich an der vorderen Stirnseite des Motors (Bild 172). Bei den kleineren Schiffsmotoren der Typen T 24 und T 29 kann die Steuerung nicht nur am Motor, sondern auch mittels einer Fernbetätigung von der Brücke aus bedient werden.

Bild 173 bis 179 gelten für die Type T 29. Ihre Kennzahlen sind: 290 mm Zyl.-Dmr., 500 mm Hub; Zyl.-Leistung 100 PSe bei 300 U/min ($c_m = 5,0$ m/sec) und 120 PSe bei 360 U/min ($c_m = 6,0$ m/sec); p_e in beiden Fällen 4,54 kg/cm².

Da bei diesem Motor die Spül- und Auspuffschlitze durch den Kolben gesteuert werden, erhält der *Zylinderdeckel* (Bild 173) eine besonders einfache Form. Mit Rücksicht auf die Kühlung ist der dem Brennraum zugekehrte gewölbte Boden schwachwandig gehalten; er stützt sich mittels der Kanone a des zentral angeordneten Brennstoffventils auf den kräftigen oberen Deckelboden. Dessen nach außen überragender, durch Rippen gegen den zylindrischen Teil abgestützter Flansch enthält die Bohrungen für die 8 Zylinderdeckelschrauben. Eine zweite Kanone b nimmt das Anlaßventil (Bild 174) auf, dem die Anlaßluft durch den Kanal c zugeführt wird. Die Bohrung d, an deren Stelle die Seitenwand verstärkt ist, ist für das Sicherheitsventil bestimmt; sie dient zugleich zum Indizieren. Das bei e (durch Krümmer i in Bild 172) eintretende Kühlwasser erhält

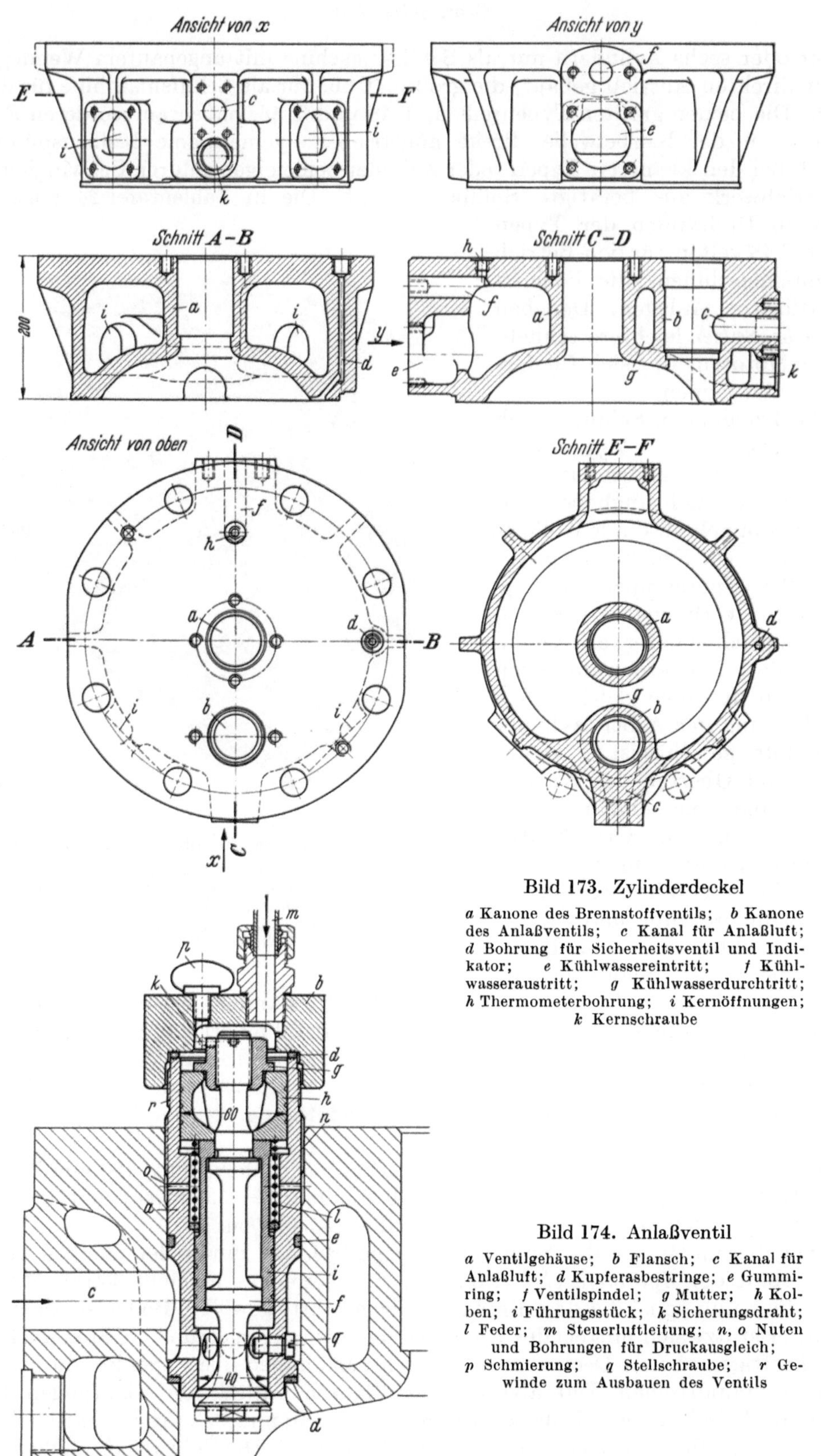

Bild 173. Zylinderdeckel

a Kanone des Brennstoffventils; *b* Kanone des Anlaßventils; *c* Kanal für Anlaßluft; *d* Bohrung für Sicherheitsventil und Indikator; *e* Kühlwassereintritt; *f* Kühlwasseraustritt; *g* Kühlwasserdurchtritt; *h* Thermometerbohrung; *i* Kernöffnungen; *k* Kernschraube

Bild 174. Anlaßventil

a Ventilgehäuse; *b* Flansch; *c* Kanal für Anlaßluft; *d* Kupferasbestringe; *e* Gummiring; *f* Ventilspindel; *g* Mutter; *h* Kolben; *i* Führungsstück; *k* Sicherungsdraht; *l* Feder; *m* Steuerluftleitung; *n, o* Nuten und Bohrungen für Druckausgleich; *p* Schmierung; *q* Stellschraube; *r* Gewinde zum Ausbauen des Ventils bei seinem Eintritt in den Deckelhohlraum durch ein tangential angeordnetes Mundstück (in Bild 171 sichtbar) eine kreisende Bewegung, welche verhindert, daß es im Kurzschluß der Austrittsöffnung f zuströmt; es umspült die Brennstoff- und die Anlaßventilkanone, diese auch durch den Kanal g (Schnitt C–D und E–F) und tritt an der höchsten Stelle f aus, so daß sich kein Luftsack ansammeln kann. In die Bohrung h wird ein Thermometer geschraubt. Zwei große Öffnungen i und eine 5/4″-Verschlußschraube k machen zusammen mit den Öffnungen für den Kühlwasserein- und -austritt den Kern überall gut zugänglich.

Der Teil des Zylinderdeckels, der das *Anlaßventil* enthält, ist in Bild 174 wiederholt. Das aus Stahlguß hergestellte Ventilgehäuse a wird durch den geschmiedeten Flansch b und 2 Stiftschrauben (3/4″) in den Deckel gepreßt; an den beiden Stellen d bewirken zwei Kupferasbestringe die Abdichtung, bei e ist ein Gummiring eingelassen. Durch den Kanal c (s. a. Bild 173) wird die Anlaßluft dem Ventil zugeführt. Die aus vergütetem Cr-Stahl angefertigte Ventilspindel f ist durch die Messingmutter g mit dem Kolben h und dem Führungsstück i, beide aus Bronze, verbunden; g ist durch einen Draht k gegen Losdrehen sorgfältig gesichert. Die unter dem Kolben h angreifende Feder l sucht das Ventil ständig zu schließen; ebenso wirkt die durch c zutretende Anlaßluft, da der Durchmesser des Führungsstückes i etwas größer als der innere Ventilsitzdurchmesser ist. Nur wenn durch die Steuerluftleitung m Druckluft auf den Kolben h gegeben wird, öffnet das Ventil nach unten; sein Hub wird durch den Anschlag des Kolbens h am Gehäuse a begrenzt. In dem Raum unterhalb des Kolbens darf kein Überdruck herrschen, daher steht er durch Nuten n und Bohrungen o in Verbindung mit der Atmosphäre. Durch die Flügelmutter p kann etwas Schmieröl auf den Kolben gegeben werden. Sollte ein Bruch der Ventilspindel in ihrem mittleren (schwächsten) Teil eintreten, so verhindert eine Stellschraube q, daß ein Bruchstück auf den Arbeitskolben fällt. Am Gewinde r kann das Ventil aus dem Deckel gezogen werden, wenn es überholt werden soll. — Beispiele für die Druckluftsteuerung eines Anlaßventils s. Bild 257, S. 264, und Bild 356, S. 381; ferner Bd. I, Bild 361, S. 357.

Bild 175 zeigt in größerem Maßstab den Querschnitt durch einen *Arbeitszylinder* mit seiner *Spülpumpe a* sowie den Längsschnitt durch zwei nebeneinanderliegende Spülpumpen; der Kolben der einen Pumpe ist mit dem Kolben des Anlaßluftkompressors verbunden. Die Laufbuchse b mit den Spülschlitzen c und den Auspuffschlitzen d wird durch die Zylinderdeckelschrauben unter Beilage eines Kupferringes in den Zylinderblock gepreßt; die Druckflächen des oberen Flansches der Laufbuchse liegen senkrecht übereinander, so daß im Flansch keine Schubspannungen auftreten. Die Laufbuchse wird im Zylinderblock nicht durch den Flansch zentriert (womit der Wärmedehnung dieses heißesten Teiles Rechnung getragen wird), sondern durch ihren verstärkten mittleren Teil, der mit Gummiringen e auf der Wasserseite und Weichkupferringen f auf der Gasseite zwecks Abdichtung gegen das Kühlwasser, die Auspuffgase und die Spülluft versehen ist (vgl. a. Bd. I, Bild 333, S. 320). Zwei weitere Gummiringe am unteren Ende der Laufbuchse dichten das Kurbelgehäuse gegen den Kühlwasserraum. Die Laufbuchse kann sich im Betrieb von ihrem oberen Flansch aus frei nach unten dehnen. Das Kühlwasser tritt bei g ein, umspült von unten nach oben strömend die Laufbuchse und die Spül- und Auspuffkanäle und wird im oberen Teil durch Rippen mit Abdeckblech h gezwungen, rascher zu strömen, da der heiße Teil des Flansches einer besonders wirksamen Kühlung bedarf. Durch den Krümmer i tritt das Kühlwasser zum Zylinderdeckel über. An ihrem oberen Ende ist in die Laufbuchse der Feuerring k (aus hitzebeständigem Stahl) eingelassen; er schützt nicht nur die Wand der Laufbuchse vor direkter Berührung mit der Flamme, sondern erhöht auch durch seine Speicherwirkung die mittlere Temperatur des Brennraumes, was besonders für die Verbrennung schwerer Öle vorteilhaft ist. Bei l sind zwei Ölleitungen zum Schmieren der Kolbenlauffläche angeschlossen. Der Zinkschutzkörper m soll die Laufbuchse vor Korrosionen schützen.

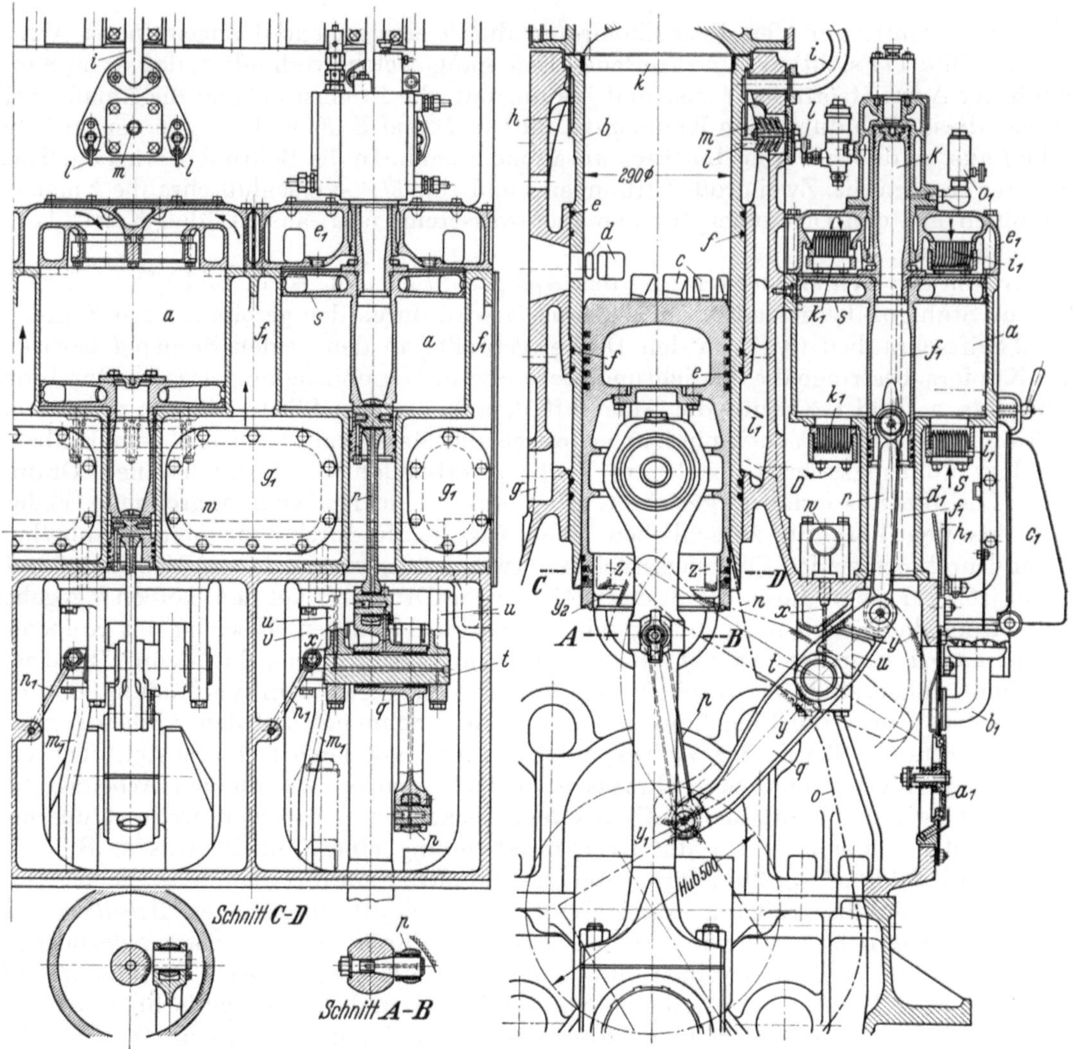

Bild 175. Querschnitt durch Arbeitszylinder und Spülpumpen

S Saugraum; D Druckraum; K Kompressor; a Spülpumpe; b Laufbuchse; c Spülschlitze; d Auspuffschlitze; e Gummiringe; f Weichkupferringe; g Kühlwassereintritt; h Abdeckblech; i Kühlwasserübertritt zum Zylinderdeckel; k Feuerring; l Ölleitungen für Kolbenschmierung; m Zinkschutz; n Mantellinie der Pleuelstange bei größter seitlicher Auslenkung; o Bahn der äußeren Kante des Pleuelkopfes; p Lenker; q Schwinghebel; r Pleuelstange der Spülpumpe; s Spülpumpenkolben; t Zapfen für q; u Lagerböcke für t; v Kolbenkühlkasten; w Kolbenkühlölzuleitung; x Schmierölbohrung; y, y_1, y_2 Stellen kleinsten Spieles; z–z Sehnenschnitt durch Laufbuchse b oberhalb Schwinghebel q; a_1 Explosionsklappe; b_1 Entlüftung; c_1 umklappbares Podest; d_1 Führung des Spülpumpenkolbens; e_1 Deckel der Spülpumpe; f_1 Trennwand zwischen Saug- und Druckräumen; g_1 Verschlußplatten in f_1; h_1 Lufteintritt; i_1 Saugventile; k_1 Druckventile; l_1 Kanal zu den Spülschlitzen; m_1 und n_1 Rohre für Kolbenkühlölabfluß; o_1 Schmiergefäß für den Kompressorkolben

Der mit fünf Dichtungs- und zwei Abstreifringen versehene ölgekühlte Kolben ist in Bild 175 in seiner unteren Totlage gezeichnet; die Pleuelstange steht dann senkrecht. Wenn sie ihre größte seitliche Auslenkung erreicht hat, d. h. wenn ihre Mittellinie den Kurbelkreis berührt, hat ihre seitliche Mantellinie die Lage n; daher muß die Laufbuchse trotz des reichlich großen Pleuelstangenverhältnisses ($r : l = 1 : 4{,}5$) an zwei Stellen ausgespart werden. Natürlich darf auch der untere Pleuelkopf nirgends anstoßen; davon überzeugt sich der Konstrukteur durch Einzeichnen der Umrißlinie o.

Von den Pleuelstangen wird der Antrieb der Spülpumpenkolben abgeleitet. An einer Stelle ist der Pleuelstangenschaft verdickt; dort (Schnitt A–B) ist ein mit Schmierbohrungen versehener Zapfen mittels Konus und Mutter eingesetzt. An ihm greift der

Lenker p an, der den zweiarmigen Hebel q in schwingende Bewegung versetzt. Dessen rechtes Ende ist mit der Pleuelstange r des Spülpumpenkolbens s verbunden, der durch eine lange Tauchkolbenführung d_1 zentriert ist. Der Hebel q schwingt um einen Zapfen t, der in zwei Böcken u gelagert ist, die mit dem Kolbenkühlkasten v (vgl. a in Bild 178) zusammengegossen sind. Alle Gelenke werden von der Kolbenkühlölleitung w aus geschmiert; von ihr gelangt das Schmieröl durch die Bohrung x sowie durch ein System von Radial- und Axialbohrungen an das Lager des Hebels q und an die Zapfen des Spülpumpenpleuels r, während die Zapfen des Lenkers p durch ein entsprechendes System von Bohrungen ihr Schmieröl von der hohlen Pleuelstange erhalten. Die Kreuzschraffur an den Stellen y hebt hervor, daß der Schwinghebel q nirgends anstößt. Hierauf ist besonders an den Stellen y_1 und y_2 zu achten: bei y_1 ist das Spiel zwischen Kurbelwange und Schwinghebel q am kleinsten, wenn die Kurbel sich um etwa 30° aus ihrem unteren Totpunkt gedreht hat; bei y_2 darf q den Sehnenschnitt z–z durch den unteren Teil der Laufbuchse nicht berühren.

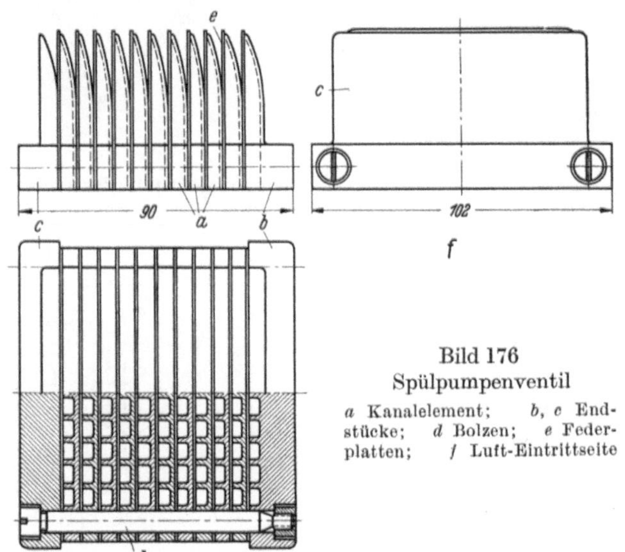

Bild 176
Spülpumpenventil

a Kanalelement; b, c Endstücke; d Bolzen; e Federplatten; f Luft-Eintrittseite

An Zubehörteilen sind vorgesehen die nach außen öffnende, federbelastete Explosionsklappe a_1, der Krümmer b_1 zur Entlüftung des Kurbelgehäuses sowie ein Podest c_1, das nach Lösen von zwei mit Handgriff versehenen Muttern um 90° umgeklappt werden kann (s. a. Bild 172).

Die Zylinder a aller Kolbenspülpumpen eines Motors sind zu einem Gußstück vereinigt (s. a. Bild 172), an dessen Unterseite die Führungen d_1 (Bild 175) für die Spülpumpenkolben angegossen sind. Mit den Führungen steht das Spülpumpengehäuse auf einem Absatz des Kurbelgehäuses; an seinem oberen Rand ist es mit dem Zylinderrahmen verschraubt. Die Deckel e_1 sind einzeln aufgesetzt. Zwischen den Führungen d_1 und den Spülpumpenzylindern ist eine Trennwand f_1 eingegossen, welche die Saugräume S von den Druckräumen D trennt. Zwischen den Führungen d_1 ist die Trennwand ausgespart, und die Öffnungen sind durch abnehmbare Stahlplatten g_1 verschlossen, wodurch die Druckventile bei Überholungsarbeiten zugänglich werden. Die Saugräume S aller Pumpen sind untereinander verbunden, desgleichen die Druckräume D. Die Luft tritt durch düsenförmige geräuschdämpfende Öffnungen h_1 ein, wird durch die Saugventile i_1 (je zwei Ventilpakete auf der Ober- und Unterseite) angesaugt und durch die umgekehrt angeordneten Druckventile k_1 gleicher Bauart in die Druckräume D gefördert, von wo aus sie durch Kanäle l_1 den Spülschlitzen c zuströmt. Die Rohre m_1 und n_1 führen das Kolbenkühlöl ab (s. a. Bild 178). Der Anlaßluftkompressor K ist in Bild 179 in größerem Maßstab gezeichnet.

Die Bauart der *Spülpumpenventile* geht aus Bild 176 und 177 hervor. Sie bestehen aus einer Anzahl gleicher Kanalelemente a aus Leichtmetall, die mit je einem Endstück b (mit Kanälen) und c (ohne Kanäle) durch zwei Bolzen d mit Kronenmutter und Splint zu einem Ventilpaket vereinigt sind. Zwischen je zwei Kanalelementen liegt auf der ebenen Fläche der Rippen eine dünne Ventilplatte e aus Federstahl, die sich leicht öffnet, wenn die Luft auf der Seite f eintritt. Die Rückseite des benachbarten Elementes begrenzt den Hub der Federplatte. Das Ventil kann sowohl als Saug- wie als Druckventil benutzt werden (vgl. i_1 und k_1 in Bild 175). Es zeichnet sich durch kleines Gewicht der bewegten Massen, große Durchtrittsquerschnitte und geringe Umlenkung der Strömung

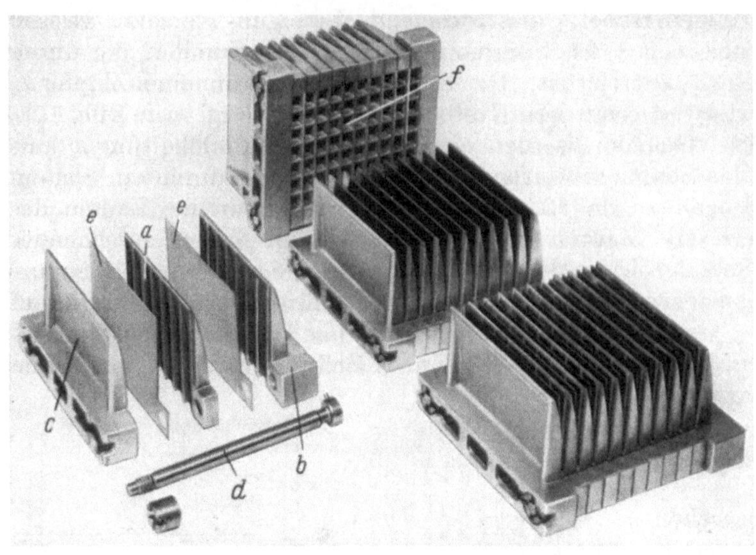

Bild 177. Einzelteile des Spülluftventils
a bis *f* wie Bild 176

aus und verursacht nur einen geringfügigen Druckabfall. Je nach der Größe der durchtretenden Luftmenge werden mehrere Ventilpakete parallelgeschaltet.

Da der Motor im Zweitakt arbeitet, müssen seine Kolben bei der gegebenen Zylinderleistung (120 PSe) gekühlt werden (vgl. Bd. I, S. 281). Als Kühlmittel darf bei Tauchkolbenmaschinen nur Öl verwendet werden, weil stets mit geringen Undichtigkeiten der im Kurbelgehäuse liegenden

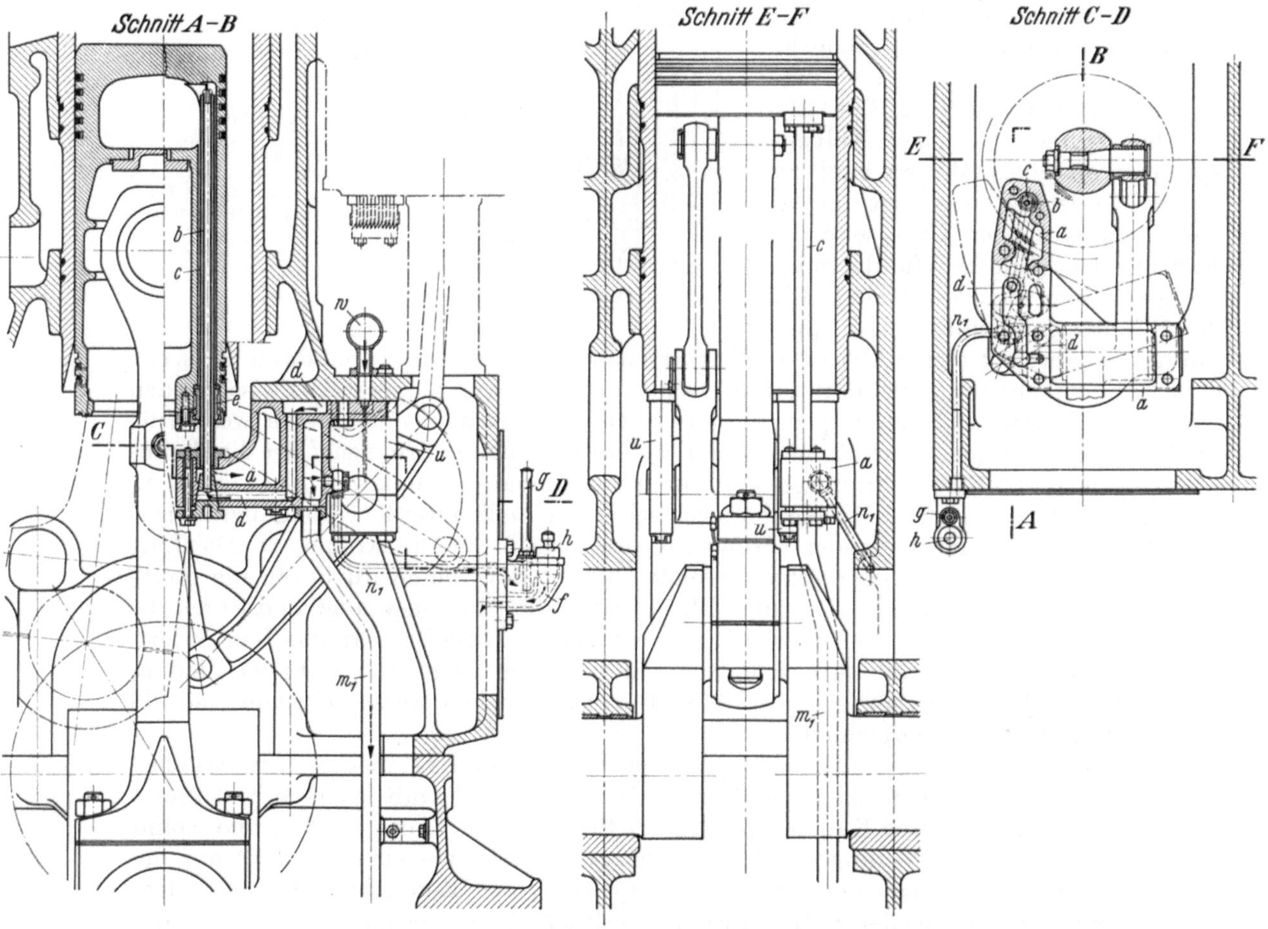

Bild 178. Kolbenkühlung
a Kolbenkühlkasten; *b* Steigrohr; *c* Ablaufrohr; *d* Zuleitungskanäle; *e* Stopfbuchse; *f* Schautrichter; *g* Thermometer; *h* Verschlußstopfen; *u* Lagerböcke für Schwinghebel; *w* Kolbenkühlölzuleitung; m_1 und n_1 Rohre für Kolbenkühlölabfluß (s. auch Bild 175)

Zuführungsteile gerechnet werden muß, so daß, wenn man Wasser benutzen wollte, dieses sich mit dem Schmieröl mischen und es verseifen würde. Die Ölkühlung vermeidet ferner Korrosionen an den Triebwerkteilen aus der Verbindung von Wasser und schwefliger Säure, die mit dem abtropfenden verunreinigten Zylinderschmieröl ins Kurbelgehäuse gelangt. Wie hier die Aufgabe gelöst ist, in dem engen Kurbelraum neben dem Schwinghebel der Spülpumpe die Zu- und Abflußteile der Kolbenkühlung unterzubringen, zeigt Bild 178. Im Innern des Kurbelgehäuses ist der Kolbenkühlkasten a angeordnet; mit ihm einteilig gegossen sind zwei Blöcke u (s. a. u in Bild 175), die den Lagerzapfen für den Schwinghebel tragen. Der nach innen ragende Arm des Kühlkastens trägt die beiden feststehenden Rohre b und c; b ist das Zuführungs-, c das Ablaufrohr. Rohr b wird durch einen konischen mit Flansch versehenen Zapfen, in den es hart eingelötet ist, im Kühlkasten gehaltert und steht durch eine Querbohrung im konischen Zapfen und durch die Kanäle d mit der Hauptzuleitung w in Verbindung (s. a. w in Bild 175); Rohr c steht mit seinem Flansch auf dem Kühlkasten. Der Ringraum zwischen beiden Rohren dient als Rücklauf des Kühlöles. Der Kolben gleitet mit der Stopfbuchse e über das Standrohr c; die Buchse e ist leicht querbeweglich, aber ohne Spiel in der Achsrichtung in eine Aussparung des Kolbens gesetzt, so daß sie die leichten Querbewegungen, die der Kolben macht, nicht auf das Standrohr c überträgt. Völliges Dichthalten der Buchse e ist nicht erforderlich, da sie nur gegen das ablaufende Öl dichten soll, das ohnehin in das Kurbelgehäuse zurückgelangt. Das obere Ende des Steigrohres ist durch eine Düse verengt; dadurch wird erreicht, daß das Öl in scharfem Strahl gegen den Kolbenboden spritzt, diesen wirksam kühlend. Das aus dem Kühlkasten abfließende erwärmte Öl teilt sich in zwei Ströme; der eine wird durch ein weites, mit Drosselscheibe versehenes Rohr m_1 in den Sumpf des Kurbelgehäuses geführt, der zweite durch ein engeres Rohr n_1 und eine Bohrung in der Wand des Kurbelgehäuses zu dem außen liegenden Schautrichter f, der mit Thermometer g und Verschluß-

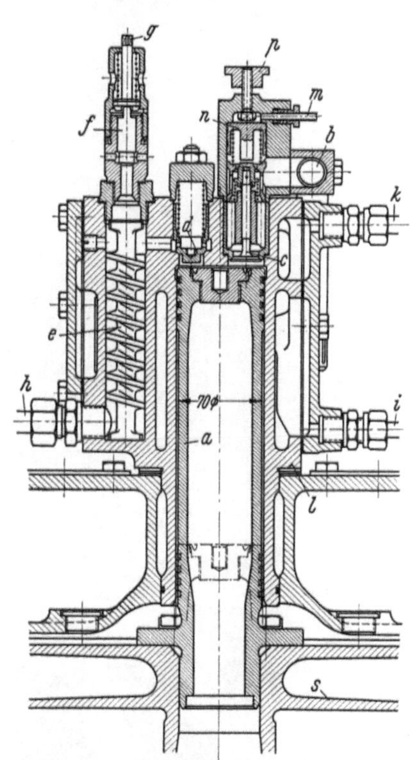

Bild 179. Anlaßluftkompressor

a Kompressorkolben; b Saugleitung; c Saugventil; d Druckventil; e Einsatzkörper; f Sicherheitsventil; g Vierkant zum Bewegen von f; h Druckleitung; i Kühlwassereintritt; k Kühlwasseraustritt; l Beilagen zum Einstellen des Kolbenspieles; m Druckleitung von der Anlaßflasche; n Kolben zum Aufdrücken des Saugventils; p Stellschraube zum Abstellen der Förderung; s Spülpumpenkolben

stopfen h versehen ist. Dadurch kann die Kolbenkühlung ständig überwacht werden.

Alle Schrauben, die den Kühlkasten im Kurbelgehäuse und die Standrohre auf dem Kühlkasten befestigen, sind gesicherte Kopfschrauben; dies ermöglicht trotz des beschränkten Raumes das einfache Ein- und Ausbauen der Teile. Soll der Kühlkasten herausgezogen werden, so baut man den Schwinghebel aus, bringt die Kurbelwelle in eine passende Stellung, löst die Kopfschrauben, die das Steigrohr b halten, und kann dieses dann nach unten herausziehen, wobei man das Ablaufrohr c im Kolben stecken läßt. Nachdem die übrigen Kopfschrauben, die den Kasten halten, gelöst worden sind, kann der Kasten herausgedreht und das Ablaufrohr c aus dem Kolben gezogen werden.

Der *Anlaßluftkompressor* (Bild 179) ist oberhalb einer Kolbenspülpumpe angeordnet; sein mit vier Dichtungsringen versehener Kolben a ist im Kolben s der Spülpumpe (s. a. s in Bild 175) zentriert und mit diesem durch vier mit Umschlagblech gesicherte Kopfschrauben verbunden. Die Luft wird durch die Leitung b angesaugt, passiert das durch eine leichte Feder belastete, nach innen öffnende Saugventil c und wird durch das Druckventil d in den Kühlraum gedrückt, in welchem es durch einen schneckenförmigen Einsatzkörper e an den gekühlten Wänden entlanggeführt wird. Oberhalb des Einsatzkörpers sitzt das federbelastete Sicherheitsventil f, dessen Ventilkörper durch den Vierkant g bewegt werden kann, wodurch man sich von seiner Gängigkeit

Bild 180. Einfachwirkender Zweitakt-Kreuzkopfmotor der Firma *Gebr. Sulzer*
Leistung mit 10 Zylindern 7000 PSe bei 125 U/min. Ansicht von Spülpumpenseite

überzeugt. Durch Rohr h strömt die verdichtete Luft zur Anlaßflasche. Das im Labyrinth geführte Kühlwasser tritt bei i ein und bei k aus. Durch die Beilagen l kann das Spiel über dem Kolbenboden, das nur klein sein darf, eingestellt werden. Durch ein Schmiergefäß o_1 (nur in Bild 175 gezeichnet) wird etwas Schmieröl an die Kolbenlauffläche gegeben. Ist die Anlaßflasche auf den vorgeschriebenen Höchstdruck aufgefüllt, so drückt die von der Flasche durch die Leitung m zugeführte Luft den Kolben n nach unten und hält das Saugventil offen, so daß der Kompressor die Luft in die Leitung b zurückschiebt. Bei sinkendem Luftdruck schaltet sich der Kompressor selbsttätig wieder ein. Durch die Stellschraube p kann das Saugventil auch von Hand niedergedrückt und der Kompressor abgeschaltet werden.

Die **Zweitakt-Kreuzkopfmaschinen** der Firma *Gebr. Sulzer* werden in zwei Ausführungen geliefert, der schwereren gußeisernen und der leichteren geschweißten Bauart. Die folgende Beschreibung[1] bezieht sich auf die Ausführung in Gußeisen,

---

[1] Siehe auch L. Martinaglia: Die konstruktiven Merkmale der großen *Sulzer*-Schiffsmotoren. Techn. Rdsch. Sulzer 1952, Nr. 1.

die auf zahlreichen Motorschiffen eingebaut ist. Von ihr sind vorläufig zwei Standardtypen vorgesehen, von denen die kleinere mit 600 mm Zyl.-Dmr. und 1040 mm Hub

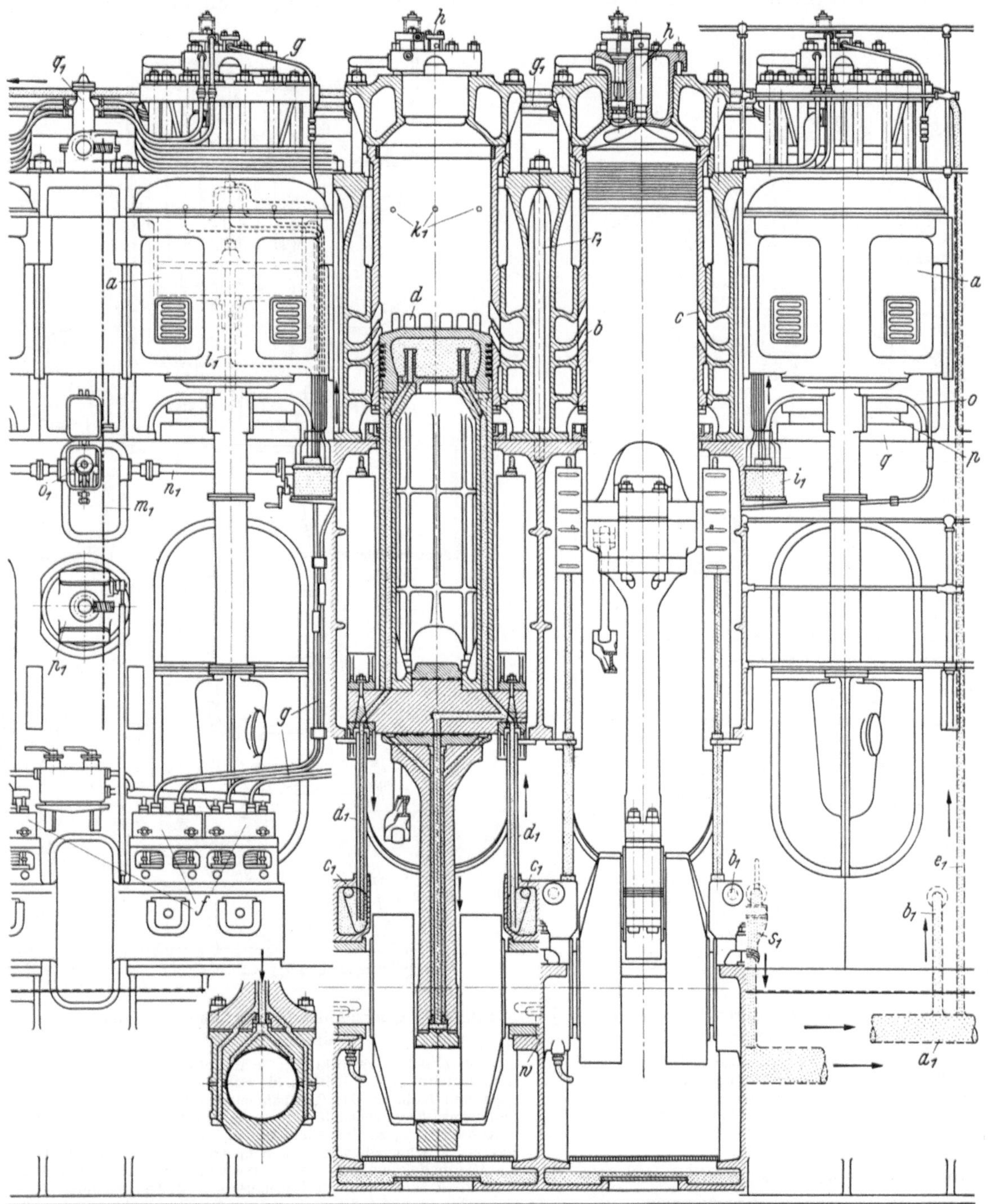

Bild 181. Teil-Längsansicht und Schnitt durch zwei Zylinder des Motors Bild 180

a Kolbenspülpumpen; b Spülschlitze; c Nachladeschlitze; d Auspuffschlitze; f Brennstoffpumpe; g Brennstoffdruckleitungen; h Brennstoffventil; o Laternen; p freiliegender Teil des Kolbenmantels; q Schale für Ausbau der unteren Abstreifringe; w Schmierkanal im Lagerstuhl; a_1 Verteilleitung des Kolbenkühlöles; b_1 Leitung zum Teleskoprohrgehäuse c_1; d_1 feststehendes Teleskoprohr; e_1 Steigleitung für Brennstoffdüsenkühlung; g_1 Abflußleitung des Düsenkühlöles; i_1 Schmierpressen für Zylinderschmierung; k_1 Bohrungen für Zylinderschmierung; l_1 Schmierung der Kolbenstange der Spülpumpe; m_1 senkrechte Welle zum Antrieb der Schmierpressen i_1, des Reglers p_1 und der Anlaßluftsteuerschieber q_1; n_1 Welle für Antrieb der Schmierpressen; o_1 Regelung der Zylinderschmierung; r_1 Anker zwischen Zylinderblock und Ständern; s_1 Schautrichter für Kolbenkühlölabfluß

500 PSe/Zyl. bei 150 U/min, die größere mit 720 mm Dmr. und 1250 mm Hub
700 PSe/Zyl. bei 125 U/min leistet (in beiden Fällen $p_e = 5$ kg/cm², $c_m = 5,2$ m/sec).
Mit Zylinderzahlen von 4 bis 12 decken die beiden Typen den großen Leistungsbereich

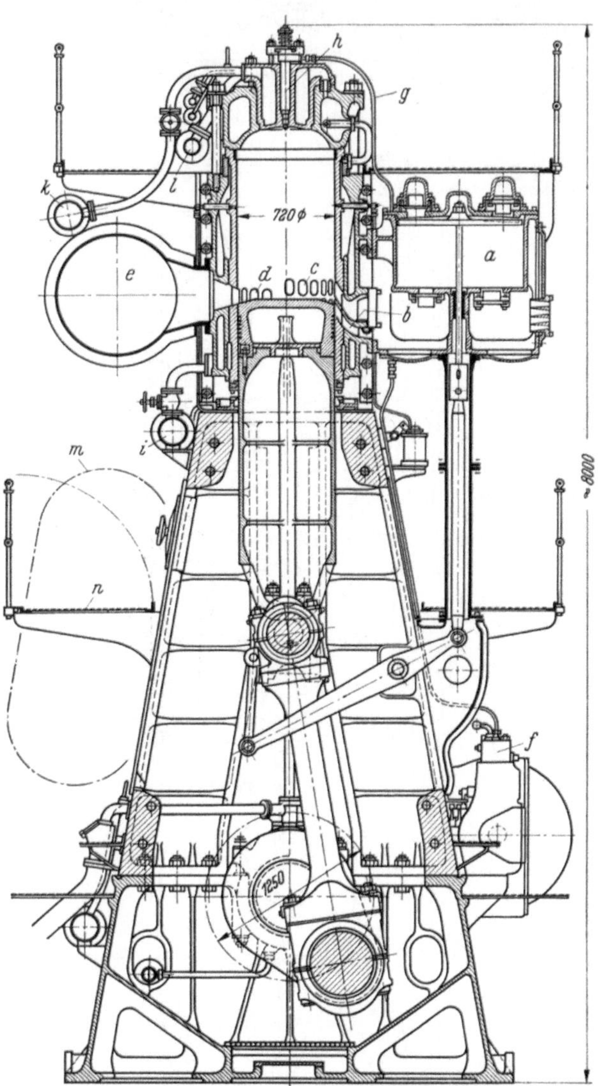

Bild 182. Querschnitt durch den Arbeitszylinder des Motors Bild 180

a bis d wie Bild 181; e Auspuffsammelrohr; f bis h
wie Bild 181; i Kühlwasserzuflußleitung; k Kühlwasserabflußleitung; l Anlaßluftleitung; m Gestelltür; n aufklappbare Flurplatten

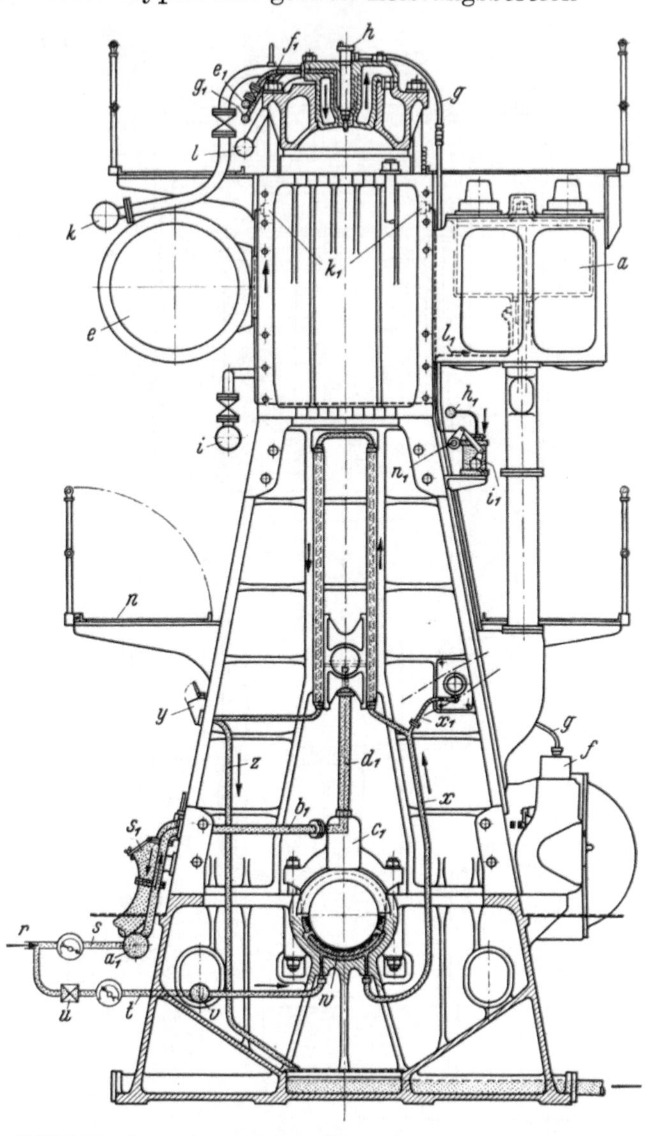

Bild 183. Querschnitt durch Mitte Grundlager des
Motors Bild 180

a, e bis l und n wie Bild 182; r Hauptölzuleitung; s Kolbenkühlölzuleitung; t Leitung für Schmierung der Kurbelwellenlager und Kühlung der Gleitbahnen; u Drosselventil; v Verteilleitung für Lagerschmieröl; w Schmierkanal im Lagerstuhl;
x Kühlölleitung zu den Gleitbahnen; x_1 Schmierölleitung zum
Lager des Schwinghebels; y Schautrichter; z Abflußleitung
des Gleitbahnkühlöles; a_1 Verteilleitung des Kolbenkühlöles;
b_1 Leitung zum Teleskoprohrgehäuse c_1; d_1 feststehendes Teleskoprohr; e_1 und f_1 Zufluß zur Brennstoffdüsenkühlung; g_1 Abflußleitung des Düsenkühlöles; h_1 Zylinderschmierölleitung zu
den Schmierpressen i_1; k_1 Zylinderschmierung; l_1 Schmierung
der Kolbenstange der Spülpumpe; n_1 Welle für Antrieb der
Schmierpressen; s_1 Schautrichter für Kolbenkühlölabfluß

von 2000 bis etwa 8500 PSe je
Maschineneinheit, Leistungen, die
in der Handelsschiffahrt häufig verlangt werden. Bild 180 zeigt die
größere Type als Zehnzylindermaschine auf dem Prüfstand der Firma.

Zu den Merkmalen dieser großen einfachwirkenden Kreuzkopfmaschinen gehören
die hohe, steife Grundplatte (Bild 184), die kräftigen A-Ständer (Bild 185 u. 186),

welche ohne durchgehende Zuganker die Verbrennungsdrücke aufnehmen, ferner die seitlich angeordneten, durch Schwinghebel vom Kreuzkopf aus angetriebenen doppeltwirkenden Kolbenspülpumpen (Bild 182), das Fehlen der Kolbenstange des Arbeitskolbens (Bild 190) und die Zuführung des Kühl- und Schmieröles zum Kolben und zum Triebwerk durch Teleskoprohre, ohne Bohrungen in der Kurbelwelle (Bild 194).

Bild 181 bis 183 zeigen den *Aufbau*. Die doppeltwirkenden Kolbenspülpumpen a fördern die Spülluft durch die Spülschlitze b und die über ihnen liegenden Nachladeschlitze c. Diese sind auf ihrer im Druckraum der Spülpumpen liegenden Eintrittseite mit Ventilpaketen der gleichen Bauart versehen (Bild 176 u. 177) wie die Spülpumpe und öffnen sich nur für die einströmende Spülluft; die Abgase müssen ihren Weg durch die Auspuffschlitze d in das Auspuffsammelrohr e (Bild 182) nehmen. Die Brennstoffpumpe ist auf Mitte Längsseite der Maschine angeordnet; von ihr führen die Druckleitungen g zu den Brennstoffventilen h. Die Kühlwasserzuflußleitung i, die Abflußleitung k und die Anlaßluftleitung l (Bild 182 u. 183) liegen auf der Auspuffseite. Das Triebwerk ist durch große Gestelltüren m (Bild 182) bequem zugänglich (s. a. Bild 195); sie können geöffnet werden, wenn die Flurplatten n hochgeklappt sind. Durch die zwischen dem unteren Teil des Zylinderrahmens und der Oberkante der Ständer ausgesparten Öffnungen o (Bild 181), die „Laternen", kann der im Betrieb befindliche Kolben auf dem Stück p beobachtet und abgefühlt werden. Die Laternen sind nach oben gegen den Arbeitszylinder und nach unten gegen das Kurbelgehäuse durch je drei nach innen spannende gußeiserne Abstreifringe verschlossen, von denen die obere Gruppe beim Abwärtsgang des Kolbens das verunreinigte Zylinderöl vom Kolben abstreift, während die untere Ringgruppe beim Aufwärtsgang das vom Triebwerk gegen den Kolben gespritzte Öl abschabt. Die beiden Schmiermittel werden getrennt abgeführt. Die unteren Abstreifringe sind in einer flachen viereckigen Schale q untergebracht, die nach Anheben des Kolbens seitlich herausgezogen werden kann.

Bild 181 und 183 zeigen auch die einzelnen Wege des Schmieröles, das den Kolben und die Gleitbahnen kühlt und die Lagerstellen schmiert. Eine getrennt angetriebene Zahnradpumpe fördert das gereinigte und gekühlte Öl in die Leitung r (Bild 183), die sich vor der Grundplatte in die Leitungen s und t gabelt. Der Leitung t ist das Ventil u vorgeschaltet, das den Öldruck auf den für die Schmierung der Lager ausreichenden Druck von etwa 1,2 kg/cm² drosselt, während Rohr s, durch welches das Kolbenkühlöl den Teleskoprohren d_1 zugeführt wird (s. a. Bild 181), den vollen Öldruck (5 bis 6 kg/cm²) erhält. Das Lagerschmieröl wird durch Abzweigungen von der im Kurbelgehäuse liegenden Leitung v den Grundlagern zugeführt, deren Lagerstühle mit Kanälen w versehen sind, aus denen das Schmieröl durch Bohrungen in den Lagerschalen und durch zwei breite Längsnuten (w_1 in Bild 184) an die Lagerzapfen der Kurbelwelle geführt wird. Das überschüssige Öl fließt durch die Leitung x weiter, kühlt die beiden Gleitbahnen im Auf- bzw. Abwärtsstrom und wird durch den Schautrichter y und die Leitung z in den Sumpf des Kurbelgehäuses geführt, aus dem es abgesaugt wird. Die von x abzweigende Leitung x_1 schmiert das Lager des Schwinghebels der Spülpumpe.

Getrennt von diesem Kreislauf sind die Leitungen für die Kolbenkühlung und die Schmierung der Haupttriebwerkteile verlegt (Bild 181 u. 183). Aus dem Rohr s gelangt das Kolbenkühlöl in die außerhalb der Grundplatte liegende Verteilleitung a_1 und aus dieser durch Rohr b_1 zum Teleskoprohrgehäuse c_1, das auf dem Lagerdeckel des Grundlagers befestigt ist (s. Arbeitsleisten c_1 in Bild 184). Wie das Öl weitergeleitet wird, um den Kolben zu kühlen und den Kreuzkopf sowie den Kurbelzapfen zu schmieren, zeigt Bild 194. Durch den Schautrichter s_1 (Bild 181 u. 183) kann das abfließende Kolbenkühlöl beobachtet werden.

Von der Verteilleitung a_1 zweigt auch die Steigleitung e_1 (Bild 181 u. 183) ab, die in Höhe Oberkante Zylinderdeckel an diesen entlanggezogen ist; sie führt durch kurze, mit Drosselventilen versehene Rohre f_1 (Bild 183) das Düsenkühlöl zu den Brennstoffventilen h. Durch die Sammelleitung g_1 wird das Düsenkühlöl abgeführt.

Unabhängig von den beschriebenen Ölkreisläufen werden die Laufflächen der Arbeitszylinder geschmiert, da diese ein Schmieröl mit besonderen Eigenschaften (hoher Flammpunkt, geringe Verkokungsneigung) brauchen. Das Zylinderöl wird durch die Leitung h_1 (Bild 183) den Schmierpressen i_1 zugeführt, die es durch die Schmierstutzen k_1 an die Kolbenlaufflächen bringen. Auch die Kolbenstange des Spülpumpenkolbens wird durch die Schmierpressen geschmiert (Leitung l_1). Diese erhalten ihren Antrieb von einer senkrechten Welle m_1 (in Bild 181 nur durch ihre Mittellinie angedeutet, genauer in Bild 201) und einer waagerechten n_1, an die alle Schmierpressen angelenkt sind. Durch das Handrad o_1 (Bild 181) kann die Förderung der Schmierpressen dem jeweiligen Bedarf angepaßt werden; außerdem kann jede Schmierpresse von Hand betätigt werden.

Auf die Kühl- und Schmierölleitungen ist bei der Konstruktion der *Grundplatte* Rücksicht zu nehmen. An den Flanschen t (Bild 184) sind die Zuleitungsrohre (t in Bild 183) für das Lagerschmieröl angeschlossen; die Flanschen sind an beiden Seiten der Grundplatte vorgesehen, damit die Platte als Rechts- und als Links

Bild 184. Grundplatte des Sechszylindermotors 6 SD 72

a Ölabflußleitungen;　*b* Bohrungen für Fußschrauben der Ständer;　*c* Fenster für Muttern der Lagerdeckelschrauben;　c_1 Arbeitsleisten für Teleskoprohrgehäuse; *d* Leisten für Flurplatten;　*t* Flanschen und t_1 Bohrungen für Zuführung des Lagerschmieröles;　*v* Öffnungen zum Einbringen der Schmierölverteilleitung; *w* Umfangsnuten im Lagerstuhl;　w_1 Längsnuten in den Lagerschalen;　*x* Bohrungen für Gleitbahnkühlleitung

modell benutzt werden kann; sie werden nur auf der Auspuffseite gebohrt. Durch die Öffnungen v können die Verteilrohre (v in Bild 183) eingeführt werden; nur die eine der beiden Öffnungen wird jeweils benutzt. Die Schmierölleitungen t und x (Bild 183) sind von unten an den Lagerstuhl angeschlossen; das Öl tritt durch die Bohrungen t_1 (Bild 184) in eine in den Lagerstuhl eingearbeitete Nut w (Bild 181, 183, 184) und weiter durch Bohrungen in den Lagerschalen in je zwei breite Axialnuten w_1, die symmetrisch zur Wellenmitte liegen und den Wellenzapfen reichlich benetzen. Die Lagerschalen erhalten keine Schmiernuten in der Umfangsrichtung. Das nicht zur Lagerschmierung verwendete Öl strömt durch die Bohrung x ab und gelangt als Kühlöl zu den Gleitbahnen (Bild 183). Der (eine) in Bild 184 aufgesetzte Lagerdeckel zeigt auch die Arbeitsleisten c_1 für die Befestigung der Teleskoprohrgehäuse (c_1 in Bild 181 u. 183).

Die Grundplatte Bild 184 ist für einen Sechszylindermotor (720 mm Zyl.-Dmr.) bestimmt; das Gehäuse für das Drucklager wird am hinteren Ende angeschraubt. Wegen der Größe des Gußstücks ist die Platte in der Mitte geteilt; die Hälften werden durch Durchgangsschrauben und die erforderliche Zahl von Paßschrauben verbunden. Die Platte ruht auf vier schmalen Leisten, die zwecks Vereinfachung der Bearbeitung nicht an der vorderen und hinteren Schmalseite der Platte verbunden sein dürfen. Sie wird

durch zahlreiche Schrauben, die zum Teil als Paßbolzen ausgebildet sind, mit dem
Fundament verbunden. Deren Teilung richtet sich nach dem genieteten oder geschweißten
Fundament im Schiff. Neben der senkrechten Teilfuge liegen die beiden Öffnungen a
für den Ölabfluß aus der Kurbelwanne; in Bild 184 sind es die beiden auf der gegenüberliegenden (Spülpumpen-) Seite liegenden Flanschen, die das Öl abführen (s. a.
Bild 183), doch wird die Ölab-
flußleitung auf beiden Seiten eingegossen, damit die Maschine als
Rechts- und als Linksmodell verwendet werden kann. Die obere
Fläche der Grundplatte ist völlig
eben; ihre Bohrungen b nehmen

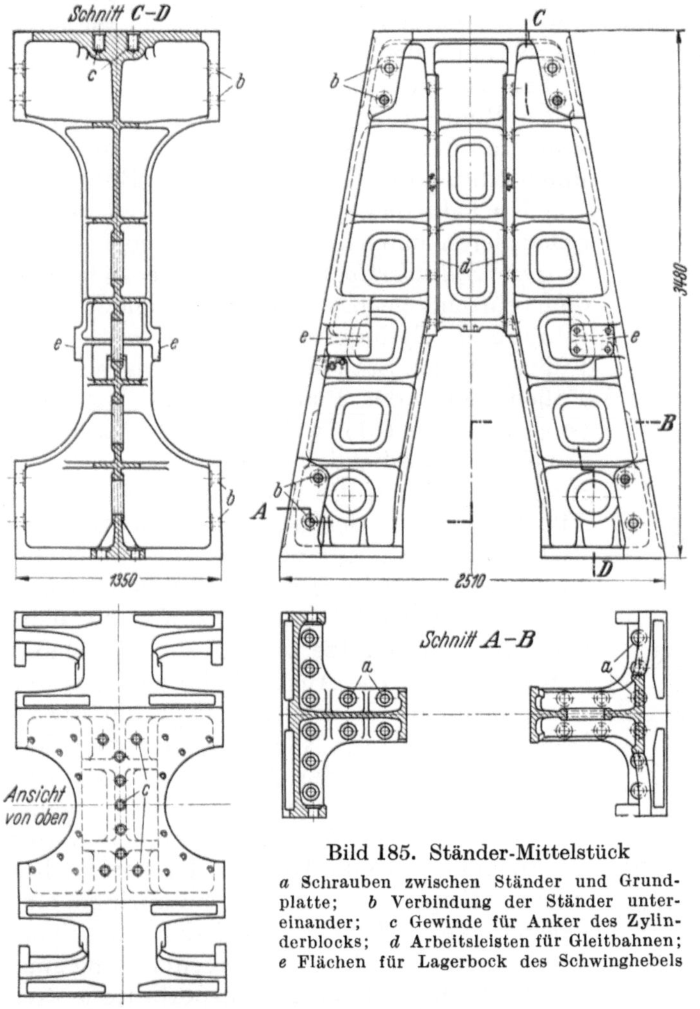

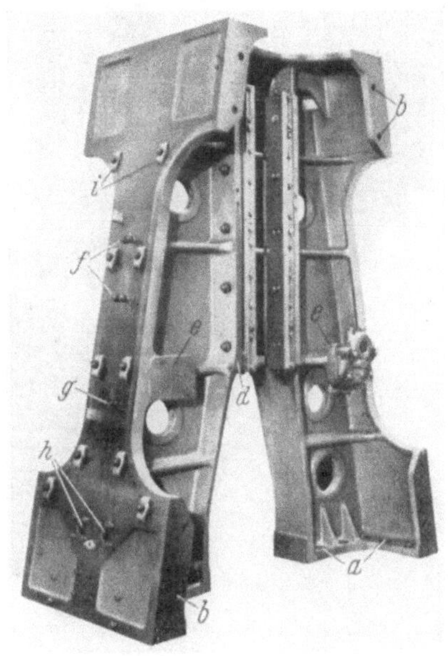

Bild 185. Ständer-Mittelstück

a Schrauben zwischen Ständer und Grundplatte; b Verbindung der Ständer untereinander; c Gewinde für Anker des Zylin-
derblocks; d Arbeitsleisten für Gleitbahnen;
e Flächen für Lagerbock des Schwinghebels

Bild 186. Ständer-Mittelstück

a, b, d, e wie Bild 185; f Stiftschrauben für
Konsole; g Befestigung des Schautrichters
für Gleitbahnkühlöl; h Öffnungen für Kolbenkühlölleitungen; i Knebel für Gestelltüren

die Bolzen auf, welche die Ständer mit der Grundplatte verbinden. In den Fenstern c
liegen die unteren Muttern für die Lagerdeckelschrauben (s. a. Bild 183). Auf die Leisten d (an beiden Längsseiten) werden die Flurplatten gelegt.

Wenn die Platte auf dem flachen Doppelboden stehen soll, wird sie mit ebener
Auflagefläche ausgeführt (Bild 184); soll sie auf ein auf dem Doppelboden stehendes
Fundament gesetzt werden, so wird sie mit entsprechend höher gelegten Fußleisten
gegossen. Wo es auf geringes Gewicht ankommt, ist die geschweißte Ausführung vorgesehen.

Die gußeisernen *Ständer* (Bild 185 u. 186) werden unmittelbar auf die Grundplatte
gesetzt und mit dieser durch je 20 starke Schrauben a, davon ein Teil Paßbolzen, verbunden. Untereinander sind die Ständer durch je acht Bolzen b verschraubt (davon
oben und unten je zwei Paßbolzen), so daß zusammen mit der Grundplatte ein steifer
und kräftiger Rahmen entsteht und (von Oberkante Zylinderblock bis Unterkante
Lagerbrücke durchgehende) Zuganker entbehrlich werden. Die Zylinderrahmen werden
hier nur durch kürzere Anker (r_1 in Bild 181) mit den Ständern verbunden, und zwar

liegen je fünf Anker auf einer Teilfuge zwischen zwei Zylinderrahmen, vier neben der Teilfuge (Gewindebohrungen c in Bild 185, Schnitt C–D und Ansicht von oben). Der Ständer ist durch Rippen und an den Aussparungen durch Wulste kräftig versteift (s. a. Bild 186). Auf den Arbeitsleisten d liegen die ölgekühlten Gleitbahnen für den viergleisigen Kreuzkopf. An der Fläche e wird ein Lagerbock für den Zapfen des Schwinghebels der Spülpumpe befestigt; vier Flächen e sind an jedem Ständer vorgesehen, nur die auf der Spülpumpenseite liegenden werden jeweils bearbeitet. In Bild 186 sind ferner sichtbar die Stiftschrauben f für die Konsole einer Bedienungsbühne, die Öffnung g, gegen welche der Schautrichter (y in Bild 183) für das abfließende Gleitbahnkühlöl gesetzt wird, und die Durchbrechungen h für die Rohre (b_1 in Bild 183), die das Kolbenkühlöl zu den Teleskoprohrgehäusen und von ihnen zurückführen (s. a. b_1 in Bild 195). Die Knebel i dienen zum Andrücken der in Scharnieren hängenden Gestelltüren.

Der *Zylinderblock* (Bild 187) besteht aus den einzeln gegossenen, miteinander verschraubten Zylinderrahmen, die mit ihren Füßen auf den Ständern ruhen. Zwischen den Füßen bleibt der Platz o für die Laternen (s. a. o in Bild 181), welche die Beobachtung des Kolbens im Betrieb ermöglichen. Die Bohrungen f nehmen die Ankerschrauben (r_1 in Bild 181) auf, die den Block mit den Ständern verbinden (Gewinde c in Bild 185); in die Gewindebohrungen g werden die Zylinderdeckelschrauben eingesetzt. An der Laufbuchse sieht man die Spülschlitze b und die Nachladeschlitze c sowie die Auspuffschlitze d (an der Innenfläche der Laufbuchse liegt die obere, steuernde Kante der Nachladeschlitze c höher als die Oberkante der Auspuffschlitze; vgl. Bild 181). An die rechteckigen Öffnungen e sind die Stutzen des Auspuffsammelrohres angeschlossen. In die Rillen h der Laufbuchse werden Kupferringe, in i Gummiringe eingelegt, zwecks Dichtung auf der Gas- bzw. Wasserseite. Für die Zylinderschmierung sind auf der Spül- und auf der Auspuffseite je drei Anschlüsse k_1 vorgesehen (s. a. k_1 in Bild 181 u. 183). Die Rippen l führen das Kühlwasser um den oberen Teil des Brennraumes mit erhöhter Geschwindigkeit. Wegen der Bohrungen e_1 s. Bild 188.

Der *Zylinderdeckel* ist ein besonders hoch beanspruchter Konstruktionsteil; er unterliegt nicht nur den hohen (schwellenden) mechanischen Beanspruchungen durch die Verbrennungsdrücke, sondern er hat auch im feuerberührten Deckelboden hohe thermische Spannungen auszuhalten. Wie die Aufgabe hier gelöst worden ist, zeigen Bild 188 und 189. Der Deckel besteht aus zwei Teilen: einem äußeren, aus Stahlguß hergestellten Teil a, der nahezu vollkommen ein Rotationskörper und daher besonders gut geeignet ist, die thermischen Spannungen aufzunehmen, und einem inneren gußeisernen Teil b, der die Kanonen für das Brennstoff-, das Anlaß- und das Sicherheitsventil enthält und bei seinem kleineren Durchmesser zwecks besserer Kühlung dünnwandig gehalten werden kann, ohne an Festigkeit zu verlieren. Der Deckelteil a drückt die Laufbuchse in den Zylinderrahmen; zwischen dem Flansch der Laufbuchse und dem Rahmen liegt der Stahlgußring c, der die äußere Wand der obersten, um den heißesten Teil der Laufbuchse

Bild 187. Zylinderblock mit Laufbuchse

b Spülschlitze; c Nachladeschlitze; d Auspuffschlitze; e Auspuffkanal; e_1 Bohrungen für Paßstifte; f Bohrungen für Zuganker zu den Ständern; g Gewinde für Zylinderdeckelschrauben; h Kupferringe; i Gummiringe; k_1 Anschlüsse der Zylinderschmierung; l Führungsrippen für Kühlwasser; o Platz für Laternen

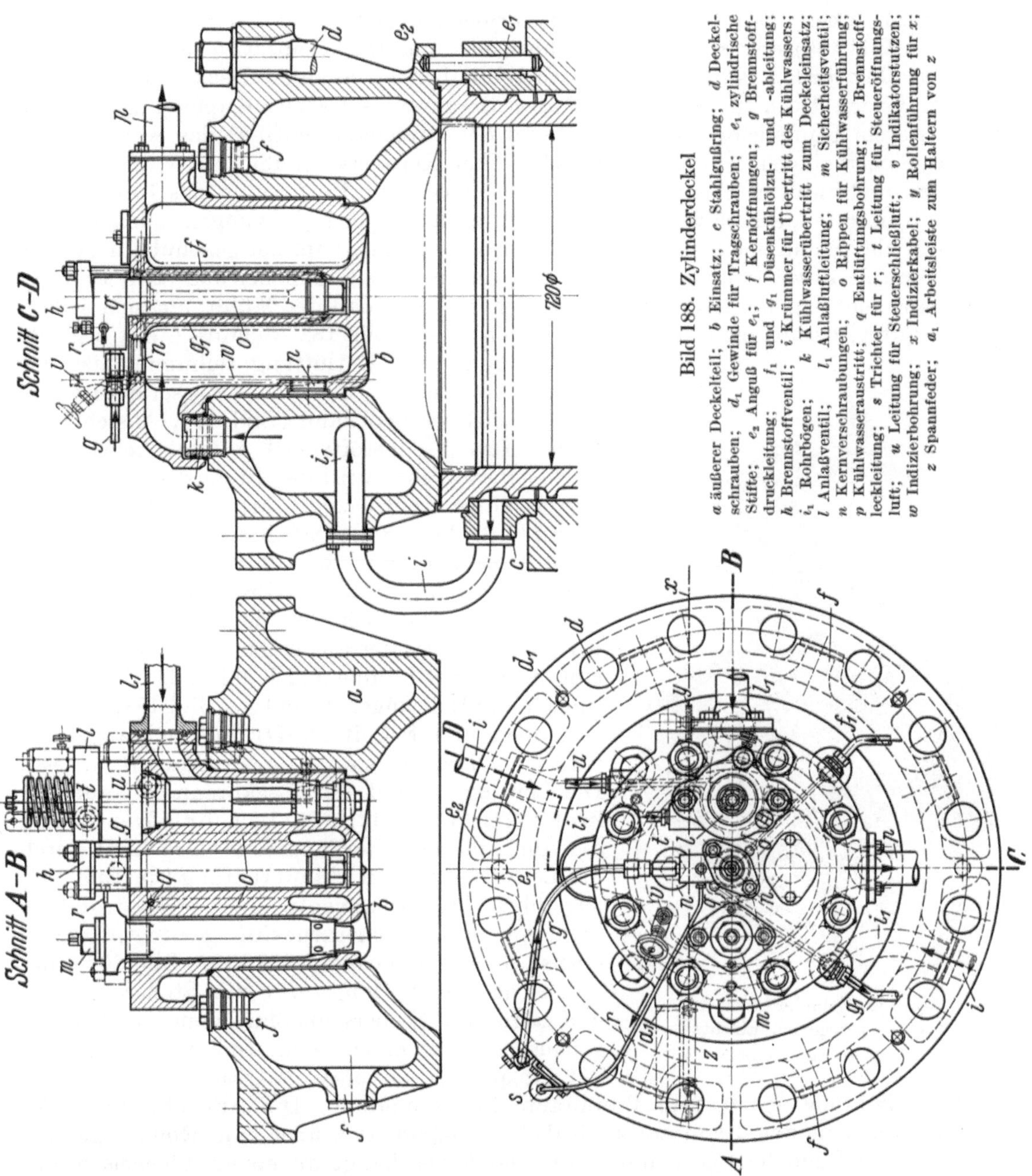

Bild 188. Zylinderdeckel

a äußerer Deckelteil; b Einsatz; c Stahlgußring; d Deckelschrauben; d_1 Gewinde für Tragschrauben; e_1 zylindrische Stifte; e_2 Anguß für e_1; f Kernöffnungen; g Brennstoffdruckleitung; f_1 und g_1 Düsenkühlölzu- und -ableitung; h Brennstoffventil; i Krümmer für Übertritt des Kühlwassers; i_1 Rohrbögen; k Kühlwasserübertritt zum Deckeleinsatz; l Anlaßventil; l_1 Anlaßluftleitung; m Sicherheitsventil; n Kernverschraubungen; o Rippen für Kühlwasserführung; p Kühlwasseraustritt; q Entlüftungsbohrung; r Brennstoffleckleitung; s Trichter für r; t Leitung für Steueröffnungsluft; u Leitung für Steuerschließluft; v Indikatorstutzen; w Indizierbohrung; x Indizierkabel; y Rollenführung für x; z Spannfeder; a_1 Arbeitsleiste zum Haltern von z

geführten Kühlkanäle bildet. Sechzehn Stiftschrauben d nehmen den Verbrennungsdruck auf. Zwischen ihnen, am Umfang gleichmäßig verteilt und über je einer der den Kragenrand versteifenden Rippen gebohrt, liegen vier Gewinde d_1 zum Einsetzen von Tragschrauben. Zwei zylindrische Stifte e_1 (s. a. e_1 in Bild 187) sichern die Lage des Deckels a und des Ringes c gegenüber dem Zylinderrahmen; am Deckel sind hierfür zwei Lappen e_2 angegossen (Bild 188 u. 189). Acht Kernöffnungen f in der Seitenwand und ebenso viele im oberen Boden des Deckelteils a machen den Kern gut zugänglich. Von den seitlichen Kernöffnungen werden zwei (um 180° versetzt) benutzt, um das Kühlwasser durch die Krümmer i dem Deckel zuzuführen. Die im Deckelhohlraum liegenden Rohrbögen i_1 setzen das Kühlwasser in kreisende Bewegung, so daß es, durch Radialrippen nicht gestört, den Deckelboden wirksam kühlt. Im oberen Deckelboden ist eine der Kernschrauben f durch die mit Gummiringen abgedichtete Rohrverschraubung k (s. a. k in Bild 189) ersetzt, die das Kühlwasser zum Deckeleinsatz b leitet.

Der *Deckeleinsatz* b ist durch acht Stiftschrauben im äußeren Deckelteil befestigt; zwischen beiden Deckelteilen liegt auf der Brennraumseite ein Kupferring, auf der Außenseite ein Gummiring. Im Einsatz sind das Brennstoffventil h, das Anlaßventil l und das Sicherheitsventil m untergebracht. Drei Kernverschraubungen n im zylindrischen Teil und zwei im oberen Einsatzboden dienen zur Entfernung des Kernsandes. Das bei k eintretende Kühlwasser wird durch zwei Rippen o gezwungen, zunächst abwärts in Richtung auf den feuerberührten Boden zu strömen; auf der gegenüberliegenden Seite strömt es aufwärts und tritt bei p aus, um in einer Sammelleitung (k in Bild 182 u. 183) abgeführt zu werden. Der Abfluß liegt so hoch, daß der Kühlraum sich selbsttätig entlüftet; damit auch der auf der linken Seite (Bild 188, Schnitt C–D) liegende Hohlraum an der Entlüftung teilnimmt, ist das Loch q vorgesehen, das vom Wasseraustritt (p) aus gebohrt werden kann (Bild 188, Ansicht von oben). Das Brennstoffventil h sitzt zentral im Deckeleinsatz; ihm wird der Brennstoff durch das starkwandige Rohr g zugeführt (s. a. Leitungen g in Bild 181 bis 183). Das Brennstoffventil möglichst nahe der Düse zu kühlen ist zweckmäßig, besonders wenn schwerer Brennstoff verwendet werden soll. Man benutzt dazu Schmieröl oder wirksamer Süßwasser aus einem besonderen Kreislauf mit eigener Pumpe und Kühler, das durch Leitungen und Bohrungen f_1 und g_1 (Bild 188, Ansicht von oben und Schnitt C–D) zu- und abgeführt wird (s. a. Leitungen e_1, f_1, g_1 in Bild 181 u. 183). Die Leitung r fängt den Leckbrennstoff auf, der in den Trichter s abtropft. Dem Anlaßventil wird die vom Anlaßbehälter kommende Druckluft durch die Leitung l_1 (aus der Hauptleitung l in Bild 182) zugeführt. Das Anlaßventil ist so gebaut, daß es nicht nur durch Steuerdruckluft geöffnet, sondern ebenso auch geschlossen wird (vgl. Bild 202); daher ist je eine Leitung t für die Steueröffnungs- und u für die Steuerschließluft dem Anlaßventilgehäuse angeschlossen. Zum Indizieren dient der mit Absperrventil versehene Stutzen v; er steht durch die Bohrung w mit dem Brennraum in Verbindung. Die Antriebsschnur des Indikators wird in das 2 mm starke Kabel x gehängt, das über eine Rolle y geführt und durch eine Zugfeder z gespannt wird. Die Feder hängt an einem Flacheisen, das gegen die Arbeitsleiste a_1 am Deckeleinsatz geschraubt wird (s. a. a_1 in Bild 189).

Bild 189. Zylinderdeckel mit herausgezogenem Einsatz
Buchstaben wie Bild 188

Das *Triebwerk* der Arbeitszylinder weist bemerkenswerte Einzelheiten auf. Der Schaft a des *Kolbens* (Bild 190), aus Spezial-Gußeisen hergestellt, ist so lang ausgeführt, daß er sich mit seinem unteren Ende unmittelbar auf zwei Anflächungen des Kreuzkopfzapfens b stützt, so daß die Kolbenstange entfällt. Der Schaft a und die aus geschmiedetem Stahl angefertigte Kolbenkappe c sind kreissymmetrisch geformt, so daß sie auch bei Erwärmung rund bleiben. Schaft a und Kappe c sind durch Stiftschrauben verbunden, deren Muttern d durch Umschlagbleche gesichert sind; die Muttern liegen in Nischen der Kappe, die durch einen geschlitzten innenspannenden Ring e abgedeckt werden, damit sie nicht verschmutzen. Vier Gewindelöcher f im oberen Kolbenboden dienen zum Aufsetzen einer Vorrichtung zum Ausbau des Kolbens. Der Kühlraum der Kolbenkappe ist durch einen mit Zu- und Ablauftrichter versehenen gußeisernen Deckel g

verschlossen, der gegen den Hohlraum des Kolbenschaftes durch zwei ölbeständige Gummiringe abgedichtet wird. Die beiden Trichter sind so weit hochgeführt, daß das Kühlöl den Kolbenboden auch durch Planschwirkung kräftig bespült und das Niveau des Öles auf der Höhe des obersten Kolbenringes gehalten wird. Nach dem Abstellen der Pumpe entleert sich der Kühlraum durch die kleinen Öffnungen h. Das Kühlöl strömt in Richtung der eingezeichneten Pfeile; sein Umlauf ist in Bild 194 näher beschrieben.

Der Gasdruck wird in genau senkrechter Richtung auf den *Kreuzkopf* übertragen. Mit vier Stiftschrauben i, die durch Spitzschrauben k an ihrem unteren Ende gegen Lockerung gesichert sind, ist der Kolben mit dem Kreuzkopfzapfen verschraubt. Die Muttern der Stiftschrauben sind durch eine über das Vierkant am Bolzenende gesteckte und durch Kopfschraube mit Sicherung befestigte Zahnscheibe, die in die Krone der Mutter eingreift, gesichert.

Diese Konstruktion erlaubt, die untere zylindrische Hälfte des Zapfenmittelteiles nahezu auf ihrer ganzen Länge als tragende Fläche des oberen Pleuellagers auszunutzen (s. a. Bild 194 u. 195). Dies ist beim Zweitaktverfahren besonders vorteilhaft, da (im Gegensatz zum Viertakt) der Druckwechsel im Kreuzkopflager (im allgemeinen) fehlt, so daß dieses nur den einseitig nach unten gerichteten Druck erfährt, was seine Schmierung erschwert. Durch die beschriebene Bauart kann der Flächendruck im belasteten Teil des oberen Pleuellagers kleiner als 100 kg/cm² gehalten werden, so daß eine besondere Schmierölpumpe (vgl. Bd. I, S. 280 u. Bd. II, Bild 274) fehlen kann. Die obere Lagerschale des Kreuzkopflagers dagegen braucht nur schmal zu sein, da sie nicht oder nur wenig

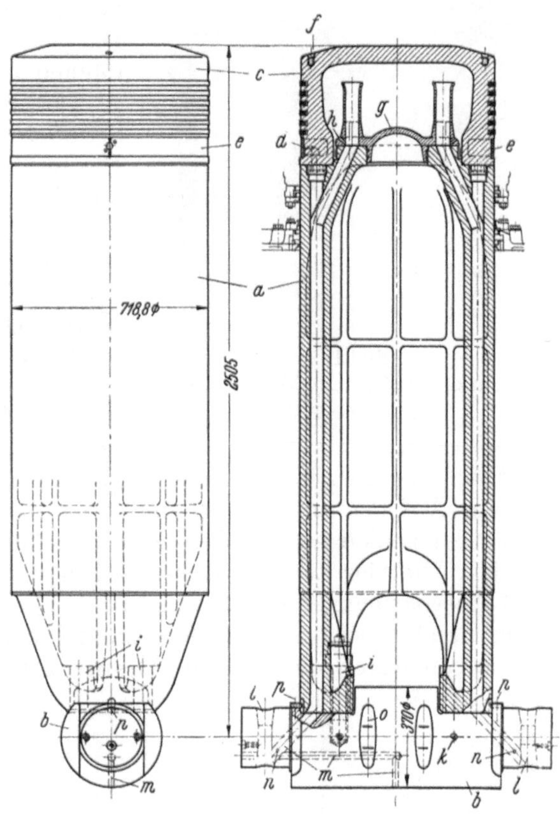

Bild 190. Arbeitskolben mit Kreuzkopfzapfen

a Kolbenschaft; b Kreuzkopfzapfen; c Kolbenkappe; d Stiftschrauben; e geschlitzter Deckring; f Gewinde für Kolbenausbau; g Verschlußstück; h Bohrungen für Kühlölabfluß; i Stiftschrauben zwischen Kolben und Kreuzkopfzapfen; k Sicherungsschrauben für i; l Bohrungen für Teleskoprohre; m Bohrungen für Schmierung des oberen Pleuellagers; n Bohrungen für Schmierung der Gleitbahnen; o Aussparungen für Lagerdeckelschrauben; p Legeschlüssel

belastet ist, wenn beim Abwärtsgang etwa die nach oben gerichteten Massenkräfte die nach unten gerichteten Gaskräfte (bei stärkerer Beschleunigung) überwiegen oder wenn stärkere Reibung des Kolbens auftritt. Die doppelkonischen Bohrungen l in den beiden Seitenzapfen dienen zum Einsetzen der Teleskoprohre (s. a. Bild 194); die Bohrungen m, die von der *Eintritt*seite der Kolbenkühlölbohrung abzweigen, bringen das Schmieröl an die Lagerschale der Pleuelstange. Durch die Löcher n, die zusammen mit dem Gleitschuh gebohrt werden, gelangt das Schmieröl an die Gleitbahnen (s. a. n in Bild 191 u. 192). Die Aussparungen o lassen den Lagerdeckelschrauben des Pleuellagers Raum für ihre pendelnde Bewegung. Zwei Legeschlüssel p sichern die genaue Lage des Kreuzkopfzapfens gegenüber dem Kolbenschaft.

In Bild 191 ist der Kreuzkopfzapfen mit den *Gleitschuhen* (Bild 192) zusammengebaut dargestellt; der Kreuzkopf ist viergleisig. Die Gleitschuhe sind aus Stahlguß hergestellt; sie werden mit den äußeren Kreuzkopfzapfen durch je ein in die konischen Bohrungen a bzw. b eingesetztes, ineinandergestecktes, konisches Zapfenpaar verbunden; die Zapfen dienen auch zur Befestigung der beweglichen Teleskoprohre am Kreuzkopf (vgl. Bild 194). In die mit Weißmetall ausgegossenen Gleitflächen sind je sechs waagerechte, in der Gleitrichtung gut abgerundete Schmiernuten s eingearbeitet, die nach außen nicht ganz durchgezogen, nach innen in die ebenfalls ausgegossenen Schmalseiten verlängert sind (Nuten t). Die schmalen Weißmetallleisten verhindern ein seitliches Wandern des Kreuzkopfes und müssen daher ebenfalls geschmiert werden. Das Schmieröl wird durch die Bohrungen n den Gleitflächen zugeführt (s. a. n in Bild 190 u. 191).

Der Konstruktion des Kreuzkopfes ist die Form des oberen Kopfes der *Pleuelstange* (Bild 193) angepaßt. Die untere Lagerschale a des oberen Pleuellagers liegt auf der ebenen Fläche des Pleuelschaftes und ist in diesem durch einen Versatz zentriert. Die Schale trägt den Kreuzkopfzapfen fast auf ihrer ganzen axialen Länge; nur an ihren beiden Enden ist je eine Nut b eingedreht, die das seitlich entweichende Schmieröl durch die Bohrungen c in den hohlen Pleuelschaft abführt. Das Schmieröl für das obere Pleuellager wird aus der Zuflußteleskopleitung für die Kolbenkühlung abgezweigt (Bohrungen m in Bild 190 u. 193); es verteilt sich aus einer in Umfangsrichtung gezogenen Nut im Weißmetall auf mehrere axiale Nuten. Auf der einen Seite sind an der Stahlgußschale die Augen d angegossen; hier greift der Lenker an, der den Schwinghebel der Kolbenspülpumpe bewegt (s. a. Bild 182 u. 195). Die vier Lagerdeckelschrauben sind so dicht an die Zapfenmitte herangerückt, daß Aussparungen o (s. a. o in Bild 191) erforderlich werden, damit die Schrauben bei ihrer Pendelbewegung vom Kreuzkopfzapfen freigehen. Gegen Drehen sind die Deckelschrauben durch eine Nut in ihrem unteren Kopf und einen in den Pleuelschaft eingesetzten zylindrischen Stift gesichert; ihre Muttern werden durch Legeschlüssel e gesichert, die in eine Verzahnung am unteren Mutternrand greifen. Die (durch eine zweite Kopfschraube und einen Draht gesicherte) Kopfschraube f verhindert, daß der Bolzen nach unten fällt, wenn seine Mutter gelöst ist. Ebenso sind die vier Lagerdeckelschrauben des unteren Pleuelkopfes gesichert; hier sichert ein gemeinsames Umschlagblech g die beiden Sicherungsschrauben f.

In die Bohrung des Pleuelschaftes ist ein Rohr h eingesetzt, das an zwei Stellen durch angeschweißte Rippen i gegen Schwingungen gesichert ist. Der Ringraum zwischen h und der Schaftbohrung dient dem Abfluß des (erwärmten) Schmieröles aus den Ringnuten b; dieses Öl strömt durch

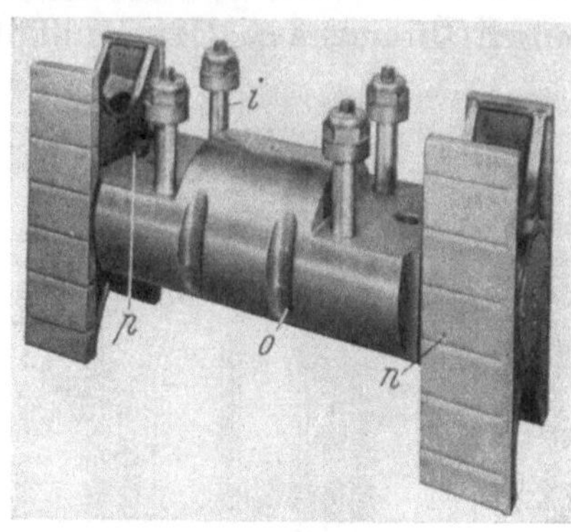

Bild 191
Kreuzkopfzapfen mit Gleitschuhen
i, n, o, p wie Bild 190

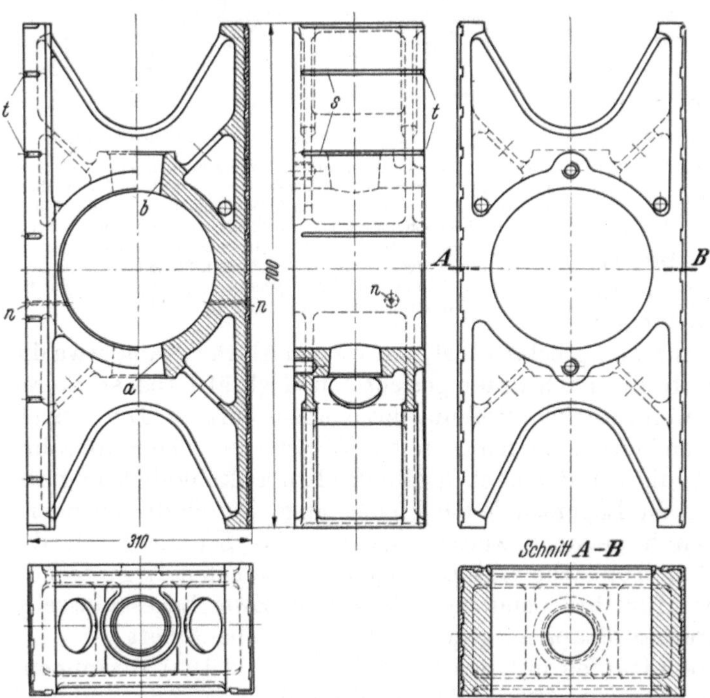

Bild 192. Gleitschuh
a, b konische Bohrungen für Verbindung von Kreuzkopfzapfen und Gleitschuh; n Bohrungen für Gleitbahnschmierung; s Schmiernuten der Hauptgleitflächen; t Schmiernuten der Seitengleitflächen

die Schrägbohrungen k im unteren Pleuelfuß und Pleuellager sowie durch je eine
zwischen den unteren Lagerschrauben liegende Bohrung l in das Kurbelgehäuse ab
(s. a. den Schnitt durch den unteren Pleuelkopf in Bild 181). Der nicht zur Schmierung
des Kreuzkopfzapfens verwendete Teil des
Schmieröles gelangt durch das Einsatzrohr h
und die Bohrungen n im unteren Pleuelkopf
in die Schmiertaschen p, die den Kurbelzapfen
bei jeder Umdrehung mit Schmieröl benetzen.
Die Kurbelzapfen dieser Maschine werden somit nicht, wie sonst üblich, durch Bohrungen
in der Kurbelwelle geschmiert; es entfällt die
Ringnut im Weißmetall des unteren Pleuel-

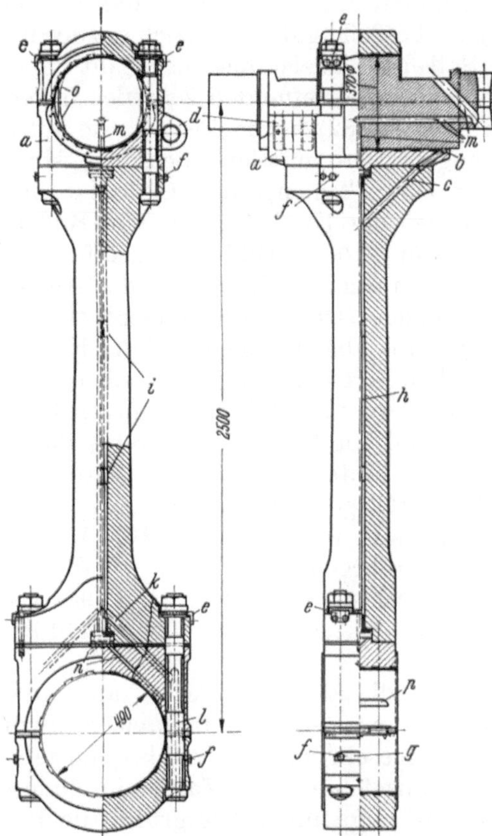

Bild 193. Pleuelstange

a untere Lagerschale des oberen Pleuellagers; b Nut für seitlich
abströmendes Schmieröl; c Bohrungen für ablaufendes Schmieröl; d Augen für Lenker des Schwinghebels; e Legeschlüssel;
f Sicherung gegen Herunterfallen der Deckelschrauben; g Umschlagblech; h Einsatzrohr; i Rippen; k, l Ölabflußbohrungen; m Schmierbohrungen im Kreuzkopfzapfen; n Schmierbohrungen im unteren Pleuelkopf; o Aussparungen für obere
Lagerdeckelschrauben; p Schmiertaschen

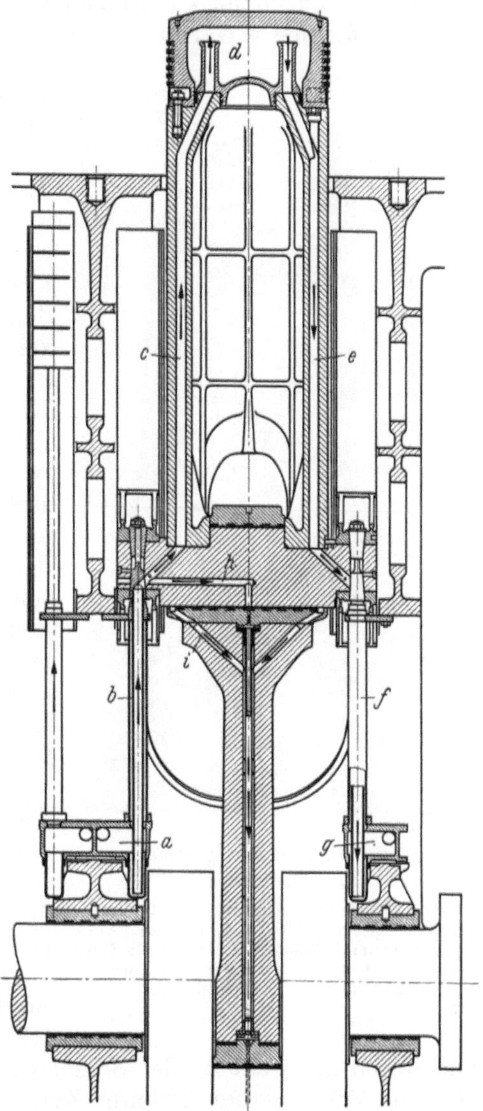

Bild 194. Führung des Kühl- und Schmieröles

a bis g Weg des Kolbenkühlöles;   Zuflußteleskop b
führt kaltes Kühlöl und Schmieröl, Abflußteleskop f
nur erwärmtes Kühlöl; h Bohrung zum Schmieren
des Kreuzkopfzapfens und Kurbelzapfens; i Abfluß
des warmen Schmieröles

lagers, die das Lager in schmiertechnisch ungünstiger Weise in zwei Hälften
zerlegt, und die axiale Länge des Kurbelzapfens kann zum Vorteil der Baulänge der
Maschine kleiner gehalten werden, ohne daß die Ausbildung des Öldruckfilms zwischen
Zapfen und Schale beeinträchtigt wird.

Bild 194 gibt eine Übersicht über die *Führung des Kühlöles* und die Abzweigungen
des Schmieröles. Die Buchstaben a bis g bezeichnen den Weg des Kolbenkühlöles; das
Zuflußteleskop b führt frisches Kühlöl und Schmieröl gemeinsam, das Abflußteleskop f

nur das erwärmte Schmieröl. Die Bohrung h zweigt von der (kühlen) Zuflußleitung ab und schmiert das obere Pleuellager; das überschüssige Öl, das ebenfalls noch kühl ist, wird *durch* das Einsatzrohr im hohlen Pleuelschaft dem Kurbelzapfen zugeleitet. Das durch die Bohrungen i abfließende Öl dagegen hat sich durch die Reibungsarbeit im Kreuzkopfzapfen erwärmt und soll sich nicht mit dem für die Schmierung des Kurbel-

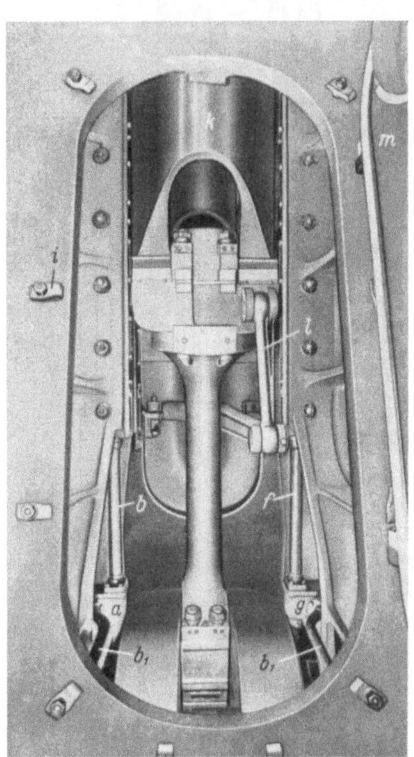

Bild 195. Blick in den geöffneten
Triebwerkraum

a und g Teleskoprohrgehäuse; b und f feststehende Teleskoprohre; b_1 Zu- bzw. Abflußleitung des Kühlöles; i Knebel für Gestelltür; k Kolben; l Lenker zum Antrieb
der Spülpumpe; m Gestelltür

zapfens bestimmten Öl mischen; es strömt durch den *Ringraum* zwischen Schaftbohrung und Einsatzrohr sowie auf dem oben beschriebenen Weg durch das Kurbelzapfenlager in die Wanne des Kurbelgehäuses ab.

Der Antrieb der Spülpumpen durch Lenker und Schwinghebel und die Rohrleitungen der Kolbenkühlung beengen den Triebwerkraum; daß es trotzdem möglich ist, alle Teile gut zugänglich anzuordnen, zeigt Bild 195. Soll eine Pleuelstange ausgebaut werden, so wird der vor dem betreffenden Zylinder liegende Konsolteil (n in Bild 182) hochgeklappt (die auf der Auspuffseite angeordnete mittlere Bedienungsbühne besteht aus einzelnen Teilen); das Geländer bleibt stehen. Nach Lösen der Knebel i (s. a. i in Bild 186) kann die Gestelltür m (s. a. Bild 182) geöffnet werden; der Triebwerkraum ist dann von der Auspuffseite gut zugänglich. Der obere Lagerdeckel des Kreuzkopflagers wird abgenommen und der Kolben k (Bild 195) mit dem Kreuzkopfzapfen nach oben gezogen. Der Lenker l wird aus seinem Auge am Kreuzkopflager gelöst und die Welle so gedreht, daß der Kurbelzapfen nach hinten (auf Spülluftseite) steht, worauf die Pleuelstange nach Lösen des unteren Pleuellagers ausgebaut werden kann. Bild 195 zeigt auch die Teleskoprohrgehäuse a und g, die feststehenden Teleskoprohre b und f (vgl. Bild 194) sowie die Rohre b_1, die das Kühlöl zu- bzw. abführen (vgl. Bild 183).

Die *Kurbelwelle* dieser Maschine ist an anderer Stelle[1] beschrieben worden. Sie ist aus Stahlguß-Hubstücken und eingeschrumpften Stahlzapfen gebaut und durch das Fehlen aller Schmierbohrungen gekennzeichnet. Der Zapfendurchmesser beträgt 490 mm (bei 720 mm Zyl.-Dmr.). Bild 180 zeigt im Vordergrund die fertig bearbeitete Welle eines Sechszylindermotors mit angeflanschter Welle des Drucklagers.

Der *Anfahr-* und *Umsteuervorgang* werde an Hand des schematischen Bildes 196 erläutert; hierzu gehören die Einzeldarstellungen Bild 197 bis 203. Am Bedienungsstand A, an der vorderen Stirnseite des Motors angeordnet, sind die Hebel a und b angebracht; mit a wird angefahren und umgesteuert, mit b die Brennstoffmenge und damit die Drehzahl eingestellt. In der Stop-Stellung steht der Hebel a in seiner senkrechten Mittellage. Soll angefahren werden, so wird das Absperrventil c am Druckluftbehälter B geöffnet; Druckluft steht dann auf dem Hauptanfahrventil C, und zugleich wird Druckluft durch Leitung d einem im Bedienungsstand A untergebrachten Ventil zugeführt. Der Brennstoffhebel b wird auf niedrige Drehzahl gelegt und nunmehr der Anfahrhebel a in die befohlene Fahrtrichtung gelegt (aus der Bildebene nach vorn „Voraus", nach hinten „Zurück"). Der Hebel wird ganz, d. h. bis zu seiner Anschlagbegrenzung, ausgelegt. Diese Bewegung steuert drei Vorgänge:

[1] Z. Konstruktion Bd. 5 (1953) S. 1.

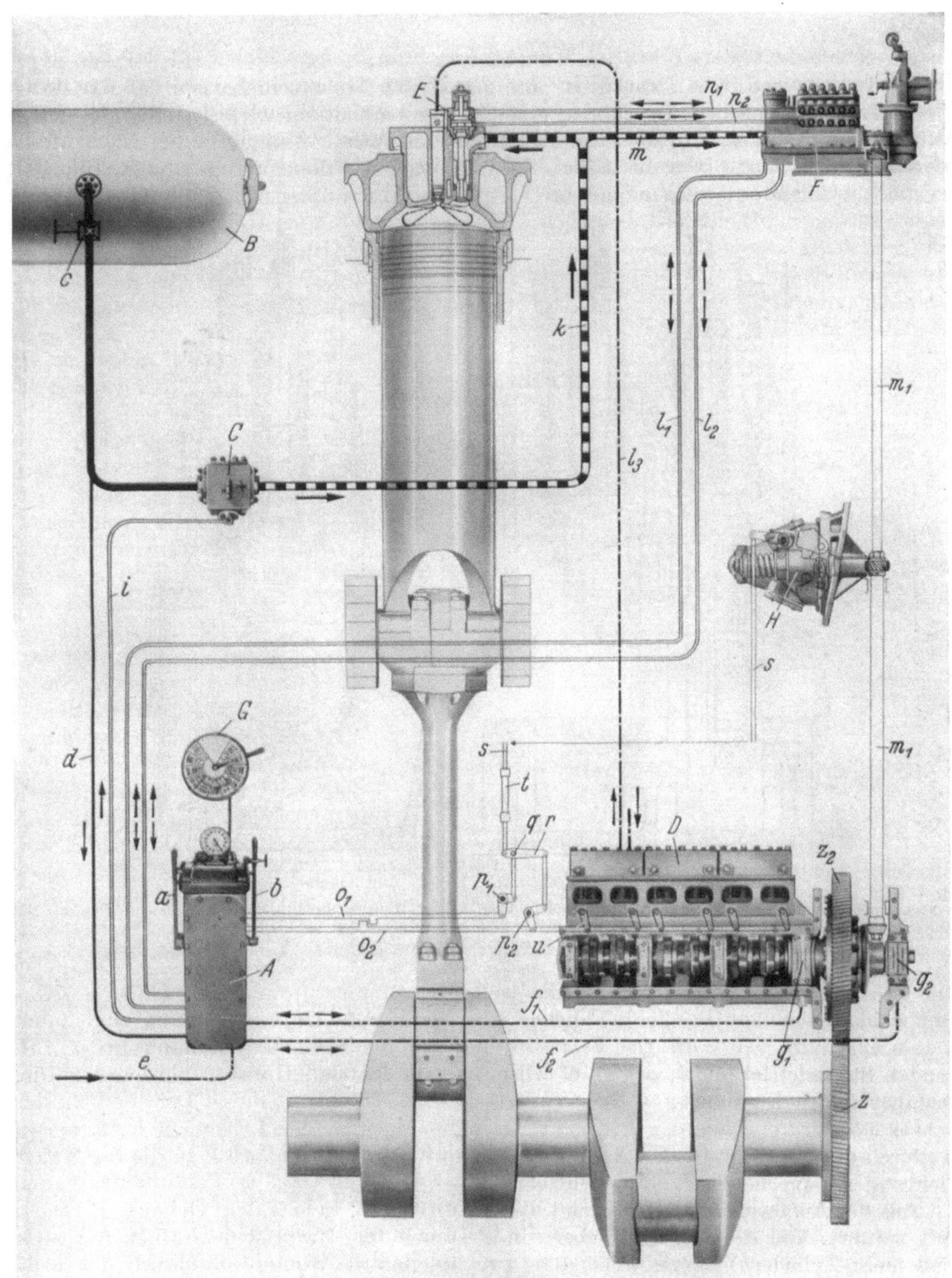

Bild 196. Schema der Anfahr- und Umsteuervorrichtung und der Drehzahlregelung

A Bedienungsstand; *B* Anfahrluftbehälter; *C* Hauptanfahrventil; *D* Brennstoffpumpe; *E* Anfahrventil; *F* Gehäuse der Anfahrluftsteuerschieber; *G* Maschinentelegraf; *H* Regler; *a* Anfahr- und Umsteuerhebel; *b* Brennstoffhebel; *c* Absperrventil; *d* Druckluftleitung nach *A*; *e* Druckölzuleitung; f_1, f_2 Druckölzu- bzw. -ableitung der Umsteuerschleppkupplung im Zahnrad z_2; g_1, g_2 Lager für Zahnrad z_2; *i* Steuerluftleitung zum Hauptanfahrventil; *k* Anfahrluftleitung; l_1, l_2 Steuerluftleitungen zum Steuergehäuse *F*; l_3 Brennstoffdruckleitung zum Einspritzventil; *m* Druckluftleitung zum Gehäuse *F*; m_1 Antriebwelle für Regler und Anfahrluftsteuerschieber; n_1, n_2 Steueröffnungs- bzw. -schließluftleitungen; o_1, o_2 Brennstoffregelstangen; p_1, p_2 feste Drehpunkte der Winkelhebel; *q* beweglicher Drehpunkt des Hebels *r*; *s* Reglerstange; *t* Federwaage; *u* Hebel der Exzenterwellen der Brennstoffpumpe; z, z_2 Antriebzahnräder der Brennstoffpumpe

sie verschiebt erstens einen in A untergebrachten Steuerschieber so, daß das durch
die Leitung e zugeführte Drucköl in eine der beiden Leitungen f_1, f_2 tritt, aus der es
durch die Lager g_1 bzw. g_2 sowie durch Radial- und Axialbohrungen in der Nockenwelle
der Brennstoffpumpe D in die beiden Kammern h_1 einer Schleppkupplung (s. Bild 199)
gelangt, während die Gegenkammern h_2 mit der Ölabflußleitung verbunden werden.

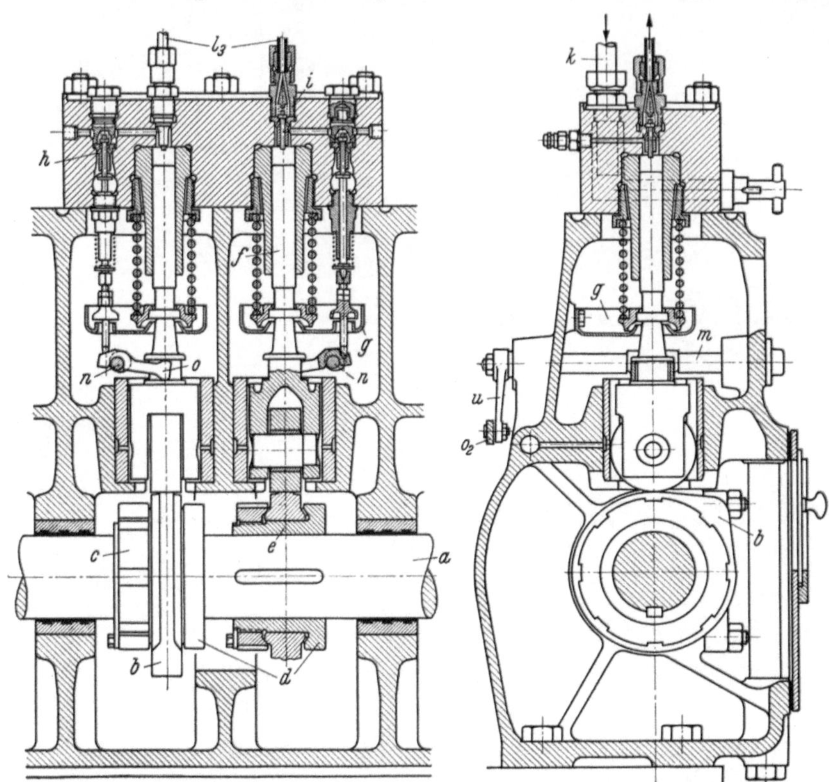

Bild 197. Brennstoffpumpe, Längs- und Querschnitt

a Nockenwelle; b Brennstoffnocken; c Ringmutter; d Bund an der Wellenbuchse e; f Pumpenstempel; g Schale zum
Auffangen von Leckbrennstoff; h Saugventil; i Druckventil; k Brennstoffzuleitung; l_3 Druckleitungen zu den Einspritzventilen; m Exzenterwelle; n Exzenter; o Exzenterhebel; o_2 Regelstange; u Hebel der Exzenterwelle m

Die Schleppkupplung bringt die Nockenwelle der Brennstoffpumpe relativ zum Zahnrad z_2 in die zu der jeweiligen Fahrtrichtung gehörende Umfangsstellung;
　　sie verbindet ferner die Druckluftleitung d mit der zum Hauptanfahrventil C führenden Steuerluftleitung i, so daß C öffnet und die Anfahrluft durch Leitung k zu den
Anfahrventilen E gelangt;
　　sie läßt drittens aus der Leitung d Druckluft in eine der Leitungen l_1, l_2 treten,
wodurch die Nockenwelle der Anfahrluftsteuerschieber im Gehäuse F in die der Fahrtrichtung entsprechende Stellung verschoben wird.
　　Aus der Anfahrluftleitung k zweigt die Leitung m ab, welche dem Gehäuse F Druckluft zuführt. Von den Steuerschiebern in F stehen (bei Zweitaktmaschinen mit sechs
und mehr Zylindern) immer wenigstens zwei so, daß sie Steueröffnungsluft durch die
Leitungen n_1 über die oberen Steuerkolben der Anfahrventile E treten lassen (während
die Unterseiten der unteren Steuerkolben der Anfahrventile durch die Leitungen n_2
mit der Atmosphäre verbunden sind; s. Bild 203). Die Anfahrventile E öffnen der Reihe
nach, und die Maschine springt an.
　　Nunmehr wird der Hebel a um einen Teilbogen in die Rast „Betrieb" zurückgelegt.
Dadurch wird die Leitung i entlüftet, und C schließt unter Federdruck. Auch die Leitungen k, l_1, l_2, m, n_1 und n_2 sind jetzt mit der Atmosphäre verbunden. Die Maschine

wird nunmehr nur durch den Handhebel b bedient, der die Brennstoffzufuhr und damit die Drehzahl einstellt.

Der Anfahr- und Umsteuerhebel a ist so mit dem Maschinentelegrafen G verblockt, daß der Maschinist ihn nur in jene Fahrtrichtung legen kann, die der Telegraf vorschreibt.

Die Bewegung des Brennstoffhebels b (aus der Bildebene 196 nach *hinten*) hat eine Bewegung der Stange o_1 nach *rechts* zur Folge. Die Drehpunkte p_1, p_2 der beiden Winkelhebel liegen fest, der Drehpunkt q des zweiarmigen Hebels r ist der Höhe nach verschiebbar. Der Regler H, der durch die Stange s (abgebrochen und versetzt gezeichnet) und das nachgiebige Glied (Federwaage) t mit dem linken Endpunkt des Hebels r verbunden ist, hält, da die Maschine nicht sogleich die neue Drehzahl annimmt, zunächst diesen Punkt fest; es hebt sich also der rechte Endpunkt von r und verschiebt durch den Winkelhebel (p_2) die untere Regelstange o_2 nach *rechts*, bis sich der Anschlag von o_2 gegen den Anschlag von o_1 legt, den der Maschinist eingestellt hat. Der Stange o_2 sind die Hebel u angelenkt; sie verdrehen die Exzenterwellen der Brennstoffpumpen (m in Bild 197) so, daß die Saugventile für die Brennstofförderung früher freigegeben werden, daß also mehr Brennstoff gefördert wird und die Drehzahl steigt. Dadurch verschiebt sich die Muffe des Reglers H (in Bild 196 etwas nach *links*); die Stange s hebt sich und stellt das Gleichgewicht in

Bild 198. Brennstoffpumpe

a bis d und g wie Bild 197; h Bohrungen für Zu- bzw. Ableitung des Drucköles; z_2 Antriebzahnrad mit Schleppkupplung

der Federwaage t wieder her. So lange die neue Drehzahl nicht geändert wird, ist q ein *fester* Drehpunkt für den Hebel r; die Lage von q ist durch die Stellung des Brennstoffhebels b bestimmt. Die Drehzahl wird jetzt ganz vom Regler beherrscht. Sie kann nicht sinken, denn der Regler legt kraftschlüssig den Anschlag der Stange o_2 gegen den vom Maschinisten eingestellten Anschlag der Stange o_1, sobald die Drehzahl nur geringfügig abnehmen will. Steigt die Drehzahl etwa durch Austauchen des Propellers, so greift der Regler sogleich ein: die Stange s wird vom Regler angehoben, der rechte Endpunkt des Hebels r (q ist jetzt fester Drehpunkt) senkt sich, und die Stange o_2 wird nach *links* verschoben, wobei sich die beiden Knaggen vorübergehend voneinander trennen. Die Maschine kann also nicht „durchgehen".

Soll gestoppt werden, so wird der Hebel a in seine Mittellage gelegt. Er zieht die Stange o_2 nach *links*; die Federwaage t gibt diese Bewegung frei (bei starrer Verbindung der Stangenteile s müßte die Muffe des noch laufenden Reglers gewaltsam aus ihrer Lage verdrängt werden, was nicht möglich ist). Die Brennstoffzufuhr wird abgeschnitten, und die Maschine bleibt stehen. Sie kann natürlich auch durch Zurücklegen des Brennstoffhebels b gestoppt werden.

Die *Brennstoffpumpe* (Bild 197 u. 198) wird durch Zahnräder (z, z_1, z_2 in Bild 201) von der Kurbelwelle angetrieben (in der schematischen Zeichnung Bild 196 ist das Zwischenzahnrad z_1 weggelassen); entsprechend dem Zweitakt sind die Drehzahlen der Kurbelwelle und der Nockenwelle (a in Bild 197) gleich. Die Brennstoffnocken b greifen mit einer konischen Verzahnung in die Gegenverzahnungen der aufgekeilten Buchsen ein. Beide Teile werden mittels Ringmuttern c, die durch Legeschlüssel gesichert sind, zusammengeschraubt. Die Verzahnung sichert die Nocken gegen Verdrehung auch ohne übermäßiges Anziehen der Mutter, sie ist indessen fein genug zum Einstellen von

Grad zu Grad. Die Pumpenstempel f werden durch Rollen und Rollenführungen bewegt; den Abwärtshub (Saughub) bewirken Rückholfedern. Abtropfender Brennstoff wird durch Schalen g aufgefangen (s. a. g in Bild 198), damit er sich nicht mit dem Schmieröl mischt. h ist das Saug-, i das Druckventil. Die Leitung k führt den Brennstoff der Pumpe zu. Die von den Pumpenstempeln in die Druckleitungen l_3 geförderten Brennstoffmengen werden dadurch der Belastung angepaßt, daß die Regelstange o_2 durch die Hebel u (wegen o_2 und u s. a. Bild 196) die Wellen m der Exzenter n dreht; dadurch geben die von den Exzenterhebeln o auf und ab bewegten Spindeln der Saugventile diese früher oder später für ihre Schließbewegung

Bild 199. Schleppkupplung für Umsteuerung

a Nockenwelle; b Drehkolben; h_1 Ölkammern bei Vorwärtsgang gefüllt; h_2 Ölkammern für Rückwärtsgang; z_2 Antriebzahnrad

Bild 200. Brennstoffnocken

frei, so daß die Förderung früher oder später beginnt. Die Regelung arbeitet mit veränderlichem Einspritz*beginn* (s. a. Bd. I, S. 153).

Die Auf- und Ablauffläche des Brennstoffnockens haben die gleiche Form und liegen symmetrisch zueinander; für den Rückwärtsgang vertauschen sie ihre Wirkung. Da der Einspritzbogen nicht symmetrisch zum OT liegt, müssen die Nocken für die Rückwärtsfahrt eine andere Winkelstellung erhalten als für Vorwärts. Sie wird durch die in das Zahnrad z_2 eingebaute Schleppkupplung (Bild 199; s. a. Bild 201) hergestellt; die Winkelverstellung beträgt 28°. Auf der Nockenwelle a (Bild 199) ist der Drehkolben b aufgekeilt; das Antriebszahnrad z_2 ändert seine Umfangsstellung relativ zur Kurbelwelle nicht. Bei Vorwärtsgang ist das Kammernpaar h_1 mit Drucköl gefüllt, bei Rückwärts das Kammernpaar h_2. Das jeweils nicht gefüllte Kammernpaar ist mit der Ölabflußleitung verbunden. Die Vorrichtung wird vom Bedienungsstand A (Bild 196, Leitungen e, f_1, f_2) aus gesteuert, wie dort erläutert. In Bild 199 ist die Deckscheibe der Kupplung abgenommen; in Bild 198 ist sie mit z_2 öldicht verschraubt. Dort sind auch zwei der Bohrungen h in der Nockenwelle zu erkennen, durch die das Drucköl aus den Lagern der Nockenwelle (g_1, g_2 in Bild 196) den Kammern h_1, h_2 (Bild 199) zugeleitet bzw. von ihnen abgeleitet wird.

Da jedes Pumpenelement nur einen Brennstoffnocken hat, erübrigt sich das axiale Verschieben der Nockenwelle, das erforderlich ist, wenn man einen Vorwärtsund einen Rückwärtsnocken vorgesehen hat. Auch brauchen die Rollen und Rollenführungen nicht von den Nocken abgehoben zu werden. Beides vereinfacht die Konstruktion.

Die Druckfläche des *Brennstoffnockens* (Bild 200) weist eine bemerkenswerte Eigentümlichkeit auf. Durch oszillographische Messungen haben *Gebr. Sulzer* festgestellt[1], daß im Betrieb zwischen Rolle und Nocken ein Schlupf von etwa 60% auftritt; dieser entsteht dadurch, daß die Reibung zwischen Rolle und Nocken nicht groß genug ist, um die Rolle mit der gleichen Umfangsgeschwindigkeit, die der Nocken hat, mitzunehmen, wenn die Rolle auf dem Grundkreis des Nockens läuft und nur durch die Kraft der Rückholfeder auf den Nocken gedrückt wird. Läuft die Rolle dann auf das Nockenprofil auf, so nimmt sie nicht sogleich die erhöhte Umfangsgeschwindigkeit an, sondern läuft nunmehr unter starker Pressung mit Schlupf. Die entstehende Reibung nützt den Nocken ab und kann Grübchenbildung auf den Nockenflanken verursachen. Die neue Konstruktion vermeidet dies dadurch, daß die Lauffläche dort, wo die Rolle nur mit geringer Kraft gegen den Nocken gedrückt wird, beträchtlich schmaler gehalten ist, so daß der vergrößerte Liniendruck die Rolle praktisch ohne Schlupf mitnimmt. Die Rolle läuft dann auf den stark belasteten Teil des Nockenprofils ohne Schlupf auf. Der Verschleiß und die Grübchenbildung konnten damit beseitigt werden.

Die Brennstoffpumpe ist auf Höhe der untersten Bedienungsbühne angeordnet, der Regler auf Höhe der mittleren Bedienungsbühne; das Gehäuse der Anfahrluftsteuerschieber (q_1 in Bild 181) liegt in Höhe der oberen Zylinderdeckel. Diese drei Steuerorgane (und ebenso die Welle n_1 der Zylinderschmierpressen i_1 in Bild 181) werden von der Kurbelwelle angetrieben. Auf den mittleren Kupplungsflanschen a (Bild 201 der Kurbelwelle ist das aus Stahlguß hergestellte zweiteilige Zahnrad z durch Nut und Feder befestigt; die Radhälften sind durch vier Paßbolzen verbunden. z kämmt mit dem Zwischenzahnrad z_1 und dieses mit dem Antriebrad z_2 der Brennstoffpumpenwelle. Die Räder z und z_2 müssen den gleichen Teilkreisdurchmesser erhalten; der des Zwischenrades z_1 kann beliebig gewählt werden. Mit z_1 ist das Kegelrad k_1 verschraubt; dieses kämmt mit dem kleineren Kegelrad k_2, das am unteren Ende der senkrechten Welle m_1 befestigt ist und diese mit etwa der vierfachen Drehzahl der Kurbelwelle antreibt. Das Gewicht der Welle m_1 wird durch das Bundlager b getragen, dessen Stirnflächen (ebenso wie die Lauffläche) mit Weißmetall ausgegossen sind; zwei Wellenbunde auf m_1 sichern die axiale Lage. In Höhe des Reglers ist die Welle durch das Halslager c geführt (die obere Fortsetzung der Welle ist in Bild 201 weggelassen). Das oberhalb von c angeordnete Schraubenradpaar s_1, s_2 treibt die horizontale Welle des Reglers H mit etwa der gleichen hohen Drehzahl wie m_1; das erlaubt kleinere Abmessungen des Reglers. (Die Einwirkung des Reglers auf die Brennstofförderung wurde durch Bild 196 erläutert; dort entspricht das Gestänge s, t den ebenso bezeichneten Teilen in Bild 201). Ein weiteres Schraubenradpaar oberhalb des Reglers treibt die Welle n_1 (Bild 181), von welcher der Antrieb der Zylinderschmierpressen abgeleitet wird. Am oberen Ende der Welle m_1 setzt ein drittes Schraubenradpaar die hohe Drehzahl auf die der Kurbelwelle herab, da die hier liegende Nockenwelle der Anfahrluftsteuerschieber (Gehäuse q_1 in Bild 181) synchron mit der Kurbelwelle laufen muß. Alle Stirn-, Kegel- und Schraubenräder sowie die Lager der Welle m_1 und des Zahnrades z_1 werden von der Leitung x aus geschmiert (s. a. x in Bild 183), die den Gleitbahnen das Kühlöl zuführt. An x ist die (sich nach oben verjüngende) Leitung x_1 angeschlossen; von x und x_1 zweigen mehrere einzelne Leitungen ab, die jede Verzahnungs- und jede Lagerstelle mit Schmieröl versorgen. Abdeckbleche d verhindern, daß das Schmieröl unnötig im Kurbelgehäuse umhergespritzt wird.

Bei dem neuen *Anlaßventil*[1] (Bild 202) der SULZER-Motoren wird nicht nur (wie üblich) das Ventil durch die Steuerluft geöffnet, sondern auch, unterstützt durch die Rückstellfeder, durch gesteuerte Druckluft *geschlossen*. Hierzu trägt die Ventilspindel *zwei* Steuerkolben a und b, von denen der obere, a, als Stufenkolben ausgebildet ist. Die durch die Leitung c zugeführte Steueröffnungsluft wirkt zunächst nur auf die obere kleinere Fläche des Stufenkolbens; sie übt dabei eine Kraft aus, welche nur so groß ist,

---

[1] Siehe Fußnote 1, S. 192.

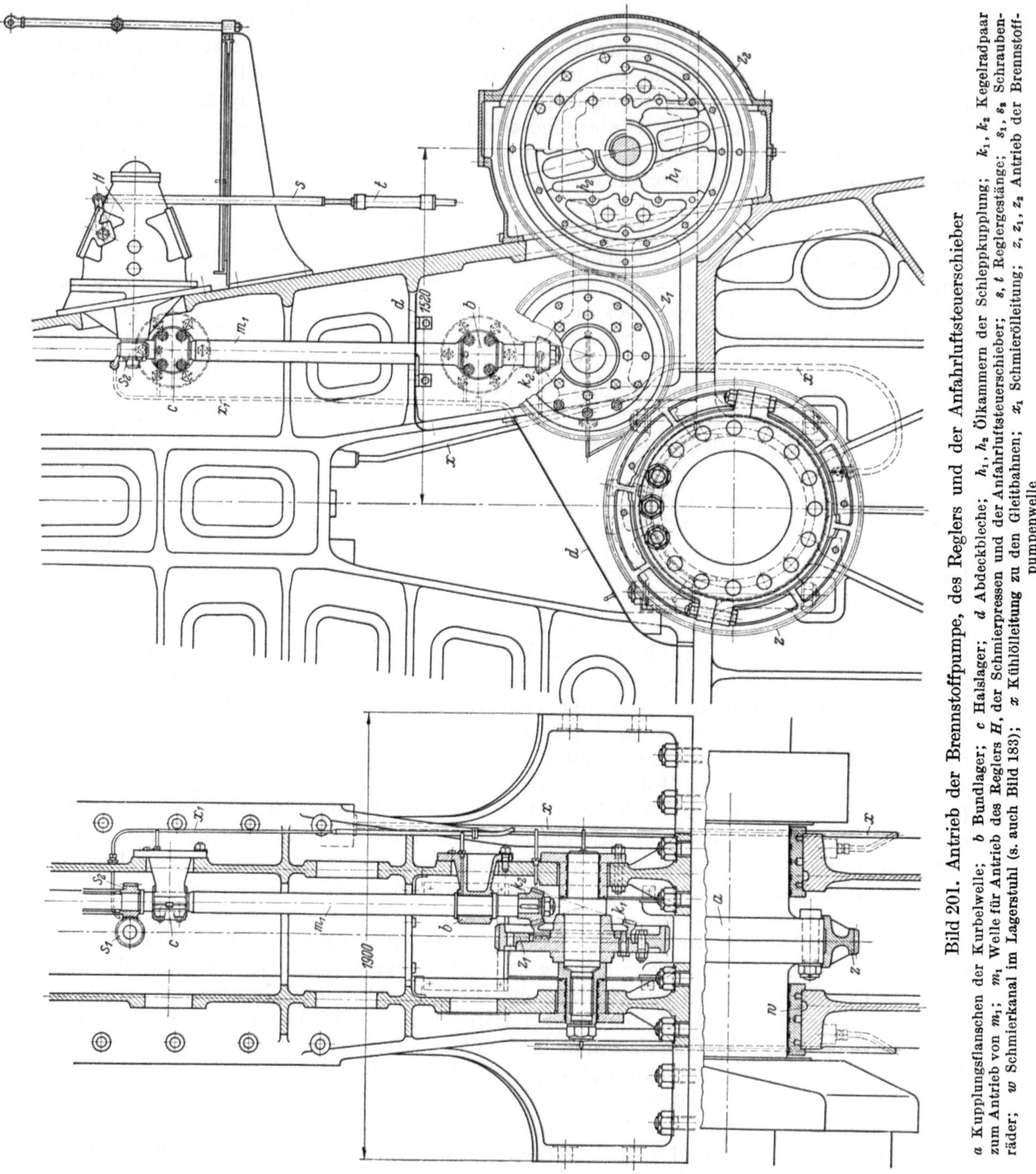

Bild 201. Antrieb der Brennstoffpumpe, des Reglers und der Anfahrluftsteuerschieber

a Kupplungsflanschen der Kurbelwelle; b Bundlager; c Halslager; d Abdeckbleche; h_1, h_2 Ölkammern der Schleppkupplung; k_1, k_2 Kegelradpaar zum Antrieb von m_1; m_1 Welle für Antrieb des Reglers H, der Schmierpressen und der Anfahrluftsteuerschieber; s, t Reglergestänge; s_1, s_2 Schraubenräder; w Schmierkanal im Lagerstuhl (s. auch Bild 183); x Kühlölleitung zu den Gleitbahnen; x_1 Schmierölleitung; z, z_1, z_2 Antrieb der Brennstoffpumpenwelle

daß das Ventil erst dann öffnet, wenn der Druck der Anlaßluft gleich oder größer als der Druck im Verbrennungsraum ist. Nach einer kurzen Abwärtsbewegung der Ventilspindel wird die Steuerdruckluft durch in die Zylinderführung eingefräste Schlitze auch der unteren Stufe zugeleitet, so daß die vergrößerte Kraft das Ventil rasch voll öffnet, bis sich die untere Stufe gegen ihren Anschlag legt. Die Schließbewegung wird dadurch eingeleitet, daß der Steuerluftschieber (Bild 203) durch die Leitung d (Bild 202) die Steuerschließluft unter die große Stufe des oberen Steuerkolbens treten läßt; gleichzeitig wird der Raum über diesem Kolben durch den Steuerluftschieber mit der Atmosphäre verbunden; die Ventilfeder unterstützt die Schließbewegung. Wenn das Ventil den größeren Teil des Schließhubes zurückgelegt hat, schaltet der kleinere untere Steuerkolben den Zutritt der Druckluft zur großen Stufe ab; gleichzeitig wird die in der oberen Stufe befindliche Luft verdichtet und die Schließbewegung gebremst, so daß der Ventilteller sich sanft aufsetzt. Die exakte Steuerung der Ventilbewegungen hat den Anlaßluftverbrauch je Manöver stark vermindert; darüber hinaus ermöglicht sie, bei der Umkehr der Drehrichtung die Propellerwelle wirksam abzubremsen, indem man die Arbeitszylinder als Luftkompressor wirken läßt, wodurch die Energie des Propellers, der beim Umsteuern zunächst als Turbine wirkt, rasch vernichtet und das Umsteuermanöver abgekürzt wird. Durch f kann etwas Schmieröl auf die Steuerkolben des Anfahrventils gegeben, in die Gabel g ein Hebel gelegt werden, durch den man (bei stillstehender Maschine) die Ventilspindel auf Gängigkeit prüft.

Da der *Anfahrluftsteuerschieber* (Bild 203) nicht nur das Öffnen, sondern auch das Schließen des Anfahrventils bewirken soll, muß die bei m dem Schiebergehäuse zugeführte Steuerluft durch die Leitungen n_1, n_2 abwechselnd den Steuerkolben des Anlaßventils

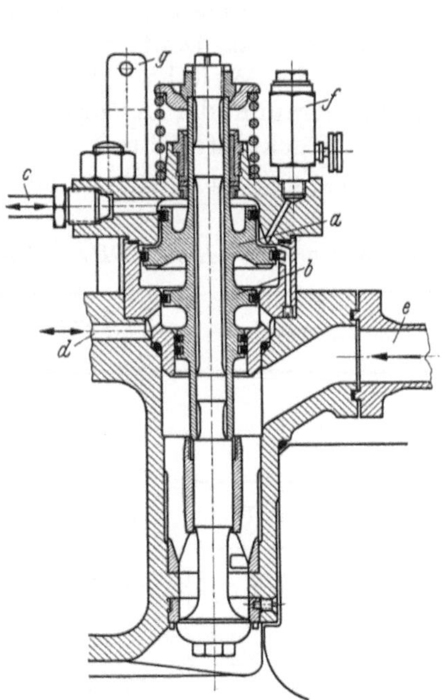

Bild 202
Anfahrventil im Zylinderdeckel

a, b Steuerkolben; c Leitung der Steueröffnungsluft; d Leitung der Steuerschließluft; e Anlaßdruckluft; f Schmiergefäß; g Gabel für Einlegen eines Hebels

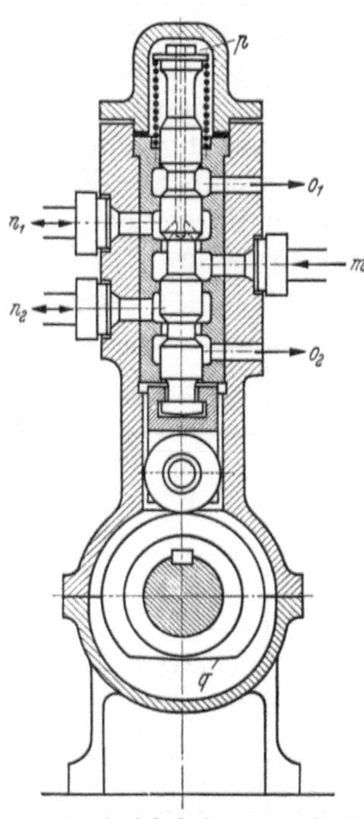

Bild 203. Anfahrluftsteuerschieber

m Zuleitung der Steuerluft; n_1, n_2 Leitungen zu den Steuerkolben des Anfahrventils; o_1, o_2 Verbindung mit der Atmosphäre; p oberer Druckraum; q Steuernocken

zugeführt werden (s. a. Leitungen m, n_1, n_2 in Bild 196; ferner Anschlüsse t und u in Bild 188). Hierzu ist der Steuerschieber, wie aus Bild 203 ersichtlich, mit *drei* Einschnürungen seines Durchmessers versehen: die mittlere verbindet je nach der Stellung des Schiebers die Zuleitung m mit den Steuerleitungen n_1 oder n_2, während die obere bzw. untere Einschnürung die Verbindung mit der Atmosphäre für jene Seite der Steuerkolben im Anfahrventil herstellt, die nicht mit der Steuerluft beaufschlagt ist (Öffnungen o_1 und o_2). Solange vom Bedienungsstand Druckluft in die Leitung m gegeben wird, d. h. solange der Maschinist das Hauptanfahrventil C (Bild 196) geöffnet hält, steht auch Druckluft im oberen Raum p des Steuerschiebergehäuses, weil p mit m durch Bohrungen im Schieber verbunden ist, und der Druck auf die obere Stirnfläche des Schiebers hält die Rolle des Schiebers mit dem (Negativ-) Nocken q in kraftschlüssiger Verbindung. Sobald die Druckluft von m abgeschaltet wird, zieht die Rückstellfeder den Steuerschieber aus dem Bereich des Nockens.

3. Klöckner-Humboldt-Deutz AG

Die *Klöckner-Humboldt-Deutz AG* führt ihre Entstehung auf die Firma „*N. A. Otto & Cie.*" zurück, zu der sich NIKOLAUS AUGUST OTTO und EUGEN LANGEN 1864 zusammengeschlossen hatten; sie ist somit die älteste Verbrennungsmotorenfabrik der Welt.

In den Werkstätten dieser Firma, die 1872 in die Aktiengesellschaft „*Gasmotoren-Fabrik Deutz*" umgewandelt worden war, baute OTTO 1876 den ersten Motor mit Vorkompression des Gemisches und Fremdzündung, und zwar zunächst als Viertaktmotor. Damit wurde er zum Schöpfer der modernen Verbrennungskraftmaschine. Mit Recht wird das Verfahren, nach welchem die Viertakt-Gas- und -Benzinmotoren arbeiten, als „OTTO-Verfahren" bezeichnet.

Im Jahr 1907 wurde auch der Bau von Dieselmotoren aufgenommen, die inzwischen von der MAN in ihrem Augsburger Werk zur Marktreife entwickelt worden waren. Schon 1912 wurde in Deutz der erste kompressorlose Dieselmotor gebaut, dessen Entwicklung so rasche Fortschritte machte, daß Deutz zwischen den beiden Weltkriegen die größte Dieselmotoren-Fabrikation der Welt hatte [1].

Gegenwärtig umfaßt das Bauprogramm der *Klöckner-Humboldt-Deutz AG*, soweit Dieselmaschinen in Frage kommen, luftgekühlte Motoren von 8 bis 250 PSe und wassergekühlte Maschinen bis 2000 PSe. Zahlentafel 25 gibt einen Auszug aus dem Fabrikationsprogramm:

Zahlentafel 25. Motorbauarten der Klöckner-Humboldt-Deutz AG

Type	Anordnung	Takt	Zylinderzahl	Leistung PSe	Verwendung
MAH	liegend	4	1	3,3—26	Ortfest und Einbau in Aggregate, Baumaschinen, Grubenlokomotiven und Boote
FL	stehend	4	1, 2, 3, 4, 6, 8, 12	8—250	Ortfest und Einbau in Aggregate, Baumaschinen, LKW, Schlepper, Lokomotiven, Triebwagen und Schiffe
FM	stehend	4	1, 2, 3, 4, 6, 8	5,5—200	
BAM	stehend	4	8	235	Ortfest und Einbau in Lokomotiven, Ölfeldaggregate, Schiffe und Hilfsmaschinen auf Schiffen
AM	stehend	4	4, 6, 8	60—310	
TM	stehend	2	2, 3, 4, 8	40—500	
VM	stehend	4	6, 8	225—1100	
BVM	stehend	4	6, 8	420—1650	

Die Type FL ist luftgekühlt, alle anderen Bauarten sind wassergekühlt. Die Typen BAM und BVM haben Aufladegebläse. Im folgenden wird je ein Vertreter der luftgekühlten FL- (Viertakt) und der wassergekühlten TM-Bauart (Zweitakt) beschrieben. Beide Motoren haben acht in V-Form angeordnete Zylinder.

Luftgekühlter* Deutz-Dieselmotor F8L 614.** Bild 204 zeigt den Motor im Lichtbild, Bild 205 einen Schnitt durch die Mittellängsebene, Bild 206 einen Querschnitt. In der weiteren Bildfolge (bis 222) sind Einzelteile dargestellt. Soweit diese in den Zusammenstellungszeichnungen vorkommen, sind sie durch gleiche Buchstaben bezeichnet. Der Viertaktmotor leistet mit acht Zylindern (110 mm Dmr., 140 mm Hub) als Fahrzeugmotor (2300 U/min; $c_m = 10,7$ m/sec) dauernd 170 PSe ($p_e = 6,25$ kg/cm²); als Aggregatmotor, der dauernd voll belastet ist, läuft er mit 1500 U/min und leistet dauernd 100 PSe ($p_e = 5,65$ kg/cm², $c_m = 7,0$ m/sec). Der Gabelwinkel der V Form beträgt 90° (Bild 206), so daß die Zündungen im gleichmäßigen Winkelabstand 90° einander

---

[1] Nach E. FLATZ, Gedenkrede auf Nikolaus August Otto, gehalten am 19. Oktober 1951 in Köln anläßlich der Gedenktagung „75 Jahre Otto-Motor".

* Über die Eignung der Luftkühlung nach Motorgröße und Anwendungsgebiet siehe R. KLOSS: Autom.-techn. Z. Bd. 55 (1953) Heft 11.

** Siehe auch E. FLATZ: Der neue luftgekühlte Deutz-Fahrzeug-Dieselmotor Bauart F 4 L 514. Motortechn. Z. Bd. 7 (1946) Heft 3.

folgen. Die Zündfolge ist 1–8–4–5–7–3–6–2, wenn die Zylinder *einer* Reihe, auf Schwungradseite beginnend, mit 1 bis 4, die der gegenüberliegenden Reihe sinngemäß mit 5 bis 8 bezeichnet werden. Die beiden Zylinderreihen sind in der Längsrichtung so weit gegeneinander versetzt, daß die Pleuelstangen der einander gegenüberliegenden Zylinder nebeneinander am Kurbelzapfen angreifen können (Bild 205).

Der *Aufbau des Motors* geht aus Bild 205 und 206 hervor. In die Bohrungen der beiden unter 45° geneigten Ebenen des Kurbelgehäuse-Oberteils werden die Rippen-

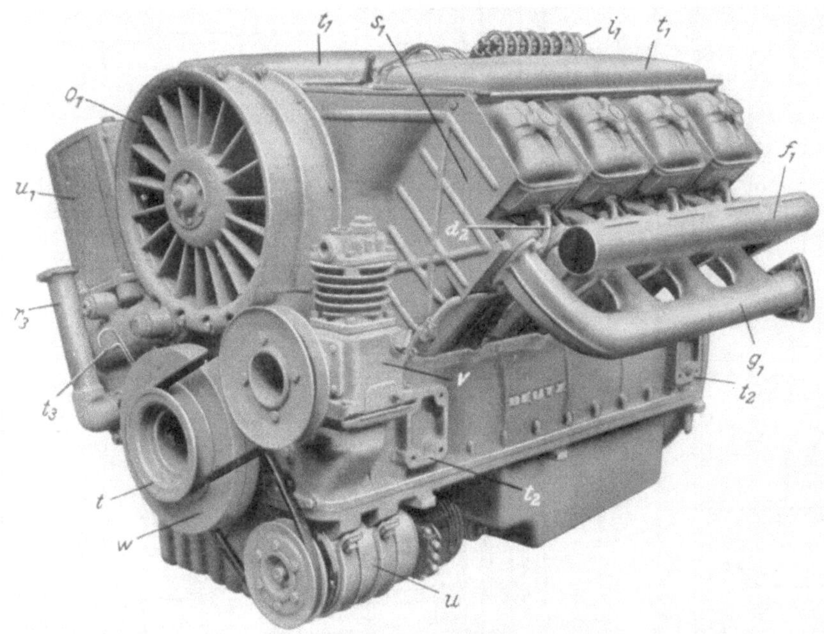

Bild 204. Luftgekühlter Viertakt-V-Motor der *Klöckner-Humboldt-Deutz AG*. Leistung mit 8 Zylindern
170 PSe bei 2300 U/min

t Riemenscheibe zum Antrieb des Luftkompressors v; u Lichtmaschine; w Schwingungsdämpfer; f_1 Saugrohr; g_1 Auspuffleitung; i_1 Brennstoffdruckleitungen; o_1 Leitschaufelkranz des Kühlgebläses; s_1 Abdeckblech für Luftführung; t_1 Luftführungshauben; u_1 Ölkühler; d_2 Ölabflußrohre; t_2 Flanschen für Befestigung des Motors; r_3 Öleinfüllstutzen; t_4 Ölmeßstab

zylinder eingeführt und durch je einen Gummiring (Nut a in Bild 218) abgedichtet. Je vier lange Kopfschrauben (s. a. Gewinde i_2 in Bild 207 und 209) verbinden Zylinderkopf und Zylinder mit dem Kurbelgehäuse. Nach unten ist das Kurbelgehäuse durch die aus Leichtmetall angefertigte Wanne b (Bild 205 u. 206), nach vorn durch den Gehäusedeckel c (aus Leichtmetall) abgeschlossen, während die Öffnungen in der hinteren Stirnseite durch die Verschalung des Schwungrades d (mit Ausrückkupplung) sowie durch die Deckel e, f (Bild 205) verschlossen werden, in denen Kugellager für die Wellen eines Zwischenrades und der Brennstoffpumpe untergebracht sind. Die vierfach gekröpfte Kurbelwelle liegt in fünf Lagern, deren Deckel g (s. a. Bild 211) von unten gegen die Arbeitsflächen am Oberteil geschraubt werden. Das mittlere Grundlager ist als Paßlager ausgebildet; in den übrigen Lagern hat die Welle mit ihren Bunden axiales Spiel. Sie trägt an ihrem hinteren Ende den Flansch zur Aufnahme des Schwungrades; daneben sind unmittelbar in die Welle geschnitten die Zähne des Stirnrades h, von welchem durch das Zwischenrad i die Nockenwelle k und durch ein weiteres Zwischenrad l das auf der Welle des Kühlluftgebläses sitzende Zahnrad m und schließlich durch das Zahnrad n die Brennstoffpumpe o angetrieben werden, diese mit der halben Drehzahl der Kurbelwelle. Gegen die vordere Stirnseite der Kurbelwelle ist das Zahnrad p geschraubt, das die Zahnradschmierölpumpe q antreibt. Die sechs durch Federringe gesicherten Kopfschrauben r, welche das Rad p mit der Welle verbinden, halten zugleich

14a

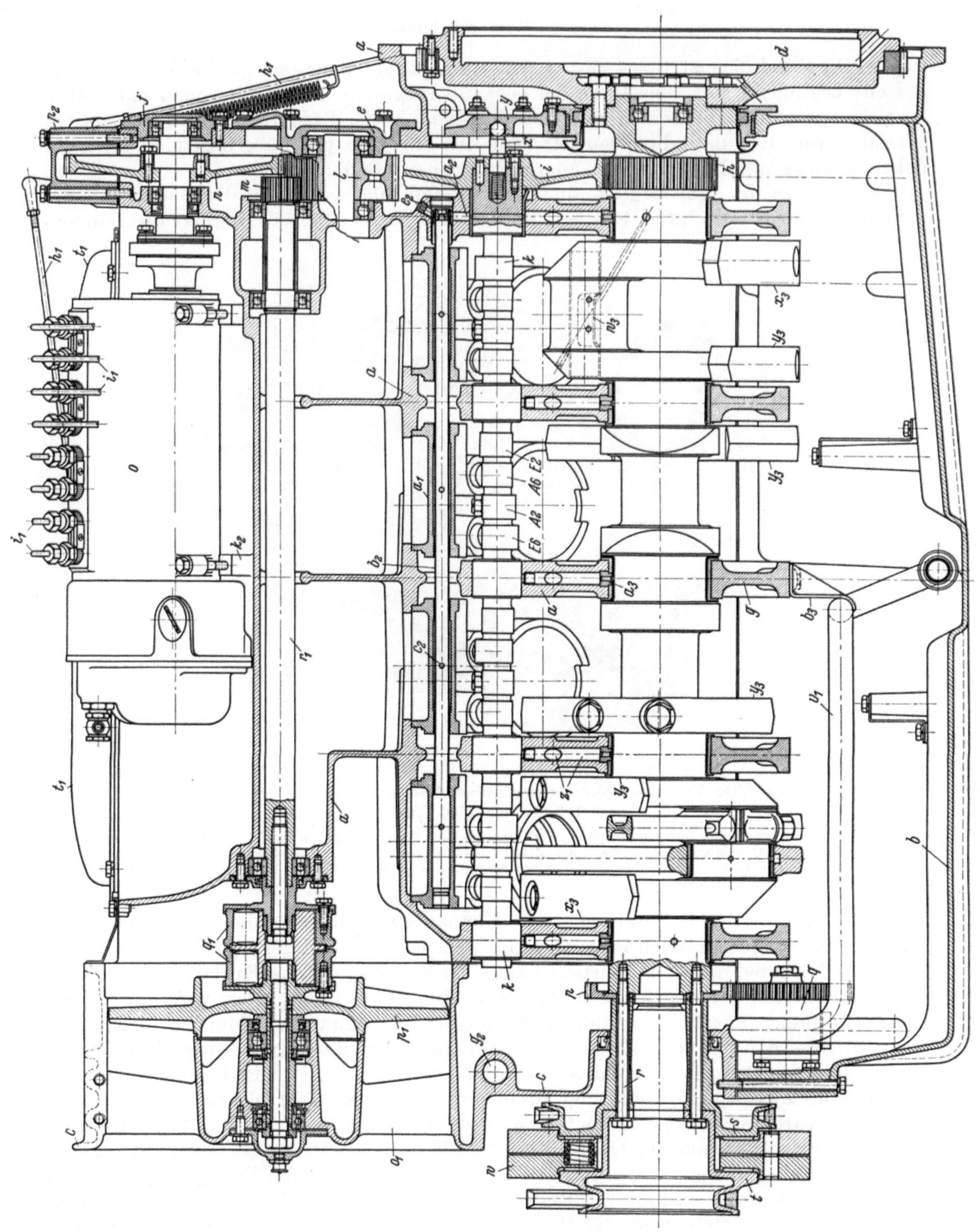

Bild 205. Mittellängsschnitt des Motors Bild 204

a Kurbelgehäuse-Oberteil; *b* Kurbelgehäuse-Unterteil; *c* vorderer Gehäusedeckel; *d* Schwungrad; *e, f* Gehäusedeckel; *g* Lagerdeckel; *h* Zahnrad auf Kurbelwelle; *i* Zahnrad auf Nockenwelle *k*; *l* Zwischenzahnrad; *m* Zahnrad auf Gebläsewelle; *n* Zahnrad für Antrieb der Brennstoffpumpe *o*; *p* Stirnrad zum Antrieb der Schmierölpumpe *q*; *r* Kopfschrauben; *s, t* Riemenscheiben; *w* Schwingungsdämpfer; *x* Druckbolzen; *y* Gehäusedeckel; a_1 Stößelbrücken; h_1 Gestänge für Brennstoffregelung; i_1 Brennstoffdruckleitungen; o_1 Leitschaufelkranz des Kühlgebläses; p_1 Gebläseläufer; q_1 Dämpferkupplung; r_1 Gebläsewelle; t_1 Luftführungshaube; v_1 Ölsaugrohr; z_1 Schmierbohrungen; a_2 Schmierbohrung; b_2 Ölverteilrohr für die Steuerungsteile; c_2 Schmierbohrungen für die Stößel; e_2 Öldüse für Schmierung der Zahnräder; g_2 Bohrung für Öldruckregelventil; k_2 Knaggen für Befestigung der Brennstoffpumpe; p_2 Verschalung des Zahnrades *n*; a_3 Sicherung der Grundlagerschalen, zugleich Schmieröldrosseldüse; b_3 Blech zum Haltern von v_1; w_3 Rohrstück für Schmierölführung im Kurbelzapfen; x_3, y_3 Gegengewichte an den Kurbelwangen

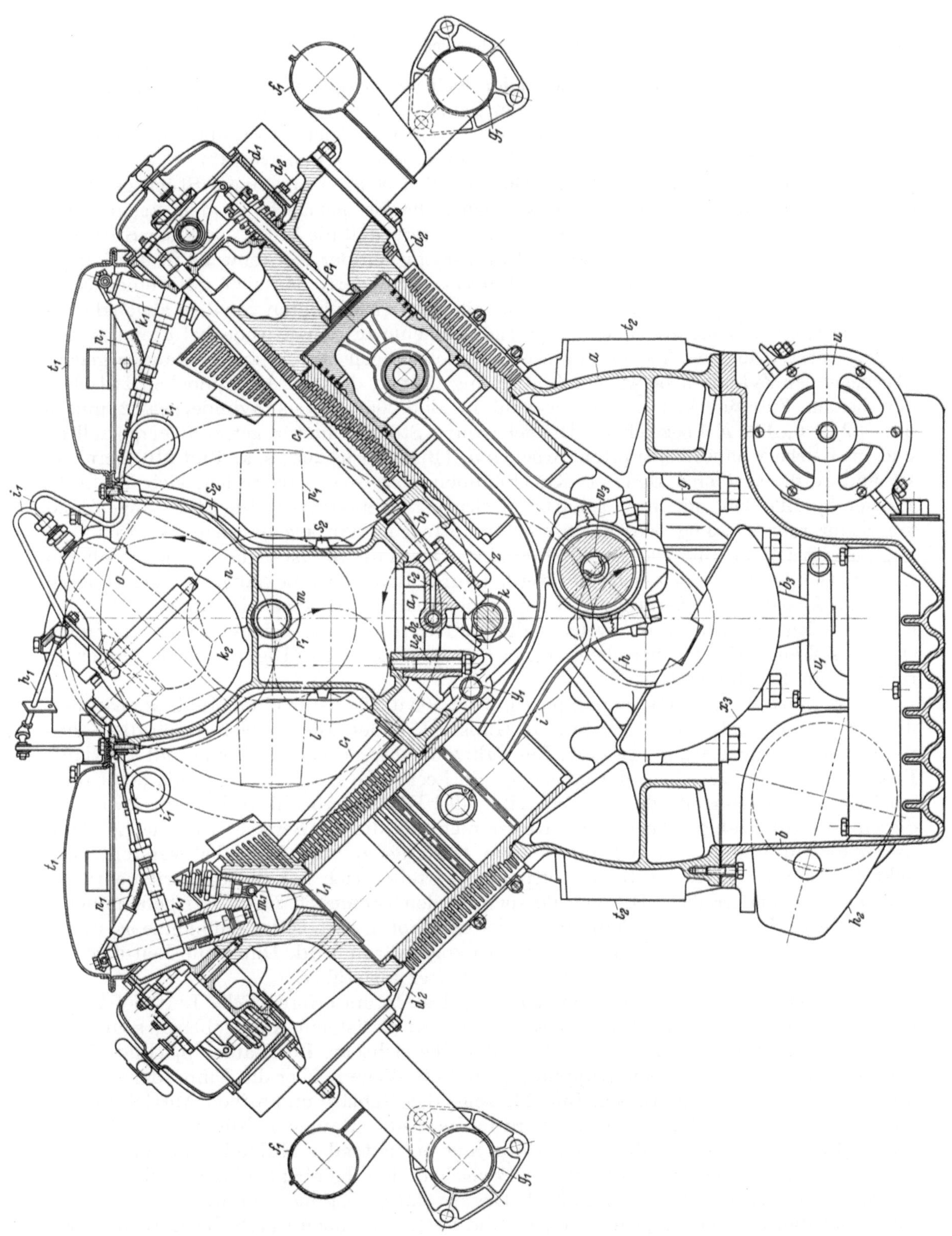

Bild 206. Querschnitt des Motors Bild 204

a Kurbelgehäuse-Oberteil; *b* Kurbelgehäuse-Unterteil; *g* Lagerdeckel; *h* Zahnrad auf Kurbelwelle; *i* Zahnrad auf Nockenwelle *k*; *l* Zwischenzahnrad; *m* Zahnrad auf Gebläsewelle; *n* Zahnrad für Antrieb der Brennstoffpumpe *o*; *u* Lichtmaschine; *z* Stößel; a_1 Stößelbrücke; b_1 Stoßstange; c_1 Schutzrohre; d_1 Aufsatz zum Zylinderkopf; e_1 Einsaugventil; f_1 Saugrohre; g_1 Auspuffleitungen; h_1 Gestänge für Brennstoffregelung; i_1 Brennstoffdruckleitungen; k_1 Einspritzventile; l_1 Wirbelkammer; m_1 Glühkerze; n_1 Leckbrennstoffleitungen; p_1 Läufer des Kühlgebläses; r_1 Gebläsewelle; t_1 Luftführungshauben; v_1 Ölsaugrohr; y_1 Ölverteilrohr für die Kurbel- und Nockenwelle; b_2 Ölverteilrohr für die Steuerungsteile; c_2 Schmierbohrungen; d_2 Ölabflußrohre; h_2 Anlasser; k_2 Knaggen für Befestigung der Brennstoffpumpe; s_2 Knaggen für Halterung der Luftführungsbleche; t_2 Flanschen für Befestigung des Motors; u_2 Kopfschraube für Befestigung der Stößelbrücke; b_3 Blech für Halterung von v_1; w_3 Rohrstück für Schmierölführung im Kurbelzapfen; x_3 Gegengewicht an den Kurbelwangen

die Riemenscheiben s und t, von denen s den Keilriemen zum Antrieb der Lichtmaschine (u in Bild 204) aufnimmt, während von der Scheibe t der Luftkompressor (v in Bild 204) angetrieben wird. Die Flanken von s und t dienen zugleich als Reibflächen für den Schwingungsdämpfer w (Bild 204 u. 205) vom *Lanchester*-Typ (S. 133).

Die Nockenwelle (k in Bild 205 u. 206), mit den Nocken aus einem Stück gefertigt, ist fünffach in den Lagerbrücken des Kurbelgehäuses gelagert. In den Lagerstellen (k in Bild 208) ist ihr Durchmesser so weit vergrößert, daß die Welle von einer Stirnseite des Motors eingeschoben werden kann. Ein Verschieben der Nockenwelle in der Längsrichtung nach vorn wird durch das Zahnrad i verhindert, das sich mit seiner Nabe gegen die hintere Lagerbrücke legt, während ein Schub nach hinten von dem abgefederten Druckbolzen x aufgenommen wird, der sich auf eine in den Stirndeckel y eingesetzte Kugel stützt. Die vier Nocken, welche die Stoßstangen von je zwei einander gegenüberliegenden Zylindern betätigen, sind so angeordnet, daß die Auslaßnocken zwischen den beiden Einlaßnocken liegen; sie sind in Bild 205 für das Zylinderpaar 2 und 6 mit $E\,2$, $A\,6$, $A\,2$, $E\,6$ bezeichnet. Die gehärteten Stößel z sind in getrennt hergestellten und im Kurbelgehäuse zentrierten Brücken a_1 (Bild 205 u. 206; s. a. Bild 210) geführt; sie sind an ihrem oberen Ende als Kugelpfannen ausgebildet, auf welche sich die Stoßstangen b_1 (Bild 206) mit ihren gehärteten Druckstücken stützen. Die Stoßstangen sind von Schutzrohren c_1 umgeben, die durch Gummiringe im Kurbelgehäuse und im Zylinderkopfaufsatz d_1 (s. a. Bild 220) abgedichtet sind. Durch die Stoßstangen, in die am oberen Ende Kugelpfannen eingelassen sind, werden durch Kipphebel die hängend angeordneten Ein- und Auslaßventile betätigt, die in auswechselbaren Führungen arbeiten. In Bild 206 ist e_1 das Einlaßventil, durch welches die Luft durch das an seinem Ende mit einem Ölband-Zyklon-Luftfilter versehene Rohr f_1 angesaugt wird. Die Auspuffleitungen g_1 führen zum Schalldämpfer.

Die Brennstoffpumpe (Boschpumpe, o in Bild 205 u. 206) ist in einer Mulde angeordnet, die mit dem Kurbelgehäuse-Oberteil ein Gußstück bildet. Ihr Antrieb durch die Zahnräder h–i–l–n wurde schon erwähnt. Bei Fahrzeugmotoren ist die Pumpe mit Leerlauf-Enddrehzahlregler versehen, der einerseits die Leerlaufdrehzahl von 450 bis 500 U/min einstellt und andererseits das Überschreiten der Höchstdrehzahl verhindert. Zwischen diesen Grenzdrehzahlen arbeitet der Regler nicht; in diesem Bereich wird die Leistung durch das in Bild 205 u. 206 angedeutete Gestänge h_1 vom Fußhebel verstellt. Die acht Druckleitungen i_1 der Brennstoffpumpe verteilen sich auf die Einspritzventile k_1 der beiden Zylinderreihen. Die Ventile spritzen den Brennstoff in die Wirbelkammer l_1 Bauart *Deutz-L'Orange* (Bild 206), die bei kaltem Motor mittels der Glühkerze m_1 durch kurzfristiges Einschalten des Batteriestromes vorgewärmt wird. Durch die Leitungen n_1 wird der Leckbrennstoff in einen Sammelbehälter abgeführt.

Das *Kühlgebläse*, das die für die Kühlung des Motors erforderliche Luft liefert, ist an der vorderen Stirnseite des Motors angeordnet. Es ist ein Axialgebläse; sein Leitschaufelkranz (o_1 in Bild 205) ist auch in Bild 204 sichtbar. Der Läufer p_1 (Bild 205 u. 206) wird über die nachgiebige Kupplung q_1 und die Welle r_1 über die Zahnräder m–l–i–h von der Kurbelwelle angetrieben. Bild 222 zeigt das Gebläse und seinen Antrieb in größerem Maßstab. Die angesaugte Luft wird in die beiden Räume gedrückt, die links und rechts (Bild 206) neben der die Brennstoffpumpe enthaltenden Mulde liegen, und strömt aus diesen mit großer Geschwindigkeit zwischen den Kühlrippen der Zylinder und Zylinderköpfe seitlich ab (s. a. Bild 221). Die erwähnten Räume sind an den Stirnseiten durch profilierte Bleche abgedeckt (s_1 in Bild 204), nach oben durch die Luftführungshauben t_1 (Bild 204 bis 206). Ein Teil der Kühlluft wird durch den Ölkühler u_1 (Bild 204) geführt.

Die *Schmierung* ist mit besonderer Sorgfalt durchgebildet; sie ist vollautomatisch, da der Motor während der Fahrt nicht zugänglich ist. Die Zahnradpumpe q (Bild 205) saugt das Öl aus der Mitte des Kurbelgehäuse-Unterteils durch einen Saugkorb und das Rohr v_1 an und drückt es durch ein im vorderen Kurbelgehäusedeckel eingewalztes

Rohr (i_3 in Bild 213) bis an die schräge Ebene w_1 (Bild 213), auf welcher der Ölkühler u_1 (Bild 204) befestigt ist. Das Öl durchströmt den luftgekühlten Ölkühler in auf- und wieder absteigender Richtung und passiert sodann ein Schmierölspaltfilter, das in der Bohrung x_1 (Bild 213) unterhalb des Ölkühlers untergebracht ist. Durch eine an den Fußhebel des Fahrers angeschlossene Ratsche wird der Filtereinsatz während der Fahrt bewegt und das Filter gereinigt; bei stationärem Betrieb wird die Ratsche von Zeit zu Zeit von Hand betätigt. Hinter dem Filter gelangt das Öl in das Hauptölrohr y_1

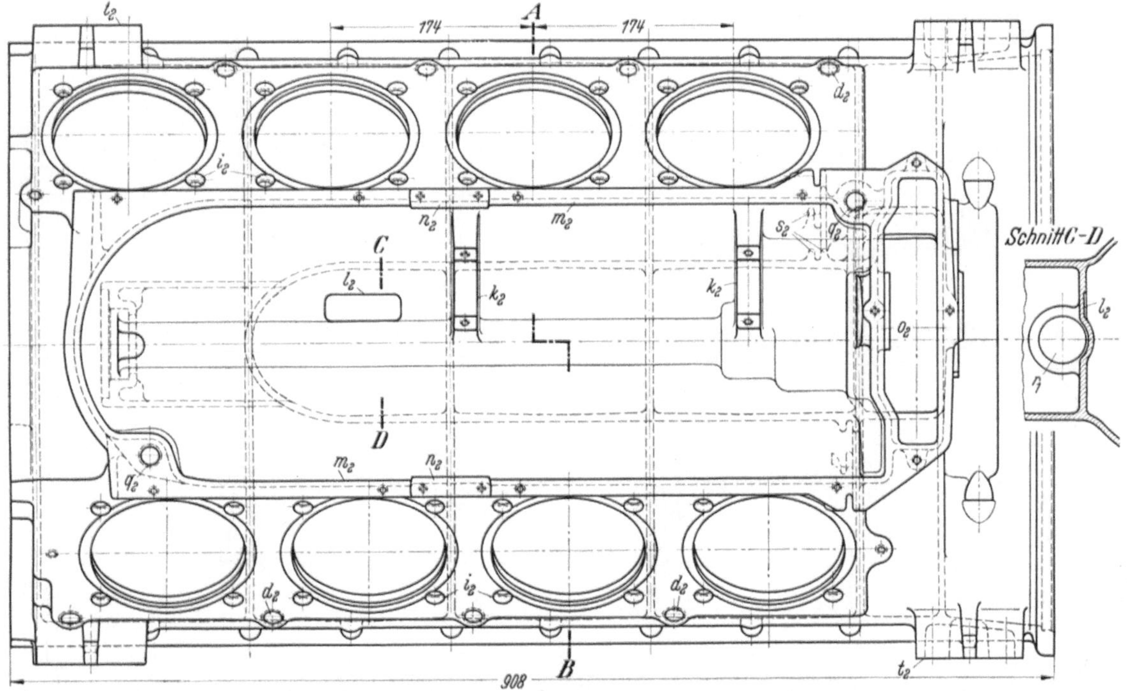

Bild 207. Kurbelgehäuse-Oberteil, Ansicht von oben

r_1 Aussparungen für Gebläsewelle; d_2 Gewinde für Verschraubungen der Ölabflußrohre aus den Zylinderkopfaufsätzen; i_2 Gewinde für Befestigung der Zylinder; k_2 Knaggen für Befestigung der Brennstoffpumpe; l_2 Aussparung für Gehäuse der Brennstoffpumpe; m_2 Auflageflächen der Luftführungshauben; n_2 Einfräsungen für Paßriegel der Luftführungshauben; o_2 Arbeitsleiste für Zahnradverschalung; q_2 Gewinde für Tragschrauben; s_2 Knaggen für Halterung der Luftführungs-bleche; t_2 Flanschen für Befestigung des Motors

(Bild 206, 209, 213), das bis zur letzten Lagerbrücke (Schwungradseite) durchgeführt und in die Lagerbrücken eingewalzt ist. Bild 209 zeigt, wie das Öl vom Rohr y_1 durch die Bohrungen z_1 zu den Grundlagern und den Lagern der Nockenwelle gelangt (s. a. Bild 205). Einsatzstücke a_3 mit abgestimmten Bohrungen bemessen die zugeführten Ölmengen. Die Schmierung der Kurbelzapfenlager geht aus Bild 214 hervor.

Von dem neben dem Schwungrad liegenden Nockenwellenlager führt die Bohrung a_2 (Bild 205) das Öl durch eine die Menge regelnde Öffnung dem Verteilrohr b_2 (Bild 205 u. 206) zu, das in die Stößelbrücken a_1 eingewalzt ist. Durch Bohrungen c_2 in den Stößel-brücken tritt das Öl in Eindrehungen in den Stößeln z, die dadurch in ihren Führungen geschmiert werden. Weiter gelangt das Öl durch Radialbohrungen in den oberen Hohl-raum der Stößel und aus diesem durch die durchbohrten Kugelpfannen der Auslaß-stoßstangen, in den Stangen hochsteigend, zu den ebenfalls durchbohrten oberen Kugel-pfannen, den durchbohrten Kipphebeln, den hohlen Kipphebelachsen und zu den Ein-laßkipphebeln, deren Druckhebelachsen gleichfalls geschmiert werden. Durch Wurm-schrauben in den Auslaßkipphebeln wird die Ölmenge eingestellt. Das vom Zylinder-kopfaufsatz d_1 (Bild 206 u. 220) aufgefangene Öl fließt durch das Rohr d_2 in das Kurbel-gehäuse zurück (s. a. Bohrungen d_2 in Bild 207). In Bild 204 sind die an die Zylinderkopf-aufsätze angeschlossenen Krümmer d_2 zu erkennen.

Am hinteren Ende des Verteilrohres b_2 (Bild 205) ist die Öldüse e_2 eingesetzt, welche
Schmieröl zwischen die Zahnräder i und l spritzt.

An verschiedenen Stellen des Ölkreislaufes sind Sicherungen eingebaut, welche
verhüten, daß zu hohe Drücke auftreten, wenn das Öl in der Kälte dickflüssig wird.
In die Schmierölpumpe q (Bild 205) ist ein Sicherheitsventil eingebaut, das sich bei zu
hohem Druck öffnet und einen Teil der geförderten Ölmenge unmittelbar in das Kurbelgehäuse zurücklaufen läßt. Ferner ist unterhalb des Ölkühlers (in der Bohrung f_2,

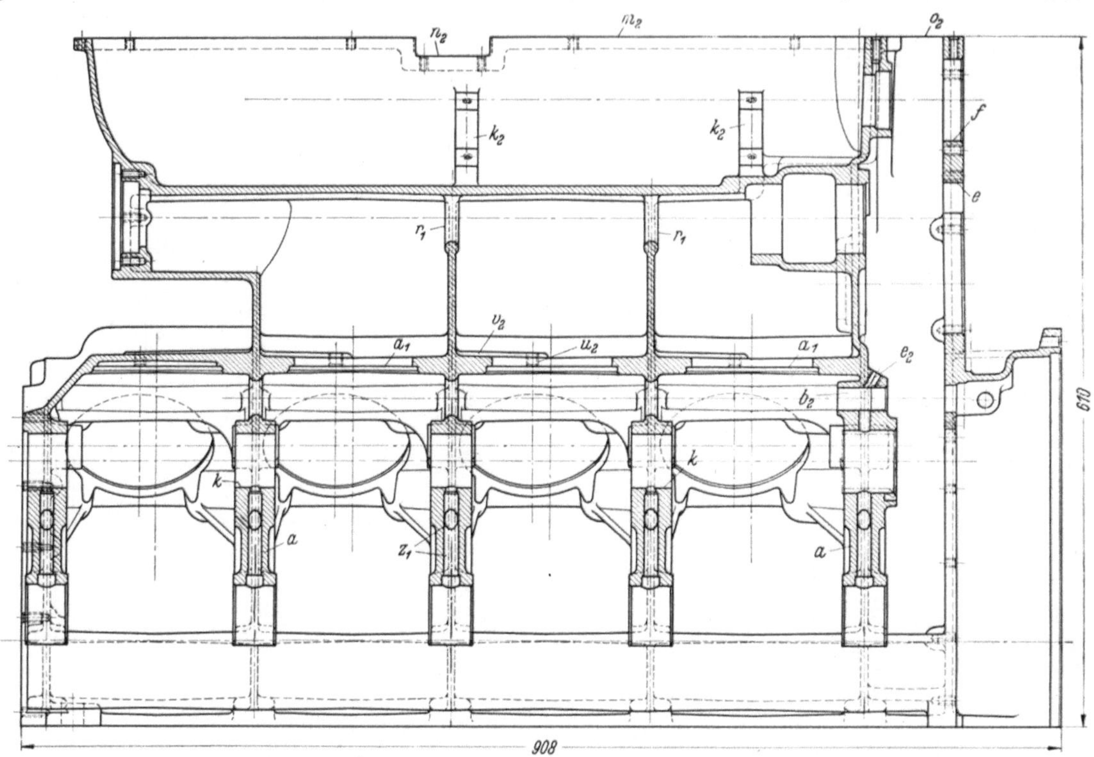

Bild 208. Kurbelgehäuse-Oberteil, Längsschnitt

a Lagerbrücken; e Öffnung für Zahnräder l und m (Bild 205); f Öffnung für Brennstoffpumpenwelle; k Lager der
Nockenwelle; a_1 Bohrungen für Stößelbrücken; r_1 Aussparungen für Gebläsewelle; z_1 Schmierbohrungen für Grundlager
und Nockenwellenlager; b_2 Bohrung für Ölverteilrohr zu den Steuerungsteilen; e_2 Gewinde für Öldüse zum Schmieren
der Zahnräder; k_2 Knaggen für Befestigung der Brennstoffpumpe; m_2 Auflagefläche der Luftführungshaube; n_2 Ein-
fräsung für Paßriegel der Luftführungshaube; o_2 Arbeitsleiste für Zahnradverschalung; u_2 Gewinde für Befestigung der
Stößelbrücken; v_2 Wandverstärkung für u_2

Bild 213) ein Überdruckventil angeordnet, das sich bei zu dickflüssigem Öl öffnet und
das Schmieröl unter Umgehung des Ölkühlers unmittelbar an das Schmierölfilter (Bohrung x_1 in Bild 213) führt. Dies schützt den Ölkühler vor zu hohen Drücken. Schließlich
liegt im Nebenschluß zum Hauptölrohr y_1 (Bild 206 u. 213) in der Bohrung g_2 (Bild 213,
auch 205) des vorderen Gehäusedeckels ein Ventil, durch das der Öldruck in der Hauptschmierölleitung auf einen einstellbaren Höchstdruck (3 bis 4 atü) begrenzt wird.
Wird dieser Druck überschritten, so läßt das Ventil das überschüssige Öl in das Kurbelgehäuse zurücktreten.

Das *Kurbelgehäuse* des V-Motors ist in Bild 207 (Ansicht von oben), 208 (Längsschnitt) und 209 (Querschnitt und Ansicht von Schwungradseite) dargestellt. Mit den
unter 45° geneigt liegenden Arbeitsflächen sind die 2×4 Arbeitszylinder zusammen mit
ihren Köpfen durch je vier Kopfschrauben verspannt, die in die Gewinde i_2 (Bild 207
u. 209) geschraubt werden. Die durch die Kopfschrauben auf das Kurbelgehäuse übertragenen Kräfte werden durch zweckmäßig angeordnete kräftige Rippen auf die Lagerbrücken übertragen, an welche die Lagerdeckel (Bild 211; s. a. g in Bild 206) von unten

geschraubt werden. Ein Vergleich der drei Zeichnungen des Kurbelgehäuses mit den Schnittzeichnungen Bild 205 u. 206 läßt den Zweck der Formgebung des Gehäuses und der bearbeiteten Flächen erkennen. Auf den Knaggen k_2 in der oberen Mulde des Gehäuses ist die Brennstoffpumpe befestigt, deren Regelgehäuse die kleine Vertiefung l_2 (Bild 207) erforderlich macht. Auf den Arbeitsleisten m_2 liegen die inneren Flanschen der Luftführungshauben (t_1 in Bild 206), deren äußere Flanschen passend gewinkelte Blechstreifen umfassen, die an die Aufsätze d_1 der Zylinderköpfe geschraubt sind (s. Gewinde m_2 in Bild 220). In die mit Fräser eingeschnittenen Vertiefungen n_2 werden Paßstücke eingesetzt, welche die Luftführungshauben beim Aufsetzen in der richtigen Lage

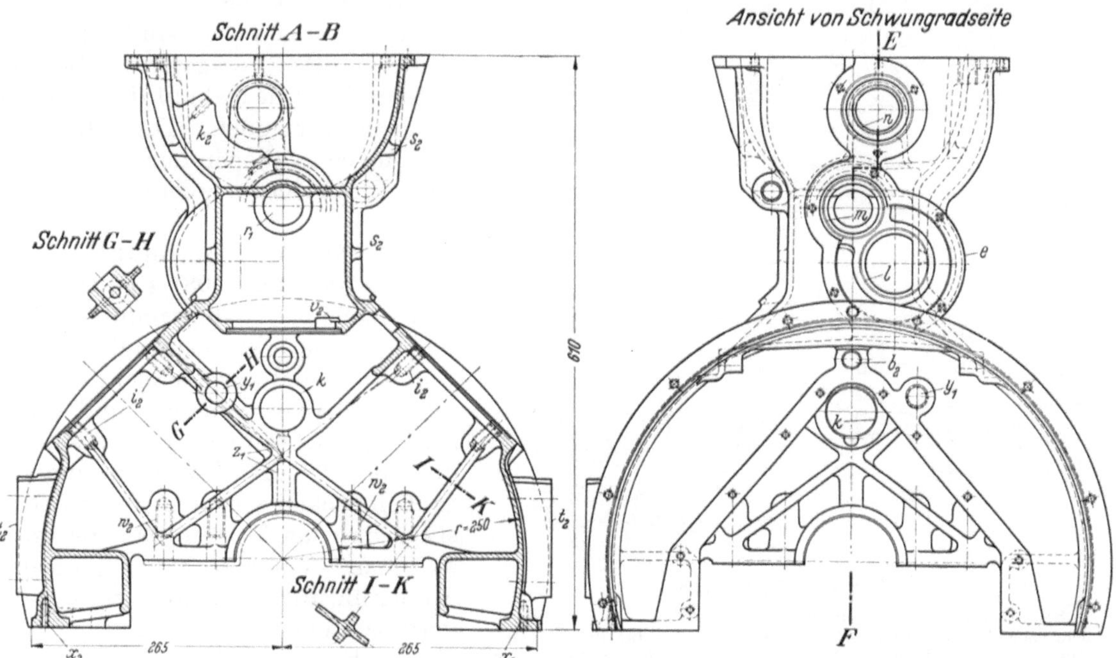

Bild 209. Kurbelgehäuse-Oberteil, Querschnitt und Ansicht von Schwungradseite

Schnittführung $A{-}B$ s. Bild 207; Schnittführung $E{-}F$ entspricht Bild 205. e Flansch für Stirndeckel der Zahnräder (l und m in Bild 205); k Bohrung für Nockenwelle; l, m, n Bohrungen für Kugellager der Zahnräder (l, m, n in Bild 205 u. 206); r_1 Öffnung für Gebläsewelle; y_1 Bohrung für Ölverteilrohr; z_1 Bohrungen für Schmierung der Grundlager und Nockenwellenlager; i_2 Gewinde für Befestigung der Zylinder; k_2 Knaggen für Befestigung der Brennstoffpumpe; s_2 Knaggen für Halterung der Luftführungsbleche; t_2 Flanschen für Befestigung des Motors; v_2 Wandverstärkung für Befestigungsschrauben der Stößelbrücken; w_2 Gewinde für untere Lagerdeckelschrauben; x_2 Gewinde für Befestigung des Kurbelgehäuse-Unterteils.

halten. Auf der Schwungradseite gehen die Arbeitsflächen m_2 in die ein schmales Rechteck umschließende Leiste o_2 über, auf welcher die Verschalung p_2 (Bild 205) des Zahnrades n befestigt ist. Die Gewinde q_2 dienen zum Einsetzen von Tragschrauben. Durch die durch einen Wulst verstärkten Aussparungen r_1 (Bild 207, Schnitt $C{-}D$) ist die Gebläsewelle geführt. Die angegossenen kleinen Knaggen s_2 (s. a. Bild 206) dienen zur Halterung der Luftführungsbleche. An den Flanschen t_2 (Bild 204, 206, 207, 209) wird der Motor in seinem Aggregat befestigt.

Bild 208 zeigt den Längsschnitt durch das Kurbelgehäuse, nach $E{-}F$ in Bild 209 geführt. Die kräftigen Lagerbrücken a enthalten die Bohrungen z_1 für die Schmierung der Grundlager und der Nockenwellenlager. Die Bohrungen k, in denen die Nockenwelle läuft, bedeuten keine Schwächung des Gehäuses, da sie oberhalb des Kraftflusses liegen, der durch die Schrägrippen unter den Zylindersitzen auf die Grundlager übertragen wird (vgl. Bild 209, Schnitt $A{-}B$). Die Bohrung b_2 nimmt das (in Bild 205 ebenso bezeichnete) Ölverteilrohr für die Steuerungsteile auf; das vordere Ende dieses Rohres ist in die vordere Stößelbrücke eingewalzt. Die übrigen Bezugsbuchstaben haben sinngemäß dieselbe

Bedeutung wie in den vorhergehenden Abbildungen. Die Gewinde u_2 dienen zur Befestigung der Stösselbrücken; wo diese Gewinde gebohrt sind, ist die waagerechte Querwand des Gehäuses verstärkt (Stellen v_2 in Bild 208).

Der Querschnitt durch das Kurbelgehäuse und die Ansicht von der Schwungradseite (Bild 209) mögen für die Darstellung dieses Gußstückes genügen (der Modelltischler braucht noch eine größere Zahl einzelner Schnitte). Die Bezugsbuchstaben bezeichnen auch in Bild 209 dieselben Teile wie vorher. Auf dem Flansch e (Bild 209, Ansicht von Schwungradseite) liegt der in Bild 205 ebenso bezeichnete Deckel, der die Zahnräder l, m verschalt. In die Gewindebohrungen w_2 sind die vier Kopfschrauben eingesetzt, die den unteren Lagerdeckel mit dem Kurbelgehäuse verbinden. Die Gewindebohrungen x_2 dienen zur Befestigung des Kurbelgehäuse-Unterteils (s. a. Bild 206).

Die *Stößelbrücken* (Bild 210; s. a. a_1 in Bild 205, 206, 208) sind als vom Kurbelgehäuse abgetrennte Gußstücke hergestellt; sie sind, wie aus Bild 205 und 206 ersichtlich, im Kurbelgehäuse zentriert und durch zwei Kopfschrauben u_2 (Bild 206) an diesem befestigt. Die Trennung der Stößelbrücken von dem großen Gußstück hat den Vorteil, daß die unter 41° zur Waagerechten geneigten Stößelführungen leichter genau in der vorgeschriebenen Richtung gebohrt werden können. In den Führungen y_2 gleiten die Auslaßventilstößel; nur diese beiden Führungen erhalten

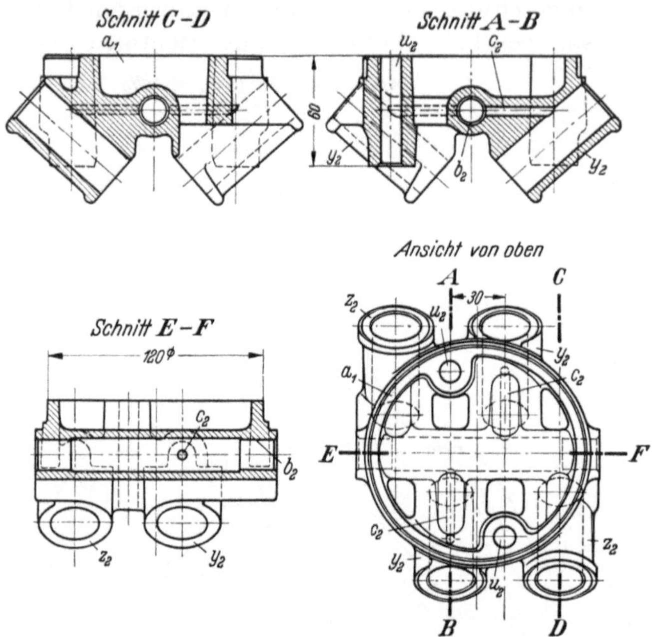

Bild 210. Stößelbrücke

a_1 Stößelbrücke;　　b_2 Bohrung für Ölverteilrohr;　　c_2 Schmierbohrungen für Steuerungsteile;　　u_2 Bohrungen für Befestigungsschrauben;　　y_2 Führungen der Auslaßventilstößel;　　z_2 Führungen der Einlaßventilstößel

durch die Bohrungen c_2 Schmieröl, da das Öl durch die Stoßstangen der Auslaßventile zu den Kipphebeln der Ventile geleitet werden soll, während die Stößelführungen z_2 der Einlaßventile durch Spritzöl geschmiert werden. Die Mittellinien der vier Stößelführungen y_2, z_2 decken sich mit denen der zugehörigen Nocken (in Bild 205 mit E 6, A 2, A 6, E 2 bezeichnet); die Stößelführungen der einen Motorseite sind gegen die der gegenüberliegenden Seite um ebensoviel versetzt wie die Motor-

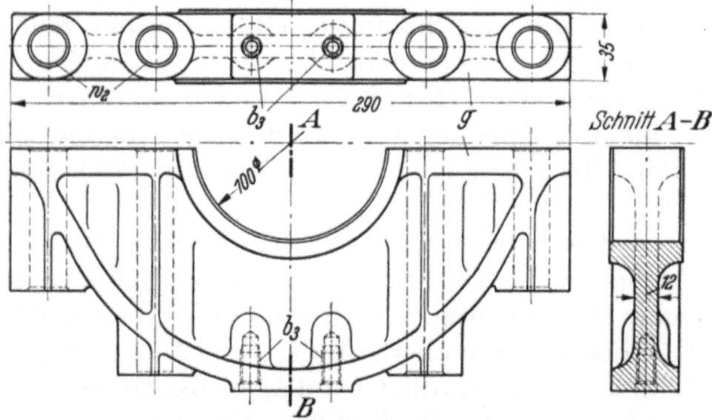

Bild 211. Lagerdeckel der Kurbelwelle

g Lagerdeckel;　w_2 Bohrungen für Deckelschrauben;　b_3 Gewinde für Befestigung des Ölsaugrohres

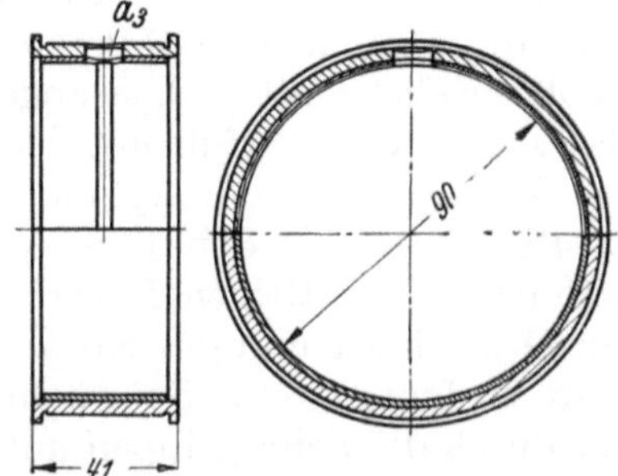

Bild 212. Lagerschale der Kurbelwelle

a_3 Bohrung für Schmieröl und für Sicherung der Schale gegen Drehen

reihen gegeneinander (30 mm). In die Bohrungen b_2 wird das Ölverteilrohr eingewalzt (s. a. Bild 205 u. 206).

Die durch vier Kopfschrauben (Bild 211, Bohrungen w_2; s. a. w_2 in Bild 209) mit dem Kurbelgehäuse verbundenen *Lagerdeckel g* (s. a. g in Bild 206) von kräftigem Doppel-T-Profil werden zusammen mit dem Kurbelgehäuse-Oberteil bearbeitet. In der Bohrung liegen mit Isa-Passung H 7 die *Grundlagerschalen* (Bild 212), die aus Stahl mit etwa 1 mm starkem Bleibronzeausguß hergestellt sind. In die Bohrung a_3 greift ein zylindrischer Zapfen, der von unten in die Ausbohrung der Lagerbrücke gesetzt wird (vgl. a_3 in Bild 205) und ein Drehen der Lagerschale verhindert. Das mittlere Grundlager ist als Paßlager ausgebildet; sein Bleibronzeausguß bedeckt auch die seitlichen Lagerbunde (Bild 205). An dem Deckel dieses Lagers ist ein Blech b_3 befestigt, das zur Halterung des Ölsaugrohres v_1 (Bild 205) dient. In Bild 211 sind die Gewindebohrungen hierfür ebenfalls mit b_3 bezeichnet.

Der *vordere Gehäusedeckel, c* in Bild 205, schließt nicht nur das Kurbelgehäuse an der vorderen Stirnseite ab, sondern er trägt auch wichtige Hilfsmaschinen und -apparate: das Kühlgebläse, das Kraftstoffilter, den Luftkompressor, den Ölkühler, das Ölfilter, das Umgehungsventil des Ölkühlers, das Öldruckregelventil, den Öleinfüllstutzen und die Verschraubung für den Ölmeßstab. Alle diese Teile sind gedrängt, jedoch gut zugänglich am Deckel untergebracht (Bild 204); dies bestimmt seine Konstruktion (Bild 213).

Der Leitapparat des Kühlgebläses wird von der Stirnseite in die Bohrung 340 Dmr. geschoben und in dieser durch zwei Winkelbleche (c_3 in Bild 222) gesichert; die Aussparungen, in welche diese Bleche greifen, sind in Bild 213 ebenfalls mit c_3 bezeichnet. Der rohe Gußkörper des Gehäusedeckels wird oben (Teilfuge d_3, s. a. Schnitt A–B) mit 1 mm starkem Sägeblatt aufgeschnitten und durch zwei Schrauben e_3 verspannt, wodurch der Leitapparat gesichert wird. Auf dem Anguß f_3 wird das Kraftstoffilter befestigt, auf dem Podest g_3 der Luftkompressor (v in Bild 204). Der vordere Gehäusedeckel trägt ferner die Einrichtungen zum Kühlen und Filtern des Schmieröles sowie zwei federbelastete Ventile, die den Druck in der Schmierölleitung überwachen. Der Ölkühler (u_1 in Bild 204), der durch einen abgezweigten Teil der Kühlluft gekühlt wird, ist durch vier Kopfschrauben h_3 auf der Fläche w_1 (Bild 213) befestigt. Der (S. 217 angedeutete) Weg, den das Schmieröl im vorderen Gehäusedeckel nimmt, kann hier deutlicher verfolgt werden. Die Zahnradpumpe (q in Bild 205) drückt das aus dem Kurbelgehäuse angesaugte Schmieröl unmittelbar in das in den Deckel eingewalzte Rohr i_3, dessen obere Öffnung k_3 (Bild 213) das Öl in den Kühler übertreten läßt. Durch die Bohrung l_3 (s. a. Schnitt G–H) gelangt das Öl sodann in das darunterliegende Spaltfilter (Schnitt E–F, Bohrung x_1). Wird dieses vom Führerstand aus bewegt, so fallen die am Außenumfang haftenden Schmutzteilchen ab und in den Sumpf m_3, aus dem sie durch die Verschraubung n_3 von Zeit zu Zeit entfernt werden. Das gereinigte Öl tritt in den Kanal g_2 (s. a. Bild 205), aus dem es in das Hauptverteilrohr y_1 (s. a. Bild 206) gelangt. Der Kanal g_2 ist an seinem äußeren Ende durch ein federbelastetes Ventil verschlossen, das den Öldruck in y_1 auf 3 bis 4 atü begrenzt. Steigt der Druck stärker an, etwa weil das Öl zu dickflüssig ist, so läßt das Ventil das überschüssige Öl durch den Spalt o_3 (s. a. Schnitt J–K) in das Kurbelgehäuse zurückfließen. Ist das Öl so dickflüssig, daß der Kühler durch den hohen Druck gefährdet werden könnte, so öffnet sich ein zweites, in der Bohrung f_2 untergebrachtes Ventil, und das Öl tritt unter Umgehung des Kühlers durch den Spalt p_3 (Schnitt E–F und Ansicht auf Fläche w_1) direkt an das Filter. Sobald die Maschine warm und das Öl hinreichend dünnflüssig geworden ist, schließt das Ventil f_2, und der Kühler schaltet sich selbsttätig ein.

Unter dem Ölsumpf m_3 liegt der Flansch q_3 für den Öleinfüllstutzen (r_3 in Bild 204), daneben die Bohrung s_3 für den Ölmeßstab (t_3 in Bild 204); s. a. Schnitt N–O. Auf der Fläche u_3 wird das Firmenschild angebracht. Die neun Bohrungen v_3 nehmen Kopfschrauben auf, die den Gehäusedeckel mit dem Kurbelgehäuse verbinden (s. a. Schnitt

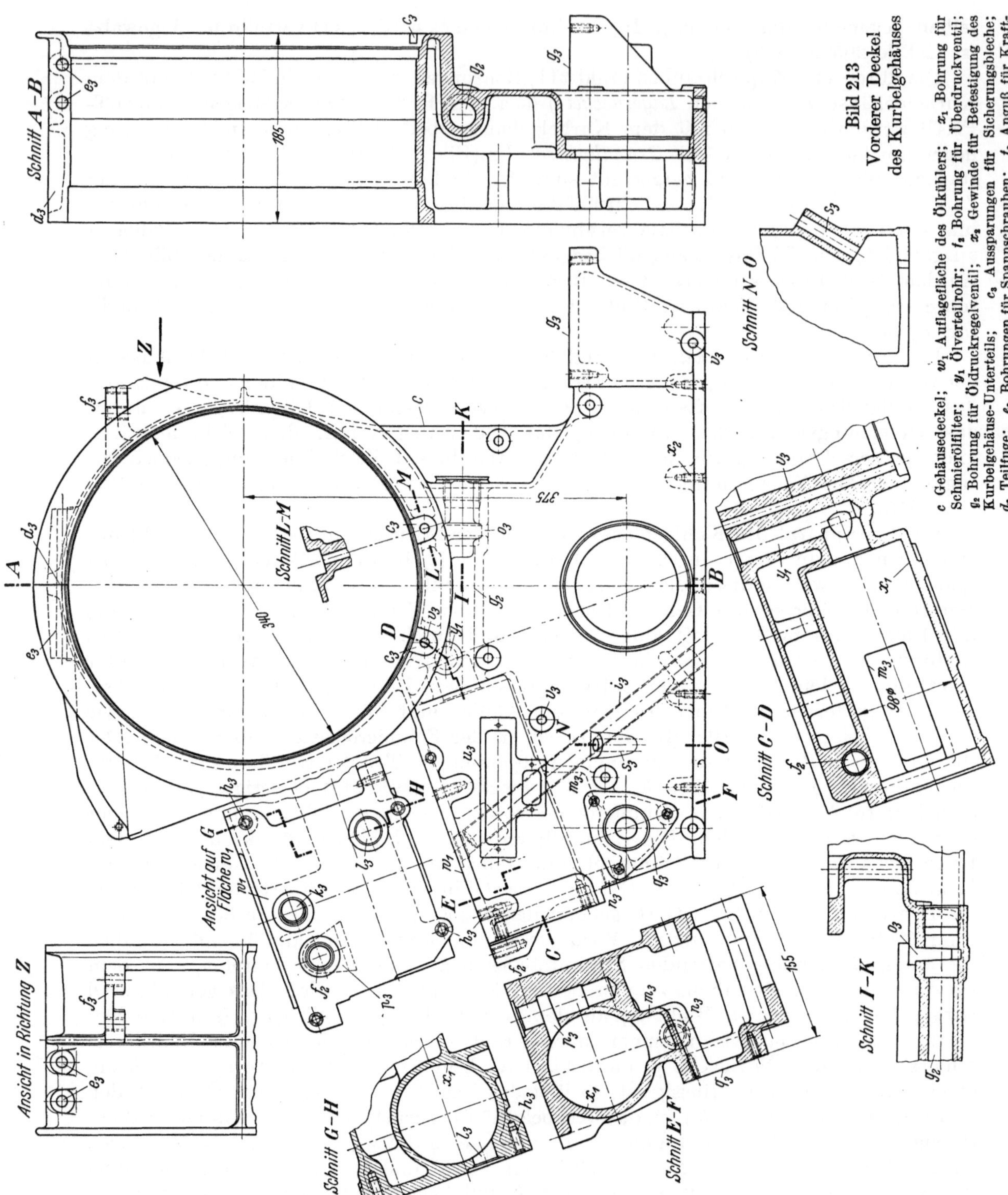

Bild 213
Vorderer Deckel
des Kurbelgehäuses

c Gehäusedeckel; w_1 Auflagefläche des Ölkühlers; x_1 Bohrung für Schmierölfilter; y_1 Ölverteilrohr; f_2 Bohrung für Überdruckventil; g_2 Bohrung für Öldruckregelventil; x_2 Gewinde für Befestigung des Kurbelgehäuse-Unterteils; c_3 Aussparungen für Sicherungsbleche; d_3 Teilfuge; e_3 Bohrungen für Spannschrauben; f_3 Anguß für Kraftstoffilter; g_3 Podest für Luftkompressor; h_3 Gewinde für Befestigung des Ölkühlers; $i_3{-}k_3$ Schmierölleitung zum Ölkühler; l_3 Öldurchtritt zum Spaltfilter; m_3 Ölsumpf; n_3 Ablaßschraube; o_3 Ölrückfluß in das Kurbelgehäuse; p_3 Öldurchtritt zum Filter; q_3 Flansch für Öleinfüllstutzen (r_3 in Bild 204); s_3 Bohrung für Ölmeßstab; u_3 Arbeitsleiste für Firmenschild; v_3 Bohrungen für Verbindungsschrauben

$C{-}D$). Die Gewinde x_2 dienen zum Anschrauben des Kurbelgehäuse-Unterteiles (s. a. x_2 in Bild 209 sowie die Schnittzeichnungen Bild 205 u. 206).

Die vierfach gekröpfte, fünfmal gelagerte *Kurbelwelle* (Bild 214) ist aus legiertem Vergütungsstahl (Cr–Mo) von $> 80\ \text{kg/mm}^2$ Festigkeit, $> 60\ \text{kg/mm}^2$ Streckgrenze und $> 14\%$ Dehnung ($l = 5d$) hergestellt; die Grundlager- und Kurbelzapfen sind nach dem Doppel-Duro-Verfahren gehärtet (Rockwell–C-Härte HRc etwa 60) und sodann geschliffen; die Kurbelwangen werden kopiergefräst. Die Wellen werden statisch und dynamisch ausgewuchtet. An den Kurbelzapfen greifen die beiden Pleuelstangen gegenüberliegender Zylinder an. Die Pleuelstangenfolge, von Schwungradseite nach vorn zählend, ist 1, 5, 2, 6, 3, 7, 4, 8, die Zündfolge 1-8-4-5-7-3-6-2. Das zum Antrieb der Nockenwelle des Gebläses und der Brennstoffpumpe dienende Zahnrad h (s. a. h in Bild 205) ist unmittelbar in die Kurbelwelle geschnitten; es liegt neben dem Schwungradflansch, also an einer Stelle kleiner Drehschwingungsausschläge. Die Grundlagerzapfen haben einen größeren Durchmesser als die Kurbelzapfen; ihre Querschnitte überschneiden

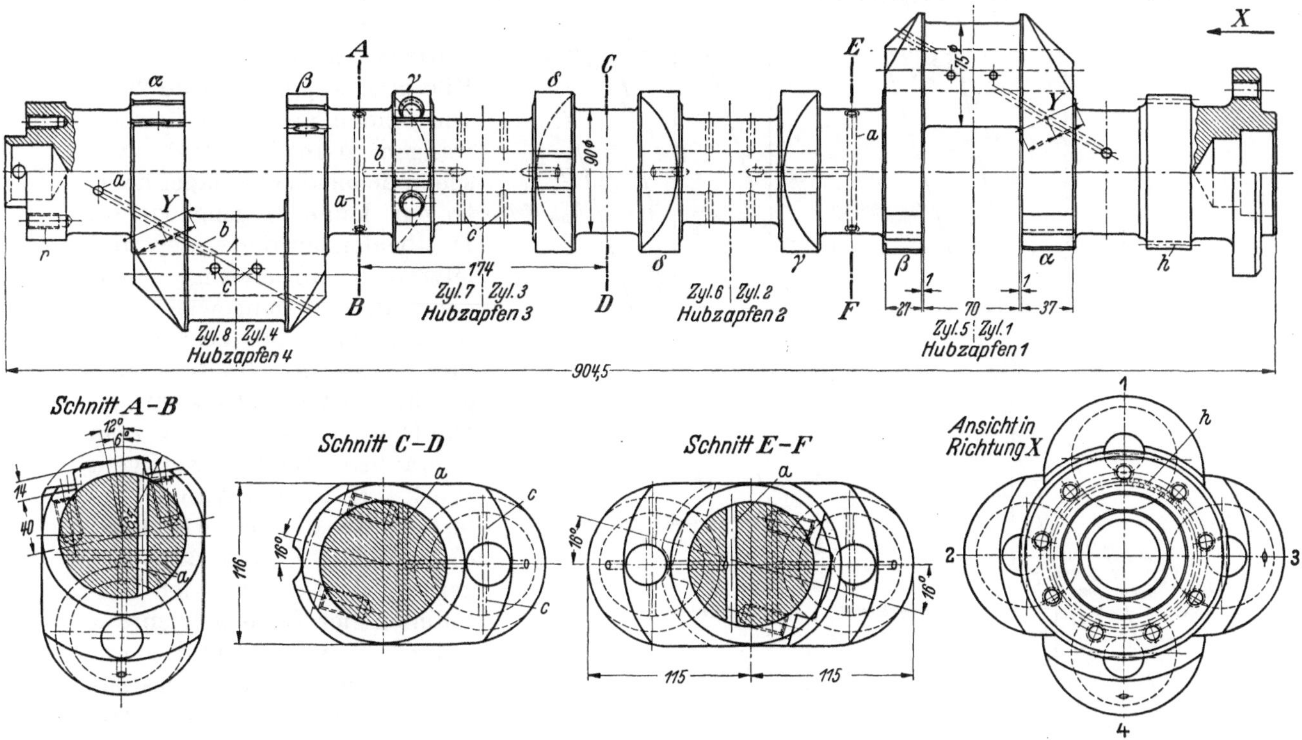

Bild 214. Kurbelwelle

a, b, c Schmierbohrungen; h Zahnrad zum Antrieb von Nockenwelle, Gebläse und Brennstoffpumpe; r Gewinde für Befestigung der vorderen Riemenscheiben

sich (s. Schnitte A–B, C–D, E–F), was die Beanspruchung der Kurbelwangen vermindert. Zwischen den beiden mittleren Wangen (in Bild 214 mit δ bezeichnet) liegt das Paßlager. Am vorderen Wellenende nehmen die Gewindebohrungen r die (in Bild 205 ebenso bezeichneten) Kopfschrauben auf, durch welche (Bild 205) das Zahnrad p zum Antrieb der Schmierölpumpe und die Riemenscheiben s und t an der Welle befestigt sind.

Die Schmierölzufuhr zu den Grundlagern und den Kurbelzapfenlagern wurde zu Bild 205 besprochen; Bild 214 zeigt die Bohrungen, die diesem Zweck dienen. Die durch die Grundlagerzapfen geführten Bohrungen a erhalten das Öl aus den Ringnuten in den oberen Lagerschalen der Grundlager (Bild 212); die Schrägbohrungen b leiten es zu den Hohlbohrungen (30 mm Dmr.) der Kurbelzapfen. Die Bohrungen b liegen so, daß ihre Mittellinie gleich weit entfernt von den Hohlkehlen bleibt, welche die Wangen mit den anschließenden Zapfen bilden (s. die Stellen Y in Bild 214); dadurch wird erreicht, daß der Formfaktor (Kerbwirkungsfaktor) α_k, der ohnehin in den Hohlkehlen etwa 2,2 ist, nicht zusätzlich vergrößert wird[1]. Die Bohrungen in den Kurbelzapfen

---

[1] Vgl. A. Thum u. O. Svenson: Mehrfache Kerbwirkung. Z. VDI Bd. 92 (1950) S. 225.

sind durch in eine passende Form gedrückte Rohrstücke (w_3 in Bild 205 u. 206) so ausgefüllt und an den Enden verschlossen, daß nur ein kleiner Teil des Hohlraumes dem Schmieröl verbleibt, das beim Anfahren rasch in die Pleuellager gelangt, ohne erst größere Räume auffüllen zu müssen. Die Radialbohrungen c führen das Öl an die unteren Pleuellager.

Die Axialbohrungen (30 mm) in den Kurbelzapfen werden von der vorderen Stirnseite gebohrt; sie sind um einige mm radial nach außen gerückt, damit der Bohrer von den Kurbelwangen freigeht.

Die raschlaufenden Triebwerkteile (n bis 2300 U/min) erfordern einen besonders sorgfältigen *Massenausgleich*. Zu diesem Zweck sind an den (je zwei) Kurbelwangen α, β und γ (Bild 214) Gegengewichte angebracht (x_3 in Bild 206, x_3, y_3 in Bild 205). Die beiden mittleren Kurbelwangen (δ in Bild 214), zwischen denen das Paßlager liegt, tragen keine Gegengewichte. Die beiden an der ersten und letzten Kurbelwange angebrachten Gegengewichte (x_3 in Bild 205) sind, ebenso wie ihre Wangen, breiter ausgeführt als die vier Gewichte y_3. Die Gewichte sind mit je zwei Schrauben aus hochwertigem Werkstoff an den Wangen befestigt. Wie die Schnitte A–B, C–D und E–F (Bild 214) zeigen, weichen die radialen Mittellinien der Gegengewichte α um 6°, β um 12° und γ um 16° von der Richtung des zugehörigen Kurbelradius ab. Die Erklärung für diese Anordnung gibt Bild 215*.

Die Anordnung der Kurbeln entspricht bei diesem Motor *nicht* der „Scherengitterregel" (S. 31), wie das Kurbelschema I zeigt. Dadurch

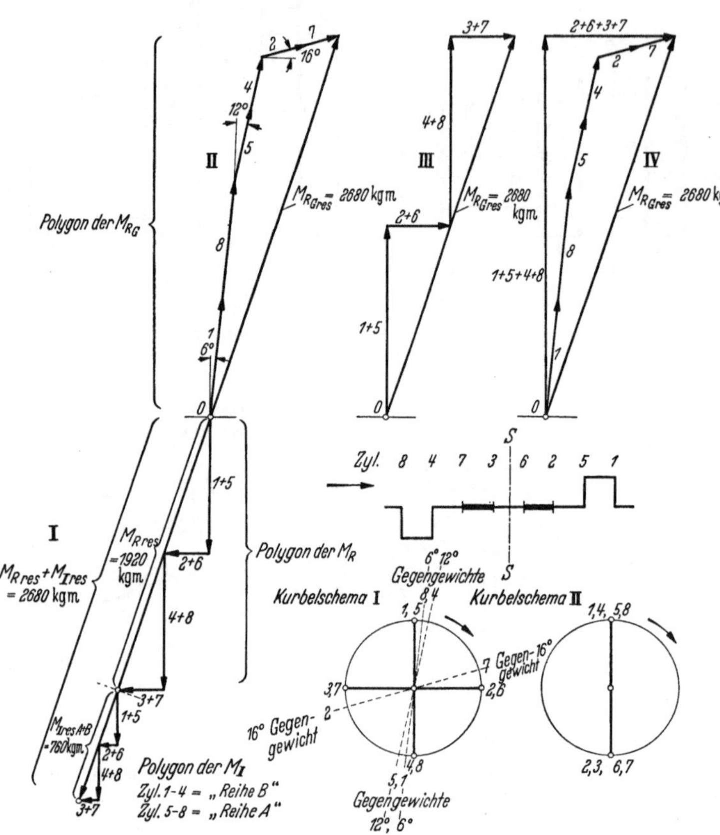

Bild 215. Mit Gegengewichten an den Kurbelwangen nach Bild 214 hat der Motor vollkommenen Massenausgleich

werden die resultierenden Momente $M_{I_{res}}$ der beiden Zylinderreihen A und B größer, als wenn jenes der Fall wäre, aber die $M_{II_{res}}$ werden *null*. In beiden Reihen tritt ein $M_{I_{res}}$ von der gleichen Größe 760 kgm auf, das sich nach einer cos-Linie ändert. Da der Gabelwinkel zwischen den Reihen A und B 90° beträgt, haben auch die beiden cos-Linien eine Phasenverschiebung von 90°; ihre Summe kann daher durch einen einzigen rotierenden Vektor $M_{I_{res A+B}}$ dargestellt werden, der sich nicht nach einer cos-Linie ändert, sondern stets in voller Größe vorhanden ist. Seine Richtung ist dieselbe wie die des Vektors $M_{R_{res}}$, der von den umlaufenden Massen herrührt und hier die Größe 1920 kgm hat. Beide umlaufenden Vektoren addieren sich zu einem einzigen umlaufenden Vektor $M_{R_{res}} + M_{I_{res A+B}}$ = 2680 kgm (Polygon I). Dieser kann durch einen um

---

* Diese Untersuchung hat Herr stud. F. SIEFERT ausgeführt.

180° phasenverschobenen Vektor $M_{R_{G_{res}}}$ von gleicher Größe ausgeglichen werden (Polygon II), wenn man an den Wangen Gegengewichte anbringt, die diesen Vektor erzeugen.

Man könnte alle acht Wangen mit Gegengewichten versehen, deren Mittellinien in die Kurbelradien fallen, und erhielte dann das Polygon III. Statt dessen tragen hier nur die Wangen *1* und *8*, *5* und *4*, *2* und *7* Gegengewichte; die Wangen *3* und *6* bleiben frei. Die Gegengewichte *1* und *8* sind schwerer als die übrigen gehalten, weil sie mit ihren großen Hebelarmen am meisten zum Ausgleich der Massenmomente beitragen. Da die Mittellinien der Gegengewichte paarweise um 6°, 12° und 16° von der Radialen abweichen, ändert sich die stufenförmige Anordnung der Momentenvektoren (Polygon III) in den gebrochenen Linienzug (Polygon IV), der in Polygon II wiederholt ist.

Polygon IV zeigt, daß der gebrochene Linienzug *kürzer* als der umschriebene rechtwinklige wird. Dies bedeutet, daß das resultierende Gesamtmoment von 2680 kgm durch *leichtere* Gegengewichte erzeugt werden kann, als wenn die Mittellinien der Gegengewichte in den Radialen lägen. Die Gewichtsersparnis beträgt in diesem Fall etwa 15 kg, bei dem niedrigen Gesamtgewicht der Maschine eine fühlbare Ersparnis.

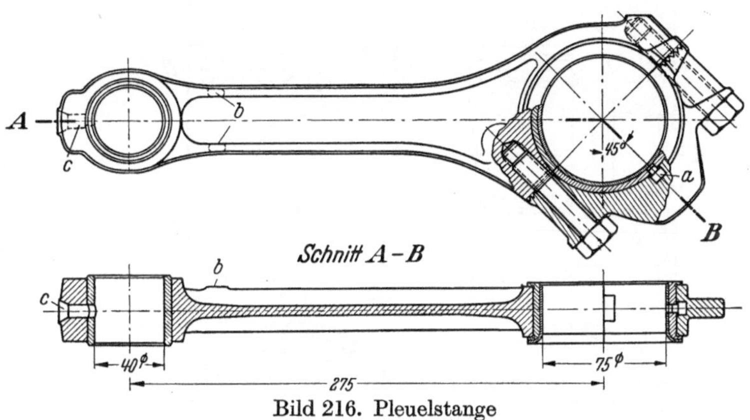

Bild 216. Pleuelstange

a Zentrierstift;   *b* Auflageflächen für Bearbeitung;   *c* Schmierbohrung

Die M_R und M_I sind somit bei diesem Motor völlig ausgeglichen; M_{II} treten nicht auf, und da bei der kreissymmetrischen Anordnung der Kurbeln auch alle Massen*kräfte* ausgeglichen sind, ist der Massenausgleich vollkommen.

Die *Pleuelstange* hat die in Bild 216 dargestellte, der V-Anordnung der Zylinder entsprechende Form; sie wird aus hochwertigem Stahl im Gesenk geschlagen. Die Verzahnung der Teilfuge des unteren Pleuelkopfes verhindert, daß die untere Lagerhälfte sich unter der Komponente der Stangenkraft gegen den Schaft verschiebt. Die aus Stahl hergestellten Lagerschalen haben Bleibronzeausguß. Der Zentrierstift *a* verhindert ein Drehen der unteren Lagerschale, während die Kolbenbolzenbuchse in das obere Pleuelauge eingepreßt ist. Die beiden Lagerdeckelschrauben sind als Dehnschrauben ausgebildet; sie werden aus besonders hochwertigem Werkstoff angefertigt. Die Flächen *b* dienen zur Auflage bei der Bearbeitung; durch die Bohrung *c* schmiert Spritzöl das Kolbenbolzenlager. Das vollständige Gewicht der Stange mit Lagerschalen beträgt 3,13 kg.

Der aus Leichtmetall hergestellte *Kolben* (Bild 217) ist mit drei Verdichtungsringen und je einem ober- und unterhalb des Kolbenbolzens angeordneten Ölabstreifring versehen; durch eine größere Zahl radialer Bohrungen fließt das abgestreifte Schmieröl in das Kurbelgehäuse zurück. Auch der untere Kolbenrand (Stelle *a*) wirkt abstreifend. Der Durchmesser des Kolbenschaftes nimmt von unten nach oben entsprechend der Wärmedehnung um mehrere Zehntel mm ab; auch ist der untere Schaftteil bis zum oberen Schaftteil oval (große Achse senkrecht zur Kolbenbolzenachse) geformt, so daß die Querschnitte in der Erwärmung rund werden (s. a. Bd. I, S. 283). Der Kolbenbolzen, „schwimmend" eingepaßt (Spritzölzutritt durch Bohrungen *b*), wird durch Seegerringe (Nuten *c*) axial gehalten. Die Kolbenbolzenachse ist um 2,5 mm gegen die Kolbenachse versetzt; das Kurbelgetriebe ist also „geschränkt", was den Normaldruck auf die Zylinderwand verkleinert. Der Kolben wiegt mit Bolzen und Ringen 2,44 kg.

Die *Zylinderbuchse* (Bild 218), aus Grauguß mit angegossenen Kühlrippen hergestellt, wird gemeinsam mit dem Zylinderkopf durch vier lange Dehnschrauben mit dem Kurbelgehäuse-Oberteil verspannt; ihre Mittellinien sind in Bild 218 mit i_2 bezeichnet, entsprechend den Gewindebohrungen i_2 in Bild 207 u. 209. In der Nut a liegt ein Gummiring, der die Buchse gegen das Kurbelgehäuse abdichtet. Die 27 Kühlrippen sind in gleichmäßigem Abstand über die Hublänge verteilt; der Grundriß Bild 218 zeigt die äußere Umrißlinie. An den vier Stellen i_2 sind sie für die Befestigungsschrauben ausgespart. Die Rippen, von innen nach außen schwach konisch zulaufend, sind i. M. 2 mm stark. Die Richtung der Luftströmung ist

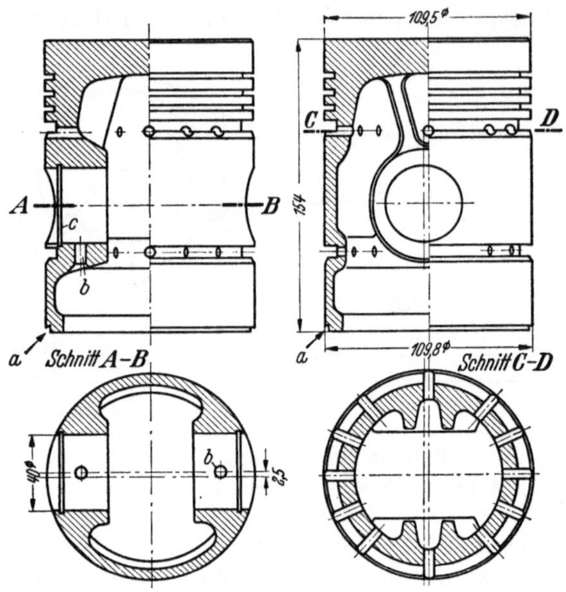

Bild 217. Kolben

a Abstreifkante; *b* Bohrungen für Spritzöl; *c* Nuten für Seegerringe

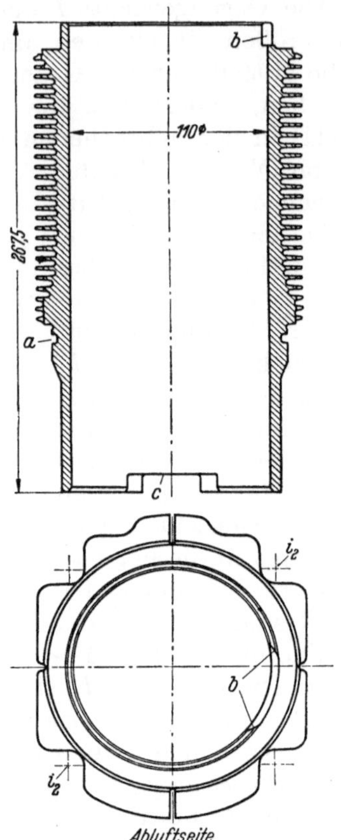

Bild 218. Zylinderbuchse

i_2 Mittellinien der Befestigungsschrauben;
a Nut für Dichtungsring;   *b* Aussparung für Einlaßventilteller;   *c* Aussparungen für Pleuelstange

durch das Wort „Abluftseite" in Bild 218 bezeichnet; diese Seite liegt an den beiden Außenseiten des V-Motors. Die Aussparung b im oberen Kragenrand der Buchse, mit Fräser eingeschnitten, schafft Platz für den Ventilteller des Einlaßventils, die Aussparungen c im unteren Rand für die Pleuelstange (s. a. Bild 206). Die fertig bearbeitete Buchse wird mit einem Wasserdruck von 15 bis 20 atü auf Dichtigkeit geprüft.

Der *Zylinderkopf* (Bild 219) ist aus Leichtmetall in der Kokille gegossen. Damit diese eine einfache Form erhält, ist das Ventilhebelgehäuse (Bild 220) getrennt ausgeführt; es wird öldicht aufgeschraubt. Die birnenförmige, aus Gußeisen hergestellte Wirbelkammer a (Bild 219) ist zusammen mit dem Einschraubstutzen b für das Einspritzventil eingegossen; bei c wird die Glühkerze eingeschraubt. Die Ventilsitzringe für das Einlaß- und Auslaßventil (Bohrung d) und die Führungen e der Ventilspindeln (s. a Bild 206) sind warm eingeschrumpft. Durch die Bohrungen f sind die Stoßstangen der Ventile mit ihren Schutzrohren (c_1 in Bild 206) geführt. Die vier Bohrungen g nehmen die langen Dehnschrauben auf, die den Zylinderkopf und die Zylinderbuchse mit dem Kurbelgehäuse-Oberteil verbinden. Drei Gewindebohrungen h dienen zur Befestigung des Zylinderkopfaufsatzes (Bild 220). Gegen die Flanschen i des Einsaugkanales und k des Auspuffkanales werden die Saugrohre bzw. Auspuffleitungen (f_1, g_1 in Bild 204 u. 206) geschraubt. In der Bohrung l (Bild 219) liegt ein Thermoelement, das die Temperatur des Zylinderkopfes anzeigt. Solange der Zeiger des am Fahrersitz angebrachten Anzeigegerätes auf dem grünen „Normal"-Feld steht, ist die Temperatur nicht zu hoch; geht er in das rote „Stop"-Feld über, so muß nach der Ursache der Temperatursteigerung gesucht werden.

Der Zweck des *Aufsatzes zum Zylinderkopf* wurde schon erwähnt; seine Gestalt zeigt Bild 220. Die im Grundriß sichtbaren Bohrungen *e*, *f* und *h* entsprechen den in

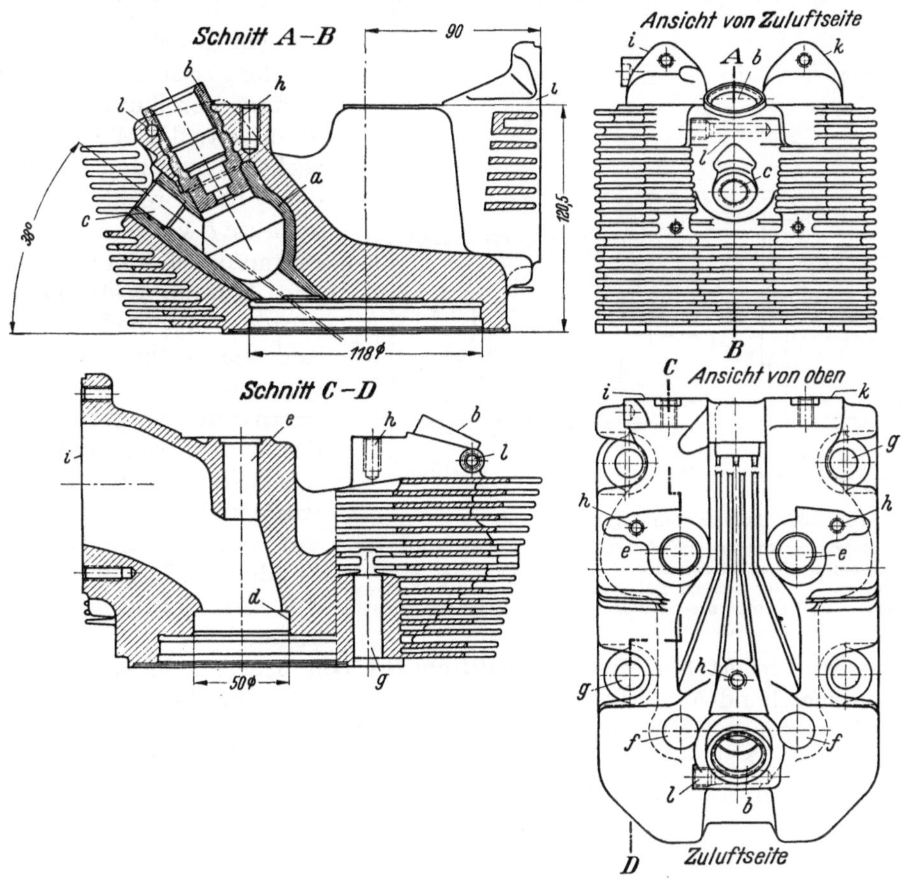

Bild 219. Zylinderkopf

a Wirbelkammer; *b* Einschraubstutzen für Brennstoffventil; *c* Gewinde für Glühkerze; *d* Bohrung für Ventilsitzring; *e* Bohrungen für Ventilspindelführungen; *f* Bohrungen für Schutzrohre der Ventilstoßstangen; *g* Bohrungen für Befestigungsschrauben von Zylinderkopf, Zylinderbuchse und Kurbelgehäuse; *h* Gewinde zur Befestigung des Zylinderkopfaufsatzes; *i* Flansch des Einsaugkanales; *k* Flansch des Auspuffkanales; *l* Bohrung für Temperaturfühler

Bild 219 (Ansicht von oben) ebenso bezeichneten. Die beiden Gewinde *i* (Bild 220) dienen zusammen mit der gegenüberliegenden Bohrung *h* zur Befestigung des Ventilhebelbockes (s. a. Bild 206). Da den Ventilhebeln durch die Stoßstange des Auslaßventils dauernd Schmieröl zugeführt wird, muß dieses abfließen können; hierfür ist die Abflußöffnung d_2 vorgesehen. Das angeschlossene Rohr (in Bild 204 u. 206 ebenfalls mit d_2 bezeichnet) führt in das Kurbelgehäuse zurück (s. a. d_2 in Bild 207).

Bild 221 ergänzt durch eine schematisch-perspektivische Darstellung die Bilder 218 und 219; es zeigt, wie die Kühlluft, die das Gebläse in den Raum zwischen den beiden Zylinderreihen fördert, durch Leitbleche gezwungen wird, zwischen den am Zylinderkopf und an der Laufbuchse angebrachten Rippen zu strömen, um an den Längsseiten auszutreten. Leitbleche sorgen auch für die erforderliche Verteilung der Kühlluft auf den Zylinderkopf und das Zylinderrohr. Da der zwischen den beiden Zylinderreihen liegende Raum, in den das Gebläse fördert, reichlich bemessen ist, verteilt sich die Luft hinreichend gleichmäßig auf die einzelnen Zylinder.

Anordnung und Antrieb des *Kühlgebläses* (Bild 222) wurde bereits S. 216 beschrieben, sein Einbau in den vorderen Deckel des Kurbelgehäuses S. 221. Das Antriebzahnrad m auf der Gebläsewelle ist unmittelbar in die Welle geschnitten. Zwischen den Läufer p_1 und die Welle r_1 ist die Dämpferkupplung q_1 geschaltet, welche die Zähne der Antriebräder

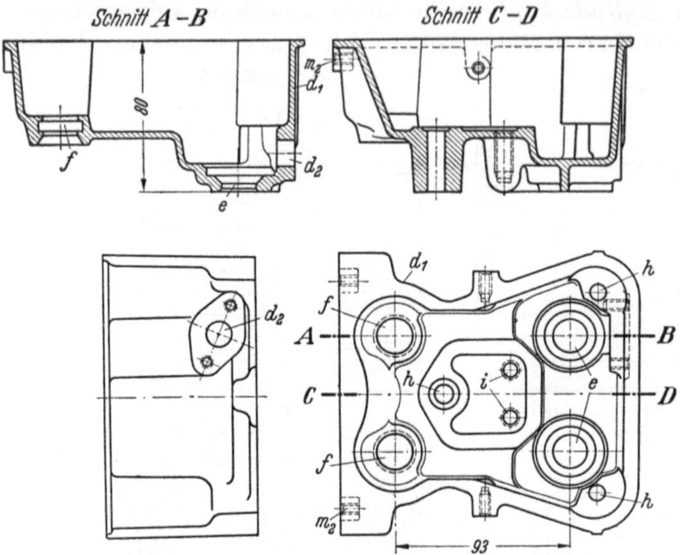

vor den beschleunigenden und verzögernden Kräften schützt, die durch die Drehmomentschwankungen des Motors hervorgerufen werden. Schnitt A–B läßt die Bauart der Kupplung deutlicher erkennen: die Welle r_1 treibt die rechte Kupplungsscheibe a, mit der das rechte Kupplungsgehäuse b verschraubt ist. Dieses nimmt durch vier Gummiwalzen c den Kupplungsstern d mit, der durch Bronzebuchsen die Welle r_1 und die Welle des Gebläserades gegeneinander zentriert. Der Stern d überträgt seine Bewegung durch vier gleiche Walzen e auf das Gehäuse f (von gleicher Form wie b) und damit auf die Scheibe g, mit welcher der Läufer p_1 verbunden ist. Dieser ist somit gegen die Antriebzahnräder doppelt abgefedert.

Bild 220. Aufsatz zum Zylinderkopf

d_1 Aufsatz; e Bohrungen für Ein- und Auslaßventilspindeln; f Bohrungen für Schutzrohre der Ventilstoßstangen; h Bohrungen zur Befestigung des Aufsatzes; i Gewinde zur Befestigung des Ventilhebelbockes; d_2 Ölabflußrohr; m_2 Gewinde zur Befestigung der Luftführungshauben

Das Gebläse fördert bei einer Höchstdrehzahl von 5850 U/min stündlich 8650 m³ Kühlluft, entsprechend 51 m³/PSh. Der Überdruck beträgt hierbei 235 mm WS.

Die Leistung von 250 PSe ist nicht die Grenze, bis zu welcher die Luftkühlung vorteilhaft sein kann. Mit zunehmender Motorgröße wächst jedoch der Leistungsbedarf des Kühlgebläses relativ zur Motorleistung so stark, daß schließlich die Wasserkühlung

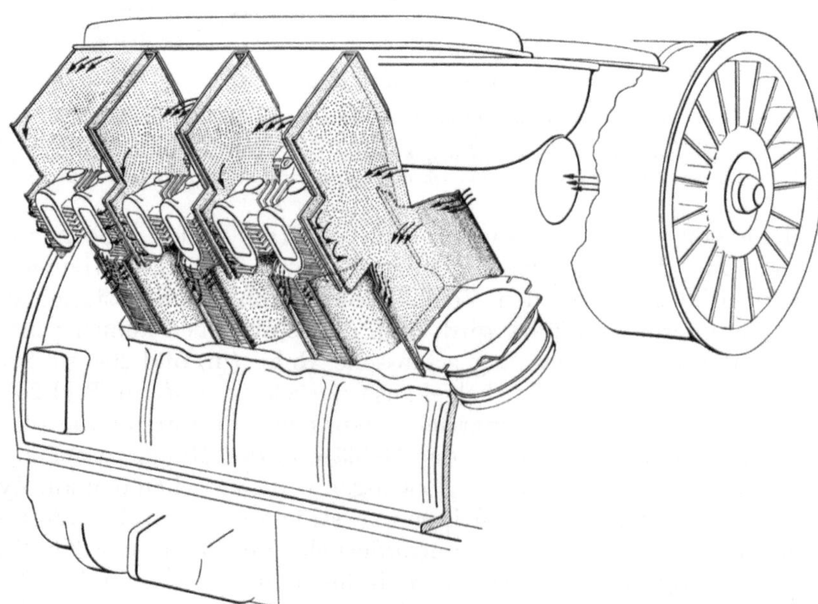

Bild 221. Skizze zur Veranschaulichung der Kühlluftführung

vorteilhafter wird. Mit dieser ist der zweite hier beschriebene V-Motor der *Klöckner-Humboldt-Deutz AG*, der

Motor RT 8 M 233 versehen, der in Bild 223 im Lichtbild, in Bild 224 und 225 im Längs- und im Querschnitt dargestellt ist. Dieser Motor arbeitet im Zweitakt; er leistet mit acht Zylindern (220 mm Dmr., 330 mm Hub) bei 500 U/min 500 PSe, entsprechend $p_e = 4{,}48 \text{ kg/cm}^2$ und $c_m = 5{,}5 \text{ m/sec}$. Die beiden Reihen von je vier Zylindern schließen

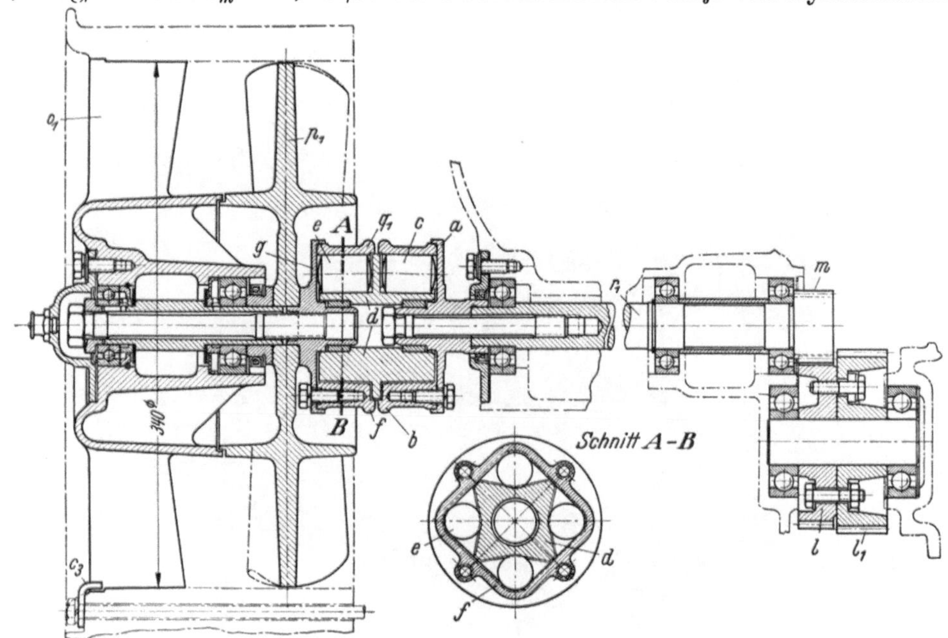

Bild 222. Kühlluftgebläse mit Antrieb

a und *g* Kupplungsscheiben;   *b* und *f* Kupplungsgehäuse;   *c* und *e* Gummiwalzen;   *d* Kupplungsstern;   *l, m* Zahnräder zum Antrieb des Gebläses; l_1 Zahnrad zum Antrieb der Brennstoffpumpe; o_1 Leitschaufelkranz des Kühlgebläses; p_1 Läufer; q_1 Dämpferkupplung; r_1 Gebläsewelle; c_3 Sicherungsblech

den Gabelwinkel 45° ein; dabei haben die acht während einer Umdrehung auftretenden Zündungen den gleichmäßigen Abstand 45°. (Wegen der Zündfolge s. Erläuterung zu Bild 229.) Wie bei dem luftgekühlten Motor sind die beiden Zylinderreihen in der Längsrichtung so weit gegeneinander versetzt, daß die Pleuelstangen gegenüberliegender Zylinder nebeneinander auf dem Kurbelzapfen Platz haben (Bild 224 u. 230). Der obere Teil des Kurbelgehäuses bildet den kräftigen Längsträger des Motors; seine Schrägflächen tragen die einzelnen Zylinder. Der Querschnitt Bild 225 zeigt, daß die Gaskräfte durch Rippen, die in Richtung der Zylinderachse verlaufen, unmittelbar auf die Lagerbrücken übertragen werden. Die Kurbelwelle liegt in Lagerdeckeln, die von unten gegen die Lagerbrücken geschraubt werden; die Teilfugen sind verzahnt, wodurch verhindert wird, daß sich die Lagerdeckel durch die quer gerichteten Komponenten verschieben. Die oberen Lagerdeckel werden durch Druckschrauben, die sich gegen das Kurbelgehäuse stützen, gegen die unteren Deckel gepreßt. Die aus Blech geschweißte Ölwanne wird von unten gegen das Kurbelgehäuse geschraubt; zwischen Wanne und Flansch liegt eine ölbeständige Packung.

Das Spülgebläse (*a* in Bild 224) ist hier als Turbogebläse ausgebildet (s. a. Bild 233), das die Luft aus dem Maschinenraum durch das (zwecks Minderung des Ansauggeräusches) mit Schlitzen versehene Verschalungsblech *b* (Bild 223) ansaugt und in die an den Längsseiten des Motors angeordneten Spülluftaufnehmer *c* (Bild 223 u. 225) drückt. Die Hohlräume des Kurbelgehäuse-Oberteils vergrößern das Volumen der Aufnehmer. Die Spülschlitze *d* und die Auspuffschlitze *e* werden von den Kolben gesteuert. Der Auspuff wird durch die in das Kurbelgehäuse eingegossenen Krümmer *f* in das zwischen den Zylinderreihen liegende Auspuffsammelrohr g geleitet (in Bild 224 sind die Durchdringungslinien der Krümmer f mit dem zylindrischen Teil des Kurbelgehäuses, der die Laufbuchsenwand führt, zu erkennen). Aus dem ungekühlten, nur mit Berührungsschutz umkleideten Sammelrohr strömen die Abgase durch die Leitung h ab. An den Thermometern i wird ihre Temperatur abgelesen; diese soll durch Vergleich

Bild 223. Zweitakt-V-Motor der *Klöckner-Humboldt-Deutz A G*

Leistung mit 8 Zylindern 500 PSe bei 500 U/min

b Einsaugschlitze des Spülgebläses; c Spülluftaufnehmer; g Auspuffsammelrohr; l Kühlwasserübertritt zum Zylinderdeckel; v Brennstoffpumpe; e_1 Leitung von der Schmierölpumpe zum Schmierölfilter; h_1 Anfahrluftkompressor; i_1 Kühlwasser- bzw. Lenzpumpe; k_1 Verbindungsleitung der Saugseiten der Pumpen; l_1 Verbindungsleitung der Druckseiten der Pumpen; m_1 Schalthahn; n_1 Kühlwasserleitung zu den Zylindern; o_1 Boschöler; p_1 Lichtmaschine; q_1 Schmierölfilter; s_1 Leitung von q_1 zum Ölkühler t_1; u_1 Kühlwasserleitung zum Ölkühler; w_1 Schmierölleitung vom Kühler zum Motor; n_2 Saugleitung der Handflügelpumpe o_2; t_3 Drehzahlverstellung; e_4 Tachometer

mit dem Abnahmeprotokoll regelmäßig darauf hin geprüft werden, ob sie der jeweiligen Belastung entspricht.

Der Zahnradtrieb des Gebläses liegt, wie es die Rücksicht auf Drehschwingungen erfordert (S. 68), neben dem Schwungrad (Bild 224). Das auf der Kurbelwelle aufgekeilte Zahnrad k treibt das Zwischenrad l (von gleichem Dmr. wie k), dieses das kleine Zahnrad m, das durch eine kombinierte Dämpfer- und Lamellenkupplung n das auf dem Kupplungsgehäuse befestigte Zahnrad o antreibt. Dieses wiederum kämmt mit einem in Bild 224 nicht sichtbaren Ritzel (v in Bild 233), das aus einem Stück mit der Welle p des Gebläserades q besteht. Die Kupplung n ist in Bild 232 in größerem Maßstab dargestellt.

Das Zwischenrad l ist auf der Welle r befestigt (Bild 224 u. 225), die zwischen den Zylinderreihen liegt und von der hinteren bis zur vorderen Stirnseite des Kurbelgehäuses durchläuft, wo sie das Stirnrad s trägt, das mit einem zweiten Stirnrad t kämmt (vgl. Bild 231). Dieses treibt die beiden symmetrisch zur Mittellängsebene liegenden Zahnräder u (Bild 224 u. 231), die mit den Wellen der beiden Brennstoffpumpen v (Bild 223, 224, 234) gekuppelt sind. Da die Teilkreise der Zahnräder k und l und ebenso die der Räder s und u gleich sind, laufen die Wellen der Brennstoffpumpen mit der Drehzahl der Kurbelwelle, wie es der Zweitakt erfordert. Das eine der beiden Zahnräder u greift ferner in das Antriebrad w des Anfahrnockens x ein (Bild 224 u. 239), der das Öffnen

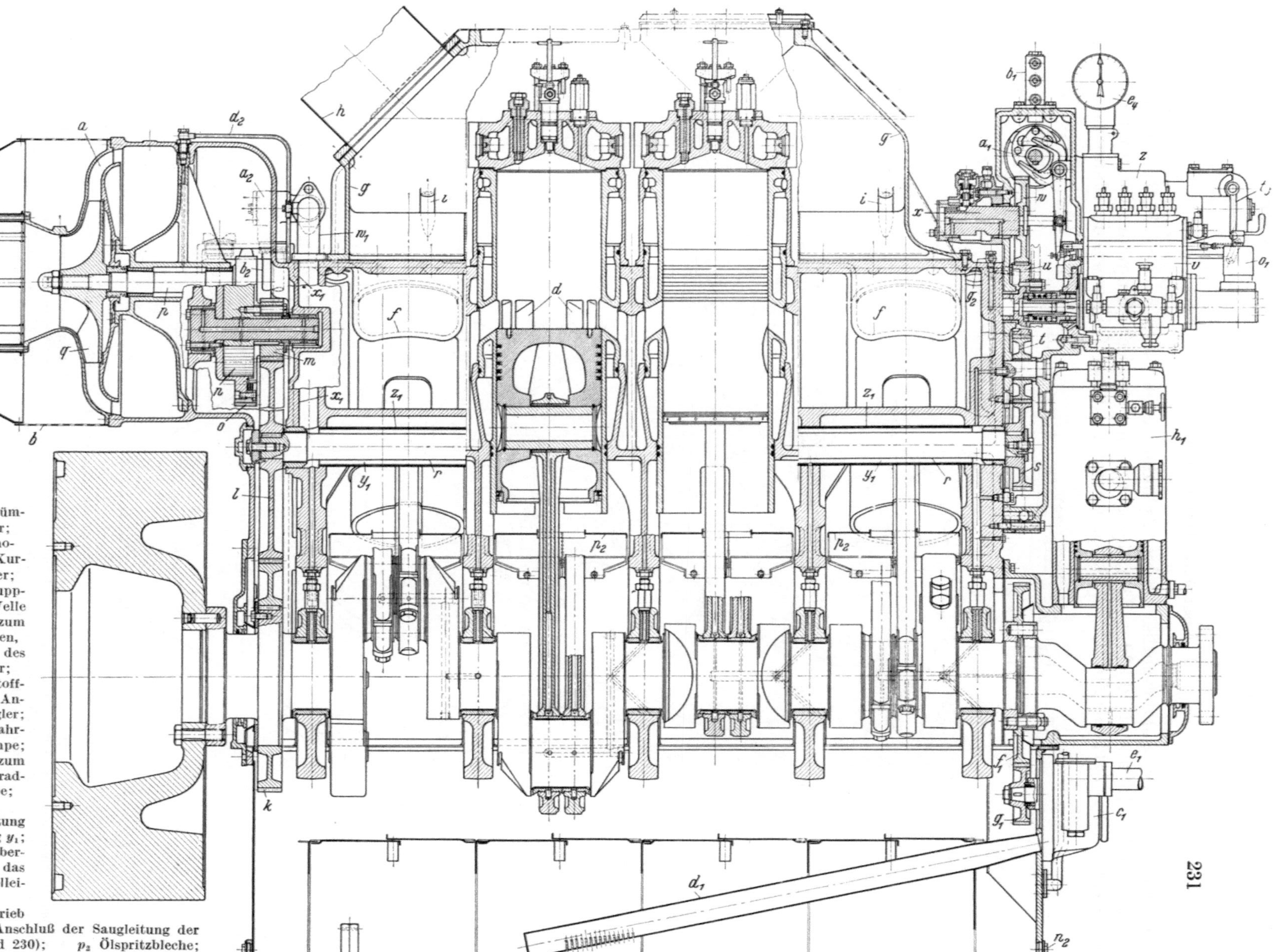

a Spülgebläse; b Einsaugschlitze; d Spülschlitze; f Auspuffkrümmer; g Auspuffsammelrohr; h Auspuffleitung; i Thermometerstutzen; k Zahnrad auf Kurbelwelle; l, m Zwischenräder; n Dämpfer- und Lamellenkupplung; o Zahnrad auf n; p Welle des Gebläserades q; r Welle zum Antrieb der Brennstoffpumpen, des Anfahrsteuernockens und des Reglers; s, t Zwischenräder; u Antriebrad einer Brennstoffpumpe v; w Antriebrad des Anfahrsteuernockens x; z Regler; a_1 Manövrierwelle; b_1 Anfahrsteuerventil; c_1 Schmierölpumpe; d_1 Ölsaugrohr; e_1 Leitung zum Schmierölfilter; f_1, g_1 Zahnradantrieb der Schmierölpumpe; h_1 Anfahrluftkompressor; o_1 Boschöler; w_1, x_1 Ölleitung vom Kühler zur Verteilleitung y_1; z_1 eingewalztes Rohr; a_2 Ölüberdruckventil; b_2 Abfluß in das Kurbelgehäuse; d_2 Schmierölleitung zum Gebläseläufer; g_2 Schmierölleitung zum Antrieb der Brennstoffpumpen; n_2 Anschluß der Saugleitung der Handflügelpumpe (o_2 in Bild 230); p_2 Ölspritzbleche; t_3 Handkurbel für Drehzahlverstellung; e_4 Tachometer

Bild 224. Mittellängsschnitt und Schnitt durch zwei Zylinder des Motors Bild 223

und Schließen der Anfahrventile in den Zylinderdeckeln steuert. Das Rad w treibt
außerdem das Ritzel y (Bild 239 u. 241), das durch eine elastische Kupplung die Spindel
des Reglers (Bild 241) antreibt. Die Wirkungsweise aller dieser Teile sowie der Manövrier-

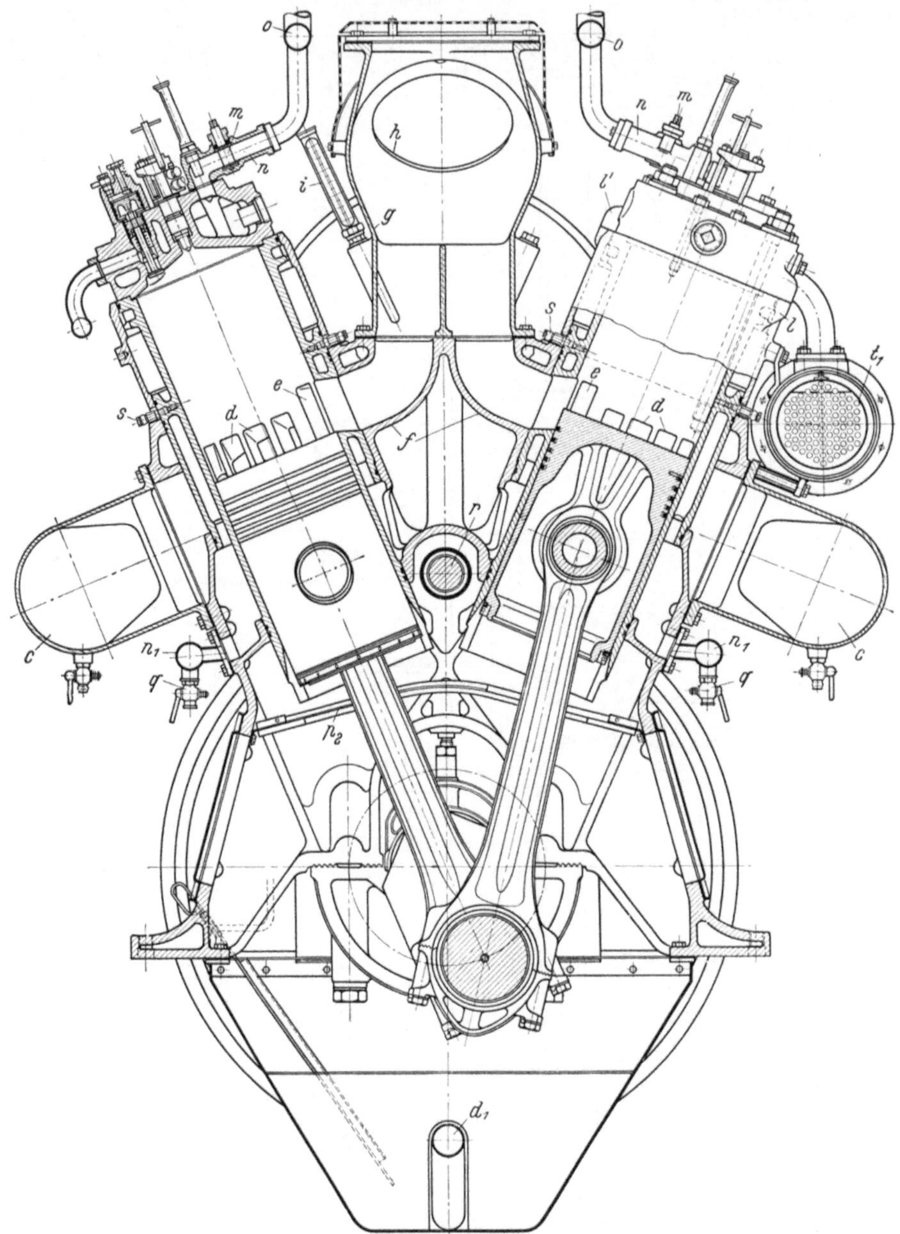

Bild 225. Querschnitt des Motors Bild 223

c Spülluftaufnehmer; d Spülschlitze; e Auspuffschlitze; f Auspuffkrümmer; g Auspuffsammelrohr; h Auspuffleitung;
i Abgasthermometer; l, l' Kühlwasserübertritt; m Hahn zum Regeln der Kühlwasseraustrittstemperatur; n Kühlwasser-
austrittsstutzen; o Kühlwasserabflußleitungen; q Entwässerungshähne; r Welle (wie Bild 224); s Schmierstutzen;
d_1 Ölsaugrohr; n_1 Kühlwasserleitungen zu den Zylindern; t_1 Ölkühler; p_2 Spritzblech

welle a_1 und des Anfahrsteuerventils b_1 wird zu Bild 235 bis 241 genauer beschrieben
werden.

In Bild 224 ist an der vorderen Stirnseite des Motors im Umriß die Zahnradschmierölpumpe c_1 sichtbar, die das Öl aus dem Kurbelgehäuse durch das Rohr d_1 ansaugt

und in die zum Schmierölfilter führende Leitung e_1 drückt (s. a. e_1 in Bild 223 u. 230). Die Schmierölpumpe wird durch das Stirnradpaar f_1, g_1 von der Kurbelwelle angetrieben. An das vordere Ende der Kurbelwelle ist eine Stirnkurbel angeflanscht, von welcher der Anfahrluftkompressor h_1 angetrieben wird (s. a. Bild 223). Das vordere Ende der Stirnkurbel wird mit einem Flansch versehen, falls dort ein Nebenantrieb abgeleitet werden soll. Von der Pleuelstange des Kompressors erhalten die Kühlwasser- und die Lenzpumpe (i_1 in Bild 223; s. a. Bild 234) ihren Antrieb. Die Saug- und die Druckseiten dieser Pumpen sind durch die Rohre k_1 bzw. l_1 (Bild 223) so miteinander verbunden, daß die an Bord vorkommenden Schaltungen durch Umstellen der Schalthähne m_1 (Bild 223 u. 234) hergestellt werden können; z. B. kann die Lenzpumpe nicht nur aus der Bilge saugen und nach außenbords drücken, sondern auch von außenbords saugen und durch die Kühlräume des Motors drücken, falls die Kühlwasserpumpe ausgefallen sein sollte. Ein kurzes Stück der Kühlwasserleitung n_1 von den Pumpen zu der einen Zylinderreihe ist in Bild 223 sichtbar, die Lage der Anschlüsse der beiden Leitungen n_1 an das Kurbelgehäuse aus Bild 225 zu erkennen. Die beiden Boschöler o_1 (Bild 223 u. 224) werden von den verlängerten Wellen der Brennstoffpumpen v angetrieben; ihre Fördermenge ist von der Stellung der Regelstangen der Brennstoffpumpen, d. h. von der Belastung des Motors derart abhängig (s. a. q_3 in Bild 239), daß bei Überlast die größte Schmierölmenge zu den Zylindern gefördert wird, während bei kleiner Last die Öler ganz abgestellt werden. Ein zu starkes Schmieren der Zylinderbuchsen wird dadurch verhindert.

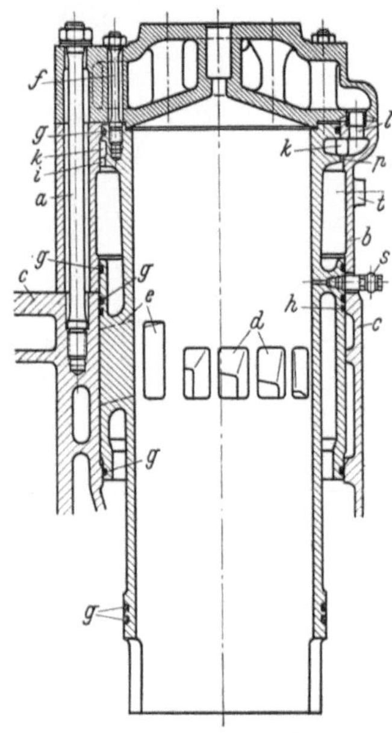

Bild 226. Zylinderlaufbuchse mit Zylinderdeckel und Kühlmantel

a Zuganker; b Kühlmantel; c Kurbelgehäuse; d Spülschlitze; e Auspuffschlitze; f Dehnschrauben; g Gummidichtringe; h Kupferring; i Aussparung für Kühlwasserübertritt zum Ringraum k; l Kühlwasserübertritt zum Zylinderdeckel; p Kühlwasserrückfluß; s Schmierstutzen; t Warze für Befestigung des Ölkühlers

Auf der oberen horizontalen Gehäusewand des Fahrstandes kann neben dem Anfahrluftsteuerventil b_1 (Bild 235, a. Bild 224) eine Lichtmaschine (p_1 in Bild 223) angeordnet werden, die durch Keilriemen von einer auf der verlängerten Reglerwelle sitzenden Riemenscheibe aus angetrieben wird.

Wie die *Arbeitszylinder* mitsamt ihren Deckeln und Kühlmänteln mit dem Kurbelgehäuse verbunden sind, geht aus Bild 226 hervor (s. a. Bild 225). Vier Zuganker a verbinden den Zylinderdeckel und den Kühlmantel b mit dem Kurbelgehäuse c. Die Laufbuchse (mit ihren Spül- und Auspuffschlitzen d, e) hängt mit zwölf Dehnschrauben f am Zylinderdeckel und kann frei nach unten schieben. Zwischen Zylinderdeckel und Laufbuchse liegt ein Dichtring aus Weichkupfer. Sechs Gummiringe g (Sonderwerkstoff), nach Bild 226 über die Länge der Laufbuchse verteilt, dichten die Kühlwasserräume gegen den Kühlmantel b bzw. das Kurbelgehäuse c ab. Der Weg des Kühlwassers geht aus Bild 225 (rechte Bildhälfte) und Bild 226 hervor. Aus den Verteilleitungen n_1, die unter den Spülluftaufnehmern c verlegt sind, tritt das Wasser in die unteren, im Kurbelgehäuse liegenden Kühlräume und aus diesen in die Ringräume zwischen den Laufbuchsen und ihren angegossenen Mänteln. Die Hohlräume zwischen den Spülschlitzen und innerhalb der Stege der Auspuffschlitze (Bild 227, Schnitt E–F) gewähren dem Kühlwasser genügenden Querschnitt zum Durchtritt in den zwischen Laufbuchsenwand und Mantel b liegenden Kühlraum. Aus diesem gelangt das Wasser durch zwei Zulaufnuten i in den oberen Ringraum k, den es rasch durchströmt, da dieser Teil der Laufbuchse besonders wirksam gekühlt werden muß. Für den Übertritt des Wassers aus dem Raum k in den Zylinderdeckel sind *zwei* Stutzen l und l' vorgesehen, die einander gegenüber liegen (s. a. Bild 225 u. 223); sie sind durch Rundgummiringe abgedichtet. Der auf der Auspuffseite liegende Übertritt (l' in Bild 225) ist im Querschnitt stark verengt; das Übertrittsrohr hat einen kleineren Durchmesser als das gegenüberliegende. Daher muß der Hauptteil des Kühlwassers den Weg durch den auf der Spülluftseite liegenden Stutzen l nehmen, so daß es den feuerberührten Boden des Zylinderdeckels in der Querrichtung bestreicht, um aus dem mit Thermometer und Regelhahn m versehenen Stutzen n auszutreten und durch die Sammelleitung o abzufließen (Bild 225).

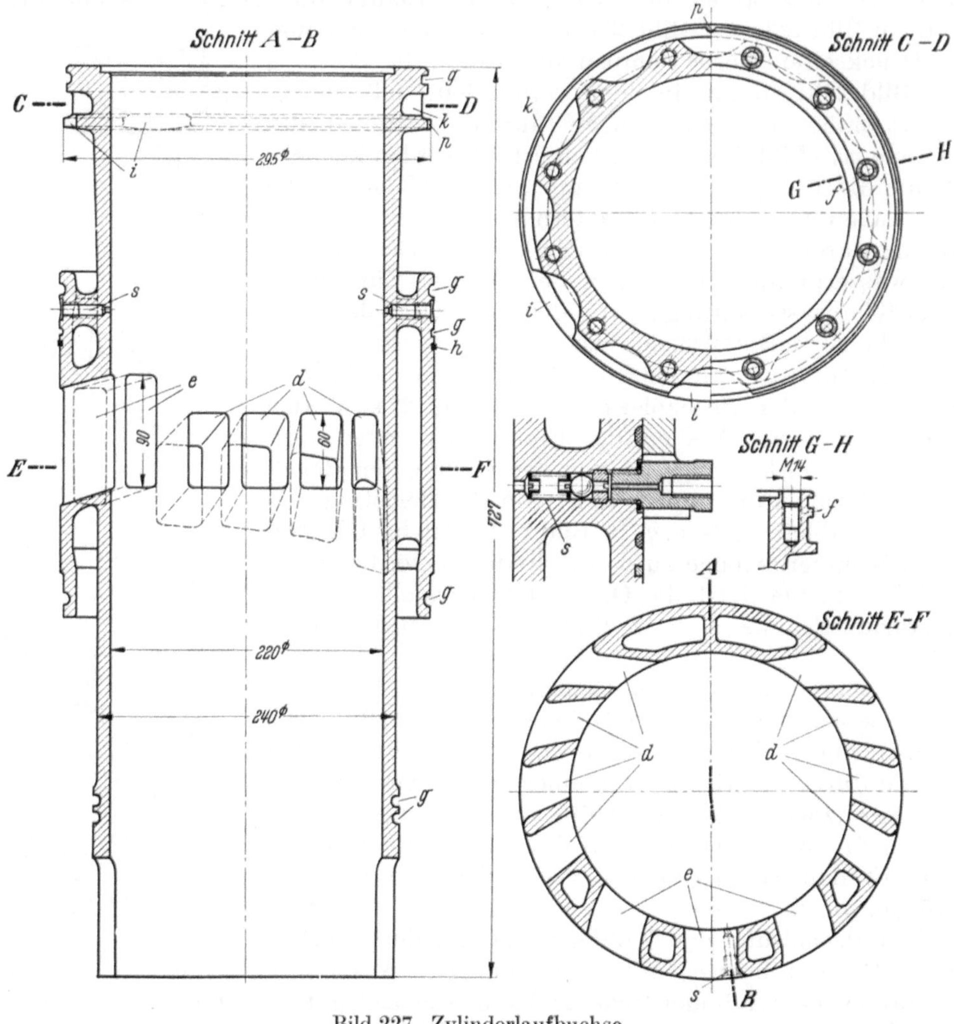

Bild 227. Zylinderlaufbuchse

d Spülschlitze; e Auspuffschlitze; f Gewinde für Zylinderdeckelschrauben; g Nuten für Gummidichtringe; h Kupferdichtring; i Kühlwasserdurchtritte; k Ringraum; p Aussparung für Kühlwasserrückfluß; s Bohrungen für Schmierstutzen

Durch den engen Übertritt l' fließt nur so viel Wasser, daß sich unterhalb l' (an der höchsten Stelle des schrägliegenden Ringraumes k, Bild 226) kein Luft- oder Dampfsack bilden kann.

Der Zeichnung der *Zylinderlaufbuchse* (Bild 227) ist die Anordnung der Spül- und Auspuffschlitze zu entnehmen. Die Spülluft tritt durch die zweimal vier symmetrisch zum Durchmesser liegenden Schlitze d ein, die schräg aufwärts gerichtet sind. Die beiden Teilströme vereinigen sich an der den Auspuffschlitzen gegenüberliegenden Wand, kehren unter dem Zylinderdeckel um und strömen auf der Auspuffseite abwärts; der Boden des (durch den unteren Totpunkt gehenden) Kolbens lenkt den Strom zu den Auspuffschlitzen um (*Schnürle*-Spülung, Bd. I, S. 75). Das aufsteigende Kühlwasser nimmt, wie vorhin beschrieben, seinen Weg durch die Hohlräume der Stege, welche die drei Auspuffschlitze e einschließen, und durch die beiden Hohlräume des gegenüberliegenden Wandteiles; die Stege zwischen den Spülschlitzen d bleiben ungekühlt. In den Schnitten A–B und C–D sind die beiden Aussparungen i zu sehen, durch die das Wasser in den Ringraum k übertritt, aus dem es erst, wenn es ihn ganz umströmt hat, (durch l in Bild 226) in den Zylinderdeckel übertritt. Sollen die Kühlräume entwässert werden, so werden die Hähne q (Bild 225) geöffnet. Dann kann das Wasser aber nicht restlos durch die Aussparungen i zurückfließen, weil die Ringräume k (wegen der

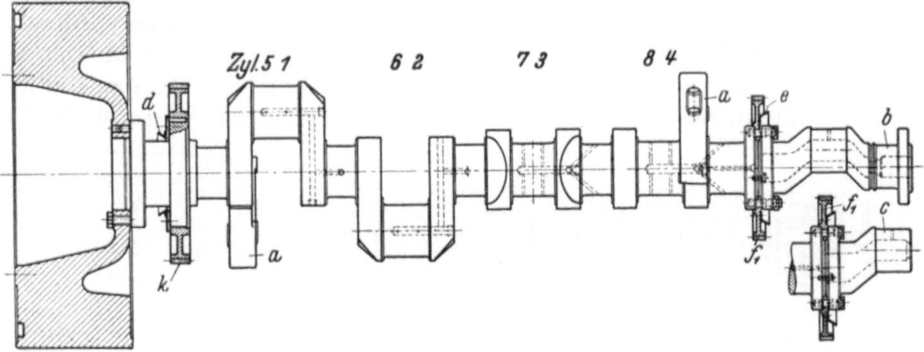

Bild 228. Kurbelwelle

a Gegengewichte; b vordere Kurbel für Nebenantrieb; c Kurbel ohne Nebenantrieb; d, e Ölspritzringe; k Zahnrad zum Antrieb des Spülgebläses und der Brennstoffpumpen; f_1 Zahnrad zum Antrieb der Schmierölpumpe

V-Form) schräg liegen; es könnte an der tiefsten Stelle k Wasser stehenbleiben und bei Temperaturen unter Null den Kühlmantel gefährden. Dies wird durch die Aussparung p (Bild 226 und Schnitte A–B u. C–D in Bild 227) verhindert, durch die auch das restliche Wasser ablaufen kann. Die Warze t (Bild 226) dient zur Befestigung des Ölkühlers (t_1 in Bild 225).

Die Lage der beiden Bohrungen s für die Zylinderschmierung ist in Bild 227, Schnitte A–B u. E–F, angegeben (s. a. s in Bild 225). Die in die Bohrungen geschraubten und mit Kupferringen abgedichteten Stutzen verschieben sich mit der sich in der Wärme dehnenden Laufbuchse; daher ist der Kühlmantel um die Stutzen herum ausgespart (Nebenbild 227). Rückschlagventile in den Schmierstutzen verhindern das Zurückschlagen der Verbrennungsgase in die von den Boschölern (o_1 in Bild 223) kommenden Leitungen.

Die *Kurbelwelle* (Bild 228) ist aus Vergütungsstahl angefertigt; ihre Wellen- und Kurbelzapfen sind gehärtet. An den vier Kurbeln, die unter 90° stehen, greifen die Pleuelstangen von je zwei gegenüberliegenden Zylindern an; dem entspricht die Lage der radialen Schmierbohrungen in den Kurbelzapfen. Das Kurbelschema Bild 229 zeigt, daß bei dem eingezeichneten Drehsinn die Zündfolge 1–5–4–8–2–6–3–7 wird. Aus dem Kurbelschema geht ferner hervor, daß die Stellung der Kurbeln der Scherengitterregel (S. 31) entspricht: die Quersummen in Richtung der gestrichelten Pfeillinie betragen 5 bzw. 13. Die Massenmomente M_I bzw. M_{II} können bei diesem V-Motor durch die Kurbelstellungen nicht ausgeglichen werden. Die M_R dagegen werden durch die beiden an der ersten und der letzten Kurbelwange angebrachten Gegengewichte a ausgeglichen. Die am

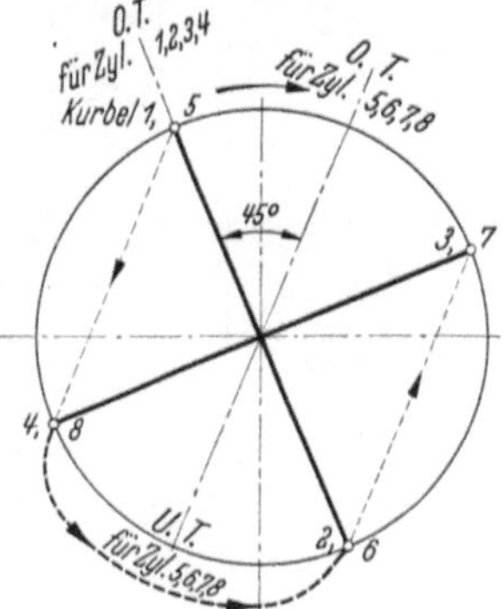

Bild 229. Kurbelschema

vorderen Wellenende fliegend angeordnete Kurbel, die den Anfahrluftkompressor (h_1 in Bild 224) und die Kühlwasserpumpen antreibt, wird, wie zu Bild 224 erwähnt, mit Flansch für Nebenantrieb (Ausführung b) und ohne diesen Flansch (c) geliefert. Das Zahnrad k (Bild 228) treibt die Welle r und das Spülluftgebläse an (vgl. Bild 224); es ist auf einem Flansch aufgekeilt, dessen Durchmesser größer als der des Endflansches ist, so daß das Zahnrad ungeteilt ausgeführt werden kann. Der Ölspritzring d dagegen muß geteilt werden; der Spritzring e kann einteilig sein. Das Zahnrad f_1 treibt die Schmierölpumpe (c_1 in Bild 224) an.

Wie das Schmieröl an die Grundlager und Kurbelzapfenlager gelangt, geht aus dem schematischen *Ölleitungsplan* Bild 230 hervor (vgl. a. Bild 224). Wenn der Motor umsteuerbar gebaut ist, muß die Zahnradpumpe c_1, die das Schmieröl durch Rohr d_1 aus der Kurbelwanne ansaugt, in beiden Drehrichtungen fördern; sie ist daher mit je 2 Saug- und Druckventilen versehen (s. a. Bild 365, S. 388), von denen jeweils nur die diagonal einander gegenüberliegenden Ventile arbeiten. f_1, g_1 ist der vom vorderen Kurbelwellenende abgeleitete Zahnradantrieb der Pumpe; da die bewegten Massen nur klein sind, stören die hier auftretenden Drehschwingungen nicht. Die Pumpe, die mit einem auf 15 atü eingestellten Sicherheitsventil versehen ist, drückt das Öl durch die Leitung e_1

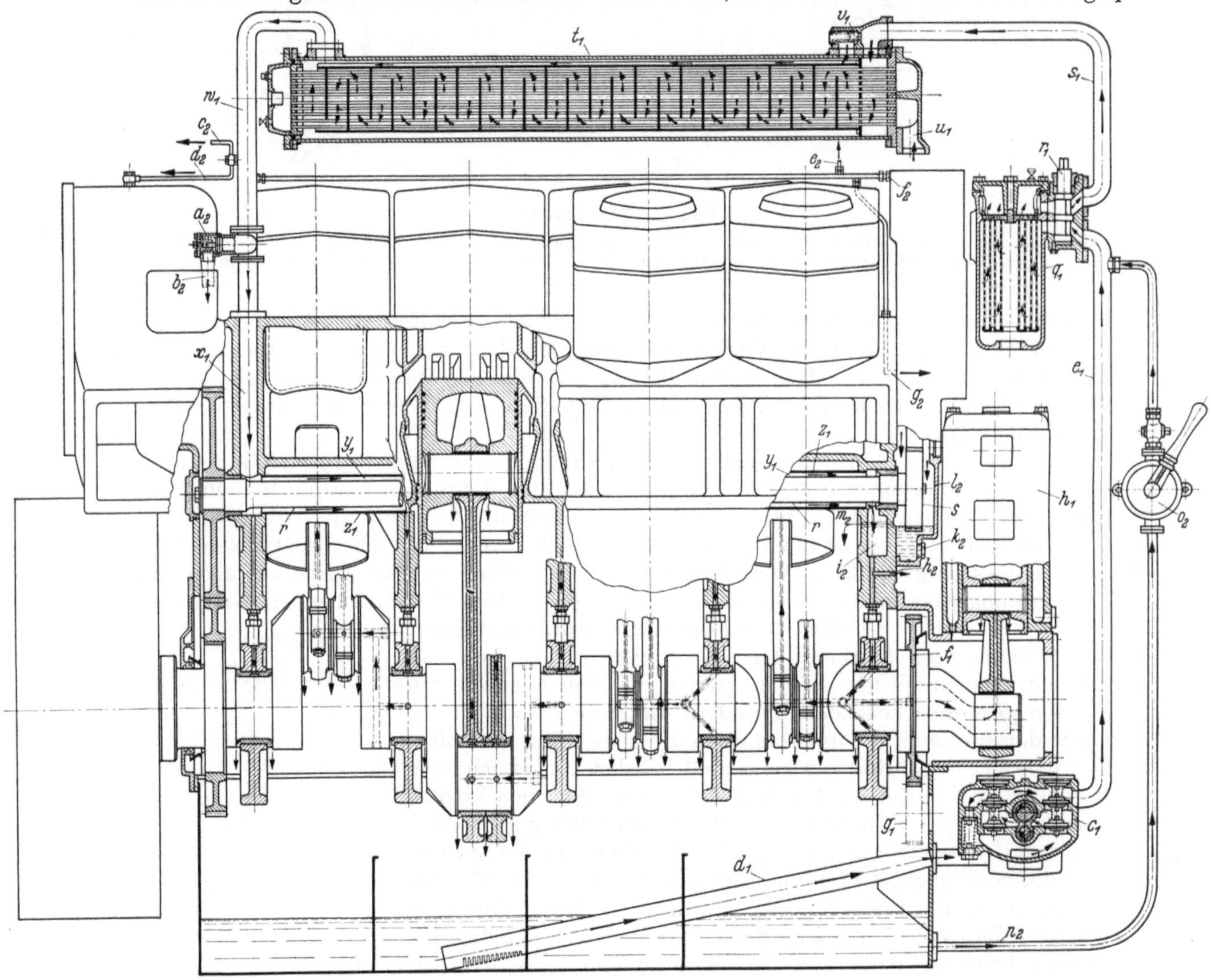

Bild 230. Plan der Schmierölleitungen

r Welle zum Antrieb der Brennstoffpumpen; s Zahnrad auf r; c_1 Schmierölpumpe; d_1 Ölsaugrohr; e_1 Öldruckleitung zum Schmierölfilter q_1; f_1, g_1 Zahnradantrieb der Schmierölpumpe; h_1 Anfahrluftkompressor; r_1 Umschalthahn; s_1 Leitung vom Filter zum Kühler t_1; u_1 Kühlwasserzutritt zum Kühler; v_1 Überdruckventil; w_1, x_1 Ölleitung vom Kühler zur Verteilleitung y_1; z_1 eingewalztes Rohr; a_2 Ölüberdruckventil; b_2 Abfluß in das Kurbelgehäuse; c_2 Schmierölleitung zum Vorgelege des Gebläses; d_2 Schmierölleitung zum Gebläseläufer; e_2 Schmierölleitung zum Steuerluftverteiler; f_2 Schmierölleitung zum Regler; g_2 Schmierölleitung zum Antrieb der Brennstoffpumpen; h_2 Anschluß für Öldruckmanometer; i_2 Öldruckraum; k_2 Öldruckventil; l_2 Räderkasten; m_2 Ölüberlauf; n_2 Saugleitung der Handflügelpumpe o_2

zum Schmieröldoppelfilter q_1, von dem je nach der Stellung des Schalthahnes r_1 nur eine Hälfte in Betrieb ist, während die andere gereinigt werden kann. Das Öl strömt weiter durch Rohr s_1 zum Ölkühler t_1, der auf der einen Längsseite der Maschine über dem Spülluftaufnehmer liegt (Bild 223 u. 225). Im Kühler wird das Öl durch Blechwände so geführt, daß es vorwiegend senkrecht zu den wasserdurchflossenen Kühlrohren strömt (vgl. Bd. I, S. 365). Das Wasser tritt an den Stirnseiten des Kühlers ein und aus; in Bild 230 ist u_1 der Wassereintritt (s. a. in Bild 223 Rohr u_1, das von der Kühlwasserdruckleitung abzweigt). Wenn bei niedriger Außentemperatur das Öl beim Anfahren noch dickflüssig ist und der Widerstand des Ölkühlers zu groß wird, schließt das auf 3 atü eingestellte Überdruckventil v_1 den Ölkühler kurz; das Öl durchströmt dann den Ölkühler unter Umgehung des Rohrbündels. Das gekühlte Öl fließt durch Rohr w_1 in den Zylinderblock, in den die Bohrung x_1 eingegossen ist, und gelangt aus dieser in die Verteilleitung y_1, deren ringförmiger Querschnitt von dem eingewalzten Rohr z_1 und der Welle r gebildet wird, und weiter durch die in Bild 230 gezeichneten Bohrungen zu den Grundlagern, den Kurbelzapfenlagern und an die Kolbenbolzen (w_1 bis z_1 s. a. Bild 224). Auch das Triebwerk des Anfahrluftkompressors h_1 erhält Schmieröl aus der Kurbelwelle. Wenn das Öl in der Leitung w_1, x_1 zu dickflüssig ist, so daß der Druck zu hoch wird, öffnet sich das Überdruckventil a_2 und läßt einen Teil des Öles durch Rohr b_2 in die Ölwanne austreten (a_2 und b_2 s. a. Bild 224).

Von der Leitung w_1, die das gereinigte und gekühlte Öl führt, zweigen mehrere Leitungen ab, die das Schmieröl den Hilfsmaschinen und Steuerungsteilen zuführen. Es sind dies (Bild 230) Rohr c_2 zum Vorgelege des Gebläses (Bild 232), d_2 zum Gebläseläufer (Bild 224 und 233), e_2 zum Steuerluftverteiler (Bild 237), f_2 zum Regler (Bild 241) und g_2 zum Antrieb der Brennstoffpumpen (auch in Bild 224). Bei h_2 ist das Öldruckmanometer angeschlossen, das am Bedienungsstand angebracht ist. Wenn an der Anschlußstelle, die am Ende der Verteilleitung liegt, der Schmieröldruck noch hinreichend hoch ist, dann muß er auch für die übrigen Schmierstellen genügen. Zeigt das Manometer einen zu hohen Druck im Raum i_2 an, so öffnet sich das federbelastete Öldruckventil k_2 (s. a. Bild 231), und ein Teil des Öles tritt in den Sumpf des Räderkastens l_2 über, aus welchem es durch den Überlauf m_2 in das Kurbelgehäuse abfließt. Die Zähne des auf der Welle r sitzenden Rades s tauchen dauernd in das im Sumpf stehende (und von den Rädern abtropfende) Öl, wodurch auch die Verzahnung der Räder t, u usw. (Bild 224) geschmiert wird.

An das Kurbelgehäuse ist unterhalb der Zahnradschmierölpumpe c_1 das Saugrohr n_2 der Handflügelpumpe o_2 angeschlossen, durch welche allen Schmierstellen vor dem Anfahren Öl zugeführt werden kann. Die Teile n_2 und o_2 sind auch in Bild 223 sichtbar.

Das Öl aller Schmierstellen gelangt schließlich in das Kurbelgehäuse zurück. Aus den Kurbelzapfenlagern wird es seitlich abgeschleudert; damit es den unteren Rand der durch den unteren Totpunkt gehenden Kolben nicht zu stark benetzt, sind unterhalb der Laufbuchsen Spritzbleche (p_2 in Bild 224 u. 225) angebracht, in deren Schlitzen sich die Pleuelstangen bewegen.

Das *Rädergetriebe* (Bild 231) erhält seinen Antrieb von dem neben dem Schwungrad auf der Kurbelwelle aufgekeilten Stirnrad k (s. a. Bild 224), mit dem das auf der Welle r befestigte Rad l kämmt. k und l haben gleiche Teilkreisdurchmesser; somit läuft Welle r mit der Drehzahl der Kurbelwelle um. Das Zahnrad l treibt durch das Vorgelege m-n-o das mit der Gebläsewelle aus einem Stück hergestellte Ritzel v (s. a. Bild 233). Die Lage der Zahnräder l, m, o, v, von Schwungradseite gesehen, ist in Bild 231 eingetragen: die Achsen der Räder l und v liegen senkrecht über der Kurbelwellenachse, die des Vorgeleges m-n-o liegt links seitlich davon. Die Drehzahl des Ritzels v beträgt bei 500 U/min der Kurbelwelle rd. 4200 U/min; bei der großen Übersetzung von 8,4 : 1 treten bei raschem Anspringen des Motors große Winkelbeschleunigungen der Gebläsewelle und entsprechend hohe Zahndrücke auf. Diese werden durch die zwischen die Zahnräder m und o geschaltete Dämpfer- und Rutschkupplung (Bild 232) gemildert. Das Zahnrad m ist

durch Paßfeder a und vier Kopfschrauben b mit dem Gehäuseteil c und dem (aus Gußeisen angefertigten) Kupplungsstern d verbunden und zwar so, daß die Teile m, c, d sich
gemeinsam gegenüber der Welle e in der Umfangsrichtung verschieben können. In den
verzahnten Umfang des Gehäusedeckels c greifen die beiden mit *Innen*verzahnung ver-

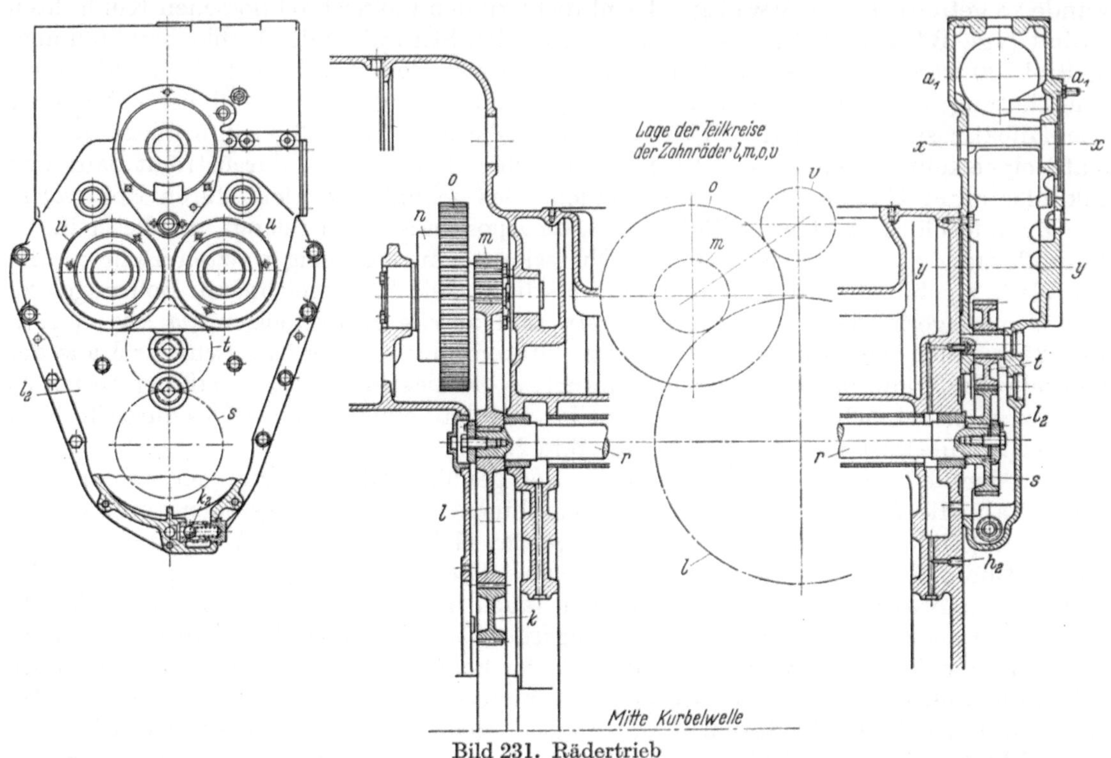

Bild 231. Rädertrieb

k Zahnrad auf Kurbelwelle; l Zahnrad auf Welle r; m–n–o Vorgelege mit nachgiebiger Kupplung; s, t Zahnräder;
u Antriebräder der Brennstoffpumpen; v Ritzel auf der Gebläsewelle; x–x Achse des Anfahrsteuernockens; y–y Ebene
der Brennstoffpumpenwellen; a_1–a_1 Ebene der Manövrierwelle (Achse senkrecht Bildebene); h_2 Anschluß für Öldruckmanometer; k_2 Öldruckventil; l_2 Räderkasten

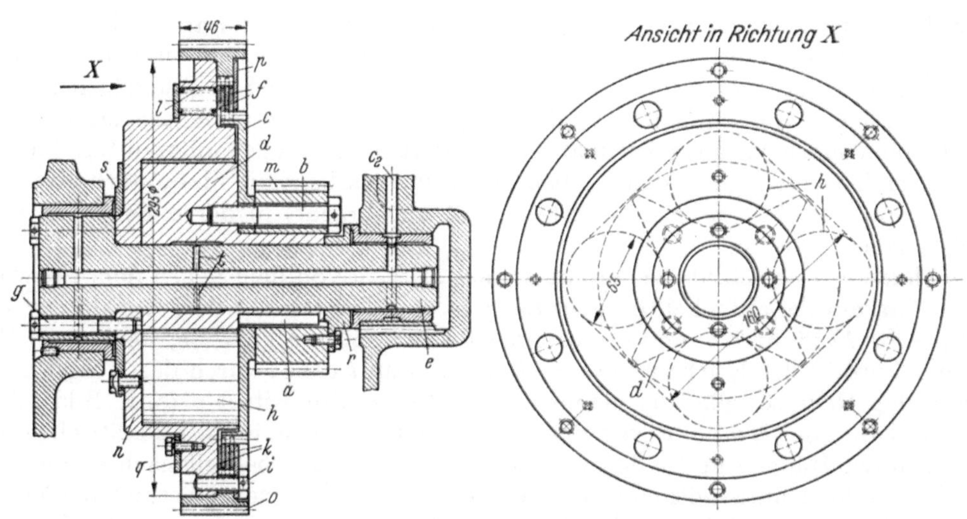

Bild 232. Vorgelege zum Gebläse

a Paßfeder; b Kopfschrauben; c Kupplungsgehäuse (Antriebseite) und Träger der Lamellen f; d Kupplungsstern;
e Welle des Vorgeleges; f Lamellen mit Innenverzahnung; g Kopfschrauben; h Kupplungsblöcke (Gummi); i Kopfschrauben; k Lamellen mit Außenverzahnung; l Schraubenfedern; m Antriebzahnrad; n Kupplungsgehäuse (Abtriebseite); o Zahnkranz; p Schlußscheibe; q Deckring; r, s Druckringe; t Schmierbohrungen; c_2 Schmierölzuleitung

sehenen Stahllamellen *f*. Das Kupplungsgehäuse *n* ist durch vier Kopfschrauben *g* mit der Welle *e* verbunden; da diese Kopfschrauben kein größeres Drehmoment zu übertragen haben, sondern nur die Welle in der Drehrichtung mitnehmen sollen, genügt ein Gewinde von 10 mm. Das Drehmoment, das dem Leistungsbedarf des Gebläses entspricht, wird durch vier zylindrische Körper *h* aus ölbeständigem und abriebfesten Perbunan übertragen. Die Seitenansicht zeigt, wie die Gummiwalzen zwischen dem Hohlraum des Gehäuses *n* von quadratischem Querschnitt und dem Kupplungsstern *d* liegen; sie stellen

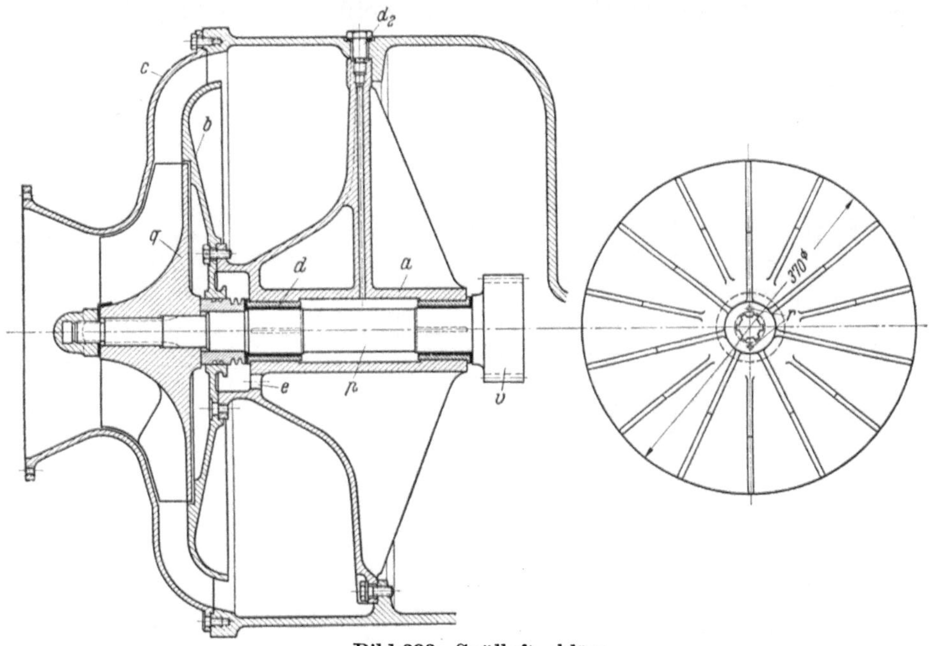

Bild 233. Spülluftgebläse

a Lagerdeckel;   *b* Leitwand;   *c* Einlaufdeckel;   *d* Lagerbuchsen;   *e* Bohrung für Schmierölrückfluß;   *p* Gebläsewelle;
q Laufrad;   *r* Gewinde für Abziehschrauben;   *v* Ritzel auf *p*; d_2 Schmierölzuleitung

eine so weiche Verbindung zwischen den Verzahnungen *m* und *o* her, daß keine Drehschwingungen von der Kurbelwelle auf den Zahnkranz *o* übertragen werden können, der das Ritzel der Gebläsewelle antreibt und durch acht Sechskantschrauben *i* (10 mm) mit *n* verbunden ist. In den gezahnten Innenumfang des Zahnkranzes *o* greifen die beiden mit *Außen*verzahnung versehenen Stahllamellen *k*, die sich mit den Innenlamellen *f* abwechseln. Acht Schraubenfedern *l*, in Bohrungen des Gehäuses *n* liegend, drücken das Lamellenpaket gegen die Schlußscheibe *p*, die von den Kopfschrauben *i* gehalten wird; der Deckring *q* verschließt die Bohrungen der Schraubenfedern. Das für den Antrieb der Gebläsewelle erforderliche Drehmoment wird also auch durch Reibung zwischen den Lamellen übertragen; wird es beim Anfahren zu groß, so gleiten die Kupplungshälften *c* und *n* in den Lamellen gegeneinander, soweit es die Gummiwalzen *h* zulassen, und die Verzahnung ist vor harten Stößen geschützt.

Die Druckringe *r* und *s*, die mit *m* bzw. *n* verschraubt sind, verhindern ein Wandern der Kupplung in axialer Richtung; sie laufen zwischen den Bunden der Bronzebuchsen, welche die Welle *e* führen. Das bei c_2 eintretende Schmieröl (s. a. Abzweigung c_2 inBild 230) schmiert auch die Stirnflächen der Lagerbuchsen. Da der Kupplungsstern *d* gegen die Welle *e* kleine Bewegungen ausführt, ist auch die Lauffläche von *d* auf *e* an die Schmierung angeschlossen (radiale Bohrungen *t*) .

Mit dem Ritzel *v* (Bild 233), das mit der Gebläsewelle *p* aus einem Stück besteht, endet der Rädertrieb, soweit er auf der Schwungradseite liegt. Die Anordnung des *Spülgebläses* am Motor geht aus Bild 224 hervor; in Bild 233 ist das Laufrad im Schnitt und in Seitenansicht gezeichnet. Es ist aus einer Al–Si–Mg-Legierung gegossen und mit

14 Schaufeln versehen, von denen sieben bis zum Einlauf durchgeführt, die übrigen verkürzt sind. Eine Deckscheibe fehlt, auch Diffusorschaufeln sind bei dem niedrigen Spüldruck nicht erforderlich. Das Laufrad wird durch Keilwellenprofil und Hutmutter, diese durch Umschlagblech gesichert, auf der Welle befestigt. In die beiden Gewindebohrungen r werden Abziehschrauben eingezogen, wenn das Laufrad ausgebaut werden soll. Nur drei Gußstücke: das Lagerschild a, die Leitwand b und der Einlaufdeckel c, bilden den feststehenden Teil des einfach gebauten Gebläses. Die beiden Lagerbuchsen d (aus Phosphorbronze) müssen geschmiert werden, wofür der Anschluß d_2 vorgesehen ist

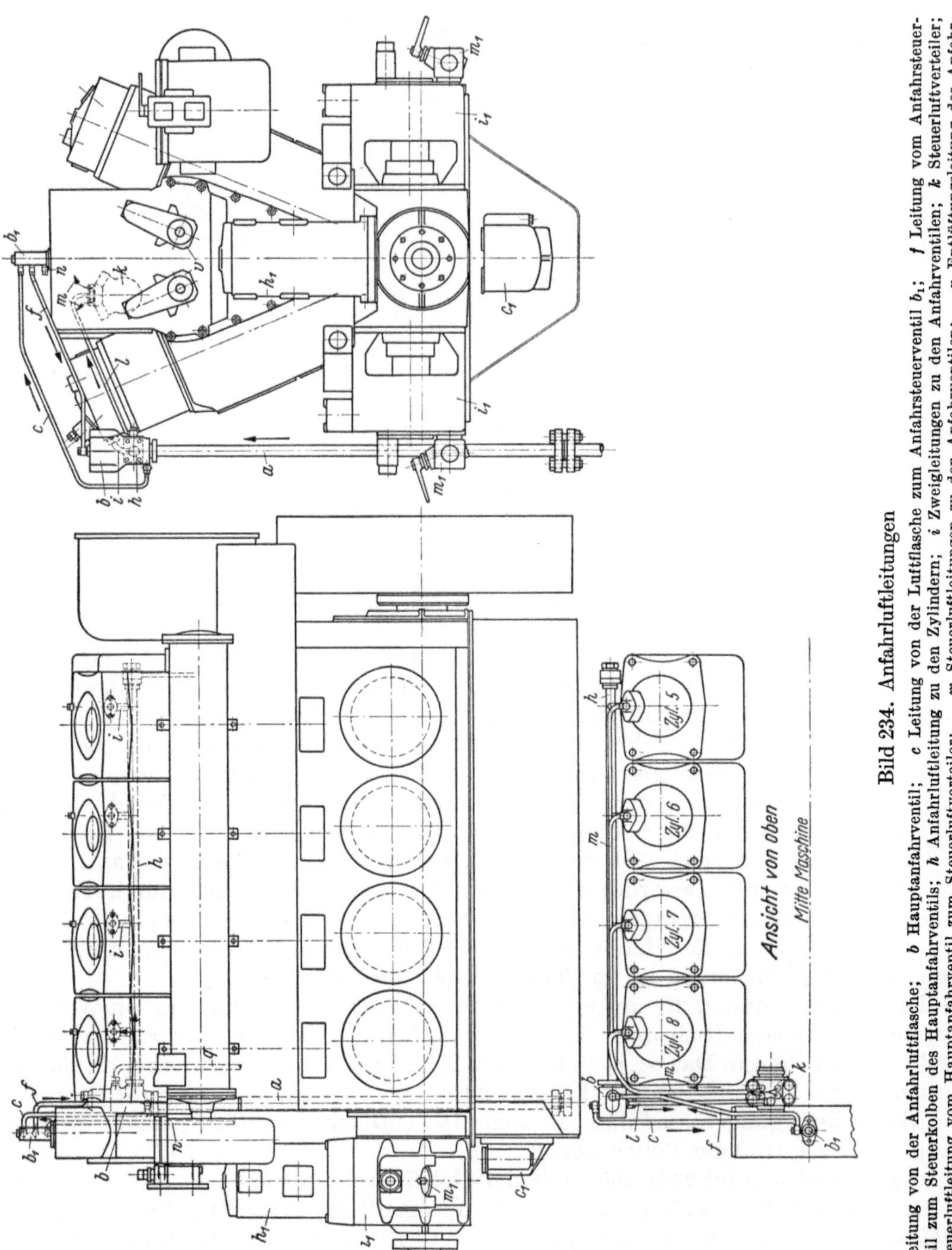

Bild 234. Anfahrluftleitungen

a Leitung von der Anfahrluftflasche; b Hauptanfahrventil; c Leitung von der Luftflasche zum Anfahrsteuerventil b_1; f Leitung vom Anfahrsteuerventil zum Steuerkolben des Hauptanfahrventils; h Anfahrluftleitung zu den Zylindern; i Zweigleitungen zu den Anfahrventilen; k Steuerluftverteiler; l Steuerluftleitung vom Hauptanfahrventil zum Steuerluftverteiler; m Steuerluftleitungen zu den Anfahrventilen; n Entlüftungsleitung des Anfahrsteuerventils; q Entlüftungsleitung des Hauptanfahrventils; v Brennstoffpumpen; b_1 Anfahrsteuerventil; c_1 Zahnradschmierölpumpe; h_1 Anfahrluftkompressor; i_1 Kühlwasser- bzw. Lenzpumpe; m_1 Wechselhähne für Schaltungen der Kühlwasser- und Lenzpumpe

(s. auch d_2 in Bild 230). Das auf der Laufradseite austretende Schmieröl fließt durch die Bohrung e in das Kurbelgehäuse ab.

Das Gebläse fördert eine Luftmenge von 4500 m³/h, was dem 1,5fachen des stündlichen Hubvolumens (220 Dmr., 330 Hub, 500 U/min) entspricht.

Von dem *vorderen* Teil des Rädertriebes erhält der Anfahrsteuernocken x (Bild 224) seinen Antrieb über die Zahnräder u (Bild 231 u. 240) und Zahnrad w (Bild 224 u. 239).

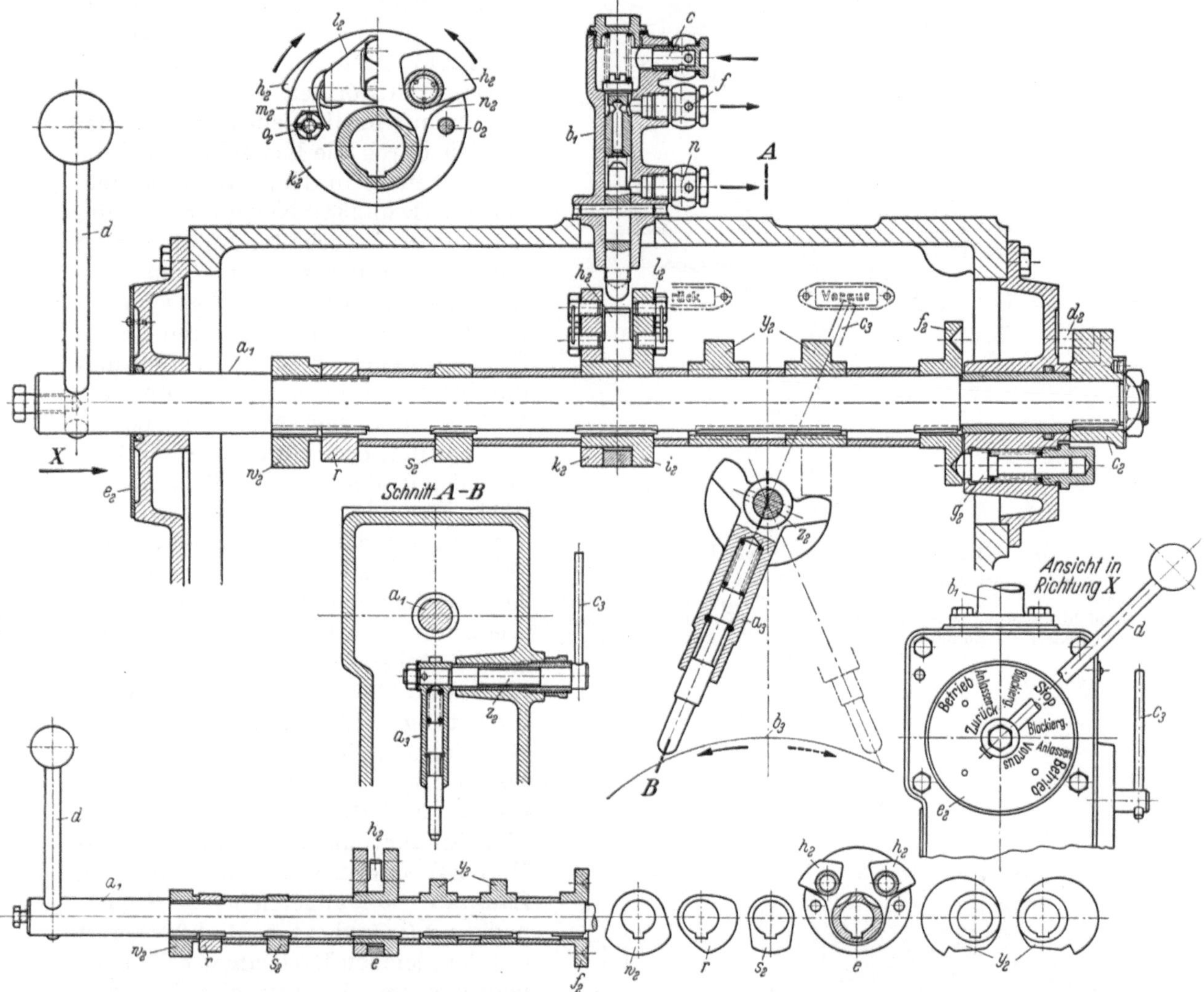

Bild 235. Fahrstand

c Leitung von der Luftflasche zum Anfahrsteuerventil b_1; d Bedienungshebel; e Anfahrnockenkörper; f Leitung vom Anfahrsteuerventil zum Hauptanfahrventil; n Entlüftungsleitung; r Umsteuernocken; a_1 Manövrierwelle; c_2 Anschlagscheibe; d_2 Anschlagstift; e_2 Anzeigeschild; f_2 Rastenscheibe; g_2 Druckstempel; h_2 Anfahrnocken; i_2 Nabe des Anfahrnockens; k_2 Deckscheibe; l_2 Deckbleche; m_2 Blattfeder; n_2 Anschlagkante; o_2 Paßschrauben; s_2, w_2 Brennstoffnocken; y_2 Blockierscheiben; z_2 Welle; a_3 Blockierhebel; b_3 Rillenscheibe; c_3 Zeiger

Der Steuernocken verteilt die Anfahrluft auf die Anfahrventile in den Zylinderdeckeln; er gehört zur Anfahrvorrichtung, deren Wirkungsweise aus Bild 234 bis 238 hervorgeht.

Die zu dieser Vorrichtung gehörenden Teile sind im Plan der *Anfahrluftleitungen* (Bild 234) in Ansicht gezeichnet; die sie verbindenden Rohrleitungen sind eingetragen. Die von der Luftflasche kommende Leitung a führt die Anfahrluft (30 atü) dem Hauptanfahrventil b zu, das zunächst noch geschlossen ist. Die Luft kann jedoch durch die Leitung c, die unterhalb des Ventiltellers an das Hauptanfahrventil angeschlossen ist (vgl. c in Bild 236), weiter zum Anfahrsteuerventil b_1 (Bild 224, 234, 235) strömen, in

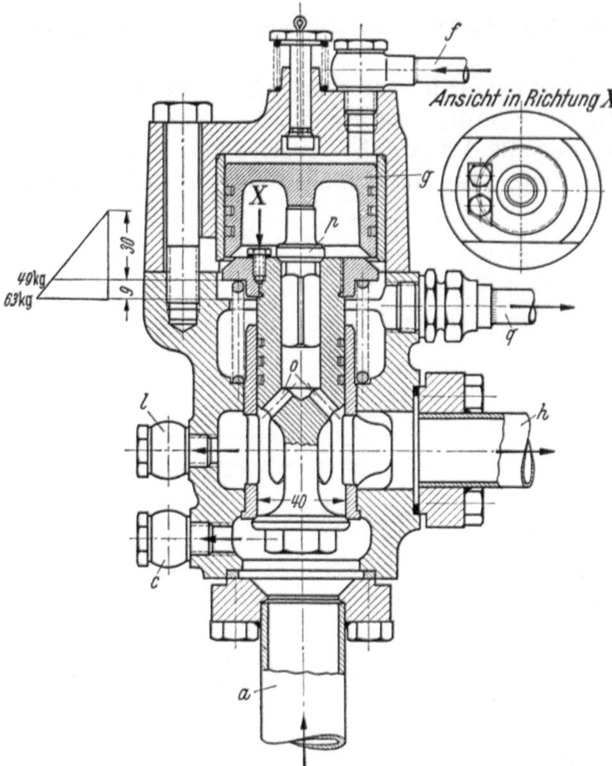

Bild 236. Hauptanfahrventil

a Leitung von der Anfahrluftflasche;　*c* Leitung zum Anfahrsteuerventil;　*f* Leitung vom Anfahrsteuerventil zum Steuerkolben *g*; *h* Anfahrluftleitung zu den Anfahrventilen;　*l* Leitung zum Steuerluftverteiler;　*o* Entlüftungsbohrungen;　*p* Entlüftungsventilkegel; *q* Entlüftungsleitung

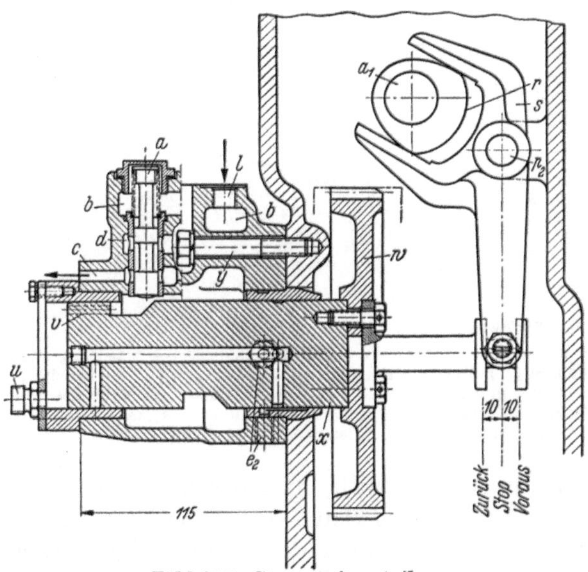

Bild 237. Steuerluftverteiler

a Steuerschieber;　*b* Druckraum;　*c* Entlüftungsbohrung;　*d* Steuerluftraum;　*l* Anschluß der Steuerluftleitung vom Hauptanfahrventil; *r* Umsteuernocken;　*s* Gabelhebel;　*u* Schmierölabfluß;　*v* Bohrung für Druckausgleich;　*w* Antriebrad des Steuernockens *x*;　*y* Befestigungsschraube;　a_1 Manövrierwelle;　e_2 Anschluß an Schmierölleitung;　p_2 Bolzen

das sie von oben eintritt (Bild 235). Dieses Ventil öffnet erst, wenn der Maschinist den Bedienungshebel *d* (Bild 235) aus der Stop- in die Anfahrstellung legt. Der Anfahrnocken *e* drückt das Ventil b_1 auf, und die Luft kann durch Leitung *f* über den Steuerkolben *g* des *Hauptanfahrventils* (Bild 236) treten, den sie niederdrückt. Dieses Ventil öffnet, und die Anfahrluft strömt in die Leitung *h*, aus der sie sich durch die Krümmer *i* auf die Anfahrventile in den Zylinderdeckeln verteilt (Bild 234). Nur die vier Zylinder *einer* Reihe erhalten Anlaßventile; die Zylinder der zweiten Reihe werden sogleich auf Brennstoff geschaltet. Da die Anfahrventile während eines Kurbelwinkels von 100° öffnen, springt die Maschine in jeder Stellung an. Welches der vier Anfahrventile jeweils öffnet, bestimmt der Steuerluftverteiler *k*, der in demselben Augenblick Druckluft erhält (durch Leitung *l*), wie das Hauptanfahrventil *b* öffnet, und sie so auf die vier Anfahrventile verteilt, daß diese öffnen, wenn ihre Kurbeln im oberen Totpunkt stehen. (In der Ansicht von oben, Bild 234, liegen die vier Steuerluftleitungen übereinander.)

Wie der *Steuerluftverteiler* die Druckluft, die er durch die Leitung *l* erhält, auf die Steuerzylinder der vier Anfahrventile verteilt, geht aus Bild 237 und 238 hervor. Der vom Zahnrad *w* angetriebene Steuernocken *x* (*w* und *x* s. a. Bild 224) läuft mit der gleichen Drehzahl wie die Kurbelwelle um. Er hat vier Negativ-Nockenbahnen, je zwei für Voraus und Zurück. Die vier Steuerschieber *a*, die paarweise unter 60° zueinander angeordnet sind (s. a. Bild 238), werden in der Stop-Stellung und während des Betriebes durch Schraubenfedern, die am äußeren Bund der Schieber angreifen, außer Eingriff mit den Negativnocken gehalten. Nur solange der Maschinist während des Anfahrvorganges durch den Bedienungshebel *d* (Bild 235) das Anfahrsteuerventil b_1 geöffnet hält, kann Druckluft durch den Anschluß l (Bild 237 u. 238) in den Raum b treten, der allen vier Steuerschiebern gemeinsam ist. Die Schieber werden entgegen den Federkräften an den Nocken x gedrückt, da die untere Ringfläche des mittleren Bundes der Schieber durch die Bohrungen c (Bild 238) mit der Atmosphäre verbunden ist, solange die Schieber in ihrer Außenstellung verharren. Wenigstens einer der vier Steuerschieber trifft auf einen Negativnocken und wird gegen diesen gedrückt. Nunmehr gibt der mittlere Bund des Schiebers die Verbindung zwischen den Räumen b und d frei; zugleich schließt er die Entlüftungsbohrung c ab. Jeder Schieber hat seinen eigenen Raum d. Jeder Raum d

ist durch eine Bohrung e (Bild 238) mit der zugehörigen Steuerluftleitung m (Bild 234) verbunden, so daß jedes Anfahrventil im richtigen Zeitpunkt aufgedrückt wird.

Wenn ein Steuerschieber den Negativnocken verläßt und von der nicht ausgesparten Umfangsfläche des Körpers nach außen gedrückt wird, stellt der mittlere Bund des Steuerschiebers die Verbindung zwischen dem betreffenden Raum d und der zugehörigen Entlüftungsbohrung c (Bild 238) her. Die an d angeschlossene Leitung m (Bild 234) entlüftet sich durch c. Das zugehörige Anfahrventil im Zylinderdeckel schließt. Das Spiel wiederholt sich, solange der Maschinist den Bedienungshebel in der Anfahrstellung hält.

Durch Weiterlegen des Bedienungshebels in die Betriebsstellung wird das An-

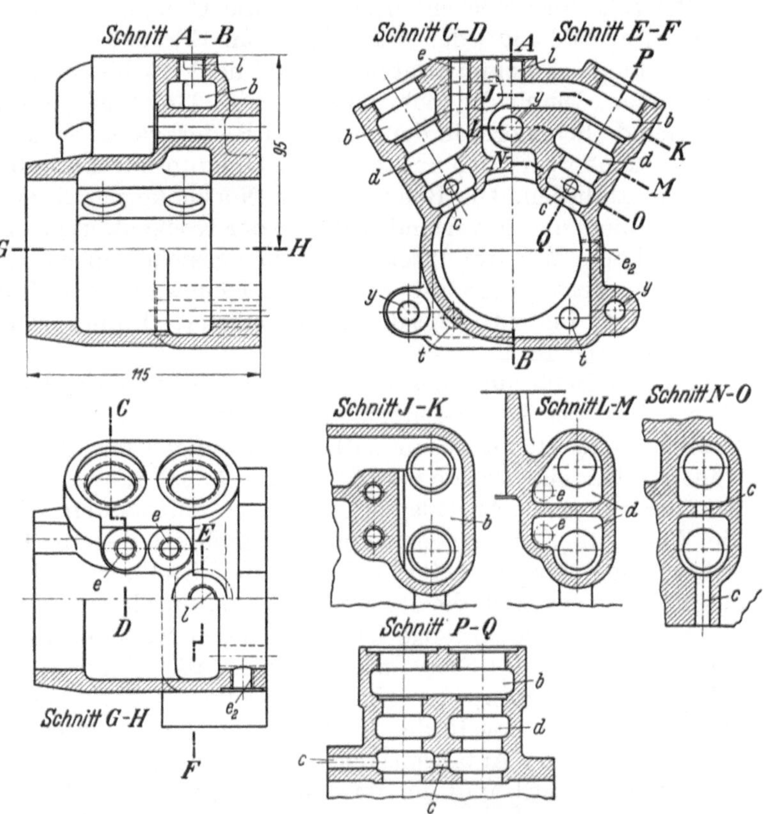

Bild 238. Gehäuse des Steuerluftverteilers

b Druckraum; c Entlüftungsbohrungen; d Steuerlufträume; e Bohrungen in Verbindung mit Steuerluftleitungen (m in Bild 234); l Anschluß der Steuerluftleitung vom Hauptanfahrventil; t Schmierölabfluß; y Bohrungen für Befestigungsschrauben; e_2 Anschluß an Schmierölleitung

fahrmanöver beendet. Der Anfahrnocken e auf der Manövrierwelle a_1 (Bild 235) gibt das Anfahrsteuerventil b_1 frei, dessen Kegel auf seinen Sitz gedrückt wird. Nunmehr ist Leitung f (Bild 234 u. 236) durch die Bohrungen im Kegel des Anfahrsteuerventils b_1 mit der Entlüftungsleitung n (Bild 234) verbunden; der Steuerkolben g des Hauptanfahrventils (Bild 236) steht nicht mehr unter dem Druck der Steuerluft, und das Hauptanfahrventil schließt unter Federdruck. Die in der Anfahrleitung h (Bild 234) noch stehende Druckluft kann durch die Bohrungen o (Bild 236) entweichen; sie hebt den Ventilkegel p und den Steuerkolben g an und strömt durch die Entlüftungsleitung q ab. Durch q werden auch die zum Steuerluftverteiler führende Leitung l und der Raum b des Verteilers (Bild 237 u. 238) entlüftet, während die Räume d des Verteilers (Bild 238) und die angeschlossenen Steuerluftleitungen m, wie erwähnt, durch die Bohrungen c entlüftet werden.

Beim Umsteuern wird der Steuerkörper x mit dem Antriebrad w durch Umlegen der Manövrierwelle a_1 (Bild 237) mittels des Umsteuernockens r und des Gabelhebels s

in seiner Achsrichtung verschoben, so daß die Nockenbahnen für die Zurück-Fahrt in Eingriff mit den Steuerschiebern kommen, wenn Anlaßluft gegeben wird. In Bild 237 ist der Steuerkörper x in der Mittelstellung gezeichnet, die er einnimmt, wenn die Manövrierwelle a_1 in der Stop-Lage liegt. Der Verschiebeweg beträgt nach beiden Seiten 10 mm. Der Umsteuernocken r ist so geformt, daß die Verschiebung in die Voraus- oder Zurück-Stellung schon beendet ist, bevor der Bedienungshebel (d in Bild 235) die Anlaß-stellung erreicht hat. Die Steuerschieber a (Bild 237) liegen bereits über ihren Negativ-nocken, wenn die Maschine anspringt.

Bei e_2 ist der Nockenkörper x an die Umlaufschmierung angeschlossen (s. Abzweigung e_2 in Bild 230); der Anschluß ist in Bild 237 um 90° versetzt gezeichnet. Bei der Anordnung der Schmiernuten ist auf die Verschiebung des Nockenkörpers Rücksicht genommen. Durch die Bohrungen t (Bild 238) fließt das im Verteilergehäuse sich an-sammelnde Schmieröl in den vorderen Räderkasten ab. Das an der hinteren Stirnfläche des Nockenkörpers sich ansammelnde Öl kann durch die bei u (Bild 237) angeschlossene Leitung abfließen. Die Bohrung v im Nockenkörper x gleicht den Druck aus zwischen den Räumen, die sie verbindet, damit der Nockenkörper ohne Kraftaufwand verschoben werden kann. Mit drei durch Federringe gesicherten Kopfschrauben y (Bild 237 u. 238) wird das Verteilergehäuse gegen die Rückwand des Räderkastens geschraubt (s. a. Bild 224). In Bild 231 zeigt die strichpunktierte Linie x–x die Lage der Achse des Anfahr-steuernockens an.

Die zur Betätigung des *Anfahr-* und *Umsteuervorganges* erforderlichen Teile sind im oberen Teil des Räderkastens untergebracht. Die Manövrierwelle a_1 (Bild 235) ist in Deckeln gelagert, die gegen seitliche Öffnungen des Räderkastens geschraubt sind. Sie trägt an dem einen Ende den Bedienungshebel d, an dem anderen die Scheibe c_2, deren Aussparung durch Anschlagen gegen den Stift d_2 den Winkel (180°) begrenzt, um den die Welle umgelegt werden kann (s. a. Schnitt C–D in Bild 239). Der Hebel d bewegt sich vor dem Anzeigeschild e_2. In den fünf Stellungen Stop, Anlassen und Betrieb Vor-aus und Zurück hält die Rastenscheibe f_2 durch den federbelasteten Druckstempel g_2 die Manövrierwelle so lange fest, wie es das Manöver vorschreibt. Legt der Maschinist den Hebel d aus der Stop- in eine der Anlaßstellungen, so verschiebt zunächst (wie zu Bild 237 beschrieben) der Umsteuernocken r den Anfahrsteuernocken x aus seiner Mittellage um 10 mm in die der Fahrtrichtung entsprechende Stellung (s. a. Bild 239); sodann öffnet der Anfahrnocken e (Bild 235) das Anfahrsteuerventil b_1 und dieses das Hauptanfahrventil, und die Maschine springt an. Soll d aus der Betriebs- in die Stop-Stellung zurückgelegt werden, so muß die Stellung „Anlassen", wie aus dem Anzeige-schild e_2 ersichtlich, rückwärts durchfahren werden. Damit bei dieser Bewegung das Anfahrsteuerventil b_1 nicht öffnet, ist der Anfahrnocken als Schnappnocken ausgebildet, wie aus dem Nebenbild 235 hervorgeht. Die beiden Teilnocken h_2 sind um Bolzen schwenk-bar, welche in die Nabe i_2 und die Deckscheibe k_2 eingelassen sind und durch Deckbleche l_2 am Herausfallen gehindert werden. Je eine Blattfeder m_2 legt den ihr zugeordneten Nocken h_2 gegen das Anschlagstück n_2, das mit den Teilen i_2 und k_2 durch zwei Paß-schrauben o_2 verbunden ist. Somit verhält sich jeder der beiden Nocken h_2 bei einer Schwenkbewegung im Sinn des neben ihm eingezeichneten Pfeiles als mit dem Nocken-träger starr, im entgegengesetzten Sinn als nachgiebig verbunden, und das Anfahr-steuerventil b_1 wird nur beim Umlegen des Bedienungshebels d in eine der Anlaßstellungen geöffnet, nicht aber beim Zurücklegen in die Stop-Stellung.

Der Umsteuernocken r, der (als zweiter von links, Bild 235) auf der Manövrierwelle aufgekeilt ist, hat nur die Aufgabe, den Anfahrsteuernocken x aus der Mittelstellung, die er in der Stop-Lage einnimmt, in die der befohlenen Fahrtrichtung entsprechende zu verschieben. In Bild 237 und 239 ist x in der Stop-Stellung gezeichnet. Bild 239 zeigt, wie bei einer Drehung der Manövrierwelle der Hebel s, dessen Gabel den Umsteuernocken r umgreift, die Welle des Steuernockens x (mit dem Antriebrad w) verschiebt.

Der Hebel s ist um einen Bolzen p_2 schwenkbar (Bild 239; s. a. Bild 237), der in Augen eingelassen ist, die an die vordere Wand des Räderkastens angegossen sind. (Aus Bild 239 geht hervor, wie p_2 durch den Gehäusedeckel in der Achsrichtung gehalten wird.) Um p_2 können zwei weitere Hebel q_2 und r_2 eine Schwenkbewegung ausführen, durch welche die Förderung der Brennstoffpumpen beeinflußt wird. Der Hebel q_2

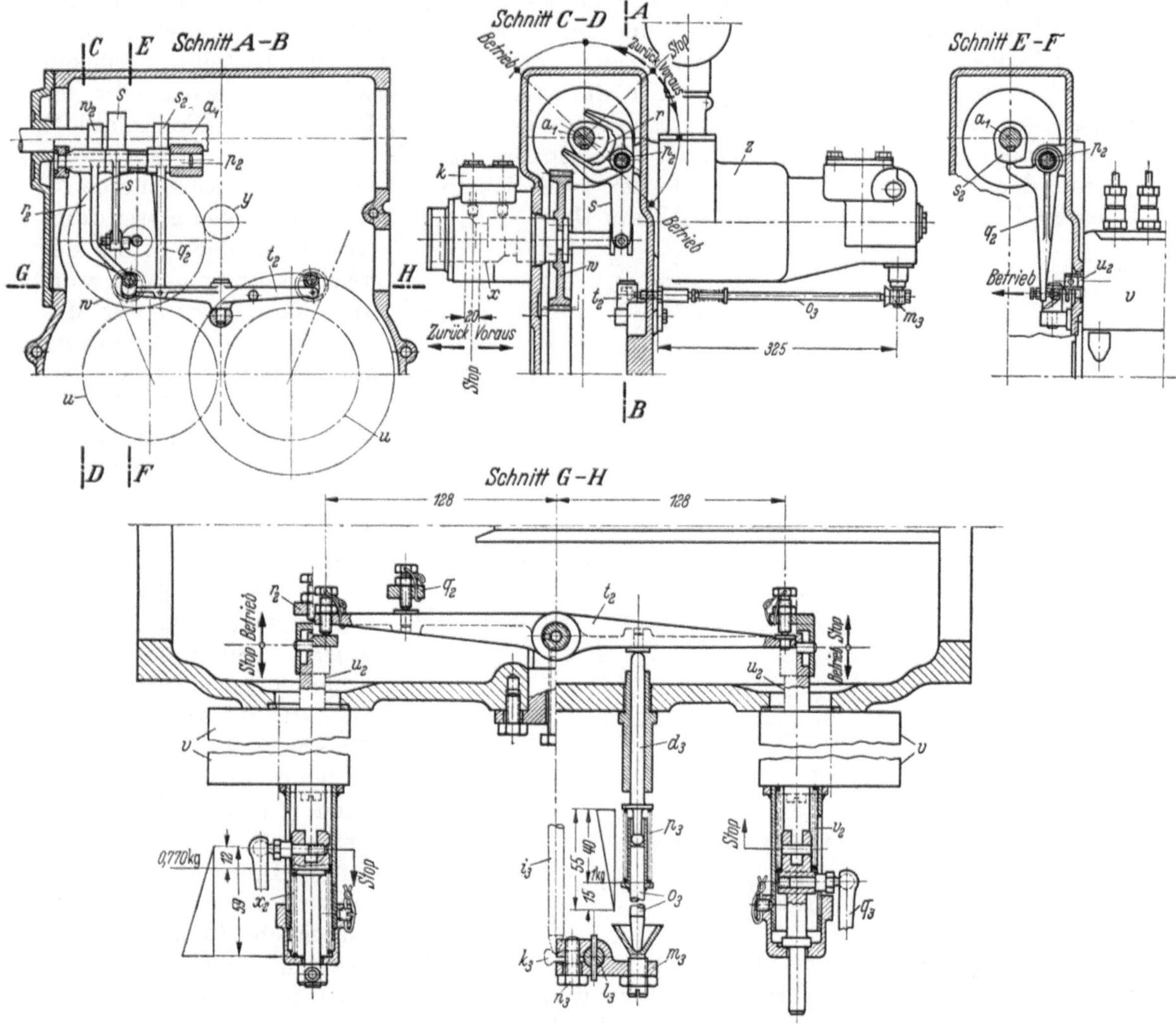

Bild 239. Regelgestänge

k Steuerluftverteiler; r Umsteuernocken; s Gabelhebel; u Antriebzahnräder der Brennstoffpumpen v; w Antriebrad des Steuernockens x; y Antriebritzel des Reglers z; a_1 Manövrerwelle; p_2 Bolzen; q_2 Hebel für Brennstoffnocken s_2; r_2 Hebel für Brennstoffnocken w_2; t_2 zweiarmiger Hebel; u_2 Regelstangen der Brennstoffpumpen v; v_2, x_2 Schraubenfedern; d_3 Druckbolzen; i_3 Reglernadel; k_3 oberer, m_3 unterer Hebel auf Welle l_3; n_3 Sechskantschraube; o_3 Druckstange; p_3 Schraubenfeder; q_3 Gelenkstange zum Verstellen des Boschölers

arbeitet mit dem Brennstoffnocken s_2 zusammen (s. a. Bild 235). In Bild 239, Schnitt E–F, ist s_2 in der Stop-Stellung gezeichnet: der Nocken drückt den längeren Arm des Hebels q_2 nach rechts, und dessen unteres Ende, das sich mit einer einstellbaren Kopfschraube gegen eine in den zweiarmigen Hebel t_2 eingelassene Druckscheibe legt, gibt diesem eine kleine Drehung (in Schnitt G–H entgegen dem Uhrzeiger), durch welche die Regelstangen u_2 beider Brennstoffpumpen v in die Stop-Lage verschoben werden. Wird der Bedienungshebel von „Stop" auf „Anlassen" gelegt, so gleitet der kurze Arm des Hebels q_2 vom Nocken s_2 ab, und q_2 behindert eine Schwenkbewegung von t_2 nicht mehr. Jetzt drückt die Schraubenfeder v_2 die Regelstange der einen Brennstoffpumpe (in Schnitt G–H

ist es die rechts von der Symmetrielinie liegende) in die Betriebsstellung, und diese
Brennstoffpumpe nimmt die Förderung auf. Damit erhalten die vier Zylinder Brennstoff,
die nicht mit Anfahrventilen versehen sind. Der Bedienungshebel steht dabei noch in
der Anlaßstellung. Solange dies der Fall ist, erhält die andere Reihe, deren Zylinder
mit Druckluft beaufschlagt werden, keinen Brennstoff, denn die Regelstange ihrer Pumpe
wird durch einen zweiten Brennstoffnocken w_2 (Schnitt A–B), dessen Nockenbahn
länger als die von s_2 ist (vgl. Bild 235), und den Hebel r_2 (Bild 239) noch festgehalten, so
daß die Feder x_2 (Schnitt G–H) die Regelstange noch nicht in die Betriebsstellung drücken
kann. Erst wenn der Bedienungshebel in die Stellung „Betrieb" gelegt wird, gibt der
Nocken w_2 durch den Hebel r_2 die Regelstange der zweiten Pumpe frei. Die Anlaßluft
ist jetzt abgeschaltet, und alle Zylinder erhalten Brennstoff.

Auf der Manövrierwelle a_1 sind ferner zwei Scheiben y_2, die „Blockierscheiben",
befestigt (Bild 235); sie bewirken, daß beim Umsteuern der Bedienungshebel d erst dann
aus der Anlaß- in die Betriebsstellung gelegt werden kann, wenn der Motor die neue Drehrichtung aufgenommen hat. Der unterhalb der beiden Blockierscheiben angeordnete, um die Welle z_2 schwenkbare Blockierhebel a_3 schleift in der Anlaßstellung mit seinem federbelasteten Stößel in der Rille einer auf die Welle *einer* Brennstoffpumpe aufgesetzten Scheibe b_3 (s. a. Bild 240), die beim Anfahren des Motors den Hebel a_3 in der Drehrichtung mitnimmt, so daß dessen Klaue die betreffende Blockierscheibe y_2 freigibt und der Bedienungshebel in die Betriebs-

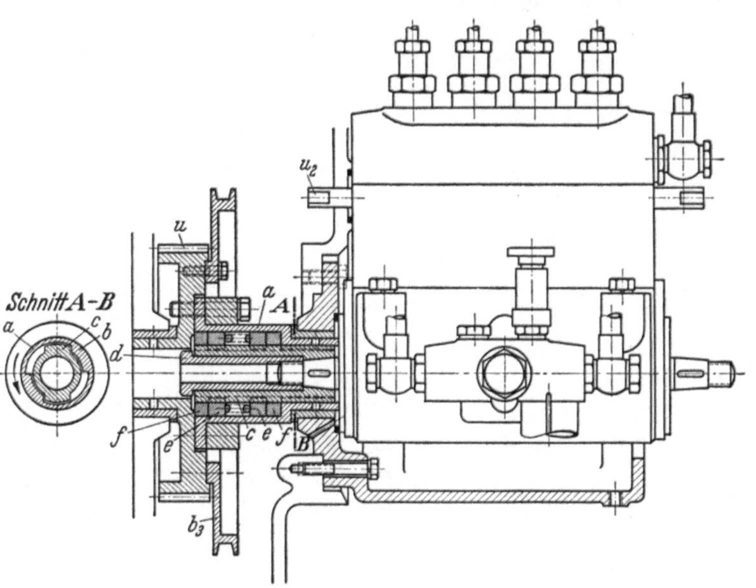

Bild 240. Antrieb einer Brennstoffpumpe

a Kupplungsgehäuse mit Innenleisten *b*;   *c* Kupplungsbüchse;   *d* Druckschraube;
e Nutringe;   *f* Schleifringe;   *u* Antriebzahnrad; u_2 Regelstange; b_3 Rillenscheibe
für Blockierhebel

stellung gelegt werden kann. Die Welle z_2 ist aus dem Räderkasten herausgeführt; sie
trägt außen einen Zeiger c_3 (Bild 235), der auf ein Schild „Voraus" oder „Zurück" weist,
so daß der Maschinist die eingestellte Drehrichtung des Motors und bei Stillstand die
zuletzt gefahrene ablesen kann.

Beim Umsteuern müssen die Wellen der Brennstoffpumpen eine andere Winkelstellung erhalten, da der Einspritzbogen nicht je zur Hälfte vor und nach dem OT liegt.
Daher ist zwischen die beiden Antriebzahnräder u der Pumpen und ihre Wellen je eine
Schleppkupplung gelegt (Bild 240), welche die erforderliche Winkelverdrehung beim
Umsteuern herstellt. Das Kupplungsgehäuse a ist mit dem Antriebzahnrad u verschraubt;
seine beiden Innenleisten b nehmen die Kupplungsbüchse c mit, welche durch die Druckschraube d auf dem konischen Wellenzapfen der Brennstoffpumpe befestigt ist. Damit
die Kupplung während des Betriebes nicht schlägt, sind die Teile a und c durch eine
Druckfeder gegeneinander verspannt. Die Feder drückt die genuteten Ringe e gegen die
Schleifringe f; die Reibung verhindert, daß die Teile a und c sich während des Betriebes
voneinander trennen.

Aus Bild 239 (Schnitt G–H) ist ersichtlich, daß die Druckfedern v_2 und x_2 die Regelstangen u_2 der Brennstoffpumpen beständig in die Vollaststellung zu schieben suchen, sobald durch Umlegen des Bedienungshebels in die Betriebsstellung die Druckschrauben der Hebel r_2 und q_2 den zweiarmigen Hebel t_2 freigegeben haben. Die Federn suchen dem Hebel t_2 (von oben gesehen) eine Drehung im Uhrzeigersinn zu erteilen. Der Hebel folgt aber nur so weit, wie es der Druckbolzen d_3 zuläßt, dessen Stellung durch den *Regler* (Bild 241) gesteuert wird. Dessen Gehäuse z (Bild 239; s. a. Bild 224) ist an der vorderen Stirnwand des Räderkastens befestigt; die Reglerspindel wird über die Zahnräder k, l, Welle r, Zwischenräder s, t (Bild 224), über ein Zahnrad u (Bild 239) und das Zahnrad w von dem Ritzel y angetrieben. Der Reglerteller e_3 (Bild 241) trägt vier auf Schneiden abgestützte Schwunggewichte f_3, die durch Zylinderstifte g_3 vor seitlichem

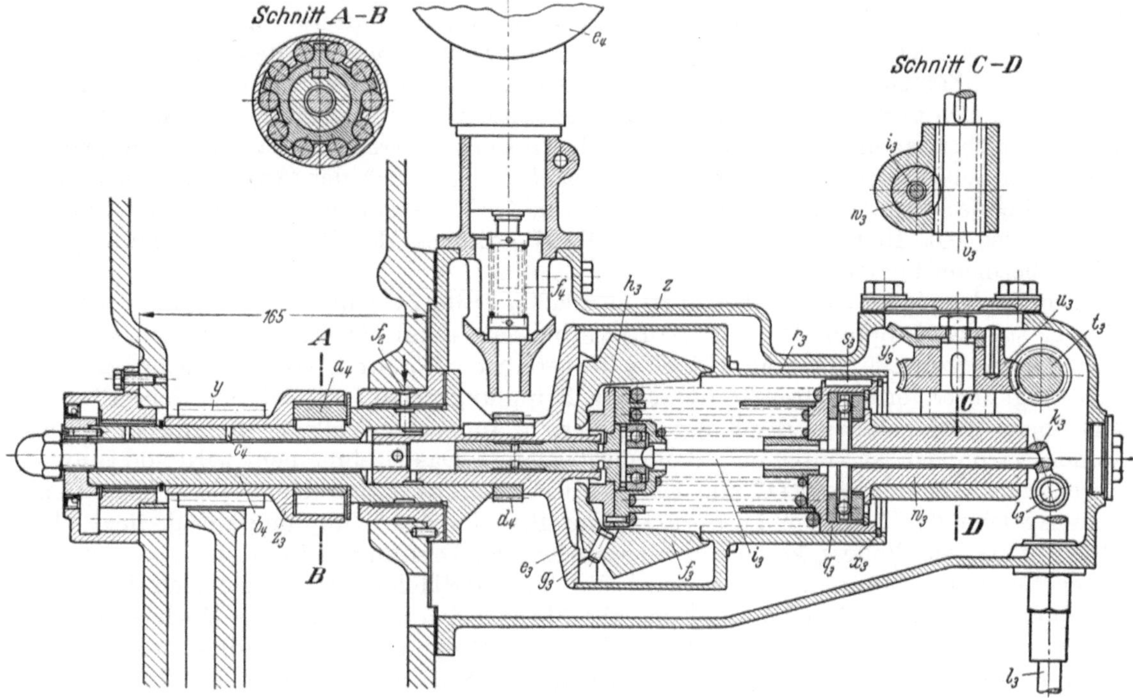

Bild 241. Regler mit Antrieb

y Antriebritzel; z Reglerverschalung; f_2 Anschluß an Schmierölleitung; e_3 Reglerteller; f_3 Schwungkörper; g_3 Zylinderstifte; h_3 Federteller; i_3 Reglernadel; k_3 Hebel auf Welle l_3; q_3 Druckkolben; r_3 Reglergehäuse; s_3 Paßfeder; t_3 Schneckenwelle; u_3 Schneckenrad; v_3 Zahnrad; w_3 Zahnstange; x_3 Hubbegrenzung; y_3 Anschlagscheibe; z_3 Kupplungsgehäuse; a_4 Kupplungsstern; b_4 Welle; c_4 Schmierbohrung; d_4 Schraubenrad; e_4 Tachometer; f_4 Kupplungsfeder

Abgleiten von den Schneiden geschützt sind. Drei ineinandergesteckte Schraubenfedern belasten den zweiteiligen, durch drei Niete zusammengehaltenen Federteller h_3, auf den sich unter Zwischenschaltung eines Rillenkugellagers die (sich nicht drehende) Reglernadel i_3 stützt. Bei Bewegungen des Federtellers dreht die Nadel i_3 den kurzen Hebel k_3, der auf der senkrechten Welle l_3 befestigt ist (in Bild 241 ist k_3 um 90° versetzt gezeichnet). Wie diese Bewegung die Brennstofförderung beeinflußt, ist aus Bild 239 zu ersehen. Die Welle l_3 trägt an ihrem unteren Ende den Hebel m_3, der, solange die Maschine noch nicht einreguliert ist, auf l_3 durch die Sechskantschraube n_3 festgeklemmt und nach endgültiger Einstellung verstiftet wird. Der Hebel m_3 teilt seine Bewegung der Stange o_3 mit, die sich auf eine in m_3 eingesetzte Druckpfanne stützt, und o_3 schiebt bei steigender Drehzahl den Druckbolzen d_3 kraftschlüssig gegen den Hebel t_2, der die Regelstangen u_2 der Brennstoffpumpen auf kleinere Füllung verstellt. Bei dieser Bewegung von t_2 wächst die Spannung der Federn v_2 und x_2, doch ist deren Kraft nur klein (s. Federdreieck in Schnitt G–H) und wird von der Reglernadel i_3 leicht überwunden. Bei sinkender Drehzahl verschiebt sich der Federteller h_3 (Bild 241) nach links; die Reglernadel i_3 folgt unter dem Druck der Schraubenfeder p_3 (Bild 239), und der Druckbolzen d_3 gibt jetzt eine kleine

Drehbewegung des Hebels t_2 im Uhrzeigersinn frei, so daß die Federn v_2 und x_2 die Regelstangen u_2 in die Richtung der größeren Brennstofförderung verschieben können. Die Druckschrauben in den unteren Enden der Hebel q_2 und r_2 (Schnitte $A-B$ und $G-H$) sind in der Betriebsstellung abgehoben und hindern die Bewegung des Hebels t_2 nicht.

Der Regler hält die Drehzahl konstant, die ihm durch die Spannung seiner Belastungsfedern vorgeschrieben ist. Ändert man die Spannung, so wird dem Regler eine neue Drehzahl aufgezwungen, die er nunmehr konstant zu halten sucht. Bei dieser Schiffsmaschine muß die Drehzahl in weiten Grenzen verändert werden können; daher kann der Druckkolben q_3 (Bild 241), der im Reglergehäuse r_3 gleitet, axial hinreichend weit verschoben werden. Die Paßfeder s_3 verhindert, daß sich dabei q_3 gegen r_3 dreht. Der Kolben wird vom Maschinisten von Hand verschoben; er dreht die mit Handkurbel versehene Schneckenwelle t_3, dadurch das Schneckenrad u_3 und das Zahnrad v_3, das mit dem als Zahnstange ausgebildeten Druckbolzen w_3 kämmt (Schnitt $C-D$). Der von w_3 auf den sich drehenden Federteller q_3 ausgeübte Druck wird durch ein Axial-Rillenkugellager übertragen. Das Schneckengetriebe ist selbstsperrend. Die Verschiebung von q_3 wird nach außen durch den Seegerring x_3, nach innen durch den Anschlag y_3 begrenzt, der am Schneckenrad u_3 befestigt ist und sich in der Endstellung gegen eine Ausklinkung im Gehäuse legt. In Bild 223 und 224 ist die Handkurbel der Drehzahlverstellung (dort mit t_3 bezeichnet) sichtbar.

Die Reglerspindel ist mit dem Antriebritzel y (Bild 241) nicht starr, sondern durch eine elastische Kupplung (Schnitt $A-B$) verbunden, damit Drehschwingungen, die sich von der Kurbelwelle bis zum Ritzel y fortpflanzen könnten, von den Schneiden der Schwungkörper ferngehalten werden. Das Kupplungsgehäuse z_3 ist mit dem Ritzel y aus einem Stück gefertigt, der Kupplungsstern a_4 auf seiner Welle b_4, die mit der Reglerspindel verbunden ist, durch eine Paßfeder befestigt. Das Drehmoment wird von z_3 auf a_4 durch zehn Gummiwalzen (11 mm Dmr.) übertragen, zwischen denen abwechselnd eine Innenspeiche des Außengehäuses und eine Speiche des Kupplungssterns liegt. Das Ritzel y und die Welle b_4 können somit während der Drehung kleine Relativbewegungen gegeneinander ausführen. Hierzu wird die Zylinderfläche, in der sie sich berühren, durch die Bohrung c_4 geschmiert. Auch alle übrigen Schmierstellen des Reglers erhalten durch die hohle Reglerspindel das Öl, das aus der Ringnut f_2 in die Hohlräume eintritt, wie aus Bild 241 ersichtlich. Die Nut f_2 ist an den Schmierölkreislauf des Motors angeschlossen (s. Anschluß f_2 in Bild 230).

Das auf der Reglerspindel befestigte Schraubenrad d_4 treibt das Tachometer e_4 an (s. a. Bild 223). Die zwischengeschaltete Schraubenfeder f_4 bewirkt, daß der Zeiger des Tachometers ruhig steht.

4. Koninklijke Machinefabriek Gebr. Stork & Co.

Die *Machinefabriek Gebr. Stork & Co. N. V.*, Hengelo, baut für kleinere Leistungen Viertaktmaschinen, diese als Hilfsdiesel auf Seeschiffen sowie zum Antrieb von Küstenmotorschiffen, von Pumpen für Entwässerungszwecke usw.; jedoch sind auch aufgeladene Viertakt-Kreuzkopfmotoren für die ansehnliche Leistung von 3700 PSe für den Antrieb von Tankern gebaut worden[1]. Für größere und große Leistungen führt die Firma den Zweitakt in der Tauchkolbenform sowie als einfach- und doppeltwirkende Kreuzkopfmotoren aus. Von den Zweitaktmotoren geben die Bilder 242 bis 248 Beispiele.

Bild 242 zeigt eine sechszylindrige **Zweitakt-Tauchkolbenmaschine** im Lichtbild. Ihre Kennzahlen sind: 540 mm Zyl.-Dmr., 900 mm Hub, Leistung 2000 PSe bei 155 U/min, $p_e = 4{,}70$ kg/cm² und $c_m = 4{,}65$ m/sec.

In Bild 243 ist dieselbe Maschinentype mit 7 Zylindern in Längsansicht und teilweise im Längsschnitt dargestellt, in Bild 244 im Querschnitt durch einen Arbeits-

---

[1] Werft Reed. Hafen Bd. 22 (1941) S. 36.

zylinder und durch das Spülluftgebläse. Der Bedienungsstand mit der Brennstoffpumpe a ist am hinteren Ende des Motors angeordnet; die Nockenwelle der Brennstoffpumpe und der im Gehäuse b untergebrachten Anfahrluftsteuerschieber (vgl. Bild 255) wird durch Ketten- und Zahnräder (s. Bild 244) von einer Stelle der Kurbelwelle angetrieben, die in der Nähe des Schwungrades liegt und daher nur unbedeutende Drehschwingungen ausführt (vgl. S. 68). Das Treiböl wird durch die Leitung c und die Windkessel d

Bild 242. Zweitakt-Tauchkolbenmotor der *Machinefabriek Gebr. Stork & Co.*
Leistung mit 6 Zylindern 2000 PSe bei 155 U/min

der Brennstoffpumpe zugeführt. Die Wirkungsweise der Manövriereinrichtung (Anfahr- und Brennstoffhebel e und Umsteuerhandrad f) ist in Bd. I, S. 351ff., ausführlicher beschrieben. Hinter der Verschalung g liegt ein (in Bd. I mit k bezeichnetes) größeres Zahnrad, das sich beim Drehen von f langsamer dreht und durch ein auf seiner Welle sitzendes kleines Zahnrad die mit einer Zahnstange versehene Nockenwelle der Brenn- stoffpumpe und der Anfahrluftsteuerschieber axial verschiebt, wenn umgesteuert werden soll. h ist das Gehäuse des Hauptsteuerluftschiebers, der die Steuerluft zum Gehäuse b der Anfahrluftsteuerschieber leitet, i der Handhebel für die Verblockung, welche sicher- stellt, daß der Motor nur bei Stillstand umgesteuert werden kann, k die Manometertafel

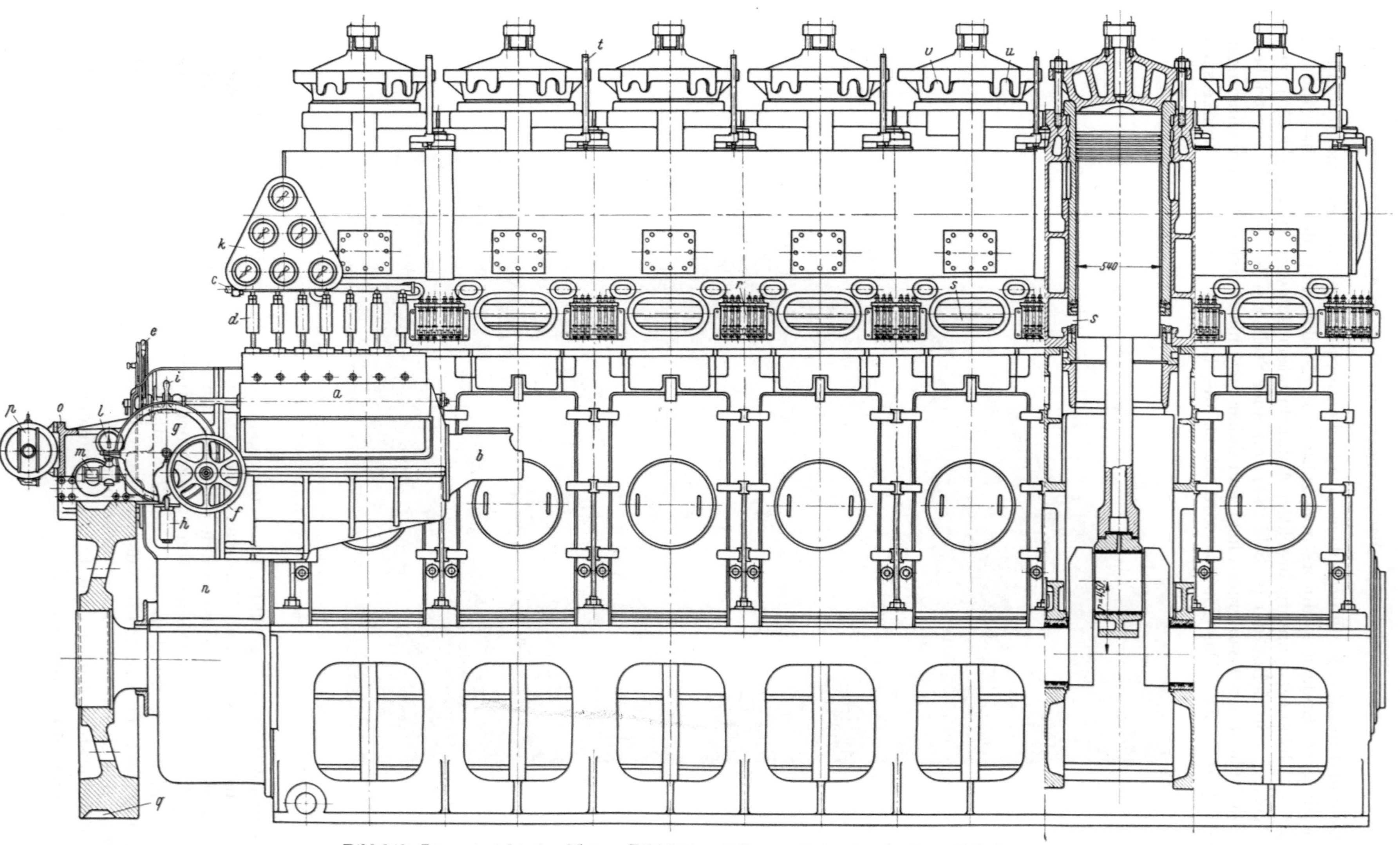

Bild 243. Längsansicht des Motors Bild 242 und Längsschnitt durch einen Zylinder

a Brennstoffpumpe; *b* Gehäuse der Anfahrluftsteuerschieber; *c* Brennstoffzuleitung; *d* Windkessel; *e* Anfahr- und Brennstoffhebel; *f* Umsteuerhandrad; *g* Verschalung für Zahnrad; *h* Gehäuse des Hauptsteuerluftschiebers; *i* Hebel für Verblockung der Umsteuerung; *k* Manometertafel; *l* Tachometer; *m* Zeiger der Drehrichtung; *n* Verschalung des Kettenradantriebes; *o* Bock für Drehvorrichtung; *p* Elektromotor; *q* Verzahnung; *r* Zylinderschmierpressen; *s* Fenster für Beobachtung des Kolbenlaufes; *t* Schutzrohre für Indikatorantrieb; *u* Anfahrventil; *v* Sicherheitsventil mit den für die Überwachung des Betriebes erforderlichen Instrumenten. Am Tachometer l wird die Drehzahl abgelesen, am Fenster m läßt ein Zeiger die Stellung der Nockenwelle, ob für „Voraus" oder „Zurück", erkennen.

Mit dem Gehäuse n, das den Kettenradantrieb der Brennstoffnockenwelle und des Spülluftgebläses verschalt, ist der Bock o verschraubt, der die Vorrichtung zum Drehen

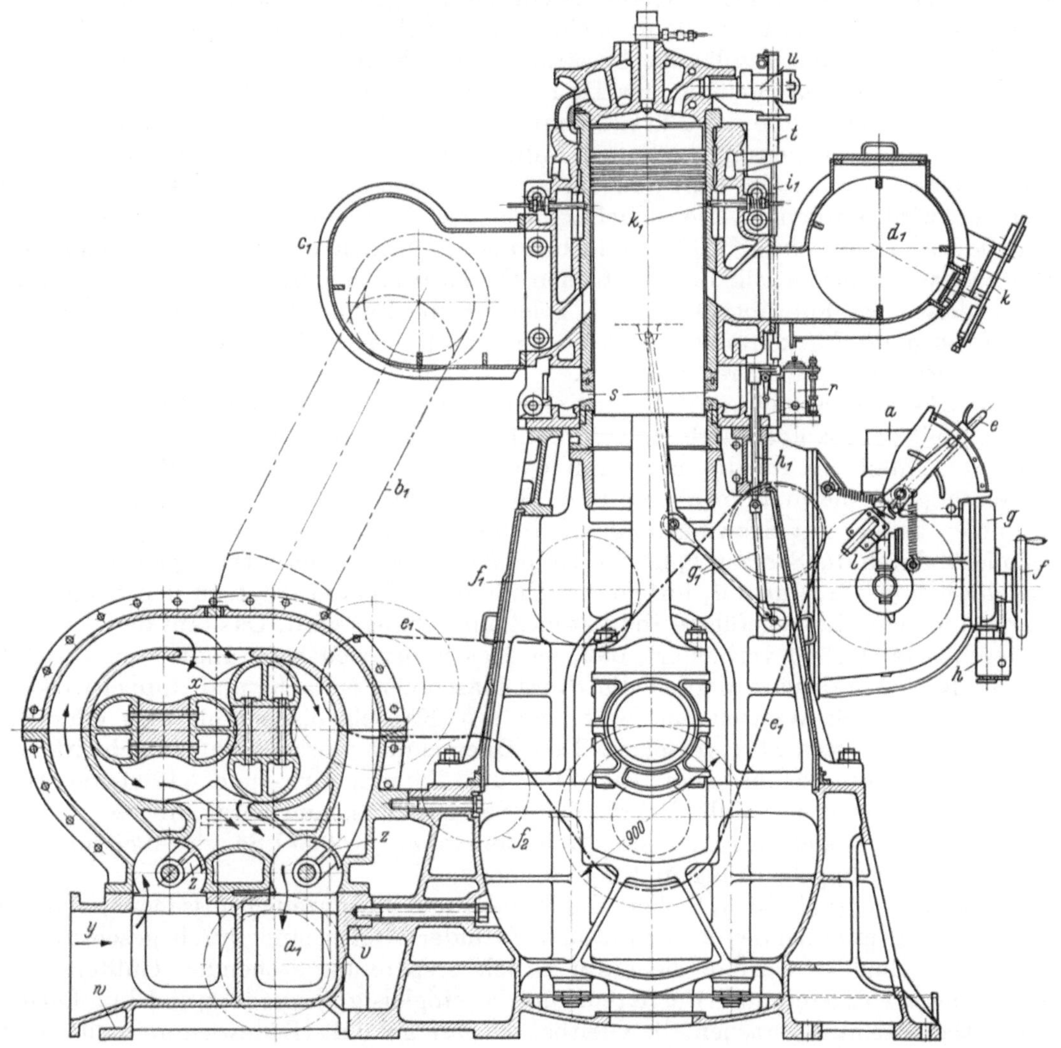

Bild 244. Querschnitt durch Arbeitszylinder und Spülpumpe des Motors Bild 242

a, e bis h, k, l und r bis u wie Bild 243; v Absatz an der Grundplatte des Motors; w Fußleiste des Gebläsegehäuses; x Drehkolben; y Saugstutzen; z Drehschieber; a_1 Druckraum; b_1 Spülluftleitung; c_1 Spülluftaufnehmer; d_1 Auspuffsammelrohr; e_1 Kette; f_1, f_2 Führungsräder; g_1, h_1, i_1 Gestänge zum Antrieb der Schmierpressen und Indikatoren; k_1 Schmierstutzen

der Kurbelwelle trägt. Die Drehzahl des Elektromotors p wird durch doppelte Schnecken- und Schneckenraduntersetzung so weit herabgesetzt, daß die Kurbelwelle sich langsam dreht, wenn die Hauptschnecke in die am Umfang des Schwungrades eingegossene Verzahnung q eingerückt ist. (Die Drehvorrichtung einer größeren Maschine ist in Bild 260 dargestellt.)

Bild 243 zeigt ferner die Anordnung der Zylinderschmierpressen r (deren Antrieb aus Bild 244 hervorgeht), die Fenster s, durch welche die Kolbenmäntel im Betrieb beobachtet und abgefühlt werden können, und die Schutzrohre t für den Indikatorantrieb. An den

Zylinderdeckeln sind die Aussparungen u für das Anfahr- und v für das Sicherheitsventil zu erkennen. Beide Ventile sind liegend angeordnet.

Die als Kapselgebläse ausgebildete *Spülluftpumpe* (Bild 244) ist seitlich neben der Grundplatte des Motors angeordnet und mit dieser durch kräftige Kopfschrauben verbunden; ihr Gewicht wird teils vom Absatz v, teils von der Fußleiste w getragen. Die Teile x der beiden Drehkörper sind aus Leichtmetall angefertigt; daher kann das Spiel zwischen den Drehkörpern und dem Gehäuse klein gehalten werden, und leichtes Anstreifen verursacht keine unzulässige Erwärmung. Die Frischluft tritt bei y ein. Bei der in Bild 244 gezeichneten Stellung der Drehschieber z nimmt sie ihren Weg nach den eingezeichneten Pfeilen (die der *Rückwärts*fahrt entsprechen) in den Druckraum a_1 und strömt durch die Druckleitung b_1 in den Aufnehmer c_1 und von dort in den Zylinder. d_1 ist das Auspuffsammelrohr. Die Spülform ist die Schleifenspülung[1] (Bd. I, S. 70). Wenn umgesteuert wird, werden die Drehschieber durch das Umsteuerhandrad f so geschwenkt, daß sie die bisher verdeckten Kanäle freigeben und die beiden anderen Kanäle absperren.

Die Brennstoffnockenwelle und die beiden Gebläsewellen werden durch Kettenräder, Kette e_1 (diese über Führungsräder f_1, f_2 geleitet) und Zahnräder von der Kurbelwelle aus angetrieben, die Nockenwelle mit gleicher Drehzahl wie die Kurbelwelle, die Gebläsewellen mit der vierfachen Drehzahl.

In Bild 244 ist auch der Antrieb der Schmierpressen und des Indikators dargestellt. Die beiden mit dem Kolben verbundenen Lenker g_1 übertragen die Kolbenbewegung in verkleinertem Maßstab auf die im oberen Querbalken des Ständers in Bronzebuchsen geführte Stange h_1, die an ihrem oberen Ende ein Querhaupt trägt. Von diesem wird durch einen kurzen Lenker mit Schwingstange die Schmierpresse r angetrieben, die das Zylinderschmieröl durch die Stutzen k_1 an die Kolbenlauffläche fördert. Das Querhaupt setzt sich nach oben in der Stange i_1 fort, deren Ende einen Haken trägt, in den beim Indizieren die über eine Rolle geführte Indikatorschnur gehängt wird. Das (auf der Seite der Rolle geschlitzte) Rohr t verhindert, daß der Maschinist sich beim Indizieren verletzt.

In der Kreuzkopfbauart werden die Stork-Maschinen einfach- und doppeltwirkend ausgeführt und nach Wunsch des Bestellers mit Kapselgebläse (Bild 245) oder mit Kolbenspülpumpe (Bild 247) versehen. Den Querschnitt durch eine **einfachwirkende Zweitakt-Kreuzkopfmaschine** zeigt Bild 245. Bei 700 mm Zyl.-Dmr., 1200 mm Hub und 120 U/min leistet der Zylinder rd. 600 PSe. Die Maschine wird mit bis zu zehn Zylindern gebaut, leistet also mit dieser Zylinderzahl etwa 6000 PSe, eine Leistung, für welche auch die Doppelwirkung in Frage kommt.

Die Grundplatte (vgl. Bd. I, S. 245), die Ständer und die einzeln gegossenen und durch je 12 Paßbolzen miteinander verschraubten Zylinderrahmen sind durch geschrumpfte Zuganker a verbunden, so daß die unter Druckvorspannung stehenden Gußteile von Zugspannungen entlastet sind. Der Kreuzkopf ist eingleisig ausgeführt und mit Leisten für die Rückwärtsfahrt versehen, die Gleitbahn wassergekühlt (Kühlwassereintritt bei b, -abfluß bei c). Die Konstruktion des ölgekühlten Kolbens entspricht der in Bd. I, S. 294 beschriebenen. Mit seinem langen Mantel deckt der Kolben in seiner oberen Totlage nicht nur die Spül- und Auspuffschlitze ab, sondern auch die offenen Fenster d, durch welche der Kolbenmantel während des Betriebes beobachtet und abgefühlt werden kann. Das Kühlöl wird dem Kolben durch Teleskoprohre zugeführt; die Leitung e des Abflußteleskopes ist bis zur Höhe der Oberkante des Zylinderdeckels hochgezogen (in einem Tunnel durch den Spülluftaufnehmer f geführt), damit der Kolbenkühlraum bei Stillstand der Maschine sich nicht entleert. Oben mündet sie in einen Schautrichter g, der

---

[1] Von F. Mayr in seinem Buch „Ortsfeste und Schiffsdieselmotoren" (dort S. 23) unzutreffend „Spülverfahren nach Hesselman" genannt. Die Schleifenspülung ist vom Verfasser, nicht von K. J. E. Hesselman angegeben worden. Die Zusammenarbeit zwischen Hesselman und dem Verfasser beschränkte sich auf den Viertakt; an der Entwicklung der doppeltwirkenden Zweitaktmaschine mit Druckeinspritzung war Hesselman nicht aktiv beteiligt. Von seinen Schutzrechten wurden beim Zweitakt nur die Brennraumform, das Spaltfilter und anfangs das Membran-Einspritzventil benutzt.

von der obersten Bedienungsbühne aus eine ständige Kontrolle der Kolbenkühlung ermöglicht. Die Leitung h sammelt das abfließende Kühlöl aller Zylinder und führt es dem Filter und Rückkühler zu. Die Laufbuchsen werden durch Süßwasser gekühlt, das aus der Verteilleitung i in die Zylinderrahmen tritt und aus den Zylinderdeckeln durch die Leitungen k und die Sammelleitung l dem Süßwasserrückkühler zugeführt wird.

Da beim einfachwirkenden Zweitakt die Kolbenkraft ständig nach unten gerichtet ist, fällt der Druckwechsel in den Lagern der Kreuzkopfzapfen fort, was ihre Schmierung

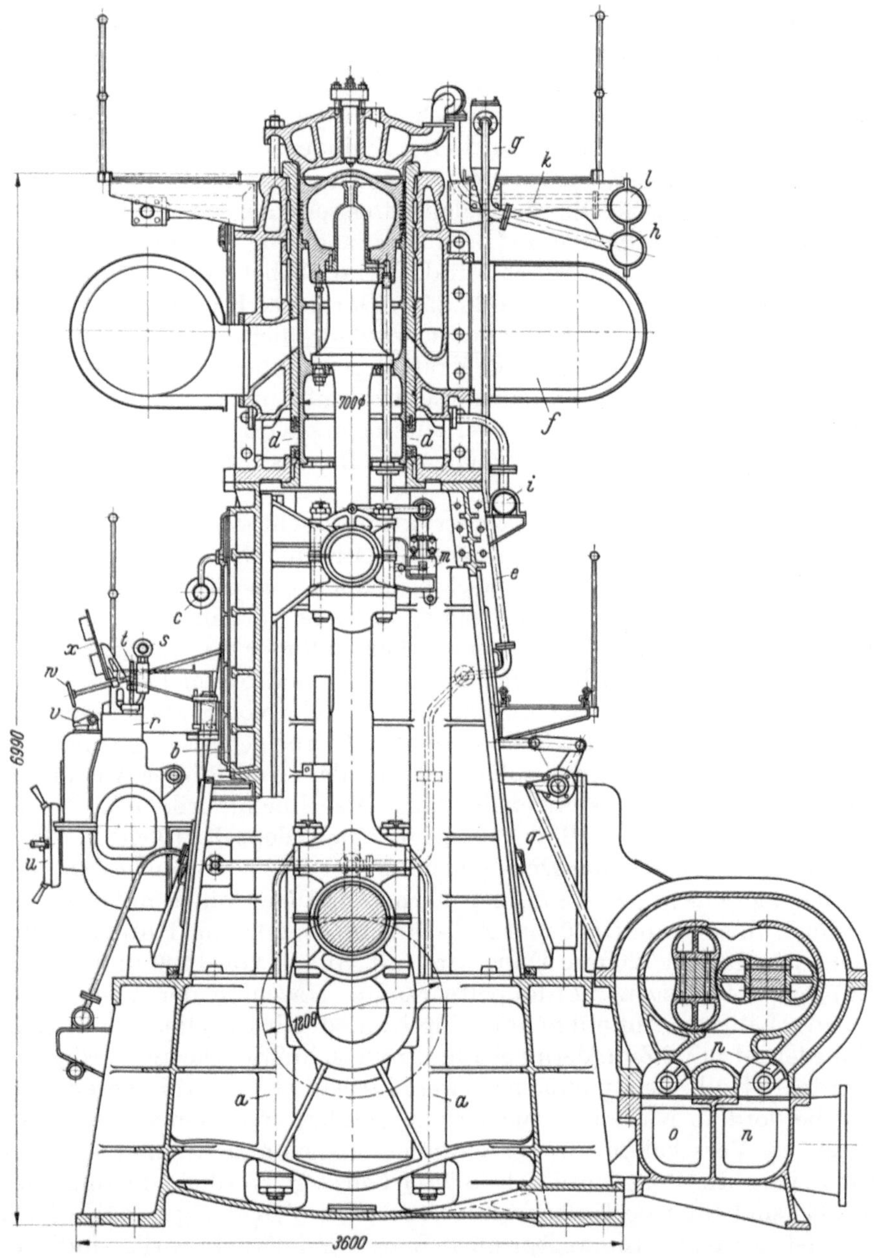

Bild 245. Querschnitt durch den Arbeitszylinder eines einfachwirkenden Zweitakt-Kreuzkopfmotors

a Zuganker; b Gleitbahnkühlwassereintritt; c Gleitbahnkühlwasserabflußleitung; d Fenster für Beobachtung des Kolbenlaufes; e Kolbenkühlölsteigleitung; f Spülluftaufnehmer; g Schautrichter; h Sammelleitung für abfließendes Kolbenkühlöl; i Kühlwasserzuleitung; k, l Kühlwasserabflußleitungen; m Kreuzkopfschmierölpumpe; n Saugraum; o Druckraum des Gebläses; p Drehschieber; q Gestänge zur Umsteuermaschine; r Brennstoffpumpe; s Brennstoffzuleitung; t Brennstoffdruckleitungen; u Anfahrhandrad; v Umsteuerhebel; w Handrad zum Entspannen der Feder des Sicherheitsreglers; x Manometertafel

erschwert, zumal da mit hohen spezifischen Flächendrücken gerechnet werden muß. Daher ist hier eine Kreuzkopf-Schmierölpumpe m vorgesehen, deren (zwei) Stempel von der Pendelbewegung des oberen Pleuelstangenlagers betätigt werden (vgl. Bd. I, S. 280). Die Stempel drücken das dem Schmieröl der Pleuelstange entnommene Öl unter hoher Pressung in die oberen Lagerschalen der Stange.

Die Zweitakt-Kreuzkopfmaschinen der Firma Stork werden, wie erwähnt, mit Kolbenspülpumpe oder mit Kapselgebläse geliefert; in Bild 245 ist ein Kapselgebläse gezeichnet, das (ebenso wie die Nockenwelle der Brennstoffpumpe) durch Kettenräder und Kette angetrieben wird. n ist der Saugraum, o der Druckraum, aus welchem die Spülluft durch ein (nicht gezeichnetes) Rohr dem Aufnehmer f zugeführt wird. Beim Umsteuern werden die Drehschieber p (wie in Bild 244) so geschwenkt, daß sie das eine Kanalpaar freigeben und das andere abdecken. Hierzu sind ihre Achsen durch das Gestänge q mit der zwischen den beiden mittleren Zylindern liegend angeordneten Umsteuermaschine (vgl. Bd. I, S. 354) verbunden.

Auf der dem Gebläse gegenüberliegenden Längsseite der Maschine ist der Bedienungsstand mit der Brennstoffpumpe r (Brennstoffzuleitung s, Brennstoffdruckleitung t) und dem Anfahrhandrad u angeordnet. Mit dem Handhebel v wird die druckluftgesteuerte Umsteuermaschine betätigt (vgl. d in Bild 258). Durch das Handrad w kann die Spannung der Feder des Sicherheitsreglers verändert werden; hiervon wird Gebrauch gemacht, wenn das Schiff längere Zeit mit halber Kraft gegen grobe See anfahren muß, damit der beim Stampfen austauchende Propeller die Drehzahl nicht unzulässig ansteigen läßt. Durch Entspannen der Feder des Sicherheitsreglers wird erreicht, daß der Regler bei einer niedrigeren Drehzahl als der normalen die Brennstoffzufuhr unterbricht. x ist die Manometertafel.

Bei der in Bild 245 dargestellten Konstruktion taucht der Kolbenmantel unmittelbar in das Kurbelgehäuse. Dies ist zulässig, wenn als Brennstoff normales Dieselöl verwendet wird, das sauber verbrennt. Ist die Maschine jedoch zum Betrieb mit dem schwer verbrennlichen Bunker C-Öl (S. 445) bestimmt, so ist es vorteilhafter, das Kurbelgehäuse durch einen oberen Abschlußdeckel vom Arbeitszylinder zu trennen und die Kolbenstange durch eine kurze, mit Abstreifringen versehene Stopfbuchse durch diesen Deckel zu führen. Dadurch wird vermieden, daß durch nicht völlig abdichtende Kolbenringe Verbrennungsrückstände in das Schmieröl des Kurbelgehäuses gelangen. Maschinen, die mit Schweröl betrieben werden sollen, werden daher mit dieser Ausführung geliefert.

Für große und größte Leistungen baut die Maschinenfabrik *Gebr. Stork* ihre Zweitaktmotoren doppeltwirkend. Bild 246 zeigt einen **doppeltwirkenden Zweitaktmotor**, der mit 6 Zylindern von 720 mm Dmr. und 1200 mm Kolbenhub 6700 PSe bei 120 U/min leistet ($p_e = 4{,}6$ kg/cm², $c_m = 4{,}8$ m/sec). Ferner sind Maschinen mit 610 mm Zyl.-Dmr. und 1150 mm Hub sowie mit 660 mm Zyl.-Dmr. und 1200 mm Hub entwickelt worden; der größere Zylinder von 720 mm Dmr. wird mit Hüben von 1100 und 1200 mm gebaut.

Bild 247 und 248 zeigen die doppeltwirkende Maschine der Größe 660 Dmr. und 1200 Hub in der Längsansicht mit Schnitt durch einen Arbeitszylinder und im Querschnitt. Die Maschine leistet mit 6 Zylindern bei 120 U/min 5600 PSe. Die am vorderen Maschinenende angeordnete Kolbenspülpumpe hat zwei Kurbeln mit je zwei übereinanderliegenden Zylindern; die vordere Kurbel ist fliegend ausgeführt. Von den vorderen Spülpumpenzylindern ist die Verschalung des Saugraumes abgenommen; man sieht die Arbeitsfläche, an welcher die Saugventile (Bild 251) befestigt werden. Je fünf dieser Ventile (a in Bild 247) sind für jede Kolbenseite vorgesehen. Auf der gegenüberliegenden Seite sind ebensoviele Druckventile angeordnet; Saug- und Druckventile sind austauschbar. Aus den Druckventilen tritt die Spülluft in den Aufnehmer b auf der Rückseite der Maschine; das Auspuffsammelrohr c liegt auf der Bedienungsseite. Die Spülluft wird durch den Schalldämpfer d aus dem Maschinenraum angesaugt.

In Bild 247 und 248 ist der Aufbau dargestellt. Die Grundplatte ist in drei Teilen gegossen; auf ihr stehen die 8 Ständer, welche die einzeln gegossenen Zylinderrahmen tragen, die miteinander verschraubt sind; das Verbindungsstück e zwischen den beiden Zylinderblöcken bleibt leer. Die von Unterkante Lagerbrücke bis Oberkante Zylinderrahmen durchgehenden Zuganker (Bild 248) entlasten die Rahmen und Ständer von Zugspannungen. Die Kolben (Bild 252) werden durch Öl gekühlt, was wegen der kleineren spezifischen Wärme des Öles zwar größere Rückkühler erfordert, aber die Kurbelwelle vor Korrosionsnarben schützt, die man bei wassergekühlten Kolben beobachtet hat. Die Ölkühlung hat ferner den Vorteil, daß die Stopfbuchsen der Teleskoprohre (f in

Bild 246. Doppeltwirkender Zweitaktmotor der *Machinefabriek Gebr. Stork & Co.*
Leistung mit 6 Zylindern 6700 PSe bei 120 U/min

Bild 248) erheblich einfacher gebaut sein können als bei Wasserkühlung (vgl. Bd. I, S. 291 u. 293), weil es bei Ölkühlung auf saubere Trennung der Kühlflüssigkeit vom Schmieröl des Kurbelgehäuses nicht ankommt. Die auf der Innenseite verchromten Zylinderlaufbuchsen werden von oben und unten in den Zylinderrahmen eingesetzt und durch je zwei Gummiringe auf der Wasserseite und Kupferringe auf der Gasseite gegen den Rahmen abgedichtet (vgl. a. Bd. I, S. 320). Die Laufbuchsen dürfen sich im warmen Zustand nicht berühren und müssen daher im kalten Zustand einige mm Abstand voneinander haben. Die Zylinderdeckel sind einteilig aus Stahlguß hergestellt; die Bauart des unteren Deckels ist in Bd. I, S. 324, beschrieben. Das für die vier Düsenschäfte eines unteren Deckels gemeinsame, außerhalb des Deckels liegende Brennstoffventil (Bd. I, S. 128) hat sich als entbehrlich erwiesen und wird bei den doppeltwirkenden Maschinen nicht mehr ausgeführt.

Die Längsansicht Bild 247 läßt ferner die Anordnung des Bedienungsstandes mit den in zwei Gruppen unterteilten Brennstoffpumpen für die oberen und unteren Zylinderseiten erkennen. Zwischen den Pumpenblöcken befindet sich das Anfahrhandrad g mit dem darunter liegenden Hauptsteuerluftschieber h, der das Hauptanfahrventil i steuert (näheres zu Bild 253). Durch die Leitung k wird die vom Druckluftbehälter kommende

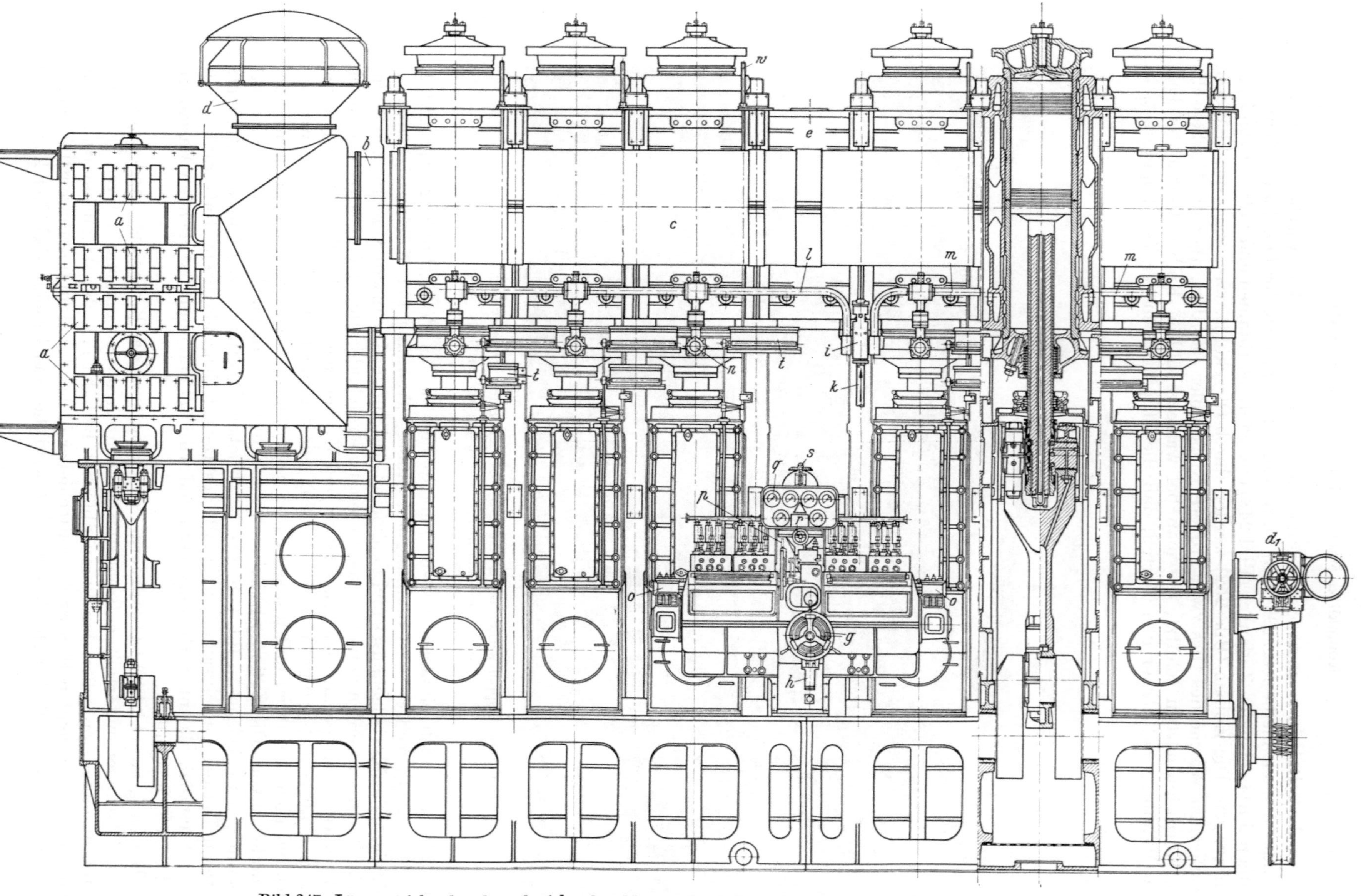

Bild 247. Längsansicht des doppeltwirkenden Motors 6 × 66/120 und Längsschnitt durch einen Zylinder

a Öffnungen für Saugventile der Spülpumpe; *b* Spülluftaufnehmer; *c* Auspuffsammelrohr; *d* Schalldämpfer der Spülluftpumpe; *e* Verbindungsstück; *g* Anfahrhandrad; *h* Hauptsteuerluftschieber; *i* Hauptanfahrventil; *k* Anfahrluftleitung vom Druckluftbehälter; *l, m* Leitungen zu den Anfahrventilen *n*; *o* Anfahrluftsteuerschieber; *p* Brennstoffhebel; *q* Manometertafel; *r* Handrad zum Verstellen der Federspannung des Sicherheitsreglers; *s* Kegelräder; *t* Zylinderschmierpressen; *w* Schutzrohr für Indiziergestänge; d_1 Drehvorrichtung

Anfahrluft dem Hauptanfahrventil zugeführt, von wo sie sich durch die Rohre l und m auf die Anfahrventile n verteilt, die nur an den unteren Zylinderdeckeln vorgesehen sind. Die zu beiden Seiten des Brennstoffpumpengehäuses angeordneten Anfahrluft-steuerschieber o (s. Bild 255) öffnen und schlie-ßen beim Anfahren die Ventile n entsprechend den jeweiligen Kurbelstellungen. Am Be-dienungsstand befinden sich ferner der Brenn-stoffhebel p (s. a. Bild 248), mit welchem die Drehzahl eingestellt wird, der Umsteuerhebel (d in Bild 258), der die zwischen den beiden mittleren Ständern liegend angeordnete Um-steuermaschine betätigt, die Manometertafel q mit Anzeigevorrichtungen für den Druck der Anfahrluft in den Vorratsbehältern, des Kühl-wassers, des Kühlöles, des Düsenkühlöles, des Schmieröles und des Brennstoffes zwischen Fil-ter und Brennstoffpumpe sowie ein Tachometer und ein Drehrichtungszeiger. Mit dem Hand-rad r, dessen Bewegung durch die Kegelräder s auf den Sicherheitsregler (in Bild 247 durch die Manometertafel verdeckt) übertragen wird, kann die Spannung der Reglerfeder verändert werden, so daß der Regler bei einer höheren oder niedrigeren Drehzahl in die Brennstoff-zufuhr eingreift.

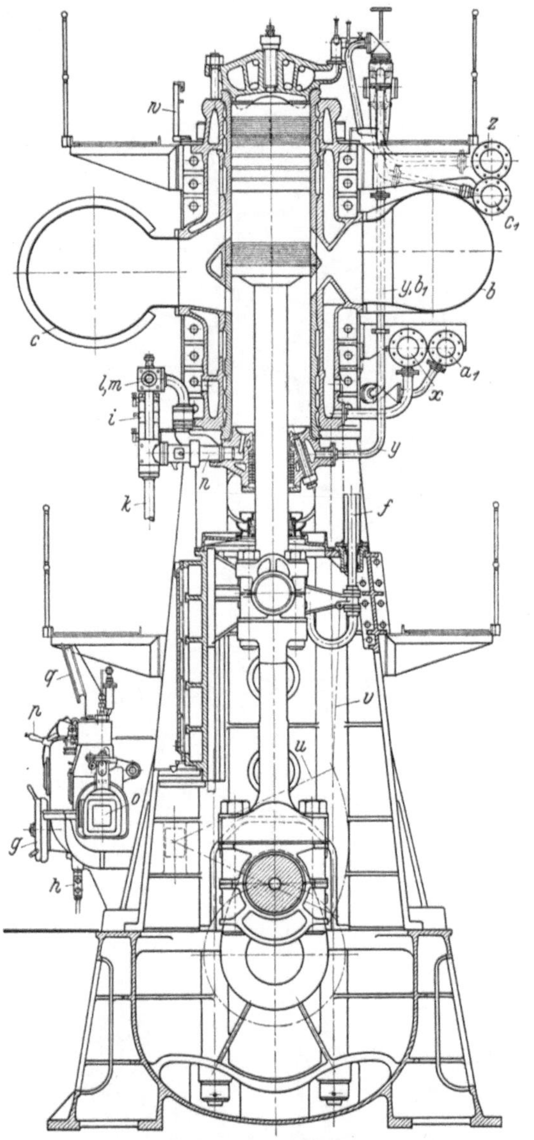

Auf der Bedienungsseite der Maschine sind die Zylinderschmierpressen t angeordnet; sie werden durch einen Schwinghebel betätigt, dessen Mittellinien u in Bild 248 gezeichnet sind. Dieser erhält seine Bewegung durch den Len-ker v, welcher an dem Stahlgußarm angreift, der die Teleskoprohre f trägt. Die Schmier-pressen für die Zylinderlaufbuchsen und für die Stopfbuchsen der Kolbenstangen sind von-einander getrennt, so daß die Stopfbuchsen mit einem besonders geeigneten Öl geschmiert werden können. Das Antriebsgestänge ist über die Schmierpressen hinaus bis zu den oberen Zylinderdeckeln geführt, wo es (wie auch auf der unteren Zylinderseite) zum Antrieb der Indikatoren dient (Schutzrohre w in Bild 247 und 248). Beispiel für die Konstruktion des Indiziergestänges einer doppeltwirkenden Zwei-taktmaschine (s. Bd. I, S. 340).

Unter und über dem Spülluftaufnehmer b (Bild 248) liegen die Hauptzu- und -abfluß-leitungen für die Kühlung der Zylinder (mit Süßwasser) und der Kolben (mit Öl). Aus der

Bild 248. Querschnitt durch den Arbeitszylinder des Motors Bild 247

b, c wie Bild 247; f Teleskoprohr für Kolbenkühlung; g bis q wie Bild 247; u Schwinghebel zum Antrieb der Schmierpressen und der Indikatoren; v Lenker; w Schutzrohr; x Kühlwasserzuflußleitung; y Abfluß-leitung des unteren Zylinderdeckels; z Kühlwasser-abflußleitung; a_1 Kolbenkühlölzuleitung; b_1 Steigrohr für abfließendes Kolbenkühlöl; c_1 Leitung für ab-fließendes Kolbenkühlöl

vom Süßwasserrückkühler kommenden Leitung x wird das Wasser den Kühlräumen der Zylinderrahmen zugeleitet; aus diesen tritt es in die Labyrinthführungen, welche die heißesten Teile der Laufbuchsen umgeben, und von dort durch je einen Krümmer in den oberen bzw. unteren Zylinderdeckel. Die Abflußleitung y des unteren Zylinder-deckels ist durch den Spülluftaufnehmer b (durch einen eingeschweißten Kanal) bis zur

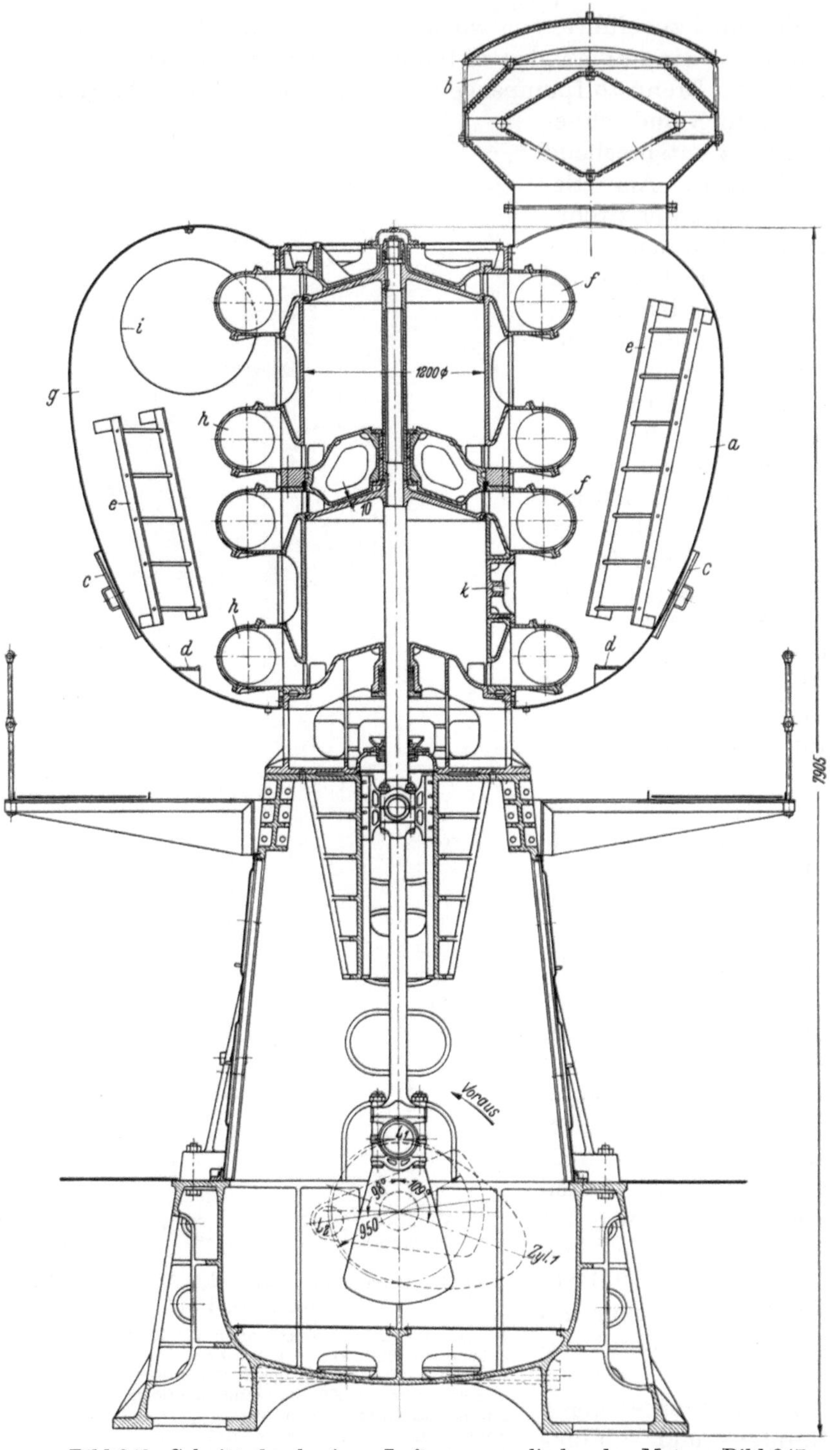

Bild 249. Schnitt durch einen Luftpumpenzylinder des Motors Bild 247
(von vorn nach hinten gesehen)

a Saugraum; *b* Schalldämpfer und Filter; *c* Einsteigöffnungen; *d* Fußleisten; *e* Leitern; *f* Saugventile; *g* Druckraum; *h* Druckventile; *i* Spülluftaufnehmer; *k* Besichtigungsöffnung; L_1, L_2 Mitten Kurbelzapfen der Spülpumpenzylinder

obersten Plattform hochgeführt; durch Ventile in den Abflußleitungen wird hier die Temperatur des abfließenden Kühlwassers beider Zylinderseiten geregelt. Es sammelt sich in der Leitung z, um von neuem rückgekühlt zu werden.

Das vom Kühler kommende Kolbenkühlöl verteilt sich aus der Zuflußleitung a_1 auf die einzelnen Zuflußteleskoprohre; das abfließende erwärmte Kühlöl wird durch eine Steigleitung b_1 (die in Bild 248 hinter Rohr y liegt) ebenfalls durch den Spülluftaufnehmer bis zur oberen Bedienungsbühne geführt, wo jedes Steigrohr seinen Inhalt sichtbar in einen Schautrichter entleert. Die auf einen Kolben entfallende Menge des Kühlöles und damit die Temperatur des abfließenden Öles wird durch Ventile geregelt, die vor jedem Zuflußteleskop angebracht sind. Das abfließende Kolbenkühlöl wird durch die Sammelleitung c_1 einem Filter und sodann dem Rückkühler zugeführt. Die über dem Schwungrad angebrachte Drehvorrichtung (d_1 in Bild 247) wird in Bild 260 beschrieben.

Die am vorderen Maschinenende angeordnete *Kolbenspülpumpe* hat zwei Kurbeln und vier doppeltwirkende Zylinder. Den Querschnitt durch die vorderen Zylinder zeigt Bild 249. Die Kurbel L_1 der vorderen Spülpumpe eilt der Kurbel 1 der Arbeitszylinder (diese von vorn nach hinten zählend) um 109° vor, die Kurbel L_2 der hinteren Spülpumpe der vorderen um 98°. Dadurch (98° statt 90°) wird die Gleichmäßigkeit der Luftlieferung nicht merklich beeinflußt. Die Momente der umlaufenden Massen und die Massenmomente I. Ordnung der Arbeitszylinder heben sich bei der Sechszylinder-Zweitaktmaschine auf (s. Zahlentafel 4, S. 35). Die Massenmomente I. Ordnung beider Spülpumpen, Bild 250, bilden eine Resultierende $M_{I_{res(L_1 + L_2)}}$, welche nicht ausgeglichen werden kann; sie ist nur wenig größer als das M_I der vorderen Spülpumpe und stört

bei den leichten Triebwerkmassen der Spülpumpe nicht. Die Massenmomente II. Ordnung der Arbeitszylinder können bei der Sechszylinder-Zweitaktmaschine nicht ausgeglichen werden; sie bilden eine Resultierende $M_{II_{res(1-6)}}$, die durch das resultierende Moment II. Ordnung der Spülpumpen $M_{II_{res(L_1 + L_2)}}$ etwas verkleinert wird. Das unausgeglichen verbleibende Moment $M_{II_{res(1-6) + (L_1, L_2)}}$ hat die Ruhe des Ganges nicht beeinträchtigt. Die *umlaufenden* Massen der Spülpumpentriebwerke sind durch Gegengewichte an den Kurbelwangen ausgeglichen.

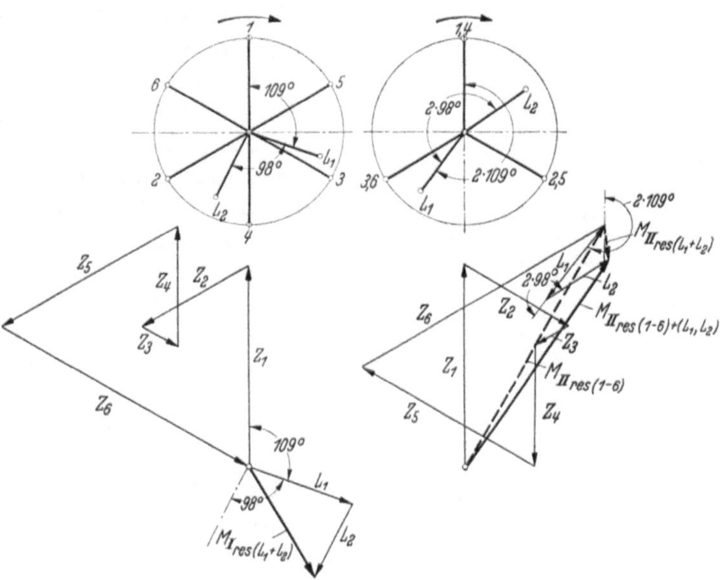

Bild 250. Kurbelschema *I* und *II* und Momentenpolygone
I. und II. Ordnung des doppeltwirkenden Zweitaktmotors Bild 247

Auf der Bedienungsseite der Hauptmaschine liegt der Saugraum a (Bild 249) mit dem Schalldämpfer b, der Einsteigöffnung c, der Fußleiste d und der Leiter e zum Überholen der Saugventile. Der Druckraum g mit den Druckventilen h ist mit den gleichen Einrichtungen versehen. Bei i ist der Spülluftaufnehmer angeschlossen. Der Verschlußdeckel k ermöglicht, bei stillstehender Maschine den unteren Zylinderraum zu besichtigen.

Diese Kolbenspülpumpe ist mit *Ringplattenventilen* der in Bild 251 gezeigten Bauart ausgerüstet. Die Saug- und Druckventile sind gleich und austauschbar, was die Lagerhaltung vereinfacht.

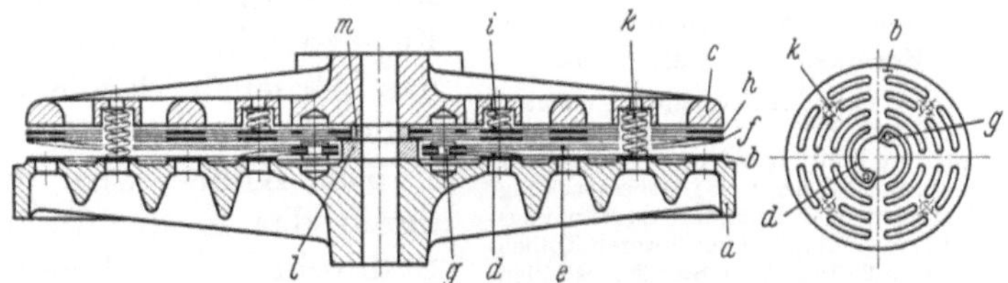

Bild 251. Spülventil Bauart HOERBIGER

a Ventilsitz; b Ventilplatte; c Ventilfänger; d Zungen an der Ventilplatte b; e Zungen an der Federplatte f; g Nieten; h Dämpferplatte; i Dämpferfedern; k Ventilfedern; l, m Distanzstücke

Die Luft strömt von unten durch die Ringspalte des Ventilsitzes a, die Ventilplatte b anhebend, nach der Seite des Ventilfängers c; dieser ist, wenn das Ventil als Saugventil arbeitet, dem Spülpumpenzylinder zugewandt; arbeitet es als Druckventil, so liegt der Ventilsitz a auf der Zylinderseite. Die aus Federstahl angefertigte Ventilplatte b ist mit zwei nach oben gebogenen Zungen d versehen, die mit zwei nach unten gebogenen Zungen e an der Federplatte f bei g zusammengenietet sind. Wenn das Ventil sich öffnet, legt die Federplatte f sich gegen die Dämpferplatte h, die durch vier Federn i gegen f gelegt wird. Die vier Federn k belasten die Ventilplatte b mit mäßigem Druck. Durch die Distanzstücke l und m können die Hübe der drei Platten b, f und h

der Hubzahl angepaßt werden, da größere Hubzahlen zur Verminderung der Stoßwirkung kleinere Hübe erfordern.

Von den konstruktiven Einzelheiten der doppeltwirkenden Zweitaktmaschine ist
die Bauart des *Kolbens* der Arbeitsmaschine bemerkenswert (Bild 252). Die beiden aus
Stahlguß mit Molybdänzusatz hergestellten Kolbenkappen a, b werden durch acht
lange Stiftschrauben mit Muttern gegen den Bund gepreßt, der das obere Ende der Kolbenstange bildet und der sich mit sorgfältig ausgebildeten Übergängen in zwei Absätzen

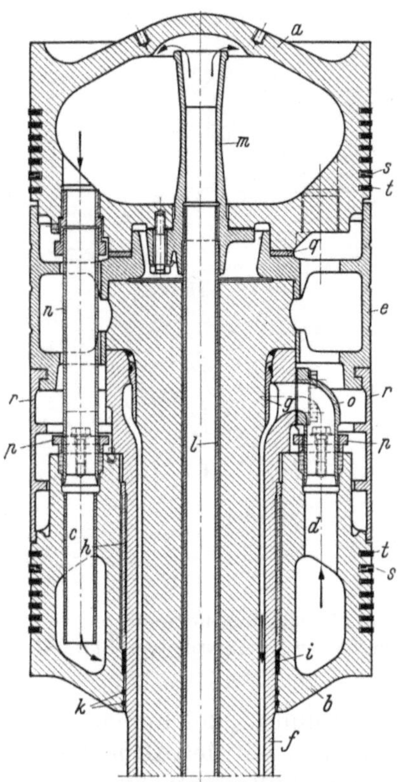

Bild 252. Arbeitskolben der doppeltwirkenden Zweitaktmaschine der
Maschinefabriek Gebr. Stork

a obere, b untere Kolbenkappe; c Zufluß,
d Abfluß des Kühlöles der unteren Kolbenkappe; e Führungsstück; f Schutzrohr;
g, h Bronzebuchsen; i Asbestpackung;
k Kupferringe; l Stahlrohr; m Mündungsstück; n Ölübertritt zur unteren Kolbenkappe; o Krümmer; p Stopfbuchsbrillen;
q Beilage zum Einstellen des Verdichtungsdruckes; r Mantelhälften; s Duplex-
Kolbenringe; t Mitnehmerringe

auf den Durchmesser der Kolbenstange verjüngt. Die
Stiftschrauben, in Bild 252 nicht sichtbar, sind in den
unteren, verdickten Boden der oberen Kolbenkappe a
geschraubt und hier durch Körnerschrauben gegen Lockerwerden gesichert; ihre Muttern (auf den unteren Enden
der Stiftschrauben) liegen auf einem Flansch, der den
oberen Kragenrand der unteren Kolbenkappe bildet und
der nur an den beiden gegenüberliegenden Stellen, wo
die Bohrungen c und d für die Zu- und Ableitung des
Kühlöles liegen, verdickt ist. Die Stiftschrauben pressen
auch das mit drei (gut ausgerundeten) Schmierrillen versehene Führungsstück e, das auf dem Bund der Kolbenstange zentriert ist, und das die Kolbenstange umgebende
gußeiserne Schutzrohr f gegen den Bund. Zwischen dem
oberen verdickten Teil des Schutzrohres und der Kolbenstange liegt die Bronzebuchse g, die das Abziehen des
Schutzrohres erleichtert, wenn der Kolben auseinandergebaut werden soll. Ölbeständige Gummiringe in der
Bronzebuchse und in der Hohlkehle des Kolbenstangenbundes verhindern den Durchtritt des Kühlöles nach
außen. Eine längere Bronzebuchse h, die nur mit schmalen Bunden oben und unten anliegt, dazwischen aber
Spiel zwischen dem Schutzrohr und der unteren Kolbenkappe läßt, dient dem gleichen Zweck wie g. Unterhalb
von h ist eine Asbestpackung i und am unteren Ende der
Kolbenkappe sind zwei Kupferringe k vorgesehen; sie
sollen verhindern, daß Verbrennungsrückstände in die
Fuge zwischen Kolbenkappe und Schutzrohr dringen, was
das Abziehen der Kolbenkappe vom Schutzrohr erschweren würde.

Das Kühlöl wird, vom Eintrittsteleskop kommend,
durch das in der Bohrung der Kolbenstange liegende
Stahlrohr l der oberen Kolbenkappe zugeleitet, wo es
durch das Mündungsstück m austritt. Rohr l ist in m
mit Gewinde eingesetzt und hart verlötet; es hängt in
m und kann sich nach unten frei verschieben, was erforderlich ist, da das Rohr und die Stange sich verschieden dehnen. Aus dem Kühlraum der oberen Kolbenkappe wird das Öl durch das Rohr n der unteren Kolbenkappe
zugeführt; es durchströmt diese, den feuerberührten Boden der Kappe besonders wirksam kühlend, und tritt durch den Krümmer o in den Ringraum zwischen Kolbenstange
und Schutzrohr. Durch diese Führung des Kühlmittels wird erreicht, daß die (verchromte) Außenfläche des Schutzrohres f wärmer bleibt, als es bei umgekehrter Führung
der Fall wäre; ihre Temperatur bleibt oberhalb des Taupunktes der Feuergase, die als
Verbrennungsprodukt auch Wasserdampf enthalten; dieser würde an einer zu kühlen
Oberfläche kondensieren und mit dem stets auftretenden SO_2 und SO_3 Schwefelsäure
bilden; Anfressungen des Schutzrohres wären die Folge. Rohr n und Krümmer o sind

nur an ihrem einen Ende mit der Kolbenkappe bzw. dem Schutzrohr fest verbunden; das andere kann sich in einer Stopfbuchse mit Brille p frei verschieben.

Bei doppeltwirkenden Maschinen ist es erwünscht, daß die Verdichtungsdrücke im oberen und im unteren Brennraum unabhängig voneinander eingestellt werden können. Hierzu genügt es nicht, lediglich Beilagen unter dem unteren Pleuelfuß vorzusehen, da man mit diesen nur den ganzen Kolben nach oben oder unten verschieben kann, so daß z. B. eine erforderlich werdende Verschiebung des Kolbens nach oben eine unerwünschte Vergrößerung des unteren Verdichtungsraumes zur Folge hätte. Man ist in der Einstellung der Verdichtungsdrücke auf der oberen und unteren Kolbenseite frei, wenn man zwischen der oberen Kolbenkappe und der Kolbenstange eine Beilage q vorsieht, die gegen eine stärkere oder schwächere ausgewechselt wird, wenn der untere Verdichtungsraum unverändert bleiben, der obere aber verkleinert oder vergrößert werden soll. Wünscht man den unteren Verdichtungsraum zu verändern, so wählt man die Stärke der Beilage unter den unteren Pleuelstangenfuß entsprechend und stellt die richtige Höhenlage der oberen Kolbenkappe durch die Höhe der Beilage q ein. Diese Arbeiten brauchen, wenn sie überhaupt erforderlich werden, nur einmal beim Einfahren der Maschine im Prüffeld ausgeführt zu werden.

Das Spiel des Kolbens in der Laufbuchse wird nur durch den Durchmesser des Führungsstückes e eingestellt; nur dieses führt den Kolben im Zylinder, alle anderen den Kolbenmantel bildenden Teile müssen einen kleineren Außendurchmesser erhalten, besonders die Kolbenkappen, deren auf der Feuerseite liegende Durchmesser um mehrere mm verkleinert werden, da die Kolbenkappen sich im Betrieb stark ausdehnen. Häufig wird ihr Mantel leicht konisch abgedreht, und zwar so, daß der Durchmesser nach der Feuerseite am kleinsten ist, da hier die stärksten Wärmedehnungen auftreten.

Die Muttern der Stiftschrauben, welche die Teile a, b, e und f mit der Kolbenstange verbinden, müssen von außen zugänglich sein; dies gilt auch für die Stopfbuchsbrillen p der Rohre n und o. Der Mantel r, der nach dem Zusammenbau des Kolbens den noch offenen Ringraum verschalt, muß geteilt sein; die beiden Mantelhälften werden mit ihrem oberen Bund von außen in Ringnuten geschoben, die in den unteren verstärkten Teil des Führungsstückes e eingedreht sind. Der Bund nimmt die Beschleunigungs- und Verzögerungskräfte der Halbschalen r auf, die auf dem untersten Durchmesser von e zentriert sind. Vier versenkte Vierkantschrauben halten die Halbschalen r zusammen, die im Durchmesser gegenüber dem Führungsstück e zurücktreten, so daß die Schalen die Zylinderlauffläche nicht berühren. Die Schalen, an ihrem oberen Bund festgehalten, können nach unten der Wärmedehnung frei folgen.

Jede Kolbenseite wird gegen ihren Brennraum durch sechs Kolbenringe abgedichtet. Der dem Brennraum am nächsten liegende Ring darf nur so nahe an die steuernde Kolbenkante gelegt werden, daß seine Rückseite noch in dem wirksam gekühlten Teil des Kolbenmantels liegt. Der sechste Ring s, ein „Duplex"-Ring, besteht aus zwei mit einem Versatz ineinandergreifenden Hälften, deren Stoßfugen um 180° versetzt sind. Der letzte, am weitesten vom Brennraum entfernte Ring t ist ein „Mitnehmerring" (Bd. I, S. 288; s. a. Bild 374, S. 399), der das Schmieröl über die Kolbenlauffläche verteilt.

Die *Schaltung der Steuerluftleitungen* für das Anfahren der Maschine mit Druckluft und die Wirkungsweise der verschiedenen hierfür erforderlichen Steuerschieber und Ventile sind aus dem Leitungsplan Bild 253 mit den Einzeldarstellungen Bild 254 bis 257 ersichtlich. In Bild 253 sind a die Anfahrluftbehälter; ihr Inhalt, für den die Schiffsklassifikations-Gesellschaften Vorschriften geben, ist so bemessen, daß eine genügende Anzahl von Anfahrmanövern sichergestellt ist, auch wenn die Luftkompressoren, welche die Behälter auffüllen, nicht arbeiten. Unmittelbar an jedem Behälter ist ein Absperrventil b vorgesehen, das nur dann geöffnet wird, wenn manövriert werden soll, während des Betriebes aber geschlossen bleibt. Ein weiteres Absperrventil c in der Hauptluftleitung befindet sich unmittelbar am Bedienungsstand. Die Anfahrluft durchströmt das Hauptanfahrventil d (Bild 256), an das die Zweigleitungen e_1, e_2 angeschlossen sind;

diese führen die Anfahrluft den in den unteren Zylinderdeckeln sitzenden Anfahrventilen (Bild 257) zu. Auf den oberen Zylinderseiten fehlen die Anfahrventile; diese Seiten werden sogleich beim Anfahren auf Brennstoff geschaltet, während die Unterseiten erst dann Brennstoff erhalten, wenn die Anfahrluft abgeschaltet ist. Da bei sechs Zylin-

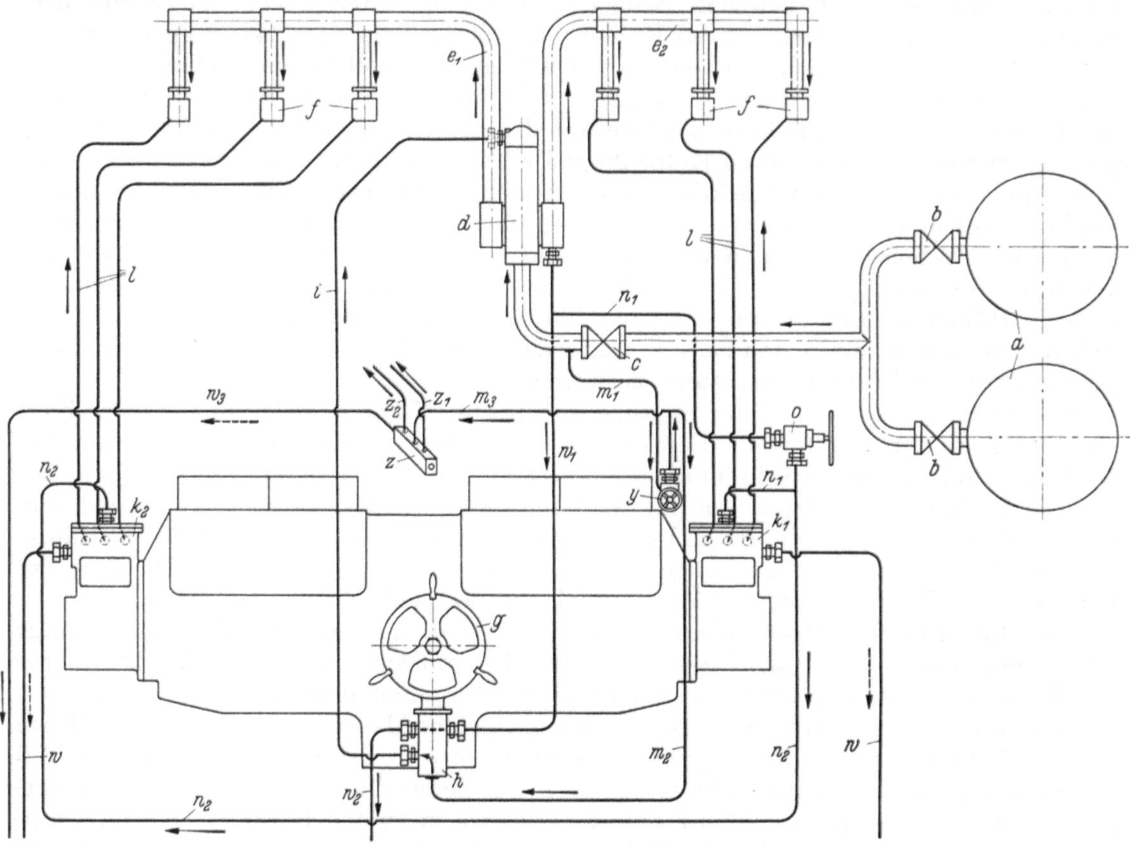

Bild 253. Plan der Anfahr- und Steuerluftleitungen

a Anfahrluftbehälter; b, c Absperrventile; d Hauptanfahrventil; e_1, e_2 Anfahrluftleitungen zu den Anfahrventilen f; g Anfahrhandrad; h Steuerschiebergehäuse für d; i Steuerluftleitung nach d; k_1, k_2 Gehäuse der Anfahrsteuerschieber; l Steuerluftleitungen zu den Anfahrventilen; $m_1 - y - m_2$ Druckluftleitung zum Steuerschiebergehäuse h; $m_1 - y - m_3$ Druckluftleitung zum Steuerschiebergehäuse z der Umsteuermaschine; $n_1 - o - n_2$ Druckluftleitungen zu den Steuerschiebergehäusen k_1, k_2; o Absperrventil; w, w_1, w_2, w_3 Entlüftungsleitungen; y Absperrventil für Leitungen m_2 und m_3; z Steuerschiebergehäuse der Umsteuermaschine; z_1 Steuerluftleitung für Voraus; z_2 Steuerluftleitung für Zurück

dern ebensoviele Anfahrventile vorhanden sind und die Maschine im Zweitakt arbeitet, sind auf einem Beaufschlagungsbogen von 120° stets zwei Ventile gleichzeitig geöffnet, so daß ein sicheres Anspringen gewährleistet ist.

An jede *Anfahrsteuerung* werden mehrere *Forderungen* gestellt, die mit Rücksicht auf die Betriebssicherheit erfüllt sein müssen. Das Hauptanfahrventil d darf nur so lange geöffnet sein, wie der Anfahrvorgang dauert; dann muß es die Verbindung zwischen den Anfahrluftbehältern und der Maschine unterbrechen, denn die Ventile c und b werden erst nach Beendigung der Manöver von Hand geschlossen. Das Öffnen und Schließen des Hauptanfahrventils wird durch Drehen des Anfahrhandrades g, durch das Steuerventil und die Leitung i bewirkt. Die Anfahrventile f müssen öffnen und schließen, wie es die Kurbelstellung erfordern; hierfür sorgen die Steuerschieber in den Gehäusen k_1, k_2 mit den zu den Anfahrventilen führenden sechs Steuerluftleitungen l. Sogleich nach Beendigung des Anfahrvorganges müssen die Steuerluftschieber in den Gehäusen k_1, k_2 sich selbsttätig ausschalten; es darf nicht möglich sein, daß ein Anfahrventil f sich während der Fahrt unbeabsichtigt öffnet. In allen Druckluft führenden Leitungen

(e, i, l usw.) darf nach Beendigung jedes einzelnen Manövers keine Druckluft stehenbleiben, d. h. diese Leitungen müssen sämtlich entlüftet sein, während die Maschine läuft. Das wird durch die Form der Steuerschieber Bild 254 und 255 erreicht, welche nach Beendigung des Anfahrvorganges alle Leitungen, welche Druckluft enthalten, mit der Atmosphäre verbinden. Wenn sämtliche Druckluftleitungen entlüftet sind, besteht keine Gefahr, daß sich eines der Ventile d, f zur unrichtigen Zeit öffnet, zumal da diese Ventile so gebaut sind (Bild 256 u. 257), daß der während des Betriebes auf den Ven-

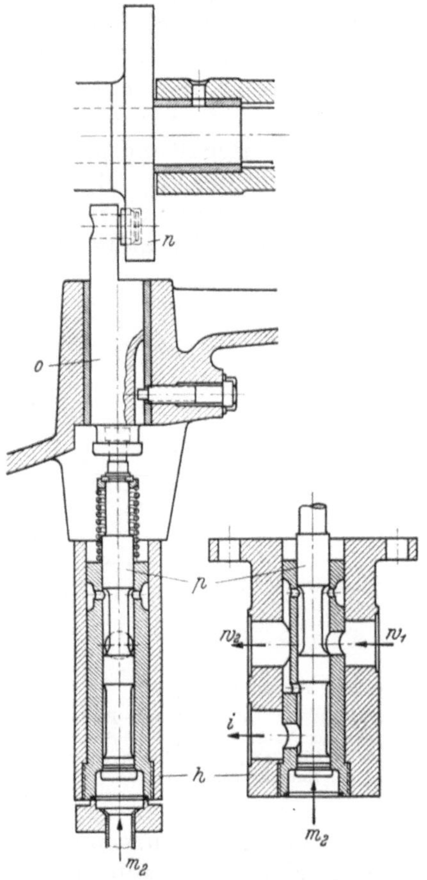

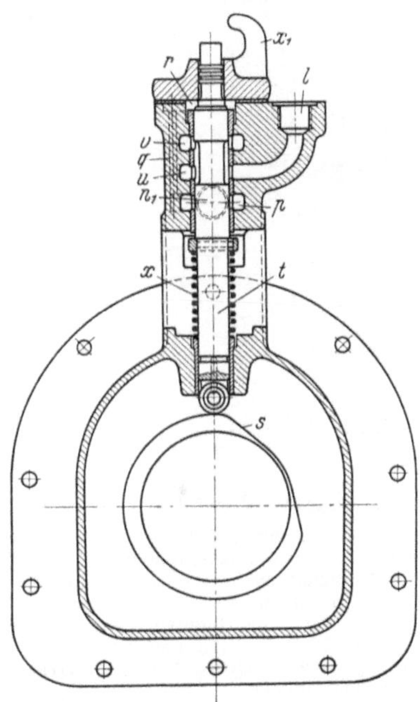

Bild 254. Steuerschieber des Hauptanfahrventils

h Schiebergehäuse; i Leitung zum Steuerzylinder des Hauptanfahrventils; m_2 Leitung vom Druckluftbehälter; n Scheibe mit Kurvennut; o Führung; p Steuerschieber; w_1 Entlüftungsleitung vom Hauptanfahrventil; w_2 Entlüftungsleitung zum Schalldämpfer

Bild 255. Anfahrluftsteuerschieber

l Steuerluftleitung zum Anfahrventil; Raum p erhält Druckluft vom Hauptsteuerluftschieber; q Kanal zum oberen Ringraum r; s Negativnocken; t Steuerschieber; u mittlerer Ringraum; v Entlüftungsraum; x Schraubenfeder; x_1 Vorrichtung zum Prüfen des Steuerschiebers auf Gängigkeit

tilteller wirkende Druck ständig im Sinn des Schließens wirkt. Endlich wird gefordert, daß der Maschinist beim Anfahren möglichst wenige Schaltbewegungen auszuführen hat und dabei keine falschen Handgriffe ausführen kann. Wie diese Forderungen bei den Motoren der Maschinenfabrik *Stork* erfüllt sind, zeigen die Abbildungen 253 bis 257.

Das Anfahrhandrad g (Bild 253) kann nur im Uhrzeigersinn gedreht werden. Drei Bewegungen um je 120° sind durch Rasten unterschieden: die *erste Bewegung* verstellt den Schieber im Steuergehäuse h (Bild 253 u. 254) so, daß Druckluft, die durch die Leitungen m_1, m_2 dem Gehäuse h von unten zugeführt wird, durch die Leitung i in den Steuerzylinder des Hauptanfahrventils d gelangt (s. a. i in Bild 256). Dieses Ventil öffnet und läßt die Anfahrluft durch die Leitungen e_1, e_2 (Bild 253) in die Gehäuse der Anfahrventile f treten. Von den sechs Anfahrventilen findet die Anfahrluft stets zwei geöffnet. Dafür, daß die sich öffnenden Ventile zu Zylindern gehören, deren Kurbeln in Anfahrstellung stehen, sorgen die Steuerschieber (Bild 255), die zu je dreien in den Gehäusen k_1, k_2 (Bild 253) zu beiden Seiten der Brennstoffpumpen angeordnet sind. Sie geben durch die Leitungen l der Steuerluft den Weg zu den Steuerzylindern der

Anfahrventile (Bild 257) so lange frei, wie die betreffenden Kurbeln in Anfahrstellung stehen, d. h. für einen Bogen von je etwa 120° ab ob. Totpunkt.

Wie die erste Teilbewegung (um 120°) des Handrades g auf den im Gehäuse h unterhalb des Handrades befindlichen Steuerschieber des Hauptanfahrventils übertragen wird, zeigt Bild 254. Die Welle des Anfahrhandrades trägt an ihrem inneren Ende drei Steuerungsteile, von denen in Bild 254 nur die mit einer Kurvennut versehene Scheibe n gezeichnet ist (die beiden anderen Steuerungsteile betreffen die Brennstoffzuschaltung und die Verriegelung der Umsteuervorrichtung, vgl. Bd. I, S. 354). In die Kurvennut greift der eine Rolle tragende Zapfen des Führungsstückes o, mit dem der Steuerschieber p

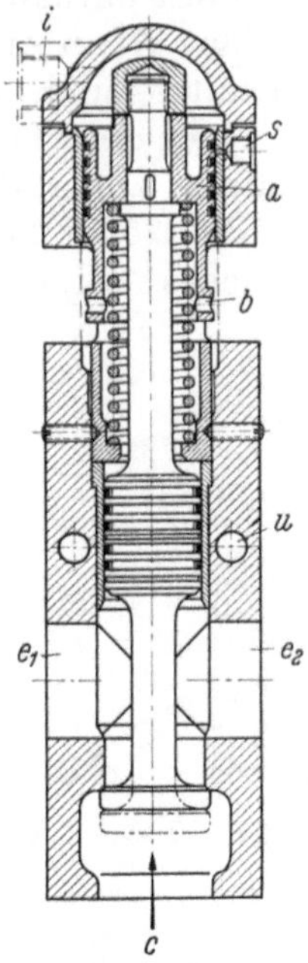

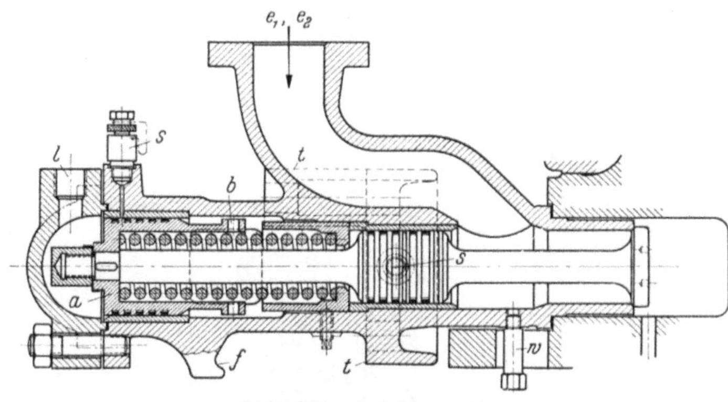

Bild 256. Hauptanfahrventil

a Steuerkolben; b Bohrungen für Dorn zum Drehen der Spindel; c Anschluß für Anfahrluft vom Druckluftbehälter; e_1, e_2 Anschlüsse für Anfahrluft zu den Arbeitszylindern; i Steuerluft vom Hauptsteuerluftschieber h (Bild 253); s Bohrung für Schmiergefäß; u Bohrungen für Befestigungsschrauben

Bild 257. Anfahrventil

a, b wie Bild 256; e_1, e_2 Anschlüsse für Anfahrluft vom Hauptanfahrventil; f Vorrichtung zum Niederdrücken der Ventilspindel; l Steuerluft von den Anfahrluftsteuerschiebern (k_1, k_2 in Bild 253); s Schmiergefäße; t Befestigungsflansch; w Entwässerungsschraube

querbeweglich gekuppelt ist. Die Kurvennut ist so geformt, daß der Steuerschieber p nach unten verschoben wird, sobald der Maschinist beginnt, das Handrad nach rechts zu drehen, und daß der Schieber während der ersten 120° in dieser Stellung verharrt. Er verbindet dann die Druckluftleitung m_2 mit der Steuerluftleitung i; die Spindel des Hauptanfahrventils (Bild 256) wird niedergedrückt, und das Ventil öffnet. Damit erhält die Anfahrluft Zutritt zu den Anfahrventilen (Bild 253 u. 257), und die Maschine springt an. Die Nockenwelle der Brennstoffpumpe betätigt sogleich die Pumpenstempel der oberen Zylinderseiten; die hier alsbald einsetzenden Zündungen beschleunigen das Anfahren. Auf den Unterseiten wird der Brennstoff erst eingeschaltet, wenn durch Weiterdrehen des Handrades die Anfahrluft abgestellt worden ist.

In demselben Augenblick, in welchem das Hauptanfahrventil d (Bild 253) sich öffnet, erhalten auch die Steuerschiebergehäuse k_1, k_2 Druckluft, und zwar k_1 durch die an e_2 angeschlossene Leitung n_1, k_2 durch die Fortsetzung n_2 dieser Leitung. Ein vor k_1 und der Anschlußleitung n_2 angebrachtes Ventil o hat der Maschinist vor Beginn des Manövrierens geöffnet; dieses Ventil soll verhindern, daß während einer längeren Betriebszeit Verbrennungsgase durch ein etwa undicht werdendes Anfahrventil in die Gehäuse k_1, k_2 gelangen. Die Druckluft tritt in den unteren Ringraum p in den Gehäusen der Anfahrluftsteuerschieber (Bild 255), der durch den Kanal q mit dem oberen Raum r verbunden ist. Sobald der Negativnocken s eine Bewegung des Steuerschiebers t nach unten freigibt, verschiebt die in r befindliche Druckluft den Schieber abwärts, so weit es der Nocken erlaubt; die Schiebermuschel verbindet die Räume p und u, und die

Steuerdruckluft tritt durch die Leitung l (s. a. Leitungen l in Bild 253 und Anschluß l in Bild 257) zum Steuerzylinder des Anfahrventils im Zylinderdeckel. Da die Verbindung zwischen den Räumen p und u nur so lange hergestellt ist, wie die Rolle des Steuerschiebers die Umrißlinie des Negativnockens s berührt, hat man es durch dessen Formgebung in der Hand, die Öffnungszeiten der Anfahrventile so zu bestimmen, wie es die Stellung der zugehörigen Kurbeln erfordert.

Wenn das Anfahrventil im Zylinderdeckel schließen soll (bei einer Kurbelstellung etwa 120° nach oberem Totpunkt), muß die Druckluft aus dem Steuerzylinder des Anfahrventils (Bild 257) entfernt werden. Dies wird dadurch erreicht, daß die am Schluß der Öffnungszeit auf den erhöhten Nockenkreis auflaufende Rolle den Steuerschieber wieder in seine obere Totlage schiebt. In dieser stellt der Schieber die Verbindung zwischen den Räumen u und v (Bild 255) her; alle Räume v in den Gehäusen k_1, k_2 (Bild 253) sind durch Leitungen w (und durch einen Schalldämpfer) mit der Atmosphäre verbunden. Damit sind alle Leitungen l entlüftet, und die Anfahrventile f schließen durch Federkraft (Bild 257). Die Ventile arbeiten so, als würden sie mechanisch von einem Nocken entsprechend der Form des Negativnockens s betätigt.

Die *zweite Teilbewegung* des Anfahrhandrades g (Bild 253) um weitere 120° bewirkt zunächst eine Entlüftung der Steuerluftleitung i. Die Kurvennutscheibe n (Bild 254) zieht den Steuerschieber p nach oben, so daß er die Zufuhr weiterer Steuerdruckluft aus der Leitung m_2 absperrt (Bild 253 u. 254). In dieser Stellung verbindet der Schieber p die Leitung i mit der Entlüftungsleitung w_2; im Steuerzylinder des Hauptanfahrventils d ist kein Überdruck mehr vorhanden, und das Ventil schließt durch Federkraft, so daß die Anfahrventile f (Bild 253) keine Druckluft mehr erhalten. Wenn d geschlossen ist, hört sogleich auch die Zufuhr von Steuerdruckluft zum Gehäuse k_1 durch n_1 und zu k_2 durch n_2 auf, denn n_1 ist *oberhalb* des Ventilsitzes von d (Bild 256) an die Leitung e_2 angeschlossen, so daß nur bei geöffnetem Hauptanfahrventil Steuerdruckluft in die Gehäuse k_1, k_2 gelangen kann. Der Druck in den oberen Ringräumen r (Bild 255) hört somit auf; die Federn x drücken alle Steuerschieber t nach oben, deren Rollen die Nocken nicht mehr berühren, und die Ringräume u, an welche die (sechs) Steuerluftleitungen l (Bild 253) angeschlossen sind, sind nunmehr durch die Steuerschieber mit den Entlüftungsräumen v (Bild 255) verbunden, die durch die Leitungen w (Bild 253) mit der Atmosphäre in Verbindung stehen. Dadurch sind auch die Steuerzylinder aller Anfahrventile (Bild 257) entlüftet; diese schließen durch Federkraft, die durch den in den Verdichtungsräumen entstehenden Gasdruck unterstützt wird.

Auch in den Anfahrluftleitungen e_1, e_2 (Bild 253) darf nach Schluß des Hauptanfahrventils d keine Druckluft stehenbleiben. Dies wird dadurch erreicht, daß die an e_2 (und damit auch an e_1, s. Bild 256) angeschlossene Leitung n_1 (Bild 253), die während des Anfahrens den Schiebergehäusen k_1 und k_2 Druckluft zuführt, mit der Leitung w_1 in Verbindung steht, die zum Schiebergehäuse h führt. Während des Anfahrvorganges unterbricht der vom Anfahrhandrad g nach unten gedrückte Schieber p (Bild 254) die Verbindung zwischen den Entlüftungsleitungen w_1 und w_2, damit die Steuerluft von m_2 nach i übertreten kann; beim Abschalten der Anfahrluft dagegen stellt der nach oben gezogene Steuerschieber p die Verbindung w_1–w_2 her, so daß nicht nur die Hauptanlaßleitungen e_1, e_2 entlüftet sind, sondern (durch n_1 und w_1 in Bild 253) auch die Räume p (Bild 255), die durch die Steuerschieber t nicht entlüftet werden können. Somit sind alle Leitungen, welche Anlaßluft und Steuerluft geführt haben, entlüftet. Wenn das Manövrieren mit der Maschine beendet ist, werden die Ventile c, o und zuletzt b (Bild 253) geschlossen.

An die Steuerluftleitung m_1 ist (außer Leitung m_2) eine Leitung m_3 angeschlossen (Bild 253), welche der Umsteuermaschine Druckluft zuführt. Die Schaltung dieser Leitung und die Entlüftung des Umsteuerzylinders durch Leitung w_3 zeigen Bild 258 und 259. Den Leitungen m_2 und m_3 ist das von Hand absperrbare Ventil y (Bild 253) vorgeschaltet; es wird zu Beginn des Manövrierens geöffnet und nach Beendigung geschlossen.

Nachdem die Ventile y und o geschlossen worden sind, braucht das schwere Absperrventil c erst später geschlossen zu werden.

Das *Hauptanfahrventil* (Bild 256) und das *Anfahrventil im Zylinderdeckel* (Bild 257) sind grundsätzlich gleich gebaut, nur wird das freiliegende Hauptanfahrventil stehend angeordnet und als einfacher Vierkantstahlkörper ausgeführt, während das Anfahrventil im Zylinderdeckel aus Platzgründen liegend eingebaut wird und eine Form erhält, die aus Stahlguß ausgeführt werden muß. Die aus Stahl hergestellten Spindeln tragen auf ihrem mittleren verdickten (dem Druckausgleich dienenden) Teil bronzene Kolbenringe,

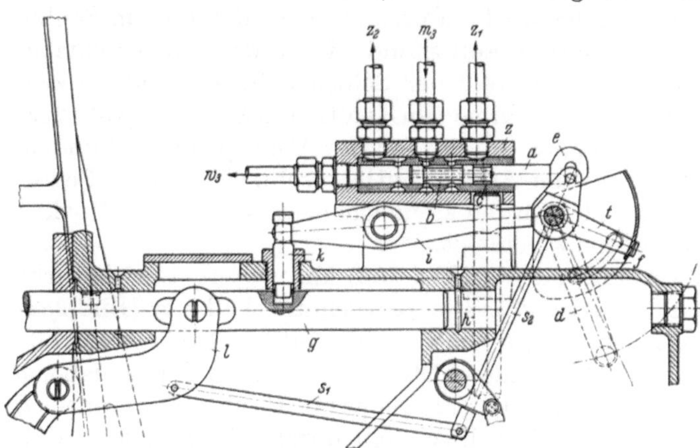

Bild 258. Steuerschieber der Umsteuermaschine

m_3, w_3, z, z_1, z_2 wie Bild 253; a Steuerschieber; b, c Schiebermuscheln; d Umsteuerhandhebel; e Kurbelschleife; f Hubbegrenzung für d, g Kolbenstange; h, i, k Verblockung der Umsteuerung; l Hebel für Verschieben der Brennstoffnockenwelle; s_1, s_2 Gestänge für Fahrtrichtungszeiger t

die in Bronzebuchsen gleiten, wodurch Festrosten vermieden wird. Ebenso sind die Steuerkolben a geführt und abgedichtet. Sie sind auf dem oberen Spindelende durch Paßfeder und (mittels Umschlagblech gesicherte) bronzene Kappenmutter befestigt, damit sie nicht festrosten. Damit die Spindeln auf Gängigkeit geprüft werden können, sind die Steuerkolben an ihrem unteren Bund mit Bohrungen b versehen, in die ein Dorn zum Drehen der Spindeln eingeführt werden kann. Beim Anfahrventil (Bild 257), dessen Ventilteller bei längeren Fahrten des Motors oft wochenlang den hohen Temperaturen des Brennraumes ausgesetzt ist,

wird es besonders wichtig, die Ventilspindel auf Beweglichkeit zu prüfen, wenn nach längerer Pause manövriert werden soll. Hierzu wird in die Vertiefung f ein Gabelhebel gelegt, der hinter den am Steuerkolben a angedrehten Bund greift und den Ventilteller anhebt. Bei l (Bild 257) sind die (in Bild 253 ebenso bezeichneten) Steuerluft-

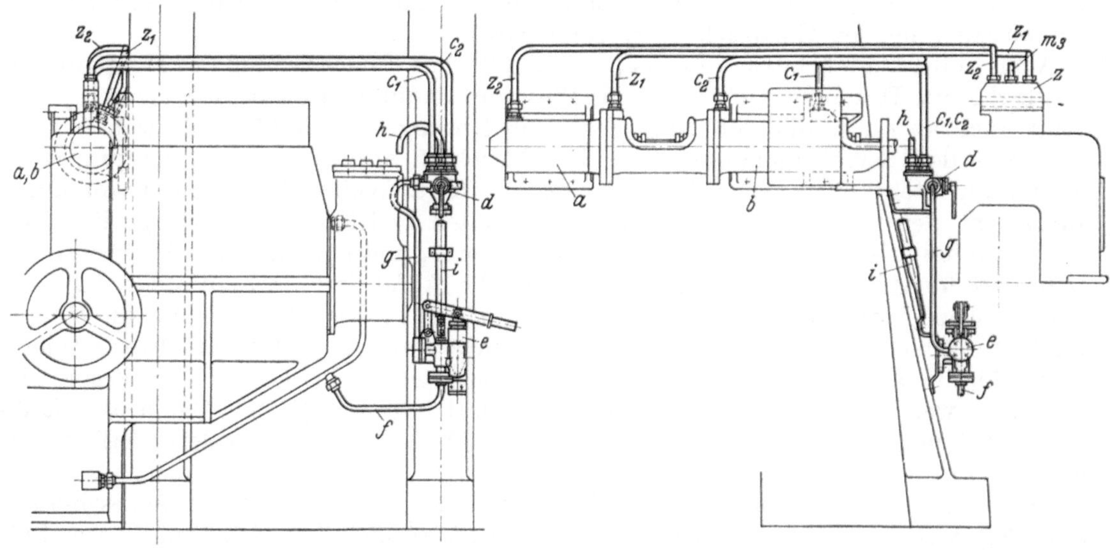

Bild 259. Rohrleitungen der Umsteuermaschine

m_3, z, z_1 z_2 wie Bild 253; a Luftsteuerzylinder; b Ölbremszylinder; c_1, c_2 Ölleitungen; d Wendehahn; e Handölpumpe mit Saugleitung f und Druckleitung g; h Ölabfluß in das Kurbelgehäuse; i Schwengel der Handölpumpe

leitungen angeschlossen. Durch Schmiergefäße s kann etwas Schmieröl auf die Spindelführungen gegeben werden. Sie dürfen nicht zu reichlich geschmiert werden, weil bei undichtem Anfahrventil das Gehäuse sich unzulässig erwärmen und das Schmieröl entzünden könnte. Das Anfahrventil (Bild 257) wird mit dem (stufenförmig ausgebildeten) Flansch t am unteren Zylinderdeckel befestigt; für das Hauptanfahrventil genügen hierfür die Bohrungen u (Bild 256). Das liegend eingebaute Anfahrventil kann durch die Kopfschraube w (Bild 257) entwässert werden.

Auf dem ersten kurzen Bogen der zweiten 120°, um welche der Maschinist beim Anfahren der Maschine das Handrad g (Bild 253) im Uhrzeigersinn dreht, hat er die Hauptanfahrleitung und alle Steuerluftleitungen entlüftet. Der restliche Bogenteil wird dazu verwendet, die Brennstoffpumpen auch der unteren Zylinderseiten einzuschalten, wie in Bd. I, S. 355, beschrieben. Nach Drehung des Handrades um 240° ist die Betriebsstellung erreicht; das Handrad verbleibt so lange in seiner Rast, wie die Vorausfahrt dauert. Ein Weiterdrehen um 120° (*dritte Teilbewegung*) schaltet die Brennstoffpumpen ab; die Maschine bleibt stehen. Das Handrad befindet sich wieder in seiner Ausgangsstellung.

Die am Ventil y (Bild 253) angeschlossene Leitung m_3 führt zum Schiebergehäuse z, von dem aus die *Umsteuermaschine* betätigt wird. Deren Bauart ist in Bd. I, S. 354, beschrieben (das Schiebergehäuse ist dort mit k bezeichnet). Die Wirkungsweise des Umsteuerschiebers zeigen Bild 258 und 259. Der in einer mit Bohrungen versehenen Bronzebuchse geführte Schieber a (Bild 258) ist ein Kolbenschieber mit zwei Muscheln b und c, von denen die Muschel c durch zwei Querbohrungen und eine Längsbohrung mit der Leitung w_3 in Verbindung steht, die durch einen (für alle Entlüftungsleitungen gemeinsamen) Schalldämpfer in die Atmosphäre führt. Der Schieber kann durch den Handhebel d und die Kurbelschleife e in axialer Richtung bewegt werden; er wird stets nur in die eine oder die andere Endlage gelegt, die durch Anschläge im bogenförmigen Schlitz f bestimmt ist. In der in Bild 258 gezeichneten Stellung verbindet die Muschel b die Leitungen m_3 und z_1 miteinander (s. a. Bild 253), so daß Druckluft auf die rechte Seite des Luftsteuerzylinders a (Bild 259) tritt und die Kolbenstange g (Bild 258) der Umsteuermaschine in ihre linke Endstellung geschoben wird, die der Vorausfahrt entspricht. Dabei ist die linke Seite des Luftsteuerzylinders durch die Leitungen z_2 und w_3 entlüftet (Bild 253, 258, 259). In der zweiten (linken) Endstellung des Steuerschiebers a (Bild 258) sind die Leitungen m_3 und z_2 durch die Muschel b miteinander verbunden, während z_1 durch die Muschel c und die Bohrungen im Schieber mit w_3 in Verbindung steht, also entlüftet ist. Nunmehr bewegt sich die Kolbenstange g in ihre rechte Endstellung (Zurück). Der Hebel d kann nur bei stillstehender Maschine bewegt werden; dann hat das Anfahrhandrad g (Bild 253) die Verblockungsstange h (Bild 258) nach unten verschoben (wie in Bd. I, S. 354, erläutert) und durch den Hebel i den Zapfen k aus einer Aussparung in der Kolbenstange herausgezogen, wodurch deren Bewegung freigegeben wird. Während der Fahrt der Maschine steht die Stange h in der in Bild 258 gezeichneten Stellung; der Hebel d kann dann vom Maschinisten nicht bewegt werden, weil die Anflächungen seiner Nabe dicht vor der rechten Endfläche des Hebels i liegen. Die Maschine kann somit nur im Stillstand umgesteuert werden.

Das dem gekrümmten Hebel l (dessen Aufgabe in Bd. I, S. 354, erläutert ist) angelenkte Gestänge s_1, s_2 verstellt den Fahrtrichtungszeiger t so, daß der Maschinist die Stellung der Umsteuermaschine, ob auf „Voraus" oder „Zurück" stehend, ablesen kann.

Die durch Druckluft getriebene Kolbenstange der Umsteuermaschine darf sich nicht zu schnell bewegen; daher ist zwischen dem Luftsteuerzylinder a (Bild 259) und dem Bedienungsstand der Ölbremszylinder b angeordnet. Wenn die Druckluft die Kolbenstange verschiebt, muß der Kolben im Ölbremszylinder den Ölinhalt von der einen auf die andere Seite des Kolbens verdrängen, was die Bewegung der Kolbenstange bremst. Beim Umsteuern von Voraus auf Zurück (Bewegung aus der linken in die rechte Endstellung der Kolbenstange) strömt das Öl von der rechten Kolbenseite durch die Leitung c_1, den Wendehahn d und die Leitung c_2 auf die linke Kolbenseite. Durch Verstellen des Wendehahnes d kann der Überströmquerschnitt an dieser Stelle gedrosselt und die Geschwindigkeit der Bewegung der Kolbenstange eingestellt werden. Eine Ausführung des Wendehahnes (mit etwas anders liegenden Anschlüssen) s. Bd. I, S. 349.

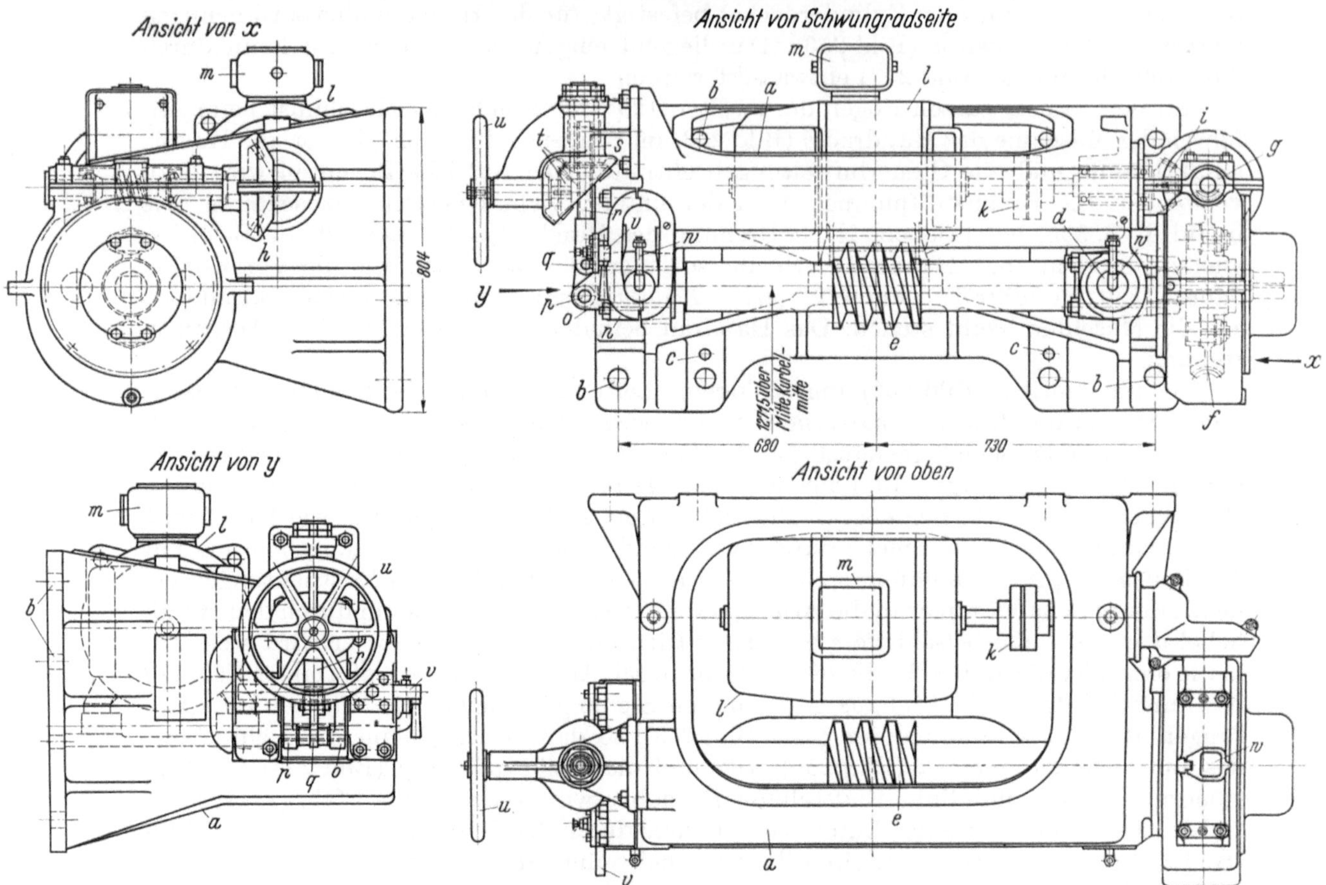

Bild 260. Vorrichtung zum Drehen der Kurbelwelle

a gußeiserner Bock;　b Stiftschrauben;　c Paßstifte;　d Drehzapfen der Schneckenwelle e;　f Schneckenrad;　g Schnecke; h, i Kegelräder;　k elastische Kupplung;　l Elektromotor;　m Kabelkasten;　n Halslager mit Augen o;　p Zapfen; q Lenker;　r Spindel mit Flachgewinde;　s Gewindebuchse;　t Kegelräder;　u Handrad;　v Riegel;　w Schmierstellen

Nach Vorschrift der Schiffsklassifikations-Gesellschaften muß die Umsteuervorrichtung so ausgebildet sein, daß die Maschine auch von Hand umgesteuert werden kann, wenn aus irgendeinem Grund die Umsteuerung durch Druckluft versagen sollte. Für diesen Fall ist die Handölpumpe e vorgesehen, deren Saugleitung f an die Hauptschmierölleitung der Maschine angeschlossen ist. Ihre Druckleitung g führt zum Wendehahn d, der nach Umlegen um 90° in dem einen oder anderen Sinn g mit c_1 bzw. c_2 verbindet, so daß Öl auf die eine oder andere Seite des Kolbens gepumpt werden kann. Die jeweils nicht beaufschlagte Seite des Ölkolbens ist durch die Leitung h mit dem Kurbelgehäuse der Maschine verbunden, in welches das auf der Gegenseite befindliche Öl abfließen kann. Der Schwengel i der Handpumpe wird in Schellen am Maschinenständer aufbewahrt und nur dann auf den Pumpenhebel gesteckt, wenn von Hand umgesteuert werden soll.

An jedem Dieselmotor müssen die Triebwerkteile in regelmäßigen Zeitabständen überholt werden; auch kann es bei Brennstoffwechsel erforderlich werden, daß die Brennstoffnocken verstellt werden. Jede Maschine muß daher eine Vorrichtung erhalten, mittels welcher die Kurbelwelle langsam gedreht werden kann; bei größeren Maschinen, deren Welle nicht mehr durch ein einfaches Handschaltwerk bewegt werden kann, sieht man hierzu einen Elektromotor mit starker Untersetzung ins Langsame vor. Die *Drehvor-richtung* Bild 260 gehört zu einer von der Maschinenfabrik *Stork* gebauten siebenzylin-drigen doppeltwirkenden Zweitaktmaschine von 8200 PSe Leistung. Die Vorrichtung wird oberhalb des Schwungrades am letzten Maschinenständer befestigt (d_1 in Bild 247, s. a. Bild 246); sie besteht im wesentlichen aus einem gußeisernen Bock a (Bild 260), der durch vier (senkrechte) Reihen zu je 4 Stiftschrauben b gegen den Ständer geschraubt und durch zwei Paßstifte c in seiner Lage gehalten wird. In dem Bock ist, um den Zapfen d schwenkbar, die Schneckenwelle e gelagert, die mit der in den Umfang des Schwung-rades eingegossenen Verzahnung kämmt. Die Welle e erhält ihren Antrieb durch das an ihrem freien Ende fliegend aufgesetzte Schneckenrad f mit (kleinerer) Schnecke g, deren Welle das Kegelrad h trägt. Dieses kämmt mit dem Kegelrad i, dessen Welle durch eine nachgiebige Kupplung k mit dem Elektromotor l verbunden ist. In dem hier behandelten Beispiel hat der Motor eine Leistung von 10 PS bei 850 U/min. Die doppelte Untersetzung durch Schnecke und Schneckenrad setzt die Drehzahl im Verhältnis von rd. 9300 : 1 herab, so daß die Kurbelwelle bei eingeschaltetem Motor l sich in etwa 11 Minuten ein-mal dreht.

Vor dem Anfahren der Hauptmaschine muß die Schneckenwelle e außer Eingriff mit dem Schwungrad gebracht werden. Hierzu ist das (in der Ansicht von Schwungrad-seite am linken Ende der Welle e liegende) Halslager n durch die am Lager angegossenen Augen o, durch Zapfen p und kurzen Lenker q mit der Spindel r verbunden, die mit Flachgewinde versehen, längsverschieblich, aber nicht drehbar, in der Gewindebuchse s geführt ist. Durch Drehen der Buchse mittels Kegelräder t und Handrad u wird das linksseitige Halslager n der Schneckenwelle e nach oben gezogen, wobei das rechts-seitige Lager um seine Zapfen d schwenkt. In der ausgerückten Lage wird e durch den Riegel v (mit Handgriff) gesichert, der unter das Lager n geschoben wird, so daß während des Betriebes ein Eingriff der Schnecke in das Schwungrad unmöglich ist. Die Vorrich-tung wird, da sie nur kurzzeitig gebraucht wird, von Hand geschmiert.

5. Krupp — Wumag — Henschel

Die Firma *Fried. Krupp*, Essen, hat sich, mit der *MAN* im „*Konsortium Augsburg-Krupp*" zusammengeschlossen, schon an den frühesten Arbeiten am Dieselmotor be-teiligt und später auf der *Germaniawerft* in Kiel Motoren eigener Bauart in großem Um-fang hergestellt. Nach dem Kriegsende und der Stillegung der *Germaniawerft* sind, nachdem der Motorenbau der Firma *Fried. Krupp* zunächst eingestellt worden war, von der *Wumag Waggon- und Maschinenbau G. m. b. H.*, Hamburg, Motoren unter Be-nutzung der Zeichnungen der *Germaniawerft* gebaut worden. Die *Wumag*-Konstruktionen befinden sich jetzt im Besitz der *Henschel Maschinenbau G. m. b. H.* Aus dem Bau-programm dieser Firma sollen hier von der **Zweitakt-Tauchkolbenmaschine** Type Z 36 und der einfachwirkenden Zweitakt-Kreuzkopfmaschine Type Z 125 bemerkenswerte Einzelheiten besprochen werden.

Der Motor Z 36 hat 220 mm Zyl.-Dmr. und 360 mm Hub; er wird mit zwei bis neun Zylindern ausgeführt. Als Schiffsmaschine wird er mit vier und mehr Zylindern um-steuerbar geliefert. Bei 500 U/min beträgt die Leistung des Vierzylindermotors 265 PSe ($p_e = 4{,}36$ kg/cm²; $c_m = 6$ m/sec); sie kann auf 320 PSe bei 600 U/min gesteigert wer-den. Damit steigt das c_m auf 7,2 m/sec, was nicht zu hoch ist, da die Kolbenkappen aus Leichtmetall bestehen. Die Spülluft wird von einem Kreiselgebläse geliefert.

Bild 261 zeigt den Vierzylindermotor in der Längsansicht und teilweise im Schnitt, Bild 262 den Schnitt durch den Arbeitszylinder, Bild 263 die vordere Stirnseite und Bild 264 die Ansicht von der Schwungrad- und Gebläseseite.

Die Grundplatte ist als Kastengestell mit tiefliegender Kurbelwanne und hoch-gezogenen Fußleisten ausgebildet; sie enthält neben den fünf Grundlagern der vierfach gekröpften Kurbelwelle am Schwungradende auch das Blockdrucklager a (Bild 261; s. a. Bild 266). Die Rahmen der vier Arbeitszylinder sind zusammen mit dem am Schwung-

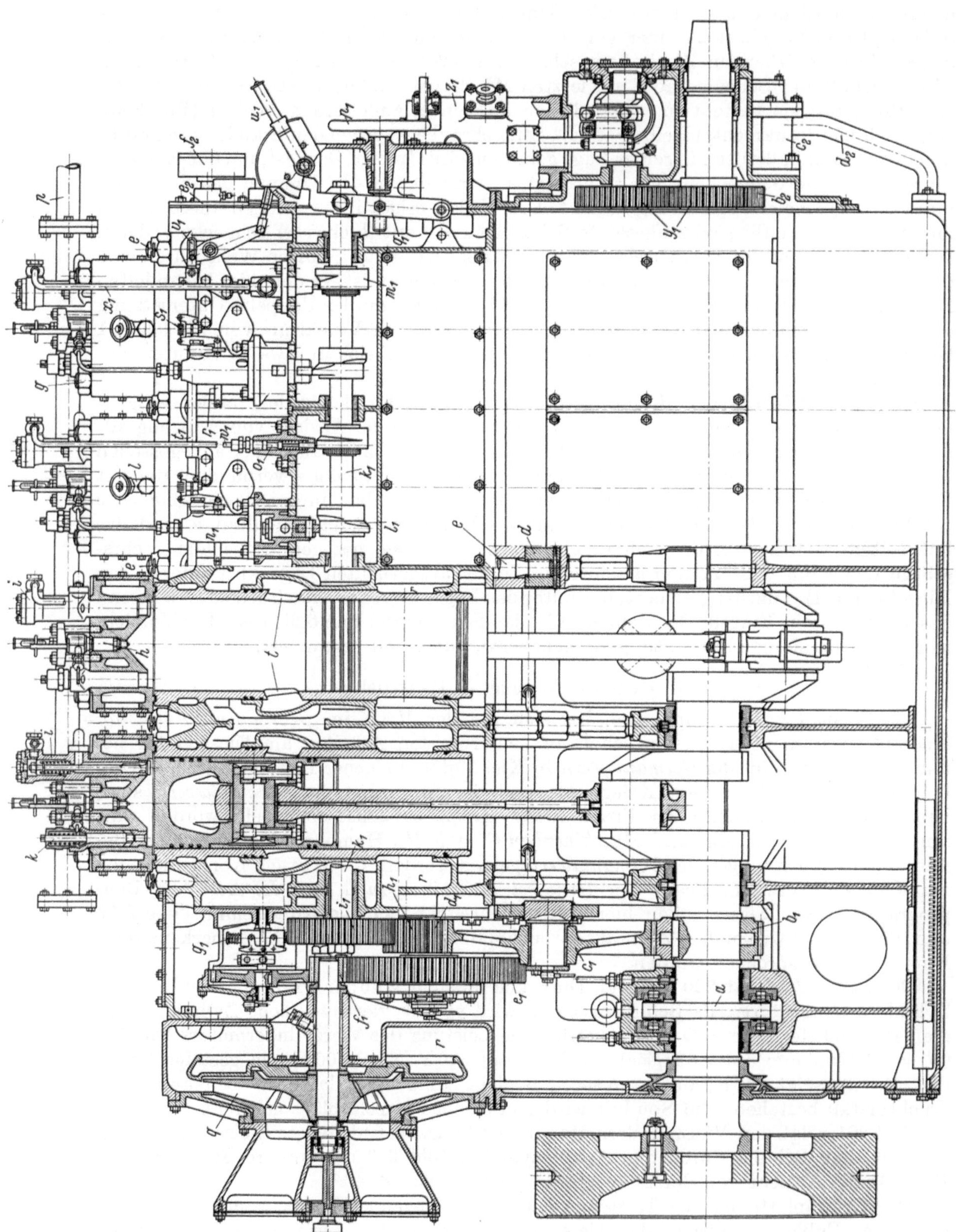

Bild 261. Vierzylinder-Zweitakt-Tauchkolbenmotor der *Wumag.* Leistung 320 PSe bei 600 U/min

Legende zu Bild 261 s. S. 271

radende liegenden Gehäuse, welches
die Zahnräder zum Antrieb der
Nockenwelle, des Spülluftgebläses
und des Endreglers enthält, in einem
Stück gegossen; der Zylinderblock
ruht unmittelbar auf dem Kastengestell und ist mit diesem durch
Schrauben b, c (Bild 262) verbunden,
von denen einige als Paßschrauben
(c in Bild 262) ausgeführt sind. Die
Verbrennungsdrücke werden jedoch
nicht durch diese Schrauben auf
das Kurbelgehäuse übertragen, sondern durch Zuganker e, die von Oberkante Zylinderrahmen bis zu den
Rundmuttern d reichen (Bild 261 u.
262). Die Rundmuttern sind in Ver-
stärkungen der Querwände des
Kastengestells eingelassen und durch
einen Splint gesichert. Die von oben
in den Zylinderrahmen eingesetzten,
wassergekühlten Laufbuchsen sind
oberhalb der Auspuffschlitze (t)
durch zwei Gummiringe und einen
Kupferring abgedichtet (vgl. Bd. I,
S. 320); der unterste Gummiring
dichtet den Spülluftaufnehmer r
gegen das Kurbelgehäuse ab. Vier in
den Zylinderblock eingesetzte Stiftschrauben g verbinden den Zylinderdeckel und die Laufbuchse mit dem
Zylinderrahmen. Der Zylinderdeckel
enthält das Brennstoffventil h, das
druckluftgesteuerte Anfahrventil i,
das Sicherheitsventil k (dieses nur
in Bild 261), die Indiziervorrichtung l, den Zinkschutz m (nur in
Bild 262) und den mit Thermometer
versehenen Kühlwasserablauf n.
Durch den Hahn o wird die Temperatur des ablaufenden Kühlwassers
geregelt; es sammelt sich im Abflußrohr p.

Die Spülluft wird vom Kreiselgebläse q (Bild 261) aus dem Maschinenraum angesaugt und in den

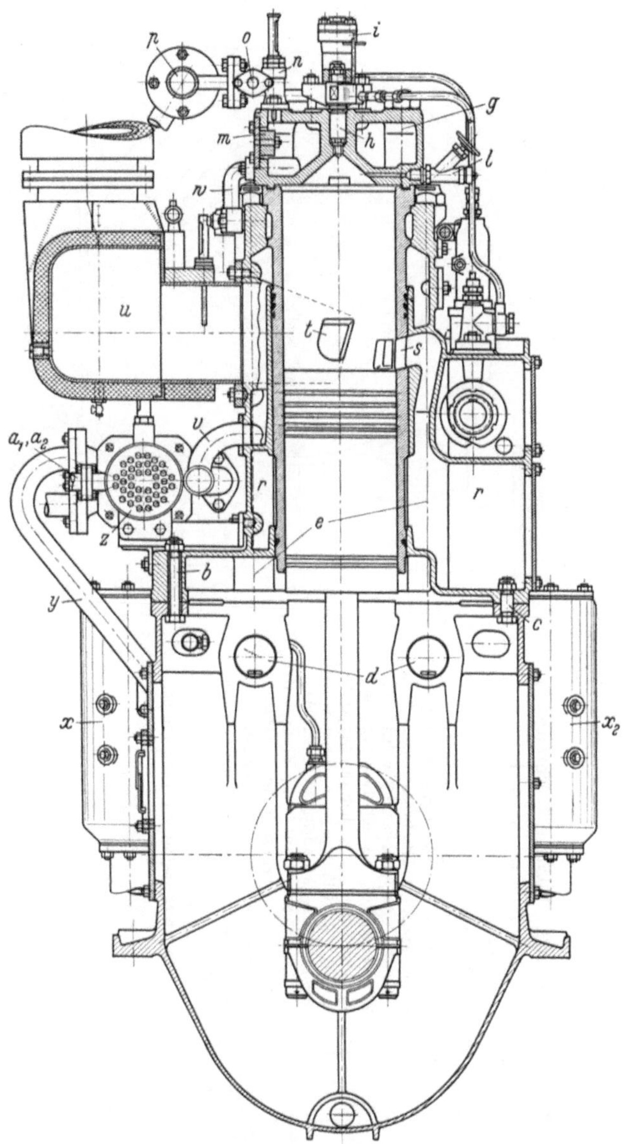

Bild 262
Querschnitt durch den Arbeitszylinder des Motors Bild 261

b, c Verbindungsschrauben zwischen Kurbelgehäuse und Zylinderblock;
d Rundmuttern für Zuganker; e Mitten der Zuganker; g Zylinder-
deckelschrauben; h Brennstoffventil; i Anfahrventil; l Indizier-
vorrichtung; m Zinkschutz; n Kühlwasserablauf; o Hahn zum
Regeln der Kühlwassertemperatur; p Kühlwasserabflußleitung;
r Spülluftaufnehmer; s Spülschlitze; t Auspuffschlitze; u Auspuff-
sammelrohr; v Kühlwassereintritt; w Kühlwasserübertritt zum
Zylinderdeckel; x Kühlwasserpumpe; x_2 Lenzpumpe; y Kühl-
wasserdruckleitung; z Ölkühler; a_1, a_2 Anschlüsse der Ölleitungen am
Kühler

<hr>

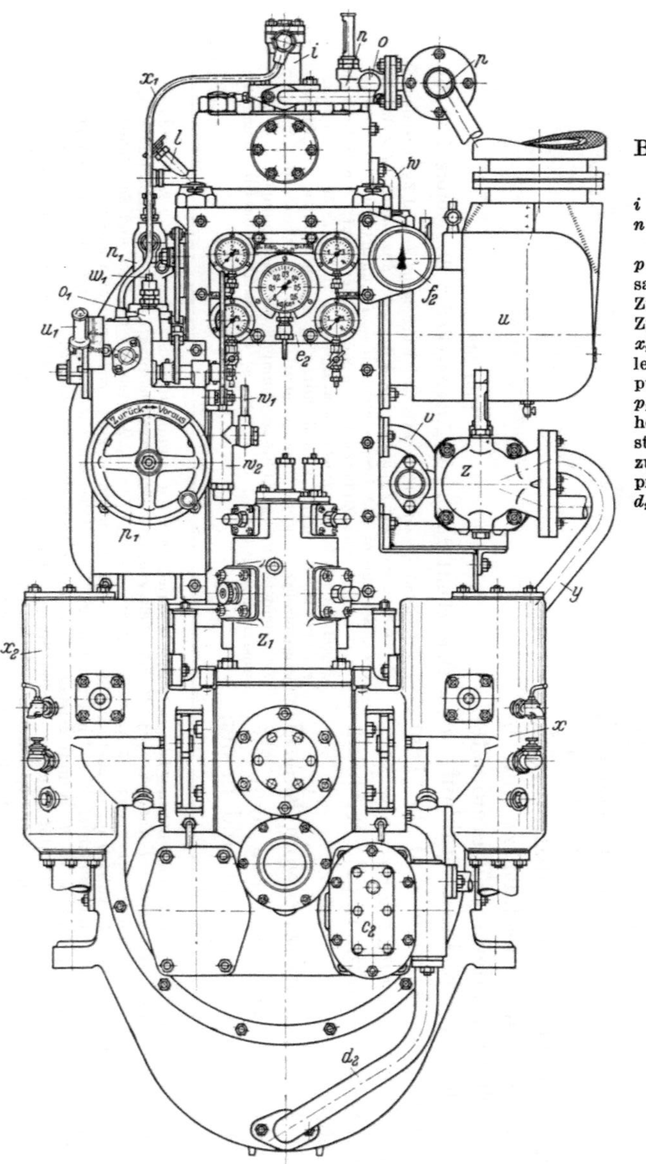

Bild 263. Vordere Stirnseite des Motors Bild 261

i Anfahrventil; l Indiziervorrichtung; n Kühlwasserablauf; o Hahn zum Regeln der Kühlwassertemperatur; p Kühlwasserabflußleitung; u Auspuffsammelrohr; v Kühlwasserzufluß zum Zylinder; w Kühlwasserübertritt zum Zylinderdeckel; x Kühlwasserpumpe; x_2 Lenzpumpe; y Kühlwasserdruckleitung; z Ölkühler; n_1 Brennstoffpumpen; o_1 Anfahrluftsteuerschieber; p_1 Umsteuerhandrad; u_1 Brennstoffhebel; w_1 Steuerluftleitung vom Hauptsteuerluftventil w_2; x_1 Steuerluftleitung zum Anfahrventil i; z_1 Anfahrluftkompressor; c_2 Zahnradschmierölpumpe; d_2 Saugleitung der Schmierölpumpe; e_2 Manometertafel; f_2 Tachometer

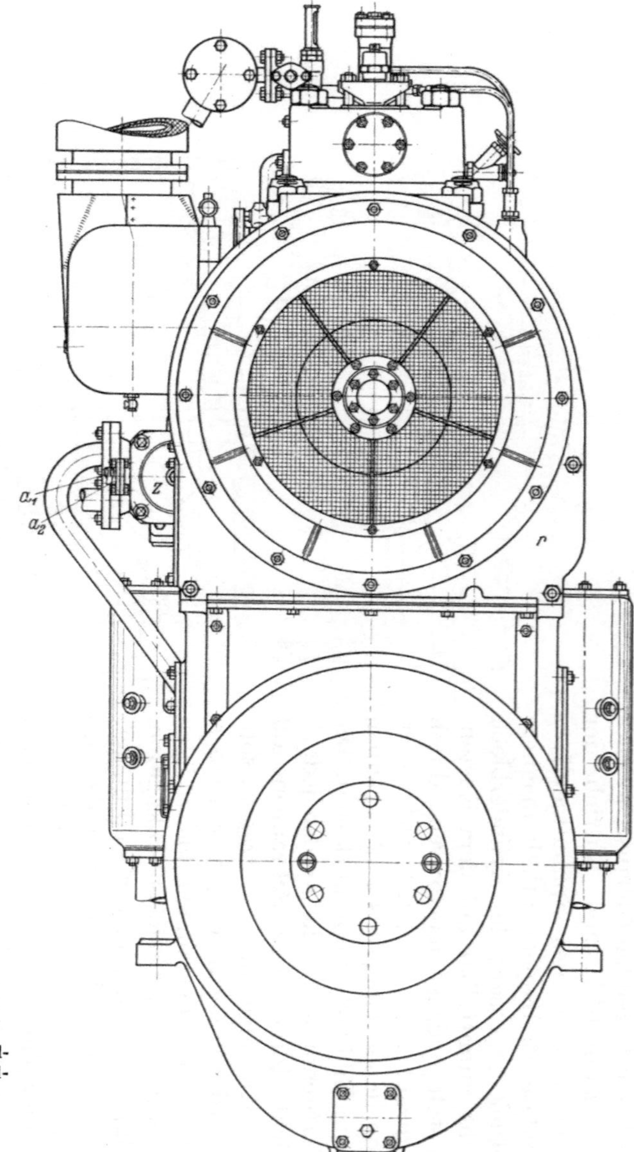

Bild 264. Motor Bild 261, von Schwungradseite gesehen

r Lage des Spülluftaufnehmers; z Ölkühler; a_1, a_2 Anschlüsse der Ölleitungen am Kühler

Spülluftaufnehmer r gefördert, der, unterhalb der Steuernockenwelle an der Maschine entlang geführt, einen Teil des Zylinderrahmens bildet. Er steht mit den Spülschlitzen s in Verbindung, welche die eintretende Spülluft so leiten, daß sie zuerst den Kolbenboden bestreicht, sodann an der den Spülschlitzen gegenüberliegenden Wand hochsteigt, unter dem Zylinderdeckel umkehrt und abwärts in Richtung der seitlich liegenden Auspuffschlitze t strömt (s. a. Bild 261). An diese ist das wärmeisolierte, mit Thermometer versehene Auspuffsammelrohr u angeschlossen.

Die Spülluft wirkt kühlend auf den unteren Teil der Laufbuchse, der vom Aufnehmer r umgeben ist und an der Wasserkühlung nicht teilnimmt. Der Kühlwassermantel beginnt erst oberhalb des Aufnehmers; dort tritt das Kühlwasser durch den Krümmer v ein. Den oberen, heißen Teil der Laufbuchse umströmt das Wasser mit größerer Geschwindigkeit; bei w tritt es zum Zylinderdeckel über. Vor dem Eintritt in den Kühlmantel des Arbeitszylinders hat das Kühlwasser, von der Kühlwasserpumpe x durch Rohr y dem Ölkühler z zugeführt, diesen durchströmt. Der Ölkühler ist liegend unter der Auspuffsammelleitung u angeordnet; die Anschlüsse a_1, a_2 der Ölleitungen liegen hintereinander (Bild 264). Das zu kühlende Schmieröl wird durch die Rohre, das Kühlwasser um die Rohre geführt. Beispiel für die Bauart eines Kühlers s. Bd. I, S. 365.

In Bild 261 ist der Antrieb der Steuernockenwelle, des Gebläses und des Sicherheitsreglers dargestellt. Auf der Kurbelwelle ist das (geteilte) Zahnrad b_1 befestigt; es treibt durch die Zahnräder c_1, d_1, e_1, f_1 das Laufrad q des Spülluftgebläses und den Sicherheitsregler an. Bei 500 U/min macht das Gebläserad 5900, die Welle des Reglers 2000 U/min. Am Zahnrad d_1 teilt sich der Antrieb; d_1 treibt h_1 und dieses das Zahnrad i_1, das auf der Nockenwelle k_1 aufgekeilt ist. Die Teilkreisdurchmesser der Zahnräder b_1 und i_1 sind gleich; die Nockenwelle hat also, wie beim Zweitakt erforderlich, dieselbe Drehzahl wie die Kurbelwelle. Beim Umsteuern wird die Nockenwelle verschoben, daher haben die Zähne der Räder b_1, c_1, d_1, h_1 eine so große axiale Breite, daß das Zahnrad i_1 auch nach der Verschiebung mit seiner vollen Zahnbreite kämmt. Auf der Nockenwelle ist für jeden Zylinder ein Nockenpaar l_1 für die Brennstoffpumpen n_1 sowie für die Anfahrluftsteuerschieber o_1 aufgekeilt. Zwischen den Voraus- und den Zurück-Nocken liegen Schrägen, auf welchen beim Verschieben die Rollen der Brennstoffpumpen und die Steuerschieber gleiten, so daß sie nicht abgehoben zu werden brauchen. Die Nockenwelle wird durch Drehen des Handrades p_1 verschoben; der Hebel q_1 schwenkt um seinen unteren Drehpunkt und verschiebt durch einen Gleitring die Nockenwelle (s. a. Bild 269). Die Brennstoffpumpen (*Bosch*-Pumpen) haben die Schrägkantensteuerung (Bd. I, S. 177); durch Drehen des Pumpenstempels wird die geförderte Brennstoffmenge der Leistung angepaßt. Das Drehen der Pumpenstempel bewirken die gezahnten Stangen r_1, die nachgiebig (Zugfedern s_1) der Hauptregelstange t_1 angelenkt sind. Diese kann durch den am Bedienungsstand angeordneten Handhebel u_1 in ihrer Längsrichtung verschoben werden, wodurch die Fördermenge aller Brennstoffpumpen gleichzeitig geändert wird. Die rechte Endstellung (Bild 261) der Regelstange entspricht der Voll-, die linke der Nullförderung. Aber auch der Sicherheitsregler g_1 kann bei jeder Belastung eingreifen, wenn die Drehzahl (z. B. beim Austauchen des Propellers) unzulässig ansteigen sollte; er verschiebt alsdann die Regelstange t_1 nach links (Bild 261) und stellt die Brennstofförderung vorübergehend ab. Die Zugfedern s_1 und das am Ende der Regelstange befindliche Langloch v_1 bewirken, daß der in seiner Rast festgehaltene Brennstoffhebel u_1 das Eingreifen des Sicherheitsreglers nicht behindert.

Beim Anfahren erhalten die Gehäuse der Anfahrluftsteuerschieber o_1 durch das vom Anfahrhebel b (Bild 269) gesteuerte Hauptsteuerluftventil (w_2 in Bild 263 u. 269) Druckluft durch die Leitungen w_1. Die Steuerschieber o_1 werden auf ihre Steuernocken gedrückt; sie verbinden in dieser Stellung die Leitungen w_1 mit den zu den Steuerzylindern der Anfahrventile i führenden Leitungen x_1; die Anfahrventile öffnen, und die Maschine springt an. Durch Zurücklegen des Anfahrhebels wird die Steuerluft abgeschaltet; die unter den Steuerschiebern o_1 liegenden Federn drücken die Schieber nach oben, so daß die Nocken sie nicht mehr berühren. Genauere Beschreibung des Anfahrvorganges s. S. 277.

Am vorderen Ende der Kurbelwelle werden durch Zahnräder y_1 (Bild 261) und eine kurze gekröpfte Welle die Kühlwasserpumpe x und die gegenüberliegende Lenzpumpe x_2 (Bild 262 u. 263) sowie der Anfahrluftkompressor z_1 mit verminderter Drehzahl angetrieben. Ein drittes Zahnrad b_2 (Bild 261) treibt die Zahnradschmierölpumpe c_2 (Bild 263), die das Schmieröl durch Rohr d_2 ansaugt und durch ein Filter in den Ölkühler z (Bild 262 u. 263) drückt.

Die *vordere Stirnseite* (Bild 263) zeigt die Anordnung der Hilfsmaschinen und der zur Bedienung des Motors erforderlichen Teile. Sie sind, soweit im Bild sichtbar, mit den gleichen Buchstaben bezeichnet wie in Bild 261 und 262. Einzelheiten der Brennstoffregelung und der Umsteuervorrichtung sind in Bild 269 dargestellt. Oberhalb des Umsteuerhandrades ist die Manometertafel e_2 (Bild 263) befestigt. An dem in der Mitte angeordneten größeren Manometer liest der Maschinist den Spülluftdruck ab; die vier kleineren Manometer zeigen den Schmieröldruck vor und hinter dem Filter, den Kühlwasserdruck und den Druck der Anfahrluft an. f_2 ist das Tachometer.

Die *hintere Stirnseite* des Motors (Bild 264) wird fast ganz vom Schwungrad und vom Einlauftrichter des Spülluftgebläses eingenommen. Die Öffnung des Trichters ist von einem grobmaschigen Drahtnetz bedeckt, welches verhindert, daß Fremdkörper angesaugt werden. An der mit r bezeichneten Stelle des Zylinderblockes liegt der Spülluftaufnehmer. a_1 und a_2 sind die Anschlüsse der Schmierölleitungen am Ölkühler z. Die Bedeutung der übrigen in Bild 264 sichtbaren Teile ergibt ein Vergleich mit Bild 262 und 263.

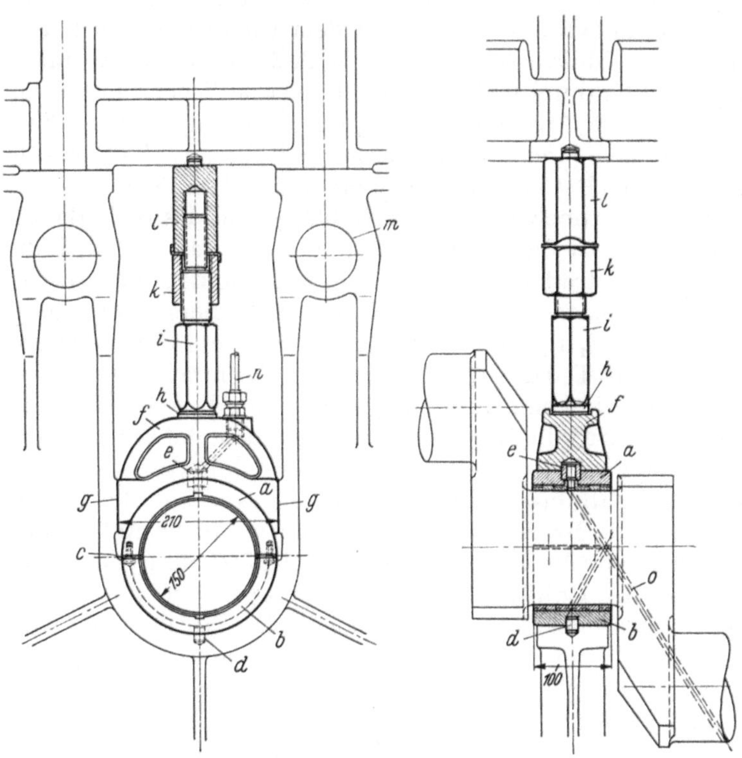

Bild 265. Kurbelwellenlager

a obere, b untere Lagerschale; c Messingbleche; d, e Dübel; f Lagerdeckel; g Führungsflächen; h Spurpfanne; i Druckschraube; k Mutter; l Druckstück; m Bohrungen für Rundmuttern der Zuganker; n Schmierölleitung; o Bohrung für Schmierung des Kurbelzapfens

Das *Kurbelwellenlager* ist in Bild 265 in größerem Maßstab gezeichnet. Die Lagerschalen a, b sind aus Stahl angefertigt und mit Weißmetall ausgegossen. Zwischen beiden liegen Messingbleche c von zusammen 8 mm Dicke, abgestuft in Dicken von 0,1 bis 2 mm; sie ermöglichen das Nachpassen der Lager. Zylinderkopfschrauben verbinden die Bleche mit der oberen Lagerschale. Der Dübel d fixiert die untere Lagerschale im Lagerstuhl, der Dübel e sichert die Lage der oberen Schale gegenüber dem (gußeisernen) Lagerdeckel f. Dieser ist an den Flächen g im Kurbelgehäuse geführt. Lagerdeckelschrauben fehlen; der Lagerdeckel wird durch die sich auf die Spurpfanne h stützende Druckschraube i, die Mutter k und das mit Spurzapfen versehene Druckstück l gegen den Zylinderblock abgestützt. k und l sind durch ein Umschlagblech gesichert. In den Bohrungen m liegen die Rundmuttern (d in Bild 261 u. 262) für die Zuganker. Durch Rohr n wird Schmieröl zugeführt, das durch die Bohrung o an den Kurbelzapfen weitergeleitet wird.

Soll der Motor als Schiffsantriebsmaschine verwendet werden, so wird das *Drucklager*, das den Propellerschub aufnimmt, in das Kurbelgehäuse eingebaut (a in Bild 261). Bild 266 zeigt es in größerem Maßstab. Zu beiden Seiten des Druckringes liegen die aus Stahl angefertigten, mit Weißmetall ausgegossenen Lagerschalen a, b; Messingbleche c, die durch Zylinderkopfschrauben an der oberen Lagerschale befestigt sind und durch Zylinderstifte d in ihrer Lage gehalten werden, ermöglichen das Nachstellen. Die dem Druckring zugekehrten Flanschen der Lagerschalen nehmen in Eindrehungen die trapezförmigen Druckklötze e auf, die ebenfalls mit Weißmetall ausgegossen sind; sie stützen sich auf die Drucksteine f, die in die Flanschen der Lagerschalen a, b eingelassen sind. Die Dicke der Scheiben g wird so abgestimmt, daß alle Druckklötze gleichmäßig tragen. Der

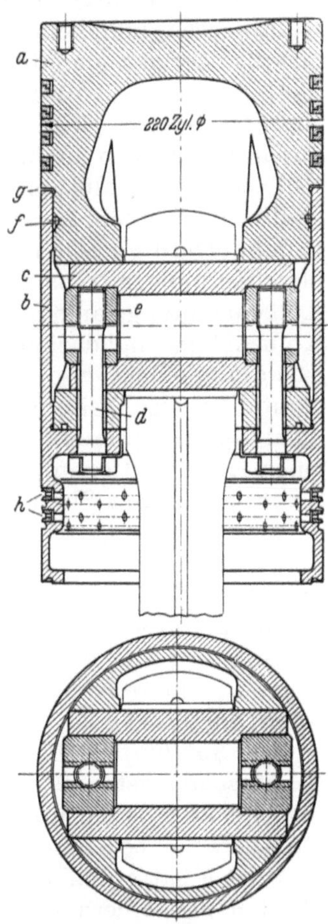

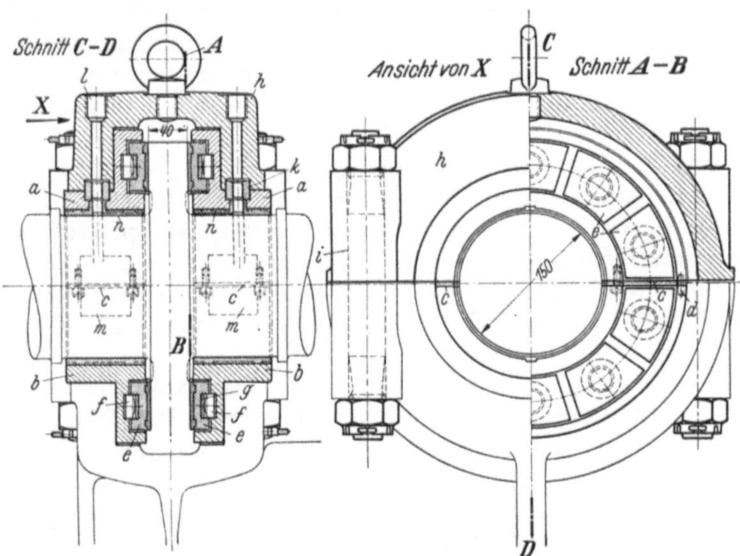

Bild 266. Drucklager

a obere; b untere Lagerschalen; c Messingbleche; d Zylinderstifte; e Druckklötze; f Drucksteine; g Scheiben; h Lagerdeckel; i Paßbolzen; k Dübel; l Anschlüsse an die Schmierölleitung; m Schmiertaschen; n Schmiernuten

Bild 267. Kolben

a Kolbenkappe; b Kolbenmantel; c Kolbenbolzen; d Kopfschrauben; e Rundmuttern; f Gummiring; g Spiel zwischen Kolbenkappe und Kolbenmantel; h Ölabstreifringe

gußeiserne Lagerdeckel h ist durch zwei kräftige Paßbolzen i mit dem Lagerstuhl des Kurbelgehäuses verbunden. Dübel k zwischen dem Lagerdeckel und den oberen Lagerschalen verhindern, daß die Schalen sich in der Umfangsrichtung verschieben. Die Wellenzapfen erhalten ihr Schmieröl durch die Anschlüsse l; das in die Schmiertaschen m gelangende Öl benetzt die Zapfen auf dem größeren Teil ihrer axialen Länge. Das überschüssige Öl tritt durch Nuten n im Weißmetall an den Innenumfang der Druckklötze e und wird zum Teil durch Adhäsion in die Zwischenräume zwischen Druckring und Weißmetall gezogen, teils umströmt und kühlt es die Druckklötze, um schließlich in den Sumpf des Kurbelgehäuses zu fließen.

Der *Kolben* ist bei Zweitaktmotoren höheren Wärmebeanspruchungen ausgesetzt als beim Viertakt; hierauf ist bei der Konstruktion des Kolbens Bild 267 Rücksicht genommen. Die Kolbenkappe a ist aus Leichtmetall, der Kolbenmantel b aus Gußeisen angefertigt. Das Leichtmetall, eine Al–Si-Legierung, hat eine etwa dreimal so hohe Wärmeleitfähigkeit wie Gußeisen; daher wird die dem Kolbenboden zugeführte Wärme leicht durch die Seitenwand der Kolbenkappe und durch die Kolbenringe an die gekühlte Laufbuchsenwand übertragen. Das Gewicht der Leichtmetallkappe wird in diesem Fall um etwa 20 kg kleiner als bei der Ausführung in Gußeisen; das bedeutet bei 500 U/min und 0,18 m Kurbelradius eine Verkleinerung der Massenkraft der hin- und hergehenden Teile um $(20/9{,}81) \cdot 0{,}18 \cdot 52{,}3^2 = 1000$ kg. Dadurch werden auch höhere mittlere Kolbengeschwindigkeiten als 6 m/sec zulässig. Der größeren Wärmedehnung des Leichtmetalls begegnet man durch größeres radiales Spiel; der gußeiserne Mantel b übernimmt die Führung des Kolbens in der Laufbuchse. Der Kolbenbolzen c, an seinem Umfang im Einsatz gehärtet, wird in die Kolbenkappe leicht eingeschrumpft; hierzu wird diese durch Eintauchen in heißes Öl auf 80° C angewärmt. Zwei Kopfschrauben d halten Kolbenkappe, Kolbenmantel und Kolbenbolzen zusammen; sie sind an ihrem unteren Ende durch einen Bund im Flansch des Kolbenmantels zentriert, am oberen in die Rundmuttern e geschraubt und durch Umschlagbleche gesichert. Der Ring f aus öl- und hitzebeständigem Gummi verhindert, daß Schmieröl von der Zylinderwand hinter den Kolbenmantel gelangt. Dieser liegt mit seinem Flansch auf der unteren Stirnfläche der Kolbenkappe und darf an der Stelle g keinen Zwang auf die Kolbenkappe ausüben; daher ist dort ein Spiel von einigen Zehntel mm vorgesehen. Die Trennung von Kappe und Mantel hat den weiteren Vorteil, daß der Mantel, vollkommen ein Umdrehungskörper, nicht zum Ovalwerden in der Wärme neigt, sondern zylindrisch bleibt, im Gegensatz zu jenen Konstruktionen, bei welchen der Mantel mit seinen den Kolbenbolzen tragenden Augen aus einem Stück besteht.

Die *Kolbenringe* dieses Kolbens sind als „Duplex"-Ringe (s. S. 261) ausgeführt; ihre Hälften greifen mit Versatz ineinander, und die Stöße sind um 180° versetzt. Die im unteren Teil des Kolbenmantels angeordneten beiden Ringe h streifen das Spritzöl ab, das beim Durchgang durch den unteren Totpunkt an den Kolbenmantel gelangt; durch die in großer Zahl vorgesehenen Bohrungen kann es in das Kurbelgehäuse zurückfließen. Auch die untere Kante des Mantels ist so ausgebildet, daß sie das Öl von der Zylinderwand schabt.

Die *Spülluftpumpe* ist als Kreiselgebläse ausgebildet (Bild 268); ihre Anordnung an der Maschine geht aus Bild 261 und 264 hervor. Bei der Ausführung nach Bild 264 tritt die Luft in Achsrichtung in das Gebläse ein, nach Bild 268 von oben durch den mit einem Drahtgewebe bedeckten Saugstutzen a. Das aus einer Al–Si–Mg-Legierung gegossene Laufrad b hat radial gerichtete Schaufeln, da das Gebläse für „Voraus" und „Zurück" gleichmäßig fördern soll. Es ist durch zwei Paßfedern c, Scheibe und Nutmutter d auf der Welle e befestigt (die Nutmutter durch Hakensprengring gesichert), die mit ihrem rechten, dem Motor zugekehrten Teil in zwei Bronzebuchsen f gelagert ist, deren Bunde die Welle in axialer Richtung halten. Das linke Wellenende wird durch das Zylinderrollenlager g gestützt, das im Gehäuse des Saugstutzens untergebracht ist und durch eine Staufferbüchse h geschmiert wird, während die Bronzebuchsen f bei i an die Schmierölleitung angeschlossen sind. Das freie Ende der Welle trägt das durch zwei Paßfedern und Kronenmutter mit Splint befestigte Zahnrad k, das seinen Antrieb durch mehrere Zwischenzahnräder von der Kurbelwelle erhält (s. Bild 261). Bei 500 U/min der Kurbelwelle macht das Gebläse 5900 U/min; die Umfangsgeschwindigkeit der Schaufelspitzen (550 Dmr.) beträgt dabei 154 m/sec. Da die Beschleunigung beim Anfahren größere Zahndrücke verursacht, ist in eines der Zwischenzahnräder eine nachgiebige Kupplung mit Drehmomentbegrenzung eingebaut.

Das Gehäuse des Gebläses besteht aus vier Teilen: dem den Druckraum enthaltenden Teil l, dem Leitkranz m, der mit l durch Kopfschrauben n verbunden ist, dem Gehäusedeckel o und dem Saugstutzen a. Der Gehäuseteil l ruht mit zwei Füßen (Bild 268, Schnitt A–B) auf dem Kurbelgehäuse und ist mit diesem durch Kopfschrauben verbunden; seine dem Motor zugekehrte Stirnwand ist mit dem Zylinderblock verschraubt. Durch die Öffnung p (Schnitt A–B, Ansicht von X und Schnitt E–F) tritt die vom Gebläse geförderte Luft unmittelbar in den Spülluftaufnehmer, der einen Teil des Zylinderrahmens bildet (r in Bild 262). Der Durchtritt wird durch den Stahlring q mit eingelegten Gummiringen gedichtet (Bild 268, Schnitt E–F).

Konstruktive Einzelheiten der *Anfahr-* und *Umsteuervorrichtung* sowie der *Brennstoffregelung* enthält Bild 269. Soweit die Teile schon früher erwähnt wurden, sind sie

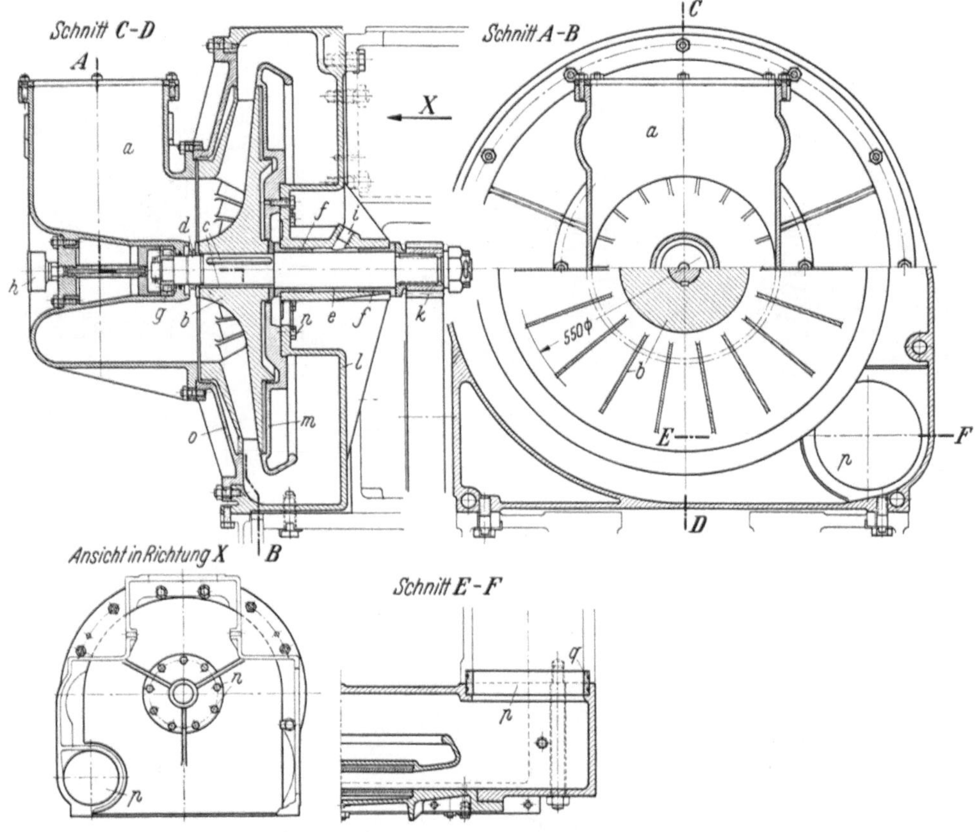

Bild 268. Spülluftgebläse

a Saugstutzen;   *b* Laufrad;   *c* Paßfedern;   *d* Nutmutter;   *e* Gebläsewelle;   *f* Bronzebuchsen;   *g* Zylinderrollenlager; *h* Staufferbüchse;   *i* Schmierölanschluß;   *k* Zahnrad;   *l* Gehäuse des Druckraumes;   *m* Leitkranz;   *n* Kopfschrauben; *o* Gehäusedeckel;   *p* Durchtritt zum Spülluftaufnehmer;   *q* Dichtring

mit gleichen Buchstaben bezeichnet. Die Teilbilder I bis VII stellen dar: einen Schnitt durch das Steuergehäuse mit dem Brennstoffhebel u_1 und seiner Welle f, dem Hebel q_1 zum Verschieben der Nockenwelle und dem Gehäuse des Hauptsteuerluftventils w_2 (I), einen Schnitt durch das Umsteuerhandrad p_1 mit Hebel q_1 und Verblockung der Umsteuerung (II), die Ansicht des Bedienungsstandes von der Brennstoffpumpenseite des Motors (III), die Ansicht von der Stirnseite (IV), von der Seite des Steuerschiebergehäuses (V), von oben (VI) und das Schema der Verblockung des Anfahrhebels (VII).

Die drei Vorgänge — Anfahren, Regeln der Brennstoffzufuhr und Umsteuern — müssen so gegeneinander verblockt sein, daß der Maschinist keine falschen Handgriffe ausführen kann. Es darf ihm nicht möglich sein, das Umsteuerhandrad p_1 zu drehen, während die Maschine voraus oder zurück läuft, und er soll nur in der Stop-Stellung das Hauptsteuerluftventil w_2 betätigen können, nicht aber während des Betriebes. Sieht man von den Verblockungsvorgängen zunächst ab, so ist die Wirkungsweise der Einzelteile leicht zu übersehen. Der um die Achse a (Teilbild IV, V, VII) drehbare Anfahrhebel b drückt bei einer Linksbewegung (Teilbild V) die Spindel des Hauptsteuerluftventils w_2 (um 5 mm) nach unten, wodurch die Verbindung zwischen der von der Anfahrluftflasche kommenden Steuerluftleitung c und der zu den einzelnen Anfahrluftsteuerschiebern (o_1 in Bild 261) führenden Leitung w_1 hergestellt wird. Die Steuerschieber o_1 geben, von den Anfahrnocken gesteuert, der Druckluft den Weg zu den Steuerzylindern der Anfahrventile frei, und die Maschine springt an. Wird der Hebel b in seine Anfangs-

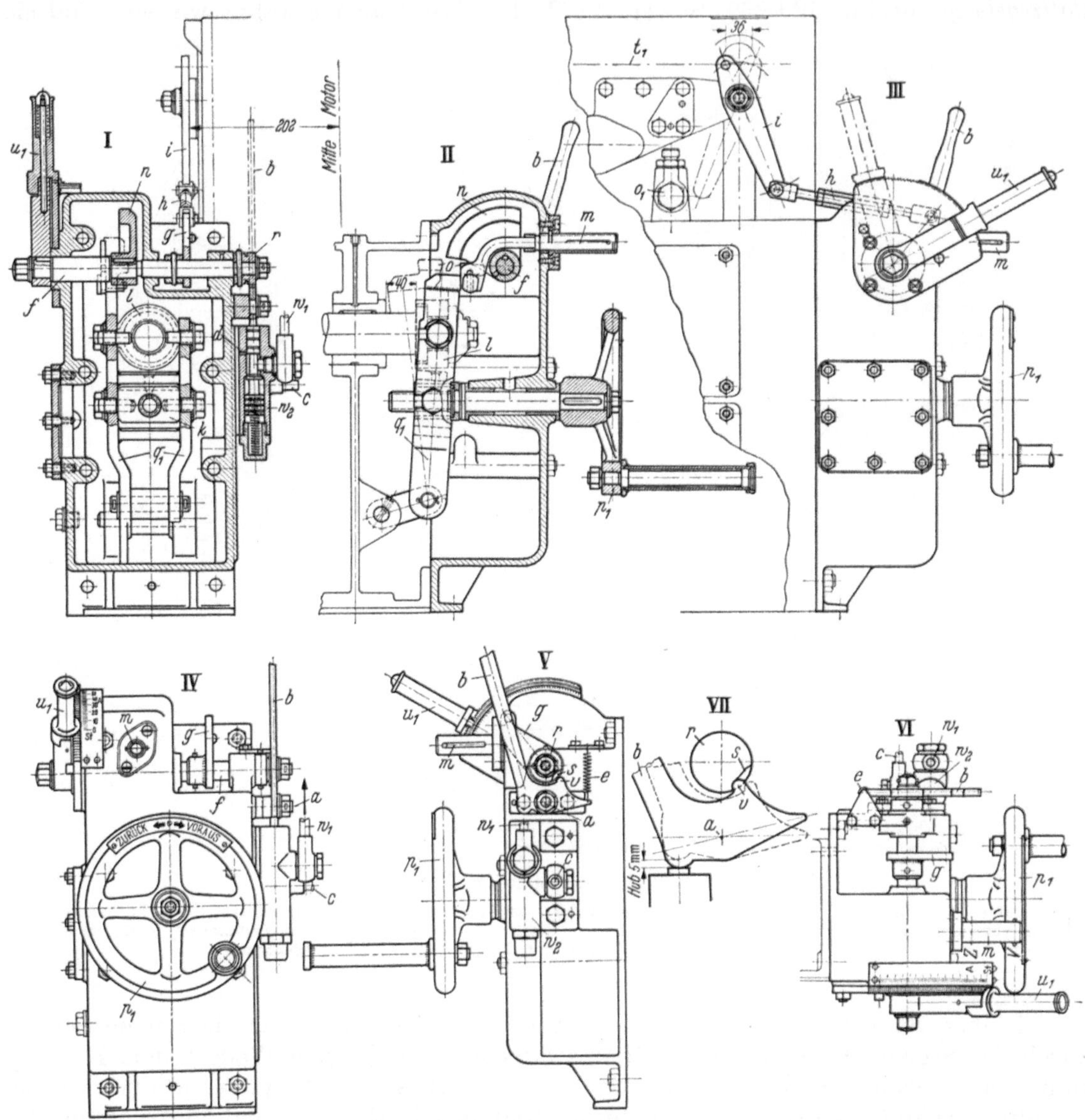

Bild 269. Anfahr- und Umsteuervorrichtung mit Brennstoffregelung

a Achse des Anfahrhebels b; c Steuerluftleitung von der Anfahrluftflasche; d Entlüftungsbohrung; e Zugfeder; f Welle des Brennstoffhebels; g Hebel auf f; h–i Gestänge zur Hauptregelstange; k Kulissenstein; l Gleitring; m Zeiger für Stellung der Umsteuerung; n Verblockungsscheibe; o Knaggen am Hebel q_1; r zweite Verblockungsscheibe; s Nut in r; v Nase an b; t_1 Mittellinie der Regelstange; o_1, p_1, q_1, u_1, w_1, w_2 wie Bild 261 u. 263

stellung zurückgelegt, so drückt die Feder unterhalb der Spindel des Hauptsteuerluftventils w_2 dieses wieder auf seinen Sitz; die Verbindung c–w_1 ist unterbrochen, und die Leitung w_1 wird durch die nunmehr freigegebene Bohrung d (Teilbild I) entlüftet. Die Zugfeder e (V und VI) hält den Hebel b, der während der Fahrt nicht bewegt wird, in seiner Ruhelage.

Der Brennstoffhebel u_1, bei gleichbleibender Drehzahl durch eine verzahnte Rast mit Skaleneinteilung in seiner Stellung gehalten, ist auf der Welle f befestigt. Wird er bewegt, so macht der auf f sitzende Hebel g (I und IV bis VI) eine Schwenkung, und die

Hauptregelstange (t_1 in Bild 261), die mit g durch das Gestänge h–i (I und III) verbunden ist, wird nach rechts oder links verschoben, wodurch in der früher beschriebenen Weise die Förderung der Brennstoffpumpen vergrößert oder verkleinert wird. Solange der Brennstoffhebel zwischen den Stellungen St = „Stop" und A = „Anlassen" (Teilbild IV) steht, wird kein Brennstoff gefördert.

Wenn umgesteuert werden soll, wird das Handrad p_1 in dem einen oder anderen Sinn gedreht. Die Welle des Handrades trägt ein flachgängiges Gewinde; durch Drehen der Welle verschiebt sich der Kulissenstein k und nimmt den Hebel q_1 mit, der mit zwei Zapfen in den Kulissenstein greift. Das obere Ende des Hebels faßt, ebenfalls durch zwei Zapfen, den Gleitring l, der die Steuernockenwelle in die eine oder andere Endstellung verschiebt.

Die „Voraus"- und „Zurück"-Drehrichtung ist auf dem Umsteuerhandrad angegeben (Teilbild IV). Weil hieraus die Stellung der Umsteuerung noch nicht erkannt werden kann, ist eine Zeigervorrichtung m am Bedienungsstand angebracht. Die gekrümmte Verlängerung des in der Hülse m gleitenden, mit Zeiger versehenen Kolbens umgreift mit einem Schlitz (Teilbild II) einen Mitnehmerbolzen, der in die angeschweißte Verlängerung des linken Hebelteiles q_1 (Teilbild I) eingesetzt ist. Der Zeigerkolben macht daher die Bewegung des Hebels q_1 mit.

Zwecks Verblockung des Umsteuerhandrades p_1 mit dem Brennstoffhebel u_1 ist auf der Welle f die Scheibe n befestigt, die in Teilbild I im Schnitt, in II von der Seite gesehen gezeichnet ist. Sie hat die Form eines Kreissektors mit verstärktem Rand. Nur wenn u_1 in der Stop-Stellung liegt, gibt der Wulstrand der Scheibe n die Bewegung des Hebels q_1 frei, der sich mit dem angeschweißten Knaggen o (Teilbild II) dicht unter dem Wulstrand n vorbeischieben kann. Der Motor kann daher nur bei Stop-Stellung des Brennstoffhebels u_1 umgesteuert werden. Sobald dieser aus der Stop-Stellung bewegt wird, schiebt sich der Wulstrand nach unten und verhindert mit seinem Innenrand eine Bewegung des oberen Hebelendes q_1 von rechts nach links (Teilbild II), d. h. ein Umsteuern von Voraus auf Zurück oder, wenn die Umsteuerung in der Zurück-Stellung gestanden hat, mit seinem Außenrand eine Bewegung von links nach rechts, d. h. ein Umsteuern von Zurück auf Voraus. Der Brennstoffhebel u_1 andererseits kann nur dann bewegt werden, wenn die Umsteuerung in der einen oder anderen Endstellung steht; andernfalls würde der Wulstrand n gegen den Knaggen o stoßen.

Am rechten Ende der Welle f (Teilbild I) ist mit einem konischen Stift eine zweite Verblockungsscheibe r befestigt. Sie ist mit einer Nut s (Teilbild V und VII) versehen, die einer kurzen Nase v am Anfahrhebel b dann gegenüberliegt, wenn u_1 in der Anlaßstellung steht (Stellung „A" auf der Skalenteilung der Hebelrast; Teilbild IV). Nur dann kann der Hebel b bewegt und das Hauptsteuerluftventil w_2 geöffnet, d. h. die Maschine angefahren werden (ausgezogene Umrißlinien in VII). Da der Hebel b nach dem Anspringen des Motors in seine (in VII gestrichelt gezeichnete) Normalstellung zurückgelegt wird, die er während der Fahrt einnimmt, hindert die Nase v das Drehen der Welle f nicht mehr. Der Brennstoffhebel kann jetzt auf die gewünschte Fördermenge eingestellt werden. Der Anlaßhebel b kann nicht mehr bewegt werden, da seine Nase v dem nicht genuteten Umfang der Verblockungsscheibe r gegenüberliegt. Damit sind alle Forderungen des „fool proof" erfüllt.

Der *Regler* hat bei Propellerantrieb nicht die Aufgabe, die Drehzahl konstant zu halten; dies bewirkt der Propeller selbsttätig, da seine Leistungsaufnahme sich mit der dritten Potenz der Drehzahl ändert, so daß z. B. eine geringe Drehzahlsteigerung den Propeller sogleich wirksam bremst. Hier soll der Regler (Bild 270) nur eine unzulässige Drehzahlsteigerung verhindern, wenn der Propeller im Seegang höhertaucht. Die Federn des Reglers sind daher so berechnet, daß die Schwunggewichte a bei allen Drehzahlen bis zu 10% über der normalen in ihrer inneren Stellung verharren. Nur wenn diese Grenze überschritten wird, bewegen sie sich unter Überwindung der Federkräfte nach außen. Sie hängen in Zapfen b an zwei gegabelten Winkelhebeln c, die um die Achsen d eine (kleine) Drehbewegung ausführen können. (Bei dieser ist die Pfeilhöhe des Bogens, den die Zapfen b beschreiben, $< 0,5$ mm.) Die Achsen d werden von der Nabe e getragen, die auf der Welle f durch Paßfeder und Kerbstift befestigt ist. Wenn die Reglergewichte sich nach außen bewegen, ziehen sie durch Laschen, die den Hebeln c angelenkt sind, den mit Kugellager versehenen Gleitring g nach rechts, der durch Zapfenschrauben h und Gleitsteine i den Gabelhebel k um seine Achse l schwenkt. Die Schwenkbewegung wird durch ein Gestänge auf die Hauptregelstange (t_1 in Bild 261) übertragen; diese wird in die Nullstellung gedrückt, womit die Brennstofförderung aufhört. Bei der nun

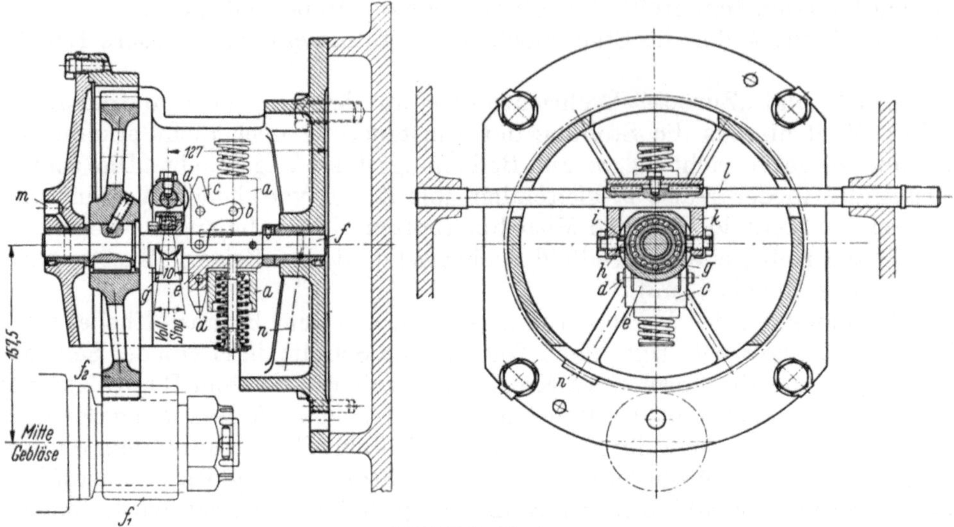

Bild 270. Regler

a Reglergewichte; b Zapfen an a; c Winkelhebel; d Drehachsen für c; e Nabe; f Reglerwelle; g Gleitring; h Zapfenschrauben; i Gleitsteine; k Gabelhebel; l Achse von k; m, n Schmierölanschlüsse; f_1, f_2 Antriebzahnräder

mehr sinkenden Drehzahl ziehen die zusammenklappenden Schwunggewichte die Regelstange wieder in die Förderstellung.

Den Lagern der Welle f wird durch die Anschlüsse m und n Schmieröl zugeführt; die Bohrung für n liegt in einer verstärkten Rippe des Reglergehäuses. Das Zahnradpaar f_1, f_2 treibt die Reglerwelle mit etwa 2000 U/min an, wenn der Motor 500 U/min macht. Das breitere Zahnrad f_1 dient zugleich zum Antrieb des Gebläses (s. a. Zahnrad f_1 in Bild 261, das auch die Anordnung des Reglers am Zylinderrahmen zeigt).

Die **Zweitakt-Kreuzkopfmaschine** der Type Z 125 ist in Bild 271 im Schnitt durch Arbeitszylinder und Spülluftpumpe dargestellt. Der Motor zeigt die grundsätzlichen Konstruktionsmerkmale der früher von der Germaniawerft gebauten Zweitakt-Krupp-Dieselmotoren. Der Zylinder ist mit 680 mm Dmr. und 1250 mm Hub für eine Leistung von 600 PSe bei 125 U/min ausgelegt ($p_e = 4{,}75$ kg/cm², $c_m = 5{,}2$ m/sec); die *Henschel Maschinenbau G. m. b. H.* führt den Motor mit vier bis zehn Zylindern aus. Kennzeichnend für diese Maschine sind die Einspritzung des Brennstoffes durch Gasdruckpumpen nach dem System *Archaouloff* (a in Bild 271; s. a. Bd. I, S. 169), der Antrieb der seitlich von den Arbeitszylindern angeordneten Kolbenspülpumpen b und der Teleskoprohre c (für die Wasserkühlung des Kolbens) durch einen am (viergleisigen) Kreuzkopf befestigten Arm d sowie die Krupp-Umkehrspülung, bei welcher (im Gegensatz zur SCHNÜRLE-Spülung, Bd. I, S. 75) die Spülluft in geschlossenem Strom durch die Schlitze e in den Zylinder eintritt, um ihn in der Umkehrschleife zu durchströmen, während der Auspuff sich gabelt und in zwei Teilströmen durch die Auspuffschlitze f den Zylinder verläßt. Mit derselben Spülung ist der Tauchkolbenmotor Z 36 versehen (S. 269).

Die Form der Spül- und Auspuffschlitze in der Wand der *Laufbuchse* zeigt Bild 272. Die Mittellinien der drei Spülschlitze e konvergieren gegen die Zylinderachse, so daß der

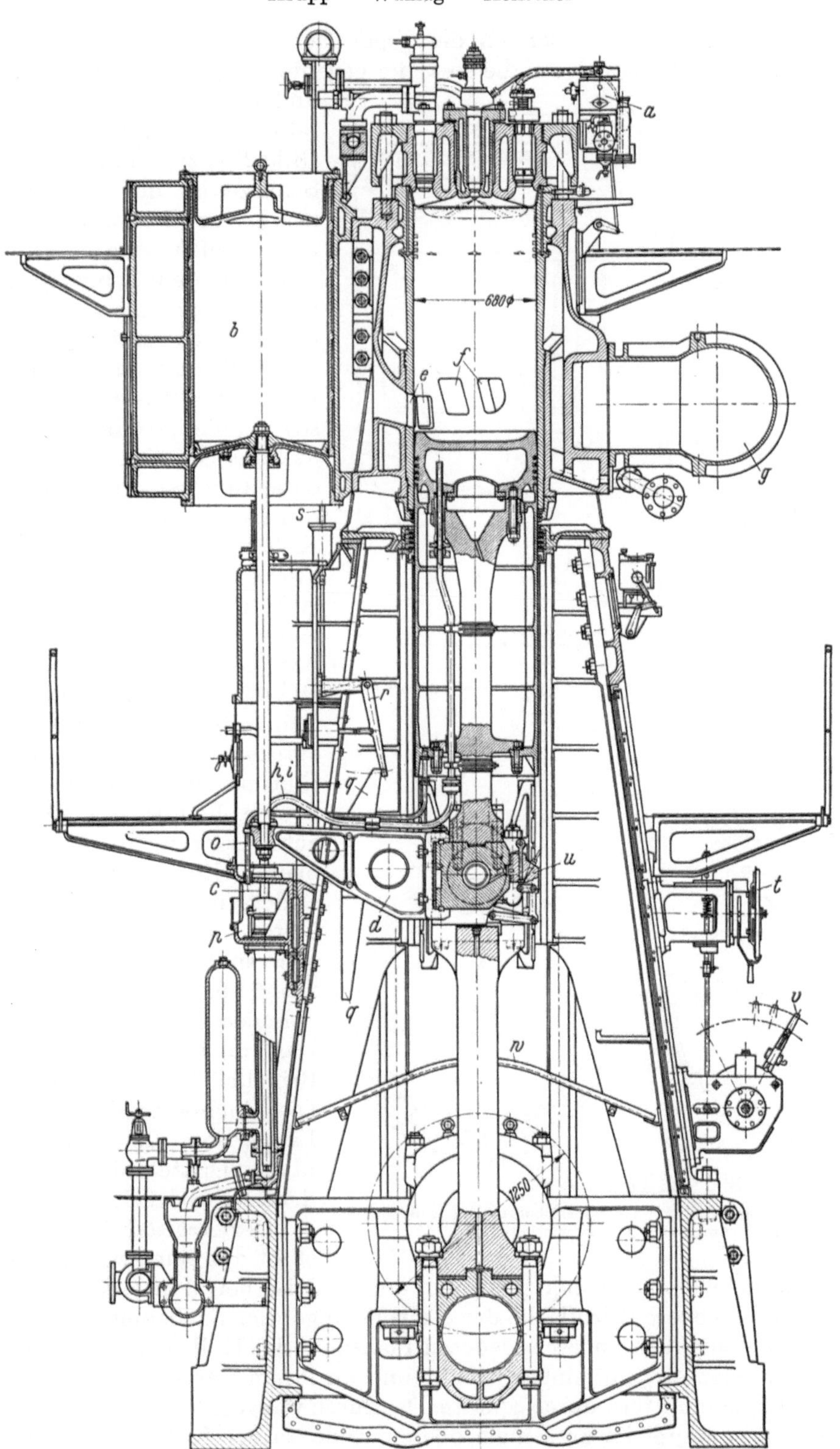

Bild 271. Einfachwirkender Zweitakt-Kreuzkopfmotor Z 125. Zylinderleistung 600 PSe bei 125 U/min
Querschnitt durch Arbeitszylinder und Spülpumpe

a Brennstoffpumpe System *Archaouloff*; *b* Spülpumpe; *c* Teleskoprohr; *d* Teleskoprohrträger; *e* Spülschlitze; *f* Auslaßschlitze; *g* Auspuffsammelrohr; *h, i* Kühlwasserzu- und -abflußrohre; *o* Leckrohr; *p* Teleskoprohrgehäuse; *q, r, s* Indiziervorrichtung; *t* Maschinentelegraph (mit Manövrierhebel *v* verblockt); *u* Kreuzkopfschmierölpumpe; *w* Spritzölschutz

eintretende Spülstrom geschlossen an der gegenüberliegenden Laufbuchsenwand auf-
steigt. Der Auspuff verteilt sich auf die einander gegenüberliegenden Auslaßschlitzpaare f

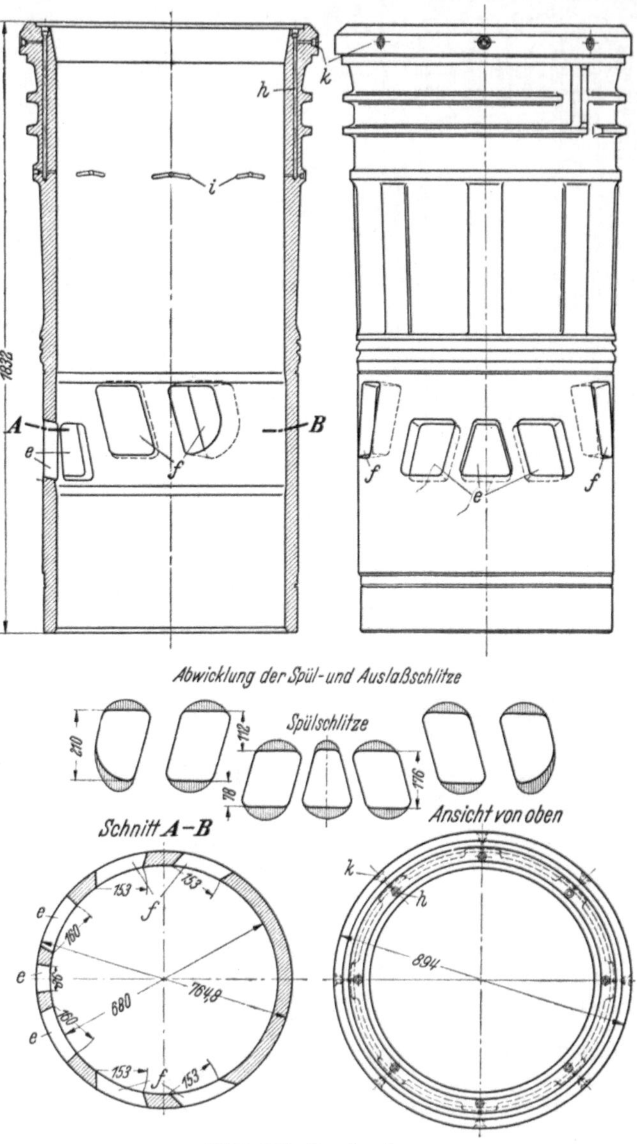

Bild 272. Laufbuchse

e Spülschlitze; f Auslaßschlitze; h Schmierölbohrungen; i Schmiernuten; k Anschlüsse der Schmierleitungen

und wird durch Kanäle mit Zylinderrahmen dem Auspuffsammelrohr g
(Bild 271) zugeführt. Im Bereich der
Schlitze ist der Innendurchmesser
der Laufbuchse um 0,25 mm durch
Ausschleifen vergrößert, damit die
zwischen den Schlitzen stehenbleibenden Stege, die sich in der Erwärmung etwas verziehen können, nicht
am Kolbenmantel reiben. Die obere
Kante der Auslaßschlitze liegt um
soviel höher als die der Spülschlitze,
daß das Gas sich auf den Spüldruck
entspannt hat, wenn die Spülschlitze
öffnen (Bd. I, S. 79f.). Gegen den
Kühlmantel ist die Laufbuchse durch
zwei Gummiringe und einen Kupferring, gegen den Außenraum durch
einen Kupferring am unteren Ende
der Laufbuchse abgedichtet. Die
Wand der Laufbuchse ist im oberen
Teil verdickt und durch Rippen verstärkt, die zugleich als Labyrinthführung für das hier schneller strömende Kühlwasser dienen. Durch
acht Bohrungen h, die an ihrem
oberen Ende durch Stopfen verschlossen sind, wird Schmieröl den
Nuten i zugeführt, die schräg gezogen sind, damit die Kolbenringe
leicht über sie gleiten. Bei k sind die
Schmierölleitungen angeschlossen.
Das Gußeisen der Laufbuchse hat eine
Brinellhärte von 200 bis 220 kg/mm².
Die Buchse wird auf ihrer ganzen
Länge mit 25 kg/cm², auf ihrem
oberen Drittel mit 75 kg/cm² Wasserdruck abgedrückt.

Der *Arbeitskolben* (Bild 273) besteht aus nur zwei Hauptteilen, der
aus Stahl geschmiedeten Kolbenkappe a und dem gußeisernen Mantel b. Die Kolbenkappe
stützt sich auf die obere Stirnfläche der Kolbenstange; der Kolbenmantel ist durch acht
Stiftschrauben c mit dem angeschmiedeten Flansch d der Kolbenstange verbunden. Die
Schrauben c werden stramm eingeschraubt und an ihrem Bund durch Körnerschlag gesichert, ihre Kronenmuttern durch Splinte. Der durch waagerechte und senkrechte Rippen
versteifte Kolbenmantel ist an seinem oberen Ende an der Kolbenkappe zentriert und
kann sich hier frei dehnen (mehrere mm Spiel zwischen der oberen Stirnfläche des Mantels
und der Kolbenkappe). Hier liegt ein öl- und hitzebeständiger Gummiring e, welcher verhindert, daß Verbrennungsrückstände hinter den Mantel treten. Acht längere Stiftschrauben f, die ebenso gesichert sind wie die Schrauben c, verbinden die Kappe mit der
Kolbenstange. Der gußeiserne Deckel g dichtet mit einer Gummibeilage den Kühlraum ab.

Die stählerne Kolbenkappe darf die gußeiserne Wand der Laufbuchse nicht berühren;
sie ist daher konisch abgedreht und hat an ihrem oberen Rand reichliches Spiel gegenüber
der Laufbuchse. Vier „Duplex"-Kolbenringe (s. S. 261) in der Kappe und ein fünfter
im oberen Teil des Mantels dichten den Brennraum ab.

Der Kolben dieser Maschine wird durch Wasser gekühlt, das durch Teleskope (Bild 278)
und zwei Rohre h aus Cr–Ni-Stahl zu- und abgeführt wird. Die in den Kühlraum hinein-
ragenden Rohrstücke i (aus Cr-Stahl) werden mit ihrem Bund durch die langen Überwurf-

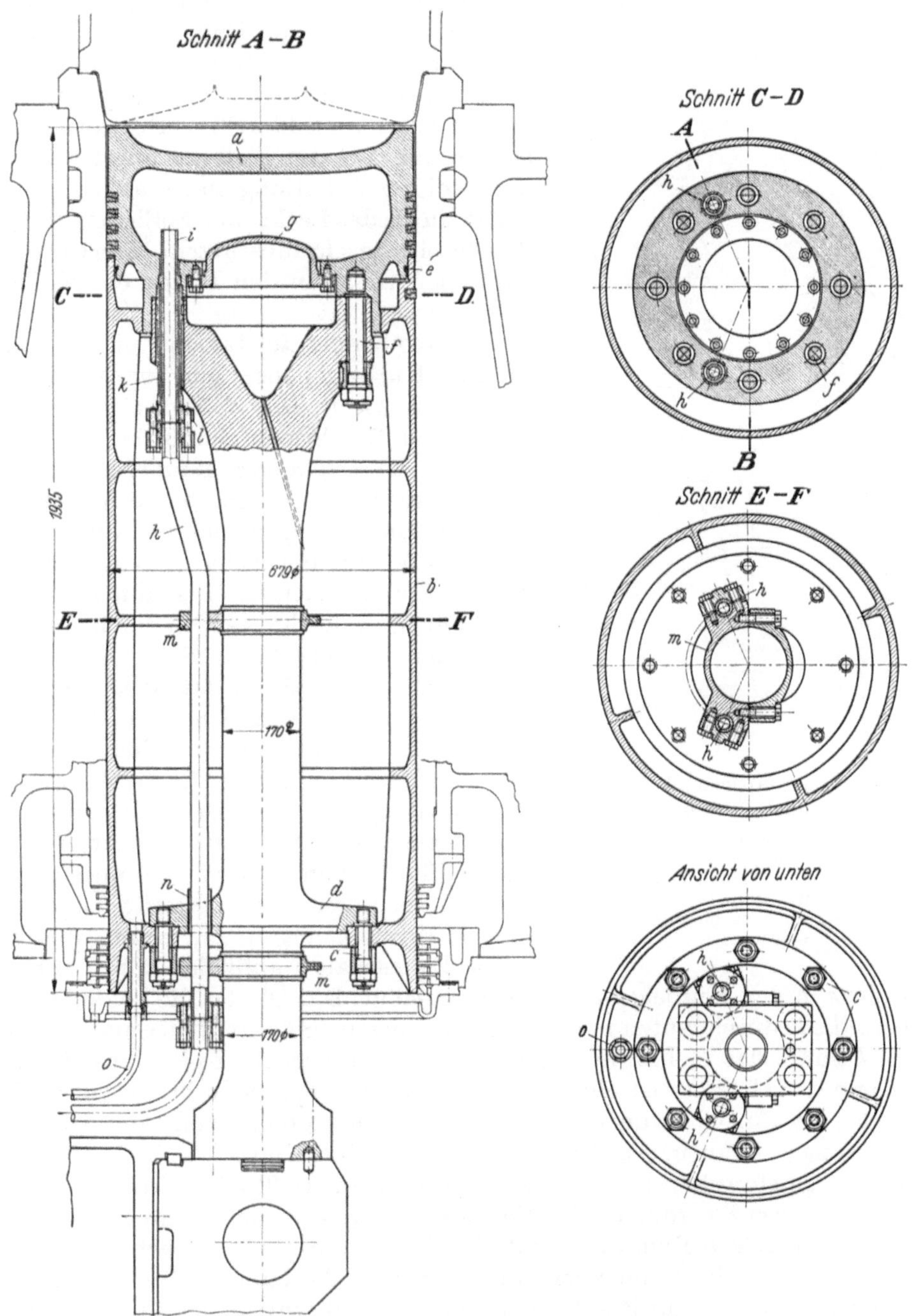

Bild 273. Arbeitskolben mit Kolbenstange

a Kolbenkappe; b Kolbenmantel; c Stiftschrauben; d Flansch an der Kolbenstange; e Gummiring; f Stiftschrauben; g Verschlußdeckel; h Kühlwasserzu- und -abflußrohre; i Rohrstücke; k Überwurfschrauben; l Flanschen; m Stahlguß-schellen; n Rohrstücke; o Leckrohr

schrauben k (aus Stahl) gegen eine Ausdrehung in der Kolbenkappe gedrückt und durch
einen Vulkanfiberring gedichtet. Auf das untere Ende der Rohre i ist Gewinde geschnitten,
auf welches Flanschen l geschraubt sind, die gegen Losdrehen durch Umschlagblech
gesichert sind. Mit diesen Flanschen sind die Flanschen der Rohre h verschraubt; die
verbindenden Kopfschrauben werden durch Draht gesichert. Vulkanfiberringe dichten
die Teilfuge. Die Rohre h sind durch zwei mehrteilige Stahlgußschellen m gehaltert,
die zwischen je zwei Bunde um die Kolbenstange gelegt sind (Schnitt E–F). Die Rohre h
sind durch den Flansch d der Kolbenstange in eingewalzten Rohrstücken n geführt

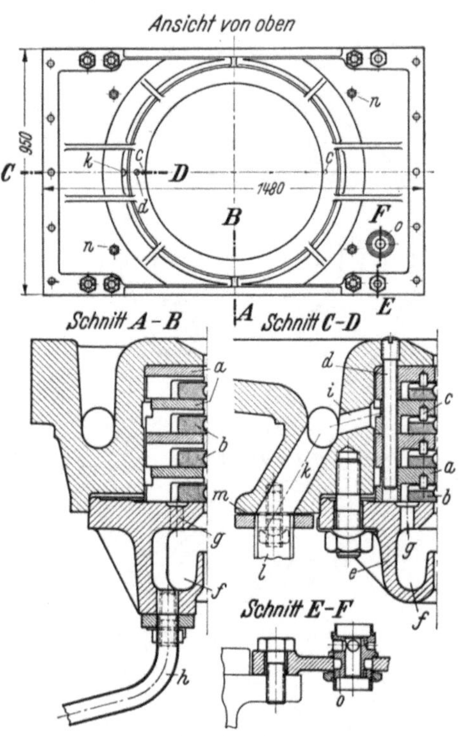

Bild 274. Oberer Abschlußdeckel
des Kurbelgehäuses

a Kammerringe; b Abstreifringe; c Zylinderstifte; d Zapfenschraube; e Deckel mit Fangschale f; g Bohrung; h Abflußrohr; i, k Bohrungen; l Abflußrohr; m Siebblech; n Ringschrauben; o Verschraubung für Beleuchtungs-
körper

und an ihren unteren Enden durch Flanschen mit
den anschließenden Rohren verbunden, wie in
Bild 277 in größerem Maßstab dargestellt. Die
Rohrstücke n (Bild 273) verhindern, daß Rückstände, die sich im Kolbenmantel ansammeln, an
den Rohren h entlang nach außen gelangen; sie
sollen durch das Leckrohr o abfließen (s. a. Bild 277),
das durch Einschraubstutzen, Überwurfmutter und
konischen Bund an den Boden des Kolbenmantels
angeschlossen ist.

Der Kolbenmantel taucht auf dem ganzen Hub
in das Kurbelgehäuse ein; er steht im oberen
Totpunkt, wie in Bild 273 gezeichnet, im unteren
wie in Bild 271. Wie er durch den *oberen Abschlußdeckel des Kurbelgehäuses* geführt ist, zeigt Bild 274.
Der Deckel liegt auf den oberen Arbeitsflächen der
Ständer, die er gegeneinander versteift. In einer
zentralen Vertiefung enthält er vier Kammerringe a,
in denen je ein nach innen spannender gußeiserner
Abstreifring b leicht verschieblich liegt. Die Abstreifringe werden durch Stifte c so in der Umfangsrichtung gehalten, daß ihre Fugen um 180°
gegeneinander versetzt sind (in Bild 274, Schnitt
C–D, sind die Stifte c übereinander gezeichnet).
Die Zapfenschraube d hält die Kammerringe in
ihrer Umfangslage; der Deckel e mit Fangschale f
drückt sie zusammen. Aus Schnitt A–B geht hervor, daß das von den beiden unteren Ringen b
vom Kolbenmantel abgestreifte Öl durch Nuten
in den Kammerringen und durch die Bohrung g
in die Fangschale f abfließen kann, aus welcher es

durch Rohr h in das Kurbelgehäuse zurückgelangt. Das Öl, das die beiden oberen Ringe
abschaben, fließt durch Nuten in den Kammerringen (Schnitt A–B) und durch die Bohrungen i, k sowie das Rohr l in das Kurbelgehäuse zurück. Zwischen den Flansch des
Rohres l und das Gehäuse ist ein Siebblech m gelegt, damit durch die nach oben offene
Bohrung k (s. a. Ansicht von oben) keine verstopfenden Gegenstände in die Abflußleitung l gelangen können. An den vier Stellen n sind Ringschrauben (7/8″) von unten
in den Deckel geschraubt; sie dienen zum Aufhängen der Triebwerkteile, falls am Triebwerk gearbeitet werden soll. In die Verschraubung o werden Lampen gesetzt, die das
Kurbelgehäuse und den Raum oberhalb des Abschlußdeckels beleuchten. Flachdichtun-
gen aus Preßspan dichten die Verschraubung o im Abschlußdeckel ab.

Mit dem *Kreuzkopf* (a in Bild 275) ist der Stahlgußarm verschraubt, der die Kolbenstange und den Kolben der Spülpumpe sowie die Teleskoprohre trägt; da er hierdurch
eckende Kräfte erfährt, ist er viergleisig geführt. Der Fuß der Kolbenstange ist mit dem
Kreuzkopf durch vier Stiftschrauben b verbunden; er ist im Kreuzkopf zentriert und durch

den Zylinderstift c in seiner Lage gehalten. Bundschrauben d, Paßfedern e und die gußeisernen Winkel f mit den Paßschrauben g befestigen die vier aus Gußeisen angefertigten
Gleitschuhe h am Kreuzkopfkörper. Die Schuhe sind an ihren Gleitflächen mit Weißmetall ausgegossen, dessen Haftung durch eingegossene Senkschrauben i vermehrt ist.
Das Schmieröl gelangt aus dem Hohlraum des Kreuzkopfes (dem es durch die Pleuelstange zugeführt wird) durch die Bohrungen k, l an die Weißmetallflächen, auf denen
es durch zusammenhängende Schmiernuten verteilt wird; durch die Weite der Bohrung

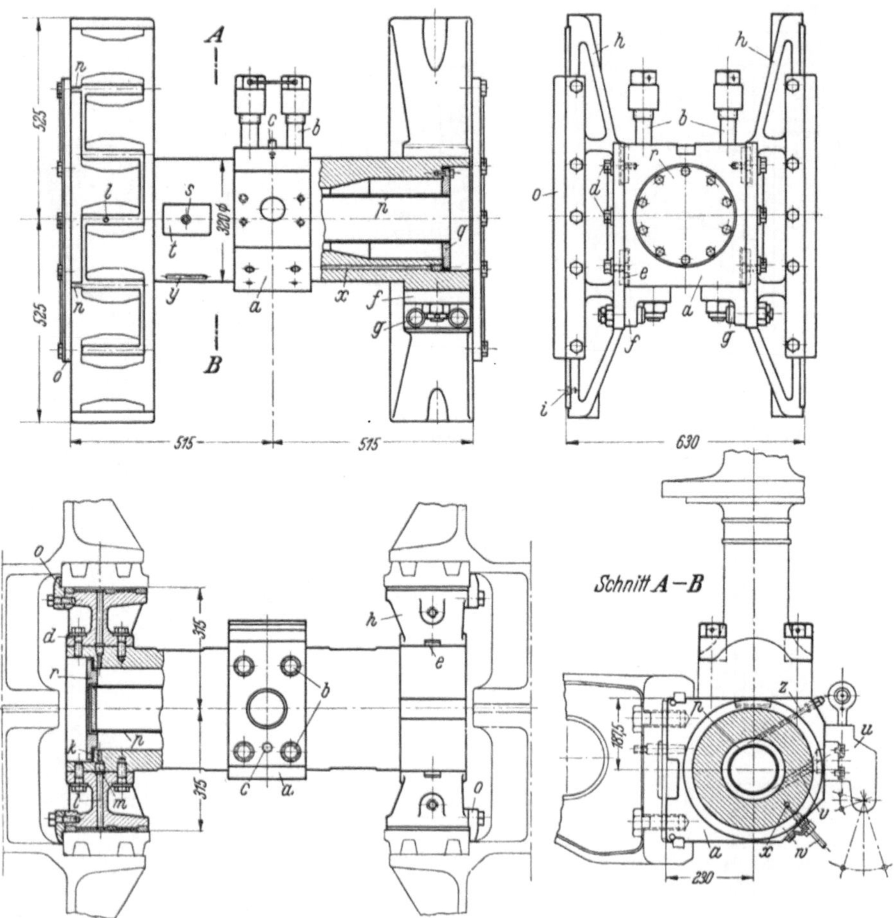

Bild 275. Kreuzkopf mit Gleitschuhen

a Kreuzkopf; b Stiftschrauben; c Zylinderstift; d Bundschrauben; e Paßfedern; f Winkel; g Paßschrauben; h Gleitschuhe; i Versenkschrauben; k, l Schmierbohrungen; m Öldüse; n Schmiernuten für Leisten o; p Einsatzrohr; q Befestigungsflansch von p; r Führungsflansch; s Schmierbohrung; t Schmiertasche; u Hochdruckschmierölpumpe; v Saugleitung für u; w Druckleitung; x Längsbohrung; y Hochdruckschmiernut; z Entlüftungsbohrung

in der Öldüse m wird seine Menge eingestellt. Von den waagerecht gezogenen Schmiernuten der Gleitfläche sind zwei an den Stellen n bis zum Rand durchgeführt, so daß
auch die Führungsleisten o, die ein Wandern des Kreuzkopfes in axialer Richtung verhindern, Schmieröl erhalten. Die nur wenig beanspruchten Leisten o sind nicht mit
Weißmetall ausgegossen. Der Hohlraum des Kreuzkopfkörpers, der als Schmierölbehälter dient, wird durch das Einsatzrohr p verengt, das an seinem einen Ende durch
den aufgeschweißten Flansch q in der Kreuzkopfbohrung befestigt ist, während das
andere verschlossene Rohrende im Flansch r geführt ist und sich in ihm verschieben kann.
Das Einsatzrohr p verkleinert den Ölraum, damit er sich nach längerem Stillstand der
Maschine in kurzer Zeit mit Schmieröl auffüllt.

Die Flächen der Kreuzkopfzapfen erhalten durch die Bohrungen s ihr Schmieröl, das sich in den seitlichen Taschen t verteilt. Diese Schmierung genügt beim einfachwirkenden Zweitakt nicht, weil wegen der ständig nach unten gerichteten Kolbenkräfte der Druckwechsel fehlt, der beim Viertakt dem Schmieröl das Eindringen zwischen die Gleitflächen erleichtert. Daher ist hier eine besondere Hochdruckschmierölpumpe u vorgesehen, die gegen die Stirnfläche des Kreuzkopfkörpers geschraubt ist und ihren Antrieb von der Pleuelstange ableitet. Ihre beiden Stempel saugen das Schmieröl durch

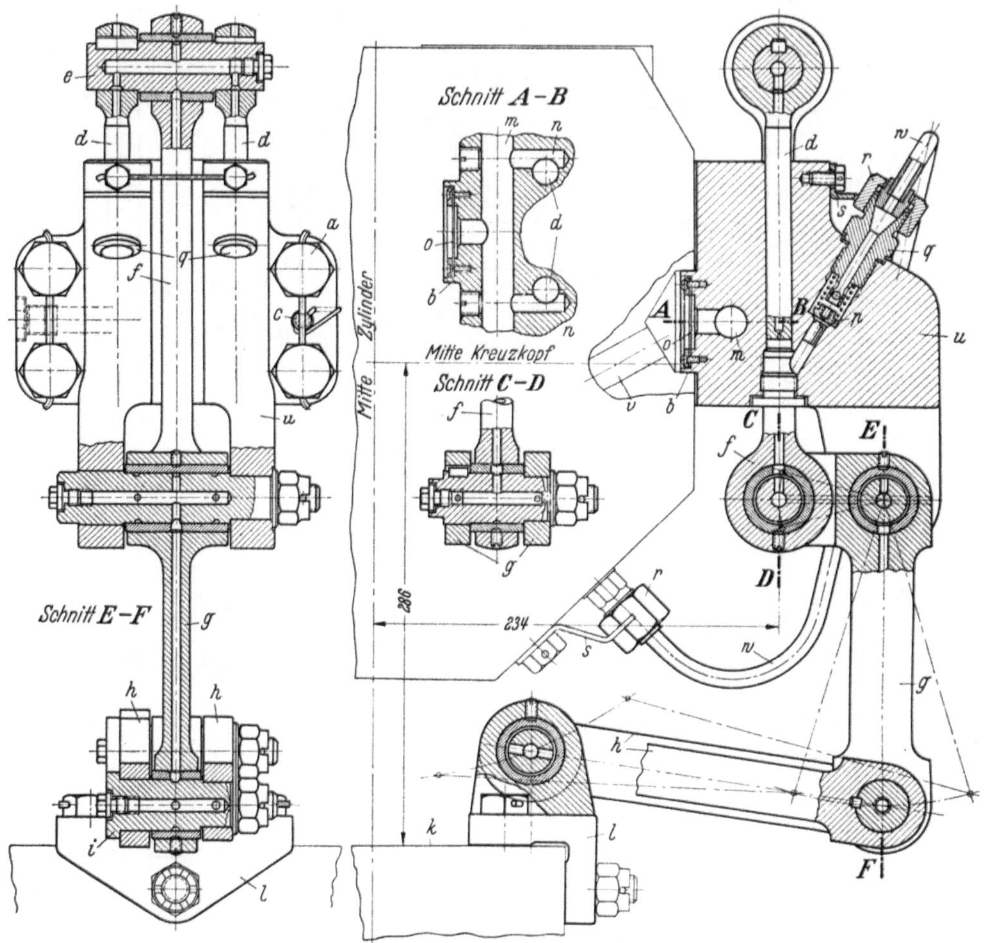

Bild 276. Kreuzkopfschmierölpumpe

u, v, w wie Bild 275; a Kopfschrauben; b Zentrierung; c Regelstift; d Pumpenstempel; e Bolzen; f Antriebstange; g Winkelhebel; h Laschen; i Bolzen; k Teil der Pleuelstange; l Lagerbock; m, n Saugraum; o Drahtgewebe; p Druckventil; q Einschraubstutzen; r Überwurfmuttern; s Sicherungsbleche

die Bohrung v aus dem ölgefüllten Hohlraum des Kreuzkopfes und drücken es durch je eine Leitung w in die Längsbohrung x, aus welcher es durch kurze Radialbohrungen in die Schmiernuten y gelangt. Der das Schmieröl enthaltende Ringraum, der unter einem Überdruck von mehreren at steht, wird durch die Bohrung z mit eingesetzter Öldüse ständig entlüftet.

In Bild 276 ist die *Kreuzkopfschmierölpumpe* in größerem Maßstab gezeichnet. Das Pumpengehäuse u (s. a. u in Bild 271) ist mit vier Kopfschrauben a an den Mittelteil des Kreuzkopfkörpers geschraubt und in seiner Lage durch die Zentrierung b und den (durch Draht gesicherten) Kegelstift c gehalten. Die beiden Pumpenstempel d sind in das Gehäuse eingeschliffen und an ihren oberen, zu Augen ausgebildeten Enden durch den Bolzen e verbunden. An e ist die Antriebstange f angelenkt, deren unteres Auge mit dem

Winkelhebel *g* gelenkig verbunden ist. Dieser erhält durch die Laschen *h*, die durch den Bolzen *i* verbunden sind, eine pendelnde Bewegung, die den Pumpenstempeln einen Hub von 34 mm erteilt. Die Doppellasche *h* bewegt sich infolge der Relativbewegung zwischen Pleuelstange *k* und Kreuzkopf mit ihren Endpunkten auf den gezeichneten Bögen, da sie an ihrem linken Ende durch den Lagerbock *l* mit der Pleuelstange gelenkig verbunden ist.

Alle Gelenke des Stempelantriebes erhalten ihr Schmieröl aus den Druckräumen der Pumpenstempel *d*, die axial durchbohrt sind. Die Bohrung in der unteren Stirnfläche der Stempel ist verengt, damit der Hauptanteil des Schmieröles, der die Kreuzkopfzapfen schmieren soll, nicht zu stark verkleinert wird. Die Antriebstange *f*, der Winkelhebel *g* und die Laschen *h* sind ebenfalls axial durchbohrt, ferner alle Bolzen axial und radial, so daß das Schmieröl alle Gelenke des Antriebes erreicht.

Die Bohrung *v* im Kreuzkopfkörper ist die Saugleitung. Bevor das Öl in den Saugraum *m*, *n* eintritt, wird es durch ein feinmaschiges Sieb *o* filtriert. Die Bohrungen *n* (Schnitt *A–B*) werden von den Bohrungen für die Stempel *d* angeschnitten, so daß sich beim Aufwärtsgang der Stempel der Hubraum mit Schmieröl füllt. Die Förderung beginnt, wenn die Stempel beim Abwärtshub die Anschneidungen abgedeckt haben. Das Schmieröl tritt durch die federbelasteten Druckventile *p* (mit Hubbegrenzung) und die Verschraubungen *q* in die Druckleitungen *w*, deren Überwurfmuttern *r* durch Bleche *s* gesichert sind. Wie das Schmieröl an die Kreuzkopfzapfen geführt wird, ist in Bild 275 gezeigt.

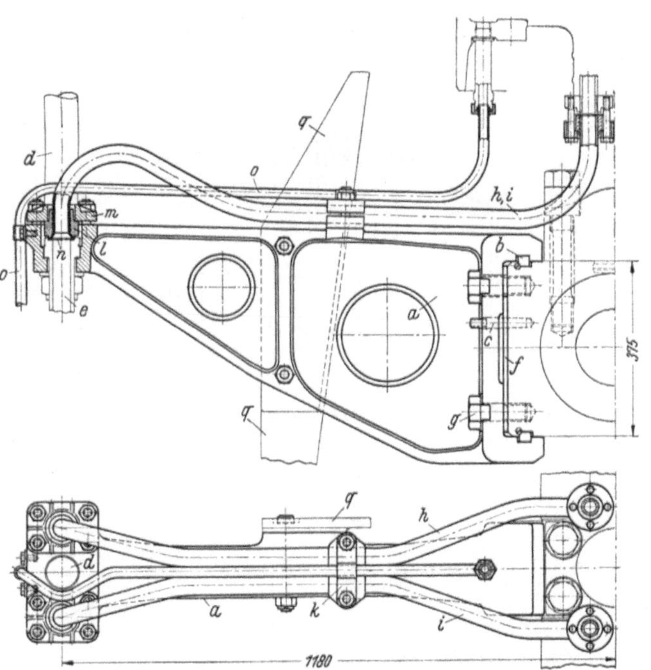

Bild 277. Teleskoprohrträger

a Stahlgußarm; *b* Keile; *c* Kegelstift; *d* Kolbenstange der Spülpumpe; *e* Teleskoprohre; *f* Paßplatte; *g* Kopfschrauben; *h, i* Kühlwasserzu- und -abflußrohre; *k* Schelle; *l* Bordring; *m* Überwurfflansch; *n* Vulkanfiberring; *o* Leckrohr; *q* Indiziervorrichtung

An der der Schmierölpumpe gegenüberliegenden Seite des Kreuzkopfkörpers ist der *Stahlgußarm* (Bild 277) befestigt, der an seinem freien Ende die Kolbenstange der Spülpumpe und die Teleskoprohre trägt (s. a. *d* in Bild 271). Seine Verbindung mit dem Kreuzkopf hat nicht nur die Massenkräfte des Armes und die der mit ihm verbundenen Teile, sondern auch die durch die Belastung des Spülpumpenkolbens und die Reibung der Teleskoprohre verursachten Kräfte aufzunehmen. Der Arm *a* umgreift den Kreuzkopfkörper und ist mit diesem durch zwei Keile *b* verspannt; die Keile sind durch Gewindestifte gesichert. Der Kegelstift *c* hält den Arm in seiner genauen Lage. Der Mittenabstand der Kolbenstange *d* der Spülpumpe und der Teleskoprohre *e* von Mitte Kreuzkopf muß genau eingehalten werden; daher ist zwischen den Stahlgußarm und den Kreuzkopf die Paßplatte *f* gelegt, die bei der Montage auf genaues Maß bearbeitet wird. Die Keile *b* dürfen in ihren Nuten nicht seitlich anliegen, damit sie das Einstellen des Armes nicht hindern; sie liegen nur auf ihren oberen und unteren Flächen an. Vier durch Umschlagbleche gesicherte Kopfschrauben *g* vervollständigen die Befestigung. Die Kolbenstange *d* der Spülpumpe ist mit ihrem unteren Ende in den Stahlgußarm eingesetzt und mit ihm durch Unterlegscheibe, Kronenmutter und Splint verbunden (s. Bild 271). Durch einen zwischengelegten Ring kann die Höhenlage des Spülpumpenkolbens eingestellt werden. Die Verbindung der Teleskoprohre e mit dem Stahlgußarm zeigt Bild 277. Die Kühlwasserzu- und abflußrohre h, i liegen auf einer schmalen Arbeitsfläche der oberen Gurtung des Stahlgußarmes und sind mit einer Schelle k an diesem befestigt. Ihr linkes Ende ist in einen Bordring l eingewalzt, der durch den Stahlgußüberwurfflansch m gegen

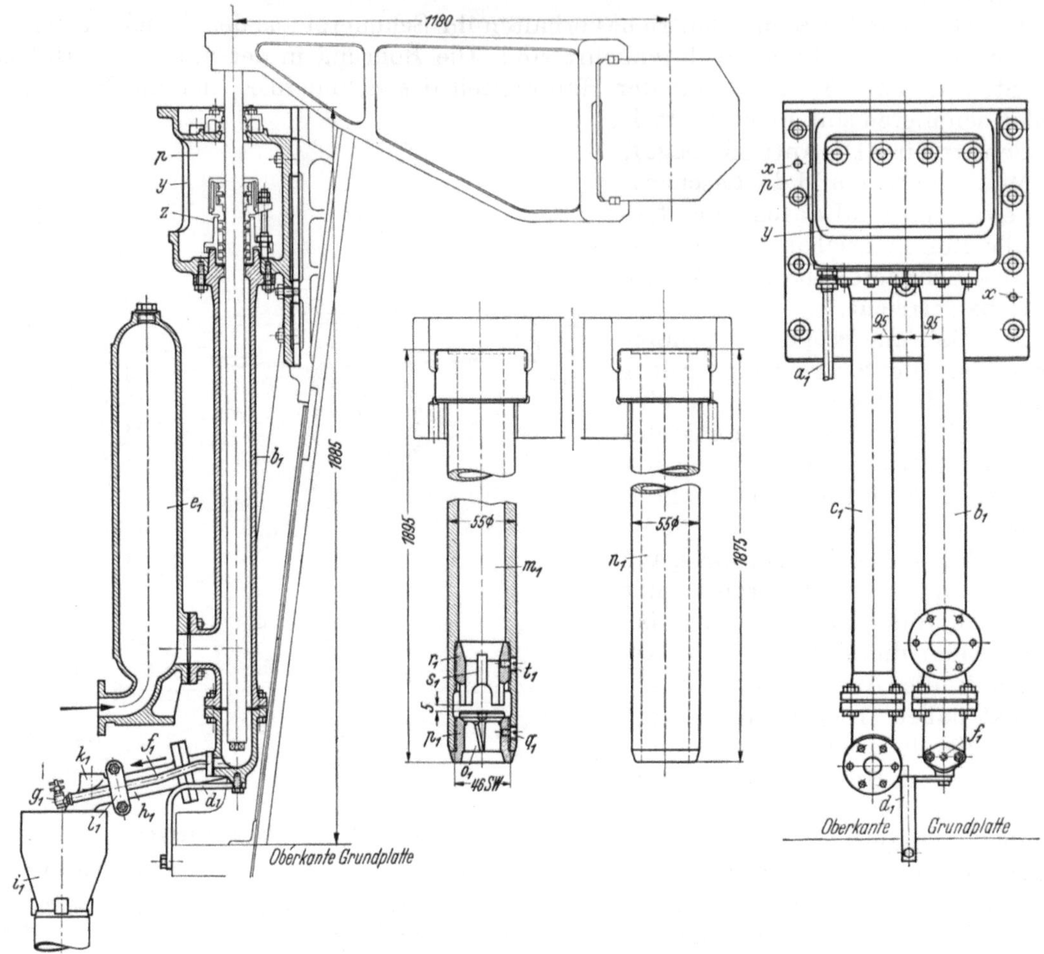

Bild 278. Teleskoprohrgehäuse und Teleskoprohre

p Teleskoprohrgehäuse; x Paßstifte; y Fenster; z Stopfbuchse; a_1 Leckwasserabfluß zum Trichter i_1; b_1 Mantel für Zuflußrohr; c_1 Mantel für Abflußrohr; d_1 Halter; e_1 Windkessel; f_1 Rohr mit Schnüffelventil g_1; h_1 Abflußkrümmer; i_1 Abflußtrichter; k_1 Stutzen für Federthermometer; l_1 Rohrschelle; m_1 Zuflußteleskop; n_1 Abflußteleskop; o_1 Ventilkegel; p_1 Ventilsitz; q_1, t_1 Sicherungsschrauben; r_1 Anschlagstück; s_1 Schlitz zum Einschrauben

den Bund des Teleskoprohres gedrückt wird. Ein Vulkanfiberring n dichtet die Teilfuge. Das andere Ende ist mit den im Kolbenmantel liegenden Kühlrohren durch Flanschen verbunden (s. Bild 273). Das Leckrohr o, dessen Anschluß an den Innenraum des Kolbenmantels in Bild 273 gezeigt ist, führt in das Teleskoprohrgehäuse (p in Bild 271 u. 278).

Gegen eine seitliche Arbeitsfläche des Stahlgußarmes a ist die Stahlplatte q geschraubt (s. a. q in Bild 271); sie erteilt beim Auf- und Abwärtsgang des Kreuzkopfes dem Hebel r in Bild 271 eine Pendelbewegung, die auf das Indiziergestänge s (Bild 271) übertragen wird.

Das *Teleskoprohrgehäuse* p (Bild 278 u. 271) stützt sich auf einen mit den Ständern verschraubten Bock; zwei Paßstifte x (Bild 278) halten es in seiner Lage, die genau ausgerichtet sein muß, da die Teleskoprohre keinen seitlichen Schlag haben dürfen. Durch das Fenster y sind die Stopfbuchsen z zugänglich; sie dichten die Teleskoprohre durch Lederstulpe nach außen ab (Beispiel für die Ausführung einer Stopfbuchse s. Bd. I, S. 291). Das abgestreifte Wasser wird durch das Rohr a_1 in den Trichter i_1 geleitet. Die Teleskoprohre sind von den Mänteln b_1, c_1 umgeben; b_1 enthält das Zufluß-, c_1 das Abflußrohr. Beide Mäntel werden an ihren unteren Enden durch den mit der Grundplatte verschraubten Halter d_1 abgestützt. In der Zuflußleitung liegt der Windkessel e_1 (s. a. Bild 279); am Zuflußmantel b_1 ist unten das Rohr f_1 mit dem Schnüffelventil g_1 angeflanscht. Die durch g_1 mitangesaugte Luft verhindert harte Wasserschläge. Aus dem Abflußrohr c_1 fließt das Wasser durch den Krümmer h_1 in den offenen Trichter i_1 ab. In den Stutzen k_1 wird ein Federthermometer geschraubt, das die Temperatur des abfließenden Kolbenkühlwassers anzeigt. Die Schelle l_1 haltert die schwachen Rohre a_1 und f_1 an dem stärkeren Krümmer h_1.

Die aus Cr-Stahl angefertigten starkwandigen *Teleskoprohre* m_1 und n_1 haben gleichen Außen- und Innendurchmesser (Wandstärke 8 mm), jedoch trägt das Zufluß-

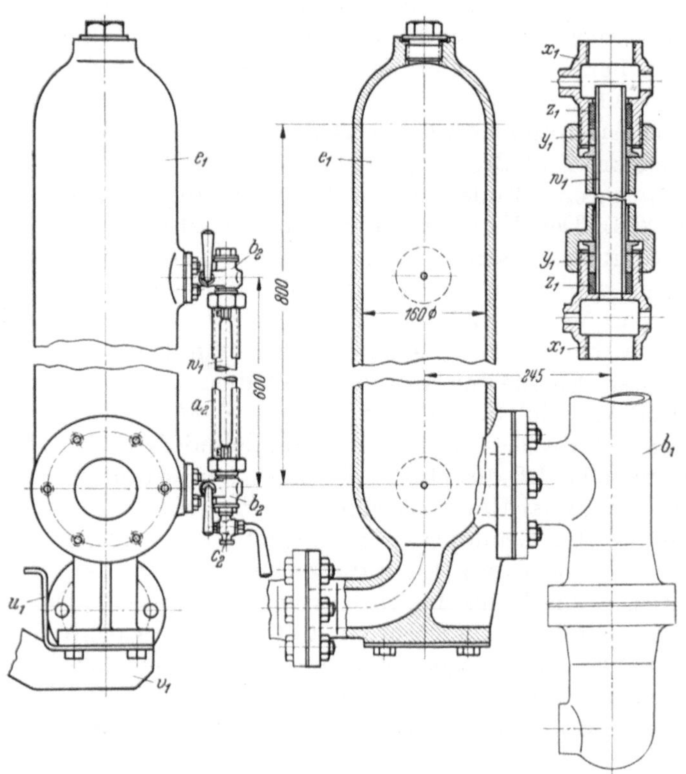

Bild 279. Windkessel

b_1 Zuflußrohr; e_1 Windkessel; u_1 Halter; v_1 Rippe; w_1 Glasrohr; x_1 Rotgußgehäuse; y_1 Führungsringe; z_1 Gummidichtungen; a_2 zweiteiliges Messingrohr; b_2 Absperrhähne; c_2 Ablaßhahn

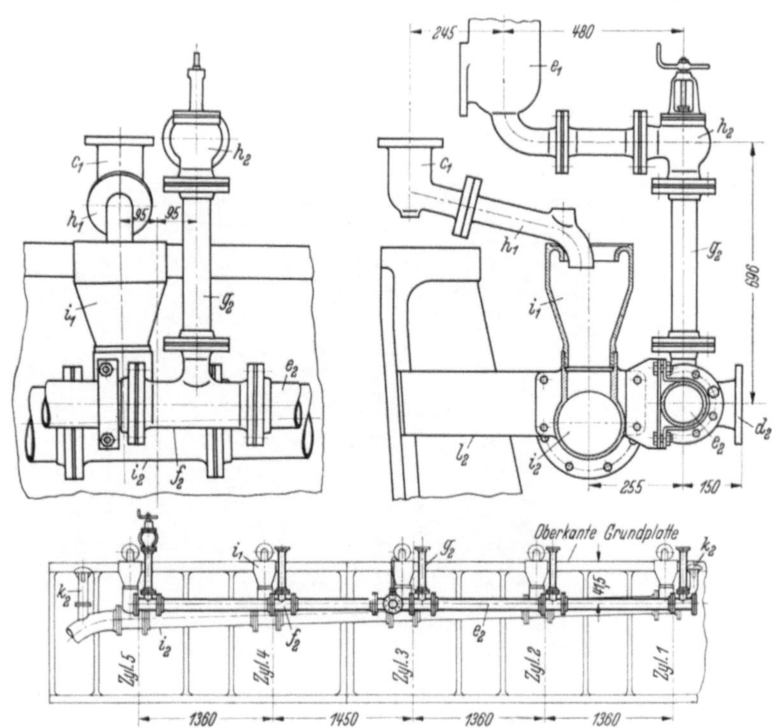

Bild 280. Kühlwasserzu- und -abflußleitungen

c_1, e_1, h_1, i_1 wie Bild 278; d_2 Eintrittsflansch; e_2 Zuflußleitung f_2 T-Stutzen; g_2 Rohre; h_2 Eckventile; i_2 Abflußleitung; k_2 Entlüftungshauben; l_2 Stützblech

rohr m_1 an seinem unteren Ende den Ventilkegel o_1 (aus Monel-Metall), der von dem Einschraubstück p_1 (Cr–Ni-Stahl) geführt ist. Die Zylinderkopfschraube q_1 verhindert, daß p_1 sich herausdreht. Der Ventilhub (5 mm) wird durch das Anschlagstück r_1 begrenzt. Zwei Schlitze s_1 dienen zum Einschrauben mittels Spezialschlüssels; die Schraube t_1 sichert das Anschlagstück. Das Zuflußteleskoprohr arbeitet wie eine Kolbenpumpe.

Der am Zuflußrohr b_1 angeflanschte *Windkessel* e_1 (Bild 278 u. 279) stützt sich mit seinem unteren Ende auf den durch die angeschweißte Rippe v_1 verstärkten Halter u_1 (Bild 279). Der Wasserstand im Windkessel wird an dem Glasrohr w_1 abgelesen, das in den Rotgußgehäusen x_1 durch die Ringe y_1 geführt und durch Gummiringe z_1 abgedichtet ist. Das zweiteilige, durch angelötete Knaggen und Zylinderkopfschrauben zusammengehaltene Messingrohr a_2 schützt das Glasrohr vor Beschädigung. Durch die Winkelhähne b_2 kann der Wasserstand vom Windkessel abgesperrt, durch den Ablaßhahn c_2 kann der Windkessel entwässert werden.

Den Anschluß der Teleskope an die *Kühlwasserzu- und -abflußleitungen* zeigt Bild 280, dessen unteres Teilbild für eine Fünfzylinder-BB-Maschine gilt. (Auch Bild 271 bezieht sich auf eine BB-Maschine; der Bedienungsstand liegt auf StB-Seite, d. h. im Mittelgang, wenn zwei Hauptmaschinen vorhanden sind.) Das Kühlwasser tritt am Flansch d_2 in die an der Grundplatte entlanggeführte Leitung e_2 ein und verteilt sich durch T-Stutzen f_2 und Rohre g_2 auf die Zuflußteleskope der einzelnen Zylinder. Durch Eckventile h_2 wird die Kolbenkühlwassermenge eingestellt. Die geneigt verlegte Abflußleitung i_2 sammelt das durch die Trichter i_1 abfließende erwärmte Kolbenkühlwasser und führt es dem Rückkühler zu. Da das abfließende Wasser stark lufthaltig ist, sind an beiden Enden der Leitung i_2 Entlüftungshauben k_2 vorgesehen. Durch Bleche l_2 und Rohrschellen sind die Leitungen e_2 und i_2 gegen die Grundplatte abgestützt.

6. Maschinenbau Kiel A.-G.

Als Nachfolgewerk der *Deutsche Werke Kiel A.-G.* hat die *Maschinenbau Kiel A.-G.* die von jener Firma gebauten **Viertaktmotoren** weiterentwickelt. Mit Ausnahme der kleinsten Typen, die mit Vorkammer versehen sind, arbeiten die Motoren mit Druck-

Bild 281. Viertakt-Tauchkolbenmotor der *Maschinenbau Kiel A.-G.*
Leistung mit 8 Zylindern und Abgasturbogebläse 1400 PSe bei 300 U/min

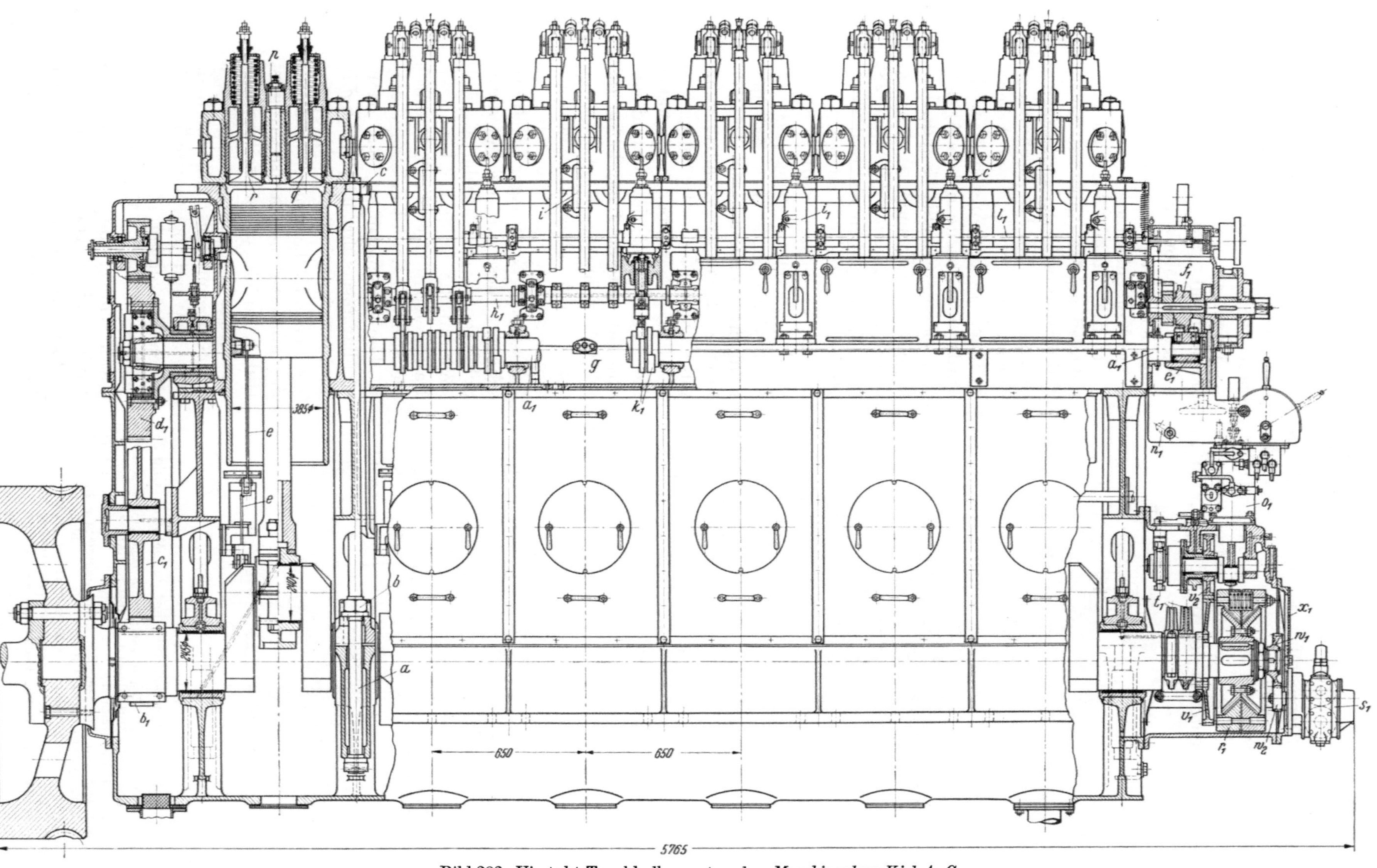

Bild 282. Viertakt-Tauchkolbenmotor der *Maschinenbau Kiel A.-G.*

Leistung mit 6 Zylindern 750 PSe bei 300 U/min. Längsansicht und Längsschnitt. a Zuganker; b Muttern der Lagerdeckel; c obere Zugankermuttern; e Indiziergestänge; g Schmierstutzen; Kühlwasserübertritt zum Zylinderdeckel; p Brennstoffventil; q Einsaugventil; r Auspuffventil; a_1 Nockenwelle; b_1, c_1, d_1 Zahnradantrieb der Nockenwelle; e_1 Bundlager; f_1 Kurvenscheibe; h_1 Lenkerwelle; i_1 Brennstoffpumpen; k_1 Brennstoffnocken; l_1 Regelwelle; n_1 Hebel des Brennstoffregelgestänges; o_1 Anfahrluftkompressor; r_1 Schwingungsdämpfer; s_1 Schmierölpumpe; t_1 Antrieb der Kühlwasser- und Lenzpumpe; v_1, v_2 Zahnradantrieb des Kompressors; w_1, w_2 Zahnradantrieb der Schmierölpumpe; x_1 Öffnung zum Nachspannen der Federn des Schwingungsdämpfers

einspritzung des Brennstoffes. Sie werden mit und ohne Aufladung durch Abgasturbogebläse ausgeführt. Bild 281 zeigt eine aufgeladene Maschine, die mit 8 Zylindern bei 300 U/min 1400 PSe leistet. Ihr Zylinder-Dmr. beträgt 385 mm, der Hub 580 mm. Ohne Aufladung leistet derselbe Motor 1000 PSe, was einem $p_e = 5{,}55$ kg/cm² ($c_m = 5{,}8$ m/sec) entspricht; mit der Aufladung um 40 % steigt das p_e auf 7,77 kg/cm². Auch der aufgeladene Motor benötigt bei der Zylinderleistung von 175 PSe noch keine Kolbenkühlung.

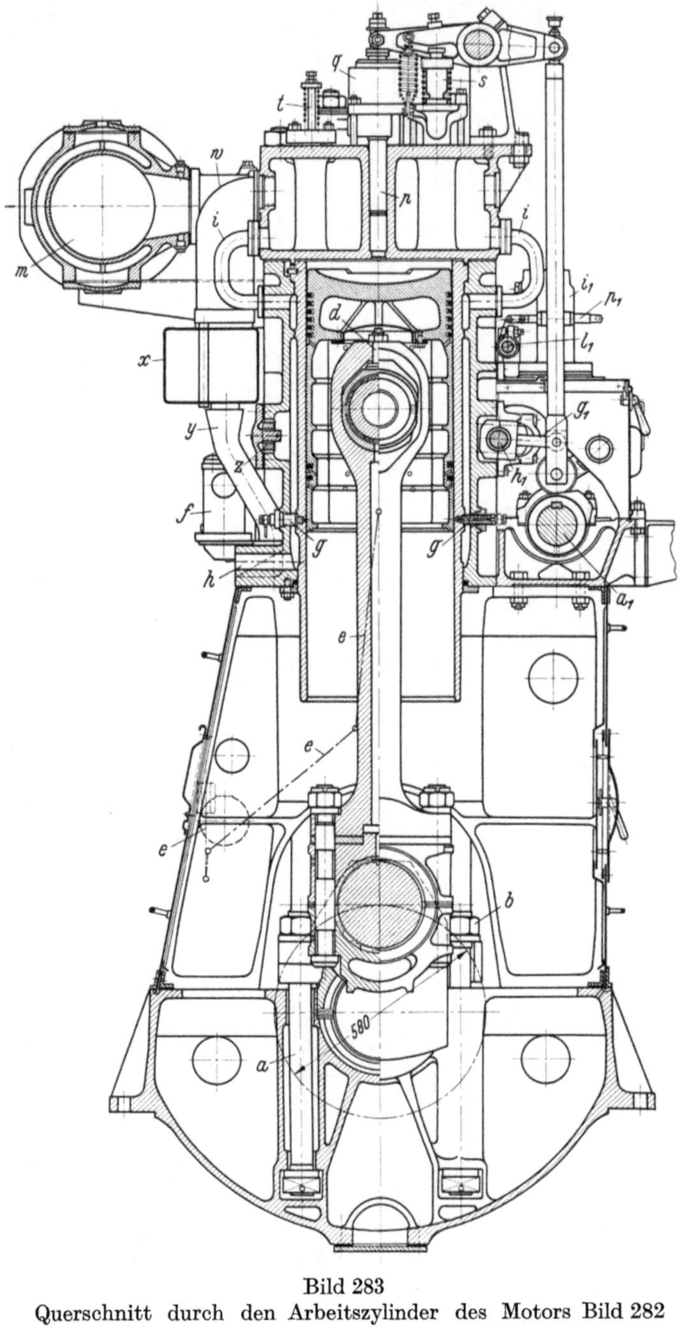

In Bild 282 bis 285 ist die nicht aufgeladene Maschine als Sechszylindermotor in der Längsansicht und teilweise im Längsschnitt, im Querschnitt durch einen Arbeitszylinder, in der Ansicht von der vorderen Stirnseite und der Ansicht von oben dargestellt. Grundplatte, Ständer und Zylinderrahmen werden durch Zuganker (a in Bild 282 u. 283) zusammengehalten, deren Muttern b die Grundlagerdeckel halten; die oberen Muttern c sind in der oberen Gurtung des (aus einem Stück gegossenen) Zylinderrahmens versenkt. Die Lagerbrücken der sieben Grundlager sind mit Doppel-T-Profil ausgeführt (Bild 282); dasselbe Profil haben die Lagerdeckel der Grundlager und die unteren Lagerdeckel der Kurbelzapfenlager. Die Lager werden in der üblichen Weise geschmiert: das Schmieröl wird den Deckeln der Grundlager zugeführt, schmiert diese und gelangt durch Schrägbohrungen in der Kurbelwelle an die unteren Pleuellager. Das überschüssige Öl strömt durch die Bohrung der Pleuelstange dem Kolbenbolzenlager zu, das nachstellbar ausgeführt ist (Bolzen d in Bild 283). Der Kolben hat im oberen Teil sechs Kolbenringe, von denen der unterste ein Ölabstreifring ist (Bd. I, S. 289). Zwei weitere Abstreifringe liegen im untersten Teil des Kolbenmantels; das durch sie von der Wand abgestreifte Öl fließt durch Bohrungen in das Kurbelgehäuse zurück. Ein gewölbtes Blech schützt die Unterseite des Kolbenbodens vor dem aus dem Kolbenbolzenlager spritzenden Schmieröl, das an dem heißen

Bild 283

Querschnitt durch den Arbeitszylinder des Motors Bild 282

a Zuganker; b Muttern der Lagerdeckel; d Bolzen zum Nachstellen des Kolbenbolzenlagers; e Mittellinien des Indiziergestänges; f Zylinderschmierpressen; g Schmierstutzen; h Kühlwassereintritt; i Kühlwasserübertritt zum Zylinderdeckel; m Auspuffleitung; p Brennstoffventil; q Einsaugventil; s Anfahrventil; t Sicherheitsventil; w Saugkrümmer; x Saugleitung; y Entlüftung des Kurbelgehäuses; z Zinkschutz; a_1 Nockenwelle; g_1 Lenker; h_1 Lenkerwelle; i_1 Brennstoffpumpen; l_1 Regelwelle; p_1 Regelstange

Kolbenboden verkoken würde. Das Indiziergestänge (*e* in Bild 282; in Bild 283 durch Mittellinien *e* angedeutet) ist dem Kolben angelenkt; es dient zugleich zum Antrieb der Schmierpressen (*f* in Bild 283 u. 284), welche die Kolben durch die Stutzen *g* (Bild 282 u. 283) schmieren. Das Kühlwasser tritt bei *h* (Bild 283) in den Kühlmantel, wird durch Rippen gezwungen, den oberen Teil der Laufbuchse rascher zu umströmen, und durch zwei Krümmer *i* (Bild 282 bis 285) in den Zylinderdeckel geleitet.

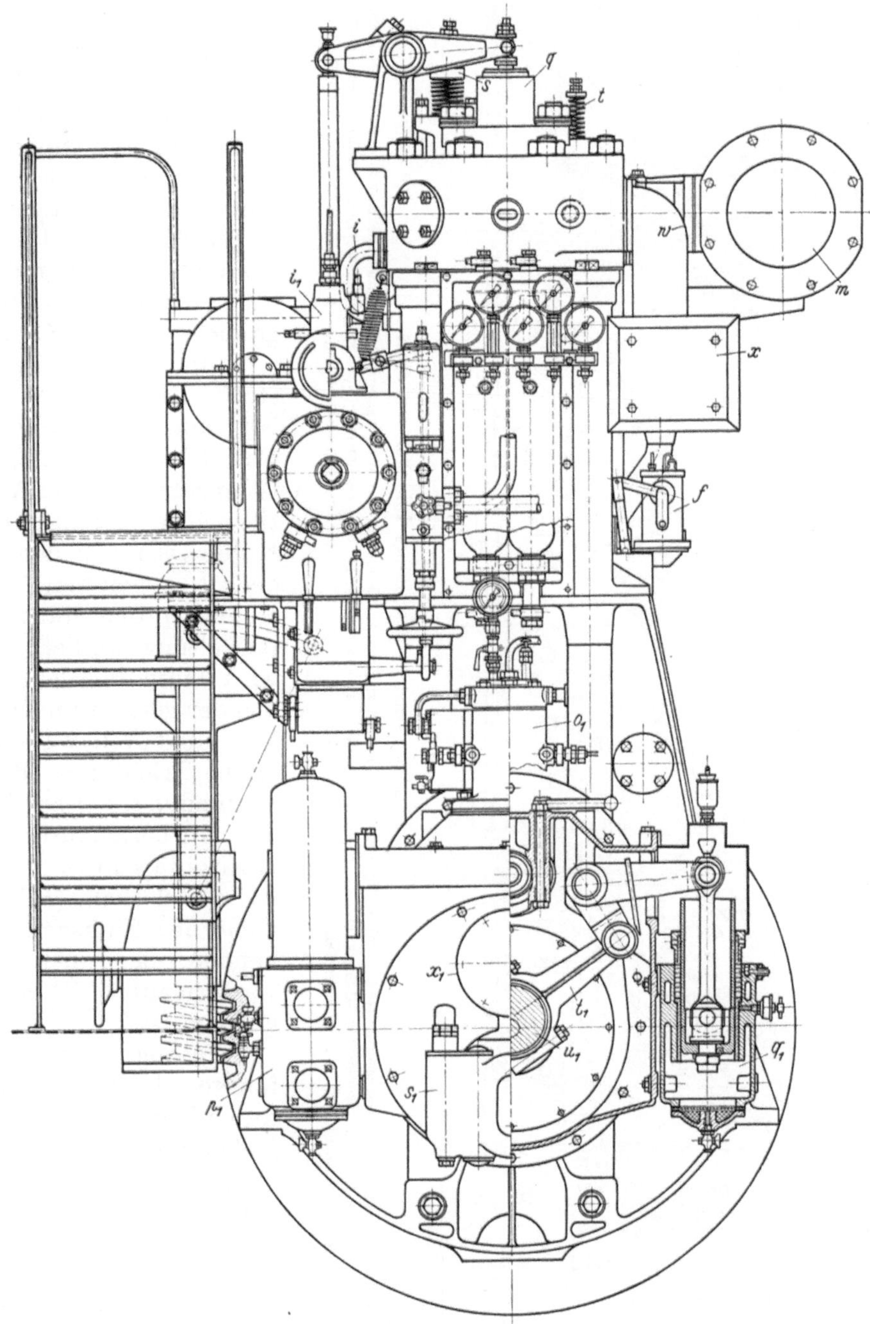

Bild 284. Ansicht des Motors Bild 282 von der vorderen Stirnseite

f Zylinderschmierpressen; *i* Kühlwasserübertritt zum Zylinderdeckel; *m* Auspuffleitung; *q* Einsaugventil; *s* Anfahrventil; *t* Sicherheitsventil; *w* Saugkrümmer; *x* Saugleitung; i_1 Brennstoffpumpe; o_1 Anfahrluftkompressor; p_1, q_1 Kühlwasser- bzw. Lenzpumpe; s_1 Schmierölpumpe; t_1, u_1 Exzenterantrieb der Kühlwasser- bzw. Lenzpumpe; x_1 Öffnung zum Nachspannen der Federn des Schwingungsdämpfers

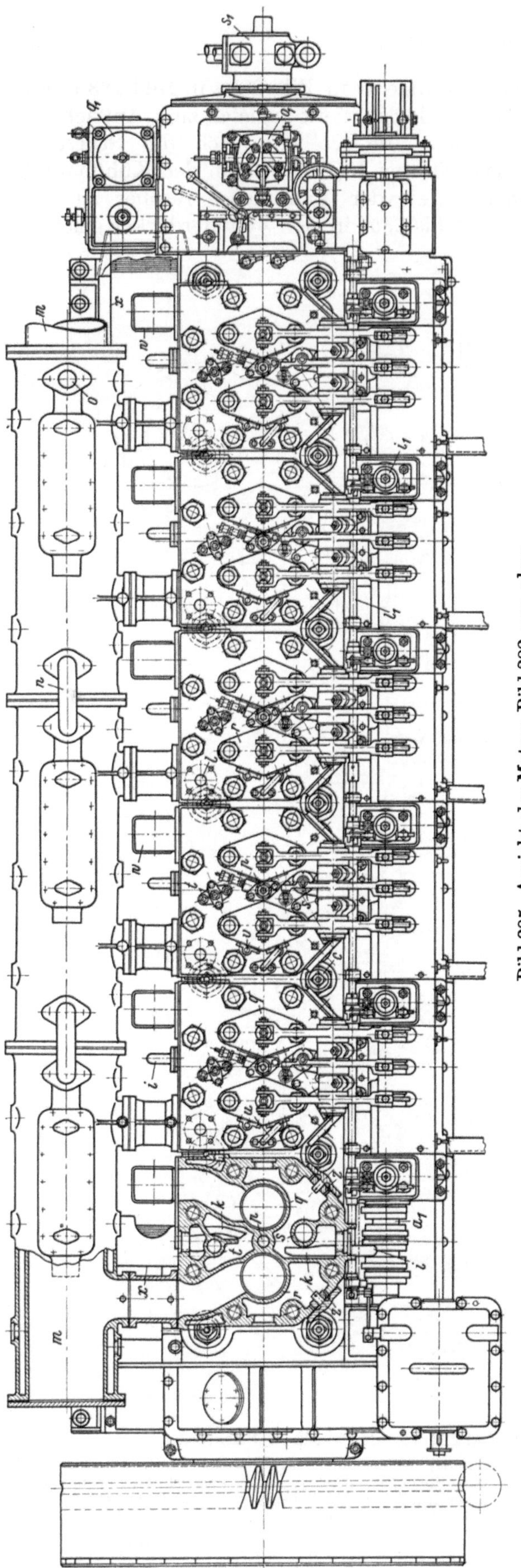

Bild 285. Ansicht des Motors Bild 282 von oben

c obere Zugankermuttern; i Kühlwasserübertritt zum Zylinderdeckel; k Rohrstutzen zur Führung des Kühlwassers; l Kühlwasseraustritt; m Auspuffleitung; n Kühlwasserkrümmer; o Kühlwasserabfluß; p Brennstoffventil; q Einsaugventil; r Auspuffventil; s Anfahrventil; t Sicherheitsventil; u Kühlwasserzu-, v -abfluß des Auspuffventils; w Saugkrümmer; x Saugleitung; z Zinkschutz; a_1 Nockenwelle; i_1 Brennstoffpumpen; l_1 Regelwelle; o_1 Anfahrluftkompressor; q_1 Kühlwasser- bzw. Lenzpumpe; s_1 Schmierölpumpe

Innerhalb des Zylinderdeckels wird es durch Rohrstücke k (Bild 285) an die Stellen geführt, die besonders wirksam gekühlt werden müssen, d. i. der Mantel der Brennstoffventilkanone und die angrenzende Fläche. Bei l tritt das Kühlwasser aus den Zylinderdeckeln; es wird den Kühlmänteln der (in drei Teilen gegossenen) Auspuffleitung m zugeführt, die durch Krümmer n verbunden sind, und fließt durch eine an den Flansch o anschließende Leitung ab.

In Bild 285 ist der Deckel des dem Schwungrad zunächst liegenden Zylinders im Schnitt gezeichnet. Die Kanonen p, q, r, s und t nehmen das Brennstoff-, Einsaug-, Auspuff-, Anlaß- und Sicherheitsventil auf. Das Gehäuse des Einsaugventils ist ungekühlt; dem Auspuffventilgehäuse wird durch das Rohr u Kühlwasser aus dem Zylinderdeckel zugeführt, das durch Rohr v in den Mantel der Auspuffleitung abfließt. Die Luft wird durch die Blechkrümmer w aus der gemeinsamen Leitung x angesaugt; mit x steht der oben offene Trichter y (Bild 283) in Verbindung, der zur Entlüftung des Kurbelgehäuses dient. Im Horizontalschnitt durch den Zylinderdeckel (Bild 285) ist auch der Zinkschutz z zu erkennen, der auch am Kühlwassermantel (Bild 283) vorgesehen ist.

Einsaug-, Auspuff- und Anfahrventil werden mechanisch durch Nocken, Stoßstangen und Hebel gesteuert (Bild 283). Die in halber Maschinenhöhe liegende Nockenwelle a_1 (Bild 282, 283, 285) wird durch das Zahnradgetriebe b_1, c_1, d_1 (Bild 282; s. a. Bild 300) mit der halben Drehzahl der Kurbelwelle angetrieben; das treibende Zahnrad b_1 ist unmittelbar neben dem

Schwungrad auf der Kurbelwelle befestigt, weil hier die Drehschwingungsausschläge am kleinsten sind. Da die Maschine umsteuerbar ist, hat jedes der drei mechanisch gesteuerten Ventile einen Vorwärts- und einen Rückwärtsnocken, die durch axiales Verschieben der Nockenwelle jeweils zum Eingriff gebracht werden. Wie die Welle durch Bundlager e_1 und Kurvenscheibe f_1 (Bild 282) verschoben wird, ist zu Bild 293 erläutert. Damit die Rollen der Stoßstangen die Nockenwelle zur Verschiebung freigeben, werden die Stangen während des Verschiebens ausgeschwenkt; sie sind hierzu an Lenkern g_1 (Bild 283) aufgehängt, die der gekröpften Lenkerwelle h_1 angelenkt sind (Bild 283 u. 282). Diese wird von der Umsteuermaschine um etwa 270° geschwenkt (Bild 293), wodurch die Lenkerwelle die Stoßstangen abhebt und sie nach dem Verschieben der Nockenwelle wieder auf den Gegennocken aufsetzt.

Auch die Brennstoffpumpen (Boschpumpen) i_1 (Bild 282 bis 285) werden von der Nockenwelle betätigt. Die Brennstoffnocken k_1 (Bild 282) liegen dicht neben je einem Lager der Nockenwelle, so daß die Durchbiegungen, welche die Nockenwelle infolge der hohen Pumpendrücke erfährt, klein bleiben ($< 0{,}1$ mm). Die an den Brennstoffpumpen entlanggeführte Regelwelle l_1 (Bild 282, 283, 285) verschiebt die Zahnstangen p_1 der Pumpen (Bild 283) und paßt dadurch die Brennstofförderung der Leistung an. Die Verbindung der Regelstange mit dem Bedienungsstand ist in Bild 293 gezeigt; der Hebel n_1 (Bild 282) gehört zum Übertragungsgestänge.

Am vorderen Maschinenende (Bild 282 u. 284) sind der Anfahrluftkompressor o_1, die Kühlwasser- und die Lenzpumpe (p_1 und q_1 in Bild 284), der Schwingungsdämpfer r_1 (Bild 282) und die Schmierölpumpe s_1 angeordnet. Die Pumpen werden durch Exzenterstangen t_1 mit gemeinsamem Exzenter u_1 (Bild 284) sowie durch Winkelhebel angetrieben, der Kompressor durch ein Zahnradpaar v_1, v_2 (Bild 282), die Schmierölpumpe durch ein Zahnradpaar w_1, w_2. Durch eine Öffnung im vorderen Stirndeckel, die durch Deckel x_1 (Bild 282 u. 284) verschlossen wird, können die Federn des Schwingungsdämpfers bei Bedarf nachgespannt werden.

Etwas anders als in Bild 282 sind der Schwingungsdämpfer und die am vorderen Maschinenende liegenden Hilfsmaschinen in Bild 286 angeordnet. Da hier ein größerer *Schwingungsdämpfer* verwendet werden sollte, ist dieser dicht an das vorderste Kurbelwellenlager herangerückt. Die beiden Innenscheiben y_1 des Dämpfers (Typ *Lanchester*, s. S. 133) sind durch 6 Paßschrauben z_1 mit dem vorderen Flansch der Kurbelwelle verbunden; die Paßschrauben halten zugleich den vorderen Wellenstummel. Zwischen den Paßschrauben liegen Zylinderkopfschrauben a_2, welche die Scheiben y_1 miteinander verbinden. Auf den konischen Umfangsflächen der Dämpferscheiben ist durch Rohrnieten ein Bremsbelag befestigt, der die (geteilte) Dämpfermasse durch Reibung mitnimmt. Die beiden Hälften der Dämpfermasse (Auß.-Dmr. 900 mm) werden durch 6 Schraubenfedern b_2 auseinander- und gegen den Reibbelag gedrückt; durch Verändern der Spannung der Federn kann die erforderliche Reibung eingestellt und bei Abnutzung des Reibbelages ·wiederhergestellt werden. Mit Bund versehene Bolzen c_2, die zwischen den Federn liegen, verhindern, daß die Hälften der Dämpfermasse sich in tangentialer Richtung gegeneinander verschieben. Das gewölbte Blech d_2, das an seinem Innenumfang einen Filzring trägt, verhindert, daß Spritzöl aus dem vorderen Kurbelwellenlager an den Reibbelag gelangt, denn dieser Dämpfer beruht auf dem Prinzip der *trockenen* Reibung. Seine Wirkungsweise wird auf S. 134 beschrieben.

Durch die Öffnung x_1 können die Federn b_2 nachgespannt und das Reibungsmoment zwischen Dämpfermasse und Dämpferscheiben kontrolliert werden. Hierzu wird ein mitgelieferter Hebel von bekannter Länge in senkrechter Lage gegen den Umfang der Dämpfermasse geschraubt, und an seinem freien Ende wird ein Drahtseil befestigt, das horizontal über eine Rolle geführt und mit Gewichten belastet wird. Das erforderliche Schlupfmoment liegt je nach Größe und Drehzahl der Maschine und des Dämpfers zwischen etwa 170 und 300 kgm. Ist es infolge Abnutzung des Bremsbelages nicht mehr vorhanden, so werden die Federn b_2 nachgespannt. Gegenmuttern, durch Umschlagblech gesichert, verhindern, daß die Spannung der Federn sich im Betrieb ändert.

Der Raum, in welchem der Schwingungsdämpfer umläuft, ist nach vorn durch die Wand e_2 abgeschlossen, deren mittlere Öffnung durch das Blech f_2 abgedeckt ist, so daß auch von den Triebwerkteilen der angehängten Hilfsmaschinen kein Spritzöl an den Dämpfer gelangt. In dem nach vorn anschließenden Raum sind der Antrieb der Kühl-

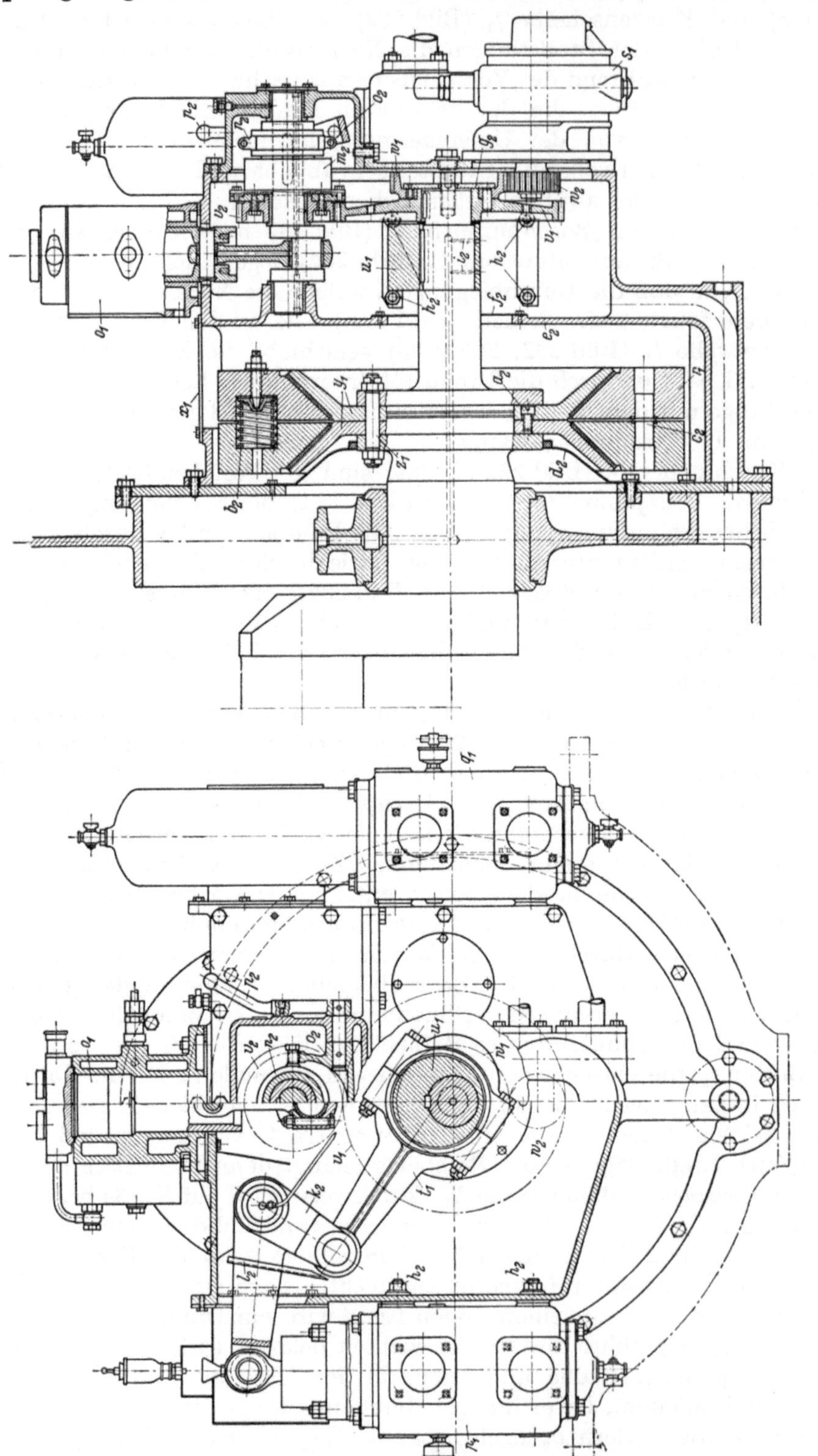

Bild 286. Anordnung der Hilfsmaschinen und des Schwingungsdämpfers am vorderen Maschinenende

o_1 Anfahrluftkompressor; p_1, q_1 Kühlwasser- bzw. Lenzpumpe; r_1 Schwingungsdämpfer; s_1 Schmierölpumpe; t_1 Exzenterstange; u_1 Exzenter; v_1, v_2 Zahnradantrieb des Kompressors; w_1, w_2 Zahnradantrieb der Schmierölpumpe; x_1 Öffnung zum Nachspannen der Federn des Schwingungsdämpfers; y_1 Dämpferscheiben; z_1 Paßschrauben; a_2 Zylinderkopfschrauben; b_2 Schraubenfedern; c_2 Bolzen; d_2 Spritzölschutz; e_2 Trennwand; f_2 Spritzölschutz; g_2 Druckplatte; h_2 Muttern für Befestigung der Pumpengehäuse; i_2 Schmierung der Exzenterbügel; k_2 Winkelhebel; l_2 Spritzölschutz; m_2 Einrückkupplung; n_2 Gleitring; o_2 Gabelhebel; p_2 Handhebel

wasser- und der Lenzpumpe durch das gemeinsame Exzenter u_1, der Antrieb des Kompressors durch das Zahnradpaar v_1, v_2 und der Antrieb der Schmierölpumpe durch die Zahnräder w_1, w_2 untergebracht.

Das Exzenter u_1 (Bild 286) wird in der Umfangsrichtung durch eine Paßfeder, in der Achsrichtung durch die Platte g_2 gehalten, welche zugleich die Naben der Zahnräder w_1 und v_1 und das Exzenter gegen einen Absatz am Wellenstummel drückt. (Die im Längsschnitt, Bild 286, hinter u_1 sichtbaren vier Muttern h_2 dienen zur Befestigung der Gehäuse der Kühlwasser- und der Lenzpumpe; s. a. den Querschnitt, Bild 286 u. 287. Die Muttern sind durch ein gemeinsames Umschlagblech gesichert.) Die Exzenterbügel werden durch zwei Radialbohrungen i_2 geschmiert, die durch eine Axialbohrung und eine Radialbohrung im vordersten Kurbelwellenzapfen mit der Schmierung des vorderen Grundlagers verbunden sind. Die Exzenterstangen t_1 sind den Winkelhebeln k_2 angelenkt, welche die Tauchkolben der Pumpen p_1 und q_1 bewegen. Ein an den längeren Arm des Hebels k_2 angeschweißtes Blech l_2 verhindert, daß Spritzöl von den Gelenken k_2 in den Pumpenraum gelangt.

Die *Kühlwasser-* (oder *Lenz-*)*pumpe*, in Bild 287 im Schnitt und im Grundriß gezeichnet, wird von außen gegen das Gehäuse gesetzt, das den Schwingungsdämpfer und die Antriebteile der Hilfsmaschinen verschalt, und mit diesem durch vier Stiftschrauben und Muttern h_2 verbunden; i_2 ist das im vorigen Absatz erwähnte Sicherungsblech, das auf der Innenseite der Verschalung liegt (Bild 286). Das gußeiserne Gehäuse ist durch weite Öffnungen nach innen überall gut zugänglich; nur an der Stelle a ist ein Kernstopfen erforderlich. Die Führungsbuchse b (aus Phosphorbronze) ist in das Gehäuse gepreßt; der in ihr gleitende Tauchkolben c (aus dem gleichen Werkstoff) wird durch eine Staufferbüchse d geschmiert, die das Fett durch eine Umfangrille und mehrere Bohrungen über den Umfang des Tauchkolbens verteilt. Auch die Stopfbuchsbrille e ist mit einer Bronzebuchse gefüttert. Getalgte Baumwollringe von Vierkantprofil dichten den Tauchkolben ab. Austretende Wassertropfen fallen durch die Bohrungen f in die Rille g, aus der das Wasser abgeleitet wird. In den ver-

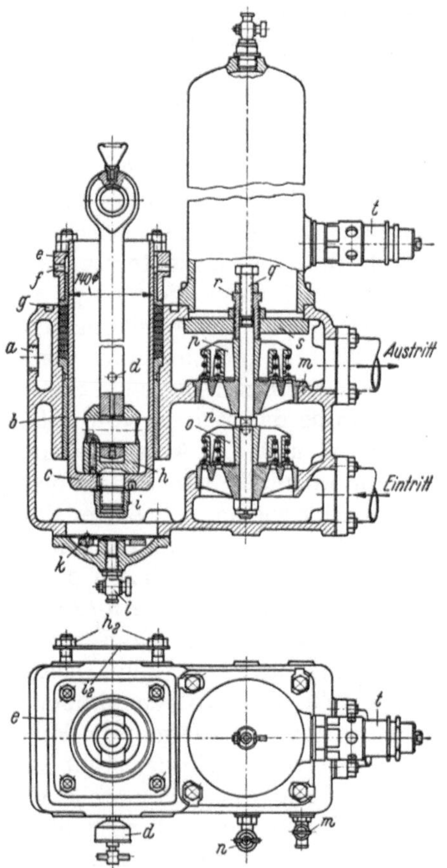

Bild 287. Kühlwasserpumpe

h_2 Befestigungsschrauben mit Muttern und Sicherungsblech i_2; a Kernstopfen; b Führungsbuchse; c Tauchkolben; d Staufferbüchse; e Stopfbuchsbrille; f, g Leckwasserableitung; h Gabel; i Hutmutter; k Zinkschutz; l, m Entwässerung; n Schnüffelventil; o Saugventil; p Druckventil; q Druckschraube für o; r Druckschraube für p; s Brücke; t Sicherheitsventil

stärkten Boden des Tauchkolbens ist die Gabel h geschraubt und durch Paßfeder und gesicherte Hutmutter i befestigt. In die Gabel ist der durch eine Zapfenschraube gesicherte Kolbenbolzen gepreßt, an dem die Schubstange angreift. Ihr oberes Auge wird durch einen Tropföler (mit Trichter) geschmiert; das überschüssige Öl gelangt durch die Bohrung in der Schubstange an das Kolbenbolzenauge. Unterhalb des Kolbens ist der Zinkschutz k durch Nieten an einem gelochten Blech aufgehängt, eine Befestigung, welche verhindert, daß abgelöste Zinkteile vom Kolben angesaugt werden und in die Ventile gelangen. Durch den Hahn l kann das Gehäuse und der zwischen den Ventilen liegende Raum entwässert werden. Für die Entwässerung des oberhalb des Druckventils p liegenden Raumes ist der Hahn m vorgesehen, während der Raum unterhalb des Saugventils mit der Zulaufleitung entwässert wird. Durch das Schnüffelventil n wird bei jedem Saughub dem Wasser etwas Luft zugeführt, wodurch der Gang weich wird.

Saugventil o und Druckventil p sind auf einer aus Bronze geschmiedeten Spindel so befestigt (Bild 287), daß sie gemeinsam aus dem Gehäuse gehoben werden können. Die Durchmesser der Gehäusebohrungen nehmen daher von unten nach oben zu. Die Spindel, auf welcher das Saugventil durch einen Bund und durch Kronenmutter mit Splint befestigt ist, wird durch die Kopfschraube q nach unten gedrückt und preßt damit den Saugventilsitz in das Gehäuse. Das Druckventil wird durch die Hohlschraube r in das Gehäuse gepreßt; sie ist in die Brücke s geschraubt (welche die Verbindung zwischen Druckraum und Windkessel nicht unterbricht). Beide Druckschrauben sind durch Gegenmuttern gesichert. Die aus P-Bronze geschmiedeten Ventilplatten sind in den Ventilfängern geführt und durch verkupferte Stahlfedern belastet. Der Windkessel ist mit Sicherheitsventil t versehen.

Der Hub des Tauchkolbens kann der Zylinderzahl des Motors angepaßt werden. Für den Sechszylindermotor beträgt der Hub des Exzenters (u_1 in Bild 286) 46 mm; er wird durch den der Exzenterstange angelenkten Winkelhebel auf 90 mm vergrößert. Bei 300 U/min fördert die Pumpe hierbei rd. 22 m³/h, entsprechend 30 lit/PSeh. Für den Achtzylindermotor wird ein Exzenter mit 60 mm Hub eingebaut; die Pumpe fördert dann 29 m³/h und hat damit dieselbe spezifische Förderleistung. Der Motor kann je nach Wahl mit Süßwasser- oder Seewasserkühlung betrieben werden. Im zweiten Fall saugt die Pumpe das Wasser von außenbords und drückt es durch den Schmierölkühler, die Maschine und die Auspuffleitung nach außenbords. Bei Süßwasserkühlung saugt die Pumpe ebenfalls von außenbords und drückt über den Ölkühler und den Süßwasserrückkühler wieder in See. Der Süßwasserkreislauf durch die Maschine und den Rückkühler wird in diesem Fall von einer besonderen Pumpe angetrieben. Der Kühlwasserdruck beträgt bei voller Drehzahl des Motors etwa 1 kg/cm² Üb.

Die Anordnung des *Anfahrluftkompressors* und sein Antrieb wurden zu Bild 282 und 286 besprochen. Der Kompressor (Bild 288) ist zweistufig, da er gegen den Druck in der Anfahrluftflasche zu arbeiten hat, der bis auf 40 atü ansteigen kann. Die obere Stirnfläche des Kolbens bildet die ND-Stufe, die Ringfläche zwischen den Durchmessern 120 und 108 mm die HD-Stufe. Zwischen den Stufen wird die Luft rückgekühlt. Der Kompressorzylinder steht mit seinem Fuß auf dem Gehäuse, das den Schwingungsdämpfer und die Antriebteile der Hilfsmaschinen verschalt (Bild 286); zwischen dem Fuß und dem Verschalungsgehäuse liegt eine Paßplatte, durch welche das Spiel zwischen Kolben und Deckel (0,8 mm) genau eingestellt werden kann. Vier Kolbenringe dichten die ND-Stufe gegen die HD-Stufe ab, vier weitere die HD-Stufe gegen den Kurbelraum; ein fünfter Ring streift das Spritzöl vom Kolben ab. Die Ventile der ND-Stufe liegen im Zylinderdeckel, während die HD-Ventile seitlich an den Mantel angebaut sind. Die Luft tritt durch den mit feiner Messinggaze (144 Maschen/cm²) versehenen Rohrstutzen a ein, durchströmt beim Abwärtsgang des Kolbens das ND-Saugventil b, beim Aufwärtsgang das ND-Druckventil c, an das der Manometerhahn d angeschlossen ist, und wird durch das mit ovalem Flansch angeschlossene Stahlrohr e (18/14 mm) in die Vorlage f geleitet, einem getrennt hergestellten Gehäuseteil, der mit sechs Stiftschrauben g am Kompressormantel befestigt ist. In die anliegende Stirnwand sind, in der Wand übereinanderliegend, zwei kurze kupferne Rohrstücke h eingewalzt, die an ihren freien Enden zusammengebogen sind; dort sind zwei nebeneinanderliegende kupferne Kühlschlangen i (11/8 mm) eingelötet. Die Kühlschlangen liegen in dem an dieser Stelle verbreiterten Kühlmantel; sie werden zusammen mit der Vorlage eingesetzt und ausgebaut. Die Luft strömt weiter durch das Stahlrohr k zum HD-Saugventil l, an dessen Vorraum das Sicherheitsventil m angeschlossen ist; es wird auf 7 atü Öffnungsdruck eingestellt. Vom HD-Druckventil n führt die Leitung o zur Anfahrluftflasche.

Das Kühlwasser tritt durch das Rohr p in den unteren Teil des Kühlmantels ein, durchströmt diesen, zugleich die Rohrschlangen kühlend, tritt durch vier kurze, verzinkte, durch Gummiringe gedichtete Stahlrohre q in den Zylinderdeckel über und wird durch das Rohr r abgeleitet.

In der Vorlage f, die nicht wassergekühlt ist, schlägt sich aus der verdichteten Luft etwas Wasser nieder, das von Zeit zu Zeit durch den Hahn s abgelassen wird.

Der HD-Teil des Kompressorkolbens wird durch das Spritzöl des Kurbelgehäuses ausgiebig geschmiert. Damit auch die Kolbenringe der ND-Seite etwas Schmieröl erhalten, werden durch den Dochtöler t einige Tropfen Öl der angesaugten Luft beigemischt.

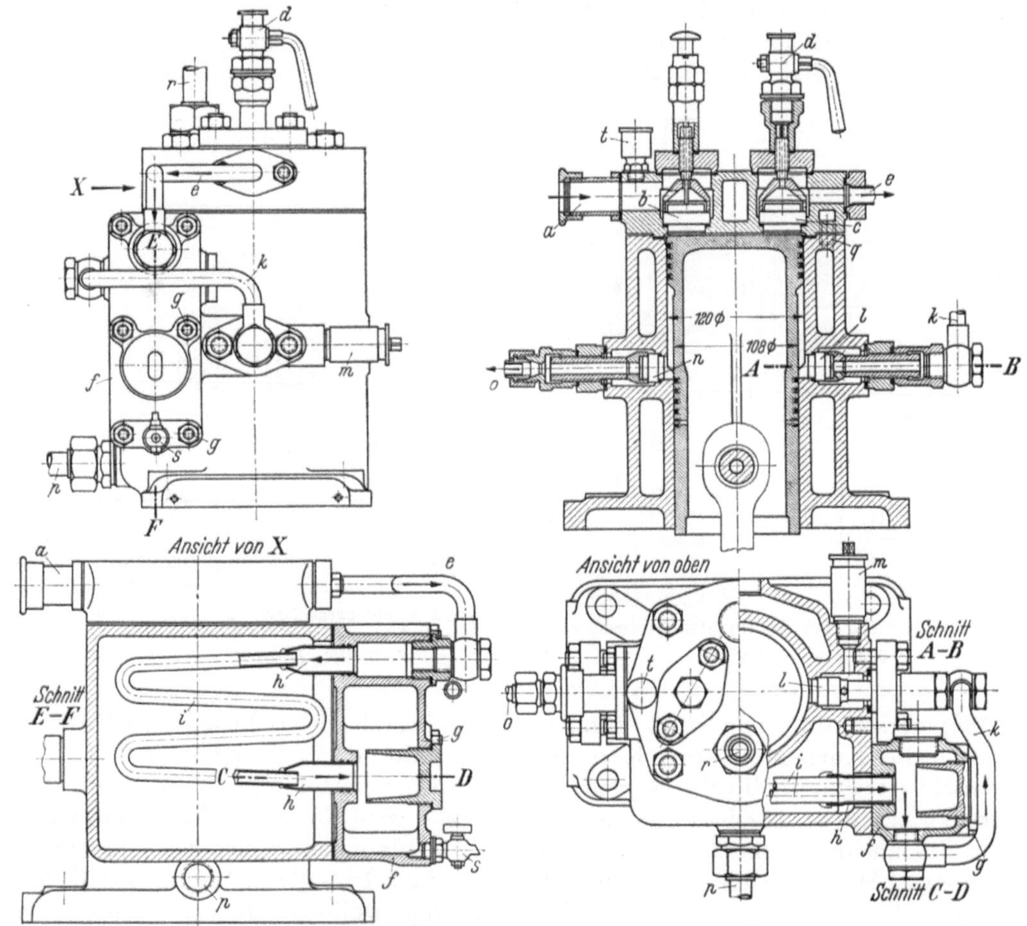

Bild 288. Anfahrluftkompressor

a Eintrittsstutzen; b ND-Saugventil; c ND-Druckventil; d Manometerhahn; e ND-Druckleitung; f Vorlage; g Stiftschrauben; h Mündungsstücke der Kühlschlangen; i Kühlschlangen; k HD-Saugleitung; l HD-Saugventil; m Sicherheitsventil zwischen ND- und HD-Stufe; n HD-Druckventil; o Leitung zur Anfahrluftflasche; p Kühlwasserzuleitung; q Kühlwasserübertritt zum Deckel; r Kühlwasserableitung; s Entwässerung; t Dochtöler

In Bild 289 sind die vier *Kompressorventile* b, c, l, n im Schnitt gezeichnet; ihre Stellung im Bild entspricht der Anordnung im Kompressor (Bild 288, Querschnitt). Die Einzelteile der ND-Ventile und die der HD-Ventile sind untereinander gleich, liegen jedoch bei den Druckventilen, von den Druckkappen aus gesehen, umgekehrt wie bei den Saugventilen, so daß die Ventilteller jeweils in der Strömungsrichtung öffnen. Die Ventilteller sind aus gehärtetem Sonderstahl angefertigt. Die Druckkappen der ND-Ventile sind mit Bohrungen für den Durchtritt der angesaugten bzw. verdichteten Luft versehen; die Bohrungen in der Druckkappe des HD-Saugventils l stellen die Verbindung mit dem Raum her, an den das Sicherheitsventil m angeschlossen ist.

Die Drehzahl, mit welcher die Kurbelwelle des Kompressors angetrieben wird, kann durch Auswechseln der Zahnräder v_1, v_2 (Bild 286) geändert werden. Bei 510 U/min

der Kompressorwelle und 70 mm Hub saugt der Kompressor 15,6 m³/h Luft von atm.
Spannung an. Der Enddruck ist der jeweilige Gegendruck in der Anfahrluftflasche,
der auf 40 atü begrenzt ist. Der Kompressor läuft nicht ständig mit; er wird nur bei
Bedarf eingerückt, wenn der Druck in der Flasche zu tief gesunken ist. Beim Manövrieren
dagegen bleibt der Kompressor eingerückt, damit der Luftverbrauch sogleich wieder
ersetzt wird. Die Zahnräder v_1, v_2 treiben daher die Kompressorwelle nicht direkt, sondern
durch eine Einrückkupplung m_2 (Bild 286) an, die durch den Gleitring n_2, den Gabelhebel o_2 und den Handhebel p_2 betätigt wird.

Die *Kupplung*, Bauart *Ortlinghaus*, ist in Bild 290 (halb) im Längsschnitt dargestellt.
Das Kupplungsgehäuse m_2 (in Bild 286 ebenso bezeichnet) ist mit dem Zahnrad v_2

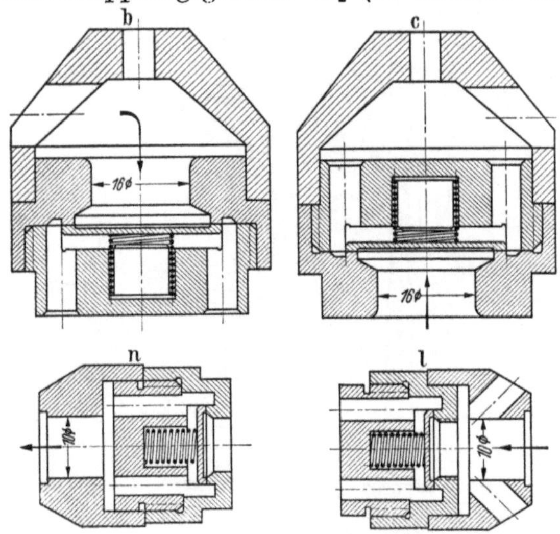

Bild 289. Ventile des Anfahrluftkompressors

b, c, l, n wie Bild 288

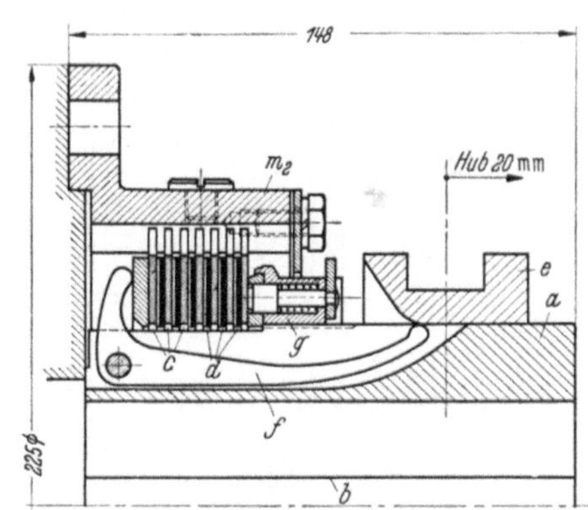

Bild 290. Einrückkupplung zum Anfahrluftkompressor, Bauart ORTLINGHAUS

m_2 Kupplungsgehäuse; *a* Nabe; *b* Nut für Paßfeder;
c Außenlamellen; *d* Innenlamellen; *e* Verschiebe-
muffe; *f* Winkelhebel; *g* Stellmutter

(Bild 286) verschraubt und läuft ständig um, während die Bohrung der Nabe a der
Kupplung die Kurbelwelle des Kompressors aufnimmt, auf welche a mit Preßsitz
aufgebracht ist; eine in die Nut b greifende Paßfeder sichert a gegen Verdrehen. Die Verbindung zwischen dem Gehäuse m_2 und der Nabe a wird durch ein Lamellenpaket hergestellt, das aus den Außenlamellen c und den Innenlamellen d besteht. Die gehärteten
und plangeschliffenen Außenlamellen gleiten in einer Innenverzahnung des Gehäuses,
die ebenso hergestellten, in der Umfangsrichtung wellenförmig gestalteten Innenlamellen („Sinus"-Lamellen) in einer Außenverzahnung der Nabe. Durch Verschieben
der Muffe e nach links erhalten die drei federnden Winkelhebel f eine Rechtsdrehung,
so daß der kürzere Schenkel von f das Lamellenpaket zusammendrückt und Reibungs-
verbindung zwischen m_2 und a herstellt, wodurch der Kompressor eingerückt wird. Der
Anpressungsdruck kann durch die Stellmutter g, die mit Gewinde auf der Nabe a sitzt
und mehrere federbelastete Druckstempel trägt, eingestellt werden, so daß die Kupplung
weich einrückt (in Bild 290 ist die Kupplung in eingerückter Lage gezeichnet). Durch
die Wellenform der Innenlamellen wird ein Kleben der Lamellen infolge Adhäsion des
Schmieröles vermieden und verhindert, daß die Nabe a (und damit der Kompressor)
im Leerlauf mitgenommen wird. Die Federung der Winkelhebel f gleicht einen mechanischen Verschleiß weitgehend aus. Die Kupplung kann ein Drehmoment von 30 kgm
übertragen, so daß sie eingerückt den Kompressor sicher mitnimmt.

Zu den an der vorderen Stirnseite angeordneten Hilfsmaschinen gehört die (in
Bild 282, 284, 285 u. 286 mit s_1 bezeichnete) Schmierölpumpe, die durch die Zahnräder
w_1, w_2 (Bild 286) angetrieben wird. Sie ist als umsteuerbare Zahnradpumpe Bauart
Neidig (Bild 291) ausgeführt. Die Pumpe saugt aus dem Schmierölablauftank und

drückt durch ein umschaltbares Doppelfilter und den Ölkühler in die Schmierölzuflußleitung des Motors. Am Pumpengehäuse ist die Saugleitung bei a, die Druckleitung bei b
angeschlossen. Das Zahnrad w_2 treibt das obere Förderrad c an und dieses das untere d.
c ist auf seiner Welle durch eine Paßfeder befestigt; bei dem Rad d ist die Feder entbehrlich, da von d keine Kräfte auf die Welle zu übertragen sind. Die Zapfen der Zahnradwellen werden vom Druckraum e aus durch mehrere Bohrungen f geschmiert; das
überschüssige Öl fließt durch die Bohrungen g in den Saugraum zurück. Wie in Bd. I,
S. 363, erläutert, sind es die jeweils am Außenumfang vorbeiwandernden Zahnlücken,
welche das Öl von der Saug- auf die Druckseite fördern. Da die Zahnradpumpe von der

Kurbelwelle des Motors
angetrieben wird und dieser
umsteuerbar ist, muß das
zu fördernde Öl bei Umkehr der Drehrichtung von
der entgegengesetzten
Seite der Zahnräder an
die Zahnlücken herangeführt werden wie vor dem
Umsteuervorgang. Dies
wird dadurch erreicht, daß
zwei Saugventile h_1, h_2 und
zwei Druckventile i_1, i_2
vorgesehen sind, von denen
bei der einen Drehrichtung die Ventile h_1, i_1, bei
der anderen h_2, i_2 zusammenarbeiten. Die übereinanderliegenden Ventile mit

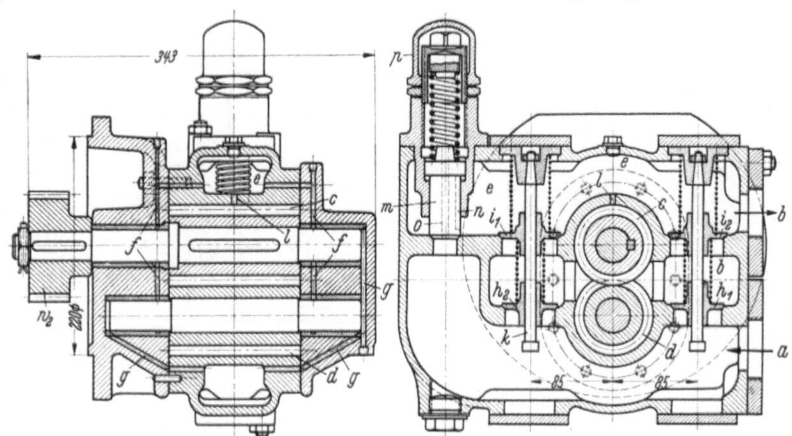

Bild 291. Zahnradschmierölpumpe, Bauart NEIDIG

a Saug-, b Druckleitung; c, d Pumpenräder; e Druckraum; f, g Schmierbohrungen; h_1, h_2 Saugventile: i_1, i_2 Druckventile; k Führungsstangen; l Entlüftung;
m Sicherheitsventil; n Nut; o Bohrung für Druckausgleich; p Schutzkappe;
w_2 Antriebzahnrad

ihren Federn können gemeinsam nach oben ausgebaut werden, da die Durchmesser
der Bohrungen im Gehäuse von unten nach oben zunehmen. Durch die an ihrem unteren
Ende mit Bund versehenen Stangen k, auf denen im Betrieb die Ventilteller geführt
sind, kann man die Ventilsätze herausheben. Die Bohrung l entlüftet die vorbeiwandernden Zahnlücken in den Druckraum e.

Das federbelastete Sicherheitsventil m verhindert das Auftreten zu hoher Drücke im
Druckraum. Der Ventilkörper hat an seinem oberen Ende einen Bund, dessen untere
Ringfläche durch die Nut n in Verbindung mit dem Druckraum e steht, während die
obere Fläche des Bundes durch die Bohrung o mit dem Saugraum verbunden ist. Der
in e herrschende Öldruck wirkt daher ständig auf Öffnen des Ventilkegels m, doch verhindert die Feder, daß der Kegel sich hebt, solange der durch die Federspannung bestimmte Öldruck nicht überschritten wird. Nur wenn dies eintritt, hebt sich der Kegel
und läßt Öl aus dem Druck- in den Saugraum zurücktreten. Die Kappe p verhindert
ein unbeabsichtigtes Verstellen der Federspannung.

Bei 300 U/min des Motors ist die Umlaufzahl der Pumpenzahnräder 635/min; die
Pumpe fördert dabei 9000 lit/h oder 12 lit/PSeh als umlaufende Schmierölmenge (vgl.
Bd. I, S. 363).

Die *Anfahr-* und *Umsteuervorrichtung* des MaK-Motors der Type 581 weist mehrere
Besonderheiten auf, die an Hand des Schemas Bild 292, der perspektivischen Zusammenstellung Bild 293 und der Schnittzeichnungen Bild 294 besprochen werden sollen. Beim
Anfahren wird sogleich Brennstoff gegeben, noch während die Anfahrventile im Zylinderdeckel auf Druckluft geschaltet sind; diese schließen sich selbsttätig, sobald die Zündungen einsetzen, da der Zünddruck höher als der (in einem Druckminderventil herabgesetzte)
Druck der Anfahrluft ist. Der Anfahrluftbehälter a (Bild 292) wird auf max. 40 kg/cm² Üb.
aufgeladen; mit diesem Höchstdruck tritt die Luft nach Öffnen des Absperrventils b

an der Flasche in das Gehäuse des Hauptanfahrventils c. Auch wenn der Maschinist
das Handrad d dieses Ventils auf Öffnen gestellt hat, hält der Ventilkegel das Ventil
zunächst noch geschlossen, weil eine feine Bohrung (f in Bild 298) Druckluft unter den
Ventilkegel treten läßt, so daß der nach oben gerichtete Druck überwiegt und das
Ventil **nicht öffnet. Erst wenn der** Maschinist durch Bewegen des Anfahrhebels (e_1 in
Bild 293) das Steuerventil e niederdrückt (s. a. Bild 296) und damit den Raum unterhalb des Ventilkegels c entlüftet (Leitung f_1), öffnet der Luftdruck, der auf den am Ventilkegel ausgebildeten Stufenkolben wirkt, das Ventil, und nunmehr kann die Luft unmittel-

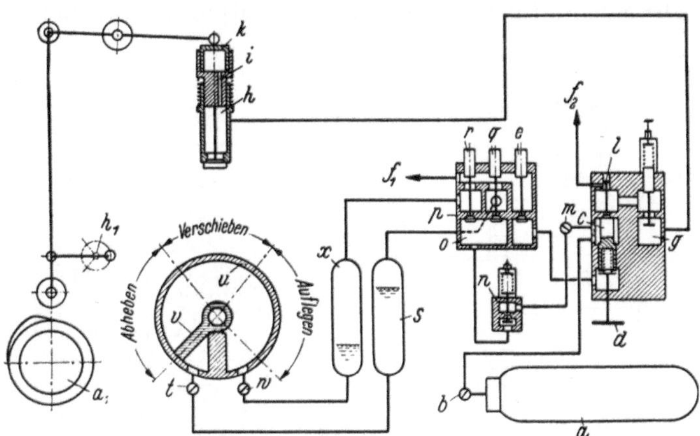

Bild 292. Schema der Anfahr- und Umsteuervorrichtung

a Anfahrluftbehälter; b Absperrventil; c Hauptanfahrventil; d Handrad an c; e Steuerventil zum Hauptanfahrventil; f_1, f_2 Entlüftungsleitungen; g Hauptreduzierventil; h Anfahrventil im Zylinderdeckel;
i Bohrung in der Spindel des Anfahrventils; k Steuerkolben des Anfahrventils; l Entlüftungskolben; m Absperrventil für Umsteuermaschine; n Reduzierventil für Umsteuermaschine; o, p Preßluftverteiler; q, r Ventile des Preßluftverteilers; s Zurück-Ölwindkessel;
t, w Drosselhähne; u Umsteuermaschine; v Drehkolben; x Voraus-
Ölwindkessel; a_1 Nockenwelle; h_1 Lenkerwelle

bar aus dem Anfahrluftbehälter
durch das Druckminderventil g zu
den im Zylinderdeckel sitzenden
Anfahrventilen h strömen. Im Reduzierventil wird sie von 40 auf
etwa 20 atü gedrosselt, damit der
höhere Zünddruck die Anfahrventile selbsttätig schließen kann,
sobald die Zündungen einsetzen.
Durch Bohrungen i in den Spindeln der Anfahrventile h (s. a.
Bild 299) gelangt die Luft in den
Raum unterhalb des Steuerkolbens k, bewegt diesen bis zu seinem
oberen Anschlag und senkt dadurch die Stoßstange mit ihrer
Rolle auf den Anlaßnocken (Nockenwelle a_1, s. Bild 282). Da immer
wenigstens ein Nocken sein Anfahrventil öffnet, springt die Maschine
an. Der Anfahrhebel (e_1 in Bild 293)
schaltet zugleich die Förderung

der Brennstoffpumpen ein; die Maschine springt gleichzeitig mit Luft und Brennstoff
an. Die alsbald einsetzenden Zündungen schließen aber sofort die Anfahrventile h
wieder, da die Verbrennungsdrücke mehr als doppelt so hoch sind wie der reduzierte
Anfahrluftdruck (45 gegen 20 kg/cm²). Die Anfahrventile bleiben zwar zunächst noch
im Eingriff mit ihren Nocken, aber die Stoßstangen bewegen nur noch die Steuerkolben k, ohne die Ventile zu öffnen. Ist die Maschine angefahren, so legt der Maschinist den Anfahrhebel (e_1 in Bild 293), mit dem er auch die Brennstoffüllung einstellt,
weiter in die Betriebsstellung, wodurch er das Steuerventil e (s. a. Bild 296), schließt. Der
Raum unterhalb des Ventilkegels c ist jetzt nicht mehr entlüftet; er füllt sich rasch durch
die Bohrung (f in Bild 298), und der Druck unterhalb des Ventilkegels schließt das Haupt-
ventil c. Dessen Spindel trägt einen kleinen Steuerkolben l (s. a. Bild 298), der die Entlüftungsleitung f_2 (Bild 292) freigibt, wenn der Ventilkegel c das Hauptanfahrventil geschlossen hält. Jetzt sind der Raum oberhalb des Ventilkegels c, das Gehäuse des
Reduzierventils g, sämtliche zu den Anfahrventilen h führenden Leitungen und die Anfahrventile entlüftet; die an den freien Enden der Anfahrventilhebel angreifenden Zugfedern
(s. Bild 283) drücken die Steuerkolben nach unten und ziehen die Stoßstangen und ihre Rollen
aus dem Bereich der Anlaßnocken nach oben. Die Maschine läuft jetzt mit Brennstoff.

Soll umgesteuert werden, so wird der Anfahr- und Füllungshebel (e_1 in Bild 293) in
die Stop-Stellung gelegt und das Absperrventil m geöffnet, welches Druckluft aus dem
Anfahrluftbehälter a über ein zweites, kleineres Druckminderventil n in den Raum o des
Preßluftverteilers p treten läßt (Bild 292 u. 293). Ein zweiter am Bedienungsstand an-
geordneter Hebel (s_1 in Bild 293) steuert die beiden Ventile q und r des Preßluftverteilers:
wird er aus seiner senkrechten Mittellage vorübergehend in die eine oder andere Endlage

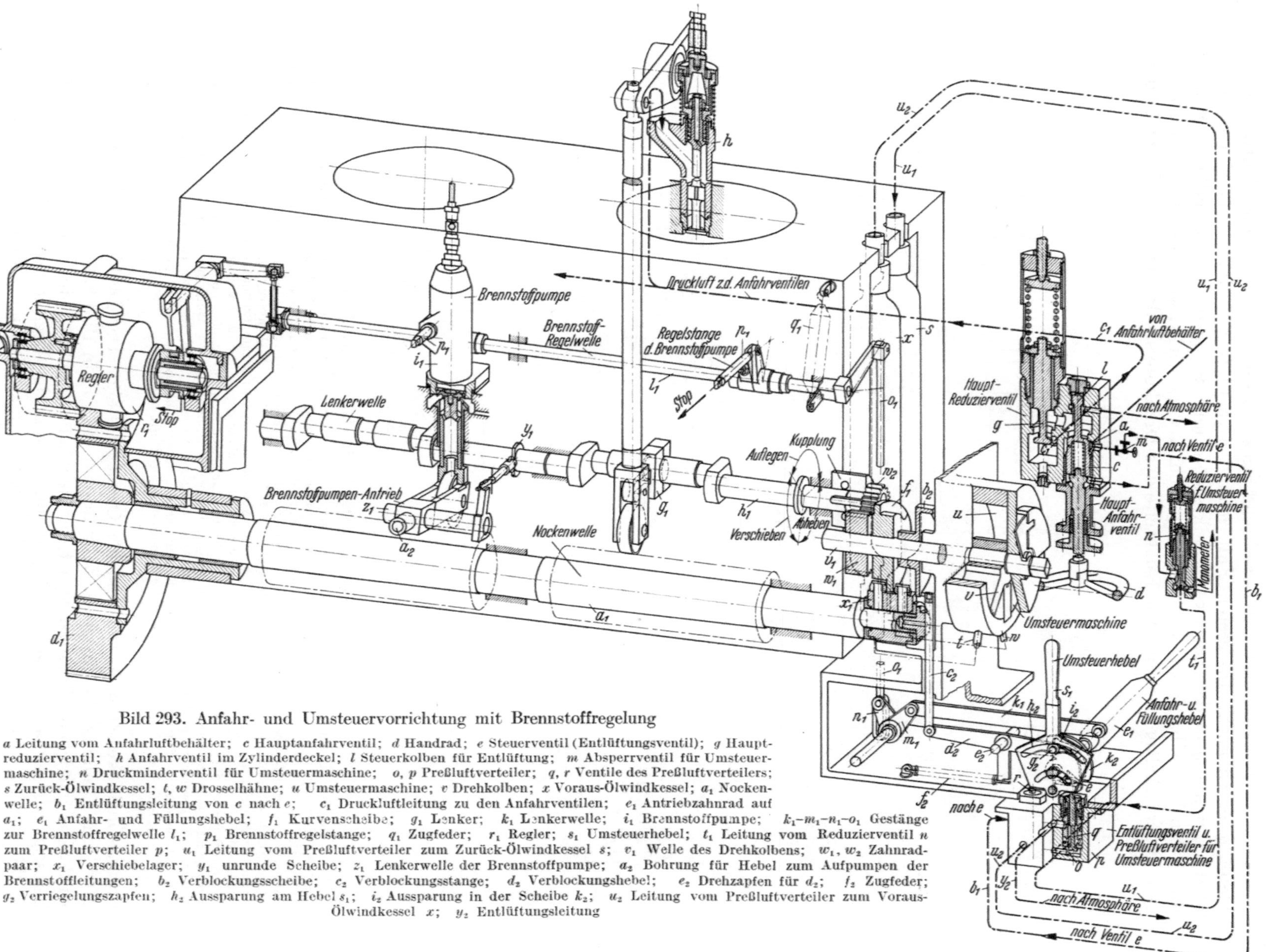

Bild 293. Anfahr- und Umsteuervorrichtung mit Brennstoffregelung

a Leitung vom Anfahrluftbehälter; c Hauptanfahrventil; d Handrad; e Steuerventil (Entlüftungsventil); g Hauptreduzierventil; h Anfahrventil im Zylinderdeckel; l Steuerkolben für Entlüftung; m Absperrventil für Umsteuermaschine; n Druckminderventil für Umsteuermaschine; o, p Preßluftverteiler; q, r Ventile des Preßluftverteilers; s Zurück-Ölwindkessel; t, w Drosselhähne; u Umsteuermaschine; v Drehkolben; x Voraus-Ölwindkessel; a_1 Nockenwelle; b_1 Entlüftungsleitung von c nach e; c_1 Druckluftleitung zu den Anfahrventilen; d_1 Antriebzahnrad auf a_1; e_1 Anfahr- und Füllungshebel; f_1 Kurvenscheibe; g_1 Lenker; k_1 Lenkerwelle; i_1 Brennstoffpumpe; k_1–m_1–n_1–o_1 Gestänge zur Brennstoffregelwelle l_1; p_1 Brennstoffregelstange; q_1 Zugfeder; r_1 Regler; s_1 Umsteuerhebel; t_1 Leitung vom Reduzierventil n zum Preßluftverteiler p; u_1 Leitung vom Preßluftverteiler zum Zurück-Ölwindkessel s; v_1 Welle des Drehkolbens; w_1, w_2 Zahnradpaar; x_1 Verschiebelager; y_1 unrunde Scheibe; z_1 Lenkerwelle der Brennstoffpumpe; a_2 Bohrung für Hebel zum Aufpumpen der Brennstoffleitungen; b_2 Verblockungsscheibe; c_2 Verblockungsstange; d_2 Verblockungshebel; e_2 Drehzapfen für d_2; f_2 Zugfeder; g_2 Verriegelungszapfen; h_2 Aussparung am Hebel s_1; i_2 Aussparung in der Scheibe k_2; u_2 Leitung vom Preßluftverteiler zum Voraus-Ölwindkessel x; y_2 Entlüftungsleitung

gebracht, so öffnet er das Ventil q, während r geschlossen bleibt, oder das Ventil r; dann bleibt q geschlossen. Im ersten Fall gelangt Druckluft aus dem Anfahrluftbehälter über m, n und q in den Zurück-Ölwindkessel s, und das in diesem befindliche Öl wird durch den Drosselhahn t in die Umsteuermaschine u gedrückt, wo es den Drehkolben v in eine andere Endlage bewegt. Die Rückseite des Drehkolbens drängt dabei das Öl in den

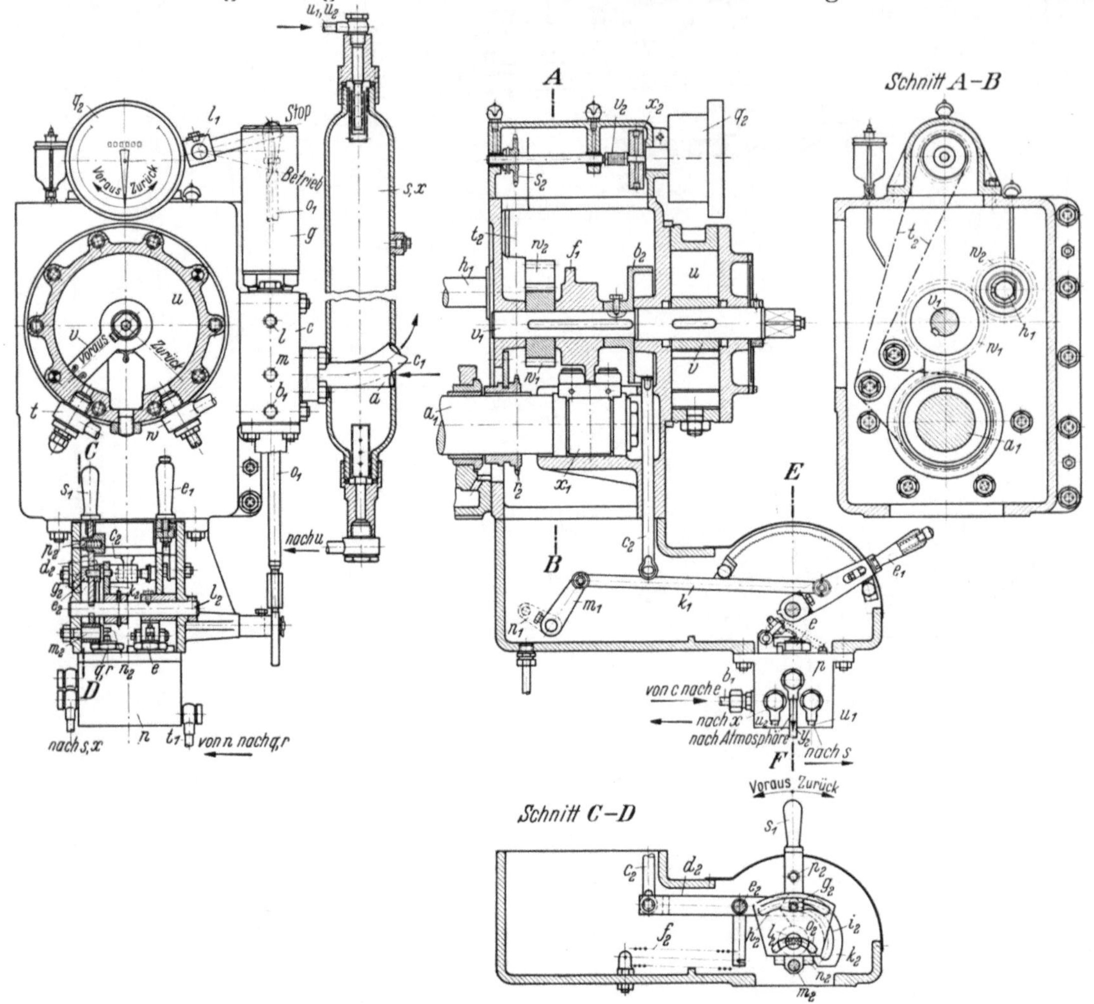

Bild 294. Bedienungsstand mit Umsteuermaschine

a Leitung vom Anfahrluftbehälter; c Hauptanfahrventil; e Steuerventil (Entlüftungsventil); g Hauptreduzierventil; l Entlüftungsleitung; m Absperrventil für Umsteuermaschine (Reduzierventil n in Bild 293); p Preßluftverteiler; q, r Ventile des Preßluftverteilers; s, x Zurück- bzw. Voraus-Ölwindkessel; t, w Anschlüsse von Ölwindkesseln mit Drosselhähnen; u Umsteuermaschine; v Drehkolben; a_1 Nockenwelle; b_1 Entlüftungsleitung von c nach e; c_1 Druckluftleitung zu den Anfahrventilen; e_1 Anfahr- und Füllungshebel; f_1 Kurvenscheibe; h_1 Lenkerwelle; k_1–m_1–n_1–o_1 Gestänge zur Brennstoffregelwelle l_1; s_1 Umsteuerhebel; t_1 Leitung vom Reduzierventil n zum Preßluftverteiler p; u_1 Leitung vom Preßluftverteiler zum Zurück-Ölwindkessel s; v_1 Welle des Drehkolbens; w_1, w_2 Zahnradpaar; x_1 Verschiebelager; b_2 Verblockungsscheibe; c_2 Verblockungsstange; d_2 Verblockungshebel; e_2 Drehzapfen für d_2; f_2 Zugfeder; g_2 Verriegelungszapfen; h_2 Aussparung am Hebel s_1; i_2 Aussparung in der Scheibe k_2; l_2 Welle für e_1 und k_2; m_2 Drehzapfen für s_1; n_2 Querhaupt am Hebel s_1; o_2 zweite Aussparung am Hebel s_1; p_2 Rast des Hebels s_1; q_2 Tachometer; r_2, s_2 Kettenräder; t_2 Kette; u_2 Leitung vom Preßluftverteiler zum Voraus-Ölwindkessel x; v_2 zylindrische Schraubenfeder; x_2 Schwungmasse; y_2 Entlüftungsleitung

Voraus-Ölwindkessel x, in welchem der Ölspiegel steigt. Der Drehkolben schwenkt um $270°$, eine Drehung, die durch ein Zahnradpaar (w_1, w_2 in Bild 293) auf $360°$ vergrößert wird. Das getriebene Zahnrad w_2 ist auf der Lenkerwelle (h_1 in Bild 282, 283 u. 293) befestigt; diese macht eine volle Umdrehung, wenn der Drehkolben sich aus der einen in die andere Endlage bewegt. Die Stoßstangen der Einsaug-, Auspuff- und Anfahrventile sind an ihren unteren Enden an den Lenkern g_1 geführt (Bild 283 u. 293), die an den Kröpfungen der Lenkerventile angreifen; daher führen alle Stoßstangen eine Schwenkbewegung nach außen und zurück aus, wenn die Umsteuermaschine betätigt wird. Hat der Drehkolben v (Bild 292) seine andere Endlage erreicht, so nehmen die Stangen wieder ihre ursprüngliche Stellung ein. Während des mittleren Drittels der Schwenkbewegung verschiebt die Kurvenscheibe f_1 (Bild 282, 293 u. 294) die Nockenwelle um 30 mm, so daß, wenn die Maschine z. B. von Voraus auf Zurück umgesteuert werden soll, die Rückwärtsnocken unter den Rollen stehen, wenn die Stoßstangen sich wieder senken. Die Maschine kann dann in der entgegengesetzten Drehrichtung angefahren werden.

Die Drosselhähne t, w (Bild 292, 293 u. 294) werden so eingestellt, daß der Drehkolben sich mit nicht zu großer Geschwindigkeit bewegt. Ihre Stellschrauben werden durch Kappenmuttern verschlossen.

Bild 293 zeigt perspektivisch die Anordnung der einzelnen Teile von Bild 292 an der Stirnseite der Maschine (vgl. a. Bild 284). Die vom Anfahrluftbehälter kommende Preßluft (40 kg/cm²) tritt durch die Bohrung a (im Bild durch den Ventilkegel c halb verdeckt) in das Gehäuse des Hauptanfahrventils. Das Handrad d wird ganz niedergeschraubt; das Ventil öffnet aber erst, wenn der Anfahr- und Füllungshebel e_1 etwa 60° nach links gelegt ist, wodurch das Entlüftungsventil e (Bild 292 u. 293) niedergedrückt und der Raum unterhalb des Ventilkegels c mit der Atmosphäre verbunden wird (Leitung b_1). Jetzt kann die Druckluft in das Hauptreduzierventil g (Bild 292 u. 293) übertreten, in welchem ihr Druck auf 20 kg/cm² herabgesetzt wird. Die gedrosselte Luft strömt durch die unterhalb des Ventilkegels g liegende Bohrung c_1, an welche die zu den Anfahrventilen im Zylinderdeckel führende Leitung angeschlossen ist. Die Maschine springt jetzt an, wie zu Bild 292 beschrieben wurde.

Mit dem Anfahr- und Füllungshebel e_1 (Bild 293) wird auch die Brennstofförderung und damit die Drehzahl eingestellt, wenn es sich, wie hier, um eine Schiffsmaschine handelt. Der Hebel e_1 steht durch das Gestänge $k_1-m_1-n_1-o_1$ (s. auch Hebel n_1 in Bild 282) in Verbindung mit der Brennstoffregelwelle l_1, von welcher die Regelstangen p_1 der Brennstoffpumpen i_1 verschoben werden (s. a. i_1, l_1, p_1 in Bild 283). Die steuernde Schrägkante des Pumpenstempels wird verdreht und dadurch die Brennstofförderung der jeweiligen Belastung angepaßt. Die Stange o_1 (in Bild 293 unterbrochen gezeichnet) ist mit dem Hebel n_1 nicht durch ein Zapfengelenk verbunden, sondern sie reitet mit ihrem Langloch auf dem Zapfen des Hebels, mit dem sie durch die Zugfeder q_1 in kraftschlüssiger Verbindung gehalten wird. Die Feder q_1 sucht die Regelwelle l_1 ständig in die *Vollast*-Stellung zu ziehen; sie kann dies aber nur so weit tun, wie die Stellung des Hebels e_1 auf seiner Rast es jeweils gestattet. Die Regelstangen der Brennstoffpumpen folgen somit jeder Bewegung des Hebels e_1. Aber auch der Sicherheitsregler r_1 muß imstande sein, jederzeit die Brennstofförderung zu vermindern oder abzustellen, wenn die Drehzahl der Maschine aus irgendeinem Grund, z. B. bei Austauchen des Propellers im Seegang, unzulässig ansteigen sollte. Wie aus Bild 293 ersichtlich, steht daher auch die Reglermuffe durch ein Gestänge in Verbindung mit der Brennstoffregelwelle l_1, und zwar so, daß die bei steigender Drehzahl sich nach links verschiebende Reglermuffe die Regelstangen p_1 der Brennstoffpumpen in die Stop-Stellung bewegt. Der Regler überwindet dabei die im entgegengesetzten Sinn wirkende Zugkraft der Feder q_1. Das Langloch der Stange o_1 gibt die Drehung der Regelwelle l_1 in der Leerlaufrichtung frei, während der Füllungshebel e_1 die jeweilige Stellung in seiner Rast beibehält. Bei wieder sinkender Drehzahl bringt die Zugfeder q_1 die Regelstangen der Brennstoffpumpen in ihre vorige Lage, und die Maschine nimmt ihre frühere Drehzahl wieder an.

Auch das Zusammenarbeiten der einzelnen Teile beim *Umsteuern* geht aus Bild 293 hervor. Der Umsteuerhebel s_1, der während des Betriebes und im Stillstand der Maschine durch eine Rast (p_2 in Bild 294) in seiner senkrechten Mittelstellung gehalten ist, wird vorübergehend in die eine oder andere Endstellung umgelegt. Er drückt dabei mit seinem unteren Querhaupt eine der beiden Ventilspindeln q und r des Preßluftverteilers p nieder (s. a. Bild 297), der durch die Leitung t_1 an das (kleinere) Druckminderventil und durch das Absperrventil m auch an die Anfahrluftleitung angeschlossen ist. Wird die Ventilspindel q niedergedrückt, während r geschlossen bleibt, so strömt die (in n auf 10 kg/cm² reduzierte) Druckluft durch die Leitung u_1 zum Zurück-Ölwindkessel s und drückt das in diesem befindliche Öl in die Umsteuermaschine u, wodurch deren Drehkolben v in die andere Endlage geschwenkt wird. Der Drehkolben ist auf dem Wellenstummel v_1 befestigt; dieser trägt an seinem linken Ende das Zahnrad w_1, das mit dem auf der Lenkerwelle aufgekeilten kleineren Zahnrad w_2 kämmt, wodurch der Winkel von 270°, den der Drehkolben beschreibt, auf 360° vergrößert wird. Die Lenkerwelle macht eine volle Umdrehung; sie hebt, wie beschrieben, die Stoßstangen ab und setzt sie nach Verschieben der Nockenwelle auf die Rückwärtsnocken, wenn von Voraus auf Zurück umgesteuert wird. Die Kurvenscheibe f_1, welche die Verschiebung bewirkt, sitzt auf der Welle v_1. Ihre Flanken liegen zwischen den Rollen des Verschiebelagers x_1, das mit seinen Bunden die Nockenwelle mitnimmt, wenn f_1 sich dreht. Das vordere Ende der Welle v_1 trägt eine Scheibe, die sich mit v_1 dreht und die Schrift „Voraus" bzw. „Zurück" in einem Fenster erscheinen läßt, woran der Maschinist die jeweilige Stellung der Umsteuermaschine erkennt. Ganz vorn trägt v_1 ein Vierkant, auf das eine Handknarre aufgesetzt werden kann, wenn die Druckluftumsteuerung aus irgendeinem Grund versagen sollte.

Damit die Nockenwelle verschoben werden kann, müssen auch die Rollen der Brennstoffpumpen von ihren Nocken abgehoben werden, bevor das Verschieben beginnt. Hierzu sind auf der Lenkerwelle h_1 (Bild 293) unrunde Scheiben y_1 aufgekeilt, welche beim Drehen der Lenkerwelle durch Rolle, Rollenführung und Hebel die kurzen Lenkerwellen z_1 der Brennstoffpumpen in der aus Bild 293 ersichtlichen Weise so weit drehen, daß die Rollen der Brennstoffpumpen die Verschiebung der Nockenwelle freigeben. Nach der Verschiebung setzen die unrunden Scheiben die Rollen auf den nunmehr zum Eingriff kommenden Brennstoffnocken. Die Bohrungen a_2 an den Enden der Rollenhebel dienen zur Aufnahme von Verlängerungen, mittels deren die Pumpenstempel von Hand bewegt und die Brennstoffleitungen zwecks Entlüftens durchgepumpt werden können.

Ist der Umsteuervorgang beendet, was durch das Erscheinen der Schrift am Gehäuse der Umsteuermaschine erkannt wird, so wird der Umsteuerhebel s_1 in seine senkrechte Mittellage zurückgelegt. Jenes Ventil, das der Umsteuerhebel bei Beginn des Umsteuermanövers aufgedrückt hatte, also das Ventil q bzw. r im Preßluftverteiler, schließt sich durch Federkraft. Die Ventilspindel (z. B. von q) gibt jetzt Entlüftungsbohrungen b (Bild 297) frei, welche den Raum oberhalb des Ventiltellers durch die Leitung y_2 (Bild 293) mit der Atmosphäre verbinden. Das jeweils nicht vom Hebel s_1 betätigte Ventil steht in seiner geschlossenen Stellung stets mit der Atmosphäre in Verbindung, so daß bei der Mittelstellung des Umsteuerhebels s_1, d. i. die Betriebsstellung, niemals unbeabsichtigt Druckluft in die Umsteuermaschine u gelangen kann.

Zu jeder Anfahr- und Umsteuerung gehören Vorrichtungen, welche die einzelnen Schaltelemente so gegeneinander *verblocken*, daß es dem Mann am Bedienungsstand unmöglich gemacht wird, Fehlschaltungen auszuführen. Das Umsteuern darf nur möglich sein, wenn die Maschine steht und weder die Anfahrventile in den Zylinderdeckeln Druckluft noch die Brennstoffventile Brennstoff erhalten. Die Steuerung ist somit so einzurichten, daß der Anfahr- und Füllungshebel (e_1 in Bild 293) zuerst in die Stop-Stellung gelegt werden muß und daß erst dann der Umsteuerhebel s_1 in dem einen oder anderen Sinn bewegt werden kann. Bei der hier beschriebenen Maschine steht der Hebel s_1 während des Betriebes in seiner senkrechten Mittellage, während der Füllungshebel je nach der Belastung verschiedene Lagen einnehmen kann; dann darf es nicht mehr möglich sein, s_1 zu bewegen. Druckluft darf auch dann nicht aus dem Anfahrluftbehälter in die Leitungen gelangen können, wenn der Maschinist das Hauptanfahrventil c mittels des Handrades d noch nicht geschlossen haben sollte. Die Welle v_1 der Umsteuermaschine darf sich während des Betriebes nicht drehen können.

Die konstruktiven Mittel, durch welche diese Verblockungen erreicht werden, sind in Bild 293 und 294 enthalten und durch gleiche Buchstaben bezeichnet. Auf der Welle v_1 der Umsteuermaschine ist die Verblockungsscheibe b_2 befestigt; ihr zylindrischer Umfang hat Aussparungen, welche so liegen, daß die Verblockungsstange c_2 in sie hineingreift (wie in Bild 293 u. 294 gezeichnet), wenn der Drehkolben in seiner einen oder anderen Endlage steht. Das Gewicht der Stange c_2 wird von dem dreiarmigen Hebel d_2 getragen, der um seinen Zapfen e_2 eine kleine Drehung machen kann. Die Zugfeder f_2 sucht die Verblockungsstange ständig in die Aussparungen der Verblockungsscheibe hineinzuschieben, kann dies aber nur ausführen, wenn der Umsteuerhebel s_1 in seiner senkrechten Mittellage steht. Denn der Hebel d_2 trägt an seinem rechten Ende einen doppelseitigen Zapfen g_2 (s. a. Bild 295), der auf der einen Seite in die bohnenförmige Aussparung h_2 des Hebels s_1 greift (der zur Aufnahme der Aussparung in seinem unteren Teil trapezförmig verbreitert ist; s. auch Bild 297), während der auf der anderen Seite des Hebels d_2 liegende Zapfenteil sich relativ zu der Aussparung i_2 einer Scheibe k_2 (Bild 296) bewegen kann, die auf derselben Welle l_2 befestigt ist, wie der Hebel e_1, und sich mit e_1 bewegt, sobald e_1 aus der Anlaß- in die Betriebsstellung gelegt wird. Die Welle l_2 ist somit der Drehzapfen für den Hebel e_1, der tiefer liegende Zapfen m_2 dagegen der Drehzapfen für den Hebel s_1. Die Aussparung h_2 ist konzentrisch zu m_2, die Aussparung i_2 konzentrisch zu l_2. Beide Aussparungen sind an je einer Stelle in radialer Richtung verbreitert: h_2 in der Mitte, i_2 am oberen (linken) Ende. Der Verblockungshebel d_2, dessen Doppelzapfen g_2 in beide Aussparungen greift, kann nur dann eine kleine Linksdrehung ausführen und damit die Verblockungsstange c_2 aus der Verblockungsscheibe b_2 (Bild 293) herausziehen, wenn die Verbreiterung von i_2 senkrecht über dem Zapfen g_2 liegt, d. h. wenn der Brennstoffhebel e_1 in seine äußerste Rechtsstellung, d. i. die Stop-Stellung, gelegt ist. Bei jeder anderen Stellung von e_1 verhindert der

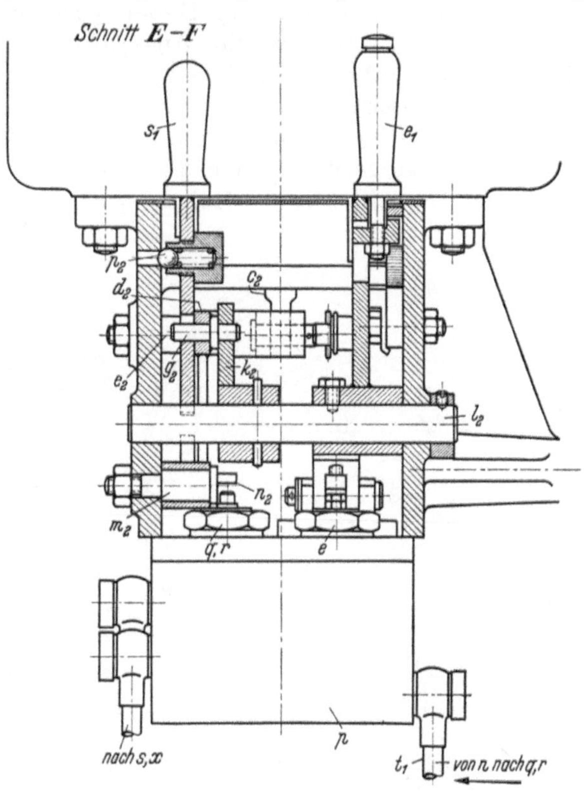

Bild 295.   Schnitt durch die Verriegelung des Anfahr- und des Umsteuerhebels

Buchstaben wie Bild 294

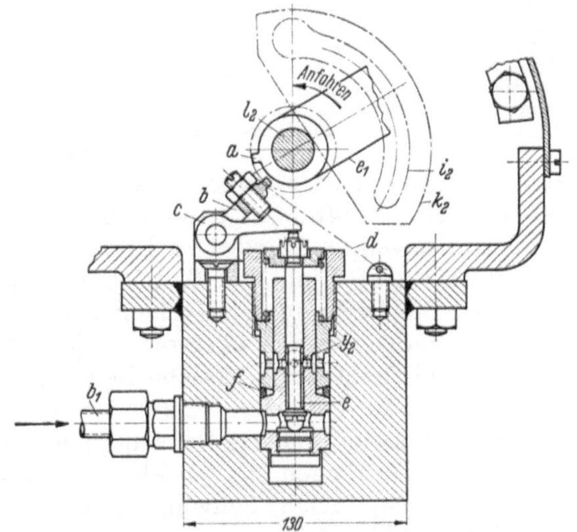

Bild 296. Steuerventil des Hauptanfahrventils

a Nase am Anfahrhebel e_1; b, c Hebel; d Zugfeder; e Ventilspindel des Steuerventils; f Kupferring; b_1 Entlüftungsleitung vom Hauptanfahrventil; e_1 Anfahr- und Füllungshebel; i_2 Aussparung in der Verriegelungsscheibe k_2; l_2 Welle für e_1 und k_2; y_2 Entlüftungsleitung

schmale Teil der Aussparung i_2, der sich über den Zapfen g_2 schiebt, daß die Verblockungsstange c_2 aus der Scheibe b_2 herausgezogen wird. Die Umsteuermaschine kann sich also nur dann bewegen, wenn der Anlaß- und Füllungshebel e_1 in der Stop-Stellung liegt.

Beim Umsteuern wird der Hebel s_1 für einige Sekunden in seine linke oder rechte Endlage gelegt, soweit es die Aussparung h_2 zuläßt. Dabei drückt der bogenförmige Mittelteil der Verbreiterung von h_2 den Zapfen g_2 zunächst nach oben, wodurch die Verblockung der Scheibe b_2 freigegeben wird, und erst darauf drückt das Querhaupt n_2 (Bild 294) am Hebel s_1 das eine oder andere der Ventile q, r auf (s. a. Bild 292 u. 297), womit die Umsteuermaschine in Tätigkeit tritt. Nach Beendigung des Umsteuervorganges bringt das Zurücklegen des Hebels s_1 die Verblockungsstange c_2 wieder in Eingriff mit der Verblockungsscheibe b_2, jedoch in deren neuer Stellung.

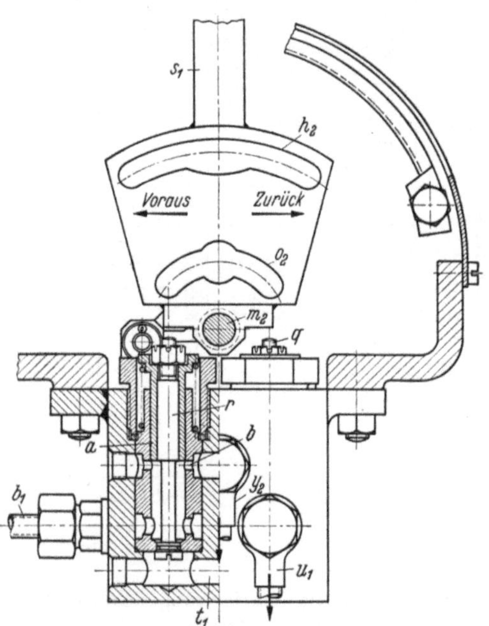

Bild 297. Preßluftverteiler

a Steuerschieber; b Entlüftungsbohrungen; q, r Ventilspindeln des Preßluftverteilers; b_1 s. Bild 296; s_1 Umsteuerhebel; t_1 an Leitung t_1 Bild 293 angeschlossene Bohrung; u_1 Leitung vom Preßluftverteiler zum Ölwindkessel; h_2, o_2 Aussparungen in der Verriegelungsscheibe; m_2 Drehzapfen für s_1; y_2 Entlüftungsleitung

Der Umsteuerhebel s_1 kann aber nur dann aus seiner Mittelstellung bewegt werden, wenn der Hebel e_1 in seiner äußersten Rechtsstellung liegt. Dessen Welle l_2 durchdringt die trapezförmige Verbreiterung des Hebels s_1; sie ist, soweit sie innerhalb dieser Verbreiterung liegt, von der oberen und der unteren Seite so ausgeklinkt, daß von ihr nur der in Schnitt C–D (Bild 294) durch Kreuzschraffur hervorgehobene Querschnitt stehenbleibt. Nur wenn dieser Querschnitt die in Schnitt C–D gezeichnete Lage einnimmt — und das ist nur dann der Fall, wenn der Hebel e_1 in seiner äußersten Rechtsstellung, d. i. in der Stop-Stellung steht —, kann der Maschinist den Umsteuerhebel s_1 bewegen, wobei sich der kreuzschraffierte Querschnitt in der zu m_2 konzentrischen Aussparung o_2 (s. a. Bild 297) relativ zu dieser verschiebt. Bei jeder anderen Lage des Hebels e_1 stellt sich der kreuzschraffierte Querschnitt der Hebelwelle l_2 schräg, wodurch er die Bewegung des Hebels s_1 aus seiner Mittellage verhindert.

Die Maschine kann somit nur im Stillstand umgesteuert werden, der Umsteuerhebel kann nicht während des Betriebes bewegt werden. Er bleibt in seiner Rast p_2 liegen. Daß auch die Anfahrluftleitungen nach dem Übergang zum Betrieb entlüftet sind, so daß keine Druckluft unbeabsichtigt in die Arbeitszylinder gelangen kann, wird zu Bild 296 beschrieben.

Bild 294 zeigt auch den Antrieb des am Bedienungsstand angeordneten Tachometers q_2. Die Drehung der Nockenwelle a_1 wird durch Kettenräder r_2, s_2 und Kette t_2 auf die Tachometerwelle übertragen, jedoch nicht starr, sondern unter Einschaltung einer weichen Drehfeder v_2, welche die reduzierte Länge der Welle erheblich vergrößert (s. Abschn. Drehschwingungen, S. 68). Da außerdem zwischen Drehfeder und Tachometer die verhältnismäßig schwere Schwungmasse x_2 angeordnet ist, so muß der Knotenpunkt nahe dieser Masse liegen, die nur kleine Schwingungsausschläge machen kann, auch wenn das Kettenrad s_2 stärkere Schwingungen ausführt. Dadurch wird erreicht, daß der Tachometerzeiger ruhig steht.

Nach der Beschreibung der Gesamtanordnung der Anfahr- und Umsteuervorrichtungen ist die Wirkungsweise ihrer in Bild 296 bis 299 dargestellten Teile verständlich. Die Bezugsbuchstaben sind die gleichen, soweit sich die Einzelteile wiederholen. Das *Steuerventil* des Hauptanfahrventils (Bild 296) ist zusammen mit dem Preßluftverteiler

(Bild 297) in einem geschmiedeten Block untergebracht, aber beide Ventile werden getrennt voneinander und niemals gleichzeitig betätigt. Das Steuerventil liegt unter dem Anfahr- und Füllungshebel e_1, die beiden Ventile des Preßluftverteilers liegen unter dem Umsteuerhebel s_1. Die drei Ventile benutzen die gemeinsame Entlüftungsleitung y_2, doch stört dies nicht, da sie die Verbindung mit der Atmosphäre nicht gleichzeitig herstellen können. Der Ventilkegel e des Steuerventils wird nur dann niedergedrückt, wenn der Maschinist den Anfahrhebel e_1 aus der Stop-Stellung um 60° nach links dreht, um die Maschine anzulassen. Dann drückt die an der Nabe des Hebels e_1 angebrachte Nase a (Bild 296) durch den kurzen, mit einstellbarer Druckschraube versehenen Hebel b und durch Hebel c die Ventilspindel e auf. Jetzt steht der Raum unterhalb des Ventilkegels c (Bild 293) des Hauptanfahrventils durch die Leitung b_1 mit der Atmosphäre in Verbindung, das Ventil c öffnet und läßt Druckluft durch das Hauptreduzierventil g in die zu den Anfahrventilen im Zylinderdeckel führende Leitung c_1 treten, so daß die Maschine anspringt. Wird der Hebel e_1 weiter nach links gelegt, so schnappt die Nase a (Bild 296) vom Hebel b ab, und das Ventil e schließt unter Federdruck. Sogleich schließt sich auch das Hauptanfahrventil c. Die Maschine arbeitet jetzt nur mit Brennstoff.

Soll gestoppt werden, so wird der Hebel e_1 in seine äußerste Rechtslage zurückgedreht. Bei dieser Drehung öffnet das Ventil jedoch nicht, weil hierbei der Hebel b durch die Nase a angehoben wird, die unter ihm hindurchgleitet. Die Zugfeder d wird dabei für kurze Zeit stärker gespannt. Bei Rechtsdrehung des Hebels e_1 bleibt die Anlaßluft abgesperrt.

In Bild 296 ist die Verriegelungsscheibe k_2 mit ihrer Aussparung i_2 strichpunktiert gezeichnet, da sie zwar auf derselben Welle l_2 wie der Hebel e_1 sitzt, aber *vor* der Bildebene liegt.

Während das Entlüftungsventil durch die Leitung b_1 an das Hauptanfahrventil (c in Bild 293) angeschlossen ist, steht der *Preßluftverteiler* (Bild 297) durch die Leitung t_1 mit dem (kleineren) Druckminderventil (n in Bild 293) in Verbindung. Die Leitung ist auf der Rückseite des Stahlblockes ganz unten angeschlossen; die von n kommende Druckluft gelangt durch die Bohrung t_1 (Bild 297) in den Raum unterhalb der Ventilkegel q und r (von denen in Bild 297 nur r im Schnitt gezeichnet ist). Wird eines der beiden Ventile durch das am Hebel s_1 unten angeschweißte Querhaupt aufgedrückt, so strömt Druckluft durch die Leitung u_1 (bzw. u_2; s. Bild 293) zu einem der beiden Ölwindkessel, wodurch die Umsteuermaschine in Tätigkeit tritt. Die Steuerschieber a (aus Rotguß), Bild 297, die den verstärkten Schaftteil der Ventilspindeln umgeben (und die zugleich als Federteller ausgebildet sind), verschließen dabei die Entlüftungsbohrungen b. Wird der Hebel s_1 nach dem Anspringen der Maschine in seine Mittellage zurückgelegt, so schließt das betreffende Ventil q, r durch Federdruck, und die Leitungen u_1 bzw. u_2 entlüften sich durch die Bohrungen b und die Leitung y_2. Während des Betriebes kann somit keine Druckluft in die Ölwindkessel gelangen, wenn auch das Ventil m (Bild 293) am Hauptanfahrventil noch geöffnet bleibt, etwa weil die Manöver noch nicht beendet sind.

Der in Bild 297 gezeichnete Anschluß b_1 gehört zum Entlüftungsventil (Bild 296) und steht mit dem Preßluftverteiler nicht in Verbindung.

Das *Hauptanfahr-* und *Druckminderventil* (Bild 298), bei a an den Anfahrluftbehälter angeschlossen, ist in einem kräftigen geschmiedeten Block b untergebracht, da es einem Luftdruck bis zu 40 kg/cm² standzuhalten hat. Das Gehäuse wird einem Probedruck von 60 kg/cm² unterworfen. Der aus V5M-Stahl angefertigte Ventilkegel c öffnet zunächst auch dann nicht, wenn durch Handrad d die Ventilspindel e ganz niedergeschraubt ist, denn der Raum unterhalb c füllt sich alsbald durch die 1,5 mm weite Bohrung f mit Druckluft, da f mit a in unmittelbarer Verbindung steht. Erst wenn der Maschinist am Bedienungsstand mit dem Anfahrhebel das Entlüftungsventil geöffnet und damit den Raum unterhalb c durch die Leitung b_1 mit der Atmosphäre verbunden hat, drückt der auf die an c angedrehte Schulterfläche wirkende Luftdruck den Ventilkegel auf, und die Luft kann in das Gehäuse des Druckminderventils übertreten, wobei sie jedoch eine Drosselung erfährt. Denn die Ventilspindel g ist durch eine starke Feder belastet, welche das Ventil geöffnet hält, solange im Gehäuse kein Überdruck vorhanden ist; sobald aber die Druckluft zutritt, sucht der auf die untere Fläche des Ventiltellers wirkende Druck das Ventil zu schließen. Dadurch verengt sich der Spalt zwischen Ventilteller und Sitz, und die Luft wird so weit gedrosselt,

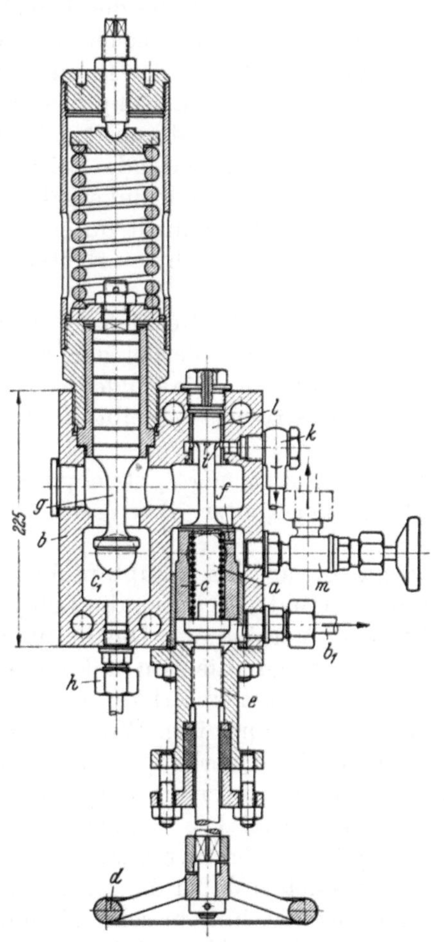

Bild 298. Hauptanfahr- und Druckminderventil

a Anschluß an Anfahrluftbehälter; b Gehäuse; c Ventilkegel; d Handrad; e Ventilspindel des Hauptanfahrventils; f Bohrung für Druckausgleich; g Ventilspindel des Druckminderventils; h Manometeranschluß; i Entlüftungsbohrungen; k Entlüftungsleitung; l Steuerkolben; m Absperrventil für Druckminderventil (n in Bild 293); b_1 Entlüftungsleitung zum Steuerventil; c_1 Druckluftleitung zu den Anfahrventilen

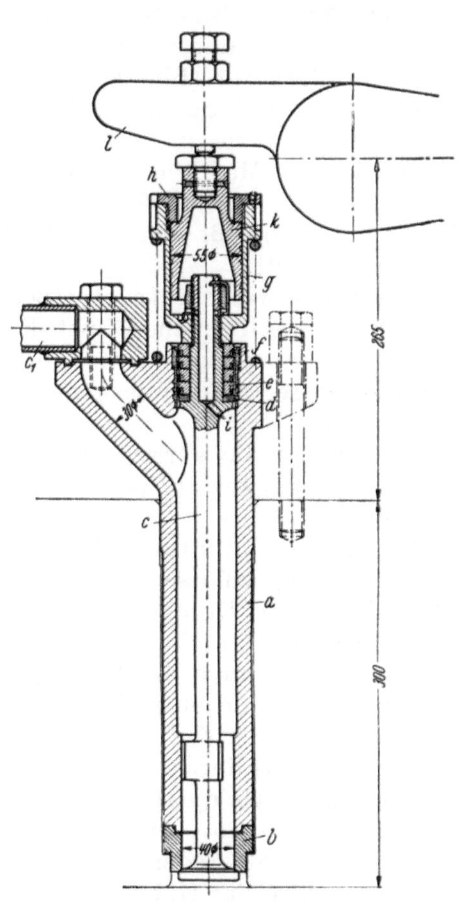

Bild 299. Anfahrventil

a Ventilgehäuse; b Ventilsitz; c Ventilspindel; d Grundring; e Kammerring; f Kolbenring; g Steuerzylinder; h Mutter; i Bohrungen für Luftdurchtritt nach g; k Steuerkolben; l Ventilhebel; c_1 Anfahrluftleitung vom Hauptreduzierventil

bis Gleichgewicht zwischen der nach unten wirkenden Federkraft und der nach oben wirkenden Kraft der gedrosselten Luft herrscht. Bei 40 mm Dmr. des Ventiltellers (und des Führungsschaftes der Spindel g) muß die Feder auf etwa 250 kg vorgespannt sein, damit die Luft auf 20 kg/cm² gedrosselt wird. Bei jeder stärkeren Drosselung würde die Feder das Ventil sogleich weiter aufdrücken, jede schwächere durch den vermehrten Druck auf den Ventilteller den Drosselspalt wieder verkleinern. Durch Verändern der Federspannung kann der gewünschte Luftdruck eingestellt werden. Der Maschinist liest ihn an einem Manometer ab, das bei h angeschlossen ist. Durch die Leitung c_1 wird die gedrosselte Luft den Anlaßventilen in den Zylinderdeckeln zugeführt. Grundsätzlich ebenso wirkt das kleinere Druckminderventil (n in Bild 293) für die Umsteuermaschine, dem die (ungedrosselte) Druckluft durch das Absperrventil m (Bild 293 u. 298) zugeleitet wird.

Solange der Ventilkegel c offen steht, sind die Entlüftungsbohrungen i geschlossen, und die Entlüftungsleitung k ist abgeschaltet. Sobald sich aber c auf seinen Sitz setzt, also nach Beendigung des einzelnen Manövers, gibt der mit c aus einem Stück hergestellte Steuerkolben l die Entlüftungsbohrungen i frei. Dadurch werden sogleich das ganze Gehäuse, die zu den Anfahrventilen in den Zylinderdeckeln führenden Leitungen und die Anfahrventile selbst entlüftet, so daß diese nicht mehr öffnen können.

Die Konstruktion der *Anfahrventile* geht aus Bild 299 hervor. Das Ventilgehäuse a, das beim Anfahren unter 20 kg/cm² Druck steht, ist aus Stahlguß, der Ventilsitz b, welcher den hohen Temperaturen des Brennraumes ausgesetzt ist, aus Gußeisen hergestellt, die Ventilspindel c aus Stahl geschmiedet. Der am oberen Ende der Spindel angeschmiedete Bund trägt über einem Grundring d vier Kammerringe e mit je einem Kolbenring f. Der Steuerzylinder g ist zugleich die Mutter für die Kammerringe. Die Ringmutter h (aus Stahl) bildet den Deckel des Steuerzylinders.

Wenn das Hauptanfahrventil (c, g in Bild 293) der gedrosselten Luft durch die Leitung c_1 den Eintritt in das Ventilgehäuse freigibt, füllt die Luft durch die Bohrungen i sogleich den Raum unterhalb des Steuerkolbens k und legt diesen gegen die Druckschraube im Ventilhebel l. Die Stoßstange des Hebels senkt ihre Rolle auf den Anfahrnocken, und das Ventil wird aufgedrückt. Nach Einsetzen der Zündungen ist der im Steuerzylinder herrschende Luftdruck nicht mehr imstande, das Ventil aufzudrücken; der Steuerkolben folgt zwar noch den Bewegungen des Ventilhebels, gleitet aber nur im Steuerzylinder hin und her, solange die Rolle der Stoßstange den Anfahrnocken noch berührt. Nach Entlüftung des Anfahrventils zieht die am linken Ende des Hebels l angreifende Feder (s. Bild 283) die Stoßstange aus dem Bereich des Nockens, und der Hebel steht still.

Da die verdichtete Luft immer feucht ist, sind der Steuerzylinder und der Steuerkolben aus Rotguß hergestellt. Aus demselben Werkstoff bestehen die Kammerringe e und die Kolbenringe f. Im Bereich der Kolbenringe ist das Stahlgußgehäuse durch eine mit Gewinde eingesetzte und eingewalzte Rotgußbuchse ausgefüttert.

Auf der dem Bedienungsstand entgegengesetzten Stirnseite der Maschine ist der *Nockenwellenantrieb* (Bild 300) angeordnet. Er liegt dicht neben dem Schwungrad, wird also von einer Stelle der Kurbelwelle abgeleitet, die nur kleine Drehschwingungen ausführt. Zwar befinden sich am vorderen, freien Kurbelwellenende ebenfalls Zahnräder, aber diese haben nur leichte Massen anzutreiben, so daß die Zahndrücke trotz der hier stärkeren Drehschwingungen mäßig bleiben. Das auf der Kurbelwelle befestigte, aus Stahl geschmiedete Zahnrad b_1 muß geteilt ausgeführt werden, da es nicht auf die Welle geschoben werden kann; seine Hälften werden durch vier Paßbolzen verbunden. (In Bild 300 ist neben b_1 die Durchführung der Kurbelwelle durch die Stirnwand des Kurbelgehäuses gezeichnet; ein Spritzring auf der Welle und eine am Kupplungsflansch angedrehte Spritzkante verhindern den Austritt des Schmieröles.) Die übrigen Zahnräder sind aus Gußeisen angefertigt. Das die Nockenwelle antreibende Zahnrad d_1 muß einen doppelt so großen Teilkreisdurchmesser erhalten wie das Zahnrad b_1, da die Nockenwelle mit halber Drehzahl umläuft, während der Teilkreisdurchmesser des Zwischenrades c_1 den Raumverhältnissen angepaßt wird und beliebig gewählt werden kann. Das Zahnrad c_1 dreht sich um einen Zapfen a, der mit seinem angeschmiedeten Flansch gegen eine Arbeitsfläche am letzten Ständer geschraubt ist; vier Stiftschrauben b und zwei Paßschrauben c sichern die genaue Lage. An seinem Ende ist der Zapfen a in einem Deckel d geführt, der in der Gehäusestirnwand nicht zentriert sein darf, weil dies einer zwangfreien Führung hinderlich sein würde; der Deckel wird vielmehr nach dem Zapfen ausgerichtet und in seiner Lage durch zwei Kegelstifte e gesichert. Soll er ausgebaut werden, so wird er durch die Zapfenschraube f abgedrückt. Bei g ist die Lauffläche des

Zahnrades c_1 an die Umlaufschmierung angeschlossen. Das Zahnrad d_1 ist das Antriebs-
rad der Nockenwelle; da aber diese beim Umsteuern axial verschoben wird, ist der
Zahnkranz d_1 mit der Nockenwelle durch eine Mitnehmerkupplung verbunden, welche
diese Verschiebung gestattet, ohne daß der Zahnkranz in axialer Richtung seine Lage
ändert. Hierzu ist der Zahnkranz mit einem Kupplungsflansch h verschraubt, dessen
hohler Wellenzapfen in dem mit Weißmetall ausgegossenen letzten Nockenwellenlager i
läuft, in welchem h durch Bunde axial unverschieblich gehalten wird. In die Bohrung
des Wellenzapfens von h sind zwei mit Gittermetall ausgegossene Bronzebuchsen k

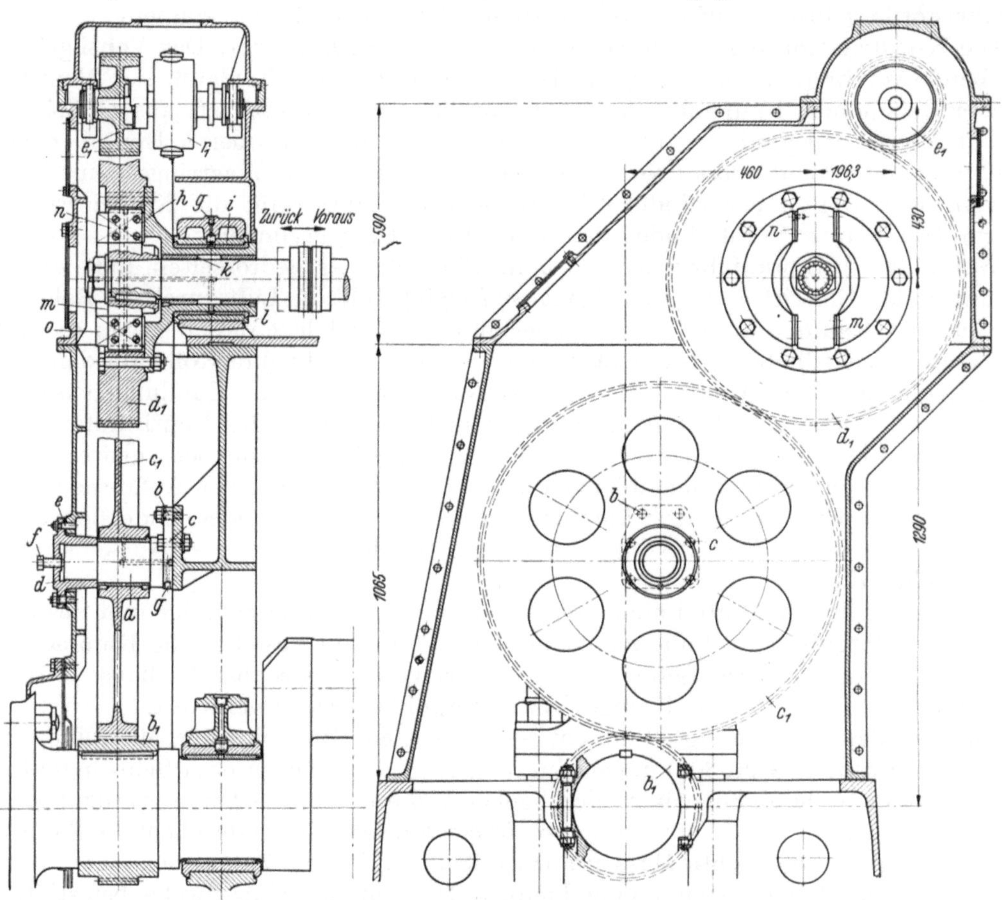

Bild 300. Nockenwellenantrieb

b_1, c_1, d_1 Zahnräder des Nockenwellenantriebes;　e_1 Antriebzahnrad des Reglers;　r_1 Regler;　a Zapfen für c_1;　b Stiftschrauben;　c Paßschrauben;　d Zapfenführung;　e Kegelstift;　f Abdrückschraube;　g Anschlüsse an die Umlaufschmierung;　h Kupplung;　i Nockenwellenlager;　k Bronzebuchsen mit Gittermetall;　l Nockenwelle;　m Mitnehmer;
n Messingbleche;　o Mitnehmerklauen

gepreßt, die als Führung für die Nockenwelle l dienen; in diesen verschiebt sich die Welle
während des Umsteuerns. Auf ihrem konischen Endzapfen ist der zweiarmige Mitnehmer m durch Paßfeder und Kronenmutter mit Splint befestigt. Seine vier Druckflächen sind durch Paßbleche n aus Sondermessing mit Stahlblechen als Unterlage verkleidet; die Blechpaare werden durch je vier Versenkschrauben gehalten. Mit den
Messingblechen legt sich der Mitnehmerarm gegen die aus der Kupplung h herausgearbeiteten Flächen o als Mitnehmerklauen. Die Druckflächen sind durch radiale und axiale
Bohrungen an die Schmierung des Nockenwellenlagers angeschlossen.

Mit dem Zahnrad d_1 kämmt das kleinere Rad e_1, das die Welle des Reglers r_1 antreibt
(s. a. Bild 282 u. 293). Wie bei allen Schiffsmaschinen, so hat der *Regler* hier nur die
Aufgabe, unzulässige Drehzahlsteigerungen zu verhindern, z. B. beim Austauchen des

Propellers infolge von Stampfbewegungen des Schiffes. Während des normalen Betriebes soll der Regler nicht in die Brennstofförderung eingreifen. Die Reglerfedern sind daher so gespannt, daß die beiden Schwunggewichte a (Bild 301) erst bei einer um 10% über der normalen liegenden Drehzahl eine so große Fliehkraft entwickeln, daß sie sich von der Reglerachse entfernen und die Reglermuffe b nach links verschieben. Dabei wird der hufeisenförmige Gleitring c mitgenommen; dieser verdreht den Doppelhebel d, der mit zwei Zapfen in den Gleitring greift, um einen dem Muffenhub von 26 mm entsprechenden Winkel. Der Hebel d ist auf die Welle e geklemmt und diese an ihrem linken Ende

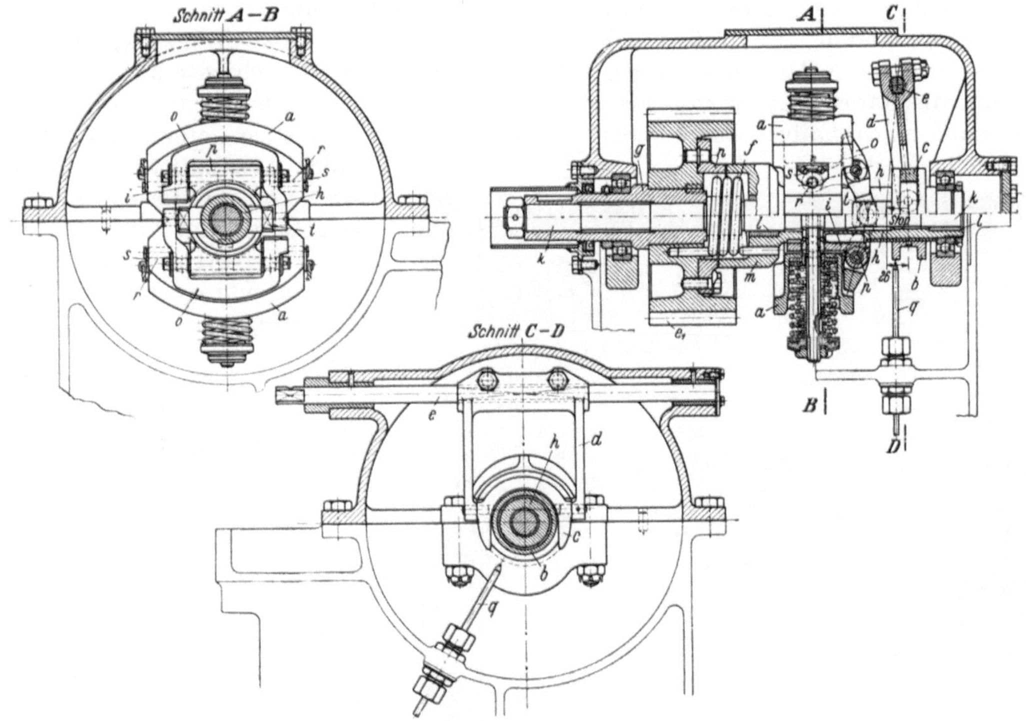

Bild 301. Regler

a Schwunggewichte; b Reglermuffe; c Gleitring; d Hebel; e Welle; f Kupplungsfeder; g, h Reglerhohlwelle; i Reglernabe; k Innenwelle; l Bronzebuchsen; m, n Klauenkupplung; o Winkelhebel; p Drehzapfen; q Öldüse; r Zapfen der Reglergewichte; s Sicherungsbleche; t Gleitstein; e_1 Antriebzahnrad

(Schnitt $C\text{-}D$) durch das in Bild 293 gezeichnete Gestänge so der Brennstoffregelwelle (l_1 in Bild 293) angelenkt, daß bei ausschlagenden Schwunggewichten die Verschiebung der Reglermuffe eine Drehung der Brennstoffregelwelle in die Stop-Stellung zur Folge hat.

Der Regler ist mit dem Antriebzahnrad e_1 nicht starr, sondern durch eine kräftige Kupplungsfeder f verbunden, damit Drehschwingungen, die das Zahnrad e_1 von der Kurbelwelle erhält, sich nicht auf die Gelenke des Reglers übertragen. Die Reglerwelle ist daher als zweiteilige Hohlwelle ausgeführt: das Zahnrad e_1 sitzt auf dem Wellenteil g, während auf dem Teil h die Reglernabe i durch eine Paßfeder befestigt ist. Die ungeteilt durchgehende Innenwelle k übernimmt die Zentrierung der Hohlwellenhälften; sie ist mit dem Wellenteil g fest verbunden, macht also die infolge der ungleichförmigen Drehung der Kurbelwelle auftretenden erzwungenen Schwingungen mit, überträgt diese aber nicht auf den Wellenteil h, in welchem sie in Bronzebuchsen l geführt ist. Die Hohlwelle h ist an ihrem linken Ende als Klaue m ausgebildet, die mit der am Zahnrad e_1 angeschraubten Gegenklaue n den Regler unter Entlastung der Drehfeder f mitnimmt, wenn beim Anfahren große Beschleunigungsdrücke auftreten.

Die Reglergewichte a hängen an Winkelhebeln o, deren Drehachsen p in breiten Augen der Reglernabe i geführt sind. Diese erhalten ihr Schmieröl in der aus Bild 301 ersichtlichen Weise von einer Spritzdüse q, die auch den Gleitring c schmiert. (Im Längsschnitt ist die Spritzdüse versetzt gezeichnet.) Die Zapfen r der Reglergewichte, an denen die Winkelhebel o angreifen, sind gegen Herausfallen durch Bleche s geschützt, deren Befestigungsschrauben durch einen Draht gesichert sind. Jeder der beiden Winkelhebel o hat einen längeren Arm (Schnitt A–B), der am Gleitstein t angreift und die Reglermuffe b verschiebt, wenn die Schwunggewichte ausschlagen.

7. Maschinenfabrik Augsburg-Nürnberg A.-G.

In den Augsburger Werkstätten der *MAN* ist der Dieselmotor in den Jahren 1893 bis 1897 entstanden. Die großen Schwierigkeiten, die sich seiner Entwicklung bis zur betriebsbrauchbaren Maschine entgegenstellten, gehören der Geschichte an; sie konnten etwa um die Jahrhundertwende als überwunden gelten. Aus den ersten Anfängen ist im Verlauf eines halben Jahrhunderts eine weltweite Industrie entstanden; nur ein kleiner Ausschnitt ihrer Erzeugnisse kann in diesem Buch beschrieben werden, aber alle gehen auf die Arbeiten der Männer zurück, die vor sechzig Jahren in zäher Arbeit die Grundlage schufen[1].

Über das umfangreiche Bauprogramm der *MAN*, das Motoren aller Größen und Bauarten umfaßt, gibt das von der Fachgemeinschaft Kraftmaschinen im Verein Deutscher Maschinenbau-Anstalten (Frankfurt/M.) herausgegebene Werk „Deutsche Verbrennungsmotoren" Auskunft. Hier sollen nur je eine Viertakt- und Zweitakt-Tauchkolbenmaschine, eine einfachwirkende Zweitakt-Kreuzkopfmaschine und eine doppeltwirkende Zweitaktmaschine besprochen werden. Zu jedem Motor können nur einige kennzeichnende Einzelteile dargestellt werden.

Bild 302. Viertaktmotor der *MAN*, Bauart G6V 40/60
Leistung mit 6 Zylindern 785 PSe bei 275 U/min

Viertakt-Tauchkolbenmotor GV 40/60. Der Motor wird mit 5 bis 10 Zylindern mit und ohne Aufladung durch Abgasturbogebläse gebaut; mit 6 und mehr Zylindern ist er als Schiffsmaschine direkt umsteuerbar. Bei 400 mm Dmr. und 600 mm Hub leistet ein Zylinder ohne Aufladung je nach der Drehzahl, die 225 bis 300 U/min betragen kann, 107 bis 143 PSe, entsprechend einem $p_e = 5,7$ kg/cm² und einem c_m von 4,5 bis 6,0 m/sec. Damit ist der nicht aufgeladene Motor je nach der Zylinderzahl für einen Leistungsbereich von 535 bis 1430 PSe verwendbar. Mit Aufladung durch Abgasturbogebläse können diese Leistungen um 60% gesteigert werden. Der mittl. eff. Druck steigt dann auf 9,1 kg/cm².

Bild 302 stellt den nicht aufgeladenen Sechszylindermotor, von der Bedienungsseite gesehen, im Lichtbild dar. Bei der mäßig hohen Drehzahl 275 U/min ($c_m = 5,5$ m/sec)

---

[1] S. a. Werft Reed. Hafen Bd. 22 (1941) S. 26f.

leistet er 785 PSe ($p_e = 5{,}7$ kg/cm²). Den Aufbau zeigt der *Querschnitt durch den Arbeits-zylinder* (Bild 303). Die Grundplatte ist aus Stahlgußlagerbrücken und Stahlblechen zusammengeschweißt; auch die angeschweißte Kurbelwanne dient zur Längsversteifung der Grundplatte. Auf dieser stehen die Ständer, die den Zylinderblock (Bild 304) tragen. Mit diesem ist das Gehäuse des Lufteinsaugkanals *a* aus einem Stück gegossen; seine obere Arbeitsfläche trägt die Lager der Nockenwelle *b* (Bild 303), die Brennstoffpumpen *c* und die zu den Saugventilen führenden Krümmer *d*. Bei Maschinen mit Abgasturboaufladung ist die Druckleitung des Gebläses an *a* angeschlossen. Die Anordnung der Nockenwelle in Höhe der Oberkante der Zylinderdeckel macht Stoßstangen zur Betätigung der Ventilhebel entbehrlich. Die Nockenwelle wird durch Kettenräder und Kette (Bild 307) von der Kurbelwelle mit halber Drehzahl angetrieben; das Antriebrad liegt am hinteren Ende der Kurbelwelle neben dem Schwungrad, also an einer Stelle kleiner Drehschwingungsausschläge. Für die Voraus- und die Zurück-Fahrt ist je ein Nocken für das Einsaug-, das Auspuff- und das Anfahrventil sowie für die Brennstoffpumpe vorgesehen. Für die Umsteuerung wird die Nockenwelle verschoben, jedoch erübrigt sich dabei das Abheben der Ventilhebelrollen von den Nocken, da die Rollen über die schrägen Seitenflächen der Nocken von dem Voraus- auf den Zurück-Nocken (und umgekehrt) gleiten. Der Aufbau des Motors wird dadurch erheblich vereinfacht.

In Bild 303 sind die Zuganker sichtbar, welche die Grundplatte mit den Ständern und dem Zylinderblock verbinden, ferner das Indiziergestänge *e*, von welchem auch die Zylinderschmierpressen *f* angetrieben werden. Von diesen führen Leitungen zu den (je zwei) Schmierstutzen *g*, durch welche die Kolbenlaufflächen geschmiert werden. Das Kühlwasser wird durch die Leitung *h* und einzelne Zweigstutzen in tangentialer Richtung (vgl. h_1 in Bild 304) in die Kühlmäntel eingeführt, durchströmt diese und tritt durch Rohr *i* zum Zylinderdeckel über (s. auch *g* in Bild 305). Unterhalb des Übertrittes *i* ist der Zinkschutzkörper *k* angeordnet. Nach Passieren des Zylinderdeckels wird das Wasser durch das Rohr *l* (Bild 303) dem Gehäuse des Auspuffventils zugeleitet, um schließlich durch Rohr *m* in den Mantel des Auspuffsammelrohres *n* zu gelangen, aus dem es abgeführt wird. Bei aufgeladenen Motoren fällt die Kühlung des Sammelrohres fort; die Rohre werden dann isoliert, da die Abgaswärme in der Turbine ausgenutzt werden soll. Die Temperaturen der Abgase und des Kühlwassers werden an den Thermometern *o* bzw. *p* abgelesen. Auch der Kühlraum des Auspuffsammelrohres ist mit Zinkschutzkörpern *k* versehen.

Von den im Zylinderdeckel untergebrachten Ventilen sind in Bild 303 nur das Brennstoffventil *q* (mit Druckleitung *r* und Kühlmittelzulauf *s* zur Düse) sowie das Sicherheitsventil *t* sichtbar. Das Auspuffventil liegt hinter dem Brennstoffventil, das Einsaug- und das Anfahrventil vor der Bildebene. Die Anfahrventile werden durch die von der Nockenwelle betätigten Anfahrluftsteuerschieber *u* durch Druckluft gesteuert.

Die Mäntel der Arbeitszylinder werden zu einem *Zylinderblock* zusammengegossen, der bei größeren Zylinderzahlen zweiteilig ausgeführt wird. Bild 304 zeigt den halben Zylinderblock eines Achtzylindermotors im Mittellängsschnitt, in Horizontalschnitten verschiedener Höhenlage, in Teilansicht von oben und im Querschnitt auf Zylindermitte. Der obere Teil des die Laufbuchse umgebenden Zylinderrahmens ist so gebaut, daß die von den Verbrennungsgasen auf den Zylinderdeckel wirkende Kraft, die von 8 Stiftschrauben (Gewinde *b*) aufgenommen wird, auf möglichst kurzem Weg zu den Ringwulsten *c* geleitet wird, welche die Durchbrechungen *d* für die Zuganker versteifen (s. Ansicht v. oben). Für die außenliegenden Zylinderdeckelschrauben sind es die Längsseitenwände des Rahmens, die den Kraftfluß führen; diese erhalten dadurch eine wellige Form (in Bild 302 oberhalb der Triebraumdeckel sichtbar), welche ihr Widerstandsmoment vergrößert. Von den Wulsten der innenliegenden Deckelschrauben leiten Rippen *e* die Kraft zu den Zugankern. Dadurch wird erreicht, daß nur die starke obere Gurtung des Zylinderrahmens Zug- und Biegespannungen erfährt, während die nach unten anschließenden Wandteile unter der Druckvorspannung der Zuganker stehen. Die Kerne

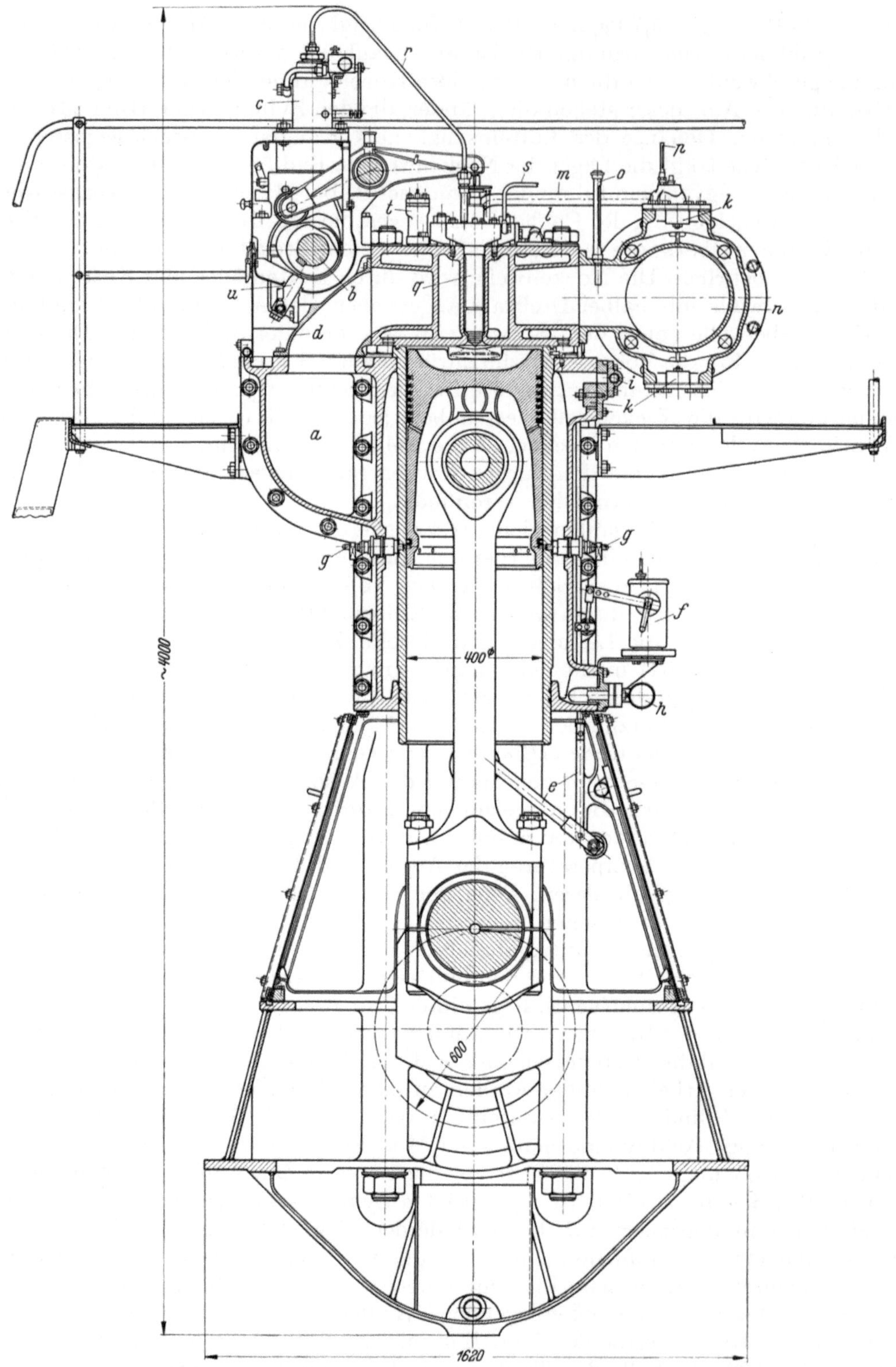

Bild 303. Querschnitt durch einen Arbeitszylinder des Motors Bild 302

a Luftansaugkanal; *b* Nockenwelle; *c* Brennstoffpumpe; *d* Saugventilkrümmer; *e* Indiziergestänge; *f* Zylinderschmierpresse; *g* Schmierstutzen; *h* Kühlwasserzuleitung; *i* Kühlwasserübertritt zum Zylinderdeckel; *k* Zinkschutz; *l* Kühlwasserübertritt zum Auspuffventilgehäuse; *m* Kühlwasserübertritt zum Mantel des Auspuffsammelrohres *n*; *o, p* Thermometer; *q* Brennstoffventil; *r* Brennstoffdruckleitung; *s* Kühlmittelzulauf zur Düse; *t* Sicherheitsventil; *u* Anfahrluftsteuerschieber

zwischen je zwei benachbarten **Zylindermänteln** sind durch die Öffnungen f gut zugänglich; die durch diese verursachte Schwächung der unteren Gurtung wird durch

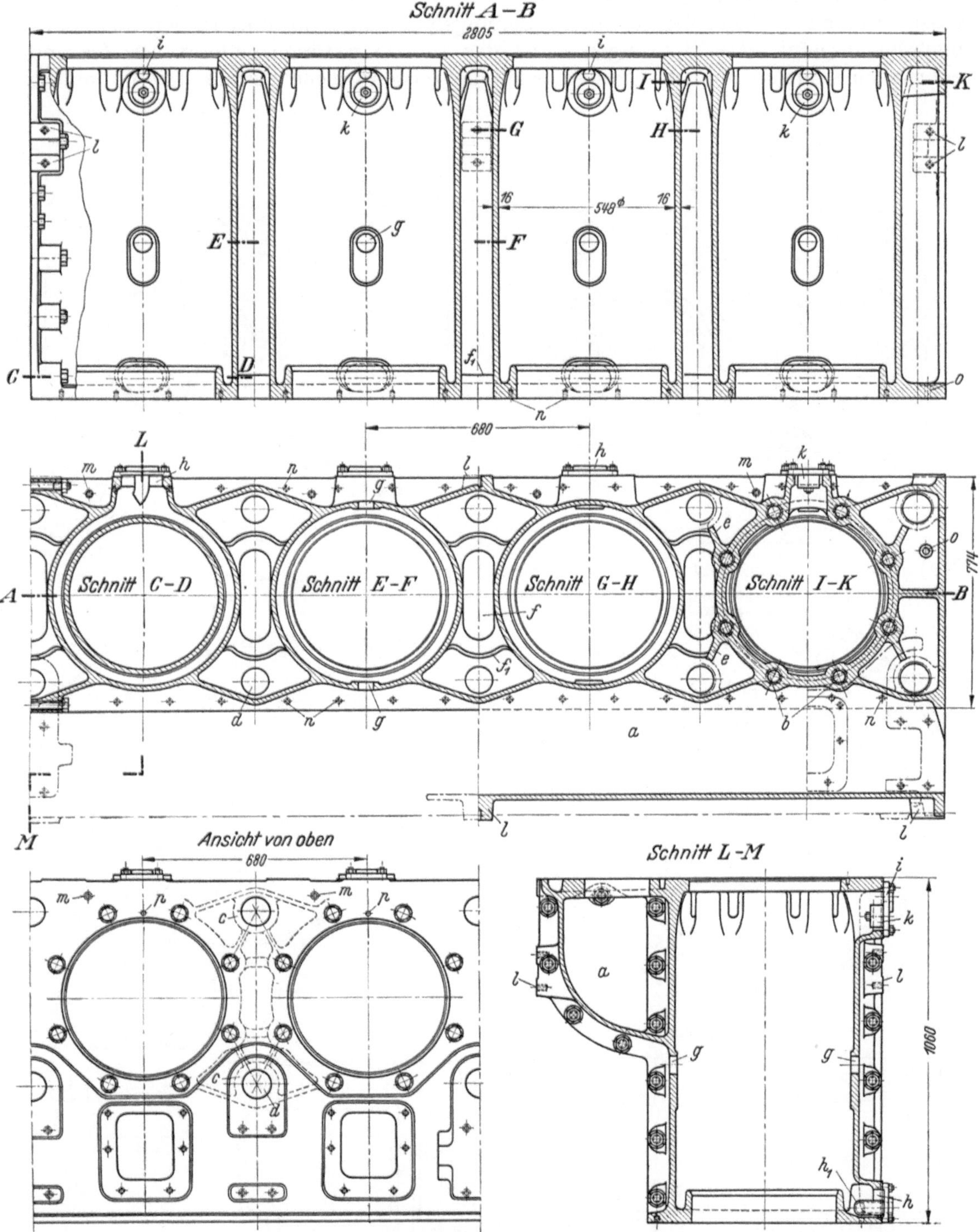

Bild 304. Zylinderblock

a Luftansaugkanal; b Gewinde für Zylinderdeckelschrauben; c Versteifungswulste um die Öffnungen d; e Rippen für Kraftfluß; f Kernöffnungen mit Versteifungswulsten f_1; g Bohrungen für Schmierstutzen; h Öffnungen für Kühlwassereintritt durch Krümmer h_1; i Kühlwasserübertritt zum Zylinderdeckel; k Zinkschutz; l Angüsse für Bedienungsbühnen; m Bohrungen für Indiziergestänge; n Gewinde für Befestigung der Triebraumdeckel; o Bohrung für Kegelstift; p Bohrungen für Fixierung der Laufbuchsen

die Wulste f_1 ausgeglichen. Auch die übrigen Durchbrechungen des Zylindermantels sind durch Wulste versteift, nämlich die Öffnungen g für die Schmierstutzen, h für den Kühlwassereintritt mit Krümmer h_1 und i für den Kühlwasseraustritt. Gegen die Angüsse l werden die Konsolen für die Bedienungsbühnen geschraubt. In den mit Bronzebuchsen ausgefutterten Bohrungen m ist das Indiziergestänge geführt. Die Gewindebohrungen n dienen zur Befestigung der Winkel, gegen welche sich die Triebraumdeckel

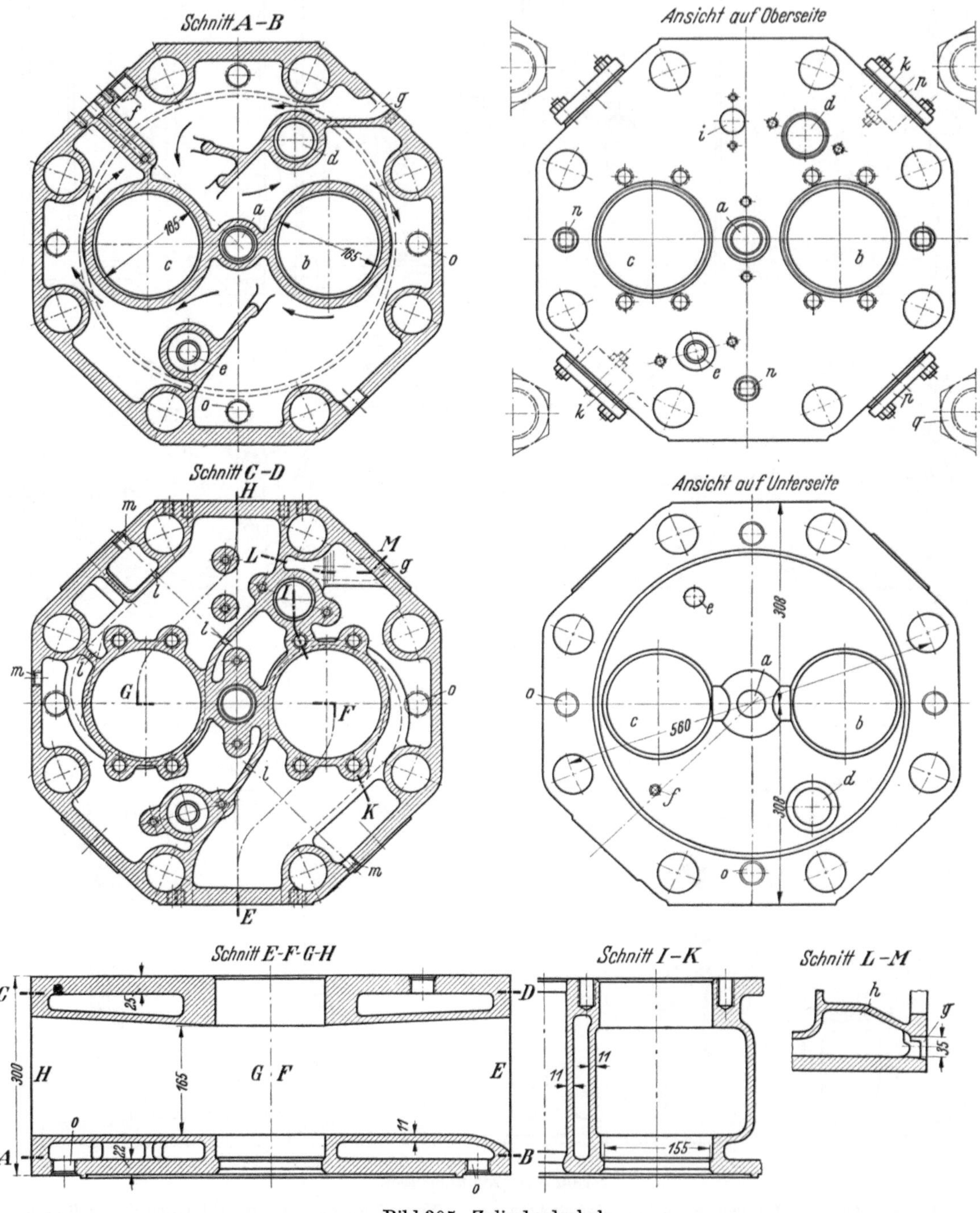

Bild 305. Zylinderdeckel

a Brennstoffventil; b Einsaugventil; c Auspuffventil; d Anlaßventil; e Sicherheitsventil; f Indizierbohrung; g Kühlwassereintritt; h, l Entlüftungsbohrungen; i Kühlwasseraustritt; k Zinkschutz; m, n, o Kernlochschrauben; p Kernlochdeckel; q obere Ankermuttern

legen (s. a. Bild 303). Die Bohrung o nimmt einen Kegelstift auf, der den Zylinderblock gegen den Außenständer fixiert; symmetrisch dazu ist ein zweiter Kegelstift am entgegengesetzten Ende des Zylinderblockes vorgesehen. Die Blockhälften sind durch 15 Schraubenbolzen miteinander verbunden (Schnitt $L–M$), von denen vier Paßbolzen sind. Die Kühlwasserräume werden durch Wasserdruck von 6 atü auf Dichtigkeit geprüft.

In den Zylinderblock werden die Laufbuchsen von oben eingesetzt und mit ihrem Bund metallisch aufgeschliffen; Dichtungsbeilagen entfallen. An ihrem unteren Ende sind die Laufbuchsen durch zwei Gummiringe gegen den Kühlwasserraum und das Kurbelgehäuse abgedichtet (Bild 303). Da die Laufbuchsen in der Umfangsrichtung eine durch die Schmierstutzen bestimmte Lage einhalten müssen, sind sie gegen Drehen durch einen Stift gesichert, der in ein in die obere Arbeitsfläche des Zylinderblockes gesetztes Fixierstück greift (Bild 303); hierfür sind die Bohrungen p (Bild 304, Ansicht v. oben) vorgesehen.

In die in den Laufbuchsenflansch gedrehte Ringnut, in der ein Weichkupferring liegt, greift der *Zylinderdeckel* (Bild 305) mit einem Versatz ein. Der Deckel, von achteckiger Form, enthält die Kanonen a für das Brennstoffventil, b für das Einsaug-, c für das Auspuffventil, d und e für das Anlaß- und das Sicherheitsventil. Die Bohrung f, die in einem Wulst auf der Innenseite des unteren Deckelbodens liegt, nimmt an ihrem äußeren Ende ein Einschraubstück auf, an das der Indikatorstutzen und das Dekompressionsventil (vgl. g_1 in Bild 309) angeschlossen sind. Die Kanonen versteifen wirksam die beiden ebenen Deckelböden gegeneinander, von denen der untere mit Rücksicht auf den Wärmedurchgang schwächer als der obere gehalten ist. Der untere Deckelboden bedarf einer kräftigen Kühlung; dem entspricht die Führung des Kühlwassers. Es tritt, aus dem Kühlmantel des Zylinderrahmens kommend, bei g ein (Schnitte $A–B$ und $C–D$) und wird durch eine Schrägwand (Schnitte $C–D$ und $L–M$) mit Entlüftungsbohrung h (die durch die über g liegende Kernöffnung gebohrt werden kann) gezwungen, zunächst unter der Horizontalwand des Auspuffkanals $G–H$ (Schnitt $C–D$; s. auch Schnitt $E–F–G–H$) zu strömen. Das Wasser nimmt sodann, immer am Boden entlangströmend, seinen Weg nach den in Schnitt $A–B$ eingetragenen Pfeilen; es wird gegen die Brennstoffventilkanone a geleitet, umströmt die Einsaugventilkanone b, wird abermals gegen die Kanone a gerichtet, umströmt c und wird erst oberhalb der Indizierbohrung f durch eine auf dieser stehende Rippe gezwungen, gegen den oberen Deckelboden zu strömen, von wo es durch die Bohrung i (Ansicht auf Oberseite) austritt. Da das Kühlwasser immer etwas Luft enthält, muß dafür gesorgt werden, daß diese sich nicht unter dem oberen Deckelboden ansammeln kann. Dies wird durch Entlüftungsbohrungen erreicht, die in allen bis zum oberen Deckelboden reichenden Rippen angebracht sind und so liegen, daß sie von außen durch passend angeordnete Kernlöcher gebohrt werden können (s. Entlüftungsbohrungen l und Kernlochschrauben m in Schnitt $C–D$). Weitere Kernlochschrauben n auf der Oberseite und o auf der Unterseite machen alle Kerne gut zugänglich. Dazu kommen weitere große Kernöffnungen in der Seitenwand des Deckels, die durch gußeiserne Deckel p verschlossen werden. Zwei dieser Deckel tragen Zinkschutzkörper k (Bild 305, Ansicht auf Oberseite) von denselben Abmessungen wie der Zinkschutz im Kühlmantel der Laufbuchsen (k in Bild 303). Die Zinkkörper werden durch Schraube, Mutter und Splint aus Messing am Deckel befestigt. Die Ansicht auf die Oberseite (Bild 305) zeigt, wie der Zylinderdeckel zwischen den vier Ankermuttern q Platz findet.

Der Kühlwasserraum des Zylinderdeckels wird durch Wasserdruck von 6 atü auf Dichtigkeit, der dem Verbrennungsraum zugewandte Boden mit 85 atü auf Festigkeit geprüft.

Der aus Leichtmetall hergestellte *Arbeitskolben* (Bild 306) bedarf wegen der guten Wärmeleitfähigkeit des Leichtmetalls keiner Kühlung, auch dann nicht, wenn die Maschine aufgeladen ist und die Zylinderleistung auf 200 PSe steigt. Bei Aufladung um 60% wurde durch Thermoelemente eine Temperatur in der Mitte des Kolbenbodens einige Millimeter unterhalb der feuerberührten Oberfläche von wenig mehr als 200° C gemessen. Der Kolbenmantel ist in senkrechter Richtung leicht ballig geschliffen, so daß der Durchmesser am oberen Ende etwas zurücktritt; sein Querschnitt ist in der Höhe des Kolbenbolzens schwach oval mit der kleinen Achse in Richtung des Kolbenbolzens. Sechs Kolbenringe dichten den Brennraum ab; der oberste Ring überschleift in der oberen Totlage des Kolbens mit seiner oberen Kante die Unterkante einer in die Laufbuchse gedrehten flachen Nut *a*, so daß sich an der Umkehrstelle des Ringes kein Grat bilden kann. Zwei Abstreifringe *b* schaben das überflüssige Schmieröl von der Zylinderwand und fördern es durch die Bohrungen *c* in den Kolbenhohlraum, aus dem es abtropft. Der untere Abstreifring überschleift die Laufbuchse zur Hälfte. Die Unterkante des Kolbens ist in eine Schneide ausgezogen, die ebenfalls abstreifend wirkt. Der Kolbenbolzen, an seiner Oberfläche im Einsatz gehärtet, ist mit großem Durchmesser hohlgebohrt, was die Massenkräfte verkleinert. Die Bohrung ist an den Enden durch je eine Scheibe *d* mit Gummidichtring verschlossen; die Scheiben werden durch Sicherungsbleche *e* gehalten, welche in Einschnitte der Kolbenbolzenaugen greifen und durch Kopfschrauben mit Umschlagblech an *d* befestigt sind. Der Kolbenbolzen „schwimmt“, d. h., er kann sich in den Bolzenaugen drehen; an seine Sitzflächen kann durch die Bohrungen *f* etwas Schmieröl, das vom oberen Ring *b* abgestreift ist, gelangen und sich in der Quernut *g* ansammeln. Durch

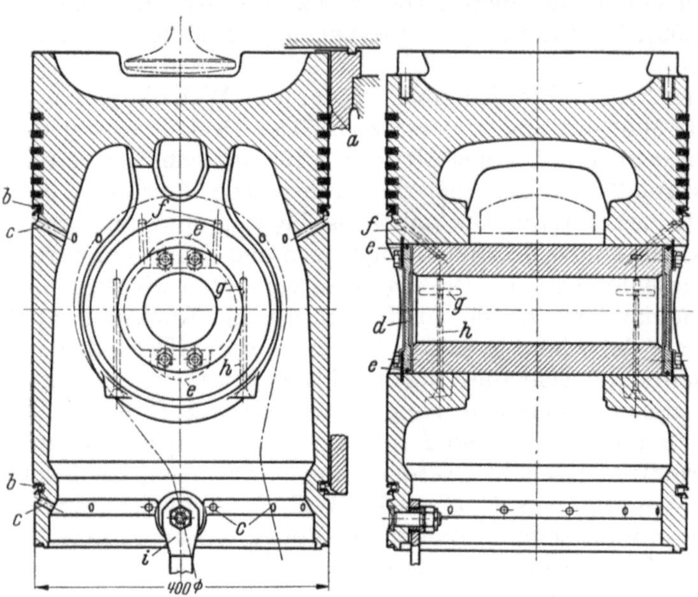

Bild 306. Arbeitskolben

a Ringnut in der Laufbuchse; *b* Ölabstreifringe; *c* Ölrückflußbohrungen;
d Deckscheibe; *e* Sicherungsbleche; *f* Schmierbohrungen; *g* Schmiernut;
h Bohrungen für Zuführung von Ölnebel; *i* Indiziergestänge

die Bohrungen *h* wird Öldunst an den Kolbenbolzen geführt. Die Anordnung hat eine gleichmäßige Abnutzung der Tragfläche des Kolbenbolzens zur Folge. An einen am unteren Kolbenrand befestigten Bolzen ist das Indiziergestänge *i* angelenkt (vgl. Gelenke *e* in Bild 303).

Die in Höhe Oberkante Zylinderdeckel liegende Nockenwelle (*b* in Bild 303) wird durch Zahnräder, Kettenräder und Kette vom hinteren Wellenende aus angetrieben. Bild 307 zeigt den *Nockenwellenantrieb* im Längs- und Querschnitt. Auf der Kurbelwelle ist das Zahnrad *a* befestigt; da es zwischen dem Bund des Paßlagers *b* und dem Kupplungsflansch liegt, muß es zweiteilig ausgeführt werden. *a* kämmt mit dem Zahnrad *c* von doppeltem Teilkreisdurchmesser; hier liegt die Untersetzung auf die halbe Drehzahl, welche die Nockenwelle beim Viertakt macht. Die hohle Nabe des Zahnrades *c* ist mit einer Bleibronzeschale ausgefüttert, mit der sich *c* um den festen Zapfen *d* dreht, der mit einem Flansch am Kurbelgehäuse befestigt ist. Aus dem Schmierölanschluß *e* wird das Zapfenlager durch Axial- und Radialbohrungen geschmiert; das überschüssige Schmieröl fließt durch die Bohrung *f* in das Kurbelgehäuse ab. Das hintere Ende der Nabenbohrung ist durch den Flansch *g* verschlossen, der mit *c* durch Paß- und Durchgangsschrauben verbunden ist. Mit seinem Außenumfang ist das Zahnrad *c* im Deckel *h* gelagert; durch diese breite Lagerung wird der Kettenzug wirksam aufgenommen. Der an *g* sitzende Kurbelzapfen *i* dient zum Antrieb der Kolbenkühlwasserpumpe; seine Schmierung ist

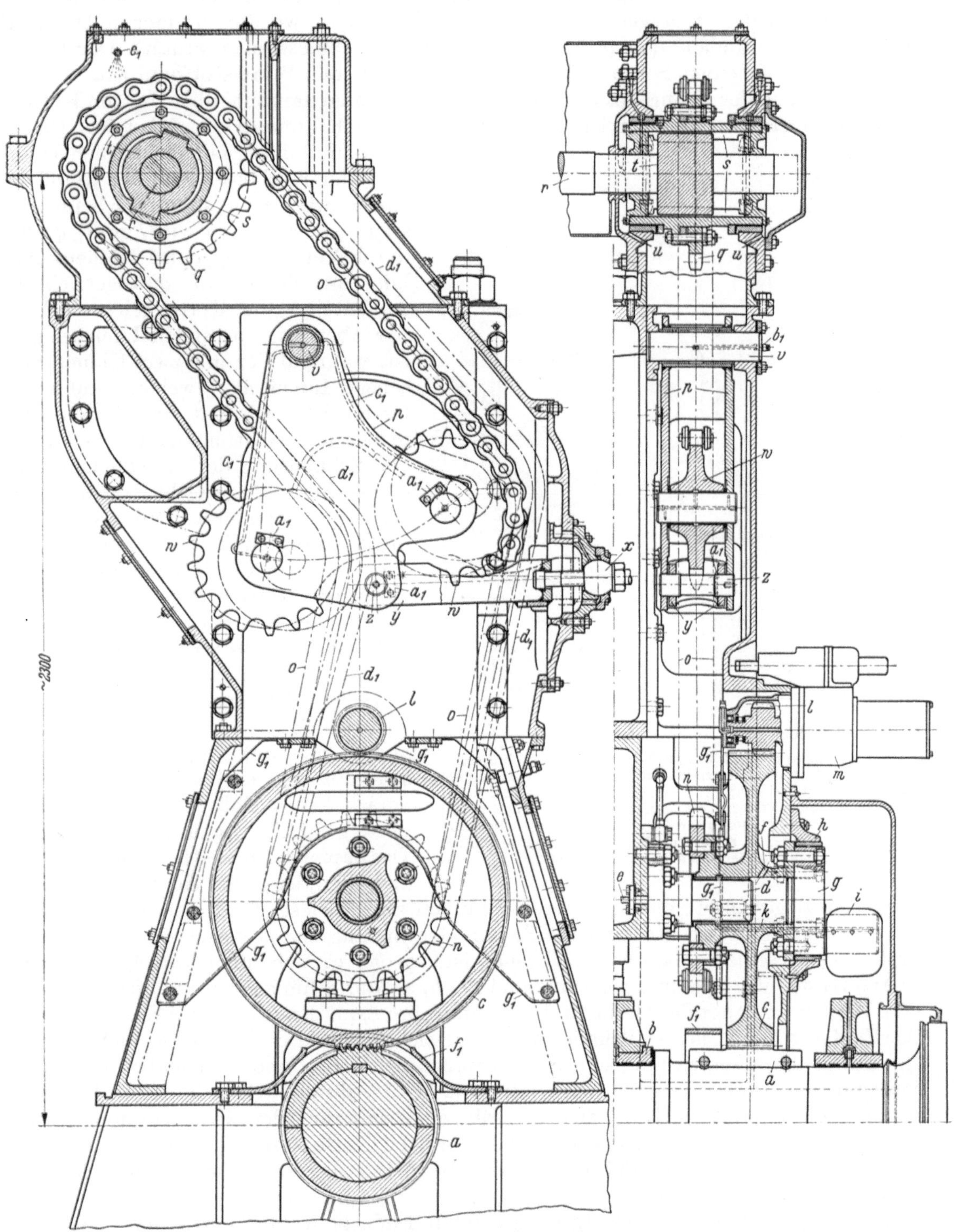

Bild 307. Antrieb der Nockenwelle

a Zahnrad auf Kurbelwelle; *b* Paßlager; *c* Zahnrad; *d* Drehzapfen für *c*; *e* Schmierölleitung; *f* Bohrung für Schmierölabfluß; *g* Tragflansch für *c*; *h* Gehäusedeckel; *i* Kurbelzapfen für Antrieb der Kolbenkühlwasserpumpe; *k* Schmierbohrung; *l* Antriebzahnrad des Reglers *m*; *n* Kettenrad auf *c*; *o* Kette; *p* Spannvorrichtung; *q* Kettenrad auf Nockenwelle *r*; *s, t* Klauenkupplung; *u* Ölabflußbohrungen; *v* Drehzapfen für *p*; *w* Kettenspannräder; *x* Mutter zum Nachspannen der Kette; *y* Doppellasche; *z* Zapfen; a_1 Sicherungsbleche; b_1 Anschluß der Schmierölleitung; c_1 Schmierrohre; d_1 Lage der Kette bei voll ausgenutzter Spannvorrichtung; e_1 Öldüse; f_1, g_1 Zahnradschutz

durch die Bohrung k an die Leitung e angeschlossen. Durch das Zahnrad c wird auch das Ritzel l des Reglers m angetrieben, dessen Spindel mit etwa der dreifachen Drehzahl der Kurbelwelle umläuft (wodurch der Regler kleine Abmessungen erhält). Der Regler verschiebt durch einen Servomotor die Regelstangen der Brennstoffpumpen.

An die Nabe des Zahnrades c ist das Kettenrad n angeflanscht, über das die Kette o läuft, die über die Spannvorrichtung p zum zweiten Kettenrad q geführt ist. Dieses Kettenrad läuft mit der halben Drehzahl der Kurbelwelle um. q treibt die Nockenwelle r an; da aber r beim Umsteuern verschoben wird, greift q an r durch Vermittlung einer Klauenkupplung an, deren von q angetriebener Außenteil s im Kettengehäuse drehbar, aber axial unverschieblich gelagert ist, während der mit zwei Klauen versehene Innenteil t, welcher auf r befestigt ist, sich mit der Nockenwelle in der Achsrichtung verschieben kann. Die Schmierung der beweglichen Teile ist in Bild 307 gezeichnet. Das überschüssige Schmieröl fließt, soweit es nicht abtropfen kann, durch die Bohrungen u in das Kettengehäuse zurück.

Soll die Kette nachgespannt werden, so wird der um den Zapfen v schwenkbare (geschweißte) Rahmen p, der die beiden Führungsräder w trägt, durch Anziehen der kugelig im Deckel gelagerten Mutter x, deren Gewindebolzen mit der Doppellasche y verschweißt ist, ein wenig nach rechts verschoben, so daß sich der auf- und der absteigende Trum gleichmäßig spannen. Der Zapfen z, an welchem die Laschen y angreifen, ist gegen Herausfallen durch

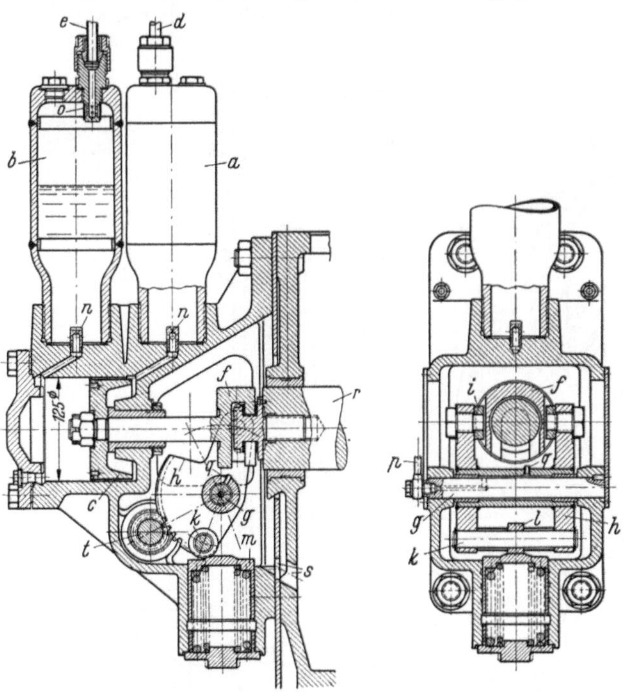

Bild 308. Vorrichtung zum Verschieben der Nockenwelle
a Voraus-Ölwindkessel; b Zurück-Ölwindkessel; c Umsteuerkolben; d, e Belüftungs- bzw. Entlüftungsleitung; f Kupplung; g Drehzapfen für Hebel h; i Kulissensteine; k Zapfen mit Rolle l; m Feststellkolben; n Einsätze mit Drosselbohrungen; o Ansatzstück mit Bohrungen für Luftverteilung; p Schmierölleitung; q Öldüse; r Nockenwelle; s Schmierölrückfluß; t Ritzel für Verblockung der Umsteuerung

ein Blech a_1 gesichert, das mit zwei Schrauben an y befestigt ist und in einen Einschnitt in z greift. Ebenso sind die Zapfen der Spannräder w gesichert, während der Zapfen v mit seinem Flansch verschweißt ist, so daß er sich nicht verschieben kann.

Die Zapfen der Spannvorrichtung sind bei b_1 an die Schmierölleitung angeschlossen. Vom Zapfen v gelangt das Öl durch die Kupferrohre c_1 an die Zapfen der Kettenräder w. Der Zapfen z bedarf keiner Schmierung, da er sich während des Betriebes nicht bewegt und nur selten, nämlich nur beim Nachspannen der Kette, eine unbedeutende Relativbewegung zur Doppellasche y macht. In Bild 307 ist durch strichpunktierte Linien d_1 angedeutet, wie weit die Kette sich bei völliger Ausnutzung der Nachspannmöglichkeit verschieben kann. Während des Betriebes wird die Kette ständig durch die Öldüse e_1 geschmiert. Die Bleche f_1 und g_1 schützen die Zahnräder vor Beschädigung, falls ein Kettenbruch eintreten sollte.

An dem der Antriebseite entgegengesetzten Ende greift die *Vorrichtung* zum *Verschieben der Nockenwelle* (Bild 308) an. Sie wird nur dann betätigt, wenn umgesteuert werden soll; dann läßt der Maschinist vom Bedienungsstand aus Druckluft je nach der befohlenen Fahrtrichtung in den einen oder anderen der beiden Ölwindkessel a, b treten, wodurch der Umsteuerkolben c nach links (Voraus-) bzw. nach rechts (Zurück-Stellung) geschoben wird. Während dieses Vorganges steht die eine der beiden Luftleitungen d, e

mit der Anlaßluftflasche, die andere mit der Atmosphäre in Verbindung. Die Stange des Umsteuerkolbens greift durch die Überwurfkupplung f an einem in die Stirnfläche der Nockenwelle r (s. auch r in Bild 307) geschraubten Bundstück an. In je eine in die Kupplung f gestoßene Nut greift der um den Zapfen g schwenkbare (geschweißte) Doppelhebel h mit Zapfen und Kulissensteinen i ein; f macht die Drehbewegung der Nockenwelle nicht mit. Der Zapfen k, der die Hebelhälften h verbindet, trägt die Rolle l, die durch Distanzrohre in ihrer Mittellage gehalten wird. In den Endlagen des Umsteuerkolbens c ist l von der mittleren Wölbung des federbelasteten Feststellkolbens m abgeglitten; dadurch werden h und f und somit auch r in der einen oder anderen Endlage gehalten. Bewegt sich der Kolben c (in Bild 308 z. B. von rechts nach links), so drückt l den Feststellkolben m nach unten, und die Rolle läuft über die Wölbung, um in der anderen Endlage durch m festgehalten zu werden. Während des Betriebes kann sich daher die Nockenwelle nicht in ihrer Achsrichtung verschieben.

Beim Umsteuern soll sich der Kolben c mit mäßiger Geschwindigkeit in seinem Zylinder bewegen und nicht hart gegen die Begrenzungen stoßen. Dies wird durch die Einsätze n erreicht, durch deren enge Bohrungen der Ölstrom gedrosselt wird. Die durch die Leitungen d bzw. e eintretende Steuerluft wird mittels durchbohrter Ansätze o so verteilt, daß der Ölspiegel nicht aufgewühlt wird. Bei p ist der Zapfen g an die Druckschmierung angeschlossen; die Düse q spritzt Schmieröl gegen die Kupplung f, das überschüssige Öl fließt durch die Bohrungen s in das Nockenwellengehäuse ab.

Auf einem Teil seines Umfangs ist der Hebel h als Zahnsegment ausgebildet, das mit dem Ritzel t (Bild 308) kämmt. Während des *Umsteuervorganges*, der durch eine kurze Rechtsdrehung des Handrades x (Bild 309) ausgelöst wird, macht t eine Viertelumdrehung, eine Bewegung, die durch den auf t befestigten Hebel u und Stange v der Kulissenscheibe w mitgeteilt wird. Solange der Kolben c nicht die untere Endlage erreicht hat, kann der Maschinist das Handrad x, mit dem er alle Manöver ausführt, nicht bewegen, weil w in eine zweite Kulissenscheibe y greift, die mit x fest verbunden ist (Stellung Teilbild A). Erst wenn die Verschiebung der Nockenwelle zum Stillstand gekommen ist, gibt w das Handrad x frei, das nunmehr in die Stop-Stellung zurückgelegt werden kann (Teilbild B). Das Handrad x kann nur bewegt werden, wenn die Kulissenscheibe w sich in einer ihrer Endlagen befindet.

Beim Umsteuern wird das Handrad x aus der Stellung „Stop" in die Stellung „Umsteuern" gedreht. Während des Drehens wird zunächst durch eine der Nockenscheibe a_1 angelenkte Sperrklinke (Bild 309) der lose auf der Welle des Handrades sitzende Drehschieber e_1 mitgenommen und in die für die betreffende Fahrtrichtung erforderliche Lage gedreht. Kurz bevor die Endstellung „Umsteuern" erreicht ist, wird das Ventil b_1 geöffnet, welches die vom Anfahrluftbehälter kommende Leitung c_1 mit der Bohrung d_1 verbindet, während die Entlüftungsleitung h_1 durch den auf der Spindel von b_1 sitzenden Kolben abgedeckt ist. Die Umsteuerluft kann jetzt durch die schon richtig stehenden Kanäle des Drehschiebers e_1 zu dem entsprechenden Ölwindkessel der Umsteuervorrichtung strömen, und der Kolben c kann die Nockenwelle in die gewünschte Lage verschieben. Solange der (linke) Nocken auf a_1 das Ventil d_1 geöffnet hält, kann die Steuerluft aus Leitung c_1 auch durch das Rohr f_1 über die Steuerkolben der Dekompressionsventile g_1 treten, die an die Verdichtungsräume der Arbeitszylinder angeschlossen sind und in allen Zylindern die Kompression aufheben. Die Hebel des Einlaß- und des Auspuffventils, deren Rollen beim Verschieben der Nockenwelle von den Voraus- auf die Zurück-Nocken (oder umgekehrt) gleiten, brauchen daher nicht die Ventile gegen einen im Arbeitszylinder herrschenden Überdruck zu öffnen. Sobald die Verblockung das Handrad x wieder freigibt, legt der Maschinist es in die Stop-Stellung zurück. Das Belüftungsventil b_1 schließt unter Federdruck; der auf seiner Spindel sitzende Kolben gibt die Bohrung der Entlüftungsleitung h_1 frei, und alle Dekompressionsventile schließen unter Federdruck. Die Maschine ist jetzt klar zum Anfahren. Hierzu dreht der Maschinist das Handrad x nach links, er öffnet damit durch einen zweiten, auf a_1 sitzenden Nocken

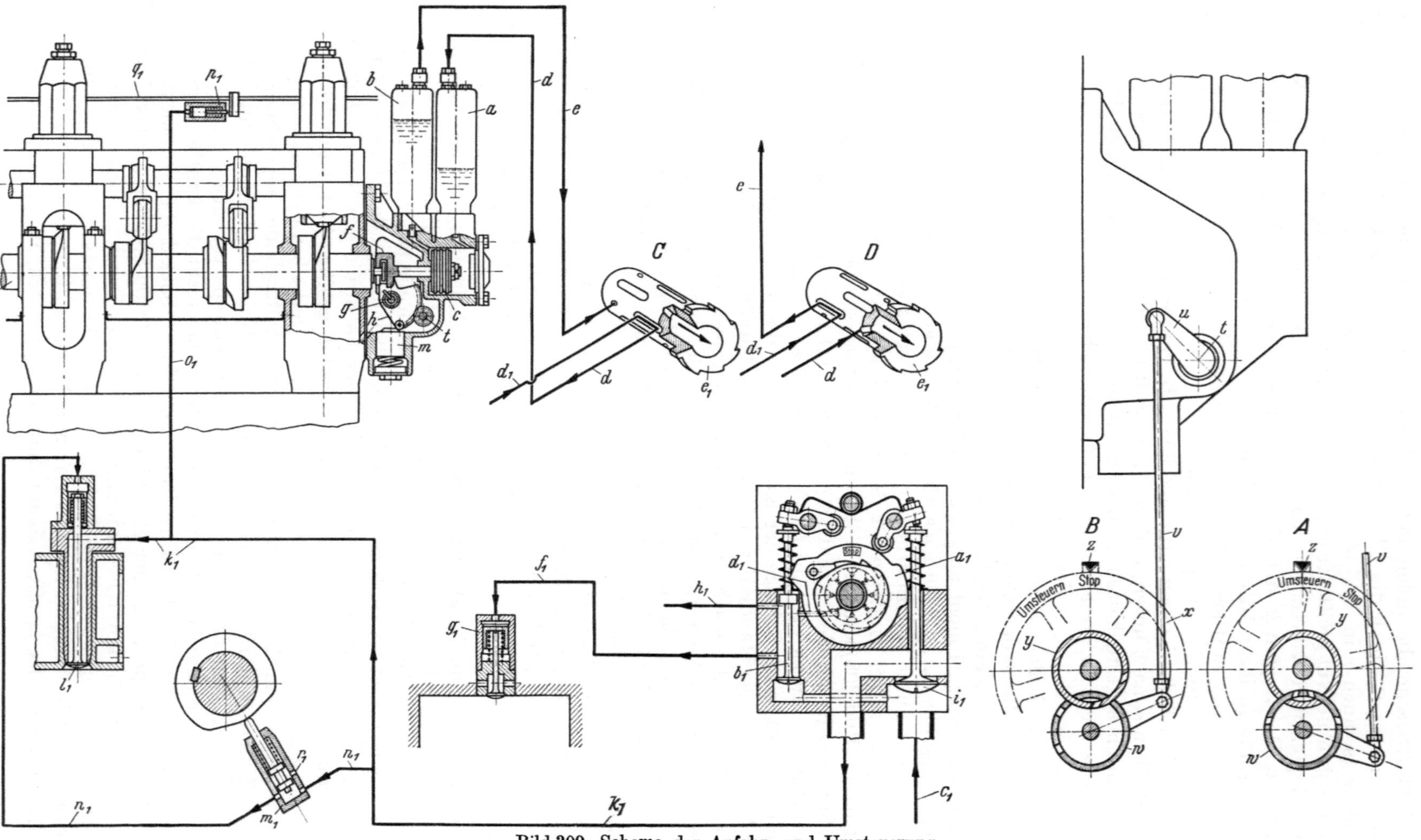

Bild 309. Schema der Anfahr- und Umsteuerung

a bis h, m, r, t wie Bild 308. u Hebel auf Ritzelwelle t; v Verblockungsstange; w vom Umsteuerkolben c betätigte Kulissenscheibe; x Manövrierhandrad; y von x betätigte Kulissenscheibe; z Zeiger; a_1 Nockenscheibe; b_1 Belüftungsventil der Umsteuerung; c_1 Leitung vom Anfahrluftbehälter; d_1 Luftleitung zum Drehschieber e_1; f_1 Luftleitung zum Dekompressionsventil g_1; h_1 Entlüftungsleitung; i_1 Hauptanfahrventil; k_1 Anfahrluftleitung; l_1 Anfahrventil im Zylinderdeckel; m_1 Anfahrluftsteuerschieber; n_1 Anfahrsteuerluftleitung; o_1 Steuerluftleitung zum Regelgestänge der Brennstoffpumpen; p_1 Steuerzylinder zum Einstellen der Anlaßfüllung; q_1 Regelstange der Brennstoffpumpen; r_1 Entlüftungsbohrung

das Hauptanfahrventil i_1, und die Anfahrluft strömt durch die Leitung k_1 zu den Anfahrventilen l_1 im Zylinderdeckel, von denen nur das Ventil jeweils geöffnet ist, das der Anfahrsteuerschieber m_1 (s. auch u in Bild 303) durch die Steuerluftleitung n_1 aufgedrückt hat. An k_1 ist ferner die Leitung o_1 angeschlossen. Solange in k_1 Druckluft steht, drückt diese einen kleinen, im Zylinder p_1 beweglichen Steuerkolben gegen einen an der Regelstange q_1 der Brennstoffpumpen befestigten Anschlag. Dadurch erhalten die Zylinder während des Anfahrvorganges etwa halbe Brennstoffüllung, bis der Regler die Regelung übernimmt.

Wenn die Maschine die zum Zünden erforderliche Drehzahl erreicht hat, dreht der Maschinist das Handrad x weiter nach links. Jetzt gleitet die Rolle des Hebels, der vorhin das Hauptanfahrventil i_1 geöffnet hatte, von ihrem Nocken ab, i_1 schließt, und sogleich entlüften sich alle druckluftführenden Leitungen (bis auf Leitung f_1, die schon entlüftet ist) durch die Bohrungen r_1 in den Gehäusen der Anfahrsteuerschieber m_1. Die Anfahrventile l_1 schließen, und der Kolben p_1 gibt die Regelstange q_1 der Brennstoffpumpen frei. Die Maschine läuft jetzt mit Brennstoff; die Leistung wird durch einen auf der Welle des Handrades x sitzenden (Negativ-) Nocken eingestellt, durch den die Regelstange q_1 verschoben wird. Alle Manöver werden somit nur mit dem Handrad x ausgeführt.

In Bild 309 ist der Drehschieber e_1 in zwei Stellungen gezeichnet, in Teilbild C in der Voraus-, in D in der Zurück-Stellung. Die in den Teilbildern sichtbaren weiteren Schiebermuscheln und Entlüftungsbohrungen sind so um den Schieberumfang verteilt, daß die Voraus- und die Zurück-Stellungen sich abwechseln (da der Schieber bei einem Umsteuermanöver nur eine Teilumdrehung macht), so daß der sich stets nur im Uhrzeigersinn drehende Schieber immer für das nächste Umsteuermanöver in der richtigen Stellung steht.

Zweitakt-Tauchkolbenmotor GZ 52/70. Die Zylinderleistung dieser Type beträgt bei 200 U/min 340 PSe, bei 250 U/min 425 PSe, was in beiden Fällen einem p_e von 5,15 kg/cm² entspricht, während c_m zwischen 4,66 und 5,83 m/sec liegt. Der Leistungsbereich dieses Zweitaktmotors, der mit Zylinderzahlen von 5 bis 10 gebaut wird, erstreckt sich damit bis herauf zu 4250 PSe, d. i. die größte Leistung, die von der *MAN* in der Tauchkolbenbauart ausgeführt wird. Bild 310 zeigt die Sechszylindermaschine in Ansicht auf die Steuerseite mit Längsschnitt durch einen Arbeitszylinder, Bild 311 den Querschnitt durch einen Arbeitszylinder mit Schnitt durch das Kapselgebläse. Die Abbildungen stellen die neue Bauart mit Nachladeschieber dar, bei welcher die Brennstoffpumpen nicht mehr unmittelbar von der Kurbelwelle, sondern von einer in Höhe der Oberkante der Zylinderblöcke liegenden Nockenwelle betätigt werden.

Die Grundplatte dieser Motortype ist aus Stahlgußbrücken und Stahlblechen geschweißt (Bild 310 u. 311; vgl. S. 339); auch die mit Ölablaufrohren a am vorderen und hinteren Ende versehene Ölwanne ist angeschweißt. Die Grundplatte trägt über den Grundlagern die gußeisernen Ständer, diese die Zylinderblöcke, die zu je einem und zwei Zylindern in einem Block gegossen sind, so daß sie zu allen vorkommenden Zylinderzahlen zusammengesetzt werden können. Die Blöcke sind durch Paßbolzen und Durchgangsschrauben miteinander verbunden. Die Deckel der Grundlager stützen sich mittels Druckschrauben b gegen die Querträger der Ständer. Grundplatte, Ständer und Zylinderblöcke sind durch Zuganker verspannt (Muttern c in Bild 310 u. 311), so daß die Gußteile von Zugspannungen entlastet sind. Die Zylinderblöcke enthalten die Spülkanäle d und die Auspuffkanäle e in der bekannten Anordnung der *MAN*-Umkehrspülung (Bd. I, S. 74), die neuerdings durch zweckmäßige Ausbildung der Spülschlitze wesentlich verbessert worden ist („T-Spülung"). Zur Hälfte in die Zylinderblöcke eingebaut sind die Nachladeschieber f (Bild 311), deren Bauart und Wirkungsweise unten beschrieben ist. Die Zylinderlaufbuchse ist zweiteilig ausgeführt; sie wird neuerdings auch einteilig hergestellt. Der die Spül- und Auspuffschlitze enthaltende Teil ist im Zylinderblock durch die Packung h (Bild 310 u. 311) abgedichtet, deren Dichthalten durch den Rohranschluß g

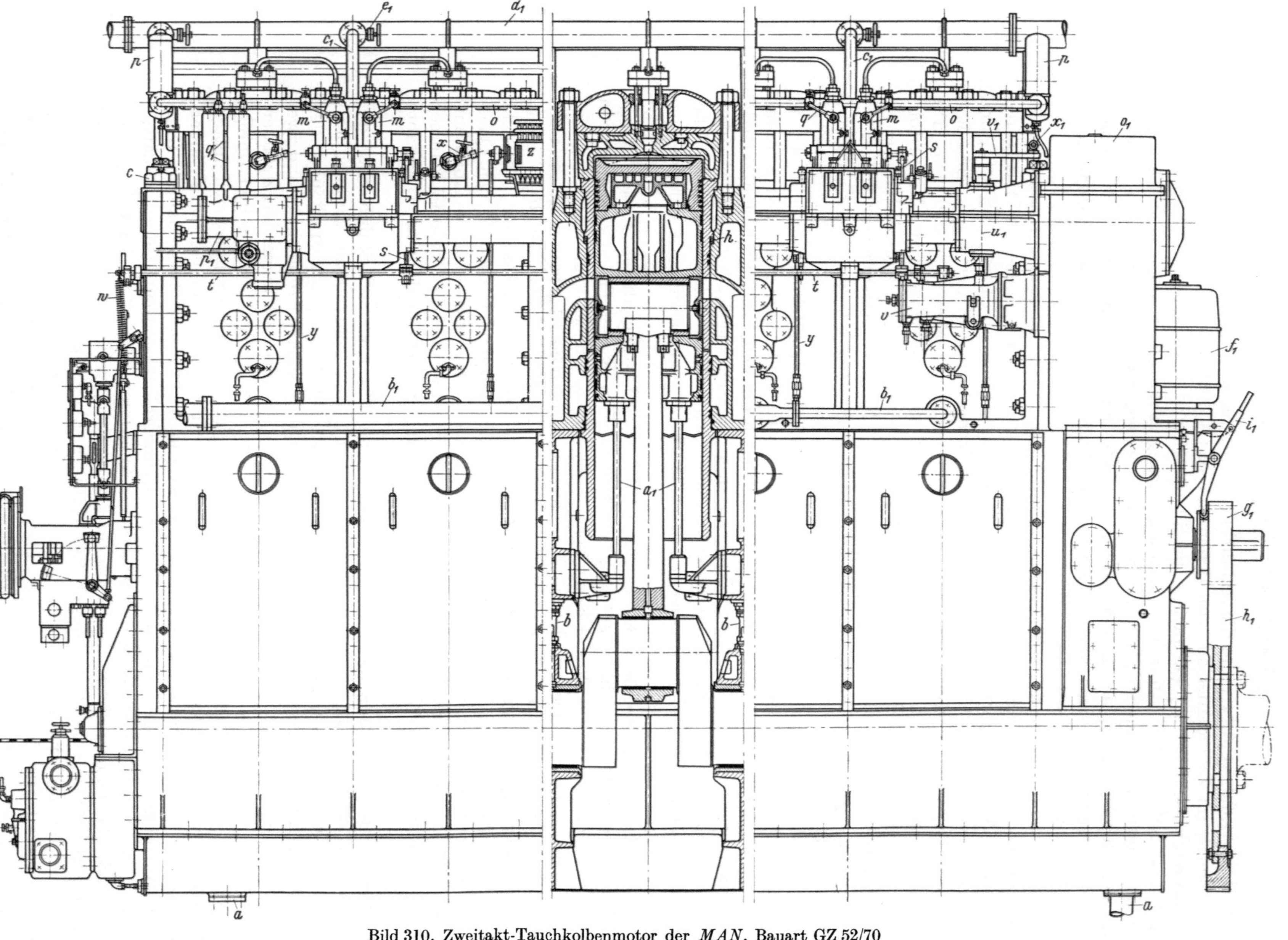

Bild 310. Zweitakt-Tauchkolbenmotor der *MAN*, Bauart GZ 52/70

Leistung mit 6 Zylindern 2550 PSe bei 250 U/min. Ansicht auf Steuerseite und Schnitt durch einen Arbeitszylinder. a Ölablaufrohre; b Lagerdeckelschrauben; c obere Ankermutter; h Packung; m Brennstoffpumpen; o Brennstoffzuleitung; p Windkessel; q Brennstoffzweigleitungen; s Regelgestänge; t Regelwelle; u Manövrierhandrad; v Regler; w Zugfeder; x Indikatorstutzen; y Indiziergestänge; z Zylinderschmierpressen; a_1 Teleskope für Kolbenkühlung; b_1 Kühlwasserzuflußleitung; c_1 Kühlwasserabflußrohre; d_1 Kühlwasserabflußleitung; e_1 Ventile zur Regelung der Kühlwassertemperatur; f_1 Elektromotor der Drehvorrichtung; g_1, h_1 Zahnräder der Drehvorrichtung; i_1 Hebel zum Ein- und Ausrücken der Drehvorrichtung; o_1 Verschalung des Nockenwellenantriebes; p_1 Drucköl zylinder zum Verschieben der Nockenwelle; q_1 Ölwindkessel; u_1, v_1, x_1 Gestänge zum Verstellen der Drehschieber des Kapselgebläses

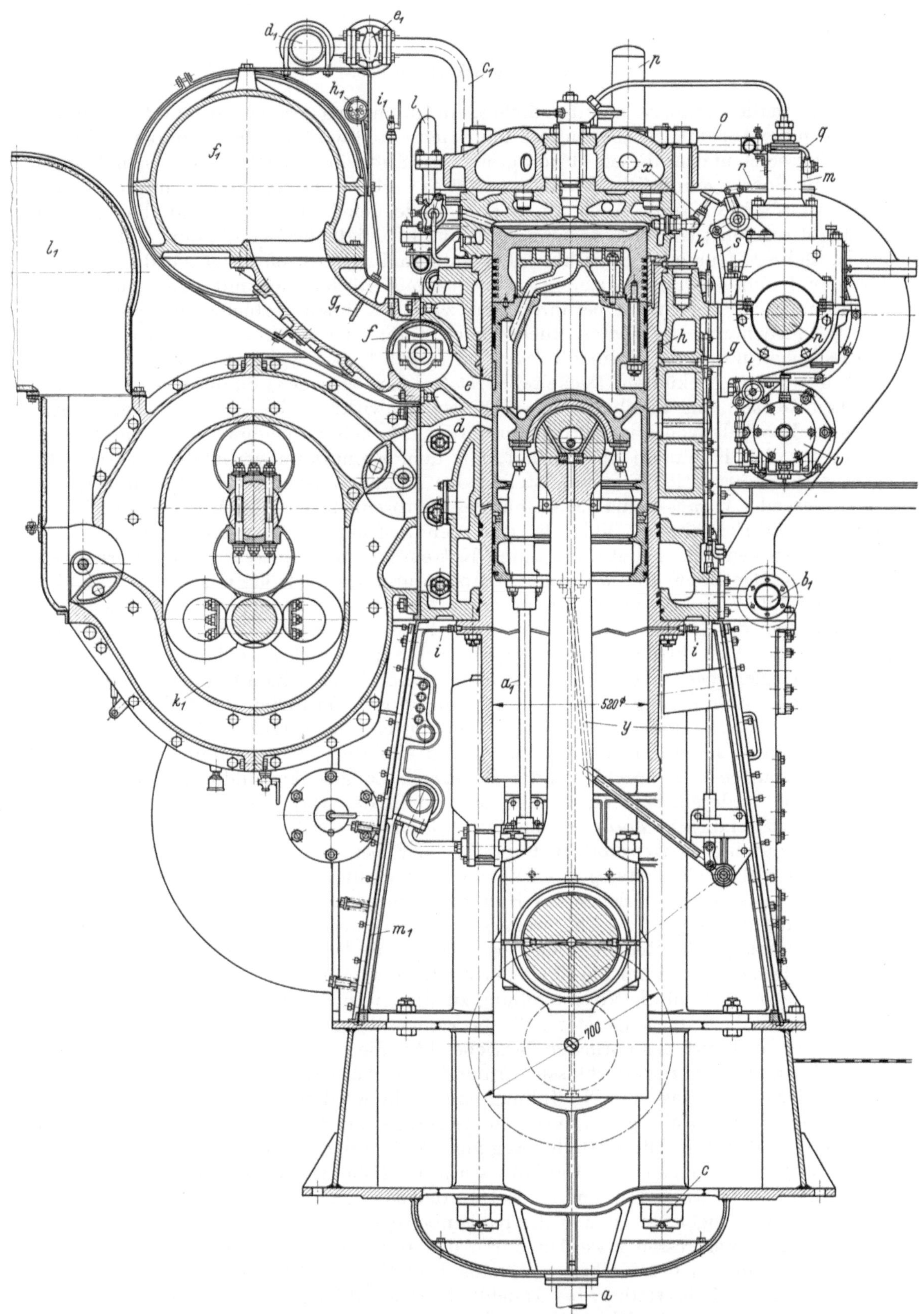

Bild 311. Querschnitt durch Arbeitszylinder und Kapselgebläse

a Ölablaufrohr; c untere Ankermuttern; d Spülkanäle; e Auspuffkanäle; f Nachladeschieber; g Anschluß für Kontrolle der Abdichtung; h Packung; i, k Anschlüsse für Zylinderschmierung; l Anfahrluftleitung; m Brennstoffpumpe; n Nockenwelle; o Brennstoffzuleitung; p Windkessel; q Brennstoffzweigleitung; r Regelstange der Brennstoffpumpe; s Regelgestänge; t Regelwelle; v Regler; x Indikatorstutzen; y Indiziergestänge; a_1 Teleskop für Kolbenkühlung; b_1 Kühlwasserzuflußleitung; c_1 Kühlwasserabflußrohr; d_1 Kühlwasserabflußleitung; e_1 Ventil zum Regeln der Kühlwassertemperatur; f_1 Auspuffsammelleitung; g_1 Thermoelement; h_1 Kabelrohr; i_1 Auspuffprobierhahn; k_1 Kapselgebläse; m_1 Explosionsklappen

überwacht werden kann. Nach unten dichtet ein Gummiring gegen Wasser und ein Kupferring gegen die Auspuffgase. Der untere Laufbuchsenteil wird von unten in den Zylinderblock eingesetzt und in diesem durch gesicherte Stiftschrauben befestigt; sein Flansch nimmt die Bohrungen für die Schmieranschlüsse i auf, durch welche der untere Teil des Kolbens geschmiert wird. Auch am oberen Ende der Laufbuchse wird dem Kolben Schmieröl zugeführt (Anschlüsse k mit Axial- und Radialbohrungen in der Laufbuchsenwand). Mehrere Gummiringe dichten den unteren Laufbuchsenteil gegen den ihn umgebenden Kühlwasserraum. Beide Laufbuchsenteile dürfen sich mit den einander zugekehrten Stirnflächen nicht berühren; das zwischen ihnen verbleibende Spiel erlaubt freie Wärmedehnung der oberen Buchse nach unten, der unteren nach oben.

Die Konstruktion des Zylinderdeckels ist in Bd. I, S. 323, beschrieben. Die Seitenwand des unteren, gekühlten Deckelteiles ist tief herabgezogen; dadurch wird die Fuge zwischen Deckel und Laufbuchsenflansch der Einwirkung der höchsten Temperatur entzogen. Das Anlaßventil ist seitlich am unteren Deckelteil angebracht und durch einen Kanal, der den Kühlraum durchdringt, mit dem Brennraum verbunden, so daß der Teller des Anfahrventils nicht unmittelbar der Flamme ausgesetzt ist. Dadurch ist bei längerdauernder Voraus-Fahrt der Gefahr des Festbrennens des Ventiltellers vorgebeugt. l ist die Anfahrluftleitung (Bild 311). Die Brennstoffpumpen m werden von der hochliegenden Nockenwelle n und diese durch Kettenräder und Kette von der Kurbelwelle angetrieben. Der Brennstoff wird den Pumpen durch die in Höhe Oberkante Zylinderdeckel liegende Leitung o zugeführt, an deren Enden Windkessel p angeschlossen sind; diese gleichen die Druckschwankungen aus, die durch das Rückströmen des Brennstoffes bei der Unterbrechung der Förderung durch die Schrägschlitzkante entstehen können. Zweigleitungen q verteilen den Brennstoff auf die einzelnen Pumpen. Bei Pumpen mit Schrägschlitzsteuerung wird die Förderung durch Verdrehen des Pumpenstempels geregelt (Bd. I, S. 177). Jeder Stempel kämmt durch eine verzahnte Regulierhülse mit einer verzahnten Regelstange r (Bild 311), und alle Regelstangen sind durch Winkelhebel und Stangen s der durchlaufenden Regelwelle t angelenkt (Bild 310 u. 311). t kann sowohl vom vorderen Bedienungsstand aus durch das Handrad u verdreht werden, mit dem auch bei diesem Motor alle Manöver ausgeführt werden, wie auch durch den am hinteren Motorende angeordneten Regler v, der bei dieser umsteuerbaren Schiffsmaschine nur als Sicherheitsregler wirkt und nur bei unzulässig ansteigender Drehzahl eingreift. Das Gestänge, welches das Handrad u mit der Regelwelle t verbindet, stört die Bewegung des Reglers v nicht, weil es an seinem oberen Ende ein Langloch trägt, das ein Ausschlagen der Reglergewichte und damit eine Drehung der Welle t ermöglicht; der Regler braucht dabei nur die Kraft der Zugfeder w (Bild 310) zu überwinden, welche die Regelwelle t stets in die Vollaststellung zu drehen sucht. Der Regler dreht t, wenn er eingreift, in die entgegengesetzte, die Leerlaufstellung; das Langloch gibt diese Bewegung frei. Während des normalen Betriebes hält die Feder w das Gestänge zwischen Handrad u und Welle t kraftschlüssig verbunden. Dabei kann durch u jede Brennstoffmenge zwischen Überlast und Nullfüllung eingestellt werden, ohne daß der Regler dies hindert, denn seine Muffe greift durch ein Gestänge mit Schleife an t an, wodurch die für den Betrieb erforderliche Drehbewegung von t freigegeben wird.

An die Brennräume sind die Indikatorstutzen x (Bild 310 u. 311) angeschlossen; die Indikatortrommeln werden, wenn indiziert werden soll, von dem Gestänge y angetrieben, das dem Kolben angelenkt ist und die Kolbenbewegung maßstäblich verkleinert. Auch die Zylinderschmierpressen z werden durch das Indiziergestänge bewegt.

Die Konstruktion des Kolbens geht aus Bild 310 und 311 hervor. Kolben dieser Größe müssen gekühlt werden; bei Tauchkolben ist Ölkühlung vorteilhaft, da es nicht möglich, bei Öl aber auch nicht nötig ist, die Zu- und Abflußteile im Innern des Kurbelgehäuses völlig dicht zu halten, während abtropfendes Kühlwasser das Schmieröl allmählich verseifen würde. Bei dieser Maschine wird das Kühlöl dem Kolben durch Teleskope a_1 zu- und von ihm abgeführt, deren feststehende Teile auf Konsolen ruhen, die an den Ständern befestigt sind. Ein Einsatz in der Kolbenkappe führt das Kühlöl mit erhöhter Geschwindigkeit an der Unterseite des Kolbenbodens, der einer besonders wirksamen Kühlung bedarf.

Der Kolbenbolzen ist mit der Pleuelstange fest verbunden und macht deren Pendel-bewegung mit, eine Konstruktion, die den Vorteil hat, daß die durch den Verbrennungs-druck belastete Fläche wesentlich größer ausgeführt werden kann, als es beim festen Kolbenbolzen möglich ist (vgl. Bd. I, S. 287).

Die Zylinderblöcke und die unteren Teile der Zylinderdeckel werden durch Süßwasser gekühlt, das aus der Zuflußleitung b_1 (Bild 310 u. 311) eintritt und am oberen Ende der Laufbuchsen durch Krümmer (Bd. I, S. 323) den unteren Deckelteilen zugeführt wird, aus denen es durch Rohre c_1 in die Sammel-leitung d_1 abfließt. Durch Ventile e_1 wird die Menge und damit die Temperatur des ab-fließenden Wassers an allen Zylindern auf den gleichen Betrag eingestellt. Die Auspuffsam-melleitung f_1 (Bild 311) bleibt ungekühlt; sie wird nur wärmeisoliert. In den Auspuff-krümmer eines jeden Zylinders ist ein Thermo-element g_1 eingebaut; die Kabel, durch ein Rohr h_1 vor Beschädigung geschützt, sind an das Anzeigegerät am Bedienungsstand angeschlossen. Der Maschinist erhält dadurch einen raschen Überblick, ob die Motorleistung sich gleichmäßig auf die einzelnen Zylinder verteilt. Jeder Auspuffkrümmer ist ferner mit einem Probierhahn i_1 versehen.

Unterhalb des Auspuffsammelrohres ist das Kapselgebläse k_1 angeordnet, das die Luft durch den Schalldämpfer l_1 saugt und in die Spülschlitze d drückt. Es liegt auf Schwungradseite und nimmt wenig mehr als ein Drittel der Maschinenlänge in Anspruch. Unter dem Gebläse bzw. dem Auspuffsam-melrohr sind die Triebraumdeckel mit feder-

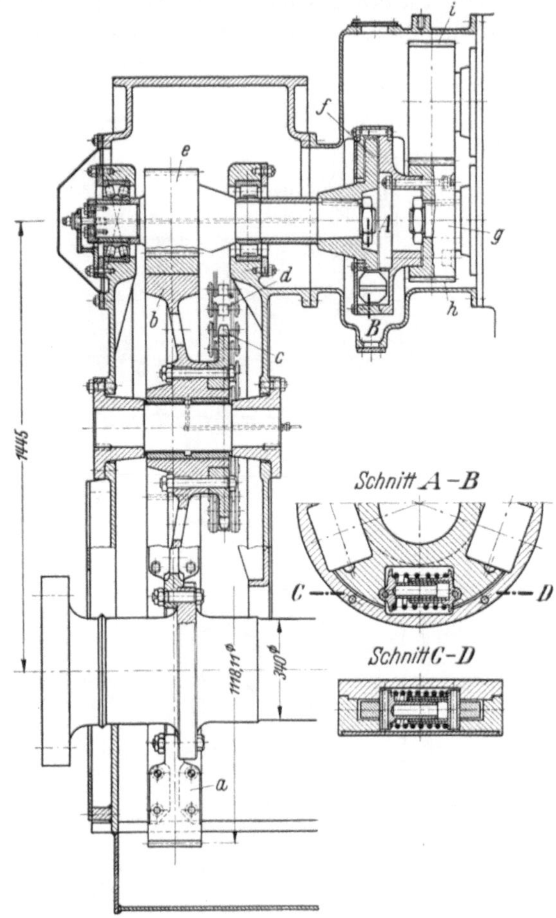

Bild 312. Antrieb des Kapselgebläses

a Zahnrad auf Kurbelwelle; b Zwischenzahnrad; c Kettenrad; d Kette zum Antrieb der Nockenwelle; e Ritzel; f elastische Kupplung; g Welle des unteren Drehkolbens; h, i Zahnräder der Drehkolben

belasteten Explosionsklappen m_1 versehen, die sich nach außen öffnen, wenn sich der Schmierölnebel im Kurbelgehäuse etwa an einem heißgelaufenen Triebwerkteil ent-zünden sollte. Sie liegen auf der dem Bedienungsstand abgewandten Seite.

Der *Antrieb des Kapselgebläses* (Bild 312) wird vom hinteren Ende der Kurbelwelle abgeleitet, wo das (geteilte) Zahnrad a an einem auf der Kurbelwelle angedrehten Flansch durch Paßbolzen befestigt ist. Es kämmt mit dem Zwischenzahnrad b von gleichem Teilkreisdurchmesser, das sich um einen in das Rädergehäuse eingelassenen Zapfen dreht und durch Paßschrauben mit dem Kettenrad c verbunden ist. Die über c laufende Kette d treibt die Nockenwelle mit der gleichen Drehzahl wie die der Kurbelwelle an. Mit b kämmt das in Wälzlagern gelagerte Ritzel e, das auf seinem konischen Endzapfen die eine Hälfte f einer elastischen Kupplung trägt, die zwischen das Antriebsritzel e und die angetriebene Welle g des unteren Drehkolbens geschaltet ist. Die elastische Kupplung, deren Bauart in den Schnitten A–B und C–D (Bild 312) gezeigt ist, verhindert das Auf-treten zu hoher Zahndrücke, die durch die große Winkelbeschleunigung beim Anfahren

(Übersetzungsverhältnis 3,6 : 1 zwischen a und e) verursacht würden, und hält Drehschwingungen von den Zahnrädern h, i der Drehkolben fern. Deren Drehzahl liegt entsprechend der Drehzahl des Motors zwischen 720 und 900 U/min. Ihre größte Umfangsgeschwindigkeit beträgt 28,3 m/sec.

Die *Bauart des Kapselgebläses* zeigt Bild 313. Das Gebläse wird je nach der Zylinderzahl des Motors aus mehreren Gehäuseteilen zusammengesetzt, wodurch seine Förder-

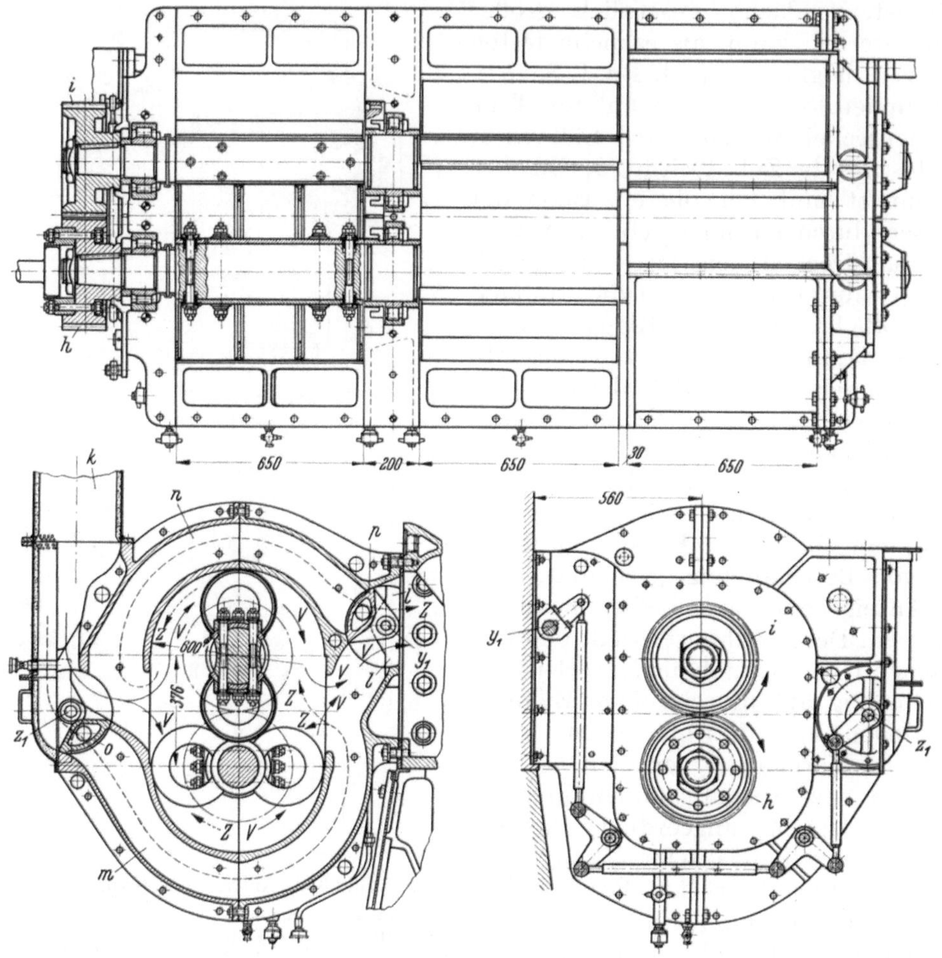

Bild 313. Kapselgebläse

h, i Antriebzahnräder; k Saugleitung; l Luftübertritt zu den Spülschlitzen; m, n Luftkanäle für Zurück-Fahrt; o, p Drehschieber; y_1 Welle des Drehschiebers p; z_1 Welle des Drehschiebers o.   V = Voraus, Z = Zurück

leistung, die das 1,35fache des Hubvolumens des Motors beträgt, dem Spülluftbedarf angepaßt werden kann. Bei mehreren Gehäuseabschnitten ist es zweckmäßig, den Drehkolbenpaaren eine Winkelversetzung zu geben, wodurch die Luftlieferung gleichmäßiger wird. Die geschweißten Hälften der Drehkolben sind paarweise durch je sechs Gewindebolzen auf der Welle befestigt. Sie müssen sich mit kleinem axialen und radialen Spiel im Gehäuse und gegeneinander bewegen, da der Liefergrad des Gebläses in hohem Maß von diesen Spielen abhängt. Ein Liefergrad von $\eta_v = 80\%$ ist bei genügendem Spiel erreichbar.

Wenn der Motor als Schiffsmotor umsteuerbar gebaut ist, muß bei einem Wechsel der Drehrichtung auch das Gebläse umgesteuert werden; dann müssen sich die Luftwege im Gehäuse so ändern, daß die durch die Leitung k angesaugte Luft trotz der geänderten Drehrichtung bei l in die Spülschlitze der Arbeitszylinder übertritt. Dies wird dadurch erreicht, daß das Innengehäuse der Drehkolben von Kanälen m, n umgeben ist, die sich über die ganze axiale Länge der Drehkolben erstrecken und durch Drehschieber o, p verschlossen bzw. geöffnet werden. Bei Voraus-Fahrt stehen die Schieber so, wie in der Querschnittzeichnung Bild 313 angegeben; die Kanäle m, n sind abgedeckt, und die Luft nimmt ihren Weg im Sinn der ausgezogenen Pfeillinien. Wenn umgesteuert wird, machen die Schieber o, p eine solche Drehbewegung, daß sie die Kanäle m, n freigeben und die Ein- und Austrittsöffnungen der Voraus-Fahrt abdecken. Dann strömt die Luft, wie die gestrichelten Pfeillinien andeuten; der Kanal m wird jetzt von der

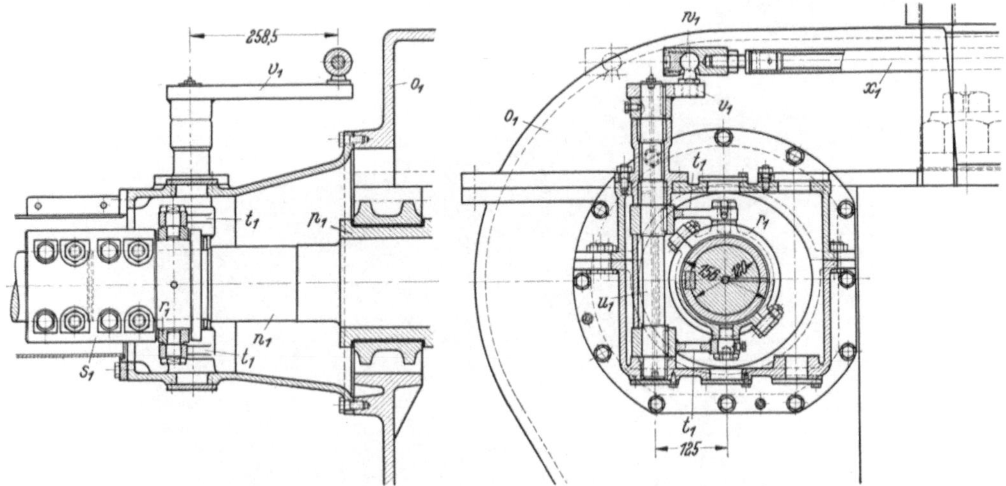

Bild 314. Gestänge zur Umsteuerung des Kapselgebläses

n_1 Nockenwelle; o_1 Verschalung des Nockenwellenantriebes; p_1 Nockenwellenlager; r_1 Gleitrinsg; s_1 Kupplung;
t_1 Hebel auf Welle u_1; v_1 Hebel; w_1 Kugelgelenk; x_1 Gestänge zum Verstellen der Drehschieber

angesaugten, der Kanal n von der geförderten Luft durchströmt, und k und l bleiben wie bei der Voraus-Fahrt Ein- bzw. Austritt.

Wie die *Steuerung der Drehschieber* o, p mit der Umsteuerung des Motors zusammenhängt, geht aus Bild 314 hervor, welches das *hintere* Ende der Nockenwelle im Längsschnitt sowie einen Querschnitt durch das Gestänge zeigt, das an der Nockenwelle angreift und beim Umsteuern, wenn die Nockenwelle verschoben wird, seine Bewegung auf die Drehschieber des Kapselgebläses überträgt. Soweit Teile auch in Bild 310 erscheinen, sind sie mit gleichen Buchstaben bezeichnet. Das hintere Ende der Nockenwelle n_1 (Bild 314) ist in zwei Lagern geführt, die unter der Verschalung o_1 des Nockenwellenantriebes liegen (s. auch o_1 in Bild 310); nur das vorletzte Lager p_1 ist in Bild 314 sichtbar. Zwischen den beiden Lagern liegt das Kettenrad, über das die Kette (d in Bild 312) läuft und das mittels einer Klauenkupplung die Nockenwelle antreibt, wie zu Bild 307 beschrieben wurde. Die Klauenkupplung ermöglicht das Verschieben der Nockenwelle, während das Kettenrad seine axiale Lage beibehält. Der durch Drucköl beaufschlagte Kolben, der die Nockenwelle verschiebt, liegt am vorderen Ende der Nockenwelle; sein Gehäuse ist in Bild 310 mit p_1 bezeichnet. Das Verschieben der Nockenwelle wird durch das Manövrierhandrad u (Bild 310) gesteuert. Die Konstruktion entspricht der zu Bild 308 beschriebenen; die beiden Ölwindkessel q_1 für das Verschieben der Nockenwelle in die Voraus- bzw. Zurück-Stellung sind in Bild 310 sichtbar.

Wenn die Nockenwelle verschoben wird, nimmt sie den (geteilten) Gleitring r_1 (Bild 314) mit, der zwischen einem auf die Welle gezogenen Bund und der Kupplung s_1 liegt. Dabei schwenkt r_1 durch die an seinen Zapfen angreifenden Hebel t_1 die senkrechte Welle u_1 und diese verschiebt durch den Hebel v_1 und das Kugelgelenk w_1 die Stange x_1, die oberhalb des Zylinderblockes zur entgegengesetzten Maschinenseite, auf der das Kapselgebläse liegt, geführt und dort durch Winkelhebel und senkrechte Stange der

Welle y_1 des Drehschiebers p (Bild 313) angelenkt ist. Die Welle y_1 steht, wie die Stirnansicht des Kapselgebläses zeigt, durch Stangen und Winkelhebel mit der Welle z_1 des Drehschiebers o in Verbindung, so daß beide Drehschieber gleichzeitig dieselbe Schwenkung machen, wenn umgesteuert wird.

Kapselgebläse zeichnen sich durch einfache Bauart und Betriebssicherheit aus, da sie außer den Drehkolben mit ihren Zahnrädern keine im Betrieb sich bewegenden Teile

Bild 315. Einfachwirkender Zweitakt-Kreuzkopfmotor der *MAN*, Bauart KZ 78/140 A
Leistung mit 10 Zylindern 9000 PSe bei 115 U/min

enthalten. Sie erfordern keine Wartung, außer daß die Staufferbüchsen, welche die Wälzlager schmieren, von Zeit zu Zeit nachgefüllt werden müssen. Ihr einziger Nachteil ist, daß sie ein stärkeres Betriebsgeräusch verursachen als andere Gebläse, Kolbenspülpumpen oder Turbogebläse (die freilich auch nicht geräuschlos laufen). Man kann das Geräusch durch schallschluckende Wände der Zuleitung (k in Bild 313) und durch schallisolierende Verkleidung des Gebläsegehäuses mildern.

Einfachwirkender Zweitakt-Kreuzkopfmotor KZ 70/120 A. Bei der ursprünglichen Bauart des einfachwirkenden Zweitakt-Kreuzkopfmotors war der Kolben mit langem Mantel versehen, der in der unteren Totlage in das Kurbelgehäuse tauchte und gegen dieses durch eine doppelte Reihe nach innen spannender Abstreifringe abgedichtet war. Diese Abdichtung genügte nicht mehr, als man dazu überging, das schwer verbrennliche Bunker C-Öl (S. 445) als Treibstoff zu verwenden; es bestand die Möglichkeit, daß Verbrennungsrückstände in das Triebwerköl gelangten und dieses verschmutzten und ansäuerten, so daß mit Korrosionen an der Kurbelwelle gerechnet werden mußte[1]. Man änderte daher die Konstruktion dahin ab, daß der Triebwerraum nach oben durch einen Zwischenboden abgedeckt wurde, durch den die Kolbenstange in einer Abstreifbuchse geführt wurde. Dies verkleinerte den Durchmesser der Abdichtung erheblich, die zudem sehr viel wirksamer ausgeführt werden konnte. Die neue Bauart erforderte zwar eine größere Bauhöhe, doch hatte sie den Vorteil, daß die Unterseite des Kolbens zur Förde-

---

[1] SCHMIDT, F.: Die neueste Entwicklung des Großdieselmotors für die Seeschiffahrt. Motortechn. Z. Bd. 12 (1951) S. 107.

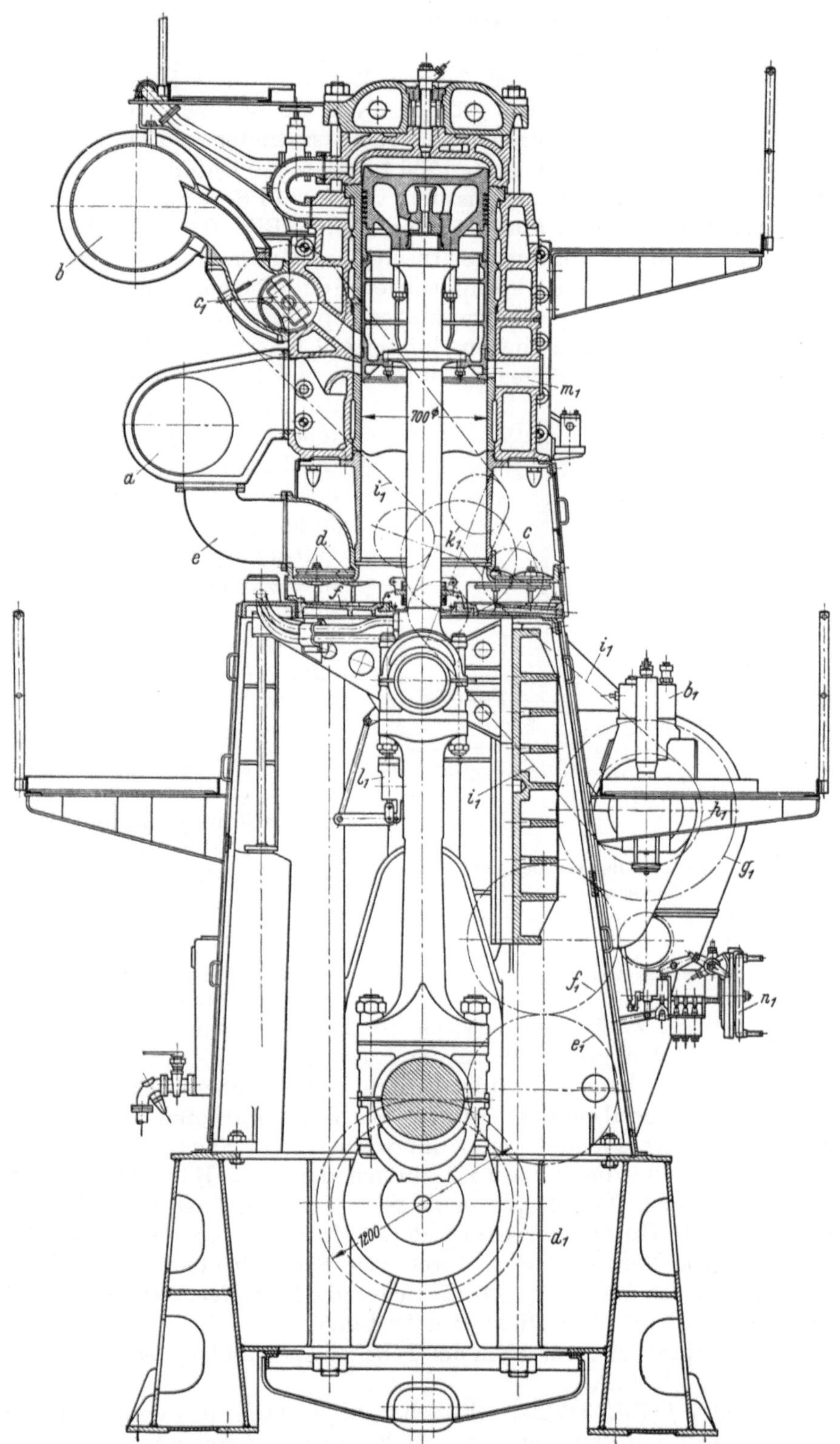

Bild 316. Querschnitt durch einen Arbeitszylinder des Motors KZ 70/120

a Spülluftaufnehmer;   b Auspuffleitung;   c Saugventile;   d Druckventile;   e Druckleitung zum Spülluftaufnehmer;
f Zwischenboden; b_1 Brennstoffpumpe; c_1 Nachladeschieber; d_1 Zahnrad auf Kurbelwelle; e_1, f_1 Zwischenzahnräder;
g_1 Zahnrad auf Brennstoffpumpenwelle; h_1 Kettenrad auf Brennstoffpumpenwelle; i_1 Kette; k_1 Kettenführungsräder;
l_1 Kreuzkopfschmierölpumpe; m_1 Schauöffnung; n_1 Manövrierhandrad

rung der Spülluft ausgenutzt werden konnte. Wie dies konstruktiv ausgeführt worden ist, zeigen die Bilder 316 und 317.

Die neue Bauart wird mit 700 und 780 mm Zyl.-Dmr. und Hüben von 1200 bzw. 1400 mm geliefert. Bild 315 zeigt die größere Type als Zehnzylindermotor im Lichtbild, Bild 316 den Querschnitt durch einen Arbeitszylinder 700 Dmr. Bei einem p_e = 5,2 kg/cm² beträgt die Zylinderleistung 700 PSe bei 130 U/min; c_m = 5,2 m/sec. Mit der Zehnzylindermaschine wird eine Leistung von 7000 PSe erreicht.

Der Schnitt durch den *Arbeitszylinder* 700 mm Dmr. (Bild 316) zeigt das Wesentliche der neuen Bauart. Die an der vorderen Stirnseite des Motors angeordnete Kolbenspülpumpe hat nur etwa ein Drittel der erforderlichen Spülluftmenge zu liefern; sie fördert diese in den an der Maschine entlanggeführten Spülluftaufnehmer a, der unterhalb der Auspuffleitung b liegt. Den restlichen Spülluftteil liefern die Arbeitskolben, welche mit ihren Unterseiten beim Aufwärtsgang durch die vier Saugventile c Luft ansaugen, die sie beim Abwärtsgang durch (ebenso viele) Druckventile d und die Krümmer e in den Spülluftaufnehmer a drücken. Die einzelnen Arbeitskolben liefern ihren Luftbeitrag zeitlich gleichmäßig verteilt in die Sammelleitung; daher treten in dieser kleinere Druckschwankungen auf, als wenn die Spülluft von einer einzelnen Pumpe geliefert würde.

Der *Zwischenboden* f mit dem Ventilgehäuse, das die Saug- und Druckventile c, d trägt, ist in Bild 317 in größerem Maßstab gezeichnet. Das Ventilgehäuse ist auf dem Laufbuchsenteil g zentriert; dieser wird von unten gegen den Zylinderblock gesetzt und hat etwas Spiel gegenüber der Laufbuchse, damit diese sich nach unten frei dehnen

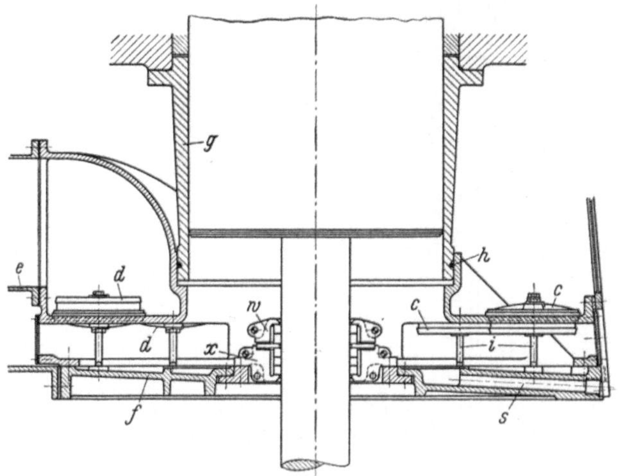

Bild 317. Zwischenboden mit Spülluftventilen und Abdichtung der Kolbenstange

c Saugventile; d Druckventile; e Druckleitung zum Spülluftaufnehmer; f Zwischenboden; g unterer Teil der Laufbuchse; h Gummiring; i Ventilspindeln; s Leckölabfluß; w, x geteiltes Stopfbuchsgehäuse

kann. Der obere Teil des zweiteiligen Zwischenbodens ist gegen den Laufbuchsenteil g durch einen Gummiring h abgedichtet, da der Raum oberhalb f während des Abwärtsganges des Kolbens unter dem Spülluftdruck steht. In den oberen Teil werden die acht Ventile eingesetzt; ihre Ventilspindeln i sind in Warzen am unteren Teil f eingeschraubt, wodurch beide Teile gegeneinander verspannt werden. Ein Saug- und ein Druckventil ist in Bild 318 dargestellt; die Bauart ist ähnlich der nach Bild 251 (S. 259). Ventilsitz k, Ventilfänger l und Dämpferplatte m sind mit dem Distanzstück n durch die gegen Drehen gesicherte Hülse o verspannt, deren Mutter durch ein starkes Umschlagblech gesichert ist. Die Ventilplatte p, durch vier Schraubenfedern q mäßig belastet, legt sich beim Öffnen des Ventils gegen die federnde Dämpferplatte m, was den Stoß gegen den Fänger l mildert. Die Dicke des Distanzringes n bestimmt den Ventilhub. Der Zylinderstift r verhindert ein Drehen der Teile gegeneinander. Jedes Ventil hat einen Spaltquerschnitt von 235 cm².

Der Zwischenboden f (Bild 317) ist schwach geneigt, damit das von der Laufbuchsenwand abtropfende Öl durch den eingegossenen Kanal s und eine angeschlossene Leitung abfließen kann. Der Boden trägt die *Stopfbuchse* (Bild 319), durch welche die Kolbenstange geführt ist. Sie hat die Stange gegen das Kurbelgehäuse abzudichten und soll das an der Stange haftende Schmieröl abstreifen, damit es nicht in den Spülluftraum oberhalb f gerät. Die Abdichtung übernehmen die beiden dreiteiligen Dichtungsringe t, die durch Schlauchfedern leicht gegen die Stange gedrückt werden; sie sind querbeweglich, haben aber kein Spiel in der Höhe. Die drei Abstreifringe u sind mit Nuten versehen, deren scharfe Kanten das Öl beim Aufwärtsgang der Stange abstreifen; durch die Bohrung v fließt das Öl in das Kurbelgehäuse zurück. Damit die Gehäuse w und x mit den

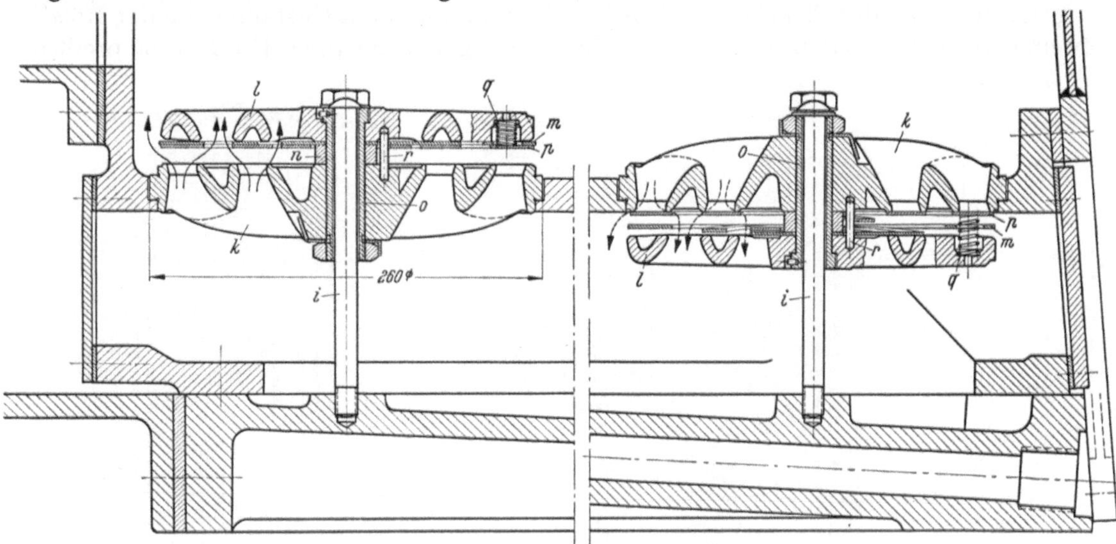

Bild 318. Saug- und Druckventil

i Ventilspindel; k Ventilsitz; l Ventilfänger; m Dämpferplatte; n Distanzring; o Gewindehülse; p Ventilplatte; q Ventilfeder; r Zylinderstift

Ringen ein- und ausgebaut werden können, sind sie in der Vertikalebene geteilt und ihre Hälften durch Paßschrauben verbunden (Bild 317); auch die Zwischenplatte y muß geteilt sein. Das zusammengebaute Stopfbuchsgehäuse wird nach der Kolbenstange zentriert und darf daher nicht mit einem Versatz in den Zwischenboden f greifen. Es liegt

vielmehr auf dem in f zentrierten Ringflansch z eben auf und wird gegen diesen erst durch zwei Zylinderstifte a_1 fixiert und mit z verschraubt, wenn es nach der Stange ausgerichtet worden ist.

Zu der Schnittzeichnung Bild 316 sei noch auf den Antrieb der Brennstoffpumpe b_1 und des Nachladeschiebers c_1 hingewiesen. Die Zahn- und Kettenräder sowie die Kette,

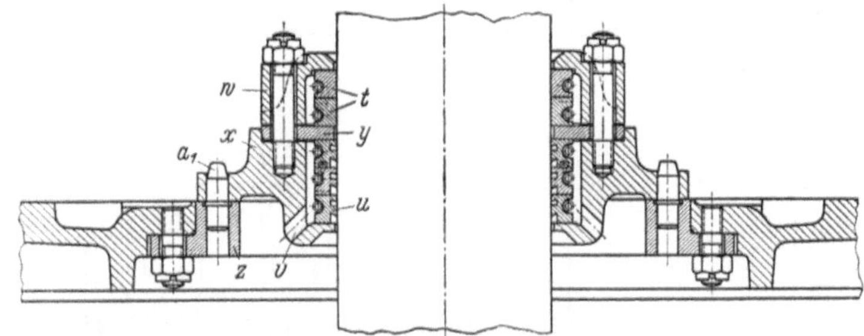

Bild 319. Stopfbuchse und Abstreifringe der Kolbenstange

t Dichtungsringe; u Abstreifringe; v Ölrückfluß; w, x geteilte Stopfbuchsgehäuse; y geteilte Zwischenplatte; z Ringflansch; a_1 Fixierstift

die den Antrieb vermitteln, sind in Bild 316 durch strichpunktierte Linien angedeutet. Das auf der Kurbelwelle sitzende Zahnrad d_1 treibt durch die Zwischenzahnräder e_1 und f_1 das auf der Brennstoffpumpenwelle befestigte Zahnrad g_1, dieses mit gleicher Drehzahl wie die Kurbelwelle. Die Welle der Brennstoffpumpe trägt ferner das Kettenrad h_1, über das die Kette i_1 läuft, welche die zu einem durchlaufenden Strang gekuppelten Nachladeschieber (mit der Kurbelwellendrehzahl) antreibt. Die vier Kettenräder k_1 dienen zum Führen und Nachspannen der Kette. Wenn der Motor umgesteuert wird, müssen die Nachladeschieber ihre Winkelstellung relativ zur Kurbelstellung ändern; wie dies herbeigeführt wird, ist zu Bild 331 beschrieben.

Beim einfachwirkenden Zweitaktmotor belastet der Gasdruck die Kreuzkopfzapfen (bzw. den Kolbenbolzen) einseitig auf ihrer Unterseite; der Druckwechsel im Gestänge, der beim Viertakt die Schmierung der Zapfen erleichtert, fehlt, außer wenn etwa auf einem kurzen Teil des Hubes der nach oben gerichtete Trägheitswiderstand der Triebwerkmassen den nach unten wirkenden Gasdruck überwiegt, was nur bei höheren Drehzahlen eintritt. Bei diesem Motor ist daher eine Hochdruckschmierölpumpe l_1 (Bild 316) vorgesehen, die an der Pleuelstange befestigt ist und durch ein Gestänge von der Relativbewegung zwischen Kreuzkopf und Pleuelstange angetrieben wird. Die Pumpe preßt das

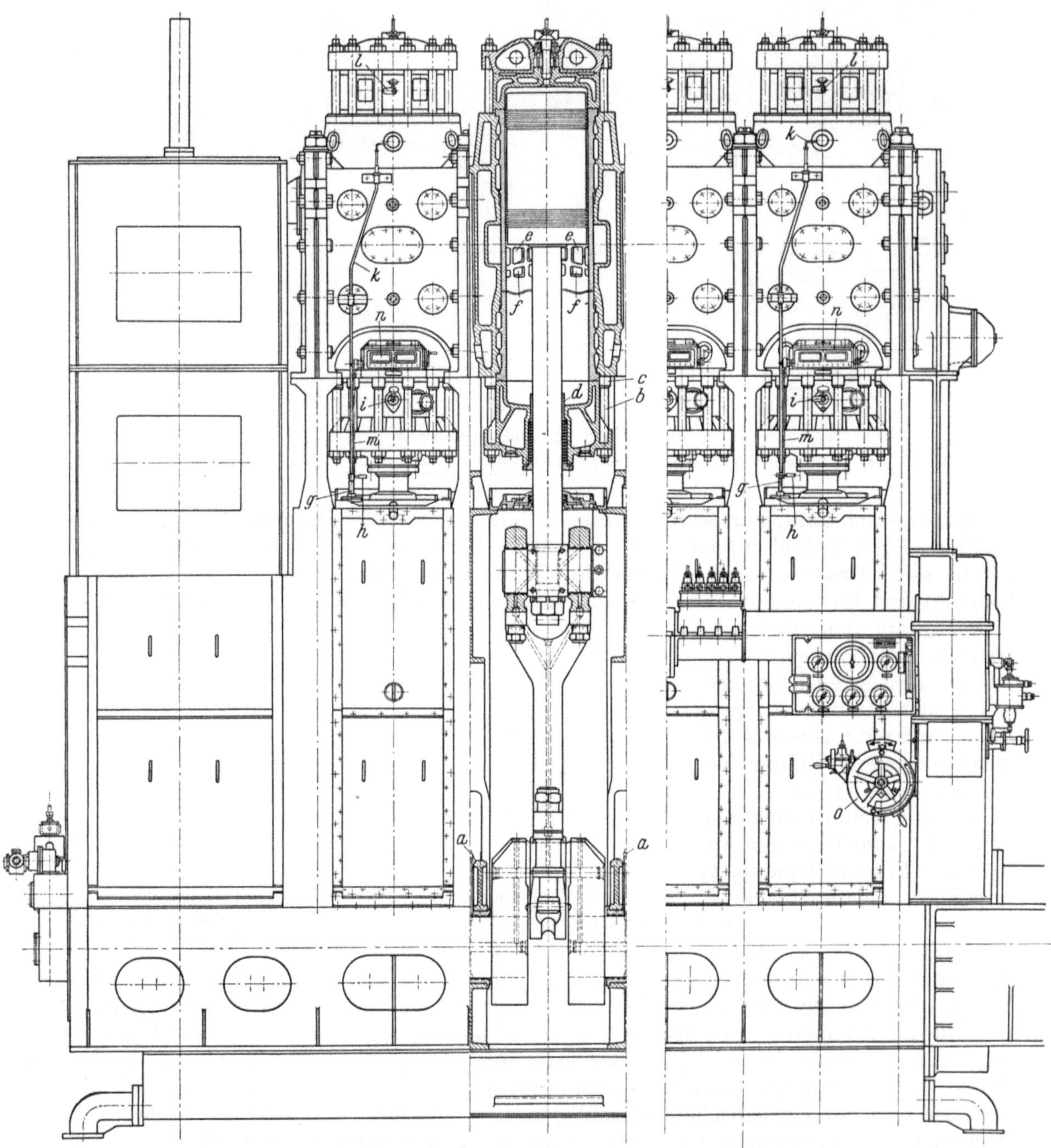

Bild 320. Doppeltwirkender Zweitaktmotor der *MAN*, Bauart DZ 60/110

Leistung mit 8 Zylindern 6800 PSe bei 130 U/min. Ansicht auf Steuerseite und Längsschnitt durch einen Arbeitszylinder
a Schmierölleitungen zu den Grundlagern; *b, c* geteilte untere Zylinderdeckelschrauben; *d* Schutzhülse der Kolbenstange; *e* untere Spülschlitze; *f* untere Auspuffschlitze; *g, h, k* Antriebsgestänge der Indikatoren; *i* unterer, *l* oberer Indikatorstutzen; *m* Antriebsgestänge der Zylinderschmierpressen *n*; *o* Manövrierhandrad

Schmieröl, das sie der Pleuelstangenbohrung entnimmt, unter hohem Druck zwischen die zu schmierenden Flächen. (Beispiele für die Bauart solcher Pumpen s. Bd. I, S. 280, und Bd. II, Bild 276, S. 286.)

Durch die Schauöffnung m_1 können bei stillstehender Maschine die Kolbenringe sowie die Spül- und Auspuffschlitze beobachtet und gereinigt werden, wenn der Kolben in den UT gestellt wird.

Grundplatte und Ständer der Maschine KZ 78/140 sind geschweißt; hierüber folgen Einzelheiten S. 339. Vom Manövrierstand n_1 aus wird die Maschine angefahren und umgesteuert, wie zu Bild 332 beschrieben.

Doppeltwirkender Zweitaktmotor DZ 60/110. Der einfachwirkende Zweitaktmotor hat in den letzten Jahren wegen seines einfachen Aufbaues den doppeltwirkenden Motor auf dem Gebiet mittlerer bis großer Leistungen teilweise verdrängt, können doch mit zehn einfachwirkenden Zylindern entsprechender Abmessungen (780 Dmr., 1400 Hub) 9000 PSe und mehr erreicht werden. Wo aber Raumbedarf und Gewicht den Ausschlag geben, ist der doppeltwirkende Zweitakt im Vorteil. Die *MAN* führt ihn in den drei Zylindergrößen 53/80, 60/110 und 72/120 (Dmr./Hub in cm) aus, die zu Einheiten von 5 bis 10 Zylindern zusammengestellt werden. Der Leistungsbereich erstreckt sich damit von etwa 3800 bis zu 12500 PSe. Die im folgenden besprochenen Abbildungen beziehen sich, soweit nicht anders angegeben, auf den Zylinder 600 Dmr./1100 Hub, der bei 105 U/min 705 PSe und bei 130 U/min 855 PSe ($p_e = 5,1$ kg/cm²) leistet.

Bild 320 zeigt den *fünfzylindrigen doppeltwirkenden Motor* in der Ansicht auf die Steuerseite und z. T. im Längsschnitt. Die doppeltwirkende Spülpumpe in Tandem-Anordnung liegt am vorderen, der Bedienungsstand am hinteren Ende. Die Spülpumpe ist in Bild 327 im Schnitt gezeichnet. Die Grundplatte ist bei der in Bild 320 dargestellten Maschine geschweißt; die geschweißte Ölwanne ist angeschraubt. Das Triebwerk erhält sein Schmieröl aus den Zuleitungen a durch Radial- und Axialbohrungen in den Wellenzapfen, Wangen und Kurbelzapfen; Bohrungen in den Pleuelstangen führen es an die Kreuzkopfzapfen. Diese benötigen keine besondere Hochdruckschmierölpumpe, da die Doppelwirkung den für die Schmierung günstigen Druckwechsel im Gestänge hervorruft. Die Zylinderblöcke sind einzeln gegossen und durch Paßschrauben verbunden; auf den Teilfugen liegen die bis zur Unterkante der Lagerbrücken reichenden Zuganker (s. a. Bild 321). Der obere Zylinderdeckel ist ebenso gebaut wie bei der einfachwirkenden Maschine, der untere wird einteilig, bei höherer Drehzahl und Belastung zweiteilig mit dem äußeren Teil aus Stahlguß ausgeführt. Damit die unteren Zylinderdeckel bequem ausgebaut werden können und beim Ausbau nicht etwa unter die Unterkante der Deckelschrauben gesenkt werden müssen (was die Bauhöhe vergrößern würde), sind die Schrauben geteilt; die Schrauben b werden an ihrem Vierkant aus den kurzen Mutterstiftschrauben c herausgedreht, worauf der Deckel nur so weit gesenkt zu werden braucht, daß er von den Schrauben c freigeht. Im unteren Zylinderdeckel liegt die Kolbenstangenstopfbuchse (s. a. Bd. I, S. 305), deren Grundring, aus hitzebeständigem Werkstoff bestehend, in den unteren Brennraum hinein verlängert ist, wo er als Schutzhülse d die Kolbenstange umgibt. Dadurch wird die stärkste Wärmeeinwirkung von der Stange ferngehalten. Die Bauart eines doppeltwirkenden *MAN*-Kolbens ist in Bd. I, S. 294, gezeigt. Die Fuge zwischen der unteren und der oberen Laufbuchse ist wellenförmig ausgeführt, damit die Kolbenringe leicht darübergleiten. Bild 320 läßt auch z. T. die Form der (unteren) Spülschlitze e und Auspuffschlitze f erkennen: sie entspricht der „T-Spülung"[1], bei welcher die Höhe der Spülschlitze von der Mitte nach den Seiten zunimmt, während die Höhe der Auspuffschlitze sich im entgegengesetzten Sinn ändert. Bei dieser Schlitzanordnung ergab sich eine günstigere Führung des Spülstromes im Zylinder.

---

[1] Vgl. K. ZINNER: Ergebnisse der Vorausberechnung und Messung des Ladungswechselvorganges bei Zweitaktmotoren. MAN-Forsch.-Heft 1952, II, S. 79.

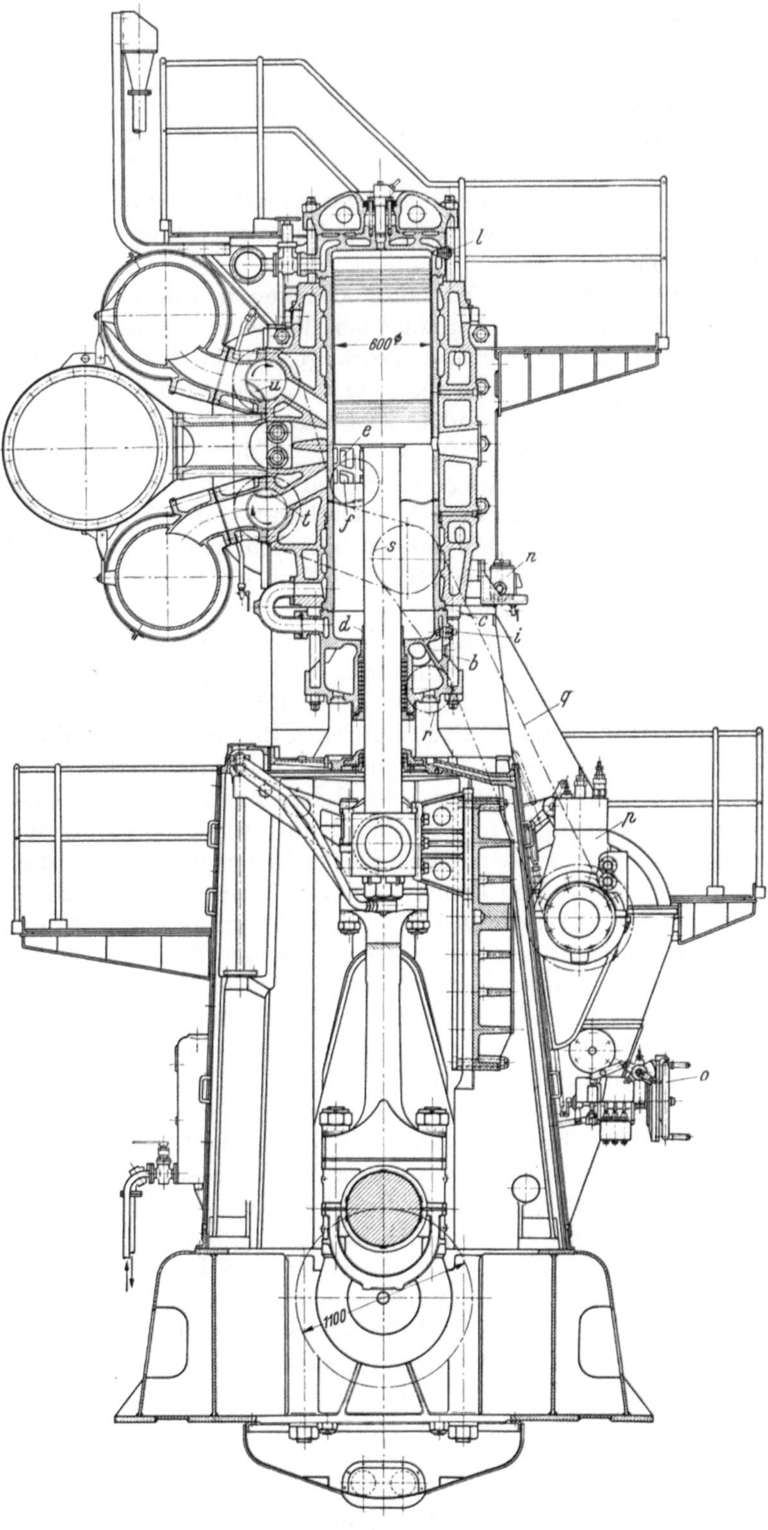

Bild 321. Querschnitt durch einen Arbeitszylinder des Motors Bild 320

b, c geteilte untere Zylinderdeckelschrauben;　*d* Schutzrohr der Kolbenstange;
e untere Spülschlitze;　*f* untere Auspuffschlitze;　*i* untere, *l* obere Indikatorver-
schraubung;　*n* Zylinderschmierpresse;　*o* Manövrierhandrad;　*p* Brennstoffpumpe;
q Kette;　*r* Kettenspannrad;　*s* Kettenrad;　*t* unterer, *u* oberer Nachladeschieber

In der Ansicht auf die Bedienungsseite (Bild 320) ist das Indiziergestänge zu erkennen, soweit es außerhalb des Kurbelgehäuses liegt. Die Stange *g* führt, vom Kreuzkopf durch Lenker und Schwinghebel angetrieben, die verkleinerte Kolbenbewegung aus. An *g* ist die Querstange *h* befestigt, in deren rechtes Ende die Indikatorschnur zum Indizieren der unteren Zylinderseite gehängt wird (Indikatorstutzen *i*). Nach oben ist *g* durch die in zwei Buchsen geführte Stange *k* verlängert, deren oberes umgebogenes Ende die Schnur des Indikators der oberen Zylinderseite antreibt (Stutzen *l*). An *g* ist ferner die Stange *m* angelenkt, welche die Zylinderschmierpressen *n* betätigt. Durch das Manövrierrad *o* werden die Anfahr- und Umsteuermanöver eingeleitet (vgl. Bild 332).

Der *Querschnitt* durch einen Arbeitszylinder (Bild 321) zeigt weitere Einzelheiten der doppeltwirkenden Bauart. Die Buchstaben *b* bis *o* in Bild 321 bezeichnen dieselben Teile wie in Bild 320. Die Welle der Brennstoffpumpe *p* wird durch Zahnräder von der Kurbelwelle mit gleicher Drehzahl angetrieben. Über ein auf der Brennstoffpumpenwelle sitzendes Kettenrad läuft die Kette *q* über das Spannrad *r* zum Kettenrad *s*, in dessen Welle eine Schleppkupplung eingebaut ist, durch die beim Umsteuern des Motors, wenn die Nachladeschieber t, u sich im entgegengesetzten Sinn drehen, deren Phasenstellung so geändert wird, daß die Schieber die Auspuffschlitze wieder im richtigen Zeitpunkt öffnen und schließen. In Bild 331 wird die Konstruktion der Schleppkupplung gezeigt.

In zunehmendem Umfang macht der Dieselmotorenbau Gebrauch von der *Schweißung*, die manche Vorteile bietet. Durch Anwendung der automatischen Schweißverfahren hat man auf diesem Gebiet große Fortschritte erzielt. In Deutschland wird das Union-Melt-Verfahren, hier unter dem Namen Ellira-Verfahren eingeführt, viel angewendet, welches saubere, tief durchgeschweißte Nähte erzeugt und billiger als die Handschweißung arbeitet. Bedingung ist jedoch, daß bei der Konstruktion der zu schweißenden Teile Rücksicht auf die Arbeitsweise des Verfahrens genommen wird: die Schweißnähte müssen waagerecht unter der Elektrode liegen, wenn geschweißt wird; dies erfordert Vorrichtungen (vgl. z. B.

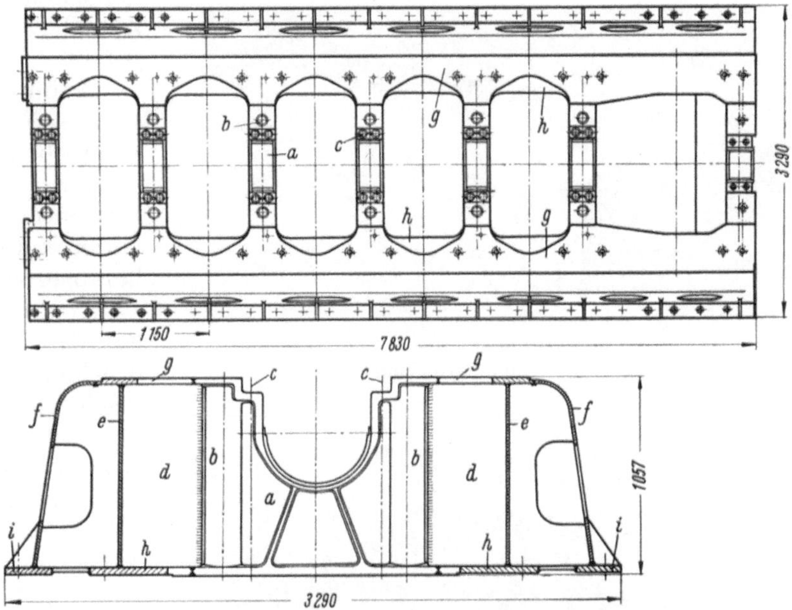

Bild 322. Geschweißte niedrige Grundplatte der doppeltwirkenden
Zweitaktmaschine D5Z 60/110

a Lagerbrücke; *b* Kanonen für Zuganker; *c* Lagerdeckelschrauben; *d* Querbleche;
e, f Längsträger; *g* Deckplatte; *h, i* Fußleisten

Bild 324), die zwar Kosten verursachen, aber die Wirtschaftlichkeit einer Serienfabrikation nicht beeinträchtigen. In Bild 322 bis 328 sind verschiedene von der *MAN* entwickelte *Schweißkonstruktionen* größerer Teile dargestellt[1]. Die Großmotoren werden nach Wahl mit der „niedrigen" oder der „hohen" Grundplatte versehen; nach der Querschnittsform der Grundplatte richtet sich das (ebenfalls geschweißte) Fundament. Bild 322 zeigt die niedrige Grundplatte der fünfzylindrigen doppeltwirkenden Zweitaktmaschine 60/110 im Querschnitt und in der Ansicht von oben; diese Grundplatte ist auch in Bild 321 gezeichnet. Die geschweißte Ölwanne wird angeschraubt; sie liegt zwischen den hochgezogenen Fundamentträgern. Die Lagerbrücken *a* bilden ein Stahlgußstück mit den Kanonen *b*, welche die Zuganker aufnehmen; die strichpunktierten Linien *c* deuten die Lagerdeckelschrauben an. An den mittleren Stahlgußteil sind die Stege *d* angeschweißt und an diese auf beiden Außenseiten je ein Längsträger von der Form eines Kastens mit den durchgehenden Seitenwänden *e* und *f*, die der Platte eine gute Längssteifigkeit verleihen. Die starken Bleche *h* und *i* bilden die untere, die Deckplatte *g*, deren Form der Grundriß zeigt, die obere Gurtung der Kastenträger. Die Bleche *h* und *i* nehmen die Bohrungen für die Fundamentschrauben auf, die in vier Reihen angeordnet sind; die inneren Reihen sind durch die Aussparungen in den Seitenblechen *f* zugänglich. Der Aufbau ist einfach und klar und gestattet weitgehend

---

[1] SCHMIDT, F.: Welded Structures of High-Powered Engines. Premier Congrès International des Moteurs, Bd. I, S. 523. Paris: Mai 1951 — Stahlschweißen im Maschinenbau. Z. Schweißen u. Schneiden, Sonderheft Dez. 1952. — Ferner BOBEK-HEISS-SCHMIDT: Stahlleichtbau von Maschinen, 2. Aufl. Berlin/Göttingen/Heidelberg: Springer 1955.

die Anwendung der automatischen Schweißung. Nach Fertigstellung wird die Platte bei etwa 600° C spannungsfrei geglüht. Das Gewicht der fertig bearbeiteten Platte (Bild 323) beträgt rd. 60% des Gewichtes der gußeisernen Platte.

Bild 324 deutet an, wie die Querstege (*d* in Bild 322) auf dem Ellira-Automaten an die Lagerbrücken geschweißt werden. Die Grundplatte der Fünfzylindermaschine wird mit dem die Spülpumpe aufnehmenden Teil 7,83 m lang und kann als ein Stück hergestellt werden. Bei größeren Zylinderzahlen wird die Platte geteilt.

Bild 323. Grundplatte Bild 322

Wenn die Grundplatte auf ein ebenes Fundament, z. B. auf den Doppelboden eines Schiffes, gestellt werden soll, werden die seitlichen Kastenträger so weit unter die Unterkanten der Lagerbrücken herabgezogen, daß die Ölwanne zwischen den Kastenträgern Platz hat. Die Wanne wird an die Lagerbrücken geschraubt (Bild 325) oder geschweißt (Bild 316). Auch bei dieser Platte werden die Lagerstühle aus Stahlguß hergestellt, alle übrigen Teile angeschweißt. Durch die hohen seitlichen Kastenträger, deren Außenwände bei dieser Platte eben sind, wird die Längssteifigkeit besonders groß.

Als weiteres Beispiel eines geschweißten großen Maschinenteiles zeigt Bild 326 den Ständer der größten einfachwirkenden Zweitaktmaschine, die von der *MAN* gebaut wird, der Type KZ 78/140, deren Zylinderleistung 900 PSe bei 115 U/min beträgt. Der Aufbau aus ebenen Blechen und den beiden eingeschweißten starkwandigen Rohren, welche die Zuganker aufnehmen, ist

Bild 324. Schweißen einer Lagerbrücke auf dem Automaten

so einfach, daß fast alle Nähte auf dem Automaten geschweißt werden können. Die Bleche sind besonders starkwandig und durch angeschweißte Rippen so versteift, daß Querschwingungen nicht auftreten können. Die Konstruktion wäre stark genug, um auch ohne Zuganker die Verbrennungsdrücke aufnehmen zu können, doch hat man auf die Anker nicht verzichtet, um die Schweißnähte von den im Betrieb auftretenden Schwellspannungen zu entlasten.

Auch das Gehäuse der *Kolbenspülpumpe*, das wegen seiner etwas verwickelteren Bauart sich zunächst für die geschweißte Bauart nicht zu eignen scheint, hat die *MAN* mit Erfolg als Schweißkonstruktion ausgeführt. Die Abmessungen der Spülpumpe Bild 327 gelten für die achtzylindrige doppeltwirkende Zweitaktmaschine D8Z 60/110, deren Hubvolumen 4642 lit beträgt. Mit zwei doppeltwirkenden Zylindern von 1380 mm Dmr. und 1160 mm Hub wird das Hubvolumen der Spülpumpe 6904 lit, das theoretische Luftverhältnis somit 1,487, das durch den Liefergrad der Spülpumpe etwas verkleinert wird. Bild 327 zeigt die Gesamtanordnung im Längs- und Querschnitt, in der Ansicht von oben und in einem durch den Spülluftaufnehmer und die unteren Ventile des oberen

Zylinders geführten Schnitt; in Bild 328 sind die geschweißten Zylinder gesondert dargestellt. Die beiden Zylinder sind in ihren zusammenstoßenden (fast) quadratischen Flanschen durch vier in den Ecken angeordnete Paßbolzen gegeneinander zentriert. Ihr Gewicht wird von dem geschweißten Spülpumpenständer a und der an den Außenständer b des Hauptmotors angegossenen Leiste c getragen; beide Ständer stehen auf der geschweißten Grundplatte, die für den Achtzylindermotor dasselbe Profil hat (Bild 322) wie für die Fünfzylindermaschine. (Die angeschweißte Ölwanne, in Bild 327 weggelassen, erstreckt sich nach vorn bis unter die Spülpumpenkurbel.) Die Ständer a und b sind außer durch den unteren Spülpumpenzylinder auch durch den gußeisernen Gleitbahnkörper d gegeneinander versteift.

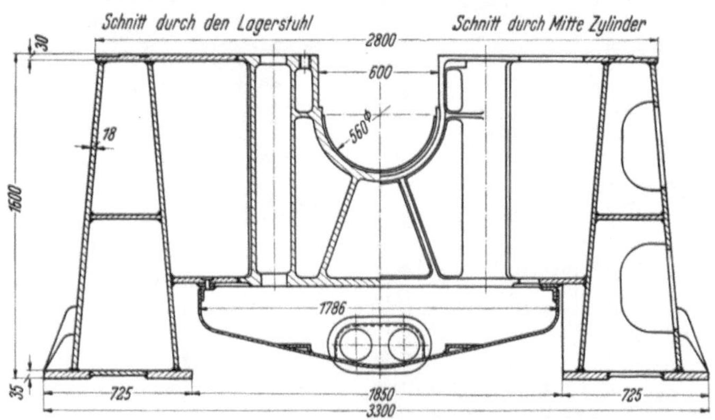

Bild 325. Querschnitt durch die geschweißte hohe Grundplatte des Motors KZ 70/120 A

An den oberen Zylinder sind zwei Flanschen e geschweißt (s. auch Ans. v. oben sowie Bild 328), die durch Rippen gegeneinander und gegen den Zylindermantel abgesteift sind; mit diesen Flanschen ist der Spülpumpenzylinder mit dem vorderen Motorständer verschraubt, wobei eine Paßplatte das Ausrichten erleichtert. Die beiden Kolben haben gleichen Durchmesser; jeder Kolben trägt einen gußeisernen Dichtungsring. Der untere Kolben stützt sich auf einen an der Kolbenstange angedrehten Bund, gegen den er durch das aus Rohrstücken geschweißte Distanzrohr f gedrückt wird; die Teilfuge liegt in Höhe der Trennungsebene der beiden Zylinder. Die obere Stirnfläche des Distanzrohres trägt den oberen Kolben, und eine gut gesicherte Sechskantmutter verspannt beide Kolben gegeneinander. Das obere Ende der Kolbenstange ist in einem Halslager (mit Schmieranschluß g) geführt, der herausragende Teil von einem Schutzrohr umgeben. Auch das Halslager, das im unteren Zylinderdeckel des oberen Zylinders liegt, ist an die Schmierung angeschlossen (Ölzulauf h, Ölablauf i). Durch den unteren Zylinderdeckel des unteren Zylinders ist die Kolbenstange durch eine Stopfbuchse geführt; diese besteht aus nach innen spannenden gußeisernen Dichtungsringen, die in Kammerringen liegen (da sie nicht über die Stange gestreift werden können). Für die Schmierung dieser Stopfbuchse ist ein besonderer Schmierölzufluß vorgesehen. Ein an der Gleitbahn befestigter Spritzölschutz k schützt die Stange vor zu starker Benetzung. Die beiden Spülpumpenkolben werden durch je vier Anstiche l (Bild 328) mit Schmiernuten m geschmiert; die Schmierstutzen, mit Kugelrückschlagventilen versehen, sind an die Zylinderschmierpressen angeschlossen.

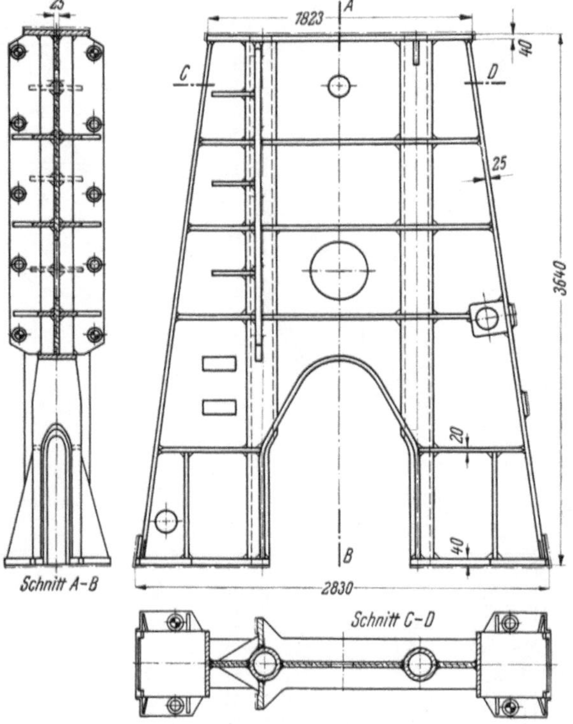

Bild 326. Geschweißter Ständer der einfachwirkenden Zweitaktmaschine KZ 78/140

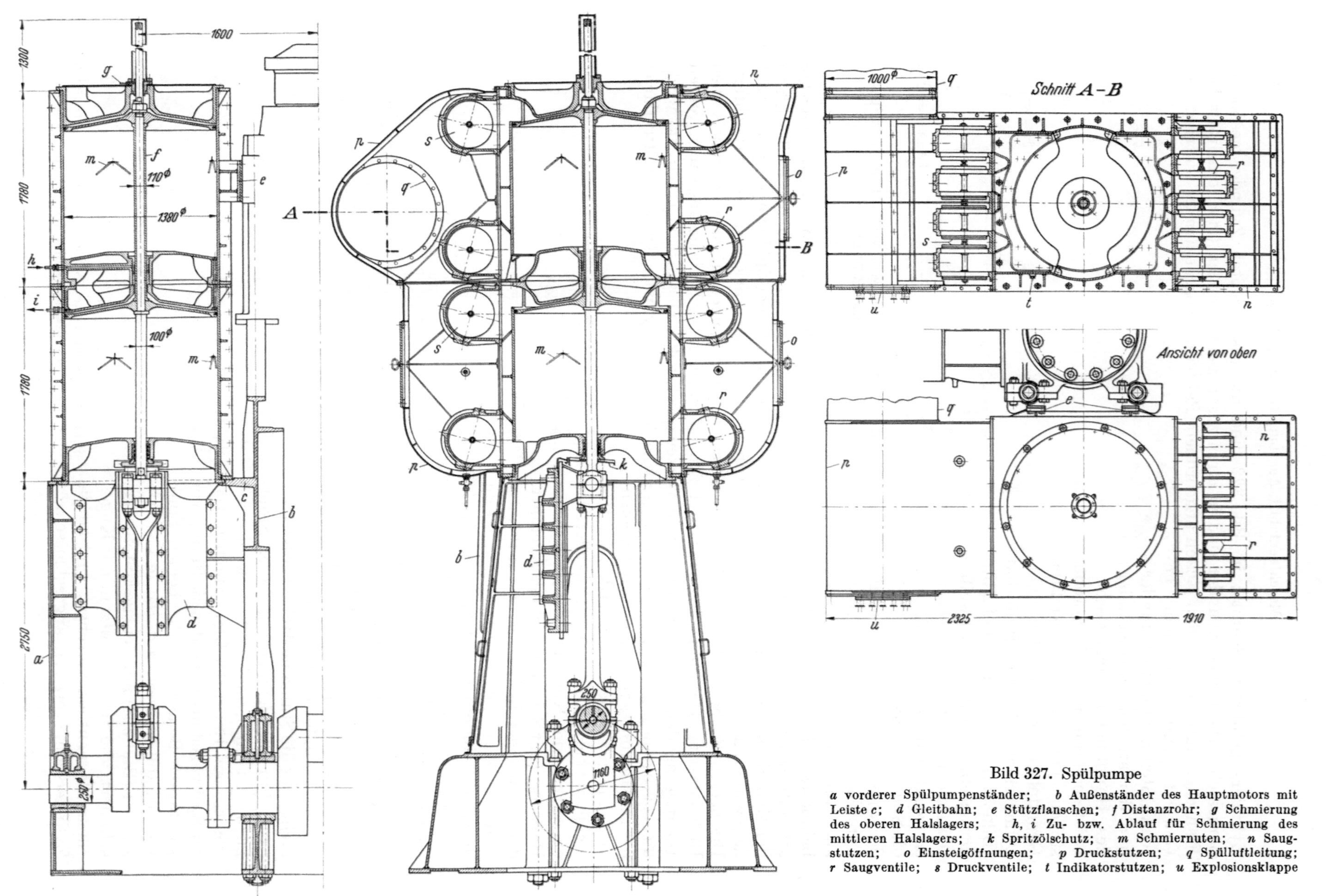

Bild 327. Spülpumpe

a vorderer Spülpumpenständer; *b* Außenständer des Hauptmotors mit Leiste *c*; *d* Gleitbahn; *e* Stützflanschen; *f* Distanzrohr; *g* Schmierung des oberen Halslagers; *h, i* Zu- bzw. Ablauf für Schmierung des mittleren Halslagers; *k* Spritzölschutz; *m* Schmiernuten; *n* Saugstutzen; *o* Einsteigöffnungen; *p* Druckstutzen; *q* Spülluftleitung; *r* Saugventile; *s* Druckventile; *t* Indikatorstutzen; *u* Explosionsklappe

Die Anordnung der Saug- und Druckventile an den Spülpumpenzylindern geht aus
Bild 327 (Querschnitt, Schnitt *A–B* und Ansicht v. oben) hervor. Der aus Blechen geschweißte Saugstutzen *n* von rechteckigem Querschnitt, mit weiten Einsteigöffnungen *o*,
liegt auf der Bedienungsseite des Motors, das Druckgehäuse *p* mit der angeschlossenen

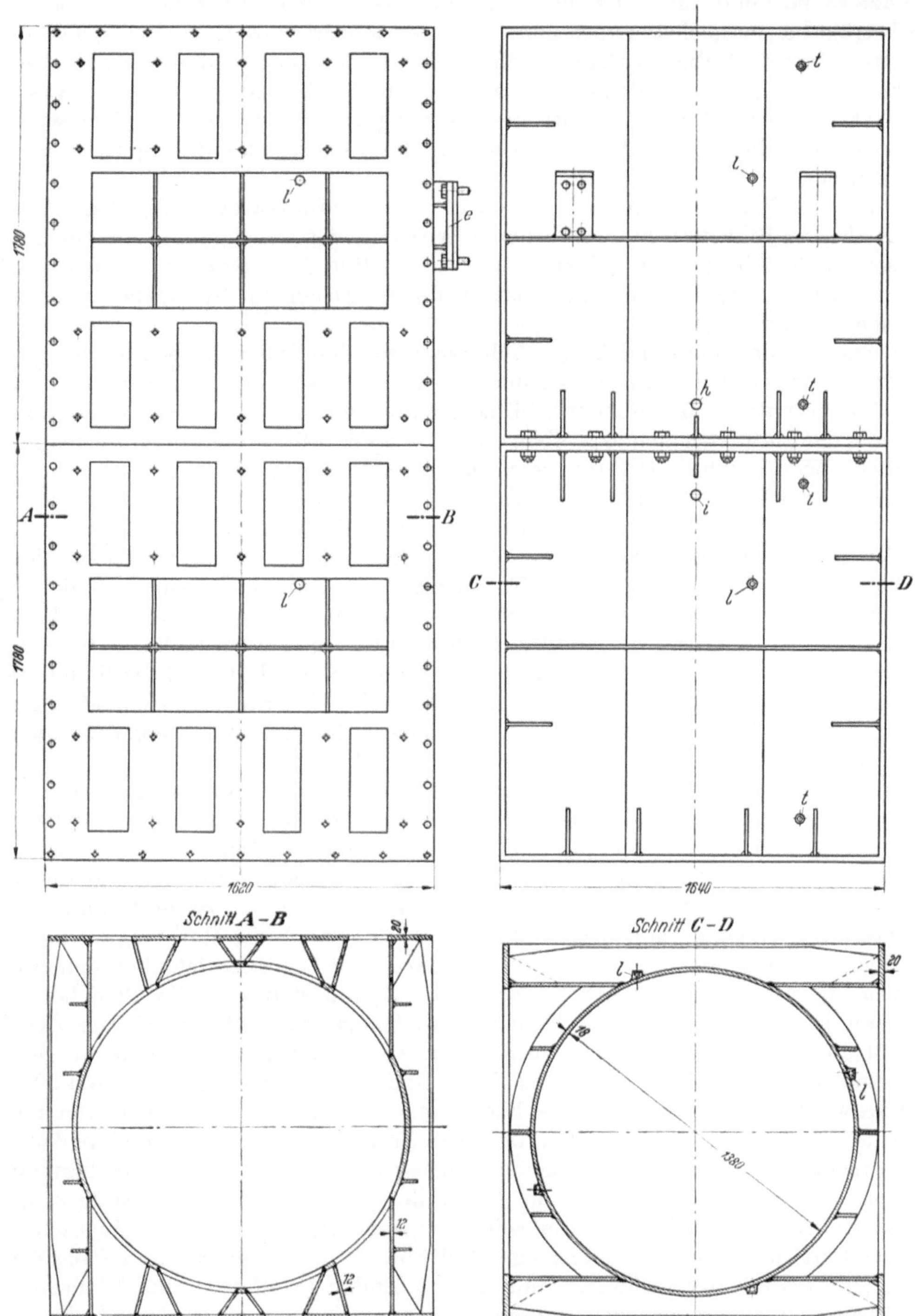

Bild 328. Geschweißter Spülpumpenzylinder

Stützflanschen;   *h, i* Zu- bzw. Ablauf für Schmierung des mittleren Halslagers;   *l* Schmieranstiche für Spülpumpenkolben;   *t* Indizierbohrungen

Spülluftleitung q auf der entgegengesetzten Seite. Im Saugstutzen liegen übereinander die vier Reihen Saugventile r, jede Reihe aus acht Ventilen bestehend, im Druckgehäuse gegenüber ebenso viele Druckventile s. Die Ventile haben einen lichten Querschnitt von 428 cm². Für jede Kolbenseite steht somit während des Saughubes ein Querschnitt von $8 \cdot 428 = 3424$ cm² zur Verfügung; die mittlere Kolbengeschwindigkeit der Spülpumpe beträgt bei der höchsten vorkommenden Betriebsdrehzahl (130 U/min) 5,03 m/sec; damit wird theoretisch die mittlere Geschwindigkeit der Luft in den Ventilspalten bei rd. 14 900 cm² wirksamer Kolbenfläche $5,03 \cdot 14\,900/3424 = $ rd. 22,0 m/sec, was noch keine zu starke Drosselung der Luft in den Saugventilen verursacht. Die wirkliche mittlere Geschwindigkeit der Luft liegt wegen des Liefergrades der Spülpumpe noch etwas niedriger.

Jede der vier Kolbenseiten kann indiziert werden (Indikatorstutzen t in Bild 327, Schnitt $A-B$, und Bild 328). An der vorderen Stirnseite des Druckgehäuses ist eine durch zylindrische Schraubenfedern belastete Platte u (Bild 327, Schnitt $A-B$ und Ans. v. ob.) angebracht, die nach außen öffnet, wenn der Druck im Spülluftaufnehmer aus irgendeinem Grund unzulässig ansteigen sollte.

Die Steuerung der Spül- und Auspuffschlitze durch den Arbeitskolben hat den großen Vorteil der Einfachheit und Betriebssicherheit; sie hat aber auch den Nachteil, daß ein Teil der Ladeluft durch die Auspuffschlitze entweichen kann, wenn nach Beendigung der Spülung der aufwärtsgehende Kolben zwar die Spülschlitze, aber noch nicht die Auspuffschlitze abgedeckt hat. Dadurch wird das erreichbare p_e verkleinert, das von dem im Zylinder verbleibenden Luftgewicht abhängt. Dieser Nachteil wird bei den Zweitaktmotoren der *MAN* dadurch vermieden, daß unmittelbar hinter den Auspuffschlitzen eines jeden Zylinders Drehschieber von solcher Form angeordnet sind, daß sie die Auspuffschlitze während des Vorauspuffs (Entspannen des Zylinderinhaltes auf den Spülluftdruck) und während der Spülung offen halten, sie aber verschließen, wenn die Spülperiode beendet ist und die steuernde Kante des aufwärtsgehenden Kolbens die Auspuffschlitze noch nicht abgedeckt hat. Dadurch wird auch verhindert, daß die Saugwirkung der Abgassäule in dem einen oder anderen Zylinder einen Unterdruck hervorruft. Messungen haben gezeigt, daß durch die „Nachladeschieber" eine Leistungssteigerung um 15% erreicht werden konnte.

Wie die *Nachladeschieber* auf der Auspuffseite der Arbeitszylinder angeordnet sind, geht für den einfachwirkenden Zweitaktzylinder aus Bild 316, für den doppeltwirkenden Zylinder aus Bild 321 hervor. Die Schieber hat man möglichst dicht an den Arbeitszylinder gerückt, um den schädlichen Raum zwischen dem Schiebermantel und der Laufbuchsenwand klein zu halten, denn die in diesem Kanal eingeschlossene Spülluft nimmt an der darauffolgenden Verbrennung nicht teil. So wird auch die Maschinenbreite durch die Nachladeschieber nicht wesentlich vergrößert. Die für alle Schieber gemeinsame Achse liegt in der seitlichen Arbeitsfläche des Zylinderblockes, die Schieber selbst liegen somit je zur Hälfte im Zylinderblock und in den Auspuffstutzen. Der Zylinderblock und die Schiebergehäuse werden auf der ganzen Länge gemeinsam ausgebohrt. Einzelheiten der Bauart der Nachladeschieber und ihrer Lagerung zeigt Bild 329.

Den wirksamen Teil des Schiebers bildet das Mantelblech a, das den vierten Teil des Außenumfangs einnimmt, sich über die ganze Breite der Auspufföffnung am Zylinderblock erstreckt (s. Bild 330) und an seinen Stirnseiten, dort zu je einem Halbzylinder b vergrößert, mit den Außenrändern der Halbteile c der Schieberstirnwände c, d verschweißt ist. Das Mantelblech ist auf seiner ganzen Länge durch das eingeschweißte Blech e versteift, das an den Stellen f ausgeschnitten, an den Stellen g durch Stützbleche h mit dem Mantelblech a verschweißt und an den Enden (Stellen i) zum Flansch k der halben Stirnscheibe c herabgezogen und mit diesem verschweißt ist. Zwei Kopfschrauben l, durch Umschlagbleche gesichert, verspannen den Flansch k mit dem Gegenflansch m der zweiten Stirnscheibenhälfte d, die gemeinsam mit der Hälfte c durch eine Paßfeder und die (durch einen Draht gesicherte) Kopfschraube n auf der Schieberwelle o befestigt

ist. Diese läuft in einem Zylinderrollenlager, das durch auf die Welle gezogene Distanzbuchsen in seiner axialen Lage gehalten wird. Die Distanzbuchsen sind mit Labyrinth-
stegen versehen, welche die heißen Abgase von den Wälzlagern fernhalten. Die Labyrinth-

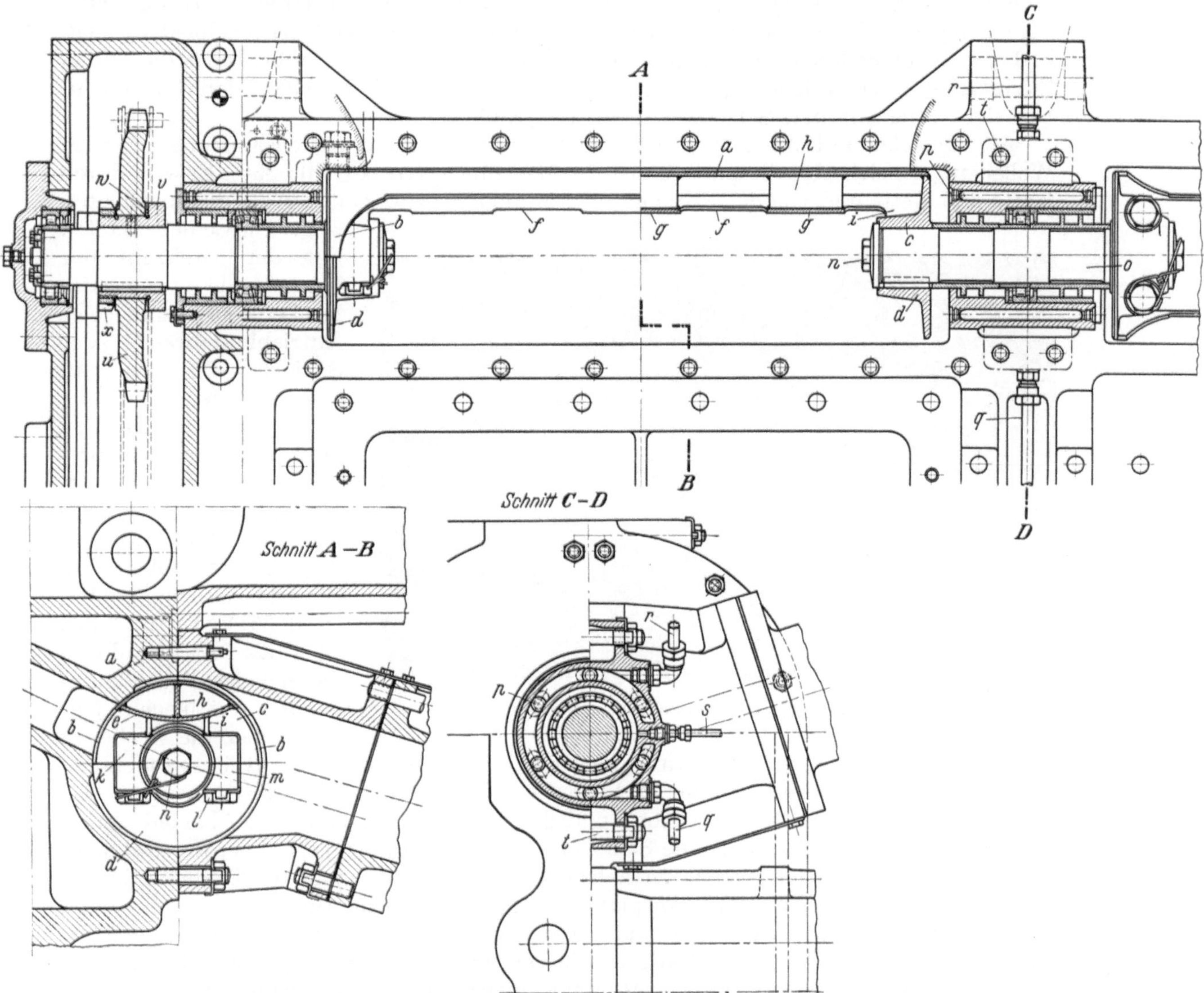

Bild 329. Nachladeschieber

a Mantelblech;   *b* halbkreisförmige Enden von *a*;   *c, d* geteilte Stirnscheiben;   *e f, g, i* Versteifungsblech;   *h* Stützbleche;
k Flansch an *c*;   *l* Kopfschrauben;   *m* Flansch an *d*;   *n* Kopfschraube;   *o* Schieberwelle;   *p* Kernverschraubungen;
q, r Kühlwasseranschlüsse;   *s* Fettschmierung;   *t* Stiftschrauben;   *u* Kettenrad;   *v* lose Nabe des Kettenrades mit Stirnverzahnung *w*;   *x* Nutmutter

kammern sind mit hitzebeständigem Fett gefüllt. Das einteilige Lagergehäuse ist wassergekühlt, da es an beiden Stirnseiten den in den Auspuffkanälen auftretenden hohen
Temperaturen ausgesetzt ist. Reichliche Kernschrauben *p* machen die Kerne gut zugänglich. Bei *q* und *r* ist das Lager an die Kühlwasserleitung, bei *s* an die Zentralfett-
schmierung angeschlossen. Je vier Stiftschrauben *t* halten die Lagergehäuse, deren
Mitten auf den Teilfugen der Zylinderblöcke liegen (s. a. Bild 330), in den Halbzylinder-
bohrungen des Zylinderblockes. Da diese für alle Zylinderblöcke in ein und derselben
Aufspannung gebohrt worden sind, müssen die Achsen aller Einzelwellen *o* genau
fluchten.

Beim Zusammenbau wird jede Welle *o* mit den Distanzbuchsen und dem aufgezogenen Rollenlager von der Stirnseite in ihr Lagergehäuse geschoben, und diese werden am Zylinderblock befestigt und durch Kegelstifte in ihrer Lage gesichert. Da die Stirnscheiben der Schieber geteilt sind, können die Schieber mit den halben Stirnscheiben *c* auf die Wellenenden *o* gesetzt werden; darauf werden die zweiten Stirnscheibenhälften *d*, in denen die Paßfedern liegen, aufgesetzt und beide Hälften verschraubt. Die in die beiden Stirnflächen eines Wellenstummels greifenden Kopfschrauben *n* sichern den Zusammenbau der Welle mit den Schiebern in axialer Richtung.

Alle Schieber mit ihren Wellenstummeln bilden somit einen zusammenhängenden Wellenzug, der sich über die ganze Länge der Maschine erstreckt (Bild 330). Er wird durch Kette und Kettenrad von der Nockenwelle aus angetrieben, wie Bild 331 in Einzelheiten zeigt. Die Schieber laufen mit der Drehzahl der Kurbelwelle (und der Nockenwelle) um. Das Antriebkettenrad der Schieberwelle liegt an einem Ende, wenn die Zylinderzahl nicht zu groß und die Schieberwelle nicht zu lang ist, andernfalls auf Längsmitte der Maschine und in jedem Fall neben dem Nockenwellenantrieb (Bild 331). In Bild 329 ist *u* das Antriebrad und das neben *u* liegende Lager ein Axialkegelrollenlager, das die Welle in

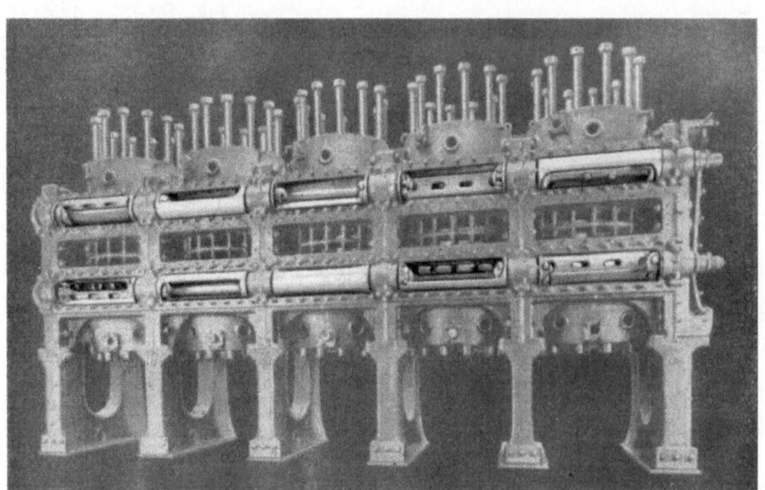

Bild 330. Anordnung der Nachladeschieber am Zylinderblock

axialer Richtung hält, ihr aber ermöglicht, sich nach einer Richtung frei auszudehnen, da sie im Betrieb wärmer als der Zylinderblock wird. Bei langen Maschinen liegt das Axiallager auf Längsmitte des Motors, und die Schieberwelle kann nach beiden Seiten frei wachsen. Natürlich müssen die Schieber auch radiales Spiel gegenüber der Rahmenbohrung und den Auspuffkrümmern haben; die dadurch verursachten Undichtigkeiten sind bei der kurzen Dauer des Auspuffvorganges ohne Bedeutung.

Die einzelnen Nachladeschieber sind in der Umfangsrichtung gegeneinander versetzt, wie es die Kurbelversetzung erfordert. Die richtige Winkelstellung der Schieberwelle relativ zur Kurbelwelle kann bei der Montage eingestellt werden. Hierzu ist das Kettenrad *u* (Bild 329) nicht fest mit seiner Welle verbunden, sondern durch die Nabenbuchse *v* mit der Stirnverzahnung *w*, in welche die Gegenverzahnung des Kettenrades greift. Nach Lösen der Mutter *x* kann die Schieberwelle gegen das Kettenrad und damit gegen die Kurbelwelle um eine oder mehrere Zahnteilungen verdreht werden.

Für die doppeltwirkende Maschine, die für die Ober- und Unterseite je eine Schieberwelle braucht (Bild 330), ist der *Antrieb* der beiden Wellen *o* in Bild 331 gezeichnet. Es gilt für eine Achtzylindermaschine, daher liegen die beiden Antriebkettenräder *u* (mit der gleichen Bezeichnung wie in Bild 329) auf Längsmitte Maschine. Sie können auf den Schieberwellen *o* in der Umfangsrichtung verstellt werden (vgl. *v*, *w*, *x* in Bild 329). Die Schalenkupplungen *y* verbinden die sich über je vier Zylinderblöcke erstreckenden Schieberwellenhälften; die Längsteilung der ganzen Schieberwelle erleichtert die Montage. Alle Antriebräder und Steuerungsteile liegen in dem Raum zwischen den beiden Zylinderblöcken, die durch den Rahmen *z* verbunden sind; der Raum ist ohnehin vorhanden, da die Kupplung der Kurbelwellenhälften ihn erfordert. Das auf der Brennstoffpumpenwelle a_1 sitzende Zahnrad b_1 wird durch ein gleich großes, auf der Kurbelwelle befestigtes Zahnrad über zwei kleinere Zwischenräder mit der Drehzahl der Kurbelwelle angetrieben. Seine Nabe trägt das Kettenrad c_1, über das die Kette d_1 läuft, die über zwei Führungsräder e_1 das Kettenrad f_1 antreibt. Die Kettenräder e_1 drehen sich um Zapfen, die in den geschweißten Rahmen g_1 eingelassen sind. g_1 ist um den Zapfen h_1 schwenkbar, so daß die Kette durch Anziehen der kugelig gelagerten Mutter i_1 nachgespannt werden kann. Bild 331 zeigt, wie alle Zapfen, soweit sie geschmiert werden müssen, von Anschlüssen k_1 aus mit Öl versorgt werden.

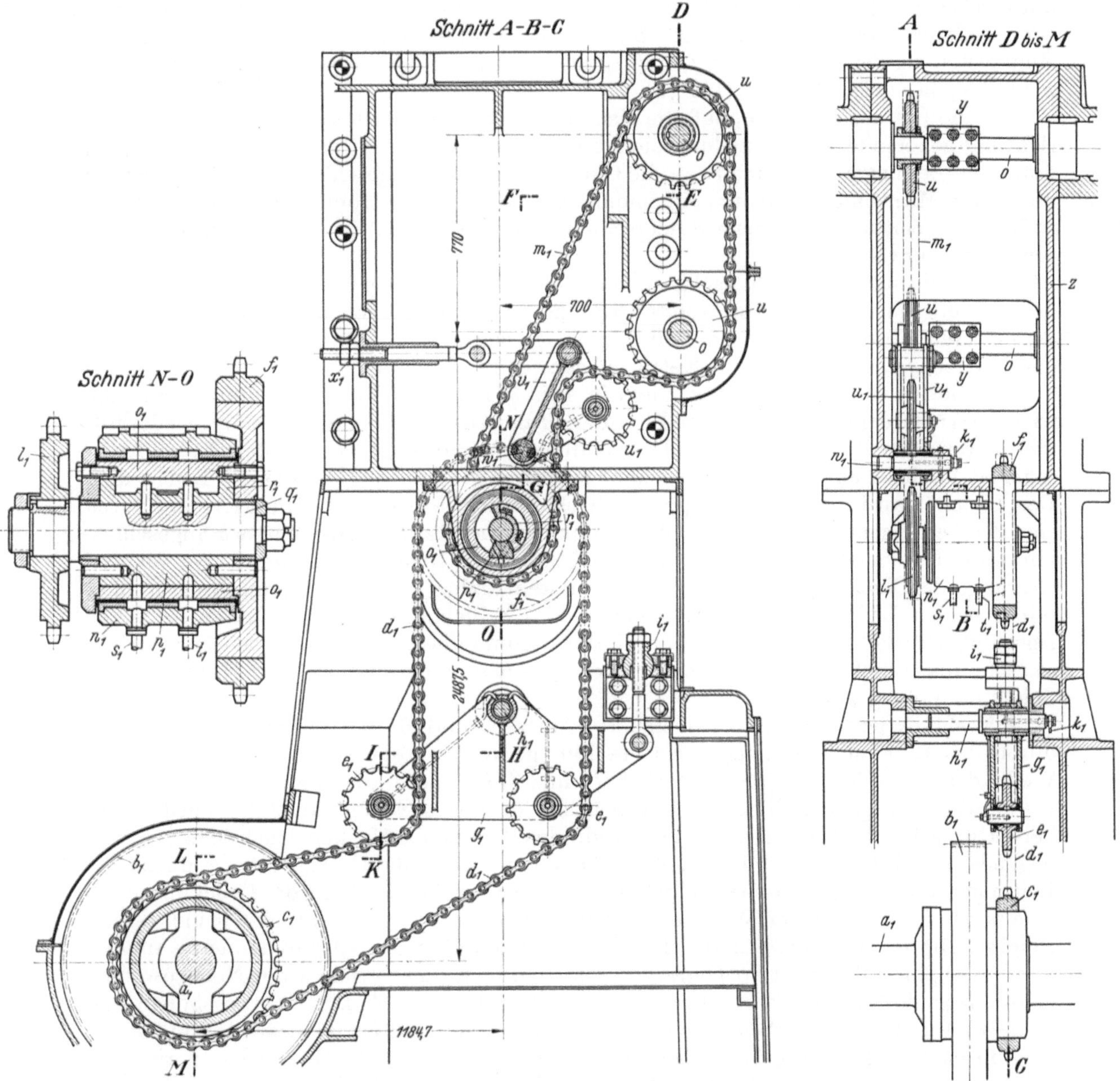

Bild 331. Antrieb der Nachladeschieber

o Schieberwellen; u Antriebkettenräder; y Schalenkupplungen; z Rahmen zwischen den Zylinderblöcken; a_1 Brennstoffnockenwelle; b_1 Zahnrad auf a_1; c_1 Kettenrad auf a_1; d_1 untere Kette; e_1 Kettenführungsräder; f_1 Kettenrad; g_1 Rahmen um h_1 schwenkbar; i_1 Mutter zum Nachspannen der Kette d_1; k_1 Anschlüsse an die Schmierölleitung; l_1 Antriebkettenrad der oberen Kette m_1; n_1 Gehäuse der Schleppkupplung; o_1 Hohlnabe des Kettenrades f_1; p_1 Mitnehmerleiste; q_1 Welle des Kettenrades l_1; r_1 Mitnehmersegment; s_1, t_1 Anschlüsse an die Öldruckleitung; u_1 Kettenführungsrad; v_1 Rahmen um w_1 schwenkbar; x_1 Mutter zum Nachspannen der Kette m_1

Das Kettenrad f_1 überträgt seine drehende Bewegung auf das kleinere Kettenrad l_1, über das die obere Kette m_1 läuft, ist aber mit diesem nicht starr, sondern durch eine öldruckgesteuerte Schleppkupplung verbunden, die in dem Gehäuse n_1 untergebracht ist. Wenn die Maschine umgesteuert wird, ändern sich die Steuerzeiten der Nachladeschieber relativ zu ihren Arbeitskolben; beide Schieberwellen müssen für den Rückwärtsgang um 126° gegenüber ihrer Stellung bei Vorwärtsgang gedreht werden. Dies wird dadurch erreicht, daß in die Hohlnabe o_1 des Kettenrades f_1 (Bild 331, Schnitt N–O), mit der f_1 in Lagerschalen des Gehäuses n_1 läuft, die Leiste p_1 eingelassen ist, die das mit der Welle q_1 (auf der das Kettenrad l_1 sitzt) fest verbundene Segment r_1 in dem einen oder anderen Drehsinn mitnimmt. Bei der Richtungsumkehr ändert sich somit die Winkelstellung der Kettenräder f_1 und l_1 zueinander um den zwischen den Flanken von p_1 und r_1 liegenden Winkel (126°).

Um die Gewähr zu haben, daß die Nachladeschieber stets die zu der gewollten Drehrichtung gehörende Winkelstellung einnehmen, hat man die Mitnehmerkupplung p_1, r_1 durch die Leitungen s_1, t_1 derart an die Öldrucksteuerung angeschlossen, daß der jeweils nicht vom Mitnehmersegment r_1 eingenommene Raum in der Hohlnabe o_1 unter Öldruck steht. Der hierfür vorgesehene Steuerschieber (a in Bild 332) ist in der folgenden Beschreibung erwähnt.

Damit die obere Kette m_1 nachgespannt werden kann, ist sie über das Rad u_1 geführt, das sich um einen in den geschweißten Rahmen v_1 eingelassenen Zapfen dreht. Wie bei der unteren Kette kann der um den Zapfen w_1 schwenkbare Rahmen durch Anziehen der Mutter x_1 bewegt und die Kette nachgespannt werden.

Von den in Bild 329 und besonders in Bild 331 dargestellten Einzelteilen sind die wichtigsten in dem schematischen Plan der *Manövriereinrichtung* (Bild 332) wiederholt (der klaren Darstellung wegen in anderer bildlicher Anordnung). Die mit dem Index 1 versehenen Buchstaben a_1 bis t_1 und u haben in Bild 331 und 332 die gleiche Bedeutung. Das Drucköl wird der Schleppkupplung (Gehäuse n_1) je nach der Fahrtrichtung durch eine der Leitungen s_1, t_1 zugeführt, die an das Gehäuse des Steuerschiebers a angeschlossen sind. Der Schieber a ist, wie aus Bild 332 ersichtlich, durch Hebel, Wellen und Gestänge der Nockenwelle a_1 angelenkt und steht daher, wie diese, immer nur in einer seiner beiden Endstellungen. Dem Gehäuse des Schiebers a wird durch den mittleren Anschluß Drucköl zugeführt, das je nach der Stellung des Schiebers durch die Schiebermuschel und durch t_1 (wie gezeichnet) oder s_1 in den einen oder anderen Hohlraum der Schleppkupplung gelangt.

Alle Manövriervorgänge — Umsteuern, Anlassen und Brennstoffregelung — werden durch das Handrad b gesteuert, das um 180° gedreht werden kann. Es sitzt auf einer Welle, deren drei Nocken je ein Ventil I, II und III steuern, die in einem unterhalb der Handradwelle liegenden Block angeordnet sind (s. a. das Nebenbild 332). Ventil I wird beim Umsteuern betätigt. Der auf der Handradwelle sitzende Nocken drückt das darunter liegende Ventil I auf, und Druckluft strömt aus dem Anfahrluftbehälter c durch die Leitungen d und e zum Umschalthahn f, welcher je nach seiner Stellung der Druckluft durch eine der Leitungen g, h den Weg zum Voraus-Ölwindkessel i bzw. Zurück-Ölwindkessel k freigibt. Die jeweils nicht mit Druckluft beaufschlagte Leitung ist durch einen Kanal im Umschalthahn mit der Atmosphäre verbunden. Der in der verlängerten Nockenwellenachse liegende Kolben l wird durch den Öldruck in seine Endstellung geschoben und in dieser durch den federbelasteten Feststellkolben m gehalten (s. a. m in Bild 308).

Soll nach einem Stoppen die Maschine in der gleichen Drehrichtung wie vorher angefahren werden, so wird der Umschalthahn f nicht betätigt; das Steuerventil I wird zwar geöffnet, so daß Druckluft in den der Fahrtrichtung entsprechenden Ölwindkessel gelangt, aber da der Kolben l schon in der richtigen Stellung steht, wird die Steuerwelle nicht verschoben.

Der Maschinist soll erst dann die Möglichkeit haben, das Handrad b in die Anlaßstellung zu legen, wenn der Umsteuervorgang beendet ist, d. h. wenn die Nockenwelle a_1

in der einen oder anderen Endlage steht. Hierzu ist auf der Handradwelle die Verblok-
kungsscheibe n befestigt, deren Kranz mit einem Schlitz versehen ist. Ferner ist der

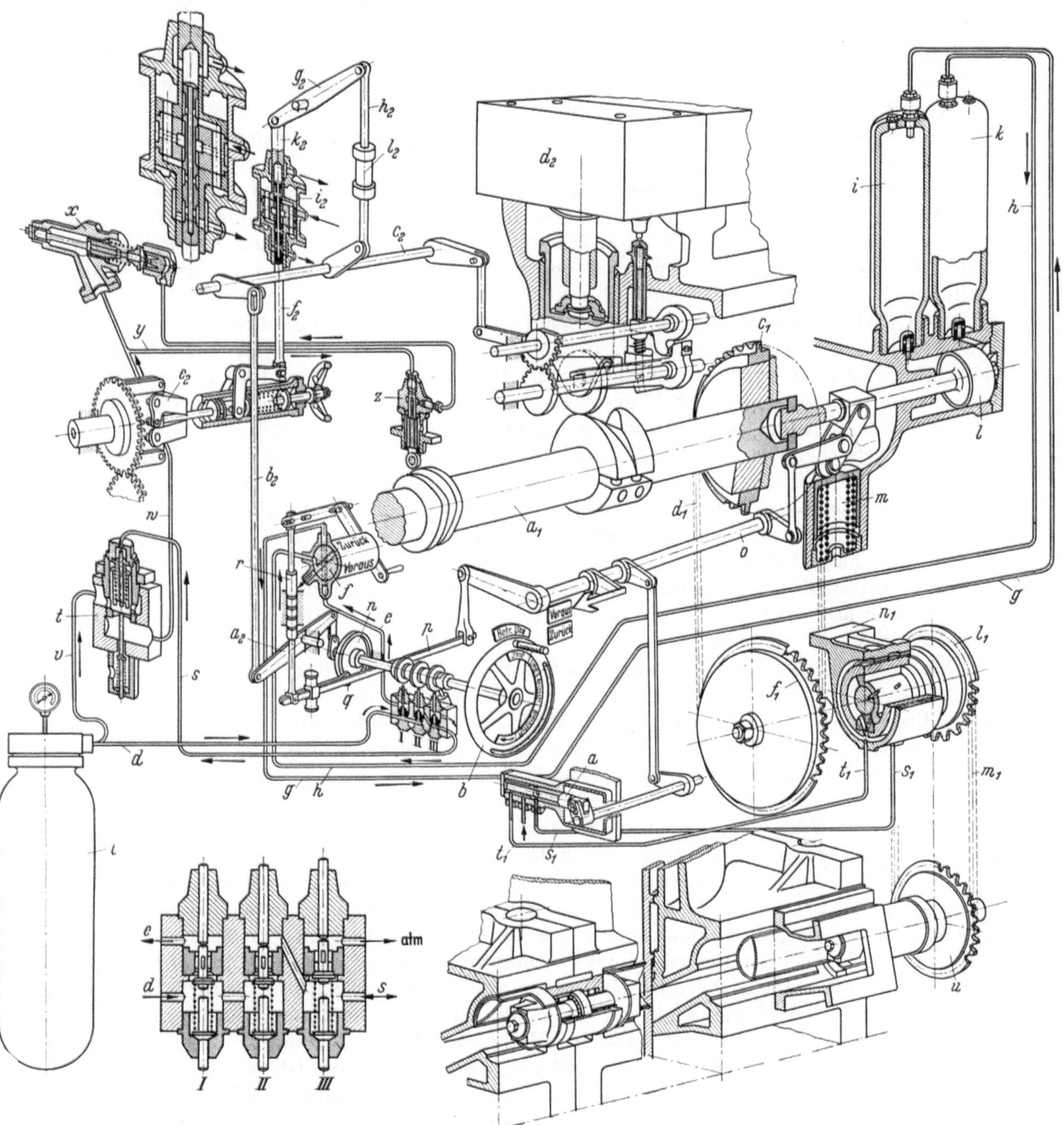

Bild 332. Schema der Manövriereinrichtung

Wie Bild 331: u Kettenrad auf Drehschieberwelle; a_1 Brennstoffnockenwelle; c_1 Kettenrad auf a_1; d_1 untere Kette; f_1, l_1 Kettenräder der Schleppkupplung; m_1 obere Kette; n_1 Gehäuse der Schleppkupplung; s_1, t_1 Öldruckleitungen zwischen Steuerschieber a und Schleppkupplung; *ferner:* a Steuerschieber der Schleppkupplung; b Manövrierhandrad; c Anfahrluftbehälter; d, e Druckluftleitungen zum Schaltkasten I–III und zum Umschalthahn f; g, h Druckluftleitungen zu den Ölwindkesseln i, k; l Kolben zum Verschieben der Nockenwelle a_1; m Feststellkolben; n Verblockungsscheibe; o Gestängewelle; p Verblockungshebel mit Anschlag q; r Verblockungsstange; s Steuerluftleitung vom Schaltkasten I–III zum Hauptanfahrventil t; v Druckleitung vom Anfahrluftbehälter zum Hauptanfahrventil; w Druckleitung vom Hauptanfahrventil zum Anfahrventil x; y Steuerluftleitung; z Anfahrluftsteuerschieber; a_2, b_2, c_2 Gestänge der Handregelung der Brennstoffpumpe d_2; e_2 Regler; f_2, g_2, h_2 Gestänge des Reglers; i_2 Gehäuse des Servomotors; k_2 Kolbenstange des Servomotors; l_2 Federwaage

Stange des Kolbens l der Umsteuermaschine die Welle o angelenkt (von der auch der Steuerschieber a der Schleppkupplung bewegt wird); sie schiebt, wenn der Umsteuerkolben sich bewegt, den auf dem Verblockungshebel p befestigten Anschlag q in den Schlitz der Scheibe n, so daß das Handrad b nicht bewegt werden kann. Nur in den Endstellungen der Nockenwelle gibt ein Schlitz im Anschlag q die Verblockungsscheibe n frei; nur dann kann der Maschinist das Manövrierhandrad zum Anlassen weiterdrehen.

Wird bei Stop-Stellung des Handrades der Umschalthahn f in seine andere Endlage gelegt, so verhindert der Hebel p ein Weiterdrehen in den Anlaßbereich, solange sich die Umsteuerung nicht in einer Endlage befindet.

Nach Beendigung des Umsteuervorganges kann das Manövrierhandrad in die Anfahrstellung gedreht werden. Während das Handrad auf „Stop" oder „Umsteuern" stand, hielten die über den Ventilen II und III auf der Handradwelle sitzenden Nocken das Ventil II geöffnet und das Ventil III geschlossen (das Nebenbild zeigt diese Ventilstellungen). Die von der Flasche c durch die Leitung d zum Schaltkasten $I–III$ strömende Druckluft konnte daher durch Ventil II und die Schrägbohrung zwischen II und III in die Leitung s und über den Ventilteller des Hauptanfahrventils t treten, das durch den Luftdruck geschlossen wurde. Wird jedoch das Handrad in die Anfahrstellung gedreht, so wird Ventil II geschlossen und III geöffnet. Dadurch wird der Raum oberhalb des Ventilkegels des Hauptanfahrventils mit der Atmosphäre verbunden; die vom Anfahrluftbehälter durch Leitung v kommende Druckluft hebt den Ventilkegel in t an, und die Luft strömt durch Leitungen w zu den Anfahrventilen x in den Zylinderdeckeln. Von w zweigen die Steuerluftleitungen y zu den Anfahrluftsteuerschiebern z ab, die das Öffnen und Schließen der Anfahrventile in bekannter Weise steuern.

Für den Fall, daß beim Manövrieren eines der Ventile I, II, III hängenbleiben sollte, ist unterhalb des Schaltkastens eine Welle angebracht, mittels deren die aus dem Schaltkasten nach unten herausragenden Stößel angehoben werden können, so daß das betreffende Ventil schließt.

Die am Ende der Handradwelle sitzende Kurbel betätigt durch den Hebel a_2, die Stange b_2 und die Hebelwelle c_2 die Steuerung der Brennstoffpumpe d_2. Deren Bau ist in Bd. I, S. 172, beschrieben: durch Verdrehen der beiden miteinander verzahnten Exzenterwellen wird nicht nur das Ende, sondern auch der Beginn der Brennstoffförderung verlegt, was für die Langsamfahrt der Schiffsmaschine vorteilhaft ist (der Gang wird weicher). Eine Drehung der Hebelwelle c_2 *entgegen* dem Uhrzeigersinn (Blickrichtung wie in Bild 332) vergrößert Brennstofförderung und Leistung. Aber auch der Regler e_2 soll jederzeit die Möglichkeit haben, in die Brennstofförderung einzugreifen, wenn die höchstzulässige Drehzahl der Maschine überschritten werden sollte; daher ist auch das Reglergestänge f_2, g_2, h_2 der Hebelwelle c_2 angelenkt. Die Federn des Reglers sind so gespannt, daß seine Schwunggewichte ausschlagen, wenn die höchste Betriebsdrehzahl um 10% überschritten wird. Wenn dies eintritt, hebt der Regler die Stange f_2, senkt h_2 und dreht die Hebelwelle c_2 im Uhrzeigersinn, wodurch die Brennstofförderung verringert wird. Das am oberen Ende der Stange b_2 befindliche Langloch gibt diese Drehung der Welle c_2 frei; Regler und Handeinstellung der Brennstoffpumpe behindern sich also gegenseitig nicht. Da die Verstellkraft des Reglers nur klein ist, wird sie durch den Servomotor i_2 vergrößert. Dessen feststehendem Gehäuse wird durch den mittleren Anschluß Drucköl zugeleitet, das durch die oben und unten angebrachten Bohrungen abfließen kann, wenn der Steuerschieber im Gehäuse durch den Regler aus seiner Mittellage bewegt wird. Das Drucköl wird der mittleren Muschel des Schiebers zugeführt, der mit der Stange f_2 fest verbunden ist. Der Schieberspiegel ist als Kolben ausgebildet, der im Gehäuse i_2 verschieblich, mit der Fortsetzung k_2 der Stange f_2 fest verbunden ist. Wenn der Regler die Stange f_2 anhebt, tritt Drucköl durch die Bohrungen im Kolben *unter* diesen und hebt ihn so weit an, daß die steuernden Kanten des Schiebers die Kanäle im Kolben wieder überdecken; dann bleibt der Kolben stehen. Bei seiner Bewegung hat er durch das Gestänge k_2, g_2, h_2 die Welle c_2 in die Stellung kleiner Fördermenge gedreht.

Der Regler hat also, wenn er ausschlägt, nur die kleine Arbeit zu leisten, die das Verschieben des Steuerschiebers erfordert. Der Steuerkolben wird durch das Drucköl gezwungen, dem Schieber so lange zu folgen, bis der Schieber die steuernden Kanten im Kolben wieder überdeckt. Der Servomotor stellt gleichsam eine starre Verbindung zwischen den Stangenteilen f_2 und k_2 her, jedoch ohne daß dadurch die Reglermuffe einen nennenswerten Rückdruck erfährt.

Solange die höchstzulässige Drehzahl nicht überschritten wird, die Reglergewichte also nicht ausschlagen, kann der Stangenteil h_2 sich nicht verschieben, denn er wird vom Servomotorkolben festgehalten. Der Maschinist muß aber imstande sein, vom Bedienungsstand aus die Welle c_2 je nach der geforderten Leistung beliebig zu verdrehen, also sowohl Vollast als auch Nullförderung einzustellen. Daher ist die Welle c_2 mit der vom Servomotor festgehaltenen Stange h_2 durch die Federwaage l_2 nachgiebig verbunden. Diese sucht der Welle c_2 ständig eine Drehung in die Vollaststellung (entgegen dem Uhrzeigersinn) zu geben, hält also c_2 in kraftschlüssiger Verbindung mit der Stange b_2 und dem Manövrierhandrad b, so daß die Förderung der Brennstoffpumpe jeder Bewegung von b folgt. Unabhängig hiervon ermöglicht das Langloch an b_2 dem Regler, in jedem Augenblick die Brennstofförderung abzustellen.

8. Motorenfabrik Darmstadt G.m.b.H.

Die *Motorenfabrik Darmstadt* („*Modag*") hat es sich nicht zur Aufgabe gemacht, Zweitaktmotoren mit neuer Spülung oder einem neuen Verbrennungssystem zu bauen, sondern an dem in ihrer Fabrik entwickelten einfachen Aufbau der Zweitaktmaschine festgehalten und ihr Augenmerk darauf gerichtet, eine Maschine zu schaffen, die sich durch ihre Einfachheit und Betriebssicherheit auszeichnet[1]. Hierzu ist der Zweitakt mit Steuerung der Spül- und Auspuffschlitze durch den Arbeitskolben am besten geeignet, da er ein Minimum an bewegten Teilen benötigt. Zwar braucht der Zweitaktmotor eine Spülpumpe, jedoch stellt diese in der einfachen Bauart des Kapselgebläses keine erhebliche Komplikation dar.

Mit nur zwei Zylindergrößen von 160 bzw. 225 mm Bohrung wird durch Zusammensetzen verschiedener Zylinderzahlen ein Leistungsbereich von 60 bis 720 PSe überdeckt. Der kleinere Zylinder (160 mm Dmr., 270 mm Hub) leistet

bei	500	600	750 U/min
normal	30	35	40 PSe
entsprechend c_m . .	4,5	5,4	6,75 m/sec

der größere Zylinder (225 mm Dmr., 330 mm Hub)

bei	428	500	600 U/min
normal	60	70	80 PSe
entsprechend c_m .	4,71	5,5	6,6 m/sec.

Das p_e ist bei den hohen Drehzahlen vorsichtig etwas kleiner angesetzt (4,42 bzw. 4,57) als bei den niedrigen Drehzahlen (4,97 bzw. 4,81 kg/cm²), zumal da eine Überlastbarkeit um 10% für 1 h gewährleistet wird. Die für die Spülung zur Verfügung stehende Zeit nimmt mit zunehmender Drehzahl ab, die Spülung wird weniger vollkommen und das erreichbare p_e kleiner.

Die angegebenen Drehzahlen sind Drehstrom-Drehzahlen (S. 9), doch ist die Verwendbarkeit der Motoren natürlich nicht auf den Antrieb von Generatoren beschränkt. Sie werden auch als umsteuerbare Maschinen für die Schiffahrt und die Fischerei gebaut, gegebenenfalls auch als nicht umsteuerbare Schiffsmaschinen mit Wendegetriebe mit und ohne Untersetzung sowie als Aggregatmaschinen für Bagger, Kräne, Tiefbohranlagen und andere Betriebe.

---

[1] Vgl. H. MÜLLER: Die neuen Zweitaktmaschinen der Motorenfabrik Darmstadt. Motortechn. Z. Bd. 13 (1952) S. 166.

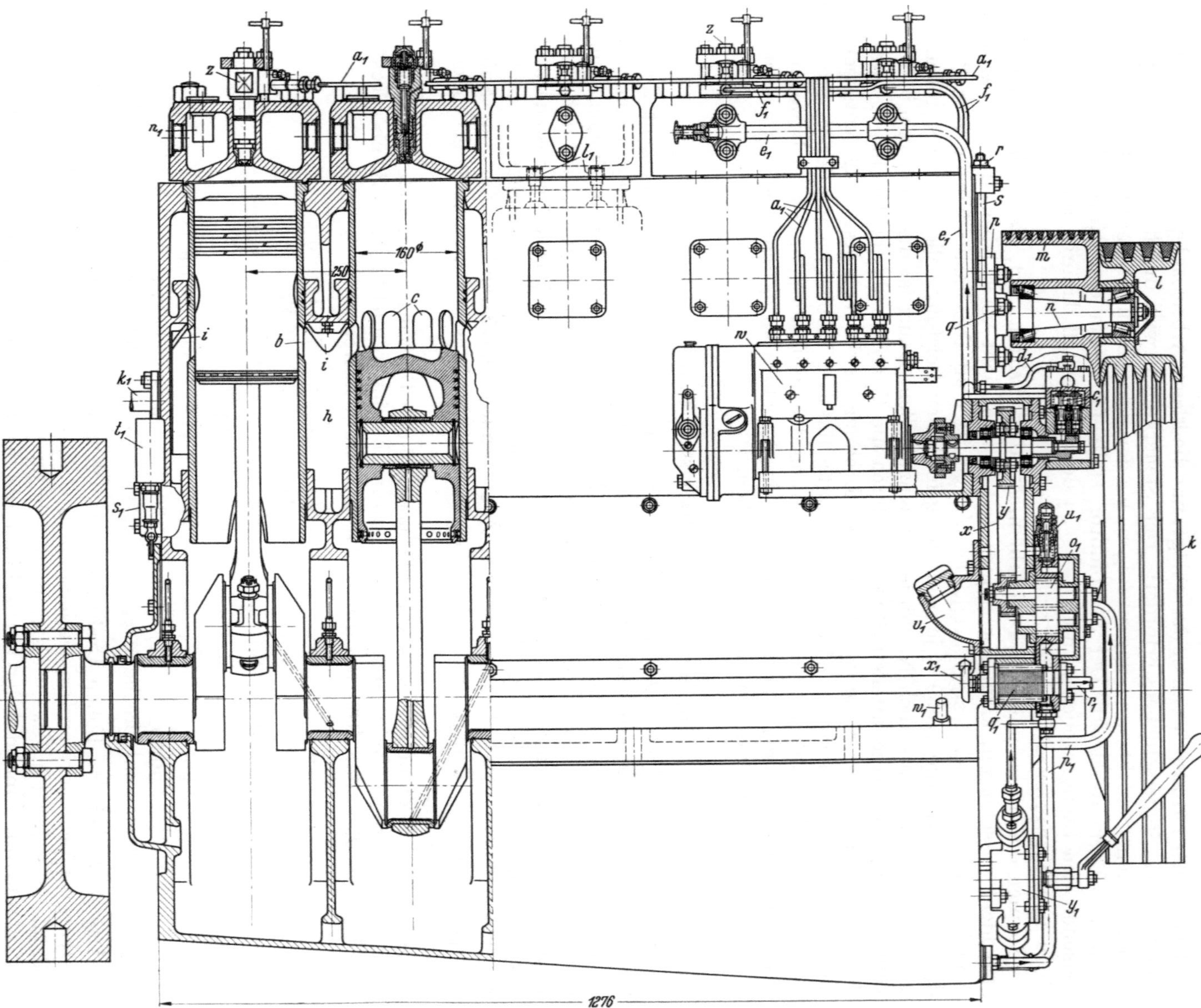

Bild 333. Zweitaktmotor der *Motorenfabrik Darmstadt G. m. b. H.*

Leistung mit 5 Zylindern 200 PSe bei 750 U/min

b Spülschlitze; c Auspuffschlitze; h Spülluftraum; i Luftleitstücke; k, l, m Keilriemenscheiben; n Drehzapfen für l, m; p Spannplatte mit Muttern q; r, s Vorrichtung zum Nachspannen der Keilriemen; w Brennstoffpumpe; x, y Zahnräder für Antrieb der Brennstoffpumpe; z Einspritzventile; a_1 Brennstoffdruckleitungen; c_1 Anfahrluftsteuerschieber; d_1 Steuerluftleitung zu den Anfahrluftsteuerschiebern; e_1 Hauptanfahrluftleitung; f_1 Steuerluftleitungen zu den Anfahrventilen; k_1 Kühlwasserzuleitung; l_1 Kühlwasserübertritte zum Zylinderdeckel; n_1 Zinkschutz; o_1 Zahnradschmierölpumpe; p_1 Schmierölsaugleitung; q_1 Schmierölfilter; r_1 Schmierölleitung zum Ölkühler; s_1 Anschluß der Schmierölverteilleitung; t_1 Öldruckmanometer; u_1 Öldruckregelventil; v_1 Öleinfüllstutzen; w_1 Öffnung zum Einführen des Ölmeßstabes; x_1 Griff zum Drehen des Spaltfilters; y_1 Flügelpumpe zum Durchschmieren von Hand

Der kleinere Zylinder wird zu Einheiten mit 2 bis 6 Zylindern entsprechend einer Leistung von 80 bis 240 PSe bei 750 U/min zusammengesetzt. Bild 333 zeigt als Beispiel den *Fünfzylindermotor* Type RZ 127 in Längsansicht und teilweise im Schnitt, Bild 334 den Querschnitt durch einen Arbeitszylinder. Die fünf Zylinderrahmen bilden mit den Ständern ein zusammenhängendes Gußstück, das mit der Grundplatte durch innenliegende Paßbolzen a (Bild 334) verschraubt ist. Die Teilfuge liegt in Höhe der Kurbelwellenachse. Die tief nach unten gezogene Grundplatte von kastenförmigem Querschnitt mit nach vorn abgesenktem Boden dient zugleich als Vorratsbehälter für das Schmieröl. Von den sechs Grundlagern ist das neben dem Schwungrad liegende breiter gehalten und als Paßlager ausgebildet. Die Anordnung der unter 72° stehenden Kurbeln ergibt die Zündfolge *1–5–2–3–4*; damit entspricht sie der „Scherengitterregel" (S. 31). Die aus Sondergußeisen hergestellten Kolben tragen fünf je 6 mm hohe Dichtungsringe und am unteren Ende einen 8 mm hohen Ölabstreifring. Der Kol-

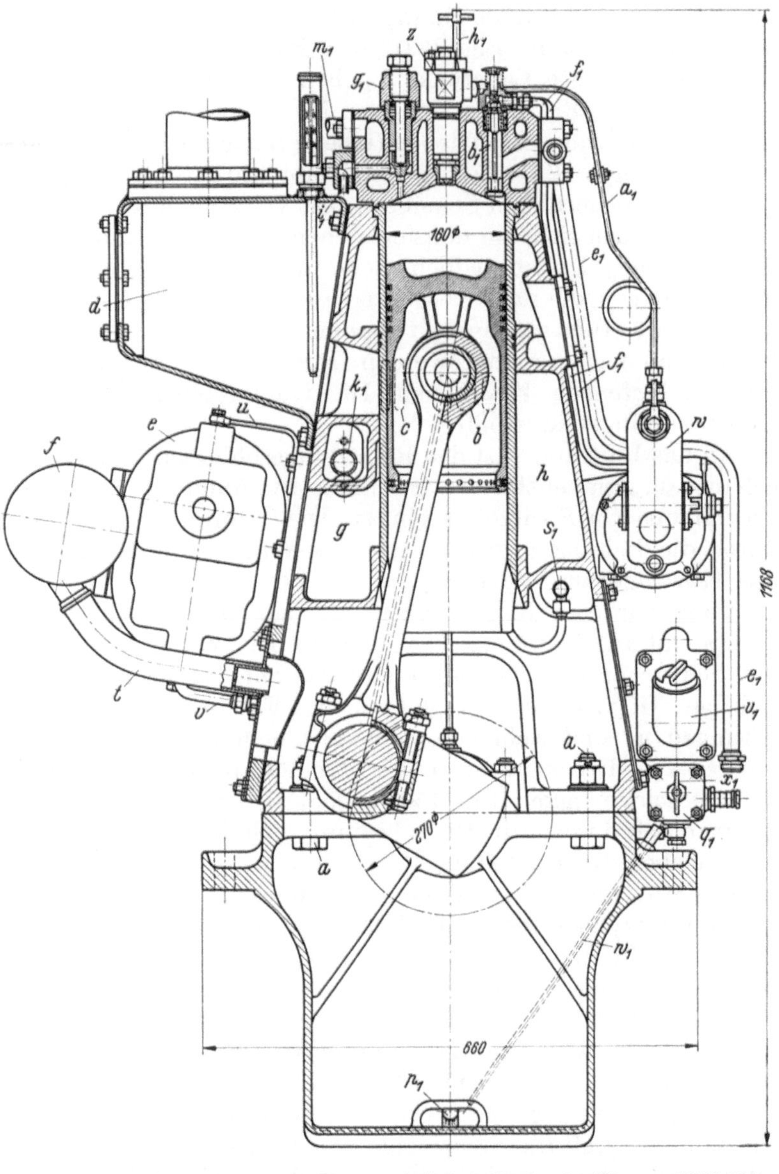

Bild 334. Querschnitt durch einen Arbeitszylinder des Motors Bild 333

a Paßschrauben zwischen Grundplatte und Zylinderrahmen; b Spülschlitze; c Auspuffschlitze; d Auspuffsammelbehälter; e Spülluftgebläse; f Luftfilter; g, h Spülluftaufnehmer; t Entlüftung des Kurbelgehäuses; u, v Schmierung der Zahnräder und Wälzlager des Kapselgebläses; w Brennstoffpumpe; z Einspritzventil; a_1 Brennstoffdruckleitung; b_1 Anfahrventil; e_1 Anfahrluftleitung; f_1 Steuerluftleitungen zu den Anfahrventilen; g_1 Ladeventil; h_1 Entlüftungsschraube am Einspritzventil; i_1 Ladeleitung zur Anfahrluftflasche; k_1 Kühlwasserzuleitung; m_1 Kühlwasserableitung; p_1 Schmierölsaugleitung; q_1 Schmierölfilter; s_1 Schmierölverteilleitung; v_1 Öleinfüllstutzen; w_1 Ölmeßstab; x_1 Griff zum Drehen des Spaltfilters

benbolzen wird in den auf etwa 100° C erwärmten Kolben mit leichten Holzhammerschlägen eingetrieben und in seiner axialen Lage durch Seegerringe gehalten. Für hohe Drehzahlen wird der Motor mit Leichtmetallkolben geliefert.

Die Spülform entspricht der Umkehrspülung mit seitlich angeordneten Spülschlitzen b und dazwischenliegenden Auspuffschlitzen c (Bild 333 u. 334). Unterhalb des (aus Blech geschweißten) Auspuffsammelbehälters d (Bild 334) ist am Zylinderblock das Kapselgebläse e befestigt, das die Luft durch ein Filter f, das zugleich als Geräuschdämpfer dient, ansaugt und in die Räume g, h drückt, die den unteren Teil der Zylinderlaufbuchse umgeben (s. a. h in Bild 333). Aus Blech geformte, an der Innenseite des Zylinderrahmens befestigte Leitstücke i geben der eintretenden Spülluft die erforderliche Aufwärtsrichtung. Bei dieser kleinen Maschine wird das Gebläse durch doppelte Keilriemenübersetzung angetrieben (Übersetzung 6,6 : 1). Die am vorderen Ende der Kurbelwelle befestigte Riemenscheibe k treibt durch einen Vierfachkeilriemen die Scheibe l, die mit der neunrilligen Scheibe m fest verbunden ist. l und m, in Axial-Kegelrollenlagern geführt, drehen sich um den feststehenden Zapfen n, der an der Stirnseite des Zylinderrahmens befestigt ist, jedoch nicht unmittelbar, sondern unter Zwischenschaltung der Spannplatte p, die nach Lösen der (vier) Muttern q durch Anziehen der Mutter r mittels der Stange s etwas geschwenkt werden kann, wodurch die über die Scheiben k, l laufenden Keilriemen nachgespannt werden. Die Vorrichtung erlaubt auch ein Nachspannen der über m laufenden Keilriemen. Die Gummikeilriemen wirken dämpfend, so daß das Gebläse ruhig und stoßfrei läuft.

An das Luftfilter f ist das Rohr t angeschlossen (Bild 334), durch welches das Kurbelgehäuse dauernd entlüftet wird. Seine Einmündung in das Kurbelgehäuse ist durch eine Blechhaube vor Spritzöl geschützt. Die Zahnräder und Wälzlager des Gebläses werden durch die Leitung u geschmiert; das abfließende Öl fließt durch das weite Rohr v in das Kurbelgehäuse zurück.

Vom vorderen Kurbelwellenende aus wird auch die Brennstoffpumpe w (Boschpumpe mit angebautem Regler) angetrieben; von den Antriebzahnrädern sind in Bild 333 nur das große Zwischenrad x und das auf der Brennstoffpumpenwelle sitzende Rad y sichtbar. In vier von den fünf zu den Einspritzventilen z führenden Brennstoffdruckleitungen a_1 sind Schleifen von verschiedener Windungszahl gelegt; sie gleichen die Längen der Druckleitungen von der Pumpe zum Einspritzventil ab, damit die mit Schallgeschwindigkeit (rd. 1500 m/sec) sich bewegende Druckwelle jede Leitung in der gleichen Zeit durchläuft. Dann beginnt auch die Einspritzung in jedem Zylinder bei genau der gleichen Kurbelstellung.

Der Motor wird durch Druckluft von max. 30 atü angelassen. Bei dem nicht umsteuerbaren Fünfzylindermotor Bild 333 sind nur für die beiden vorderen Zylinder Anlaßventile (b_1 in Bild 334) vorgesehen; zum Anfahren wird die Kurbelwelle mittels einer Schaltstange, die in Radialbohrungen im Schwungradkranz gesteckt wird, in die Anfahrstellung gedreht. Die Anlaßventile werden durch zwei Schieber c_1 (Bild 333) gesteuert, die durch Nocken auf der verlängerten Brennstoffpumpenwelle bewegt werden. Im Betrieb halten Schraubenfedern die Steuerschieber außer Eingriff mit den Nocken. Wird Anfahrluft gegeben, so drückt die durch Leitung d_1 der Hauptanfahrluftleitung e_1 entnommene Luft die Steuerschieber auf ihre Nocken, und die Schieber geben der Steuerluft den Weg durch die Leitungen f_1 zu den Steuerzylindern der Anfahrventile b_1 (Bild 334) frei. Für das Auffüllen der Luftflasche ist bei Schiffsanlagen ein vom Hauptmotor unabhängiger Kompressor vorgesehen; die Flasche kann bei diesem Motor aber auch von einem Arbeitszylinder aus aufgeladen werden. Hierzu ist in dem Zylinderdeckel eines Zylinders ein Ladeventil g_1 (Bild 334 u. 342) eingebaut, ein einfaches Rückschlagventil, das im Betrieb durch eine niederschraubbare Spindel geschlossen gehalten wird. Soll die Flasche aufgeladen werden, so wird die Brennstofförderung des Zylinders durch Lösen der Entlüftungsschraube h_1 unterbrochen; der Brennstoff fließt dann durch die Leckölabflußleitung zurück. Der Ventilkegel des Ladeluftventils wird durch Zurückdrehen der Spindel um eine Umdrehung freigegeben, und das Ventil arbeitet jetzt als Rückschlagventil: der Kolben schiebt beim Aufwärtsgang die verdichtete Luft durch das sich öffnende Ventil in die Flasche; beim Abwärtsgang verhindert das sich schließende Ventil das Zurückströmen der Luft. Eine Flasche von 100 lit Inhalt kann in etwa 15 Minuten von 0 auf 30 atü aufgeladen werden. Das Ventil g_1 und die zur Flasche führende Leitung i_1 erhitzen sich während des Aufladens, daher unterbricht man den Ladevorgang nach etwa 10 Minuten, um beide sich abkühlen zu lassen. Die Leitung i_1 (Stahlrohr

10/12 mm Dmr.) wird isoliert, wo das Personal sie berühren könnte. Ein Ladeventil ist in größerem Maßstab in Bild 342 dargestellt.

Die Motoren der Bauart RZ 127 können auch zum Anlassen von allen Zylindern aus eingerichtet werden. Hierzu wird in jedem Zylinder ein Anlaßventil angeordnet, und der Anlaßsteuerschieber erhält für jeden Motorzylinder einen Steuerkolben.

Von der Kühlwasserleitung sind in Bild 333 und 334 nur die für die Zylinderkühlung erforderlichen Wege angedeutet. Die Kühlwasserpumpe, die als Kolbenpumpe oder als

Bild 335. Umsteuerbarer Zweitaktmotor der *Motorenfabrik Darmstadt G. m. b. H.*

Leistung mit 6 Zylindern 420 PSe bei 500 U/min, 480 PSe bei 600 U/min. t Entlüftung des Kurbelgehäuses; k_1 Kühlwasserleitung zu den Zylindern; l_1 Kühlwasserübertritte zu den Zylinderdeckeln; m_1 Kühlwasserableitung; y_1 Saugleitung der Handschmierölpumpe; d_2 Zylinderschmierung; f_2 Boschöler; g_2 Ölkühler; h_2 Saugleitung der Zahnradschmierölpumpe; i_2 Doppelfilter; k_2 Schmierölleitung vom Filter zum Ölkühler; l_3 Schmierölleitung vom Kühler zur Verteilleitung am Kurbelgehäuse (s_1 in Bild 337); m_2 Kühlwasserpumpe

selbstansaugende Kreiselpumpe geliefert wird, drückt das Kühlwasser zunächst durch den Ölkühler und darauf durch die Leitung k_1 (Bild 333 u. 334) in den Teil des Zylinderrahmens, der unterhalb der Auspuffschlitze liegt. Aus dem Zylinderrahmen tritt das Wasser durch zwei mit Gummiringen abgedichtete Verschraubungen l_1 (Bild 333) in den Zylinderdeckel über, aus dem es an der höchsten Stelle bei m_1 (Bild 334) abfließt. Die Zylinder n_1 (Bild 333) sind Zinkschutzkörper.

Die Zahnradschmierölpumpe o_1 (Bild 333), vom Zwischenrad x angetrieben, saugt das Schmieröl durch das Rohr p_1 aus der tiefsten Stelle des Kurbeltroges und drückt es durch das Spaltfilter q_1 in die zum Ölkühler führende Leitung r_1. Das gekühlte Öl wird durch eine bei s_1 angeschlossene Verteilleitung (mit Manometer t_1) dem Kurbeltriebwerk und den Schmierstellen des Gebläses zugeführt. Ist der Öldruck, der bei warmer Maschine 2 bis 3 atü betragen soll, zu hoch, so läßt das federbelastete Ventil u_1 (Bild 333) einen Teil des Schmieröles in das Kurbelgehäuse zurückfließen. Durch den Stutzen v_1 (Bild 333 u. 334) mit Sieb wird das Schmieröl eingefüllt, mit dem Peilstab w_1 der Ölstand im Kurbelgehäuse gemessen. Während des Betriebes soll das Spaltfilter alle vier Stunden am Filtergriff x_1 durchgedreht werden. Mit der Handflügelpumpe y_1, die neben dem Rohr p_1 am tiefsten Punkt des Kurbeltroges angeschlossen ist, wird die Ölverteilleitung vor dem Anfahren der Maschine aufgefüllt. Die Druckleitung der Handpumpe ist an das Filter q_1 angeschlossen.

Bild 335 zeigt den größeren Zylinder (225 mm Dmr.), zu einem umsteuerbaren *Sechszylindermotor* zusammengestellt, Bild 336 den Längsschnitt, Bild 337 den Quer-

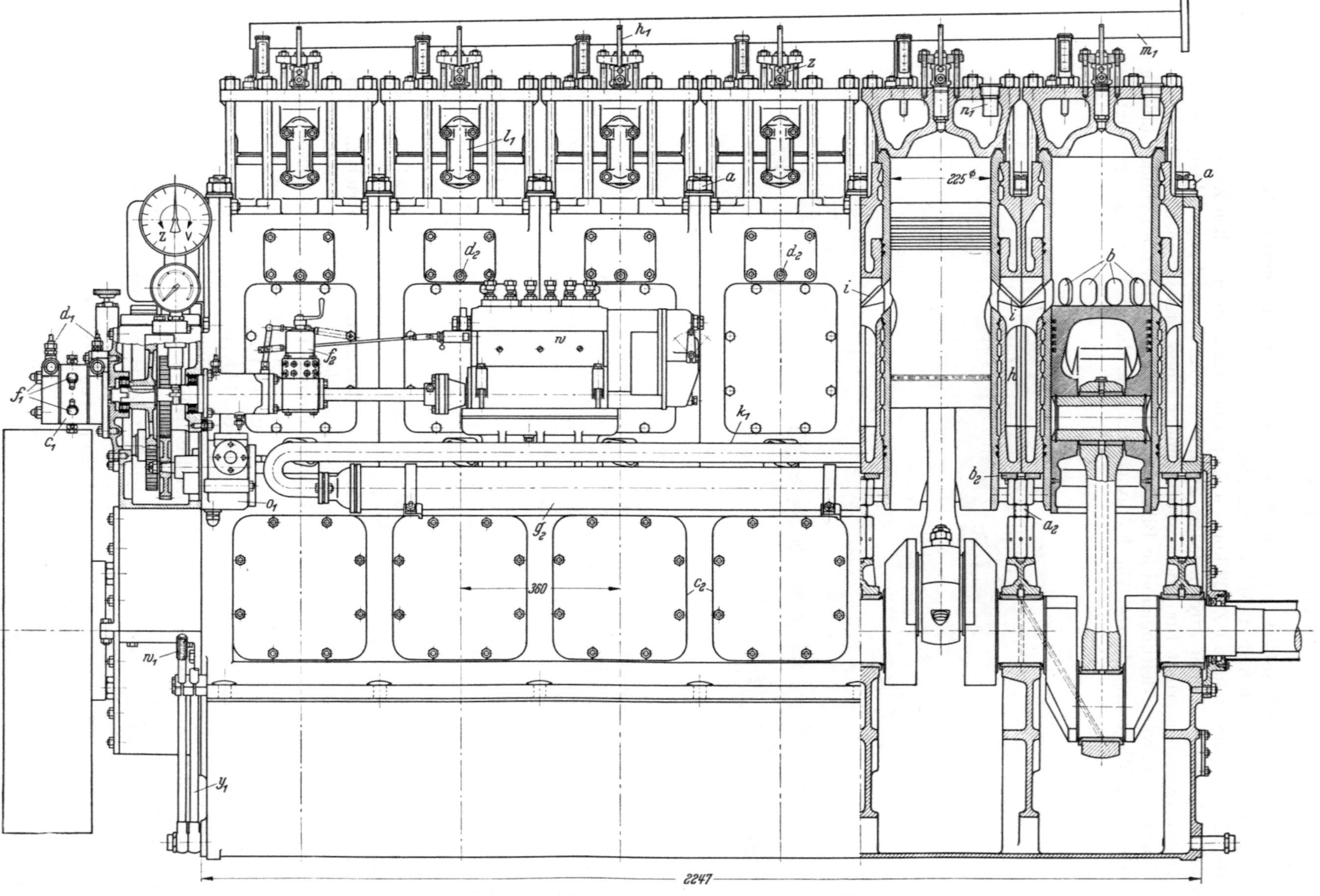

Bild 336. Längsansicht und Längsschnitt des Motors Bild 335

a obere Muttern der Zuganker; *b* Spülschlitze; *b₁* Spülluftraum; *i* Luftleitstücke; *w* Brennstoffpumpe; *c₁* Anfahrluftsteuerschieber; *d₁* Steuerluftleitungen vom Hauptanfahrventil; *f₁* Steuerluftleitungen zu den Anfahrventilen; *k₁* Kühlwasserzuleitung zu den Zylindern; *l₁* Kühlwasserübertritt zum Zylinderdeckel; *m₁* Kühlwasserableitung; *n₁* Zinkschutz; *o₁* Zahnradschmierölpumpe; *w₁* Ölmeßstab; *y₁* Saugleitung der Handschmierölpumpe; *a₂* Stützschrauben der Grundlagerdeckel; *b₂* Druckplatten; *c₂* Besichtigungsöffnungen; *d₂* Zylinderschmierung; *l₂* Boschöler; *g₂* Ölkühler

schnitt durch einen Arbeitszylinder und das Gebläse. Soweit die Einzelteile dem gleichen Zweck wie bei der kleineren Maschine dienen, sind sie mit denselben Buchstaben be-

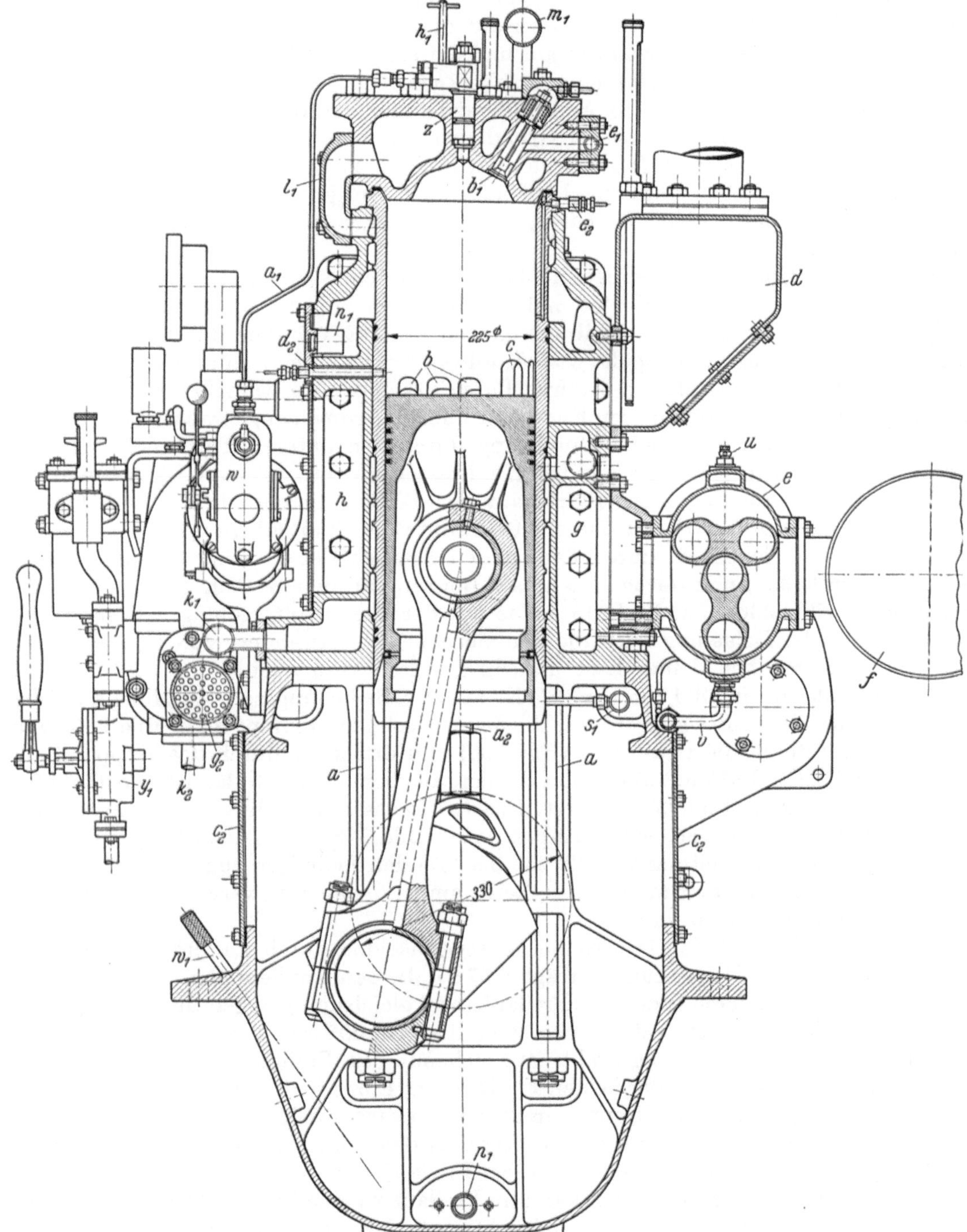

Bild 337. Querschnitt durch einen Arbeitszylinder des Motors Bild 335

a Zuganker; b Spülschlitze; c Auspuffschlitze; d Auspuffsammelrohr; e Spülluftgebläse; f Luftfilter; g, h Spüllufträume; u, v Schmierung der Zahnräder und Wälzlager des Kapselgebläses; w Brennstoffpumpe; z Einspritzventil; a_1 Brennstoffdruckleitung; b_1 Anlaßventil; e_1 Anfahrluftleitung; h_1 Entlüftungsschraube am Einspritzventil; k_1 Kühlwasserzuleitung; l_1 Kühlwasserübertritt zum Zylinderdeckel; m_1 Kühlwasserableitung; n_1 Zinkschutz; p_1 Schmierölsaugleitung; s_1 Schmierölverteilleitung; w_1 Ölmeßstab; y_1 Flügelpumpe zum Durchschmieren von Hand; a_2 Stützschrauben der Grundlagerdeckel; c_2 Besichtigungsöffnungen; d_2, e_2 Zylinderschmierung; g_2 Ölkühler; k_2 Schmierölleitung vom Filter zum Ölkühler

zeichnet und bedürfen keiner Erläuterung. Abweichend von der Bauart des kleineren
Motors ist das Kurbelgehäuse als Kastengestell ausgebildet; die Teilfuge ist so weit
nach oben verlegt, daß der Zylinderblock unmittelbar auf dem Kurbelgehäuse liegt. Zuganker a (Bild 337), deren obere Muttern auf den senkrechten Teilfugen der Zylinderrahmen liegen, nehmen die Gaskräfte auf und entlasten das Gestell von Zugspannungen.
Die Zylinderrahmen sind in einzelnen Stücken gegossen (s. a. Bild 339); das erleichtert
die Bearbeitung, vermindert die Ausschußgefahr und ermöglicht die Anwendung des
„Baukastenprinzips". Die Deckel der Grundlager sind bei dieser Maschine durch Druckschrauben a_2 (Bild 336 u. 337) gegen den Zylinderblock abgestützt; auf die Teilfugen
der Zylinderrahmen sind stählerne Druckplatten b_2 gelegt. Große seitliche Öffnungen
machen nach Entfernen der Deckel c_2 die Grundlager und unteren Pleuellager gut
zugänglich.

Die Zylinderlaufbuchsen (s. a. Bild 340) sind durch wärmebeständige Gummiringe
in den Zylinderrahmen abgedichtet und — abgesehen von der die Spül- und Auspuffschlitze enthaltenden Zone — auf ihrem ganzen Umfang von dem durch die Leitung k_1
zugeführten Kühlwasser umspült. Das Kühlwasser wird nicht nur, wie sonst üblich,
am oberen Ende der Laufbuchse durch Labyrinthrippen zu schnellerer Strömung gezwungen, sondern auch am unteren Ende sind Führungsrippen angebracht, da sich gezeigt
hat, daß der Kolben auch beim Durchgang durch den unteren Totpunkt noch einen
erheblichen Teil seiner Wärme an das Kühlwasser abgibt. An zwei Stellen wird der
Kolbenlauffläche Schmieröl zugeführt: auf der Bedienungsseite liegt der Schmieröl-
anstich d_2 (Bild 336 u. 337) in Höhe der Oberkante der Spülschlitze b, während auf der
Auspuffseite das Schmieröl durch den in den Flansch der Laufbuchse eingelassenen
Stutzen e_2 (Bild 337) und durch eine axiale Bohrung an den Kolben geführt wird. Der
Boschöler f_2 (Bild 336; s. a. Bild 346) ist so mit der Brennstoffregelung verbunden, daß
mit abnehmender Belastung auch die Schmierölmenge vermindert wird; dadurch wird
ein Überschmieren bei kleiner Last und im Leerlauf vermieden.

Der Ölkühler (g_2 in Bild 335 bis 337) ist auf der Bedienungsseite in Höhe der Oberkante des Kurbelgehäuses angeordnet. Die Zahnradschmierölpumpe (o_1 in Bild 336) saugt
das Schmieröl durch die Leitung h_2 (Bild 335) und drückt es durch das Doppelfilter i_2
und Leitung k_2 (Bild 335 u. 337) in den Kühler, aus dem es durch das Rohr l_2 (Bild 335)
zur Verteilleitung s_1 (Bild 337) gelangt. Das Kühlwasser wird durch die vom vorderen
Kurbelwellenende angetriebene Kolbenpumpe m_2 (Bild 335) durch den Ölkühler gedrückt,
aus dem es durch die Leitung k_1 (Bild 335 bis 337) den Zylindern zugeführt wird. Die in
Bild 335 sichtbare zweite Pumpe ist die Lenzpumpe, die aushilfsweise auch die Kühlung
der Zylinder übernehmen kann.

Das Spülgebläse (Bild 337) wird bei dieser Maschine durch Zahnräder angetrieben
(s. a. Bild 347); die Übersetzung beträgt 6,57 : 1. In den Antriebrädern sind zwei Freiläufe untergebracht, deren Innenteil (Freilaufstern) gleichsinnig angeordnet ist, so daß bei
Antrieb der Freiläufe von außen, also über die Zahnkränze, die Gebläseantriebwelle
sich stets in gleicher Richtung dreht. Zugleich mit den Freiläufen wird ein Vorgelege
angetrieben, das mit einem der beiden Freiläufe im Eingriff steht. Bei Vorausfahrt wird
der Freilauf 1 (kleiner Zahnkranz) direkt und kraftschlüssig angetrieben; der zweite
Freilauf (großer Zahnkranz) wird gleichzeitig über das Vorgelege und somit im entgegengesetzten Sinn angetrieben. Da der in diesem Freilauf befindliche Stern gleichsinnig dem
des ersten Freilaufs angeordnet ist, kann im Freilauf 2 keine kraftschlüssige Verbindung
entstehen. Bei Umkehrung der Motordrehrichtung ändert sich jeweils die Drehrichtung der
Zahnkränze der beiden Freiläufe, so daß bei Rückwärtsfahrt der Freilauf 2 kraftschlüssig
arbeitet, während der Freilauf 1 entkuppelt ist. Zur Entlastung des Vorwärtsfreilaufs ist
bei diesem Motor eine Klauenkupplung als Freilaufsperre angeordnet, die selbsttätig zum
Eingriff kommt, wenn die Drehzahl des Motors größer als 180 U/min ist. Für den Rück-
wärtsfreilauf wurde auf eine Klauenkupplung verzichtet, da der Rückwärtslauf immer
nur kurze Zeit arbeitet.

Bild 338 läßt den klaren Kraftfluß zwischen dem Zylinderdeckel und der Lager-brücke des Kurbelgehäuses erkennen. Der Schnitt ist durch die Teilfuge zwischen zwei Zylinderrahmen geführt. In der Teilfuge begrenzen die Umrißlinien n_2 den (aus der Bild-ebene zurückspringenden) Raum, der zusammen mit dem des benachbarten Zylinders einen Teil des Spülluftaufnehmers bildet (s. a. Bild 339); er geht oben in den breiten Spülschlitz b über. Von den zehn Verbindungs-schrauben der Zylinderrahmen sind vier Paßschrau-ben (Bild 339). Da die obere Mitte des Lagerdeckels von der hohen Sechskantmutter der Stützschraube a_2 in Anspruch genommen wird, ist die Schmierölzu-leitung o_2, die von der Verteilleitung s_1 abzweigt, schräg an den Lagerdeckel angeschlossen. p_2 ist eine Kernschraube im Gußstück.

Aus Bild 339, das einen einzelnen *Zylinderrahmen* darstellt, sind der Weg der Spülluft vom Gebläse zu den Spülschlitzen und die Führung des Kühlwassers genauer zu erkennen. Die Grundform des Zylinder-rahmens ist ein Kasten von rechteckigem Quer-schnitt; sein oberer Teil ist zu einem kurzen Zylin-der zusammengezogen. In den Kasten eingegossen ist der zylindrische Teil, der die Laufbuchse um-gibt; wie diese in ihm abgedichtet ist, zeigt das Bild 337. Kasten und ein eingegossener Zylinder hängen durch den Fußflansch, mit welchem sich der Zylinderrahmen auf das Kurbelgehäuse stützt, durch die Wände der Spülkanäle b und der Auspuffkanäle c sowie durch mehrere senkrechte Rippen (Bild 339, Schnitte C–D und E–F) zusammen, besonders aber auch durch die waagerechte Rippe q_2, die sich nach beiden Seiten (d. i. Vorder- und Rückseite) in je eine stufenförmig gestaltete Rippe r_2–s_2–t_2 fortsetzt. Alle unterhalb dieser Rippen liegenden Räume bilden den Spülluftaufnehmer h; sie stehen untereinander und mit dem Raum g in Verbindung, gegen dessen rechteckige Öffnung (165×260 mm; s. a. Schnitt E–F) der Bock geschraubt ist, der das Gebläse trägt (s. Bild 337). n_2 ist die Umrißlinie des Spülluftraumes, soweit sie in der Teilfuge verläuft.

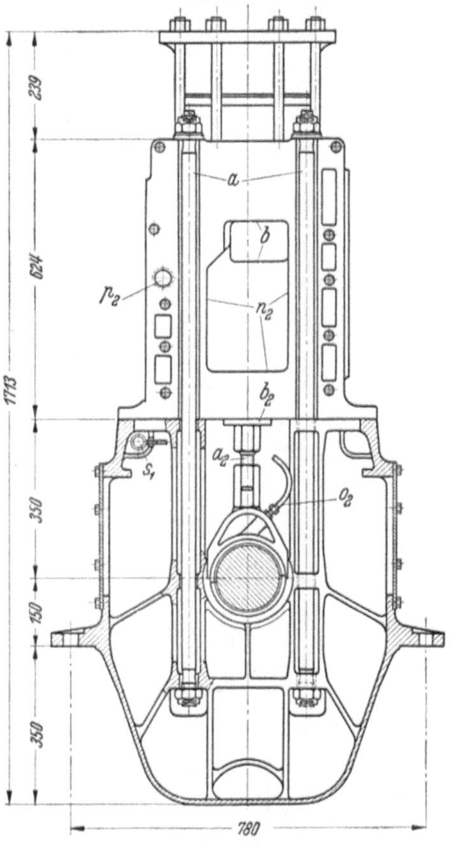

Bild 338
Querschnitt durch Mitte Kurbellager

a Zuganker; b Spülluftkanal; s_1 Schmieröl-verteilleitung; a_2 Stützschraube des Grund-lagerdeckels; b_2 Druckplatte; n_2 Spülluft-raum; o_2 Schmierölleitung; p_2 Kernschraube

Das bei k_1 eintretende Kühlwasser wird sogleich an den unteren Teil der Lauf-buchse geführt (Bild 337) und umspült diese in Labyrinthführung nach den in Schnitt G–H (Bild 339) eingetragenen Pfeilen. Die Aussparungen u_2 in den Rippen, die dem Kühlwasser den Weg vorschreiben, sind um $180°$ gegeneinander versetzt, wie Schnitt C–D zeigt. Durch die Öffnung v_2 (Schnitte C–D, G–H und J–K) tritt das Wasser in den oberhalb der Rippe q_2 liegenden kastenförmigen Raum (mit Kernverschraubungen p_2), aus dem es oberhalb der Rippen r_2 (die in Schnitt C–D schräg geschnitten erscheinen) in den oberen Kühlraum gelangt, wobei auch der Auspuffkanal c ganz umspült wird. Der Weg, den es weiter nimmt, ist aus Bild 337 ersichtlich. Durch den bei l_1 angeschlossenen Krümmer (Bild 339 u. 337) tritt es zum Zylinderdeckel über.

Von den zehn Schrauben, welche je zwei Rahmen verbinden, sind die in Bild 339 durch Quadrantschraffur bezeichneten als Paßschrauben ausgeführt. Die Öffnung n_1 wird durch einen Deckel mit Zinkschutzkörper verschlossen. Durch die Bohrung d_2 ist der Stutzen für die Zylinderschmierung geführt (n_1 und d_2 s. a. Bild 337). Die Wulste w_2 nehmen das Gewinde für die (acht) Zylinderdeckelschrauben auf.

23 a*

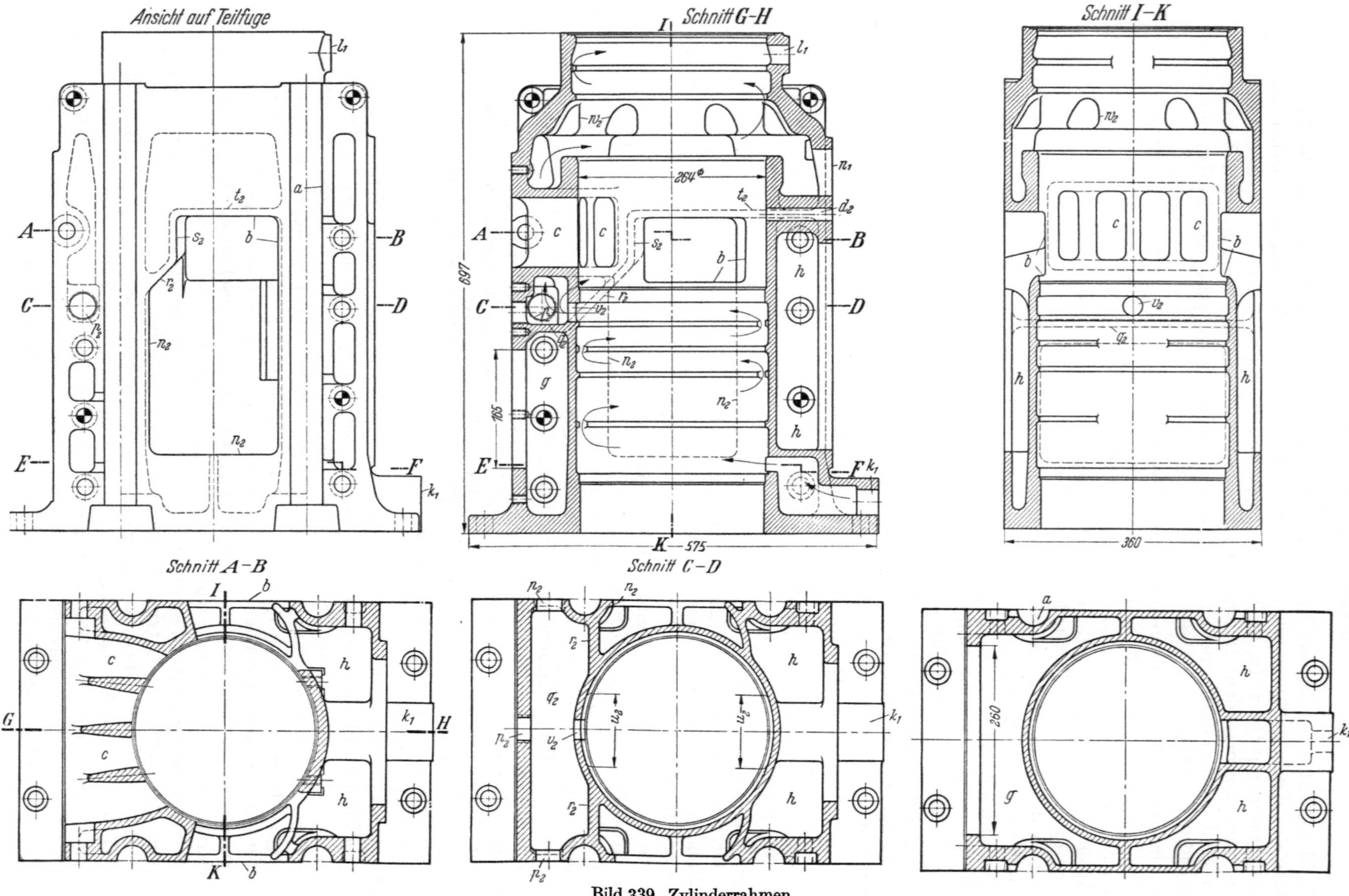

Bild 339. Zylinderrahmen

a Aussparungen für Zuganker; *b* Spülkanäle; *c* Auspuffkanäle; *g*, *h* Spüllufträume; k_1 Kühlwassereintritt; l_1 Kühlwasserübertritt zum Zylinderdeckel; n_1 Öffnung zum Reinigen des Kühlwasserraumes; d_2 Bohrung für Zylinderschmierstutzen; n_2 Umriß des Spülluftraumes in der Teilfuge; p_2 Kernschrauben; q_2-r_2-s_2-t_2 Trennwand zwischen Spülluft- und Kühlwasserraum; u_2 Aussparungen für Kühlwasserdurchtritt; v_2 Kühlwasserübertritt in den oberen Kühlraum; w_2 Wulste für Gewinde der Zylinderdeckelschrauben

In die aus verschleißfestem Schleuderguß hergestellte *Laufbuchse* (Bild 340) sind die Spülschlitze *b* und die Auspuffschlitze *c* eingefräst. Die Mittellinien der je drei Spülschlitze treffen sich in je einem Punkt auf der gegenüberliegenden Innenwand; die Schlitze sind 45° zur Waagerechten geneigt. Die beiden aufwärts gerichteten Spülströme vereinigen sich auf der den Auspuffschlitzen gegenüberliegenden Wand, strömen nach oben und kehren unter dem Zylinderdeckel um (dessen Hohlraum, Bild 341, die Umkehr begünstigt), während die Auspuffgase durch die Schlitze *c* abströmen. Auch deren Mittellinien konvergieren nach einem Punkt. Die Unterkanten der Spül- und Auspuffschlitze liegen in gleicher Höhe; die steuernde Kante des Kolbens schneidet, wenn der Kolben im UT steht, mit den Unterkanten der Schlitze ab. Im Bereich der Stege zwischen den Schlitzen ist die Laufbuchse um etwa ein Zehntel Millimeter ausgeschliffen, damit die Stege nicht klemmen. Die Schmieranschlüsse d_2 und e_2 sind auch in Bild 337 gezeichnet. Der senkrecht verlaufende Teil der Schmierölzuleitung e_2 wird oberhalb der Querbohrung durch einen Gewindestift verschlossen.

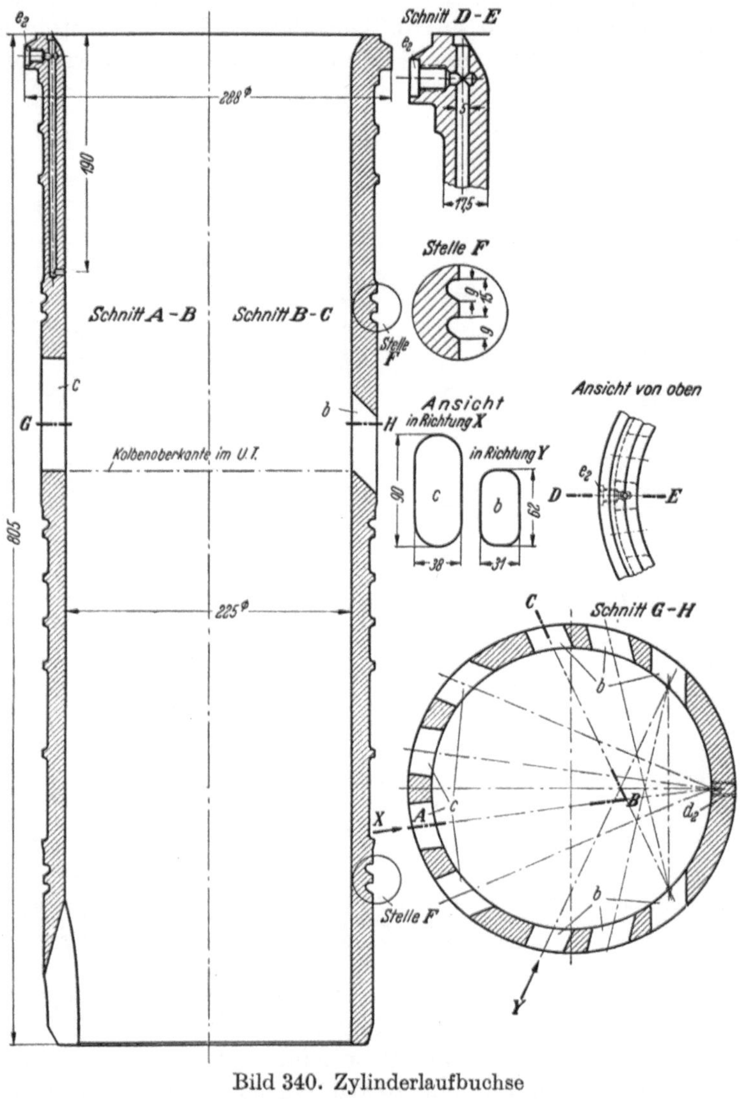

Bild 340. Zylinderlaufbuchse

b Spülschlitze; *c* Auspuffschlitze; d_2, e_2 Schmierölanschlüsse

Wie die Laufbuchse durch den *Zylinderdeckel* (Bild 341) im Rahmen gehalten wird, geht aus Bild 337 hervor. Die Zylinderdeckelschrauben sind so lang (s. a. Bild 335), daß sich ihrer konstanten Belastung durch die Vorspannung nur eine kleine Wechselbeanspruchung überlagert. Der kupferne Dichtring *a* (3 mm) liegt in einer Eindrehung am Deckel so, daß er nicht durch die Verbrennungsgase herausgedrückt werden kann und durch den etwas heruntergezogenen Deckelboden vor der unmittelbaren Einwirkung der Flamme geschützt ist. In jedem Deckel ist ein Brennstoffventil *b* und, wenn der Motor umsteuerbar ist, auch ein Anlaßventil *c* angeordnet, während bei nicht umsteuerbaren Maschinen zwei Anlaßventile für eine mehrzylindrige Maschine genügen. Ein Ladeventil, durch welches die Anfahrluftflasche aus dem Arbeitszylinder aufgeladen werden kann (vgl. Bild 342), braucht nur an einem oder zwei Zylindern vorgesehen zu werden. An den übrigen Zylindern werden die Bohrung *d*, die für das Ladeventil bestimmt ist, durch den Gewindestift *e* und die darüber liegende Öffnung durch den Deckel *f* verschlossen. Jeder Deckel ist ferner mit einem Indizierventil g versehen. Das aus dem Zylinderrahmen (durch Krümmer l_1 in Bild 337) kommende Kühlwasser tritt durch die Öffnung h in den Deckel ein und bei i aus. Durch Verstellen des aus Rotguß angefertigten Hahnkükens k kann der Kühlwasseraustritt gedrosselt und die am Thermometer l abgelesene Temperatur des abfließenden Wassers eingestellt werden. Die beiden Zinkschutzkörper m schützen den Kühlwasserraum vor Korrosion. Die sie haltenden Rotguß-

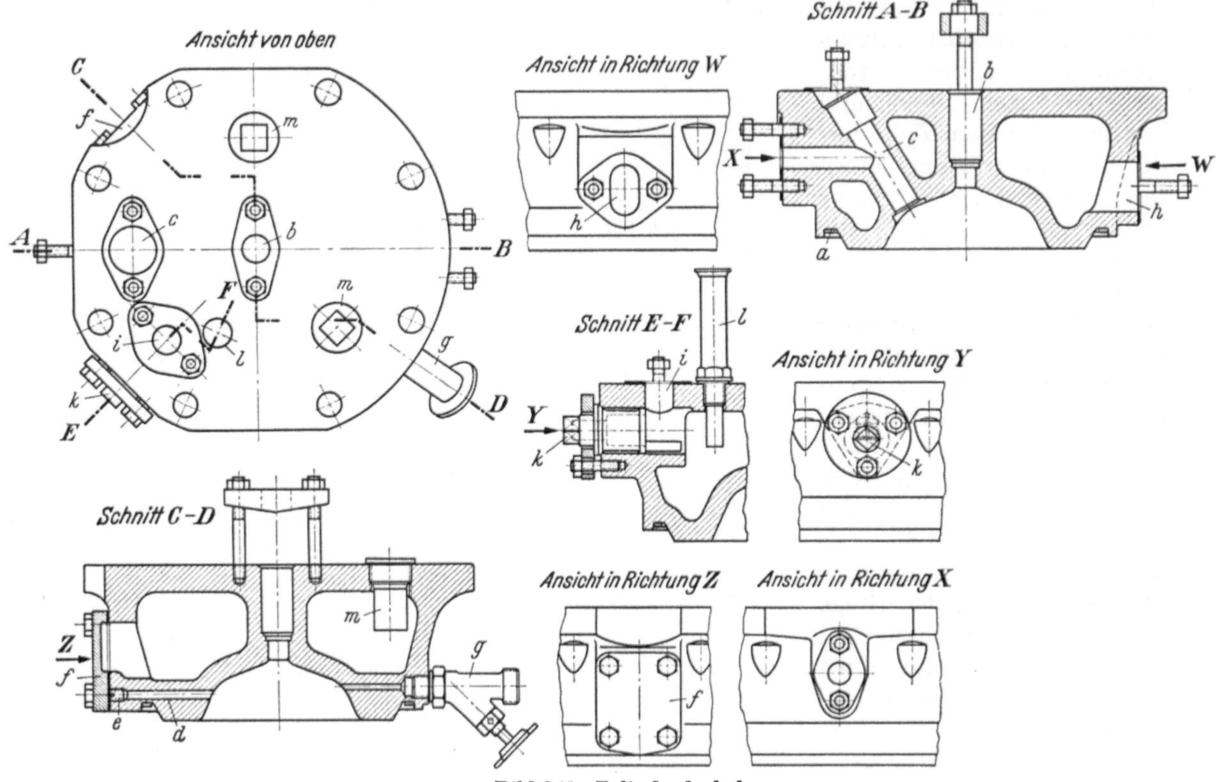

Bild 341. Zylinderdeckel

a Dichtring;　　b Einspritzventil;　　c Anlaßventil;　　d Bohrung für Ladeventil;　　e Gewindestopfen zum Verschließen der Bohrung d;　　f Verschlußdeckel für Ladeventilöffnung;　　g Indizierventil;　　h Kühlwassereintritt;　　i Kühlwasseraustritt; k Hahn zum Regeln der Kühlwassertemperatur;　　l Thermometer;　　m Zinkschutz

stopfen sind auf der oberen Deckelfläche durch Kupferringe abgedichtet, nicht durch Weichdichtungen, da der Zinkschutz nur dann wirkt, wenn der Zinkkörper mit dem zu schützenden Teil galvanisch leitend verbunden ist. Nach Fertigbearbeitung des Deckels wird der Kühlraum mit 10 atü Wasserdruck auf Dichtigkeit geprüft.

Das *Ladeventil* (Bild 342) besteht zur Hauptsache aus dem gußeisernen Gehäuse a, das mit vier Sechskantschrauben am Zylinderdeckel befestigt wird (s. a. f in Bild 341), dem in das Gehäuse eingepreßten Ventilsitz b und dem Ventilkegel c (b und c aus hitzebeständigem Stahl). Durch die Bohrung d (wie in Bild 341) steht der Raum unterhalb des Ventilkegels mit dem Brennraum in Verbindung. Soll die Anfahrluftflasche aufgeladen werden, so wird durch Öffnen des Entlüftungsventils am Brennstoffventil die Einspritzung abgestellt und die Ventilspindel e um etwa $^2/_3$ Gang zurückgedreht, bis ihr konischer Bund sich gegen die Spindelführung f legt und die Ladeleitung nach außen abdichtet. Jetzt verdichtet der Arbeitskolben die Luft unmittelbar in die Flasche. Die durch den Eckflansch g (mit zwischengelegter Cu-Asbestdichtung) angeschlossene Leitung wird beim Laden heiß und muß wärmeisoliert werden, wo sie berührt werden kann. Ist die Flasche aufgeladen, so wird das Ladeventil geschlossen; erst dann darf die Brennstofförderung wieder eingeschaltet werden. Die Ladeleitung vom Ventil zur Flasche wird einem Prüfdruck von 45 atü unterworfen.

Zum Laden der Anlaßluftflasche kann ein angebauter Kompressor geliefert werden, der auf das mittlere Kolbenpumpengehäuse gesetzt wird. Der Kompressor wird dann über Zahnräder und eine Lamellenschaltkupplung mit der Übersetzung 2 : 1 angetrieben. Mit diesem Kompressor kann eine Luftflasche von 250 lit Inhalt in etwa 35 Minuten auf 30 atü aufgeladen werden.

Der Ventilkegel des *Anlaßventils* (Bild 343) ist unmittelbar in einer Schrägbohrung des Zylinderdeckels geführt; sein Sitz ist im Zylinderdeckel eingeschliffen. Die im Kolben a liegende Feder hält das Ventil geschlossen; auch der im Brennraum herrschende Druck wirkt auf Schließen. Das Ventil öffnet nur, wenn durch die Leitung b Steuerluft

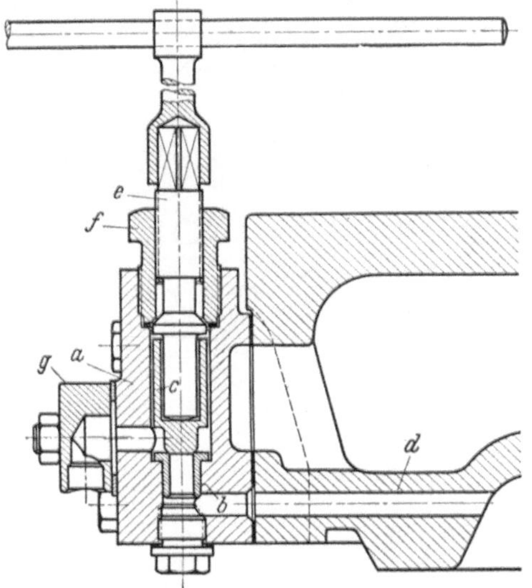

Bild 342. Ladeventil

a Ventilgehäuse; b Ventilsitz; c Ventilkegel; d Bohrung zum Brennraum; e Ventilspindel; f Spindelführung; g Flansch der Ladeleitung zur Flasche

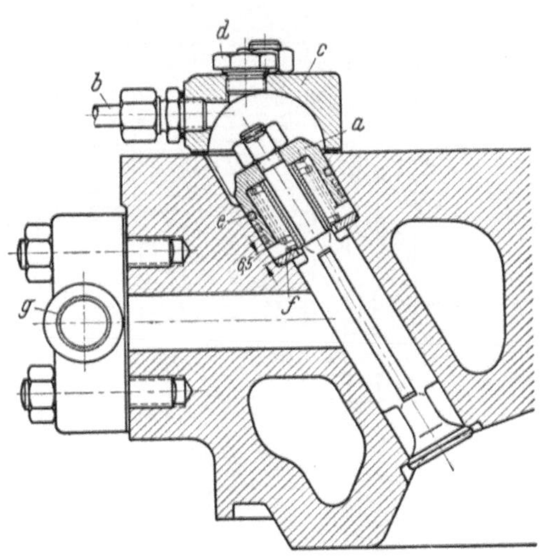

Bild 343. Anlaßventil

a Kolben; b Steuerluftleitung; c Steuerluftgehäuse; d Verschraubung; e Schnurring; f Platte für Hubbegrenzung; g Anfahrluftleitung

über den Kolben tritt. Der gußeiserne Flansch c bildet mit seinem Hohlraum den Steuerzylinder; seine Befestigung auf dem Zylinderdeckel geht aus Bild 341 hervor. Zwischen c und dem Zylinderdeckel liegt eine Eisenasbestdichtung. Durch die Verschraubung d kann etwas Schmieröl gegeben werden.

Der Kolben a ist in seiner Führung durch zwei Kolbenringe und einen Schnurring (3 mm) abgedichtet. Sein Hub ist durch den Abstand seiner Unterkante von der Scheibe f zu 6,5 mm begrenzt. Die Anfahrluftleitung g ist ein Stahlrohr von 20/24 mm Dmr.

Der Zutritt der Steuerluft zu den Anlaßventilen in den Zylinderdeckeln wird durch den *Anfahrluftsteuerschieber* (Bild 344) gesteuert. Das Bild ist für eine Vierzylindermaschine gezeichnet, gilt aber auch für andere Zylinderzahlen; dann erhält der mittlere, aus Stahl geschmiedete Gehäuseteil a eine entsprechende Anzahl von Steuerschiebern b und Anschlüssen c zu den Anfahrventilen. Die zentrale Bohrung des Gehäuses a ist mit zwei Buchsen d (aus Sintermetall) ausgefüttert, in denen die Welle e läuft, die durch eine Klauenkupplung von demselben Zahnrad (c in Bild 347) angetrieben wird, das auch die Brennstoffpumpe antreibt (s. a. Bild 336). Die Welle e hat dieselbe Drehzahl wie die Kurbelwelle. Auf e sind durch Paßfedern die beiden Nockenscheiben f, g befestigt, f für die Voraus-, g für die Zurück-Fahrt. Aus den Scheiben sind die Gleitbahnen für die Steuerschieber mit 8 mm Tiefe ausgespart, wie die Abwicklung zeigt; die Schrägen, mit welchen die vollen, nach innen gekehrten Stirnflächen der Nockenscheiben in die Aussparungen übergehen, bestimmen die Bewegung der Steuerschieber b, wenn sie sich gegen die Scheiben legen. Dies tritt ein, wenn der Maschinist den Bedienungshebel in die Anfahrstellung Voraus bzw. Zurück legt; er öffnet das Voraus- bzw. Zurück-Steuerventil (*b, c* in Bild 345), und die Steuerluft tritt durch die vom Hauptanfahrventil kommenden Leitungen *h* bzw. *i* in einen der beiden Räume, in welchen die Steuernocken *f, g* umlaufen. Der jeweils nicht mit Druckluft beaufschlagte Raum ist am Hauptanfahrventil entlüftet (Entlüftungsbohrungen l_1 in Bild 345). Soll z. B. aus der Stop-Stellung in der Zurück-Richtung angefahren werden, so gibt der Maschinist durch

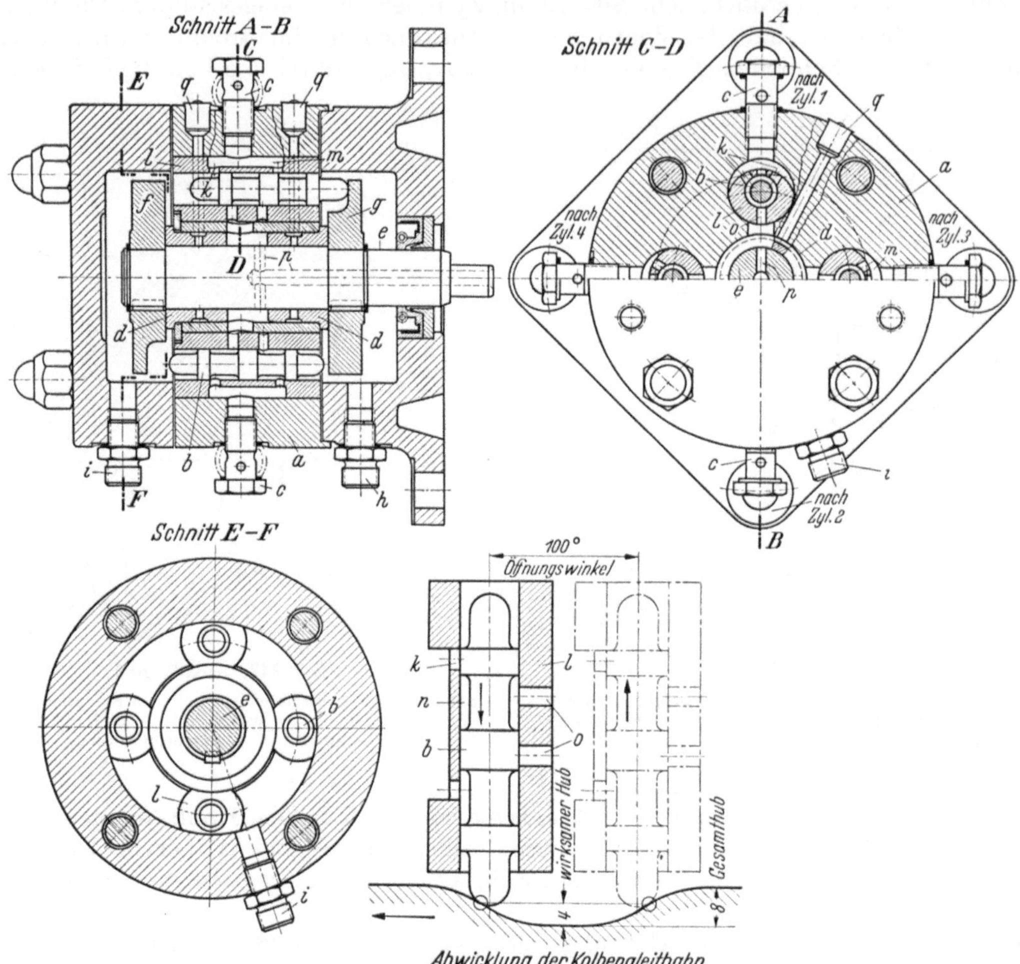

Bild 344. Anfahrluftsteuerschieber

a Gehäuse;   *b* Steuerschieber;   *c* Steuerluftleitungen zu den Zylinderdeckeln;   *d* Lagerbuchsen der Welle *e*;   *f, g* Steuernocken;   *h* Voraus-Steuerluftleitung vom Hauptanfahrventil;   *i* Zurück-Steuerluftleitung;   *k* steuernde Bohrungen in Buchse *l*;   *m* Steuerlufträume;   *n* Schiebermuschel;   *o, p* Entlüftungsbohrungen zur Atmosphäre;   *q* Schmiernippel

Umlegen des Bedienungshebels in die „Start–Zurück"-Stellung Druckluft durch Leitung *i*, so daß sich alle Steuerschieber *b* (Bild 344) gegen die Zurück-Nockenscheibe *g* legen, denn der *g* umgebende Raum ist durch *h* entlüftet. In Bild 344, Schnitt *A–B*, hat sich der obere Steuerschieber gegen die Vertiefung in *g* gelegt; die an seinem linken Ende liegende steuernde Kante hat die drei Bohrungen *k* (Schnitte *A–B* und *C–D*) in der aus Messing gefertigten Schieberbuchse freigegeben; die Steuerluft tritt in den sichelförmigen Raum *m*, der durch Abdrehen der Buchse *l* entstanden ist, und aus diesem durch Leitung *c* zu dem Anfahrventil des Arbeitszylinders, dessen Kurbel gerade in Anfahrstellung steht. Das Ventil öffnet, und die Maschine springt an. Nach 100° Drehwinkel bewegt *g* den Schieber so weit nach links, daß die Steueröffnungen *k* nunmehr über der linken Schiebermuschel *n* liegen, so daß die Luft aus Leitung *c* durch die Bohrungen o sowie durch Radial- und Axialbohrungen p in die Atmosphäre entweichen kann: das Anfahrventil im Zylinderdeckel schließt. Ebenso werden die übrigen Schieber b gesteuert. Hat die Maschine die zum Zünden erforderliche Drehzahl erreicht, so legt der Maschinist den Bedienungshebel in die Betriebsstellung zurück. Dadurch verbindet er am Hauptanlaßventil beide Leitungen h und i mit der Atmosphäre; die Scheiben f und g bewegen jetzt alle Steuerschieber b in eine Mittellage, in der sie stehenbleiben. Der in Bild 344, Schnitt A–B gezeichnete untere Steuerschieber nimmt diese Lage ein. Er verbindet seine Steuerluftleitung c mit der Atmosphäre, so daß das Anfahrventil im Zylinderdeckel nicht öffnen kann.

Die Anschlüsse c sind am Umfang des Gehäuses a unter gleichen Winkeln zueinander angeordnet und folgen in der Reihenfolge der zugeordneten Kurbeln aufeinander. In Schnitt C–D ist diese z. B. 1–3–2–4 für die Vierzylindermaschine. Da der Öffnungswinkel jedes Anlaßventils $100°$ beträgt (Bild 344, Abwicklung der Kolbengleitbahn), springt der Vierzylindermotor aus jeder Stellung an.

Auch der Dreizylindermotor ist umsteuerbar, jedoch ist hierzu ein Anlaßhilfsgerät erforderlich. Wenn nämlich ein Zylinder beim Abstellen des Motors im OT stehenbleibt, haben bei $120°$ Kurbelversetzung die Kolben an den beiden anderen Zylindern bereits die Auspuffschlitze geöffnet. Da der im OT stehende Kolben kein Drehmoment ausüben kann, würde die Maschine in einer solchen Stellung nicht anspringen. Damit der Motor aus dieser Stellung in die Anlaßstellung gedreht werden kann, ist an der Vorgelegewelle des Freilaufes, die mit der vollen Untersetzung von $1:6{,}57$ auf die Kurbelwelle arbeitet, ein normaler Bosch-Anlasser angebracht. Die drei möglichen Totpunktstellungen werden durch eine Signallampe im Ruderhaus angezeigt, und durch die Betätigung eines Druckschalters wird in einem solchen Fall der Motor mit Hilfe des Anlassers aus der Totpunktstellung gedreht.

Die Zufuhr der Steuerluft zum Gehäuse der Steuerschieber Bild 344 durch die Leitungen h, i und deren Entlüftung wird vom *Bedienungsstand* (Bild 345) aus gesteuert, an welchem das Hauptanfahrventil a und die Steuerluftventile b, c in dem geschmiedeten Block d angeordnet sind. Dieser ist durch das Winkeleisen e am Räderkasten (Bild 347) befestigt (s. a. Bild 335). An den Block d sind angeschlossen durch den im Gesenk geschmiedeten Eckflansch f die von der Luftflasche kommende Leitung g (20/24 Dmr.), die Steuerluftleitungen h, i (wie h, i in Bild 344), die Hauptanfahrleitung k zu den Anfahrventilen sowie eine Steuerluftleitung l für die Umsteuerung der Brennstoffpumpe bei Zurück-Fahrt (s. a. l in Bild 346). Auf dem Block d ist durch vier Stiftschrauben m das gußeiserne Gehäuse n befestigt, ein rechteckiger, nach der Bedienungsseite und nach unten offener Kasten, der auf der Bedienungsseite durch die Rastenscheibe o verschlossen ist, auf welcher das aus seewasserbeständigem Aluminium gefertigte Anzeigeschild p liegt. In die Rückwand des Gehäuses n und in die Stahlplatte o ist je eine Messingbuchse q eingepreßt, die als Lager für die Welle r dient. Mit dieser ist durch einen Zylinderkerbstift der Bedienungshebel s verbunden, mit dem der Maschinist alle Manöver ausführt. Auf r sind durch eine gemeinsame Paßfeder drei Nocken befestigt: der Steuernocken t des Hauptanfahrventils a, der Nocken u für die Steuerluftventile b, c und der Nocken v für die Einstellung der Brennstoffzufuhr, d. h. der Leistung. Die Form der Nocken ist für Nocken t aus Schnitt A–B, für die Nocken u und v aus Schnitt C–D ersichtlich. In Schnitt C–D ist die Umrißlinie des Nockens u durch Kreuzschraffur angedeutet (der Nocken hängt mit der in Schnitt C–D dahinterliegenden Rollenführung x nicht zusammen). Der Nocken u liegt über den Spindeln der Ventile b, c; der Nocken v verschiebt über Rolle w mit Rollenführung x, Hebel y auf Welle z und Hebel a_1 (Schnitt A–B) das Gestänge b_1 (mit Spannschloß c_1), das der Regelstange der Brennstoffpumpe angelenkt ist. Die Zugfeder d_1, an ihrem einen Ende in einen Stift am Hebel a_1 gehängt, am anderen um den Bolzen e_1 gelegt, hält die Rolle w in kraftschlüssiger Verbindung mit ihrem Nocken v.

Soll angefahren werden, so legt der Maschinist den Hebel s in die eine oder andere Richtung bis zum Anschlag gegen einen der Stifte f_1. Er gibt damit sogleich volle Brennstoffüllung, denn die Rolle w liegt jetzt auf dem höchsten Teil des Nockens v. Die Flanken der beiden anderen Nocken, t und u, sind so geformt, daß nach 100° Winkelbewegung des Hebels s (wenn dieser also über einem der beiden „Start"-Sektoren liegt) zuerst das

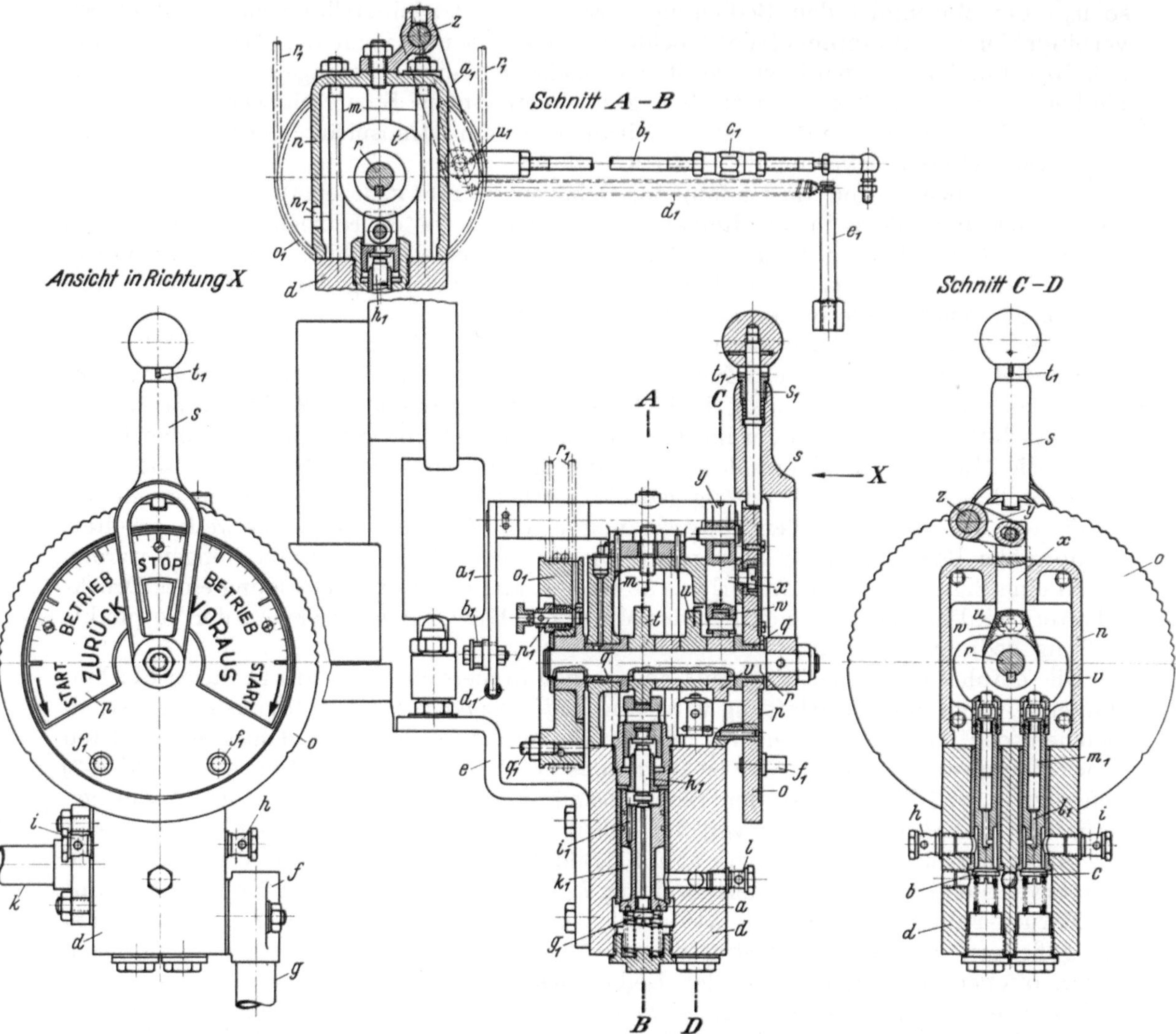

Bild 345. Bedienungsstand mit Hauptanfahrventil und Steuerventilen

a Hauptanfahrventil; b Steuerluftventil für Voraus; c Steuerluftventil für Zurück; d Ventilgehäuse; e Befestigungswinkel; f, g Anfahrluftleitung von der Flasche; h, i Steuerluftleitungen zu den Anfahrsteuerschiebern; k Hauptanfahrleitung; l Steuerluftleitung für Umsteuerung der Brennstoffpumpe; m Stiftschrauben zur Befestigung des Gehäuses n; o Rastenscheibe; p Anzeigeschild; q Lagerbuchsen; r Steuernockenwelle; s Bedienungshebel; t Steuernocken des Hauptanfahrventils a; u Steuernocken der Steuerluftventile b, c; v Steuernocken der Brennstoffregelung; w Rolle mit Rollenführung x; y Hebel auf Welle z; a_1 Hebel; b_1 Gestänge zur Brennstoffpumpe; c_1 Spannschloß; d_1 Zugfeder; e_1 Haltebolzen für d_1; f_1 Anschlagstifte; g_1 Vorhubventil; h_1 Druckbolzen; i_1 Bohrung für Druckausgleich; k_1 Ringraum am Ventil a; l_1 Entlüftungsbohrungen; m_1 Entlüftungsventilkegel; n_1 Entlüftungsbohrung; o_1 Seilscheibe; p_1 Kupplungsstift; q_1 Klemmschraube für Seilzug r_1; s_1 Rastenstift im Hebel s; t_1 Arretierstift; u_1 Fixierstift für Einstellen der Brennstofförderung

im Hauptventilkegel a liegende Vorhubventil g_1 durch Rolle, Rollenführung und Druckbolzen h_1 geöffnet wird. Das Ventil an der Luftflasche war vor Beginn des Manövers geöffnet worden, so daß Druckluft auf dem Ventilteller a steht. Wird das Vorhubventil (um 2 mm) geöffnet, so gelangt Druckluft durch das Vorhubventil und die Bohrung i_1 im Hauptventilkegel auf die andere Seite des Ventiltellers a, so daß dieser entlastet ist. Nunmehr steht Druckluft im Ringraum k_1, obwohl a noch nicht geöffnet hat. Jetzt drückt zunächst der Nocken u das eine oder andere Ventil b bzw. c auf, und Steuerluft strömt durch einen der Anschlüsse h, i zum Gehäuse der Steuerschieber (s. a. Bild 344), die dadurch in die zur eingestellten Fahrtrichtung gehörende Stellung geschoben werden. Erst dann drückt der Nocken t auch den Hauptventilkegel a auf, so daß die Anfahrluft zu den Anlaßventilen strömen kann. Sie findet dann die richtige Stellung der Anfahrsteuerschieber vor, so daß die Maschine sicher in der eingestellten Fahrtrichtung anspringt.

Das Hauptanlaßventil dient zugleich als Luftabsperrventil, so daß ein Betätigen des Absperrventils an der Anlaßluftflasche entfällt. Bei einem umsteuerbaren Schiffsmotor müssen die Flaschenventile während der Fahrt ständig geöffnet bleiben.

Sobald die Maschine gezündet hat, was nach wenigen Sekunden der Fall ist, wird der Hebel s auf die Stellung „Betrieb" zurückgelegt. Dadurch schließen die Ventile a und b bzw. c. Die in der Leitung h oder i noch stehende Druckluft kann durch die Bohrungen l_1 und die Entlüftungsventilkegel m_1 (welche Axial- und Radialbohrungen enthalten) in das Gehäuse n entweichen. Damit im Innenraum des Gehäuses kein Überdruck entsteht, ist die Bohrung n_1 (Schnitt $A{-}B$) vorgesehen.

Die Leistung der Maschine wird nur durch Bewegen des Hebels s auf dem gezahnten Rastenbereich „Betrieb" eingestellt. Dies kann bei Schiffsmaschinen auch von der Brücke aus geschehen. Hierzu ist auf der Welle r die Seilscheibe o_1 befestigt; diese ist jedoch, da nicht gleichzeitig von der Brücke und vom Maschinenraum aus gesteuert werden kann, nicht starr mit r verbunden, sondern von ihrer Nabe getrennt; sie kann bei Bedarf durch den Stift p_1 mit der Nabe verbunden werden. Dann wird durch den um o_1 gelegten, durch die Klemmschraube q_1 befestigten Seilzug r_1 von der Brücke aus gesteuert. Der Rastenstift s_1 im Handgriff des Hebels s bleibt inzwischen aus seiner Rast herausgezogen und durch den Zylinderstift t_1 arretiert. Der Hebel s macht dann die vom Geber auf der Brücke vorgeschriebenen Bewegungen mit. Soll der Motor im Maschinenraum gesteuert werden, so bleibt p_1 herausgezogen, und die Seilscheibe steht still.

Das Gestänge b_1, das den Bedienungsstand mit der Brennstoffpumpe verbindet, greift mit seinem linken Ende (Schnitt $A{-}B$) an einem Zapfen an, der in einem Langloch des Hebels a_1 verschoben werden kann. Durch Verschieben des Zapfens kann, wie leicht zu übersehen, erreicht werden, daß einer Bewegung des Bedienungshebels s aus der Stop-Lage um 90° nach rechts oder links genau eine Zunahme der Brennstofförderung von Null bis Überlast entspricht. Nach dem Einstellen auf dem Prüfstand wird der Zapfen im Langloch durch den Zylinderkerbstift u_1 fixiert.

Wenn die Maschine umgesteuert wird, muß die Welle der Brennstoffpumpe eine andere Winkelstellung relativ zur Kurbelwelle erhalten, weil der Bogen, den die Kurbel während der Einspritzung zurücklegt (Einspritzbogen), nicht symmetrisch zum OT, sondern mit seiner Mitte 25 Kurbelgrade vor OT liegt. Die Winkelstellung der Brennstoffpumpenwelle muß somit für die Rückwärtsfahrt um 50° geändert werden, und zwar *bevor* die Maschine in der Zurück-Richtung zündet. Wie die *Umsteuerung der Brennstoffpumpe* konstruktiv ausgeführt ist, zeigt Bild 346. Die Welle ist in den Antriebteil a und den Abtriebteil b zerlegt, und beide Teile sind durch eine Klauenkupplung verbunden, die beim Umsteuern durch Druckluft ausgerückt wird, bevor sich die Welle in der Zurück-Richtung zu drehen beginnt. Ausgerückt gibt die Kupplung den Drehwinkel 50° frei; darnach schaltet sie sich selbsttätig wieder ein, sobald der Maschinist durch Umlegen des Bedienungshebels aus der Anfahr- in die Betriebsstellung die Druckluft abschaltet. Der Wellenteil a wird über mehrere Zwischenzahnräder (Bild 347) durch Zahnrad c mit der Drehzahl der Kurbelwelle angetrieben; er ist an seinem linken Ende in einem Zylinderrollenlager, am rechten in einem Rillenkugellager gelagert. An seinem freien Ende ist die Klauenkupplung d sichtbar, welche die Welle der Anfahrluftsteuerschieber antreibt; das Schraubenrad e dreht die Tachometerwelle. Das rechte Ende der Welle a trägt den treibenden Teil f der Klauenkupplung; seine Befestigung auf a durch Konus, Scheibenfeder und gesicherte Mutter ist aus Bild 346 ersichtlich. Aus der rechten Stirnseite der Kupplungshälfte f sind die beiden Antriebklauen g, g' heraus-

gearbeitet, während die Stirnseite der Abtriebhälfte h mit zwei Nutenpaaren i, i' für
die Voraus- und k, k' für die Zurück-Fahrt versehen ist. Je nach der Fahrtrichtung
liegen die Klauen g in dem einen oder dem anderen Nutenpaar. Da beim Umsteuern
die Klauen aus dem einen Nutenpaar herausgehoben werden müssen, um in das andere

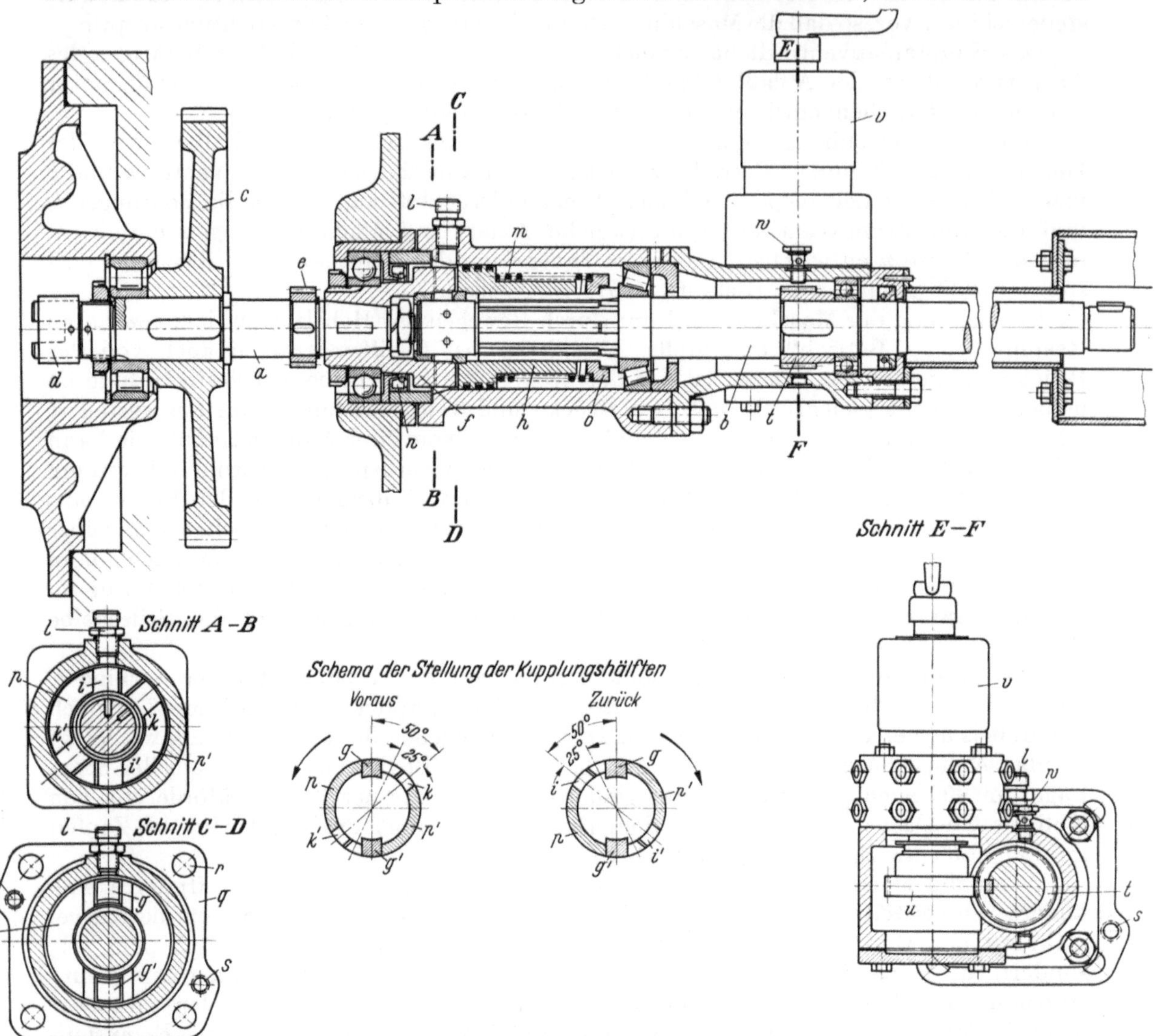

Bild 346. Umsteuerung der Brennstoffpumpenwelle

a Antriebwelle; b Abtriebwelle; c Antriebzahnrad; d Kupplung der Welle der Anfahrluftsteuerschieber; e Schraubenrad für Tachometerantrieb; f Kupplungshälfte Antriebseite,; g, g' Antriebklauen; h Kupplungshälfte Abtriebseite;
i, i' Nuten in h für Voraus-Fahrt; k, k' Nuten für Zurück-Fahrt; l Steuerluftleitung vom Bedienungsstand; m Schraubenfeder; n Radialdichtring; o Hubbegrenzung für h; p, p' Mitnehmersegmente an h; q Gehäuseflansch; r Bohrungen
für Befestigung des Kupplungsgehäuses am Räderkasten; s Gewinde für Abdrückschrauben; t Schnecke; u Schneckenrad; v Boschöler; w Anschluß für Schmierung des Schneckengetriebes

Paar eingeführt zu werden, ist der Abtriebteil h als Kolben ausgebildet, der auf dem Keil-
nutteil der Welle b geführt und in seinem Gehäuse durch sechs schmale Kolbenringe
abgedichtet ist, die zu je zwei in einer Nut liegen. Während des Betriebes und im Stillstand des Motors hält die Schraubenfeder m die Kupplungshälften kraftschlüssig zusammen. Sobald jedoch der Bedienungshebel in eine Anfahrstellung gelegt wird, strömt
Druckluft durch den Anschluß l (s. a. l in Bild 345) in den zwischen den Stirnflächen
der Kupplungshälften liegenden Raum, der auf der einen Seite durch die Kolbenringe

in h, auf der anderen durch den Radialdichtring n abgedichtet ist. Der Kolben h wird gegen den Federdruck bis zum Anschlagring o zurückgeschoben und gibt damit eine relative Verdrehung der Wellenhälften gegeneinander um 50° frei, sobald die Maschine im entgegengesetzten Drehsinn anläuft. Daß der Drehwinkel größer als 50° wird, verhindern die aus der Stirnfläche von h neben den Nuten herausgearbeiteten Segmente p, p'; nur zwischen diesen können sich die Klauen g, g' bewegen. Wird der Bedienungshebel aus der Anfahr- in die Betriebsstellung gelegt, so wird dadurch die Leitung l am Bedienungsstand entlüftet, und die Feder m drückt jetzt wieder h gegen f, jedoch greifen

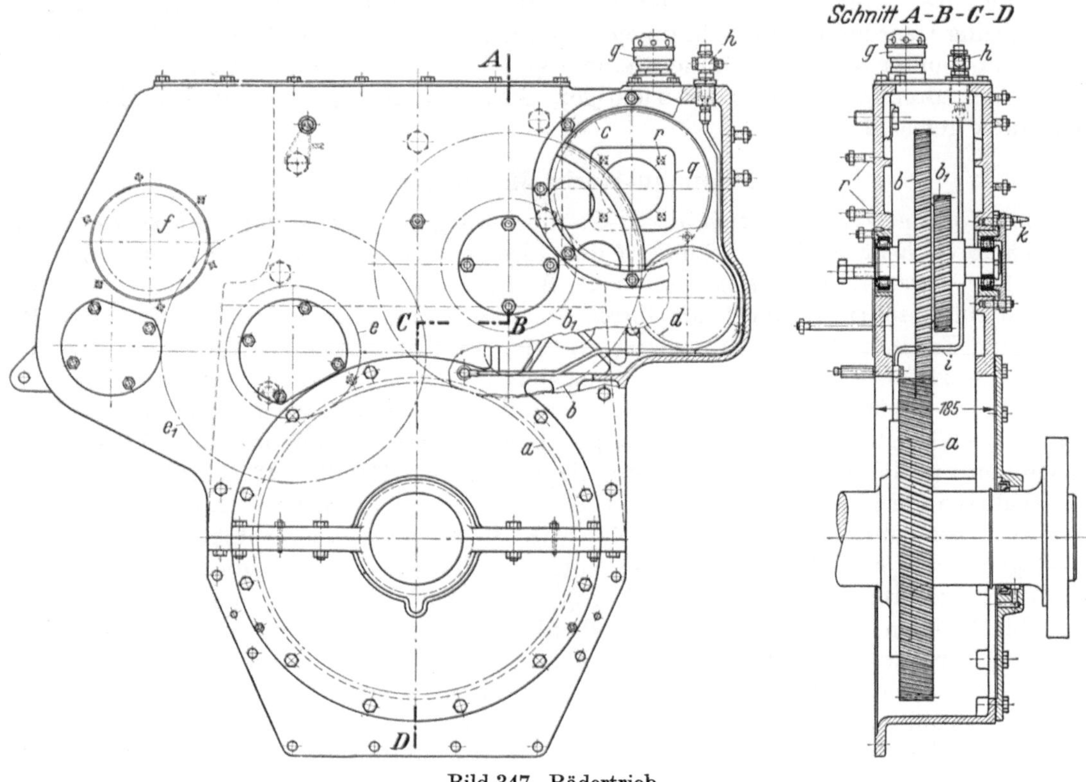

Bild 347. Rädertrieb

a Zahnrad auf Kurbelwelle; b, b_1 Zwischenräder für Antrieb der Brennstoffpumpe; c Zahnrad auf der Welle der Brennstoffpumpe; d Zahnrad für Antrieb der Schmierölpumpe; e, e_1 Zwischenräder für Antrieb des Gebläses; f Zahnrad auf der Welle des Gebläses; g Entlüftungsfilter; h, i Schmierölleitung; k Schwungradzeiger; q, r wie Bild 346

nunmehr die Klauen g, g', die vorher in den Nuten i, i' lagen, in die Nuten k, k'. Die Segmente p, p' nehmen die zum Antrieb der Pumpenwelle erforderliche Leistung auf, indem sich die Klauen g, g' je nach der Fahrtrichtung gegen die eine oder andere Schmalseite von p, p' legen.

Schnitt C–D (Bild 346) zeigt den viereckigen Flansch q, mit dem das Kupplungsgehäuse am Räderkasten befestigt ist (q und r vgl. a. Bild 347). Die Gewindebohrungen s nehmen Abdrückschrauben auf, wenn das Gehäuse auseinandergebaut werden soll. Die Schnecke t auf Welle b treibt durch Schneckenrad u den Boschöler v an. Durch den Anschluß w wird das Schneckengetriebe geschmiert. Die Welle b ist bis zur Brennstoffpumpe von einer geschweißten Schutzhaube umgeben.

Wie der Antrieb der Brennstoffpumpe zur Kurbelwelle liegt, ist aus Bild 347 ersichtlich, das den *Rädertrieb* von der Kupplungsseite gesehen zeigt. Das gegen einen Flansch auf der Kurbelwelle geschraubte Zahnrad a treibt mit der Drehzahl n die Zwischenräder b, b_1 an, deren Drehzahl $1{,}208\,n$ zwischen b_1 und c wieder auf n herabgesetzt wird. Das Zahnrad c treibt die Brennstoffpumpenwelle an (s. a. c in Bild 346). Die Umrißlinie q in Bild 347 entspricht dem Flansch q in Bild 346; mit den Stiftschrauben r wird das Kupplungsgehäuse der Brennstoffpumpenwelle am Räderkasten befestigt. Das mit c kämmende Zahnrad d treibt die Schmierölpumpe (s. a. o_1 in Bild 336) mit erhöhter Drehzahl (3,29 n) an.

Das Zahnrad a ist breiter gehalten als die Räder b bis d, da es auch das Gebläse anzutreiben hat, das eine größere Antriebleistung als die Brennstoffpumpe braucht. Auf der Gebläseseite kämmt a mit den auf gemeinsamer Welle sitzenden Zwischenrädern e, e_1, von denen das größere, e_1, das Zahnrad f treibt, das auf der Antriebwelle des Gebläses befestigt ist. Die Übersetzung zwischen a und f beträgt 6,57 : 1.

Durch das Filter g wird das Kurbelgehäuse entlüftet, durch den Anschluß h mit Rohrleitung i werden die Verzahnungen geschmiert. Bei k ist ein Zeiger in die Stirnwand geschraubt, unter dem eine Gradeinteilung auf dem Schwungradkranz läuft. Beim Einstellen der Brennstoffpumpe auf richtigen Spritzbeginn wird von dieser Einrichtung Gebrauch gemacht.

9. Motoren-Werke Mannheim A.-G.

Die *Motoren-Werke Mannheim A.-G.*, hervorgegangen aus der „*Rheinischen Gasmotorenfabrik Benz & Cie.*", zählt zu den ältesten Verbrennungsmotorenfabriken der Welt. Der Zusatz „*vorm. Benz Abt. stat. Motorenbau*", den sie noch heute zu ihrem Firmennamen führt, erinnert an ihren Gründer CARL BENZ, dem 1879/80 der Bau des ersten Zweitakt-Gasmotors gelang und der 1885/86 das erste Automobil der Welt in Gang setzte. Um 1900 nahm die Firma den Bau von Dieselmotoren auf. Durch das DRP 230517 (1909) wurde *Benz & Cie.* ein Vorkammerverfahren geschützt (s. Bd. I, S. 95), das von PROSPER L'ORANGE angegeben worden ist und das allen Vorkammermaschinen und ihren Abarten zugrunde liegt. Die im DRP 397142 (1919) beschriebene konstruktive Form der Vorkammer (Bd. I, S. 96), welche die Abstimmung der Temperatur des Vorkammereinsatzes ermöglicht, wird noch heute ausgeführt.

Gegenwärtig umfaßt das Bauprogramm der *Motoren-Werke Mannheim* ausschließlich Viertaktmotoren mit Zylinderbohrungen von 85 bis 320 mm und Drehzahlen von 2000 bis 375 U/min, sämtlich ohne Kolbenkühlung, für alle Anwendungsgebiete. Die kleinste Type wird als Einzylindermaschine auch liegend ausgeführt. Als Schiffsantriebsmaschinen sind die Motoren mit 6 und 8 Zylindern direkt umsteuerbar; sie werden sowohl mit Aufladung durch Abgasturbogebläse wie auch ohne Aufladung geliefert. Neben dem Vorkammerverfahren wird die direkte Einspritzung und das Wirbelkammerverfahren angewendet.

Eine in großen Stückzahlen gebaute Maschine, die sich bei kleinem Einheitsgewicht (9,2 kg/PSe) durch ihre große Betriebssicherheit auszeichnete, ist in Bild 348 in Längsansicht und -schnitt dargestellt. Bild 349 zeigt den Motor von der vorderen Stirnseite (Bedienungsseite) sowie den Schnitt durch einen Arbeitszylinder. Der Motor leistet mit sechs Zylindern (350 mm Dmr., 430 mm Hub) bei 600 U/min 1400 PSe ($p_e = 8{,}45$ kg/cm²) und kann für die Dauer einer Stunde auf 1550 PSe bei 620 U/min ($p_e = 9{,}05$) überlastet werden. Die mittl. Kolbengeschwindigkeit beträgt normal 8,6, max. 8,9 m/sec; die (ungekühlten) Kolben sind daher aus Leichtmetall angefertigt. Die Zylinder und Zylinderdeckel werden durch Seewasser gekühlt.

Der *Aufbau* des Motors geht aus Bild 348 und 349 hervor. Das Kurbelgehäuse ist als Kastengestell ausgebildet; es besteht aus einzelnen Stahlgußrahmen a, die bis zu den Füßen des Zylinderblockes hochgezogen sind und die Lagerstühle für die Grundlager bilden. Die beiden an den Stirnseiten liegenden Rahmen haben U-Profil, die übrigen fünf Doppel-T-Profil. Die Rahmen sind mit vier durchlaufenden Stahlgußwinkeln b, c verschweißt, von denen die unteren (c) die Füße des Kurbelgehäuses bilden. Die angeschweißte Ölwanne d schließt das Kurbelgehäuse nach unten öldicht ab. Diese Bauweise ergibt ein steifes Gestell von geringem Gewicht. In den Lagerstühlen der einzelnen Querwände liegen die Grundlagerschalen (Bleibronze mit Weißmetallausguß). Die sechsfach gekröpfte Kurbelwelle hat auf der Abtriebseite einen angeschmiedeten

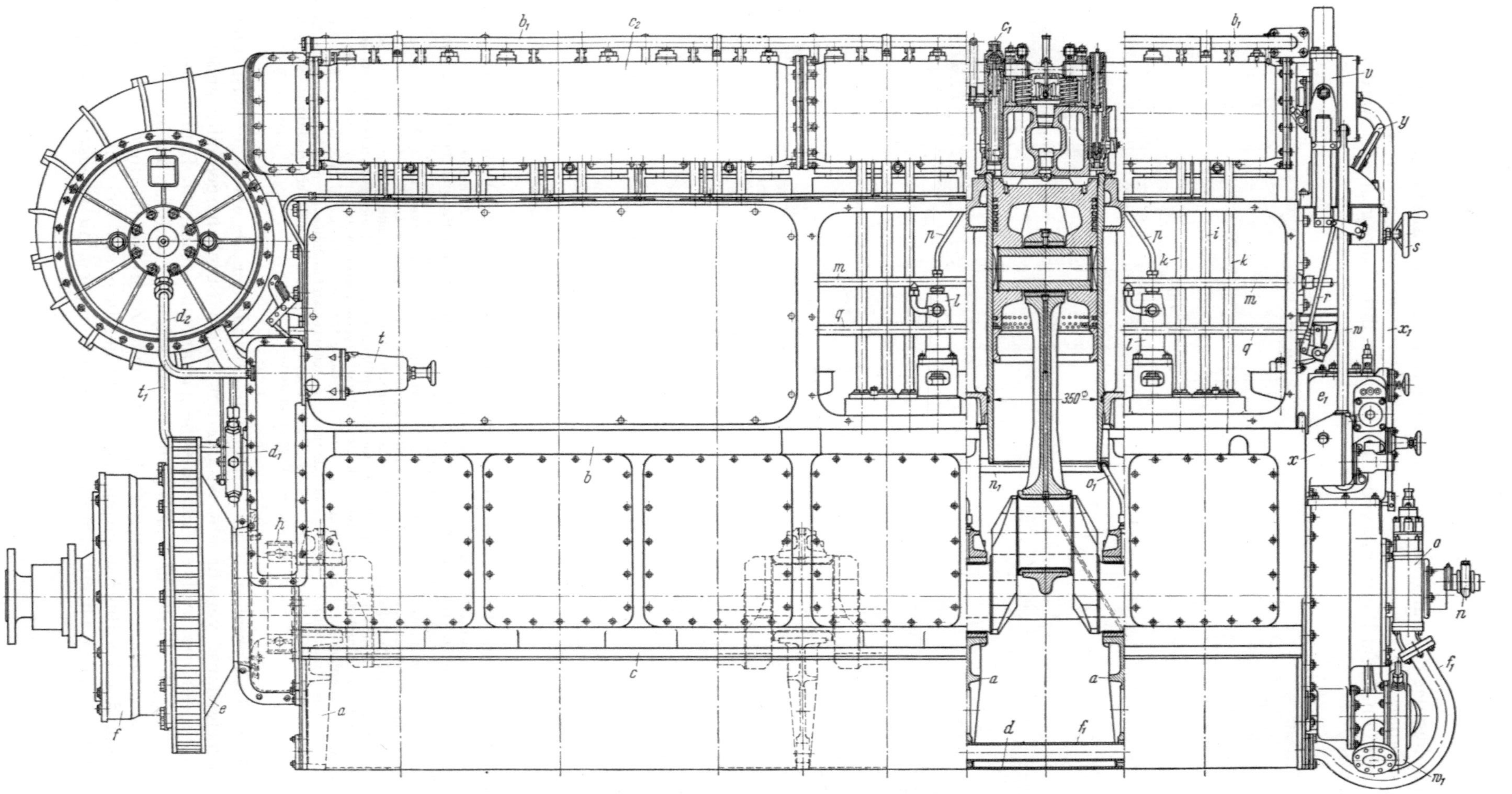

Bild 348. Sechszylinder-Viertaktmotor der *Motoren-Werke Mannheim*

Leistung 1400 PSe bei 600 U/min. Längsansicht und -schnitt. *a* Stahlgußrahmen; *b, c* Stahlgußwinkel; *d* Ölwanne; *e* Schwungrad; *f* Reibungskupplung; *h* Antriebzahnrad der Nockenwelle; *i* Stoßstange der Einsaugventile; *k* Stoßstangen der Auspuffventile; *l* Brennstoffpumpen; *m* Brennstoffverteilleitung; *n* Brennstofförderpumpe; *o* Schmierölpumpe; *p* Brennstoffdruckleitungen; *q* Brennstoffregelstange; *r* Gestänge zu *q*; *s* Handrad für Brennstoffeinstellung; *t* Sicherheitsregler; *v* Umsteuermaschine; *w* Gestänge zum Verschieben der Nockenwelle; *x* Verschalung des Winkelhebels zum Verschieben der Nockenwelle; *y* Anfahrhebel; b_1 Druckluftleitung vom Hauptanfahrventil zu den Anfahrventilen e_1; d_1 Steuerluftverteiler; e_1 Anfahrluftkompressor; f_1 Schmierölabsaugleitung; n_1 Schmierölverteilleitung; o_1 Schmierölleitungen zu den Grundlagern; t_1 Schmierölrückführung von der Abgasturbogruppe zum Kurbelgehäuse; w_1 Kühlwasserkreiselpumpe; x_1 Kühlwasserdruckleitung; c_2 Ladeluftleitung; d_2 Entlüftung des Kurbelgehäuses

Flansch, mit dem das Schwungrad *e* verschraubt ist, das mit der ausrückbaren Reibungskupplung *f* (Bauart *Ortlinghaus* oder *Lohmann* & *Stolterfoht*) verbunden ist; daher muß die Kurbelwelle an einem Punkt in axialer Richtung in ihrer Lage gesichert werden. Hier

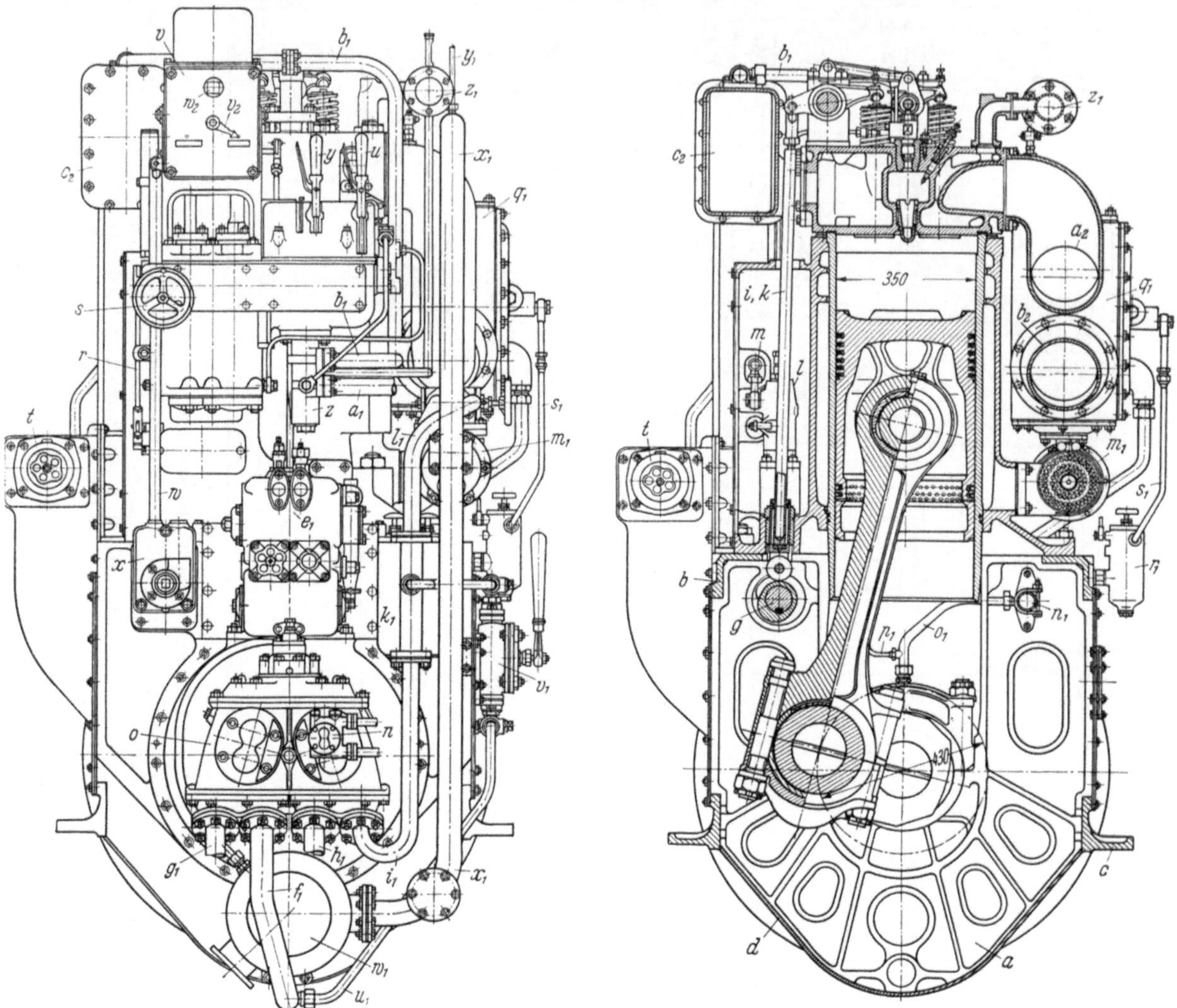

Bild 349. Ansicht des Motors Bild 348 von der Bedienungsseite und Schnitt durch einen Arbeitszylinder

a Stahlgußrahmen; *b, c* Stahlgußwinkel; *d* Ölwanne; *g* Nockenwelle; *i, k* Stoßstangen; *l* Brennstoffpumpe; *m* Brennstoffverteilleitung; *n* Brennstofförderpumpe; *o* Schmierölpumpe; *r, s* Gestänge und Handrad für Brennstoffregelung; *t* Sicherheitsregler; *u* Umsteuerhebel; *v* Umsteuermaschine; *w* Gestänge zum Verschieben der Nockenwelle; *x* Verschalung des Winkelhebels zum Verschieben der Nockenwelle; *y* Anfahrhebel; *z* Hauptanfahrventil; a_1 Druckluftleitung von der Anfahrluftflasche zum Hauptanfahrventil; b_1 Druckluftleitung zu den Anfahrventilen im Zylinderdeckel; e_1 Anfahrluftkompressor; f_1 Schmierölabsaugleitung; g_1 Leitung zum Schmierölbehälter; h_1 Saugleitung vom Schmierölbehälter; i_1 Druckleitung zum Schmieröldoppelfilter k_1; l_1 Leitung zum Schmierölkühler m_1; n_1 Schmierölverteilleitung; o_1 Schmierölleitung zum Grundlager; p_1 Schmierölleitung zum Nockenwellenlager; q_1 Abgasturbogruppe; r_1 Filter für die Abgasturbogruppe; s_1 Schmierölleitung zur Abgasturbogruppe; u_1 Saugleitung für die Handflügelpumpe v_1; w_1 Kühlwasserkreiselpumpe; x_1 Kühlwasserdruckleitung; y_1 Entlüftungsleitung; z_1 Kühlwasserabflußleitung; a_2 Abgasleitung der Zylinder *1* bis *3*; b_2 Abgasleitung der Zylinder *4* bis *6*; c_2 Ladeluftleitung; v_2 Zeiger der Umsteuervorrichtung; w_2 Vierkant auf der Ventilhebelwelle

ist das zwischen den Zylindern *3* und *4* liegende Grundlager als Paßlager ausgebildet. Mit dem Kurbelgehäuse verschraubt ist der aus einem Stück hergestellte gußeiserne Zylinderblock, in den die an ihrer Außenfläche galvanisch verzinkten Laufbuchsen eingesetzt sind. Sie liegen mit ihrem oberen Bund metallisch aufgeschliffen auf dem Zylinderblock und können sich nach unten frei ausdehnen. Zwei Gummiringe dichten den Kühlwasserraum der Laufbuchse gegen das Kurbelgehäuse ab. Der aus Leichtmetall hergestellte Arbeitskolben ist mit sechs Kolbenringen versehen, die zwecks Verbesserung ihrer Einlaufeigenschaft eine etwa 3 mm breite Metalleinlage besitzen. Der gehärtete und geschliffene Kolbenbolzen, der zur Gewichtsverminderung hohlgebohrt ist, wird in den vorgewärmten Kolben leicht eingeschrumpft; gegen axiales Verschieben ist er durch Seegerringe gesichert. Unterhalb des Kolbenbolzens liegen zwei Abstreifringe, deren Rückseite durch zahlreiche Bohrungen mit dem Kolbeninnern in Verbindung steht, so daß das abgestreifte Schmieröl in das Kurbelgehäuse zurückfließen kann. Die aus Stahl geschmiedete Pleuelstange hat in ihrem Schaft das Doppel-T-Profil. Das obere Pleuellager ist aus Bleibronze, das untere aus Bleibronze mit Weißmetallausguß hergestellt. Das Schmieröl wird den Pleuellagern aus den Grundlagern durch Schrägbohrungen in den Kurbelwangen (Bild 348), in welche Rohre eingewalzt sind, zugeführt.

In halber Höhe des Motors ist die Nockenwelle (g in Bild 349) angeordnet, die in Aussparungen der Stahlgußrahmen des Kurbelgehäuses gelagert ist. Sie wird von dem neben dem Schwungrad auf der Kurbelwelle befestigten Zahnrad (h in Bild 348) angetrieben, das direkt mit einem auf der Nockenwelle sitzenden Zahnrad (d in Bild 363) vom doppelten Teilkreisdurchmesser kämmt. Auf der Nockenwelle sind die gehärteten und geschliffenen Voraus- und Zurück-Nocken für die Einsaug- und Auspuffventile sowie die Brennstoffpumpen aufgekeilt. Die hohe Drehzahl erfordert die Anordnung von je zwei Einsaug- und Auspuffventilen im Zylinderdeckel (s. a. Bild 351); daher sind für den Ventilantrieb drei Stoßstangen je Zylinder vorgesehen, von denen die mittlere (i in Bild 348) die Einsaugventile durch einen gegabelten Hebel bewegt (a in Bild 351), während die beiden äußeren Stangen k je ein Auspuffventil steuern. Auch die Stempel der Brennstoffpumpen l (Bild 348 u. 349) erhalten ihren Antrieb von der Nockenwelle; damit diese sich unter dem Stempeldruck möglichst wenig durchbiegt, sind die Pumpen dicht neben je einem Lager der Nockenwelle angeordnet. Der Brennstoff wird ihnen aus einem Hochtank durch die Verteilleitung m zugeführt; der Tank wird von der Brennstofförderpumpe n aufgefüllt, einer kleinen Zahnradpumpe (Bild 366), die über die größere Schmierölpumpe o (Bild 365) durch Zahnräder von der Kurbelwelle aus angetrieben wird (s. a. Bild 367). Durch die Leitungen p (Bild 348) gelangt der unter etwa 120 kg/cm² Druck stehende Brennstoff zu den zentral im Zylinderdeckel oberhalb der Vorkammer angeordneten Einspritzventilen (b in Bild 350). Die jeweils erforderliche Brennstoffmenge wird durch die an der Längsseite der Maschine geführte Regelstange q, das Gestänge r und das Handrad s eingestellt (s. a. Bild 358 u. 359). Unabhängig von der Stellung des Handrades s kann auch der Sicherheitsregler t in die Brennstoffzufuhr eingreifen, wenn die Drehzahl unzulässig ansteigen sollte. Der Regler ist auf der Schwungradseite angeordnet; er wird von dem auf der Nockenwelle befestigten Zahnrad (d in Bild 363) angetrieben und ist nachgiebig mit der Regelstange q verbunden (s. a. Bild 358), so daß er unabhängig von der Stellung des Handrades s die Stange q in die Stop-Lage verschieben kann.

Zum Umsteuern wird die Nockenwelle g axial verschoben, so daß die Rückwärtsnocken unter die Rollen der Stoßstangen und der Brennstoffpumpen gelangen. Die Umsteuermaschine ist in Bild 361 dargestellt; in Bild 348 und 349 sind einzelne Teile sichtbar. Der Umsteuerhebel u (Bild 349) betätigt über ein Steuerventil (Bild 362) die Umsteuermaschine v (Bild 348 u. 349), in welcher sich ein durch Druckluft beaufschlagter Kolben nach oben bzw. unten verschiebt, dessen Bewegung durch einen Ölbremszylinder verlangsamt wird. Das obere Ende der Kolbenstange ist als Zahnstange ausgebildet, die bei der Auf- oder Abwärtsbewegung der Kolbenstange ein Zahnrad (um nicht ganz eine Umdrehung) verdreht. Auf der Welle dieses Zahnrades ist eine unrunde Scheibe (s_2 in Bild 361) aufgekeilt, die einem Gabelhebel eine Schwenkbewegung erteilt, wodurch die Stange w (Bild 348, 349, 361) eine Auf- oder Abwärtsbewegung macht. Diese wird durch einen Winkelhebel (u_2 in Bild 363) auf die Nockenwelle übertragen, die sich beim Umsteuervorgang um 29 mm verschiebt. In Bild 348 und 349 ist nur die Verschalung x des Winkelhebels sichtbar. Damit die Rollen der Stoßstangen i, k die Verschiebung nicht hindern, werden sie vor Beginn des Verschiebens von ihren Nocken abgehoben. Hierzu sind die Ventilhebel (Bild 351) exzentrisch auf ihren Wellen gelagert, und alle Hebelwellen werden während des Umsteuervorganges durch ein zweites Zahnrad (r_2 in Bild 361) einmal um $360°$ gedreht. Die Nockenwelle wird erst dann verschoben, wenn die Rollen abgehoben sind, und diese senken sich erst dann auf die neu zum Eingriff gelangenden Nocken, wenn die Verschiebung zum Stillstand gekommen ist. Für die Brennstoffpumpen ist nur je ein breiter Nocken (i in Bild 363) mit Auf- und Ablaufflanken für Druck- und Saughub in beiden Drehrichtungen vorhanden, und die Rolle kann bei der Verschiebung von der einen auf die andere Flanke gleiten, so daß die Rollen der Brennstoffpumpen nicht abgehoben zu werden brauchen.

Von den Teilen, die zum Anfahren der Maschine dienen, sind in Bild 349 (und z. T. in Bild 348) der Anfahrhebel y sichtbar, das Hauptanfahrventil z, dem die Anfahrluft von der Luftflasche (s. a. Bild 370) durch die Leitung a_1 zugeführt wird und das den Zutritt der Anfahrluft durch die Leitung b_1 zu den im Zylinderdeckel sitzenden Anlaßventilen c_1 (Bild 348 u. 357) steuert, sowie der Steuerluftverteiler d_1 (Bild 356), dessen Nocken das schwungradseitige Ende der Nockenwelle bildet. Am vorderen Stirnende der Maschine sind ferner der Anfahrluftkompressor e_1 (Bild 367) und die Schmierölpumpe o angeordnet, die als Doppel-Zahnradpumpe ausgebildet ist. Bild 365 zeigt ihre Bauart, die Stirnansicht in Bild 349 ihre vier Anschlüsse: die linke Zahnradpumpe saugt durch das am schwungradseitigen Ende mit einem Sieb versehene Rohr f_1 (s. a. Bild 348) das Schmieröl aus der Ölwanne und fördert es durch den Anschluß g_1 (Bild 349) in einen seitlich vom Motor aufgestellten Behälter, aus welchem es die zweite Zahnradpumpe o durch die Leitung h_1 ansaugt, um es durch Rohr i_1, das Doppelfilter k_1 und die Leitung l_1 in den Schmierölkühler m_1 zu drücken. Das rückgekühlte Öl gelangt durch die Verteilleitungen n_1, o_1 (s. a. Bild 348) an die Grundlager und durch Abzweigungen p_1 (Bild 349) zu den Nockenwellenlagern. Die Abgasturbogruppe q_1 erhält ihr Schmieröl durch eine hinter dem Schmierölkühler angeschlossene Leitung, das Filter r_1 und die Leitung s_1; das unter Druck in die hohlgebohrten Wellenenden des Gebläses eintretende Öl wird durch die Fliehkraft zerstäubt und gelangt in Form von feinen Öltropfen an die Kugellager, die dadurch zugleich gekühlt werden. Das verbrauchte und überschüssige Öl wird in den Lagerräumen aufgefangen und durch Rohre (t_1 in Bild 348) in das Kurbelgehäuse zurückgeführt.

An der tiefsten Stelle der Absaugleitung f_1 ist die Leitung u_1 (Bild 349) angebracht, die zur Handflügelpumpe v_1 führt, deren Druckleitung an das Filter k_1 angeschlossen ist. Durch die Handpumpe erhalten die Schmierstellen vor dem Anfahren Schmieröl.

Das zur Kühlung der Laufbuchsen und Zylinderdeckel erforderliche Wasser wird von der Kreiselpumpe w_1 (Bild 348, 349, 364) von außenbords angesaugt und in die Druckleitung x_1 (Bild 348 u. 349) gefördert. Diese ist bis zur Oberkante der Zylinderdeckel hochgeführt, wodurch verhindert wird, daß das Kühlwasser bei Stillstand des Motors bis zur Wasserlinie absinkt. Damit die Leitung nicht als Saugheber wirkt, ist an ihrer höchsten Stelle die Entlüftungsleitung y_1 (Bild 349) angeschlossen, die in einen Schautrichter führt. Hinter dem Entlüftungsanschluß senkt sich die Kühlwasserleitung wieder bis zur Höhe des Schmierölkühlers, den das Kühlwasser zuerst durchströmt, um sodann am schwungradseitigen Ende des Zylinderblockes in diesen einzutreten (Schnittzeichnung Bild 349). Die Kühlwasserräume aller Arbeitszylinder sind miteinander verbunden. Aus jedem Kühlwassermantel tritt das Wasser durch zwei Krümmer (m in Bild 350) in den Zylinderdeckel über, aus dem es durch gußeiserne Austrittskrümmer in die Kühlwassersammelleitung z_1 (Bild 349) abgeführt wird. Auch das Turbinengehäuse des Aufladegebläses ist an die Kühlwasserzu- und -abflußleitung angeschlossen.

Die aus der Abgasturbine und einem einstufigen Kreiselgebläse bestehende Abgasturbogruppe (von *Brown, Boveri & Cie.*) ist oberhalb des Schwungrades und der Reibungskupplung angeordnet, so daß sie keinen zusätzlichen Raum beansprucht. Die Auspuffkrümmer der Zylinder *1* bis *3* (vom Schwungrad aus zählend) sind zu der oberen

Abgasleitung a_2 (Bild 349) zusammengeführt; die Abgasleitung b_2 der Zylinder *4* bis *6* liegt darunter. Die einzelnen Auspuffstöße folgen aufeinander im Abstand von 240 Kurbelgraden (vgl. S. 424). Bei Normallast beträgt die Drehzahl etwa 11000 U/min; sie kann bei Überlast auf 13500 U/min anwachsen. Die Abgastemperatur vor Eintritt in die Turbine soll 600 bis 620° C nicht übersteigen. Das Gebläserad erzeugt einen Luftdruck von 1,3 bis 1,4 ata. Die Ladeluft wird durch die in Höhe der Zylinderdeckel liegende Leitung c_2 (Bild 348 u. 349) den Einsaugventilen zugeführt. An den Saugstutzen des Gebläses ist das Rohr d_2 (Bild 348) angeschlossen, durch welches das Kurbelgehäuse entlüftet wird. Der Anschluß am Kurbelgehäuse liegt so, daß er vor Spritzöl geschützt ist, so daß kein Schmieröl angesaugt werden kann, das zu Frühzündungen Anlaß geben könnte. Wegen der Bauart eines Abgasturbogebläses s. Bild 405 und 414.

Der gußeiserne *Zylinderdeckel* (Bild 350) ist durch acht Stiftschrauben mit dem Zylinderrahmen verbunden; gegen die Laufbuchse ist er durch einen Weichkupferring abgedichtet. Er hat je zwei Einsaug- und Auspuffventile, ein durch Druckluft gesteuertes Anfahrventil (Bild 357) und ein Sicherheitsventil. In der Zylinderachse liegt die eingegossene, allseitig gekühlte Vorkammer a (Bild 350), in welche der Brennstoff durch das Ventil b durch eine Nadeldüse von 2,5 mm Lochdurchmesser gespritzt wird. Der Kegelwinkel des Brennstoffstrahles ist so bemessen, daß die Brennstofftropfen nur den Einsatz c, nicht die gekühlte Wand der Vorkammer treffen. Bei d ist die von der Brennstoffpumpe kommende Druckleitung (p in Bild 348), bei e die Leckölleitung angeschlossen, die am Ventilkörper mit Entlüftungsventil versehen ist. Der aus hitzebeständigem Stahl hergestellte Einsatz c ist in den Boden des Zylinderdeckels geschraubt; er legt sich mit seinem oberen Kragenrand f dicht an die gekühlte Wand der Vorkammer und wird dadurch gekühlt, während der darunterliegende Ringspalt g wärmeisolierend wirkt. Durch die Bemessung der axialen Längen von f und g hat man es in der Hand, die Temperatur des Einsatzes so abzustimmen, daß er nicht zu heiß wird — dann könnte der Brennstoff verkoken —, aber auch nicht zu kalt, dann würde er kondensieren. Durch die Glühkerze h wird der Inhalt der Vorkammer vor dem Anfahren der kalten Maschine erwärmt; den Strom (1,7 Volt) liefert eine Batterie. Eine Einschaltdauer von etwa 10 sec genügt. Die Kerze darf nicht von dem eingespritzen Brennstoff getroffen werden; sie soll ihn nicht durch direkte Berührung entzünden, sondern indirekt durch Erhöhen der Verdichtungswärme der in der Vorkammer eingeschlossenen Luft. Der Glühzustand wird durch eine Kontrollkerze, die am Bedienungsstand angeordnet ist, überwacht. Die vier Einsaug- bzw. Auspuffventile sind symmetrisch um die Vorkammer angeordnet und untereinander gleich, nur sind die Ventilteller der Auspuffventile aus hitzebeständigem Stahl hergestellt. (In Bild 350 ist i ein Einsaugventil.) Die Ventilführung k, in welcher sich die Ventilspindel mit Spiel bewegt, ist in den Zylinderdeckel eingepreßt. Jedes Ventil hat zwei Federn, deren Teller durch einen zweiteiligen Klemmkegel auf der

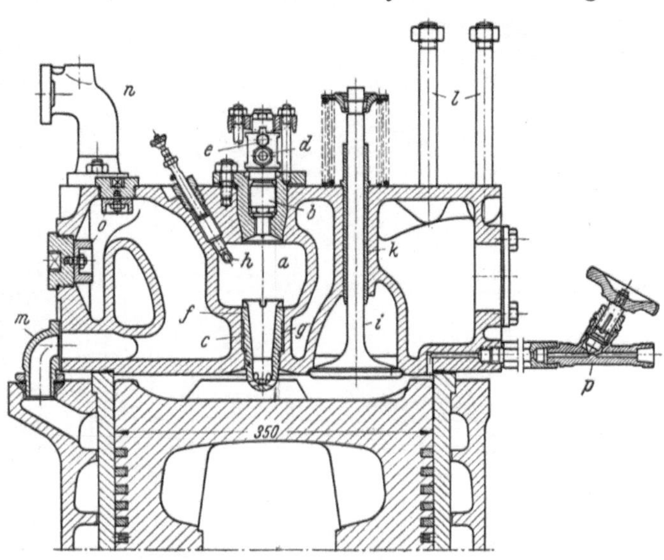

Bild 350. Zylinderdeckel

a Vorkammer; b Einspritzventil; c Vorkammereinsatz; d Anschluß der Brennstoffdruckleitung; e Anschluß der Leckölleitung; f gekühlter Einsatzkragen; g wärmeisolierender Spalt; h Glühkerze; i Einsaugventil; k Ventilführung; l Stiftschrauben zur Befestigung des Lagerbockes der Hebelwelle; m Kühlwasserübertritt; n Kühlwasseraustritt; o Zinkschutz; p Indikatorstutzen

Spindel befestigt ist. Ein Seegerring sichert den Klemmkegel gegen Herausfallen bei einem Bruch der Federn. Der Durchmesser der Ventilteller beträgt 113 mm, der Hub 25 mm. Das kleinste Spiel zwischen dem herabgedrückten Ventilteller und dem Kolbenboden soll 4 mm nicht unterschreiten.

Die *Ventilhebelwelle* (Bild 352) liegt oberhalb der Zylinderdeckel in Böcken, die durch je vier Stiftschrauben l (Bild 350) mit den Zylinderdeckeln verschraubt sind. Das Kühlwasser tritt aus dem Zylinderblock durch (zwei) Krümmer m in den Deckel über, in welchem es so geführt ist, daß der feuerberührte Boden besonders wirksam gekühlt wird. Ein Rundgummiring und eine flache Sechskantmutter dichten den Krümmer im Zylinderblock ab. Durch den an die Abflußleitung (z_1 in Bild 349) angeschlossenen Krümmer n (Bild 350) tritt das Kühlwasser aus. Zum Reinigen der Kühlwasserräume sind Öffnungen vorgesehen, deren Verschlußstopfen Zinkschutzkörper o tragen, die Anfressungen verhindern sollen. Der Indikatorstutzen p steht durch Bohrungen mit dem Hauptbrennraum in Verbindung.

Bild 351 zeigt den *Antrieb der Einsaug- und Auspuffventile* von der Seite und von oben gesehen. Wie zu Bild 348 erwähnt, steuert die mittlere Stoßstange i durch den gegabelten Hebel a die beiden Einsaugventile b, während die Auspuffventile c durch je eine Stoßstange k, Winkelhebel d, Stange e und Winkelhebel f betätigt werden. Alle Antriebteile sind aus Stahlguß hergestellt; ihre Gelenke sind

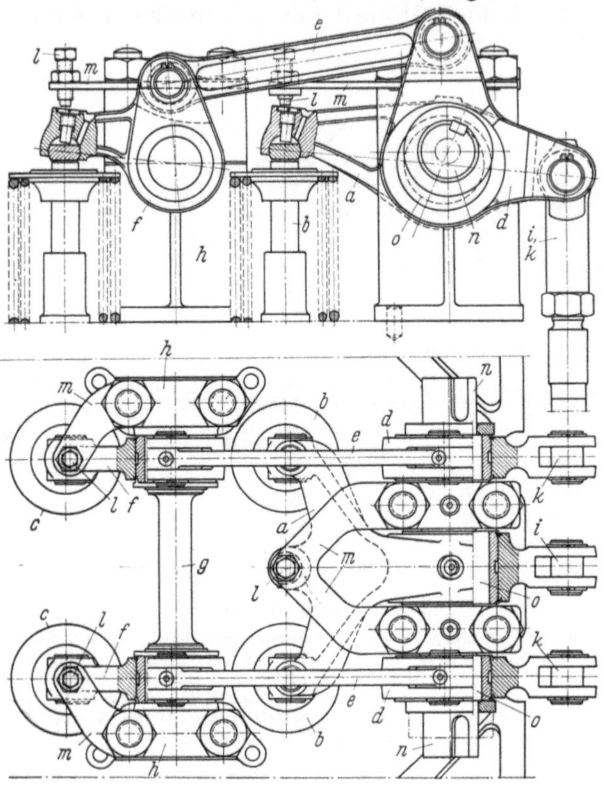

Bild 351. Ventilhebel

a Gabelhebel für Einsaugventile b; c Auspuffventile; d Winkelhebel; e Stange; f Winkelhebel; g Welle; h Lagerböcke; i Stoßstange der Einsaugventile; k Stoßstangen der Auspuffventile; l Stellschrauben; m Brücken für l; n Ventilhebelwelle; o Exzenter

mit Bronzebuchsen ausgefüttert; die Gelenke werden von Hand geschmiert. Die Hebel f sind auf der Welle g befestigt, die in zwei Böcken h gelagert ist. Abgeflachte gehärtete Bolzen, die in die Ventilhebel eingelassen sind, drücken auf die Ventilspindeln, wenn die Ventile öffnen sollen, während bei geschlossenen Ventilen zwischen Druckbolzen und Spindel das Spiel etwa 0,5 mm beträgt. Die Bewegung, welche das Hebelgestänge beim Schließen der Ventile macht, wird durch die Stellschrauben l begrenzt, die in Brücken m eingesetzt und durch Gegenmuttern gesichert sind; die Brücken sind an den Lagerböcken befestigt. Unterhalb der Stellschrauben liegen in den Ventilhebeln gehärtete Stahlplatten; das Spiel zwischen diesen und den Stellschrauben beträgt bei geschlossenen Ventilen 0,5 mm. Soll die Maschine umgesteuert werden, wozu die Nockenwelle verschoben wird, so dreht die Umsteuermaschine die über alle Zylinderdeckel geführte Ventilhebelwelle n einmal um 360° (s. a. Bild 354), und da die Hebel a und d auf Exzentern o gelagert sind und die linken Enden der Hebel a und f zwischen den Ventilspindeln und den Stellschrauben l gehalten werden, so machen während einer Drehung der Ventilhebelwelle n die Stoßstangen i, k eine Auf- und Abwärtsbewegung, wodurch die Nockenwelle für die Verschiebung freigegeben wird. Die Ventilhebelwelle ist in einzelnen Stücken hergestellt, getrennt für jeden Zylinder; die Stücke sind durch kurze Zwischenwellen p und Blatt-

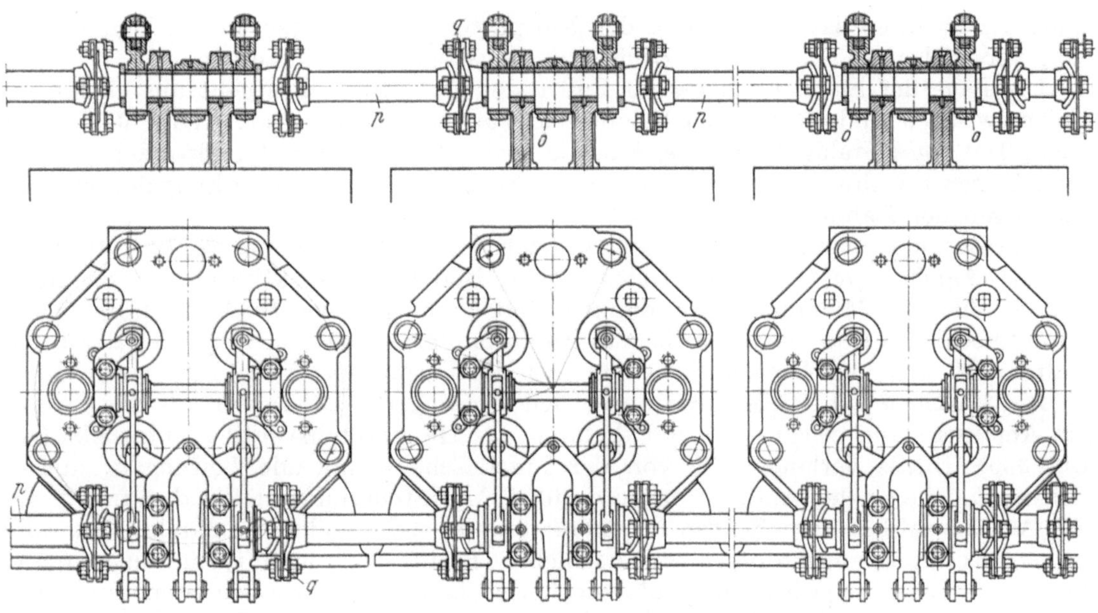

Bild 352. Anordnung der Ventilhebel und Ventilhebelwellen
o Exzenter; *p* Zwischenwellen; *q* Blattfederkreuzgelenke

federkreuzgelenke *q* (Bild 352) drehsteif und biegeelastisch miteinander verbunden, wodurch dem Atmen der Zylinderdeckelschrauben unter den Verbrennungsdrücken Rechnung getragen wird.

Die unteren Enden der Stoßstangen (*i, k* in Bild 351 u. 353) stützen sich durch Spurpfannen auf die *Stößel d* (Bild 353), die, geführt in gußeisernen Buchsen *e*, an ihrem unteren Ende die Rollen *f* tragen, welche mit den Vorwärts- bzw. Rückwärtsnocken der Nockenwelle *g* zusammenarbeiten. Überwurfschrauben *h* halten Stoßstangen und Stößel zusammen,

Flacheisenstücke *l* sichern die Stößelführungen *e* gegen Verschieben nach oben. Durch Verdrehen der Stoßstangen *i, k* in ihren oberen Stangenköpfen *m* kann nach Lösen der Sechskantmuttern *n* das Spiel zwischen Ventilhebel und Ventilspindel eingestellt werden. Der kurze Stößel *o* treibt den Stempel der Brennstoffpumpe an; er trägt ein Abschirmblech *p*, welches verhütet, daß Leckbrennstoff an die Stößelführung gelangt und deren Schmierung beeinträchtigt. Die Brennstoffnocken *q* sind mit einer Stirnverzah-

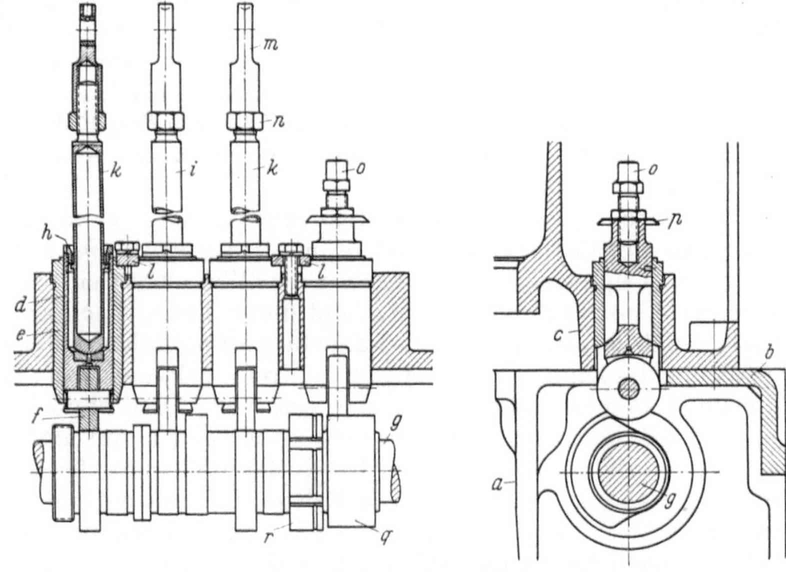

Bild 353. Stößelführung

a Teil des Stahlgußrahmens (*a* in Bild 349); *b* Stahlgußwinkel (wie Bild 349); *c* Fuß des Zylinderblockes; *d* Stößel; *e* Stößelführung; *f* Rolle; *g* Nockenwelle; *h* Überwurfschrauben; *i* Stoßstange der Einsaugventile; *k* Stoßstangen der Auspuffventile; *l* Sicherungen der Stößelführungen; *m* obere Stangenköpfe; *n* Muttern zur Sicherung von *m*; *o* Stößel der Brennstoffpumpe; *p* Abschirmblech; *q* Brennstoffnocken; *r* Nutmutter

nung versehen, so daß nach Lösen der Nutmutter r der Nocken in der Umfangsrichtung verschoben und der Einspritzzeitpunkt eingestellt werden kann.

Die Lage der *Stößelführungen* im Fuß c des Zylinderblockes geht aus einem Vergleich zwischen Bild 353 und der Schnittzeichnung Bild 349 hervor. a (Bild 353) ist der obere Teil eines Stahlgußrahmens, b der längsdurchlaufende Stahlgußwinkel, mit dem die Rahmen verschweißt sind. Die Lager der Nockenwelle g liegen in kreisförmigen Aussparungen der Rahmen (s. a. Bild 363).

Den Zusammenhang zwischen dem Antrieb der Ventile und der Brennstoffpumpen mit der *Anfahr- und Umsteuervorrichtung* zeigt Bild 354 perspektivisch. Soweit gleiche Teile in Bild 348, 349 und 354 vorkommen, sind sie mit gleichen Buchstaben bezeichnet. Zu unterscheiden sind die Teile, die zum Anfahren, ferner die zum Einstellen der Brennstoffmenge, d. h. der Drehzahl, dienen, und die Umsteuervorrichtung.

Die Maschine wird angefahren durch den Hebel y (Bild 354), der aus der Stop- in die Anfahrstellung gelegt wird und dadurch das Hauptanfahrventil z aufdrückt (s. a. Bild 355). Dieses verbindet die von der Luftflasche kommende Leitung a_1 mit der Leitung b_1, die zu den Anfahrventilen c_1 führt. Der Steuerluftverteiler d_1 öffnet jeweils das Anfahrventil, dessen Kolben in Anfahrstellung steht, indem er durch einen seiner sechs sternförmig angeordneten Steuerschieber (Bild 356) Druckluft, die ihm durch die Leitung e_2 zugeführt wird, durch die zugehörige Leitung f_2 über den Steuerkolben des Anfahrventils leitet. Nachdem die Maschine angesprungen ist, wird der Hebel y in die Betriebsstellung gelegt, wodurch sich das Hauptanfahrventil z schließt und alle druckluftführenden Leitungen durch den Steuerluftverteiler d_1 entlüftet werden. Die Drehzahl der Maschine wird jetzt durch das Handrad s, das Gestänge r und die Brennstoffregelstange q eingestellt; diese verdreht die mit Schrägkantensteuerung arbeitenden Stempel der Brennstoffpumpen l (vgl. Bd. I, S. 177). Durch Linksdrehen des Handrades s wird die Brennstoffmenge vermindert, durch Rechtsdrehen vergrößert. Der am linken Ende der Regelstange q durch ein elastisches Glied mit ihr verbundene Sicherheitsregler t greift nur beim Überschreiten der zulässigen Drehzahl ein, deren Höhe durch das Handrad g_2 eingestellt werden kann; während des Betriebes behindert der Regler das Verschieben der Regelstange q nicht. Die Zugfeder h_2 sucht die Regelstange ständig nach links, d. h. in die Vollaststellung, zu ziehen; sie kann dies jedoch jeweils nur so weit tun, wie es der gegen die Spindel des Handrades s sich legende Anschlaghebel i_2 gestattet. Beim Umlegen des Anfahrhebels y in die Stop-Stellung drückt die Kurvenscheibe k_2 durch den Rollenhebel l_2 und das Gestänge r die Regelstange q in ihre Stop-Lage, wobei sich der Anschlag i_2 von der Spindel des Handrades s trennt.

Der Hebel u steuert die Fahrtrichtung um. Wird er in die eine oder andere Endlage gelegt, so gibt das eine oder andere im Ventilgehäuse m_2 angebrachte Ventil der durch die Leitung n_2 zugeführten Druckluft den Weg durch eine der Leitungen o_2 unter bzw. über den Umsteuerkolben p_2 frei, und dieser bewegt sich auf- bzw. abwärts. Das obere Ende der Kolbenstange v ist als Zahnstange ausgebildet, die bei ihrer Auf- bzw. Abwärtsbewegung das Zahnrad q_2 um etwa $240°$ dreht. q_2 kämmt mit dem auf der Ventilhebelwelle sitzenden kleineren Zahnrad r_2, das eine volle Umdrehung macht und dadurch in der zu Bild 351 beschriebenen Weise die Stoßstangen mit ihren Rollen von den Nocken abhebt und sie nach Verschieben der Nockenwelle g wieder senkt. Auf diese Bewegungen entfallen das erste und das letzte Drittel der vollen Umdrehung von r_2; während des zweiten Drittels erteilt die auf der Welle von q_2 sitzende unrunde Scheibe s_2 dem Gabelhebel t_2 eine Schwenkung; dadurch wird die t_2 angelenkte Stange w gesenkt bzw. gehoben und die Nockenwelle durch den Gabelhebel u_2 verschoben. Ein am freien Ende der Welle q_2–s_2 angebrachter Zeiger v_2 gibt dem Maschinisten die Stellung der Umsteuerung an. Sollte die Umsteuermaschine aus irgendeinem Grund versagen, so kann der Motor auch durch eine auf das Vierkant w_2 der Ventilhebelwelle geschobene Knarre von Hand umgesteuert werden. Wegen v_2 und w_2 s. a. Bild 349 u. 361.

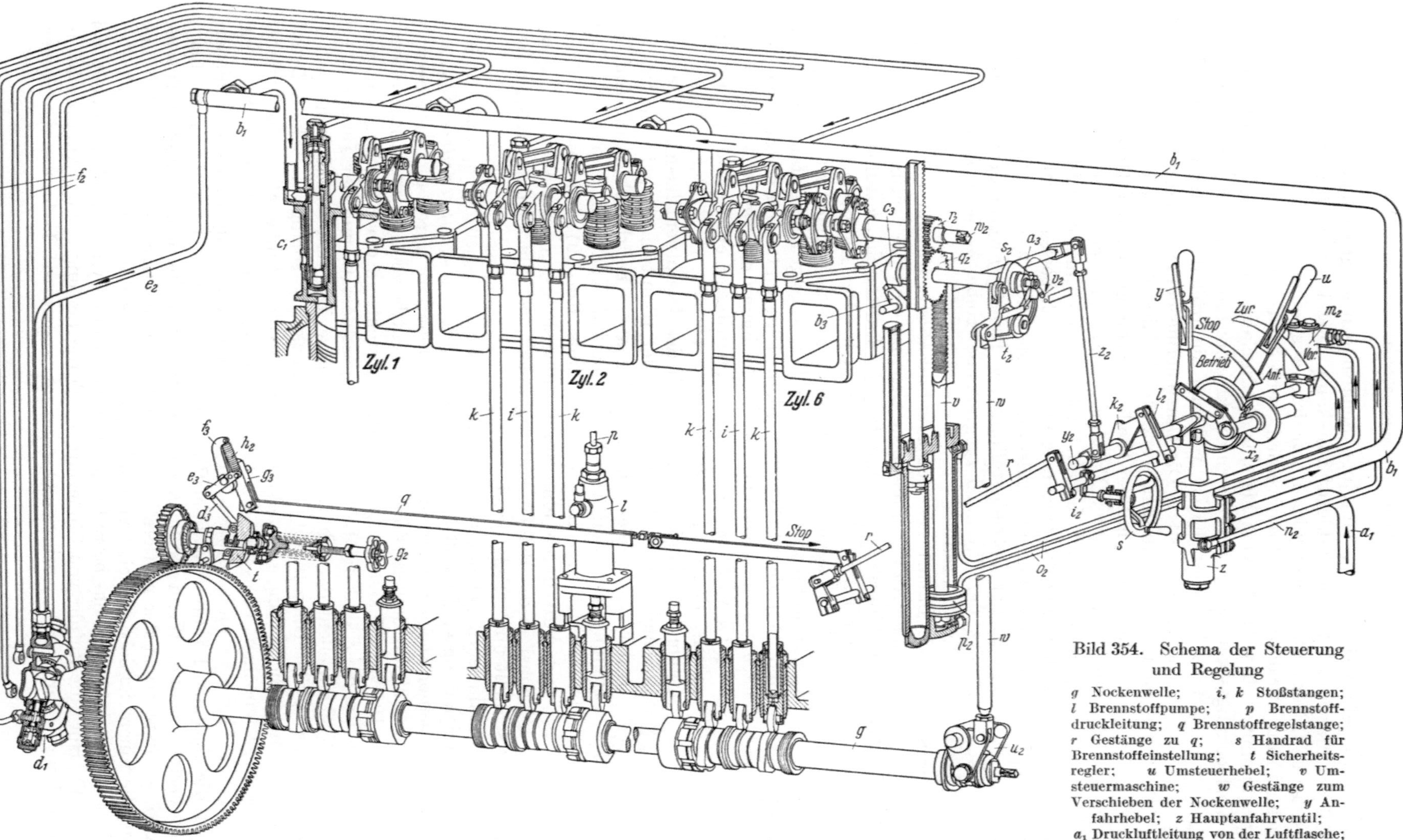

Bild 354. Schema der Steuerung und Regelung

g Nockenwelle; i, k Stoßstangen; l Brennstoffpumpe; p Brennstoffdruckleitung; q Brennstoffregelstange; r Gestänge zu q; s Handrad für Brennstoffeinstellung; t Sicherheitsregler; u Umsteuerhebel; v Umsteuermaschine; w Gestänge zum Verschieben der Nockenwelle; y Anfahrhebel; z Hauptanfahrventil; a_1 Druckluftleitung von der Luftflasche; b_1 Druckluftleitung zu den Anfahrventilen c_1; d_1 Steuerluftverteiler; e_2 Steuerluftleitung von b_1 nach d_1; f_2 Steuerluftleitungen zu den Anfahrventilen; g_2 Handrad zum Verstellen der Reglerfedern; h_2 Zugfeder; i_2 Anschlaghebel für Brennstoffeinstellung; k_2 Kurvenscheibe; l_2 Hebel mit Rolle; m_2 Umsteuerventilgehäuse; n_2 Druckluftleitung von a_1 nach m_2; o_2 Druckluftleitungen von m_2 zur Umsteuermaschine; p_2 Umsteuerkolben; q_2, r_2 Zahnräder; s_2 unrunde Scheibe; t_2, u_2 Gabelhebel; v_2 Zeiger der Umsteuervorrichtung; w_2 Vierkant auf der Ventilhebelwelle; x_2 Verblockungsscheiben für den Anfahrhebel y; y_2 Welle von y; z_2–a_3–b_3 Gestänge für Verblockung der Umsteuermaschine; c_3 Verblockungstrommel; d_3 bis g_3 Stellzeug des Reglers

Immer wird gefordert, daß die einzelnen Schaltungen so gegeneinander verblockt sind, daß der Maschinist keinen Fehlgriff tun kann. Dies ist auch bei der Steuerung Bild 354 der Fall. Der Anfahrhebel y kann nur dann aus seiner Stop-Lage bewegt, d. h., die Maschine kann nur dann angefahren werden, wenn der Umsteuerhebel u seine Mittelstellung einnimmt, d. h. wenn die Verschiebung der Nockenwelle beendet ist. Dies bewirken die Verblockungsscheiben x_2, von denen die kleinere mit dem Anfahrhebel y durch

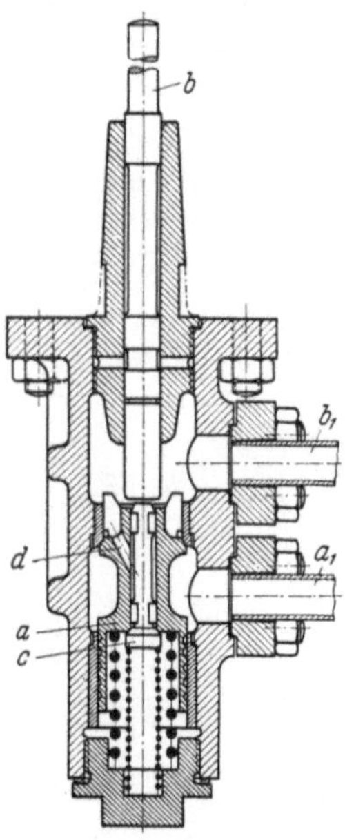

Bild 355
Hauptanfahrventil

a_1 Druckluftleitung von der Luftflasche; b_1 Druckluftleitung zu den Anfahrventilen (wie Bild 354); a Hauptventilkegel; b Stößel; c Vorhubventil; d Entlastungsbohrung

Gelenk verbunden ist, während die größere auf der Welle des Umsteuerhebels u sitzt. Die Umsteuermaschine andererseits kann nur dann bewegt werden, wenn der Anfahrhebel, dessen Welle y_2 durch das Gestänge z_2 mit der Welle a_3 verbunden ist, den Hebel b_3 so weit aus der geschlitzten Verblockungstrommel c_3 gedreht hat, daß das Zahnrad q_2, auf dessen Welle die Trommel c_3 befestigt ist, sich drehen und die Umsteuermaschine sich bewegen kann. Der Motor kann also nur im Stillstand umgesteuert werden. In der Anfahr- und in der Betriebsstellung des Hebels y verhindert der in den Schlitz der Trommel c_3 greifende Hebel b_3 jede Bewegung der Umsteuermaschine.

Die Bauart des *Hauptanfahrventils* (z in Bild 349 u. 354) zeigt Bild 355. An das gußeiserne Gehäuse sind die Leitungen a_1 und b_1 angeschlossen; a_1 kommt von der Luftflasche, b_1 führt zu den Anfahrventilen in den Zylinderdeckeln. Der Hauptventilkegel a (aus V3M-Stahl) stellt die Verbindung zwischen den Leitungen a_1 und b_1 nur während des Anfahrens her, solange der Anfahrhebel (y in Bild 354) den Stößel b niederdrückt und dadurch den Kegel a nach unten verschiebt. Damit die hierzu erforderliche Kraft nicht zu groß wird, ist in den Hauptventilkegel ein Vorhubventil c eingebaut, das vom Stößel zuerst geöffnet wird. Dann stehen die Räume oberhalb und unterhalb des Hauptventilkegels durch die Bohrung d in Verbindung, und der Hauptventilkegel ist entlastet, so daß der Stößel b beim Umlegen des Fahrhebels in die Anfahrstellung nur den Druck der beiden Ventilfedern erfährt. Der Stößel ist in seiner Führung (aus Rotguß) dicht eingeschliffen und wird durch eine Staufferbüchse geschmiert. Wird der Fahrhebel in die Betriebsstellung gelegt, so gibt er den Stößel b frei, und das Ventil schließt unter Federdruck.

Vom Hauptanfahrventil gelangt die Druckluft durch die Leitung b_1 und die angeschlossene Zweigleitung e_2 (Bild 354) zum Gehäuse d_1 des *Steuerluftverteilers* (Bild 354 u. 356), der mit seinen sechs Steuerschiebern a die Steuerluft durch die Leitungen f_2 (s. a. Bild 354) so auf die Steuerzylinder der Anfahrventile verteilt, daß diese öffnen, wenn die Kolben 10° vor OT stehen. Der Ringraum b steht mit der Zuleitung e_2 in Verbindung, an die Räume c sind die Leitungen f_2 angeschlossen, und der Innenraum d mündet in den Nockenwellentrog, d. h. in die Atmosphäre. Die Schraubenfedern e halten die Steuerschieber außer Eingriff mit dem Negativnocken f, solange in b kein Druck herrscht. Wird durch die Leitung e_2 Druckluft gegeben, so drückt diese alle sechs Schieber gegen den Negativnocken, aber nur die Schieber, deren Stirnfläche gegenüber dem Nockental liegt, bewegen sich einwärts und verbinden durch die äußeren Schiebermuscheln die einzelnen Räume c mit dem Ringraum b, so daß die Leitungen f_2 nacheinander Steuerluft erhalten. Wenn der Nocken einen Steuerschieber in seine äußere Totlage zurückdrückt, unterbricht der mittlere verstärkte Schaft des Schiebers die Verbindung b–c, und die innere Schiebermuschel verbindet die Räume c und d, d. h., die zugehörige Leitung f_2 wird entlüftet und das betreffende Anfahrventil im Zylinderdeckel schließt (bei 50° vor UT). Hört die Zufuhr von Steuerluft durch die Leitung e_2 auf (Anfahrhebel in Betriebsstellung, Hauptanfahrventil geschlossen), so ziehen die Federn e alle Steuerschieber nach außen, womit alle Räume c und Leitungen f_2 entlüftet sind. Die Anfahr-ventile im Zylinderdeckel schließen durch Federdruck.

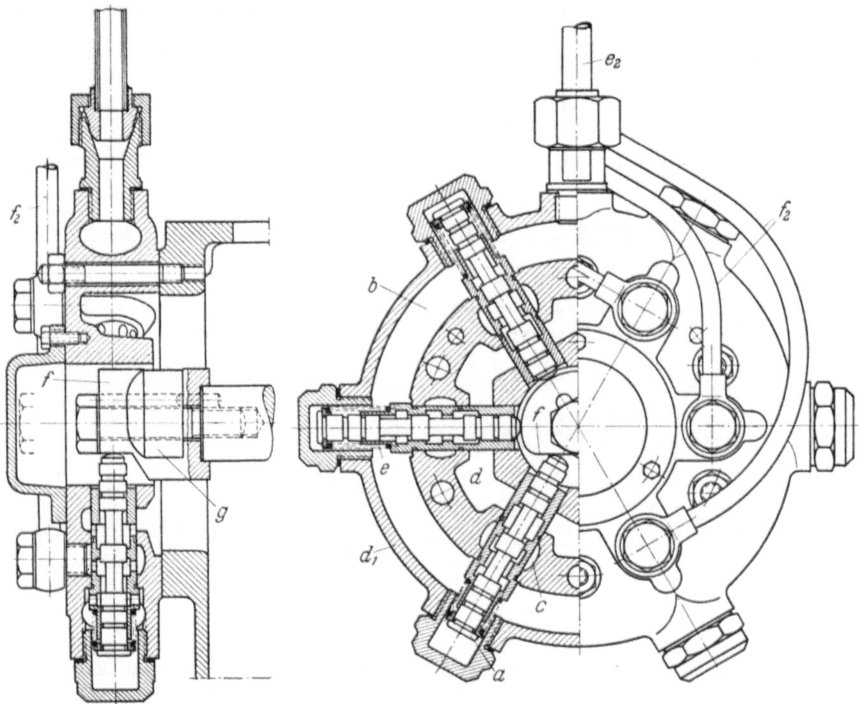

Bild 356. Steuerluftverteiler

d_1 Gehäuse; e_2 Steuerluft vom Hauptanfahrventil; f_2 Steuerluft zu den Anfahrventilen; a Steuerschieber; b Druck-raum; c Anschluß an Leitung f_2; d Atmosphäre; e Schraubenfedern, f Negativnocken für Voraus-Fahrt; g Nocken für Zurück-Fahrt

Der Negativnocken ist an der Stirnseite der Nockenwelle durch eine Kopfschraube befestigt und gegen Verschieben in der Umfangsrichtung durch einen zylindrischen Stift gesichert. Der Nockenkörper trägt neben dem Negativnocken f für die Voraus-Fahrt einen zweiten, in der Umfangsrichtung entsprechend verschobenen Nocken g für die Zurück-Fahrt, der zum Eingriff mit den Schiebern kommt, wenn die Nocken-welle verschoben worden ist und die Maschine in der Zurück-Richtung angefahren wird. Da die Umsteuermaschine nur im Stillstand arbeiten kann, hierbei aber die Steuerschieber die Negativnocken nicht berühren, wird die Verschiebung durch die Nocken nicht behindert.

In der Zeichnung des *Anfahrventils* (Bild 357) sind der Anschluß der Anfahrluftleitung b_1 und der Steuerluftleitung f_2 (s. a. Bild 354) angegeben; die Steuerluftleitung ist durch einen Kugelanschluß mit Durchgangsschraube am Deckel des Steuerzylinders befestigt. Das gußeiserne Ventilgehäuse a wird durch zwei Stiftschrauben in den Zylinderdeckel gedrückt; zwischen Deckel und Gehäuse liegt ein Weichkupferring. Der Steuerkolben b ist durch zwei Buna-Manschetten in seinem Zylinder abgedichtet. Der Ventilteller (40 mm Dmr., 8 mm Hub) liegt vor der Flamme des Brennraumes geschützt.

Wenn der Fahrhebel (y in Bild 354) in der Betriebsstellung liegt, werden, da es sich um eine Schiffsmaschine handelt, Leistung und Drehzahl nur durch das Handrad s (Bild 348,

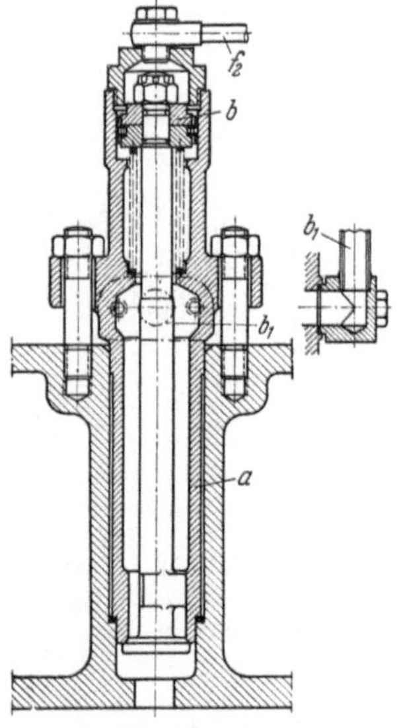

Bild 357. Anfahrventil

b_1 Druckluftleitung vom Haupt-anfahrventil; f_2 Steuerluft vom Verteiler; a Ventilgehäuse; b Steuerkolben

349, 354) geregelt. Rechtsdrehen des Handrades verschiebt die allen Zylindern gemeinsame Regelstange q nach links (Bild 348 u. 354) in die Vollaststellung, Linksdrehen nach rechts in die Stop-Stellung. Unabhängig von der Stellung des Handrades s kann

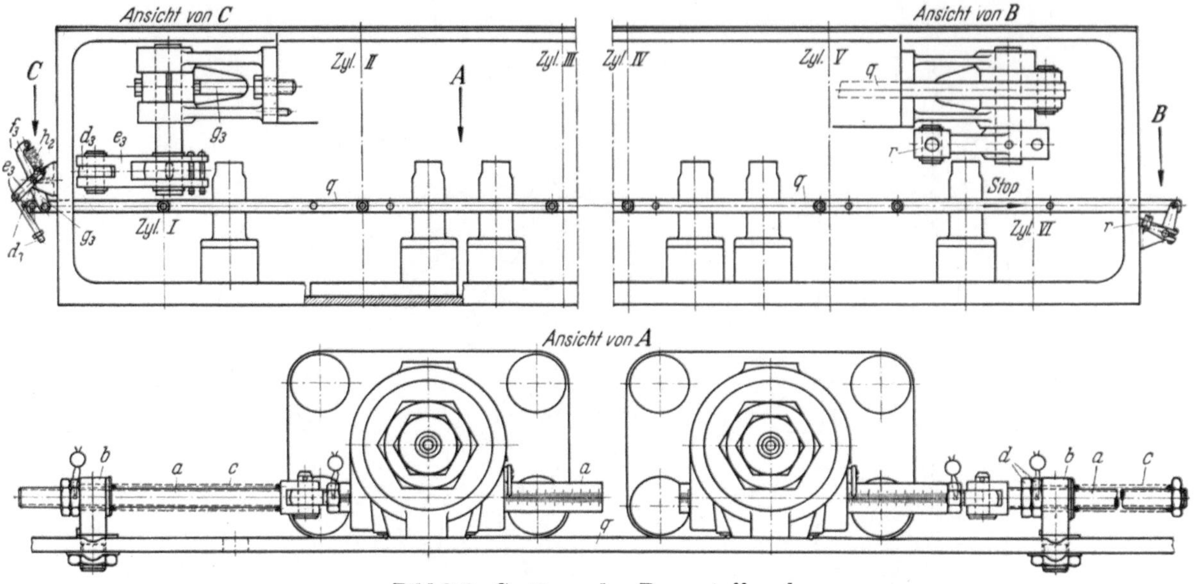

Bild 358. Gestänge der Brennstoffregelung

a Regelstangen der Brennstoffpumpen;   *b* Augenschrauben;   *c* Druckfedern;   *d* Doppelmuttern;   *q* gemeinsame Regelstange;   *r* Gestänge zum Handrad der Brennstoffregelung; h_2 Zugfeder; d_3 Gestänge zum Regler; e_3, f_3, g_3 Gestänge zum Verschieben der Regelstange q

der Regler t in die Brennstofförderung eingreifen; die Drehzahl, bei der dies eintritt, wird durch das Handrad g_2 eingestellt (Bild 354). Solange der Motor mit der durch Handrad s eingestellten Drehzahl läuft und der Regler nicht eingreift, behält die Reglermuffe (l in Bild 360) ihre tiefste Lage bei, da der Druck der Reglerfedern die Fliehkraft der Reglergewichte überwiegt. Die an der Reglermuffe angreifende Stange d_3 (Bild 354) kann sich nicht verschieben und der Hebel e_3 sich nicht drehen. Am freien Ende von e_3 ist die Feder h_2 eingehängt, die dem Hebel f_3 ständig eine Drehung im Sinn des Uhrzeigers (Bild 354) zu erteilen und die Regelstange q in die Vollaststellung zu ziehen sucht. Mit der Regelstange sind die Regelstangen a der einzelnen Brennstoffpumpen in der aus Bild 358 ersichtlichen Weise nachgiebig verbunden; die Augenschrauben b, durch Umschlagbleche gesichert, sitzen fest in

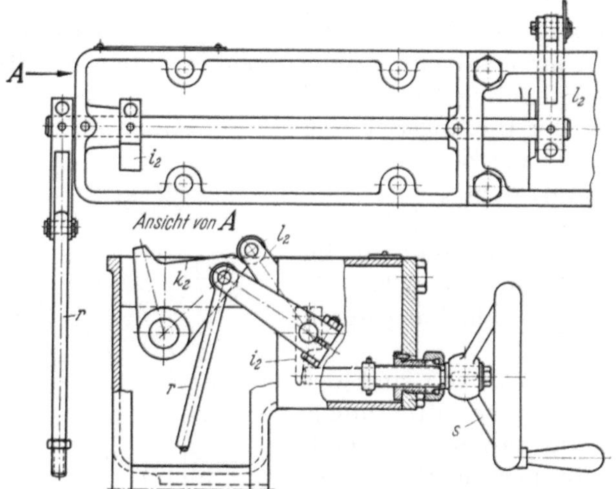

Bild 359. Einzelteile zur Brennstoffregelung

r Gestänge zum Verschieben der Brennstoffregelstange,   *s* Handrad für Brennstoffeinstellung; i_2 Anschlaghebel; k_2 Kurvenscheibe; l_2 Rollenhebel

der Regelstange q, und die Druckfedern c legen die Stangen a mit ihren plombierten Doppelmuttern d gegen die Augenschrauben. Die Konstruktion erlaubt, jede Brennstoffpumpe so einzustellen, daß alle Pumpenstempel gleichmäßig in der Vollast- bzw. Leerlauf- oder der Nullstellung stehen. Sollte ein Pumpenstempel etwa durch eingedrungenen Schmutz klemmen und sich nicht drehen lassen, so wird dadurch die Verschiebung der Regelstange q in die Nullstellung (in Bild 358 nach rechts) nicht behindert; es hebt sich nur die Augenschraube b von der Doppelmutter d ab und die Feder c wird zusammengedrückt. Der Motor kann nicht durchgehen.

Wenn bei unruhiger See die Drehzahl der Maschine unzulässig steigt, greift der Regler ein, zieht die Stange d_3 (Bild 354 u. 358) nach unten und schiebt durch das Gestänge e_3–g_3 die Regelstange q nach rechts in die Stop-Stellung. Das Handrad s hindert diese Bewegung nicht; es hebt sich lediglich der Anschlaghebel i_2 (Bild 354 u. 359) von der Spindel des Handrades ab. Im normalen Betrieb legt die Zugfeder h_2 (Bild 354 u. 358) den Hebel i_2 gegen die Spindel des Handrades; der Maschinist hat also beim Übergang von Vollast auf Teillasten außer der geringen Gestängereibung nur die Kraft der Zugfeder h_2 zu überwinden. Ebenso kann der Fahrhebel y, wenn er auf „Stop" gelegt wird, durch die Kurvenscheibe k_2 und den Rollenhebel l_2 (Bild 354 u. 359) die Brennstofförderung abstellen, ohne daß das Handrad s oder der Regler ihn daran hindert.

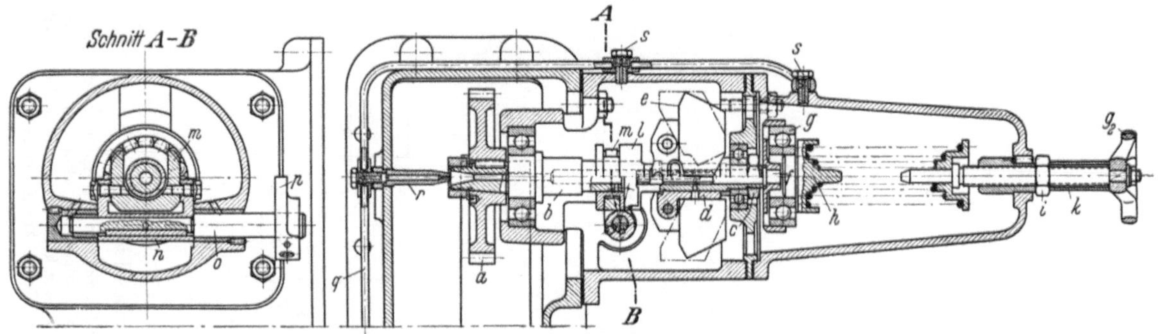

Bild 360. Regler

a Antriebzahnrad; b Reglerwelle; c Sechskantmutter; d Reglerteller; e Schwunggewichte; f Druckstück; g Axial-Rillenkugellager; h Federteller; i Mutter mit angeschweißtem Rohr k; l Reglermuffe; m Gleitstück; n Gabelhebel; o Welle; p Hebel; q Schmierölleitung; r Öldüse; s Hohlschrauben für Schmieröl; g_2 Handrad zum Verstellen der Federspannungen

Der *Regler* (Bild 360) wird durch ein Zahnrad a angetrieben, das mit dem auf der Nockenwelle befestigten Zahnrad kämmt (Bild 354). Auf der in zwei Kugellagern gelagerten, hohlgebohrten Reglerwelle b ist durch die Mutter c und eine Paßfeder der Reglerteller d befestigt, der die beiden um Zapfen drehbaren Schwunggewichte e trägt. Deren Hebel greifen in die geschlitzte Hohlwelle b und verschieben das in ihr geführte Druckstück f, das durch ein Axial-Rillenkugellager g den Federteller h trägt. Vier ineinandergesteckte Schraubenfedern, davon zwei rechts-, zwei linksgängig, erzeugen die Muffenbelastung, die durch Verstellen des Handrades g_2 (s. a. g_2 in Bild 354) verringert werden kann, wenn der Regler bei schlechtem Wetter oder bei länger dauerndem Warmfahren des Motors nach dem Anlassen eine niedrigere Höchstdrehzahl einstellen soll. Das an die Sechskantmutter i angeschweißte Rohr k verhindert, daß das Handrad g_2 zu tief hineingeschraubt und damit eine zu hoch liegende Höchstdrehzahl eingestellt werden kann. Das Druckstück f verschiebt beim Ausschlagen der Schwunggewichte die Reglermuffe l, in die das Gleitstück m hufeisenförmig greift. Das Gleitstück hängt mit zwei Zapfenschrauben am Gabelhebel n, der durch eine Paßfeder auf der Welle o befestigt ist. Mit ausschlagenden Schwunggewichten macht der Hebel p eine Schwenkbewegung, die durch die Stange d_3 (Bild 354) auf die Regelstange der Brennstoffpumpen übertragen wird. Die Regelstange stellt alle Brennstoffpumpen auf Nullförderung, wenn die Reglergewichte sich nach außen bewegen.

Die Leitung q (Bild 360) ist an die Umlaufschmierung angeschlossen. Die Öldüse r spritzt Schmieröl in die Bohrung der Reglerwelle b, wodurch die Muffe l und das Druckstück f geschmiert werden. Durch die Hohlschrauben s erhalten die Zapfen der Schwung-

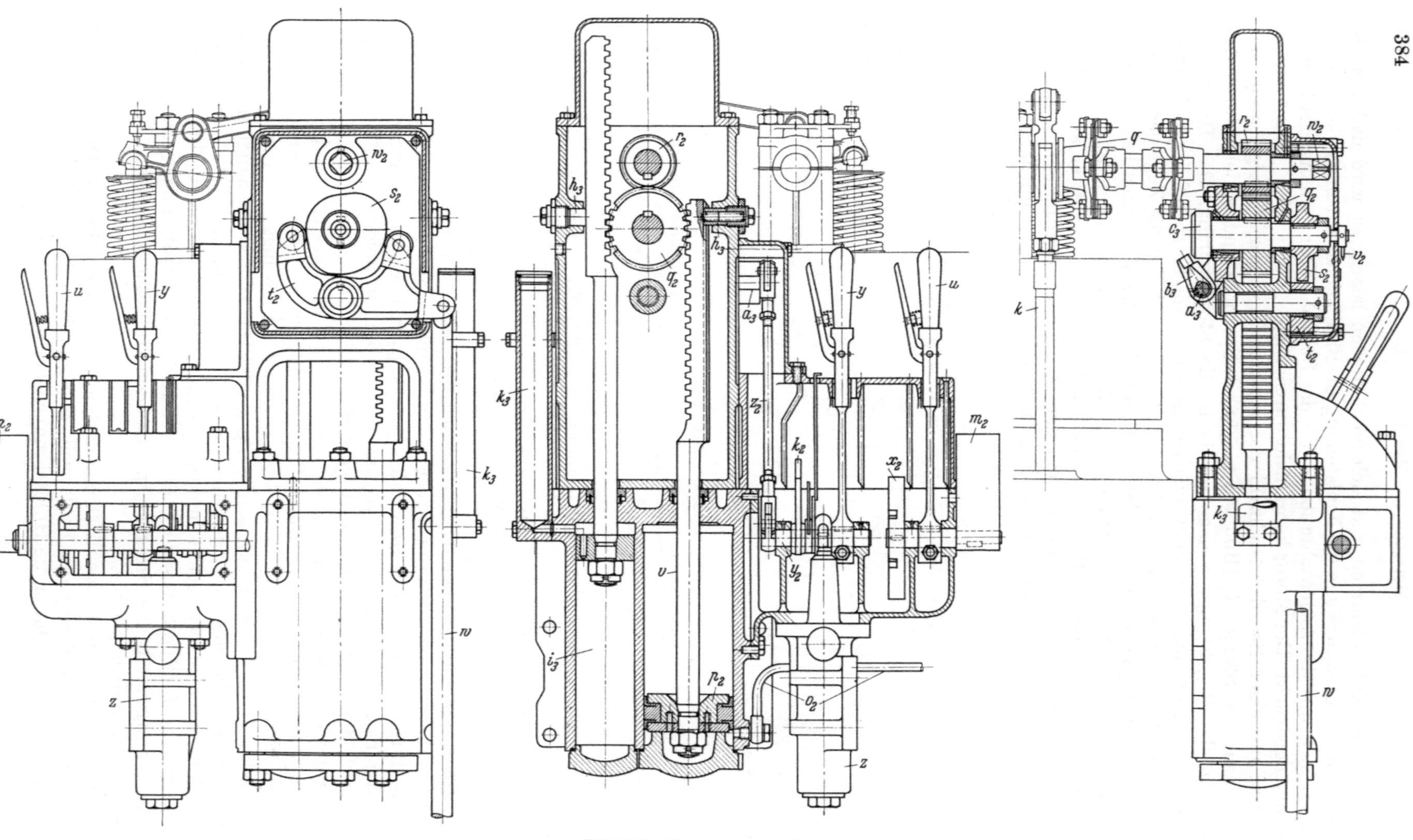

Bild 361. Umsteuermaschine

Wie Bild 354: k Stoßstange des Auspuffventils; q Blattfederkreuzgelenk (Bild 352); u Umsteuerhebel; v Kolbenstange der Umsteuermaschine; w Stange zum Verschieben der Nockenwelle; y Anfahrhebel; z Hauptanfahrventil; k_2 Kurvenscheibe; m_2 Umsteuerventilgehäuse; o_2 Steuerluftleitung von m_2 zur Umsteuermaschine; p_2 Umsteuerkolben; q_2, r_2 Zahnräder; s_2 unrunde Scheibe; t_2 Gabelhebel; v_2 Zeiger der Umsteuervorrichtung; w_2 Vierkant auf der Ventilhebelwelle; x_2 Verblockungsscheibe; y_2 Welle des Anfahrhebels y; z_2 Gestänge zur Verblockung der Umsteuermaschine; a_3 Welle des Verblockungshebels b_3; c_3 Verblockungstrommel; *ferner:* h_3 Führungssteine; i_3 Ölbremszylinder; k_3 Ölwindkessel

gewichte e, das Gleitstück m und die Kugellager Spritzöl. Das verbrauchte Schmieröl fließt durch das Gehäuse der Zahnräder in die Kurbelwanne zurück.

Der Umsteuervorgang wurde zu Bild 354 beschrieben; die konstruktive Durchbildung der *Umsteuermaschine* zeigt Bild 361[1]. Soweit die Einzelteile auch in Bild 354 vorkommen, sind sie durch die gleichen Buchstaben bezeichnet. Der Umsteuerkolben p_2 wird durch zwei Topfmanschetten in seinem Zylinder abgedichtet. Von den beiden Leitungen o_2 (Bild 354), die an das Umsteuerventilgehäuse m_2 (Bild 362) angeschlossen sind und die dem Umsteuerzylinder die Druckluft zuführen, ist in Bild 361 nur die untere sichtbar. Die als Zahnstange ausgebildete Verlängerung der Kolbenstange v ist auf ihrer Rückseite genutet; in die Nut greift ein Stein h_3, der die Zahnstange so führt, daß sie sich nicht drehen kann und ihre Zähne mit dem Zahnrad q_2 genau kämmen. Der Stein h_3 ist hohl; ein in seiner Bohrung liegender federbelasteter Zapfen schnappt in eine Vertiefung im Grund der Zahnstangennut, sobald die Zahnstange beim Umsteuervorgang in die obere oder untere Totlage gelangt ist. Neben dem Druckluftzylinder liegt der Bremszylinder i_3, der den Umsteuervorgang auf das gewünschte Zeitmaß verlangsamt. Dieser Zylinder ist mit Schmieröl gefüllt, das bei einer Bewegung des Luftkolbens, z. B. von unten nach oben, durch eine genau bemessene Bohrung im Kolben des Bremszylinders auf die obere Kolbenseite verdrängt werden muß. Da die Hubvolumina unterhalb und oberhalb des Bremskolbens wegen der Kolbenstange nicht gleich groß sind, ist ein Ölwindkessel k_3 vorgesehen, der die Verschiedenheit ausgleicht. Die Zahnstange des Ölbremszylinders ist in der gleichen Weise durch

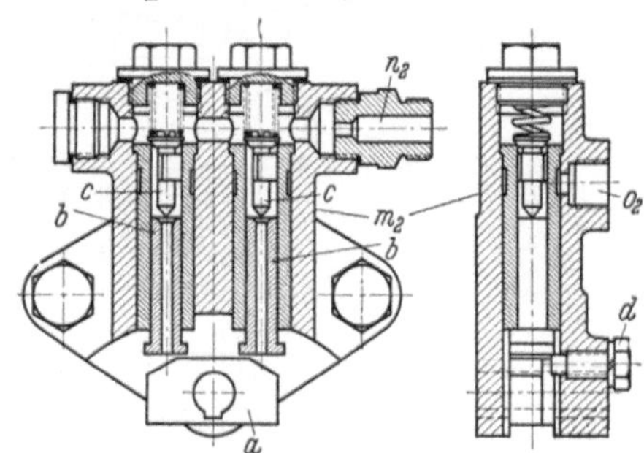

Bild 362. Umsteuerventil

Wie Bild 354: m_2 Ventilgehäuse; n_2 Druckluftleitung vom Hauptanfahrventil; o_2 Anschlüsse zum Umsteuerzylinder; *ferner:* a Doppelhebel; b Stößel; c Ventilkegel; d Stößelhalter

einen Stein h_3 am Drehen verhindert wie die Zahnstange des Druckluftzylinders. Bedeutung und Wirkungsweise der übrigen in Bild 361 sichtbaren Teile gehen aus der Bildunterschrift und einem Vergleich mit Bild 354 hervor.

Das gußeiserne Gehäuse m_2 (Bild 362) des *Umsteuerventils* ist durch einen ovalen Flansch mit zwei Kopfschrauben am Gehäuse des Umsteuerhebels befestigt (s. a. Bild 361). Durch den Anschluß n_2 wird Druckluft vom Hauptanfahrventil bzw. der Anfahrluftflasche in den oberen Teil des Gehäuses geleitet; sie gelangt in einen der beiden Anschlüsse o_2, die zu der unteren bzw. oberen Seite des Umsteuerzylinders führen, je nachdem ob der Doppelhebel a durch die Stößel b den einen oder den anderen Ventilkegel c anhebt. Während des Anhebens schließt die untere Kegelspitze die Bohrung im Stößel, so daß die Druckluft keinen Nebenweg findet. Der Raum unterhalb des jeweils nicht angehobenen Ventilkegels steht durch die Bohrung im Stößel mit der Atmosphäre in Verbindung, so daß die Leitung o_2, die keine Steuerluft erhalten soll, entlüftet ist und die Gegenseite des Steuerkolbens (p_2 in Bild 354 u. 361) nicht unter Druck steht. Der Doppelhebel a ist auf der Welle des Umsteuerhebels aufgekeilt (s. a. Bild 361). Damit der jeweils nicht angehobene Stößel nicht nach unten fällt, werden die Stößel durch je eine Zapfenschraube d abgefangen.

Die *Nockenwelle* (Bild 363) ist in Aussparungen gelagert, welche in den Stahlgußrahmen a, aus denen das Kurbelgehäuse zusammengesetzt ist, angebracht sind (s. a. Bild 349); die Aussparungen sind mit Bronzebuchsen b ausgefüttert. Damit die fertig montierte Nockenwelle mit allen Nocken von der Schwungradseite eingeschoben werden kann, ist der Durchmesser der Lagerstellen durch auf die Welle gesetzte Ringe c (Bild 363) so vergrößert, daß der größte Außendurchmesser der Nocken kleiner als der Innendurchmesser der Buchsen b ist. Alle Nocken und Lagerringe sind auf der Welle in axialer

---

[1] Die beiden rechten Teilbilder beziehen sich auf eine BB-Maschine, das linke gilt für eine StB-Maschine.

Richtung miteinander verspannt; der letzte Lagerring legt sich gegen das Antriebzahnrad d, das durch Konus, Paßfeder und Kronenmutter mit Splint auf der Welle befestigt ist, während am vorderen Wellenende die Sechskantmutter e (durch Zapfenschrauben gesichert) alle Nocken und Lagerringe gegen die Nabe von d drückt. Distanzrohre f überbrücken den Abstand zwischen den Lagerringen c und den Nockenbündeln g, deren Nocken genau unter den Rollen der Stoßstangen liegen müssen; wenn bei dem

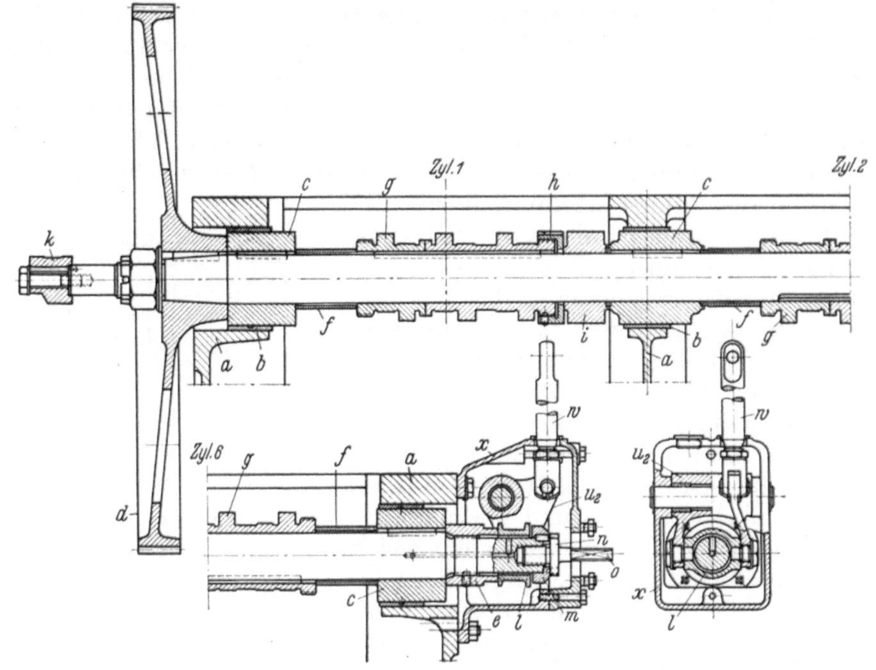

Bild 363. Nockenwelle

a Teil des Stahlgußrahmens; b Lagerbuchsen; c Lagerringe; d Antriebzahnrad; e Sechskantmutter; f Distanzrohre; g Nockenbündel; h Nutmutter; i Brennstoffnocken; k Nocken für Anfahrluftverteiler; l Gleitring; m Endscheibe; n Verschraubung; o Vierkant; w Gestänge zum Verschieben der Nockenwelle; x Verschalung; u_2 Gabelhebel

Zusammenbau kleine Verschiebungen der Nockenbündel notwendig werden, können diese durch Verändern der Länge der Distanzrohre und Verstellen der Nutmutter h ausgeglichen werden. Nach dem Einstellen wird h durch eine Zapfenschraube gesichert. Von den Nockenbündeln g werden die Stoßstangen für die Einsaug- und Auspuffventile betätigt; i ist der Brennstoffnocken, der je eine Auflauf- und Ablaufflanke für Voraus- und Zurück-Fahrt hat. Am Zahnradende der Nockenwelle ist der Nockenkörper k (mit Negativnocken für beide Fahrtrichtungen) in der zu Bild 356 beschriebenen Weise befestigt. Die Lagerstellen der Nockenwelle sind an die Umlaufschmierung angeschlossen (Rohre p_1 in Bild 349).

Die Vorrichtung zum Verschieben der Nockenwelle greift am vorderen Wellenende an. Die von der Umsteuermaschine in senkrechter Richtung bewegte Stange w (s. a. Bild 348, 349, 354) schwenkt den Gabelhebel u_2 (s. a. Bild 354), der mit zwei Zapfen am Gleitring l angreift. Dieser legt sich axial auf der einen Seite gegen die Stirnfläche der Mutter e, auf der anderen gegen die Endscheibe m, welche den vorderen Abschluß der Nockenwelle bildet und durch einen Zylinderstift gegen Drehen gesichert ist. m wird durch die Verschraubung n gegen die Stirnfläche der Nockenwelle gedrückt, n durch einen Gewindestift gegen Lockerung gesichert. An dem Vierkant o kann ein Tachometer angesetzt werden, wobei zu beachten ist, daß die Nockenwelle mit halber Drehzahl umläuft.

In Bild 363 ist die Nockenwelle in der Voraus-Stellung gezeichnet. Beim Umsteuern wird sie um 29 mm nach der Schwungradseite verschoben. Der Gabelhebel u_2 ist durch das Gehäuse x verschalt, das in Bild 349 sichtbar ist.

Die an der tiefsten Stelle der vorderen Stirnseite des Motors angeordnete *Kühlwasser-pumpe* (w_1 in Bild 348 u. 349) ist als *Kreisel*pumpe ausgebildet. Sie saugt das Seewasser von außenbords durch den Stutzen *a* an (Bild 364); an den Druckstutzen *b* ist die Druck-leitung (x_1 in Bild 348 u. 349) angeschlossen. Ihre Fördermenge beträgt 45 m³/h oder 32 lit/PSeh, ihre Förderhöhe 40 m. Die Welle, durch Zahnradvorgelege von der Kurbel-welle angetrieben (Bild 367), macht 2800 U/min. Das Laufrad *c* (Bild 364), durch Konus, Paßfeder und Mutter auf der Welle befestigt, hat radiale Schaufeln, so daß die Pumpe

in beiden Drehrichtungen gleiche Men-gen fördert, und ist mit Axialschub-ausgleich *d* versehen. Zum Schutz gegen Korrosionen sind die gußeisernen Seiten-wände des Gehäuses mit einer auf-gespritzten Zinkschicht *e* ausgekleidet. Der Saugraum des Laufrades ist durch die Stopfbuchse *f* mit Knetpackung ab-gedichtet, die durch die Bohrung *g* nach-gefüllt und durch die Druckschraube *h* festgedrückt werden kann, ohne daß die Schrauben der Stopfbuchsbrille *i* gelöst zu werden brauchen. Zwei Simmer-ringe *k* schützen die Kugellager vor Spritzwasser. Der auf dem vorderen Ende der Welle aufgeschweißte Spritz-ring *l* dient demselben Zweck.

Oberhalb der Kühlwasserpumpe ist die *Schmierölpumpe* (Bild 365) angeord-net, die durch Zahnräder von der Kurbel des Anfahrluftkompressors (Bild 367) an-getrieben wird. Das Gehäuse (*o* in Bild 349) enthält zwei unabhängig von-einander arbeitende Zahnradpumpen, von denen die linke durch den An-schluß f_1 das Öl aus der Kurbelwanne

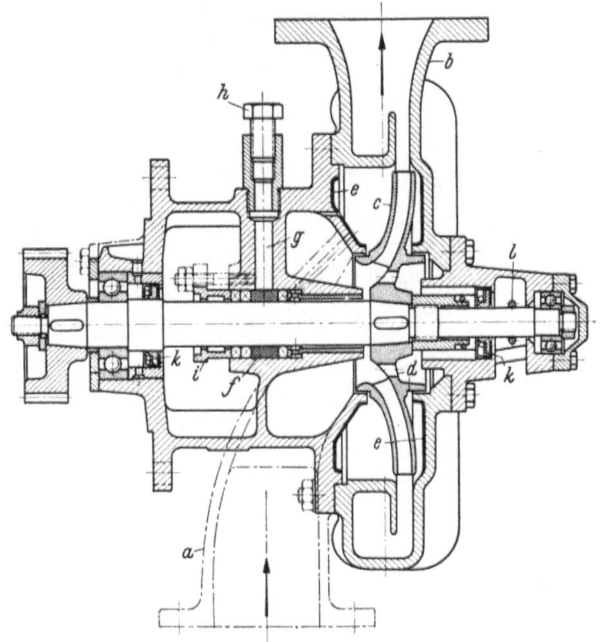

Bild 364. Kühlwasserkreiselpumpe

a Saugstutzen; *b* Druckstutzen; *c* Laufrad; *d* Axialschubaus-gleich; *e* Zinkschutz; *f* Stopfbuchse; *g* Bohrung zum Nach-füllen der Packung; *h* Druckschraube; *i* Stopfbuchsbrille; *k* Simmerringe; *l* Spritzring

ansaugt, um es durch den Anschluß g_1 in einen seitlich von der Maschine aufgestell-ten Schmierölbehälter zu fördern. Aus diesem wird es von der auf der rechten Seite liegenden Pumpe durch den Anschluß h_1 angesaugt und in die zum Schmierölfilter führende Leitung i_1 gedrückt, wie zu Bild 349 erläutert. Die Pumpen arbeiten in beiden Drehrichtungen: bei dem in Bild 365 durch Pfeile bezeichneten Drehsinn des linken Zahnradpaares wirkt *a* als Saug-, *b* als Druckventil, während die Ventile a_1 und b_1 unter Druck stehen und geschlossen bleiben. Bei Umkehrung der Drehrichtung des Motors arbeiten die Ventile a_1 und b_1, während *a* und *b* geschlossen sind. Durch die Verschluß-schrauben *c* werden die leeren Pumpenräume aufgefüllt, damit die Pumpen saugen können. Jede Pumpe fördert etwa 16 m³/h (900 U/min der Zahnräder) oder 11,5 lit/PSeh (s. a. Bd. I, S. 363); das ist eine größere Umlaufmenge, als die zu versorgenden Schmier-stellen brauchen. Das von der Druckpumpe zuviel geförderte Öl fließt durch das feder-belastete Überströmventil *d* in den Druckraum der Absaugpumpe, in welchem der Druck kleiner ist, da die Absaugpumpe nur in den Sammelbehälter fördert. Die Spannung der den Ventilkegel *d* belastenden Feder *e* wird durch die Druckschraube *f* so eingestellt, daß der Schmieröldruck an der am weitesten entfernt liegenden Schmierstelle auf der Schwungradseite 2 bis 3 kg/cm² beträgt.

Die vorderen Zapfen der Zahnradwellen laufen in Bronzebuchsen, die in die Abschluß-deckel *g* eingelassen sind. An dem Deckel der Druckpumpe ist die *Brennstofförderpumpe n* befestigt (s. a. *n* in Bild 349), deren eine Zahnradwelle *a* (Bild 366) mit einem Zapfen *b*

in die Nut h (Bild 365) der Antriebwelle der Schmierölpumpe greift. Die Brennstoffförderpumpe hat daher dieselbe Umdrehungszahl (900 U/min) wie die Schmierölpumpe.
Sie saugt den Brennstoff durch den Stutzen c aus dem Vorratsbehälter an und drückt

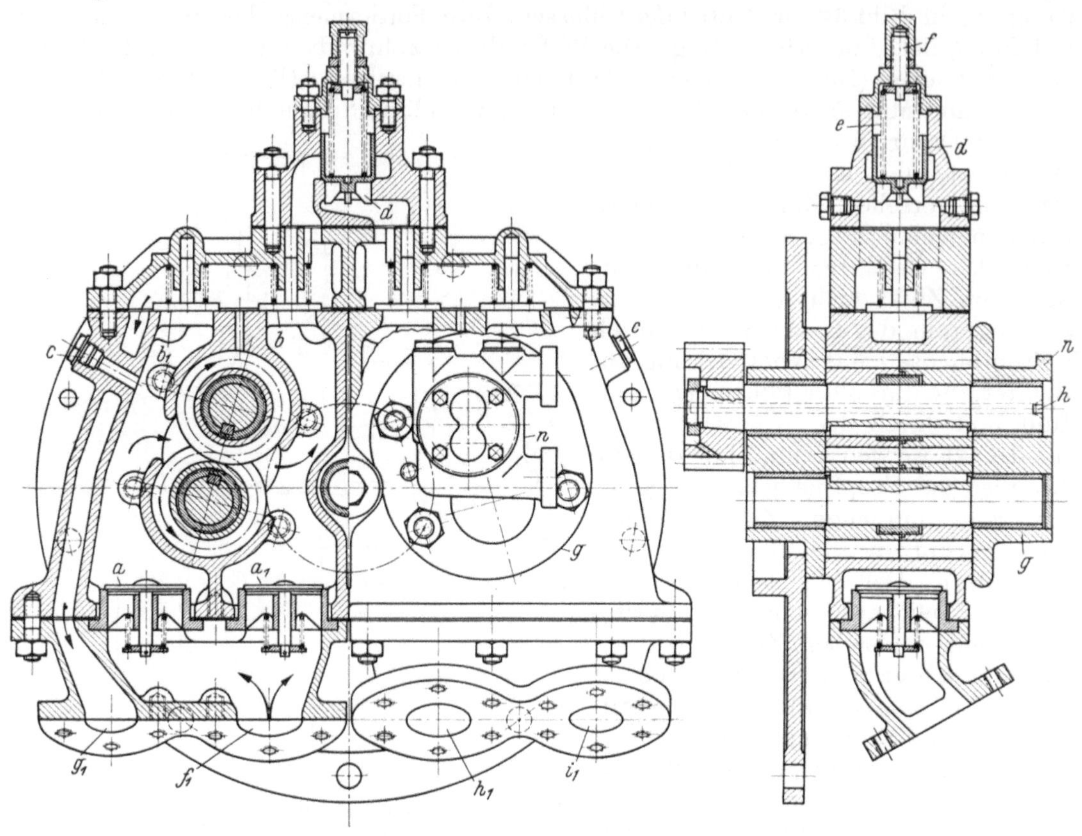

Bild 365. Schmierölpumpe

a, a_1 Saugventile; b, b_1 Druckventile; c Verschlußschrauben; d Überströmventil; e Ventilfeder; f Schraube zum Einstellen des Öldruckes; f_1 Schmierölabsaugleitung; g Abschlußdeckel; g_1 Leitung zum Schmierölbehälter; h Nut für Antrieb der Brennstoffförderpumpe; h_1 Saugleitung zum Schmierölbehälter; i_1 Druckleitung zum Schmierölfilter; n Brennstoffförderpumpe

ihn durch d in einen Hochbehälter, aus welchem er durch die Leitung m (Bild 349) den
Brennstoffpumpen unter natürlichem Gefälle zufließt. Auch die Brennstoffförderpumpe
arbeitet in beiden Drehrichtungen; bei dem eingezeichneten Drehsinn der Zahnräder
ist die Kugel e das Saugventil, f das Druckventil, während die Kugeln e_1, f_1 unter Öl-

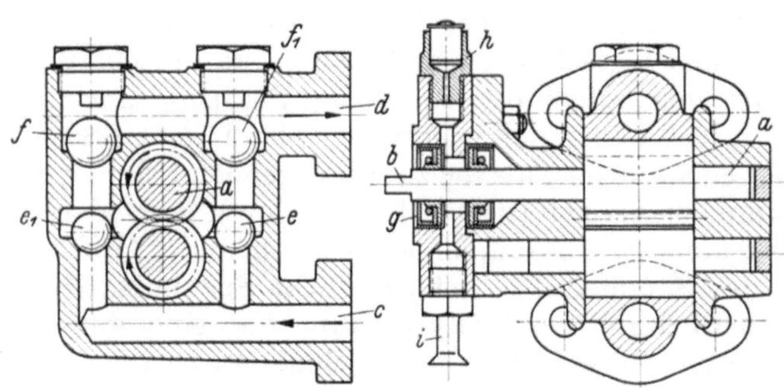

Bild 366. Brennstoffförderpumpe

a treibende Welle; b Zapfen an a; c Saugstutzen; d Druckstutzen;
e, e_1 Saugventile; f, f_1 Druckventile; g Simmerringe; h Schmiergefäß;
i Leckölabfluß

druck auf ihrem Sitz liegen. Zwei
Simmerringe g dichten die Welle a
gegen die Schmierölpumpe und gegen das Kurbelgehäuse ab. Durch
den Nippel h kann Schmieröl gegeben werden; durch das Ablaufrohr i, das in der Horizontalen liegt,
fließt das Lecköl ab. Die Pumpe
ist für eine Fördermenge von
400 lit/h ausgelegt, die etwa das
$1\tfrac{1}{2}$fache der bei Vollast verbrauch-
ten Brennstoffmenge beträgt. Der
zuviel geförderte Brennstoff fließt
durch einen Überlauf in den Vor-

ratsbehälter zurück; der Hochbehälter bleibt stets gleichmäßig gefüllt und der Druck vor den Brennstoffpumpen konstant.

Der *Anfahrluftkompressor* (e_1 in Bild 348 u. 349) wird durch eine Stirnkurbel a (Bild 367) angetrieben, die an das vordere Ende der Kurbelwelle geflanscht ist;

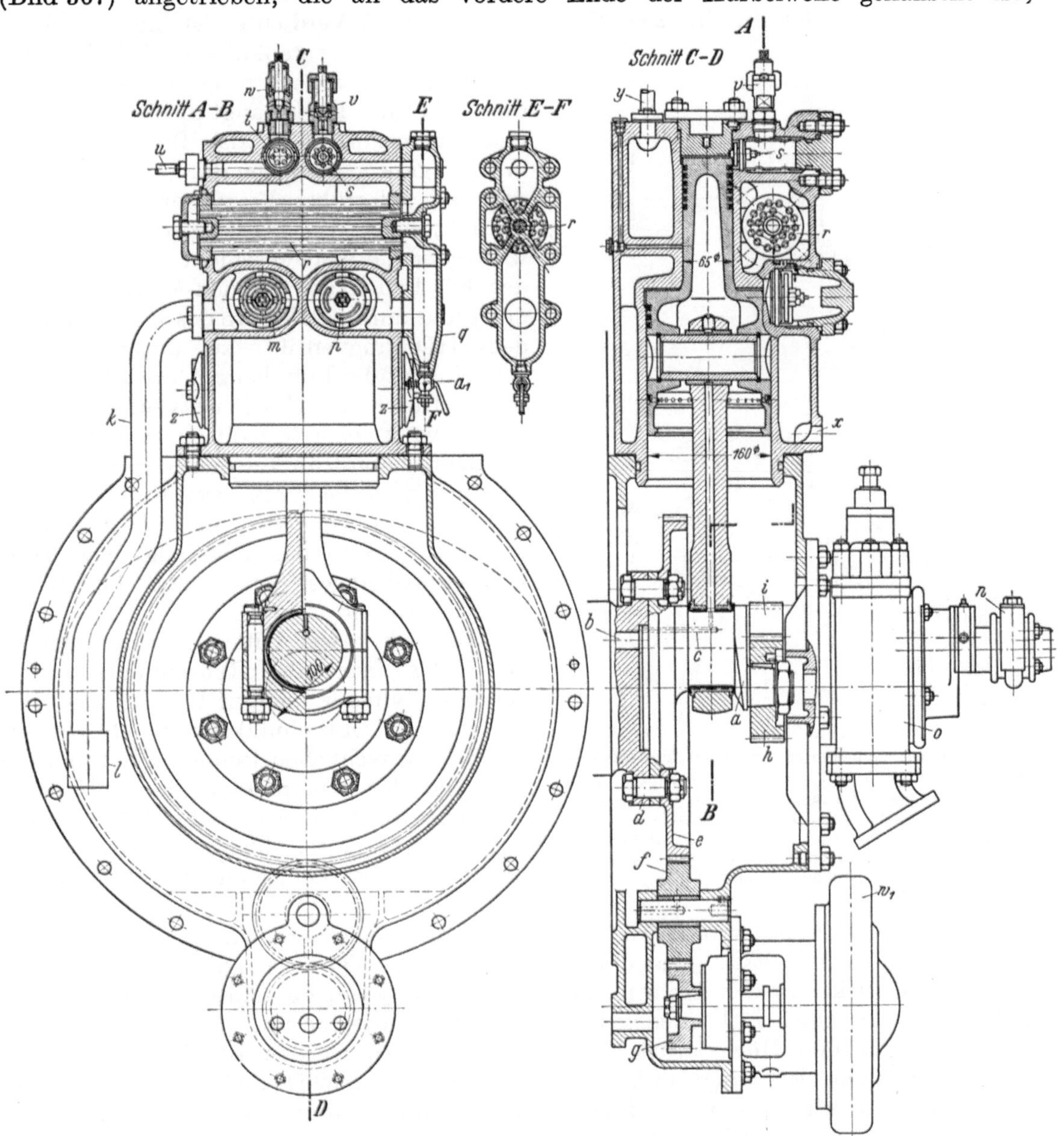

Bild 367. Anfahrluftkompressor

a Stirnkurbel; b, c Schmierbohrungen; d Paßschrauben; e, f, g Zahnradantrieb der Kühlwasserpumpe w_1; h, i Zahnradantrieb der Schmierölpumpe o und der Brennstofförderpumpe n; k Saugrohr; l Saugkorb; m ND-Saugventil; p ND-Druckventil; q Wasserabscheider; r Zwischenkühler; s HD-Saugventil; t HD-Druckventil, u Leitung zur Anfahrluftflasche; v, w Sicherheitsventile; x Kühlwassereintritt; y Kühlwasseraustritt; z Deckel mit Zinkschutz; a_1 Entwässerungshahn

er hat somit dieselbe Drehzahl wie der Motor (600 U/min). Sein Triebwerk ist durch die Bohrungen b, c an die Umlaufschmierung angeschlossen. Die Paßschrauben d, welche die Stirnkurbel mit dem vorderen Flansch der Kurbelwelle verbinden, halten zugleich das auf der Welle zentrierte Zahnrad e, das durch die Räder f, g die Kühlwasserkreiselpumpe w_1 antreibt. Das auf dem vorderen fliegenden Wellenzapfen durch Konus, Paßfeder und Mutter befestigte Zahnrad h kämmt mit zwei seitlich liegenden Zahnrädern i, von denen das eine die Schmierölsaugpumpe, das andere die Druckpumpe antreibt (s. a. Bild 365), die im Gehäuse o untergebracht sind.

Anders als bei dem in Bild 288 (S. 299) dargestellten Verdichter ist hier die obere Stirnfläche des Stufenkolbens die HD-Stufe, die Ringfläche zwischen den beiden Kolben die ND-Stufe. Diese saugt die Luft aus dem Maschinenraum durch das Rohr k an, das mit Saugkorb l versehen ist, welcher verhindern soll, daß gröbere Fremdkörper angesaugt werden; m ist das ND-Saugventil. Der aufwärtsgehende Kolben schiebt die Luft durch das ND-Druckventil p, den Wasserabscheider q und durch die Rohre des Rückkühlers r dem HD-Saugventil s zu, durch das der HD-Kolben die Luft beim Abwärtsgang ansaugt. Durch das HD-Druckventil t schiebt der aufwärtsgehende Kolben die auf 30 atü verdichtete Luft in die Leitung u, die zur Anfahrluftflasche führt. Der Enddruck der ND-Stufe beträgt 5 atü; die Sicherheitsventile v, w, die an das HD-Saug- bzw. HD-Druckventil angeschlossen sind, blasen bei 6,5 atü bzw. 35 atü ab.

Das Kühlwasser tritt bei x ein, umspült den ND-Zylinder, den Röhrenkühler r und den HD-Zylinder und tritt bei y aus. Die beiden mit Zinkschutzkörpern versehenen Deckel z verschließen Reinigungsöffnungen. Während der Kompressor die Luftflasche auflädt, wird die Vorlage q durch Öffnen des an ihr angebrachten Ablaßhahnes a_1 von Zeit zu Zeit (in Abständen von etwa 10 Minuten) entwässert.

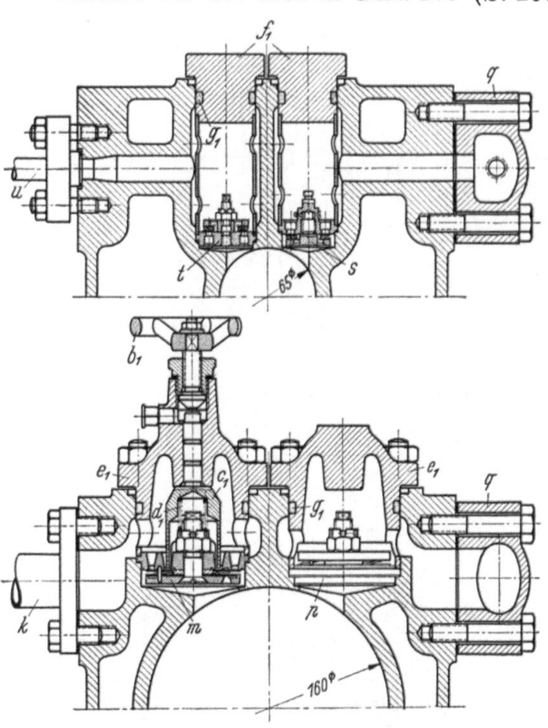

Bild 368
Anordnung der Ventile des Anfahrluftkompressors

k Saugrohr;　　m ND-Saugventil;　　p ND-Druckventil; q Wasserabscheider;　s HD-Saugventil;　t HD-Druckventil; u Leitung zur Anfahrluftflasche;　b_1 Handrad zum Aufdrücken des ND-Saugventils;　c_1 Greifer;　d_1 Greiferfeder; e_1, f_1 Flanschen für Befestigung der Ventile;　g_1 Rundgummidichtungen

Bild 368 zeigt die *Anordnung der* vier *Ventile* am Kompressorgehäuse. Um die schädlichen Räume klein zu halten, hat der Konstrukteur die Ventile möglichst dicht an die Hubräume gerückt. Da der Kolben ständig mitläuft, wenn der Motor in Betrieb ist, muß eine Vorrichtung vorhanden sein, welche die Luftförderung abstellt, wenn die Luftflasche auf den Höchstdruck (30 atü) aufgeladen worden ist. Dies wird hier durch Offenhalten des Saugventils m der ND-Stufe erreicht. Soll der Kompressor nicht fördern, so wird das Handrad b_1 niedergeschraubt; dadurch wird die Spindel des Greifers c_1 nach innen gedrückt, und die Ventilplatte hebt sich von ihrem Sitz ab, so daß die beim Abwärtsgang des Kolbens angesaugte Luft beim Aufwärtsgang in die Saugleitung k zurückgeschoben wird. Der Kompressor fördert nur, wenn das Handrad b_1 ganz herausgeschraubt und der Greifer c_1 durch den Druck der Feder d_1 außer Eingriff mit der Ventilplatte gehalten wird; hierbei soll zwischen der Spindel des Handrades und der des Greifers ein Spiel von etwa 1,5 mm vorhanden sein. Die vier Ventile werden mittels durchlochter Rohrstücke durch Flanschen unter Beilage von Dichtungen auf ihren Sitz am ND- bzw. HD-Zylinder gedrückt. Bei den ND-Ventilen sind es Flanschen e_1 von quadratischer Form, die durch vier Stiftschrauben befestigt sind, bei den HD-Ventilen ovale Flanschen f_1 (in der Stirnansicht Bild 349 sichtbar). Rundgummiringe g_1 dichten die Flanschen im Gehäuse ab.

Von den vier Ventilen[1] dieses Kompressors sind in Bild 369 das ND-Saugventil (m in Bild 367 u. 368) und das HD-Saugventil s in größerem Maßstab dargestellt. Die Pfeile deuten die Richtung des Luftstromes an. Das ND-*Saugventil* ist aus dem Ventilsitz a, dem Ventilfänger b, der Ventilplatte c und dem Distanzring d zusammengesetzt; die Ventilschraube e hält durch Kronenmutter und Splint die Teile zusammen. Die Dicke des Distanzringes d bestimmt den Hub der 1,3 mm starken Ventilplatte c, die von den drei hochgebogenen Zungen der Ventilfeder f mit leichtem Druck gegen den Ventilsitz a gelegt wird. Der zylindrische Stift g verhindert ein Drehen der Teile gegen-

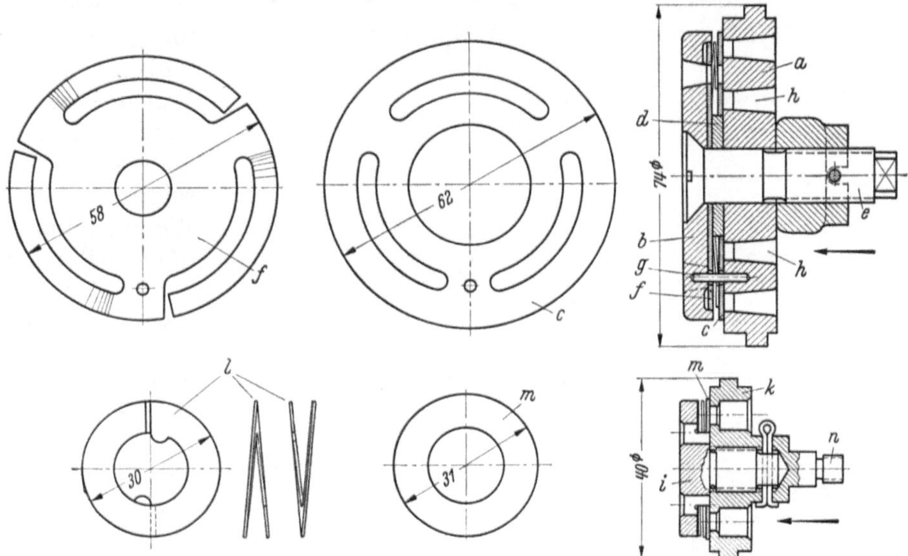

Bild 369. ND- und HD-Saugventil

a Ventilsitz; b Ventilfänger; c Ventilplatte; d Distanzring; e Ventilschraube; f Ventilfeder; g Zylinderstift; h Schlitze im Ventilsitz; i Ventilfänger des HD-Ventils; k Ventilsitz; l Ventilfedern; m Ventilplatte; n Gewinde für Ausbau

einander. In die drei bogenförmigen Schlitze h faßt der Greifer (c_1 in Bild 368), wenn die Luftförderung abgestellt werden soll; er drückt dann die Ventilplatte c gegen die Federplatte f, so daß das Ventil nicht schließen kann und keine Luft gefördert wird.

Beim HD-*Saugventil* (Bild 369) sind der Ventilfänger i und die Ventilschraube aus einem Stück hergestellt und der Ventilsitz k ist als Mutter ausgebildet; ein Splint sichert die Verbindung. Gegen den Ventilfänger, auf diesem zentriert, legen sich die beiden Federn l (0,4 mm), welche die 1 mm starke Ventilplatte m auf den Sitz drücken. Die Federn greifen mit den halbkreisförmigen Vorsprüngen an ihrem Innenrand in je eine Bohrung des Ventilfängers i, so daß sie ihre Lage zueinander beibehalten. Soll das Ventil zwecks Überholung ausgebaut werden, so kann es am Gewinde n herausgezogen werden. Beim ND-Saugventil dient das freie Gewindeende der Schraube e dem gleichen Zweck.

Vom Kompressor führt die Druckleitung u (Bild 367 u. 368) zur *Luftflasche* (Bild 370). Auf den zusammengezogenen Hals der Flasche ist Gewinde geschnitten und der Flansch a geschraubt, mit dem der aus Stahl geschmiedete Flaschenkopf b durch sechs Stiftschrauben c verbunden ist. Die Dichtung zwischen Kopf und Flasche (2 mm Cu-Asbest) liegt in einer Ringnut, die in die Stirnfläche der Flasche, nicht des Flansches a eingedreht ist (andernfalls stünde das nicht dichtende Flanschgewinde unter Luftdruck). Der Flaschenkopf enthält die Gewindebohrungen für vier Ventile: Ventil d sperrt die Ladeleitung u ab, Ventil e die zum Hauptanfahrventil (z in Bild 354) führende Leitung a_1; durch f wird die Flasche entwässert, und g sperrt den Manometerstutzen h ab, an den

---

[1] Hergestellt von der Firma *Karl Rud. Dienes*, Vilkerath bei Köln.

das Manometer i, eine an den Bedienungsstand führende Manometerleitung k, ein Kontrollflansch l und eine zur Luftsirene führende Leitung m angeschlossen sind. Die Verschraubung n dient zum Anbringen des Sicherheitsventils, das nicht absperrbar sein soll, damit es nicht versehentlich ausgeschaltet werden kann.

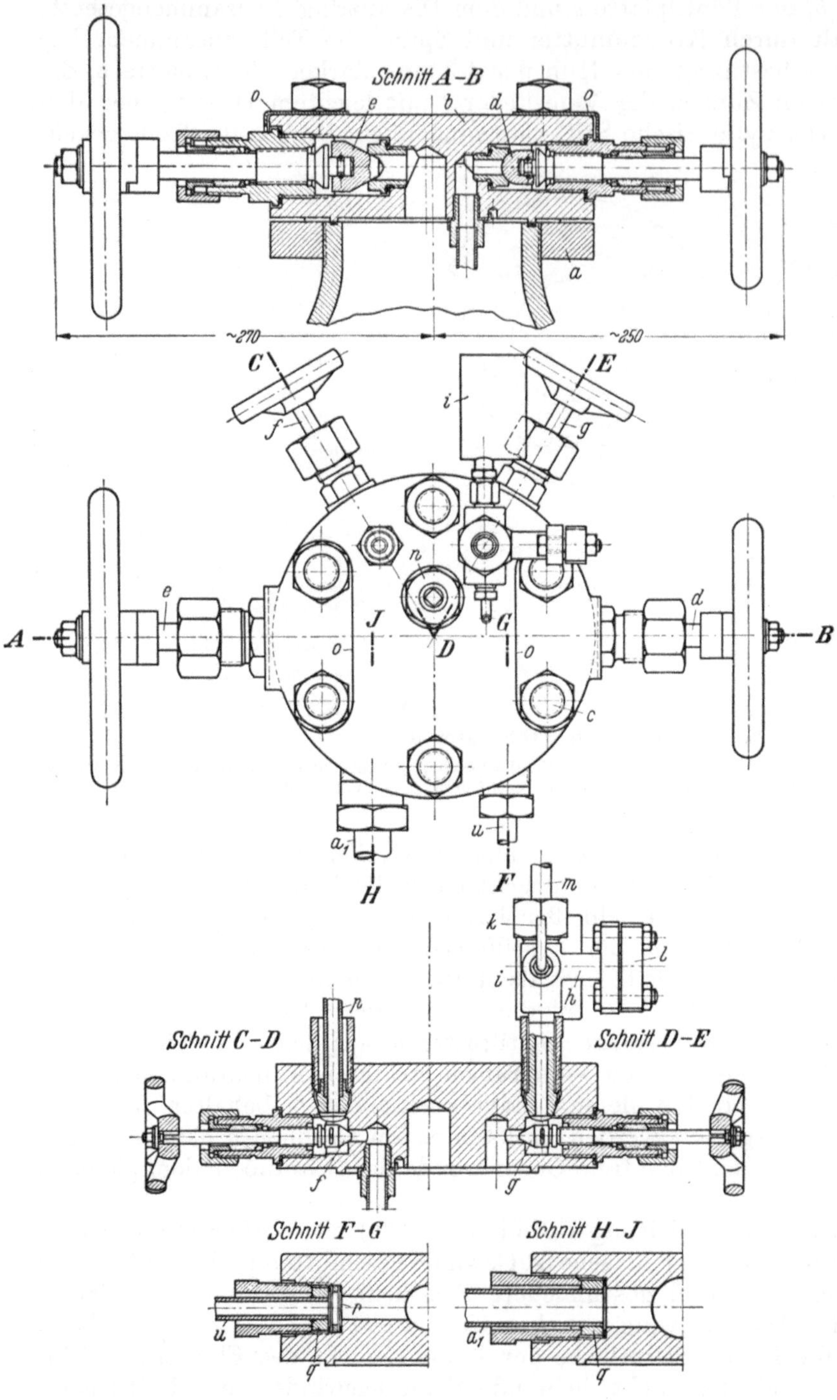

Die Handräder der größeren Ventile d und e sind durch Schlagkupplungen mit ihren Spindeln verbunden, damit die Ventile fest geschlossen werden können. Die Spindeln sind in ihren Verschraubungen durch Weichpackung, Stopfbuchsbrille und Überwurfmutter gedichtet. Zwecks Entlastung der Packung sollen die Spindeln beim Öffnen der Ventile ganz herausgeschraubt werden; dann legen sich die Konusse an den Spindeln (bei den Ventilen d und e) bzw. Bunde (bei f und g) dichtend gegen ihre Verschraubungen. Damit die Verschraubungen der großen Ventile d und e sich nicht lösen, wenn am Schluß der Öffnungsbewegung die Klauen der Handräder gegen die Spindeln geschlagen werden, sind sie durch die Legeschlüssel o gesichert, die unter den Muttern von je zwei Stiftschrauben c liegen und deren nach unten umgebogener Teil das Sechskant der Verschraubungen zum Teil umfaßt. Bei den kleineren Ventilen f und g ist diese Sicherung nicht erforderlich. An das Entwässerungsventil f ist im Flascheninnern ein Rohr angeschlossen, das an den tiefsten Punkt der schrägliegend angeordneten

Bild 370. Luftflaschenkopf

a Gewindeflansch; b Flaschenkopf; c Stiftschrauben; d Ventil der Ladeleitung; e Ventil der Anfahrluftleitung; f Entwässerung; g Manometerventil; h Manometerstutzen; i Manometer; k Manometerleitung; l Kontrollflansch; m Leitung zur Luftsirene; n Verschraubung für Sicherheitsventil; o Legeschlüssel; p Entwässerungsleitung; q Bordringe; r Siebeinsatz; u Ladeleitung; a_1 Leitung zum Hauptanfahrventil

Flasche geführt ist; außen schließt die Entwässerungsleitung p an, deren Ende oberhalb der Bilge so liegt, daß der Maschinist beobachten kann, ob Wasser austritt.

Das Manometer i und die zum Bedienungsstand führende Manometerleitung k können durch das Ventil g abgesperrt werden, wodurch die Manometer geschont werden. An Stelle des Verschlußflansches l kann ein Kontrollmanometer angesetzt werden. Wie die vom Kompressor kommende Leitung u und die zum Hauptanfahrventil führende Leitung a_1 an den Flaschenkopf angeschlossen sind, zeigen die Schnitte F–G und H–J: die Rohre werden mittels aufgeschweißter Bordringe q durch Überwurfschrauben unter Beilage von Kupferdichtungen in die Bohrungen gedrückt. Die Ladeleitung u ist außerdem mit einem Siebeinsatz r versehen, welcher verhindert, daß feste Körper in die Flasche gelangen, die das Dichthalten der Ventile gefährden könnten.

Die Flasche hat 500 lit Inhalt. Der Betriebsdruck beträgt 30 atü; dieser Druck soll zur ständigen Manövrierbereitschaft dauernd gehalten werden. Die Flasche wird einem Probedruck von 45 atü unterworfen.

10. Werkspoor N. V.

Die *Werkspoor N. V.*, Amsterdam, hat schon 1902 den Bau von Dieselmotoren aufgenommen. Anfangs wurden nichtumsteuerbare Maschinen in der offenen Bauart mit Ständern der A-Form hergestellt, die mit Umsteuerpropellern auch als Hilfsmaschinen für Segelschiffe verwendet wurden; aber schon 1910 baute *Werkspoor* für den Einschrauben-Tanker „Vulcanus" der *Anglo-Saxon Petroleum Co.* einen sechszylindrigen direkt umsteuerbaren Viertaktmotor von 500 PSe, der mit Druckschmierung versehen und ganz geschlossen war. Das Motorschiff „Vulcanus", das seine Fahrten im Dezember 1910 angetreten hat, ist in der Geschichte des Dieselmotorenbaues das erste seegehende Motorschiff gewesen.

Die weitere Entwicklung führte über den doppeltwirkenden Viertakt zur *Aufladung* einfachwirkender Viertaktmaschinen (1926), wozu die untere Kolbenseite als Ladeluftpumpe benutzt wurde, sodann in Lizenz von *Gebr. Sulzer* zum Zweitakt (1930) und zur Druckeinspritzung. 1945 entstand die neueste Maschine der *Werkspoor N. V.*, ein einfachwirkender Zweitaktmotor mit Gleichstromspülung und Auspuffventilen im Zylinderkopf. Die Maschine wird durch Abgasturbogebläse aufgeladen. Sie ist unter dem Namen „*Werkspoor-Lugt*-Maschine" bekannt geworden[1].

Heute umfaßt das Bauprogramm der Firma einfachwirkende Viertakt- und Zweitaktmotoren, diese mit Leistungen bis zu 10 000 PSe. Die Viertaktmotoren sind Tauchkolbenmaschinen, die mit und ohne Abgasturboaufladung geliefert werden. Die größte Tauchkolbenmaschine (390 mm Dmr., 680 mm Hub, 275 U/min) leistet mit 10 Zylindern und Aufladung 2100 PSe (p_e = 8,45 kg/cm², entspr. 50 % Aufladung). Die Werkspoor-Lugt-Maschine wird mit zwei Zylinderdurchmessern, 600 und 680 mm, ausgeführt, der kleinere Zylinder mit zwei verschiedenen Hüben (900 und 1100 mm) und Drehzahlen (165 und 135 U/min), in beiden Fällen mit der mittl. Kolbengeschwindigkeit 4,95 m/sec. Der Zylinder 600 Dmr. wird auch mit besonders niedriger Bauhöhe geliefert, wenn es auf geringen Raumbedarf in der Höhe ankommt. Auch Viertakt-Kreuzkopfmotoren mit Druckaufladung und Leistungen von 1600 bis 4250 PSe (750 mm Dmr., 1400 mm Hub, 120 U/min, p_e = 7,0 kg/cm², c_m = 5,6 m/sec) sowie raschlaufende Viertakt-V-Motoren mit Aufladung, die mit 16 Zylindern (160 mm Dmr., 200 mm Hub) bei 1400 U/min 1000 PSe, mit 20 Zylindern (215 mm Dmr., 260 mm Hub) bei 1050 U/min 2500 PSe leisten, gehören zu dem umfangreichen Bauprogramm.

Die Abbildungen dieses Abschnittes gelten für die Werkspoor-Lugt-Maschine, teils für den kleineren, teils für den größeren Zylinder. Die niedrige Bauart des 600er Zylinders hat zylindrische Kreuzkopfführung (Bild 371 u. 372), die höhere einen Kreuzkopf mit ebener Gleitbahn (s. a. Bild 408, S. 431). Der größere Zylinder (680 Dmr.) wird nur mit ebener Gleitbahn gebaut.

---

[1] Nach ihrem Konstrukteur G. J. LUGT, Dipl.-Ing. E.T.H., † 1948.

Die Bilder 371 und 372 stellen die *Vierzylindermaschine* 600 Dmr., 900 Hub in Längsansicht und -schnitt sowie im Querschnitt dar; der Querschnitt ist der Deutlichkeit halber in zwei Teilen gezeichnet. Bei Motoren größerer Zylinderzahl wird die gußeiserne Grundplatte zweiteilig hergestellt. Das Blockdrucklager wird gegen die hintere Stirn-

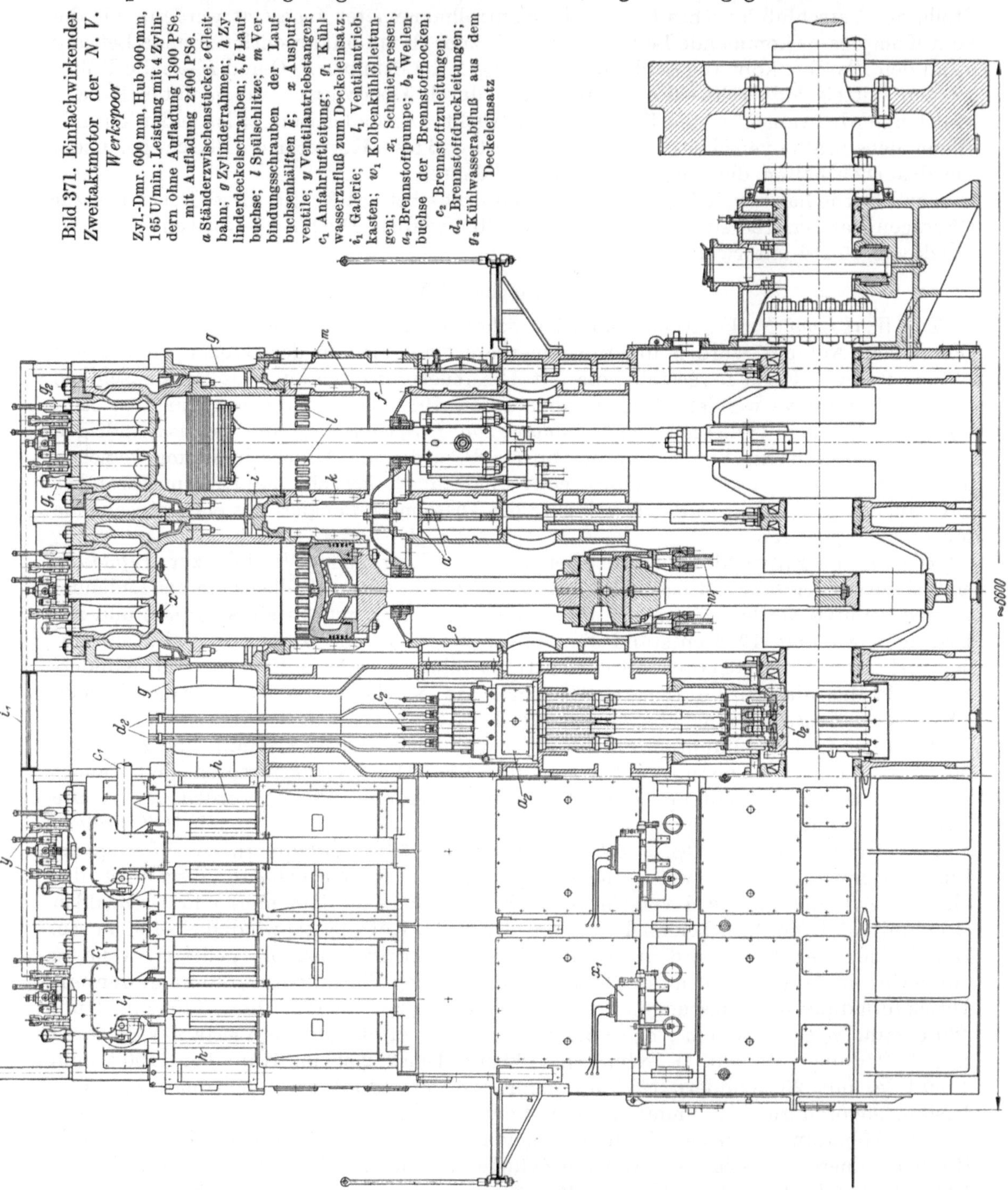

Bild 371. Einfachwirkender Zweitaktmotor der N.V. *Werkspoor*

Zyl.-Dmr. 600 mm, Hub 900 mm, 165 U/min; Leistung mit 4 Zylindern ohne Aufladung 1800 PSe, mit Aufladung 2400 PSe. *a* Ständerzwischenstücke; *e* Gleitbahn; *g* Zylinderrahmen; *h* Zylinderdeckelschrauben; *i, k* Laufbuchse; *l* Spülschlitze; *m* Verbindungsschrauben der Laufbuchsenhälften *k*; *x* Auspuffventile; *y* Ventilantriebstangen; c_1 Anfahrluftleitung; g_1 Kühlwasserzufluß zum Deckeleinsatz; i_1 Galerie; l_1 Ventilantriebkasten; w_1 Kolbenkühlölleitungen; x_1 Schmierpressen; a_2 Brennstoffpumpe; b_2 Wellenbuchse der Brennstoffnocken; c_2 Brennstoffzuleitungen; d_2 Brennstoffdruckleitungen; g_2 Kühlwasserabfluß aus dem Deckeleinsatz

wand der Grundplatte geschraubt (Bild 371). Die aus SM-Stahl geschmiedete Kurbelwelle ist halbgebaut, die Wangen sind auf die Wellenzapfen geschrumpft. Aus den Querschnitten Bild 372a und 372b geht der Aufbau des Gestells hervor: auf der Grundplatte stehen die A-förmigen Ständer, die auf ihren oberen Flächen, etwa in halber Maschinenhöhe, Zwischenstücke a tragen, welche mit den Spülpumpenzylindern b aus einem Stück gegossen sind. Bild 373 zeigt ein solches Zwischenstück mit den vier Öffnungen für die durchgehenden Zuganker, der Bohrung für die Kolbenstange der Spülpumpe und den Durchbrechungen für die Ventile c und d (die beiden in Bild 373 unten liegenden Reihen nehmen die Saugventile c, die beiden darüber sichtbaren Reihen die Druckventile d auf). In dem Zwischenstück a ist die zylindrische Gleitbahn e des Kreuzkopfkörpers zentriert; sie wird von unten in das Zwischenstück eingeführt und durch einen Flansch mit ihm verschraubt. Auf das Zwischenstück sind kürzere Ständer f gesetzt, die den durchlaufenden, aus einem Stück gegossenen Zylinderrahmen g tragen. Dieser bildet die kräftige obere Gurtung des (als Doppel-T-Träger aufgefaßten) Maschinengestells. Auf den Zylinderrahmen sind die zweiteiligen Zylinderdeckel gesetzt, deren äußerer, aus hochfestem Gußeisen gefertigter Ringteil durch zwölf Stiftschrauben h mit dem Rahmen g verbunden ist. An dem Ringteil hängt, metallisch durch Aufschleifen gedichtet, die zweiteilige Laufbuchse i, k, deren unterer Teil k die Spülschlitze l enthält, die den ganzen Zylinderumfang einnehmen. Dieser Laufbuchsenteil ist in der Vertikalen geteilt (Verbindungsschrauben m in Bild 371); dadurch wird es möglich, die Kolbenkappe seitlich auszubauen, nachdem man die Muttern der Stiftschrauben zwischen Kolbenkappe und Flansch der Kolbenstange gelöst hat. Der den unteren Laufbuchsenteil k umgebende Raum dient als Spülluftaufnehmer; der Deckel m (Bild 372b) schließt ihn gegen die Atmosphäre ab und verbindet ihn mit dem Druckraum der Spülpumpe. Gegen das Kurbelgehäuse ist der Spülluftraum durch den in der Vertikalen geteilten Deckel n abgeschlossen, in welchem fünf Abstreifringe untergebracht sind: die beiden oberen schaben Rückstände ab, die aus dem oberen Raum an die Stange gelangen könnten, die drei unteren das an der Stange haftende Schmieröl. Die abgeschabten Stoffe werden getrennt abgeführt (Hahn o und Bohrungen p in Bild 372b). Für den Betrieb mit schweren und besonders mit schwefelhaltigen Brennstoffen ist die sorgfältige Abdichtung der Kolbenstange wichtig, da sie Korrosionen im Kurbelgehäuse verhindert.

Die für das Anlassen und den Arbeitstakt erforderlichen Ventile sind in einem gußeisernen Einsatzstück untergebracht, das durch den Flansch q und zwölf Stiftschrauben r in den äußeren Zylinderdeckel gepreßt wird. In dem Einsatz ist zentral das Brennstoffventil s angeordnet, dem der Brennstoff durch das Filter t und die Einspritzleitung u zugeführt wird. Das Ventil v wird geöffnet, wenn die Leitung u vor dem Anfahren durch Aufpumpen von Hand entlüftet werden soll. Der Brennstoff fließt dann durch die Leitung w ab, die auch den Leckbrennstoff abführt, den die Ventilnadel im Betrieb durchtreten läßt. Unterhalb der Rohre u und w sind in Bild 372b die Rohre sichtbar, die das Kühlwasser (Frischwasser) dem Gehäuse des Brennstoffventils zuleiten. In diesem wird das Kühlwasser bis unmittelbar an die Brennstoffdüse geführt, die dadurch wirksam gekühlt wird.

Zu beiden Seiten des Brennstoffventils liegen die vier Auspuffventile x, die paarweise von der verlängerten Kolbenstange der Spülpumpe angetrieben werden (s. a. Bild 375 bis 377); zwei Stangen y (je Zylinder) übertragen die Bewegung der Kolbenstange auf die Ventilspindeln. Die Ventilsitze sind aus Gußeisen, die Ventilteller aus hitzebeständigem Stahl angefertigt, die Sitzflächen sind mit Stellit aufgeschweißt. Da vier Auspuffventile vorhanden sind, wird der Tellerdurchmesser klein, und die Ventile neigen weniger zum Verziehen. Die Auspuffkanäle der vier Ventile sind an das wärmeisolierte Auspuffsammelrohr z angeschlossen.

Der innere Deckelteil nimmt ferner das druckluftgesteuerte Anlaßventil a_1 auf; die Steuerluftleitung b_1 und die Hauptanfahrluftleitung c_1 sind in Bild 372b sichtbar. In den Luftkanal, der in den Deckelring eingegossen ist, wird der Flammenschutz d_1 eingesetzt, ein gußeiserner Zylinder, dessen verstärkter Boden für den Durchtritt der Anfahrluft durchbohrt ist. Er verhindert, daß bei etwa hängenbleibendem Anlaßventil die Flamme aus dem Brennraum in die Anfahrluftleitung schlägt. e_1 ist ein mit Dekompressionseinrichtung versehenes Sicherheitsventil.

Der untere Teil k (Bild 372b) der Laufbuchse bedarf keiner besonderen Kühlung, da er dauernd durch die Spülluft gekühlt wird. Der obere Teil i wird ganz vom Kühlwasser umspült, das durch die Leitung f_1 zugeführt wird. Der Zylinderrahmen g dient

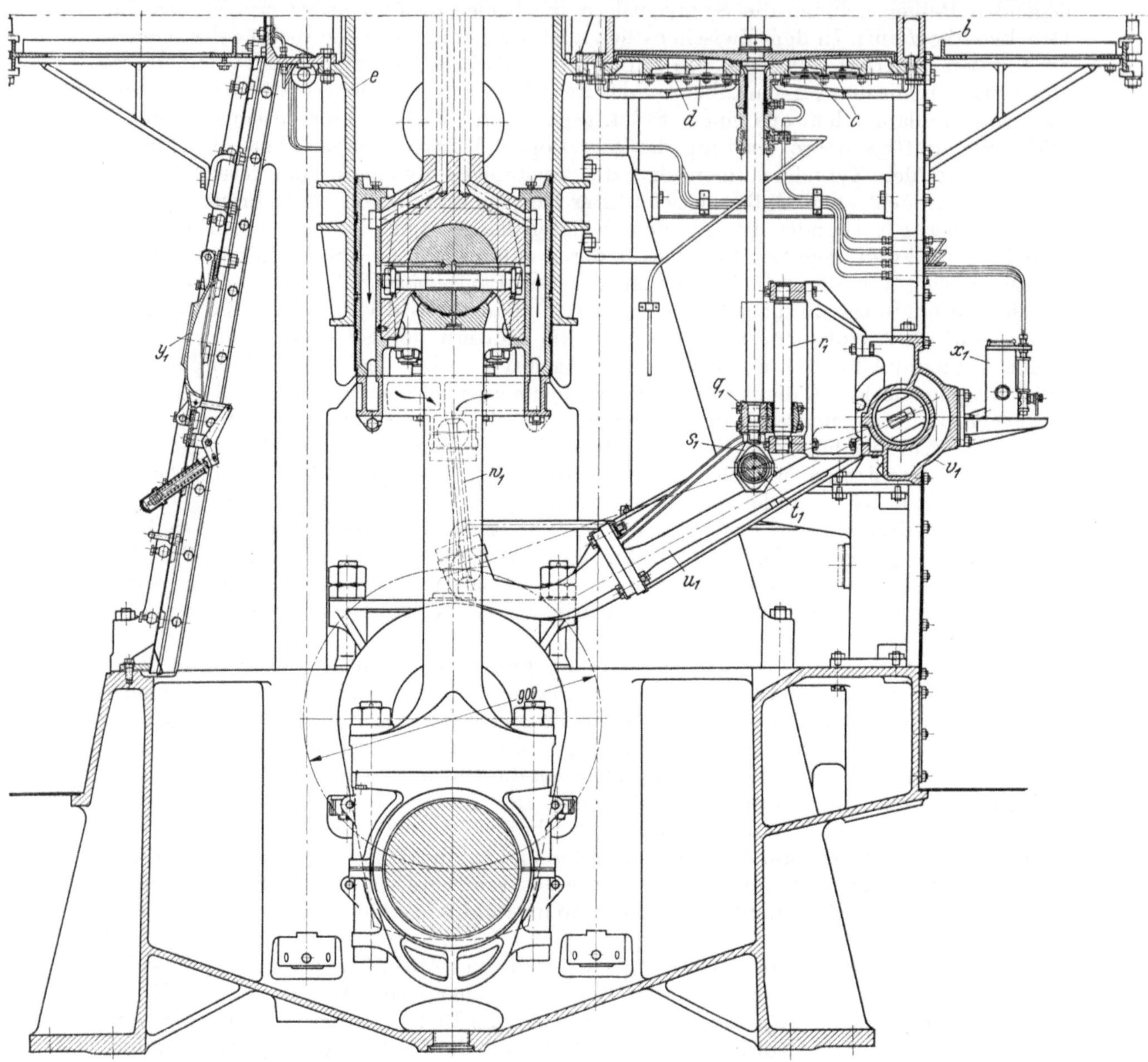

Bild 372a. Querschnitt durch den Arbeitszylinder des Motors Bild 371. Unterer Teil

als Kühlmantel. Der Übertritt aus dem Kühlmantel in den Zylinderdeckel ist durch einen in den Deckel eingepreßten Ring und Gummischnüre gedichtet. Da die Muttern der Stiftschrauben, welche die Laufbuchse i mit dem Zylinderdeckel verbinden, im Wasser liegen, sind sie durch gußeiserne Kappen und Gummiringe vor Berührung mit dem Wasser geschützt. Dem Deckeleinsatz, der die Ventile enthält, wird das Kühlwasser durch die Leitung g_1 (Bild 372b) zugeführt; eine zweite Leitung (g_2 in Bild 371) mit Ventil h_1 (Bild 372b) führt das erwärmte Kühlwasser in die Abflußleitung i_1.

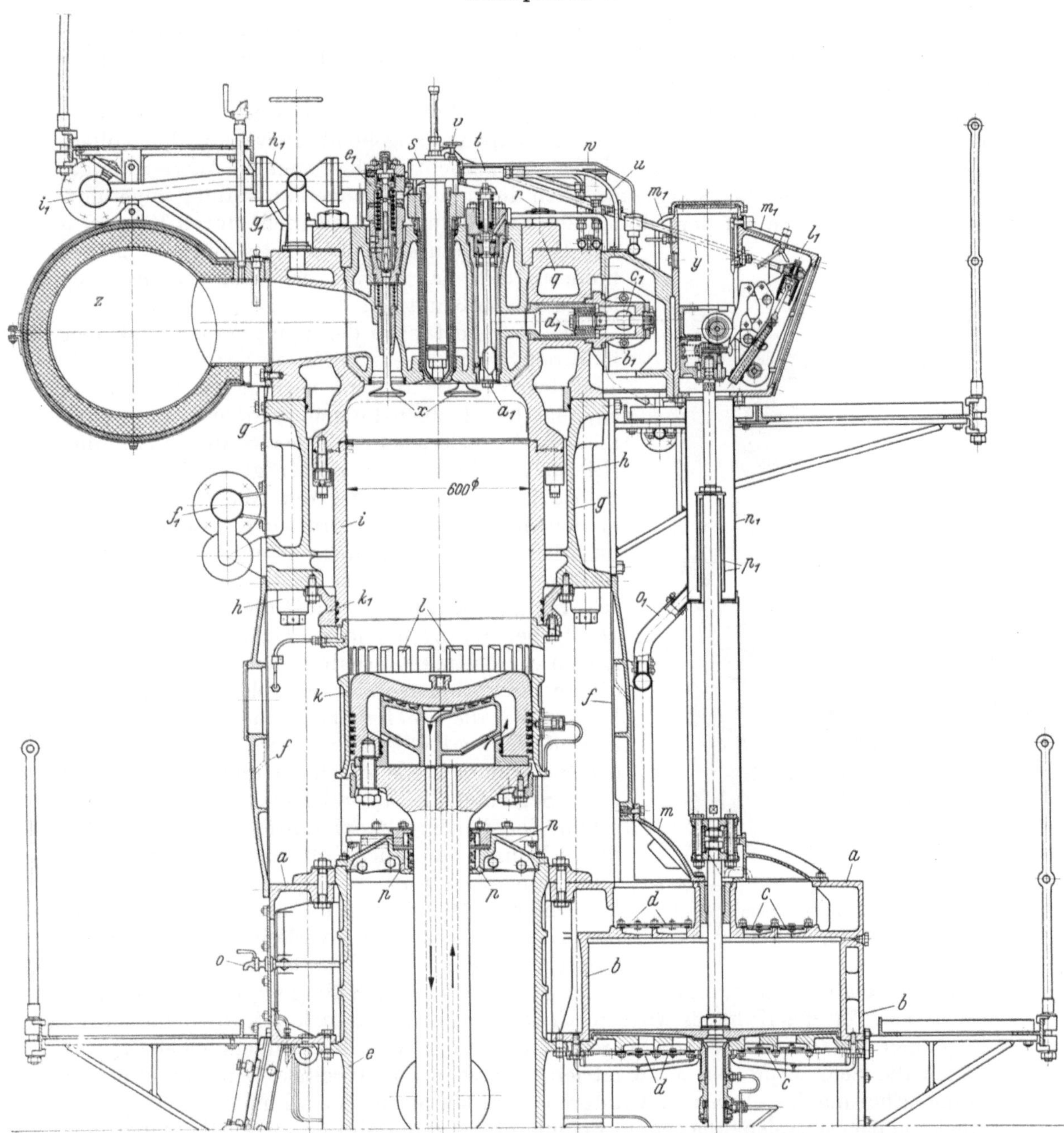

Bild 372b. Querschnitt durch den Arbeitszylinder des Motors Bild 371. Oberer Teil

Legende zu Bild 372a und b: *a* Zwischenstück mit Spülpumpenzylinder *b*; *c* Saugventile; *d* Druckventile; *e* Gleitbahn; *f* Zwischenständer; *g* Zylinderrahmen; *h* Zylinderdeckelschrauben; *i, k* Laufbuchse; *l* Spülschlitze; *m* Abschluß des Spülluftaufnehmers gegen die Atmosphäre; *n* Abschluß gegen das Kurbelgehäuse; *o* Abflußhahn; *p* Schmierölrückfluß; *q* Druckflansch; *r* Stiftschrauben; *s* Brennstoffventil; *t* Brennstoffilter; *u* Brennstoffdruckleitung; *v* Entlüftungsventil; *w* Leckölableitung; *x* Auspuffventile; *y* Antrieb der Auspuffventile; *z* Auspuffsammelrohr; a_1 Anlaßventil; b_1 Steuerluftleitung; c_1 Anfahrluftleitung; d_1 Flammenschutz; e_1 Sicherheits- und Dekompressionsventil; f_1 Kühlwasserzuleitung; g_1 Kühlwasserleitung zum Deckeleinsatz; h_1 Ventil zum Regeln der Kühlwassertemperatur; i_1 Kühlwasserabflußleitung; k_1 Führungsring der Laufbuchse; l_1 Ventilantriebkasten; m_1 Schmierleitungen an l_1; n_1 Verschalung der Spülpumpenkolbenstange; o_1 Schmierölabfluß; p_1 Abdichtung gegen Lecköl; q_1, r_1 Führung der Spülpumpenkolbenstange; s_1 Lenker; t_1 Zapfen zwischen den Schwinghebeln u_1; v_1 Scharnierkasten; w_1 Kolbenkühlgelenke; x_1 Schmierpresse; y_1 Explosionsklappe

Der obere Teil *i* der Laufbuchse ist an seinem unteren Ende durch den im Zylinderrahmen *g* zentrierten Ring k_1 (Bild 372b) geführt. Drei um *i* gelegte Gummiringe dichten den Kühlwasserraum gegen den Spülluftraum ab. Aus der unterhalb der Gummiringe angeschlossenen Kontrolleitung darf kein Wasser austreten. Die untere Laufbuchse k ist mit ihrem Flansch mit dem Ring k_1 verschraubt. Der obere Teil kann sich frei in den unteren ausdehnen.

Die in dem Ventilantriebkasten l_1 untergebrachten Steuerungsteile (in Bild 375 in größerem Maßstab gezeichnet) übertragen die auf- und abgehende Bewegung der Kolbenstangen der Spülpumpen auf die sich in schräger Richtung bewegenden Antriebstangen der Auspuffventile. Das den Steuerungsteilen durch die Leitungen m_1 ständig zugeführte Schmieröl sammelt sich auf dem Boden der Verschalung n_1 und fließt durch Rohr o_1 in das Kurbelgehäuse ab. Die Teleskoprohre p_1 verhindern, daß das Öl an der Kolbenstange entlang nach außen tritt.

Bild 373
Zwischenstück mit angegossenem Spülpumpenzylinder, von oben gesehen

Die Kolbenstangen der Spülpumpen sind oberhalb der Spülpumpenzylinder unterteilt; ihre Teile sind durch eine Kupplung verbunden. Die unteren Enden der Kolbenstangen werden durch einen kleinen Kreuzkopf q_1 an der Stange r_1 geführt (Bild 372a). Der Kreuzkopf trägt zwei Zapfen (in Bild 372a vor und hinter der Bildebene liegend); an jedem Zapfen greift ein kurzer Lenker s_1 an, und beide Lenker umfassen mit ihren unteren Enden den Zapfen t_1, der in die beiden Stahlgußschwinghebel u_1 eingelassen ist und diese verbindet. Die Hebel u_1, die um je ein Gelenk im Scharnierkasten v_1 schwingen, erhalten ihre Bewegung durch die an ihren Enden mit Kugelgelenken versehenen Lenker w_1, die am Kreuzkopf des Arbeitskolbens angreifen. Das Kolbenkühlöl wird dem Zuflußraum des Scharnierkastens zugeführt und gelangt durch einen Schwinghebel u_1 und Lenker w_1 in den Gleitschuh, der den Kreuzkopf führt. Von dort wird es durch Bohrungen in der Kolbenstange dem Kolbenkühlraum zugeführt, in den es nach den eingezeichneten Pfeilen am Umfang eintritt und den es in der Kolbenmitte verläßt, um durch das zweite Gelenkpaar und den Scharnierkasten in das Kurbelgehäuse abzufließen. Bild 374 zeigt genauer, wie das Kühlöl am Kolbenboden geführt ist. Ein Teil des Kühlöles wird durch Bohrungen im Kreuzkopfkörper und in den Gleitschuhen den Gleitflächen als Schmieröl zugeführt. Von den Schwinghebeln u_1 werden auch die Schmierpressen x_1 angetrieben, welche die Arbeitskolben und die Kolbenstangenführung im oberen und unteren Spülpumpendeckel schmieren.

Auch die Kurbelzapfen erhalten ihr Schmieröl aus dem Zuflußraum der Kühlölleitung; es wird durch Bohrungen im Kreuzkopfzapfen und durch die hohlgebohrten Pleuelstangen an die Kurbelzapfen geführt. Die Kurbelwelle hat keine Bohrungen, und der Ölfilm kann sich in den Kurbel- und Wellenzapfenlagern ausbilden, ohne durch Ringnuten unterbrochen zu werden.

Auf der dem Bedienungsstand abgewandten Seite sind in den Triebraumdeckeln Explosionsklappen y_1 angebracht, die um ein Scharnier schwenkbar sind und durch Federkraft geschlossen gehalten werden.

Bild 371 zeigt eine weitere Besonderheit dieser Maschinentype: die Brennstoffpumpe a_2 ist auf Längsmitte des Motors senkrecht über der Kurbelwelle innerhalb des Kurbelgehäuses angeordnet. Die Brennstoffnocken sind auf der geteilten Buchse b_2 befestigt; sie werden gegen konisch angedrehte Flächen gepreßt und durch Reibung mitgenommen; zum Verstellen des Einspritzbeginns können sie nach Lösen der Klemmschrauben in der Umfangsrichtung verschoben werden. Durch Rollen, Rollenführungen und lange Stößel werden die Pumpenstempel angetrieben, die (wie die größere Brennstoffpumpe Bild 380) mit Schrägkantensteuerung arbeiten. Beim Umsteuern werden die Pumpenstempel um etwa 180° gedreht, wie dies zu Bild 381 erläutert wird. Die Brennstoffsaugleitungen c_2 und -druckleitungen d_2 sind in Bild 371 sichtbar.

Der Weg des Kühlöles zum *Arbeitskolben* und zurück ist in Bild 372a und 372b dargestellt; wie es im Kolbenhohlraum geführt wird, zeigt Bild 374. Der aus Stahlguß hergestellte Einsatz a, dessen Hohlraum durch vier eingeschweißte Platten b verschlossen ist, läßt die Zuflußbohrung c der Kolbenstange offen und deckt die Abflußbohrung d für das zutretende Kühlöl ab. Das Öl muß daher zunächst seinen Weg durch die (acht) Bohrungen e nehmen, deren Achsen im Grundriß unter 30° zum Umfang liegen; es strömt mit tangentialer Bewegung an der inneren Kolbenwand nach oben und wird alsdann durch die am Einsatz angegossene Spiralrippe gezwungen, rasch am Kolbenboden entlang zu strömen, diesen wirksam kühlend. Aus dem Innenraum der Spirale fließt es durch die Bohrung d ab.

Gegen die Kolbenkappe ist der Einsatz durch zwei ölbeständige Gummiringe f gedichtet. Vier Zylinderkopfschrauben (Bohrungen g) heften den Einsatz an die Kolbenkappe wäh-

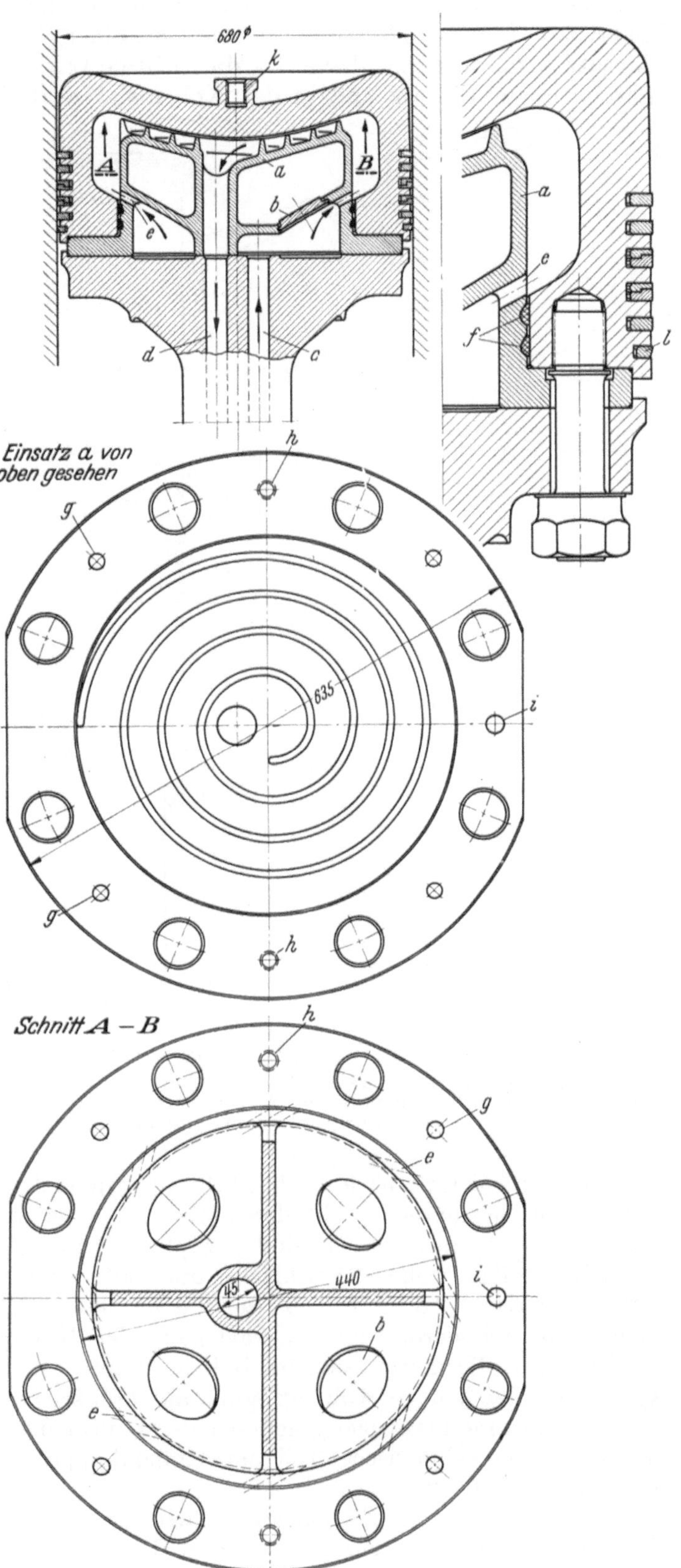

Bild 374. Arbeitskolben

a Einsatz für Kolbenkühlung; b Verschlußplatten; c, d Bohrungen in der Kolbenstange; e Bohrungen im Einsatz a; f Dichtringe; g Bohrungen für Heftschrauben; h Gewindebohrungen für Abdrückschrauben; i Zylinderstift; k Gewinde für Tragschraube; l Mitnehmerring

rend der Montage; zwei Abdrückschrauben (Gewinde h) ermöglichen das Ausbauen des Einsatzes. Der Zylinderstift i, der nur an einer Seite vorhanden ist, bewirkt, daß der Einsatz beim Zusammenbauen in die richtige Lage kommt, in welcher sich die Abflußöffnungen im Einsatz und in der Kolbenstange decken.

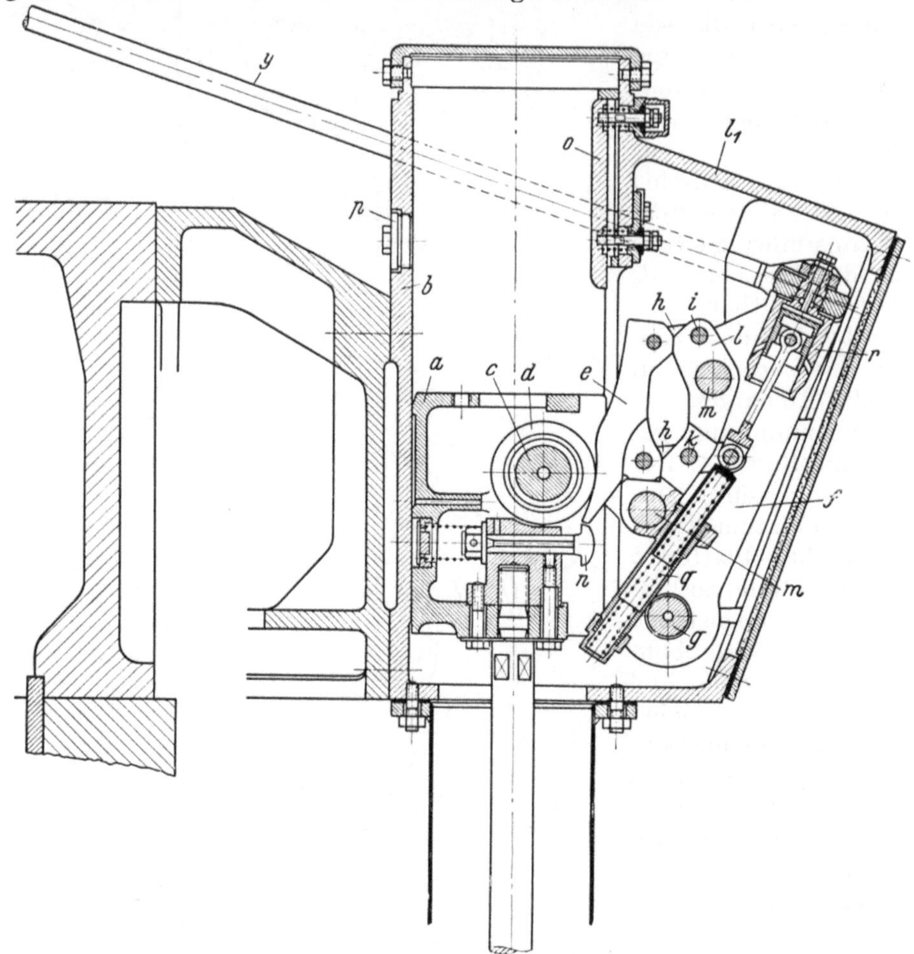

Bild 375. Antrieb der Auspuffventilstangen

a Gleitschuh; b Führung; c Rollenzapfen; d Rolle; e Kurvenschiene; f Hebel mit Drehzapfen g; h Laschen; i, k Zapfen im Träger l; m Paßbolzen für Verbindung von l mit f; n Stößel; o Schiene; p Verschraubung; q Feder; r Pufferzylinder; y Ventilantriebstangen; l_1 Ventilantriebkasten

Die Kolbenkappe ist aus SM-Stahl geschmiedet; das Gewinde k für das Einsetzen einer Tragschraube schwächt den Kolbenboden nicht. Fünf Kolbenringe dichten den Brennraum ab; zwei davon sind „Duplex"-Ringe, deren Einzelringe mit Versatz ineinander greifen, wobei die Schlösser um 180° versetzt sind. Der unterste Ring l ist ein „Mitnehmerring" (Bd. I, S. 288), der das an einem tieferen Punkt der Kolbenlauffläche zugeführte Schmieröl beim Aufwärtsgang des Kolbens über die Lauffläche verteilt.

Da die Kolbenkappe sich im Betrieb dehnt, ist sie in ihrem oberen Teil (von der Oberkante der dritten Kolbenringnut an) konisch verjüngt. Am oberen Rand hat sie etwa 2,5 mm radiales Spiel gegenüber der Laufbuchsenwand. Auch der sich nach unten anschließende zylindrische Teil der Kolbenkappe läuft mit radialem Spiel, das hier etwa 1 mm beträgt.

Die *Steuerung der Auspuffventile* wird, wie erwähnt, von der Verlängerung der Kolbenstange der Spülpumpe abgeleitet. Die im Ventilantriebkasten l_1 (Bild 375) untergebrachten Teile dienen dazu, die auf- und abgehende Bewegung der Kolbenstange verkleinert auf eine hin- und hergehende Bewegung der beiden Stangen y zu übertragen, von denen jede zwei Auspuffventile steuert (l_1 und y s. a. Bild 371 u. 372b). Mit dem oberen Ende ist der Gleitschuh a (Bild 375) verbunden, welcher in der nach einer Seite offenen zylindrischen Führung b gleitet. Der Gleitschuh trägt den Zapfen c und dieser drei Rollen, die sich unabhängig voneinander drehen; in Bild 375 ist nur die mittlere Rolle d sichtbar. Gegen diese legt sich die Kurvenschiene e, die bei der Abwärtsbewegung des Gleitschuhes das *Öffnen* der vier Auspuffventile steuert. Die beiden an den Außenseiten liegenden Rollen steuern bei der Aufwärtsbewegung das *Schließen* der Ventile.

Die Kurvenschiene e und die beiden das Schließen steuernden Schienen werden von einem gegabelten Hebel f getragen, der um den Zapfen g schwenken kann. An den beiden Enden der Gabel greift je eine Zugstange y an, welche die Auspuffventilhebel betätigen. Die beiden Kurvenschienen, die das Schließen der Ventile steuern, sind fest mit dem Hebel f verbunden. Die Kurvenschiene e dagegen hängt mit zwei Laschen h an den Zapfen i und k des festen Trägers l, der mit zwei Paßbolzen m am Gabelhebel f befestigt ist.

In Bild 375 ist der Gleitschuh a in seiner unteren Totlage gezeichnet; die Kurvenschiene e liegt an den beiden Gegenflächen des Trägers l. Während des Abwärtsganges ist d auf der Schiene e abgerollt und hat dabei sie und damit den Hebel f nach rechts abgedrückt; die beiden Zugstangen y haben die vier Auspuffventile gleichzeitig geöffnet (vgl. Bild 376). Der unter der Rolle d liegende, in waagerechter Richtung verschiebbare Stößel n ist während der Abwärtsbewegung mit seiner rechten Stirnfläche an der Schiene e entlang geglitten und in der unteren Totlage unter Federwirkung nach rechts vorgeschnellt, so daß er nunmehr mit seinem Hammerkopf unter die bewegliche Schiene e greift.

Wenn jetzt der Gleitschuh a seine Aufwärtsbewegung beginnt, nimmt der Stößel n die an den Laschen h hängende Schiene e mit und stößt sie so weit zur Seite, daß die Rolle d sie nicht mehr berührt. Jetzt legen sich die beiden äußeren, fest mit dem Hebel f verbundenen Schienen, welche die Schließbewegung der Auspuffventile steuern, unter der Wirkung der vier Auspuffventilfedern gegen die beiden äußeren Rollen, und der Gabelhebel f bewegt sich entgegen dem Uhrzeigersinn so, wie es das Profil der beiden festen Schienen vorschreibt. Die beiden Stangen y, die auch bei dieser Bewegung auf Zug beansprucht sind, verschieben sich nach links und ermöglichen den Auspuffventilen das Schließen nach Maßgabe des Profils der beiden festen Schienen am Hebel f.

In der oberen Totlage des Gleitschuhes a gibt der Stößel n die Kurvenschiene e frei, und diese fällt unter der Wirkung der Feder q gegen ihre Stützflächen am Träger l zurück. Der Pufferzylinder r, der zwischen den Hebelteilen f liegt, dämpft den Stoß.

Die im Kasten l_1 gelagerte Schiene o, die sich während des oberen Teils des Gleitschuhhubes gegen die Rolle d legt, bremst die Drehbewegung der Rolle und erteilt ihr zu Beginn des Abwärtshubes den entgegengesetzten Drehsinn, so daß sie auf der Kurvenschiene e, wenn sie diese trifft, ohne zu gleiten abrollt. Bei Stillstand der Maschine kann in der oberen Totlage des Gleitschuhes die den Stößel n belastende Feder nach Öffnen der Verschraubung p nach Bedarf gespannt werden.

Der Hub, den die beiden Stangen y machen, beträgt bei dem Zylinder 680 Dmr. rd. 45 mm. Jede Stange y greift an einem Winkelhebel s an (Bild 376 u. 377), der seinen festen Drehpunkt im Zapfen t hat. Bewegt sich der Gleitschuh (a in Bild 375) abwärts, so wird die Stange y nach rechts gezogen, und Hebel s drückt mittels Druckschraube u das eine (in Bild 376 das rechte) Auspuffventil auf. In den Hebel s ist der Zapfen v eingelassen, der entsprechend seinem Abstand von t die Abwärtsbewegung der Druckschraube u verkleinert mitmacht. Der Zapfen v greift mit seinen beiden Enden in den Doppelhebel w ein, der um den nachgiebigen Drehpunkt x schwenken kann; daher macht, wenn der Hebel s eine Rechtsdrehung ausführt und das eine Auspuffventil öffnet, der Hebel w eine Linksdrehung um x, und die an seinem linken Ende sitzende Druckschraube z öffnet das linke Auspuffventil. Die Längenabmessungen sind so gewählt, daß die Druckschrauben u und z den gleichen Hub (32 mm) machen und die Auspuffventile gleichmäßig weit öffnen.

Bild 376 zeigt den Antrieb von nur zwei Auspuffventilen; da im Zylinderdeckel vier solcher Ventile untergebracht sind, ist das gleiche Triebwerk für die übrigen Ventile erforderlich. Wie beide Triebwerke auf dem Deckeleinsatz Platz finden und wie die Teile konstruktiv ausgebildet sind, geht aus Bild 377 hervor. Soweit die Einzelteile auch in

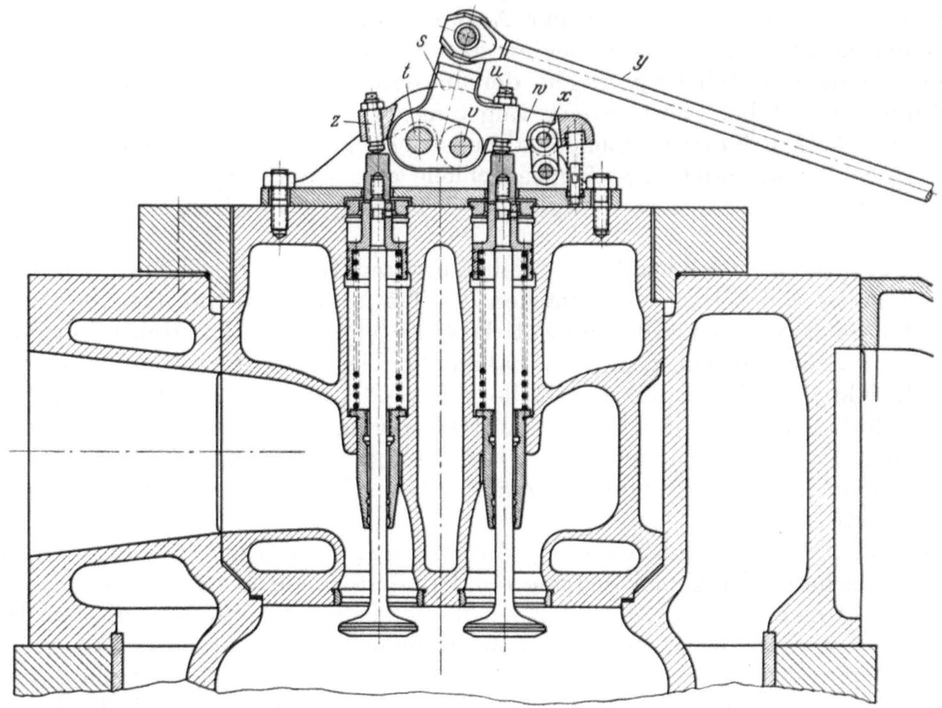

Bild 376. Schema des Ventilantriebs

s Winkelhebel; t fester Drehzapfen für s; u Druckschraube im Hebel s; v Zapfen in s; w Doppelhebel mit beweglichem Drehzapfen x; y Antriebstange; z Druckschraube im Hebel w

Bild 376 vorkommen, sind sie durch gleiche Buchstaben bezeichnet. Die beiden Ventiltriebwerke sind, von der Breitseite der Maschine aus gesehen, rechts (wie in Bild 377 gezeichnet) und links neben dem Brennstoffventil a_1 angeordnet; sie liegen zwischen dem Brennstoffventil und einer Kühlwasserleitung (in Bild 377 ist es der mit Schauloch versehene Krümmer b_1, der das Kühlwasser aus dem Deckeleinsatz in die Sammelleitung abführt; vgl. g_2 in Bild 371). Der U-förmige Lagerbock c_1 ist durch zwei Stiftschrauben auf dem Zylindereinsatz befestigt und wird durch den Zapfen d_1 und den Fixierstift e_1 in seiner genauen Lage gehalten. Seine beiden Flanken nehmen die Lagerbuchsen für den Zapfen t auf, um welchen der Hebel s schwenkt, und ebenso (in Schnitt C–D sichtbar) die Lagerbuchsen für den Zapfen f_1, der mit dem Lenker g_1 (von T-Profil; s. Schnitt C–D) verstiftet ist. In den Lenker g_1 ist der Zapfen x eingepreßt, um den der Doppelhebel w schwenkt, dessen Druckschraube z das zweite Auspuffventil öffnet. Die Schraubenfeder h_1 hält die Druckschraube z auch bei geschlossenem Ventil in kraftschlüssiger Verbindung mit der Ventilspindel. Für die Schmierung der Triebwerkteile von Hand sind, wo erforderlich, Bohrungen und Ansenkungen vorgesehen (Eindrehung i_1, eingeschweißter Blechstreifen k_1).

Eine vergleichende Betrachtung von Bild 377 mit Bild 375 zeigt, daß durch die Druckschraube u das Spiel zwischen den Rollen d im Gleitschuh a (Bild 375) und ihren Kurvenschienen eingestellt werden kann. Schraubt man u bei geschlossenem Auspuffventil tiefer, so wird dadurch die Stange y nach links gezogen und das Spiel zwischen

Rollen und Kurvenschienen verkleinert. Durch entsprechendes Einstellen beider Druckschrauben, u und z, wird erreicht, daß alle vier Auspuffventile gleichzeitig öffnen.

Der Augenblick des Öffnens und des Schließens der Ventile ist unabhängig vom Drehsinn der Kurbelwelle, da er nur von der Höhenlage des Gleitschuhes a (Bild 375),

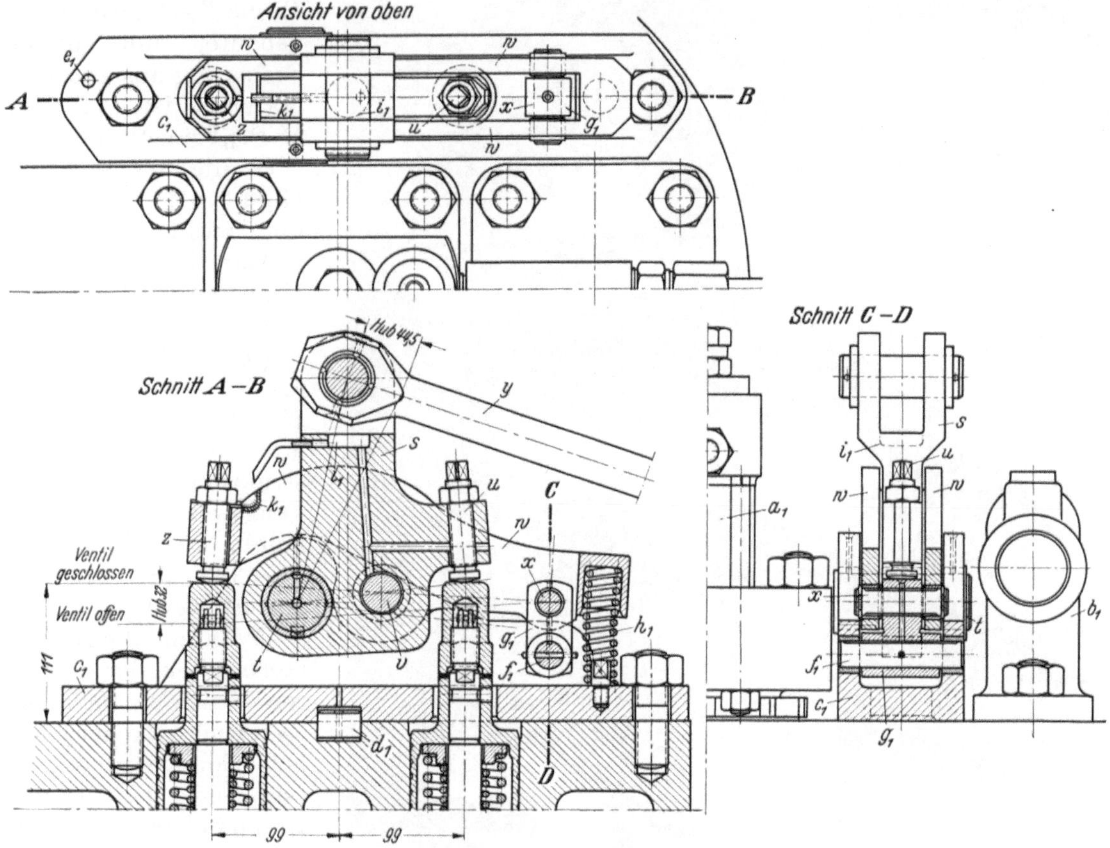

Bild 377. Antrieb der Auspuffventile

s Winkelhebel; t fester Drehzapfen für s; u Druckschraube im Hebel s; v Mitnehmerzapfen im Hebel s; w Doppelhebel mit beweglichem Drehzapfen x; y Antriebstange; z Druckschraube im Hebel w; a_1 Brennstoffventil; b_1 Kühlwasserabflußleitung; c_1 Lagerbock für Zapfen t und f_1; d_1 Zentrierzapfen; e_1 Fixierstift; f_1 Drehzapfen des Lenkers g_1; h_1 Schraubenfeder; i_1, k_1 Schmiernäpfe

d. h. von der Stellung der Kolbenstange der Spülpumpe abhängt. Daher ist für die Steuerung der Auspuffventile keine besondere Vorrichtung zum Umsteuern erforderlich.

Der Zeitpunkt des Öffnens und Schließens der Auspuffventile kann beliebig gewählt werden, so wie es das Maß der Aufladung erfordert, das man zu erzielen wünscht. Bild 378 zeigt das *Steuerdiagramm* des Zylinders 600 Dmr. Da die Spülschlitze durch den Arbeitskolben gesteuert werden, liegen deren Öffnungs- und Schließzeiten symmetrisch zum unteren Totpunkt. Für die Auspuffventile gilt dies nicht; sie öffnen 83° vor UT und schließen 63° nach UT. Wenn die Spülschlitze schließen, sind die Auspuffventile zwar noch nicht ganz, aber schon nahezu geschlossen; die dadurch ent-

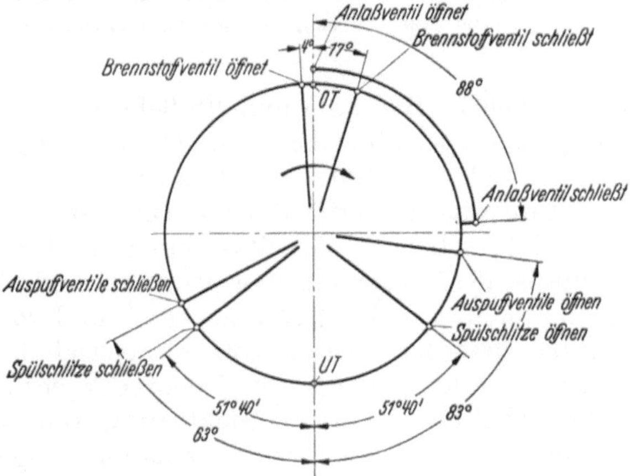

Bild 378. Diagramm der Steuerzeiten

stehende Drosselung genügt für ein stärkeres Aufladen. Durch die Formgebung der Kurvenschienen hat man es in der Hand, das Maß der Aufladung zu bestimmen, indem man die Auspuffventile noch früher schließen läßt und die Spülluftmenge entsprechend bemißt.

Bild 379. Einfachwirkender Zweitaktmotor Bauart *Werkspoor-Lugt*
Zyl.-Dmr. 680 mm, Hub 1250 mm; Leistung mit 12 Zylindern 9600 PSe bei 125 U/min

Die größte von der Firma *Werkspoor* bisher gebaute, mit dieser Steuerung ausgerüstete Maschine ist auf dem M. S. ,,Prins Willem van Oranje" eingebaut (Bild 379); sie leistet mit zwölf Zylindern, 680 mm Dmr., 1250 mm Hub bei 125 U/min normal 9600 PSe ($p_e = 6,35$ kg/cm², $c_m = 5,21$ m/sec). Die *Brennstoffpumpe* dieser Maschine weist in Konstruktion und Wirkungsweise Besonderheiten auf, die durch Bild 380 bis 382 erläutert werden.

Während die Brennstoffnocken der kleineren Maschine (600 mm Zyl.-Dmr.) auf der Kurbelwelle angeordnet sind (vgl. Bild 371), wird die Brennstoffpumpe für den größeren Motor als geschlossene Einheit ausgeführt und durch Zahnräder von der Kurbelwelle angetrieben. Der zwölfzylindrige Motor Bild 379 hat sechs Brennstoffpumpenstempel a (Bild 380 u. 381), die durch Rolle, Rollenhebel b (Bild 381) und Stößel c von der Nockenwelle angetrieben werden. Jeder Pumpenstempel führt bei einer Umdrehung der Kurbelwelle *zwei* Druckhübe aus, die im Abstand von 180 Kurbelgraden aufeinander folgen; er fördert zweimal die für eine Einspritzung erforderliche Brennstoffmenge, jedoch die einzelne Fördermenge in zwei verschiedene Arbeitszylinder, und zwar in solche Zylinder, deren Kurbeln um ebenfalls 180° gegeneinander versetzt sind. Nach dem Diagramm Bild 382 sind dies die Zylinder *1* und *12*, *2* und *11*, *3* und *10* usw. Damit der von demselben Pumpenstempel geförderte Brennstoff abwechselnd in den einen und anderen der zugeordneten Zylinder gelangt, ist jedem der sechs Pumpenstempel ein Verteilerstempel d nachgeschaltet, der die Druckleitung seines Pumpenstempels abwechselnd mit den Einspritzleitungen der beiden einander zugeordneten Zylinder verbindet. Der Weg, den der Brennstoff durch das Pumpenaggregat nimmt, kann in Bild 380 und 381

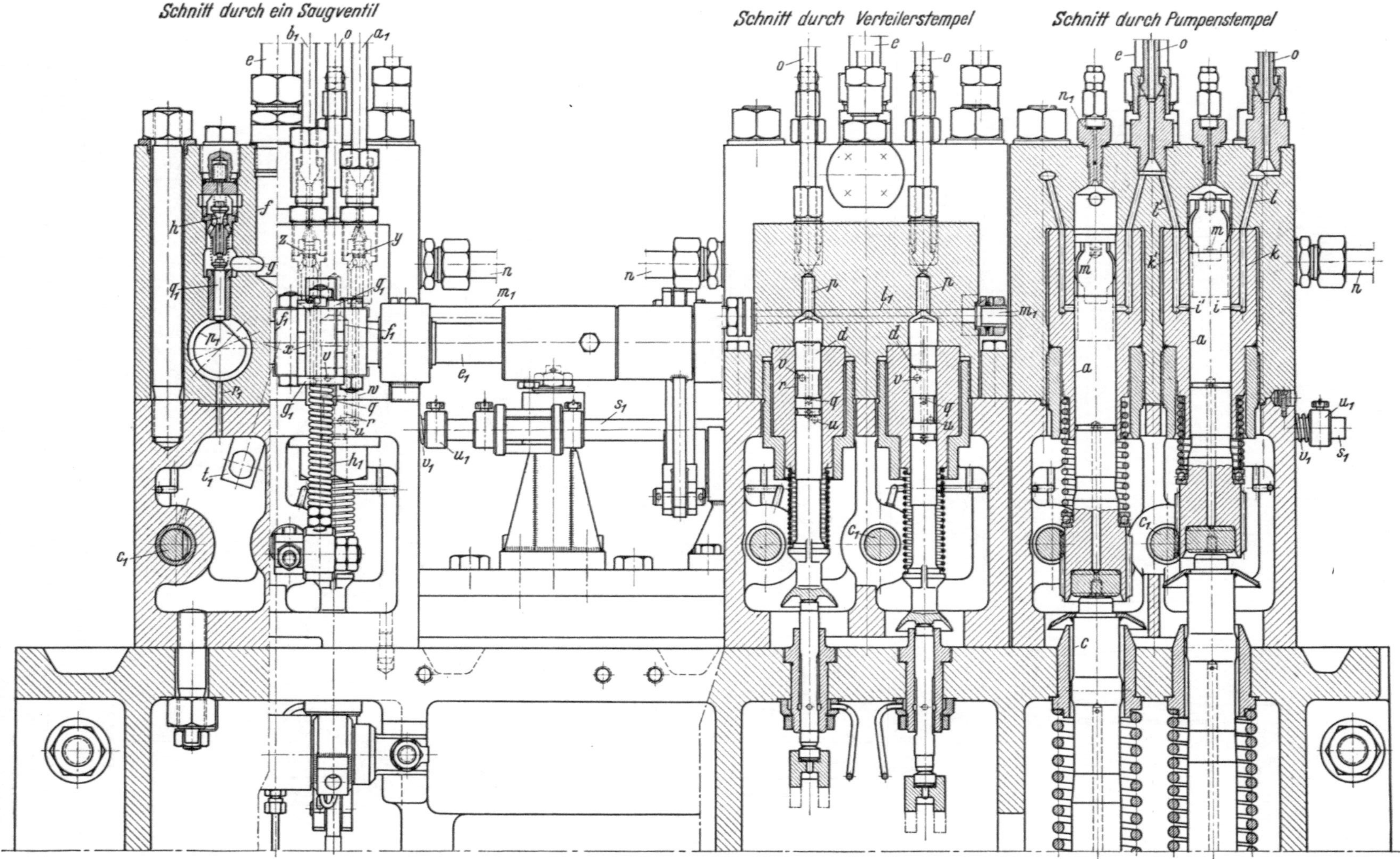

Bild 380. Brennstoffpumpe

Längsschnitte durch Pumpenstempel, Verteilerstempel und Saugventil. a Pumpenstempel; c Stößel; d Verteilerstempel; e Brennstoffzuleitungen; f, g Bohrungen für Brennstoffzuleitung zum Saugventil h; i, k, l und i', k', l' Brennstoffdruckleitungen zu den Verteilerstempeln; m Rückströmbohrungen; n Rückströmleitung; o Druckleitungen zwischen Pumpenstempeln und Verteilerstempeln mit Bohrungen p, q; r Schiebermuschel; u, v steuernde Bohrungen der Verteilerstempel; w, x Bohrungen zu den Druckventilen y, z; $a_1 b_1$ Druckleitungen zu den Einspritzventilen; c_1 Zahnstangen zum Drehen der Pumpenstempel; e_1 Brennstoffregelwelle; f_1 Doppelhebel fest auf e_1; g_1 federnd angedrückte Unterlegplatten; h_1 Schraubenfeder; l_1 Leckölbohrung; m_1 Leckölableitung; n_1 Entlüftung; p_1, q_1 Vorrichtung zum Abstellen der Brennstofförderung; r_1 Brennstoffablauf; s_1 bis v_1 Gestänge des Aspinall-Reglers

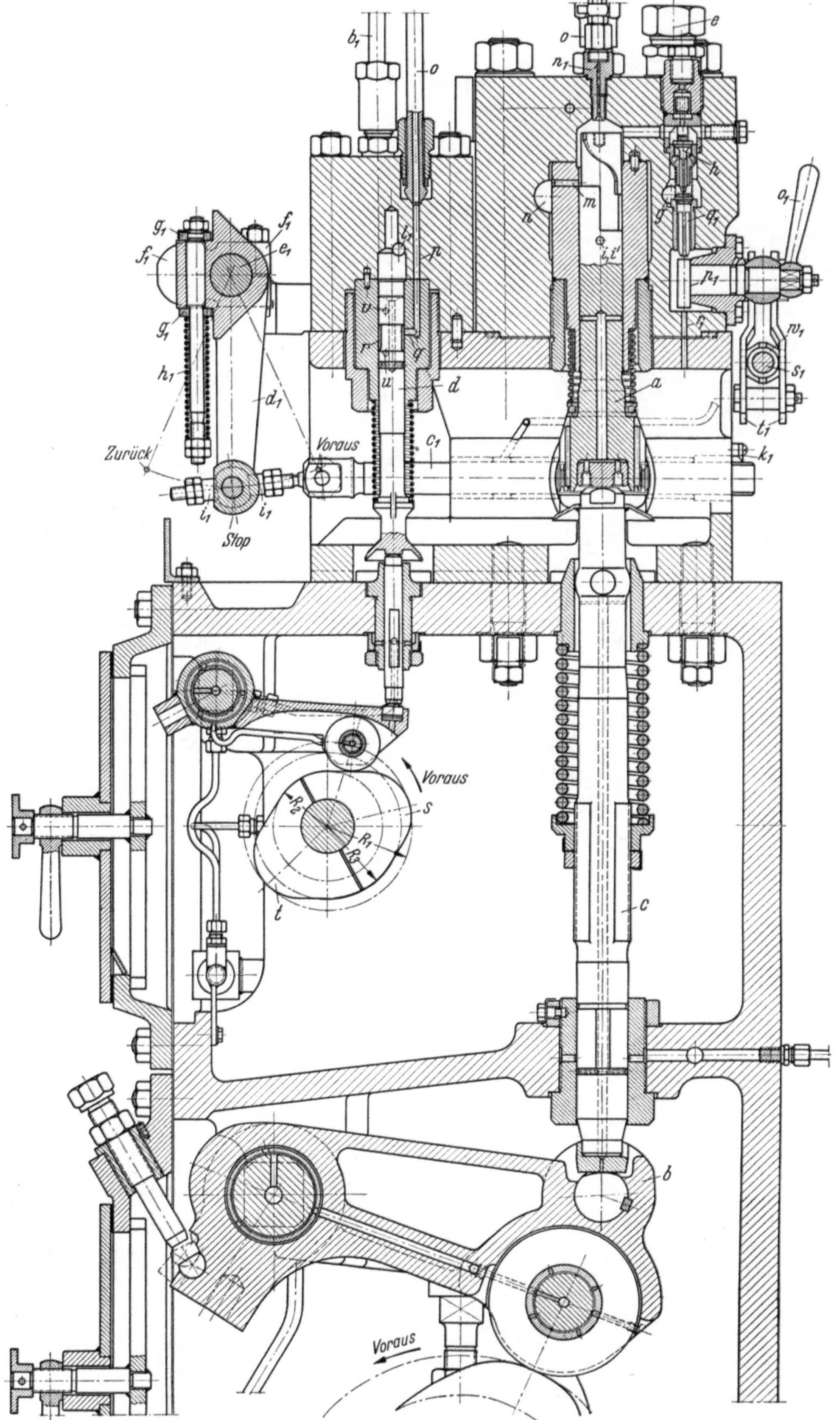

Bild 381. Querschnitt durch Pumpenstempel und Verteilerstempel

a Pumpenstempel; b Rollenhebel; c Stößel; d Verteilerstempel; e Brennstoffzuleitung; g Brennstoffzuleitung zum Saugventil h; i, i' steuernde Bohrungen in der Pumpenstempelbuchse; m Rückströmbohrung; n Rückströmleitung; o Druckleitung zwischen Pumpenstempel und Verteilerstempel mit Bohrungen p, q; r Schiebermuschel; s, t Nocken der Verteilerstempel; u, v steuernde Bohrungen der Verteilerstempel; b_1 Druckleitung zum Einspritzventil; c_1 Zahnstange zum Drehen der Pumpenstempel; d_1 Winkelhebel; e_1 Brennstoffregelwelle; f_1 Doppelhebel fest auf e_1; g_1 federnd angedrückte Unterlegplatten; h_1 Schraubenfeder; i_1 Verschraubungen zum Einstellen der Zahnstange c_1; k_1 Hubzeiger; l_1 Lecköbohrung; n_1 Entlüftung; o_1, p_1, q_1 Vorrichtung zum Abstellen der Brennstofförderung; r_1 Brennstoffablauf; s_1, t_1, w_1 Gestänge des Aspinall-Reglers

verfolgt werden. Der Brennstoff wird durch die Leitungen e dem Pumpenblock zugeführt und gelangt durch die Bohrungen f, g unter das Saugventil h (das in Bild 380 in geöffneter, in Bild 381 in geschlossener Stellung gezeichnet ist). Beim Abwärtsgang eines Pumpenstempels a füllt sich der über seiner Stirnfläche liegende Raum mit Brennstoff; beim Aufwärtsgang wird dieser verdichtet und so lange in eines der beiden Bohrungssysteme i, k, l bzw. i', k', l' gedrückt, bis die steuernde Schrägkante des Pumpenstempels die Bohrung m freigibt, die den Druckraum des Stempels mit der Rückströmleitung n verbindet, so daß der Brennstoffdruck auf null sinkt. Von der Fahrtrichtung hängt ab, ob es die Bohrungen i, k, l oder i', k', l' sind, die den unter Druck stehenden Brennstoff weiterleiten; sind es bei Vorwärtsgang die Bohrungen i, k, l, so sind bei dieser Drehrichtung die Bohrungen i', k', l' durch die volle Wand des Pumpenstempels abgedeckt. Beim Umsteuern werden alle Stempel um etwa 180° um ihre Achse gedreht; dadurch werden die Bohrungen i, k, l abgedeckt, und die Bohrungen i', k', l' leiten jetzt den Brennstoff

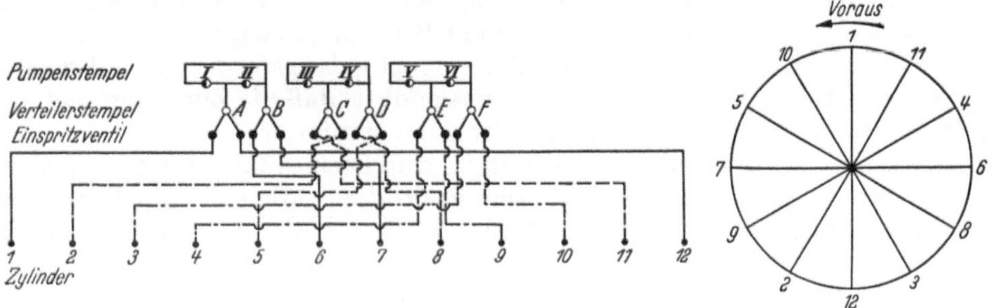

Bild 382. Kurbelfolge mit Schaltplan der Pumpenstempel und Verteilerstempel

zu einem anderen Verteiler und zu anderen Zylindern, und zwar so, daß sich die für den Rückwärtsgang erforderliche Zündfolge einstellt. Aus Bild 382 kann das Verteilschema abgelesen werden: bei Vorwärtsgang ist z. B. der Pumpenstempel VI mit dem Verteilerstempel F verbunden, und dieser leitet den Brennstoff abwechselnd den Zylindern 3 und 10 zu. Bei Rückwärtsgang ist Stempel VI auf Verteilerstempel E geschaltet, und die Zylinder 4 und 9 erhalten vom Stempel VI ihren Brennstoff. Verfolgt man die Vertauschungen, die durch das Verdrehen aller Pumpenstempel um 180° entstehen, so erkennt man, daß sich die Zündfolge und damit der Drehsinn umkehrt.

Während der beiden Druckhübe, die ein Pumpenstempel bei einer Umdrehung der Kurbelwelle ausführt, stehen die Bohrungen i, k, l (bzw. für die andere Fahrtrichtung i', k', l') unter dem Einspritzdruck, gegen den die Teilfuge zwischen k und l dichtzuhalten hat; daher sind die Berührungsflächen metallisch aufeinandergeschliffen. Die beiden vom Pumpenstempel je Umdrehung geförderten Brennstoffmengen werden, da sie in zwei Zylinder gelangen sollen, deren Kurbeln um 180° gegeneinander versetzt sind, nicht unmittelbar den Brennstoffventilen, sondern durch die betreffende Leitung o dem zugehörigen Verteilerstempel d zugeführt, der die Verteilung auf die Zylinder übernimmt. Der Schnitt durch den Block der Verteilerstempel (Bild 381) zeigt, wie der vom Pumpenstempel aus der Leitung o ankommende Brennstoff durch die Bohrungen p, q zunächst in die Schiebermuschel r des Verteilerstempels gelangt. Dieser wird (Bild 381) durch die Nocken s, t zweimal während einer Umdrehung der Kurbelwelle auf und nieder bewegt, aber die beiden Hübe sind *verschieden*, weil die höchsten Punkte der Nocken zwar auf dem gleichen Radius R_1 liegen, die die Nocken verbindenden Grundkreise R_2 und R_3 aber verschieden sind. Es wechseln sich daher größere Hübe ($R_1{-}R_2$) und kleinere ($R_1{-}R_3$) ab; dabei werden die Hübe, welche der Verteilerstempel macht, durch den Rollenhebel etwas vergrößert. In Bild 380 (Schnitt durch die Verteilerstempel) sind zwei Stempel d gezeichnet: der rechte in der Stellung, die er einnimmt, wenn seine Rolle auf dem Grundkreis R_2 läuft, der linke, wenn dessen Rolle über R_3 steht. Der rechte Stempel verbindet in diesem Augenblick durch seine Muschel r die Zuflußbohrung

q mit der unteren Bohrung u, während die obere Bohrung v abgedeckt ist; der linke Stempel verbindet seine Zuflußbohrung q mit der ihm zugeordneten Bohrung v und deckt u ab. Während einer Umdrehung der Kurbelwelle stellt somit jeder Verteilerstempel abwechselnd die Verbindung her zwischen der mit dem Druckraum des Pumpenstempels zusammenhängenden Bohrung q und den Bohrungen u bzw. v. Durch die an u, v sich anschließenden Bohrungen w, x gelangen die von einem Pumpenstempel geförderten Brennstoffmengen abwechselnd zu den Druckventilen y, z und durch diese in die zu den Einspritzventilen führenden Leitungen a_1 bzw. b_1 (Bild 380).

Durch das Zusammenarbeiten aller sechs Pumpenstempel mit den sechs Verteilerstempeln ergeben sich bei einer Umdrehung der Kurbelwelle zwölf Einspritzungen in der Zündfolge *1–11–4–6–8–3–12–2–9–7–5–10* bei Voraus-Fahrt (Bild 382). Für die Zurück-Fahrt werden alle Pumpenstempel (nicht die Verteilerstempel) um 180° um ihre Achse gedreht; dadurch werden alle Bohrungen i, k, l abgedeckt und die Bohrungen i', k', l', die bis dahin abgedeckt waren, freigegeben, so daß die von einem Pumpenstempel je Wellenumdrehung geförderten beiden Brennstoffmengen nunmehr durch eine andere Leitung o zu einem anderen Verteilerstempel gelangen, der sie auf zwei andere Arbeitszylinder verteilt. Die Schaltung ist so ausgeführt, daß die Zündfolge sich umkehrt und die Maschine den entgegengesetzten Drehsinn annimmt.

Beim Umsteuern wird jeder Pumpenstempel durch eine Zahnstange c_1 gedreht, die mit dem als Zahnrad ausgebildeten unteren Ende des Pumpenstempels kämmt. Alle Zahnstangen sind durch Hebel d_1 (Bild 381) der Welle e_1 (Bild 380 u. 381) angelenkt, die am Pumpenkörper geführt ist und durch das Manövrierhandrad gedreht wird. In der Mittelstellung der Hebel d_1 (Bild 381), die der Stop-Lage entspricht, stehen alle Pumpenstempel so, daß die Druckräume oberhalb der Stempel mit den Rückströmbohrungen m verbunden sind: es wird kein Brennstoff gefördert. Zwischenstellungen der Hebel d_1 zwischen der Stop-Lage und der Voraus- bzw. Zurück-Lage entsprechen Teillasten; die steuernden Kanten der Pumpenstempel geben die Rückströmbohrungen mit zunehmendem Ausschlagwinkel der Hebel d_1 später frei, und die Förderung der Brennstoffstempel nimmt zu. So wird nicht nur der Umsteuervorgang, sondern auch der Übergang von der Vollast zu Teillasten und umgekehrt nur durch das Manövrierhandrad beherrscht.

Die (sechs) Hebel d_1 sind mit der Welle e_1 nicht starr, sondern nachgiebig verbunden. Fest auf e_1 aufgeklemmt sind nur die kurzen Hebelpaare f_1 (Bild 380 u. 381), auf deren Schmalseiten die beiden Platten g_1 liegen. Diese liegen auch auf dem waagerechten Teil des Winkelhebels d_1, mit dem sie durch die Druckfeder h_1 verspannt sind. Damit ist die Möglichkeit berücksichtigt, daß ein Pumpenstempel klemmen könnte, während der Maschinist das Manövrierhandrad bewegt: in einem solchen Fall hindert der klemmende Stempel das Drehen der Welle e_1 nicht; die beiden Hebel f_1 machen die Drehbewegung mit, wobei sie die eine oder andere Platte g_1 entgegen der Kraft der Feder h_1 vom stehenbleibenden Hebel d_1 abheben.

Jede Zahnstange kann durch die Verschraubungen i_1 (Bild 381) so in waagerechter Richtung eingestellt werden, daß die steuernden Kanten der Pumpenstempel in der Stop-Stellung sämtlich richtig liegen. Am Zeiger k_1 kann die Lage der Zahnstange kontrolliert werden.

Oberhalb der Verteilerstempel d darf sich unter Druck stehender Brennstoff nicht ansammeln. Daher sind die Räume oberhalb der Stempel d durch Bohrungen l_1 angeschnitten, an welche Lecköilableitungen m_1 angeschlossen sind. Die unterhalb der Schiebermuschel angebrachte Eindrehung in den Verteilerstempel steht durch Radial- und Axialbohrungen ebenfalls mit l_1 in Verbindung, wodurch ein Lecken des Stempels auf der Unterseite verhindert wird. Über den Pumpenstempeln dürfen keine Luftsäcke stehenbleiben; daher sind an den höchsten Punkten der Druckräume Verschraubungen n_1 mit Entlüftungsbohrung und anschließender Ableitung des Brennstoffs vorgesehen.

Für den Fall, daß an einem einzelnen Pumpenelement oder einem Einspritzventil eine Störung auftritt, kann die Brennstofförderung des Stempels dadurch abgestellt werden, daß der Handgriff o_1 (Bild 381) umgelegt wird. Damit wird durch die unrunde Scheibe p_1 (Bild 380 u. 381) das unter dem Saugventil h liegende Ventil q_1 angehoben; auch h hebt sich und läßt den beim Druckhub geförderten Brennstoff in die Zuleitung g zurücktreten. Die Bohrung r_1 verhindert, daß sich in dem Raum um p_1 ein Brennstoffüberdruck bildet.

Wenn die Drehzahl der Maschine unzulässig ansteigt, z. B. weil der Propeller im Seegang teilweise austaucht, greift der *Aspinall-Regler* ein (Bild 383), jene im Schiffsdampfmaschinenbau seit Jahrzehnten verwendete Regelvorrichtung, bei welcher ein an einem Schwinghebel befestigtes Gewicht a bei erhöhter Drehzahl während des Abwärtshubes kippt und den Mitnehmer b vorschnellen läßt. Beim darauffolgenden Aufwärtsgang nimmt b einen Hebel mit, dessen Bewegung die am Pumpenkörper entlanggeführte Stange s_1 in axialer Richtung (Bild 380 u. 381) verschiebt. Der Stange s_1 ist an jedem Pumpenstempel ein an der Welle von p_1 angreifender Doppelhebel t_1 durch Stellring u_1, Schraubenfeder v_1 und Gleitring w_1 nachgiebig so angelenkt, daß bei einem Verschieben von s_1 alle unrunden Scheiben p_1 eine Drehung machen, durch welche sie die Saugventile anheben und die Brennstofförderung abstellen. Wenn die Drehzahl auf den normalen Betrag gesunken ist, schlägt das Pendelgewicht a in seine normale Lage zurück, und der Mitnehmer c bringt während des nächsten Abwärtshubes den Hebel, den b verschoben hatte, wieder in seine frühere Lage, womit die Stange s_1 zurückgeschoben und die Brennstofförderung freigegeben wird. Sollte,

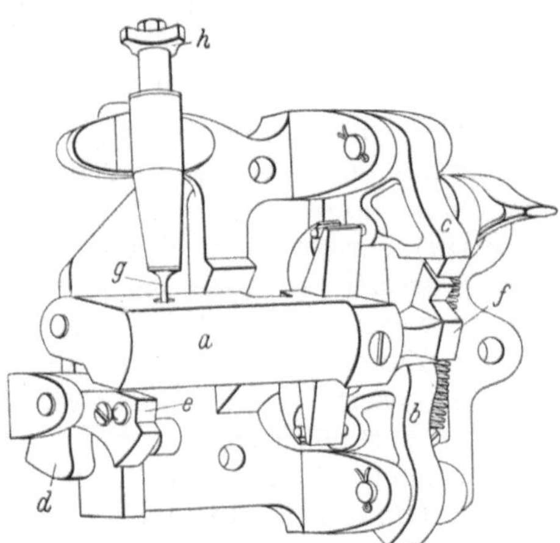

Bild 383. Aspinall-Regler

a Pendelgewicht; b Mitnehmer für Aufwärtsgang; c Mitnehmer für Abwärtsgang; d Hilfspendel; e, f Klauen; g federbelastete Nadel; h Stellschraube

was bei Verlust eines Propellers oder bei einem Wellenbruch vorkommen kann, die Drehzahl weiter unzulässig ansteigen, so schlägt das Hilfspendel d aus und hält durch die Klaue e das Hauptpendel a in jener Stellung fest, die der Nullförderung entspricht. Zugleich verhindert die Klaue f eine Bewegung von c, während b im Ausschlag verharrt und die Brennstofförderung dauernd abstellt, so daß die Maschine stehenbleibt. Durch die federbelastete Nadel g mit Stellschraube h kann die Drehzahl, bei welcher der Aspinall-Regler anspricht, genau eingestellt werden.

V. Leistungssteigerung durch Aufladen

Die Leistung eines Dieselzylinders wird nach oben nicht durch die eingespritzte Brennstoffmenge, sondern durch die dem Brennstoff gebotene Luftmenge begrenzt; daher kann man die Leistung eines Zylinders vergrößern, ohne seine Abmessungen zu ändern oder die Drehzahl zu steigern, indem man dem Zylinder Luft von höherer als der atmosphärischen Spannung zuführt. Das war auch DIESEL bekannt; schon 1896 ließ er sich den Erfindungsgedanken schützen, die untere Kolbenseite eines Viertaktmotors als Luftpumpe zu verwenden, welche dem Brennraum zusätzlich Luft zuführen sollte. Die Zeit war damals für die Ausführung dieses Gedankens nicht reif. Er ist erst viel später u. a. von der *Werkspoor N. V.* erfolgreich verwendet worden (Bild 391).

Auf allen Gebieten des Maschinenbaues hat sich die Entwicklung so vollzogen, daß zuerst, ausgehend von dem Gedanken eines Erfinders, die Maschine gebaut wurde, mochte sie auch im Anfang noch unvollkommen sein. Nachträglich bemächtigte sich ihrer die theoretische Untersuchung, den Weg zu Verbesserungen und Fortschritten weisend.

So hat sich auch die Aufladung entwickelt, die zunehmend an Bedeutung gewinnt. Ihre Entwicklung ist gegenwärtig noch nicht abgeschlossen.

Untersuchungen der Vorgänge bei der Aufladung liegen in größerer Zahl vor[1]. Hier soll vorwiegend gezeigt werden, mit welchen konstruktiven Mitteln man die Aufladung bisher verwirklicht hat. Die Verschiedenheit dieser Mittel erlaubt eine (willkürliche) Einteilung der Arten der Aufladung. Man kann unterscheiden

> die Fremdaufladung,
> die mechanische Aufladung entweder durch den Motor selbst oder durch ein von seiner Kurbelwelle mechanisch angetriebenes Gebläse,
> die Verbindung von mechanischer und Abgasturboaufladung und schließlich
> die reine Abgasturboaufladung.

Die *Fremdaufladung* ist u. a. von der *Deutsche Werft A.-G.*, Hamburg, in Zusammenarbeit mit dem Verfasser auf den von der Werft gebauten Motorschiffen schon Anfang der 20er Jahre ausgeführt worden. Die Hauptmotoren (Viertakt, System *Burmeister & Wain*) wurden durch elektrisch betriebene Turbogebläse aufgeladen; der Strom wurde dem Bordnetz entnommen. Der Ladedruck war 1000 mm WS, womit die Leistung der Motoren um etwa 15% gesteigert werden konnte. Die Leistungszunahme war größer, als der Zunahme des Luftdruckes entsprach. Man erkannte schon damals, daß dies auf die verbesserte Spülung des Brennraumes durch die Ladeluft zurückzuführen war.

Das Verfahren entsprach den zu jener Zeit an die Wirtschaftlichkeit gestellten Anforderungen. Heute trifft dies nicht mehr zu; die mit der doppelten Energieumformung verbundenen Verluste machen es unwirtschaftlich. Es ist durch die mechanische und insbesondere durch die Abgasturboaufladung verdrängt worden.

A. Mechanischer Antrieb des Ladegebläses

Die Bezeichnung „mechanisch" soll hier lediglich aussagen, daß das Gebläse, welches die Ladeluft liefert, von der Kurbelwelle und nicht durch eine Abgasturbine angetrieben wird. Das Gebläse kann durch Zahnräder oder Kette von der Welle angetrieben werden, oder es können die Unterseiten der Arbeitskolben als Ladegebläse benutzt werden. Bei Zweitaktmotoren wird man die ohnehin erforderliche, gegebenenfalls vergrößerte Spülpumpe als Ladegebläse verwenden. Dabei sind konstruktiv verschiedene Mittel anwendbar. Wenn der Arbeitskolben durch *Schlitze* in der Zylinderwand den Auspuff steuert, dann kann der Zylinder durch Nachladeschlitze gefüllt werden, durch welche Luft vom Spülluftdruck in den Zylinder tritt, wenn die Auspuffschlitze schon geschlossen sind, oder es kann durch Steuerorgane in den Auspuffkanälen die Spülluft im Zylinder angestaut werden, wenn der Arbeitskolben die Auspuffschlitze noch nicht abgedeckt hat. Wird dagegen der Auspuff durch *Ventile* gesteuert, so hat man es in der Hand, durch Vorverlegen des Ventilschlusses und entsprechende Bemessung der Spülpumpe die Luftfüllung des Zylinders zu vermehren. Bei Motoren mit gegenläufigen Kolben kann dies durch eine Kurbelversetzung erreicht werden.

---

[1] Zum Beispiel a) A. STODOLA: Leistungsversuche an einem Dieselmotor mit Büchi-Aufladung. Z. VDI Bd. 72 (1928) S. 421. — b) W. PFLAUM: Zusammenwirken von Motor und Gebläse bei Auflade-Dieselmaschinen. Berichtswerk über die 74. Hauptversammlung des VDI in Darmstadt 1936. — c) E. KLINGELFUSS: Die Leistungssteigerung von Dieselmotoren durch Aufladen nach dem Büchi-Verfahren mit BBC-Abgasturboladern. BBC-Nachr. 1937, Heft 4. — d) Die Aufladung des Zweitakt-Dieselmotors. Sondernummer der Techn. Rdsch. Sulzer 1941. — e) K. ZINNER: Die Aufladung von Viertakt-Dieselmaschinen. Motortechn. Z. Bd. 11 (1950) S. 58. — f) G. EICHELBERG u. W. PFLAUM: Untersuchung eines hochaufgeladenen Dieselmotors. Z. VDI Bd. 93 (1951) S. 1113. — g) A. BÜCHI: Über die Entwicklungsetappen der Büchi-Abgasturboaufladung. Schweiz. Bauztg. 1952, Nr. 16 bis 18. — h) B. ECKERT u. E. SCHNELL: Ladeeinrichtungen für Verbrennungsmotoren. Beiheft 2 der Motortechn. Z. 1952. — i) K. ZINNER: Die Druckschwankungen in der Auspuffleitung und der Wirkungsgrad von Abgasturboladern. MAN-Forsch.-Heft 1953. — k) G. BAUMANN: Die Leistungssteigerung von Zweitakt-Motoren mit Abgasturboaufladung. Motortechn. Z. Bd. 15 (1954) S. 189.

1. Mechanisches Aufladen der Zweitaktmotoren

a) *Aufladen durch Nachladeschlitze.* Das erste erfolgreiche Verfahren, die Leistung eines Zweitaktmotors durch Aufladen zu steigern, ist von *Gebr. Sulzer* 1909 angegeben worden[1]. Der Kolben steuert die Spül- und Auspuffschlitze in bekannter Weise. Oberhalb der Spülschlitze ist eine zweite Reihe Spülschlitze („Nachladeschlitze") angeordnet, deren Oberkante höher liegt als die der Auspuffschlitze (vgl. Bild 181 u. 182, S. 193). Der abwärtsgehende Kolben öffnet zuerst die Nachladeschlitze, die im Spülluftaufnehmer angeordnet sind; die Auspuffgase können aber nicht in den Aufnehmer ausströmen, weil Rückschlagventile dies verhindern. Der Zylinderinhalt wird erst durch die sich öffnenden Auspuffschlitze entspannt. Beim Aufwärtsgang des Kolbens kann nach Abschluß der Auspuffschlitze noch Luft vom Druck des Spülluftaufnehmers durch die Nachladeschlitze in den Zylinder treten und diesen auf den Spülluftdruck aufladen. Der Nachteil der einfachen Schlitzsteuerung, daß ein Teil der Luftfüllung durch die später schließenden Auspuffschlitze verlorengeht, ist vermieden.

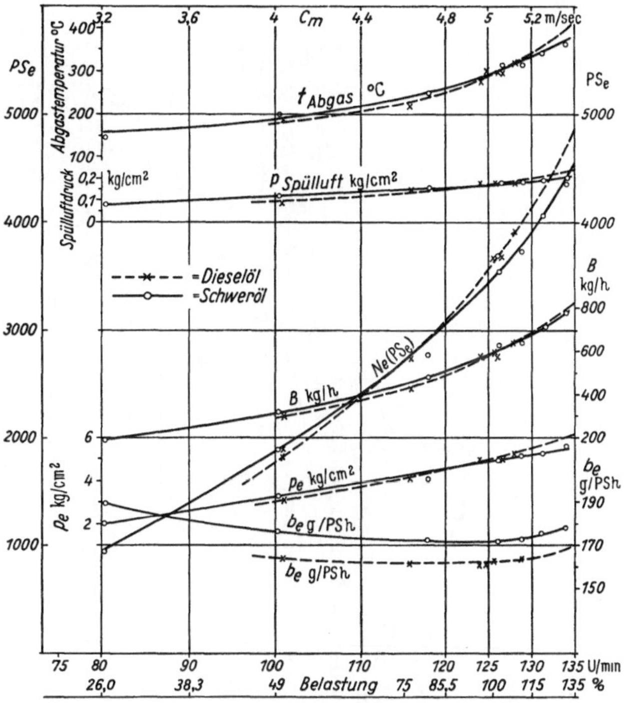

In einer Sonderausführung[1] haben *Gebr. Sulzer* den Grad der Aufladung dadurch erhöht, daß sie durch ein mechanisch gesteuertes Ventil dem Zylinder Luft von höherer Spannung aus einer besonderen Leitung durch die Nachladeschlitze zuführten. Diese Bauart wurde dort angewendet, wo bei Spitzen- und Reservekraftanlagen vorübergehend größere Überlasten auftraten.

Obwohl fast ein halbes Jahrhundert alt, wird dieses Aufladeverfahren noch heute vielfach ausgeführt. Nach Ablauf der Schutzrechte wurde es auch von anderen Firmen übernommen. Bild 139 (S. 152) zeigt als Beispiel die *FIAT-Borsig*-Maschine mit Nachladeventilen nach Bild 141. Diese Maschine ist für 3600 PSe bei 125 U/min ausgelegt; sie leistete auf dem Prüfstand 4800 PSe bei 135 U/min (Betrieb mit Dieselöl) bei einwandfreiem Auspuff. Dabei stieg das p_e um 23% auf 6,12 kg/cm², ein Betrag, der ohne Aufladung nicht zu erreichen ist. Bild 384 zeigt den Verlauf des p_e mit steigender Drehzahl, bei Betrieb mit Dieselöl und mit Schweröl. Das Nachladeverfahren wird auch bei doppeltwirkenden Zweitaktmaschinen angewendet (Bild 169, S. 182).

b) *Aufladen durch Kurbelversetzung bei Gegenkolbenmaschinen.* Bei Maschinen mit gegenläufigen Kolben kann der Zylinder dadurch aufgeladen werden, daß man dem die Auspuffschlitze steuernden Kolben eine Voreilung gegenüber dem zweiten Kolben gibt, der die Spülschlitze steuert (Bild 385). Meist genügt eine Voreilung von 20 Kurbel-

---

[1] Siehe Fußnote 1d, S. 410.

Bild 384. Effektive Leistung, Brennstoffverbrauch, mittl. eff. Druck, Spülluftdruck und Abgastemperatur des 3600 PSe-Zweitaktmotors Bauart *Borsig-FIAT* in Abhängigkeit von der Propellerdrehzahl

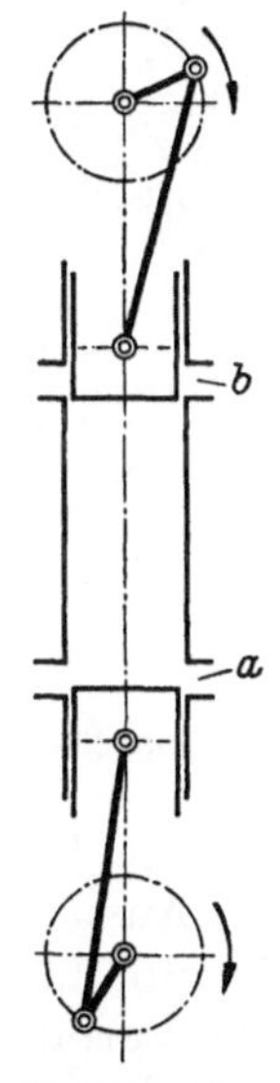

Bild 385. Schema der Aufladung eines Gegenkolben-Zweitaktmotors durch Kurbelversetzung

a Spülschlitze; *b* Auspuffschlitze

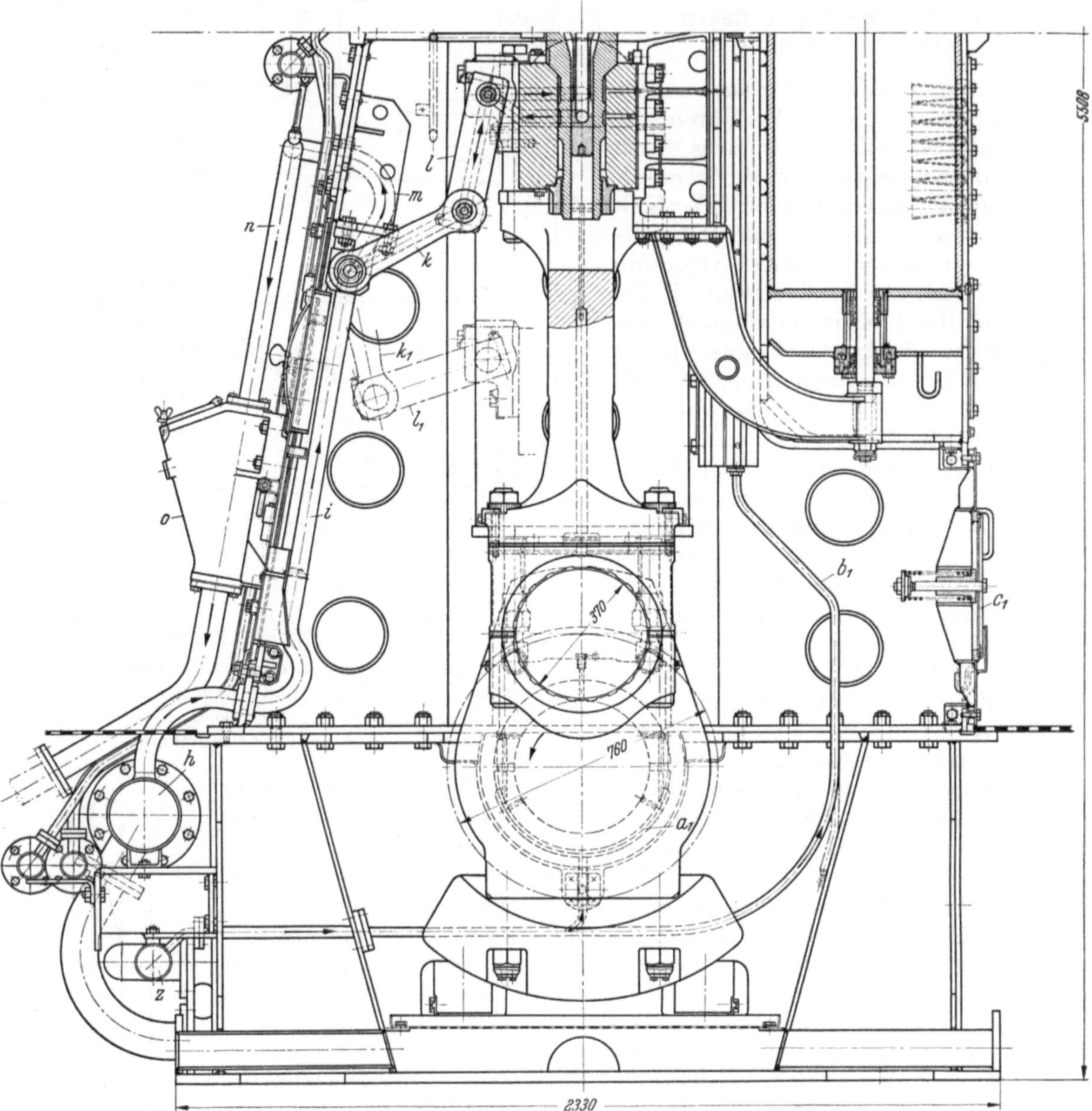

Bild 386a. Schnitt durch einen Arbeitszylinder des SULZER-Zweitaktmotors RS 58/76. Unterer Teil

graden. Dann sind beim Einwärtshub der Kolben die Spülschlitze noch geöffnet, wenn die Auspuffschlitze schon abgedeckt sind, und der Zylinder wird mit Luft vom Druck der Spülluft aufgeladen. Ein Umkehren der Drehrichtung ist dann freilich nicht möglich; das Verfahren eignet sich daher nur für Maschinen, die nicht umgesteuert zu werden brauchen. Es ist schon 1910 von der *AEG* für den Antrieb kleiner Gleichstromgeneratoren angewendet worden, hat aber keine Bedeutung erlangt. Später haben *Gebr. Sulzer* die Zweitakt-Gegenkolbenmaschine ohne Kurbelversetzung unter Zuhilfenahme der Abgasturbine zu hohen spezifischen Leistungen entwickelt (Bild 416, S. 443).

c) Bei Zweitaktmaschinen mit Steuerung des Ladungswechsels durch Spül- und Auspuffschlitze erfordert das Nachladen, daß die Auspuffschlitze gleichzeitig mit den Spülschlitzen oder etwas früher schließen, damit nicht Ladeluft durch die Auspuffschlitze verlorengeht. Bei den unter a) und b) beschriebenen Verfahren ist es der Kolben, der die Auspuffschlitze abdeckt, während die Spülschlitze — im Fall a) sind es die Nachlade-

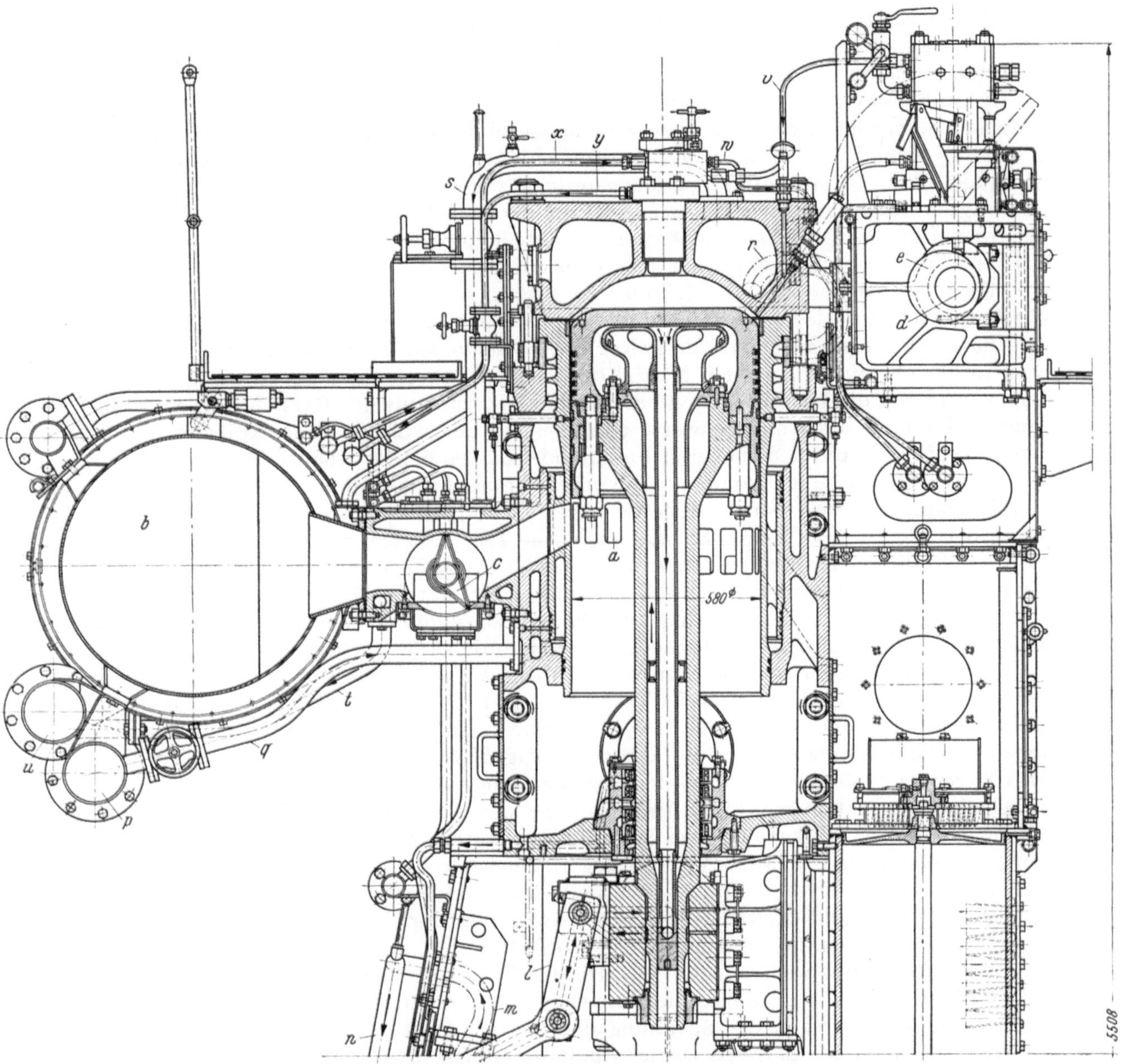

Bild 386b. Schnitt durch einen Arbeitszylinder des Sulzer-Zweitaktmotors RS 58/76. Oberer Teil

Legende zu Bild 386a und b: *a* Auspuffschlitze; *b* Auspuffleitung;   *c* Auspuffklappe;   *d* Steuerwelle;   *e* Exzenter;
h Kolbenkühlölverteilleitung;   *i* Kolbenkühlölzuleitung;   *k, l* Kolbenkühlgelenke; k_1, l_1 Gelenke bei tiefster Kolbenstellung;
m, n Kolbenkühlölabfluß;   *o* Schautrichter;   *p* Kühlwasserverteilleitung;   *q* Kühlwasserzuleitung zum Zylindermantel;
r Kühlwasserübertritt zum Zylinderdeckel;   *s* Kühlwasserabfluß zum Gehäuse der Auspuffklappe *c*;   *t* Kühlwasserabfluß
zum Sammelrohr *u*;   *v* Brennstoffeinspritzleitung;   *w* Brennstoffüberlaufleitung;   *x* Zuleitung, *y* Ableitung der Düsenkühlung;   *z* Schmieröl- und Gleitbahnkühlölverteilleitung; a_1 Schmierölkanal im Grundlager; b_1 Gleitbahnkühlölleitung;
c_1 Explosionsklappe

schlitze — noch kurze Zeit ganz oder teilweise geöffnet sind. Bei dem 1927 von der *MAN*
entwickelten Aufladeverfahren ist es ein im Auspuffkanal mit der Kurbelwellendrehzahl
umlaufender Schieber, der nach Beendigung des Spülvorganges den Auspuffkanal abdeckt,
während der Zylinder durch die noch geöffneten Spülschlitze aufgeladen wird. Die Konstruktion eines Nachladeschiebers ist in Bild 329 (S. 345) gezeigt, der Antrieb der Schieber
einer doppeltwirkenden Zweitaktmaschine in Bild 331, ihre Anordnung an der doppeltwirkenden Maschine in Bild 321, an einem Tauchkolbenmotor in Bild 311. Zu den

im IV. Abschnitt beschriebenen Zweitaktmaschinen der *MAN* sind die mittleren eff. Drücke angegeben. Zahlreiche Zweitaktmaschinen sind mit diesen Schiebern ausgerüstet worden.

d) Ein konstruktiv anderes Mittel, den Zylinder schlitzgesteuerter Zweitaktmaschinen aufzuladen, wenden *Gebr. Sulzer* bei ihrer neuen Motortype RS 58/76 an[1]. Im Auspuffkanal des Zylinders, zwischen den Auspuffschlitzen *a* und dem Auspuffsammelrohr *b* (Bild 386 b), ist die Auspuffklappe *c* angeordnet, welche von dem auf der Steuerwelle *d* befestigten Exzenter *e* in *schwingende* Bewegung versetzt wird. Das Exzenter steuert die Auspuffklappe so, daß sie den Auspuffkanal bereits gegen das Ende des Spülvorganges schließt, wenn also die steuernde Kante des Kolbens die Auspuffschlitze noch nicht abgedeckt hat. Daher wird der Zylinder zu Beginn des Verdichtungshubes bis auf den Spülluftdruck aufgeladen. Oberhalb der Spülschlitze liegende Nachladeschlitze sind bei dieser Steuerung nicht erforderlich. Der Arbeitskolben kann kurz gehalten werden, weil in der oberen Totlage sein Mantel die Auspuffschlitze nicht abzudecken braucht; dies übernimmt die Klappe *c*. Die kurze Kolbenlänge kommt der Bauhöhe der Maschine zugute. Da diese auch mit Schweröl betrieben werden soll, muß die Kolbenstange in einer Stopfbuchse durch den oberen Abschlußdeckel des Kurbelgehäuses geführt werden, damit Verbrennungsrückstände vom Kurbelgehäuse ferngehalten werden; aber trotz des Raumes, den diese Stopfbuchse beansprucht, wird die Bauhöhe der Maschine beträchtlich kleiner als die der Bauart nach Bild 182, S. 194.

Obwohl die Auspuffklappe dauernd den heißen Auspuffgasen ausgesetzt ist, braucht sie nicht gekühlt zu werden, wie die Erfahrung gezeigt hat. Auch stellte sich heraus, daß sich auf der Klappe keine Koksansätze bildeten; sie blieb auch nach längerem Betrieb mit Bunker C-Öl sauber. Aber bei jedem Dieselmotor kann gelegentlich ein Kolbenring brechen, und die Bruchstücke können durch die Auspuffschlitze in den Auspuffkanal geblasen werden; sie könnten bei dieser Konstruktion die Klappe, die sich mit etwas radialem Spiel in ihrem Gehäuse bewegt, festklemmen. Damit hierdurch kein Schaden entstehen kann, ist das die Auspuffklappe betätigende Gestänge nachgiebig ausgeführt. Das Exzenter *e* (Bild 387) bewegt die Exzenterstange *f* und diese durch einen Winkelhebel die senkrecht angeordnete Antriebstange der Auspuffklappe, doch ist die Verbindung zwischen Winkelhebel und Klappe nicht starr, sondern zwischen beide ist eine vorgespannte Feder geschaltet (Verschalung *g*). Die federnde Verbindung ist so bemessen, daß Exzenter und Exzenterstange sich auch dann frei bewegen können, wenn einmal eine Klappe „hängen" sollte. Jede Klappe hat ihren Einzelantrieb *e–f–g*. Die Steuerwelle *d*, auf der auch die Brennstoffnocken befestigt sind, wird durch Kettenräder und Kette von der Kurbelwelle angetrieben. Die Kette ist mit einer Spannvorrichtung versehen, die so gebaut ist, daß sich die Winkelstellung der Steuerwelle relativ zur Kurbelwelle nicht ändert, wenn die Spannung der Kette nachgestellt wird.

Grundplatte und Ständer sowie Spülluftzylinder und Spülluftaufnehmer sind geschweißt. Weitere Einzelteile sind in der Unterschrift zu Bild 386 erklärt. Die für Getriebeanlagen bestimmte Maschine (580 mm Zyl.-Dmr., 760 mm Hub) hat eine Zylinderleistung von 450 bis 500 PSe bei 225 bis 240 U/min. Mit zehn Zylindern wurde bei 240 U/min eine Höchstleistung von 6000 PSe bei einwandfreiem Auspuff erreicht.

e) Die unter a), c) und d) beschriebenen Verfahren zum Aufladen von Zweitaktmaschinen kommen für die Querspülung in Betracht; das Verfahren b) ermöglicht die Gleichstromspülung, ist aber für umsteuerbare Schiffsmaschinen nicht anwendbar. Dagegen kann die Gleichstromspülung konstruktiv verwirklicht werden, wenn man am unteren Ende der Zylinderbuchse Spül*schlitze* und im Zylinderdeckel Auspuff*ventile* vorsieht[2]. Die Ventilsteuerung hat man schon vor Jahrzehnten im Dieselmaschinenbau

---

[1] Vgl. W. A. Kilchenmann: New Designs of Large Two-Stroke Marine Diesel Engines. Trans. Inst. Mar. Engrs. Bd. 65 (1953) S. 137 — Techn. Rdsch. Sulzer 1953, Nr. 2.

[2] Wie dies schon *Burmeister & Wain* bei ihrer in Bd. I, S. 79, erwähnten Zweitakt-Maschine getan haben.

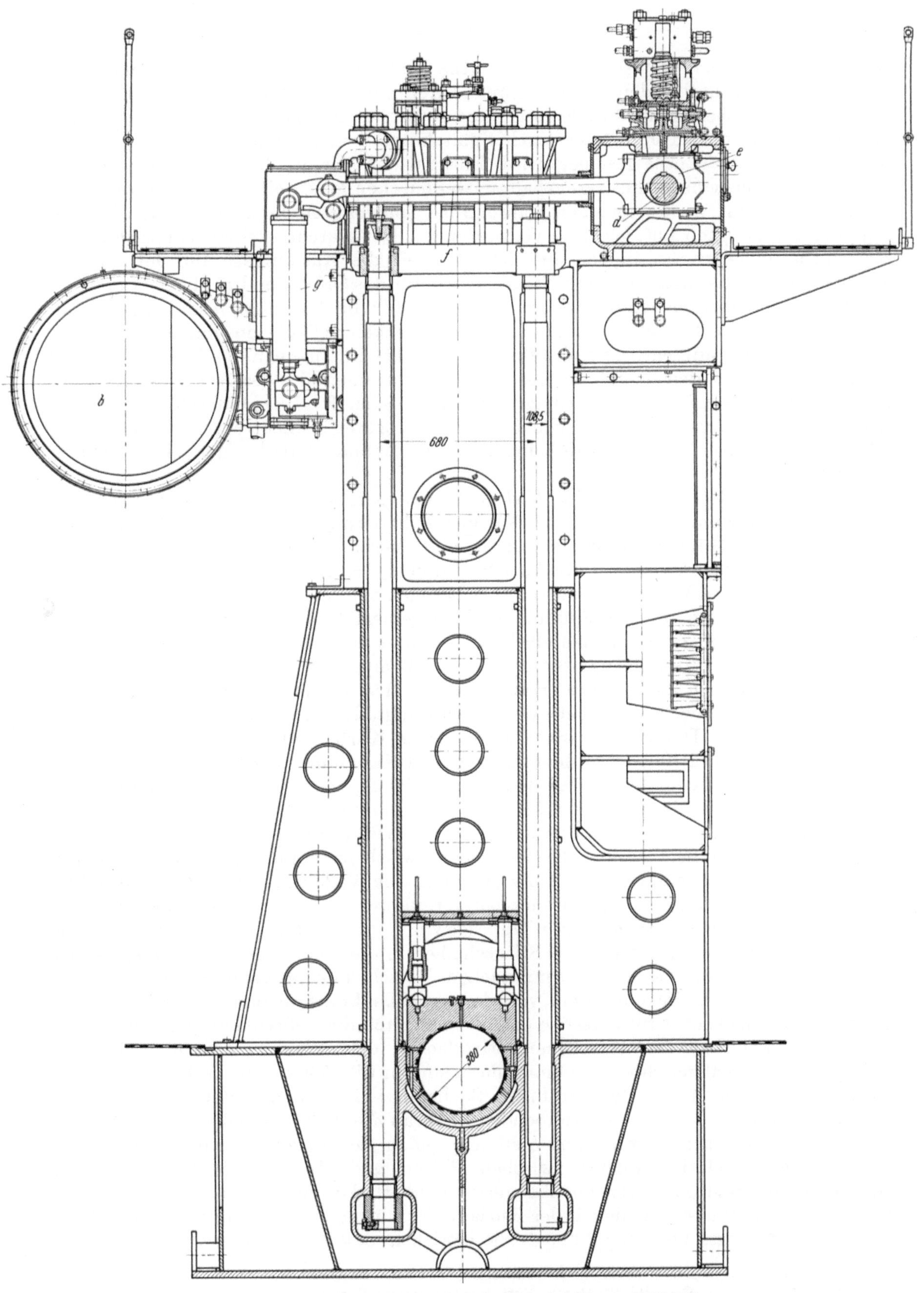

Bild 387. Schnitt durch die Zuganker des Motors Bild 386

b Auspuffleitung;   *d* Steuerwelle;   *e* Exzenter;   *f* Exzenterstange;   *g* nachgiebige Verbindung zwischen Exzenterstange und Auspuffklappe

angewendet[1], jedoch wählte man Spülventile und Auspuffschlitze, weil damals das Material der Ventilteller den Auspufftemperaturen nicht standhielt. Erst als die Werkstofftechnik hitzebeständige Stähle geschaffen hatte, konnte man die Strömungsrichtung der Spülluft umkehren und diese durch Spülschlitze dem Zylinder zuführen, während der Auspuff durch Ventile gesteuert wird. Dies hat den Vorteil, daß die Spülschlitze bei reichlichem Querschnitt niedrig gehalten werden können, weil der ganze Zylinderumfang für sie zur Verfügung steht, während bei Spülventilen die unerwünschte Drosselung der eingesaugten Luft nicht zu vermeiden ist. Der Durchtrittsquerschnitt der Auspuffventile hingegen ist immer ausreichend, weil die Auspuffgase ihn mit Schallgeschwindigkeit durchströmen. Die Steuerpunkte für das Öffnen und Schließen der Spülschlitze liegen natürlich symmetrisch zum UT, die für die Auspuffventile dagegen kann man durch entsprechende Ausbildung der Steuernocken beliebig unsymmetrisch legen. Man läßt das Auspuffventil so früh öffnen, wie es das Entspannen des Zylinderinhaltes erfordert, legt aber den Schluß des Auspuffventils in die Nähe des Schließpunktes der Spülschlitze (siehe z. B. das Steuerdiagramm Bild 378 der *Werkspoor*-Maschine Bild 371). Selbst wenn das Auspuffventil einige Kurbelgrade später schließt als die Spülschlitze, erhält man eine wesentlich bessere Luftfüllung des Zylinders als bei der reinen Schlitzspülung.

In dem von der *Maschinenbau Kiel A.-G.* entwickelten Zweitaktmotor Type Z 42 sind diese Überlegungen verwirklicht[2]. Mit vier Zylindern (290 mm Dmr., 420 mm Hub) leistet der Motor (Bild 388 u. 389) als direkt umsteuerbare Schiffsmaschine 570 PSe bei 428 U/min ($c_m = 6{,}0$ m/sec), 550 PSe bei 370 U/min ($c_m = 5{,}18$ m/sec), p_e in beiden Fällen rd. 5,45 kg/cm². Das Verdichtungsverhältnis, bezogen auf den vollen Hub, beträgt 1 : 16, der Zünddruck 52 kg/cm². Die Spülluft wird von einem Radialgebläse geliefert, dessen Laufrad *a* (Bild 388) radiale Schaufeln hat, so daß es in beiden Drehrichtungen gleichmäßig fördert. Die Fördermenge beträgt bei 428 U/min 3700 m³/h entsprechend einem Luftaufwand vom 1,3fachen des Hubvolumens, der Spüldruck 2100 mm WS. Der Antrieb der Gebläsewelle liegt neben dem Schwungrad, somit an einer Stelle kleiner Drehschwingungen. Die hohe Übersetzung zwischen Kurbelwelle und Gebläsewelle von 1 : 21 erfordert eine drehelastisch besonders weiche Kupplung, welche die Drehmomentschwankungen der Kurbelwelle und deren Drehschwingungen von dem Gebläseantrieb fernhält. Hierzu hat die *MaK* eine Tellerfederkupplung eigener Bauart entwickelt, die auf der Welle der Zwischenzahnräder angebracht ist (Bild 388). Bild 390 zeigt die Kupplung in größerem Maßstab. Die Nabe des großen Zwischenzahnrades *b* ist mit der beiderseitig in Wälzlagern geführten Welle *c* verbunden. Die Welle des kleinen Zahnrades *d* ist als Hohlwelle ausgebildet und an ihrem rechten Ende auf *c* drehbar gelagert und zentriert. Auf die Welle *c* ist ein steilgängiges Trapezgewinde geschnitten; die Hohlwelle ist die Mutter. Ihr Außenmantel trägt die Stirnscheiben *e*, die somit alle Schwankungen der Winkelgeschwindigkeit des Rades *d* mitmachen. Zwischen den äußeren Scheiben *e* liegen die Innenscheiben *f*, die mit ihrem verzahnten Außenkranz in eine Innenverzahnung des mit *b* verbundenen Druckringes *h* greifen und durch die Tellerfedern *g* gegen die mit zahlreichen Schmiernuten versehenen Stirnflächen der Scheiben *e* gepreßt werden. (Die ungefähr radial gerichteten Schmiernuten sind in Bild 390 nur im rechten Scheibenpaar *e–f* gezeichnet.) Die an den Berührungsflächen zwischen *e* und *f* entstehende Reibung überträgt die Leistung von dem treibenden Zahnrad *d* auf das getriebene *b*. Wären die Winkelgeschwindigkeiten von *d* und *b* ständig genau gleich groß, so würde im Trapezgewinde keine Relativbewegung zwischen Bolzen und Mutter auftreten. Aber das Rad *b* hat das Bestreben, gleichmäßig umzulaufen, Rad *d* dagegen macht die Schwankungen der Winkelgeschwindigkeit der Kurbelwelle mit, und so entstehen dauernd kleine Relativverdrehungen zwischen *d* und *b*. Sie bewirken, daß das Trapezgewinde die Hohl-

---

[1] Vgl. z. B. O. ALT: Die Probleme der Ölmaschine und ihre Entwicklung auf der Germaniawerft in Kiel. Jb. Schiffbautechn. Ges. Bd. 21 (1920), dort S. 331. Berlin: Springer.

[2] LEMBCKE, R.: Der neue Zweitaktmotor Z 42 der *MaK*. Motortechn. Z. Bd. 16 (1955) S. 57.

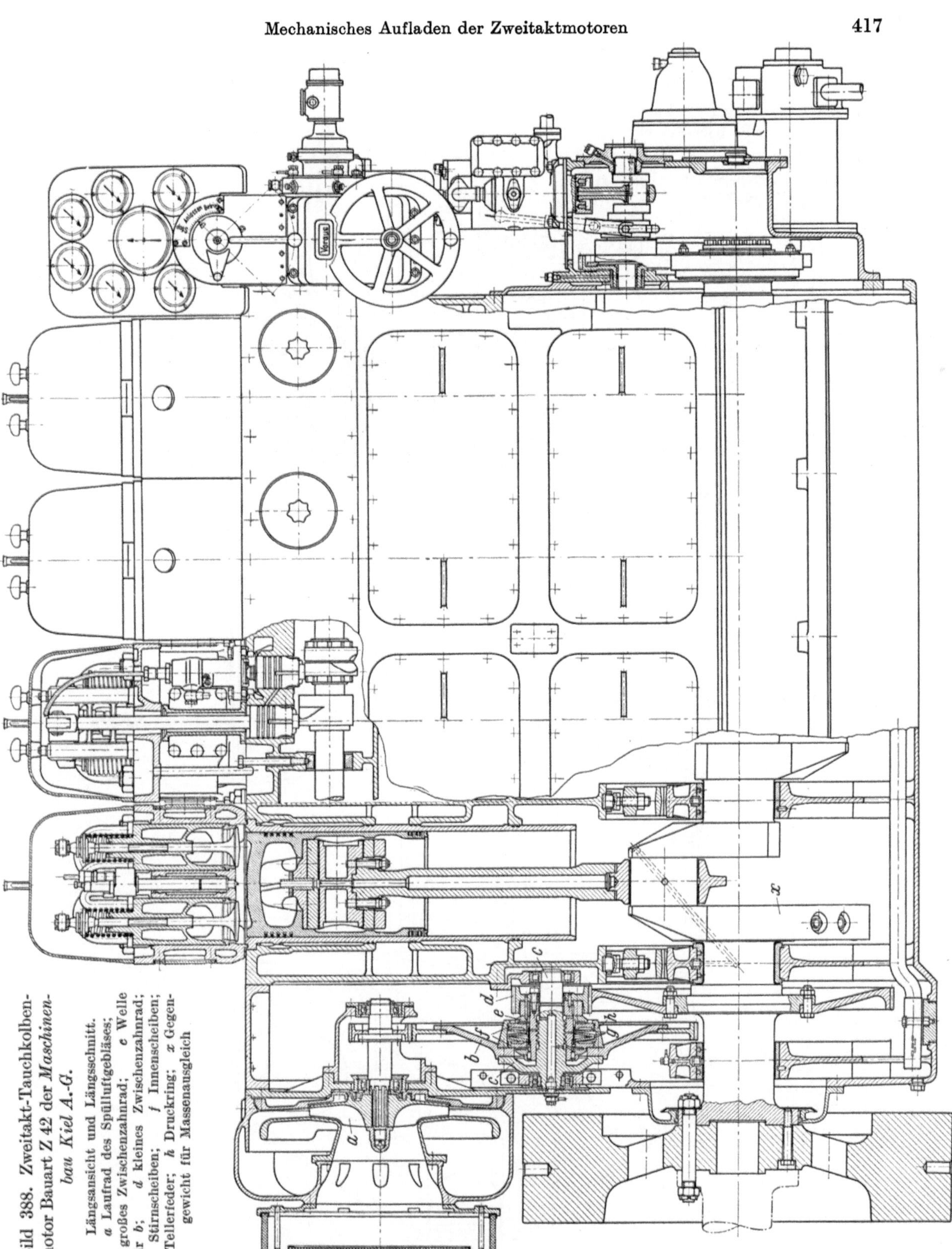

Bild 388. Zweitakt-Tauchkolben-motor Bauart Z 42 der Maschinenbau Kiel A.-G.
Längsansicht und Längsschnitt. a Laufrad des Spülluftgebläses; b großes Zwischenzahnrad; c Welle für b; d kleines Zwischenzahnrad; e Stirnscheiben; f Innenscheiben; g Tellerfeder; h Druckring; x Gegengewicht für Massenausgleich

welle ständig um kleine Beträge in axialer Richtung hin- und herschiebt. In der Mittelstellung sind die Innenscheiben f durch die Tellerfedern g (nur wenig) vorgespannt; sie hängen in der Verzahnung von h. Bei *Rechts*lauf tritt eine Relativbewegung des

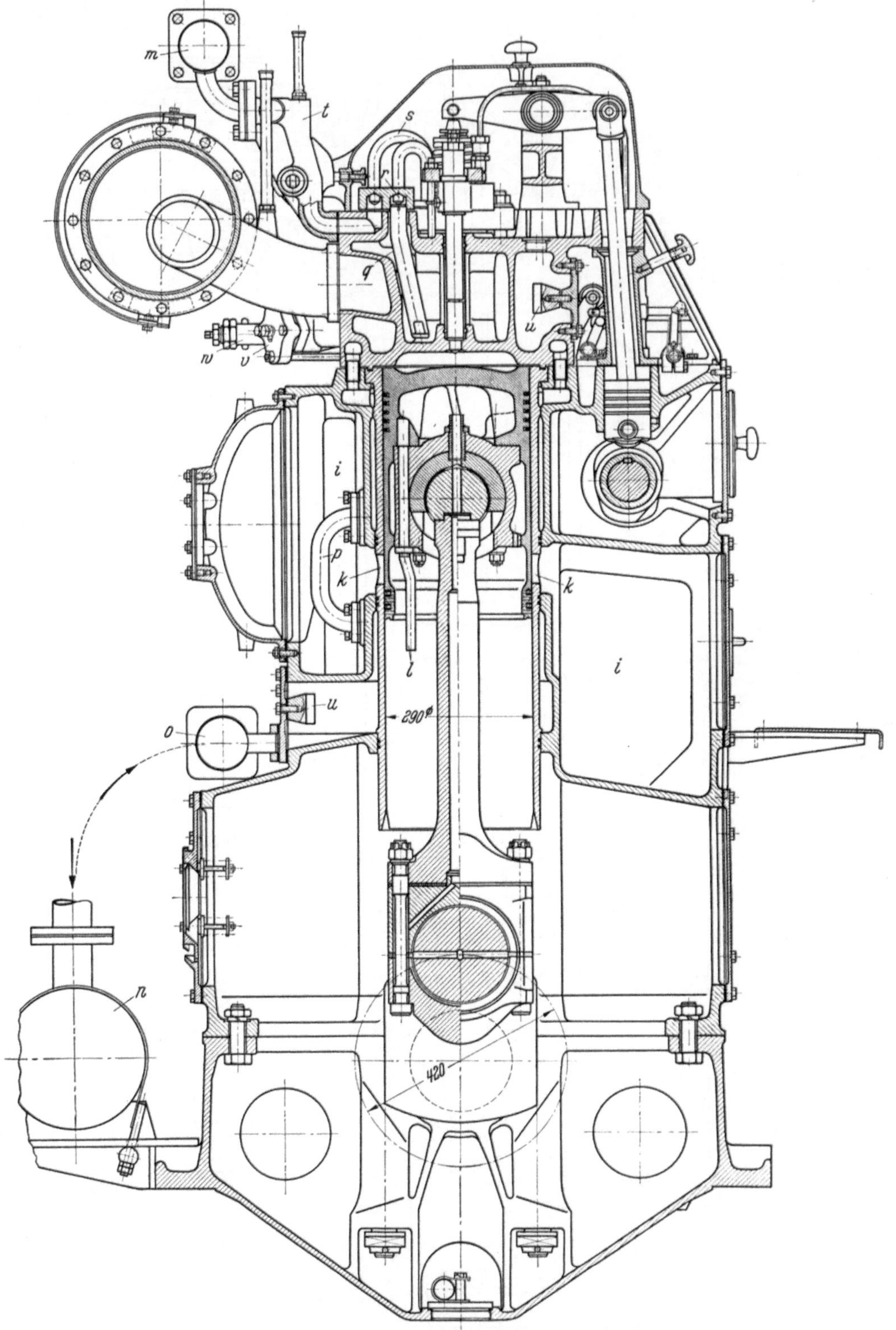

Bild 389. Querschnitt durch einen Arbeitszylinder des Motors Bild 388

i Spülluftaufnehmer; *k* Spülschlitze; *l* Kühlölabfluß; *m* Kühlwasserabflußleitung; *n* Süßwasserrückkühler (dahinter, mit diesem verschraubt, das Gehäuse des Ölkühlers); *o* Kühlwasserleitung zu den Zylindern; *p* Kühlwasserübertritt vom unteren zum oberen Mantelteil; *q* Abfluß aus Zylinderdeckel; *r* Verzweigung des Kühlwasserstromes **auf die Auspuff**-ventilgehäuse; *s* Abflußrohre aus den Ventilgehäusen zum Stutzen *t*; *u* Zinkschutz; *v* Anlaßventil; *w* Sicherheitsventil

treibenden Rades d zwischen den Scheiben e und f der rechten Seite auf. Die rechte Scheibe f hebt sich infolge der Axialbewegung der Hohlwelle von dem Absatz des mit b verbundenen Druckringes h ab. Die rechte Scheibe f gleitet dabei axial mit ihrer am Außenumfang befindlichen Verzahnung in der Innenverzahnung des Druckringes h. Gleichzeitig entsteht zwischen der linken Scheibe e und der zugehörigen Scheibe f ein Spalt. Bei *Links*drehung des treibenden Rades d hebt sich die linke Scheibe f von b ab und gleitet axial in der Verzahnung von h, während sich die rechte Scheibe e von der rechten Scheibe f löst. Die Antriebsleistung wird daher nur bei der Mittelstellung auf das getriebene Rad b übertragen. Die größte Relativverdrehung zwischen b und d beträgt für jede Drehrichtung (von Nullstellung nach Voraus und von Nullstellung nach Zurück) maximal etwa 40°. Die Kupplung wirkt somit wie die Einschaltung einer sehr großen Länge (S. 68) in das System, welche die von der Antriebseite kommenden Drehschwingungen von dem getriebenen Teil, d. i. die Gebläsewelle, fernhält.

Das Gebläse saugt die Spül- und Ladeluft aus dem Maschinenraum an und fördert sie in den reichlich bemessenen Spülluftaufnehmer i (Bild 389), aus welchem sie durch die Spülschlitze k mit leichtem Drall in den Zylinder tritt. Die vom Kolben gesteuerten Spülschlitze öffnen und schließen 46° vor bzw. nach UT; die durch Nocken gesteuerten Auspuffventile öffnen hinreichend lange vor den Spülschlitzen, damit der Zylinderinhalt sich auf den Spüldruck entspannen kann, schließen jedoch praktisch gleichzeitig mit den Spülschlitzen, so daß keine Spülluft verlorengeht und der Luftaufwand 1,3 genügt.

Von den Triebwerkteilen ist die Konstruktion des Kolbens bemerkenswert, dessen rotationssymmetrischer Mantel vom Kolbenbolzenträger getrennt ist, so daß er auch in der Betriebswärme seine genaue zylindrische Form behält. Der Kolbenbolzen ist mit dem

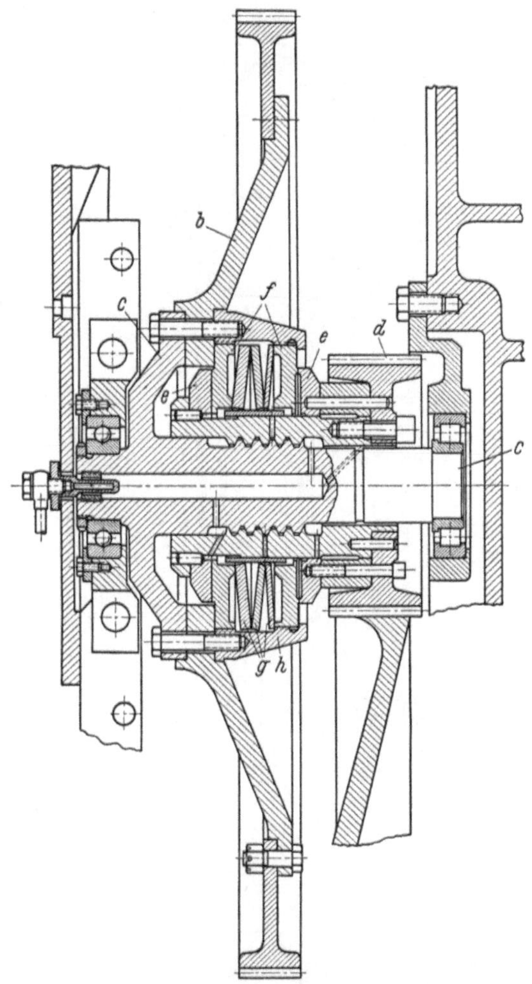

Bild 390. Drehelastische Tellerfederkupplung der *Maschinenbau Kiel A.-G.*
b bis h wie Bild 388

oberen Pleuelkopf verschraubt (Bild 388), so daß er mit seiner ganzen axialen Länge für die Aufnahme der Gaskräfte ausgenutzt werden kann. Der Kolbenboden wird durch Öl gekühlt, das durch Bohrungen in der Kurbelwelle, der Pleuelstange und dem Kolbenbolzen dem Kühlraum zugeführt wird und durch das Rohr l (Bild 389) in das Kurbelgehäuse zurückfließt. Für die Kühlung der Laufbuchse und des Zylinderdeckels ist Süßwasser vorgesehen, wodurch einer Verschmutzung der Kühlwasserräume wirksam vorgebeugt wird. Das aus dem Zylinderdeckel abfließende warme Kühlwasser wird durch das Sammelrohr m einem hochliegenden Ausgleichbehälter zugeführt, aus welchem es einer seitlich vom Schwungrad angeordneten Kreiselpumpe zufließt, die das Süßwasser zunächst durch den neben der Grundplatte liegenden Rückkühler n drückt. Das rückgekühlte Wasser verzweigt sich aus der Verteilleitung o auf die Kühlmäntel der Arbeitszylinder, umgeht durch das Rohr p die Spülschlitze k und tritt aus dem oberen Teil des

Kühlmantels durch kurze, mit Gummiringen abgedichtete Rohrstutzen in den Zylinderdeckel, dessen dem Brennraum zugekehrter Boden besonders wirksam gekühlt wird. Nahe dem Boden liegt die Abströmöffnung des Rohres q, an dessen oberem Ende r das Kühlwasser sich auf die Gehäuse der beiden Auspuffventile verteilt. Nachdem diese durchströmt sind, gelangt das Wasser durch Rohre s in den mit Thermometer und Regelhahn versehenen Stutzen t, aus welchem es der Sammelleitung m zufließt, um den Kreislauf von neuem zu beginnen. Die Kühlwasserräume sind mit Zinkschutzkörpern u versehen. Der Süßwasserrückkühler wird ebenso wie der dahinterliegende Ölkühler von Seewasser durchströmt, das durch eine am vorderen Motorende angeordnete Kreiselpumpe gefördert wird.

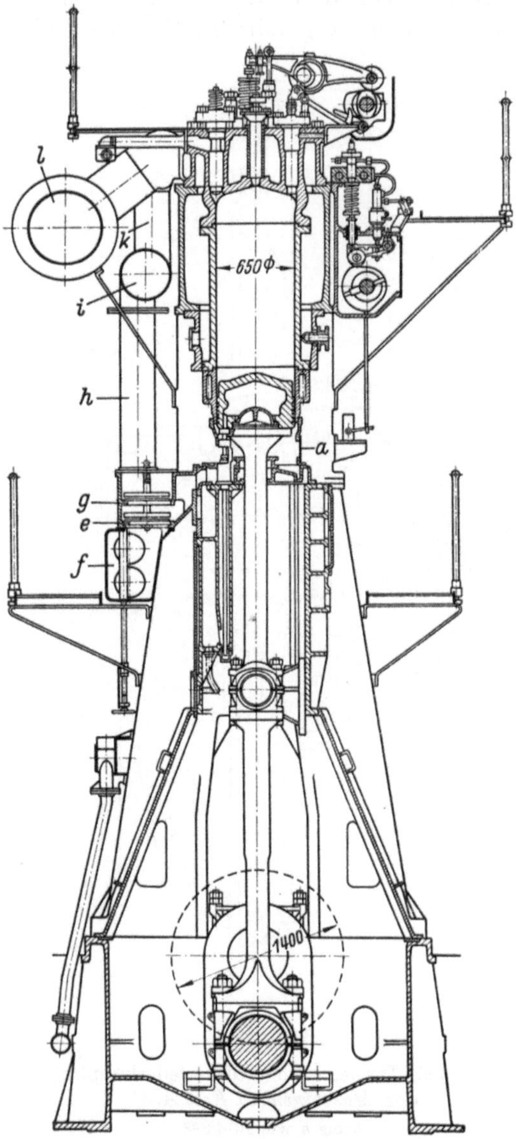

An der hinteren Wange der Kurbel *1* und der vorderen Wange der Kurbel *4* ist je ein Gegengewicht x (Bild 388) befestigt, deren Mittellinien um 45° aus ihren Kröpfungsebenen herausgeschwenkt sind. Die Gegengewichte sind so bemessen, daß der resultierende Momentenvektor I. Ordnung in eine vorwiegend vertikale Lage gelangt, was einem hauptsächlich in einer horizontalen Ebene wirkenden Moment entspricht. Gegen die damit verbundenen Bewegungen des Motors in der Horizontalen ist der Schiffskörper weniger empfindlich, als wenn der Motor in der vertikalen Längsebene um eine horizontale Achse kippte.

2. Mechanisches Aufladen der Viertaktmotoren

Wenn auch das Wesen der Aufladung beim Zweitakt und Viertakt das gleiche ist, so ist es doch gerechtfertigt, bei dem mechanischen Aufladen nach Zweitakt und Viertakt zu unterscheiden. Der Zweitaktmotor hat seine Spülpumpe, die auch zur Beschaffung der Ladeluft dient; für den Viertaktmotor muß ein Ladegebläse vorgesehen werden, wenn man ihn „mechanisch" aufladen will. Zwei Möglichkeiten bieten sich hier, die beide erfolgreich ausgeführt worden sind: man benutzt die untere Kolbenseite als Ladeluftpumpe, was natürlich nur bei Kreuzkopfmaschinen in Betracht kommt, oder man stellt ein besonderes Gebläse neben den Motor. Für beide Ausführungsarten folgt je ein Beispiel.

a) *Unterseite des Arbeitskolbens als Ladegebläse.* Ein konstruktiv einfaches Mittel, einen Viertakt-Kreuzkopfmotor aufzuladen, hat die Firma *Werkspoor* angegeben. Sie hat den unteren Teil des Zylinders als Gebläsezylinder ausgebildet; dabei wirkt die Unterseite des Arbeitskolbens als Gebläsekolben. Der Schnitt durch den Zylinder eines von *Werkspoor* gebauten Viertaktmotors zeigt die Anordnung. Der untere Teil der Lauf-

Bild 391. Einfachwirkender Viertakt-Kreuzkopfmotor mit Aufladung nach *Werkspoor*

a geteilter Zylindermantel des Gebläses; *e* Saugventile; *f* Saugkasten; *g* Druckventile; *h* Druckleitungen zur Ladeleitung *i*; *k* Leitungen zu den Einlaßventilen; *l* Auspuffleitung

buchse ist durch den geteilten Mantel a (Bild 391 u. 392) verlängert; dieser bildet mit der Laufbuchse und dem Abschlußdeckel b (Bild 392) des Kurbelgehäuses den Gebläsezylinder. Die Teilung des Mantels ermöglicht die Zugänglichkeit zur Stopfbuchse c, welche die Kolbenstange gegen das Kurbelgehäuse abdichtet und das an der Kolbenstange haftende Schmieröl abstreift. Die Teilung des Mantels ist auch für den Zusammenbau erforderlich; sie ermöglicht das Besichtigen von Kolben und Kolbenringen sowie das seitliche Ausbauen eines Kolbens zusammen mit dem unteren Teil der Laufbuchse. Für das Gehäuse d, in das die Teleskoprohre der Kolbenkühlung tauchen, ist eine Aussparung im Mantel a angebracht, so daß die Stopfbuchsen der Teleskoprohre von außen zugänglich sind. Die Kolben saugen beim Aufwärtsgang Luft aus dem Maschinenraum durch die Saugventile e und den an der Maschine entlanggeführten Kasten f und drücken sie beim Abwärts-

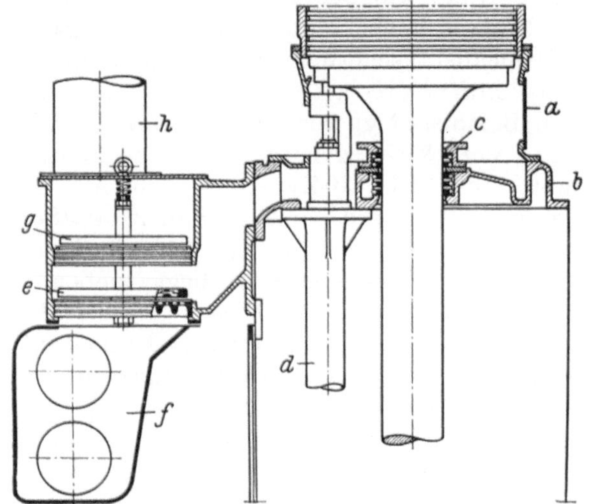

Bild 392. Untere Kolbenseite eines *Werkspoor*-Viertaktmotors mit Aufladevorrichtung

a, e, f, g, h wie Bild 391; b Abschlußdeckel des Kurbelgehäuses; c Stopfbuchse der Kolbenstange; d Gehäuse der Teleskoprohre

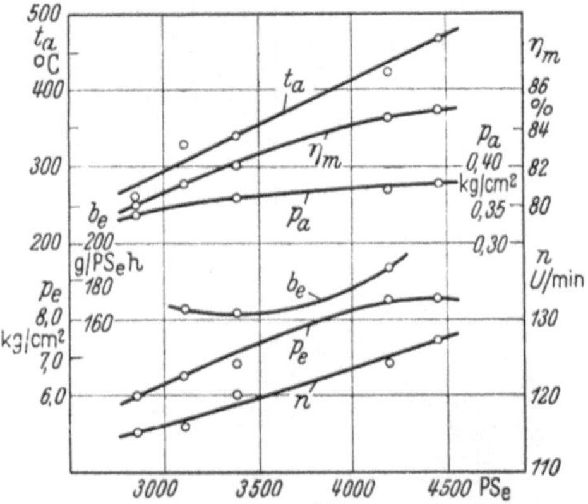

Bild 393. Versuchsergebnisse von Viertaktmotoren mit Aufladung nach *Werkspoor*

t_a Auspufftemperatur; η_m mech. Wirkungsgrad; p_a Überdruck in der Ladeleitung; b_e Brennstoffverbrauch; p_e mittl. eff. Druck; n U/min

gang durch die Ventile g und mehrere senkrechte Rohre h in die Ladeleitung i, die sich wie der Saugkasten f über die ganze Länge der Maschine erstreckt. Aus der Ladeleitung wird die Luft durch Krümmer k den Einlaßventilen der Zylinder zugeführt. l ist die Auspuffleitung.

Die *Werkspoor*-Aufladung hat den großen Vorzug der Einfachheit. Mit einfachen Mitteln kann eine große Luftmenge angesaugt werden, weil der Kolben als Gebläse im Zweitakt arbeitet. Dementsprechend sind Aufladungen über 50% erreicht worden. Ein weiterer Vorteil ist der verhältnismäßig geringe konstruktive Aufwand, der die Grundfläche des Motors nicht, die Bauhöhe nur unwesentlich vergrößert. Die *Werkspoor*-Aufladung ist nur bei Kreuzkopfmotoren anwendbar; bei Tauchkolbenmotoren verbietet sie sich, weil der Tauchkolben nicht vom Kurbelgehäuse abgeschlossen werden kann. Das Ansaugen von Luft, die sich mit dem Schmierölnebel des Kurbelgehäuses gemischt hat, ist beim Dieselverfahren nicht zulässig.

Über Ergebnisse von Motoren mit *Werkspoor*-Aufladung hat SCHULER[1] berichtet. Solche Motoren sind u. a. in größerer Zahl auf Tank-Motorschiffen der *Anglo-Saxon Petroleum Co.* eingebaut worden[2]. Die von SCHULER mitgeteilten Zahlen sind in Bild 393 aufgetragen. Die Hauptabmessungen sind 650 mm Zyl.-Dmr. und 1400 mm Hub. Bei 120 U/min sollten die Achtzylindermotoren 3600 PSe leisten, entsprechend einem p_e von

---

[1] SCHULER, P.: Betriebsergebnisse von Schiffs-Dieselmotoren mit Aufladung. Z. VDI Bd. 79 (1935) S. 1535.

[2] Goos, E.: Neue Motor-Tankschiffe von 12300 t Tragfähigkeit. Z. VDI Bd. 78 (1934) S. 1361.

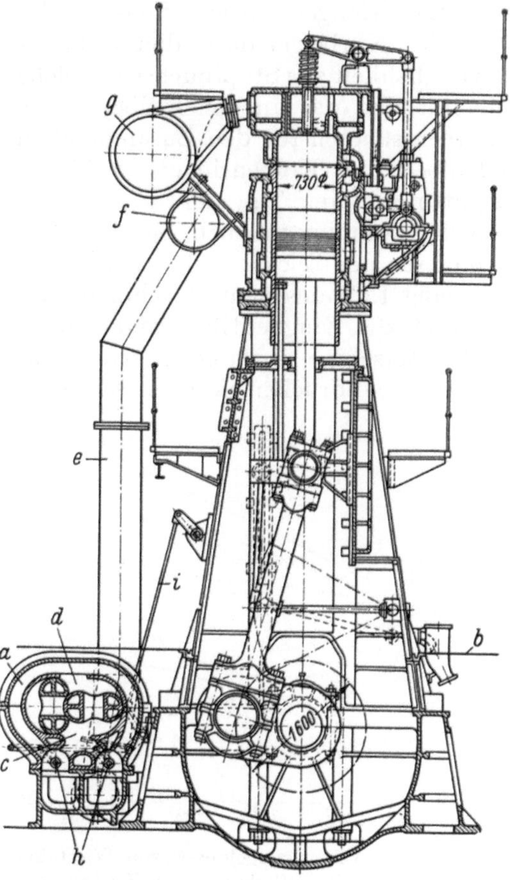

Bild 394. Viertaktmotor mit Aufladung durch Drehkolbengebläse, gebaut von der *Machinefabriek Gebr. Stork & Co.*

a Gebläse;   *b* Maschinenraumflur;   *c* Saugraum des Gebläses;   *d* Druckraum;   *e* Rohr zur Ladeleitung *f*;   *g* Auspuffleitung;   *h* Drehschieber;   *i* Gestänge zur Umsteuermaschine

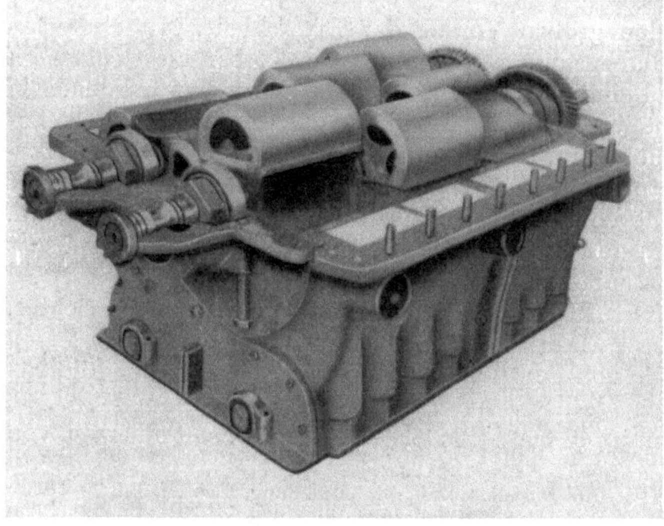

Bild 395. Drehkolbengebläse des Motors Bild 394

7,27 kg/cm² oder 32% Aufladung. Erreicht wurden Leistungen bis zu 4450 PSe bei 127 U/min ($p_e = 8{,}48$), d. h. 54% Aufladung. Der Ladedruck p_a beträgt 0,34 bis 0,38 kg/cm² Üb.; er steigt mit der Belastung nur wenig. Der mechanische Wirkungsgrad nimmt von 80% bei 2850 PSe auf 85% bei Höchstlast zu. Infolge des großen Hubverhältnisses und der reichlichen Ladeluft sind die Auspufftemperaturen niedrig; sie erreichen erst bei 4200 PSe dieselbe Höhe wie bei unaufgeladenen Motoren, sind aber hoch genug, um die Abgase in Wärmeaustauschern ausnutzen zu können.

b) *Von der Kurbelwelle angetriebenes Ladegebläse.* Ein Beispiel zeigt der von der *Machinefabriek Gebr. Stork & Co.* gebaute Viertakt-Kreuzkopfmotor Bild 394 (730 Zyl.-Dmr., 1600 mm Hub), der in 8 Zylindern bei 90 U/min 3700 PSe leistet ($p_e = 6{,}88$ kg/cm², entspr. 25% Aufladung). Das Drehkolbengebläse *a* liegt neben der Grundplatte und ist mit dieser verflanscht. Da solche Gebläse nicht geräuschfrei arbeiten, ist es unterhalb der Flurplatten *b* angeordnet, wodurch das Geräusch wirksam gedämpft wird. Aus dem Maschinenraum tritt die Luft in den Saugraum *c*; aus dem Druckraum *d* strömt die Luft durch Rohr *e* in die an den Zylindern entlanglaufende Leitung *f*, von der sie durch Krümmer zu den Saugventilen gelangt. Die Auspuffleitung *g* führt zu einem Abgaskessel, in welchem Dampf von 6 atü in solcher Menge erzeugt wird, daß alle Hilfsmaschinen des Schiffes, eines Tankers von 15000 t Tragfähigkeit, dadurch angetrieben werden können.

Das Drehkolbengebläse (siehe Bild 395) besteht aus drei unter 120° zueinander stehenden Drehkolbenpaaren, wodurch die Druckschwankungen der Ladeluft abgeglichen werden. Die Außenteile der Kolben sind aus Leichtmetall gegossen und an ihrem Umfang mit axialen Längsnuten versehen, die als Labyrinthe wirken. Die Stege zwischen den Nuten sind so schmal gehalten, daß ein leichtes Streifen am gußeisernen Gehäuse unschädlich ist. Da der Hauptmotor umsteuerbar ist, muß das Gebläse hierfür eingerichtet sein. Diesem Zweck dienen die Drehschieber *h* (Bild 394), die durch das Gestänge *i* beim Umsteuern so umgelegt werden, daß die angesaugte Luft auch bei geändertem Drehsinn der Drehkolben ihre Strömungsrichtung zwischen Saugstutzen c und Ladeleitung f beibehält.

Die Aufladung dieser Motoren wurde auf Wunsch des Bestellers auf 25 % beschränkt. Sie hätte erhöht werden können, da die Maschine mit dieser Aufladung und einem c_m von 4,8 m/sec nur mäßig belastet ist. Bei voller Ausnutzung könnte der Motor 4800 PSe bei 100 U/min leisten ($p_e = 8,0$ kg/cm², $c_m = 5,33$ m/sec, 46 % Aufladung).

Die in diesem Abschnitt beschriebenen beiden Verfahren des Aufladens von Viertaktmaschinen haben sich gleich gut bewährt. Wenn sie heute nicht mehr ausgeführt werden, so liegt dies daran, daß die Abgasturboaufladung sich als wirtschaftlich überlegen erwiesen hat, da sie die Energie für den Antrieb des Ladegebläses den Auspuffgasen entnimmt, während diese bei der mechanischen Aufladung die Nettoleistung des Motors vermindert.

B. Abgasturboantrieb des Ladegebläses

Die Wärmebilanz des Dieselmotors zeigt, daß in den Abgasen rd. ein Drittel der dem Motor mit dem Brennstoff zugeführten Energie enthalten ist. Es hat nicht an Bestrebungen gefehlt, diese Energie zu verwerten, statt sie nutzlos entweichen zu lassen.

Abgaskessel zum Erzeugen von Niederdruckdampf, auf Motorschiffen häufig eingebaut, sind eines der Mittel hierzu, Warmwasserbereiter ein zweites. Die Leistung des Motors wird aber durch diese Art der Abgasverwertung natürlich nicht vermehrt. Wie die Abgase zur Steigerung der Motorleistung benutzt werden können, hat A. Büchi[1] zuerst gezeigt.

1. Abgasturboaufladung der Viertaktmotoren

Büchis Arbeiten gehen auf das Jahr 1905 zurück, jedoch brachte das von ihm angegebene Verfahren, die Ladeluft durch ein von einer Abgasturbine getriebenes Gebläse zu erzeugen, erst 1925 vollen Erfolg, nachdem Büchi die Auspuffleitung des Viertaktmotors in einzelne Stränge unterteilt hatte. In diesen bilden sich während des Auspuffvorganges starke Druckschwankungen aus (Bild 396). Während des ersten Zeitabschnitts des Auspuffens steigt der Druck p_g der Abgase vor der Turbine rasch über den Ladedruck p_a des Gebläses an; in dieser Periode findet die größte Energieabgabe an die Turbine statt. Unmittelbar anschließend senkt sich der Abgasdruck fast auf

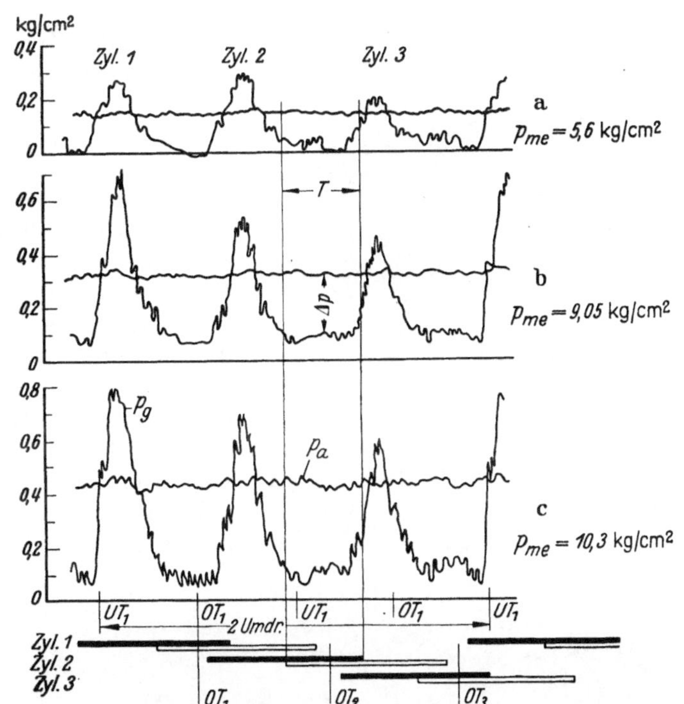

Bild 396. Schwankungen des Abgasdruckes in der Auspuffleitung eines Sechszylinder-Viertaktmotors mit Abgasturbogebläse bei verschieden hoher Aufladung, nach W. Pflaum[2]

p_a Ladedruck des Gebläses; p_g Abgasdruck vor der Turbine; Δp Spülüberdruck; T Spülzeit
Schwarze Balken: Auspuffventile offen.   Weiße Balken; Einsaugventile offen

---

[1] Siehe Fußnote 1g, S. 410.   [2] Siehe Fußnote 1b, S. 410.

Atmosphärendruck; es bildet sich eine beträchtliche Druckdifferenz Δp zwischen Ladedruck p_a und Abgasdruck p_g aus. Hält man in diesem Zeitabschnitt das Einsaug- und das Auspuffventil eines Zylinders gleichzeitig offen (Bild 397), so strömt ein Teil der verhältnismäßig kalten Ladeluft, die jetzt einen höheren Druck als das Abgas hat, vom Einsaug- zum Auspuffventil,

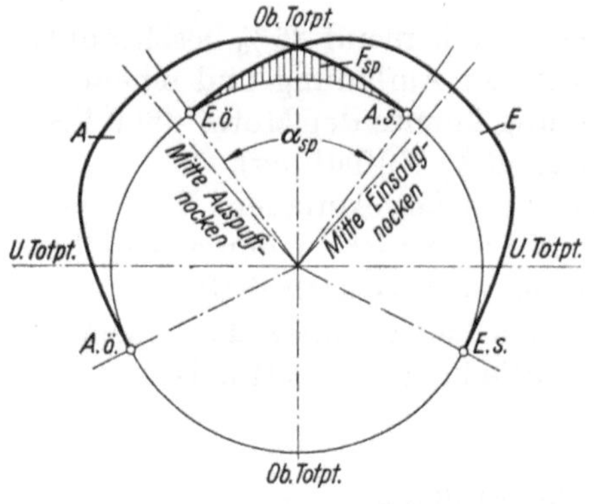

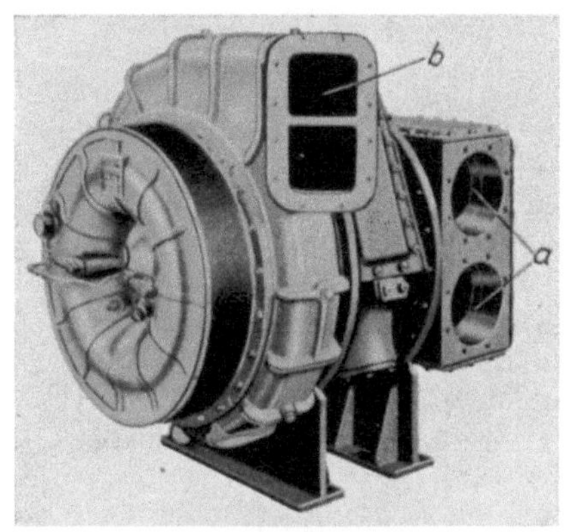

Bild 397. Spül-Zeitquerschnitt
eines Viertaktmotors

A Auspuffnocken;   *E* Einsaugnocken;
A. ö. Auspuff öffnet;   *A. s.* Auspuff schließt;
E. ö. Einlaß öffnet;   *E. s.* Einlaß schließt;
F_{sp} Spül-Zeitquerschnitt; α_{sp} Spülwinkel

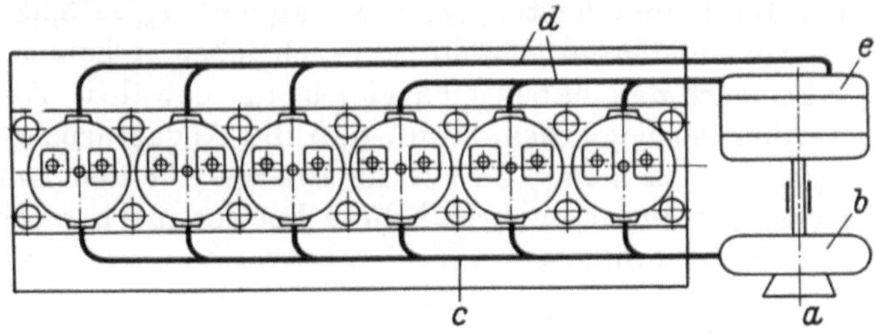

Bild 398
Schema der Abgasleitungen eines Sechszylinder-Viertaktmotors
mit Aufladung durch Abgasturbogebläse

a Saugstutzen des Turbogebläses *b*;   *c* Ladeleitung;   *d* Abgasleitungen
zur Abgasturbine *e*

wodurch der Zylinder weitgehend von Restgasen gereinigt wird. Zugleich werden die Brennraumwände und Ventile wirksam gekühlt, was die Temperatur der Ladung weniger stark erhöht und ihr Gewicht vermehrt.

Damit die Druckspitzen im Verlauf der Abgasdrücke (Bild 396) sich stärker ausbilden, hat Büchi die Auspuffsammelleitung am Motor in mehrere Einzelleitungen von kleinem Querschnitt unterteilt, und damit die Auspuffstöße eines Zylinders nicht die Spülung eines anderen Zylinders stören, hat er die Auspuffkrümmer der einzelnen Zylinder so an die Teil-Auspuffleitungen angeschlossen, daß nur solche Zylinder in einen gemeinsamen Auspuffstrang auspuffen, deren Zündabstand mindestens 240° Kurbelwinkel beträgt. Die einzelnen Leitungsstränge münden in getrennte Düsenkammern der Abgasturbine. Ein Sechszylinder-Viertaktmotor braucht demnach zwei Abgasleitungen (Bild 398) und ein Turbinengehäuse mit zwei Anschlüssen (Bild 399). Bei einem Zehnzylindermotor wird man vier Abgasleitungen vorsehen, von denen zwei Leitungen an je drei und zwei an je zwei Zylinder angeschlossen sind (Bild 400); das Turbinengehäuse erhält vier Anschlüsse (Bild 401). Bei dem Neunzylindermotor Bild 402 puffen je drei Zylinder in eine Leitung aus.

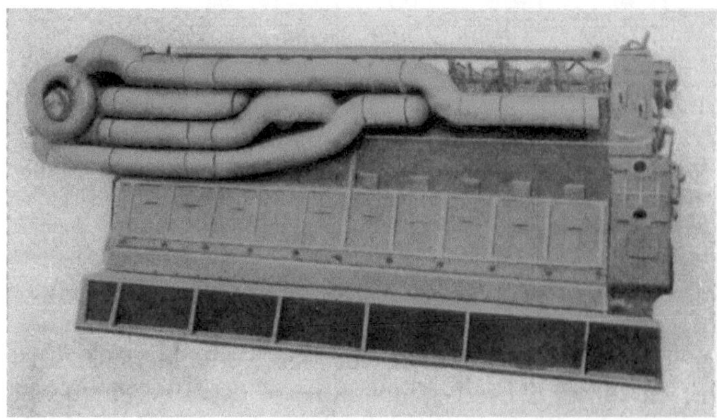

Bild 399. *BBC*-Abgasturbogebläse mit
zwei Anschlüssen für die Abgasleitungen
Ansicht von der Gebläseseite.   *a* Anschlüsse
der Abgasleitungen;   *b* Anschluß der Ladeleitung

Bild 400
Zehnzylinder-Viertaktmotor der *MAN* mit *BBC*-Abgasturbogebläse
Ansicht von der Abgasseite.   Aufgeladene Leistung 1750 PSe bei 700 U/min

Die Spülung des Brennraumes, die durch die Druckdifferenz $\varDelta p$ zwischen dem Ladedruck p_a und den Drucksenken zwischen je zwei Druckspitzen p_g (Bild 396) ermöglicht wird, bildet einen wesentlichen Teil des Büchi-Verfahrens. Für die Spülung werden das Einsaug- und das Auspuffventil eines Zylinders während einer längeren Zeit als beim nicht aufgeladenen Motor gleichzeitig offen gehalten (schwarze und weiße Balken in Bild 396). Der „Spülwinkel" α_{sp} (Bild 397) beträgt je nach Drehzahl und Aufladegrad 100 bis 140° Kurbelwinkel; er wird durch entsprechende Formgebung des Einsaug- und des Auspuffnockens hergestellt. Zwischen den Punkten $E.\ddot{o}.$ und $A.\,s.$ sind beide Ventile geöffnet. Zwischen diesen beiden Steuerpunkten liegt der Spül-Zeitquerschnitt F_{sp} (schraffierte Fläche), d. i. die Summe der Produkte aus den zwischen $E.\ddot{o}.$ und $A.\,s.$ liegenden Zeitelementen, die den Bogenelementen proportional sind, und den zugehörigen Öffnungsquerschnitten des jeweils weniger weit geöffneten Ventils. Die Fläche F_{sp} kann durch Ändern der Anlaufflanke des Einsaugnockens und der Ablaufflanke des Auspuffnockens etwas vergrößert oder verkleinert werden. Genau symmetrische Lage zum OT. ist nicht erforderlich. In Bild 397 ist der Spülwinkel auf die *Nocken*welle bezogen; da diese beim Viertakt mit halber Drehzahl umläuft, ist er zu verdoppeln, sofern er, was gewöhnlich der Fall ist, auf die Kurbelwelle bezogen wird. Ein größerer Spülwinkel als 140° K.-W. ist nicht erforderlich und läßt sich meist auch nicht zwischen zwei Druckspitzen (Bild 396) unterbringen. Soll der Motor gelegentlich ohne Aufladung fahren, wozu man die Abgasleitung auf die Atmosphäre umschaltet und den Motor aus der Atmosphäre saugen läßt, so fällt die Leistung wegen des verspäteten Schlusses des Auspuffventils und des verzögerten Ansaugens gegenüber dem nicht aufgeladenen Motor meist etwas ab.

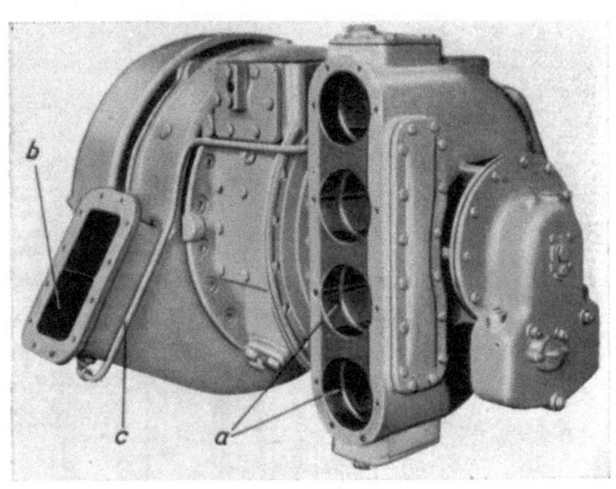

Bild 401. *BBC*-Abgasturbogebläse mit *vier* Anschlüssen für die Abgasleitungen

Ansicht von der Turbinenseite. *a* Anschlüsse der Abgasleitungen; *b* Anschluß der Ladeleitung, *c* Rohrleitung für Sperrluft

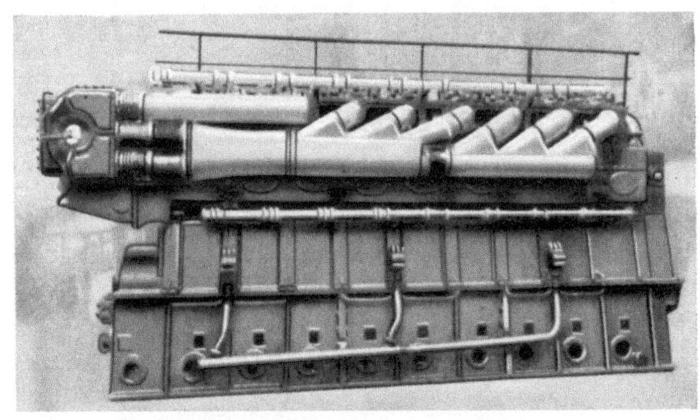

Bild 402. Neunzylinder-Viertaktmotor der *Fried. Krupp Germaniawerft* mit *BBC*-Abgasturbogebläse

Ansicht von der Abgasseite. Aufgeladene Leistung 3600 PSe bei 240 U/min. Zyl.-Dmr. 570 mm. Hub 750 mm, $p_e = 7{,}85$ kg/cm² entspr. 45% Aufladung, $c_m = 6{,}0$ m/sec

Der achtzylindrige Viertakt-Tauchkolbenmotor der *Maschinenbau Kiel A.-G.* (Bild 281, S. 290) leistet bei 300 U/min ohne Aufladung 1000 PSe, mit Abgasturbogebläse 1400 PSe. Bild 403 zeigt die Lage der Auspuffleitungen am Motor. Das Ladegebläse a, Bauart *BBC*, ist über dem Schwungrad angeordnet; die Baulänge der Maschine wird durch das Gebläse nicht vergrößert. Die acht Kurbeln des Motors stehen so, wie es der Massenausgleich des Viertaktmotors erfordert (S. 34), d. h. die Kurbeln *1* und *8*, *2* und *7*, *3* und *6*, *4* und *5* sind gleichgerichtet; ihre Zylinder haben 360° Zündabstand. Dementsprechend sind die Auspuffkrümmer der Zylinder *1* und *8* an die Leitung *b*, *2* und *7* an *c*, *3* und *6* an *d*, *4* und *5* an *e* angeschlossen. Die Auspuffstöße eines Zylinders können somit nicht die Spülung eines anderen stören. Die Auspuffleitungen werden nicht, wie

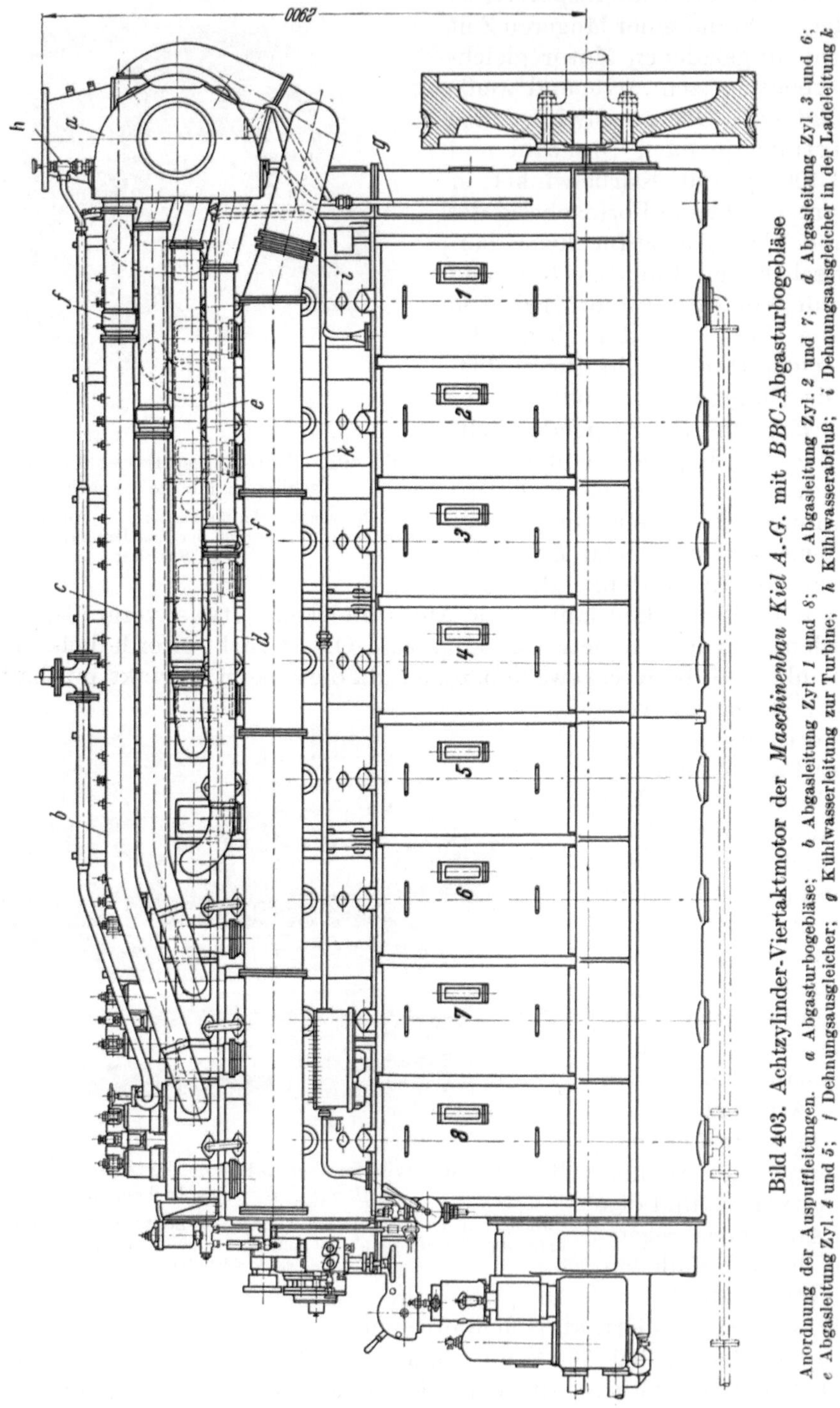

Bild 403. Achtzylinder-Viertaktmotor der *Maschinenbau Kiel A.-G.* mit *BBC*-Abgasturbogebläse

Anordnung der Auspuffleitungen. *a* Abgasturbogebläse; *b* Abgasleitung Zyl. *1* und *8*; *c* Abgasleitung Zyl. *2* und *7*; *d* Abgasleitung Zyl. *3* und *6*; *e* Abgasleitung Zyl. *4* und *5*; *f* Dehnungsausgleicher; *g* Kühlwasserleitung zur Turbine; *h* Kühlwasserabfluß; *i* Dehnungsausgleicher in der Ladeleitung *k*

bei einem nicht aufgeladenen Motor, gekühlt, sondern wärmeisoliert, damit die Energie der Auspuffgase möglichst unvermindert an die Turbine gelangt. Die Wärmedehnung der Leitungen muß durch Ausgleicher *f* aufgenommen werden, für deren Bauart Bild 404

Beispiele zeigt. Da die Abgase mit etwa 600° C in das Turbinengehäuse eintreten, muß dieses gekühlt werden. Die Wasserzuleitung g (Bild 403) ist an die Kühlwasserversorgung des Motors angeschlossen. Durch das Ventil h wird die Temperatur des aus dem Turbinengehäuse austretenden Wassers geregelt.

In Bild 402 sind neben der Turbine die Wellrohrausgleicher in den Abgasleitungen zu erkennen. Bei dem *MaK*-Motor Bild 403 ist auch in der Ladeleitung k ein Dehnungsausgleicher i eingebaut, da die Ladeleitung in der Betriebswärme ihre Länge ändert, wenn auch weniger stark als die Abgasleitungen.

Für die Unterteilung der Abgasleitungen gilt allgemein: man soll sie möglichst so ausführen, daß die einzelnen Stränge sich nicht überschneiden. Bild 400 und 402 zeigen Beispiele. Der Zündabstand 240° muß eingehalten werden. Dabei ist die Stellung der Kurbeln durch den Massenausgleich vorgeschrieben. Diese Forderungen engen den Konstrukteur ein, doch wird er immer eine Lösung finden können, da er bei den am häufigsten ausgeführten Viertakt-Zylinderzahlen 6 und 8 zwischen einer größeren Zahl verschiedener Zündfolgen wählen kann[1]. Sofern die Bedingungen für die Aufladung erfüllt sind, entscheidet jene Zündfolge, welche die günstigste Lage der kritischen Drehzahlen $1/_2$-ter Ordnung ergibt (S. 87). Die Lage der kritischen Drehzahlen ganzer Ordnungen wird durch die Zündfolge nicht beeinflußt.

Das Unterteilen der Auspuffleitung in einzelne Stränge ist für das Aufladen mittels Abgasturbogebläses nicht unbedingt erforderlich; man kann auch die Abgase vor der Turbine in einer Sammelleitung aufstauen und mit einigermaßen konstantem Abgasdruck die Turbine betreiben. So ist man vor der Einführung der Unterteilung verfahren. Es fehlt dann aber die große Druckdifferenz Δp (Bild 396), die das Ausspülen der Restgase ermöglicht, das auch die Brennraumwände kühlt und das Gewicht der Ladung vermehrt. Auch muß man mit höherem Ladedruck arbeiten als bei unterteilter Leitung. Das Aufladen nach diesem Verfahren ist weniger wirksam und wird heute nicht mehr angewendet.

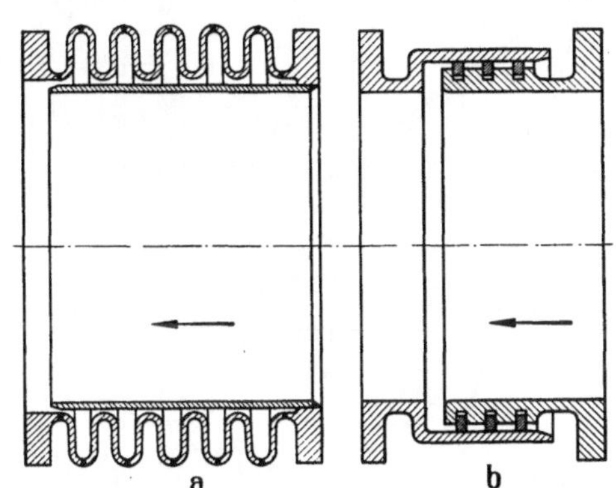

Bild 404
Dehnungsausgleicher in Abgasleitungen
a geschweißtes Wellrohr; *b* Ausgleicher mit
Kolbenringdichtung

Bauart des *Abgasturbogebläses*. Ein von *Brown, Boveri & Cie.* gebautes Aggregat ist in Bild 405 dargestellt. Die Scheibe des Turbinenlaufrades a ist mit der Welle b aus einem Stück geschmiedet, das Gebläserad c mittels geschlitzter Buchse, Paßfeder und Ringmutter auf dem konischen Wellenende befestigt. Die in zwei Kugellagern geführte Welle ist kurz gehalten und so stark, daß ihre kritische Drehzahl oberhalb der Betriebsdrehzahlen (10000 bis 16000 U/min) liegt. Die vom Motor kommenden Abgase treten

---

[1] G. BAUER (Der Schiffsmaschinenbau Bd. 4. München: Oldenbourg 1941) nennt als mögliche Zündfolgen

des Sechs-Zyl.-Viertaktmotors:	1	2	3	6	5	4	
	1	2	4	6	5	3	
	1	3	2	6	4	5	
	1	4	2	6	3	5	
des Acht-Zyl.-Viertaktmotors:	1	2	4	3	8	7	5	6
	1	2	4	6	8	7	5	3
	1	2	5	3	8	7	4	6
	1	2	5	6	8	7	4	3
	1	7	4	3	8	2	5	6
	1	7	4	6	8	2	5	3
	1	7	5	3	8	2	4	6
	1	7	5	6	8	2	4	3

durch den Stutzen d in das Turbinengehäuse ein; dieser ist entsprechend der Zahl der Abgasleitungen unterteilt (Bild 399 u. 401). Das Gas durchströmt die Leitschaufeln e und Laufschaufeln f, um am Stutzen g auszutreten. Die Laufschaufeln bewegen sich ohne Deckblech am Außenumfang mit kleinem Spiel gegenüber dem Gehäuse; sie sind durch einen Bindedraht versteift. Der Leitschaufelträger h, in den die Leitschaufeln eingegossen sind, ist durch Schrauben i mit dem die Gaseintrittsstutzen d enthaltenden Gehäuseteil verbunden. Beim Zusammenbau wird die Welle (ohne das Gebläserad) mit

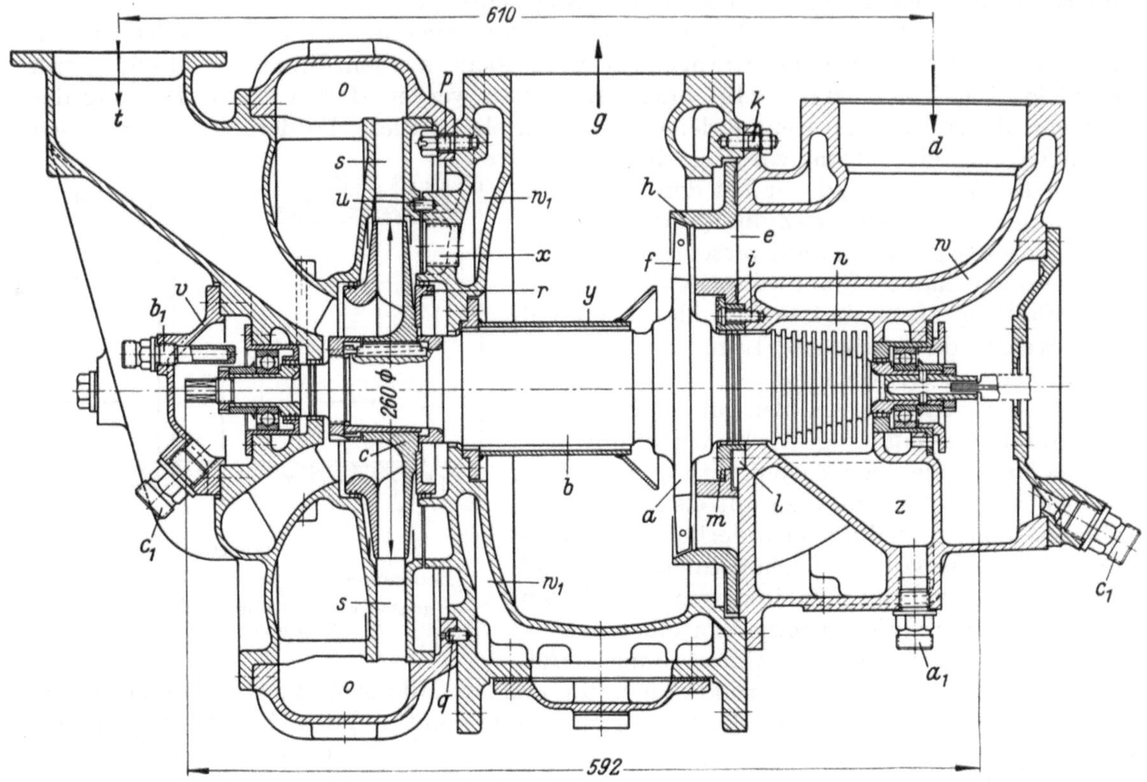

Bild 405. Abgasturbogebläse von *Brown, Boveri & Cie.*

a Turbinenlaufrad; b Welle; c Gebläserad; d Gaseintritt; e Leitschaufeln; f Laufschaufeln; g Abgasaustritt; h Leitschaufelträger; i Befestigungsschrauben zwischen d und h; k Befestigungsschrauben zwischen d und g; l Paßfedern; m Haltering für l; n Sperrluftkammer; o Druckspirale des Gebläses; p Befestigungsschrauben zwischen o und g; q zylindrischer Stift; r Kolben für Axialschubausgleich; s Diffusorschaufeln; t Lufteintrittstutzen; u zylindrischer Stift; v Stirndeckel; w, w_1 Kühlwasserräume; x Kernschraube; y Wärmeschutz für die Welle; z Raum für Sperrluft; a_1 Anschluß für Sperrluft; b_1 Schmierölzuleitung; c_1 Schmierölabflüsse

dem Turbinenrad von rechts durch die Bohrung der linken Wand des Mittelgehäuses geschoben und darauf das mit dem Leitschaufelträger h verschraubte Eintrittgehäuse d durch die Stiftschrauben k mit g verbunden. Vier am Umfang verteilte Paßfedern l nehmen den in der Umfangsrichtung wirkenden Schub auf. Die Paßfedern liegen in Aussparungen des Ringes m und greifen in gegenüberliegende Aussparungen im Innenkranz des Leitschaufelträgers. Der Ring m ist im Gehäuseteil d zentriert und mit diesem verschraubt; die Kopfschrauben i werden durch Überstemmen von Werkstoff gesichert. Auf seinem Innenumfang trägt der Ring m drei in scharfe Schneiden ausgezogene Messingbleche, die den gasgefüllten mittleren Gehäuseteil gegen die Kammer n abdichten.

Das Gehäuse ist nur in Vertikalebenen geteilt, daher müssen bei der Montage die Gehäuseteile nacheinander über die Welle gestreift werden. Auf der Gebläseseite wird zunächst das die Druckspirale enthaltende Gehäuse o über die Welle geschoben und durch die Stiftschrauben p mit dem Mittelteil g verschraubt. Die Stiftschrauben werden durch Kronenmuttern und einen durch je zwei Schrauben gezogenen Draht gesichert.

Ein zylindrischer Stift q sichert das Gehäuse o gegen Drehen in der Umfangsrichtung. Darauf wird das Gebläserad c auf die Welle gesetzt und, wie angegeben, befestigt. Vor dem Aufsetzen des Gebläserades wird der an seinem Umfang mit Messingschneiden versehene Kolben r, der dem Ausgleich des Axialschubes dient, mit dem Gebläserad verschraubt. Dann kann der die Diffusorschaufeln s und den Lufteintrittsstutzen t enthaltende Gehäuseteil mit dem Flansch der Druckspirale verschraubt werden. Ein zylindrischer Stift u sichert seine Lage in der Umfangsrichtung. Schließlich wird das linke Kugellager eingesetzt und das Gehäuse durch den Deckel v verschlossen.

Das die Welle am rechten Ende tragende Kugellager muß vor der Wärme der mit etwa 600° C eintretenden Gase geschützt werden. Diesem Zweck dient der Wassermantel w. Ebenso bedarf das Gehäuse des Gebläses eines Wärmeschutzes, wozu der Wasserraum w_1 zwischen Turbine und Gebläse vorgesehen ist. Verschraubungen x dienen zum Entfernen des Kernsandes. Bei kleinen Aggregaten kann die Wasserkühlung durch einen aus stahlblecharmierten Asbestplatten bestehenden Wärmeschutz ersetzt werden. Den mittleren Teil der Welle schützt ein mit trichterförmigem Auslauf versehenes Stahlrohr y, das die Welle mit einigen Millimetern Spiel umgibt. Durch den so gebildeten Ringraum strömt die am Umfang des Entlastungskolbens r durchtretende Luft, wodurch die Welle gekühlt wird.

Da die am Ring m angebrachte Labyrinthdichtung allein nicht genügt, um die Welle abzudichten, wird durch ein an den Druckstutzen des Gebläses angeschlossenes Rohr (c in Bild 401) Sperrluft in den Raum z geleitet. In Bild 405 ist dieses Rohr bei a_1 angeschlossen. Da der vom Gebläse erzeugte Druck höher als der mittlere

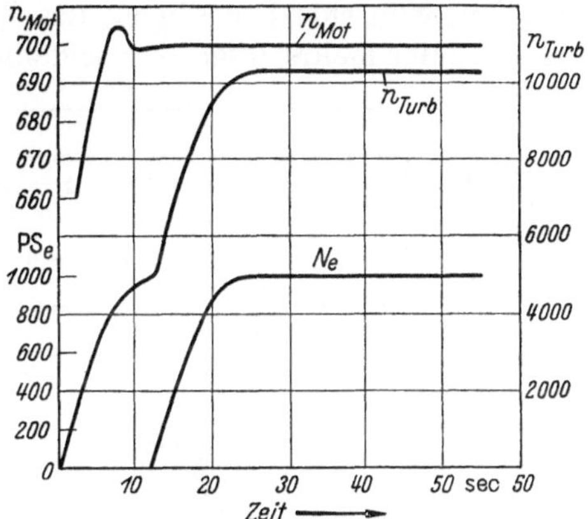

Bild 406. Anfahrdiagramm eines Viertaktmotors mit Abgasturboaufladung

n_{Mot} Drehzahl des Hauptmotors; n_{Turb} Drehzahl der Abgasturbine; N_e Leistung des Hauptmotors

Abgasdruck ist, werden die durch m durchsickernden Abgase vom Kugellager ferngehalten. Die Ventilationswirkung der in die Welle eingedrehten Kämme unterstützt die Abdichtung.

Dem Kugellager am rechten Wellenende wird Schmieröl durch eine axiale Bohrung in der Welle zugeführt, dem Kugellager am entgegengesetzten Ende durch eine Düse b_1. Durch die Verschraubungen c_1 fließt das verbrauchte Schmieröl ab.

Weitere Bauarten von Abgasturbogebläsen s. Büchis Bericht (Fußnote 1 g, S. 410) und Z. Konstruktion Bd. 5, 1953, S. 203; ferner Bild 414, S. 439.

Bei der Abgasturboaufladung ist vorteilhaft, daß die Turbine keiner Regelung bedarf. Leistung und Drehzahl der Turbine passen sich selbsttätig der Drehzahl des Motors an. Regelorgane an der Turbine sind nicht erforderlich. Beim Anfahren des Motors folgt die Drehzahl des Turbogebläses der Lastaufnahme des Motors mit kleiner zeitlicher Verzögerung, wie aus dem von Klingelfuss mitgeteilten Diagramm[1] Bild 406 hervorgeht, das für einen 1000 PS-Motor der *MAN* gilt. Innerhalb 10 sec nach dem Anfahren hat der Motor seine volle Drehzahl (700 U/min) erreicht, die Turbine etwa die Hälfte ihrer Normaldrehzahl. Nach 12 sec wurde der Motor belastet und innerhalb von 10 weiteren sec voll belastet; in derselben Zeit hat auch die Turbine ihre volle Drehzahl angenommen. Noch schneller folgt das Abgasgebläse den Belastungsänderungen.

Für das Anfahren eines Zweitaktmotors wären diese Zeiten freilich zu lang, denn der Zweitaktzylinder braucht sogleich für die ersten Zündungen die Spülung. Daher war man bis vor nicht langer Zeit der Meinung, der Zweitaktmotor könne das mechanisch

---

[1] Siehe Fußnote 1 c, S. 410.

angetriebene Spülgebläse nicht entbehren und das Abgasgebläse sei beim Zweitakt
nur als Mittel zur Beschaffung zusätzlicher Ladeluft verwendbar. Daß man Zweitaktmotoren, deren Spülluft lediglich von Abgasturbogebläsen geliefert wird, anstandslos
anfahren und in Betrieb halten kann, gehört neben dem Übergang zur „Hochaufladung‘‘
zu den größten Fortschritten, die der Dieselmotorenbau in den letzten Jahren gemacht hat.

2. Abgasturboaufladung der Zweitaktmotoren

a) *Aufladen durch Abgasturbogebläse mit Kolbenspülpumpe.* Das von CURTIS angegebene, in Bild 407 schematisch dargestellte Verfahren[1] ist eine Zwischenstufe in der
Entwicklung der aufgeladenen Zweitaktmaschine geworden; es ist noch heute dort am
Platz, wo man gegenüber dem Betrieb lediglich mit Abgasturbogebläsen eine Reserve
zu haben wünscht. Die Abgase des Zweitaktmotors treiben die Turbine a an und diese
das ein- oder mehrstufige Kreiselgebläse b. Das Gebläse saugt Luft aus der Atmosphäre

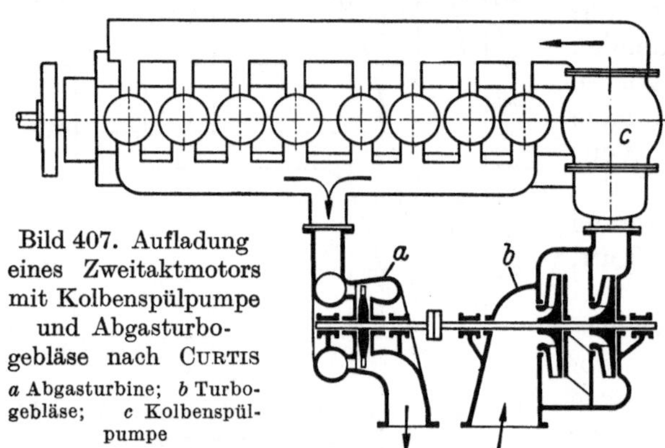

Bild 407. Aufladung
eines Zweitaktmotors
mit Kolbenspülpumpe
und Abgasturbo-
gebläse nach CURTIS
a Abgasturbine; *b* Turbogebläse;　*c* Kolbenspül-
pumpe

und drückt sie der Kolbenspülpumpe c
zu, welche die Luft weiter verdichtet.
Das Spülen und Laden der Arbeitszylinder geht somit auf einem höheren
Druckniveau vor sich, das von den
Düsenquerschnitten der Abgasturbine
und der durchströmenden Gasmenge
abhängt. Bei Ausfall des Turboaggre-
gates arbeitet der Motor ohne Aufladung.

Nach diesem Prinzip wurde die
Zylinderleistung des *Werkspoor-Lugt-*
Motors (680 mm Zyl.-Dmr., 1250 mm
Hub, 125 U/min) von 600 auf 800 PSe,
somit um 33% gesteigert. Bild 408 zeigt den Querschnitt durch Arbeitszylinder und
Spülpumpe, Bild 409 schematisch die vorgeschalteten Abgasturbogruppen. Die doppeltwirkende Kolbenspülpumpe a saugt aus dem unterhalb der obersten Bedienungsbühne
angeordneten Aufnehmer b, der an die Druckstutzen der Turbogebläse c (Bild 409) angeschlossen ist, und drückt die weiter verdichtete Luft in den die Spülschlitze d umgebenden Aufnehmer e. Die Abgase werden durch die Ventile im Zylinderdeckel aus-
gespült, im Rohr f gesammelt und den Turbinen g zugeführt, die sie durch den Abgaskessel h verlassen. Die von den Gebläsen c geförderte Luft wird in den Kühlern i rückgekühlt, damit die Arbeitszylinder ein möglichst großes Luftgewicht erhalten. Soll aus
irgendeinem Grund ohne Aufladung durch die Abgasgebläse gefahren werden, so werden deren Rotoren durch eine mitgelieferte Bremsvorrichtung blockiert, und die Spülpumpe a saugt unmittelbar aus dem Maschinenraum. In beiden Fällen, d. h. bei Betrieb
sowohl mit wie ohne Aufladung, genügt die in den Abgasen enthaltene Wärmemenge,
um 0,35 kg Sattdampf von 7 atü je Motor-PS in Abgaskesseln zu erzeugen.

b) *Spülen und Aufladen durch Abgasturbogebläse.* Einen erheblichen Fortschritt haben
Burmeister & Wain dadurch erzielt, daß sie bei einer ventilgesteuerten Zweitaktmaschine
die mechanisch angetriebene Spülpumpe zunächst abschalteten und sodann ganz weg-
ließen und das Spülen und Laden der Arbeitszylinder lediglich einer Gruppe von zwei
Abgasturbogebläsen übertrugen. Man hatte dies bis dahin für nicht ausführbar gehalten,
da man der Meinung war, die Turbogebläse würden beim Anfahren des Hauptmotors
nicht schnell genug die Drehzahl erreichen, die für das Beschaffen der ersten Spülluft
erforderlich ist, so daß der Motor beim Anfahren wegen Luftmangels „ersticken‘‘ müsse.
Burmeister & Wain haben gezeigt, daß dieser Zustand nicht eintritt; offenbar ist es die

---

[1] Siehe Fußnote 1c, S. 410.

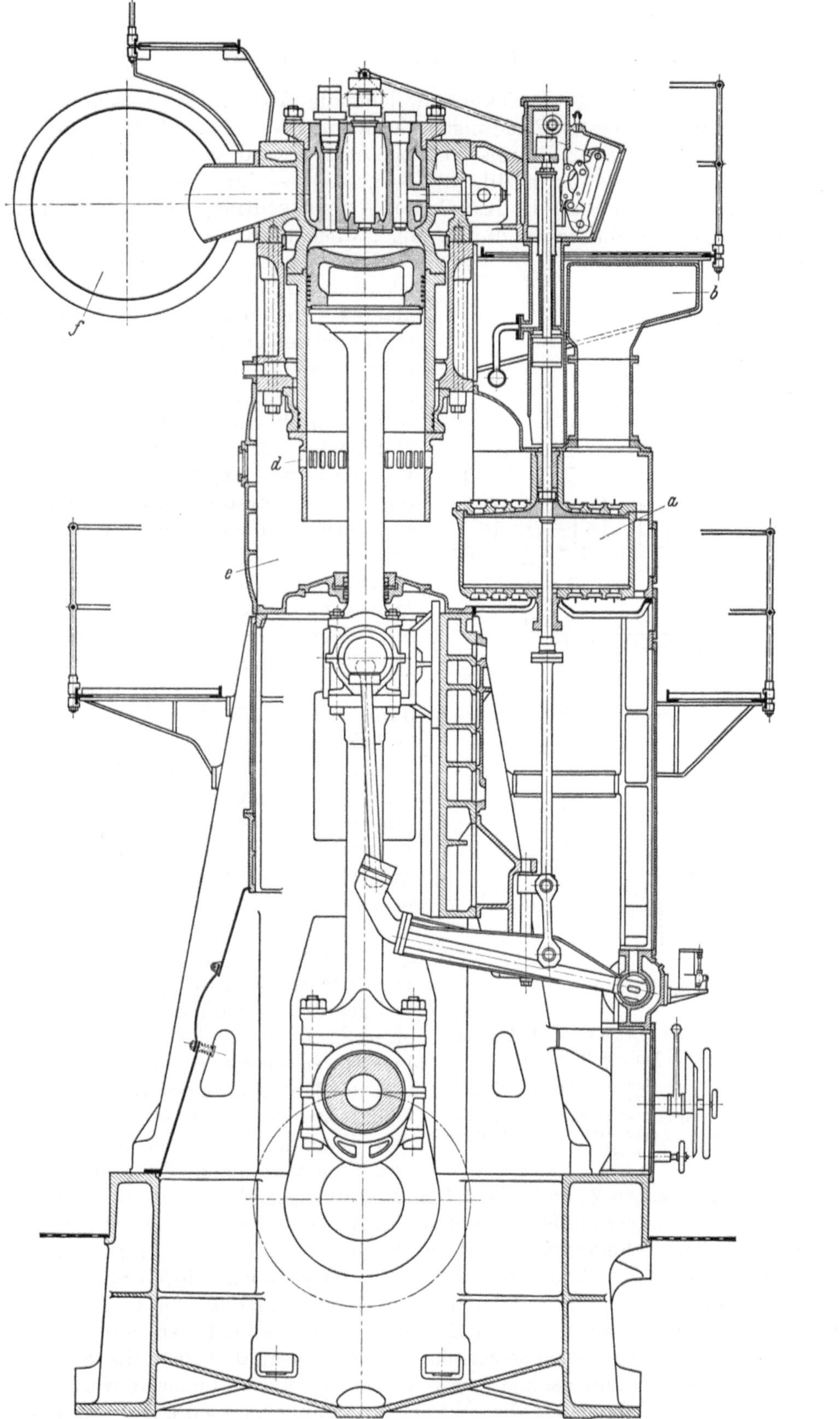

Bild 408. Querschnitt durch den Arbeitszylinder des *Werkspoor-Lugt*-Zweitaktmotors Type KEBS mit Aufladung durch Abgasturbogebläse

a Kolbenspülpumpe; *b* Spülluftaufnehmer zwischen Turbogebläse und Spülpumpe; *d* Spülschlitze; *e* Spülluftaufnehmer am Zylinder; *f* Auspuffsammelrohr

beim Anfahren verbrauchte Druckluft, welche die Abgasturbinen schon in Drehung
versetzt hat, bevor die ersten Zündungen einsetzen. Die Gebläse liefern schon am Ende
der Anfahrperiode, wenn auf Brennstoff umgeschaltet wird, genügend Luft. Sie nehmen
beim Zweitakt — anders als in Bild 406 dargestellt — ihre Drehzahl dann besonders
schnell auf, wenn sie nahe an die Kanäle der Auspuffventile gerückt, d. h. in Höhe der
Zylinderdeckel und dicht neben diesen angeordnet werden.

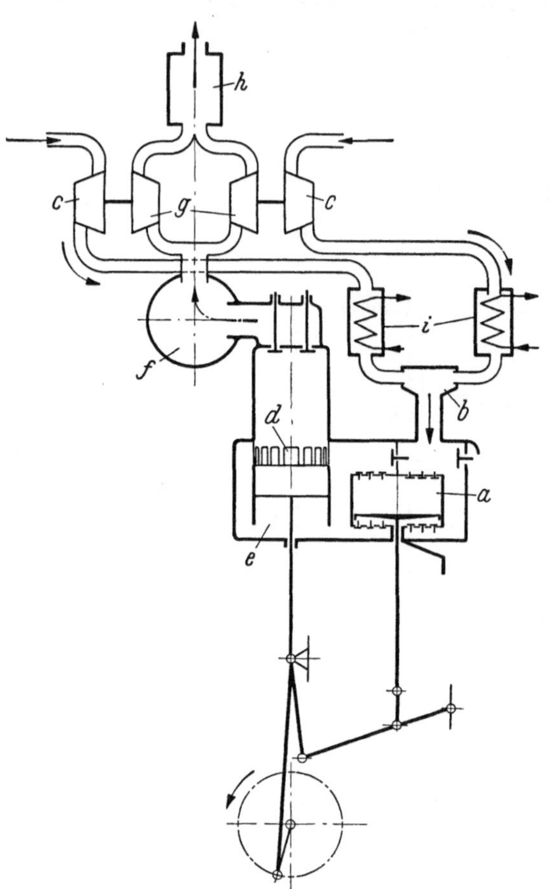

Die erste Zweitaktmaschine dieser Bauart
ist Ende 1952 auf dem Tanker „Dorthe
Maersk" eingebaut worden[1]. Die durch Ketten angetriebene Drehkolben-Spülpumpe, die
man vorsichtshalber vorgesehen, aber stillgesetzt hatte, konnte ausgebaut werden. Sie
wurde durch ein kleineres dampfgetriebenes
Notgebläse ersetzt für den unwahrscheinlichen
Fall, daß beide Abgasaggregate ausfallen sollten. Auf den ersten Reisen wurde ein Brennstoffverbrauch von i. M. 152 g/PSh erreicht;
der mechanische Wirkungsgrad betrug 88%.

Der neue Zweitaktmotor der *Machinefabriek Gebr. Stork & Co.* arbeitet ebenfalls
mit Gleichstromspülung und Turboaufladung.
E. A. van der Molen hat über diesen Motor
und seine Entstehungsgeschichte, die auf das
Jahr 1940 zurückreicht, berichtet[2]. Die achtzylindrige Maschine (750 mm Zyl.-Dmr.,
1500 mm Hub) leistet bei 115 U/min 8500 PSe
($p_e = 6{,}28$ kg/cm², $c_m = 5{,}75$ m/sec). Bild 410 a
und b zeigt den Querschnitt durch einen
Arbeitszylinder und die Anordnung der Abgasgebläse und Abgasleitungen. Die Grundplatte ist aus Stahlgußbrücken und Stahlblechen geschweißt und die Ölwanne angeschweißt; auch die Ständer sind geschweißt.
Die geschweißten Stücke werden spannungsfrei geglüht. Auf die Ständer werden die gußeisernen Zylinderrahmen gesetzt, von denen
je zwei in einem Block gegossen sind. Die
von der Unterkante der Lagerbrücken bis zur
Oberkante der Zylinderrahmen durchgehenden Zuganker entlasten die Schweißnähte
von Zugspannungen. Die aus Stahlguß mit

Bild 409. Schema der Abgas- und Gebläse-
leitungen des Motors Bild 408

a Kolbenspülpumpe;   *b* Spülluftaufnehmer zwischen
Turbogebläsen und Spülpumpe;   *c* Turbogebläse;
d Spülschlitze;   *e* Spülluftaufnehmer am Zylinder;
f Auspuffsammelrohr;   *g* Abgasturbinen;   *h* Abgaskessel;   *i* Luftkühler

Mo-Zusatz hergestellten Zylinderdeckel sind durch besonders lange Dehnschrauben mit
den Zylinderrahmen verbunden. Sie sind am Außenumfang tief herabgezogen, so daß
die Fuge zwischen Zylinderdeckel und Laufbuchse der höchsten Temperatur des Brennraumes entzogen ist. Laufbuchsen und Zylinderdeckel werden durch Süßwasser gekühlt,
das oberhalb der Spülschlitze *a* und *b* eintritt, im Labyrinth um die Laufbuchsen geführt
wird und durch Krümmer *c* zu den Zylinderdeckeln gelangt. An deren Kühlung sind
die Gehäuse der je vier Auspuffventile angeschlossen, die ebenfalls gekühlt werden
müssen. Die auf den Innenseiten porös verchromten Laufbuchsen werden durch die
Anschlüsse *d* geschmiert, denen das Öl von den Schmierpressen *e* zugeleitet wird. Diese

---

[1] The Motor Ship Bd. 34 (1954) S. 404.
[2] The new type Stork Two-Stroke Marine Diesel Engine. Int. Shipbuilding Progress Bd. 1 (1954) S. 61.

werden von dem Indiziergestänge f angetrieben, das an das Gelenkrohr g angeschlossen ist. Dieses führt dem Kolben das Kühlöl zu, von dem ein Teil als Schmieröl für die Triebwerkteile abgezweigt wird.

Die aus Stahl geschmiedete, „ganz gebaute" Kurbelwelle hat keine Schmierbohrungen; die Kurbelzapfen erhalten ihr Schmieröl vom Kreuzkopf aus. Daß dies für die Ausbildung des Ölfilms günstig ist, wurde S. 157 erwähnt. Aus der Kolbenkühlölverteilleitung i gelangt das Öl durch Eckventile k, durch welche die Abflußtemperatur des Kolbenkühlöles geregelt wird, und durch die Gelenkrohre g, h zum Kreuzkopf, zu der Hochdruckschmierölpumpe l, welche die oberen Pleuellager schmiert (Bd. I, S. 280) und zu den Gleitflächen des Kreuzkopfes. Ein Teil fließt durch die Bohrung der Pleuelstange zum Kurbelzapfenlager; der größere Teil der zugeführten Ölmenge wird an das untere Ende der Kolbenstange geführt. Durch ein Rohr in der Bohrung der Kolbenstange wird das Kühlöl an den höchsten Punkt des Kolbenhohlraumes geführt; durch den Ringraum zwischen Rohr und Stangenbohrung fließt das erwärmte Öl durch einen am unteren Kolbenstangenende befestigten Krümmer in das mit senkrechtem Schlitz versehene Standrohr m ab, um durch Schaugläser n in die Sammelleitung o zu gelangen.

Die eingleisige Gleitbahn ist gekühlt; das Kühlwasser tritt bei p ein und bei q aus. Das Kurbelgehäuse ist oben durch die geneigte Wand r abgeschlossen, durch welche die Kolbenstange in der Stopfbuchse s geführt ist, eine Maßnahme, die besonders für den Betrieb mit schwerem Heizöl unerläßlich ist; sie verhindert, daß Verbrennungsrückstände das Schmieröl des Kurbelgehäuses verunreinigen. Die Rückstände, die sich auf dem Deckel r ansammeln, werden durch das Rohr t abgeleitet. Hier dichtet die Stopfbuchse zugleich auch den Spülluftraum ab.

Nach Wegnehmen der Verschlußdeckel u sind die Spülschlitze a der Besichtigung zugänglich. Durch die Kontrollbohrung v darf weder Wasser noch Luft nach außen austreten.

Die Nockenwelle w läuft in Höhe der Oberkante der Zylinderrahmen an der Maschine entlang. Sie wird durch Kettenräder und Kette von der Kurbelwelle angetrieben und hat dieselbe Drehzahl wie diese. Auf w sind für jeden Zylinder zwei Auspuffnocken x und ein Brennstoffnocken befestigt; jeder Auspuffnocken betätigt durch Stoßstange, Hebel und Querhaupt y zwei Auspuffventile z. Alle vier Auspuffventile öffnen und schließen gleichzeitig. Oberhalb der Nockenwelle sind die Brennstoffpumpen a_1 angeordnet; ihre zu den Einspritzventilen führenden Druckleitungen werden dadurch kurz und haben gleiche Länge, so daß Störungen durch Druckwellen in den Leitungen nicht auftreten. Beim Umsteuern wird die Nockenwelle verschoben, wozu durch Drehen der Manövrierwelle c_1 um 360° die an kurzen Lenkern hängenden Stoßstangen mit ihren Rollen von den Voraus-Nocken abgehoben und nach erfolgtem Verschieben auf die Zurück-Nocken gesetzt werden. Die Rollen der Brennstoffpumpenstempel gleiten auf Schrägflächen von den Voraus- auf die Zurück-Nocken.

Entsprechend den vier Auspuffventilen enthält der Zylinderdeckel vier Auspuffkanäle, von denen je zwei zu einem gemeinsamen Kanal zusammengeführt sind (Bild 411, Schnitt $A–B$). Die Kanäle gehen von dem abgerundeten Rechteckquerschnitt, den sie an den Ventilgehäusen haben, allmählich in den Kreisquerschnitt über und sind so geformt, daß der Strömungswiderstand möglichst klein wird, damit die Energie der Auspuffstöße in der Turbine nach Möglichkeit ausgenutzt wird. In der dem Abgasgebläse zugekehrten Deckelwand liegen somit zwei Auspufföffnungen, jede von etwa 250 mm Dmr. Für die achtzylindrige Maschine sind vier Turboaggregate d_1 (Bild 410b) vorgesehen; je zwei benachbarte Arbeitszylinder arbeiten auf eine Gasturbine. Jede Turbine hat zwei übereinanderliegende Abgasanschlüsse (wie Bild 399), somit führen von den vier Abgasflanschen zweier benachbarter Zylinderdeckel je zwei zu einem Rohr zusammengeführte Krümmer zu einem der beiden Anschlüsse an der Turbine. Bei der hier besprochenen Maschine sind die in der Schiffsrichtung vorn liegenden Anschlüsse zweier benachbarter Zylinderdeckel an die obere, die hinten liegenden an die untere

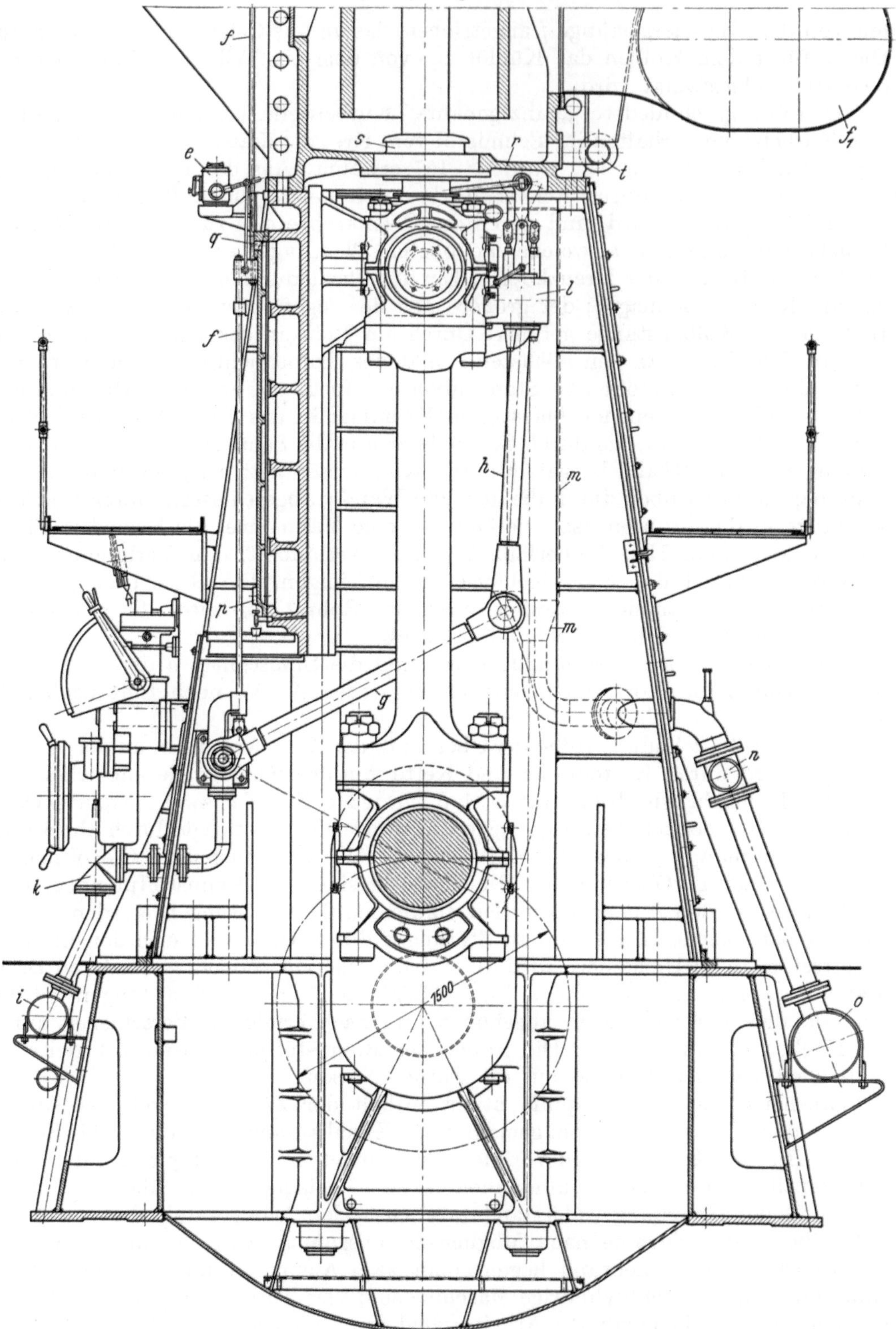

Bild 410a. Querschnitt durch den Arbeitszylinder des Zweitaktmotors Type HOTL 75/150 der *Machinefabriek Gebr. Stork & Co.* mit Aufladung durch Abgasturbogebläse. Unterer Teil

Eintrittsöffnung der Gasturbine angeschlossen. Die Kröpfungen der Kurbelwelle stehen unter 45° zueinander, und zwar abweichend von der „Scherengitterregel" (S. 31)

so, daß die Kurbeln zweier benachbarter Zylinder, die auf eine gemeinsame Gasturbine arbeiten, einen Winkel von 180° einschließen. Dies hat den Vorteil, daß die Auspuffstöße der Nachbarzylinder, die an dieselbe Gasturbine angeschlossen sind, in gleichen Zeitabständen aufeinander folgen. Der Forderung, daß die Kurbeln benachbarter Zylinder paarweise unter 180° zueinander stehen sollen, kann man bei der Achtzylindermaschine mit verschiedenen Kurbelfolgen genügen, z. B. 1-8-5-3-2-7-6-4 oder 1-5-8-3-2-6-7-4 usw.; für die Ausführung wurde eine Anordnung gewählt, welche bei der betreffenden Anlage zugleich eine günstige Lage der stärkeren kritischen Drehzahlen und einen befriedigenden Massenausgleich ergab.

Die vier *BBC*-Abgasgebläse saugen die Luft aus dem Maschinenraum und drücken sie durch Kühler e_1

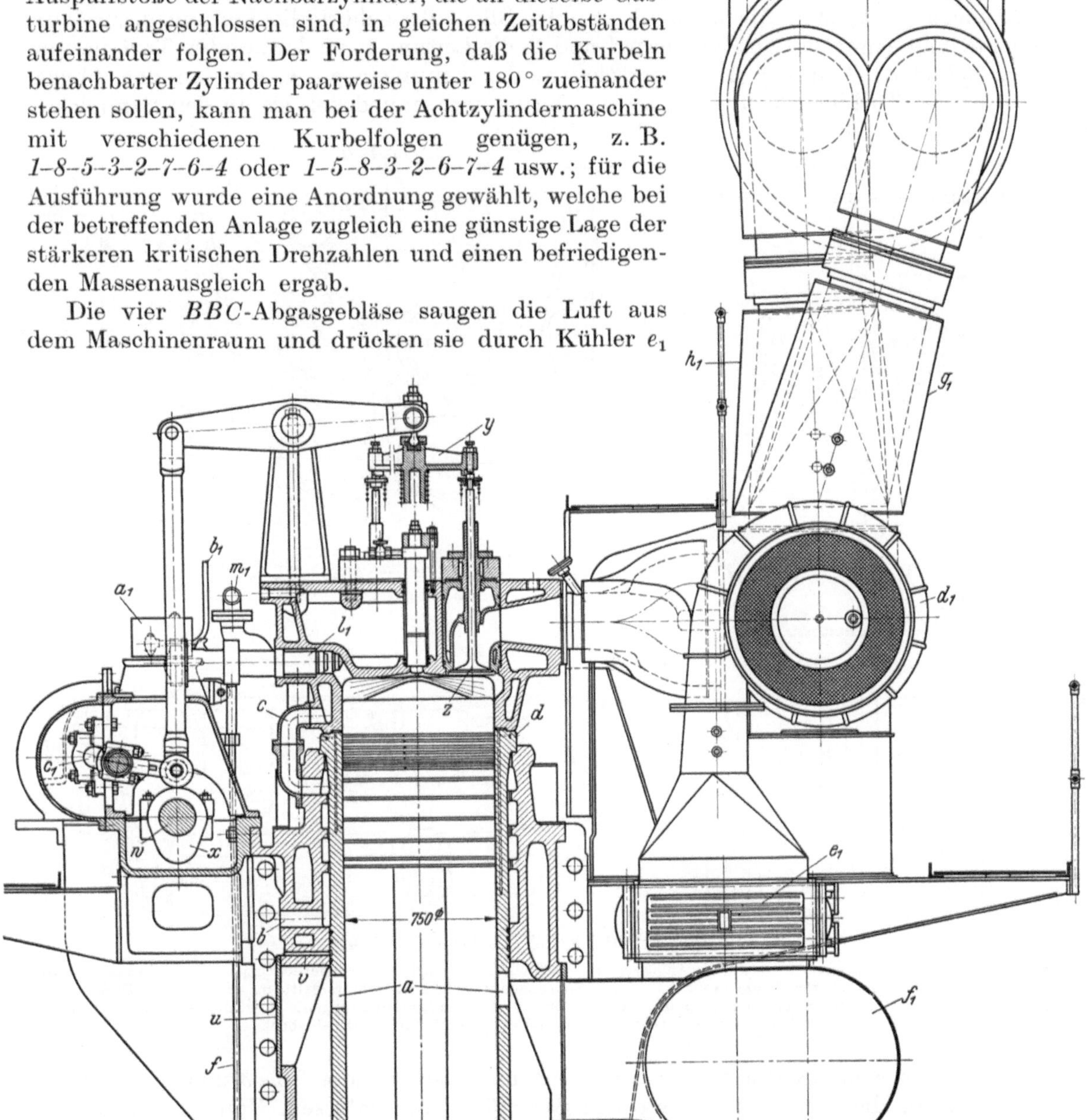

Bild 410b. Querschnitt durch den Arbeitszylinder des Zweitaktmotors Type HOTL 75/150 der *Maschinefabriek Gebr. Stork & Co.* mit Aufladung durch Abgasturbogebläse. Oberer Teil

Legende zu Bild 410a und b: *a* Spülschlitze; *b* Kühlwassereintritt; *c* Kühlwasserübertritt zu den Zylinderdeckeln; *d* Anschlüsse der Schmierölleitungen von den Zylinderschmierpressen *e*; *f* Indiziergestänge; *g*, *h* Gelenkrohre für Kolbenkühlöl- und Schmierölzuführung; *i* Kolbenkühlölzuleitung; *k* Ventil zum Regeln der Kolbenkühlölabflußtemperatur; *l* Kreuzkopfschmierölpumpe; *m* Kolbenkühlölabfluß; *n* Schauglas; *o* Sammelleitung für abfließendes Kolbenkühlöl; *p*, *q* Anschlüsse für Gleitbahnkühlung; *r* oberer Abschlußdeckel des Kurbelgehäuses; *s* Stopfbuchse; *t* Leckölableitung; *u* Schauöffnung für Spülschlitze *a*; *v* Kontrollbohrung; *w* Nockenwelle; *x* Auspuffventilnocken; *y* Querhaupt; *z* Auspuffventil; a_1 Brennstoffpumpe; b_1 Brennstoffdruckleitung; c_1 Manövrierwelle; d_1 Abgasturbogebläse; e_1 Luftkühler; f_1 Spülluftaufnehmer; g_1 Abgasleitung der Turbine *1*; h_1 Abgasleitung der Turbine *2*; i_1 Abgassammelkessel; k_1 Hauptabgasleitung; l_1 Anlaßventil; m_1 Anlaßluftleitung

(Bild 410b) in den Spülluftaufnehmer f_1, aus welchem sie zu den Spülschlitzen a gelangt. Die Drehzahl der Gebläse beträgt bei Vollast etwa 8500 U/min, bei 25% Belastung rd. 4000, der Spüldruck 3200 bzw. 600 mm WS. Die Abgase verlassen die Turbinen (bei Vollast) mit 260° C. Von den vier Turbinen führen ebensoviele einzelne Leitungen g_1, h_1 zum Abgassammler i_1. In Bild 410b gehört die Leitung g_1 zur Turbine d_1 und somit zu den Zylindern 1 und 2, die Leitung h_1 zu der zweiten Turbine und den Zylindern 3 und 4. Die Querschnitte der Leitungen g_1, h_1 sind an den Abgasstutzen der Turbinen rechteckig, an den Krümmern, mit denen sie an den Sammler i_1

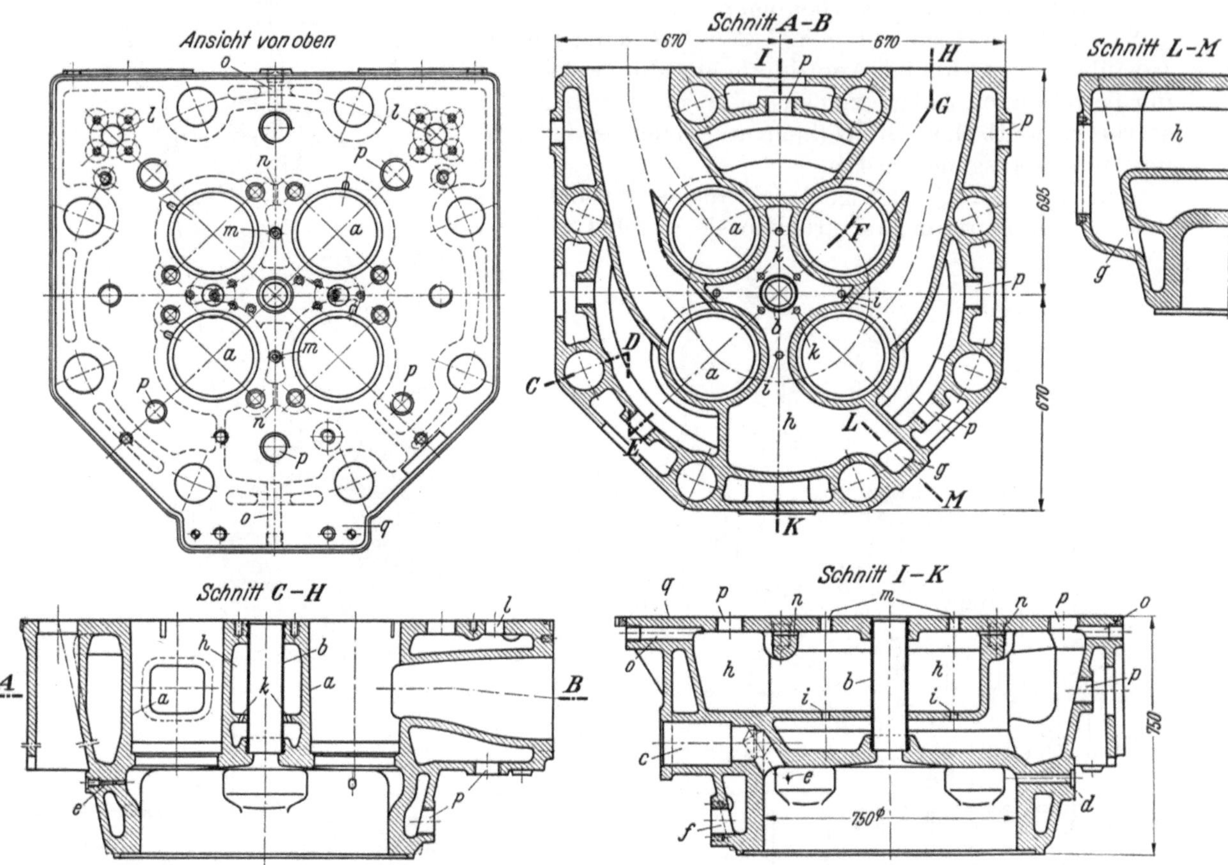

Bild 411. Zylinderdeckel des Motors Bild 410

a Auspuffventile; b Brennstoffventil; c Anlaßventil; d Sicherheitsventil; e Indizierbohrung; f Kühlwassereintritt; g Wasserübertritt zum oberen Deckelraum h; i, k Bohrungen für Kühlwasserdurchtritt in den unteren Deckelraum; l Kühlwasseraustritte; m Öffnungen zum Bohren der Löcher i; n Entlüftungsbohrungen; o Öffnungen zum Bohren der Löcher n; p Kernverschraubungen; q Flansch für Ventilhebelbock

angeschlossen sind, kreisförmig. Die Abgasleitungen der Zylinder 5 bis 8 sind symmetrisch zu g_1, h_1 an die vordere Stirnseite des Sammlers angeschlossen. Von dessen oberem Flansch k_1 führt die Leitung zum Schornstein.

Der *Zylinderdeckel* dieser ventilgesteuerten Maschine kann natürlich nicht dieselbe einfache Form erhalten wie der einer Maschine mit reiner Schlitzsteuerung, doch zeigt Bild 411, daß die vier Ventilkanonen a für die Auspuffventile und ihre Auslaßkanäle gut im Deckelinnern untergebracht werden können und daß dazwischen der für das Brennstoffventil b erforderliche Platz bleibt. Im unteren Deckelteil sind das Anlaßventil c, das Sicherheitsventil d und die Indizierbohrung e angeordnet. Wichtig ist die zwangläufige Führung des Kühlwassers, das aus dem Zylinderrahmen durch den Krümmer c (Bild 410b) bei f (Bild 411) in den Hohlraum des unteren Deckelkragens eintritt. Dessen Hohlraum wird zunächst in der Umfangsrichtung ganz durchströmt, bis das Wasser durch eine Wand gezwungen wird, durch den Kanal g in den oberen Deckelraum h überzutreten, der von den Wänden der Auspuffventilkanonen und mehreren senkrechten Wänden begrenzt wird. Aus dem Raum h findet das Wasser keinen anderen Abfluß als durch vier größere Bohrungen i und vier kleinere k, deren Querschnitt zusammen nur etwa die Hälfte des Querschnittes f ausmacht, so daß das Wasser in kräftigen Strahlen auf den unteren Deckelboden trifft, besonders auf die Einwalzstelle des Rohres b. Über dem Boden breitet sich das Wasser in radialer Richtung aus, umströmt die Auslaßkanäle unten und oben und tritt schließlich durch die beiden Öffnungen l aus. Von dort wird das Wasser durch zwei gegabelte Rohre den vier Auspuffventilgehäusen zugeleitet, um schließlich durch die Sammelleitung abgeführt zu werden.

Die Löcher i können durch die Öffnungen m gebohrt werden, die durch Gewindepfropfen wieder verschlossen werden, während die Löcher k vor dem Einwalzen des Brennstoffventilrohres von oben für den Bohrer erreichbar sind. Entlüftungsbohrungen n, die durch die (nachträglich verschlossenen) Öffnungen o gebohrt werden, verhindern das Ansammeln eines Luftsackes im Raum h. Eine große Zahl Verschraubungen p macht die Kerne überall zugänglich. Auf dem Flansch q steht der Ventilhebelbock (s. a. Bild 410b) dessen Lage durch zwei konische Stifte gesichert wird.

Das Stahlgußstück wird bei 650° C spannungsfrei geglüht und nach dem Fertigbearbeiten im Kühlwasserraum mit 5 kg/cm² auf Dichtigkeit, im Brennraum mit 70 kg/cm² auf Festigkeit durch Wasserdruck geprüft.

Bild 412 zeigt die Prüfstandsergebnisse. Bemerkenswert ist das Verhalten der Turbinen: bei größter Belastung des Motors beträgt ihre Drehzahl etwa 8500 U/min, während die höchste zulässige Drehzahl 9700 ist. Da die Turbine nicht durchgehen

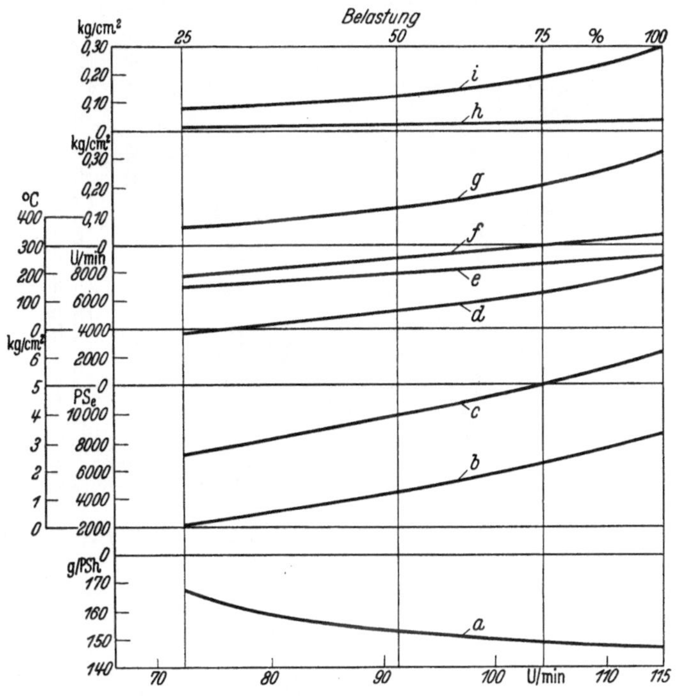

Bild 412. Prüfstandsergebnisse des Motors Bild 410

a Brennstoffverbrauch; b eff. Leistung; c mittl. eff. Druck; d U/min des Gebläses; e Abgastemperatur hinter Turbine; f Abgastemperatur vor Turbine; g Überdruck der Spülluft; h Abgasdruck hinter Turbine; i Abgasdruck vor Turbine

kann, ist eine ausreichende Sicherheit vorhanden. Bei Leerlauf des Motors machen die Turbinen rd. 1000 U/min. Wird der Motor gestoppt, so laufen die in Wälzlagern geführten Rotoren noch 10 bis 15 min, bevor sie zum Stillstand kommen. Dies erleichtert das Anspringen des Motors beim Manövrieren. Aber auch aus dem Stillstand springt der Motor sicher an, da die Anlaßluft die Abgasturbinen schon auf 2000 U/min gebracht hat, wenn die ersten Zündungen auftreten. Der Hauptmotor ließ sich auf 18 U/min herabregeln.

Den in Bild 386 und 387 dargestellten Zweitakt-Kreuzkopfmotor der RS-Bauart haben *Gebr. Sulzer* zu reiner Abgasturboaufladung weiterentwickelt. Die von der Steuerwelle d (Bild 413) durch Exzenter e und Exzenterstange f gesteuerte Auspuffklappe c ist beibehalten; die Abgase strömen jedoch nicht direkt in die Auspuffsammelleitung (b in Bild 386b), sondern in die Abgasturbine (b in Bild 413), die das Spül- und Ladegebläse antreibt. Die Luft wird durch die Leitungen d_1, e_1 durch einen Kühler dem

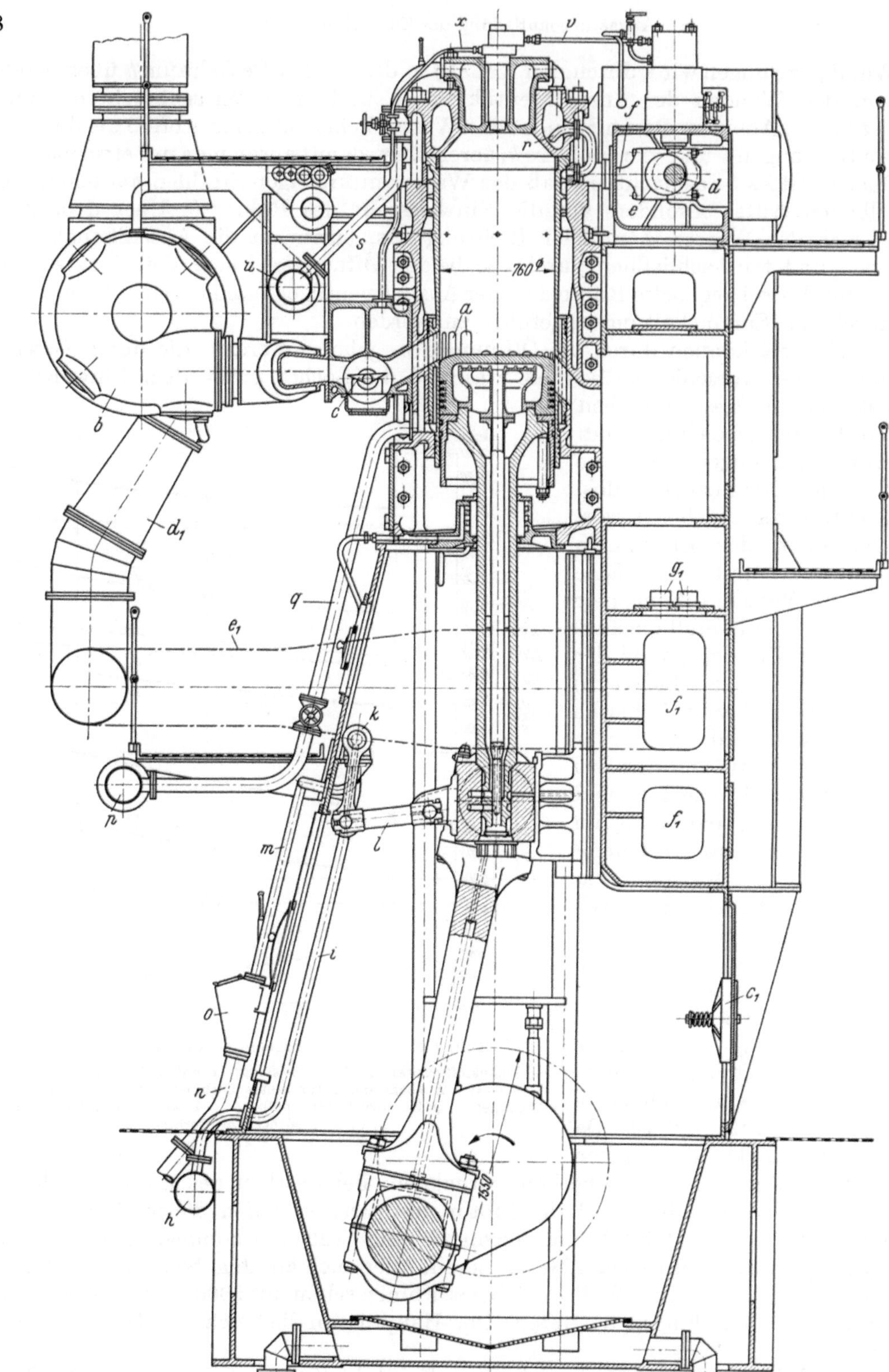

Bild 413. Querschnitt durch den Arbeitszylinder des Zweitaktmotors Type RSAD 76 der *Gebr. Sulzer A.-G.* mit Aufladung durch Abgasturbogebläse

a Auspuffschlitze; *b* Abgasturbine; *c* Auspuffklappe; *d* Steuerwelle; *e* Exzenter; *f* Exzenterstange; *h* Kolbenkühlöl-verteilleitung; *i* Kolbenkühlölzuleitung, *k, l* Kolbenkühlgelenke; *m, n* Kolbenkühlölabfluß; *o* Schautrichter; *p* Kühl-wasserverteilleitung; *q* Kühlwasserzuleitung zum Zylindermantel; *r* Kühlwasserübertritt zum Zylinderdeckel; *s* Kühl-wasserabfluß; *u* Kühlwassersammelrohr; *v* Brennstoffeinspritzleitung; *x* Zuleitung der Düsenkühlung; c_1 Explosions-klappe; d_1, e_1 Luftleitung zum Spülluftaufnehmer f_1; g_1 Rückschlagventile

Aufnehmer f_1 zugeführt, der etwa denselben Raum einnimmt wie die Kolbenspülpumpe in Bild 386. Von dort gelangt die Luft zu den Spülschlitzen. Die Kolbenspülpumpe hat sich als entbehrlich erwiesen; die gesamte zur Erzeugung der Spül- und Ladeluft erforderliche Energie wird den Auspuffgasen entnommen. Selbst wenn der unwahrscheinliche Fall eintritt, daß alle Abgasgebläse ausfallen (bei der Neunzylindermaschine sind drei Gebläse vorgesehen), braucht die Maschine nicht gestoppt zu werden; dann wird die Leitung e_1 verschlossen, die Räume f_1 werden mit der Atmosphäre verbunden, und die Kolbenunterseiten wirken als Spülpumpen mit den Ventilen g_1 als Saugventilen (deren

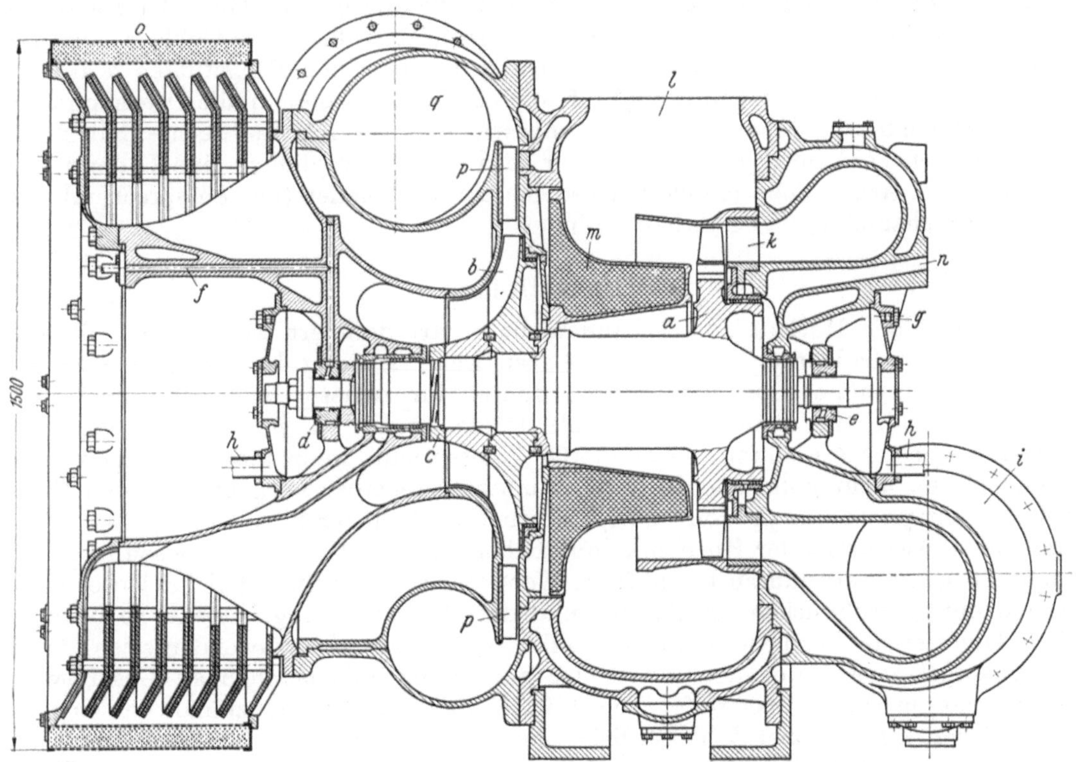

Bild 414. Längsschnitt durch ein Abgasturbogebläse Bauart *Gebr. Sulzer A.-G.*

a Turbinenlaufrad; b Gebläselaufrad; c Ringmutter; d, e Gleitlager; f Schmierölzuleitung; g Entlüftung; h Schmierölableitungen; i Gaseintrittsstutzen; k Leitschaufeln; l Gasaustrittsstutzen; m Wärmeschutz; n Sperrluftabführung; o Saugstutzen; p Diffusorschaufeln; q Druckspirale

Bauart s. Bild 176, S. 189). Mit dieser Schaltung kann der Motor noch etwa die Hälfte der aufgeladenen Leistung abgeben, das Schiff noch etwa 70% seiner normalen Geschwindigkeit beibehalten. Ein getrennt aufgestelltes Reservegebläse ist nicht erforderlich.

Der in Bild 413 im Schnitt gezeigte Zylinder leistet unaufgeladen (d. h. mit Nachladung durch die Auspuffklappe) 1000 PSe bei 119 U/min ($p_e = 5{,}38$ kg/cm², $c_m = 6{,}15$ m/sec), aufgeladen 1300 PSe ($p_e = 7{,}0$ kg/cm²) bei derselben Drehzahl. Abgesehen von der Turboaufladung entspricht die Bauart der in Bild 386 dargestellten. Soweit in den beiden Abbildungen gleiche Teile vorkommen, sind sie durch dieselben Buchstaben bezeichnet.

Die Abgasgebläse dieser Maschine werden von *Gebr. Sulzer* gebaut; Bild 414 zeigt einen Längsschnitt durch das für Motortype 76/155 bestimmte Aggregat. Das Turbinenlaufrad a ist aus einem Stück mit der Welle geschmiedet, das Gebläserad b über die Welle geschoben und auf ihr durch die Ringmutter c befestigt. Die Welle ist an ihren Enden in den Gleitlagern d und e geführt; d, als Bundlager ausgebildet, nimmt den restlichen Axialschub auf, soweit er nicht von den Labyrinthkolben am Turbinen- und am Gebläserad ausgeglichen wird. Dem Bundlager d und dem Halslager e wird Schmieröl unter Druck zugeführt und durch je ein Rohr h abgeleitet. Die Welle ist so stark ausgeführt, daß ihre niedrigste Biegeeigenschwingungszahl oberhalb der höchsten Betriebsdrehzahl liegt; es wird somit keine kritische Drehzahl durchfahren. Die vom Motor kommenden Abgase treten am Stutzen i ein, werden durch die Leitschaufeln k den Laufschaufeln zugeführt und strömen bei l ab. Der isolierende Ringkörper m schützt das Gebläsegehäuse und den im Gasraum liegenden Teil der Welle vor der Wärme der Abgase. Die Schutzwirkung wird verstärkt durch kühlende Luft, die der Ausgleichkolben am Gebläserad b in den Ringraum zwischen m und der Welle durchtreten läßt. Bei n wird die am Ausgleichkolben der Turbine austretende Sperrluft abgeführt. Das Gebläse saugt die Luft durch den mit schallschluckenden Führungen versehenen Ringstutzen o an und fördert sie durch die von den Diffusorschaufeln p gebildeten Kanäle in die Druckspirale q, an die der Spülluftaufnehmer des Motors angeschlossen ist. Für die Sechs- und Neunzylindermotoren (760 mm Zyl.-Dmr.) ist für je drei Arbeitszylinder eine Ladergruppe vorhanden; bei Achtzylindermaschinen bedient ein Turbolader (mit entsprechend vergrößerter Beschaufelung) vier Arbeitszylinder.

3. Hochaufladung

Der Begriff der Hochaufladung kann nicht scharf definiert werden; er soll ausdrücken, daß der Ladedruck und damit die spezifische Leistung der Maschine erheblich größer ist, als man noch bis vor wenigen Jahren für zulässig bzw. erreichbar hielt. ZINNER[1] empfiehlt, für Viertaktmotoren als untere Grenze ein p_e von 12 kg/cm² festzusetzen, was einer Aufladung um etwa 100% entspricht, wenn man von einem $p_e =$ 6 kg/cm² als im nicht aufgeladenen Viertaktmotor erreichbar ausgeht. Für den Zweitaktmotor entspricht ein p_e von 12 kg/cm² einer noch höheren Aufladung als 100%.

Mit der Entwicklung der Hochaufladung haben sich alle führenden Dieselfirmen des In- und Auslandes seit Jahren beschäftigt. Wenn auch kein grundsätzlicher Unterschied zwischen der „gewöhnlichen" Aufladung und der Hochaufladung besteht, so bedurfte es doch langwieriger Versuche, um festzustellen, welche Mittel anzuwenden seien, damit der hochaufgeladene Motor den nicht oder nur mäßig aufgeladenen an Gesamtwirtschaftlichkeit merklich übertreffe. Die Wirtschaftlichkeit wird, zumal bei Schiffsmaschinen mit ihrer großen Zahl jährlicher Betriebsstunden, in erster Linie durch den Brennstoffverbrauch beeinflußt; dieser mußte wirksam gesenkt werden, wenn die Hochaufladung Zweck haben sollte. Die Senkung des Brennstoffverbrauchs erforderte eine beträchtliche Erhöhung des Ladedruckes gegenüber dem bis dahin gebräuchlichen Betrag und damit auch eine wesentlich größere Leistungsabgabe des Abgasturbogebläses, die nur aus der Energie der Abgase gewonnen werden durfte, da die Hochaufladung durch mechanische Mittel keine Vorteile bringt. Das Abgasgebläse mit je einer Turbinen- und Gebläsestufe genügte daher nicht mehr; man ging zur mehrstufigen Bauart über, um den Gesamtwirkungsgrad $\eta_g \cdot \eta_t$ des Gebläseaggregates so weit zu erhöhen, daß das Gebläse den gewünschten hohen Ladedruck zu liefern imstande war. Durch die höhere Verdichtung steigt die Endtemperatur der Ladeluft so hoch an, daß sie vor ihrem Eintritt in die Zylinder rückgekühlt werden muß, damit das erforderliche Luftgewicht in die Zylinder gelangt. Die Endtemperatur der Verdichtung im Zylinder hängt neben der Anfangstemperatur hauptsächlich vom Verdichtungsverhältnis ab, das beibehalten werden muß. Die Folge sind Verdichtungs- und Verbrennungsdrücke, die man früher nicht für zulässig gehalten hatte; sie betragen bei dem hier folgenden Beispiel der **Viertaktmaschine** KV 45/66 (Bild 415) der *MAN* 80 bis 85 bzw. 110 bis 120 kg/cm². Die Drucksteigerung im OT beträgt also 30 bis 35 kg/cm²; die spezifische Druckzunahme je Grad Kurbelwinkel ist jedoch nicht größer als beim nicht aufgeladenen Motor, so daß die Ruhe des Ganges nicht beeinträchtigt wird.

---

[1] ZINNER, K.: Wesen und Zweck der Hochaufladung. MAN-Dieselmotoren-Nachr. Nr. 30 (1954) S. 2.

Der hohe Verbrennungsdruck stellt erhöhte Anforderungen an die Konstruktion[1] des Zylinders und Zylinderdeckels, des Kolbens und der Triebwerkteile, doch ist deren sichere Beherrschung durch die heute zur Verfügung stehenden Mittel möglich. Bild 415 deutet Einzelheiten an. Bei einem Zünddruck von 120 kg/cm² wirkt auf Zylinderdeckel und Kolben eine Kraft von 190 t. Der Zylinderdeckel hat daher eine größere Höhe erhalten als sonst üblich, und damit er sich durch das Anziehen der Zylinderdeckelschrauben möglichst wenig deformiert, ist seine zylindrische Wand über die Ringleiste, mit welcher der Zylinderdeckel in die Ringnut im oberen Laufbuchsenflansch greift, gelegt. Ein Zwischenboden im Zylinderdeckel versteift diesen und verteilt das aus dem Zylindermantel übertretende Kühlwasser über den feuerberührten Boden des Deckels, bevor es in den oberen Deckelraum gelangt. Die von den Zylinderdeckelschrauben aufgenommenen Kräfte werden durch die starke obere Gurtung auf dem kürzesten Weg in die bis zur Unterkante der Lagerbrücken reichenden Zuganker geleitet. Diese sind dicht zusammengerückt. wodurch der Hebelarm des Biegemomentes, das die Lagerbrücken beansprucht, verkürzt wird; dabei bleibt zwischen den Zugankern nicht genügend Raum, um die Deckelschrauben der Grundlager unterzubringen;

deren Lagerdeckel werden daher gegen die Querbalken der Ständer durch Druckschrauben abgestützt.

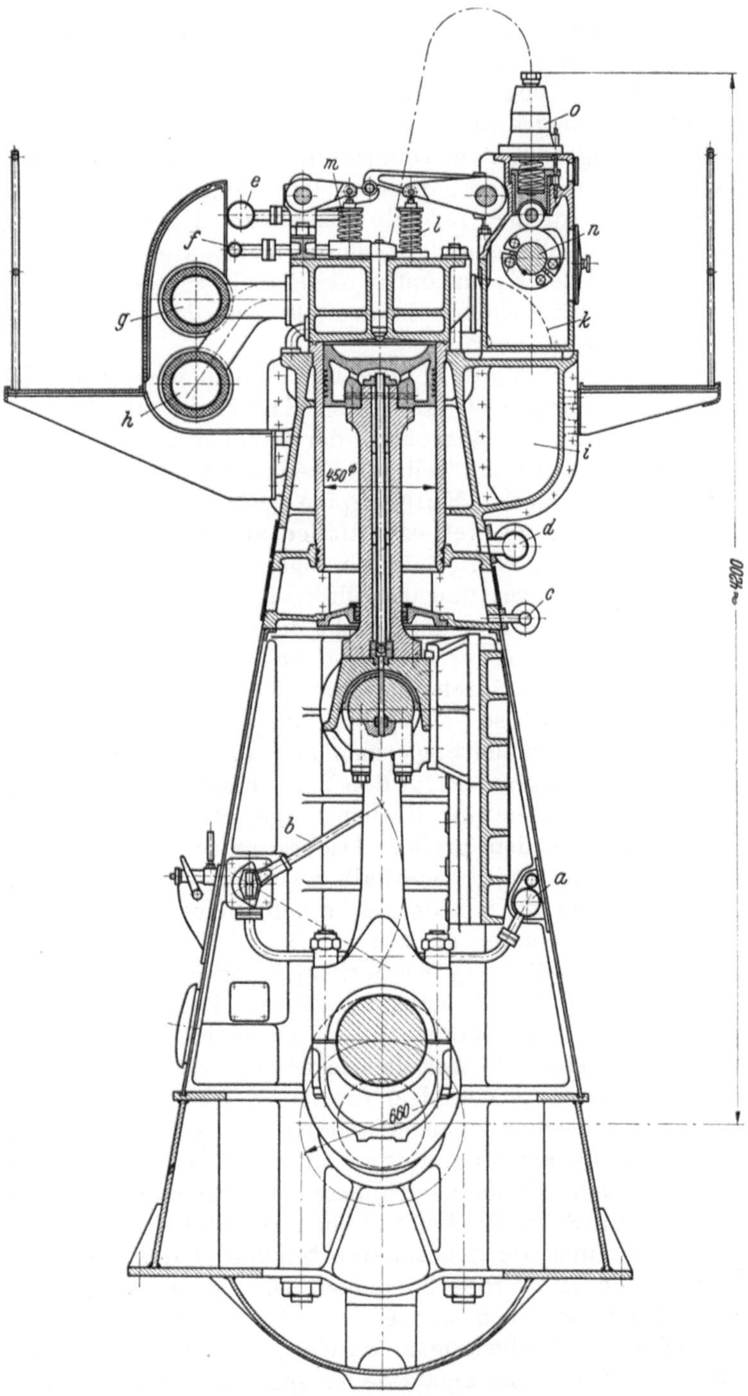

Bild 415. Querschnitt durch den Arbeitszylinder des *MAN*-Viertaktmotors Type KV 45/66 mit Hochaufladung

a Kolbenkühlölzuleitung; *b* Kühlölgelenk; *c* Leckölableitung; *d* Kühlwasserzuleitung; *e* Kühlwasserableitung; *f* Anlaßluftleitung; *g, h* Auspuffleitungen; *i* Spülluftaufnehmer; *k* Krümmer zu den Einlaßventilen *l*; *m* Auspuffventile; *n* Nockenwelle; *o* Brennstoffpumpe

---

[1] LASSBERG, D. v.: Der konstruktive Aufbau der MAN-Hochauflademotoren. MAN-Dieselmotoren-Nachr. Nr. 30 (1954) S. 4.

Die Konstruktion der Triebwerkteile ist ebenfalls den großen Verbrennungskräften angepaßt. Hier ist es vor allem der Kreuzkopf, der eine Sonderbauart erfordert. Die normale Ausführung der Pleuelstange mit gegabeltem oberem Ende würde hohe Biegebeanspruchungen in der Stange und in den Kreuzkopfzapfen verursachen; daher ist die Pleuelstange mit dem gehärteten Kreuzkopfzapfen verschraubt (Bild 415), und dieser stützt sich mit seiner ganzen axialen Länge gegen eine Stahlschale mit Bleibronzeausguß. Dadurch wird die tragende Fläche des Kreuzkopfzapfens so groß, daß der Flächendruck innerhalb normaler Grenzen bleibt. Der Kraftfluß vom Kolben durch die Kolbenstange und den Kreuzkopf in die Pleuelstange verläuft im oberen Totpunkt völlig geradlinig und ruft auch bei Schrägstellungen der Pleuelstange keine Biegebeanspruchungen im Triebwerk hervor.

Der aus Stahlguß hergestellte Kolben wird durch Öl gekühlt, das aus der Verteilleitung a durch Gelenke b dem Kreuzkopf zugeführt wird, von wo es zum größeren Teil durch das Einsatzrohr in der Kolbenstange in den Hohlraum des Kolbens gelangt, während der kleinere Teil den Kreuzkopfzapfen schmiert und durch die Bohrung in der Pleuelstange an den Kurbelzapfen geführt wird. Die Grundlager erhalten ihr Schmieröl durch die Lagerdeckel; es entfallen alle Bohrungen in der Kurbelwelle und die für die Ausbildung des Ölfilms ungünstigen Ringnuten im Weißmetall der Grundlager und Kurbelzapfenlager, und der Ölfilm ist imstande, größere Flächendrücke aufzunehmen. Der Pleuelstangenfuß ist erheblich verstärkt, die Kurbelwelle nach den Vorschriften der Klassifikationsgesellschaften bemessen, ihre Wangen haben Kreisquerschnitt. Die Kolbenstange ist durch eine Abstreifstopfbuchse im oberen Abschlußdeckel des Kurbelgehäuses geführt, so daß Verbrennungsrückstände und von der Laufbuchse abtropfendes Schmieröl (Abflußleitung c) sich nicht mit dem Schmieröl des Kurbelgehäuses vermischen können, eine besonders für den Betrieb mit Schweröl unerläßliche Maßnahme. Die Triebwerkteile (Kolben mit Kolbenstange, Pleuelstange) können durch den der Gleitbahn gegenüberliegenden großen Triebraumdeckel ausgebaut werden; der Kreuzkopf mit dem Gleitschuh wird unterhalb der Gleitbahn nach der entgegengesetzten Seite herausgefahren. Der Zylinderdeckel braucht nicht abgenommen zu werden. Dadurch wird an Maschinenraumhöhe gespart.

Die Auspuffleitung der Sechszylindermaschine ist in die Stränge g, h unterteilt, die zum Gehäuse der Abgasturbine führen. Das Gebläse fördert die Luft mit 2,5 ata Ladedruck durch einen Kühler in den Aufnehmer i, der mit dem Zylinderrahmen aus einem Stück gegossen ist. Aus diesem gelangt die Luft durch Krümmer k zu den Einlaßventilen l (zwei je Zylinder), die ebenso wie die (zwei) Auspuffventile m durch Hebel von der Nockenwelle n gesteuert werden. Diese treibt auch die Brennstoffpumpen o an, die mit Schrägkantensteuerung arbeiten, sowie die Schmierpressen, welche die Zylinderbuchsen und Kipphebel schmieren. Bei umsteuerbaren Maschinen sind die Brennstoffnocken mit Schrägflächen versehen, so daß beim Verschieben der Nockenwelle die Rollen von dem einen auf den anderen Nocken gleiten können, ohne daß die Rollenführungen abgehoben zu werden brauchen. Die Umsteuerung arbeitet ebenso, wie zu Bild 309 (S. 324) beschrieben wurde.

Diese hochaufgeladene Maschine leistet mit 6 Zylindern (450 mm Dmr., 660 mm Hub) bei 250 U/min 2800 PSe, entsprechend einem p_e von 16 kg/cm². Die ersten Motoren dieser Bauart sind auf dem M. S. „Lichtenfels" eingebaut; sie arbeiten über ein Rädergetriebe auf eine Propellerwelle. Der bei 140 g/PSeh liegende Brennstoffverbrauch und der geringe Raumbedarf sind für den Schiffsantrieb besondere Vorzüge.

Zweitaktmotoren mit Hochaufladung. *Gebr. Sulzer* haben gezeigt, daß auch mit dem Zweitakt spezifische Leistungen bewältigt werden können, die man früher für unerreichbar gehalten hat. Einer ihrer Versuchsmotoren ist in Bild 416 im Längs- und Querschnitt dargestellt. Der Motor ist in der geschweißten Bauart ausgeführt und hat zwei Kurbelwellen, die durch Stirnräder a miteinander gekuppelt sind. Die unteren Kolben steuern die Spülschlitze, die oberen die Auspuffschlitze. Die Abgase werden durch die Leitungen b

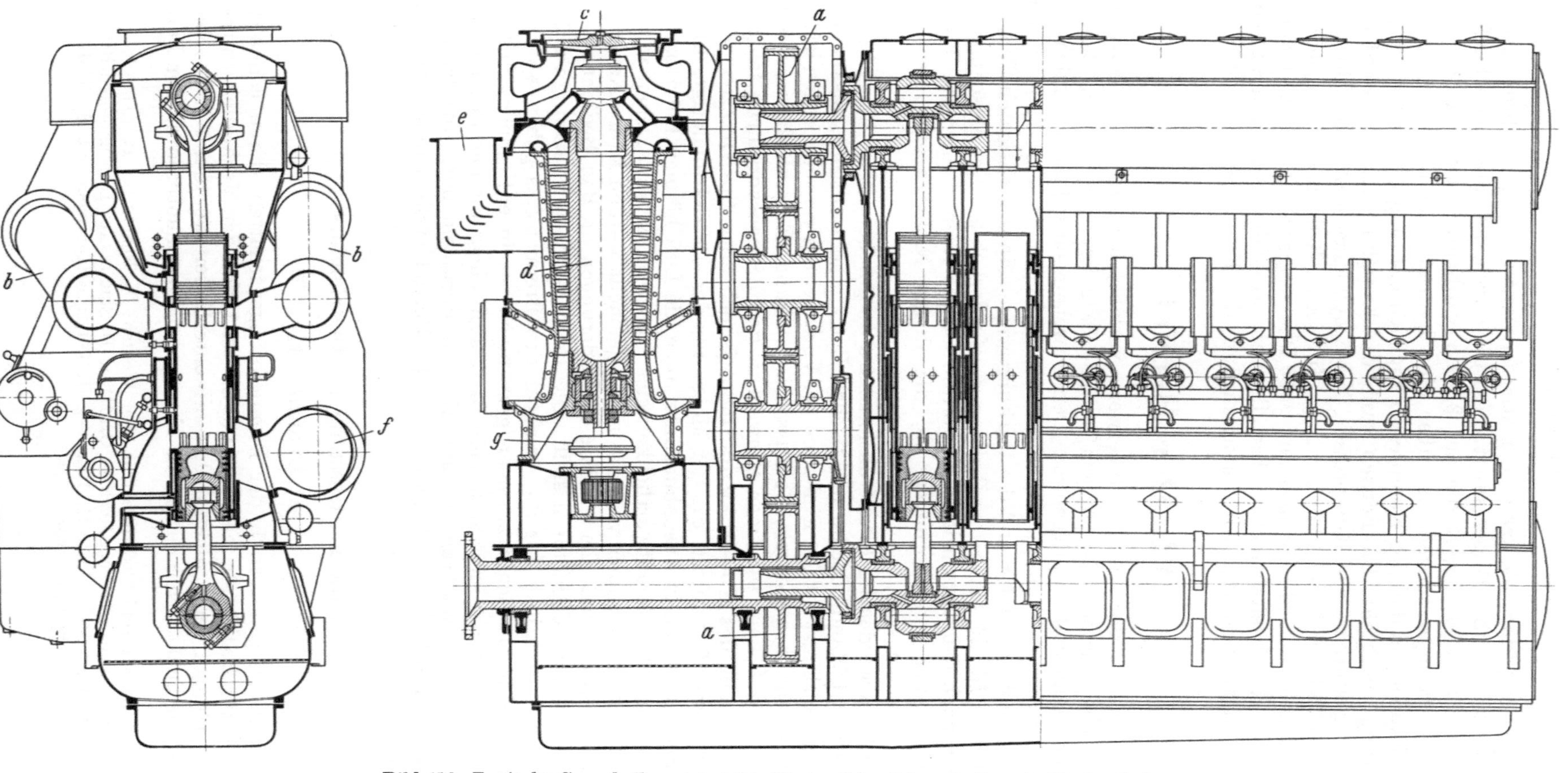

Bild 416. Zweitakt-Gegenkolbenmotor der Firma *Gebr. Sulzer A.-G.*, mit Hochaufladung

Leistung mit 8 Zylindern (180 mm Dmr., 2 × 225 mm Hub) maximal 2500 PSe bei 1000 U/min.   *a* Stirnräder;   *b* Abgasleitungen zur Turbine *c*;   *d* Axialkompressor;   *e* Saugstutzen; *f* Spülluftaufnehmer;   *g* hydraulische Kupplung

der Abgasturbine c zugeführt, die den an der Stirnseite mit vertikaler Achse angeordneten Axialkompressor d antreibt. Dieser saugt die Luft durch den mit Leitschaufeln versehenen Stutzen e an und fördert die auf 2,5 ata verdichtete Luft in den Spülluftaufnehmer f. Die Kompressorwelle ist über eine hydraulische Kupplung g mit der Kurbelwelle gekuppelt, so daß der Kompressor sogleich mit dem Anspringen des Motors die Luftförderung aufnimmt. Im Betrieb kann die Kupplung entleert werden; dann treibt nur die Abgasturbine den Kompressor. Mit 8 Zylindern leistet der Motor normal 2000 PSe ($p_e = 9{,}82$ kg/cm²) bei 1000 U/min (c_m für jeden Kolben $= 7{,}5$ m/sec). Er ließ sich bei der gleichen Drehzahl auf maximal 2500 PSe steigern ($p_e = 12{,}27$ kg/cm²). Bis zu welcher Grenze der Zweitaktmotorenbau diese als erreichbar gezeigten außerordentlich hohen Leistungen verwerten wird, kann nur aus der Erfahrung angegeben werden.

VI. Der Betrieb[1]

Jedem Dieselmotor, der das Herstellerwerk verläßt, wird eine Betriebsvorschrift mitgegeben, welche genaue Anweisungen enthält, wie der Motor vom Bedienungspersonal zu behandeln und zu pflegen ist. Den Anweisungen geht gewöhnlich eine mit Zeichnungen, Skizzen und schematischen Plänen versehene Beschreibung voraus, aus denen der Maschinist den Motor und die Wirkungsweise seiner wichtigsten Teile so weit kennenlernt, wie es für die fehlerfreie Bedienung erforderlich ist. Der Maschinist ist verpflichtet, genau nach den Vorschriften zu verfahren. Mit Recht lehnen alle Firmen die kostenlose Beseitigung von Störungen ab, die durch Nichtbeachten der Betriebsvorschriften entstanden sind.

Die Vorschriften werden im Konstruktionsbüro ausgearbeitet, wo alle Erfahrungen, die man auf dem Prüfstand oder im praktischen Betrieb gemacht hat, zusammenlaufen sollten. Wie der Maschinist für das Einhalten der Vorschriften verantwortlich ist, so ist es der Konstrukteur für ihre sachgemäße Zusammenstellung. Er muß daher den Betrieb so genau kennen, daß kein wichtiger Hinweis in der Betriebsvorschrift fehlt.

Die Verantwortung des Konstrukteurs findet jedoch dort ihre Grenzen, wo es sich um die Verbrauchsstoffe handelt, die der Motor für den Betrieb benötigt. Brennstoff, Kühlwasser, Schmieröl und in Ausnahmefällen auch die Luft können Betriebsstörungen verursachen, die sich der Verantwortlichkeit des Konstrukteurs entziehen und für die auch der Maschinist nicht immer verantwortlich gemacht werden kann. Neuerdings ist es namentlich der Brennstoff, der erhöhte Anforderungen an das Bedienungspersonal besonders der großen Schiffsmotoren stellt. Die Betriebsvorschrift kann zwar Empfehlungen und auch Vorschriften für die Qualität des Brennstoffes geben, aber sie kann nicht verhindern, daß ein Schiff zuweilen gezwungen ist, in entlegenen Welthäfen zu bunkern. Dann kann es vorkommen, daß ein Brennstoff eingenommen werden muß, dem der Motor nicht mehr gewachsen ist, und Betriebsstörungen oder unzulässig rascher Verschleiß sind die Folge. Zu den Aufgaben, die der Betrieb stellt, gehört daher auch die ständige Überwachung jener Stoffe.

1. Die Betriebsstoffe des Dieselmotors

a) Brennstoff

Die hohen Forderungen betreffs der Brennstoffeigenschaften, deren Einhaltung die Hersteller früher zur Bedingung machten und die auch von den Verbrauchern durchweg erfüllt wurden, können heute nicht mehr aufrechterhalten werden. Das Streben nach größerer Wirtschaftlichkeit veranlaßte die Eigner der Dieselmotoren zu der Forderung,

---

[1] Wertvolle Erfahrungen sind niedergelegt in den Werken: B. BLEICKEN: Betriebserfahrungen auf Seeschiffen. Berlin: VEB-Verlag Technik 1953. — G. MAU u. H. SCHLIEKAU: Dieselmotoren-Betrieb. Hamburg: Hanseatische Verlagsanstalt G.m.b.H. 1953. — H. KRUG: Erfahrungen mit Schiffsdieselmotoren. Berlin/Göttingen/Heidelberg: Springer 1954.

daß der Betrieb auch mit einem erheblich billigeren Kesselheizöl möglich sein müsse. Gegen dessen Zulassung als Dieseltreibstoff haben sich die Herstellerfirmen lange (bis gegen Ende der 40er Jahre) gesträubt, was nicht unberechtigt war, denn die betrieblichen Eigenschaften des Dieselmotors werden durch die Verwendung des schweren Heizöles nicht verbessert. Die Dieselfirmen haben nachgegeben; ihren Bemühungen ist es gelungen zu erreichen, daß zunächst die großen Kreuzkopfmaschinen mit dem schweren „Bunker C-Öl" ohne wesentliche Anstände betrieben werden können, während für Tauchkolbenmaschinen, insbesondere für kleinere Zylinderdurchmesser, bis auf weiteres das bessere, aber auch teuerere „Dieselöl" der geeignetere Brennstoff ist.

Ein Vergleich der Treibölvorschriften für Dieselöl[1] mit den wichtigsten Kennzahlen des Bunker C-Öles zeigt den erheblichen Unterschied zwischen den beiden Brennstoffsorten. Für Dieselöl pflegten die Hersteller der Maschinen die Viskosität auf etwa 4 Englergrade bei 20° C (entsprechend etwa 2,5° E bei 100° F = 38° C) zu begrenzen, den CONRADSON-Rückstand[2] auf 3 Gew.-%, den Gehalt an Asche im Brennstoff auf 0,05%, an Schwefel auf 1,5% und an Hartasphalt auf 0,5 bis 0,7 Gew.-%. Demgegenüber gibt Zahlentafel 26 die entsprechenden Kennzahlen für einige Bunker C-Öle, die an verschiedenen Hafenplätzen gebunkert wurden. Die Öle sind nach zunehmender Viskosität geordnet.

Zahlentafel 26. *Eigenschaften einiger Bunker C-Öle*

Viskosität bei 50° C . . . . ° E	48	54	55	67	72	85
CONRADSON-Rest . . . . Gew.-%	13,67	13,97	13,75	14,73	10,0	15,0
Asche . . . . Gew.-%	0,06	0,16	0,14	0,15	0,10	0,50
Schwefel . . . . Gew.-%	1,2	3,63	2,63	2,66	4,0	5,0
Hartasphalt . . . . Gew.-%	11,22	7,84	10,0	10,1	5,0	10,0

Die Viskosität beträgt ein Vielfaches gegenüber dem Dieselöl, doch kommen auch wesentlich höhere Viskositäten vor. Auch die übrigen Kennwerte übertreffen alle Zahlen, die man bis dahin beim Dieselöl als zulässig angesehen hatte.

Ein gesetzmäßiger Zusammenhang etwa zwischen der Viskosität und den in Zahlentafel 26 angegebenen Gewichtsanteilen besteht nicht. Das Bunker C-Öl ist ein Rückstandsprodukt, dessen Zusammensetzung in erster Linie von seinem Herkunftsort abhängt und keinerlei Regelmäßigkeit zeigt. Die Bunker C-Öle weisen auch untereinander erhebliche Verschiedenheiten auf, was die Beurteilung, wie weit sie sich für den Dieselbetrieb eignen, erschwert. Zudem sind weniger schwere Treiböle unter dem Namen „Bunker B-Öl" im Handel, so daß nach der Einführung der Kesselheizöle in den Schiffsdieselmaschinenbetrieb anfänglich einige Unklarheit in den Bezeichnungen herrschte. Diese ist von der *American Society for Testing Materials (ASTM)* wenigstens zum Teil dadurch beseitigt worden, daß man die mit der Temperatur veränderliche Viskosität zu einer Gruppeneinteilung benutzte. Zwischen der Temperatur des Öles und seiner Zähigkeit besteht eine von WALTHER empirisch gefundene, von KEMMLER und UBBELOHDE etwas modifizierte graphische Beziehung[3]: trägt man den ^{10}log der absoluten Temperatur des Öles als Abszisse und den Doppellogarithmus des Ausdrucks $(v + 0,8)$ als Ordinate auf mit v als kinematischer Zähigkeit[4] in Centistokes (cSt), so erhält man mit genügender Genauigkeit eine Gerade. Man hat somit, um den Ausdruck[5] $\log \log (v + 0,8) = f (\log T)$ zu bilden, zusammengehörige Wertepaare (v, T) zu messen. In dieser Form wäre das Diagramm jedoch nicht bequem zu gebrauchen; daher hat man es so umgestaltet, daß als Ordinaten die Doppellogarithmen der Englergrade bzw. der diesen (wenigstens für

---

[1] Zahlentafel 6 (Bd. I, S. 15) gibt die Treibölvorschriften verschiedener Herstellerfirmen für Dieselöl an.

[2] Siehe Bd. I, S. 12.

[3] Vgl. B. RIEDIGER: Brennstoffe, Kraftstoffe, Schmierstoffe (dort S. 427 f.). Berlin/Göttingen/Heidelberg: Springer 1949.

[4] Siehe Bd. I, S. 10.

[5] Auch im Jb. Schiffbautechn. Ges. Bd. 44 (1950) S. 111 muß es $(v + 0,8)$ heißen.

Werte über 60 cSt) ungefähr proportionalen Redwood-sec[1] erscheinen und die als Abszisse
aufgetragene Temperatur in ° C (oder ° F) abgelesen werden kann (Bild 417). Die Abszisse hat dann weder eine logarithmische noch eine lineare Teilung; ihre Teilpunkte
ergeben sich aus der Umrechnung. In das so entstandene Feld sind die Viskositätsgera-
den eingetragen, welche die einzelnen Gruppen — Gasöl, Dieselöl, Bunker B- und
Bunker C-Öl — voneinander trennen. Die Trennlinien können natürlich keine scharfe
Abgrenzung bedeuten; die Gruppen gehen mit ihren Eigenschaften allmählich ineinander
über. Das Diagramm ist geeignet, in der willkürlichen Bezeichnung der Treibölsorten
einige Ordnung zu schaffen.

Aus dem Diagramm wird abgelesen, auf welche Temperatur ein Treiböl, dessen
Viskositätsgerade gegeben ist, vorgewärmt werden muß, damit seine Viskosität einen
gewünschten niedrigen Wert hat. Damit es im Brennraum hinreichend fein zerstäubt
werden kann, soll seine Vis-
kosität etwa zwischen 2 und
6° E liegen; die niedrigere
Grenze ist für die Zerstäubung günstiger. Von der gewünschten Viskositätsver-
minderung hängt die Vor-
wärmtemperatur ab. Soll
z. B. ein schweres Bunker
C-Öl, dessen Viskosität der
obersten schrägen Geraden
in Bild 417 entspricht, eine
Viskosität 2° E annehmen,
so muß es auf etwa 130° C
vorgewärmt werden. Bei
Vorwärmtemperaturen über
100° würde das im Brenn-
stoff immer vorhandene
Wasser verdampfen; das Öl
würde schäumen, die Brennstoffbehälter können über-
kochen, und das Arbeiten
der Brennstoffpumpe und
die Einspritzung würden in-

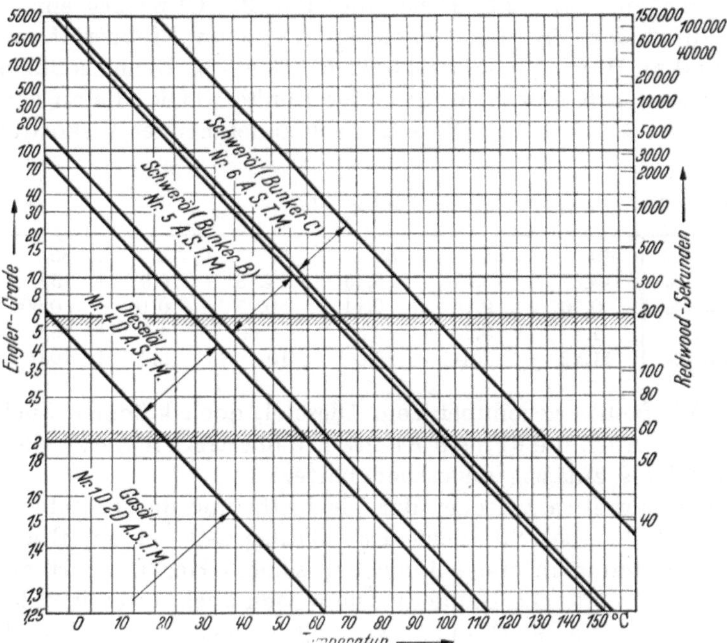

Bild 417. Viskosität der Treibölgruppen in Abhängigkeit von der
Temperatur im ASTM-Diagramm

folge Dampfblasenbildung unregelmäßig werden. Man begegnet dem, indem man die
Brennstoffbehälter und -leitungen, diese auch auf der Saugseite der Brennstoffpumpe,
unter einen so hohen Druck setzt, daß die Sättigungstemperatur des Dampfes noch um
30 bis 40° C über der Vorwärmtemperatur des Öles liegt. Drücke von 5 bis 10 atü kommen vor. Alle auf der Saugseite der Brennstoffpumpe liegenden Behälter und Leitungen müssen diesen Drücken entsprechend ausgeführt werden. Die zu den Einspritzventilen führenden Brennstoffleitungen sind ohnehin stark genug.

International hat sich die Gewohnheit herausgebildet, die Viskosität als einen Maßstab für die Qualität der Bunkeröle anzusehen (obwohl sie, wie Zahlentafel 26 zeigt,
nicht der einzige Maßstab ist) und sie in Redwood I-sec[2] anzugeben. Seegehende Motorschiffe sind mit Heizölen betrieben worden, die eine Viskosität von 1500, 4000, ja 8000 RI-

---

[1] Siehe Bd. I, S. 9.

[2] Über den Unterschied zwischen Redwood I- und Redwood II-sec siehe Bd. I, S. 9. — Eine Umrechnungs-
tafel für Zähigkeitswerte (kinematische Zähigkeit, Engler-Grade, Redwood I-sec und Saybolt Universal-sec),
herausgegeben vom Shell Technischen Dienst, befindet sich in DUBBEL: Taschenbuch für den Maschinenbau, 11. Aufl. 1953, berichtigter Neudruck 1955, in beiden Ausgaben Bd. I, S. 744. Berlin/Göttingen/Heidel-
berg: Springer.

sec bei 100° F (38° C) haben. Die Tendenz scheint indessen dahin zu gehen, die niedriger-viskosen Öle (1500 bis 3000 RI-sec) zu bevorzugen, die im Betrieb weniger Schwierig-keiten machen als die sehr zähflüssigen Öle, die schon bei der Übernahme an Bord besonders hoch aufgeheizt werden müssen, damit sie gepumpt werden können.

Die *betrieblichen* und *konstruktiven Mittel*[1], die man anwendet, um schwere Heizöle für den Betrieb von Dieselmotoren geeignet zu machen, sind

hinreichend hohes Vorwärmen des Brennstoffes,

sorgfältiges Reinigen des Brennstoffes von allen Verunreinigungen, die sich durch mechanische Verfahren entfernen lassen,

bauliche Maßnahmen an den Arbeitszylindern.

Das Vorwärmen ist nicht nur erforderlich, damit das Öl im Brennraum hinreichend fein zerstäubt werden kann, sondern auch deshalb, weil die zahlreichen Verunreinigungen, die es enthält, aus einem zu zähflüssigen Öl nicht entfernt werden können. Zum Reinigen benutzt man Zentrifugen, Vorfilter und Feinfilter, zum Vorwärmen heißes Wasser oder niedriggespannten Dampf. In einer eingehenden Studie hat A. BRUNNER[2] als günstigste Zentrifugiertemperatur 85° C festgestellt; bei niedriger Temperatur ist die Viskosität zu hoch, bei höherer verdampft ein Teil des beim Zentrifugieren verwendeten Wassers, und es gelangt Wasserdampf in das gereinigte Öl. Es hat sich als zweckmäßig herausgestellt, in der Strömungsrichtung zwei Zentrifugen hintereinanderzuschalten, von denen die erste mit Wasserzusatz arbeitet; man hat ihnen die (etwas undeutlichen) Bezeichnungen Purifikator (purifier) und Klarifikator (clarifier) gegeben. Das Hintereinanderschalten hat auch den Vorteil, daß keine größere Betriebsstörung entstehen kann, wenn eine der beiden Zentrifugen versagen sollte. Die Zentrifugen sollen nicht bis zu ihrer vollen Leistungsfähigkeit belastet werden, da (nach BRUNNER) die Reinigung um so besser wird, je kleiner das Produkt $M \cdot v$ ist (M = Durchsatzmenge in m³/sec, v = kinematische Zähigkeit bei der Trenntemperatur in m²/sec. Für den Motor muß daher eine mit seiner Leistung und mit der Zähigkeit des Öles wachsende Zahl von Zentrifugenpaaren vorgesehen werden.

Das aus den Zentrifugen ablaufende gereinigte Schweröl wird in einen Behälter gepumpt, aus welchem es durch hintereinandergeschaltete Filter dem Motor zugeleitet wird. Damit es von seiner Vorwärmtemperatur nicht zuviel verliert, sind Behälter und Leitungen wärmeisoliert. Die Vorwärmtemperatur, die mit Rücksicht auf den Wirkungs-grad der Zentrifugen gewählt wurde, wird aber in der Regel nicht mit jener Temperatur übereinstimmen, die erforderlich ist, um die Viskosität so weit zu erniedrigen, wie es die Zerstäubung verlangt[3]. Daher muß das dem Reinöltank entnommene Öl, bevor es der Brennstoffpumpe des Motors zugeführt wird, weiter aufgeheizt werden, und natür-lich müssen auch diese brennstoffführenden Leitungen isoliert werden. Da aber bei längerem Stillstand des Motors die Isolation nicht verhindern kann, daß der in den Leitungen stehende Brennstoff sich abkühlt und die Leitungen verstopft, muß die Mög-lichkeit vorgesehen werden, daß der Motor vor dem Stoppen und während länger dauern-der Manöver mit Dieselöl fahren kann, womit man jene Schwierigkeiten vermeidet. Durch alle diese Maßnahmen wird die Anlage komplizierter als beim Betrieb mit Dieselöl, und der Hinweis SCHULERs, daß solche Anlagen nur einem erfahrenen, gewissenhaften Personal anvertraut werden dürfen, ist sehr berechtigt.

---

[1] Vgl. P. SCHULER: Der Schiffs-Dieselmotor im Schwerölbetrieb, S. 261. Hansa 1951. — F. SCHMIDT: Betriebsprobleme für große Schiffsdieselmotoren. Motortechn. Z. Bd. 16 (1955) S. 156. — M. ZWICKY: Er-fahrungen über die Verwendung von Schwerölen in Dieselmotoren. Techn. Rdsch. Sulzer 1952, Nr. 4, S. 21 — Das Verhalten von Sulzer-Schiffsdieselmotoren im Betrieb mit Schweröl. Techn. Rdsch. Sulzer 1954, Nr. 3, S. 1 — Congrès International des Moteurs à Combustion Interne, Colloque de Milan, Mailand 1953.

[2] BRUNNER, A.: Versuchsarbeiten über das Zentrifugieren von Schweröl. Techn. Rdsch. Sulzer 1954, Nr. 2, S. 1.

[3] So erwähnt M. ZWICKY (Techn. Rdsch. Sulzer 1952, Nr. 4, S. 27), daß ein stationärer Sulzer-Zweitakt-motor von 2300 PSe Leistung mit einem Brennstoff von 8000 RI-sec (bez. auf 38° C) betrieben werden konnte. Der Brennstoff mußte auf 150° C vorgewärmt werden.

Die Schwerölaufbereitungsanlage für einen Zweitakt-Schiffsmotor der *MAN* ist in
Bild 418 und 419 schematisch dargestellt[1]. Bild 418 zeigt das Gesamtschema, Bild 419
die Pumpen und Leitungen am Motor. Das Heizöl wird schon vor der Übernahme an
Bord so weit vorgewärmt, daß es pumpfähig ist; in den Vorratstanks wird es durch

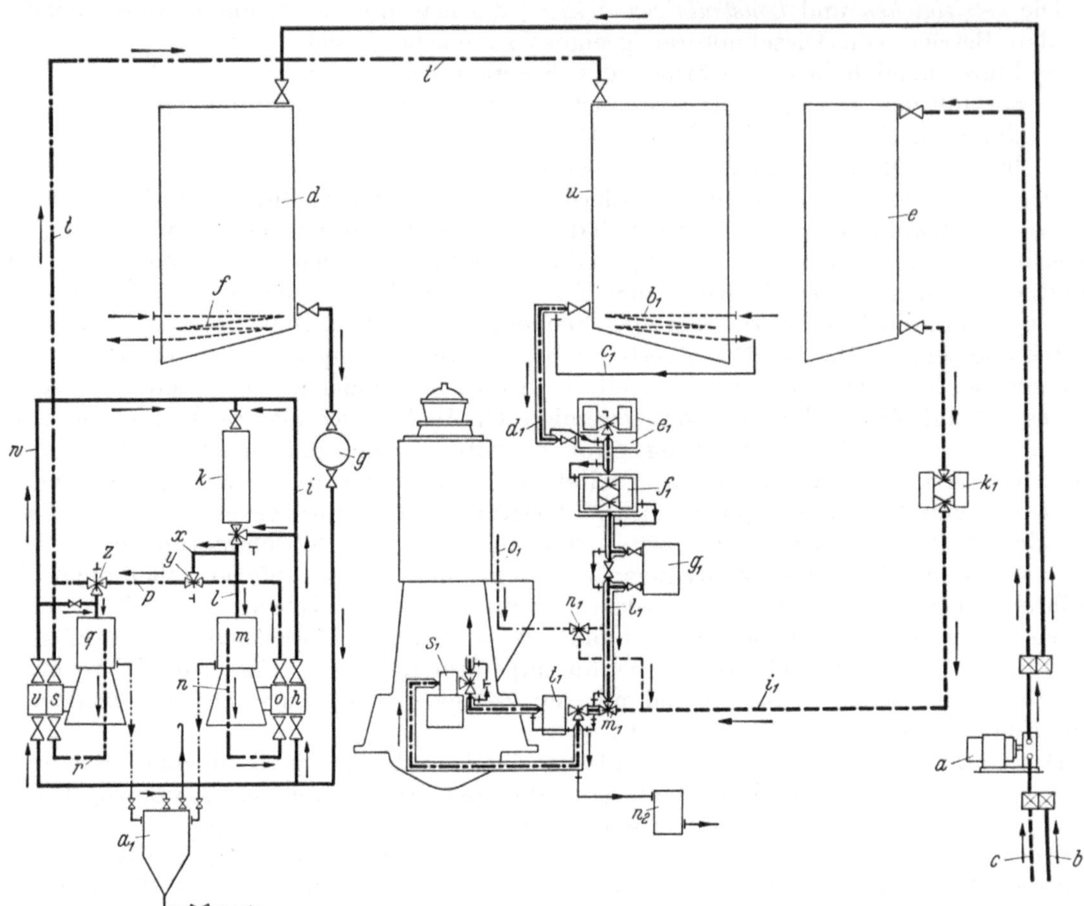

Bild 418. Schema der Schwerölaufbereitung für einen Zweitaktmotor der *MAN*, nach P. Schuler

—————— ungereinigtes Schweröl   —·—·— gereinigtes Schweröl   — — — Dieselöl

a Tagespumpe;   *b* Saugleitung für Schweröl;   *c* Saugleitung für Dieselöl;   *d* Tagestank für ungereinigtes Schweröl;
e Tagestank für Dieselöl;   *f* Heizung des Tanks *d*;   *g* Grobfilter;   *h* Pumpe der ersten Zentrifuge;   *i* Leitung von *h* zum
Erhitzer *k*;   *l* Leitung von *k* zur ersten Zentrifuge *m*;   *n* Leitung von *m* zur Pumpe *o*;   *p* Leitung von *o* zur zweiten
Zentrifuge *q*;   *r* Leitung von *q* zur Pumpe *s*;   *t* Leitung von *s* zum Tagestank *u* für gereinigtes Schweröl;   *v* Pumpe;
w Leitung von *v* zum Erhitzer *k*;   *x* Leitung von *k* zur Zentrifuge *q*;   *y, z* Dreiwegventile; a_1 Schmutztank; b_1 Heizung
des Tanks *u*; c_1 Dampfleitung; d_1 Leitung von *u* zum Vorfilter e_1; f_1 Feinfilter; g_1 Meßtank; i_1 Zuflußleitung für
Dieselöl; k_1 Doppelfilter für Dieselöl; l_1 Schwerölleitung vom Meßtank g_1 zum Dreiweghahn m_1; n_1 Dreiweghahn in der
Überströmleitung o_1; s_1, t_1 Förderpumpen für Schweröl; n_2 Kondenstopf

Heizschlangen auf seiner Temperatur gehalten. Das Dieselöl wird in getrennten Vorratstanks aufgespeichert. Aus den Vorratstanks saugt die Tagespumpe *a* je nach Bedarf durch
Leitung *b* Heizöl, durch *c* Dieselöl an; sie hält den Tagestank *d* dauernd mit dem un-
gereinigten vorgewärmten Heizöl, den Tagestank *e* mit Dieselöl gefüllt. Durch die Heizeinrichtung *f* wird das Öl in *d* hinreichend dünnflüssig gehalten. Aus dem Tank *d* gelangt
das Öl über das Grobfilter *g* zur Pumpe *h*, die das Öl durch die Leitung *i* und den Erhitzer *k* sowie durch Leitung *l* der ersten Zentrifuge *m* zudrückt. Das vorgereinigte Öl
fließt durch Leitung *n* zur Pumpe *o*, die es durch die Leitung *p* zur zweiten Zentrifuge *q*
fördert. Das gereinigte Schweröl fließt durch Leitung *r* zur Pumpe *s*, die es durch Rohr *t*
in den Tagestank *u* drückt.

---

[1] Nach P. Schuler, Fußnote 1, S. 447.

Die Schaltung der Rohrleitungen ist so eingerichtet, daß jede der beiden Zentrifugen auch einzeln die Reinigung übernehmen kann, während die andere außer Betrieb ist. Davon wird Gebrauch gemacht, wenn eine Zentrifuge gereinigt werden soll oder auch, wenn doppeltes Zentrifugieren nicht erforderlich ist. Soll z. B. nur die Zentrifuge q

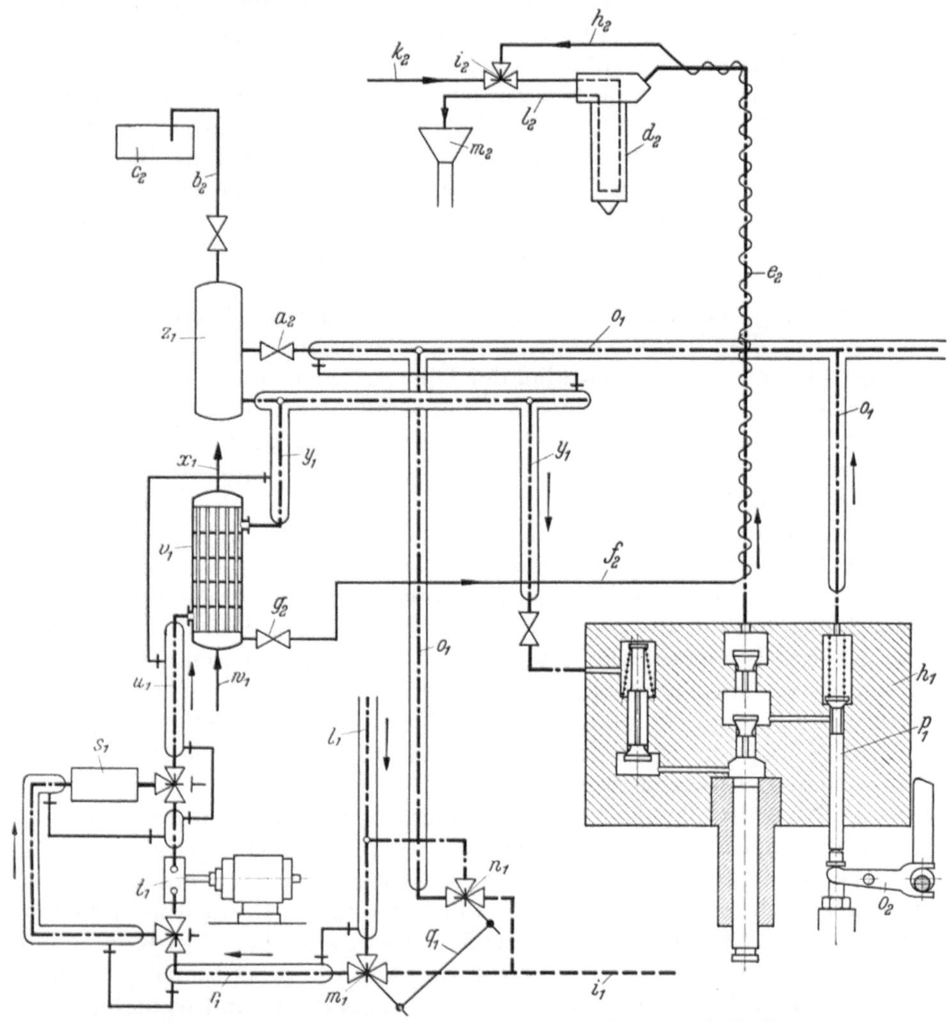

Bild 419. Schema der Brennstoffleitungen am Motor, nach P. SCHULER.

h_1 Brennstoffpumpe; i_1 Zuflußleitung für Dieselöl; l_1 wie in Bild 418; m_1, n_1 Dreiweghähne; o_1 Überströmleitung; p_1 Überströmventil; q_1 Verbindungsgestänge zwischen m_1 und n_1; r_1 Leitung zu den Pumpen s_1, t_1; u_1 Leitung von s_1, t_1 zum Endvorwärmer v_1; w_1, x_1 Zu- und Abfluß des Heizmittels; y_1 Brennstoffleitung vom Endvorwärmer zur Brennstoffpumpe; z_1 Windkessel; a_2 Absperrventil der Leitung o_1; b_2 Entlüftungsleitung; c_2 Lecköltank; d_2 Einspritzventil; e_2 Brennstoffdruckleitung; f_2 Heizrohr für e_2; g_2 Absperrventil für f_2; h_2 oberes Ende von f_2; i_2 Umschalthahn: k_2 Zufluß für Düsenkühlwasser; l_2 Ablaufrohr; m_2 Ablauftrichter; o_2 Abhebevorrichtung für Überströmventile

arbeiten, so wird das Absperrventil vor der Pumpe h geschlossen und diese ebenso wie die Pumpe o und die Zentrifuge m stillgesetzt. Das vom Grobfilter g kommende Öl fließt nunmehr der Pumpe v zu, die es durch die Leitung w, den Erhitzer k, das Knierohr x und das zwischen den Dreiwegventilen y und z liegende Rohrstück p der Zentrifuge q zuführt. Aus dieser wird das Öl wie vorher durch r, s, t in den Reinöltank u gefördert.

Das von den Zentrifugen ablaufende Schmutzöl wird im Tank a_1 aufgefangen und durch Druckluft nach außenbords geblasen.

Das Schweröl ist nunmehr so weit gereinigt, daß es aus dem Tank u dem Hauptmotor zugeführt werden kann. Damit es sich nicht im Tank stärker abkühlt, ist dieser mit einer Heizeinrichtung versehen, die mit Niederdruckdampf gespeist wird. Nachdem der Dampf die Rohrspirale b_1 durchströmt hat, wird er durch Leitung c_1 dem Mantel der Rohrleitung d_1 zugeführt, die den Brennstoff durch das Doppel-Vorfilter[1] e_1, das Doppel-Feinfilter f_1 und den abschaltbaren Meßtank g_1 der Brennstoffpumpe (h_1 in Bild 419) des Hauptmotors zuleitet. Vor dieser treffen die schwerölführenden Leitungen mit einem zweiten Leitungsstrang i_1 (Bild 418 u. 419) zusammen, durch den das Dieselöl aus dem Tank e (Bild 418) über das Doppelfilter k_1 an den Hauptmotor geführt wird. Hier ist die Schaltung so ausgeführt, daß jederzeit vom Schwerölbetrieb auf Dieselölbetrieb (und umgekehrt) übergegangen werden kann, wenn der Betrieb (Manövrieren) es erforderlich macht. Die Schaltung ist deutlicher aus Bild 419 zu erkennen. Sofern einzelne Teile in Bild 418 und 419 vorkommen, sind sie gleichlautend bezeichnet.

Die Dieselölleitung i_1 und die mit Dampfmantel versehene schwerölführende Leitung l_1 treffen im Dreiweghahn m_1 zusammen, durch den von Dieselöl- auf Schwerölbetrieb (bzw. umgekehrt) geschaltet wird. Neben m_1 ist ein zweiter Dreiweghahn n_1 (Bild 419) angeordnet, der die Überströmleitung o_1 der Brennstoffpumpe h_1 (gesteuertes Überströmventil p_1) je nach der Betriebsart mit der Leitung i_1 oder l_1 verbindet. Das Gestänge q_1 steuert die Hahnküken m_1 und n_1 gleichzeitig, so daß eine falsche Hahnstellung ausgeschlossen ist. Der Anschluß der Überströmleitung ist an diese Stelle gelegt, damit der von den Pumpenstempeln im Überschuß geförderte, durch die Ventile p_1 zurückströmende Brennstoff stets von neuem an der Vorwärmung (v_1) teilnimmt.

Vom Dreiweghahn m_1 wird der Brennstoff durch die Leitung r_1 wahlweise den Förderpumpen s_1 oder t_1 zugeführt, von denen s_1 vom Hauptmotor, t_1 elektrisch angetrieben wird. Beide Pumpen drücken den Brennstoff durch die Leitung u_1 zum Endvorwärmer v_1, in welchem der Brennstoff auf eine Temperatur gebracht wird, die für die Zerstäubung erforderlich ist. Der Vorwärmer ist dampf- oder heißwasserbeheizt; der Brennstoff wird im Querstrom um die Rohre geführt. Das Heizmaterial tritt bei w_1 ein und bei x_1 aus. Der aufgeheizte Brennstoff fließt durch die Leitung y_1, an welche der Windkessel z_1 angeschlossen ist, zu den Saugventilen der Brennstoffpumpe h_1. Auch die Überströmleitung o_1 steht mit dem Windkessel in Verbindung; die Verbindungsleitung kann durch das Ventil a_2 abgesperrt werden. b_2 ist eine Entlüftungsleitung für den Windkessel; sie mündet in den Lecköltank c_2.

Die von den Druckventilen der Brennstoffpumpe h_1 zu den Einspritzventilen d_2 führenden Brennstoffdruckleitungen e_2 sind nicht nur wärmeisoliert, sondern auch mit einer Vorrichtung[2] versehen, welche ermöglicht, die Leitungen aufzuheizen, wenn sie „eingefroren" sein sollten, d. h. wenn der zu weit abgekühlte Brennstoff salbenförmig geworden ist. Sie besteht aus einem in die Isolierschicht eingebetteten Kupferrohr f_2, das an den Vorwärmer v_1 angeschlossen und von diesem durch das Ventil g_2 abgesperrt ist. Soll die Leitung e_2 „aufgetaut" werden, so wird g_2 geöffnet, und es strömt Dampf aus dem Vorwärmer v_1 in die Leitung f_2, wodurch e_2 aufgeheizt wird. Das obere Ende h_2 von f_2 ist an den Umschalthahn i_2 angeschlossen, der so umgelegt wird, daß der durch h_2 kommende Heizdampf auch den Kühlraum der Brennstoffdüse durchströmt, so daß auch die Düsen, falls erforderlich, vorgewärmt werden können. Das während des normalen Betriebes durch das Rohr k_2 zugeführte Düsenkühlwasser bleibt inzwischen abgesperrt. Das Kondenswasser aus der Leitung f_2–h_2 fließt während des Aufheizens durch Rohr l_2 in den Ablauftrichter m_2 der Düsenkühlung.

Alle schwerölführenden Leitungen sind von Heizmänteln umgeben, an welche Entwässerungsleitungen so angeschlossen sind, daß das Kondenswasser in den Kondenstopf n_2 (Bild 418) abfließen kann.

Für den Fall, daß die Anlage in den Brennstoffsaugleitungen oder innerhalb der Brennstoffpumpe eingefroren sein sollte, wird zunächst die Vorwärmung aller Rohr-

---

[1] Beispiele für Bauarten des Doppel-Vorfilters siehe Bd. I, S. 199, Bild 224 (Turbulo-Filter), des Feinfilters Bd. I, S. 201, Bild 229.

[2] Siehe F. SCHMIDT: Betriebsprobleme für große Schiffsdieselmotoren. Motortechn. Z. Bd. 16 (1955) S. 159.

leitungen auf volle Stärke gestellt und sodann die Anlage mittels der elektrisch betriebenen Pumpe t_1 (Bild 418 u. 419) mit Dieselöl durchgepumpt, das der Leitung i_1 entnommen wird. Dabei müssen die Überströmventile p_1 der Brennstoffpumpe durch die Vorrichtung o_2 (Bild 419) angehoben werden, damit das Öl ungehindert durch den Pumpenblock fließen kann. Das Absperrventil a_2 am Windkessel z_1 bleibt solange geschlossen. Das Verbindungsgestänge q_1 zwischen den Dreiweghähnen m_1 und n_1 wird zunächst gelöst und Hahn n_1 so gestellt, daß die Überströmleitung o_1 mit der Schwerölleitung l_1 verbunden ist (Bild 418 u. 419). Dann drückt das in die Leitung o_1 gepumpte Dieselöl das in l_1 und den vorgeschalteten Geräten befindliche Schweröl in den Tank u (Bild 418) zurück und füllt sie für das nächste Anfahren mit Leichtöl auf.

Stehen längere Manöver oder die Beendigung einer Fahrt bevor, so werden die Dreiweghähne m_1 und n_1 so umgelegt, daß die Schwerölleitung l_1 abgeschaltet und die Leichtölleitung i_1 zugeschaltet wird. Die Maschine manövriert dann mit Dieselöl, das nach dem Abstellen in den Leitungen stehenbleibt, so daß das Wiederanfahren auch nach längerem Stillstand, wenn der Motor kalt geworden ist, keine Schwierigkeiten macht.

Die *baulichen Maßnahmen* am Motor, die man zu treffen hat, um ihn mit Schweröl betreiben zu können, sind verglichen mit der Aufbereitungsanlage geringfügig. Wichtig ist, daß der Raum unterhalb der Arbeitszylinder sorgfältig vom Kurbelgehäuse getrennt bleibt, damit nicht die schwefelhaltigen Verbrennungsrückstände das Schmieröl verunreinigen. Starke Korrosionen an den Triebwerkteilen wären die Folge. Die Trennung der Räume ist konstruktiv leichter bei Kreuzkopf- als bei Tauchkolbenmaschinen zu verwirklichen; die Kolbenstange kann ohne Schwierigkeit in einer Stopfbuchse wirksam abgedichtet werden (s. z. B. Bild 274, S. 284, und Bild 319, S. 335). Tauchkolbenmaschinen verhalten sich ungünstiger, da bei ihnen eine saubere Trennung der Räume kaum möglich ist. Den Kolbenringen gibt man zweckmäßig ein etwas größeres Spiel im Stoß, da sie heißer werden als bei Dieselölbetrieb; bei 700 mm Zyl.-Dmr. mußte das Spiel 3,5 mm betragen, damit der Ring sich nicht zwängte. Die Brennstoffdüsen müssen stark gekühlt werden, daher ist Kühlung durch Frischwasser erforderlich; Kühlung durch Brennstoff, die bei Betrieb mit Leichtöl ausreicht, genügt nicht mehr. Den Düsenbohrungen gibt man einen etwas größeren Durchmesser als bei Dieselöl; der Durchmesser wächst etwas mit der Zähigkeit. Die Brennstoffdruckleitungen müssen besonders stark ausgeführt werden, da bei nicht voll aufgeheiztem Brennstoff sehr hohe Drücke auftreten können. Das Verdichtungsverhältnis braucht nicht geändert zu werden.

Im ganzen bedeutet der Betrieb mit Bunker C-Öl eine Erschwerung für das bedienende Personal. Sie ist im allgemeinen um so größer, je zähflüssiger der Brennstoff ist, wenn auch die Viskosität allein kein sicherer Maßstab für seine Brauchbarkeit ist. Man zieht daher heute vielfach Öle mit einer niedrigeren Viskosität (1500 bis 1000 RI-sec bei 100° F) vor oder man setzt dem Schweröl so viel Dieselöl zu, daß die Viskosität hinreichend erniedrigt wird. Aber wenn auch der Schwerölbetrieb vermehrte Unbequemlichkeiten verursacht, wenn auch der Verschleiß der Zylinderlaufbuchsen und Kolbenringe größer ist als beim Betrieb mit Dieselöl, so wird doch der Schwerölbetrieb auch bei Berücksichtigung der nicht unbeträchtlichen Kosten der Aufbereitungsanlage wirtschaftlicher, solange der (Schwankungen unterworfene) Preisunterschied zwischen Schweröl und Dieselöl bestehen bleibt.

b) Kühlwasser und Kühlöl

Die Zylinder und Zylinderdeckel müssen in jedem Fall gekühlt werden, bei größeren[1] Zylinderdurchmessern auch die Kolben; bei großen Kreuzkopfmaschinen kann auch die Kühlung der Gleitbahnen und der Auspuffventilgehäuse erforderlich werden. Ist Schwerölbetrieb vorgesehen, so ist die Kühlung der Brennstoffdüsen unentbehrlich,

---

[1] Über die Grenze zwischen ungekühlten und gekühlten Kolben siehe Bd. I, S. 281.

doch ist diese auch bei Betrieb mit Dieselöl vorteilhaft. Als Kühlmittel kommen, wenn man von der Luftkühlung absieht, Seewasser, Frischwasser und Schmieröl in Frage.

Seewasserkühlung wird heute nur noch bei kleinen seegehenden Fahrzeugen verwendet, bei denen der Anschaffungspreis entscheidend ist. Die Austrittstemperatur darf dann aber 45° C nicht wesentlich übersteigen, da andernfalls Salzabscheidungen in den Kühlräumen die Kühlwirkung rasch verschlechtern würden, was zu Deckelrissen führen müßte. Bild 420 zeigt einen aus einem Viertakt-Zylinderdeckel (630 mm Dmr.) herausgeschnittenen Teil; das zur Kühlung benutzte Seewasser hat auf der Wasserseite des feuerberührten Deckelbodens eine mehrere Zentimeter dicke Salzschicht niedergeschlagen, die den Wärmeübergang so verschlechterte, daß der Deckel riß. Die Temperatur des abfließenden Seewassers hat in diesem Fall 52 bis 55° betragen. Da warmes Seewasser außerdem die Eigenschaft hat, das Gefüge des Gußeisens anzugreifen und allmählich zu zerstören, wird Seewasser als Kühlmittel für größere Motoren nicht mehr oder nur als Reservekühlung im Notfall verwendet. Die Zylinder und Zylinderdeckel größerer Motoren kühlt man heute (von einem Notbetrieb abgesehen) ausschließlich mit Frischwasser, das durch einen seewassergekühlten Rückkühler im Kreislauf gekühlt wird.

Bild 420. Teil eines aufgeschnittenen Zylinderdeckels mit Salzablagerungen *a*

Auch die Kolben der Kreuzkopfmaschinen werden vielfach durch Frischwasser gekühlt. Manche Firmen ziehen die Kühlung der Kolben durch Öl vor, die den Vorteil bietet, daß Korrosionen in den Kolben und in den Zuführungsteilen, bei doppeltwirkenden Zweitaktmaschinen namentlich auch in den Bohrungen der Kolbenstangen, mit Sicherheit vermieden werden. Auch daß die Zuführungsteile — Teleskoprohre oder Gelenke — nicht unbedingt dicht sein müssen, ist besonders bei Tauchkolbenmaschinen ein Vorteil. Die Gefahr, daß durch Undichtigkeiten Wasser in das Schmieröl des Kurbelgehäuses gelangt, ist ausgeschlossen. Dem steht als Nachteil gegenüber, daß wegen der kleineren spezifischen Wärme des Öles die Rückkühler größer und teurer werden als bei der Frischwasserkühlung.

F. Schmidt[1] hat die beiden Kühlsysteme: Frischwasser für Zylinder und Kolben — Frischwasser für die Zylinder, Öl für die Kolben, einander gegenübergestellt und bei der reinen Frischwasserkühlung unterschieden zwischen einem für Zylinder und Kolben gemeinsamen Kreislauf und zwei nach Zylindern und Kolben getrennten Kreisläufen. Die *Trennung der Kreisläufe* (Bild 421) bietet den Vorteil, daß der Frischwasserkreislauf für die Zylinder *geschlossen* gehalten werden kann; dabei hat das Wasser keine Gelegenheit, an irgendeiner Stelle Luft aufzunehmen, die zu Anfressungen Anlaß geben könnte. Der Kreislauf der Zylinderkühlung wird von dem hochgelegenen Expansionstank *a* unter Druck und ständig gefüllt gehalten. Das aus dem Zylinderdeckel austretende erwärmte Kühlwasser fließt durch die Leitung *b* der Frischwasserpumpe *c* zu, die das Wasser durch Leitung *d*, den Frischwasserrückkühler *e* und Leitung *f* den Arbeitszylindern des Motors zuführt. Das Rohrbündel im Kühler *e* wird von Seewasser durchströmt, das die Pumpe *g* von außenbords ansaugt und durch die Leitung *h* dem Kühler zuführt. Durch Rohr *i* fließt das erwärmte Seewasser nach außenbords ab. Soll beim Anfahren

---

[1] Siehe Fußnote 2, S. 450.

aus kaltem Zustand das Frischwasser sich rasch erwärmen, so werden die Frischwasserventile am Kühler geschlossen und das die Leitungen d und f verbindende Ventil geöffnet; dann fördert die Pumpe c das Frischwasser unter Umgehung des Kühlers unmittelbar in die Mäntel der Zylinder. Für den Fall, daß im Frischwasserkreislauf eine Störung eintritt, kann vorübergehend mit Seewasser gekühlt werden: dann werden die Leitungen b und f abgesperrt, die Leitungen k und l geöffnet, und die Seewasserpumpe g fördert nunmehr durch Leitung k in die Zylindermäntel Seewasser, das durch l nach außenbords abströmt. Für kurze Zeit ist dies zulässig.

Getrennt vom Kühlwasserkreislauf der Zylinder ist der Kreislauf der Kolbenkühlung (Bild 421). Die Trennung hat den Vorteil, daß der Druck in jedem der beiden Kreisläufe

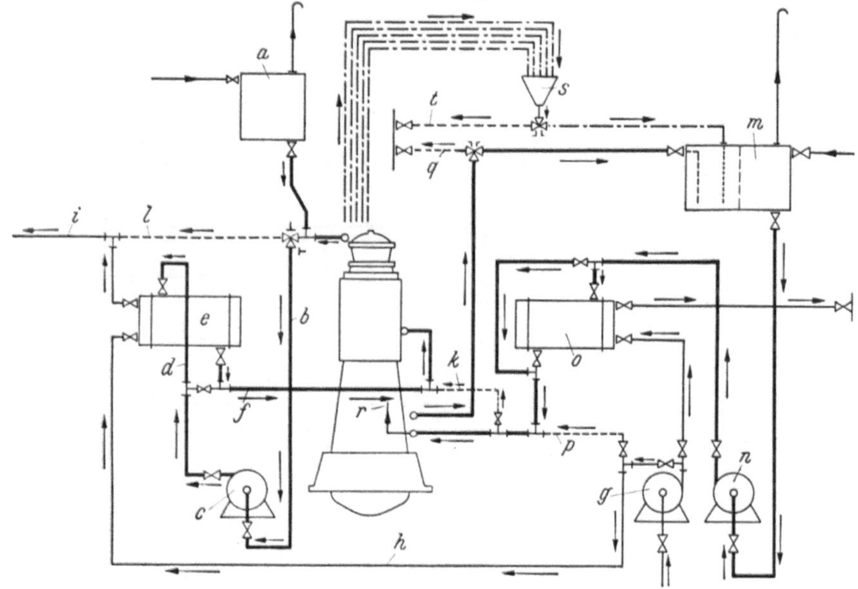

Bild 421. Kühlschema I: Kühlung der Zylinder und Kolben durch Frischwasser; Kreisläufe getrennt

a Expansionstank der Zylinderkühlung mit Fülleitung und Entlüftungsrohr; b Kühlwasserleitung von den Zylinderdeckeln zur Frischwasserpumpe c; d Leitung von c zum Rückkühler e; f Leitung von e zu den Zylindern; g Seewasserpumpe; h Seewasserleitung von g zum Kühler e; i Seewasserabfluß; k, l Hilfsleitungen für Seewasserkühlung der Zylinder; m Sammeltank der Kolbenkühlung; n Frischwasserpumpe; o Rückkühler für Kolbenkühlwasser; p Hilfsleitung für Seewasserkühlung; q Seewasserabfluß; r Anschluß der Düsenkühlwasser- an die Kolbenkühlwasserleitung; s Trichter; t Seewasserabfluß der Düsenkühlung

so eingestellt werden kann, wie es der Betrieb erfordert (1,0 bis 1,5 kg/cm² für die Zylinder-, 2,5 bis 3,0 kg/cm² für die Kolbenkühlung). Da ferner dem Kolbenkühlwasser zwecks Vermeidung von Wasserschlägen ständig etwas Luft zur Belüftung der Windkessel zugeführt wird, kann diese nur in den Kolbenkühlkreis, nicht in die Zylindermäntel gelangen, wo sie wegen der Korrosionsgefahr unerwünscht ist. Das Kolbenkühlwasser kann offen in Schautrichter abfließen, so daß eine ständige Überwachung möglich ist. In jedem Kreislauf kann die Temperatur des abfließenden Wassers auf den günstigsten Wert eingestellt werden.

Diese Vorteile erfordern jedoch einen größeren baulichen Aufwand, denn der Kolbenkühlkreis braucht ebenfalls einen Tank m, eine Frischwasserpumpe n und einen Rückkühler o, wozu noch die Rohrleitungen, Ventile und Reservepumpen (diese auch für Pumpe c) kommen. Die Seewasserpumpe g kann beide Kühler versorgen. Der Verlauf des Kühlstromes der Kolbenkühlung ist in Bild 421 durch Pfeile angedeutet. Auch hier kann der Kühler o kurz geschlossen werden, auch kann für kurze Zeit mit Seewasserkühlung der Kolben gefahren werden. Hierzu werden die Frischwasserleitungen der Kolbenkühlung abgesperrt und die Seewasserleitung p angestellt; das erwärmte Seewasser fließt dann durch die Leitung q nach außenbords ab.

Der Kühlung durch zwei getrennte Frischwasserkreisläufe gleichwertig hinsichtlich der Regelbarkeit ist die Kühlung der Zylinder durch Frischwasser und der Kolben durch Öl. In Bild 422 bezeichnen die Buchstaben a bis f wie in Bild 421 den Frischwasserkreislauf. Auch hier kann die Seewasserpumpe g die Zylinderkühlung übernehmen; dann wird der Rückkühler e abgeschaltet und die Leitung h angestellt. Das in den Arbeitskolben erwärmte Kühlöl fließt durch die Ablauftrichter i zu den im Doppelboden untergebrachten Tanks k (in die auch das Schmieröl des Kurbelgehäuses geführt wird) und wird aus diesen von der Pumpe l angesaugt und durch das Doppelfilter m und den Kühler n den Zufluß-Teleskopen oder -Gelenken der Kolben zugedrückt. Ist das umlaufende Öl noch kalt, so kann der Ölkühler vorübergehend kurzgeschlossen werden. Das von der Seewasserpumpe g angesaugte Kühlwasser verteilt sich im Schema Bild 422 auf

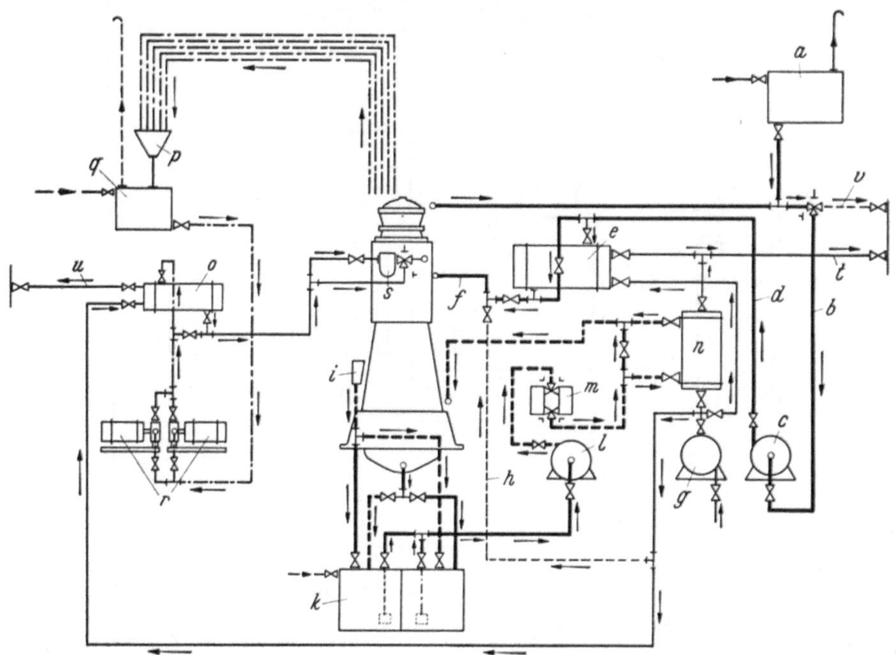

Bild 422. Kühlschema II: Kühlung der Zylinder durch Frischwasser, der Kolben durch Öl

a Expansionstank der Zylinderkühlung; b Kühlwasserleitung von den Zylinderdeckeln zur Frischwasserpumpe c; d Leitung von c zum Rückkühler e; f Leitung von e zu den Zylindern; g Seewasserpumpe; h Seewasserleitung von g zu den Zylindern; i Ablauftrichter für Kolbenkühlöl; k Ölsammeltanks; l Kühlölpumpe; m Doppelfilter; n Ölkühler; o Kühler für Düsenkühlwasser; p Trichter; q Tank; r Düsenkühlwasserpumpen; s Filter; t, u, v Seewasserabflußleitungen

drei Kühler: den Frischwasserrückkühler e, den Ölkühler n und den Rückkühler o für das Düsenkühlwasser. Für dieses ist hier ein eigener Kreislauf vorgesehen: das aus den Düsen abfließende erwärmte Wasser fließt sichtbar in den Trichter p und durch diesen in den mit Zuflußleitung und Entlüftungsrohr versehenen Tank q, von welchem es den Pumpen r zugeführt wird, von denen eine als Reserve dient. Im Kühler o wird das Düsenkühlwasser rückgekühlt. Durch das Filter s, das auch umgangen werden kann, wird das Wasser von neuem an die Düsen der Einspritzventile geführt.

Der Hauptteil des von der Pumpe g geförderten Seewassers strömt nach Passieren der parallelgeschalteten Kühler e und n durch t nach außenbords, der kleinere Teil durch die Abflußleitung u des Kühlers o. Die Leitung v wird nur dann angestellt, wenn die Zylinder kurzzeitig mit Seewasser gekühlt werden sollen.

In Bild 421 ist der Kreislauf des Düsenkühlwassers bei r an die Kolbenkühlwasserleitung angeschlossen; das erwärmte Düsenkühlwasser fließt offen in den Trichter s ab und aus diesem in den Tank m. Wenn vorübergehend die Kolben von der Seewasserpumpe (durch Anstellen der Leitung p) gekühlt werden müssen, erhalten auch die Düsen

Seewasser (das durch t nach außenbords geleitet wird). Das ist wegen der Gefahr der Ablagerungen in den engen Kühlquerschnitten der Düse unerwünscht. Die Schaltung nach Bild 422 vermeidet dies, freilich auf Kosten der Einfachheit, da der getrennte Kreislauf der Düsenkühlung zwei Pumpen, einen Rückkühler und einen Tank erfordert. Dafür hat man den Vorteil, daß die Eintrittstemperatur des Düsenkühlwassers so niedrig gehalten werden kann, wie es für die wirksame Kühlung der Düsen insbesondere bei Schwerölbetrieb erwünscht ist.

Für beide Kühlsysteme, Bild 421 und 422, ist somit der Gesamtaufwand an Pumpen, Kühlern, Rohrleitungen und Armaturen nicht klein, zumal da für jede Pumpe eine Reservepumpe vorhanden sein muß. Der Aufwand wird geringer, wenn man nach F. Schmidt (s. Fußnote 2, S. 450) die beiden Kreisläufe von Bild 421 nicht trennt. Man erhält dann das Kühlschema Bild 423. Der Expansionstank der Zylinderkühlung (a in Bild 421) und der Sammeltank der Kolbenkühlung (m in Bild 421) sind zu einem Tank a (Bild 423) vereinigt. Die Frischwasserpumpe b drückt das aus dem Tank a kommende erwärmte Kolbenkühlwasser und das aus den Zylinderdeckeln ablaufende Kühlwasser durch den Kühler c in die Leitung d, die sich bei e über

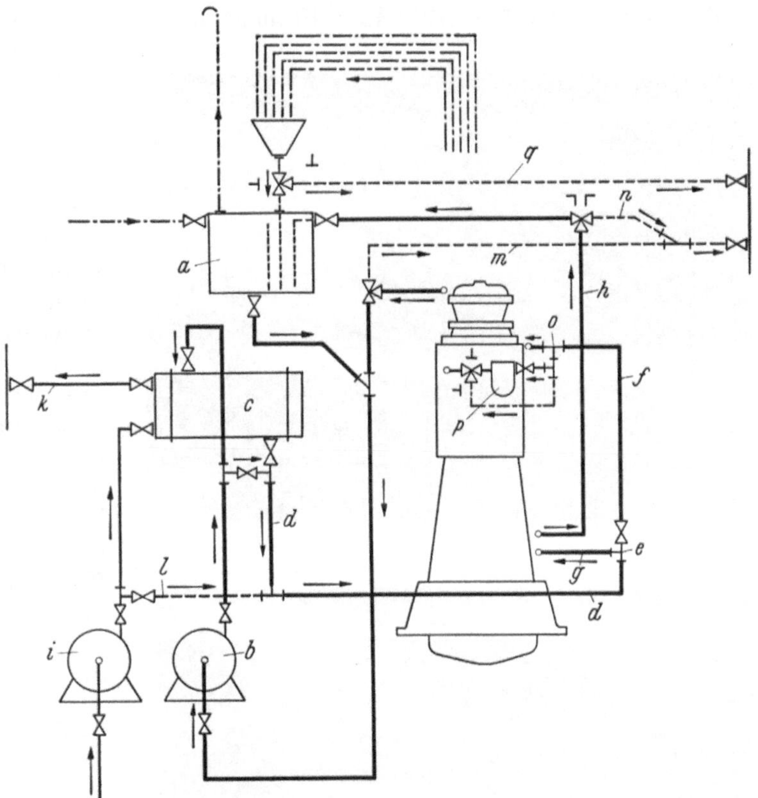

Bild 423. Kühlschema III: Kühlung der Zylinder und Kolben durch Frischwasser; Kreisläufe vereinigt

a Expansionstank der Zylinderkühlung, zugleich Sammeltank der Kolbenkühlung; b Frischwasserpumpe; c Frischwasserkühler; d gemeinsame Frischwasserleitung für Zylinder- und Kolbenkühlung; e Zweigstelle für Zylinderkühlung und Kolbenkühlung; f Kühlwasserleitung zu den Zylindern; g Kühlwasserleitung zu den Kolben; h Kühlwasserabfluß von den Kolben; i Seewasserpumpe; k Seewasserabfluß aus dem Kühler; l Hilfsleitung für Seewasserkühlung; m. n Seewasserabfluß aus den Kühlkreisläufen; o Abzweigung für Düsenkühlwasser; p Filter; q Seewasserabfluß der Düsenkühlung

ein Regelventil in die Zylinderkühlleitung f und die Kolbenkühlleitung g gabelt. Das warme Kolbenkühlwasser fließt durch h in die rechte Hälfte des Sammeltanks a, aus welcher das Wasser, nachdem es sich entlüftet hat, durch eine Anzahl Bohrungen auf die linke Seite des Tanks übertritt, um von dort von der Pumpe b zusammen mit dem warmen Zylinderkühlwasser von neuem angesaugt zu werden. Die Entlüftung im Tank kann natürlich nicht vollkommen sein; daher kann bei diesem Kühlschema der Frischwasserkreislauf nicht in dem gleichen Maß luftfrei gehalten werden wie bei den getrennten Kreisläufen. Dafür wird aber an baulichem Aufwand gespart.

Die Pumpe i (Bild 423) saugt Seewasser von außenbords an, drückt es durch das Rohrbündel des Kühlers c und fördert es durch Leitung k nach außenbords. Sie kann im Notfall durch die Leitung l mit der Zuleitung d verbunden werden; dann werden beide Kreisläufe mit Seewasser gespeist, das nunmehr natürlich nicht in den Tank a zurückgeleitet, sondern durch die Leitungen m, n über Bord gepumpt wird. Da bei o das Düsenkühlwasser von dem Zylinderkreislauf abgezweigt wird (mit Filter p), muß für den Fall, daß mit Seewasserkühlung gefahren wird, auch das Düsenkühlwasser (durch q) nach außenbords abfließen.

Die Frischwasserpumpe b hat bei dieser Schaltung die gesamte Kühlwassermenge gegen einen Druck zu fördern, der durch den Widerstand des Kühlers, der Rohrleitungen und den Druck der Kolbenkühlleitung bestimmt wird (3 bis 4 kg/cm²). Bei getrennten Kühlwasserkreisläufen (Bild 421) braucht die Pumpe für die Zylinderkühlung (c in

Bild 421), welche die größere Menge zu fördern hat, nur für einen Gegendruck von etwa 1,5 kg/cm² ausgelegt zu werden. Die Trennung bietet ferner den Vorteil, daß korrosionshindernde Schutzmittel, z. B. das in Bd. I, S. 302 erwähnte Korrosionsschutzöl, leichter in der richtigen Dosierung dem Kühlwasserkreislauf zugesetzt werden können.

Der Betrieb der Dieselmotoren mit schwerem Heizöl hat die Aufgabe, die der Kühlung im allgemeinen zukommt, noch dahin erweitert, daß sie die Wände, die mit den Verbrennungsgasen in Berührung kommen, auf einer *nicht zu niedrigen Temperatur* halten soll. Die Bunkeröle enthalten stets unangenehm große Gewichtsanteile an Schwefel, die 5 % und mehr betragen können (s. a. Zahlentafel 26, S. 445). Der Schwefel verbrennt zu SO_2 und SO_3, die sich mit dem in den Verbrennungsgasen stets enthaltenen Wasserdampf dann zu Schwefelsäure verbinden können, wenn der Taupunkt an einzelnen Stellen der Zylinderwandungen erreicht oder unterschritten wird. Man ist daher bestrebt, besonders bei stark schwefelhaltigen Brennstoffen die Kühlung so zu regeln, daß die Temperatur der mit den Feuergasen in Berührung kommenden Wände oberhalb

Bild 424. Infolge Unterschreitens des Taupunktes korrodierte Schutzrohre von Kolbenstangen

des Taupunktes bleibt. Wird dies nicht beachtet, so können starke Zerstörungen die Folge sein. Bild 424 gibt ein Beispiel: die gußeisernen Schutzrohre der Kolbenstangen einer doppeltwirkenden Zweitaktmaschine zeigten nach kurzer Betriebszeit tiefe Korrosionsnarben. Die Kolben dieser Maschine waren wassergekühlt; das Kühlwasser war so geführt, daß das rückgekühlte Frischwasser in dem von der Kolbenstange und dem Schutzrohr gebildeten Ringraum zum Kolben strömte und durch die Bohrung der Kolbenstange abfloß. Dadurch wurde das dünnwandige Schutzrohr zu stark gekühlt, und auf seiner Außenfläche, soweit sie in den unteren Brennraum tauchte, bildete sich Schwefelsäure. Nachdem man die Strömungsrichtung umgekehrt hatte, so daß das erwärmte Kühlwasser in dem Ringraum abfloß, verschwanden die Anfressungen vollständig.

Mit welchen Taupunkttemperaturen im Brennraum gerechnet werden muß, ist nicht genau bekannt. JOERES[1] teilt mit, daß nach einer Beobachtung der Taupunkt von 44° C bei 1,05 kg/cm² auf 140° C bei 28 kg/cm² gestiegen sei. Die Lage des Taupunktes hänge außer von der Temperatur und dem Feuchtigkeitsgehalt auch vom Gasdruck und von der Säuremenge ab. Eine Temperatur der Wandflächen von 135° C scheine zu genügen, um im Dieselmotor die Taupunktkorrosion zu vermeiden. Diese Temperatur steht in guter Übereinstimmung mit den zu Bild 424 mitgeteilten Erfahrungen.

Die Betriebsvorschriften der Firmen berücksichtigen diese Zusammenhänge. Für Schwerölbetrieb wird eine Temperatur des Kühlwassers bei Eintritt in die Zylinder von bis zu 60° C empfohlen und entsprechend die Temperatur bei Austritt aus den Zylinderdeckeln bis 70° C. Bei Betrieb mit Dieselöl dürfen die Temperaturen um 10 bis 20° C niedriger liegen. Das Düsenkühlwasser hingegen soll kälter sein, weil bei Schwerölbetrieb die intensive Kühlung der Düsen unerläßlich ist; hier gilt als Eintrittstemperatur etwa 40° C. Ein getrennter Kreislauf der Düsenkühlung, wie in Bild 422 schematisch gezeichnet, ermöglicht das Einstellen der günstigsten Temperatur.

Außer der Kühlung der Zylinder, Zylinderdeckel und Kolben kann bei großen oder hochbelasteten Maschinen auch die Kühlung der *Gleitbahnen* und *Auspuffventile* nötig werden. Liegen die Gleitbahnen im Innern des Kurbelraumes, wie es bei dem viergleisigen Kreuzkopf der Fall ist, so ist Ölkühlung zweckmäßig (Bild 183, S. 194), weil Undichtigkeiten der Zu- und Ableitungen dann keine nachteiligen Folgen haben können. Die Gleitbahn des eingleisigen Kreuzkopfes hingegen kann, wenn Kühlung erforderlich ist, mit Wasser gekühlt werden, da die Anschlüsse außerhalb des Triebwerkraumes liegen (Bild 245, S. 253). Zur Kühlung der Auspuffventilgehäuse wird das aus dem Zylinderdeckel austretende Kühlwasser benutzt (Bild 389, S. 418).

c) Schmieröl

Die ständige Überwachung der Schmierung gehört zu den wichtigsten Obliegenheiten des Personals. Von der Sorgfalt, die dabei aufgewandt wird, hängt nicht nur die Betriebssicherheit des Motors, sondern auch das Tempo des Verschleißes der einer Abnutzung unterworfenen Teile ab.

Mit der steigenden spezifischen Belastung der Verbrennungskraftmaschinen sind auch die Anforderungen an die Gütewerte der Schmieröle gestiegen. Das Öl soll auch bei den hohen Temperaturen der Zylinderlaufflächen noch ausreichend schmieren; es soll die hochbelasteten Gleitflächen der Triebwerkteile nicht nur schmieren, sondern auch kühlen, und schließlich soll es, soweit es in den Brennraum gelangt, möglichst rückstandsfrei verbrennen. Es muß harz- und säurefrei sein und darf keine Zusätze von gefetteten Schmierstoffen enthalten; mechanische Verunreinigungen, Asphalt oder Pech, Süß- oder Seewasser dürfen, wenn überhaupt, nur in Spuren vorhanden sein. Nur hochwertige Schmieröle erfüllen diese Forderungen.

Hinsichtlich der physikalischen Eigenschaften der Schmieröle pflegen die Herstellerfirmen in den Betriebsanleitungen Vorschriften zu machen; dabei wird zwischen Triebwerköl und Zylinderöl unterschieden. Für das *Triebwerköl* wird ein spez. Gewicht von 0,87 bis 0,93 vorgeschrieben, ein Flammpunkt[2] von 210 bis 240° C; bezüglich des Stockpunktes[2] schwanken die Forderungen zwischen —5° und —20° C. Die Viskositätskurve soll natürlich möglichst flach verlaufen, damit das Öl auch bei höheren Temperaturen seine Schmierfähigkeit behält; man fordert eine Viskosität von 7 bis 10 bis 12° E bei 50° C (die höheren Werte für Betrieb in den Tropen). Noch schärfer sind die Forderungen, die an das *Zylinderöl* gestellt werden; hier gehen sie bis zu einem Flammpunkt von 240° C und einer Viskosität von 15 und 20° E bei 50° C. Für den Schwerölbetrieb werden sogenannte HD (high duty)-Öle empfohlen, die durch besondere Zusätze korrosionshemmend wirken sollen.

---

[1] Schweröl im Dieselmotor. Motortechn. Z. Bd. 16 (1955) S. 191.
[2] Über Flammpunkt, Stockpunkt usw. siehe Bd. I, S. 7 u. f.

Bei kleinen Tauchkolbenmotoren, deren Kolben durch das Spritzöl des Kurbelgehäuses geschmiert werden, entfällt natürlich die Trennung in Zylinder- und Triebwerköl. Größere Tauchkolbenmaschinen erhalten je nach Bedarf einen oder mehrere Schmieranstiche auf jeder Kolbenseite. Den Zweitakt-Kreuzkopfmaschinen gibt man drei Schmierstellen auf jeder Seite; doppeltwirkende Zweitaktzylinder besitzen somit 12 Schmierstellen, wozu die Schmierung der Kolbenstangenstopfbuchsen sowie einzelner Teile der Kolbenspülpumpe kommt. Die Zylinderschmierung soll sparsam eingestellt werden; zu reichliche Schmierung führt zum Verschmutzen der Zylinder, Festbrennen der Kolbenringe und Verkoken der Schlitze. Man rechnet mit einem Zylinderschmierölverbrauch von 0,6 bis 1 g/PSeh; maßgebend für das Einstellen der Schmierölmenge ist das Aussehen der Zylinderlaufflächen und Kolben, die bei der Kontrolle von einem feinen Ölfilm bedeckt erscheinen sollen.

Während das Zylinderschmieröl verbrennt und auch nicht teilweise zurückgewonnen werden kann, gilt dies nicht für das umlaufende Triebwerkschmieröl, das in Kreuzkopfmaschinen mehrere tausend Betriebsstunden verwendbar bleibt, wenn es sorgfältig gepflegt wird. Dazu gehört, daß während des Betriebes ständig ein Teil dem Ölkreislauf entnommen und in einer Zentrifuge von mechanischen Verunreinigungen und Verbrennungsrückständen gereinigt wird. Dem zu reinigenden Öl, das auf etwa 80° C vorgewärmt werden soll, wird Süßwasser von 40° C zugesetzt[1], das durch das Zentrifugieren wieder ausgeschieden wird. Das Auswaschen mit Wasser soll die Säuren, die sich allmählich im Öl bilden, entfernen. Auch die Zentrifugen bedürfen ständiger Reinigung. Das Zentrifugieren kann indessen nur die Dauer der Verwendbarkeit des Öles verlängern und den Zeitpunkt, da das Öl nicht mehr genügende Schmierfähigkeit besitzt, hinausschieben. Ob dieser Zeitpunkt eingetreten ist, wird am besten im chemischen Laboratorium festgestellt. MAU-SCHLIEKAU[1] geben einfache, an Bord anwendbare Verfahren an.

Bei kleineren Anlagen lohnt sich das Zentrifugieren des umlaufenden Schmieröles im Nebenstrom nicht. Bei solchen Motoren muß das Schmieröl regelmäßig erneuert werden. Bei fabrikneuen Maschinen ist ein Ölwechsel in kürzeren Zeitabständen als bei eingefahrenen erforderlich; die Betriebsperioden können allmählich von z. B. 100 auf 500 Betriebsstunden verlängert werden, bevor das Öl gewechselt werden muß. Das Frischöl darf erst eingefüllt werden, nachdem das Altöl sorgfältig aus dem Kurbelgehäuse, den Behältern und Leitungen entfernt worden ist, da die in den Ölresten enthaltenen Säuren und Asphalte das Altern des neu eingefüllten Öles beschleunigen würden. Für Kraftwagenmotoren wird ein noch häufigerer Ölwechsel vorgeschrieben.

d) Luft

Die Luft als Betriebsstoff verursacht gewöhnlich keine Schwierigkeiten, jedoch kann es vorkommen, daß ihr Staubgehalt berücksichtigt werden muß, wenn es sich um ortfeste oder um Fahrzeugmotoren handelt. So erwähnt A. K. BRUCE[2], er habe im Ruhrgebiet einen Gehalt an festen Staubteilen von 25 bis 30 mg/m³ Luft gemessen, was z. B. für einen Zweitaktmotor von 2900 PSe bei 5000 Betriebsstunden im Jahr eine Staubmenge von rd. 4000 kg ausmache, die mit der Spülluft durch die Zylinder geht. Wenn auch der größte Teil davon mit den Abgasen wieder ausgestoßen wird, so kann doch nicht verhindert werden, daß Staubteile an den Zylinderwänden haften bleiben und deren Verschleiß vergrößern. In solchen Fällen kann das Vorschalten von Luftfiltern erforderlich werden, die nach BRUCE den Staubgehalt der angesaugten Luft bis auf 0,1 mg/m³ verringern können.

---

[1] Siehe Fußnote 1, S. 444.

[2] The Internal Combustion Engine from the Users Point of View. Congrès International des Moteurs, Bd. I, S. 659. Paris: Mai 1951.

2. Klarmachen der Maschine

Wenn die Maschine längere Zeit außer Betrieb gewesen ist, so ist vor dem Anfahren eine Reihe von Arbeiten zu verrichten, damit das sichere Anspringen gewährleistet ist.

An den Anfahrluftbehältern ist der Luftdruck abzulesen. Ist dieser unter den Höchstdruck (meist 30 kg/cm²) gesunken, so werden sie mittels des Hilfskompressors auf ihren vollen Druck aufgeladen. Während des Aufpumpens der Anfahrluftbehälter sind der Kompressor (a_1 in Bild 367, S. 389) und die Luftbehälter (f in Bild 370, S. 392) wiederholt zu entwässern. Von den stets vorhandenen Hilfsdieselgeneratoren ist mindestens einer bereits in Betrieb, damit Strom zum Anfahren der elektrisch angetriebenen Hilfsmaschinen (Seewasser- und Frischwasserpumpe, Schmierölpumpe, Brennstofförderpumpe, gegebenenfalls auch die Dieselkühlwasserpumpe) zur Verfügung steht. Der zum Anfahren der Hilfsdiesel erforderliche Anlaßluftdruck sollte stets in wenigstens einer der Anfahrluftflaschen der Hilfsmaschinen vorhanden sein. Ist dies ausnahmsweise nicht der Fall, so kann eine Hilfsmaschine auch mit Kohlensäure angefahren werden, wozu CO_2-Flaschen an Bord mitgeführt werden müssen. Kein Dieselmotor darf mit Sauerstoff angefahren werden, da dies schwere Zerstörungen zur Folge haben kann.

Sodann ist der Brennstoffstand in den Tagesbehältern zu prüfen. Diese sind gewöhnlich für den Brennstoffbedarf einer 12stündigen, oft auch einer 24stündigen Betriebszeit bemessen. Sie werden während des Betriebes aus den Vorratstanks, die im Doppelboden untergebracht oder als Seitentanks eingebaut sind, laufend aufgefüllt. Ist die Anlage längere Zeit außer Betrieb gewesen, so sollen die Tagestanks so frühzeitig aufgefüllt werden, daß der im Brennstoff vorhandene Schmutz Zeit hat, sich wenigstens teilweise abzusetzen; dabei ist auch auf Entwässern der Tanks zu achten, die auch während des Betriebes regelmäßig entwässert werden müssen. Der Maschinist hat sich zu überzeugen, daß die Schwimmer in den Brennstofftagesbehältern leicht beweglich sind. Die Brennstoffilter müssen nachgesehen und nötigenfalls gereinigt werden. Dasselbe gilt für den Schmieröltank und das Schmierölfilter.

Es folgt eine genaue Kontrolle, ob Öl an alle Schmierstellen gelangt. Hierzu wird die durch Elektromotor angetriebene Schmierölpumpe und gegebenenfalls auch die Kolbenkühlölpumpe angestellt und eine Zeitlang in Betrieb gehalten; dabei wird der Öldruck an den Manometern abgelesen. Alle Triebraumdeckel werden abgenommen, und die Kurbelwelle wird mehrere Male mittels der Drehvorrichtung (vgl. S. 268) durchgedreht; während des Drehens bleiben die Indikatorhähne geöffnet. Man überzeugt sich, daß aus allen Grundlagern, Kurbel- und Kreuzkopflagern und aus den übrigen Schmierstellen, z. B. der Zahnräder und Steuerwellen, Öl austritt. Ebenso wird der Kolbenkühlölfluß kontrolliert. Wenn, wie es bei kleineren Motoren der Fall ist, die Schmierölpumpe von der Kurbelwelle angetrieben wird, muß das Schmieröl mit der Handflügelpumpe (s. z. B. o_2 in Bild 230, S. 236) vorgepumpt und dabei der Motor von Hand zwei- bis dreimal durchgedreht werden. Die Füllung der Zylinderschmierapparate wird geprüft, und ihre Wellen werden mittels der Handkurbeln mehrere Dutzendmal gedreht, damit die Kolbenlaufbahnen schon vor dem Anfahren gut geschmiert sind. Wenn die Fördermenge der Zylinderschmierapparate von der Stellung des Brennstoffregulierhebels abhängt (s. z. B. q_3 in Bild 239, S. 245), muß dieser in die Vollaststellung gelegt werden, bevor man die Zylinderschmierapparate durchdreht. Wo Handschmierung vorgesehen ist, sind die betreffenden Teile zu schmieren. Fettbuchsen und Tropföler werden nachgezogen bzw. aufgefüllt.

Alsdann werden die Kühlwasserpumpen angestellt (sofern diese getrennten Antrieb haben), zunächst jedoch nur die Frischwasserpumpen. Die Seewasserpumpen der Rückkühler brauchen erst nach dem Anfahren der Maschine angestellt zu werden, da das Frischwasser der Zylinder- und Kolbenkühlung ebenso wie das Kühlöl der Kolben erst dann rückgekühlt werden muß, wenn die Austrittstemperaturen die vorgeschriebene Höhe erreicht haben. Zunächst werden nur die Seewasserventile geöffnet. Alle Ent-

wässerungshähne an den Kühlmänteln der Zylinder sind zu schließen, alle Absperrventile in Frischwasserleitungen werden geöffnet, und es wird an den offenen Abflußstellen und den Schaugläsern sowie an den Manometern geprüft, ob das Kühlwasser
überall ungehindert fließt. Auch der Kühlkreislauf der Brennstoffdüsen wird angestellt,
und der Abfluß des Düsenkühlwassers (Trichter p in Bild 422) wird kontrolliert.

Damit die Zylinderlaufflächen in möglichst kurzer Zeit nach dem Anfahren eine
Temperatur oberhalb des Taupunktes (s. S. 456) annehmen, sollte die Hauptmaschine
vor dem Anfahren angewärmt werden. Dies wird am einfachsten dadurch erreicht, daß
das aus den Hilfsdieseln (die stets schon vorher angefahren sein müssen) abfließende
erwärmte Kühlwasser in den Kühlkreislauf der Hauptmaschine geleitet wird. Diese
Maßnahme wirkt aus den früher angegebenen Gründen verschleißhemmend besonders
dann, wenn die Maschine mit schwerem Heizöl betrieben werden soll. Bei kleineren
Motoren verzichtet man auf das Anwärmen, zumal da sie meist mit Dieselöl betrieben
werden.

Wenn die Hauptmaschine für Schwerölbetrieb eingerichtet ist, müssen alle schwerölführenden Behälter und Leitungen vor dem Anfahren vorgewärmt werden, wie zu
Bild 418 beschrieben wurde. Die Dampfheizung der Brennstoffleitungen zwischen der
Brennstoffpumpe und den Einspritzventilen wird angestellt, auch wenn in diesen Leitungen vom letzten Manöver her noch Dieselöl steht. Der Dreiweghahn m_1 (Bild 418),
durch den von Dieselöl- auf Heizölbetrieb umgeschaltet wird, steht so, daß die Brennstoffpumpe der Hauptmaschine mit dem Tagestank für Dieselöl verbunden ist. Nunmehr
können alle Brennstoffdruckleitungen entlüftet werden; dies ist erforderlich, da Luftsäcke in den Leitungen die Zerstäubung behindern würden. Die Überlaufventile an den
Einspritzventilen werden geöffnet (s. z. B. t in Bild 146, S. 158) und die Pumpenstempel
von Hand so lange bewegt, bis keine Luftblasen mehr in den Abflußtrichtern erscheinen.

An den Triebwerkteilen werden alle Sicherungen der Bolzen, Zapfen und Muttern
auf festen Sitz geprüft. Die Einstellung aller Steuerungsteile und die Gängigkeit aller
Ventile wird kontrolliert. Die Anfahrventile werden mittels der beigegebenen Vorrichtung (vgl. f in Bild 257, S. 264) auf leichte Beweglichkeit untersucht. Die Umsteuermaschine wird mehrere Male durch Preßluft bewegt; dabei hat der Maschinist sich zu
überzeugen, ob der Ölbremszylinder (b in Bild 259, S. 266) ganz mit Öl gefüllt ist. Die
Triebraumdeckel werden geschlossen, die Drehvorrichtung wird ausgerückt, und die
Maschine ist nunmehr klar zum Anfahren.

3. Anfahren der Maschine

Zum Anfahren wird das Absperrventil an den Anfahrluftbehältern (z. B. b in Bild 253,
S. 262) und, sofern unmittelbar an der Maschine in der Anfahrluftleitung ein zweites
Ventil (c in Bild 253) vorgesehen ist, auch dieses geöffnet. Die Druckluft steht dann
unmittelbar vor dem Hauptanfahrventil (d in Bild 253), das zunächst noch geschlossen ist und sich erst dann öffnet, wenn der Maschinist das Manövrierhandrad oder
den Manövrierhebel in die Anfahr-Stellung legt. Die Maschine springt an und kann,
sobald sie die zum Zünden erforderliche Drehzahl erreicht hat, was nach wenigen
Sekunden der Fall ist, durch Weiterdrehen des Anfahrhandrades auf Brennstoff geschaltet werden.

Wenn die Maschine längere Zeit gestanden hat, soll sie nicht sogleich voll belastet
werden, weil dies unzulässige Temperaturspannungen in den Laufbuchsen verursachen
kann. Die Maschine wird geschont, wenn man ihr durch langsames Hochfahren Zeit
läßt, sich in allen Teilen gleichmäßig zu erwärmen. Die warme Maschine kann nach kurzzeitigem Stoppen und Wiederanfahren sogleich voll belastet werden. Ein fabrikneuer
Motor muß besonders vorsichtig angefahren werden. Man läßt ihn zunächst längere Zeit
leer laufen, prüft das Triebwerk auf Warmlaufen und geht erst dann langsam und in
mehreren Stufen auf Vollast. Entsprechendes gilt, wenn Kolben oder Triebwerklager
ausgewechselt worden sind.

Sobald die Maschine warm geworden ist und die in der Betriebsvorschrift angegebenen Temperaturen erreicht sind, werden die Kühler für Frischwasser und Öl zugeschaltet. Die Umgehungsventile der Kühler (Bild 421 bis 423), die bis dahin geöffnet waren, müssen langsam geschlossen werden. Während des Hochfahrens und in der ersten Zeit der Vollastfahrt sind durch häufigeres Ablesen der Meßinstrumente alle Drücke und Temperaturen zu kontrollieren, damit die Gewähr gegeben ist, daß Kühlung und Schmierung in Ordnung sind. Das Arbeiten aller Stempel der Zylinderschmierpressen ist an den Schaugläsern genau zu überwachen. Das gleichmäßige Zünden der Zylinder wird mittels der Probierhähne oder der Indikatorhähne kontrolliert. Die Anfahrventile in den Zylinderdeckeln müssen völlig dicht schließen, was man durch Befühlen der Anfahrluftleitungen feststellt. Wird eine Leitung warm, so zeigt dies an, daß das Ventil Verbrennungsgase in die Anfahrluftleitung durchtreten läßt. Das schadhafte Ventil muß bei nächster Gelegenheit nachgeschliffen werden.

Nach dem Anfahren sollen die Anfahrluftbehälter möglichst bald wieder auf den vollen Druck aufgeladen werden, damit die Maschine jederzeit manövrierbereit ist.

4. Überwachung des Betriebes

Aufgabe des Personals ist es, alle Teile der Anlage während des Betriebes genau zu überwachen und auch kleine Unregelmäßigkeiten, sobald sie wahrgenommen werden, möglichst sofort zu beseitigen. Nur so bleibt die Betriebssicherheit gewahrt.

a) Wichtig ist, daß die *Verbrennung* des Motors stets sauber ist. Der Maschinist beurteilt sie nach der Farbe des Auspuffs, der auch bei Vollast nicht oder nur schwach sichtbar sein soll. Dunkelfärbung des aus dem Schornstein austretenden Auspuffs bedeutet, daß die Verbrennung eines Zylinders gestört ist; meist genügt ein einzelner nicht richtig arbeitender Zylinder, um den Auspuff des ganzen Motors grau zu färben. Dann muß die Ursache gesucht und möglichst bald beseitigt werden, da sonst der Zylinder rasch verschmutzt. Meist ist das Einspritzventil die Ursache, dessen Nadel hängt oder dessen Düsenlöcher sich teilweise zugesetzt haben, oft auch die Brennstoffpumpe, deren Ventile nicht dicht schließen; jedoch kann auch Überlastung eines oder mehrerer Zylinder die Veranlassung sein, was sich durch zu hohe Auspufftemperatur des Zylinders bemerkbar macht. Blaufärbung des Auspuffs deutet auf zu reichliche Schmierung der Zylinder, die dann vorsichtig verringert werden soll, da zu reichliches Schmieren zum Festbrennen der Kolbenringe führen kann.

Die Auspufftemperaturen der einzelnen Zylinder — bei doppeltwirkenden Maschinen auch der Zylinderseiten — geben einen ziemlich sicheren Anhalt für die Beurteilung der Verbrennung. Sie werden durch Fernthermometer am Maschinenstand überwacht. Die Meßstellen liegen in den Auspuffstutzen zwischen den Auspuffschlitzen bzw. Auspuffventilen und dem Auspuffsammelrohr (s. z. B. g_1, h_1 in Bild 311, S. 327); an anderen Stellen ist der Abgasstrom des einzelnen Zylinders der Messung nicht zugänglich. Die Temperatur der Abgase ist während des Auspuffvorganges nicht gleichmäßig; einer hohen Temperaturspitze, die zu Beginn des Auspuffs kurzzeitig auftritt, folgt eine länger dauernde kühlere Periode. Das Thermometer kann den raschen Temperaturschwankungen nicht folgen; es stellt sich auf einen mittleren Wert ein, der um 40 bis 50° unter der Temperatur liegt, die das Abgasgemisch aller Zylinder in einiger Entfernung vom Motor zeigt. Das liegt daran, daß der heiße Teil der Abgassäule eines Zylinders nur sehr kurze Zeit auf das Thermometer einwirkt, das dem kühleren Teil viel länger ausgesetzt ist. Für die Überwachung des Betriebes hat dies keine Bedeutung; hierfür kommt es nur darauf an, daß bei allen Zylindern die Abgastemperatur gleich hoch liegt. Unterschiede von 10 bis 20° C sind zulässig. Wird an einem Zylinder eine außergewöhnlich hohe Auspufftemperatur beobachtet, so kann diese durch Nachbrennen infolge ungenügender Zerstäubung verursacht sein. Dann muß das Einspritzventil untersucht werden. Die Ursache kann aber auch eine ungleichmäßige Verteilung der Belastung auf die einzelnen Zylinder sein: der überlastete Zylinder erhält zu viel Brennstoff und raucht infolge Sauerstoffmangels.

Die gleichmäßige Belastung der Zylinder überwacht der Maschinist nicht nur durch das Ablesen der Auspuffthermometer, sondern auch und genauer durch *Indizieren der Arbeitszylinder*[1] in regelmäßigen Zeitabständen. Für die Betriebsüberwachung großer Maschinen ist das Indizieren unentbehrlich; daher werden große Maschinen stets mit Indikatorantrieb versehen. Dieser muß so beschaffen sein, daß genaue Proportionalität zwischen Abschnitten der Abszisse des Indikatordiagramms und den zugehörigen Kolbenwegen besteht, andernfalls ist die Fläche des Diagramms kein Maß für die indizierte Leistung. Ausgeführte Indikatorantriebe s. Bd. I, S. 339 u. f., ferner Bd. II, q, r, s in Bild 271, S. 281. Bei kleineren Motoren verzichtet man häufig auf das Indizieren und sieht nur Indikatorbohrungen am Brennraum vor. Dann kann man die indizierte Leistung nicht feststellen und nur durch handgezogene Diagramme (Bild 425) die Höhe der Verdichtungs- und Verbrennungsdrücke messen. Bei Motoren der kleinsten Durchmesser fehlen auch die Bohrungen zum Indizieren.

Durch Planimetrieren der Diagrammfläche und Beachten des Federmaßstabes erhält man den mittleren indizierten Druck p_i eines Zylinders; aus Zylinderdurchmesser, Hub und gemessener Drehzahl folgt die Zylinderleistung. Genauer als durch Ablesen eines

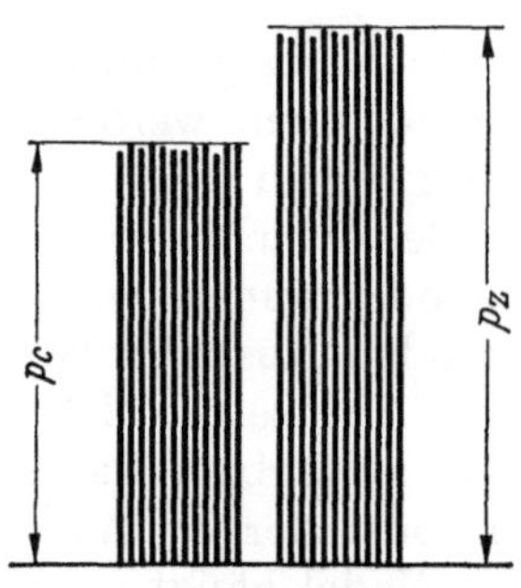

Bild 425
Verdichtungs- und Zünd-
druckdiagramme
p_c Verdichtungsdruck;
p_z Zünddruck

Tachometers erhält man die Drehzahl durch Ablesen des Umdrehungszählers und Messen der während einer bestimmten Zahl von Umdrehungen verstrichenen Zeit mittels Stoppuhr. Die Zylinder werden auf möglichst gleiche Leistung einreguliert; hierzu befinden sich an jeder Brennstoffpumpe Vorrichtungen. Arbeitet die Pumpe mit Regelung durch Öffnen des Saug- oder Überströmventils (Bd. I, S. 152 u. f.), so wird der Zeitpunkt des Öffnens verstellt, während bei Pumpen mit Schrägschlitzsteuerung (Bd. I, S. 176 u. f.) der Pumpenstempel in der Umfangsrichtung etwas gedreht wird. Alle Zylinder auf genau gleiche indizierte Leistung einzustellen gelingt meist nicht, doch sollten die Unterschiede innerhalb einiger Prozent bleiben, damit nicht einzelne zu hoch belastete Zylinder Neigung zum Rauchen zeigen.

Die effektive Leistung, d. i. die Leistung an der Kupplung (S. 6), kann nur dann gemessen werden, wenn der Motor mit einem Generator oder einer Wasserbremse gekuppelt ist. Im Herstellerwerk ist diese Messung unerläßlich. An Bord eines Schiffes kann man die Leistung an der Kupplung nur durch Torsionsindikatoren messen; da dies umständlich ist und die teuren Instrumente meist nicht zur Verfügung stehen, pflegt man auf das Messen der effektiven Leistung einer Schiffsmaschinenanlage zu verzichten, zumal da es an Bord mehr auf die Schiffsgeschwindigkeit als auf Kenntnis der PS-Leistung ankommt. Auch der Brennstoffverbrauch einer Hauptmaschine kann an Bord nur in g/PSih angegeben werden, eine Zahl, die als Vergleichswert von Interesse ist; wichtiger, weil für die aufzuwendenden Brennstoffkosten entscheidend, ist der Gesamtverbrauch der Anlage in t je 24 h, der auch die Größe der Vorratsbunker bestimmt. Durch Beobachten des Absinkens des Brennstoffspiegels im Tagesbehälter, dessen Abmessungen bekannt sind, kann der tägliche Brennstoffverbrauch genügend genau festgestellt werden.

Wie oft zu indizieren ist, bestimmt der den Betrieb leitende Ingenieur; oft enthalten auch die Betriebsvorschriften Anweisungen. Handgezogene versetzte Diagramme (Bd. I, S. 88) wird man besonders dann aufnehmen, wenn neuer Brennstoff gebunkert worden ist. Der Übergang aus der Verdichtungs- in die Verbrennungslinie gibt Aufschluß

---

[1] Über das Indizieren einer Kolbenmaschine, Bauarten des Indikators, Auswerten der Indikatordiagramme, Federeichung, Indizieren raschlaufender Maschinen sei aus der umfangreichen Literatur hier nur hingewiesen auf A. GRAMBERG: Technische Messungen bei Maschinenuntersuchungen und zur Betriebskontrolle, 7. Aufl. Berlin/Göttingen/Heidelberg: Springer 1953. — Über das Indizieren, insbesondere über fehlerhafte Diagramme, s. a. MAU-SCHLIEKAU: Fußnote 1, S. 444.

darüber, ob der Brennstoffnocken seine richtige Lage zum OT hat: die Verbrennungslinie darf sich nicht steil an die Verdichtungslinie ansetzen — dies und ein zu hoher Zünddruck deutet Frühzündung an. Andererseits soll das versetzte Diagramm auch keine Einsenkung der Drucklinie am Ende der Verdichtung zeigen; das würde zu spätes Einspritzen bedeuten. Die Verdichtungslinie soll vielmehr ohne merklichen Knick in die etwas steiler verlaufende Verbrennungslinie übergehen. Der höchste im Diagramm auftretende Verbrennungsdruck soll den vom Herstellerwerk vorgeschriebenen Wert nicht oder nur mit geringer Toleranz überschreiten; er darf außerdem nicht wesentlich größer sein als der Zünddruck, für den die Schiffsklassifikations-Gesellschaft die Kurbelwellenzeichnung genehmigt hat. Natürlich sollen auch mit Rücksicht auf die Beanspruchung des Triebwerks die Zünddrücke der einzelnen Zylinder untereinander möglichst gleich hoch liegen. Man prüft dies, indem man den Schreibstift des Indikators auf der von Hand langsam abgezogenen Trommel senkrechte Striche ziehen läßt; zwischen je zwei Strichen liegt je ein volles Arbeitsspiel (Bild 425). Die Zündungen eines Zylinders sollen gleichmäßig sein; die Striche p_z müssen also, von kleinen Schwankungen abgesehen, die gleiche Länge haben. Dasselbe gilt von den Verdichtungsstrichen p_c, die man erhält, wenn die Brennstofförderung des betreffenden Zylinders abgestellt wird. Bei der Aufnahme ist der Federmaßstab zu notieren.

Die Höhe des Zünddruckes kann man dadurch beeinflussen, daß man den Abspritzdruck des Brennstoffventils verstellt, indem man die Spannung der die Brennstoffnadel belastenden Feder ändert; hierfür ist jedes Brennstoffventil eingerichtet. Verringert man die Federspannung, so öffnet die Nadel früher und der Zünddruck steigt. Das Umgekehrte tritt ein, wenn die Feder stärker gespannt wird. Dadurch wird aber auch die Feinheit der Zerstäubung beeinflußt. Vorzuziehen ist das Verstellen des Brennstoffnockens der Pumpe in der Umfangrichtung (Bd. I, S. 89), eine Einrichtung, die sich an allen großen Maschinen findet. Früheres Einspritzen steigert den Zünddruck, durch späteres Einspritzen wird er gesenkt. Den Verdichtungsdruck kann man nur durch Ändern der Höhe der Beilagen unter dem Pleuelfuß ändern; bei doppeltwirkenden Zweitaktmaschinen ist dabei zu beachten, daß ein Höher- oder Tiefersetzen des Kolbens das Volumen der Verdichtungsräume oben und unten ändert (vgl. S. 261). Daß die Verdichtungsdrücke in den Zylindern gleich hoch sind, hat freilich zur Voraussetzung, daß der Anfangsdruck der Verdichtung in allen Zylindern gleich ist; das gilt insbesondere für Zweitaktmaschinen, bei welchen zuweilen im Spülluftaufnehmer, aber auch in den Auspuffsammelleitungen lästige Schwingungen der Gassäule auftreten, die nicht immer mit einfachen Mitteln beseitigt werden können.

Zur Überwachung der Verbrennung gehört ferner die ständige Kontrolle aller brennstofführenden Leitungen, Pumpen, Behälter und Filter. Bei Betrieb mit schwerem Heizöl kommt die Beobachtung der Temperaturen hinzu. Die Vorrats- und die Tagesbehälter müssen in regelmäßigen Zeitabständen gereinigt werden, die Tagesbehälter müssen entwässert werden. Von den in den Brennstoffleitungen liegenden Filtern, die in der Regel Doppelfilter sind, soll täglich eine Seite gereinigt werden, doch kann bei besonders unreinem Brennstoff auch ein häufigeres Reinigen nötig sein. Ob dies der Fall ist, liest der Maschinist am Differenzdruck der Manometer ab, die vor und hinter dem Filter an den Ölstrom angeschlossen sind. Wenn die Filter als Spaltfilter gebaut sind, genügt ein Drehen der Plattenwalze, wodurch sich das Filter selbsttätig reinigt; dann braucht nur der Schlamm von Zeit zu Zeit abgelassen zu werden. Oft sind unmittelbar an den Einspritzventilen Stabfilter angebracht (z. B. q in Bild 146, S. 158); dann müssen auch diese regelmäßig nachgesehen werden, wozu die Brennstofförderung vorübergehend abgestellt wird. Die Zentrifugen, die den Brennstoff reinigen, bevor er in den Tagestank (u in Bild 418) gelangt, bedürfen der täglichen Reinigung.

Von den Temperaturen, die der Brennstoff auf seinem Weg vom Treibölbunker bis zum Einspritzventil annimmt, sind besonders wichtig die Temperatur vor den Zentrifugen, die etwa 85° C betragen soll, und die Temperatur vor der Brennstoffpumpe, die sich nach der Viskositätskurve des Schweröles richtet; sie kann über 100° liegen. Dabei muß das Heizöl unter Druck gesetzt werden, damit das im Brennstoff enthaltene Wasser nicht verdampft, was die Zerstäubung stören würde. Drücke bis zu 10 kg/cm² und mehr kommen vor. Auch dieser Druck muß ständig überwacht werden.

b) Die *Kühlung* der Zylinder, Zylinderdeckel, Kolben und Brennstoffdüsen, gegebenenfalls auch der Gleitbahnen und Auspuffventilgehäuse soll möglichst gleichmäßig gehalten werden. Alle Temperaturen und Drücke sind sorgfältig zu überwachen; auch über die Seewassertemperatur wird Protokoll geführt. Schroffe Temperaturwechsel müssen unbedingt vermieden werden, da sie hohe Wärmespannungen in den Gußteilen hervorrufen würden. Sollte aus irgendeinem Grund der Kühlwasserumlauf während des Betriebes nachlassen oder ganz ausbleiben, so daß die Temperaturen über den zulässigen Wert ansteigen, so darf keinesfalls kaltes Wasser in größerer Menge sofort zugespeist werden, weil dies zu Rissen in den Zylinderlaufbuchsen führen kann. Bei einem Nachlassen der Kühlung soll vielmehr die Drehzahl sogleich erniedrigt werden, bis die Störung behoben ist. Bei völligem Ausbleiben der Kühlung muß der Motor gestoppt und die Reservekühlwasserpumpe angestellt werden. Auch diese darf nur allmählich auf ihre volle Fördermenge gebracht werden, damit die Temperaturen nur langsam auf ihre normale Höhe sinken. Bei kleineren Motoren, die häufig — jedoch nicht immer — mit Seewasserkühlung arbeiten, werden die Kühlwasser- und die Lenzpumpe gewöhnlich von der Kurbelwelle angetrieben; dann wird der Rohrplan stets so ausgeführt, daß die Lenzpumpe die Kühlung übernehmen kann. Bei solchen Anlagen ist zwischen dem Seeventil und der Kühlwasserpumpe ein Schlammkasten vorgesehen, der während der Hafenliegezeiten regelmäßig gereinigt werden muß. Bei großen Anlagen, die mit rückgekühltem Frischwasser arbeiten, gilt dies für den Seewasserkreislauf des Frischwasserrückkühlers. Aber auch bei Frischwasserkühlung kann, wenn die Kolben mit Wasser (nicht mit Öl) gekühlt werden, der Frischwasserkreislauf dadurch verunreinigt werden, daß die vom Schmierölnebel des Kurbelraumes benetzten Teleskoprohre Schmieröl in den Frischwasserkreislauf hineinziehen und diesen allmählich mit Öl anreichern, das von Zeit zu Zeit aus dem Kühlwassertank entfernt werden muß. Bei Ölkühlung der Kolben entfällt diese Schwierigkeit.

In den vom Seewasser durchflossenen Rohren des Frischwasserrückkühlers setzt sich mit der Zeit Schlamm ab, der mechanisch durch Drahtbürsten oder durch Ausblasen mit Dampf entfernt wird. Auch die Kühlräume der Zylinder und Zylinderdeckel sind in regelmäßigen Zeitabständen auf Verschmutzung zu kontrollieren. Ablagerungen werden durch Auskochen mit heißer verdünnter Salzsäure entfernt; darnach wird mit einer Sodalösung nachgespült, wodurch verhindert wird, daß Salzsäurereste das Gußeisen angreifen.

c) Die *Schmierung* bedarf ebenfalls der dauernden sorgfältigen Überwachung. An allen Schmierstellen muß der erforderliche Schmieröldruck vorhanden sein; damit dies jederzeit kontrolliert werden kann, ist an der am weitesten von der Schmierölpumpe entfernten Schmierstelle ein Manometer angebracht (z. B. h_2 in Bild 230, S. 236). Wenn dieses den vorgeschriebenen Schmieröldruck anzeigt, darf angenommen werden, daß er auch an allen anderen Schmierstellen vorhanden ist. Dem Schmierölkreislauf ist stets ein Filter vorgeschaltet, das als Doppelfilter oder als Spaltfilter gebaut sein kann; der Druckabfall, den das Schmieröl in diesem Filter erfährt, muß überwacht werden. Wie bei dem Brennstoffilter, so ist auch hier die Druckdifferenz ein Maß für die Verschmutzung. Die zulässige Höhe der Druckdifferenz, bei *warmer* Maschine zu messen, wird zuweilen vorgeschrieben (0,3 bis 0,5 kg/cm²). Soweit die Lagerstellen dem Abfühlen durch die Hand zugänglich sind, prüft der Maschinist hierdurch ihre Temperatur. Die hochbelasteten Triebwerklager sind jedoch unzugänglich; hier hilft man sich durch Abfühlen der Triebraumdeckel des Kurbelgehäuses, die sämtlich gleichmäßig warm sein sollen. Tritt aus den Entlüftungsstutzen des Kurbelgehäuses Qualm aus, so ist dies stets das Zeichen für einen „Warmläufer", der sich meist auch durch Klopfen bemerkbar macht. Das Heißlaufen von Lagern ist selten geworden, seit man gelernt hat, die Schmierung konstruktiv richtig durchzubilden; ausgeschlossen ist es aber nicht, jedoch kann eine solche Störung, wenn sie noch nicht zu weit fortgeschritten ist, dadurch behoben werden, daß die Drehzahl der Maschine gesenkt und zugleich der Schmieröldruck erhöht wird. Schafft dies keine Hilfe, so muß die Maschine gestoppt und das Lager ausgebaut werden. Wenn keine Zeit zum Einbau eines Reservelagers ist, kann die Fahrt nach Abschalten des betreffenden Zylinders mit verminderter Leistung fortgesetzt werden.

Unbedingt muß der Schmierölkreislauf vor Wassereinbruch geschützt werden, da das Öl hierdurch verseift und seine Schmierfähigkeit verliert. Der Ölstand im Schmierölsammelbehälter muß daher regelmäßig kontrolliert werden; wenn er steigt, so kann dies auf einen Wassereinbruch, freilich auch auf Verstopfung in der Abflußleitung hindeuten. Damit das Kühlwasser im Ölkühler nicht in das Schmieröl gelangt, pflegt man den Druck des Kühlwassers etwas niedriger als den Öldruck zu halten. Wird festgestellt, daß an irgendeiner nicht sogleich auffindbaren Stelle Wasser in das Schmieröl gelangt, so muß alsbald eine Zentrifuge angestellt und das Öl „separiert" werden. Dabei kann der Betrieb, gegebenenfalls mit verringerter Drehzahl, aufrechterhalten werden, bis sich Gelegenheit zum Beseitigen der Störung ergibt.

Auch der Ölkühler bedarf von Zeit zu Zeit der Reinigung. Der auf den Außenflächen der Kühlrohre niedergeschlagene Ölschlamm läßt sich durch Ausspülen mit heißer Sodalösung entfernen.

Ständiges Überwachen der Zylinderschmierung ist unerläßlich. Die Schmierpressen sind dauernd so weit gefüllt zu halten, daß die Stempel sicher fördern. Vorteilhaft ist eine Konstruktion der Arbeitszylinder, welche erlaubt, den Kolbenmantel während des Betriebes zu beobachten und zu befühlen (z. B. *o* in Bild 181, S. 193).

Bei doppeltwirkenden Maschinen sind die Stopfbuchsen der Kolbenstangen empfindliche Teile, die ständig beobachtet werden müssen. Das Undichtwerden einer Stopfbuchse kommt bei richtiger Schmierung selten vor; wenn es eintritt, was sich durch „Blasen" bemerkbar macht, kann es durch reichliches Schmieren von Hand bei erniedrigter Drehzahl hintangehalten werden, bis sich Gelegenheit zum Ausbauen der Stopfbuchse ergibt.

Alle von Hand zu schmierenden Stellen sind regelmäßig mit Öl zu versehen. Dies gilt ebenfalls für die Hilfsdiesel, die ebenso sorgfältig wie die Hauptmaschine gepflegt werden müssen.

d) Neben der Überwachung aller Leitungen und Geräte, die zum Brennstoff-, Kühlwasser- und Schmierölkreislauf gehören, geben die Betriebsvorschriften Anweisungen zur *Pflege einzelner Teile* der Maschine, die einer Aufsicht bedürfen. So soll auf längeren Reisen bei Zweitaktmaschinen der Spülluftaufnehmer auf Niederschlag von Ölresten untersucht werden. Die Umsteuermaschine muß, auch wenn sie während längerer Zeit nicht gebraucht wird, jederzeit klar für ein Manöver sein; daher muß wiederholt geprüft werden, ob der Ölbremszylinder der Umsteuermaschine mit Öl gefüllt ist. Auf langen Seereisen werden die Anlaßventile in den Zylinderdeckeln oft wochenlang nicht betätigt; sie müssen aber den Brennraum wirksam abdichten. Ob dies der Fall ist, wird durch Befühlen der Anfahrluftleitungen festgestellt; sie dürfen sich nicht erwärmen. Die Schmiernäpfe der Ventilspindeln (*s* in Bild 257, S. 264) sollen einmal wöchentlich etwas Schmieröl erhalten. Auch wird empfohlen, auf die Kegel der Sicherheitsventile von Zeit zu Zeit etwas Gasöl zu geben, damit sie nicht festbrennen. Andere Vorschriften, die je nach der Bauart der Maschine verschieden sind, weisen den Maschinisten auf die Besonderheiten der Anlage hin. Eine Aufzählung der Störungen, die möglicherweise vorkommen können, pflegt in keiner Betriebsvorschrift zu fehlen.

5. Manövrieren

Beim Manövrieren, das natürlich nur für Schiffsantriebsmaschinen in Frage kommt, hat der Maschinist Drehzahl und Drehrichtung der Hauptmaschine je nach den Kommandos der Schiffsleitung einzustellen. Die Drehzahl beeinflußt er nur durch den Brennstoffhebel (oder -handrad), entweder direkt oder auf dem Umweg über den Drehzahlregler (vgl. z. B. Bild 241, S. 247); die Drehrichtung stellt er durch Betätigen der Umsteuervorrichtung ein, die sich nur in der Stop-Stellung der Maschine bewegen läßt. Das Umsteuern besteht somit im Stoppen, Umlegen der Umsteuervorrichtung und Wiederanfahren in der neuen Drehrichtung. Beispiele der Bauarten von Umsteuerungen enthält der IV. Abschnitt. Ihnen allen ist gemeinsam, daß alle einzelnen Vorgänge, aus denen das Umsteuern besteht, selbsttätig aufeinander folgen, sobald der Maschinist das Manöver durch Bewegen eines Hebels oder Handrades eingeleitet hat. Fehlmanöver werden durch Verblockungen ausgeschlossen. Gleichwohl muß der Maschinist die Wirkungsweise der einzelnen Teile einer Umsteuervorrichtung genau kennen, damit er nötigenfalls eine eintretende Störung sofort beseitigen kann.

Wenn Manöver bevorstehen, nachdem die Maschine längere Zeit (die auch mehrere Wochen dauern kann) Voraus gefahren ist, ist es zweckmäßig, nach Verständigung mit der Schiffsleitung die Maschine zu stoppen und die Anlaßventile der Zylinderdeckel sowie das Hauptanfahrventil auf Gängigkeit zu untersuchen. Hierzu haben die Ventile Vorrichtungen, um sie auf ihren Sitzen zu drehen oder sie von ihren Sitzen probeweise abzuheben. Auch die Umsteuervorrichtung sollte einmal „Zurück" und „Voraus" betätigt werden. Es wird empfohlen, die Maschine auch für einige Minuten rückwärts fahren zu lassen. Die Anfahrluftbehälter müssen auf ihren vollen Druck aufgeladen sein. Werden sodann die Absperrventile zwischen den Luftbehältern und dem Hauptanfahrventil geöffnet, so ist die Maschine klar zum Manövrieren.

Ein Manöver, das der Dieselmotor nicht mit der gleichen Präzision wie die Kolbendampfmaschine ausführen kann, ist das Umsteuern von „Voll Voraus" auf „Voll Zurück". Der sich noch in der Voraus-Richtung drehende Propeller ist zunächst stärker als die Anfahrluft, die den Motor in der Rückwärtsrichtung in Bewegung setzen soll. Das Anspringen des Motors in der Zurück-Richtung bei noch kaum verminderter Geschwindigkeit des Schiffes in der Voraus-Richtung durch die Anlaßluft zu erzwingen gelingt nicht oder nur mit einem unerwünscht großen Verbrauch von Druckluft. Mit normalem Luftverbrauch springt der Motor in der Rückwärts-Richtung erst dann an, wenn die Vorausgeschwindigkeit des Schiffes sich so weit ermäßigt hat, daß die Luftfüllung der Zylinder das erforderliche Drehmoment aufbringt.

Soll mit doppeltwirkenden Maschinen längere Zeit mit kleiner Belastung gefahren werden, so empfiehlt es sich, die Brennstoffzufuhr der Unterseiten abzustellen und nur die oberen Zylinderseiten zünden zu lassen. Dies ist deshalb ratsam, weil bei kleiner Last die eingespritzten Mengen auf der Unterseite, die zudem mehrere Einspritzstellen hat, so klein werden, daß die Zerstäubung beeinträchtigt wird und Aussetzer auftreten können.

Wenn die Maschine gestoppt werden soll und ein längerer Stillstand bevorsteht, sollte man sie, wenn der Betrieb es erlaubt, eine Zeitlang mit kleiner Belastung oder leer fahren, damit sie Zeit hat, sich abzukühlen. Bei stationären Anlagen wird dies regelmäßig möglich sein, bei Schiffsantriebsmaschinen nicht immer. Die Maschine wird geschont, wenn man rasche Temperaturänderungen vermeidet. Aus demselben Grund hält man die Kühlwasser-, Kühlöl- und Schmierölpumpen noch längere Zeit nach dem Stillsetzen in Betrieb, damit der Motor sich langsam und gleichmäßig abkühlt; dabei soll der Kühlwasserabfluß aus den Zylinderdeckeln stark gedrosselt werden. Die Kolben sollen noch längere Zeit nachgekühlt werden, da bei vorzeitigem Abstellen der Kolbenkühlung die Kolben von den noch heißen Brennraumwänden so stark erwärmt werden können, daß sie in den Laufbuchsen klemmen; bei Ölkühlung können die Kühlräume der Kolben verkoken. Auch die Düsenkühlung muß noch einige Zeit in Betrieb gehalten werden. Nach dem Stillsetzen werden alle Triebraumdeckel geöffnet. Dabei soll die Schmierölpumpe, sofern sie getrennten Antrieb hat, noch laufen, damit man den Ölabfluß aus den Lagerstellen kontrollieren kann, solange das Schmieröl noch warm ist. Nach dem Abstellen der Schmierölpumpe werden alle erreichbaren Lagerstellen auf ihre Temperatur abgefühlt und alle Bolzen und Muttern auf etwaige Lose geprüft. Bei den Arbeiten im Kurbeltriebraum darf kein offenes Licht gebraucht werden, weil Schmieröldämpfe in bestimmter Mischung mit Luft explosibel sind. Bei längerem Stillstand und vor allem bei Frostgefahr müssen alle Kühlräume, auch die Kühlräume der Ölkühler und des Frischwasserkühlers, entwässert werden. Die Kolbenkühlräume können durch Ausblasen mit Druckluft entleert werden. Die Indikatorhähne werden geöffnet; auch die Entlüftungsventile der Einspritzleitungen sollen bis zum nächsten Anfahren der Maschine offen stehen.

Wenn die Maschine für Betrieb mit schwerem Heizöl eingerichtet ist, sollte vor Beginn der Manöver auf Dieselöl umgeschaltet werden, damit die Brennstoffleitungen beim Stoppen mit Dieselöl gefüllt bleiben und nicht mit dem Schweröl, das „einfrieren" könnte, was zu Schwierigkeiten beim nächsten Anfahren Anlaß geben kann.

6. Instandhaltung der Maschine

Wird die Maschine für längere Zeit außer Betrieb gesetzt, so muß sie zunächst sorgfältig gereinigt werden. Alle beweglichen Teile werden zum Schutz gegen Rost eingefettet, wie auch die Reserveteile gut eingefettet oder mit Rostschutzfarbe versehen aufbewahrt werden müssen. Damit die Laufflächen der Zylinder und Kolben stets gut geölt bleiben, wird die Maschine nach dem Reinigen mehrere Male gedreht; dabei werden sämtliche Schmiervorrichtungen in Betrieb genommen. Das Reinigen, Einfetten und Drehen wird in regelmäßigen Zeitabständen wiederholt. Dabei soll darauf geachtet werden, daß die Kurbelwelle in der Ruhelage stets eine andere Stellung einnimmt, damit Gratbildung verhindert wird.

In regelmäßigen Zeitabständen, die in der Betriebsvorschrift festgelegt sind, müssen bestimmte Teile ausgebaut und überholt bzw. gereinigt werden. Alle Teile sind gezeichnet, und es ist darauf zu achten, daß sie nicht vertauscht werden. Bei schweren Muttern, z. B. an Kolbenstangen und Pleuelstangen, ist ihre Stellung durch Marken bezeichnet; dann sollen sie diese Stellung auch nach dem Zusammenbau wieder einnehmen. Wenn an einzelnen Teilen, z. B. Steuernocken und ihren Rollen, während des Arbeitens Spiele auftreten, dann müssen diese vorher mit der Fühlerlehre aufgenommen werden, damit sie nach dem Zusammenbau in genau der gleichen Größe vorhanden sind. Bei Viertaktmaschinen werden nach längerer Betriebszeit die Steuerzeiten der Ventile kontrolliert und mit den Angaben der Betriebsvorschrift verglichen. Die Steuerzeiten ändern sich mit der Temperatur der Maschine; wenn sie bei kalter Maschine aufgenommen waren, dann hat man mit der Kontrolle zu warten, bis die Maschine sich abgekühlt hat. Dasselbe gilt für Zweitaktmaschinen mit Ventilsteuerung. Andererseits warnen die Betriebsvorschriften davor, das Ausbauen von Teilen zu übertreiben. Teile, die einwandfrei gearbeitet haben, sollen nicht häufiger ausgebaut und überholt werden, als die Betriebsvorschrift empfiehlt. Für die Termine, zu denen Überholungsarbeiten ausgeführt werden müssen, können keine starren Vorschriften gegeben werden; sie richten sich nach der Größe der Maschine, nach ihrer Beanspruchung und besonders nach dem Brennstoff, dessen Beschaffenheit wechselt und von der Maschinenleitung nicht immer vorgeschrieben werden kann.

Für große Schiffsmaschinen können etwa folgende Überholungszeiten als normaler Durchschnitt gelten:

Ausbau und Reinigung der Kolben, Untersuchung der Kolbenringe	halbjährlich oder nach 150 Seetagen
Reinigung der Spül- und Auspuffschlitze bzw. der Auspuffventile	halbjährlich
Überholung der Brennstoffventile	dreimonatlich
Überholung der Anlaßventile	halbjährlich
Überholung der Triebwerkteile	halbjährlich
Kontrolle der Grundlager und Prüfung der Lage der Kurbelwelle	jährlich
Reinigung der Kühlwasserräume der Maschine	jährlich
Reinigung der Spülpumpe, der Spülluftventile und des Spülluftaufnehmers . .	halbjährlich
Untersuchung der Brennstoffpumpe	halbjährlich
Reinigung der Zylinderschmierpressen	halbjährlich

Für kleinere und entsprechend schneller laufende Maschinen gelten kürzere Zeiträume, die natürlich in jedem Fall sich ändern, wenn Störungen auftreten. Auch aus anderen Gründen kann ein Verkürzen der Zeiträume notwendig werden. Das gilt besonders für die *Brennstoffventile*, die bei schwerem Brennstoff in kürzeren Zeitabständen überholt werden müssen. Es gelingt nicht, den Brennstoff von allen Verunreinigungen restlos zu säubern, und ein Verstopfen der feinen Düsenbohrungen kann vorkommen. Dann muß ein weicher Eisendraht von genau einzuhaltendem Durchmesser zum Reinigen benutzt werden; hartes Werkzeug, wie Bohrer, zu gebrauchen ist nicht zulässig, da es den Durchmesser der Bohrungen vergrößern würde. Dieser wird ohnehin mit der Zeit durch den mit hoher Geschwindigkeit hindurchgepreßten Brennstoff aufgeweitet (Bd. I, S. 46). Wenn der Durchmesser der Düsenbohrung um 10% angewachsen ist, muß die Düse ausgewechselt werden, da sich die Zerstäubung dann merklich verschlechtert hat. Auch Koksansätze an den Düsenbohrungen (Bd. I, S. 7) können wiederholtes Ausbauen der Brennstoffventile in kurzen Zeiträumen erforderlich machen, namentlich bei Treibölen mit hohem Asphaltgehalt oder wenn die Düsenkühlung nicht einwandfrei arbeitet. Ist der Sitz der Ventilnadel undicht, so kann dies durch Nachschleifen des Ventilsitzes mit feiner Schleifpaste beseitigt werden; darauf prüft man mittels Handpumpe und Kontrollmanometers, ob das Ventil bei dem vorgeschriebenen Abspritzdruck öffnet. Handelt es sich um die Einspritzventile auf der Unterseite doppeltwirkender Zweitaktmaschinen, so hat man sich zu vergewissern, daß die Achse der Düsenbohrung die vorgeschriebene Richtung hat. Plötzlich an einem Brennstoffventil auftretende Störungen müssen während eines kurzen Stoppens der Maschine beseitigt werden können; daher werden Reserveventile zum raschen Auswechseln mitgeführt.

Die *Brennstoffpumpen* erfordern im allgemeinen wenig Wartung. Wenn keine Störungen auftreten, genügt es, die Ventile und Ventilfedern halbjährlich zu überprüfen und die Ventilkegel mit feiner Schleifmasse (Pariser Rot) nachzuschleifen.

Die *Anfahrventile*, die ja nur während des Manövrierens arbeiten, erfordern ein weniger häufiges Überholen; es genügt, die Ventilsitze etwa halbjährlich neu einzuschleifen. Beim Einsetzen der Spindeln sind diese gut mit Zylinderöl einzufetten. Während des Betriebes soll die Ventilspindel durch die Schmiernäpfe sparsam geschmiert werden. Daß undichte Ventile sich durch Warmwerden der angeschlossenen Anfahrluftleitung bemerkbar machen, wurde schon erwähnt. Dann dreht man mit einem Dorn (Bohrungen *b* in Bild 256 u. 257, S. 264) die Spindel und damit den Ventilteller auf seinem Sitz. Gelingt es nicht, die Undichtigkeit dadurch zu beseitigen, so muß die Maschine gestoppt und das Ventil ausgewechselt werden. Wenn man längere Zeit mit einem undichten Anfahrventil fährt, können Schmierölniederschläge in die Anfahrluftleitung gelangen und Schmierölexplosionen verursachen.

Die *Kühlwasserräume* sollten einmal jährlich von Schlamm und Kesselstein gereinigt werden; beide beeinträchtigen den Wärmeübergang. Den Kesselstein entfernt man, indem man die Kühlwasserräume mit einem Lösungsmittel (z. B. 1 Teil Salzsäure auf 3 Teile Wasser) anfüllt und es längere Zeit stehen läßt. Zinkschutzkörper müssen vorher ausgebaut werden, da Salzsäure das Zink zerfrißt. Beim Einfüllen der Salzsäure darf nicht mit offenem Licht gearbeitet werden, da sich durch Auflösen des Kesselsteines explosible Gase entwickeln. Nach dem Reinigen muß die Säure durch gründliches Spülen restlos entfernt werden.

Das *Triebwerk* muß in regelmäßigen Zeitabständen überprüft werden. Der Ausguß der Lagerschalen nutzt sich allmählich ab, und das Spiel zwischen Zapfen und Schale vergrößert sich. Der Maschinist kontrolliert es, indem er die obere Lagerschale abnimmt, einen weichen Bleidraht auf die obere Mantellinie des Zapfens legt und nach Wiederaufsetzen der Lagerschale und des Lagerdeckels die Deckelschrauben bis zu ihrer normalen Spannung anzieht. Die Dicke des flachgedrückten Drahtes entspricht dem Durchmesserspiel. Ist dieses zu groß geworden, so kann es durch Herausnehmen von Messingblechen aus der Teilfuge (z. B. *c* in Bild 265, S. 274) wieder auf den normalen Betrag

gebracht werden. Nach längerer Betriebszeit verändert sich die Höhenlage der Kurbelwelle in der Grundplatte. Man stellt dies mit Hilfe der sog. Lloyds-Lehre (Lloyd's Gauge)
fest (Bild 426), einer genau hergestellten Brücke, die mit ihren Enden auf sauber bearbeitete und auf der Grundplatte angezeichnete Flächen gelegt wird. Bei der richtigen
Höhenlage soll die auf Mitte liegende Nase der
Lehre den Wellenzapfen gerade berühren. Statt der
festen Nase sind auch Lehren mit verstellbarem
Fühlerstift im Gebrauch; dieser gestattet Ablesungen auf $1/_{100}$ mm. Ist die Verlagerung der Welle zu
groß geworden, so muß sie neu ausgerichtet werden,
doch ist dies eine Arbeit, die nur nach langen Zeiträumen erforderlich werden kann, dann aber von
geübten Monteuren ausgeführt werden muß.

Die Kurbelwelle ist nicht starr; sie atmet im
Betrieb, d. h. der Abstand a (Bild 427) zwischen
zwei Wangen ändert sich periodisch während einer
Umdrehung. Das Atmen tritt auch dann auf, wenn
auch schwächer, wenn die Kurbelwelle von Hand
oder mittels der Drehvorrichtung gedreht wird. In
den vier Stellungen „Kurbelzapfen oben — waagerecht vorn — unten — waagerecht hinten" stellt
man durch eine Meßuhr den Abstand a fest; die
gemessenen Werte sollen sich bei einer vollen Um

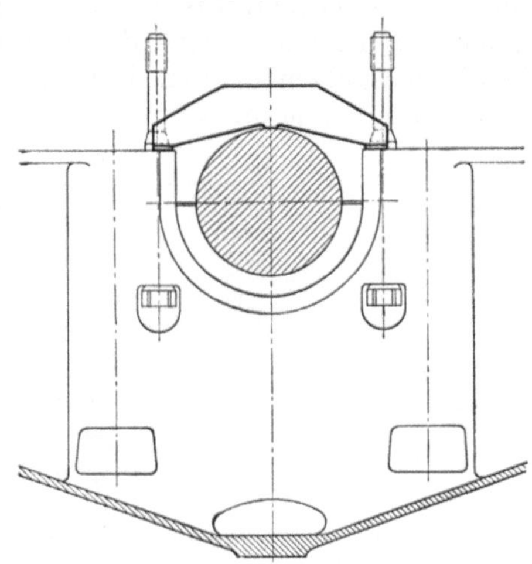

Bild 426. Lloyds-Lehre zum Messen der
Höhenlage der Kurbelwelle

drehung um nicht mehr als 0,03 bis 0,04 mm unterscheiden. Diese Grenzwerte gelten
für eine Maschine mittlerer Größe. Im Lauf einer mehrjährigen Betriebszeit können sie
zunehmen, so daß ein neues Einlagern der Welle erforderlich werden kann.

Während einer längeren Betriebspause sollte auch der
Verschleiß der Zylinderlaufbuchsen festgestellt werden. Dieser war verhältnismäßig gering, solange man die Dieselmotoren mit Brennstoffen guter Eigenschaften betrieb
(niedriger Gehalt an Schwefel, Asche und Hartasphalt;
mäßiger Verkokungsrückstand). Nach dem Übergang zum
Betrieb mit schweren Kesselheizölen hat man erheblich
größere Verschleißzahlen festgestellt; sie liegen im Durchschnitt etwa doppelt so hoch und können von Fall zu Fall
ganz verschieden sein. Der Verschleiß hängt eben nicht nur
von den Eigenschaften des Brennstoffs, sondern auch von
der Kühlung, der Qualität des Zylinderschmieröles und ge

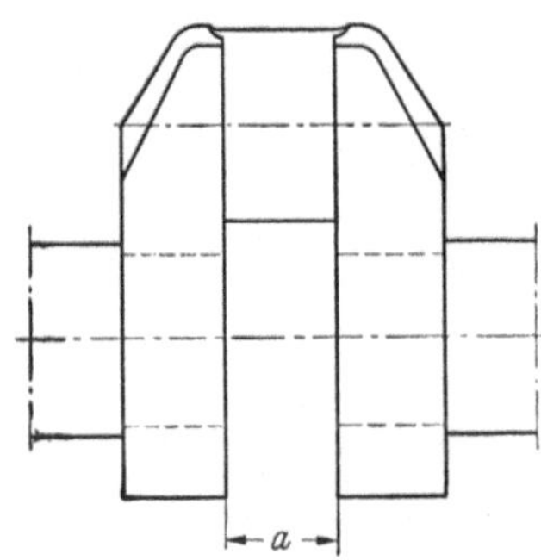

Bild 427. Zur Messung des
Atmens der Kurbelwangen

gebenenfalls auch vom Staubgehalt der Luft ab; auch das Gefüge der Laufbuchse
und der Kolbenringe spielt eine Rolle. Der Zylinderverschleiß hat auf die Wirtschaftlichkeit des Betriebes großen Einfluß und ist daher der Gegenstand dauernder Forschungen[1]. Zahlenmäßig die Größe des Verschleißes für einen Zylinder von gegebenem Durchmesser und eine bestimmte Betriebsstundenzahl im voraus genau abzuschätzen wird
kaum gelingen; dazu sind die Einflüsse, von denen der Verschleiß abhängt, zu verschieden, zumal da der menschliche Faktor — die Sorgfalt der Bedienung — hinzukommt. Bei Kreuzkopfmaschinen (Bild 428, a), bei denen der Normaldruck von der

---

[1] Vgl. z. B. P. Schuler: Zylinderbüchsenabnutzung von Zweitakt-Kreuzkopfmotoren. Schiff u. Hafen
Bd. 3 (1951) S. 35. — A. Zwicky: Résultats obtenus en service avec des Moteurs Diesel alimentés à l'huile
lourde. Congrès International des Moteurs, Bd. II, S. 697. Paris: Mai 1951. — Das Verhalten von Sulzer-
Schiffsdieselmotoren im Betrieb mit Schweröl. Techn. Rdsch. Sulzer 1954, Nr. 3. — Eingehende Untersuchungen über den Verschleiß enthält das Buch C. Englisch: Verschleiß, Betriebszahlen und Wirtschaftlichkeit von Verbrennungskraftmaschinen, 2. Aufl. Wien: Springer 1952.

Gleitbahn aufgenommen wird, verläuft das Profil der Abnutzung, senkrecht zur Kurbelwelle gemessen, anders als bei Tauchkolbenmotoren (Bild 428 b): bei diesen liegt
infolge des Normaldruckes auf die Zylinderwand das Maximum der Abnutzung in halber
Hubhöhe (gestrichelte Linien in Bild 428 b), bei Kreuzkopfmaschinen in der Nähe des
oberen Umkehrpunktes des obersten Kolbenringes[1]. Die in Richtung der Kurbelwelle
gemessenen Abnutzungen dagegen zeigen einen ähnlichen Verlauf bei Kreuzkopf- und
bei Tauchkolbenmotoren. Bild 428 a gibt die Abnutzung nach 13 600 Betriebsstunden
an, von denen der größere Teil mit einem rumänischen Gasöl gefahren wurde; Bild 428 b

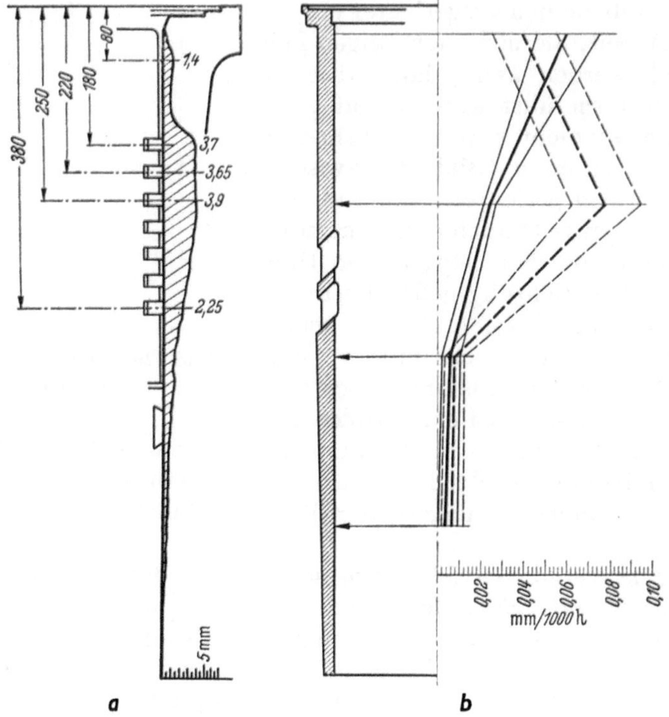

Bild 428. Abnutzung von Zylinderlaufbuchsen

a Laufbuchse eines Zweitakt-Kreuzkopfmotors 600 mm Dmr. Die Abnutzungen sind in der Achsrichtung des Motors gemessen und in radialer Richtung stark vergrößert;   *b* Laufbuchse eines Zweitakt-Tauchkolbenmotors. Ausgezogene Linien:
Abnutzung in der Achsrichtung des Motors, gestrichelte Linien: Abnutzung senkrecht dazu. Abnutzungen stark vergrößert

zeigt die Abnutzung des Tauchkolbenzylinders in je 1000 Betriebsstunden. Daß das
Maximum der in der Achsrichtung gemessenen Abnutzung in der Nähe des oberen Umkehrpunktes liegt, erklärt sich aus dem hinter die Kolbenringe tretenden Gasdruck, der
für den obersten Kolbenring am stärksten ist und nach unten hin abnimmt. P. SCHULER[2]
hat gefunden, daß der Verschleiß nicht proportional zur Länge der Betriebszeit ist,
sondern mit wachsender Betriebsstundenzahl allmählich kleiner wird. Unerklärt ist bis
jetzt die Erscheinung, daß in Richtung der Kurbelwellenachse häufig ein stärkerer Verschleiß gemessen wird als in Richtung senkrecht zur Achse. Bei doppeltwirkenden
Zweitaktmaschinen ist der Verschleiß in der Regel auf der stärker belasteten Oberseite
größer als unten, jedoch ist auch das Gegenteil vorgekommen, eine Folge der niedrigeren
Kühlwassertemperatur auf der Unterseite.

Die Mittel, den Verschleiß in zulässigen Grenzen zu halten, wurden schon erwähnt.
Der Brennstoff soll durch Zentrifugieren und Filtern so weit gereinigt werden, wie es
erreichbar ist. Die Brennstoffventile und -düsen müssen völlig sauber gehalten werden;

---

[1] Bild 428a und b nach A. ZWICKY, Fußnote 1, S. 469.
[2] Siehe Fußnote 1, S. 469.

Nachtropfen ist durchaus unzulässig, da es zu rascher Koksbildung an den Düsen führt, wodurch die Zerstäubung und Verbrennung stark verschlechtert werden würde. Der Motor soll so heiß gefahren werden, daß an keiner Stelle der Brennraumwände der Taupunkt erreicht oder gar unterschritten wird. Das Zylinderschmieröl muß von hochwertiger Qualität sein.

Natürlich spielen auch die Kolbenringe bei der Abnutzung der Laufbuchsen eine Rolle, namentlich die Sauberkeit ihrer Bearbeitung, ihr Werkstoff und der Grad ihres Dichthaltens. Undichte Kolbenringe verursachen Durchblasen der Verbrennungsgase, das den Schmierölfilm zerstört. An der Mantelfläche der Kolbenringe, die an der Zylinderwand gleitet, schleifen sich allmählich scharfe Kanten an, und der Kolbenring schabt den Schmierölfilm ab, statt über ihn hinwegzugleiten. Die Ringe müssen hierauf von Zeit zu Zeit nachgesehen und ihre Kanten müssen, wenn erforderlich, gebrochen werden. Eine Abhandlung von G. Aue[1] zeigt, mit welcher Gründlichkeit noch heute das alte Problem der Kolbenringe verfolgt wird[2].

---

[1] Aue, G.: Untersuchungen über das Verhalten von Kolbenringen. Techn. Rdsch. Sulzer 1953, Nr. 4.

[2] Vgl. auch G. Leunig: Der Verschleiß im Motorenzylinder im Lichte neuerer Forschungen. Frankfurt/M.: Maschinenbau-Verlag G.m.b.H. 1953. Dort auch zahlreiche Literaturhinweise.

Namenverzeichnis

Sachverzeichnis